*Rainer Ansorge,
Hans Joachim Oberle,
Kai Rothe und Thomas Sonar*

**Aufgaben und Lösungen zu
Mathematik für Ingenieure 1**

Weitere Titel zu diesem Thema

Wüst, R.
Mathematik für Physiker und Mathematiker
Band 1: Reelle Analysis und Lineare Algebra

2009
ISBN: 978-3-527-40877-1

Wüst, R.
Mathematik für Physiker und Mathematiker
Band 2: Analysis im Mehrdimensionalen und Einführungen in Spezialgebiete

2009
ISBN: 978-3-527-40878-8

Kuypers, F.
Physik für Ingenieure und Naturwissenschaftler
Band 1: Mechanik und Thermodynamik

2003
ISBN: 978-3-527-40368-4

Kuypers, F.
Physik für Ingenieure und Naturwissenschaftler
Band 2: Elektrizität, Optik und Wellen

2003
ISBN: 978-3-527-40394-3

Rainer Ansorge, Hans Joachim Oberle,
Kai Rothe und Thomas Sonar

Aufgaben und Lösungen zu Mathematik für Ingenieure 1

4., erweiterte Auflage

WILEY-VCH Verlag GmbH & Co. KGaA

Autoren

Prof. Dr. Rainer Ansorge
Norderstedt, Deutschland
r-ansorge.nord@t-online.de

Prof. Dr. Hans Joachim Oberle
Universität Hamburg
Fachbereich Mathematik
Hamburg, Deutschland
oberle@math.uni-hamburg.de

Dr. Kai Rothe
Universität Hamburg
Fachbereich Mathematik
Hamburg, Deutschland
rothe@math.uni-hamburg.de

Prof. Dr. Thomas Sonar
Technische Universität Braunschweig
Institute Computational Mathematics
Braunschweig, Deutschland
t.sonar@tu-bs.de

Titelbild

Spiesz Design, Neu-Ulm

4. erweiterte Auflage 2010
1. Nachdruck 2011
2. Nachdruck 2012

Alle Bücher von Wiley-VCH werden sorgfältig erarbeitet. Dennoch übernehmen Autoren, Herausgeber und Verlag in keinem Fall, einschließlich des vorliegenden Werkes, für die Richtigkeit von Angaben, Hinweisen und Ratschlägen sowie für eventuelle Druckfehler irgendeine Haftung

**Bibliografische Information
der Deutschen Nationalbibliothek**
Die Deutsche Nationalbibliothek verzeichnet diese Publikation in der Deutschen Nationalbibliografie; detaillierte bibliografische Daten sind im Internet über <http://dnb.d-nb.de> abrufbar.

© 2010 Wiley-VCH Verlag & Co. KGaA, Boschstr. 12, 69469 Weinheim, Germany

Alle Rechte, insbesondere die der Übersetzung in andere Sprachen, vorbehalten. Kein Teil dieses Buches darf ohne schriftliche Genehmigung des Verlages in irgendeiner Form – durch Photokopie, Mikroverfilmung oder irgendein anderes Verfahren – reproduziert oder in eine von Maschinen, insbesondere von Datenverarbeitungsmaschinen, verwendbare Sprache übertragen oder übersetzt werden. Die Wiedergabe von Warenbezeichnungen, Handelsnamen oder sonstigen Kennzeichen in diesem Buch berechtigt nicht zu der Annahme, dass diese von jedermann frei benutzt werden dürfen. Vielmehr kann es sich auch dann um eingetragene Warenzeichen oder sonstige gesetzlich geschützte Kennzeichen handeln, wenn sie nicht eigens als solche markiert sind.

Satz Uwe Krieg, Berlin

Umschlaggestaltung Spiesz Design, Neu-Ulm

ISBN: 978-3-527-40987-7

Vorwort

Dieser dritte Band der *Mathematik für Ingenieure* stellt eine Auswahl von Aufgaben zusammen, die über viele Jahre an der Technischen Universität Hamburg-Harburg im Rahmen der Mathematikausbildung für Ingenieure während der ersten vier Semester gestellt worden sind. Als Grundlage dienen die zugehörigen zwei Lehrbuchbände *Mathematik für Ingenieure* von R. Ansorge und H.J. Oberle. Die Aufgaben orientieren sich inhaltlich an der dortigen Kapitelreihenfolge.

Wir kommen mit der Herausgabe dieses Aufgabenbandes dem langjährigen Wunsch der Studierenden nach zusätzlichem Übungsmaterial, insbesondere für die Vorbereitung auf Prüfungen, nach. Deshalb sind auch viele Aufgaben aus den schriftlichen Diplomvorprüfungen in die Auswahl eingegangen und an entsprechender Stelle als Klausuraufgaben gekennzeichnet worden. Der größte Teil der Aufgaben übt grundlegende mathematische Rechentechniken ein. Daneben sind jedoch auch immer wieder Aufgaben aus den Anwendungsbereichen eingeflossen und an geeigneter Stelle auch Aufgabentypen von theoretischer Natur. Wir hoffen somit einen breiten Bereich an Themen abgedeckt zu haben, der für viele Naturwissenschaftler und nicht zuletzt auch für Mathematiker interessant ist.

Im ersten Abschnitt, in den Kapiteln A.1–A.27, befinden sich die Aufgaben und im anschließenden zweiten Abschnitt, in den Kapiteln L.1–L.27, die zugehörigen Lösungen. Querverweise auf Sätze und Definitionen mit entsprechender Nummernangabe beziehen sich auf die beiden Lehrbuchbände.

Ein solches Werk kann natürlich nicht entstehen ohne die Hilfe vieler Kollegen, die uns mit Ideen, Anregungen, Aufgaben und auch Bildern zur Seite gestanden haben. Unser Dank gilt hierbei insbesondere Carl Geiger und Reiner Hass. In den letzten beiden Jahrgängen wurden die Aufgaben dieses Bandes in den Kursen Mathematik für Ingenieure gründlich behandelt und wir hoffen, dass dadurch Fehler aller Art auf ein Minimum reduziert worden sind. Besonderen Dank möchten wir hier Peywand Kiani und Andreas Meister für ihre gründliche Prüfung aussprechen. Sollten dennoch an der ein oder anderen Stelle Fehler verblieben sein, so bitten wir dies zu entschuldigen und sind für Hinweise dankbar.

Dem Verlag, insbesondere Frau Gesine Reiher, möchten wir unseren Dank aussprechen für die freundliche Zusammenarbeit, die kritische Durchsicht des Manuskriptes und die Bereitschaft die ersten beiden Bände mit diesem dritten Aufgabenband abzurunden.

Hamburg, Braunschweig, im Februar 2000 Die Verfasser

Vorwort zur vierten erweiterten Auflage

Das anhaltende Interesse der Studierenden an den Aufgaben des dritten Bandes erfordert jetzt eine überarbeitete und erweiterte Neuauflage des Übungsmaterials. Bedanken möchten wir uns für die vielen Hinweise und Anregungen, die es uns ermöglicht haben, Fehler zu korrigieren und Darstellungen zu verbessern.

Die vorhandenen Aufgaben haben sich seit vielen Jahre im Übungsbetrieb an der TU Hamburg-Harburg, der TU Braunschweig und anderen Technischen Universitäten bewährt. Diese alten Aufgaben sind durch viele neue, die wir in den letzten Jahren in Mathematik-Kursen für Ingenieure gestellt haben, ergänzt worden. Da wir großen Wert auf die Veranschaulichung des dargestellten Stoffes legen, haben wir zahlreiche Bilder hinzugefügt. Dabei ist das Übungsmaterial so umfangreich geworden, dass sich der Verlag Wiley-VCH bereit erklärt hat, den dritten Band in zwei Teilen erscheinen zu lassen. Unser besonderer Dank gilt hier Frau Palmer und Frau Werner für die angenehme Zusammenarbeit.

Dies ist der erste Teil, der die Aufgaben und Lösungen zur linearen Algebra und Analysis einer reellen Veränderlichen enthält, also zu den Themenbereichen (Kapitel 1–16) des ersten Bandes unseres Lehrbuches *Mathematik für Ingenieure*. Dieser Bereich ist durch über siebzig neue Aufgaben und mehr als sechzig neue Bilder erweitert worden.

Hamburg, Braunschweig, im März 2010   Die Verfasser

Inhaltsverzeichnis

A/L.1	**Aussagen, Mengen und Funktionen**	**10/83**
	A/L.1.1 Aussagen	10/83
	A/L.1.2 Mengen	11/86
	A/L.1.3 Funktionen	13/87
A/L.2	**Zahlenbereiche**	**14/89**
	A/L.2.1 Natürliche Zahlen	14/89
	A/L.2.2 Reelle Zahlen	15/92
	A/L.2.3 Komplexe Zahlen	16/93
A/L.3	**Vektorrechnung, analytische Geometrie**	**19/96**
	A/L.3.1 Vektoren	19/96
	A/L.3.2 Geraden und Ebenen im $\mathbb{R}^3$	21/98
	A/L.3.3 Allgemeine Vektorräume	25/103
A/L.4	**Lineare Gleichungssysteme**	**27/106**
	A/L.4.1 Matrizenkalkül	27/106
	A/L.4.2 Gauß-Elimination	28/107
	A/L.4.3 Inverse Matrizen	32/113
	A/L.4.4 Dreieckszerlegung einer Matrix	33/114
	A/L.4.5 Determinanten	34/116
A/L.5	**Lineare Abbildungen**	**37/120**
	A/L.5.1 Lineare Abbildungen, Basisdarstellung	37/120
	A/L.5.2 Orthogonalität	39/123
	A/L.5.3 Orthogonale Transformationen	40/126
A/L.6	**Lineare Ausgleichsprobleme**	**42/130**
	A/L.6.1 Problemstellung, Normalgleichungen	42/130
	A/L.6.2 Die QR-Zerlegung	43/132

Aufgaben und Lösungen zu Mathematik für Ingenieure 1, 4.Aufl., R. Ansorge, H. J. Oberle, K. Rothe und Th. Sonar
Copyright © 2010 WILEY-VCH Verlag GmbH & Co. KGaA, Weinheim
ISBN: 978-3-527-40987-7

A/L.7	**Eigenwerttheorie für Matrizen**	**44/134**
	A/L.7.1 Eigenwerte und Eigenvektoren	44/134
	A/L.7.2 Symmetrische Matrizen, Hauptachsentransformation	47/139
	A/L.7.3 Numerische Berechnung von Eigenwerten und Eigenvektoren.........	48/145
A/L.8	**Konvergenz von Folgen und Reihen**	**50/147**
	A/L.8.1 Folgen	50/147
	A/L.8.2 Konvergenzkriterien für reelle Folgen	51/150
	A/L.8.3 Folgen in Vektorräumen	53/157
	A/L.8.4 Konvergenzkriterien für Reihen	54/158
A/L.9	**Stetigkeit und Differenzierbarkeit**	**56/163**
	A/L.9.1 Stetigkeit, Grenzwerte von Funktionen	56/163
	A/L.9.2 Differentialrechnung einer Variablen	58/168
A/L.10	**Weiterer Ausbau der Differentialrechnung**	**61/174**
	A/L.10.1 Mittelwertsätze, Satz von Taylor	61/174
	A/L.10.2 Die Regeln von de l'Hospital	63/182
	A/L.10.3 Kurvendiskussion	64/184
	A/L.10.4 Fehlerrechnung	65/193
	A/L.10.5 Fixpunkt-Iterationen	66/194
A/L.11	**Potenzreihen und elementare Funktionen**	**67/200**
	A/L.11.1 Gleichmäßige Konvergenz	67/200
	A/L.11.2 Potenzreihen	67/202
	A/L.11.3 Elementare Funktionen	69/209
A/L.12	**Interpolation**	**70/210**
	A/L.12.1 Problemstellung	70/210
	A/L.12.2 Polynom-Interpolation	70/210
	A/L.12.3 Spline-Interpolation	71/213

A/L.13	**Integration**	**72/214**
	A/L.13.1 Das bestimmte Integral	72/214
	A/L.13.2 Kriterien für Integrierbarkeit	72/214
	A/L.13.3 Der Hauptsatz und Anwendungen	72/215
	A/L.13.4 Integration rationaler Funktionen	74/221
	A/L.13.5 Uneigentliche Integrale	75/225
	A/L.13.6 Parameterabhängige Integrale	76/230
A/L.14	**Anwendungen der Integralrechnung**	**77/231**
	A/L.14.1 Rotationskörper	77/231
	A/L.14.2 Kurven und Bogenlänge	77/234
	A/L.14.3 Kurvenintegrale	78/239
A/L.15	**Numerische Quadratur**	**80/242**
	A/L.15.1 Newton-Cotes-Formeln	80/242
A/L.16	**Periodische Funktionen, Fourier-Reihen**	**81/244**
	A/L.16.1 Grundlegende Begriffe	81/244
	A/L.16.2 Fourier-Reihen	81/244

A.1 Aussagen, Mengen und Funktionen

A.1.1 Aussagen

Aufgabe 1.1.1
Für folgende Aussagenverbindungen gebe man die Wahrheitstafeln:

a) $(A \Rightarrow B) \Rightarrow C$,   b) $(A \vee B) \wedge C$,

c) $(A \wedge B) \vee \neg(B \wedge C)$,   d) $(A \Rightarrow B) \wedge B$.

Können c) und d) vereinfacht dargestellt werden?

Aufgabe 1.1.2

a) Man gebe für folgende Aussageform die Wahrheitswerttafel an:

$$((A \wedge B) \vee \neg A) \wedge ((A \wedge B) \vee \neg B).$$

b) Man zeige, dass folgende Aussagen Tautologien sind:

$$(A \Longleftrightarrow B) \iff ((A \Longrightarrow B) \wedge (B \Longrightarrow A)),$$
$$A \vee (B \wedge C) \iff (A \vee B) \wedge (A \vee C).$$

Aufgabe 1.1.3
Man zeige mittels eines indirekten Beweises:

a) Für alle reellen Zahlen a und b gilt $\quad \dfrac{|a+b|}{1+|a+b|} \leq \dfrac{|a|}{1+|a|} + \dfrac{|b|}{1+|b|}$.

b) $\log_{10} 2$ ist keine rationale Zahl.

c) Für reelle Zahlen a, b mit $0 < a < b$ gilt die Ungleichung $\quad \sqrt{b} - \sqrt{a} < \sqrt{b-a}$.

Aufgabe 1.1.4

a) Man beweise indirekt, dass für ungerade Zahlen a, b und c

$$ax^2 + bx + c = 0$$

keine rationale Lösung x besitzt.

b) Mit Hilfe der Dreiecksungleichung beweise man für reelle Zahlen a und b direkt

$$||a| - |b|| \leq |a - b|.$$

Aufgabe 1.1.5
Man beweise direkt:

a) $1 + q + q^2 + \cdots + q^n = \dfrac{1 - q^{n+1}}{1 - q}$ für $q \neq 1$,

b) $1 + 2 + 3 + \cdots + n = \dfrac{n(n+1)}{2}$.

Aufgabe 1.1.6

a) Man bestimme die natürliche Zahl N, so dass für $n \geq N$ gilt (direkter Beweis):

(i) $3^n > n^4$,

(ii) $n! \geq 4^n$.

Aufgaben und Lösungen zu Mathematik für Ingenieure 1, 4.Aufl., R. Ansorge, H. J. Oberle, K. Rothe und Th. Sonar
Copyright © 2010 WILEY-VCH Verlag GmbH & Co. KGaA, Weinheim
ISBN: 978-3-527-40987-7

b) Gegeben seien die folgenden natürlichen Zahlen

$$n = 2j(j+1), \quad m = 2j+1 \quad \text{mit} \quad j \in \mathbb{N}.$$

Man zeige, dass auch die Summe $n^2 + m^2$ der Quadratzahlen wieder das Quadrat einer natürlichen Zahl ist.

Aufgabe 1.1.7

a) Für $a, b \in \mathbb{R}$ mit $0 < a \leq b$ beweise man die Behauptung

$$\text{B:} \quad a \leq \frac{2ab}{a+b} \quad \text{(i) indirekt und (ii) direkt.}$$

b) Man beweise indirekt die Behauptung   B: $\sqrt{23}$ ist irrational.

c) Man entscheide und begründe ohne Verwendung eines Taschenrechners, welche der beiden Zahlen größer ist: $\sqrt{7} + \sqrt{11}$ und $\sqrt{8} + \sqrt{10}$.

A.1.2 Mengen

Aufgabe 1.2.1
Gegeben seien die folgenden Teilmengen der reellen Zahlen:

$$A := \{x \in \mathbb{R} : -3 < x < 4\}, \quad B := \{x \in \mathbb{R} : 2 \leq x\}, \quad C := \{x \in \mathbb{R} : -1 \leq x < 1\}.$$

Man bestimme

(i) $A \cap C$, (ii) $A \cap B$, (iii) $A \cup B \cup C$,
(iv) $A \cap (B \cup C)$, (v) $\mathbb{R} \backslash B$, (vi) $A \backslash C$,
(vii) $(\mathbb{R} \backslash C) \cup B$, (viii) $C \cup (\mathbb{R} \backslash B)$, (ix) $(\mathbb{R} \cap B) \cup A$,
(x) $(\mathbb{R} \cup A) \backslash B$, (xi) $((A \backslash B) \cap C) \cup A$, (xii) $((A \cup B) \cap C) \backslash A$.

Aufgabe 1.2.2
Man berechne die Lösungsmengen von

a) $A = \{x \in \mathbb{R} \mid x^2 - 4 \leq 0\}$,   b) $B = \{x \in \mathbb{Z} \mid x^2 - 4 \leq 0\}$,

c) $C = \{x \in \mathbb{N} \mid x^2 - 4 \leq 0\}$,   d) $D = \{x \in \mathbb{Z} \mid 1 \leq e^x \leq 27\}$

und bestimme $A \cup D$, $D \backslash C$ sowie $B \cap D$.

Aufgabe 1.2.3

a) Man gebe die reellen Zahlen x an, für die folgende Ungleichungen erfüllt sind:

(i) $\dfrac{3}{|x+2|} < 2 - 3x$,   (ii) $\sqrt{|x+2|} \leq |x+1|$.

b) Man betrachte die Wheatstonesche Brückenschaltung. Durch Verschieben des Schleifkontaktes B wird die Spannung zwischen den Punkten A und B auf 0 gebracht. Der zu messende Widerstand x berechnet sich in Abhängigkeit von R und ℓ folgendermaßen:

$$x = \frac{\ell}{50\,\text{cm} - \ell} R\,.$$

In welchem Bereich variiert x, wenn bekannt ist, dass $28\,\Omega \leq R \leq 29\,\Omega$ und $1.9\,\text{cm} \leq \ell \leq 2.1\,\text{cm}$ gilt?

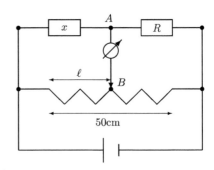

Bild 1.2.3 Wheatstonesche Brückenschaltung

Aufgabe 1.2.4
Man bestimme alle reellen Werte x, für die gilt:

a) $\dfrac{x}{x^2-1} + \dfrac{1}{1+x} = 1$,   b) $\dfrac{1-1/x}{1+1/x} + \dfrac{1+1/(x+2)}{1-1/(x+2)} = 2$,   c) $\sqrt{x-3}+1 = \sqrt{x}$,

d) $\dfrac{\sqrt{5-2x}}{5-4x} = \dfrac{1}{\sqrt{1-8x}}$,   e) $\sqrt{x+1} - \sqrt{x^2-1} = 0$,   f) $\sqrt{x+2} = x$,

g) $|2 - |1 - |x||| \leq 3$,   h) $|x+2| - |x-3| = 3$.

Aufgabe 1.2.5
In der x-y-Ebene skizziere man den Lösungsbereich von

a) $|x-2| + 2 \leq |y|$,   b) $\max\{|x|, |y|\} \leq 1$,   sowie die Mengen

c) $\bigcup\limits_{j=0}^{3} [2j, 2j+1[\times \bigcup\limits_{j=1}^{4}]2(j-1), 2j-1]$.

Aufgabe 1.2.6
Man skizziere in der x-y-Ebene die folgenden Mengen:

a) $M_1 = \{(x,y) \in \mathbb{R}^2 \mid |y-2| \leq x \wedge |y-2| < 1\}$,

b) $M_2 = \{(x,y) \in \mathbb{R}^2 \mid |x| + |y| \leq 1\}$,

c) $M_3 = \{(x,y) \in \mathbb{R}^2 \mid |y| > 1 \wedge \left(\sqrt{(x-2)^2 + (y-1)^2} \leq 1 \vee \sqrt{(x-2)^2 + (y+1)^2} \leq 1\right)\}$.

(Klausur-)Aufgabe 1.2.7
Man skizziere die Mengen

a) $M_1 = \{(x,y) \in \mathbb{R}^2 \mid : x^2 + y^2 \leq 4 \wedge -1 \leq x \leq 0\}$,

b) $M_2 = \{(x,y) \in \mathbb{R}^2 \mid : x^2 + y^2 \leq 9 \wedge 0 \leq y \leq 2\}$.

A.1.3 Funktionen

Aufgabe 1.3.1
Man bestimme alle $x \in \mathbb{R}$ für die gilt:

a) $\dfrac{1}{4} \leq \sin\left(\dfrac{x}{2}\right) \cdot \cos\left(\dfrac{x}{2}\right)$, b) $e^x \leq \dfrac{1}{e^{2x+1}}$.

Aufgabe 1.3.2
Man zeige mittels der Additionstheoreme von sin bzw. cos, dass folgende Beziehung gilt:

a) $\tan\dfrac{x}{2} = \dfrac{\tan x}{1 + \sqrt{1 + \tan^2 x}}$ mit $x \in \left]-\dfrac{\pi}{2}, \dfrac{\pi}{2}\right[$.

Von folgenden Funktionsvorschriften $y = f(x)$ mit reellem x und y sind der größtmögliche Definitionsbereich D und der zugehörige Bildbereich $f(D)$ anzugeben:

b) $y = \dfrac{x-1}{x^2 + x - 2}$, c) $y = \sqrt{1 - |x|}$, d) $y = \ln(x^2 + 3x + 2)$.

Aufgabe 1.3.3
Für reelles x seien die folgenden Funktionsvorschriften $y = f(x)$ gegeben:

a) $y = \ln(\sqrt{x} + a)$ $a \in \mathbb{R}$, b) $y = \dfrac{1}{\sqrt{|x| - x}}$, c) $y = \dfrac{x-4}{-x^2 + 5x - 4}$,

d) $y = \sqrt{(x-3)(2-x)}$, e) $y = n$ für $n < x \leq n+1$, $n \in \mathbb{Z}$, f) $y = \sqrt{\dfrac{5x-1}{3x+1} - 1}$.

Man gebe jeweils den größtmöglichen Definitionsbereich D und den zugehörigen Bildbereich $f(D)$ an.

Aufgabe 1.3.4

a) Man untersuche die Abbildung $f : \mathbb{R} \to \mathbb{R}$, $f(x) = ax^2 + bx + c$, in Abhängigkeit von a, b und c auf Injektivität und Surjektivität.

b) Für die folgende Funktion $f(x)$ ist eine Darstellung als Komposition aus „elementaren" Funktionen anzugeben (Tastenfolge bei der Auswertung auf einem Taschenrechner):

$$f(x) = \dfrac{\sqrt{1 - \sqrt{\sin x}}}{(1 - \cos^2(\sqrt{x}))^5}.$$

Wie lauten die Definitionsbereiche?

Aufgabe 1.3.5

a) Man zeige ohne Benutzung eines Taschenrechners, dass $\sinh 1 > 1$ ist. Man verwende die Definitionen

$$e := \sum_{n=0}^{\infty} \dfrac{1}{n!}, \quad \sinh y := \dfrac{1}{2}\left(e^y - e^{-y}\right),$$

und rechne mit Ungleichungen! Die Umformungen sind genau zu begründen!
Hinweis: Man zeige und verwende, dass $(e-1)^2 > 2$ gilt.

b) Eine Funktion heißt *gerade* Funktion, wenn $f(x) = f(-x)$ gilt, sie heißt *ungerade* Funktion, wenn $f(-x) = -f(x)$ gilt. Welche der folgenden Funktionen sind gerade bzw. ungerade:

$$f(x) = \dfrac{\sin x}{x}, \quad g(x) = \dfrac{a^x - 1}{a^x + 1}, \quad h(x) = x + \cos x \quad ?$$

A.2 Zahlenbereiche

A.2.1 Natürliche Zahlen

Aufgabe 2.1.1
Man schreibe um in eine Summe bzw. ein Produkt:

a) $1 - 3 + 5 - 7 + 9 \mp \cdots - 55 = \sum\limits_{k=0}^{?} \cdots = \sum\limits_{j=1}^{?} \cdots$

b) $1 - 3 + 9 - 27 + 81 \mp \cdots = \sum\limits_{k=0}^{?} \cdots = \sum\limits_{j=1}^{?} \cdots$

c) $\dfrac{2}{1} \cdot \dfrac{4}{5} \cdot \dfrac{6}{25} \cdot \dfrac{8}{125} \cdot \cdots \cdot \dfrac{18}{390625} = \prod\limits_{n=1}^{?} \cdots$

d) $\dfrac{1}{2} \cdot \dfrac{3}{4} \cdot \dfrac{5}{8} \cdot \cdots = \prod\limits_{n=1}^{?} \cdots$

Aufgabe 2.1.2
Man beweise mittels vollständiger Induktion:

a) $\sum\limits_{j=k}^{n} \dfrac{1}{j} \binom{j}{k} = \dfrac{1}{k} \binom{n}{k}$ für festes $k \in \mathbb{N}$ und $n \geq k$,

b) $\prod\limits_{j=1}^{n} \left(\dfrac{j+1}{j} \right) = n + 1$ für $n \geq 1$,

c) Ist $x_0 = a$, $x_1 = b$ und $x_n = -3x_{n-1} - 2x_{n-2}$ für $n \geq 2$, so gilt
$$x_n = (2a+b)(-1)^n - (a+b)(-2)^n \quad \text{für} \quad n \geq 0.$$

Aufgabe 2.1.3
Man beweise die folgenden Aussagen:

a) $\sum\limits_{i=1}^{n}(2i-1) = n^2$,   b) $\sum\limits_{i=0}^{n} \dfrac{1}{i!(n-i)!} = \dfrac{2^n}{n!}$,   c) $\sum\limits_{i=1}^{n}(i^2-1) = \dfrac{1}{6}(2n^3 + 3n^2 - 5n)$.

Aufgabe 2.1.4
Man beweise die folgenden Aussagen mittels vollständiger Induktion:

a) $\sum\limits_{k=1}^{n} k \cdot k! = (n+1)! - 1$,

b) die Bernoullische Ungleichung $(1+x)^n \geq 1 + nx$ $(\forall x \geq -1, n \in \mathbb{N})$,

c) $a_n = 5^n - 1$ ist durch 4 teilbar.

(Klausur-)Aufgabe 2.1.5
Man beweise z.B. durch vollständige Induktion

a) $\sum\limits_{j=3}^{n} \dfrac{2}{j^2 - 2j} = \dfrac{3}{2} - \dfrac{2n-1}{n(n-1)}$,   b) $\sum\limits_{j=2}^{n} \dfrac{2}{j^2 - 1} = \dfrac{3}{2} - \dfrac{2n+1}{n(n+1)}$.

A.2.2 Reelle Zahlen

Aufgabe 2.1.6
Zur Berechnung von $\prod_{k=1}^{n}\left(1+\dfrac{2}{k}\right)$ finde man eine Formel (notfalls durch Probieren) und beweise diese (ggf. durch vollständige Induktion).

Aufgabe 2.1.7
Man weise die Gültigkeit der folgenden Aussagen nach:

a) $a_n = 6^n - 5n + 4$ ist durch 5 teilbar,

b) $b_n = \dfrac{1}{6}\left(n + 3n^2 + 2n^3\right)$ ist eine natürliche Zahl, \quad c) $\sum_{k=0}^{n}(-1)^k \binom{n}{k} = 0$.

Aufgabe 2.1.8

a) Mit Hilfe des Binomischen Satzes zeige man für $x \in \mathbb{R}$, $x \geq 0$ und $n \in \mathbb{N}$, $n \geq 2$ die Abschätzung
$$(1+x)^n \geq 1 + \dfrac{n^2}{4}x^2\,.$$

b) Man zeige: $a_n = (n-1)^3 + n^3 + (n+1)^3$ ist für $n \in \mathbb{N}$ durch 9 teilbar.

Aufgabe 2.1.9
Die Fibonacci-Zahlen $a_0, a_1, \ldots$ bilden eine Folge, die folgendermaßen erklärt ist:
$$a_0 = 0,\quad a_1 = 1,\quad a_n = a_{n-1} + a_{n-2} \quad \text{für} \quad n \geq 2\,.$$
Durch vollständige Induktion beweise man, dass $a_n \leq \left(\dfrac{1+\sqrt{5}}{2}\right)^{n-1}$ gilt.

Aufgabe 2.1.10

a) Welche Endziffern sind bei $n!$ möglich?

b) Man begründe ohne Verwendung eines Taschenrechners auf wieviele Nullen die Zahl 26! endet.

Aufgabe 2.1.11

a) Man bestimme den ggT von $m = 2304$ und $n = 960$ und stelle ihn als $\mathbb{Z}$-Kombination von m und n dar.

b) Man zeige: Eine diophantische Gleichung $mx + ny = k$ mit $m, n, k \in \mathbb{N}$ und $x, y \in \mathbb{Z}$ kann nur dann eine Lösung besitzen, falls ggT(m,n) die Zahl k teilt. Wie lässt sich dann mit Hilfe des Euklidischen Algorithmus eine Lösung von $mx + ny = k$ finden?

c) Man bestimme eine Lösung $x, y \in \mathbb{Z}$ von $2304x + 960y = 576$.

A.2.2 Reelle Zahlen

Aufgabe 2.2.1
Was stimmt an folgender Rechnung nicht?

Für ein festes $x \in \mathbb{R}$ werde $y \in \mathbb{R}$ durch $y = \dfrac{2x}{3}$ berechnet

$$\begin{aligned}
&\Rightarrow & 3y + 2 &= 2x + 2 & \Rightarrow && 4(3y+2) &= 4(2x+2) \\
&\Rightarrow & 12y + 8 &= 8x + 8 & \Rightarrow && (42-30)y &= (28-20)x \\
&\Rightarrow & 28x - 42y &= 20x - 30y & \Rightarrow && 7(4x-6y) &= 5(4x-6y) \\
&\Rightarrow & 7 &= 5\,. &&&&
\end{aligned}$$

Aufgabe 2.2.2

a) Bei der Parallelschaltung zweier Ohmscher Widerstände R_1 und R_2 ergibt sich der Gesamtwiderstand R_p aus $1/R_p = 1/R_1 + 1/R_2$. Bei der Hintereinanderschaltung berechnet sich der Gesamtwiderstand durch $R_h = R_1 + R_2$. Man zeige, dass die Gesamtwiderstände R_p und R_h die Ungleichung $R_h \geq 4R_p$ erfüllen. (Wann gilt das Gleichheitszeichen?)

b) Man untersuche die Menge $\quad M = \left\{ x \in \mathbb{R} \,\middle|\, x = \dfrac{1}{n+1} + \dfrac{1+(-1)^n}{2n}, \quad n \in \mathbb{N} \right\}$

auf Beschränktheit und bestimme ggf. Infimum und Supremum.

Aufgabe 2.2.3

a) Man bestimme von $(711)_{10}$ die Dual- und die 3-adische Darstellung.

b) Man gebe für $(973)_{10}$ die 5-adische Darstellung an.

c) Man wandle die folgenden periodischen Zifferndarstellungen der rationalen Zahlen r_k in die Form
$r_k = \dfrac{(n_k)_{10}}{(m_k)_{10}}$, $n_k, m_k \in \mathbb{N}$ (teilerfremd) um:

$$r_1 = (3.\overline{12})_4 \,, \quad r_2 = (4.\overline{121})_5 \,, \quad r_3 = (41.\overline{69})_{10} \,.$$

d) Man bestimme die ersten 7 Stellen der 3-adischen Darstellung von $(4.165)_7$ unter Benutzung der iterierten Multiplikation im Siebenersystem.

Aufgabe 2.2.4

a) Man bestimme die Dualdarstellung von $n = 1285$

   (i) mit Hilfe iterierter Division,

   (ii) durch Auswertung von $1285 = ((1 \cdot 10 + 2)10 + 8)10 + 5$ im Dualsystem.

b) Man bestimme die ersten 10 Stellen der 3-adischen Darstellung von $x_0 = (0.7431)_8$ über das Verfahren der iterierten Multiplikaton im Oktalsystem.

c) Man verwandle die folgenden periodischen Zifferndarstellung der rationalen Zahlen r_k in die Form
$r_k = \dfrac{(n_k)_{10}}{(m_k)_{10}}$, $n_k, m_k \in \mathbb{N}$:

$$r_1 = 31.5\overline{271} \,, \quad r_2 = (0.\overline{123})_4 \,, \quad r_3 = (5.\overline{65})_7 \,.$$

A.2.3 Komplexe Zahlen

Aufgabe 2.3.1
Um welche Gebilde handelt es sich anschaulich bei folgenden Teilmengen von $\mathbb{C}$:

$$
\begin{aligned}
G_1 &= \{z \mid z = (1+i) + \lambda(5-2i), \; \lambda \geq 0\}, & G_2 &= \{z \mid |(1+i)z| = 5\}, \\
G_3 &= \{z \mid z = (3+i) + 5e^{i\varphi}, \; \varphi \in \mathbb{R}\}, & G_4 &= \{z \mid |z-3| < 2|z+3|\}, \\
G_5 &= \{z \mid \operatorname{Re}(1/z) = 1, \; z \neq 0\}, & G_6 &= \{z \mid \operatorname{Im} z^2 \leq 2\} \,?
\end{aligned}
$$

Aufgabe 2.3.2
Man beschreibe anschaulich die Kurven in der komplexen Ebene, die durch die folgenden Gleichungen gegebenen sind:

a) $|z| = 2$, \qquad b) $\operatorname{Im}(z+i) = 4$, \qquad c) $|z + 3 - 4i| = 5$,

d) $\arg(z \cdot \exp(-\pi i/4)) = 0$, \quad e) $z\bar{z} - 3iz + 3i\bar{z} + 8 = 0$, \quad f) $\operatorname{Re} z^2 = 0$.

A.2.3 Komplexe Zahlen

Aufgabe 2.3.3

a) Man bestimme Real- und Imaginärteil von

(i) $z = \dfrac{1+2i}{3-4i}$, (ii) $z = \overline{\left(\dfrac{2}{1-i}\right)}$, (iii) $z = (i-1)^4 + (-1-i)^4$.

b) Man bestimme die Polardarstellung $z = r\,e^{i\varphi}$ von

(i) $z = 1-i$, (ii) $z = \dfrac{2}{1-i}$, (iii) $z = (1-i)^7$.

Aufgabe 2.3.4

a) Man berechne Real- und Imaginärteil, Betrag und Argument von

$$z_1 = \sqrt{\dfrac{1-i\sqrt{3}}{2}},\quad z_2 = \dfrac{1+i}{1-(1+i)^2}\quad\text{und}\quad z_3 = \left(\dfrac{2i}{1-i}\right)^9.$$

b) Man berechne alle Lösungen der Gleichungen

(i) $z^3 + i = 0$, (ii) $z^5 = 16 + \sqrt{768}\,i$, (iii) $5z^2 - 2z + 5 = 0$, (iv) $z^2 + 2z - i = 0$.

(Klausur-)Aufgabe 2.3.5

Gegeben sind die komplexen Zahlen $\quad z_1 = \dfrac{3}{2}i + \dfrac{2-i}{(1+i)^2}\quad$ und $\quad z_2 = \sqrt{2}\,(1+i)$.

a) Man bestimme Real- und Imaginärteil von z_1 sowie die Polardarstellung von z_1 und z_2.

b) Man berechne z_2^8.

c) Wie lauten alle Lösungen w der Gleichung $(w-z_2)^4 = -16$? Man gebe die Lösungen in Polardarstellung und in kartesischen Koordinaten an.

Aufgabe 2.3.6

a) Man berechne Real- und Imaginärteil, Betrag und Argument von

$$z_1 = \left(\dfrac{1}{\sqrt{2}}(1-i)\right)^8\quad\text{und}\quad z_2 = (-1+\sqrt{3}i)^{11}.$$

b) Man löse die folgenden Gleichungen in $\mathbb{C}$:

(i) $z^2 - 6z + 13 = 0$, (ii) $z^4 + 1 = 0$, (iii) $\dfrac{z+1}{z-1} = 2z + 3i$.

Aufgabe 2.3.7

Gegeben sind die komplexen Zahlen $z_1 := -\dfrac{3}{2}i + \dfrac{2+i}{(1-i)^2}\quad$ und $\quad z_2 := \sqrt{2}(-1+i)$.

a) Man ermittle Real- und Imaginärteil von z_1 und die Polardarstellungen von z_1 und z_2.

b) Man bestimme z_2^4.

c) Man gebe alle Lösungen der Gleichung $(w-z_2)^4 = 16$ in kartesischen Koordinaten an.

Aufgabe 2.3.8

Gegeben sei das Polynom $\quad p(z) = z^4 - iz^3 + z^2 + iz - 2$. Man berechne $p(1)$ und $p(2i)$ und gebe alle Nullstellen von p in kartesischen und in Polarkoordinaten an.

Aufgabe 2.3.9
Man berechne alle Lösungen der folgenden Gleichungen in kartesischen Koordinaten:

a) $z^2 + iz - \dfrac{1}{2} = 0$, b) $z^4 + 1 - i = 0$, c) $z^3 - z^2 - z + 1 = 0$,

d) $z^6 - 4z^5 + 5z^4 - 4z^3 + 5z^2 - 4z + 4 = 0$ (*Tipp:* $z = 2$ ist mehrfache Lösung).

Aufgabe 2.3.10

a) Man dividiere das Polynom $p(z) = z^3 + z^2 + z + 1$ mit $z \in \mathbb{C}$ durch $z - 1$ und gebe das Ergebnis in der Gestalt $p(z) = q(z)(z-1) + r(z)$ mit Polynomen $q(z)$ und $r(z)$ an.

b) Für das Polynom $p(z) = 7z^7 + 3z^3 + 200z^2 - 50z + 20$ bestimme man mit Hilfe des Horner-Schemas $p(-2)$ und den ganzen Anteil von $p(z) : (z+2)$.

Aufgabe 2.3.11

a) Man zeige: Ist $p(z) = \sum\limits_{k=0}^{n} a_k z^k$ ein reelles Polynom ($a_k \in \mathbb{R}$) und ist $b \in \mathbb{C}$ eine Nullstelle von $p(z)$, so ist auch $\bar{b}$ Nullstelle von $p(z)$.

b) Für das Polynom $p(z) = z^6 - z^5 - z^4 + 5z^3 - 6z^2 + 6z - 4$ berechne man $p(1+i)$, $p(-i)$ und zerlege $p(z)$ in Linearfaktoren.

Aufgabe 2.3.12
Die reellen Funktionen exp, sin, cos lassen sich folgendermaßen auf den Fall komplexer Argumente erweitern:
$$\exp z := e^z := e^x \cdot e^{iy} \quad (\text{wobei } z = x + iy),$$
$$\cos z := \frac{1}{2}\left(e^{iz} + e^{-iz}\right), \quad \sin z := \frac{1}{2i}\left(e^{iz} - e^{-iz}\right).$$

a) Man schreibe Real- und Imaginärteil dieser Funktionen explizit als Funktionen von x und y.

b) Man zeige die Funktionalgleichungen ($z_1, z_2 \in \mathbb{C}$):
$e^{z_1 + z_2} = e^{z_1} \cdot e^{z_2}$, $\cos(z_1 + z_2) = \cos z_1 \cdot \cos z_2 - \sin z_1 \cdot \sin z_2$,
$\sin(z_1 + z_2) = \sin z_1 \cdot \cos z_2 + \cos z_1 \cdot \sin z_2$.

Aufgabe 2.3.13
Für eine Drehstromleitung mit geerdetem Null-Leiter seien die drei Phasen gegeben durch
$$U_1 = U_0 \cos \omega t, \quad U_2 = U_0 \cos\left(\omega t + \frac{2\pi}{3}\right) \quad \text{und} \quad U_3 = U_0 \cos\left(\omega t + \frac{4\pi}{3}\right).$$

a) Man zeige für $z = \exp(2\pi i / n)$ ($n \in \mathbb{N}$): $\sum\limits_{k=0}^{n-1} z^k = 0$. b) Man zeige: $U_1 + U_2 + U_3 = 0$.

c) Man stelle die Spannungsdifferenz $U_2 - U_1$ in folgender Form dar: $U_2 - U_1 = U \cos(\omega t + \varphi)$.

A.3 Vektorrechnung, analytische Geometrie

A.3.1 Vektoren

Aufgabe 3.1.1

Eine Straßenlampe hängt in der Mitte eines Haltedrahtes, der an zwei gleich hohen Masten befestigt ist. Die Masten haben einen Abstand von 10 m. Man berechne die Spannkräfte $\mathbf{F}_1$ und $\mathbf{F}_2$ in dem Draht, wenn die Lampe 20 cm durchhängt und ein Gewicht von $\|\mathbf{G}\| = 24$ N besitzt.

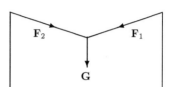

Bild 3.1.1 Kraftvektoren bei der Straßenlampe

Aufgabe 3.1.2

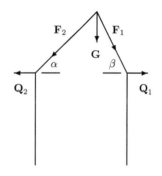

Ein Laufkran soll unter dem Dachfirst einer Halle angebracht werden und mit einer maximalen Gewichtskraft von $\|\mathbf{G}\| = 20000$ N belastbar sein. Diese Last soll durch die Dachschrägen aufgefangen werden. Der Hallenquerschnitt ergibt sich aus der nebenstehenden Zeichnung mit $\alpha = 45°$ und $\beta = 60°$.

Man berechne die in den Dachschrägen auftretenden Belastungskräfte $\mathbf{F}_1$ und $\mathbf{F}_2$ und die senkrecht auf den Wänden stehenden Querkräfte $\mathbf{Q}_1$ und $\mathbf{Q}_2$.

Bild 3.1.2 Kraftvektoren beim Laufkran

Aufgabe 3.1.3

Gegeben sind die Vektoren $\mathbf{p} = \begin{pmatrix} 3 \\ 0 \\ 4 \end{pmatrix}$ und $\mathbf{q} = \begin{pmatrix} -1 \\ 2 \\ -2 \end{pmatrix}$.

a) Man berechne den Winkel zwischen $\mathbf{p}$ und $\mathbf{q}$ sowie die Länge der Projektion von $\mathbf{p}$ auf $\mathbf{q}$.

b) Man gebe einen Vektor $\mathbf{n}$ mit $\|\mathbf{n}\| = 1$ an, der auf $\mathbf{p}$ und $\mathbf{q}$ senkrecht steht.

c) Man bestimme $\lambda \in \mathbb{R}$, so dass die Linearkombination $\mathbf{s} = \mathbf{p} + \mathbf{q} + \lambda \mathbf{n}$ die Länge $\|\mathbf{s}\| = \sqrt{13}$ hat.

d) Man bestimme die Fläche F des durch $\mathbf{p}$ und $\mathbf{q}$ in $\mathbb{R}^3$ aufgespannten Parallelogramms.

e) Man bestimme das Volumen V des durch $\mathbf{p}, \mathbf{q}$ und $\mathbf{n}$ aufgespannten Spates.

Aufgabe 3.1.4

a) Man bestimme die Winkel zwischen den folgenden Vektoren im $\mathbb{R}^3$:

$$\mathbf{a} = \begin{pmatrix} 1 \\ 1 \\ 0 \end{pmatrix}, \quad \mathbf{b} = \begin{pmatrix} -1 \\ 0 \\ 1 \end{pmatrix} \quad \text{und} \quad \mathbf{c} = \begin{pmatrix} 2 \\ 0 \\ 2 \end{pmatrix}.$$

b) Man bestimme die Länge der Projektion des Vektors $\mathbf{a} + \mathbf{b}$ auf die Richtung von $\mathbf{c}$.

c) Man gebe einen Vektor $\mathbf{n}$ mit $\|\mathbf{n}\| = 1$ an, der auf $\mathbf{b}$ und $\mathbf{a} + \mathbf{c}$ senkrecht steht.

Aufgabe 3.1.5

a) Man bestimme die Fläche F des durch die Vektoren
$$\mathbf{u} := \begin{pmatrix} 1 \\ 3 \\ 6 \end{pmatrix} \quad \text{und} \quad \mathbf{v} := \begin{pmatrix} 3 \\ 2 \\ 2 \end{pmatrix}$$
im $\mathbb{R}^3$ aufgespannten Parallelogramms.

b) Man bestimme die Fläche D des Dreiecks im $\mathbb{R}^3$ mit den Eckpunkten $(1, 0, -1)^T$, $(2, 3, 5)^T$ und $(4, 2, 1)^T$.

c) Man bestimme das Volumen V des durch die Vektoren
$$\mathbf{u} = \begin{pmatrix} 1 \\ 3 \\ 6 \end{pmatrix}, \quad \mathbf{v} = \begin{pmatrix} 3 \\ 2 \\ 2 \end{pmatrix} \quad \text{und} \quad \mathbf{w} = \begin{pmatrix} -2 \\ 8 \\ 7 \end{pmatrix}$$
im $\mathbb{R}^3$ aufgespannten Spates.

Aufgabe 3.1.6

Man berechne:

a) $\begin{pmatrix} 1 \\ 2 \\ 4 \end{pmatrix} \times \begin{pmatrix} -2 \\ 3 \\ 1 \end{pmatrix}$,

b) $(3\mathbf{a} - 2\mathbf{b}) \times (\mathbf{a} + \mathbf{b})$,

c) die Fläche F des Dreiecks mit den Eckpunkten
$$P_1 = \begin{pmatrix} 4 \\ 2 \\ 3 \end{pmatrix}, \quad P_2 = \begin{pmatrix} 1 \\ 0 \\ 5 \end{pmatrix} \quad \text{und} \quad P_3 = \begin{pmatrix} 6 \\ -1 \\ 1 \end{pmatrix}.$$

Aufgabe 3.1.7

a) Man begründe geometrisch: Zu gegebenen Vektoren $\mathbf{x}_1, \mathbf{u} \in \mathbb{R}^3$ beschreibt
$$G = \{\mathbf{x} \mid (\mathbf{x} - \mathbf{x}_1) \times \mathbf{u} = \mathbf{0}\}$$
die Gerade durch $\mathbf{x}_1$ in Richtung $\mathbf{u}$.

b) Durch elementare Rechnung beweise man den **Entwicklungssatz**:
$$\mathbf{a} \times (\mathbf{b} \times \mathbf{c}) = \langle \mathbf{a}, \mathbf{c} \rangle \mathbf{b} - \langle \mathbf{a}, \mathbf{b} \rangle \mathbf{c}.$$

c) Gegeben seien zwei nicht parallele Vektoren $\mathbf{a}, \mathbf{c} \in \mathbb{R}^3$ mit $\mathbf{a} \neq 0$ und $\mathbf{c} \neq 0$. Für welche Vektoren $\mathbf{b} \in \mathbb{R}^3$ gilt
$$\mathbf{a} \times (\mathbf{b} \times \mathbf{c}) = (\mathbf{a} \times \mathbf{b}) \times \mathbf{c} \, ?$$

Aufgabe 3.1.8

a) Gegeben seien die Vektoren $\mathbf{a} = \begin{pmatrix} 5 \\ 6 \\ 1 \end{pmatrix}$ und $\mathbf{b} = \begin{pmatrix} -8 \\ -8 \\ 6 \end{pmatrix}$.

Man ermittle zwei Vektoren $\mathbf{x}$ und $\mathbf{y}$, für die gilt: $\mathbf{y}$ ist parallel zu $\mathbf{b}$, $\mathbf{x}$ steht senkrecht auf $\mathbf{b}$, und $\mathbf{x} + \mathbf{y} = \mathbf{a}$.

b) Mit Hilfe des Vektorproduktes bestimme man den Oberflächeninhalt M des durch die Punkte
$$P_1 = (0, 0, 0)^T, \quad P_2 = (-2, 0, 1)^T, \quad P_3 = (2, 1, 0)^T \quad \text{und} \quad P_4 = (1, 3, 1)^T$$
bestimmten Tetraeders.

Aufgabe 3.1.9
Man berechne das Volumen des Spates $V(t)$, der durch folgende Vektoren aufgespannt wird

$$\mathbf{a} = \begin{pmatrix} -1 \\ -t \\ -1-t \end{pmatrix}, \quad \mathbf{b} = \begin{pmatrix} -7 \\ -1 \\ 0 \end{pmatrix} \quad \text{und} \quad \mathbf{c} = \begin{pmatrix} 2t-8 \\ 2-2t \\ 2t \end{pmatrix}.$$

Für welche t liegen $\mathbf{a}, \mathbf{b}$ und $\mathbf{c}$ in einer Ebene, die den Nullpunkt enthält? Für diese Ebenen gebe man die Hessesche Normalform an.

A.3.2 Geraden und Ebenen im $\mathbb{R}^3$

Aufgabe 3.2.1
Gegeben sind die Punkte

$$A = (1,0,-2)^T, \quad B = (1,1,-3)^T, \quad C = (0,1,-4)^T \quad \text{und} \quad D = \frac{1}{2}(0,2,-5)^T.$$

a) Man bestimme die Hessesche Normalform der durch A, B, C verlaufenden Ebene. Welchen Abstand hat D von dieser Ebene?

b) Man gebe eine Parameterdarstellung jener Geraden durch D an, welche auf der in a) ermittelten Ebene senkrecht steht. In welchem Punkt P durchstößt diese Gerade die Ebene? Liegt P innerhalb des Dreiecks $\triangle ABC$?

c) Für die zur Ebene aus a) parallele und durch den Nullpunkt verlaufende Ebene E_p gebe man eine Matrix $\mathbf{H} \in \mathbb{R}^{(3 \times 3)}$ an, die die Spiegelung des $\mathbb{R}^3$ an E_p beschreibt.

(Klausur-)Aufgabe 3.2.2
Gegeben seien die Punkte $A = (3,0,-4)^T$, $B = (3,4,0)^T$ und $C = (-3,2,4)^T$.

a) Wie lautet die Hessesche Normalform der Ebene E durch die Punkte A, B und C? Welchen Abstand d hat der Punkt $P = (3,2,1)$ von dieser Ebene? Man bestimme den Fußpunkt F des Lotes von P auf E. Liegt dieser Punkt innerhalb des Dreiecks $\triangle ABC$?

b) Durch das Dreieck $\triangle ABC$ (die Kantenlänge sei in Metern gemessen) fließe eine Strömung mit der konstanten Geschwindigkeit $\|\mathbf{v}\| = 3$m/s; Geschwindigkeitsvektor $\mathbf{v}^T = (2,1,2)$.
Man berechne das Volumen V, welches in 1s durch das Dreieck $\triangle ABC$ strömt.

(Klausur-)Aufgabe 3.2.3
Gegeben seien die Punkte $A = (-4,0,3)^T$, $B = (0,4,3)^T$ und $C = (4,2,-3)^T$.

a) Man bestimme eine Parameterdarstellung der Geraden durch A und B.

b) In welchem Punkt D durchstößt die in a) ermittelte Gerade die Ebene

$$3x - y + 2z - 4 = 0?$$

c) Man bestimme die Koordinaten des Schwerpunktes S des Dreiecks $\triangle ABC$.
Hinweis: Der Schwerpunkt teilt die Seitenhalbierenden des Dreiecks im Verhältnis $2:1$.

d) Man bestimme den Schnittpunkt H der Höhen im Dreieck $\triangle ABC$.

(Klausur-)Aufgabe 3.2.4
Gegeben sei ein Tetraeder mit den Ecken

$$A = (3,1,-1)^T, \quad B = (1,0,1)^T, \quad C = (-5,3,1)^T \quad \text{und} \quad D = (-4,1,2)^T.$$

a) Man bestimme eine Parameterdarstellung der Geraden längs der Höhe durch D.

b) Man bestimme die Hessesche Normalform der Ebene durch die Punkte A, B, C.

c) Man berechne den Winkel zwischen den Ebenen ABC und ABD.

(Klausur-)Aufgabe 3.2.5
Gegeben sind die Punkte P_1 und P_2 sowie die Ebene E:

$$P_1 = \begin{pmatrix} 1 \\ 1 \\ 1 \end{pmatrix}, \quad P_2 = \begin{pmatrix} 1 \\ -1 \\ 1 \end{pmatrix}, \quad E : -2x + y + 2z = 0.$$

a) Man gebe die Hessesche Normalform von E an.

b) Man bestimme die Parameterform von E.

c) Man berechne die Fläche F des Dreiecks mit den Ecken O (Ursprung), P_1 und P_2.

d) Man berechne die Fläche F_p des Dreiecks, das durch die orthogonale Projektion der Punkte O, P_1 und P_2 auf die Ebene E entsteht.

e) Liegt der Schnittpunkt S der Geraden, die durch P_1 und P_2 verläuft, mit der Ebene E zwischen P_1 und P_2? (Begründung!)

Aufgabe 3.2.6

a) In welchem Punkt D durchstößt eine Gerade $\mathbf{g}$, die auf der Ebene $E : x_1 - x_2 + x_3 = 4$ senkrecht steht und den Punkt $P = (1, 2, 3)^T$ enthält, die Ebene E?

b) Man berechne die Hessesche Normalform derjenigen Ebene E, die zu den Vektoren

$$\mathbf{a} = \begin{pmatrix} 3 \\ 0 \\ 4 \end{pmatrix} \text{ und } \mathbf{b} = \begin{pmatrix} -1 \\ 2 \\ -2 \end{pmatrix} \text{ parallel ist und den Punkt } P = \begin{pmatrix} 1 \\ 2 \\ 3 \end{pmatrix} \text{ enthält. Weiterhin}$$

bestimme man den Abstand d dieser Ebene vom Nullpunkt.

c) Falls die unter (i) und (ii) vorgegebenen Ebenen E_1 und E_2 einander schneiden, so bestimme man die Schnittgerade $\mathbf{g}$. Falls die Ebenen parallel sind, dann berechne man deren Abstand.

(i) $E_1 : 2x_1 - 5x_2 + 3x_3 = 5$, $E_2 : -4x_1 + 10x_2 - 6x_3 = 8$,

(ii) $E_1 : x_1 + x_3 = 1$, $E_2 : x_1 + x_2 = 2$.

Aufgabe 3.2.7

a) Gegeben sei eine Gerade $\mathbf{x}$ in Parameterform

$$\mathbf{x}(\lambda) = \mathbf{a} + \lambda \mathbf{u}, \quad \lambda \in \mathbb{R} \quad \text{mit} \quad \mathbf{a} = \begin{pmatrix} 1 \\ 2 \\ 3 \end{pmatrix} \quad \text{und} \quad \mathbf{u} = \begin{pmatrix} 1 \\ 0 \\ 1 \end{pmatrix}.$$

Man berechne den Abstand dieser Geraden zum Punkt $P = (0, 0, 0)^T$.

b) Gegeben seien zwei Geraden mit den Gleichungen

$$\mathbf{g}(\lambda) = \mathbf{a} + \lambda \mathbf{u} \quad \text{und} \quad \mathbf{h}(\mu) = \mathbf{b} + \mu \mathbf{v}, \quad \text{wobei} \quad \lambda, \mu \in \mathbb{R}.$$

A.3.2   Geraden und Ebenen im $\mathbf{R}^3$ 23

Für die unter (i) und (ii) gegebenen Beispiele berechne man die Koordinaten des Schnittpunktes S, falls die Geraden sich schneiden. Falls die Geraden windschief oder parallel sind, dann berechne man deren Abstand d.

(i) $\mathbf{a} = \begin{pmatrix} 1 \\ 1 \\ 1 \end{pmatrix}, \quad \mathbf{u} = \begin{pmatrix} 1 \\ 0 \\ 1 \end{pmatrix}; \quad \mathbf{b} = \begin{pmatrix} 1 \\ 0 \\ 2 \end{pmatrix}, \quad \mathbf{v} = \begin{pmatrix} 1 \\ 1 \\ 0 \end{pmatrix}$

(ii) $\mathbf{a} = \begin{pmatrix} -1 \\ 0 \\ 3 \end{pmatrix}, \quad \mathbf{u} = \begin{pmatrix} 1 \\ 1 \\ 0 \end{pmatrix}; \quad \mathbf{b} = \begin{pmatrix} 1 \\ 1 \\ 1 \end{pmatrix}, \quad \mathbf{v} = \begin{pmatrix} 1 \\ 0 \\ 1 \end{pmatrix}.$

Aufgabe 3.2.8
Zur Positionsbestimmung bei Pilotballon-Aufstiegen werden von zwei Theodoliten T_1 und T_2 synchron Peilungen durchgeführt. Jede Messung besteht aus vier Winkeln: den Azimutwinkeln α_1, α_2 und den Elevationswinkeln ε_1, ε_2.

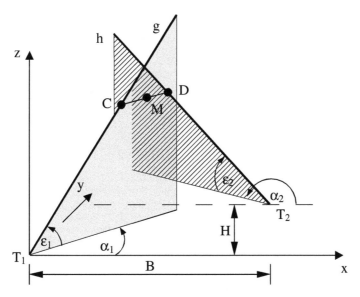

Bild 3.2.8   Doppelanschnitt-Verfahren

Das Koordinatensystem sei so gewählt, dass die Theodoliten in $T_1 = (0,0,0)$ und $T_2 = (B,0,H)$ positioniert sind (B: Basislänge, H: Höhendifferenz)

a) Man zeige, dass die Peilrichtungen gegeben sind durch

$$\mathbf{g} = \begin{pmatrix} \cos\alpha_1 \cos\varepsilon_1 \\ \sin\alpha_1 \cos\varepsilon_1 \\ \sin\varepsilon_1 \end{pmatrix} \quad , \quad \mathbf{h} = \begin{pmatrix} \cos\alpha_2 \cos\varepsilon_2 \\ \sin\alpha_2 \cos\varepsilon_2 \\ \sin\varepsilon_2 \end{pmatrix}.$$

b) Aufgrund von Messfehlern sind die Peilgeraden g und h im Allgemeinen windschief. Man zeige, dass für die Punkte C (auf g) und D (auf h) kürzesten Abstandes die folgenden Beziehungen gelten:

$$C = \lambda \begin{pmatrix} g_1 \\ g_2 \\ g_3 \end{pmatrix} \quad , \quad D = \begin{pmatrix} B \\ 0 \\ H \end{pmatrix} + \mu \begin{pmatrix} h_1 \\ h_2 \\ h_3 \end{pmatrix} ,$$

$$\lambda = \frac{(g_1 B + g_3 H) - (h_1 B + h_3 H)(\Sigma g_i h_i)}{1 - (\Sigma g_i h_i)^2} ,$$

$$\mu = \frac{-(h_1 B + h_3 H) + (g_1 B + g_3 H)(\Sigma g_i h_i)}{1 - (\Sigma g_i h_i)^2} .$$

Als Schätzwert für die Position des Pilotballons wählt man den Mittelpunkt M der Strecke CD.

Aufgabe 3.2.9

Ein Fahnenmast der Höhe H steht auf einem ebenen Platz 20 m vor der Mitte der Fassade eines 50 m breiten und 15 m hohen Rathauses. Man lege den Ursprung des (x_1, x_2, x_3)-Koordinatensystems auf Platzhöhe in die Mitte der Hausfassade und diese wiederum parallel zur x_2-Achse. Der Mast wird nun von der Sonne aus Richtung $\mathbf{s} = (-4, 1, -4)^T$ angestrahlt und erzeugt so zwei Schattenlinien. Der Schattenpunkt der Mastspitze befindet sich auf 5 m Höhe an der Hausfassade.
Man berechne die Höhe H des Fahnenmastes und seine Schattenlänge auf dem Platz.

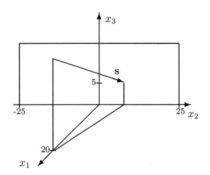

Bild 3.2.9   Geometrie des Rathausplatzes

Aufgabe 3.2.10
Ein LKW mit einer Länge von 11 m und einer konstanten Geschwindigkeit von 45 km/h und ein PKW mit einer Länge von 5 m und einer konstanten Geschwindigkeit von 54 km/h fahren auf ihren Straßen auf eine Kreuzung im Punkt $C = (70, 30)^T$ zu (dies seien Meterangaben in einem rechtwinkligen Koordinatensystem). Zum Zeitpunkt $t_0 = 0$s befindet sich die vordere Stoßstange des LKW im Punkt $A = (30, 0)^T$ und die des PKW im Punkt $B = (110, -30)^T$. Die Sicht auf die Kreuzung ist durch Häuser verdeckt. Durch einen Fehler in der Ampelschaltung sieht jeder der Fahrer grünes Licht.

Man fertige eine Zeichnung zum Zeitpunkt t_0 an und kläre, ob es zum Zusammenstoß kommt, wenn jeder der Fahrer sich auf das grüne Licht der Ampelschaltung verlässt und sein Fahrverhalten nicht ändert!

Aufgabe 3.2.11
Eine punktförmigen Lichtquelle im Punkt $P = (1, 1, 1)^T$ scheine auf ein Dreieck mit den Eckpunkten

$$A = \left(1, \frac{4}{3}, \frac{1}{3}\right)^T , \quad B = \left(1, \frac{3}{2}, 1\right)^T \quad \text{und} \quad C = \left(\frac{5}{2}, \frac{1}{2}, 0\right)^T .$$

Man berechne die Fläche des Dreieckschattes auf der Ebene $\quad 4x + 6y - 3z = 19$.

Aufgabe 3.2.12
Geografische Positionen auf der Erdkugel (Radius $R_E = 6371$ km) werden üblicherweise in Kugelkoordinaten angegeben:
$$\mathbf{x} = R_E (\cos\lambda \cos\varphi, \ \sin\lambda \cos\varphi, \ \sin\varphi)^T .$$

Dabei bezeichnet $\lambda \in\ ]-\pi, \pi]$ den *Längengrad*, $\varphi \in \left[-\frac{\pi}{2}, \frac{\pi}{2}\right]$ den *Breitengrad* des Ortes $\mathbf{x}$.

So gilt beispielsweise:

Moskau : $\lambda = 37°35', \varphi = 55°45'$, Genf : $\lambda = 6°9', \varphi = 46°12'$, Washington : $\lambda = -77°1', \varphi = 38°54'$.

Man berechne die Entfernungen (auf der Oberfläche der Erdkugel) von Moskau nach Genf, von Washington nach Genf und von Washington nach Moskau. Man rechne dazu in kartesische Koordinaten um und bestimme mit Hilfe des Skalarproduktes den Winkel zwischen den Ortsvektoren.

A.3.3 Allgemeine Vektorräume

Aufgabe 3.3.1

a) Man zeige, dass $\{\mathbf{v}_1, \mathbf{v}_2, \mathbf{v}_3\}$ eine Basis des $\mathbb{R}^3$ bilden, mit

$$\mathbf{v}_1 := \begin{pmatrix} 2 \\ 1 \\ 2 \end{pmatrix}, \quad \mathbf{v}_2 = \begin{pmatrix} 0 \\ 0 \\ 4 \end{pmatrix} \quad \text{und} \quad \mathbf{v}_3 := \begin{pmatrix} 5 \\ 0 \\ -3 \end{pmatrix}.$$

b) Man zeige, dass

$$W := \left\{ \begin{pmatrix} x_1 \\ x_1 + x_2 \\ x_1 + x_2 \end{pmatrix} \,\middle|\, x_1, x_2 \in \mathbb{R} \right\}$$

ein Unterraum des $\mathbb{R}^3$ und dass

$$\left\{ \begin{pmatrix} 1 \\ 1 \\ 1 \end{pmatrix}, \begin{pmatrix} 1 \\ 0 \\ 0 \end{pmatrix} \right\}$$

eine Basis von W ist.

Aufgabe 3.3.2

Man überprüfe, ob folgende Mengen Untervektorräume des $\mathbb{R}^3$ bzw. Π_n sind:

a) $W_1 = \{\mathbf{x} \in \mathbb{R}^3 \mid \langle \mathbf{x}, \mathbf{n} \rangle = 0 \text{ mit } \mathbf{n} \in \mathbb{R}^3 \text{ fest}\}$,

b) $W_2 = \{\mathbf{x} \in \mathbb{R}^3 \mid -2x_1 - 5x_2 + x_3 = 1\}$,

c) $W_3 = \{\mathbf{x} \in \mathbb{R}^3 \mid x_1 + 3x_2 + 7x_3 = 0\}$,

d) $W_4 = \{p \in \Pi_n \mid p(x) = p(-x) \text{ für alle } x \in \mathbb{R}\}$,

e) $W_5 = \{p \in \Pi_n \mid p(x) = |p(x)| \text{ für alle } x \in \mathbb{R}\}$,

f) $W_6 = \{p \in \Pi_n \mid p(x) = -p(-x) \text{ für alle } x \in \mathbb{R}\}$.

Aufgabe 3.3.3

a) Gegeben seien die drei Vektoren $\mathbf{x}, \mathbf{y}, \mathbf{z} \in \mathbb{R}^4$. Die Vektoren $\mathbf{x}, \mathbf{y}$ sowie $\mathbf{x}, \mathbf{z}$ und $\mathbf{y}, \mathbf{z}$ seien paarweise linear unabhängig. Dann sind auch $\mathbf{x}, \mathbf{y}, \mathbf{z}$ linear unabhängig.

Man beweise die Aussage oder gebe ein Gegenbeispiel an.

b) (i) Man zeige, dass durch $B = \{1, 1-x, (1-x)^2, (1-x)^3\}$ eine Basis von Π_3 gegeben ist.

(ii) Man gebe die Basisdarstellung des Polynoms $p(x) = x^3 - 2x^2 + 7x + 5$ bezüglich der Basis B an.

Aufgabe 3.3.4

a) Welche der im Folgenden gegebenen Vektoren sind linear abhängig?

(i) $\begin{pmatrix} 3 \\ 0 \\ -1 \end{pmatrix}, \begin{pmatrix} 1 \\ 28 \\ 4 \end{pmatrix}$ (ii) $\begin{pmatrix} 1 \\ 1 \\ -3 \end{pmatrix}, \begin{pmatrix} -11 \\ 7 \\ 4 \end{pmatrix}, \begin{pmatrix} 8 \\ -15 \\ 3 \end{pmatrix}, \begin{pmatrix} 1 \\ 1 \\ -1 \end{pmatrix}$

(iii) $\begin{pmatrix} 7 \\ -12 \\ 25 \\ 1 \end{pmatrix}, \begin{pmatrix} 0 \\ 0 \\ 0 \\ 0 \end{pmatrix}$ (iv) $\begin{pmatrix} 1 \\ 0 \\ -3 \\ 1 \end{pmatrix}, \begin{pmatrix} 4 \\ 1 \\ 5 \\ -2 \end{pmatrix}, \begin{pmatrix} 10 \\ 3 \\ 21 \\ -8 \end{pmatrix}$.

b) Man bestimme das $\alpha \in \mathbb{R}$, für das die folgenden Vektoren linear abhängig sind:

$$\mathbf{v}_1 = \begin{pmatrix} 1 \\ 0 \\ 1 \end{pmatrix}, \quad \mathbf{v}_2 = \begin{pmatrix} -1 \\ 1 \\ 1 \end{pmatrix}, \quad \mathbf{v}_3 = \begin{pmatrix} 0 \\ 2 \\ \alpha \end{pmatrix}.$$

Für dieses α stelle man $\mathbf{v}_j$ $(j = 1, 2, 3)$ jeweils als Linearkombination der anderen Vektoren $\mathbf{v}_k$ $(k \neq j)$ dar.

Aufgabe 3.3.5

a) Man gebe eine Basis und die Dimension der folgenden Untervektorräume an:

(i) $W_1 = \text{Spann}\left(\begin{pmatrix} 1 \\ 5 \end{pmatrix}, \begin{pmatrix} 5 \\ 1 \end{pmatrix}, \begin{pmatrix} 1 \\ 4 \end{pmatrix}, \begin{pmatrix} 4 \\ 1 \end{pmatrix} \right),$

(ii) $W_2 = \text{Spann}\left(\begin{pmatrix} 2 \\ 4 \\ 8 \end{pmatrix}, \begin{pmatrix} 1 \\ 3 \\ 1 \end{pmatrix}, \begin{pmatrix} 1 \\ 4 \\ -2 \end{pmatrix} \right),$

(iii) $W_3 = \text{Spann}\left(\begin{pmatrix} 2 \\ 1 \\ 3 \end{pmatrix}, \begin{pmatrix} -4 \\ -1 \\ 1 \end{pmatrix}, \begin{pmatrix} -2 \\ 0 \\ 4 \end{pmatrix} \right),$

(iv) $W_4 = \text{Spann}\left(\begin{pmatrix} 1 \\ 1 \\ 1 \\ 1 \end{pmatrix}, \begin{pmatrix} 0 \\ 1 \\ 2 \\ 3 \end{pmatrix}, \begin{pmatrix} 0 \\ 0 \\ -1 \\ -1 \end{pmatrix}, \begin{pmatrix} 0 \\ 1 \\ 1 \\ 2 \end{pmatrix} \right).$

b) Für welchen Wert $\alpha \in \mathbb{R}$ sind die folgenden Vektoren linear abhängig?

$$\mathbf{v}_1 = \begin{pmatrix} 1 \\ 1 \\ 2 \end{pmatrix}, \quad \mathbf{v}_2 = \begin{pmatrix} 1 \\ 0 \\ \alpha \end{pmatrix}, \quad \mathbf{v}_3 = \begin{pmatrix} 1 \\ 2 \\ 3 \end{pmatrix}$$

Für dieses α stelle man $\mathbf{v}_j$ $(j = 1, 2, 3)$ jeweils als Linearkombination der anderen Vektoren $\mathbf{v}_k$ $(k \neq j)$ dar.

Aufgabe 3.3.6

Man untersuche die folgenden Abbildungen auf Linearität:

a) $T_1: \mathbb{R} \to \mathbb{R}^2, \quad T_1(x) := (x, 1)^T$,

b) $T_2: \mathbb{R}^2 \to \mathbb{R}, \quad T_2(\mathbf{x}) := x_1 + x_2^2$,

c) $T_3: \mathbb{R}^3 \to \mathbb{R}^2, \quad T_3(\mathbf{x}) := (x_1 + x_2, x_3)^T$,

d) $T_4: \mathbb{C} \to \mathbb{C}^4, \quad T_4(z) := (iz, 2i^2 z, 3i^3 z, 4i^4 z)^T$,

e) $T_5: \mathbb{C}^n \to \mathbb{C}, \quad T_5(\mathbf{w}) := \|\mathbf{w}\|$,

f) $T_6: \Pi_n \to \Pi_{n-1}, \quad T_6(p) := p'(t)$,

g) $T_7: C(\mathbb{R}) \to C(\mathbb{R}), \quad T_7(f) := f(x) + 1$.

A.4 Lineare Gleichungssysteme

A.4.1 Matrizenkalkül

Aufgabe 4.1.1

Mit den Matrizen $\mathbf{A} = \begin{pmatrix} -2 & 3 \\ 4 & 1 \\ -1 & 5 \end{pmatrix}$, $\mathbf{B} = \begin{pmatrix} 3 & 0 \\ 1 & -7 \end{pmatrix}$ und $\mathbf{C} = \begin{pmatrix} 1 & 4 \\ 0 & -2 \\ 3 & 5 \end{pmatrix}$

und den Vektoren $\mathbf{x} = \begin{pmatrix} 1 \\ 0 \\ -4 \end{pmatrix}$, $\mathbf{y} = \begin{pmatrix} 8 \\ -5 \end{pmatrix}$ und $\mathbf{z} = \begin{pmatrix} 3 \\ 2 \end{pmatrix}$

bilde man $\mathbf{A} + \mathbf{C}$, $2\mathbf{B}$, $\mathbf{A}(\mathbf{y} + \mathbf{z})$, $\mathbf{C}(-4\mathbf{z})$, $(\mathbf{A} + \mathbf{C})\mathbf{y}$, $\mathbf{A}\mathbf{B}$, $\mathbf{A}\mathbf{C}^T$, $\mathbf{x}^T\mathbf{A}$, $\mathbf{y}^T\mathbf{z}$, $\mathbf{y}\mathbf{z}^T$.

Aufgabe 4.1.2
Gegeben seien die Matrizen

$\mathbf{A}_1 = \begin{pmatrix} 1 & 2 \\ 3 & 4 \end{pmatrix}$, $\mathbf{A}_2 = \begin{pmatrix} 1 & 2 & 0 \\ 0 & 3 & 4 \end{pmatrix}$, $\mathbf{A}_3 = \begin{pmatrix} 1 & 2 & 3 \\ 2 & 1 & 2 \\ 3 & 2 & 1 \end{pmatrix}$, $\mathbf{A}_4 = \begin{pmatrix} 1 \\ 4 \\ 2 \end{pmatrix}$, $\mathbf{A}_5 = \begin{pmatrix} 2 \\ 1 \\ 1 \end{pmatrix}$.

a) Man bestimme alle Produkte von je zwei dieser Matrizen, die definiert sind.

b) Man bestimme alle Produkte der Form $\mathbf{A}_i^T \mathbf{A}_j$ und $\mathbf{A}_i \mathbf{A}_j^T$, $i \neq j$, $i, j \in \{1, 2, \ldots, 5\}$, soweit sie definiert sind.

Aufgabe 4.1.3

Für die Matrix $\mathbf{A} = \begin{pmatrix} 1 & 2 & 3 \\ 2 & 3 & 4 \\ 3 & 4 & 5 \end{pmatrix}$ und die Einheitsmatrix $\mathbf{I}$ ermittle man

$$3\mathbf{A}^2 - 4\mathbf{A} + 5\mathbf{I} \quad \text{und} \quad \exp(\mathbf{A}) \approx \mathbf{I} + \mathbf{A} + \frac{1}{2}\mathbf{A}^2 + \frac{1}{6}\mathbf{A}^3 \, .$$

Aufgabe 4.1.4
Gegeben seien die folgenden komplexwertigen Matrizen

$$\mathbf{A} = \begin{pmatrix} 1-2i & 3-i \\ 3+i & 1+2i \end{pmatrix}, \quad \mathbf{B} = \begin{pmatrix} 1+i & 2 \\ 2-i & 1-i \end{pmatrix} \quad \text{und} \quad \mathbf{b} = \begin{pmatrix} 4-3i \\ 2+4i \end{pmatrix}.$$

a) Man berechne $\mathbf{A} \cdot \mathbf{B}$, $\mathbf{B} \cdot \mathbf{A}$, $\mathbf{A} \cdot \mathbf{b}$, $\mathbf{A}^*$, $\mathbf{B}^*$.

b) Man bestimme die komplexe Lösung des Gleichungssystems $\mathbf{A}\mathbf{x} = \mathbf{b}$.

c) Ist $\mathbf{A}$ unitär?

Aufgabe 4.1.5
Gegeben seien $\mathbf{A} = \frac{1}{\sqrt{2}} \begin{pmatrix} 1 & -i \\ i & -1 \end{pmatrix}$, $\mathbf{B} = \frac{1}{\sqrt{2}} \begin{pmatrix} i & 1 \\ 1 & i \end{pmatrix}$ und $\mathbf{b} = \frac{1}{\sqrt{2}} \begin{pmatrix} 0 \\ -2+2i \end{pmatrix}$.

a) Man berechne die Matrizenprodukte $\mathbf{A}^*\mathbf{A}$, $\mathbf{B}\mathbf{B}^*$, $\mathbf{A}\mathbf{b}$, $\mathbf{B}^2$, $\mathbf{B}^4$, $\mathbf{B}^8$.

b) Sind die Matrizen $\mathbf{A}$ und $\mathbf{B}$ symmetrisch, hermitesch, orthogonal, unitär oder haben sie keine der genannten Eigenschaften?

c) Man löse die linearen Gleichungssysteme $\mathbf{A}\mathbf{x} = \mathbf{b}$, $\mathbf{B}\mathbf{y} = \mathbf{b}$.

Aufgaben und Lösungen zu Mathematik für Ingenieure 1, 4.Aufl., R. Ansorge, H. J. Oberle, K. Rothe und Th. Sonar
Copyright © 2010 WILEY-VCH Verlag GmbH & Co. KGaA, Weinheim
ISBN: 978-3-527-40987-7

Aufgabe 4.1.6
Man bestimme die Parameter $a_i, b_i, c_i, \ldots, f_i \in \mathbb{R}$, so dass die Matrizen

$$\mathbf{A} = \begin{pmatrix} 0.5 & b_1 \\ a_1 & 0.5 \end{pmatrix} \text{ orthogonal und } \mathbf{B} = \begin{pmatrix} a_2 & 0.5 \\ b_2 & c_2 \end{pmatrix} \text{ orthogonal und symmetrisch sind, und die}$$

komplexen Matrizen $\mathbf{C} = \begin{pmatrix} a_3 + b_3 i & c_3 + 0.5i \\ d_3 + l_3 i & 0.5 + f_3 i \end{pmatrix}$ und $\mathbf{D} = \begin{pmatrix} a_4 + b_4 i & c_4 + d_4 i \\ l_4 + f_4 i & a_4 + b_4 i \end{pmatrix}$ unitär und hermitesch sind.

Aufgabe 4.1.7

a) Man bestimme die Lösung $\mathbf{X}$ der Matrizengleichung $\mathbf{AX} + \mathbf{XA}^T = \mathbf{I}_2$, wobei $\mathbf{A} = \begin{pmatrix} 2 & 0 \\ -1 & 1 \end{pmatrix}$.

b) Man bestimme sämtliche Lösungen $\mathbf{X}$ der Matrizengleichung $\mathbf{X}^2 - \mathbf{X} = \begin{pmatrix} 2 & 0 \\ 8 & 6 \end{pmatrix}$.

c) Es sei $\mathbf{a}$ ein n-dimensionaler Spaltenvektor mit $\|\mathbf{a}\| = 1$. Daraus werde die (n,n)-Matrix $\mathbf{A} = \mathbf{I}_n - 2\mathbf{aa}^T$ ($\mathbf{A}$ ist eine so genannte Householder-Matrix) gebildet. Man berechne $\mathbf{A}^2$. Was folgt hieraus für $\mathbf{A}^{-1}$ und allgemein für $\mathbf{A}^p$ (p ganz)?

A.4.2 Gauß-Elimination

Aufgabe 4.2.1
Man löse die folgenden linearen Gleichungssysteme mit Hilfe des Gaußschen Eliminationsverfahrens:

a) $\begin{aligned} 2x_1 \phantom{{}+{}} & \phantom{{}+{} 2x_2} + x_3 &= 3 \\ 4x_1 + & 2x_2 + x_3 &= 3 \\ -2x_1 + & 8x_2 + 2x_3 &= -8 \end{aligned}$, b) $\begin{aligned} x_1 + x_2 + 2x_3 &= 3 \\ 2x_1 + 2x_2 + 5x_3 &= -4 \\ 5x_1 + 5x_2 + 11x_3 &= 6 \end{aligned}$,

c) $\begin{aligned} 2x_1 + x_2 - 3x_3 &= 1 \\ 4x_1 + 2x_2 - 6x_3 &= 2 \\ -6x_1 - 3x_2 + 9x_3 &= -3 \end{aligned}$, d) $\begin{aligned} 3x_1 - 5x_2 + x_3 &= -1 \\ -3x_1 + 6x_2 \phantom{{}+{} 2x_3} &= 2 \\ 3x_1 - 4x_2 + 2x_3 &= 0 \end{aligned}$.

Aufgabe 4.2.2
Man löse die folgenden linearen Gleichungssysteme nach dem Gaußschen Eliminationsverfahren:

a) $\begin{aligned} 3x_1 - 5x_2 &= 2 \\ -9x_1 + 15x_2 &= -6 \end{aligned}$, b) $\begin{aligned} -2x_1 + x_2 + 3x_3 - 4x_4 &= -12 \\ -4x_1 + 3x_2 + 6x_3 - 5x_4 &= -21 \\ 2x_1 - 2x_2 - x_3 + 6x_4 &= 10 \\ -6x_1 + 6x_2 + 13x_3 + 10x_4 &= -22 \end{aligned}$,

c) $\begin{aligned} x_1 + 2x_2 + 3x_3 + 4x_4 + 5x_5 &= 6 \\ 5x_1 + 4x_2 + 3x_3 + 2x_4 + x_5 &= 0 \\ x_1 + x_2 + x_3 + x_4 + x_5 &= 1 \\ 2x_2 + 2x_3 + 2x_4 + 2x_5 &= 2 \end{aligned}$.

(Klausur-)Aufgabe 4.2.3
Für welche reellen Werte α und β besitzt das System

$$\begin{aligned} 2x_1 + x_2 \phantom{{}+{} 2x_3 + x_4} &= 0 \\ x_1 + 2x_2 + x_3 \phantom{{}+{} x_4} &= 0 \\ x_2 + 2x_3 + x_4 &= 0 \\ x_3 + \alpha x_4 &= \beta \end{aligned}$$

a) eine eindeutige Lösung (man berechne diese),

b) mehrere Lösungen (man gebe die allgemeine Lösung an),

c) keine Lösung?

d) Man bestimme die Determinante der Systemmatrix $\mathbf{A}$.

Aufgabe 4.2.4
Man berechne die allgemeine Lösung des linearen Gleichungssystems
$$\begin{pmatrix} -1 & 2 & 3 & 1 & 1 \\ 2 & -3 & -6 & -3 & 0 \\ 3 & -5 & -8 & 0 & -2 \\ 1 & 0 & 0 & -1 & 2 \end{pmatrix} \begin{pmatrix} x_1 \\ x_2 \\ x_3 \\ x_4 \\ x_5 \end{pmatrix} = \begin{pmatrix} -1 \\ 3 \\ 3 \\ 2 \end{pmatrix}.$$

Aufgabe 4.2.5
Gegeben sei das lineare Gleichungssystem $\mathbf{Ax} = \mathbf{b}$ mit $\mathbf{A} = \begin{pmatrix} -1 & 5 & 4 & -6 \\ 2 & -3 & -1 & 5 \\ 3 & 1 & 4 & 2 \\ 4 & -2 & 2 & 6 \end{pmatrix}.$

Man bestimme die Menge aller $\mathbf{b} \in \mathbb{R}^4$, für die dieses Gleichungssystem lösbar ist, und ermittle für diesen Fall die allgemeine Lösung des Gleichungssystems.

(Klausur-)Aufgabe 4.2.6
Man bestimme alle Lösungen mit der Länge $\|x\|_2 = \sqrt{6}$ des linearen Gleichungssystems
$$\begin{pmatrix} -1 & -1 & 2 & 1 \\ 1 & 1 & 2 & 3 \\ 1 & 2 & 3 & 1 \\ -3 & 0 & 5 & -7 \end{pmatrix} \mathbf{x} = \begin{pmatrix} 3 \\ 9 \\ 7 \\ -9 \end{pmatrix}.$$

Aufgabe 4.2.7
a) Man bestimme alle Lösungen des folgenden Gleichungssystems:
$$\begin{pmatrix} 1 & 2 & 3 & 4 & 5 & 6 \\ 1 & 1 & 1 & 1 & 1 & 2 \\ 0 & 2 & 5 & 6 & 7 & 7 \end{pmatrix} \begin{pmatrix} x_1 \\ x_2 \\ x_3 \\ x_4 \\ x_5 \\ x_6 \end{pmatrix} = \begin{pmatrix} 6 \\ 1 \\ 12 \end{pmatrix}.$$

b) In Abhängigkeit der Parameter $a, b \in \mathbb{R}$ diskutiere man die Lösungen des Gleichungssystems
$$\begin{pmatrix} 1 & 2 & 3 \\ 1 & 1 & 1 \\ 0 & 2 & a \end{pmatrix} \begin{pmatrix} x_1 \\ x_2 \\ x_3 \end{pmatrix} = \begin{pmatrix} 6 \\ 1 \\ b \end{pmatrix}.$$

(Klausur-)Aufgabe 4.2.8
Gegeben ist das lineare Gleichungssystem $\mathbf{A x} = \mathbf{b}$ mit
$$\mathbf{A} = \begin{pmatrix} 1 & 2 & -1 & -1 \\ 2 & 5 & 1 & 1 \\ 3 & 7 & 2 & 2 \\ -1 & 0 & 1 & \alpha \end{pmatrix}, \quad \mathbf{b} = \begin{pmatrix} 0 \\ 2 \\ \beta \\ 16 \end{pmatrix}.$$

a) Für welche Werte von α und β besitzt dieses Gleichungssystem
 (i) eine eindeutige Lösung, (ii) keine Lösung, (iii) unendlich viele Lösungen ?

b) Für den Fall, dass $\mathbf{A x} = \mathbf{b}$ eindeutig lösbar ist, gebe man die Lösung in Abhängigkeit von den Parametern α, β an.

c) Man gebe eine Lösungsdarstellung für den Fall (iii) von unendlich vielen Lösungen an.

d) Welchen Wert hat det $\mathbf{A}$?

(Klausur-)Aufgabe 4.2.9

Gegeben sind die Matrix $\mathbf{A} = \begin{pmatrix} 1 & 1 & 2 & 1 \\ 2 & a & 0 & 1 \\ 2 & 1 & 1 & 1 \\ 1 & 2 & 1 & 2 \end{pmatrix}$ und der Vektor $\mathbf{b} = \begin{pmatrix} -2 \\ -1 \\ -2 \\ 0 \end{pmatrix}$.

Man untersuche das Lösungsverhalten des Gleichungssystems $\mathbf{Ax} = \mathbf{b}$ in Abhängigkeit von a und gebe jeweils alle Lösungen $\mathbf{x} = (x_1, \ldots, x_4)^T$ an. Für den Fall der nicht eindeutigen Lösbarkeit bestimme man diejenigen speziellen Lösungen $\mathbf{x}$, für die $\|\mathbf{x}\|_2^2 = 7$ gilt.

(Klausur-)Aufgabe 4.2.10
Gegeben seien der Vektor $\mathbf{b} = \mathbf{b}(t) = (1, 0, 2, 3 - t^2)^T$ und die Matrix

$$\mathbf{A} = \mathbf{A}(t) = \begin{pmatrix} 2 & -2 & 1 & -3 \\ -2 & -2t & t & 4+t \\ -4t & -4 & 2-2t & 8t \\ 6 & -6 & 3+t & -9+t \end{pmatrix} \in \mathbb{R}^{(4,4)}/\mathbb{C}^{(4,4)} .$$

a) Man wende das Gaußsche Eliminationsverfahren auf das Gleichungssystem $\mathbf{Ax} = \mathbf{b}$ an (ohne Rücksubstitution, Dreiecksform genügt!).

b) Man bestimme in Abhängigkeit von t den Rang der Matrix $\mathbf{A}(t)$ sowie die Dimension des Lösungsraumes des homogenen linearen Gleichungssystems $\mathbf{Ax} = \mathbf{0}$. Für $t = 0$ gebe man eine Basis von Kern $\mathbf{A}$ an.

c) Für welche Werte von t ist das inhomogene Gleichungssystem $\mathbf{Ax} = \mathbf{b}$ lösbar?

Aufgabe 4.2.11
Im folgenden Schema sind die x_i so zu bestimmen, dass alle Zeilensummen, alle Spaltensummen und die beiden Diagonalsummen den Wert 15 haben. Man stelle für die Unbekannten ein lineares Gleichungssystem auf und löse es. Wie viele Lösungen gibt es, bei denen in dem „magischen Quadrat" alle natürlichen Zahlen von 1 bis 9 vorkommen?

x_1	9	x_3
x_4	x_5	x_6
x_7	x_8	x_9

Bild 4.2.11 Magisches Quadrat

Aufgabe 4.2.12
Man berechne die Ströme in der Wheatstoneschen Brückenschaltung unter Verwendung der Kirchhoff'schen Regeln:

a) Knotenregel: In jedem Knoten oder Verzweigungspunkt ist die Summe der zu- oder abfließenden Ströme gleich 0.

b) Maschenregel: In jedem geschlossenen Stromkreis (Masche) ist die Summe aller Spannungsanstiege gleich 0 (ein Spannungsabfall ist ein negativer Spannungsanstieg).

A.4.2 Gauß-Elimination

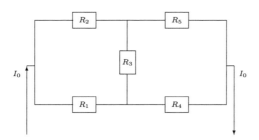

Bild 4.2.12 Wheastonesche Brückenschaltung

Die Eingangsdaten seien $I_0 > 0\,\text{A}$, $R_1 = 1\,\Omega$, $R_2 = 2\,\Omega$, $R_3 = 3\,\Omega$, $R_4 = 4\,\Omega$ und $R_5 = 5\,\Omega$.

Aufgabe 4.2.13
Man stelle unter Verwendung der Kirchhoff'schen Maschenregel Gleichungen zur Bestimmung der Ströme im folgenden Netzwerk auf:

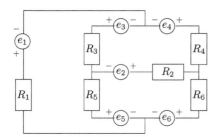

Man löse dieses Gleichungssystem für die folgenden Werte mittels Gauß-Elimination:

$e_1 = 6\,\text{V}, \quad e_2 = 3\,\text{V}, \quad e_3 = 7\,\text{V},$
$e_4 = 9\,\text{V}, \quad e_5 = 2\,\text{V}, \quad e_6 = 1\,\text{V},$

$R_1 = 1\,\Omega, \quad R_2 = 4\,\Omega, \quad R_3 = 3\,\Omega,$
$R_4 = 5\,\Omega, \quad R_5 = 2\,\Omega, \quad R_6 = 4\,\Omega.$

Bild 4.2.13 Netzwerk

Aufgabe 4.2.14
Im hier dargestellten linearen Stabwerk sollen die Stabkräfte $F_1, \ldots, F_{17}$ ermittelt werden. Man unterstellt, dass die Stabkräfte allein durch die horizontalen und vertikalen Kräftegleichgewichte in den Knoten 2 bis 10 determiniert sind. Dabei sei $\alpha = \sin 45° = \cos 45°$. Man stelle das lineare Gleichungssystem auf und gebe es in Matrixschreibweise an.

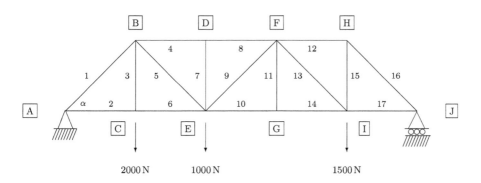

Bild 4.2.14 Stabwerk

Aufgabe 4.2.15
Eine Straßenlampe der Masse $m = 2\,\text{kg}$ sei an drei Masten aufgehängt. Die Aufhängepunkte M_i, $i = 1, 2, 3$, und die Lage der Lampe L seien gegeben durch

$$M_1 = \begin{pmatrix} 0 \\ 0 \\ 10 \end{pmatrix}, \quad M_2 = \begin{pmatrix} 10 \\ 30 \\ 11 \end{pmatrix}, \quad M_3 = \begin{pmatrix} -10 \\ 20 \\ 10 \end{pmatrix} \quad \text{und} \quad L = \begin{pmatrix} 0 \\ 10 \\ 9 \end{pmatrix}.$$

Man bestimme die Spannkräfte in den drei Haltedrähten (Erdbeschleunigung $g = 10\,\text{m/s}^2$). Welche Spannkräfte erhält man, wenn aufgrund eines Sturmes auf die Lampe die zusätzliche Kraft $S = \begin{pmatrix} 30 \\ 20 \\ 0 \end{pmatrix}$ (Maßeinheit: N) wirkt?

A.4.3 Inverse Matrizen

Aufgabe 4.3.1
Falls möglich, berechne man die Inversen von

$$\mathbf{A} = \begin{pmatrix} 1 & 3 & -1 \\ 2 & 5 & -1 \\ 0 & 4 & -3 \end{pmatrix} \quad \text{und} \quad \mathbf{B} = \begin{pmatrix} 1 & 3 & 1 \\ 1 & 4 & 3 \\ 2 & 3 & -4 \end{pmatrix}.$$

Wie lautet die Lösung $\mathbf{X} \in \mathbb{R}^{(3,3)}$ des linearen (Matrix-)Gleichungssystems $\mathbf{AX} = \mathbf{B}$?

Aufgabe 4.3.2

a) Man berechne mit dem Gauß-Jordan-Algorithmus die Inverse der Matrix

$$\mathbf{A} = \begin{pmatrix} 1 & 2 & -2 \\ 2 & -1 & -4 \\ 2 & 0 & 5 \end{pmatrix}.$$

b) Es sei $\mathbf{T} \in \mathbb{R}^{n \times n}$ mit $\mathbf{T}^2 = \mathbf{T}$. Wann ist $\mathbf{T}$ invertierbar?

c) Es seien $\mathbf{S}, \mathbf{T} \in \mathbb{R}^{n \times n}$ mit $\mathbf{T} \neq \mathbf{O}$ und $\mathbf{S} \cdot \mathbf{T} = \mathbf{O}$. Existiert die inverse Matrix zu $\mathbf{S}$?

Aufgabe 4.3.3
Gegeben seien eine reguläre Matrix $\mathbf{A} \in \mathbb{R}^{(n,n)}$ und Vektoren $\mathbf{u}, \mathbf{v} \in \mathbb{R}^n$.

a) Man zeige: Ist $\mathbf{v}^T \mathbf{A}^{-1} \mathbf{u} \neq 1$, so gilt

$$(\mathbf{A} - \mathbf{u}\mathbf{v}^T)^{-1} = \mathbf{A}^{-1} + \frac{1}{1 - \mathbf{v}^T \mathbf{A}^{-1} \mathbf{u}} \mathbf{A}^{-1} \mathbf{u} \mathbf{v}^T \mathbf{A}^{-1}.$$

b) Falls $\mathbf{v}^T \mathbf{A}^{-1} \mathbf{u} = 1$, so ist $\mathbf{A} - \mathbf{u}\mathbf{v}^T$ singulär.

c) Am Beispiel

$$\mathbf{A} = \begin{pmatrix} 2 & -1 & 0 & 0 & 0 \\ -1 & 2 & -1 & 0 & 0 \\ 0 & -1 & 2 & -1 & 0 \\ 0 & 0 & -1 & 2 & -1 \\ 0 & 0 & 0 & -1 & 2 \end{pmatrix}, \quad \mathbf{A}^{-1} = \frac{1}{6}\begin{pmatrix} 5 & 4 & 3 & 2 & 1 \\ 4 & 8 & 6 & 4 & 2 \\ 3 & 6 & 9 & 6 & 3 \\ 2 & 4 & 6 & 8 & 4 \\ 1 & 2 & 3 & 4 & 5 \end{pmatrix}$$

berechne man mittels a) und b) die Inversen von

$$\mathbf{B} = \begin{pmatrix} 2 & -1 & 0 & -1 & 0 \\ -1 & 2 & -1 & -1 & 0 \\ 0 & -1 & 2 & -1 & 0 \\ 0 & 0 & -1 & 2 & -1 \\ 0 & 0 & 0 & -1 & 2 \end{pmatrix}, \quad \mathbf{C} = \begin{pmatrix} 2 & -2 & 0 & -1 & 0 \\ -1 & 2 & -1 & 0 & 0 \\ 0 & -2 & 2 & -2 & 0 \\ 0 & 0 & -1 & 2 & -1 \\ 0 & 0 & 0 & -1 & 2 \end{pmatrix}.$$

Aufgabe 4.3.4
Unter Benutzung geeigneter Blockbildungen berechne man die Inversen von

$$\mathbf{A} = \begin{pmatrix} 2 & 1 & 2 & 0 & 0 & 0 \\ 1 & 2 & 0 & 0 & 0 & 0 \\ 0 & 0 & 1 & 0 & 0 & 0 \\ 4 & 3 & 2 & 1 & 0 & 0 \\ 3 & 2 & 4 & 0 & 1 & 0 \\ 2 & 4 & 3 & 0 & 0 & 1 \end{pmatrix}, \quad \mathbf{B} = \begin{pmatrix} 1 & 2 & 3 & 1 & 0 \\ 2 & 5 & 7 & 1 & 1 \\ 0 & 1 & 2 & 1 & 1 \\ 0 & 0 & 0 & 1 & 0 \\ 0 & 0 & 0 & 0 & 1 \end{pmatrix}.$$

A.4.4 Dreieckszerlegung einer Matrix

Aufgabe 4.4.1
Welche der folgenden Matrizen besitzen eine LR-Zerlegung mit normierter unterer Dreiecksmatrix $\mathbf{L}$ und regulärer oberer Dreiecksmatrix $\mathbf{R}$? Welche besitzen erst nach einer geeigneten Zeilenpermutation eine LR-Zerlegung? Gegebenenfalls gebe man die Matritzen $\mathbf{L}$ und $\mathbf{R}$ und eine zugehörige Permutationsmatrix $\mathbf{P}$ an.

$$\mathbf{A}_1 = \begin{pmatrix} 1 & -1 & 0 \\ -1 & 2 & -1 \\ 0 & -1 & 2 \end{pmatrix}, \quad \mathbf{A}_2 = \begin{pmatrix} 1 & -1 & 2 \\ -2 & 2 & 0 \\ 3 & -7 & 1 \end{pmatrix}, \quad \mathbf{A}_3 = \begin{pmatrix} 1 & -1 & 0 \\ -1 & 2 & -1 \\ 0 & -1 & 1 \end{pmatrix},$$

$$\mathbf{A}_4 = \begin{pmatrix} 1 & 2 & -2 \\ 2 & -1 & -4 \\ 2 & 0 & 5 \end{pmatrix}, \quad \mathbf{A}_5 = \begin{pmatrix} 0 & 0 & 1 \\ 0 & 1 & 0 \\ 1 & 0 & 0 \end{pmatrix}, \quad \mathbf{A}_6 = \begin{pmatrix} 1 & 1 & 2 \\ 0 & -8 & 0 \\ 0 & 0 & 3 \end{pmatrix}.$$

Aufgabe 4.4.2

a) Man berechne die LR-Zerlegung der Matrix $\mathbf{A} = \begin{pmatrix} 9 & 1 & 2 \\ 18 & 3 & 3 \\ 27 & 2 & 6 \end{pmatrix}$.

b) Man löse hiermit die linearen Gleichungssysteme (i) $\mathbf{A}\mathbf{x} = \begin{pmatrix} -7 \\ -15 \\ -21 \end{pmatrix}$ und (ii) $\mathbf{A}\mathbf{x} = \begin{pmatrix} 5 \\ 9 \\ 14 \end{pmatrix}$.

Aufgabe 4.4.3
Die Matrizen $\mathbf{A} \in \mathbb{R}^{(n,n)}, \mathbf{B} \in \mathbb{R}^{(n,m)}, \mathbf{C} \in \mathbb{R}^{(m,n)}$ und $\mathbf{D} \in \mathbb{R}^{(m,m)}$ bilden die folgende Blockmatrix

$$\mathbf{F} = \begin{pmatrix} \mathbf{A} & \mathbf{B} \\ \mathbf{C} & \mathbf{D} \end{pmatrix}.$$

a) Man zeige, dass $\mathbf{F}$ die folgende Blockdreieckszerlegung besitzt:

$$\mathbf{F} = \begin{pmatrix} \mathbf{I}_n & \mathbf{0} \\ \mathbf{C}\mathbf{A}^{-1} & \mathbf{I}_m \end{pmatrix} \begin{pmatrix} \mathbf{A} & \mathbf{B} \\ \mathbf{0} & \mathbf{S} \end{pmatrix},$$

falls $\mathbf{A}$ regulär ist. Dabei heißt $\mathbf{S} := \mathbf{D} - \mathbf{C}\mathbf{A}^{-1}\mathbf{B}$ das *Schur-Komplement*.

b) Man zeige, dass $\mathbf{F}$ genau dann regulär ist, wenn $\mathbf{S}$ regulär ist.

c) Man berechne nach obiger Methode die Blockdreieckszerlegung von

$$\begin{pmatrix} 2 & 3 & 1 & 2 \\ 1 & 2 & 1 & 1 \\ -1 & 0 & 2 & 0 \\ 2 & 1 & -1 & 3 \end{pmatrix}$$

mit $\mathbf{A}, \mathbf{B}, \mathbf{C}, \mathbf{D} \in \mathbb{R}^{(2,2)}$.

Aufgabe 4.4.4
Gegeben seien die Matrix **A** und der Vektor **b** mit

$$\mathbf{A} = \begin{pmatrix} 2 & 3 & 1 & 0 \\ -6 & -10 & -4 & 2 \\ 4 & 5 & 1 & 3 \\ 2 & 5 & 5 & -3 \end{pmatrix} \quad \text{und} \quad \mathbf{b} = \begin{pmatrix} 7 \\ -12 \\ 27 \\ -11 \end{pmatrix}.$$

Für eine geeignete Permutationsmatrix **P** bestimme man die LR-Zerlegung von **PA** und löse hiermit das lineare Gleichungssystem $\mathbf{Ax} = \mathbf{b}$.

Aufgabe 4.4.5
Man bestimme die LR-Zerlegungen der Matrizen

$$\mathbf{A} = \begin{pmatrix} 2 & 1 & 2 & 3 \\ 4 & 3 & 7 & 8 \\ 6 & 1 & 3 & 6 \\ 4 & 1 & 4 & \alpha \end{pmatrix} \quad \text{und} \quad \mathbf{B} = \begin{pmatrix} 2 & 3 & 2 & 1 \\ 4 & 7 & 6 & 5 \\ -4 & -4 & 4 & 5 \\ 6 & 8 & 8 & \alpha \end{pmatrix}.$$

Für welche Parameterwerte von $\alpha \in \mathbb{R}$ ist **R** regulär?

Aufgabe 4.4.6
Gegeben seien die Matrizen $\mathbf{A}_1 = \begin{pmatrix} 1 & 0 & 2 & -1 \\ 0 & 2 & -6 & 4 \\ 2 & -6 & 23 & -7 \\ -1 & 4 & -7 & 61 \end{pmatrix}$ und $\mathbf{A}_2 = \begin{pmatrix} 4 & -8 & 4 \\ -8 & 11 & -23 \\ 4 & -23 & -39 \end{pmatrix}$.

Man berechne die Cholesky-Zerlegungen, d.h. Matrizen $\mathbf{L}_i$ und $\mathbf{D}_i$ mit $\mathbf{A}_i = \mathbf{L}_i \mathbf{D}_i \mathbf{L}_i^T$ für $i = 1, 2$.

A.4.5 Determinanten

Aufgabe 4.5.1
Seien **A** und **B** reguläre (n,n)-Matrizen. Man drücke die folgenden Determinanten durch det **A** und det **B** aus:

$\det(5\mathbf{A}), \quad \det(-3\mathbf{B}), \quad \det(\mathbf{A}^T), \quad \det \mathbf{B}^3, \quad \det(\mathbf{A}^{-1}), \quad \det(\mathbf{BA}), \quad \det(\mathbf{B} - \mathbf{A}), \quad \det \mathbf{A}^{-1}\mathbf{B}.$

Aufgabe 4.5.2
Man berechne die folgenden Determinanten durch elementare Umformungen:

$$\det \begin{pmatrix} 1 & 2 & 3 \\ -2 & 0 & 1 \\ 0 & 3 & -1 \end{pmatrix}, \quad \det \begin{pmatrix} \frac{1}{2} & \frac{1}{3} & \frac{1}{4} \\ \frac{1}{3} & \frac{1}{4} & \frac{1}{5} \\ \frac{1}{4} & \frac{1}{5} & \frac{1}{6} \end{pmatrix}, \quad \det \begin{pmatrix} 1 & 1 & 1 & 1 \\ 2 & a & a & a \\ 2 & 3 & b & b \\ 2 & 3 & 4 & c \end{pmatrix}, \quad \det \begin{pmatrix} 1 & x & x^2 \\ 1 & y & y^2 \\ 1 & z & z^2 \end{pmatrix}.$$

Aufgabe 4.5.3
Man berechne die folgenden Determinanten

$$a) \begin{vmatrix} 1 & 1 & 1 \\ 1 & 3 & 3 \\ 2 & 4 & 4 \end{vmatrix}, \quad b) \begin{vmatrix} 8 & 2 & 3 \\ 8 & 4 & 3 \\ 16 & 6 & 9 \end{vmatrix}, \quad c) \begin{vmatrix} 1 & 1 & 2 \\ t & 2t & 0 \\ 3a & a & a^2 \end{vmatrix},$$

$$d) \begin{vmatrix} 4 & 1 & 1 & x+1 \\ 1 & 1 & 0 & 2 \\ 1 & 0 & 1 & 2 \\ 3 & 1 & 1 & x \end{vmatrix}, \quad e) \begin{vmatrix} 2 & 6 & 2 & -4 \\ 4 & 13 & 5 & -8 \\ 1 & 5 & -1 & 0 \\ -8 & -24 & 0 & 16 \end{vmatrix}.$$

Aufgabe 4.5.4
Die Zahlen 13273, 14300, 26013, 27300 und 28275 sind durch 13 teilbar. Man zeige ohne explizite Berechnung der Determinante, dass

$$\begin{vmatrix} 1 & 3 & 2 & 7 & 3 \\ 1 & 4 & 3 & 0 & 0 \\ 2 & 6 & 0 & 1 & 3 \\ 2 & 7 & 3 & 0 & 0 \\ 2 & 8 & 2 & 7 & 5 \end{vmatrix}$$

ebenfalls durch 13 teilbar ist.

Aufgabe 4.5.5
Man zeige:

$$\det \begin{pmatrix} a_{11} & \cdots & a_{1n} \\ & \ddots & \vdots \\ 0 & & a_{nn} \end{pmatrix} = \prod_{i=1}^{n} a_{ii}.$$

Aufgabe 4.5.6
Gegeben sei die folgende tridiagonale Matrix:

$$\mathbf{A}_n = \begin{pmatrix} \cos\rho & 1 & & & & \\ 1 & 2\cos\rho & 1 & & & \\ & 1 & 2\cos\rho & 1 & & \\ & & \ddots & \ddots & \ddots & \\ & & & \ddots & \ddots & 1 \\ & & & & 1 & 2\cos\rho \end{pmatrix} \in \mathbb{R}^{(n,n)}.$$

a) Man zeige mit Hilfe des Entwicklungssatzes die Rekursionsformel

$$\det \mathbf{A}_n = 2\cos\rho \cdot \det \mathbf{A}_{n-1} - \det \mathbf{A}_{n-2}, \quad n > 2.$$

b) Man zeige mittels vollständiger Induktion $\det \mathbf{A}_n = \cos(n\rho)$.

Aufgabe 4.5.7
Gegeben sei die folgende tridiagonale Matrix: $\mathbf{A}_n = \begin{pmatrix} 4 & 1 & & \\ 4 & 4 & 1 & \\ & \ddots & & 1 \\ & & 4 & 4 \end{pmatrix} \in \mathbb{R}^{(n,n)}$.

Man zeige durch Entwicklung nach der letzten Zeile/Spalte und mit vollständiger Induktion:

$$\det \mathbf{A}_n = 2^n \cdot (1+n).$$

Aufgabe 4.5.8
a) Man zeige, dass für $\mathbf{A} \in \mathbb{R}^{(n,n)}$, $\mathbf{B} \in \mathbb{R}^{(n,m)}$ und $\mathbf{D} \in \mathbb{R}^{(m,m)}$ gilt:

$$\det \begin{pmatrix} \mathbf{A} & \mathbf{B} \\ \mathbf{O} & \mathbf{D} \end{pmatrix} = \det \mathbf{A} \cdot \det \mathbf{D}.$$

Hinweis: Gauß-Elimination!

b) Man zeige an einem Beispiel, dass für $\mathbf{A}, \mathbf{B}, \mathbf{C}, \mathbf{D} \in \mathbb{R}^{(n,n)}$ im Allgemeinen gilt:

$$\det \begin{pmatrix} \mathbf{A} & \mathbf{B} \\ \mathbf{C} & \mathbf{D} \end{pmatrix} \neq \det(\mathbf{A}\mathbf{D}) - \det(\mathbf{B}\mathbf{C}).$$

Aufgabe 4.5.9
Das Volumen des Volumenelements in Kugelkoordinaten (r, φ, ψ) ist gegeben durch

$$D := \det \begin{pmatrix} \cos\varphi\cos\psi & -r\sin\varphi\cos\psi & -r\cos\varphi\sin\psi \\ \sin\varphi\cos\psi & r\cos\varphi\cos\psi & -r\sin\varphi\sin\psi \\ \sin\psi & 0 & r\cos\psi \end{pmatrix}.$$

Man berechne D nach der folgenden Strategie: (i) Herausziehen des Faktors r, (ii) Entwickeln nach einer Zeile oder Spalte, (iii) Herausziehen der Faktoren $\sin\psi$ und $\cos\psi$ aus den Teildeterminanten (falls möglich).

Aufgabe 4.5.10
Man zeige: Ein Parallelotop vom Volumen V wird durch eine lineare Transformation $\mathbf{y} = \mathbf{A}\mathbf{x}$ abgebildet auf ein Parallelotop mit dem Volumen $\tilde{V} = |\det \mathbf{A}| \cdot V$.

Aufgabe 4.5.11

a) Man berechne die Inverse von $\mathbf{A} := \dfrac{1}{5}\begin{pmatrix} 3 & -4 & 0 \\ 0 & 0 & 5 \\ 4 & 3 & 0 \end{pmatrix}$ mit der Cramerschen Regel. Wegen

$\mathbf{A}\mathbf{A}^{-1} = \begin{pmatrix} 1 & 0 & 0 \\ 0 & 1 & 0 \\ 0 & 0 & 1 \end{pmatrix}$ müssen drei Gleichungssysteme gelöst werden.

b) Man berechne die Determinante der *Hilbert-Matrix* $\mathbf{H}^4$.

Dabei ist $\mathbf{H}^n = (a_{ij})_{1 \leq i,j \leq n}$ mit $a_{ij} := \dfrac{1}{i+j-1}$.

Aufgabe 4.5.12

a) Für $\mathbf{a}, \mathbf{b} \in \mathbb{R}^n$ zeige man durch vollständige Induktion $\det(\mathbf{I}_n + \mathbf{a}\mathbf{b}^T) = 1 + \mathbf{a}^T\mathbf{b}$.

b) Man leite hieraus $\det(\mathbf{A} + \mathbf{a}\mathbf{b}^T) = \det \mathbf{A} \cdot (1 + \mathbf{b}^T\mathbf{A}^{-1}\mathbf{a})$ für reguläre Matrizen $\mathbf{A} \in \mathbb{R}^{(n,n)}$ und $\mathbf{a}, \mathbf{b} \in \mathbb{R}^n$ her.

c) Welcher Wert ergibt sich für die Determinante einer Householder-Matrix?

A.5 Lineare Abbildungen

A.5.1 Lineare Abbildungen, Basisdarstellung

Aufgabe 5.1.1

a) Der Vektor $\mathbf{v} \in \mathbb{R}^3$ habe bezüglich der kanonischen Basis die Koordinaten $\mathbf{x} = (3,5,8)^T$. Man bestimme den Koordinatenvektor $\boldsymbol{\xi} \in \mathbb{R}^3$ von $\mathbf{v}$ bezüglich der Basis

$$\mathbf{v}_1 := \begin{pmatrix} 1 \\ 1 \\ 2 \end{pmatrix}, \quad \mathbf{v}_2 := \begin{pmatrix} 2 \\ 1 \\ 0 \end{pmatrix} \quad \text{und} \quad \mathbf{v}_3 := \begin{pmatrix} 3 \\ 1 \\ 1 \end{pmatrix}.$$

b) Bezüglich der kanonischen Basis habe der Vektor $\mathbf{w} \in \mathbb{C}^3$ die Darstellung $\mathbf{z} = (2, 1+2i, 2-i)^T$. Man ermittle den Koordinatenvektor $\boldsymbol{\zeta} \in \mathbb{C}^3$ von $\mathbf{w}$ bezüglich der Basis

$$\mathbf{w}_1 := \begin{pmatrix} 1 \\ 0 \\ i \end{pmatrix}, \quad \mathbf{w}_2 := \begin{pmatrix} 1 \\ 1 \\ 0 \end{pmatrix} \quad \text{und} \quad \mathbf{w}_3 := \begin{pmatrix} 1 \\ i \\ 1 \end{pmatrix}.$$

Aufgabe 5.1.2
Es bezeichne $C^1(\mathbb{R})$ den Vektorraum der stetig differenzierbaren Funktionen $f: \mathbb{R} \to \mathbb{R}$.

a) Man zeige: Die durch

$$\mathbf{v}_1(t) = e^{3t}, \quad \mathbf{v}_2(t) = te^{3t} \quad \text{und} \quad \mathbf{v}_3(t) = t^2 e^{3t} \quad (t \in \mathbb{R})$$

gegebenen Funktionen $\mathbf{v}_1, \mathbf{v}_2, \mathbf{v}_3 \in C^1(\mathbb{R})$ sind linear unabhängig.

b) Sei $V := \text{Spann}(\mathbf{v}_1, \mathbf{v}_2, \mathbf{v}_3)$.
Man zeige: Die Differentiation $(Dv)(t) := v'(t)$ ist eine lineare Abbildung $D: V \to V$.

c) Man gebe die Matrixdarstellung von D bezüglich der Basis $\{\mathbf{v}_1, \mathbf{v}_2, \mathbf{v}_3\}$ an.

Aufgabe 5.1.3
Man betrachte die linearen Abbildungen

$$D: \Pi_n \to \Pi_{n-1} \quad (Dp)(t) := p'(t) \quad \text{(Differentiation)},$$

$$I: \Pi_{n-1} \to \Pi_n \quad (Ip)(t) := \int_0^t p(\tau)\,d\tau \quad \text{(Integration)}.$$

Man bestimme die Matrixdarstellungen $\mathbf{A}_D$ und $\mathbf{A}_I$ dieser linearen Abbildungen bezüglich der Standardbasen $1, t, \ldots, t^n$ bzw. $1, t, \ldots, t^{n-1}$ von Π_n bzw. Π_{n-1}.

Aufgabe 5.1.4

a) Die lineare Abbildung $T: \mathbb{R}^3 \to \mathbb{R}^3$ sei festgelegt durch

$$T(\mathbf{e}_1) = 3\mathbf{e}_3, \quad T(\mathbf{e}_2) = \mathbf{e}_1 - \mathbf{e}_2 - 9\mathbf{e}_3 \quad \text{und} \quad T(\mathbf{e}_3) = 2\mathbf{e}_2 + 7\mathbf{e}_3.$$

Geben Sie die Abbildungsmatrizen von T bezüglich der kanonischen Basis und der Basis $\mathbf{a}_1 = (1,1,1)^T$, $\mathbf{a}_2 = (1,2,3)^T$, $\mathbf{a}_3 = (1,3,6)^T$ an.

b) Die Abbildungsmatrix einer linearen Abbildung $T: \mathbb{R}^2 \to \mathbb{R}^3$ (bezüglich der kanonischen Basen) sei

$$\mathbf{A} = \begin{pmatrix} 0 & 1 \\ 2 & -2 \\ 3 & 0 \end{pmatrix}.$$

Man gebe die Abbildungsmatrix bezüglich der Basen

$$\mathbf{v}_1 = (1,1)^T, \quad \mathbf{v}_2 = (5,3)^T \in \mathbb{R}^2,$$
$$\mathbf{w}_1 = (1,2,2)^T, \quad \mathbf{w}_2 = (1,3,4)^T, \quad \mathbf{w}_3 = (2,4,5)^T \in \mathbb{R}^3$$

an. Welche Koordinaten besitzt $T(2\mathbf{e}_1 - 4\mathbf{e}_2)$ bezüglich der Basis $\{\mathbf{w}_1, \mathbf{w}_2, \mathbf{w}_3\}$?

Aufgabe 5.1.5
Gegeben sei die lineare Abbildung $T : \mathbb{R}^3 \to \mathbb{R}^2$ mit $T(\mathbf{x}) = \begin{pmatrix} 2 & 5 & -3 \\ 1 & -4 & 7 \end{pmatrix} \begin{pmatrix} x_1 \\ x_2 \\ x_3 \end{pmatrix}$.

a) Man berechne die Matrix $\mathbf{B}$ der Abbildung T bezüglich der folgenden Basen:

$$\begin{array}{ll} \text{im } \mathbb{R}^3 : & \mathbf{v}_1 = (1,1,1)^T, \quad \mathbf{v}_2 = (1,1,0)^T, \quad \mathbf{v}_3 = (1,0,0)^T, \\ \text{im } \mathbb{R}^2 : & \mathbf{w}_1 = (1,3)^T, \quad \mathbf{w}_2 = (2,5)^T. \end{array}$$

b) Welche Koordinaten hat $T\begin{pmatrix} 1 \\ 2 \\ 1 \end{pmatrix}$ bezüglich der Basis $\{\mathbf{w}_1, \mathbf{w}_2\}$?

Aufgabe 5.1.6
Die Matrix $\mathbf{A} = \begin{pmatrix} 1 & 1 & 1 \\ 1 & 2 & 3 \end{pmatrix}$ beschreibe die lineare Abbildung $T : \mathbb{R}^3 \to \mathbb{R}^2$ bezüglich der Basen

$$\mathbf{v}_1 = (1,1,2)^T, \quad \mathbf{v}_2 = (2,1,0)^T, \quad \mathbf{v}_3 = (3,1,1)^T \quad \text{im} \quad \mathbb{R}^3 \quad \text{und}$$

$$\mathbf{w}_1 = \frac{1}{5}(7,2)^T, \quad \mathbf{w}_2 = \frac{1}{5}(1,11)^T \quad \text{im} \quad \mathbb{R}^2.$$

a) Man berechne die Matrix $\mathbf{B}$, die T bezüglich der folgenden Basen beschreibt:

$$\tilde{\mathbf{v}}_1 = (-2,0,3)^T, \quad \tilde{\mathbf{v}}_2 = (2,1,0)^T, \quad \tilde{\mathbf{v}}_3 = (1,1,1)^T \quad \text{im} \quad \mathbb{R}^3 \quad \text{und}$$

$$\tilde{\mathbf{w}}_1 = (1,2)^T, \quad \tilde{\mathbf{w}}_2 = (1,-1)^T \quad \text{im} \quad \mathbb{R}^2.$$

b) Die Koordinaten des Vektors $\mathbf{x}$ in der Basis $\tilde{\mathbf{v}}_1, \tilde{\mathbf{v}}_2, \tilde{\mathbf{v}}_3$ lauten $\tilde{\mathbf{v}} = (1,0,5)^T$. Welche Koordinaten hat

(i) $\mathbf{x}$ in der Basis $\mathbf{v}_1, \mathbf{v}_2, \mathbf{v}_3$,

(ii) das Bild von $\mathbf{x}$ unter T in der Basis $\mathbf{w}_1, \mathbf{w}_2$ und

(iii) das Bild von $\mathbf{x}$ unter T in der Basis $\tilde{\mathbf{w}}_1, \tilde{\mathbf{w}}_2$?

Aufgabe 5.1.7
Gegeben sei die lineare Abbildung $T : \Pi_3 \to \Pi_3$ mit $T(p(t)) = p(t-1)$.

a) Man bestimme die Matrixdarstellung $\mathbf{A}$ von T bezüglich der Basis $\{1, t, t^2, t^3\}$.

b) Man bestimme die Matrix $\mathbf{S}$ des Basisübergangs $\big((t-1)^k\big) \to \big((t)^j\big)$. Hiermit gebe man die Matrixdarstellung $\mathbf{B}$ von T bezüglich der Basis $\{1, (t-1), (t-1)^2, (t-1)^3\}$ an.

c) Mit Hilfe von b) schreibe man das Polynom $p(t) = -5 + 7t - 10t^2 + 15t^3$ als Polynom in Potenzen von $(t-1)$.

A.5.2 Orthogonalität

Aufgabe 5.2.1
Sei W der von den Spalten der Matrix

$$\begin{pmatrix} 1 & 3 & 1 & -2 & -3 \\ 1 & 4 & 3 & -1 & -4 \\ 2 & 3 & -4 & -7 & -3 \\ 3 & 8 & 1 & -7 & -8 \end{pmatrix}$$

aufgespannte lineare Teilraum des $\mathbb{R}^4$.

Man bestimme eine Basis von W, stelle die Spaltenvektoren der Matrix als Linearkombination dieser Basisvektoren dar und bestimme eine orthogonale Basis für W.

Aufgabe 5.2.2
Gegeben seien die Vektoren $\mathbf{a}_1 = (1, -1, 0, 0)^T$, $\mathbf{a}_2 = (2, 0, 1, 0)^T$, $\mathbf{a}_3 = (6, 2, 7, 0)^T$, $\mathbf{a}_4 = (3, 1, -1, 0)^T$ und $W = \text{Spann}(\mathbf{a}_1, \mathbf{a}_2, \mathbf{a}_3, \mathbf{a}_4)$. Bestimmen Sie die Dimension von W, eine Basis von W und mittels des Gram-Schmidt-Verfahrens eine Orthonormalbasis von W.

Aufgabe 5.2.3

a) Man konstruiere eine Orthonormalbasis des von den Vektoren

$$\mathbf{v}_1 = \begin{pmatrix} 1 \\ 0 \\ 0 \\ 0 \\ 1 \end{pmatrix}, \quad \mathbf{v}_2 = \begin{pmatrix} 1 \\ 0 \\ 1 \\ 0 \\ 0 \end{pmatrix}, \quad \mathbf{v}_3 = \begin{pmatrix} 2 \\ 0 \\ 1 \\ 0 \\ 1 \end{pmatrix} \quad \text{und} \quad \mathbf{v}_4 = \begin{pmatrix} 0 \\ 0 \\ 0 \\ 1 \\ 0 \end{pmatrix}$$

aufgespannten linearen Teilraumes V.

b) Ist $\mathbf{v}_5 = (0, 1, 0, 1, 0)^T \in V$?

Aufgabe 5.2.4
Es sei W der von den Vektoren

$$\begin{pmatrix} 1 \\ 0 \\ 1 \\ 0 \end{pmatrix}, \quad \begin{pmatrix} 1 \\ 1 \\ 1 \\ 1 \end{pmatrix}, \quad \begin{pmatrix} 1 \\ 1 \\ 2 \\ 2 \end{pmatrix}, \quad \begin{pmatrix} 0 \\ 1 \\ -1 \\ 0 \end{pmatrix}$$

aufgespannte Teilraum des $\mathbb{R}^4$. Man bestimme die Dimension von W, eine Basis von W und mittels des Gram-Schmidt-Verfahrens eine Orthonormalbasis von W.

Wie lautet die Matrix der orthogonalen Projektion des $\mathbb{R}^4$ auf W und auf $W^\perp$ (bezüglich der kanonischen Basis)? Welchen Wert hat

$$\min_{\mathbf{w} \in W} \|\mathbf{x} - \mathbf{w}\|_2 \quad \text{für} \quad \mathbf{x} = (0, 0, 0, 1)^T ?$$

Aufgabe 5.2.5
Gegeben sei eine Matrix $\mathbf{A} = (\mathbf{v}_1, \ldots, \mathbf{v}_m) \in \mathbb{R}^{(n,m)}$ mit den Spaltenvektoren $\mathbf{v}_1, \ldots, \mathbf{v}_m \in \mathbb{R}^n$, $m \leq n$.

a) Man zeige:
$$\text{rang } \mathbf{A} = m \iff \mathbf{A}^T \mathbf{A} \text{ regulär}.$$

b) Ist $\{\mathbf{v}_1, \ldots, \mathbf{v}_m\}$ Basis des linearen Unterraumes $W \subset \mathbb{R}^n$, so besitzt die orthogonale Projektion des $\mathbb{R}^n$ auf W die Matrixdarstellung
$$\mathbf{P} = \mathbf{A}(\mathbf{A}^T \mathbf{A})^{-1} \mathbf{A}^T.$$

Hinweis: Man verwende die Beziehungen (5.2.8) und (5.2.9) des Lehrbuches!

c) Für die Vektoren

$$\mathbf{v}_1 = \begin{pmatrix} 1 \\ -1 \\ 0 \end{pmatrix}, \quad \mathbf{v}_2 = \begin{pmatrix} 0 \\ 1 \\ -1 \end{pmatrix} \quad \text{und} \quad \mathbf{v}_3 = \begin{pmatrix} 1 \\ 1 \\ 1 \end{pmatrix}$$

werde definiert: $W := \text{Spann}(\mathbf{v}_1, \mathbf{v}_2)$, $Z := \text{Spann}(\mathbf{v}_3)$.

Man berechne die orthogonalen Projektionen $\mathbf{P}$ und $\mathbf{Q}$ des $\mathbb{R}^3$ auf die Unterräume W und Z.

Aufgabe 5.2.6

Bestimmen Sie reelle Zahlen a und b so, dass

$$\left(\int_{-1}^{1} (a + bt - t^{20})^2 \, dt \right)^{\frac{1}{2}}$$

minimal wird.

Aufgabe 5.2.7

Gegeben sei der Polynomraum Π_2 mit dem Skalarprodukt

$$\langle p, q \rangle := \int_0^1 p(t) \, q(t) \, dt$$

und der Unterraum $W = \text{Spann}(1 + t^2)$.

a) Man bestimme eine Basis von $W^\perp$.

b) Man bestimme mit dem Gram-Schmidt-Verfahren aus der Basis

$$p_1(t) = 1, \quad p_2(t) = t \quad \text{und} \quad p_3(t) = t^2$$

von Π_2 eine Orthonormalbasis für Π_2.

A.5.3 Orthogonale Transformationen

Aufgabe 5.3.1

Man bestimme alle symmetrischen, orthogonalen Matrizen der Form

$$\mathbf{A} = \begin{pmatrix} 1/3 & 2/3 & 2/3 \\ * & * & * \\ * & * & * \end{pmatrix} \in \mathbb{R}^{(3,3)}.$$

Hinweis: Man verwende zunächst die Symmetrie, um das Problem auf drei Unbekannte zu reduzieren, und stelle für diese ein lineares Gleichungssystem auf.

Aufgabe 5.3.2

a) Welche der folgenden Matrizen beschreiben Drehungen des $\mathbb{R}^2$:

$$\mathbf{A} := \frac{1}{\sqrt{2}} \begin{pmatrix} 1 & 1 \\ 1 & -1 \end{pmatrix}, \quad \mathbf{B} := \begin{pmatrix} 1 & 2 \\ -2 & 1 \end{pmatrix}, \quad \mathbf{C} := \begin{pmatrix} 0 & -1 \\ 1 & 0 \end{pmatrix} ?$$

b) Man überprüfe, ob die Matrix

$$\mathbf{D} := \frac{1}{9} \begin{pmatrix} 8 & 1 & -4 \\ 4 & -4 & 7 \\ -1 & -8 & -4 \end{pmatrix}$$

eine Drehung des $\mathbb{R}^3$ beschreibt, und bestimme gegebenenfalls Drehachse und Drehwinkel.

(Klausur-)Aufgabe 5.3.3
Man stelle die orthogonale Matrix $\mathbf{B} \in \mathbb{R}^{(3,3)}$ (bezüglich der kanonischen Basis) auf, die die Drehung des $\mathbb{R}^3$ um die Drehachse $\mathbf{v} = (1, 1, -1)^T$ und um den Drehwinkel $\varphi = \pi/2 \cong 90°$ beschreibt.
Hierzu bestimme man im Einzelnen:

a) eine Orthonormalbasis $\{\mathbf{w}_1, \mathbf{w}_2, \mathbf{w}_3\}$ mit $\mathbf{w}_1 \| \mathbf{v}$;

b) die Matrixdarstellung $\mathbf{A}$ der Drehung bezüglich der Basis $\{\mathbf{w}_1, \mathbf{w}_2, \mathbf{w}_3\}$;

c) die orthogonale Matrix $\mathbf{S}$ des Basiswechsels $(\mathbf{e}_k) \to (\mathbf{w}_j)$ und schließlich

d) die gesuchte Matrixdarstellung $\mathbf{B}$ bezüglich der kanonischen Basis mit $\mathbf{B} = \mathbf{S}^{-1}\mathbf{A}\mathbf{S}$.

Aufgabe 5.3.4
Gegeben seien $T_i : \mathbb{R}^3 \to \mathbb{R}^3$ für $i = 1, 2$ mit

$$T_1(\mathbf{x}) = \frac{1}{15}\begin{pmatrix} 5 & 10 & 10 \\ -2 & 11 & -10 \\ -14 & 2 & 5 \end{pmatrix}\mathbf{x} \quad \text{und} \quad T_2(\mathbf{x}) = \frac{1}{9}\begin{pmatrix} 1 & -4 & 8 \\ -4 & 7 & 4 \\ 8 & 4 & 1 \end{pmatrix}\mathbf{x} \ .$$

Man untersuche, ob T_i eine Drehung oder eine Spiegelung beschreibt. Man bestimme gegebenenfalls Drehachse und Drehwinkel bzw. Spiegelungsebene.

Aufgabe 5.3.5
Gegeben sei $\mathbf{a} = (1, 2, 0, 2)^T$. Man bestimme eine Householder-Matrix

$$\mathbf{H} = \mathbf{I}_4 - 2\mathbf{w}\mathbf{w}^T \quad \text{mit} \quad \mathbf{w} \in \mathbb{R}^4 \quad \text{und} \quad \|\mathbf{w}\| = 1,$$

die $\mathbf{a}$ auf ein Vielfaches des ersten Einheitsvektors $\mathbf{e}_1$ abbildet.

Aufgabe 5.3.6

a) Man bestimme eine Householder-Matrix $\mathbf{H}$, die den Vektor $\mathbf{a} = (3, 3, 2, 1, 1, 1)^T$ in den Vektor $\mathbf{b} = (4, 3, 0, 0, 0, 0)^T$ spiegelt.

b) Man löse hiermit das lineare Gleichungssystem $\mathbf{H}\mathbf{x} = \mathbf{e}_2$.

Aufgabe 5.3.7

a) Gegeben sei $\mathbf{w} \in \mathbb{R}^3$ mit $\|\mathbf{w}\| = 1$ und

$$\mathbf{D}_w = -(\mathbf{I}_3 - 2\mathbf{w}\mathbf{w}^T).$$

Man zeige: $\mathbf{D}_w$ beschreibt die 180°-Drehung des $\mathbb{R}^3$ mit Drehachse $\mathbf{w}$.
Hinweis: Man benutze die bekannten Eigenschaften der Householder-Matrix $\mathbf{I}_3 - 2\mathbf{w}\mathbf{w}^T$.

b) Es seien $\mathbf{a}, \mathbf{b} \in \mathbb{R}^3$ mit $\|\mathbf{a}\| = \|\mathbf{b}\|$ und $\mathbf{a} \neq -\mathbf{b}$ gegeben. Man zeige, dass für $\mathbf{w} := (\mathbf{a}+\mathbf{b})/\|\mathbf{a}+\mathbf{b}\|$ die Matrix $\mathbf{D}_w$ den Vektor $\mathbf{a}$ in den Vektor $\mathbf{b}$ dreht.

c) Gegeben sei $\mathbf{a} = (2, 2, -1)^T$. Man bestimme unter Benutzung von b) eine Drehmatrix, die $\mathbf{a}$ in ein Vielfaches des dritten Einheitsvektors $\mathbf{e}_3$ dreht. Man gebe die Matrix explizit an!

A.6 Lineare Ausgleichsprobleme

A.6.1 Problemstellung, Normalgleichungen

(Klausur-)Aufgabe 6.1.1
Gegeben seien die Messdaten (t_i, y_i), $i = 1, \ldots, 5$, mit

$$\begin{array}{c|ccccc} t_i & -2 & -1 & 0 & 1 & 2 \\ \hline y_i & 2 & 3 & 3 & 4 & 3 \end{array}.$$

Man bestimme hierzu

a) eine Ausgleichsgerade $g(t) = a_1 + a_2 t$, (d.h. a_1, a_2, so dass $\sum_i (y_i - g(t_i))^2$ minimal ist) und

b) eine Ausgleichsparabel $p(t) = b_1 + b_2 t^2$, (d.h. b_1, b_2, so dass $\sum_i (y_i - p(t_i))^2$ minimal ist).

Aufgabe 6.1.2

a) Man bestimme eine Ausgleichsgerade $y = ax + b$ durch die Messpunkte

$$\begin{array}{c|cccc} x_i & -2 & -1 & 0 & 1 \\ \hline y_i & 2 & 0 & 1 & 2 \end{array}.$$

b) Zu den Messdaten (x_i, y_i), $i = 1, \ldots, 6$ mit

$$\begin{array}{c|cccccc} x_i & -4 & -2 & -1 & 1 & 2 & 4 \\ \hline y_i & 3 & 2 & 1 & -1 & -2 & -3 \end{array}$$

bestimme man eine Parabel $y = p(x) = a_1 + a_2 x + a_3 x^2$, die $\sum_{i=1}^{6} (y_i - p(x_i))^2$ minimiert.

Aufgabe 6.1.3
Gegeben sei das lineare Ausgleichsproblem $\quad \|\mathbf{A}\mathbf{x} - \mathbf{b}\|_2 = \min! \quad$ mit

$$\mathbf{A} = \begin{pmatrix} 1 & 2 \\ 4 & 5 \\ 7 & 8 \\ 10 & 11 \end{pmatrix} \quad \text{und} \quad \mathbf{b} = \begin{pmatrix} 3 \\ 6 \\ 9 \\ 12 \end{pmatrix}.$$

Man bestimme die Lösung dieser Aufgabe mit Hilfe der Normalgleichungen.

(Klausur-)Aufgabe 6.1.4
Zu einer Reihe von Messpunkten (t_i, f_i) $(i = 0, 1, \ldots, N)$ soll eine kubische Ausgleichsfunktion p bestimmt werden, die die folgenden beiden Eigenschaften hat:

a) $p(t_0) = f_0, \quad p(t_N) = f_N$,

b) $\sum_{i=1}^{N-1} (p(t_i) - f_i)^2 \to \min$.

Man löse diese Aufgabe für $t_i = i$, $f_i = \dfrac{1}{i+1}$ und $N = 4$.

Hinweis: Für p empfiehlt sich der Ansatz

$$p(t) = c_0 + c_1(t - t_0) + c_2(t - t_0)(t - t_N) + c_3(t - t_0)(t - t_N)\, t.$$

(Klausur-)Aufgabe 6.1.5
Für den Bremsweg s eines Autos als Funktion der Geschwindigkeit v liegen die folgenden Messwerte vor:

$$\begin{array}{c|cccccc} v_i[\text{km/h}] & 10 & 20 & 25 & 30 & 40 & 50 \\ \hline s_i[\text{m}] & 4 & 10 & 14 & 20 & 30 & 42 \end{array}.$$

Gesucht ist eine quadratische Abhängigkeit der Form
$$s = s(v) = av^2 + bv\,.$$
Man transformiere zunächst auf die Größe $z := s/v$ und bestimme dann a und b mit der Methode der kleinsten Quadrate, so dass $\sum_{i=1}^{6}(z(v_i) - z_i)^2$ minimal wird. Man gebe den Defekt (Residuenvektor) an.

A.6.2 Die QR-Zerlegung

Aufgabe 6.2.1
Man löse das lineare Ausgleichsproblem $\|\mathbf{A}\mathbf{x} - \mathbf{b}\|_2 = \min!$ für
$$\mathbf{A} = \begin{pmatrix} 2 & 0 \\ 1 & 4 \\ 2 & 1 \end{pmatrix} \quad \text{und} \quad \mathbf{b} = \begin{pmatrix} 2 \\ 5 \\ 3 \end{pmatrix}$$
unter Benutzung der QR-Zerlegung durch Householder-Matrizen.

Aufgabe 6.2.2
Gegeben sei das lineare Ausgleichsproblem $\|\mathbf{A}\mathbf{x} - \mathbf{b}\|_2 = \min!$ mit
$$\mathbf{A} = \begin{pmatrix} 1 & 0 & 2 \\ 0 & 1 & 0 \\ 0 & 0 & 1 \\ 1 & 1 & 0 \end{pmatrix} \quad \text{und} \quad \mathbf{b} = \begin{pmatrix} 7 \\ -7 \\ 7 \\ 0 \end{pmatrix}.$$

a) Man bestimme die Lösung $\mathbf{x}_m$ dieser Aufgabe mit Hilfe der Normalgleichungen.

b) Man führe die QR-Zerlegung durch:
$$\mathbf{A} = \mathbf{Q}\mathbf{R}\,, \quad \mathbf{Q}^T\mathbf{b} = \begin{pmatrix} \mathbf{b}^{(1)} \\ b^{(2)} \end{pmatrix}$$
und überzeuge sich im Rahmen der Rechnergenauigkeit (auf drei Dezimalstellen genau) von
$$\mathbf{R}\mathbf{x}_m = \mathbf{b}^{(1)} \quad \text{und} \quad \|\mathbf{A}\mathbf{x}_m - \mathbf{b}\| = |b^{(2)}|\,.$$

A.7 Eigenwerttheorie für Matrizen

A.7.1 Eigenwerte und Eigenvektoren

Aufgabe 7.1.1

a) Man berechne alle Eigenwerte der folgenden Matrizen:

$$\mathbf{A} = \begin{pmatrix} 2 & 0 & 3 & 0 \\ 0 & i & 0 & 0 \\ 4 & 0 & 1 & 0 \\ 0 & 0 & 0 & 10 \end{pmatrix}, \quad \mathbf{B} = \begin{pmatrix} 0 & 0 & 1 & 0 \\ 0 & 0 & 0 & 1 \\ 1 & 0 & 0 & 0 \\ 0 & 1 & 0 & 0 \end{pmatrix}, \quad \mathbf{C} = \begin{pmatrix} 1 & 3 & i & -6 \\ 2 & 0 & 8 & -i \\ 0 & 0 & 3 & 2 \\ 0 & 0 & 2 & 0 \end{pmatrix}.$$

b) Man geben eine reelle, reguläre $(3,3)$-Matrix an, zu der es nur einen linear unabhängigen Eigenvektor gibt.

(Klausur-)Aufgabe 7.1.2
Man berechne alle Eigenwerte und Eigenvektoren von

$$\mathbf{A} = \begin{pmatrix} 0 & -1 \\ 1 & 0 \end{pmatrix}, \quad \mathbf{B} = \begin{pmatrix} 0 & 1 & 2 \\ 0 & 3 & 4 \\ 0 & 0 & 5 \end{pmatrix} \quad \text{und}$$

$$\mathbf{H} = \mathbf{I}_n - 2\mathbf{w}\mathbf{w}^T \quad \text{mit} \quad \mathbf{w} \in \mathbb{R}^n \quad \text{und} \quad \|\mathbf{w}\| = 1.$$

Außerdem bestimme man jeweils die geometrischen und arithmetischen Vielfachheiten.

Aufgabe 7.1.3

a) Man bestimme alle Eigenwerte für die Matrizen

$$\mathbf{A} = \begin{pmatrix} 2 & -3 \\ 0 & 2 \end{pmatrix}, \mathbf{B} = \begin{pmatrix} 1 & 0 & 3 \\ 3 & -2 & -1 \\ 1 & -1 & 1 \end{pmatrix} \quad \text{und} \quad \mathbf{C} = \begin{pmatrix} 0 & 1 & 0 & 0 \\ 0 & 0 & 1 & 0 \\ 0 & 0 & 0 & 1 \\ 4 & -2 & -2 & 3 \end{pmatrix}.$$

b) Zu einer gegebenen Matrix $\mathbf{B} \in \mathbb{R}^{(n,n)}$ seien die Vektoren $\mathbf{v}_1, \cdots, \mathbf{v}_n \in \mathbb{R}^n$ eine Basis aus Eigenvektoren zu den Eigenwerten λ_i. Man zeige, dass dann $\mathbf{S} := (\mathbf{v}_1|\cdots|\mathbf{v}_n)$ die Matrix $\mathbf{B}$ auf Diagonalgestalt $\mathbf{D} = \operatorname{diag}(\lambda_i)$ transformiert, d.h., es gilt $\mathbf{D} = \mathbf{S}^{-1}\mathbf{B}\mathbf{S}$.

Man diagonalisiere die Matrix $\mathbf{B}$ aus a).

Aufgabe 7.1.4
Für die folgenden Matrizen berechne man die Eigenwerte und Eigenvektoren:

$$\mathbf{A} = \begin{pmatrix} 0 & 1 & -1 \\ 0 & 1 & 0 \\ 1 & 0 & 0 \end{pmatrix}, \quad \mathbf{B} = \begin{pmatrix} 1 & 0 & 0 \\ -1 & -2 & 1 \\ 0 & -2 & 1 \end{pmatrix}, \quad \mathbf{C} = \begin{pmatrix} 5 & -2 & -4 \\ -2 & 8 & -2 \\ -4 & -2 & 5 \end{pmatrix}.$$

Falls diagonalisierbar, gebe man die Transformationsmatrix $\mathbf{S}$ an, die auf Diagonalgestalt transformiert.

(Klausur-)Aufgabe 7.1.5
Gegeben ist die Matrix

$$\mathbf{A} = \begin{pmatrix} 0 & -1 & -2 \\ -1 & 0 & -2 \\ -2 & -2 & -3 \end{pmatrix}.$$

Man bestimme alle Eigenwerte von $\mathbf{A}$, gebe jeweils eine Basis der Eigenräume an, und bestimme eine orthogonale Matrix $\mathbf{U}$, so dass $\mathbf{U}^T\mathbf{A}\mathbf{U}$ Diagonalform besitzt.

Aufgaben und Lösungen zu Mathematik für Ingenieure 1, 4.Aufl., R. Ansorge, H. J. Oberle, K. Rothe und Th. Sonar
Copyright © 2010 WILEY-VCH Verlag GmbH & Co. KGaA, Weinheim
ISBN: 978-3-527-40987-7

Aufgabe 7.1.6

a) Man zeige, dass die Matrix $\mathbf{A} \in \mathrm{I\!R}^{(n,n)}$ mit
$$a_{ij} = \begin{cases} 0, & \text{falls } i = j, \\ 1, & \text{falls } i \neq j, \end{cases}$$
den einfachen Eigenwert $\lambda_1 = n-1$ und den $(n-1)$-fachen Eigenwert $\lambda_2 = -1$ besitzt. Außerdem gebe man eine Basis von E_{λ_1} und E_{λ_2} an.

b) Für die Matrix $\mathbf{B} \in \mathrm{I\!R}^{(n,n)}$ mit
$$b_{ij} = \begin{cases} n-1, & \text{falls } i = j, \\ -1, & \text{falls } i \neq j, \end{cases}$$
gebe man die Eigenwerte und Eigenvektoren an.

Aufgabe 7.1.7
Man bestimme die Eigenwerte, ihre geometrischen und algebraischen Vielfachheiten sowie die Eigenräume der folgenden Matrix:
$$\mathbf{J} = \begin{pmatrix} -1 & 1 & & & & & & \\ & -1 & 1 & & & \mathbf{0} & & \\ & & -1 & & & & & \\ & & & 1 & 1 & & & \\ & & & & 1 & & & \\ & & & & & 1 & 1 & \\ & & & & & & 2 & \\ & \mathbf{0} & & & & & 2 & \\ & & & & & & & 2 & 1 \\ & & & & & & & & 2 \end{pmatrix}.$$

(Klausur-)Aufgabe 7.1.8
Gegeben sei die Matrix
$$\mathbf{A} = \begin{pmatrix} -3 & 7 & -3 \\ -4 & 7 & -2 \\ -3 & 3 & 1 \end{pmatrix}.$$

a) Man berechne die Eigenwerte von $\mathbf{A}$.

b) Man berechne alle Eigenvektoren und gegebenenfalls Hauptvektoren von $\mathbf{A}$.

c) Man gebe die Jordansche Normalform $\mathbf{J}$ von $\mathbf{A}$ an und eine Transformationsmatrix $\mathbf{S}$, die $\mathbf{A}$ auf $\mathbf{J}$ transformiert.

Aufgabe 7.1.9
Man transformiere die folgenden Matrizen unter Angabe der Transformationsmatrix $\mathbf{S}_i$ auf Jordansche Normalform $\mathbf{J}_i$, d.h. $\mathbf{J}_i = \mathbf{S}_i^{-1} \mathbf{A}_i \mathbf{S}_i$:

$$\mathbf{A}_1 = \begin{pmatrix} 1 & 1 & 0 & 0 \\ 0 & 4 & 3 & 0 \\ 0 & -2 & -1 & 0 \\ 0 & 0 & 0 & 1 \end{pmatrix} \quad \text{und} \quad \mathbf{A}_2 = \begin{pmatrix} -7 & -1 & 1 & 3 \\ 0 & -1 & 0 & 0 \\ 0 & -3 & -1 & 0 \\ -12 & -1 & 2 & 5 \end{pmatrix}.$$

Aufgabe 7.1.10
Man transformiere die folgenden Matrizen unter Angabe der Transformationsmatrix auf Jordansche Normalform:

$$\mathbf{A} = \begin{pmatrix} -23 & 12 & -1 & 3 \\ -40 & 21 & -1 & 5 \\ 0 & 0 & 1 & 0 \\ -32 & 16 & -3 & 5 \end{pmatrix} \quad \text{und} \quad \mathbf{B} = \begin{pmatrix} -2 & 5 & 0 & -7 \\ -4 & -2 & 6 & 0 \\ 0 & 3 & -2 & -4 \\ -2 & 0 & 3 & -2 \end{pmatrix}.$$

Aufgabe 7.1.11
Auf einer an beiden Enden frei drehbar gelagerten Welle seien n Drehmassen mit Trägheitsmomenten $T_1, \ldots, T_n$ aufgesetzt. Es geht um die Bestimmung kleiner Torsionsschwingungen der Drehmassen auf der Welle. Auf jede Drehmasse wirken Torsionskräfte, die in erster Näherung proportional zur Differenz der Drehwinkel zwischen benachbarten Massen sind.

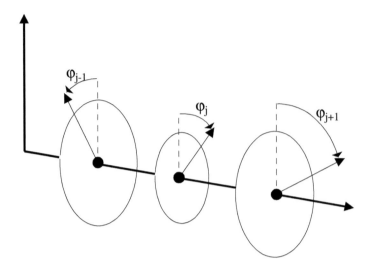

Bild 7.1.11 Drehmassen auf einer Welle

Mit gewissen, von den elastischen Eigenschaften der Welle bestimmten Torsionsfaktoren K_j ergeben sich für die Drehwinkel φ_j in Abhängigkeit von der Zeit t die Differentialgleichungen

$$T_j \ddot{\varphi}_j(t) = (\varphi_{j-1} - \varphi_j) K_j + (\varphi_{j+1} - \varphi_j) K_{j+1}, \quad j = 1, \ldots, n,$$

mit $\varphi_0 := \varphi_1$, $\varphi_{n+1} = \varphi_n$. Die Suche nach harmonischen Schwingungen

$$\varphi_j(t) = c_j \cos(\omega t + \alpha), \quad j = 1, \ldots, n,$$

führt auf das folgende mathematische Problem:

Bestimme zu

$$\mathbf{T} = \begin{pmatrix} T_1 & & \\ & \ddots & \\ & & T_n \end{pmatrix} \quad \text{und}$$

$$\mathbf{K} = \begin{pmatrix} -K_2 & K_2 & & & & & \\ K_2 & -K_2 - K_3 & K_3 & & & & \\ & K_3 & -K_3 - K_4 & K_4 & & & \\ & & \ddots & \ddots & \ddots & & \\ & & & \ddots & \ddots & \ddots & \\ & & & & K_{n-1} & -K_{n-1} - K_n & K_n \\ & & & & & K_n & -K_n \end{pmatrix}$$

reelle Zahlen ω (die Frequenzen der harmonischen Schwingungen), für die Vektoren $\mathbf{c} \neq \mathbf{0}$ existieren mit

$$-\omega^2 \mathbf{T} \mathbf{c} = \mathbf{K} \mathbf{c}.$$

Man löse dieses Problem für $n = 3$ mit $T_1 = 2 = T_3$ und $T_2 = 1$ sowie $K_2 = 1 = K_3$.

Aufgabe 7.1.12

Der Spektralradius einer Matrix $\mathbf{A} \in \mathbb{C}^{(n,n)}$ ist der Betrag des betragsmäßig größten Eigenwertes von $\mathbf{A}$:

$$\rho(\mathbf{A}) := \max \{ |\lambda| \,|\, \lambda \text{ Eigenwert von } \mathbf{A} \}.$$

Man zeige für Matrizen $\mathbf{A}, \mathbf{B} \in \mathbb{C}^{(n,n)}$:

$$\rho(\mathbf{AB}) = \rho(\mathbf{BA}).$$

A.7.2 Symmetrische Matrizen, Hauptachsentransformation

Aufgabe 7.2.1
Man transformiere die folgenden Quadriken in Hauptachsenlage:

a) $5x_1^2 + 8x_1x_2 + 5x_2^2 - 20\sqrt{2}x_1 - 16\sqrt{2}x_2 + 31 = 0$,

b) $25x_1^2 + 120x_1x_2 + 144x_2^2 + 130x_1 + 312x_2 = 0$,

c) $x_1^2 + 4x_1x_2 - 2x_2^2 - \dfrac{8}{\sqrt{5}}x_1 - \dfrac{4}{\sqrt{5}}x_2 - 4 = 0$,

bestimme den Typ der jeweiligen Normalform und gebe die zugehörige Transformation an.

Aufgabe 7.2.2
Man transformiere die folgenden Quadriken in Hauptachsenlage:

a) $9x_1^2 + 24x_1x_2 + 16x_2^2 - 4x_1 + 3x_2 + 15 = 0$,

b) $4x_1^2 + 2x_2^2 + 3x_3^2 + 4x_1x_3 - 4x_2x_3 + 8x_1 - 4x_2 + 8x_3 = 0$,

c) $x_1^2 + x_2^2 + x_3^2 - 2x_1x_2 + \sqrt{2}x_2 + 2x_3 + \dfrac{1}{8} = 0$.

Aufgabe 7.2.3
Durch die Gleichung $\quad 10x_1^2 + 4x_2^2 + 10x_3^2 + 4x_1x_3 + 4x_2 - 3 = 0 \quad$ sei eine Quadrik im $\mathbb{R}^3$ gegeben. Man transformiere die Quadrik auf Normalform und gebe die zugehörige Koordinatentransformation sowie den Typ der Quadrik an. Gegebenenfalls bestimme man die Länge der Hauptachsen und den Mittelpunkt im x_1-x_2-x_3-Koordinatensystem.

(Klausur-)Aufgabe 7.2.4
Man transformiere die folgende Quadrik $\quad -23x_1^2 + 25x_2^2 - 2x_3^2 + 72x_1x_3 - 30x_1 + 50x_2 - 40x_3 + 75 = 0$
in Hauptachsenlage. Dazu gebe man die zugehörige Transformation, die Normalform und den Typ der Quadrik an.

(Klausur-)Aufgabe 7.2.5
Gegeben sei folgende Quadrik $\quad x^2 + y^2 + z^2 + 2axz = 1 \quad$ mit $\quad a \in \mathbb{R}$.

a) Man klassifiziere diese Quadrik in Abhängigkeit von a (Fallunterscheidungen).

b) Man gebe die auf Hauptachsenlage transformierende Drehung $\mathbf{S}$ an, sowie die Quadrik nach dieser Transformation.

Aufgabe 7.2.6
Man bestimme alle Punkte im $\mathbb{R}^2$, deren Abstandssumme von den Punkten $(-1, 1)$ und $(1, -1)$ gleich $4\sqrt{2}$ ist, und bestimme die Punkte, die am nächsten bzw. am weitesten vom Nullpunkt entfernt sind.

(Klausur-)Aufgabe 7.2.7
Welche der folgenden Matrizen sind positiv definit? Man begründe jeweils die Antwort.

a)
$$\mathbf{A} = \begin{pmatrix} 1 & 3 & 2 \\ 3 & 10 & 3 \\ 2 & 3 & 15 \end{pmatrix}, \quad \mathbf{B} = \begin{pmatrix} 2 & 1 & 4 \\ 1 & 2 & 2 \\ 4 & 2 & 3 \end{pmatrix},$$

b) $\mathbf{C} = \mathbf{D} + \mathbf{v}\mathbf{v}^T$ mit einem beliebigen Vektor $\mathbf{v} \in \mathbb{R}^3$ und einer symmetrischen, positiv definiten Matrix $\mathbf{D} \in \mathbb{R}^{(3,3)}$.

Aufgabe 7.2.8
Gegeben sei die Matrix
$$\mathbf{A} = \begin{pmatrix} 1 & 1 & 0 \\ 1 & 5 & -2 \\ 0 & -2 & 10 \end{pmatrix}.$$

Man bestimme eine Matrix $\mathbf{C}$ mit $\mathbf{C}^T \mathbf{C} = \mathbf{A}$. Man zeige allgemein, dass jede reelle reguläre Matrix $\mathbf{A}$, die eine solche Darstellung erlaubt, symmetrisch und positiv definit ist.

Aufgabe 7.2.9

a) Man berechne die Cholesky-Zerlegung der Matrix
$$\mathbf{A} := \begin{pmatrix} 1 & -2 & -1 & 1 \\ -2 & 8 & 10 & 10 \\ -1 & 10 & 26 & 41 \\ 1 & 10 & 41 & 89 \end{pmatrix}.$$

b) Man berechne die Inverse der Matrix aus a).

Aufgabe 7.2.10
Es sei $\mathbf{A} \in \mathbb{R}^{(n,n)}$ eine symmetrische und diagonaldominante Matrix. Man zeige: Sind alle Diagonalelemente a_{ii} positiv, so ist $\mathbf{A}$ positiv definit.

Hinweis: Man zeige: Bei Gauß-Elimination ohne Pivotwahl ist auch jede Restmatrix wieder symmetrisch, diagonaldominant und besitzt positive Diagonalelemente. Danach verwende man (7.2.19) im Lehrbuch.

Aufgabe 7.2.11
Gegeben sei eine symmetrische Matrix $\mathbf{A} \in \mathbb{R}^{(n,n)}$ mit der Blockstruktur
$$\mathbf{A} = \begin{pmatrix} \mathbf{A}_{11} & \mathbf{A}_{12} \\ \mathbf{A}_{12}^T & \mathbf{A}_{22} \end{pmatrix},$$

wobei $\mathbf{A}_{11} \in \mathbb{R}^{(m,m)}$ regulär sei und $1 \leq m < n$.

Man zeige: $\mathbf{A}$ ist genau dann positiv definit, wenn die symmetrischen Matrizen

$$\mathbf{A}_{11} \quad \text{und} \quad \mathbf{S} = \mathbf{A}_{22} - \mathbf{A}_{12}^T \mathbf{A}_{11}^{-1} \mathbf{A}_{12}$$

positiv definit sind (vgl. Aufgabe 4.4.3).

A.7.3 Numerische Berechnung von Eigenwerten und Eigenvektoren

Aufgabe 7.3.1
Gegeben sei die Matrix
$$\mathbf{A} = \begin{pmatrix} -3 & 0 & -5 & 0 \\ 0 & 3 & 0 & 3 \\ 2 & 0 & 4 & 0 \\ 0 & -4 & 0 & -5 \end{pmatrix}.$$

A.7.3 Numerische Berechnung von Eigenwerten und Eigenvektoren

a) Man berechne die Matrixnormen $\|\mathbf{A}\|_1$, $\|\mathbf{A}\|_2$ und $\|\mathbf{A}\|_\infty$.

b) Man gebe eine obere Schranke für den betragsgrößten Eigenwert von $\mathbf{A}$ an.

c) Man bestimme eine Einschließung für alle Eigenwerte von $\mathbf{A}$ nach dem Satz von Gerschgorin.

d) Man berechne die Eigenwerte von $\mathbf{A}$.

Aufgabe 7.3.2
Gegeben seien
$$\mathbf{A} = \begin{pmatrix} 1 & 1 & 3 \\ 1 & 5 & 1 \\ 3 & 1 & 1 \end{pmatrix} \quad \text{und} \quad \mathbf{x}_0 = \begin{pmatrix} 1 \\ 1 \\ 1 \end{pmatrix}.$$

a) Man bestimme mit Hilfe des Satzes von Gerschgorin eine Einschließung für die Eigenwerte von $\mathbf{A}$.

b) Man berechne den Rayleigh-Quotienten $R(\mathbf{x}_0)$.

c) Man verwende $R(\mathbf{x}_0)$ als Näherung für einen Eigenwert der Matrix $\mathbf{A}$ und gebe eine Fehlerabschätzung nach dem Satz von Bogoljubow und Krylow an.

d) Man berechne $\mathbf{x}_1 = \mathbf{A}\mathbf{x}_0$ und führe b) und c) ebenfalls für $\mathbf{x}_1$ durch.

Aufgabe 7.3.3
Gegeben sei eine symmetrische, reelle Tridiagonalmatrix
$$\mathbf{A} = \begin{pmatrix} \delta_1 & \gamma_2 & & 0 \\ \gamma_2 & \delta_2 & \ddots & \\ & \ddots & \ddots & \gamma_n \\ 0 & & \gamma_n & \delta_n \end{pmatrix} \in \mathbb{R}^{(n,n)}.$$

Für $\lambda \in \mathbb{R}$ und $k = 1, \ldots, n$ setze man:
$$p_k(\lambda) := \det \begin{pmatrix} (\delta_1 - \lambda) & \gamma_2 & & 0 \\ \gamma_2 & & \ddots & \\ & \ddots & \ddots & \gamma_k \\ 0 & & \gamma_k & (\delta_k - \lambda) \end{pmatrix}.$$

Man beweise die folgende Dreiterm-Rekursion für die Berechnung der charakteristischen Polynome $p_1(\lambda), \ldots, p_n(\lambda)$:
$$p_0(\lambda) := 1, \quad p_1(\lambda) := \delta_1 - \lambda,$$
$$p_k(\lambda) := (\delta_k - \lambda)\, p_{k-1}(\lambda) - \gamma_k^2\, p_{k-2}(\lambda) \quad \text{für} \quad k = 2, \ldots, n.$$

Aufgabe 7.3.4
Man berechne durch das Von-Mises-Verfahren, ausgehend von dem Startvektor $\mathbf{x}_0 = (1,1,1)^T$, für die Schritte $i = 1, 2, 3$ Näherungen für den betragsmäßig größten Eigenwert und den zugehörigen Eigenvektor der Matrix
$$\mathbf{A} = \begin{pmatrix} 0 & -1 & -2 \\ -1 & 0 & -2 \\ -2 & -2 & -3 \end{pmatrix}.$$

A.8 Konvergenz von Folgen und Reihen

A.8.1 Folgen

Aufgabe 8.1.1

a) Sind (a_n), (b_n) konvergente reelle Folgen mit $a_n \leq b_n$ für alle $n \in \mathbb{N}$, so folgt:
$$\lim_{n\to\infty} a_n \leq \lim_{n\to\infty} b_n.$$

b) Sind (a_n), (b_n) konvergente reelle Folgen mit gemeinsamem Grenzwert $a = \lim_{n\to\infty} a_n = \lim_{n\to\infty} b_n$, so folgt aus $a_n \leq c_n \leq b_n$ für alle $n \in \mathbb{N}$, dass auch die Folge (c_n) konvergiert mit $\lim_{n\to\infty} c_n = a$.

c) Man zeige für $q > 0$: $\lim_{n\to\infty} \sqrt[n]{q} = 1$. Man untersuche zunächst den Fall $q > 1$ und wende auf $q^{1/n} = 1 + r_n$ die Bernoullische Ungleichung an.

Aufgabe 8.1.2

a) Die Folge (t_n) sei durch das Newton-Verfahren zur Bestimmung einer Nullstelle von $f(t) = t^2 - 2$ mit Startwert $t_0 = 1$ festgelegt.
Man zeige, dass (t_n) gegen $t^* = \sqrt{2}$ konvergiert. Ferner zeige man die quadratische Konvergenz der Folge.

b) Man führe die ersten fünf Schritte des Newton-Verfahrens für $f(t)$ und zum Vergleich fünf Schritte des Bisektionsverfahrens mit Startintervall $[1, 2]$ durch.

Aufgabe 8.1.3

a) Gegeben sei die Funktion $f : \mathbb{R} \to \mathbb{R}$ mit $\quad f(x) = x^3 + 4x^2 - 3x - 12$.

Man führe die ersten 10 Iterationen des Bisektionsverfahrens, ausgehend vom Startintervall $[0, 4]$, durch und gebe die berechnete Folge von Intervallen in einer Tabelle an. Ausgehend vom Startwert $x_0 = 4$ berechne man zudem die ersten 5 Iterierten des Newton-Verfahrens und stelle sie den Werten des Bisektionsverfahrens gegenüber.

b) Man zeige, dass das Newton-Verfahren zur Bestimmung der Nullstellen der durch
$$f(x) = \frac{1}{3}(x^3 + 2)$$
gegebenen Funktion für den Startwert $x_0 = 1$ nicht konvergiert und veranschauliche diesen Sachverhalt auch graphisch.

c) Für den Startwert $x_0 = 1$ gebe man die Newton-Folge für die durch
$$f(x) = -2x^3 + 3x^2 + x - 1$$
gegebenen Funktion an und begründe auch anhand einer Skizze, warum das Newton-Verfahren nicht konvergiert.

Aufgabe 8.1.4
Für konvergente Folgen (a_n) und (b_n) gilt $\quad \lim_{n\to\infty}(a_n + b_n) = \lim_{n\to\infty} a_n + \lim_{n\to\infty} b_n$.

Man gebe Beispiele mit $\lim_{n\to\infty} a_n = \infty$ und $\lim_{n\to\infty} b_n = -\infty$ an, für die obige Aussage falsch ist, insbesondere soll gelten:

a) $\lim_{n\to\infty}(a_n + b_n) = c$ mit $c \in \mathbb{R}$, b) $\lim_{n\to\infty}(a_n + b_n) = \infty$, c) $\lim_{n\to\infty}(a_n + b_n) = -\infty$.

Aufgaben und Lösungen zu Mathematik für Ingenieure 1, 4.Aufl., R. Ansorge, H. J. Oberle, K. Rothe und Th. Sonar
Copyright © 2010 WILEY-VCH Verlag GmbH & Co. KGaA, Weinheim
ISBN: 978-3-527-40987-7

Aufgabe 8.1.5
Man zeige, dass die rekursiv definierte Folge

$$x_0 = a, \quad x_1 = b, \quad x_{n+1} = \frac{1}{3}(16x_n - 5x_{n-1})$$

folgende explizite Darstellung besitzt:

$$x_n = \frac{15(1 - 15^{n-1})a + 3(15^n - 1)b}{14 \cdot 3^n}.$$

Hinweis: Für den Beweis eignet sich die vollständige Induktion.

A.8.2 Konvergenzkriterien für reelle Folgen

Aufgabe 8.2.1
Man untersuche die nachstehenden Folgen auf Konvergenz und bestimme gegebenenfalls die Grenzwerte

$$a_n = \sqrt{n+4} - \sqrt{n+2}, \quad b_n = \left(\frac{5n}{2n+1}\right)^4, \quad c_n = \frac{n^2-1}{n+3} - \frac{n^3+1}{n^2+1},$$

$$d_n = \left(1 - \frac{1}{3n}\right)^{7n}, \quad e_n = \sqrt{n(n+3)} - n, \quad f_n = \frac{\ln(1+r) + 7 - 3r^n}{2r^n + 5}, \quad r > 0.$$

Aufgabe 8.2.2
Man untersuche die nachstehenden Folgen auf Konvergenz und bestimme gegebenenfalls die Grenzwerte

$$a_n = \frac{2n^5}{n^5 + n^4 + n^3 + n^2 + n + 1}, \quad b_n = n^2\left(\sqrt{1 + \frac{3}{n^2}} - \sqrt{1 + \frac{1}{n^3}}\right),$$

$$c_n = \left(\frac{2-2i}{3}\right)^n, \quad d_n = \frac{a_n}{2} - \frac{3}{b_n} + c_n^2, \quad e_n = \frac{n^3 + (-1)^n n^2}{2n^3 + 1}, \quad f_n = \frac{n^2}{n+1} - \frac{n^2}{n+3}.$$

Aufgabe 8.2.3
Man untersuche die nachstehenden Folgen auf Konvergenz und bestimme ggf. den Grenzwert:

$$a_n = \frac{n^2-1}{2n^3}\left(\frac{3n^2+1}{n+1} - \frac{8n^2-1}{n-1}\right), \quad b_n = \left(1 + \frac{3}{5n}\right)^{10n},$$

$$c_n = \frac{4^n + (-5)^n}{(-4)^n + 5^n}, \quad d_n = \frac{(2-2i)^n}{(1+3i)^n},$$

$$e_n = \sqrt{9n^3 + 2n^{3/2} + (-1)^n} - 3n^{3/2}, \quad f_n = \frac{1 + 2^n + 3^{n+1} + 4^{n+2} + 5^{n+3}}{5^{n+1}}.$$

Aufgabe 8.2.4
Man untersuche die folgenden rekursiv definierten Folgen auf Konvergenz und bestimme gegebenenfalls die Grenzwerte:

a) $a_1 := 0, \quad a_{n+1} := \frac{1}{4}(a_n - 3), \quad n \geq 1,$ b) $b_1 := 0, \quad b_{n+1} := \sqrt{2 + b_n}, \quad n \geq 1,$

c) $c_1 := 2, \quad c_{n+1} := \frac{3}{4 - c_n}, \quad n \geq 1,$ d) $d_1 := 0, \quad d_{n+1} := 3d_n + 2, \quad n \geq 1.$

(Klausur-)Aufgabe 8.2.5
Man untersuche die nachstehenden Folgen auf Konvergenz und bestimme gegebenenfalls den Grenzwert:

a) $a_n = \sqrt{n^2+1} - n - 1$,
b) $b_n = \ln\left(\dfrac{5n}{n+1}\right)$,
c) $c_n = \left(\dfrac{2}{n} - 1\right)^n$,
d) $d_n = \sqrt{n^6 + 3n^3} - \sqrt{n^6 - 2n^3}$,
e) $e_n = \dfrac{n^3+1}{n^2+5n} - \dfrac{n^4+4}{n^3+2n^2}$,
f) $f_n = \sqrt{n^8 + 4n^4} - \sqrt{n^8 + 7n^3}$,
g) $g_n = \sqrt{n^2+2n} - \sqrt{n^2-n}$.

(Klausur-)Aufgabe 8.2.6
Man untersuche die nachstehenden Folgen auf Konvergenz und bestimme gegebenenfalls den Grenzwert:

a) $a_1 = 6$, $a_{n+1} = \sqrt{a_n} + 2$,
b) $b_1 = 5$, $b_{n+1} = \sqrt{b_n} + 6$,
c) $c_1 = 0$, $c_{n+1} = \dfrac{3 - c_n}{2}$,
d) $d_1 = 1$, $d_{n+1} = \dfrac{\sqrt{d_n}}{3}$,
e) $e_1 = 0$, $e_n = 1 + 2e_{n-1}$.

(Klausur-)Aufgabe 8.2.7

a) Man untersuche die Folge $a_n = n^3 + 2 - \sqrt{n^6 + 5n^3}$, $n \in \mathbb{N}$, auf Konvergenz und bestimme gegebenenfalls den Grenzwert.

b) Man untersuche die rekursiv definierte Folge $b_1 = 1$, $b_{n+1} = \dfrac{1}{3}b_n + \dfrac{1}{2}$, $n \geq 1$, auf Konvergenz und bestimme gegebenenfalls den Grenzwert.

(Klausur-)Aufgabe 8.2.8

a) Man untersuche die Folge $a_n = n^3 - 2 - \sqrt{n^6 - 5n^3}$, $n \in \mathbb{N}$, auf Konvergenz und bestimme gegebenenfalls den Grenzwert.

b) Man untersuche die rekursiv definierte Folge $b_1 = 1$, $b_{n+1} = \dfrac{1}{4}b_n - \dfrac{1}{2}$, $n \geq 1$, auf Konvergenz und bestimme gegebenenfalls den Grenzwert.

Aufgabe 8.2.9
Für $0 < a < b$ seien die Folgen $(a_n)_{n \geq 0}$, $(b_n)_{n \geq 0}$ definiert durch

$$a_0 := a, \quad b_0 := b, \quad a_{n+1} := \sqrt{a_n b_n}, \quad b_{n+1} := \frac{1}{2}(a_n + b_n), \quad n \geq 0.$$

a) Man zeige, dass (a_n), (b_n) eine Intervallschachtelung bilden und folgende Abschätzung gilt:

$$b_{n+1} - a_{n+1} \leq \frac{1}{2}(b_n - a_n).$$

b) Man zeige: $\left(\dfrac{b_{n+1} - a_{n+1}}{b_{n+1} + a_{n+1}}\right) \leq \left(\dfrac{b_n - a_n}{b_n + a_n}\right)^2$.

Aufgabe 8.2.10

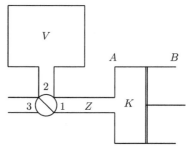

Bild 8.2.10 Kolbenpumpe

Zum Evakuieren eines Behälters mit Volumen V wird eine Kolbenpumpe mit Hubvolumen K und Zuleitungsvolumen Z verwendet. Über ein Dreiwegeventil kann die Pumpe 1 entweder mit dem Behälter 2 oder mit dem Außenraum 3 verbunden werden. Ein Pumpenschritt sieht folgendermaßen aus:

a) das Ventil wird in Stellung 1/2 gebracht, der Kolben von A nach B bewegt,

b) das Ventil wird in Stellung 1/3 gebracht, der Kolben von B nach A bewegt.

Mit Hilfe des Boyle-Mariotteschen Gesetzes ($pV = \text{const.}$) bestimme man den Druck p_n im Behälter nach n Pumpenschritten. Dabei herrsche zu Beginn in V und Z der Außendruck p_0. Welcher Grenzdruck $p_\infty = \lim_{n \to \infty} p_n$ lässt sich erreichen? Man benutze folgende Zahlenwerte: $V = 500\,\text{cm}^3$, $K = 50\,\text{cm}^3$, $Z = 5\,\text{cm}^3$, $p_0 = 1\,\text{at}$. Wie groß ist p_{10}?

Aufgabe 8.2.11

U_n bezeichne den Umfang des regelmäßigen, dem Kreis mit Radius $r = \dfrac{1}{2}$ umschriebenen n-Ecks.

a) Man zeige: $U_n = n \tan\left(\dfrac{\pi}{n}\right)$.

b) Man beweise mittels der Additionstheoreme für sin und cos:

$$\tan \frac{\alpha}{2} = \frac{\tan \alpha}{1 + \sqrt{1 + \tan^2 \alpha}} \quad \text{für} \quad \alpha \in \left]-\frac{\pi}{2}, \frac{\pi}{2}\right[.$$

c) Man folgere aus a) und b): $U_{2n} = \dfrac{2U_n}{1 + \sqrt{1 + \left(\dfrac{U_n}{n}\right)^2}}$, $U_4 = 4$.

d) Man beweise die Konvergenz der Folge $V_n := U_{2^{n+1}}$, $n \geq 1$.

e) Man berechne V_k, $k = 1, \ldots, 20$.

A.8.3 Folgen in Vektorräumen

Aufgabe 8.3.1

Für die Normen $\|\cdot\|_1$, $\|\cdot\|_2$ und $\|\cdot\|_\infty$ des $\mathbb{R}^n$ zeige man die Abschätzungen

a) $\|\mathbf{x}\|_2 \leq \|\mathbf{x}\|_1 \leq \sqrt{n}\,\|\mathbf{x}\|_2$, b) $\|\mathbf{x}\|_\infty \leq \|\mathbf{x}\|_2 \leq \sqrt{n}\,\|\mathbf{x}\|_\infty$.

Hinweis: Man verwende die Cauchy-Schwarzsche Ungleichung!

Aufgabe 8.3.2

Man untersuche die unten angegebenen Folgen im $\mathbb{R}^3$ auf Konvergenz und berechne, falls möglich, die Grenzwerte:

a) $\mathbf{x}_n = \left(\dfrac{n^2+1}{3n^2-1},\ \cos(n\pi),\ \left(\dfrac{1}{2}\right)^n\right)^T$, b) $\mathbf{y}_{n+1} = \dfrac{1}{2}\begin{pmatrix} -1 & 0 & 1 \\ 0 & 1 & 0 \\ 1 & 0 & 1 \end{pmatrix} \mathbf{y}_n$ mit $\mathbf{y}_0 \in \mathbb{R}^3$,

c) $\mathbf{z}_n = \dfrac{1}{n}\left(\dfrac{4n^2-3n+5}{7n+4},\ \dfrac{3n^5+8n^2-1}{-6n^4-3},\ \dfrac{n-1}{n+9}\right)^T.$

Aufgabe 8.3.3
Man untersuche die angegebenen Folgen auf Konvergenz

a) $\mathbf{x}^n = \left(\cos\left(\dfrac{\pi}{n}\right),\ \dfrac{2n^2+(-1)^n(n+1)^2}{n^2}\right)^T,\quad n\in\mathbb{N},$

b) $\mathbf{x}^n = \left(\dfrac{4n}{5^n},\ \dfrac{(2n+1)^2}{(n+1)(n+2)},\ \left(1-\dfrac{2}{n}\right)^n\right)^T,\quad n\in\mathbb{N},$

c) $\mathbf{x}^0 = \begin{pmatrix}x_0\\y_0\\z_0\end{pmatrix} = \begin{pmatrix}1\\2\\3\end{pmatrix},\quad \mathbf{x}^{n+1} = \begin{pmatrix}x_{n+1}\\y_{n+1}\\z_{n+1}\end{pmatrix} = \begin{pmatrix}\frac{1}{2}x_n\sin y_n\\[2pt]\frac{1}{3}y_n\cos z_n\\[2pt]\frac{1}{4}z_n\sin x_n\end{pmatrix},\quad n\in\mathbb{N}.$

Hinweis: Eine geeignete Norm erleichtert das Leben.

A.8.4 Konvergenzkriterien für Reihen

Aufgabe 8.4.1
Man untersuche die folgenden Reihen auf Konvergenz:

a) $\displaystyle\sum_{n=0}^{\infty}\dfrac{n}{n+1},$
b) $\displaystyle\sum_{k=0}^{\infty}\dfrac{1}{k^2+k+1},$
c) $\displaystyle\sum_{j=1}^{\infty}(-1)^j\left(\dfrac{1}{j}\right)^{\frac{1}{3}},$

d) $\dfrac{1}{4}+\dfrac{3}{16}+\dfrac{9}{64}+\dfrac{27}{256}+\dfrac{81}{1024}+\cdots,$
e) $\displaystyle\sum_{n=1}^{\infty}\left(\dfrac{1}{n^2}+\dfrac{1}{n^3}\right),$
f) $\displaystyle\sum_{k=0}^{\infty}\dfrac{k^3}{4^k},$

g) $\displaystyle\sum_{j=3}^{\infty}\dfrac{j+2}{j^2-4},$
h) $\displaystyle\sum_{k=1}^{\infty}\left(\dfrac{-9k-10}{10k}\right)^k.$

Aufgabe 8.4.2
Man untersuche die folgenden Reihen auf Konvergenz:

a) $\displaystyle\sum_{n=1}^{\infty}\left(1-\dfrac{1}{n}\right),$
b) $\displaystyle\sum_{k=3}^{\infty}\dfrac{k+1}{k^2-k-2},$
c) $\displaystyle\sum_{k=1}^{\infty}\dfrac{1}{k^k},$

d) $\dfrac{1}{3}+\dfrac{2}{9}+\dfrac{4}{27}+\dfrac{8}{81}+\dfrac{16}{243}+\cdots,$
e) $\displaystyle\sum_{n=1}^{\infty}\left(\dfrac{(-1)^n}{n+1}+\left(\dfrac{2}{3}\right)^n\right),$
f) $\displaystyle\sum_{k=0}^{\infty}\dfrac{k^2}{2^k}.$

(Klausur-)Aufgabe 8.4.3
Man untersuche die folgenden Reihen auf Konvergenz:

a) $\displaystyle\sum_{n=1}^{\infty}\dfrac{n^2}{n^3+1},$
b) $\dfrac{3}{5}+\dfrac{6}{9}+\dfrac{9}{13}+\dfrac{12}{17}+\dfrac{15}{21}+\cdots,$
c) $\displaystyle\sum_{n=1}^{\infty}\dfrac{(n+1)^2\cdot 6^n}{5^n},$

d) $\displaystyle\sum_{n=1}^{\infty}\dfrac{n^2\cdot 4^{n+1}}{5^{n+1}},$
e) $\displaystyle\sum_{n=0}^{\infty}\dfrac{5^n\cdot 7^{n+2}}{36^{n+1}}.$

Aufgabe 8.4.4
Warum konvergiert $\displaystyle\sum_{n=0}^{\infty}(-1)^n\dfrac{n}{(2n-5)(n+1)}$? Von welchem Index N an gilt für die Partialsumme S_N und den Grenzwert S der Reihe $|S-S_N|<0.05$?

Aufgabe 8.4.5

a) Man zeige, dass die Reihe $\sum_{n=1}^{\infty}\left(\frac{1}{n+1}+\frac{(-1)^n}{n}\right)$ alterniert und dass für $b_n := \frac{1}{n+1}+\frac{(-1)^n}{n}$ gilt: $\lim_{n\to\infty} b_n = 0$. Warum ist das Leibniz-Kriterium nicht anwendbar?

b) Warum konvergiert die Reihe $\sum_{n=1}^{\infty}\frac{(-1)^n \cdot n}{(n+1)^2}$? Ab welchem Index N unterscheiden sich die Partialsummen s_N vom Grenzwert der Reihe um weniger als 10^{-2}?

(Klausur-)Aufgabe 8.4.6

a) Man untersuche die folgende Reihe auf Konvergenz: $\sum_{j=1}^{\infty}\frac{(-1)^j}{\sqrt{j^2+1}}$.

b) Warum konvergiert die Reihe $\sum_{n=0}^{\infty}\left(\frac{(-1)^n}{n+1}+\frac{(-1)^{n+1}}{n+2}\right)$? Ab welchem Index N gilt für die Partialsummen S_N und den Grenzwert S der Reihe $|S - S_N| \le \frac{1}{30}$?

Aufgabe 8.4.7

a) Die Sinus-Reihe ist gegeben durch $\sin x = \sum_{k=0}^{\infty}(-1)^k \frac{x^{2k+1}}{(2k+1)!}$. Man berechne ohne Verwendung eines Taschenrechners eine Näherung für $\sin 1$ mit einem gesicherten absoluten Fehler von höchstens 10^{-7}.

b) Man benutze die Summenformel der geometrischen Reihe, um die reelle Zahl $x = 3.70\overline{451}$ als Bruch darzustellen.

Aufgabe 8.4.8

a) Für $\cos(-1)$ soll eine Näherung mit einem gesicherten absoluten Fehler von höchstens 10^{-4} durch Abbruch der Cosinus-Reihe $\cos x = \sum_{n=0}^{\infty}(-1)^n \frac{x^{2n}}{(2n)!}$ berechnet werden. Wie groß ist n?

b) Unter Verwendung der Summenformel der geometrischen Reihe soll die reelle periodische Zahl $x = 1.2\overline{68}$ als Bruch dargestellt werden.

Aufgabe 8.4.9

Der Turm von Babylon werde durch Aufeinanderstapeln von Würfeln W_n der Kantenlänge $\frac{1}{n}$ m nachgebaut, wobei $n = 1, 2, 3, \ldots$ ist. Die Bodenfläche des $(n+1)$-ten Würfels werde dabei auf die Mitte der Dachfläche des n-ten Würfels gesetzt.

a) Wie hoch wird der Turm?

b) Kann der Turm mit endlich viel Farbe angestrichen werden?

c) Kommen die Baumeister mit endlich viel Beton aus, wenn jeder Würfel ganz aus Beton besteht?

A.9 Stetigkeit und Differenzierbarkeit

A.9.1 Stetigkeit, Grenzwerte von Funktionen

Aufgabe 9.1.1

a) Man gebe für die folgenden Mengen D_k die Menge aller Häufungspunkte D'_k und die Menge aller inneren Punkte D^0_k an:

$$D_1 = \left\{ \left. \frac{n+1}{n} \right| n \in \mathbb{N} \right\} \cup [0,1], \quad D_2 = \,]-\infty, 0[, \quad D_3 = [1,2[\times [0,\infty[.$$

Welche der Mengen D_k sind abgeschlossen bzw. offen?

b) Für welche der folgenden Funktionen $f: \mathbb{R} \to \mathbb{R}$ existiert $\lim_{x \to x_0} f(x)$? Man begründe die Antwort und berechne den Grenzwert, falls er existiert.

(i) $f(x) = \begin{cases} \dfrac{1}{1+x} & \text{für } x \neq -1, \\ 0 & \text{für } x = -1 \end{cases}$ mit $x_0 = -1$,

(ii) $f(x) = \begin{cases} 1-x & \text{für } x < 2 \\ x-2 & \text{für } x > 2 \end{cases}$ mit $x_0 = 2$,

(iii) $f(x) = \begin{cases} x^2 & \text{für } x < 1, \\ 2-x & \text{für } x > 1, \\ 0 & \text{für } x = 1 \end{cases}$ mit $x_0 = 1$.

Aufgabe 9.1.2

a) Man berechne für die folgenden Mengen D_j die Menge aller Häufungspunkte D'_j und die Menge aller inneren Punkte D^0_j. Welche der Mengen D_j sind abgeschlossen bzw. offen?

$$D_1 = \left\{ \left. \frac{n}{n+1} \right| n \in \mathbb{N} \right\} \cup [-1,0], \quad D_2 = \left\{ \left. 1 + \frac{1}{n} \right| n \in \mathbb{N} \right\} \cup \,]1, \infty[,$$

$$D_3 = \left\{ \left. \frac{n}{n^2+1} + (-1)^n \right| n \in \mathbb{N} \right\} \cup \left\{ \left. \left(\frac{1}{n} - 1\right)^n \right| n \in \mathbb{N} \right\}$$

b) Man berechne für folgende Funktionen $f: \mathbb{R} \to \mathbb{R}$ die Grenzwerte $\lim_{x \to x_0} f(x)$, falls dies möglich ist:

(i) $f(x) = \begin{cases} \ln x & \text{für } x > 0 \\ \dfrac{1}{x} & \text{für } x < 0 \end{cases}$ mit $x_0 = 0$,

(ii) $f(x) = \begin{cases} x^3 & \text{für } x < 1 \\ x & \text{für } 1 < x < 2 \\ e^x & \text{für } 2 < x \end{cases}$ mit $x_0 = 1$,

(iii) $f(x) = \begin{cases} -\sin x & \text{für } x < \pi \\ 1 & \text{für } \pi < x \end{cases}$ mit $x_0 = \pi$.

Aufgabe 9.1.3
Man bestimme die folgenden Funktionsgrenzwerte (ohne Verwendung der Regeln von de l'Hospital):

a) $\lim\limits_{x \to 1} \dfrac{x^3 - 2x + 1}{x-1}$, b) $\lim\limits_{x \to 0} \dfrac{1 - \sqrt{x+1}}{x}$, c) $\lim\limits_{x \to 1} \dfrac{x^5 - 1}{x^4 - 1}$, d) $\lim\limits_{x \to \infty} 2x - \sqrt{4x^2 - x}$.

Aufgabe 9.1.4
Ohne Verwendung der Regeln von de l'Hospital berechne man die folgenden Funktionsgrenzwerte:

a) $\lim\limits_{x \to -1+} \ln(x^2 + 4x + 3) - \ln(x + 1)$,   b) $\lim\limits_{x \to 1} \dfrac{1 - x^{20}}{1 - x}$,

c) $\lim\limits_{x \to \frac{\pi}{2}} \left(\tan^2 x - \dfrac{1}{\cos^2 x} \right)$,   d) $\lim\limits_{x \to \infty} 5x(\sqrt{9x^2 + 2} - 3x)$.

Aufgabe 9.1.5
Für die durch folgende Zuordnungsvorschriften definierten Funktionen

a) $f(x) = \dfrac{x + x^2}{|x|}$,   b) $g(x) = \ln \dfrac{x}{x^2 - 1}$,   c) $h(x) = \dfrac{\sqrt{x^2 - 1}}{x - 1}$

gebe man, nach eventueller stetiger Ergänzung, den größtmöglichen Definitionsbereich an und berechne ggf. noch einseitig existierende Grenzwerte.

Aufgabe 9.1.6
Man untersuche mit der ε-δ-Charakterisierung die folgenden reellen Funktionen auf Stetigkeit im Punkt x_0:

a) $f(x) = \begin{cases} x & \text{für } -1 \leq x \\ |x| & \text{für } x < -1 \end{cases}$ mit $x_0 = -1$,

b) $g(x) = \begin{cases} \sqrt{|x - \pi|} \cdot \sin \dfrac{1}{(x - \pi)^2} + 1 & \text{für } x \neq \pi \\ 1 & \text{für } x = \pi \end{cases}$ mit $x_0 = \pi$.

Aufgabe 9.1.7
Man untersuche direkt mit der ε-δ-Charakterisierung die folgenden reellen Funktionen f auf Stetigkeit im Punkt x_0:

a) $f(x) = \begin{cases} 1 & \text{für } x > 0 \\ \frac{1}{2} & \text{für } x_0 = 0 \\ 0 & \text{für } x < 0 \end{cases}$,   b) $g(x) = \begin{cases} (x - 1)^2 & \text{für } x \geq 1 \\ x - 1 & \text{für } x < 1 \end{cases}$ mit $x_0 = 1$,

c) $h(x) = \begin{cases} x \cdot \cos \dfrac{1}{x} & \text{für } x > 0 \\ x & \text{für } x \leq 0 \end{cases}$ mit $x_0 = 0$.

Aufgabe 9.1.8
Die Funktion $f : D \to \mathbb{R}$ sei für $D = \mathbb{R} \setminus \{-2, 2\}$ durch $f(x) = \dfrac{x - 2}{x^2 - 4}$ gegeben. Für $x_0 = 2$ bestimme man einen geeigneten Funktionswert $f(x_0)$, so dass f in x_0 stetig wird. Anschließend weise man die Stetigkeit in x_0 mit Hilfe der ε-δ-Definition nach.

Aufgabe 9.1.9
a) Man berechne die folgenden Grenzwerte, falls sie (ggf. uneigentlich) existieren:

(i) $\lim\limits_{x \to 0} \dfrac{4 + x^2}{2 + x}$,   (ii) $\lim\limits_{x \to 3} \dfrac{1}{x - 3}$.

b) Man zeige, dass der Grenzwert nicht existiert und berechne alle Häufungspunkte:

(i) $\lim\limits_{x \to 0+} \cos\left(\dfrac{1}{x} \right)$,   (ii) $\lim\limits_{(x,y) \to (0,0)} \dfrac{x^2}{x^2 + y^2}$.

Aufgabe 9.1.10

a) Man bestimme die folgenden Funktionsgrenzwerte, falls sie existieren:

$$\text{(i)} \quad \lim_{(x,y) \to (0,0)} \frac{|x^2 - y^2|}{|x| + |y|} \quad , \quad \text{(ii)} \quad \lim_{(x,y) \to (0,0)} \frac{x^4 + y^2}{x^2 + y^4} \; .$$

b) Kann die Funktion $f : \mathbb{R}^2 \setminus \{(0,0)\} \to \mathbb{R}$ mit $\quad f(x,y) = 2(x+y)\cos\left(\dfrac{1}{x^2+y^2}\right) \quad$ stetig in $(0,0)$ fortgesetzt werden?

A.9.2 Differentialrechnung einer Variablen

Aufgabe 9.2.1
Eine Funktion $f : \mathbb{R} \to \mathbb{R}$ heißt *gerade*, wenn $f(x) = f(-x)$, und *ungerade*, wenn $f(x) = -f(-x)$ für alle $x \in \mathbb{R}$ gilt.

Man überprüfe, welche der folgenden Funktionen gerade oder ungerade sind und gebe dies auch für die entsprechenden Ableitungen an:

a) $f(x) = x^2 + \cos x$, \quad b) $g(x) = x^2 \tan x$, \quad c) $h(x) = x \sin x$,

d) $k(x) = e^x$, \quad e) $\ell(x) = \ln(1 + x^2)$, \quad f) $m(x) = 1 + \sinh x$.

Aufgabe 9.2.2
Man berechne eine für alle $x \in \mathbb{R}$ stetige Funktion h, für die gilt:

$$\begin{array}{rcll} h(1) & = & 1 & , \\ h'(x) & = & 1 & \text{für} \quad -\infty < x < 0 \, , \\ h'(x) & = & -2x & \text{für} \quad 0 < x < 1 \, , \\ h'(x) & = & 0 & \text{für} \quad 1 < x < 2 \, , \\ h'(x) & = & 2 & \text{für} \quad 2 < x < \infty \, . \end{array}$$

Aufgabe 9.2.3
Gegeben sei die Funktion $f : \mathbb{R} \to \mathbb{R}$ mit

$$f(x) = \begin{cases} x^3 & \text{für} \quad x \notin [-1,1], \\ a \sin(\pi x) + b \sin\left(\dfrac{\pi x}{2}\right) & \text{für} \quad x \in [-1,1] \, . \end{cases}$$

Man bestimme die reellen Konstanten a und b so, dass f auf $\mathbb{R}$ differenzierbar wird.

Aufgabe 9.2.4
Gegeben sei die Funktion $f : \mathbb{R} \to \mathbb{R}$ mit

$$f(x) = \begin{cases} (x+3)^2 & \text{für} \quad x \leq 0 \, , \\ 4\sin(ax) + b & \text{für} \quad x > 0 \, . \end{cases}$$

Man bestimme die reellen Konstanten a und b so, dass f auf $\mathbb{R}$ differenzierbar wird.

(Klausur-)Aufgabe 9.2.5
Gegeben sei die durch $\quad g(x) = \begin{cases} ax^2 \, , & x \leq 1 \\ b - (2-x)^2 \, , & x > 1 \end{cases} \quad$ mit $a, b \in \mathbb{R}$ definierte Funktion.

a) Man bestimme a und b so, dass g stetig und differenzierbar wird und zeichne g.

b) Für die in (a) berechnete Funktion g stelle man die Gleichung der Tangente im Punkt $x_0 = 1$ auf.

(Klausur-)Aufgabe 9.2.6

a) Man berechne die Tangentengleichung zu $f(x) = 3^{(x^2-8)}$ im Punkt $x_0 = 3$.

b) Gegeben sei die Funktion $f : \mathbb{R} \to \mathbb{R}$ mit
$$f(x) = \begin{cases} ax^3 + b & \text{für } x < 1, \\ \log(x) & \text{für } x \geq 1. \end{cases}$$

Man bestimme die reellen Konstanten a und b so, dass f auf $\mathbb{R}$ differenzierbar wird und skizziere dann f im Intervall $[0, \exp(1)]$.

Dabei bezeichnet $\exp$ die e-Funktion, d.h. $\exp(x) = e^x$ und $\log(x)$ die zugehörige Umkehrfunktion, also den natürlichen Logarithmus.

c) Man berechne die erste Ableitung von

(i) $f(x) = \log\left(\dfrac{x^2+2}{x^4+4}\right)$, (ii) $g(x) = \sqrt[5]{4x^3 + 2x^2 + 1}$.

Aufgabe 9.2.7

a) Man zeige, dass die Funktion f in $x_0 = 0$ unstetig ist, mit $f(x) = \begin{cases} \cos\dfrac{1}{x} & \text{für } x \neq 0, \\ 0 & \text{für } x = 0. \end{cases}$

b) Man zeige, dass die Funktion g in $x_0 = 0$ stetig, aber nicht differenzierbar ist, mit
$$g(x) = \begin{cases} x\cos\dfrac{1}{x} & \text{für } x \neq 0, \\ 0 & \text{für } x = 0. \end{cases}$$

Aufgabe 9.2.8
Man berechne die Ableitungen der folgenden Funktionen und vereinfache die sich ergebenden Ausdrücke:

a) $f(x) = (x+2)^2 - 8(x+2) + 8\ln(x+2)$, b) $g(x) = 3\arctan x + \dfrac{3x}{(x^2+1)} + \dfrac{2x}{(x^2+1)^2}$,

c) $h(x) = \ln\dfrac{x^2+1}{x^2-1}$, d) $p(x) = \dfrac{\sqrt{2x+3}}{\sqrt{4x+5}}$, e) $q(x) = \arccos\dfrac{1}{x}$, f) $r(x) = x\tan x + \ln(\cos x)$.

Aufgabe 9.2.9
Man berechne die Ableitungen der folgenden Funktionen und vereinfache die sich ergebenden Ausdrücke:

a) $f(x) = \arcsin\dfrac{x}{2} + \dfrac{\sqrt{4-x^2}}{x}$, b) $g(x) = \arctan\sqrt{x} + \dfrac{\sqrt{x}}{x+1}$, c) $h(x) = \ln(\tan x) - \dfrac{\cos 2x}{\sin^2 2x}$,

d) $p(x) = \dfrac{2\sqrt{x^2+3x}}{3x}$, e) $q(x) = \ln(\ln x)$, f) $r(x) = \ln(\sin x) - x\cot x$.

Aufgabe 9.2.10
Man berechne die ersten beiden Ableitungen der folgenden Funktionen:

a) $f(x) = \arctan x^2$, b) $g(x) = \ln(1 - x^4)$,

c) $h(x) = x(\sin(\ln x) - \cos(\ln x))$, d) $p(x) = \arccos\left(3x^{-\frac{5}{2}}\right)$.

Aufgabe 9.2.11
Man berechne die ersten drei Ableitungen der folgenden Funktionen:

a) $f(x) = x\ln x - x$, b) $g(x) = \dfrac{1}{\sqrt{9-x^2}}$,

c) $h(x) = \operatorname{arcosh} x$, d) $p(x) = x\ln^2 x - 2x\ln x + 2x$.

Aufgabe 9.2.12

a) Man berechne die Ableitungen der folgenden Funktionen und vereinfache die sich ergebenden Ausdrücke:

$$\text{i) } f(x) = \frac{1}{2}\sinh x \cosh x + \frac{x}{2}, \quad \text{ii) } g(x) = -x \cot x + \ln(\sin x).$$

b) Man berechne die ersten beiden Ableitungen der folgenden Funktionen:

$$\text{i) } h(x) = \frac{x}{x^2+1}, \quad \text{ii) } k(x) = x^x.$$

c) Man berechne die ersten drei Ableitungen der folgenden Funktionen:

$$\text{i) } u(x) = 7(2x+5)^2 - 2(8-9x) + 3, \quad \text{ii) } v(x) = \sqrt{(4-7x)^3}.$$

Aufgabe 9.2.13

Man stelle für die folgenden Funktionen im Punkt x_0 die Gleichung der Tangente auf:

a) $f(x) = \log_a x$ mit $x_0 = 2$,

b) $g(x) = \sinh x$ mit $x_0 = -1$,

c) $h(x) = \begin{vmatrix} \sin 2x & e^x \\ \cosh 5x & 3x^4 \end{vmatrix}$ mit $x_0 = 0$,

d) $\mathbf{p}(x) = \begin{pmatrix} \cos x \\ \sin x \end{pmatrix}$ mit $x_0 = \frac{3\pi}{4}$.

Aufgabe 9.2.14

Man stelle für die folgenden Funktionen im Punkte x_0 die Gleichung der Tangente auf. Anschließend zeichne man die Funktionen mit ihren Tangenten.

a) $f(x) = a^x$ mit $x_0 = 1$,

b) $g(x) = \begin{vmatrix} \tan x & \ln x \\ x^2 & \cos x \end{vmatrix}$ mit $x_0 = \pi$,

c) $\mathbf{h}(x) = \frac{x^2-1}{x^2+1} \cdot \begin{pmatrix} 1 \\ x \end{pmatrix}$ mit $x_0 = 0$.

A.10 Weiterer Ausbau der Differentialrechnung

A.10.1 Mittelwertsätze, Satz von Taylor

Aufgabe 10.1.1
Gegeben sei eine Kugel vom Radius R. Wie groß ist das maximale Volumen eines der Kugel einbeschriebenen Zylinders?

Aufgabe 10.1.2

a) Gegeben sei die Funktion $f : \mathbb{R} \to \mathbb{R}$ mit $\quad f(x) = \begin{cases} x^2 & \text{für } x \geq 0, \\ -x^2 & \text{für } x < 0. \end{cases}$

  Ist der Mittelwertsatz $\quad g'(x_0) = \dfrac{g(b) - g(a)}{b - a} \quad$ mit $\quad x_0 \in]a, b[\quad$ für $a = -1$ und $b = 1$ auf f bzw. f' anwendbar? Man bestimme gegebenenfalls die Zwischenstelle(n) x_0.

b) Man zeige mit Hilfe des Zwischenwertsatzes, dass die Funktion h mit $\quad h(x) = \mathrm{e}^x - 3x^2$ mindestens drei Nullstellen besitzt, und mit Hilfe des Satzes von Rolle, dass sie höchstens drei und damit dann genau drei Nullstellen besitzt.

Aufgabe 10.1.3

a) Gegeben sei die Funktion $f : \mathbb{R} \to \mathbb{R}$ mit

$$f(x) = \begin{cases} \sin x + x^2 & \text{für } x \geq 0 \\ x & \text{für } x < 0 \end{cases}.$$

  Ist der Mittelwertsatz

$$g'(x_0) = \dfrac{g(b) - g(a)}{b - a} \quad \text{mit} \quad x_0 \in]a, b[$$

  für $a = -\frac{\pi}{2}$ und $b = \frac{\pi}{2}$ auf f bzw. f' anwendbar?

b) Man zeige mit Hilfe des Zwischenwertsatzes, dass die Funktion

$$h : \mathbb{R}^+ \to \mathbb{R} \quad \text{mit} \quad h(x) = \ln x + 2 - x$$

  mindestens zwei Nullstellen besitzt und mit Hilfe des Satzes von Rolle, dass sie höchstens zwei und damit dann genau zwei Nullstellen besitzt.

Aufgabe 10.1.4
Gegeben sei die Funktion

$$f : \mathbb{R} \to \mathbb{R}$$
$$x \mapsto f(x) = \frac{1}{4}(4x + 3)(2x - 1) - \frac{1}{2}\mathrm{e}^x.$$

a) Man zeige mit Hilfe des Zwischenwertsatzes, dass die Funktion mindestens drei Nullstellen besitzt und

b) mit Hilfe des Satzes von Rolle, dass sie höchstens drei und damit dann genau drei Nullstellen besitzt.

(Klausur-)Aufgabe 10.1.5

Gegeben sei die durch $\quad f(x) = \ln(\sqrt{2 + x}) - \dfrac{1}{x + 2} \quad$ definierte reellwertige Funktion.

a) Man bestimme $\quad \lim\limits_{x \to -2+} f(x)$.

b) Für f berechne man zum Entwicklungspunkt $x_0 = -1$ das Taylor-Polynom $T_3(x; x_0)$.

c) Als Näherungswert für $f(-\frac{1}{2})$ bestimme man den Wert des Taylor-Polynoms $T_3(-\frac{1}{2}; -1)$ und schätze den Fehler nach oben ab.

d) Wie lautet die Tangentengleichung für f im Punkt $x_0 = -1$?

e) Warum kann die Taylor-Reihe von f mit Entwicklungspunkt $x_0 = -1$ im Punkt $x = -2$ nicht gegen f konvergieren?

Aufgabe 10.1.6

Gegeben sei die Funktion f mit $f(x) = (4x+5)^{-1/3}$ und $x \neq -\frac{5}{4}$.

a) Man berechne die Taylor-Reihe von f zum Entwicklungspunkt $x_0 = 1$.

b) Man zeichne f und die Taylor-Polynome $T_i(x; 1)$ für $i = 0, 1, 2, 3$.

c) Man schätze den absoluten Fehler zwischen $f\left(\frac{3}{2}\right)$ und dem Näherungswert $T_3\left(\frac{3}{2}; 1\right)$ ab.

d) Man berechne $T_3\left(\frac{3}{2}; 1\right)$ und vergleiche den Wert mit $f\left(\frac{3}{2}\right)$.

(Klausur-)Aufgabe 10.1.7

Gegeben sei die durch $f(x) = \sin(\pi^2 - x^2)$ definierte Funktion.

a) Man berechne das Taylor-Polynom $T_2(x; x_0)$ von f zum Entwicklungspunkt $x_0 = \pi$.

b) Man schätze den Fehler zwischen $f\left(\frac{\pi}{2}\right)$ und $T_2\left(\frac{\pi}{2}; \pi\right)$ nach oben ab.

(Klausur-)Aufgabe 10.1.8

Man bestimme das Taylor-Polynom dritten Grades für die Funktion $f(x) = \dfrac{1}{\sqrt[3]{(x+2)^2}}$ zum Entwicklungspunkt $x_0 = -1$. Man schätze den Approximationsfehler im Intervall $\left[-\frac{3}{2}, -\frac{1}{2}\right]$ mit Hilfe der Restgliedformel nach Lagrange ab.

(Klausur-)Aufgabe 10.1.9

Man bestimme das Taylor-Polynom dritten Grades für die Funktion $g(x) = -\dfrac{1}{\sqrt{(x-1)^3}}$ zum Entwicklungspunkt $x_0 = 2$. Man schätze den Approximationsfehler im Intervall $\left[\frac{7}{4}, \frac{9}{4}\right]$ mit Hilfe der Restgliedformel nach Cauchy ab.

(Klausur-)Aufgabe 10.1.10

Gegeben sei die durch $f(x) = \exp(2x - 1) \cdot \sin(\pi x)$ definierte Funktion.

a) Man berechne das Taylor-Polynom $T_2(x; x_0)$ von f zum Entwicklungspunkt $x_0 = 1$.

b) Man schätze den Fehler zwischen $f(x)$ und $T_2(x; 1)$ im Intervall $\left[\frac{1}{2}, \frac{3}{2}\right]$ nach oben ab.

Aufgabe 10.1.11

Auf dem Intervall $I = [-1, 1]$ sei die Funktion $f(x) = \cos x$ gegeben.

a) Man berechne das Taylor-Polynom $T_2(x; x_0)$ und $T_4(x; x_0)$ von f zum Entwicklungspunkt $x_0 = 0$.

b) In I schätze man den absoluten Fehler, der durch Verwendung von T_2 bzw. T_4 an Stelle von f entsteht, nach oben ab.

c) Man zeige, dass in I folgende Einschließung gilt: $\quad T_2(x;0) \leq f(x) \leq T_4(x;0)$.

d) Man zeichne f, T_2 und T_4 im Intervall $[-3\pi, 3\pi]$.

Aufgabe 10.1.12
Gegeben sei die Funktion f mit $\quad f(x) = \ln(a(x+1)+b) + x\mathrm{e}^x, \quad a,b \in \mathbb{R}$.

a) Man berechne das Taylor-Polynom 4. Grades von f zum Entwicklungspunkt $x_0 = 0$.

b) Wie müssen die Konstanten a und b gewählt werden, damit die Taylor-Reihe von f zum Entwicklungspunkt $x_0 = 0$ mit möglichst hoher Ordnung beginnt?

(Klausur-)Aufgabe 10.1.13
Man berechne mit Hilfe der Taylor-Reihen von $\cos x$, $\tan x$ und e^x den Grenzwert

$$\lim_{x \to 0} \left(\frac{5+x}{x \tan x} - \frac{4\cos x + \mathrm{e}^x}{x^2} \right).$$

Aufgabe 10.1.14
Gegeben sei $\quad y(t) = \sqrt{\mathrm{e}^{-4t} + \dfrac{1}{8} - \dfrac{t}{2}}$. Man bestätige die Gültigkeit der Differentialgleichung

$$y(t) \cdot y'(t) + 2y^2(t) + t = 0.$$

Aufgabe 10.1.15

a) Die zur Zeit t noch unzerfallene Menge $N(t)$ einer radioaktiven Substanz genügt bei großer Atomanzahl einer linearen Differentialgleichung

$$\dot{N}(t) = -\lambda \cdot N(t), \quad \lambda > 0 \quad \text{Zerfallskonstante}.$$

Man zeige, dass es genau eine Lösung dieser Differentialgleichung mit vorgegebenem Anfangswert $N(0) = N_0$ gibt.
Hinweis: Man differenziere $h(t) := \mathrm{e}^{\lambda t} \cdot N(t)$.

b) Man zeige, dass die Schwingungsdifferentialgleichung $y''(x) = -y(x)$ zu den Anfangswerten $y(0) = a$, $y'(0) = b$ eindeutig lösbar ist.
Hinweis: Man differenziere die Hilfsfunktion $\begin{pmatrix} h_1(x) \\ h_2(x) \end{pmatrix} = \begin{pmatrix} \cos x & -\sin x \\ \sin x & \cos x \end{pmatrix} \begin{pmatrix} y(x) \\ y'(x) \end{pmatrix}$.

Aufgabe 10.1.16
Man ordne das Polynom $p(x) = -x^3 + 5x - 3$ nach Potenzen von $x-1$ um.

A.10.2 Die Regeln von de l'Hospital

Aufgabe 10.2.1
Man berechne die folgenden Grenzwerte, gegebenenfalls mit Hilfe der Regeln von de l'Hospital:

a) $\displaystyle\lim_{x \to 0} \frac{1 - \dfrac{x^2}{2} - \cos x}{x \sin x}$, \quad b) $\displaystyle\lim_{x \to 0} x \ln x$, \quad c) $\displaystyle\lim_{x \to 0} x^x$, \quad d) $\displaystyle\lim_{x \to 0} \left(\frac{1}{x} - \frac{1}{\sin x} \right)$.

Aufgabe 10.2.2
Man berechne die folgenden Grenzwerte, gegebenenfalls mit Hilfe der Regeln von de l'Hospital:

a) $\lim\limits_{x\to\infty} \dfrac{\cosh x}{e^x}$, b) $\lim\limits_{x\to -1+} (x+1)\tan\dfrac{\pi x}{2}$, c) $\lim\limits_{x\to 1} \dfrac{x-1-\ln(x)}{x^2-2x+1}$, d) $\lim\limits_{x\to \frac{\pi}{2}} \dfrac{\tan 3x}{\tan 5x}$.

(Klausur-)Aufgabe 10.2.3
Man berechne mit Hilfe der Regeln von de l'Hospital den Grenzwert $\lim\limits_{x\to 0} \dfrac{\ln^2(1+3x)-2\sin^2 x}{1-e^{-x^2}}$.

(Klausur-)Aufgabe 10.2.4
Man berechne gegebenenfalls mit Hilfe der Regeln von de l'Hospital die Grenzwerte:

a) $\lim\limits_{x\to\infty} \dfrac{\cosh x}{\sinh x}$, b) $\lim\limits_{x\to 0} \dfrac{\tan x}{x}$, c) $\lim\limits_{x\to 0} \dfrac{x\sin x}{1-\cos x}$.

(Klausur-)Aufgabe 10.2.5
Man berechne die folgenden Grenzwerte

a) $\lim\limits_{x\to 0} \dfrac{x^2}{x/3 - 3 + \sqrt{9-2x}}$, b) $\lim\limits_{x\to 0} \dfrac{3x^2}{2 + x/2 - \sqrt{4+2x}}$,

c) $\lim\limits_{x\to \pi} (x-\pi)\cdot\cot x$, d) $\lim\limits_{x\to \pi/2} \left(x - \dfrac{\pi}{2}\right)\cdot\tan x$.

(Klausur-)Aufgabe 10.2.6
Gegeben sei die Funktion $f(x) = \dfrac{x\tan x}{1-\cos x}$ mit $0 < |x| < \dfrac{\pi}{2}$.

a) Mit der Regel von de l'Hospital berechne man den Grenzwert $\lim\limits_{x\to 0} f(x)$.

b) Man zeige, dass $f(x)$ eine gerade Funktion ist.

c) Man berechne die Reihenentwicklung von $f(x)$ zum Entwicklungspunkt $x_0 = 0$ bis einschließlich zum Term der Ordnung x^4.

Hinweis: Man verwende die bekannten Reihenentwicklungen für $\cos x$ und $\tan x$.

A.10.3 Kurvendiskussion

Aufgabe 10.3.1
Gegeben sei die reellwertige Funktion $f(x) = (x^2-1)e^x$.

Man diskutiere die Funktion. Dazu untersuche man im Einzelnen: Definitionsbereich, Symmetrien, Pole, Verhalten im Unendlichen und Asymptoten, Nullstellen, Extrema und Monotonie, Wendepunkte und Konvexität. Abschließend zeichne man den Graphen von $f(x)$.

Aufgabe 10.3.2
Man diskutiere die reellwertige Funktion $f(x) = x + \dfrac{x}{|x|-2}$.

Dazu untersuche man im Einzelnen: Definitionsbereich, Symmetrien, Pole, Verhalten im Unendlichen und Asymptoten, Nullstellen, Extrema und Monotonie, Wendepunkte und Konvexität. Abschließend zeichne man den Graphen von $f(x)$.

Aufgabe 10.3.3
Für die Zweige der Asteroide $x^{2/3} + y^{2/3} = 1$ berechne man Definitionsbereich, Symmetrie, Nullstellen, Monotoniebereiche, Extrema, Konvexitätsbereiche, Wendepunkte und skizziere die beschriebene Kurve.

Aufgabe 10.3.4
Man diskutiere die reellwertige Funktion $f(x) = \dfrac{x^2+1}{x^2-1}$.

Aufgabe 10.3.5
Man diskutiere die reellwertige Funktion $\quad f(x) = x\sqrt{16-x^2}$.

Aufgabe 10.3.6
Man diskutiere die reellwertige Funktion $\quad f(x) = x^2 - 2|x| + 1$.

(Klausur-)Aufgabe 10.3.7
Man diskutiere die reellwertige Funktion $\quad f(x) = \dfrac{7x+5}{x^2+4x+3}$.

(Klausur-)Aufgabe 10.3.8
Man diskutiere die reellwertige Funktion $\quad f(x) = \ln(3x^2 + 2x + 1)$.

(Klausur-)Aufgabe 10.3.9
Gegeben sei die durch $\quad f(x) = \dfrac{3x^2 + x - \sin x}{x^2 + (\ln(1+x))^2} \quad$ definierte Funktion.

a) Man bestimme den maximalen Definitionsbereich von f.

b) Man berechne $\lim\limits_{x \to 0} f(x)$.

c) Man untersuche das Verhalten von f im Unendlichen ($x \to \infty$) und bestimme gegebenenfalls eine Asymptote.

(Klausur-)Aufgabe 10.3.10
Gegeben sei die durch $\quad f(x) = \exp\left(-x - \dfrac{4}{x+3}\right) \quad$ definierte reellwertige Funktion. Dabei bezeichnet exp die e-Funktion, d.h. $\exp(x) = e^x$.

a) Man gebe den maximalen Definitionsbereich D von f an.

b) Wie viele Nullstellen besitzt f?

c) Man berechne $\lim\limits_{x \to -3+} f(x)$ und $\lim\limits_{x \to -3-} f(x)$.

d) Man untersuche das Verhalten von f im Unendlichen.

e) Man untersuche das Monotonieverhalten von f im Definitionsbereich D.

f) Man bestimme alle lokalen Extrema von f.

g) Wie lautet das Taylor-Polynom $T_1(x; x_0)$ von f zum Entwicklungspunkt $x_0 = 1$?

A.10.4 Fehlerrechnung

Aufgabe 10.4.1
Zu berechnen seien die Integrale $\quad I_n = \displaystyle\int_1^2 (\ln x)^n \, dx, \quad n = 1, 2, 3, \ldots$

a) Man zeige, dass die I_n der folgenden Vorwärtsrekursion genügen
$$I_n = 2n(\ln 2)^n - n I_{n-1}, \quad n \geq 2, \tag{R}$$
und berechne I_7 mit dem Startwert $I_1 \doteq 0.3863$.

b) Man stelle eine Formel für die Fehlerfortpflanzung von (R) auf und bestimme damit den (absoluten) Fehler der in a) berechneten Näherungslösung für I_7 sowie die Fehlerprozentzahl.

c) Man schreibe (R) als Rückwärtsrekursion (R') um und stelle eine Formel für die Fehlerfortpflanzung von (R') ausgehend vom Startwert $I_{k+n} \doteq 0$ auf. Wie groß muss k gewählt werden, um I_7 aus I_{k+7} mit einem Fehler von weniger als 0.1% zu bestimmen?
Hinweis: Es ist $I_7 \doteq 0.0123621$.

A.10.5 Fixpunkt-Iterationen

Aufgabe 10.5.1
Gegeben sei die Funktion f mit $\quad f(x) = 3(x - \ln x) - \dfrac{13}{4}$.

a) Man zeige, dass f genau zwei Nullstellen besitzt.

b) Man berechne die beiden Nullstellen von f mit Hilfe des Fixpunktverfahrens, wobei die Voraussetzungen des Banachschen Fixpunktsatzes jeweils zu überprüfen sind.

c) Für die berechnete Näherung x_{10} führe man jeweils eine A-priori- und eine A-posteriori-Fehlerabschätzung durch.

Aufgabe 10.5.2
Gegeben sei die Funktion $\quad \Phi(x) = \ln(x) + 2$.

a) Man berechne einen Fixpunkt von Φ bis auf einen absoluten Fehler von 10^{-3} mit dem Fixpunktverfahren und einem geeigneten Startwert.

b) Man berechne den Fixpunkt aus a) mit Hilfe des Newton-Verfahrens unter Verwendung des gleichen Startwertes.

Aufgabe 10.5.3
Für die durch $\quad f(x) = \cos x - 2x \quad$ beschriebene Funktion f sollen alle Nullstellen mit dem Fixpunktverfahren bestimmt werden.

a) Wie viele Nullstellen besitzt f?

b) Man überprüfe die Voraussetzungen des Banachschen Fixpunktsatzes bei der verwendeten Verfahrensfunktion.

c) Man berechne x_5 und führe eine A-priori- und eine A-posteriori-Fehlerabschätzung durch.

(Klausur-)Aufgabe 10.5.4
Gegeben sei die Funktion $\quad g(x) = (x-2)^3 + 2.1$.

a) Mit Hilfe des Fixpunktsatzes zeige man die Existenz eines Fixpunktes x^* im Intervall $D = [1.5, 2.5]$.

b) Ausgehend vom Startwert $x_0 = 2$ berechne man mit Hilfe der Fixpunktiteration $x_{n+1} = g(x_n)$ den Wert x_2 als Näherung für den Fixpunkt x^* und führe eine Fehlerabschätzung durch.

(Klausur-)Aufgabe 10.5.5
Gegeben sei die Fixpunktgleichung $\quad x = x^{1/5} + \dfrac{1}{2}$.

a) Man zeige mit Hilfe des Banachschen Fixpunktsatzes, dass im Intervall $D = [1,2]$ genau ein Fixpunkt liegt.

b) Ausgehend vom Startwert $x_0 = 1$ berechne man über das Fixpunktverfahren $x_{n+1} = x_n^{1/5} + \dfrac{1}{2}$ den Wert für x_1 und schätze den absoluten Fehler von x_1 zum Fixpunkt x^* nach oben ab.

Aufgabe 10.5.6
Gegeben sei das nichtlineare Gleichungssystem

$$(100x - \sin(xy) + z^3,\ \mathrm{e}^{xz^2} - 200y,\ \dfrac{1}{300}\sqrt{(x^2+y^2)^3} - z) = (1, -2, 0).$$

Man zeige, dass genau eine Lösung $\mathbf{x}^* = (x^*, y^*, z^*)^T$ des nichtlinearen Gleichungssystems mit $\|\mathbf{x}^*\|_\infty \leq 1$ existiert. Anschließend berechne man eine Näherung für diese Lösung mit einem gesicherten absoluten Fehler von höchstens 10^{-3} in der Maximumnorm.

A.11 Potenzreihen und elementare Funktionen

A.11.1 Gleichmäßige Konvergenz

Aufgabe 11.1.1
Man untersuche die Funktionenfolgen

a) $f_n : [0, 1[\to \mathbb{R}, \quad f_n(x) = x^n$,

b) $g_n : [0, \infty[\to \mathbb{R}, \quad g_n(x) = \dfrac{(nx)^2}{1+(nx)^3}$,

c) $h_n : [1, \infty[\to \mathbb{R}, \quad h_n(x) = \dfrac{(nx)^2}{1+(nx)^3}$,

d) $k_n :]\dfrac{\pi}{2}, \dfrac{3\pi}{2}[\to \mathbb{R}, \quad k_n(x) = \dfrac{\cos(nx)}{n^2}$,

e) $p_n : \mathbb{R} \to \mathbb{R}, \quad p_n(x) = \sum_{k=1}^{n} \dfrac{\sin x^2}{k^3}$

auf punktweise und gleichmäßige Konvergenz.

Aufgabe 11.1.2
Man zeige, dass für $x \in]0, \infty[$ die Folge $h_n(x) = \sum_{k=0}^{n} \dfrac{2}{(x+k)(x+k+2)}$ gleichmäßig gegen $h(x) = \dfrac{2x+1}{x(x+1)}$ konvergiert.

Aufgabe 11.1.3
Man bestimme für folgende Funktionenreihen den maximalen Konvergenzbereich und untersuche welche Art von Konvergenz (punktweise, gleichmäßige) vorliegt.

a) $f(x) = \sum_{k=0}^{\infty} \dfrac{3^k \cdot x^4}{(3+x^4)^k}$, \quad b) $g(x) = \sum_{k=1}^{\infty} \dfrac{1}{(2k+3)^4 \sqrt{2+3kx}}$.

A.11.2 Potenzreihen

Aufgabe 11.2.1
Man berechne die Konvergenzradien der folgenden Potenzreihen und untersuche die Konvergenz in den Randpunkten des Konvergenzintervalls:

a) $\sum_{n=0}^{\infty} x^n$, \quad b) $\sum_{n=1}^{\infty} \dfrac{x^n}{n}$, \quad c) $\sum_{n=1}^{\infty} \dfrac{x^n}{n^2}$.

Aufgabe 11.2.2
Man bestimme die Konvergenzradien der Potenzreihen

a) $\sum_{n=0}^{\infty} \sinh n \, x^n$, \quad b) $\sum_{n=0}^{\infty} 2^n x^{2n}$,

c) $\sum_{k=0}^{\infty} a_k x^k \quad$ mit $\quad a_k = \begin{cases} -k, & \text{falls } k \text{ Quadratzahl} \\ 0 & \text{sonst} \end{cases}$.

Aufgabe 11.2.3
Man bestimme die Konvergenzradien der Potenzreihen

a) $\displaystyle\sum_{n=1}^{\infty}(n^4 - 4n^3)\,z^n$, b) $\displaystyle\sum_{\nu=0}^{\infty}\frac{z^{5\nu}}{(4+(-1)^\nu)^{3\nu}}$, c) $\displaystyle\sum_{k=1}^{\infty}k^{(\ln k/k)}z^k$.

Aufgabe 11.2.4
Man bestimme die Konvergenzradien und Konvergenzintervalle der folgenden Reihen

a) $\displaystyle\sum_{n=1}^{\infty}\frac{x^n}{n2^{n+1}-2^n}$, b) $\displaystyle\sum_{n=1}^{\infty}\frac{(x^2+2x+1)^n}{\sqrt{2n-1}}$, c) $\displaystyle\sum_{n=1}^{\infty}\left(\frac{n}{n+2}\right)^{n^2}(x-1)^n$.

und untersuche für a) und b) das Konvergenzverhalten in den Randpunkten des Konvergenzintervalls.

Aufgabe 11.2.5
Gegeben sei die Funktion
$$f(x) = \frac{4-2x}{1+\cos x} \quad .$$

a) Man bestimme die ersten fünf Glieder der Potenzreihe von f zum Entwicklungspunkt $x_0 = 0$.

b) Man zeichne die Funktion und begründe, warum der Konvergenzradius der Potenzreihe nicht größer als π sein kann.

Aufgabe 11.2.6
Gegeben sei die durch $\quad f(x) = \dfrac{7}{6-5x} \quad$ definierte Funktion.

a) Man zeichne die Funktion f.

b) Man beweise über vollständige Induktion, dass für $k \geq 0$ gilt $\quad f^{(k)}(x) = \dfrac{7\cdot 5^k \cdot k!}{(6-5x)^{k+1}}$.

c) Man berechne die Taylor-Reihe von f allgemein zum Entwicklungspunkt $x_0 \neq \dfrac{6}{5}$ und bestimme den Konvergenzradius.

d) Welche Konvergenzintervalle ergeben sich für $x_0 = 1$ und $x_0 = 2$? Liegt Konvergenz in den Randpunkten vor?

e) Unter Verwendung der Summenformel für die geometrische Reihe: $\dfrac{1}{1-z} = \displaystyle\sum_{k=0}^{\infty} z^k$ berechne man die Potenzreihe für f zum Entwicklungspunkt $z_0 = i$ und bestimme deren Konvergenzradius.

Aufgabe 11.2.7
Gegeben sei die Funktion
$$f(x) = \frac{x}{4-x^2} \quad .$$

a) Man bestimme die Potenzreihe von f zum Entwicklungspunkt $x_0 = 0$.

b) Man berechne den Konvergenzradius der Potenzreihe von f und zeichne f.

Aufgabe 11.2.8
Man berechne für die Funktion $f(x) = \dfrac{5}{9-x^2}$ Potenzreihenentwicklungen um den Nullpunkt unter Verwendung

a) der Summenformel der geometrischen Reihe,

b) des Cauchy-Produktes für Reihen

und bestimme deren Konvergenzradius. Konvergiert die berechnete Potenzreihe in den Randpunkten des Konvergenzintervalls?

(Klausur-)Aufgabe 11.2.9

Gegeben sei die Funktion $f: \left]-\frac{1}{2}, \frac{1}{2}\right[\to \mathbb{R}$ mit

$$f(x) = \frac{e^{2x-1} - 1}{\cos(\pi x)} .$$

a) Man ermittle das Verhalten von f bei Annäherung an die Randpunkte des Intervalls $\left]-\frac{1}{2}, \frac{1}{2}\right[$.

b) Man berechne von der Potenzreihenentwicklung von f zum Entwicklungspunkt $x_0 = 0$ die Koeffizienten bis zum Glied von x^3.
    Tipp: Es gilt $e^{2x-1} - 1 = e^{-1}(e^{2x} - e)$.

(Klausur-)Aufgabe 11.2.10

a) Man berechne von der Reihenentwicklung von $f(x) = \dfrac{1}{1 - \sin\left(\frac{x}{2}\right)}$ zum Entwicklungspunkt $x_0 = 0$ die Glieder bis zur 3. Ordnung einschließlich.

b) Man berechne die Reihenentwicklung zum Entwicklungspunkt $x_0 = 0$ von $g(x) = \sqrt{3 + 2x}$ und bestimme deren Konvergenzradius.

(Klausur-)Aufgabe 11.2.11

Man bestimme den Konvergenzradius und das Konvergenzintervall der folgenden Reihe

$$\sum_{n=0}^{\infty} \frac{(3x-2)^n}{5^n (n+2)\sqrt{n+3}}$$

und untersuche das Konvergenzverhalten in den Randpunkten des Konvergenzintervalls (mit Begründung).

(Klausur-)Aufgabe 11.2.12

Gegeben sei die durch $f(x) = \dfrac{3}{3-x}$ definierte Funktion.

a) Man berechne die Potenzreihe für f zum Entwicklungspunkt $x_0 = 1$ und bestimme ihren Konvergenzradius.

b) Konvergiert die berechnete Potenzreihe in den Randpunkten?

A.11.3 Elementare Funktionen

Aufgabe 11.3.1

a) Man berechne die Ableitung von $g(x) = \operatorname{arsinh} x$.

b) Man zeige, dass für $k \geq 1$ gilt:

$$\binom{-1/2}{k} = (-1)^k \frac{1 \cdot 3 \cdots (2k-1)}{2^k \cdot k!} .$$

c) Man berechne die Potenzreihe von g zum Entwicklungspunkt $x_0 = 0$.

d) Man bestimme den Konvergenzradius zu der unter c) berechneten Potenzreihe.

A.12 Interpolation

A.12.1 Problemstellung

Aufgabe 12.1.1
Gegeben sei die Funktion $f(x) = \cos x$ im Intervall $I := [-\pi, \pi]$.

a) Man interpoliere f an den Stellen $0, \pm\dfrac{\pi}{2}, \pm\pi$ durch das Interpolationspolynom p niedrigsten Grades. Man gebe die Lagrangesche Darstellung und die Darstellung in Potenzen von x an.

b) Man schätze den Interpolationsfehler in I ab.

c) Man zeichne die Fehlerfunktion in I.

A.12.2 Polynom-Interpolation

Aufgabe 12.2.1
Man gebe das Interpolationspolynom p niedrigsten Grades in der Newtonschen Darstellung an für die Stützstellen

a) $\begin{array}{c|cccc} t_i & -1 & 0 & 1 & 3 \\ \hline y_i & 1 & 3 & 3 & 45 \end{array}$, b) $\begin{array}{c|ccccc} t_i & -1 & 0 & 1 & 2 & 3 \\ \hline y_i & 1 & 3 & 3 & -5 & 45 \end{array}$.

Man zeichne die für a) und b) berechneten Interpolationspolynome.

Aufgabe 12.2.2
Man gebe das Interpolationspolynom $p(z)$ niedrigsten Grades an, das durch folgende Daten gegeben ist:

$$\begin{array}{c|ccccc} z_i & -1 & 0 & 1 & i & 2i \\ \hline y_i & 3 & 3+i & 1+2i & 5-2i & 35-11i \end{array}$$

Aufgabe 12.2.3

a) Von der Funktion $g(x) = \ln x$ seien nur die Stützstellen

$$\begin{array}{c|ccc} x_i & 0.5 & 1 & 2 \\ \hline \ln x_i & -0.693 & 0 & 0.693 \end{array}$$

bekannt. Man stelle das Interpolationspolynom p niedrigsten Grades auf.

b) Man berechne $p(1.5)$ als Näherungswert für $\ln 1.5$. Wie groß ist der Fehler höchstens und wie groß mindestens?

Aufgabe 12.2.4
Man berechne $p(0)$ und $p(0.5)$ nach dem Schema von Neville für das Interpolationspolynom p niedrigsten Grades, das die folgenden Daten interpoliert:

$$\begin{array}{c|cccccc} x_i & -3 & -2 & -1 & 1 & 2 & 3 \\ \hline y_i & -1 & 0 & -1 & 15 & -16 & 95 \end{array}$$

(Klausur-)Aufgabe 12.2.5
Zu folgenden Stützstellen

$$\begin{array}{c|cccc} x_i & 0 & 1 & 2 & 3 \\ \hline y_i & 1 & 3 & 13 & 67 \end{array}$$

berechne man das Interpolationspolynom p niedrigsten Grades.

(Klausur-)Aufgabe 12.2.6
Gegeben sei die durch $f(x) = x + \sin(x)$ definierte Funktion.

Aufgaben und Lösungen zu Mathematik für Ingenieure 1, 4.Aufl., R. Ansorge, H. J. Oberle, K. Rothe und Th. Sonar
Copyright © 2010 WILEY-VCH Verlag GmbH & Co. KGaA, Weinheim
ISBN: 978-3-527-40987-7

a) Für f stelle man das quadratische Newtonsche Interpolationspolynom p_2 auf, mit den Stützstellen
$$x_0 = \frac{\pi}{2}, \quad x_1 = \pi, \quad x_2 = 2\pi.$$

b) Wie groß wird der Fehler höchstens, wenn man $p_2\left(\frac{3\pi}{2}\right)$ als Näherungswert für $f\left(\frac{3\pi}{2}\right)$ verwendet?

c) Man skizziere $p_2(x)$ im Intervall $\left[\frac{\pi}{2}, 2\pi\right]$.

A.12.3 Spline-Interpolation

Aufgabe 12.3.1
Man bestimme die interpolierende kubische Spline-Funktion S mit natürlichen Randbedingungen zu den Stützstellen

t_i	-1	0	1	3
y_i	1	3	3	45

Man zeichne die Spline-Funktion.

A.13 Integration

A.13.1 Das bestimmte Integral

Aufgabe 13.1.1
Gegeben sei $f(x) = x^2$ für $x \in [0,1] =: I$. Man berechne für die äquidistante Zerlegung
$Z_n = \left\{0, \frac{1}{n}, \frac{2}{n}, \cdots, 1\right\}$ des Intervalls I Unter- und Obersumme und damit $\int_0^1 x^2 \, dx$.

A.13.2 Kriterien für Integrierbarkeit

Aufgabe 13.2.1
Man zeige anhand des Riemannschen Integrierbarkeitskriteriums, dass $f(x) = x^3$ über $x \in [0,1]$ integrierbar ist.

Aufgabe 13.2.2
Gegeben sei die Funktion $f : [1,2] \to \mathbb{R}$ mit $f(x) = 5 - 2x$.

a) Man berechne für die äquidistante Zerlegung $Z_n = \left\{1, \frac{n+1}{n}, \frac{n+2}{n}, \cdots, 2\right\}$ des Intervalls $I = [1,2]$ Unter- und Obersumme zu f.

b) Man weise die Integrierbarkeit von f nach.

c) Man berechne $\int_1^2 5 - 2x \, dx$ über den Hauptsatz.

A.13.3 Der Hauptsatz und Anwendungen

Aufgabe 13.3.1
Man berechne die folgenden unbestimmten Integrale

a) $\int \frac{3x^2 + 1}{\sqrt{x^3 + x + 1}} \, dx$,   b) $\int \frac{x^5 + x^3 + x + 1}{\sqrt[5]{x}} \, dx$,   c) $\int \frac{\ln x}{x} \, dx$,

d) $\int \frac{\cos x}{\sqrt{1 - \sin^2 x}} \, dx$,   e) $\int (x^2 + 1) e^{2x} \, dx$,   f) $\int \sin x \cos^3 x \, dx$.

Aufgabe 13.3.2
Man berechne die folgenden unbestimmten Integrale

a) $\int \frac{x}{1 + \sqrt{1 + x^2}} \, dx$,   b) $\int \tan x \, dx$,   c) $\int (\ln x)^2 \, dx$,

d) $\int \frac{\sqrt{1 - x^2}}{x^2} \, dx$,   e) $\int e^x \cosh x \, dx$,   f) $\int x \sin x \, dx$.

Aufgabe 13.3.3
Man berechne die folgenden unbestimmten Integrale

a) $\int \cosh x \sin x \, dx$,   b) $\int \tanh x \, dx$,   c) $\int x^2 \cos x \, dx$,

d) $\int \frac{x^3}{\sqrt{x^2 + 1}} \, dx$,   e) $\int \sin(\ln x) \, dx$,   f) $\int \frac{x^2 + 2}{\sqrt{x}} \, dx$.

Aufgaben und Lösungen zu Mathematik für Ingenieure 1, 4.Aufl., R. Ansorge, H. J. Oberle, K. Rothe und Th. Sonar
Copyright © 2010 WILEY-VCH Verlag GmbH & Co. KGaA, Weinheim
ISBN: 978-3-527-40987-7

Aufgabe 13.3.4
Man berechne die folgenden bestimmten Integrale

a) $\displaystyle\int_0^1 u^3 e^u \, du$, b) $\displaystyle\int_1^2 \frac{\ln s}{s^2} \, ds$, c) $\displaystyle\int_2^3 x^2 \sqrt{x-2} \, dx$,

d) $\displaystyle\int_0^{\ln 2} \frac{\sinh t}{\cosh^2 t} \, dt$, e) $\displaystyle\int_{-1/3}^0 \frac{x^3 + x^2}{3x + 2} \, dx$.

Aufgabe 13.3.5
Man berechne die Flächeninhalte der drei endlichen Teilflächen zwischen $y = x^2 - 1$ und $x^2 + y^2 = 1$.

Aufgabe 13.3.6
Man berechne für $y \geq 0$ den Flächeninhalt, der zwischen $y = 1 - x^2$ und $|x| + |y| = 1$ liegt.

Aufgabe 13.3.7
Für den Abfluss $w(t)$ eines aperen Gletschers gilt unter vereinfachenden Annahmen die Beziehung

$$w(t) = \nu \cdot \int_{t-\sigma}^{t} E(\tau) \, d\tau \ ,$$

wobei ν einen Proportionalitätsfaktor, $E(t)$ die zur Zeit t zur Verfügung stehende Schmelzenergie und σ die maximale Abflussdauer bezeichnet. Alle Zeiten sind in Stunden angegeben. Für

$$E(t) = \begin{cases} (8-t)(t-16) & \text{für} \quad 8 \leq t \leq 16, \\ 0 & \text{für} \quad -8 \leq t \leq 8 \quad \text{und} \quad 16 \leq t \leq 24, \end{cases}$$

$\nu = 1$ und $\sigma = 8$ berechne man den Abfluss $w(t)$ zum Zeitpunkt $t \in [0, 24]$.

Aufgabe 13.3.8
Eine zweistufige Rakete hat die Kenndaten

	Leermasse	Treibstoffmasse	Verbrauch	Schubkraft F
1. Stufe	1000 kg	25000 kg	500 kg/s	$2.0 \cdot 10^6$ N
2. Stufe	500 kg	8000 kg	40 kg/s	$3.0 \cdot 10^5$ N

Die Rakete startet senkrecht. Wenn der Treibstoff der 1. Stufe verbraucht ist, so wird deren Hülle abgestoßen. Setzt man unabhängig von der Höhe vereinfachend $g = 9.81 \text{ m/s}^2$, so gilt für die Beschleunigung der Rakete

$$\ddot{h}(t) = \dot{v}(t) = b(t) = \frac{F}{m(t)} - g \qquad (m(t) = \text{Gesamtmasse zum Zeitpunkt } t) \ .$$

a) Man bestimme die Funktion $m(t)$.

b) Welche Geschwindigkeit v hat die Rakete 50 s bzw. 250 s nach dem Start?

c) Welche Höhe h wird nach 50 s bzw. 250 s erreicht?

Aufgabe 13.3.9
Auf einer kreisrunden Wiese vom Radius $r = 1$ wird eine Ziege am Rand an einem Seil der Länge R angebunden. Wie groß muß R sein (auf 6 Stellen genau), damit die Ziege genau die Hälfte der Wiese abweiden kann?

Hinweis: Man zeichne im x-y-Koordinatensystem den Kreis mit Radius $r = 1$ im Ursprung ein. Der Kreis mit Radius R habe dann den Mittelpunkt $(1, 0)$. Aus Symmetriegründen ist nur die Schnittfläche $F(R)$ der beiden Kreise in der oberen Halbebene etwa mittels Integration zu bestimmen. Der Radius R ergibt sich dann aus dem Nullstellenproblem $F(R) - \dfrac{\pi}{4} = 0$.

A.13.4 Integration rationaler Funktionen

Aufgabe 13.4.1
Man berechne die folgenden unbestimmten Integrale:

a) $\int \dfrac{x-1}{x^5 - x^4 + 8x^3 - 8x^2 + 16x - 16}\, dx$,

b) $\int \dfrac{x}{x^2 - 4x + 8}\, dx$,

c) $\int \dfrac{2x^6 + x^5 + 12x^3 - 7x^2 + 5x - 2}{2x^5 - x^4 + 2x^3 - x^2}\, dx$.

Aufgabe 13.4.2
Man berechne die folgenden unbestimmten Integrale:

a) $\int \dfrac{x^3 - x^2 - 3x + 12}{x^2 + x - 6}\, dx$, b) $\int \dfrac{e^{3x} + e^{2x} + 2e^x}{e^{3x} + e^{2x} + e^x + 1}\, dx$.

Aufgabe 13.4.3
Man berechne die folgenden unbestimmten Integrale:

a) $\int \dfrac{5x^3 - x^2 + 9x + 7}{x^4 + 2x^3 - 2x^2 - 6x + 5}\, dx$, b) $\int \dfrac{1}{\sin x + \cos x}\, dx$.

Aufgabe 13.4.4
Man berechne die folgenden unbestimmten Integrale:

a) $\int \dfrac{2e^{2x} + 3e^x - 2}{e^{2x} - e^x - 2}\, dx$, b) $\int \dfrac{1 + \sin x}{1 + \cos x}\, dx$.

(Klausur-)Aufgabe 13.4.5
Man berechne die folgenden unbestimmten Integrale:

a) $\int \dfrac{4x^3 - 7x + 2}{2x + 1}\, dx$, b) $\int \dfrac{x^2 - x + 7}{x^3 - 3x^2 + 4x - 12}\, dx$.

(Klausur-)Aufgabe 13.4.6
Man berechne die folgenden unbestimmten Integrale:

a) $\int \dfrac{2x + 1}{x^2 + 2x + 2}\, dx$, b) $\int \dfrac{2x + 1}{x^3 + 2x^2 + x}\, dx$.

(Klausur-)Aufgabe 13.4.7
Man berechne die folgenden unbestimmten Integrale:

a) $\int \dfrac{2x^4 + 5x^2 + 2x + 16}{x^4 - x^3 + 2x^2 + 4x}\, dx$, b) $\int \dfrac{e^{3x} + 3e^{2x} - 2e^x}{e^{3x} - e^{2x} + e^x - 1}\, dx$.

(Klausur-)Aufgabe 13.4.8
Man berechne die folgenden unbestimmten Integrale:

a) $\int \dfrac{x^3 - 4x^2 - 12x + 13}{x^2 - x - 12}\, dx$, b) $\int \dfrac{e^x}{e^{2x} + 1}\, dx$.

(Klausur-)Aufgabe 13.4.9
Man berechne die folgenden unbestimmten Integrale:

a) $\int \dfrac{7x^2 + 4x + 9}{(x+3)(x^2 - 2x + 5)}\, dx$, b) $\int \dfrac{2e^{2x} + e^x}{e^{2x} + 1}\, dx$.

A.13.5 Uneigentliche Integrale

Aufgabe 13.5.1
Man beweise die Funktionalgleichung der Gamma-Funktion
$$\Gamma(x+1) = x\Gamma(x) \quad \text{für} \quad x > 0$$
und zeige damit über Induktion
$$\Gamma(n) = (n-1)! \quad \forall n \in \mathbb{N}.$$

Aufgabe 13.5.2
a) Man untersuche die folgenden uneigentlichen Integrale auf Konvergenz (ohne sie zu berechnen):

(i) $\displaystyle\int_0^\infty \dfrac{x}{x^4 + 2x^2 + 1}\, dx$, (ii) $\displaystyle\int_0^\infty \dfrac{x+1}{\sqrt{x^4 + 1}}\, dx$.

b) Man berechne die folgenden uneigentlichen Integrale bzw. deren Cauchyschen Hauptwerte:

(i) $\displaystyle\int_0^2 \dfrac{dx}{\sqrt{|1 - x^2|}}$, (ii) $\displaystyle\int_0^3 \dfrac{x+1}{x^2 - 1}\, dx$.

Aufgabe 13.5.3
a) Man untersuche die folgenden uneigentlichen Integrale auf Konvergenz (ohne sie zu berechnen):

(i) $\displaystyle\int_0^\infty \dfrac{x-1}{x^3 + 1}\, dx$, (ii) $\displaystyle\int_0^\infty \dfrac{x^2}{\sqrt{x^6 + 2x^2 + 1}}\, dx$.

b) Man berechne die folgenden uneigentlichen Integrale bzw. deren Cauchyschen Hauptwerte:

(i) $\displaystyle\int_{-2}^0 \dfrac{dx}{\sqrt{|x+1|}}$, (ii) $\displaystyle\int_{-2}^2 \dfrac{1}{x+1}\, dx$.

(Klausur-)Aufgabe 13.5.4
Man berechne die folgenden uneigentlichen Integrale bzw. deren Cauchyschen Hauptwerte, falls diese existieren:

a) $\displaystyle\int_0^\infty x e^{-x}\, dx$, b) $\displaystyle\int_{-1}^7 \dfrac{dx}{(x-5)^3}$, c) $\displaystyle\int_{-2}^2 \dfrac{dx}{(x+1)^2}$.

(Klausur-)Aufgabe 13.5.5
a) Man untersuche das uneigentliche Integral $\displaystyle\int_0^1 \dfrac{\sin x}{x\sqrt{x}}\, dx$ auf Existenz.

b) Existiert das Integral $\displaystyle\int_6^7 \dfrac{dx}{\sqrt[7]{(x-6)^8}}$? Falls ja, so berechne man dessen Wert.

A.13.6 Parameterabhängige Integrale

Aufgabe 13.6.1

Man berechne das Integral $\int_0^b x^2 e^x \, dx$

a) durch partielle Integration und

b) durch Differenzieren der Funktion $F(y) := \int_0^b e^{xy} \, dx$.

Aufgabe 13.6.2

Gegeben sei das parameterabhängige Integral $F(x) = \int_{a(x)}^{b(x)} f(t,x) \, dt$ mit stetigem f und $\dfrac{\partial f}{\partial x}$ und stetig differenzierbaren Funktionen a und b. Dann gilt

$$F'(x) = \int_{a(x)}^{b(x)} \frac{\partial}{\partial x} f(t,x) \, dt + f(b(x),x)\, b'(x) - f(a(x),x)\, a'(x) \quad .$$

Man berechne die Ableitungen der folgenden Funktionen

a) $\operatorname{Si}(x) = \int_0^x \dfrac{\sin t}{t} \, dt$,

b) $\operatorname{erf}(x) = \dfrac{2}{\sqrt{\pi}} \int_0^x e^{-t^2} \, dt$,

c) $G(x) = \int_{x^2}^{x^3} \ln(xt) \, dt$,

d) $H(x) = \int_{\ln x}^{1+x} e^t \, dt$.

A.14 Anwendungen der Integralrechnung

A.14.1 Rotationskörper

Aufgabe 14.1.1
Gegeben sei die Funktion $\quad f : [0,a] \longrightarrow \mathbb{R} \quad$ mit $\quad f(x) = x^2$.
Man berechne das Volumen des Rotationskörpers, wenn der Funktionsgraph von f um

a) die x–Achse und b) die y–Achse rotiert.

Aufgabe 14.1.2
Man berechne das Volumen und die Oberfläche des Körpers, der entsteht, wenn die Fläche zwischen den Funktionsgraphen $f(x) = \sin x$ und $g(x) = \dfrac{2x}{\pi}$ im Intervall $\left[0, \dfrac{\pi}{2}\right]$ um die x-Achse rotiert.

Aufgabe 14.1.3
Die Parabeln $p(x) = 3-x^2$ und $q(x) = x^2+1$ schließen im Intervall $[-1,1]$ eine Fläche ein. Man berechne das Volumen und die Oberfläche des Körpers, der entsteht, wenn diese Fläche um die x-Achse rotiert.

Aufgabe 14.1.4
Man berechne das Volumen und die Oberfläche des Torus, der entsteht, wenn der Kreis $x^2+(y-R)^2 = r^2$ mit $r < R$ um die x-Achse rotiert.

Aufgabe 14.1.5
Man berechne das Volumen des Torus mit elliptischem Querschnitt, der entsteht, wenn die Ellipse $\dfrac{x^2}{a^2} + \dfrac{(y-R)^2}{b^2} = 1$ mit $b < R$ um die x-Achse rotiert.

(Klausur-)Aufgabe 14.1.6
Gegeben sei die Funktion $\quad f : [1,4] \to \mathbb{R} \quad$ mit $\quad y = f(x) = \dfrac{4x-1}{3}$. Man skizziere den Rotationskörper, der durch Rotieren des Funktionsgraphen von f um die y-Achse entsteht und berechne seine Mantelfläche.

(Klausur-)Aufgabe 14.1.7
Gegeben sei die Funktion $\quad f : [0,2] \to \mathbb{R} \quad$ mit $\quad f(x) = |x-1|$.

a) Man skizziere den entstehenden Rotationskörper, wenn f um die x-Achse rotiert und

b) berechne das zugehörige Volumen.

A.14.2 Kurven und Bogenlänge

Aufgabe 14.2.1
Man berechne die Bogenlängen der folgenden Kurven:

a) $\mathbf{c} : [0, \infty[\to \mathbb{R}^2 \quad$ mit $\quad \mathbf{c}(t) = e^{-2t} \begin{pmatrix} \cos t \\ \sin t \end{pmatrix}$,

b) $\mathbf{c} : [0, a] \to \mathbb{R}^3 \quad$ mit $\quad \mathbf{c}(t) = t \begin{pmatrix} \cos t \\ \sin t \\ 1 \end{pmatrix}$.

Aufgabe 14.2.2

Man zeichne eine der Schraubenlinien $\mathbf{c}_k : [0, k\pi] \to \mathbb{R}^3$, $k \in \mathbb{N}$ mit $\mathbf{c}_k(t) = \begin{pmatrix} \cos t \\ \sin t \\ t/k \end{pmatrix}$

und berechne die Bogenlänge von $\mathbf{c}_k$.

(Klausur-)Aufgabe 14.2.3

Für $t \in [-2, 2]$ sei die Strophoide mit $\mathbf{c}(t) = \begin{pmatrix} \dfrac{t^2 - 1}{t^2 + 1} \\ \dfrac{t(t^2 - 1)}{t^2 + 1} \end{pmatrix}$ gegeben.

a) Man skizziere die Strophoide.

b) Man berechne die von der Kurve $\mathbf{c}$ umschlossene Fläche für $t \in [-1, 1]$.

Aufgabe 14.2.4
Mit $r(\varphi) = \sin(3\varphi)$ ist das dreiblättrige Kleeblatt $\mathbf{c}$ in Polarkoordinaten gegeben.

a) Man skizziere das Kleeblatt.

b) Man berechne den Tangentenvektor und

c) die Fläche eines Blattes von $\mathbf{c}$.

Aufgabe 14.2.5
Durch $r(\varphi) = 1/\varphi$ ist eine hyperbolische Spirale in Polarkoordinaten gegeben.

a) Man zeichne die Kurve.

b) Man berechne den Tangentenvektor der Kurve für $\varphi = 2k\pi$ mit $k \in \mathbb{N}$.

c) Man berechne die von der Spirale für $\varphi \in [2k\pi, (2k+2)\pi]$ überstrichene Fläche mit $k \in \mathbb{N}$.

Aufgabe 14.2.6

Die Asteroide ist gegeben durch $\mathbf{c}(t) = R \begin{pmatrix} \cos^3 t \\ \sin^3 t \end{pmatrix}$.

a) Man skizziere die Asteroide.

b) Man berechne die Bogenlänge und

c) den Flächeninhalt der Asteroide.

A.14.3 Kurvenintegrale

Aufgabe 14.3.1

a) Gegeben sei die Funktion $f(x, y) = x$. Man berechne das Kurvenintegral 1. Art von f längs der Ellipse $x^2 + \dfrac{y^2}{4} = 1$.

b) Durch $\mathbf{c}(t) = (\cos^3 t, \sin^3 t)$ mit $t \in \left[0, \dfrac{\pi}{2}\right]$ sei ein Draht parametrisiert. Er besitze die Massendichte $\rho(\mathbf{c}(t)) = \sin t$. Man berechne die Gesamtmasse des Drahtes.

Aufgabe 14.3.2

Ein Draht liege in Form einer Schraubenlinie vor. Die Parametrisierung des Drahtes sei gegeben durch

$$\mathbf{c}(z) = \begin{pmatrix} z\cos z \\ z\sin z \\ z \end{pmatrix} \quad \text{mit} \quad z \in [0, 4\pi].$$

Die Massendicht des Drahtes betrage $\rho(\mathbf{c}(z)) = \dfrac{1}{\sqrt{2+z^2}}$.

a) Man berechne den Schwerpunkt des Drahtes und

b) das Trägheitsmoment um die z-Achse.

Aufgabe 14.3.3

Für die durch $g(x,y) = xy$ gegebene Funktion g berechne man das Kurvenintegral 1. Art längs der im Bild angegebenen Kurve **c**.

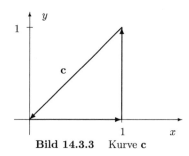

Bild 14.3.3   Kurve **c**

(Klausur-)Aufgabe 14.3.4

a) Durch $\mathbf{c}(t) = (t, t^2)$ mit $t \in [1,2]$ sei ein Draht parametrisiert. Er besitze die Massendichte $\rho(\mathbf{c}(t)) = t$. Man berechne die Gesamtmasse des Drahtes.

b) Durch $\mathbf{c}(t) = \begin{pmatrix} \cos t \\ \sin t \end{pmatrix}$ mit $0 \le t \le \pi/4$ werde ein Draht parametrisiert mit der Massendichte $\rho(x,y) = \dfrac{y}{x^2}$. Man berechne die Gesamtmasse des Drahtes.

A.15 Numerische Quadratur

A.15.1 Newton-Cotes-Formeln

Aufgabe 15.1.1
Gegeben sei die Funktion $f(x) = \sqrt{4-x^2}$.

a) Man bestimme $\int_0^1 f(x)\,dx$ exakt.

b) Man berechne mit der Trapezregel einen Näherungswert für $\int_0^1 f(x)\,dx$.

c) Man führe eine Fehlerabschätzung für den Näherungswert durch und vergleiche diese mit dem tatsächlichen Fehler.

Aufgabe 15.1.2
Man zeige für die $\frac{3}{8}$-Regel die Fehlerabschätzung

$$|R[f]| \leq \frac{(b-a)^5}{6480} \max_{x \in [a,b]} \left| f^{(4)}(x) \right| .$$

Aufgabe 15.1.3
Man entwickle eine Quadraturformel Q

$$Q(f) = g_0 f(x_0) + g_1 f(1) \approx \int_0^1 f(x)\,dx ,$$

die Polynome von möglichst hohem Grad exakt integriert.

Aufgabe 15.1.4
Gegeben sei die Funktion $f(x) = x \cos x$.

a) Man bestimme $\int_0^{\pi/2} f(x)\,dx$ exakt.

b) Man berechne mit der zusammengesetzten Simpson-Regel mit einer Schrittweite von $h = \frac{\pi}{8}$ einen Näherungswert für $\int_0^{\pi/2} f(x)\,dx$.

c) Man führe eine Fehlerabschätzung für den Näherungswert durch und vergleiche mit dem tatsächlichen Fehler.

A.16 Periodische Funktionen, Fourier-Reihen

A.16.1 Grundlegende Begriffe

Aufgabe 16.1.1
Die Funktion $f(t)$ sei T-periodisch und integrierbar über kompakten Intervallen. Man zeige, dass dann für beliebiges $a \in \mathbb{R}$ gilt:
$$\int_0^T f(x)\,dx = \int_a^{a+T} f(x)\,dx\,.$$

A.16.2 Fourier-Reihen

Aufgabe 16.2.1
Gegeben sei die Funktion $f : [-\pi, \pi[\to \mathbb{R}$ mit $f(x) = |x \cos x|$.

a) Man zeichne die Funktion f im Intervall $[-\pi, \pi[$.

b) Man berechne die Fourier-Reihe der 2π-periodischen Fortsetzung.

(Klausur-)Aufgabe 16.2.2
Gegeben sei die 4-periodische Funktion f mit
$$f(x) = \begin{cases} 0 & , \quad -2 \le x < -1 \,, \\ (x+1)^2 & , \quad -1 \le x < 0 \,, \\ (x-1)^2 & , \quad 0 \le x < 1 \,, \\ 0 & , \quad 1 \le x \le 2 \,. \end{cases}$$

Man skizziere die Funktion im Intervall $[-2, 2]$ und berechne ihre Fourier-Reihe.

(Klausur-)Aufgabe 16.2.3
Gegeben sei die 2-periodische Funktion $f(x) = \begin{cases} 1 & , \quad -1 \le x \le 0 \,, \\ 1-x & , \quad 0 \le x < 1 \,. \end{cases}$

a) Man berechne die Fourier-Reihe der Funktion.

b) Man zeige mit Hilfe von a) die Identität $\displaystyle\sum_{k=1}^{\infty} \frac{1}{(2k-1)^2} = \frac{\pi^2}{8}$.

(Klausur-)Aufgabe 16.2.4
Gegeben sei die Funktion $f : [0, 2] \to \mathbb{R}$ mit $f(x) = -(x-1)^2$.

a) Man skizziere die 2-periodische direkte Fortsetzung der Funktion f.

b) Man berechne die Fourier-Reihe dieser 2-periodischen Fortsetzung von f.

c) Man zeige mit Hilfe von b) die Identität $\displaystyle\sum_{k=1}^{\infty} \frac{1}{k^2} = \frac{\pi^2}{6}$.

Aufgabe 16.2.5
Gegeben sei die Funktion $f :\,]-1, 1] \to \mathbb{R}$ mit $f(x) = x^3$. Man berechne die Fourier-Reihe der 2-periodischen Fortsetzung der Funktion.

Aufgabe 16.2.6
Man bestimme die Fourier-Koeffizienten der folgenden 2π-periodischen Funktionen:

a) $\sin^4(2x)$, b) $\cos^4(3x)$, c) $\sin x \cos x$,

d) $3\sin(5x) - 4\sin^3(7x)$, e) $\cos^2(3x) - \sin^2(3x)$, f) $1 + 2\sin(9x) + 3\cos(5x)$.

Aufgabe 16.2.7
Gegeben sei die Funktion $f : [0, \pi[\to \mathbb{R}$ mit $f(x) = x^2$.

a) Man berechne die komplexe Fourier-Reihe der ungeraden (2π-periodischen) Fortsetzung.

b) Man gebe die reellen Fourier-Koeffizienten der Reihe aus a) an.

Aufgabe 16.2.8
Man bestimme mit Hilfe des Fourierreihenansatzes $y(x) \sim \dfrac{a_0}{2} + \sum\limits_{k=1}^{\infty} a_k \cos(kx) + b_k \sin(kx)$ Lösungen der Differentialgleichungen:

a) $y'(x) = y(x) + \cos(x)$ und b) $y'(x) = 2y(x) - 4\sin(2x)$.

L.1 Aussagen, Mengen und Funktionen

L.1.1 Aussagen

Lösung 1.1.1

a), b)

A	B	C	$A \Rightarrow B$	$(A \Rightarrow B) \Rightarrow C$	$A \vee B$	$(A \vee B) \wedge C$
1	1	1	1	1	1	1
1	1	0	1	0	1	0
1	0	1	0	1	1	1
1	0	0	0	1	1	0
0	1	1	1	1	1	1
0	1	0	1	0	1	0
0	0	1	1	1	0	0
0	0	0	1	0	0	0

c)

A	B	C	$A \wedge B$	$B \wedge C$	$\neg(B \wedge C)$	$(A \wedge B) \vee \neg(B \wedge C)$
1	1	1	1	1	0	1
1	1	0	1	0	1	1
1	0	1	0	0	1	1
1	0	0	0	0	1	1
0	1	1	0	1	0	0
0	1	0	0	0	1	1
0	0	1	0	0	1	1
0	0	0	0	0	1	1

d)

A	B	$A \Rightarrow B$	$(A \Rightarrow B) \wedge B$
1	1	1	1
1	0	0	0
0	1	1	1
0	0	1	0

c) Die Aussage ist äquivalent zu $\neg(\neg A \wedge B \wedge C)$,
d) Die Aussage ist äquivalent zu B.

Lösung 1.1.2

a)

A	B	$\neg A$	$\neg B$	$A \wedge B$	$(A \wedge B) \vee \neg A$	$(A \wedge B) \vee \neg B$	$((A \wedge B) \vee \neg A)$ $\wedge ((A \wedge B) \vee \neg B)$
1	1	0	0	1	1	1	1
1	0	0	1	0	0	1	0
0	1	1	0	0	1	0	0
0	0	1	1	0	1	1	1

b)

A	B	$A \Rightarrow B$	$B \Rightarrow A$	$(A \Rightarrow B) \wedge (B \Rightarrow A)$	$A \Longleftrightarrow B$
1	1	1	1	1	1
1	0	0	1	0	0
0	1	1	0	0	0
0	0	1	1	1	1

A	B	C	$B \wedge C$	$A \vee (B \wedge C)$	$A \vee B$	$A \vee C$	$(A \vee B) \wedge (A \vee C)$
1	1	1	1	1	1	1	1
1	1	0	0	1	1	1	1
1	0	1	0	1	1	1	1
1	0	0	0	1	1	1	1
0	1	1	1	1	1	1	1
0	1	0	0	0	1	0	0
0	0	1	0	0	0	1	0
0	0	0	0	0	0	0	0

Lösung 1.1.3

a) Annahme: Es gibt reelle Zahlen a und b, für die gilt:

$$\frac{|a+b|}{1+|a+b|} > \frac{|a|}{1+|a|} + \frac{|b|}{1+|b|}.$$

$\Rightarrow |a+b|(1+|a|)(1+|b|) > (1+|a+b|)(|a|(1+|b|) + |b|(1+|a|))$
$\Rightarrow |a+b|(1+|a|+|b|+|ab|) > (1+|a+b|)(|a|+|b|+2|ab|)$

$\Rightarrow |a+b| > |a| + |b| + 2|ab| + |a+b||ab|$
$\Rightarrow |a+b| > |a| + |b|$
im Widerspruch zur Dreiecksungleichung.

b) Annahme: Es sei $\log_{10} 2 = \dfrac{n}{m}$ mit teilerfremden $n, m \in \mathbb{N}$
$\Rightarrow 10^{n/m} = 2 \Rightarrow 10^n = 2^m \Rightarrow 5^n = 2^{m-n}$
im Widerspruch zur Eindeutigkeit der Primfaktorenzerlegung.

c) Annahme: Es gibt reelle Zahlen a, b mit $0 < a < b$, so dass gilt
$\sqrt{b} - \sqrt{a} \geq \sqrt{b-a} \Rightarrow b + a - 2\sqrt{ab} \geq b - a \Rightarrow a \geq \sqrt{ab} \Rightarrow a \geq b$
im Widerspruch zur Annahme.

Lösung 1.1.4

a) Annahme: Es sei $x = \dfrac{n}{m}$ mit teilerfremden $n \in \mathbb{Z}, m \in \mathbb{N}$

$$\Rightarrow \quad a\frac{n^2}{m^2} + b\frac{n}{m} + c = 0 \quad \Rightarrow \quad an^2 + bmn + cm^2 = 0.$$

Da m und n teilerfremd sind, können nicht beide Zahlen gerade sein.
Angenommen, n ist gerade:
$\Rightarrow an^2 + bmn$ ist gerade $\Rightarrow cm^2$ ist gerade $\Rightarrow m$ ist gerade (Widerspruch).
Angenommen, m ist gerade:
$\Rightarrow bmn + cm^2$ ist gerade $\Rightarrow an^2$ ist gerade $\Rightarrow n$ ist gerade (Widerspruch).
Also sind n, m ungerade Zahlen
$\Rightarrow an^2 + bmn + cm^2$ ist ungerade (Widerspruch).

b) Es gilt $|a| = |a - b + b| \leq |a - b| + |b| \Rightarrow |a| - |b| \leq |a - b|$
und $\quad |b| = |b - a + a| \leq |b - a| + |a| \Rightarrow |b| - |a| \leq |b - a| = |a - b|$.
Damit folgt die Behauptung.

Lösung 1.1.5

a) Es gilt $(1 + q + q^2 + \cdots + q^n)(1 - q) = 1 - q^{n+1}$, mit $q \neq 1$ folgt die Behauptung.

b) Sei n zunächst gerade: Man addiert den ersten und den letzten Summanden zu $n+1$, den zweiten und den vorletzten zu $2 + (n-1) = n+1$ usw. und erhält so $\dfrac{n}{2}$ Zwischensummen vom Wert $n+1$.
Also ist $1 + 2 + 3 + \cdots + n = \dfrac{n}{2}(n+1)$. Ist n ungerade, so ist $n - 1$ gerade und man erhält mit
der vorangegangenen Argumentation $1 + 2 + 3 + \cdots + n = \dfrac{n-1}{2}((n-1)+1) + n = \dfrac{n}{2}(n+1)$.

Lösung 1.1.6

a) (i) Die Zahl lautet $N = 8$.
Beweis: Es gilt $3^7 = 2187 < 2401 = 7^4$, und für $n \geq 5$ erhält man:

$$\left(\frac{n}{n-1}\right)^4 = (1 + \frac{1}{n-1})^4 = 1 + \frac{4}{n-1} + \frac{6}{(n-1)^2} + \frac{4}{(n-1)^3} + \frac{1}{(n-1)^4}$$

$$< 1 + \frac{4}{4} + \frac{6}{16} + \frac{4}{64} + \frac{1}{256} < 3.$$

Für $n \geq 8$ gilt also : $\dfrac{3^n}{n^4} = \dfrac{3^n}{8^4 (9/8)^4 \cdots (n/(n-1))^4} > \dfrac{3^n}{8^4 3^{n-8}} = \dfrac{3^8}{8^4} = \dfrac{6561}{4096} > 1.$

(ii) Die Zahl lautet $N = 9$.
Beweis: Es gilt $8! = 40320 < 65536 = 4^8$.

Für $n \geq 9$ erhält man: $\dfrac{n!}{4^n} = \dfrac{9! \cdot 10 \cdots n}{4^9 \cdot 4^{n-9}} > \dfrac{9!}{4^9} = \dfrac{362880}{262144} > 1.$

b) Es gilt: $n^2 + m^2 = (2j(j+1))^2 + (2j+1)^2 = (2j(j+1))^2 + 4j^2 + 4j + 1$

$$= (2j(j+1))^2 + 2 \cdot 2j(j+1) + 1 = (2j(j+1) + 1)^2.$$

Lösung 1.1.7

a) Voraussetzung: A: $a, b \in \mathbb{R}$ mit $0 < a \leq b$, Behauptung: B: $a \leq \dfrac{2ab}{a+b}$

    (i) indirekter Beweis:

$$\neg B: \quad a > \frac{2ab}{a+b} \quad \Rightarrow \quad a(a+b) > 2ab \quad \Rightarrow \quad a^2 > ab \quad \Rightarrow \quad a > b \quad :\neg A$$

    (ii) direkter Beweis:

$$A: \quad 0 < a \leq b \quad \Rightarrow \quad a^2 \leq ab \quad \Rightarrow \quad a^2 + ab \leq 2ab$$

$$\Rightarrow \quad a(a+b) \leq 2ab \quad \Rightarrow \quad a \leq \frac{2ab}{a+b} \quad :B.$$

b) Voraussetzung: A: Satz über die Primfaktorzerlegung

Behauptung: B: $\sqrt{23}$ ist irrational.

$A \wedge \neg B:$ $\sqrt{23}$ ist rational

$\Rightarrow \quad \exists m, n \in \mathbb{N}$ teilerfremd (man beachte: $\sqrt{23} > 0$): $\sqrt{23} = \dfrac{m}{n}$

$\Rightarrow \quad 23 = \dfrac{m^2}{n^2}$ (quadrieren)

$\Rightarrow \quad 23n^2 = m^2$

$\Rightarrow \quad 23$ teilt m^2 und damit m also $m = 23k$

$\Rightarrow \quad 23n^2 = 23^2 k^2 \quad \Rightarrow \quad n^2 = 23 k^2$

$\Rightarrow \quad 23$ teilt n^2 und damit n

    Widerspruch zur Teilerfremdheit von n, m

c) Widerspruchsbeweis: Angenommen es gilt $\sqrt{7} + \sqrt{11} \geq \sqrt{8} + \sqrt{10}$

$$\begin{aligned}
\Rightarrow \quad (\sqrt{7} + \sqrt{11})^2 &\geq (\sqrt{8} + \sqrt{10})^2 \\
\Rightarrow \quad 7 + 2\sqrt{7}\sqrt{11} + 11 &\geq 8 + 2\sqrt{8}\sqrt{10} + 10 \\
\Rightarrow \quad \sqrt{7}\sqrt{11} &\geq \sqrt{8}\sqrt{10} \\
\Rightarrow \quad \sqrt{77} &\geq \sqrt{80} \\
\Rightarrow \quad 77 &\geq 80 \quad \text{(falsche Aussage)}
\end{aligned}$$

Damit gilt $\sqrt{7} + \sqrt{11} < \sqrt{8} + \sqrt{10}$.

L.1.2 Mengen

Lösung 1.2.1
(i) C, (ii) $2 \leq x < 4$, (iii) $-3 < x$, (iv) $C \cup [2,4[$,
(v) $x < 2$, (vi) $]-3,-1[\cup [1,4[$, (vii) $]-\infty,-1[\cup [1,+\infty[$, (viii) $x < 2$,
(ix) $-3 < x$, (x) $x < 2$, (xi) A, (xii) $\emptyset$.

Lösung 1.2.2

a) $A = [-2, 2]$,
b) $B = \{-2, -1, 0, 1, 2\}$,
c) $C = \{1, 2\}$,
d) $D = \{0, 1, 2, 3\}$

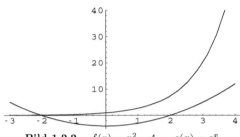

Bild 1.2.2 $f(x) = x^2 - 4$, $g(x) = e^x$

$A \cup D = [-2, 2] \cup \{3\}$, $D \setminus C = \{0, 3\}$, $B \cap D = \{0, 1, 2\}$

Lösung 1.2.3

a) (i) $x < -\dfrac{7}{3}$ und $\dfrac{-2 - \sqrt{7}}{3} < x < \dfrac{-2 + \sqrt{7}}{3}$,

(ii) $x \leq \dfrac{-1 - \sqrt{5}}{2}$ und $\dfrac{-1 + \sqrt{5}}{2} \leq x$

b) $1.106 \leq \dfrac{1.9 \cdot 28}{50 - 1.9} \leq x \leq \dfrac{2.1 \cdot 29}{50 - 2.1} \leq 1.2714$

Lösung 1.2.4
a) $x = 0 \vee x = 2$, b) $x \in \mathbb{R} \setminus \{-2, -1, 0\}$, c) $x = 4$, d) $x = -10$,
e) $x = -1 \vee x = 2$, f) $x = 2$, g) $x \in [-6, 6]$, h) $x = 2$.

Lösung 1.2.5

a) 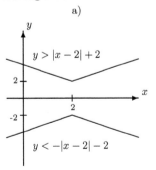 b) 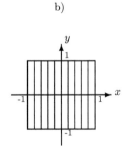 c)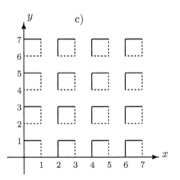

Bild 1.2.5

Lösung 1.2.6

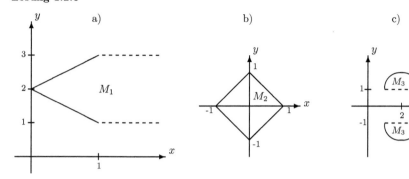

Bild 1.2.6

Lösung 1.2.7

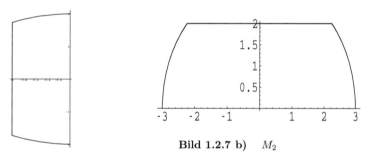

Bild 1.2.7 a) M_1 **Bild 1.2.7 b)** M_2

L.1.3 Funktionen

Lösung 1.3.1

a) Mit dem Additionstheorem $\sin(\alpha + \beta) = \sin\alpha\cos\beta + \cos\alpha\sin\beta$ erhält man:

$$\frac{1}{4} \leq \sin\left(\frac{x}{2}\right)\cos\left(\frac{x}{2}\right) = \frac{\sin x}{2} \quad \Leftrightarrow \quad \frac{1}{2} \leq \sin x$$

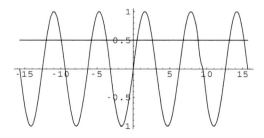

Bild 1.3.1 a) $g_1(x) = \frac{1}{2}$, $g_2(x) = \sin x$

$$\Rightarrow \quad x \in \cdots \bigcup \left[\frac{\pi}{6}, \frac{5\pi}{6}\right] \bigcup \left[\frac{13\pi}{6}, \frac{17\pi}{6}\right] \bigcup \cdots = \bigcup_{k=-\infty}^{\infty} \left[\frac{\pi}{6} + 2k\pi, \frac{5\pi}{6} + 2k\pi\right]$$

b)

$$e^x \leq \frac{1}{e^{2x+1}}$$
$$\Rightarrow \quad e^{3x+1} = e^x \cdot e^{2x+1} \leq 1$$
$$\Rightarrow \quad 3x + 1 \leq 0$$
$$\Rightarrow \quad x \leq -\frac{1}{3}$$

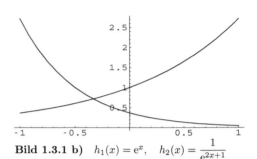

Bild 1.3.1 b) $h_1(x) = e^x$, $h_2(x) = \dfrac{1}{e^{2x+1}}$

Lösung 1.3.2

a) Setze $x = 2\alpha$, d.h. $\cos 2\alpha > 0$, dann gilt:

$$\frac{\tan x}{1 + \sqrt{1 + \tan^2 x}} = \frac{\sin 2\alpha}{\cos 2\alpha + \sqrt{\cos^2 2\alpha + \sin^2 2\alpha}} = \frac{2 \sin \alpha \cos \alpha}{1 + \cos^2 \alpha - \sin^2 \alpha} = \frac{2 \sin \alpha \cos \alpha}{2 \cos^2 \alpha} = \tan \alpha = \tan \frac{x}{2},$$

b) $D = \mathbb{R}\setminus\{-2, 1\}$, $f(D) = \mathbb{R}\setminus\{0, 1/3\}$, \quad c) $D = [-1, 1]$, $f(D) = [0, 1]$,
d) $D = \mathbb{R}\setminus[-2, -1]$, $f(D) = \mathbb{R}$.

Lösung 1.3.3

a) $D =]-a, +\infty[$, $f(D) = \mathbb{R}$, \qquad b) $D =]-\infty, 0[$, $f(D) =]0, +\infty[$,

c) $D = \mathbb{R}\setminus\{1, 4\}$, $f(D) = \mathbb{R}\setminus\{-1/3, 0\}$, \quad d) $D = [2, 3]$, $f(D) = [0, 1/2]$,

e) $D = \mathbb{R}$, $f(D) = \mathbb{Z}$, \qquad f) $D = \mathbb{R}\setminus[-1/3, 1[$, $f(D) = [0, +\infty[$.

Lösung 1.3.4

a) $a \neq 0 \Rightarrow f$ ist weder injektiv noch surjektiv,
$a = 0, b \neq 0 \Rightarrow f$ ist bijektiv und
$a = 0 = b \Rightarrow f$ ist weder injektiv noch surjektiv.

b) Es sei $g(x) = \sqrt{1 - \sqrt{\sin x}}$ und $h(x) = (1 - \cos^2(\sqrt{x}))^5$. Dann gilt:
$g = g_2 \circ g_3 \circ g_2 \circ g_1$ mit $g_1(x) = \sin x$, $g_2(x) = \sqrt{x}$, $g_3(x) = 1 - x$, $Dg = \bigcup_{k \in \mathbb{Z}}[2k\pi, (2k+1)\pi]$,
$h = h_5 \circ h_4 \circ h_3 \circ h_2 \circ h_1$ mit
$h_1(x) = \sqrt{x}$, $h_2(x) = \cos x$, $h_3(x) = x^2$, $h_4(x) = 1 - x$, $h_5(x) = x^5$,
$Dh = [0, \infty[\quad \Rightarrow \quad Df = (Dg \cap Dh)\setminus\{k^2\pi^2 | k \in \mathbb{Z}\}$.

Lösung 1.3.5

a) Es gilt $(e-1)^2 > 2 \Rightarrow e^2 - 2e + 1 > 2 \Rightarrow e^2 - 1 > 2e \Rightarrow (e - 1/e)/2 > 1 \Rightarrow \sinh 1 > 1$.

b) f ist gerade, g ist ungerade und h ist weder gerade noch ungerade.

L.2 Zahlenbereiche

L.2.1 Natürliche Zahlen

Lösung 2.1.1

a) $1 - 3 + 5 - 7 + 9 \mp \cdots - 55 = \sum_{k=0}^{27}(-1)^k(2k+1) = \sum_{j=1}^{28}(-1)^{j-1}(2j-1)$

b) $1 - 3 + 9 - 27 + 81 \mp \cdots = \sum_{k=0}^{\infty}(-3)^k = \sum_{j=1}^{\infty}(-3)^{j-1}$

c) $\dfrac{2}{1} \cdot \dfrac{4}{5} \cdot \dfrac{6}{25} \cdot \dfrac{8}{125} \cdot \ldots \cdot \dfrac{18}{390625} = \prod_{n=1}^{9} \dfrac{2n}{5^{(n-1)}}$

d) $\dfrac{1}{2} \cdot \dfrac{3}{4} \cdot \dfrac{5}{8} \cdot \ldots = \prod_{n=1}^{\infty} \dfrac{2n-1}{2^n}$

Lösung 2.1.2

a) $n = k:$ $\sum_{j=k}^{k} \dfrac{1}{j} \binom{j}{k} = \dfrac{1}{k} \binom{k}{k}$,

$n \to n+1:$

$$\sum_{j=k}^{n+1} \dfrac{1}{j} \binom{j}{k} = \sum_{j=k}^{n} \dfrac{1}{j} \binom{j}{k} + \dfrac{1}{n+1} \binom{n+1}{k} = \dfrac{1}{k} \binom{n}{k} + \dfrac{1}{n+1} \binom{n+1}{k}$$
$$= \dfrac{1}{k} \binom{n}{k} + \dfrac{(n+1)!}{(n+1)k!(n+1-k)!} = \dfrac{1}{k} \binom{n}{k} + \dfrac{1}{k} \binom{n}{k-1} = \dfrac{1}{k} \binom{n+1}{k},$$

b) $n = 1:$ $\prod_{j=1}^{1} \dfrac{j+1}{j} = \dfrac{1+1}{1} = 1 + 1$,

$n \to n+1:$ $\prod_{j=1}^{n+1} \dfrac{j+1}{j} = \left(\prod_{j=1}^{n} \dfrac{j+1}{j}\right)\left(\dfrac{n+2}{n+1}\right) = (n+1)\left(\dfrac{n+2}{n+1}\right) = (n+1) + 1$,

c) $n = 0: x_0 = (2a+b)(-1)^0 - (a+b)(-2)^0 = a$, $n = 1: x_1 = (2a+b)(-1)^1 - (a+b)(-2)^1 = b$,

$n-1, n \to n+1:$

$\begin{aligned} x_{n+1} &= -3x_n - 2x_{n-1} \\ &= -3((2a+b)(-1)^n - (a+b)(-2)^n) - 2((2a+b)(-1)^{n-1} - (a+b)(-2)^{n-1}) \\ &= (2a+b)(-3(-1)^n - 2(-1)^{n-1}) - (a+b)(-3(-2)^n - 2(-2)^{n-1}) \\ &= (2a+b)(-1)^{n+1} - (a+b)(-2)^{n+1}. \end{aligned}$

Lösung 2.1.3
Die Beweise von a) und c) erfolgen über vollständige Induktion:

a) $\quad n=1: \quad \sum_{i=1}^{1}(2i-1) = 2\cdot 1 - 1 = 1^2$,

$n \to n+1: \quad \sum_{i=1}^{n+1}(2i-1) = \sum_{i=1}^{n}(2i-1) + 2(n+1) - 1 = n^2 + 2n + 1 = (n+1)^2$.

c) $\quad n=1: \quad \sum_{i=1}^{1}(i^2-1) = 1^2 - 1 = 0 = \frac{1}{6}\left(2\cdot 1^3 + 3\cdot 1^2 - 5\cdot 1\right)$,

$n \to n+1: \quad \sum_{i=1}^{n+1}(i^2-1) = \sum_{i=1}^{n}(i^2-1) + (n+1)^2 - 1$

$= \frac{1}{6}\left(2n^3 + 3n^2 - 5n\right) + n^2 + 2n = \frac{1}{6}\left(2n^3 + 9n^2 + 7n\right)$

$= \frac{1}{6}\left(2(n^3 + 3n^2 + 3n + 1) + 3(n^2 + 2n + 1) - 5(n+1)\right)$

$= \frac{1}{6}\left(2(n+1)^3 + 3(n+1)^2 - 5(n+1)\right)$.

Der Beweis von b) ergibt sich aus dem binomischen Lehrsatz:

b) $\quad \sum_{i=0}^{n} \frac{1}{i!(n-i)!} = \frac{1}{n!} \sum_{i=0}^{n} \frac{n!}{i!(n-i)!} = \frac{1}{n!} \sum_{i=0}^{n} \binom{n}{i} 1^i 1^{n-i} = \frac{1}{n!}(1+1)^n = \frac{2^n}{n!}$.

Lösung 2.1.4

a) $\quad n=1: \quad \sum_{k=1}^{1} k \cdot k! = 1 \cdot 1! = (1+1)! - 1$,

$n \to n+1: \quad \sum_{k=1}^{n+1} k \cdot k! = \left(\sum_{k=1}^{n} k \cdot k!\right) + (n+1)(n+1)!$
$= (n+1)! - 1 + (n+1)(n+1)! = (n+1)!(n+2) - 1 = (n+2)! - 1$,

b) $\quad n=1: \quad 1 + x \geq 1 + x$,

$n \to n+1: \quad (1+x)^{n+1} = (1+x)^n(1+x) \geq (1+nx)(1+x)$

$= 1 + (n+1)x + nx^2 \geq 1 + (n+1)x$,

c) $\quad n=1: \quad a_1 = 5^1 - 1 = 4 \quad$ ist durch 4 teilbar,

$n \to n+1: \quad a_{n+1} = 5^{n+1} - 1 = 5^n - 1 + 5^{n+1} - 5^n = a_n + 4 \cdot 5^n \quad$ ist durch 4 teilbar.

Lösung 2.1.5

a) $\quad n=3: \quad \sum_{j=3}^{3} \frac{2}{j^2 - 2j} = \frac{2}{3^2 - 6} = \frac{2}{3}, \quad \frac{3}{2} - \frac{6-1}{3(3-1)} = \frac{3}{2} - \frac{5}{6} = \frac{2}{3}$

$n \to n+1: \quad \sum_{j=3}^{n+1} \frac{2}{j^2 - 2j} = \left(\sum_{j=3}^{n} \frac{2}{j^2 - 2j}\right) + \frac{2}{(n+1)^2 - 2(n+1)}$

$= \frac{3}{2} - \frac{2n-1}{n(n-1)} + \frac{2}{(n+1)(n-1)} = \frac{3}{2} - \frac{(2n-1)(n+1) - 2n}{(n-1)n(n+1)}$

$= \frac{3}{2} - \frac{2n^2 - n - 1}{(n-1)n(n+1)} = \frac{3}{2} - \frac{(n-1)(2n+1)}{(n-1)n(n+1)}$

$= \frac{3}{2} - \frac{2n+1}{n(n+1)}$

b) $n=2:$ $\sum_{j=2}^{2}\frac{2}{j^2-1}=\frac{2}{2^2-1}=\frac{2}{3}$, $\frac{3}{2}-\frac{4+1}{2(2+1)}=\frac{3}{2}-\frac{5}{6}=\frac{2}{3}$

$n \to n+1:$ $\sum_{j=2}^{n+1}\frac{2}{j^2-1}=\left(\sum_{j=2}^{n}\frac{2}{j^2-1}\right)+\frac{2}{(n+1)^2-1}$

$=\frac{3}{2}-\frac{2n+1}{n(n+1)}+\frac{2}{(n+1)^2-1}=\frac{3}{2}-\frac{2n+1}{n(n+1)}+\frac{2}{n(n+2)}$

$=\frac{3}{2}-\frac{(2n+1)(n+2)-2(n+1)}{n(n+1)(n+2)}=\frac{3}{2}-\frac{2n^2+3n}{n(n+1)(n+2)}$

$=\frac{3}{2}-\frac{2n+3}{(n+1)(n+2)}$

Lösung 2.1.6
direkter Beweis

$$\prod_{k=1}^{n}\left(1+\frac{2}{k}\right)=\prod_{k=1}^{n}\frac{k+2}{k}=\frac{3\cdot 4\cdot 5\cdots n\cdot (n+1)\cdot (n+2)}{1\cdot 2\cdot 3\cdots n}=\frac{(n+1)(n+2)}{2}$$

Beweis von $\prod_{k=1}^{n}\left(1+\frac{2}{k}\right)=\frac{(n+1)(n+2)}{2}$ durch vollständige Induktion:

$n=1:$ $\prod_{k=1}^{1}\left(1+\frac{2}{k}\right)=1+\frac{2}{1}=\frac{2\cdot 3}{2}$

$n \to n+1:$ $\prod_{k=1}^{n+1}\left(1+\frac{2}{k}\right)=\prod_{k=1}^{n}\left(1+\frac{2}{k}\right)\cdot\left(1+\frac{2}{n+1}\right)$

$=\frac{(n+1)(n+2)}{2}\cdot\frac{n+3}{n+1}=\frac{((n+1)+1)((n+1)+2)}{2}$

Lösung 2.1.7
Die Beweise von a) und b) erfolgen über vollständige Induktion:
a) $\quad n=1:$ $a_1=6^1-5\cdot 1+4=5$ ist durch 5 teilbar,

$n\to n+1:$ $a_{n+1}=6^{n+1}-5(n+1)+4=a_n+6^{n+1}-6^n-5$

$=a_n+5(6^n-1)$ ist durch 5 teilbar,

b) $\quad n=1:$ $b_1=\frac{1}{6}\left(1+3\cdot 1^2+2\cdot 1^3\right)=1\in\mathbb{N}$,

$n\to n+1:$ $b_{n+1}=\frac{1}{6}\left(n+1+3(n+1)^2+2(n+1)^3\right)=\frac{1}{6}\left(n+3n^2+2n^3+6(n^2+2n+1)\right)$

$=b_n+(n+1)^2\in\mathbb{N}$.

Der Beweis von c) ergibt sich aus dem binomischen Lehrsatz:

c) $\sum_{k=0}^{n}(-1)^k\binom{n}{k}=\sum_{k=0}^{n}\binom{n}{k}(-1)^k 1^{n-k}=(-1+1)^n=0$.

Lösung 2.1.8

a) $(1+x)^n=\sum_{k=0}^{n}\binom{n}{k}x^k 1^{n-k}=\binom{n}{0}+\binom{n}{1}x+\binom{n}{2}x^2+\cdots+\binom{n}{n}x^n$

$\geq\binom{n}{0}+\binom{n}{2}x^2=1+\frac{(n-1)n}{2}x^2\geq 1+\frac{n^2}{4}x^2$, da $n-1\geq\frac{n}{2}$ für $n\geq 2$.

b) Der Beweis erfolgt über Induktion:

$$n = 1: \quad a_1 = (1-1)^3 + 1^3 + (1+1)^3 = 9 \quad \text{ist durch 9 teilbar,}$$
$$n \to n+1: \quad a_{n+1} = n^3 + (n+1)^3 + (n+2)^3 = n^3 + (n+1)^3 + ((n-1)+3)^3$$
$$= (n-1)^3 + n^3 + (n+1)^3 + 9(n-1)^2 + 27(n-1) + 27$$
$$= a_n + 9((n-1)^2 + 3(n-1) + 3) \quad \text{ist durch 9 teilbar.}$$

Lösung 2.1.9

$$n = 0: \quad a_0 = 0 \leq \left(\frac{1+\sqrt{5}}{2}\right)^{0-1}, \qquad n = 1: \quad a_1 = 1 \leq \left(\frac{1+\sqrt{5}}{2}\right)^{1-1},$$

$$n-2, n-1 \to n: \quad a_n = a_{n-1} + a_{n-2} \leq \left(\frac{1+\sqrt{5}}{2}\right)^{n-2} + \left(\frac{1+\sqrt{5}}{2}\right)^{n-3}$$
$$= \left(\frac{1+\sqrt{5}}{2}\right)^{n-3} \left(1 + \frac{1+\sqrt{5}}{2}\right) = \left(\frac{1+\sqrt{5}}{2}\right)^{n-3} \left(\frac{1+\sqrt{5}}{2}\right)^2 = \left(\frac{1+\sqrt{5}}{2}\right)^{n-1}.$$

Lösung 2.1.10

a) $1! = 1, \quad 2! = 2, \quad 3! = 6, \quad 4! = 24, \quad 5! = 120$

Damit sind nur die Ziffern $0, 1, 2, 4, 6$ möglich, denn ab $n = 5$ endet $n!$ auf 0, da die Faktoren 2 und 5 in der Primfaktorzerlegung auftauchen.

b) Die Anzahl der Nullen, auf die $26!$ endet, wird durch die Häufigkeit des Faktors $10 = 2 \cdot 5$ in der Primfaktorzerlegung entschieden.

Der Faktor 2 taucht mehr als 13 mal auf und der Faktor 5 genau 6 mal. Damit endet $26!$ mit 6 Nullen.

Lösung 2.1.11

a) Der Euklidische Algorithmus liefert $\text{ggT}(2304, 960) = 192$, denn
$2304 = 2 \cdot 960 + 384, 960 = 2 \cdot 384 + 192, 384 = 2 \cdot 192,$
$\Rightarrow 192 = 960 - 2 \cdot 384 = 960 - 2(2304 - 2 \cdot 960) = 5 \cdot 960 - 2 \cdot 2304.$

b) Es sei $k = \text{ggT}(m,n)r$ mit $r \in \mathbb{N}$, die $\mathbb{Z}$-Kombination liefert $\text{ggT}(m,n) = sm + tn$ mit $s, t \in \mathbb{Z}$. Damit lösen $x = rs$ und $y = rt$ die diophantische Gleichung $mx + ny = k$. Löst umgekehrt $x, y \in \mathbb{Z}$ die diophantische Gleichung und ist d gemeinsamer Teiler von m und n, dann teilt d auch k.
Zur Lösung der diophantischen Gleichung berechnet man also über den Euklidischen Algorithmus den $\text{ggT}(m,n)$ und prüft, ob $\text{ggT}(m,n)r = k$ gilt. Ist dies der Fall, so stellt man den $\text{ggT}(m,n)$ als $\mathbb{Z}$-Kombination von m und n dar und multipliziert beide Seiten mit r.

c) Für $2304x + 960y = 576 = 3 \cdot 192$ folgt mit a) und b) $x = -6$ und $y = 15$.

L.2.2 Reelle Zahlen

Lösung 2.2.1
Es gilt $\quad y = \dfrac{2x}{3} \quad \Leftrightarrow \quad 4x - 6y = 0$. Die letzte Implikation ist also falsch.

Lösung 2.2.2

a) Es gilt: $R_h - 4R_p = R_1 + R_2 - 4\dfrac{R_1 R_2}{R_1 + R_2} = \dfrac{(R_1 + R_2)^2 - 4R_1 R_2}{R_1 + R_2} = \dfrac{(R_1 - R_2)^2}{R_1 + R_2} \geq 0$,

da $R_1, R_2 > 0$. Das Gleichheitszeichen gilt genau für $R_1 = R_2$.

b) $x \in M$ ergibt sich für $k = 1, 2, \ldots$ durch $x_{2k-1} = \dfrac{1}{2k} \geq 0$, d.h. $x_1 = \dfrac{1}{2}, x_3 = \dfrac{1}{4}, \ldots$ monoton fallend oder $x_{2k} = \dfrac{1}{2k+1} + \dfrac{1}{2k} \geq 0$, d.h. $x_2 = \dfrac{5}{6}, x_3 = \dfrac{9}{20}, \ldots$ monoton fallend

$\Rightarrow 0 < x \le x_2 = \dfrac{5}{6} = \sup M$. Die Menge M ist also nach oben und nach unten beschränkt. Außerdem gilt $\inf M = 0$.

Lösung 2.2.3

a) $(711)_{10} = (1011000111)_2 = (222100)_3$, b) $(973)_{10} = (12343)_5$,

c) $4^2 r_1 - r_1 = (312.\overline{12})_4 - (3.\overline{12})_4 = 312_4 - 3_4 = 51_{10} \Rightarrow r_1 = \dfrac{51_{10}}{(4^2-1)_{10}} = \dfrac{51}{15}$,

$5^3 r_2 - r_2 = (4121.\overline{121})_5 - (4.\overline{121})_5 \Rightarrow r_2 = \dfrac{133}{31}$,

$10^2 r_3 - r_3 = (4169.\overline{69})_{10} - (41.\overline{69})_{10} \Rightarrow r_3 = \dfrac{1376}{33}$,

d) $(4.165)_7 = 4_7 + (0.165)_7 = (11)_3 + (0.165)_7 = (11.02112\ldots)_3$.

Lösung 2.2.4

a) (i) $1285 = (10100000101)_2$

(ii) $1285 = ((1 \cdot 10 + 2)10 + 8)10 + 5$
$= ((1 \cdot (1010)_2 + (10)_2)(1010)_2 + (1000)_2)(1010)_2 + (101)_2 = (10100000101)_2$,

b) $x_0 = (0.7431)_8 = (0.2211102122\ldots)_3$,

c) $r_1 = 31.5\overline{271} = \dfrac{157478}{4995}$, $r_2 = (0.\overline{123})_4 = \dfrac{3}{7}$, $r_3 = (5.\overline{65})_7 = \dfrac{287}{48}$.

L.2.3 Komplexe Zahlen

Lösung 2.3.1

G_1: Halbgerade,

G_2: Kreis um Null mit Radius $\dfrac{5}{\sqrt{2}}$, denn $|(1+i)z| = 5 \Leftrightarrow |z| = \dfrac{5}{\sqrt{2}}$,

G_3: Kreis um $(3+i)$ mit Radius 5,

G_4: Außenkreisgebiet um -5 mit Radius 4, denn
$|z-3| < 2|z+3| \Leftrightarrow (x-3)^2 + y^2 < 4((x+3)^2 + y^2) \Leftrightarrow (x+5)^2 + y^2 > 16$,

G_5: Kreis um $\dfrac{1}{2}$ mit Radius $\dfrac{1}{2}$ ohne Null ($z \ne 0$),

denn $\operatorname{Re}\left(\dfrac{1}{z}\right) = \operatorname{Re}\left(\dfrac{x-iy}{x^2+y^2}\right) = \dfrac{x}{x^2+y^2} = 1 \Leftrightarrow \left(x-\dfrac{1}{2}\right)^2 + y^2 = \dfrac{1}{4}$,

G_6: Gebiet zwischen zwei Hyperbeln, denn $\operatorname{Im}(z^2) = 2xy \le 2 \Leftrightarrow xy \le 1$.

Lösung 2.3.2

a) Kreis um 0 mit Radius 2,

b) $\operatorname{Im}(z+i) = \operatorname{Im}(x + i(y+1)) = y + 1 = 4 \Rightarrow$ konstante Funktion $y = 3$,

c) Kreis um $-3 + 4i$ mit Radius 5,

d) $\arg\left(z \cdot \exp\left(\dfrac{-\pi i}{4}\right)\right) = 0 \Rightarrow \arg z = \dfrac{\pi}{4} \Rightarrow$ Winkelhalbierende $y = x$ für $x \ge 0$,

e) $z\bar{z} - 3iz + 3i\bar{z} + 8 = (x+iy)(x-iy) - 3i(x+iy) + 3i(x-iy) + 8 = 0 \Rightarrow x^2 + (y+3)^2 = 1$
$\Rightarrow$ Kreis um $-3i$ mit Radius 1,

f) $\operatorname{Re}(z^2) = x^2 - y^2 = 0 \Rightarrow |x| = |y| \Rightarrow$ die Winkelhalbierenden $y = x$ und $y = -x$.

Lösung 2.3.3

a) (i) $z = \dfrac{1}{5}(-1 + 2i)$, (ii) $z = 1 - i$, (iii) $z = -8$,

b) (i) $z = \sqrt{2}\,\mathrm{e}^{\frac{7\pi i}{4}}$, (ii) $z = \sqrt{2}\,\mathrm{e}^{\frac{\pi i}{4}}$, (iii) $z = 8\sqrt{2}\,\mathrm{e}^{\frac{\pi i}{4}}$.

Lösung 2.3.4

a) $z_1 = \pm \dfrac{1}{2}(\sqrt{3} - i)$, $|z_1| = 1$, $\varphi_1 = \dfrac{5\pi}{6}, \dfrac{11\pi}{6}$, $z_2 = \dfrac{1}{5}(-1 + 3i)$, $|z_2| = \dfrac{1}{5}\sqrt{10}$,

$\varphi_2 = 1.892546882\cdots$, $z_3 = 16(-1 + i)$, $|z_3| = 2^{9/2}$, $\varphi_3 = \dfrac{3\pi}{4}$,

b) (i) $z_0 = \mathrm{e}^{-\pi i/6}$, $z_1 = \mathrm{e}^{\pi i/2}$, $z_2 = \mathrm{e}^{7\pi i/6}$,

(ii) $z_0 = 2\mathrm{e}^{\pi i/15}$, $z_1 = 2\mathrm{e}^{7\pi i/15}$, $z_2 = 2\mathrm{e}^{13\pi i/15}$, $z_3 = 2\mathrm{e}^{19\pi i/15}$, $z_4 = 2\mathrm{e}^{5\pi i/3}$,

(iii) $z_{1,2} = \dfrac{1}{5}(1 \pm i\sqrt{24})$,

(iv) $z_{1,2} = -1 \pm 2^{1/4}\mathrm{e}^{\pi i/8}$.

Lösung 2.3.5

a) $z_1 = -\dfrac{1}{2} + \dfrac{1}{2}i$, $|z_1| = \dfrac{1}{2}\sqrt{2}$, $\varphi_1 = \dfrac{3\pi}{4}$, $z_1 = \dfrac{1}{2}\sqrt{2}\,\mathrm{e}^{3\pi i/4}$, $z_2 = 2\mathrm{e}^{\pi i/4}$,

b) $z_2^8 = 2^8$,

c) $w_0 = 4\mathrm{e}^{\pi i/4} = 2\sqrt{2}(1 + i)$, $w_1 = 2\sqrt{2}\,\mathrm{e}^{\pi i/2} = 2\sqrt{2}\,i$, $w_2 = 0$, $w_3 = 2\sqrt{2}\,\mathrm{e}^{2\pi i} = 2\sqrt{2}$.

Lösung 2.3.6

a) $|z_1| = 1$, $\varphi_1 = 8 \cdot \dfrac{7\pi}{4}$, $z_1 = 1$, $|z_2| = 2$, $\varphi_2 = 11 \cdot \dfrac{2\pi}{3}$, $z_2 = -1024(1 + \sqrt{3}\,i)$

b) (i) $z_{0,1} = 3 \pm 2i$, (iii) $z_0 = \dfrac{1}{2}(3 - i)$, $z_1 = -i$

(ii) $z_0 = \dfrac{1}{\sqrt{2}}(1 + i)$, $z_1 = \dfrac{1}{\sqrt{2}}(-1 + i)$, $z_2 = -\dfrac{1}{\sqrt{2}}(1 + i)$, $z_3 = \dfrac{1}{\sqrt{2}}(1 - i)$

Lösung 2.3.7

a) $z_1 = -\dfrac{1}{2} - \dfrac{1}{2}i$, $|z_1| = \dfrac{1}{2}\sqrt{2}$, $\varphi_1 = \dfrac{5\pi}{4}$, $z_1 = \dfrac{1}{2}\sqrt{2}\,\mathrm{e}^{5\pi i/4}$, $z_2 = 2\mathrm{e}^{3\pi i/4}$

b) $z_2^4 = -16$

c) $w_0 = (2 - \sqrt{2}) + \sqrt{2}\,i$, $w_1 = -\sqrt{2} + (2 + \sqrt{2})i$, $w_2 = -(2 + \sqrt{2}) + \sqrt{2}\,i$, $w_3 = -\sqrt{2} - (2 - \sqrt{2})i$.

Lösung 2.3.8

Man erhält $p(1) = 0$ und $p(2i) = 0$ (Horner-Schema) und damit die ersten beiden Nullstellen $z_0 = 1 = \mathrm{e}^{0 \cdot i}$ und $z_1 = 2i = 2\mathrm{e}^{\pi i/2}$. Weiter kann man aus dem Horner-Schema $p(z) = (z-1)(z-2i)(z^2+(i+1)z+i)$ ablesen. Damit ergeben sich die noch fehlenden beiden Nullstellen $z_2 = -1 = \mathrm{e}^{\pi i}$ und $z_3 = -i = \mathrm{e}^{3\pi i/2}$.

Lösung 2.3.9

a) $z_0 = \dfrac{1}{2} - \dfrac{i}{2}$, $z_1 = -\dfrac{1}{2} - \dfrac{i}{2}$

b) $z_0 = 2^{1/8}\left(\cos\left(\dfrac{3\pi}{16}\right) + i\sin\left(\dfrac{3\pi}{16}\right)\right)$, $z_1 = 2^{1/8}\left(\cos\left(\dfrac{11\pi}{16}\right) + i\sin\left(\dfrac{11\pi}{16}\right)\right)$,

$z_2 = 2^{1/8}\left(\cos\left(\dfrac{19\pi}{16}\right) + i\sin\left(\dfrac{19\pi}{16}\right)\right)$, $z_3 = 2^{1/8}\left(\cos\left(\dfrac{27\pi}{16}\right) + i\sin\left(\dfrac{27\pi}{16}\right)\right)$

c) $z_{0,1} = 1$, $z_2 = -1$

d) Nach dem Abspalten des Faktors $(z - 2)^2$, der sich aus den ersten beiden Nullstellen $z_{0,1} = 2$

ergibt, sind noch die Nullstellen der biquadratischen Gleichung $z^4 + z^2 + 1 = 0$ zu bestimmen. Sie lauten $z_{2,3} = \pm \left(\dfrac{1}{2} + \dfrac{\sqrt{3}}{2} i \right)$ und $z_{4,5} = \pm \left(-\dfrac{1}{2} + \dfrac{\sqrt{3}}{2} i \right)$.

Lösung 2.3.10

a) $p(z) = (z^2 + 2z + 3)(z - 1) + 4$

b) Das Horner-Schema liefert $p(-2) = 0$ und $p(z) : (z+2) = 7z^6 - 14z^5 + 28z^4 - 56z^3 + 115z^2 - 30z + 10$.

Lösung 2.3.11

a) $p(b) = \sum\limits_{k=0}^{n} a_k b^k = 0 \;\Rightarrow\; 0 = \overline{p(b)} = \overline{\sum\limits_{k=0}^{n} a_k b^k} = \sum\limits_{k=0}^{n} \bar{a}_k \bar{b}^k = \sum\limits_{k=0}^{n} a_k \bar{b}^k = p(\bar{b})$

b) Über das Horner-Schema erhält man $p(1+2i) = 0$ und $p(-i) = 0$. Mit b) folgt $p(1-2i) = 0$ und $p(i) = 0$. Damit ergibt sich
$$\begin{aligned} p(z) &= (z - (1+2i))(z - (1-2i))(z+i)(z-i)(z^2 + z - 2) \\ &= (z - (1+2i))(z - (1-2i))(z+i)(z-i)(z-1)(z+2). \end{aligned}$$

Lösung 2.3.12

a) $e^z = e^x e^{iy} = e^x (\cos y + i \sin y) \;\Rightarrow\; \operatorname{Re}(e^z) = e^x \cos y$ und $\operatorname{Im}(e^z) = e^x \sin y$

$\cos z = \dfrac{1}{2}(e^{iz} + e^{-iz}) = \dfrac{1}{2}(e^{ix}e^{-y} + e^{-ix}e^{y}) = \dfrac{1}{2}((\cos x e^{-y} + \cos x e^{y}) + i(\sin x e^{-y} - \sin x e^{y}))$

$\Rightarrow \operatorname{Re}(\cos z) = \cos x \cosh y$ und $\operatorname{Im}(\cos z) = -\sin x \sinh y$

b) Es sei $z_1 = x_1 + iy_1$ und $z_2 = x_2 + iy_2$. Zunächst gilt
$$\begin{aligned} e^{i(y_1+y_2)} &= \cos(y_1 + y_2) + i \sin(y_1 + y_2) \\ &= (\cos y_1 \cos y_2 - \sin y_1 \sin y_2) + i(\sin y_1 \cos y_2 + \cos y_1 \sin y_2) \\ &= (\cos y_1 + i \sin y_1)(\cos y_2 + i \sin y_2) = e^{iy_1} e^{iy_2}. \end{aligned}$$
Damit erhält man $e^{z_1+z_2} = e^{x_1+x_2} e^{i(y_1+y_2)} = e^{x_1} e^{iy_1} e^{x_1} e^{iy_2} = e^{z_1} e^{z_2}$.

$$\begin{aligned} \cos z_1 \cos z_2 - \sin z_1 \sin z_2 &= \dfrac{1}{4}(e^{iz_1} + e^{-iz_1})(e^{iz_2} + e^{-iz_2}) + \dfrac{1}{4}(e^{iz_1} - e^{-iz_1})(e^{iz_2} - e^{-iz_2}) \\ &= \dfrac{1}{2}(e^{i(z_1+z_2)} + e^{-i(z_1+z_2)}) = \cos(z_1 + z_2). \end{aligned}$$
Eine analoge Rechnung liefert das entsprechende Ergebnis für $\sin(z_1 + z_2)$.

Lösung 2.3.13

a) Für $z = e^{2\pi i/n}$ gilt $\sum\limits_{k=0}^{n-1} z^k = \dfrac{z^n - 1}{z - 1} = \dfrac{(e^{2\pi i/n})^n - 1}{e^{2\pi i/n} - 1} = \dfrac{e^{2\pi i} - 1}{e^{2\pi i/n} - 1} = \dfrac{1 - 1}{e^{2\pi i/n} - 1} = 0$.

b) Mit $V_1 = U_0 e^{i\omega t}$, $V_2 = U_0 e^{i(\omega t + 2\pi/3)}$, $V_3 = U_0 e^{i(\omega t + 4\pi/3)}$ ist $U_j = \operatorname{Re}(V_j)$, $j = 1, 2, 3$.

Aus a) folgt (mit $n = 3$) $V_1 + V_2 + V_3 = U_0 e^{i\omega t}\left(1 + e^{2\pi i/3} + e^{4\pi i/3}\right) = 0$
$\Rightarrow\; U_1 + U_2 + U_3 = \operatorname{Re}(V_1 + V_2 + V_3) = 0$.

c) $U_2 - U_1 = \operatorname{Re}(V_2 - V_1) = \operatorname{Re}\left(U_0 e^{i\omega t}\left(e^{2\pi i/3} - 1\right)\right) = \operatorname{Re}\left(U_0 e^{i\omega t} \sqrt{3} e^{5\pi i/6}\right)$
$= U_0 \sqrt{3} \cos\left(\omega t + \dfrac{5\pi}{6}\right)$.

L.3 Vektorrechnung, analytische Geometrie

L.3.1 Vektoren

Lösung 3.1.1
Die Spannkraft $\mathbf{F}_1$ bzw. $\mathbf{F}_2$ besitzt die Richtung $\mathbf{v}_1 = (-5, -0.2)^T$ bzw. $\mathbf{v}_2 = (5, -0.2)^T$. Die Gewichtskraft $\mathbf{G}$ der Lampe wirkt in Richtung $\mathbf{w} = (0, -1)^T$. Der Gleichgewichtszustand stellt sich für $\mathbf{F}_1 + \mathbf{F}_2 = \mathbf{G}$ ein, also für

$$\alpha \begin{pmatrix} -5 \\ -0.2 \end{pmatrix} + \beta \begin{pmatrix} 5 \\ -0.2 \end{pmatrix} = \begin{pmatrix} 0 \\ -24 \end{pmatrix}.$$

Für die Unbekannten α und β erhält man nach kurzer Rechnung $\alpha = 60 = \beta$. Damit ergibt sich für die Kräfte:

$$\mathbf{F}_1 = \begin{pmatrix} -300\,\text{N} \\ -12\,\text{N} \end{pmatrix}, \ \|\mathbf{F}_1\| \approx 300.24\,\text{N} \quad \text{und} \quad \mathbf{F}_2 = \begin{pmatrix} 300\,\text{N} \\ -12\,\text{N} \end{pmatrix}, \ \|\mathbf{F}_2\| \approx 300.24\,\text{N}.$$

Lösung 3.1.2
Die Dachkraft $\mathbf{F}_1$ bzw. $\mathbf{F}_2$ besitzt die Richtung $\mathbf{v}_1 = (\cos\beta, -\sin\beta)^T$ bzw. $\mathbf{v}_2 = (-\cos\alpha, -\sin\alpha)^T$. Die Gewichtskraft $\mathbf{G}$ der Last wirkt in Richtung $\mathbf{w} = (0, -1)^T$. Der Gleichgewichtszustand stellt sich für $\mathbf{F}_1 + \mathbf{F}_2 = \mathbf{G}$ ein, also für

$$\lambda \begin{pmatrix} \frac{1}{2} \\ -\frac{\sqrt{3}}{2} \end{pmatrix} + \mu \begin{pmatrix} -\frac{1}{\sqrt{2}} \\ -\frac{1}{\sqrt{2}} \end{pmatrix} = \begin{pmatrix} 0 \\ -20000 \end{pmatrix}.$$

Für die Unbekannten λ und μ erhält man nach kurzer Rechnung $\lambda = \dfrac{40000}{1+\sqrt{3}} \approx 14641.02$ und $\mu = \dfrac{1}{\sqrt{2}} \cdot \dfrac{40000}{1+\sqrt{3}} \approx 10352.76$. Damit ergibt sich für die Belastungskräfte in den Dachschrägen:

$$\mathbf{F}_1 = \frac{20000}{1+\sqrt{3}} \begin{pmatrix} 1\,\text{N} \\ -\sqrt{3}\,\text{N} \end{pmatrix}, \ \|\mathbf{F}_1\| \approx 14641.02\,\text{N} \quad \text{und} \quad \mathbf{F}_2 = -\frac{20000}{1+\sqrt{3}} \begin{pmatrix} 1\,\text{N} \\ 1\,\text{N} \end{pmatrix}, \ \|\mathbf{F}_2\| \approx 10352.76\,\text{N}.$$

Damit lauten die senkrecht zu den Wänden wirkenden Querkräfte:

$$\mathbf{Q}_1 = \frac{20000}{1+\sqrt{3}} \begin{pmatrix} 1\,\text{N} \\ 0 \end{pmatrix}, \ \|\mathbf{Q}_1\| \approx 7320.51\,\text{N} \quad \text{und} \quad \mathbf{Q}_2 = -\frac{20000}{1+\sqrt{3}} \begin{pmatrix} 1\,\text{N} \\ 0 \end{pmatrix}, \ \|\mathbf{Q}_2\| \approx 7320.51\,\text{N}.$$

Lösung 3.1.3

a) $\cos\varphi = \dfrac{\langle \mathbf{p},\mathbf{q}\rangle}{\|\mathbf{p}\|\|\mathbf{q}\|} = \dfrac{-11}{15} \Rightarrow \varphi = 2.394\cdots \doteq 137.167°$, $\left|\dfrac{\langle \mathbf{p},\mathbf{q}\rangle}{\|\mathbf{q}\|}\right| = \left|\dfrac{-11}{3}\right| = 3.\overline{66}$

b) $\mathbf{p}\times\mathbf{q} = (\,-8,\ 2,\ 6\,)^T \Rightarrow \|\mathbf{p}\times\mathbf{q}\| = \sqrt{104}$
$\Rightarrow \mathbf{n} = \pm\dfrac{\mathbf{p}\times\mathbf{q}}{\|\mathbf{p}\times\mathbf{q}\|} = \pm\dfrac{1}{\sqrt{104}}(\,-8,\ 2,\ 6\,)^T = \pm\dfrac{1}{\sqrt{26}}(\,-4,\ 1,\ 3\,)^T$

c) $\|\mathbf{p}+\mathbf{q}+\lambda\mathbf{n}\| = \sqrt{13} \Rightarrow 13 = \|\mathbf{p}+\mathbf{q}+\lambda\mathbf{n}\|^2 = \langle\mathbf{p}+\mathbf{q}+\lambda\mathbf{n}, \mathbf{p}+\mathbf{q}+\lambda\mathbf{n}\rangle$
$= \langle\mathbf{p},\mathbf{p}\rangle + 2\langle\mathbf{p},\mathbf{q}\rangle + \langle\mathbf{q},\mathbf{q}\rangle + \lambda^2 = 25 - 22 + 9 + \lambda^2 \Rightarrow \lambda = \pm 1$

d) $F = \|\mathbf{p}\times\mathbf{q}\| = \sqrt{104}$

e) $V = \left|\left[\mathbf{p},\mathbf{q},\pm\dfrac{\mathbf{p}\times\mathbf{q}}{\|\mathbf{p}\times\mathbf{q}\|}\right]\right| = \left|\left\langle\mathbf{p}\times\mathbf{q},\pm\dfrac{\mathbf{p}\times\mathbf{q}}{\|\mathbf{p}\times\mathbf{q}\|}\right\rangle\right| = \|\mathbf{p}\times\mathbf{q}\| = \sqrt{104}$

Lösung 3.1.4

a) $\cos \angle(\mathbf{a}, \mathbf{b}) = \frac{\langle \mathbf{a}, \mathbf{b} \rangle}{\|\mathbf{a}\| \|\mathbf{b}\|} = \frac{-1}{2} \Rightarrow \angle(\mathbf{a}, \mathbf{b}) = \frac{2\pi}{3} \doteq 120°$

$\cos \angle(\mathbf{a}, \mathbf{c}) = \frac{\langle \mathbf{a}, \mathbf{c} \rangle}{\|\mathbf{a}\| \|\mathbf{c}\|} = \frac{1}{2} \Rightarrow \angle(\mathbf{a}, \mathbf{c}) = \frac{\pi}{3} \doteq 60°$

$\cos \angle(\mathbf{b}, \mathbf{c}) = \frac{\langle \mathbf{b}, \mathbf{c} \rangle}{\|\mathbf{b}\| \|\mathbf{c}\|} = 0 \Rightarrow \angle(\mathbf{b}, \mathbf{c}) = \frac{\pi}{2} \doteq 90°$

b) $\left| \frac{\langle \mathbf{a}+\mathbf{b}, \mathbf{c} \rangle}{\|\mathbf{c}\|} \right| = \frac{1}{\sqrt{2}}$

c) $\mathbf{n} = \pm \frac{\mathbf{b} \times (\mathbf{a}+\mathbf{c})}{\|\mathbf{b} \times (\mathbf{a}+\mathbf{c})\|} = \mp \frac{1}{\sqrt{27}} (1, -5, 1)^T$

Lösung 3.1.5

a) $F = \|\mathbf{u} \times \mathbf{v}\| = \|(-6, 16, -7)^T\| = \sqrt{341} = 18.4661853\ldots$

b) Das Dreieck wird durch die Vektoren $\mathbf{u} = (2, 3, 5)^T - (1, 0, -1)^T = (1, 3, 6)^T$ und $\mathbf{v} = (4, 2, 1)^T - (1, 0, -1)^T = (3, 2, 2)^T$ aus a) aufgespannt. Man erhält also $D = F/2 = 9.23309265\ldots$

c) $V = |[\mathbf{u}, \mathbf{v}, \mathbf{w}]| = |\langle \mathbf{u} \times \mathbf{v}, \mathbf{w} \rangle| = |(-6) \cdot (-2) + 16 \cdot 8 + (-7) \cdot 7| = 91$

Lösung 3.1.6

a) $(1, 2, 4)^T \times (-2, 3, 1)^T = (-10, -9, 7)^T$

b) $\begin{aligned}(3\mathbf{a} - 2\mathbf{b}) \times (\mathbf{a} + \mathbf{b}) &= (3\mathbf{a} - 2\mathbf{b}) \times \mathbf{a} + (3\mathbf{a} - 2\mathbf{b}) \times \mathbf{b} \\ &= -(\mathbf{a} \times (3\mathbf{a} - 2\mathbf{b})) - (\mathbf{b} \times (3\mathbf{a} - 2\mathbf{b})) \\ &= -(\mathbf{a} \times (3\mathbf{a}) + \mathbf{a} \times (-2\mathbf{b})) - (\mathbf{b} \times (3\mathbf{a}) + \mathbf{b} \times (-2\mathbf{b})) \\ &= (-2\mathbf{b}) \times \mathbf{a} + (3\mathbf{a}) \times \mathbf{b} = 5(\mathbf{a} \times \mathbf{b}) \end{aligned}$

c) $F = \frac{1}{2} \|(P_2 - P_1) \times (P_3 - P_1)\| = \frac{1}{2} \|(-3, -2, 2)^T \times (2, -3, -2)^T\|$
$= \frac{1}{2} \|(10, -2, 13)^T\| = \frac{1}{2} \sqrt{273} = 8.2613558\ldots$

Lösung 3.1.7

a) Die Bedingung $(\mathbf{x} - \mathbf{x}_1) \times \mathbf{u} = \mathbf{0}$ besagt, dass die Fläche des durch $\mathbf{x} - \mathbf{x}_1$ und $\mathbf{u}$ aufgespannten Dreiecks verschwindet. $\mathbf{x} - \mathbf{x}_1$ und $\mathbf{u}$ sind also parallel, d.h. $\mathbf{x} - \mathbf{x}_1 = \lambda \mathbf{u}$ mit $\lambda \in \mathbb{R}$. Damit ergibt sich $\mathbf{x} \in G$ als Parameterform einer Geraden: $\mathbf{x} = \mathbf{x}_1 + \lambda \mathbf{u}$.

b) $\mathbf{a} \times (\mathbf{b} \times \mathbf{c}) = \begin{vmatrix} \mathbf{e}_1 & \mathbf{e}_2 & \mathbf{e}_3 \\ a_1 & a_2 & a_3 \\ b_2 c_3 - b_3 c_2 & b_3 c_1 - b_1 c_3 & b_1 c_2 - b_2 c_1 \end{vmatrix}$

$= \begin{pmatrix} b_1(a_1 c_1 + a_2 c_2 + a_3 c_3) - c_1(a_1 b_1 + a_2 b_2 + a_3 b_3) \\ b_2(a_1 c_1 + a_2 c_2 + a_3 c_3) - c_2(a_1 b_1 + a_2 b_2 + a_3 b_3) \\ b_3(a_1 c_1 + a_2 c_2 + a_3 c_3) - c_3(a_1 b_1 + a_2 b_2 + a_3 b_3) \end{pmatrix} = \langle \mathbf{a}, \mathbf{c} \rangle \mathbf{b} - \langle \mathbf{a}, \mathbf{b} \rangle \mathbf{c}$

c) $\begin{aligned} \mathbf{a} \times (\mathbf{b} \times \mathbf{c}) - (\mathbf{a} \times \mathbf{b}) \times \mathbf{c} &= \langle \mathbf{a}, \mathbf{c} \rangle \mathbf{b} - \langle \mathbf{a}, \mathbf{b} \rangle \mathbf{c} + \mathbf{c} \times (\mathbf{a} \times \mathbf{b}) \\ &= \langle \mathbf{a}, \mathbf{c} \rangle \mathbf{b} - \langle \mathbf{a}, \mathbf{b} \rangle \mathbf{c} - \langle \mathbf{a}, \mathbf{c} \rangle \mathbf{b} + \langle \mathbf{c}, \mathbf{b} \rangle \mathbf{a} \\ &= - \langle \mathbf{a}, \mathbf{b} \rangle \mathbf{c} + \langle \mathbf{c}, \mathbf{b} \rangle \mathbf{a} = 0 \end{aligned}$

Da $\mathbf{a} \neq \mathbf{0}$ und $\mathbf{c} \neq \mathbf{0}$ und nicht parallel sind, folgt $\langle \mathbf{a}, \mathbf{b} \rangle = 0 = \langle \mathbf{c}, \mathbf{b} \rangle$, d.h. $\mathbf{b} \perp \mathbf{a}$ und $\mathbf{b} \perp \mathbf{c}$ bzw. $\mathbf{b}$ parallel zu $\mathbf{a} \times \mathbf{c}$.

Lösung 3.1.8

a) $\mathbf{y} \parallel \mathbf{b} \;\Rightarrow\; \mathbf{y} = \lambda(-8, -8, 6)^T \;\text{ mit }\; \lambda \in \mathbb{R}$

$\mathbf{x} + \mathbf{y} = \mathbf{a} \;\Rightarrow\; x_1 = 5 + 8\lambda, \; x_2 = 6 + 8\lambda, \; x_3 = 1 - 6\lambda$

$\mathbf{x} \perp \mathbf{b} \;\Rightarrow\; 0 = \langle \mathbf{x}, \mathbf{b} \rangle = -8x_1 - 8x_2 + 6x_3 = -8(5+8\lambda) - 8(6+8\lambda) + 6(1-6\lambda) = -82 - 164\lambda$

$\Rightarrow\; \lambda = -\dfrac{1}{2} \;\Rightarrow\; \mathbf{y} = (4, 4, -3)^T, \;\Rightarrow\; \mathbf{x} = (1, 2, 4)^T$

b) Die Oberfläche M berechnet sich als Summe der vier Teilflächen F_i, die sich wie folgt ergeben:

$F_1 = \dfrac{1}{2}\|(P_2 - P_1) \times (P_3 - P_1)\| = \dfrac{1}{2}\|(-2, 0, 1)^T \times (2, 1, 0)^T\| = \dfrac{1}{2}\|(-1, 2, -2)^T\| = \dfrac{3}{2}$

$F_2 = \dfrac{1}{2}\|(P_2 - P_1) \times (P_4 - P_1)\| = \dfrac{1}{2}\|(-2, 0, 1)^T \times (1, 3, 1)^T\| = \dfrac{1}{2}\|(-3, 3, -6)^T\| = \dfrac{\sqrt{54}}{2}$

$F_3 = \dfrac{1}{2}\|(P_3 - P_1) \times (P_4 - P_1)\| = \dfrac{1}{2}\|(2, 1, 0)^T \times (1, 3, 1)^T\| = \dfrac{1}{2}\|(1, -2, 5)^T\| = \dfrac{\sqrt{30}}{2}$

$F_4 = \dfrac{1}{2}\|(P_3 - P_2) \times (P_4 - P_2)\| = \dfrac{1}{2}\|(4, 1, -1)^T \times (3, 3, 0)^T\| = \dfrac{1}{2}\|(3, 3, 9)^T\| = \dfrac{\sqrt{99}}{2}$

$\Rightarrow M = F_1 + F_2 + F_3 + F_4 = \dfrac{3}{2} + \dfrac{\sqrt{54}}{2} + \dfrac{\sqrt{30}}{2} + \dfrac{\sqrt{99}}{2} = 12.8877845 \cdots$

Lösung 3.1.9

$V(t) = [\mathbf{a}, \mathbf{b}, \mathbf{c}] = \begin{vmatrix} -1 & 7 & 2t - 8 \\ -t & 1 & 2 - 2t \\ -1 - t & 0 & 2t \end{vmatrix} = 30t^2 - 8t - 22, \quad V(t) = 0 \Rightarrow t = 1 \vee t = -\dfrac{11}{15}.$

Mit $\mathbf{a} \times \mathbf{b} = (1+t, -7-7t, -1+7t)^T$ ergibt sich für $t = 1$ der Normalenvektor $\mathbf{n}(1) = \pm \dfrac{1}{\sqrt{59}}(1, -7, 3)^T$ und damit die Hessesche Normalform $\pm \dfrac{1}{\sqrt{59}}(x_1 - 7x_2 + 3x_3) = 0.$

Für $t = \dfrac{11}{15}$ erhält man den Normalenvektor $\mathbf{n}\left(-\dfrac{11}{15}\right) = \pm \dfrac{1}{\sqrt{8481}}(2, -14, -91)^T$ und damit die Hessesche Normalform $\pm \dfrac{1}{\sqrt{8481}}(2x_1 - 14x_2 - 91x_3) = 0.$

L.3.2 Geraden und Ebenen im $\mathbb{R}^3$

Lösung 3.2.1

a) $\mathbf{n} = \pm(B - A) \times (C - A) = \pm(0, 1, -1)^T \times (-1, 1, -2)^T = \pm(-1, 1, 1)^T.$

Wegen $\langle A, (-1, 1, 1)^T \rangle \leq 0$ folgt $\mathbf{n}_0 = \dfrac{1}{\sqrt{3}}(1, -1, -1)^T$ und es ergibt sich $\langle A, \mathbf{n}_0 \rangle = \sqrt{3}$. Die Hessesche Normalform lautet also:

$\langle \mathbf{x}, \mathbf{n}_0 \rangle - \langle A, \mathbf{n}_0 \rangle = \dfrac{1}{\sqrt{3}}x_1 - \dfrac{1}{\sqrt{3}}x_2 - \dfrac{1}{\sqrt{3}}x_3 - \sqrt{3} = 0.$

Abstand von D zur Ebene:

$d = |\langle D, \mathbf{n}_0 \rangle - \langle A, \mathbf{n}_0 \rangle| = \left| \left\langle \dfrac{1}{2}(0, 2, -5)^T, \dfrac{1}{\sqrt{3}}(1, -1, -1)^T \right\rangle - \sqrt{3} \right| = \dfrac{\sqrt{3}}{2}$

b) Eine Parameterdarstellung der Geraden lautet: $D + \lambda \mathbf{n} = \dfrac{1}{2}(0, 2, -5)^T + \lambda(-1, 1, 1)^T$. Der Durchstoßpunkt $P = D + \lambda \mathbf{n} = \left(-\lambda, 1 + \lambda, -\dfrac{5}{2} + \lambda\right)^T$ mit der Ebene ergibt sich durch Einsetzen in die Ebenengleichung:

$\frac{1}{\sqrt{3}}\left(-\lambda-(1+\lambda)-\left(-\frac{5}{2}+\lambda\right)\right)-\sqrt{3}=0$. Damit ergibt sich $\lambda=-\frac{1}{2}$ und $P=\frac{1}{2}(1,1,-6)^T$.
Der Durchstoßpunkt $P=A+\alpha(B-A)+\beta(C-B)$ liegt innerhalb des Dreiecks $\triangle ABC$, falls $\alpha,\beta>0$ und $\alpha+\beta\leq 1$ gilt. Dies ist der Fall, denn eine kurze Rechnung ergibt $\alpha=\frac{1}{2}$ und $\beta=\frac{1}{2}$.

c) Für die Spiegelung wählen wir die Householder-Matrix $\mathbf{H}=\mathbf{I}-2\mathbf{n}_0\mathbf{n}_0^T=\frac{1}{3}\begin{pmatrix}1&2&2\\2&1&-2\\2&-2&1\end{pmatrix}$.

Lösung 3.2.2

a) $\mathbf{n}=\pm(C-A)\times(B-A)=\pm(-6,2,8)^T\times(0,4,4)^T=\pm(-24,24,-24)^T$.
Wegen $\langle A,(-24,24,-24)^T\rangle\geq 0$ folgt $\mathbf{n}_0=\frac{1}{\sqrt{3}}(-1,1,-1)^T$ und es ergibt sich $\langle A,\mathbf{n}_0\rangle=\frac{1}{\sqrt{3}}$.
Die Hessesche Normalform lautet also:
$\langle \mathbf{x},\mathbf{n}_0\rangle-\langle A,\mathbf{n}_0\rangle=-\frac{1}{\sqrt{3}}x_1+\frac{1}{\sqrt{3}}x_2-\frac{1}{\sqrt{3}}x_3-\frac{1}{\sqrt{3}}=0$.
Abstand von P zur Ebene E:
$d=\langle P,\mathbf{n}_0\rangle-\langle A,\mathbf{n}_0\rangle=\left\langle\frac{1}{\sqrt{3}}(-1,1,-1)^T,(3,2,1)^T\right\rangle-\frac{1}{\sqrt{3}}=-\sqrt{3}$.
Der Fußpunkt $F=P+\lambda\mathbf{n}_0$ ergibt sich durch Einsetzen in die Ebenengleichung:
$0=\langle F,\mathbf{n}_0\rangle-\langle A,\mathbf{n}_0\rangle=\langle P,\mathbf{n}_0\rangle-\langle A,\mathbf{n}_0\rangle+\lambda\langle \mathbf{n}_0,\mathbf{n}_0\rangle$. Damit ergibt sich $\lambda=\sqrt{3}$ und $F=(2,3,0)^T$.
Der Fußpunkt $F=A+\alpha(B-A)+\beta(C-A)$ liegt innerhalb des Dreiecks $\triangle ABC$, falls $\alpha,\beta>0$ und $\alpha+\beta<1$ gilt. Dies ist der Fall, denn eine kurze Rechnung ergibt $\alpha=\frac{2}{3}$ und $\beta=\frac{1}{6}$.

b) $V=\left|\frac{1}{2}[C-A,B-A,\mathbf{v}]\right|=\frac{1}{2}\left|\left[\begin{pmatrix}-6\\2\\8\end{pmatrix},\begin{pmatrix}0\\4\\4\end{pmatrix},\begin{pmatrix}2\\1\\2\end{pmatrix}\right]\right|=\frac{1}{2}\left|\det\begin{pmatrix}-6&2&8\\0&4&4\\2&1&2\end{pmatrix}\right|=36$

Lösung 3.2.3

a) $\mathbf{g}(\lambda)=A-\lambda(B-A)=(-4,0,3)^T+\lambda(4,4,0)^T$

b) Einsetzen der Geraden $\mathbf{g}(\lambda)$ in die Ebenengleichung:
$3(-4+4\lambda)-4\lambda+6-4=0 \quad\Rightarrow\quad \lambda=\frac{5}{4} \quad\Rightarrow\quad D=(1,5,3)^T$

c) Die Gleichung der Seitenhalbierenden $\mathbf{x}(\lambda)$ durch A lautet:
$\mathbf{x}(\lambda)=A+\lambda\left(\frac{1}{2}(B+C)-A\right)=(-4,0,3)^T+\lambda(6,3,-3)^T$. Mit $\lambda=\frac{2}{3}$ folgt $S=(0,2,1)^T$.
Alternativ: $S=\frac{1}{3}(A+B+C)$.

d) Es seien $\mathbf{a}=C-B=(4,-2,-6)^T$, $\mathbf{b}=C-A=(8,2,-6)^T$ und $\mathbf{c}=B-A=(4,4,0)^T$ die Richtungsvektoren der Dreiecksseiten. Die Normalenrichtung zur Ebene, in der das Dreieck $\triangle ABC$ liegt, ergibt sich beispielsweise durch $\mathbf{n}=\mathbf{b}\times\mathbf{c}=(24,-24,24)^T$. Nun lassen sich die Höhenrichtungen im Dreieck berechnen:
$\mathbf{h}_A=\mathbf{n}\times\mathbf{a}=48\cdot(1,-1,1)^T\times(2,-1,-3)^T=48\cdot(4,5,1)^T$ (Höhenrichtung durch A),
$\mathbf{h}_B=\mathbf{n}\times\mathbf{a}=48\cdot(1,-1,1)^T\times(4,1,-3)^T=48\cdot(2,7,5)^T$ (Höhenrichtung durch B).
Damit lauten die Höhen durch A bzw. B:
$\mathbf{x}_A(\lambda)=(-4,0,3)^T+\lambda(4,5,1)^T$ bzw. $\mathbf{x}_B(\mu)=(0,4,3)^T+\mu(2,7,5)^T$.
Aus $\mathbf{x}_A(\lambda)=\mathbf{x}_B(\mu)$ folgt $\lambda=\frac{10}{9}$ und $\mu=\frac{2}{9}$.
Der Schnittpunkt der Höhen ist also $H=\mathbf{x}_A\left(\frac{10}{9}\right)=\mathbf{x}_B\left(\frac{2}{9}\right)=\frac{1}{9}(4,50,37)^T$.

Lösung 3.2.4

a) Die Höhenrichtung $\mathbf{h}$ im Tetraeder durch den Punkt D ist gleich der Normalenrichtung der Ebene, in der das Dreieck mit den Eckpunkten A, B und C liegt:
$\mathbf{h} = (B - A) \times (C - A) = (-6, -12, -12)^T$.
Damit ergibt sich die Parameterdarstellung der Geraden längs der Höhe durch D:
$\mathbf{g}(\lambda) = (-4, 1, 2)^T + \lambda (1, 2, 2)^T$.

b) Die Normalenrichtung zur Dreiecksebene A, B, C ergibt sich aus a). Die richtige Vorzeichenwahl führt zu $\mathbf{n}_0 = \frac{1}{3}(1, 2, 2)^T$ und damit auf die Hessesche Normalform:
$\langle \mathbf{n}_0, \mathbf{x} \rangle - \langle \mathbf{n}_0, A \rangle = \frac{1}{3}(x_1 + 2x_2 + 2x_3) - 1 = 0$.

c) Der gesuchte Winkel ergibt sich aus dem Winkel zwischen dem Normalenvektor $\mathbf{n}_1 = (1, 2, 2)^T$ der Ebene durch A, B, C und dem der Ebene durch A, B, D $\mathbf{n}_2 = (B-D) \times (A-D) = (3, 8, 7)^T$.
$\Rightarrow \cos\sphericalangle(\mathbf{n}_1, \mathbf{n}_2) = \frac{\langle \mathbf{n}_1, \mathbf{n}_2 \rangle}{\|\mathbf{n}_1\| \cdot \|\mathbf{n}_2\|} = \frac{33}{3\sqrt{122}} \Rightarrow \sphericalangle(\mathbf{n}_1, \mathbf{n}_2) = 0.09065989\cdots \doteq 5.19442920°$.

Lösung 3.2.5

a) $\pm \frac{1}{3}(-2x + y + 2z) = 0$

b) Punkte, die die Ebenengleichung erfüllen, sind beispielsweise $(0,0,0)^T, (1,2,0)^T$ und $(1,0,1)^T$. Damit erhält man die Parameterform $E(\lambda, \mu) = \lambda (1, 2, 0)^T + \mu (1, 0, 1)^T$.

c) $F = \frac{1}{2}\|P_1 \times P_2\| = \frac{1}{2}\|(2, 0, -2)^T\| = \sqrt{2}$.

d) Der Ursprung O liegt bereits in der Ebene, der senkrecht projezierte Punkt Q_1 von P_1 auf die Ebene ergibt sich durch Einsetzen der Geraden $\mathbf{g}_1(\lambda) = P_1 + \lambda \mathbf{n}$ in die Ebenengleichung, wobei $\mathbf{n} = (-2, 1, 2)^T$ Normalvektor zur Ebene ist.
$0 = \langle (-2,1,2)^T, (1,1,1)^T + \lambda(-2,1,2)^T \rangle = 1 + 9\lambda \Rightarrow \lambda = -\frac{1}{9}$
$\Rightarrow Q_1 = \mathbf{g}_1\left(-\frac{1}{9}\right) = (1,1,1)^T - \frac{1}{9}(-2,1,2)^T = \frac{1}{9}(11, 8, 7)^T$.
Analog ergibt sich die senkrechte Projektion von P_2 auf die Ebene
$Q_2 = \frac{1}{9}(7, -8, 11)^T \Rightarrow F_p = \frac{1}{2}\|Q_1 \times Q_2\| = \frac{1}{2 \cdot 9 \cdot 9}\|(144, -72, -144)^T\| = \frac{4}{3}$.

e) Einsetzen der Punkte P_1 und P_2 in die Hessesche Normalform der Ebene ergibt:
$\left\langle \frac{1}{3}(-2,1,2)^T, P_1 \right\rangle = \frac{1}{3}$ und $\left\langle \frac{1}{3}(-2,1,2)^T, P_2 \right\rangle = -\frac{1}{3}$. Damit liegen P_1 und P_2 auf verschiedenen Seiten der Ebene, und der Schnittpunkt S liegt zwischen P_1 und P_2.

Lösung 3.2.6

a) Die Parameterform der Geraden $\mathbf{g}(\lambda) = (1,2,3)^T + \lambda(1,-1,1)^T$ wird in die Ebenengleichung eingesetzt:
$$1 + \lambda - (2 - \lambda) + 3 + \lambda = 4 \quad \Rightarrow \quad \lambda = \frac{2}{3} \quad \Rightarrow \quad D = \mathbf{g}\left(\frac{2}{3}\right) = \frac{1}{3}(5, 4, 11)^T.$$

b) Die Normalenrichtung zur Ebene ergibt sich durch
$\mathbf{n} = \pm \mathbf{a} \times \mathbf{b} = \pm (3, 0, 4)^T \times (-1, 2, -2)^T = \pm(-8, 2, 6)^T$.
Aus der Bedingung $\langle \mathbf{n}_0, P \rangle \geq 0$ erhält man $\mathbf{n}_0 = \frac{1}{\sqrt{26}}(-4, 1, 3)^T$ und damit die Hessesche Normalform: $\frac{1}{\sqrt{26}}(-4x_1 + x_2 + 3x_3) = \frac{7}{\sqrt{26}} = d$.

c) (i) Die Normalenvektoren von E_1 und E_2 sind linear abhängig und die Ebenen damit parallel. Die Hesseschen Normalformen lauten:
$$E_1: \frac{1}{\sqrt{38}}(2x_1 - 5x_2 + 3x_3 - 5) = 0 \quad \text{und} \quad E_2: \frac{1}{\sqrt{38}}(-2x_1 + 5x_2 - 3x_3 - 4) = 0.$$
Die Ebenen liegen auf verschiedenen Seiten des Nullpunktes und der Abstand beträgt somit $\frac{9}{\sqrt{38}}$.

(ii) Der Richtungsvektor der Schnittgeraden steht senkrecht auf den Normalenvektoren $\mathbf{n}_1 = (1,0,1)^T$ der Ebene E_1 und $\mathbf{n}_2 = (1,1,0)^T$ der Ebene E_2: $\mathbf{r} = \mathbf{n}_1 \times \mathbf{n}_2 = (-1,1,1)^T$. Einen Punkt Q auf der Schnittgeraden erhält man durch Auflösen der beiden Ebenengleichungen. Setzt man eine der Variablen etwa $x_3 = 0$, so ist $Q = (1,1,0)^T$. Die Schnittgerade lautet damit
$$\mathbf{g}(\lambda) = (1,1,0)^T + \lambda(-1,1,1)^T.$$

Lösung 3.2.7

a) $\|\mathbf{x}(\lambda) - P\| = \min \Leftrightarrow \mathbf{x}(\lambda) - P \perp \mathbf{u} \Leftrightarrow \langle \mathbf{a} + \lambda \mathbf{u} - P, \mathbf{u} \rangle = 0 \Leftrightarrow \lambda = \frac{\langle P - \mathbf{a}, \mathbf{u} \rangle}{\langle \mathbf{u}, \mathbf{u} \rangle}$

$\Rightarrow \lambda = \frac{1}{2} \left\langle \begin{pmatrix} -1 \\ -2 \\ -3 \end{pmatrix}, \begin{pmatrix} 1 \\ 0 \\ 1 \end{pmatrix} \right\rangle = -2 \Rightarrow \|\mathbf{x}(-2) - 0\| = \left\| \begin{pmatrix} 1 \\ 2 \\ 3 \end{pmatrix} - 2 \begin{pmatrix} 1 \\ 0 \\ 1 \end{pmatrix} \right\| = \sqrt{6}$

Alternative Lösung: $\|\mathbf{x}(\lambda) - P\| = \|\mathbf{x}(\lambda) - 0\| = \min \Leftrightarrow f(\lambda) := \langle \mathbf{x}(\lambda), \mathbf{x}(\lambda) \rangle = \min$.
Man erhält $f(\lambda) = (1+\lambda)^2 + 2^2 + (3+\lambda)^2 = 2\lambda^2 + 8\lambda + 14$, $f'(\lambda) = 4\lambda + 8$ und $f''(\lambda) = 4$. Aus $f'(\lambda) = 0$ erhält man das Minimum ($f'' > 0$) für $\lambda = -2$. Der (minimale) Abstand der Geraden zum Nullpunkt ergibt sich daher durch $\|\mathbf{x}(-2)\| = \sqrt{f(-2)} = \sqrt{2 \cdot (-2)^2 + 8 \cdot (-2) + 14} = \sqrt{6}$.

b) Es sei $\mathbf{d} := \mathbf{g}(\lambda) - \mathbf{h}(\mu) = \mathbf{a} - \mathbf{b} + \lambda \mathbf{u} - \mu \mathbf{v}$ der Abstandsvektor von $\mathbf{g}$ zu $\mathbf{h}$.

(i) Hier ist das überbestimmte Gleichungssystem für $\mathbf{d} = \mathbf{0}$ lösbar:
$(0,0,0) = (\lambda - \mu, 1 - \mu, -1 + \lambda)$. Die eindeutige Lösung lautet $\lambda = 1 = \mu$. Es gibt daher einen Schnittpunkt $S = \mathbf{g}(1) = \mathbf{h}(1) = (2,1,2)^T$.

(ii) Hier ist das überbestimmte Gleichungssystem für $\mathbf{d} = \mathbf{0}$ nicht lösbar. Der (minimale) Abstand der Geraden ergibt sich aus den Bedingungen
$$\langle \mathbf{d}, \mathbf{u} \rangle = 0 \quad \wedge \quad \langle \mathbf{d}, \mathbf{v} \rangle = 0$$
$$\Leftrightarrow \left\{ \begin{array}{rcl} \langle \mathbf{u}, \mathbf{u} \rangle \lambda - \langle \mathbf{v}, \mathbf{u} \rangle \mu & = & \langle \mathbf{b} - \mathbf{a}, \mathbf{u} \rangle \\ \langle \mathbf{u}, \mathbf{v} \rangle \lambda - \langle \mathbf{v}, \mathbf{v} \rangle \mu & = & \langle \mathbf{b} - \mathbf{a}, \mathbf{v} \rangle \end{array} \right\} \Leftrightarrow \left\{ \begin{array}{rcl} 2\lambda - \mu & = & 3 \\ \lambda - 2\mu & = & 0 \end{array} \right\}$$
mit der Lösung $\lambda = 2$ und $\mu = 1$. Der Abstand berechnet sich dann durch
$$d = \|\mathbf{d}\| = \|\mathbf{g}(2) - \mathbf{h}(1)\| = \|(1,2,3)^T - (2,1,2)^T\| = \|(-1,1,1)^T\| = \sqrt{3}.$$

Lösung 3.2.8

a) Die Koordinaten des Einheitsvektors $\mathbf{g}$ der ersten Peilrichtung können aus den Dreiecken in Bild 3.2.8 abgelesen werden: $\mathbf{g} = \begin{pmatrix} g_1 \\ g_2 \\ g_3 \end{pmatrix} = \begin{pmatrix} \cos\alpha_1 \cos\varepsilon_1 \\ \sin\alpha_1 \cos\varepsilon_1 \\ \sin\varepsilon_1 \end{pmatrix}$. Entsprechendes gilt für die zweite Peilrichtung $\mathbf{h}$.

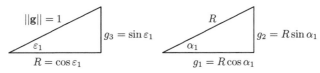

Bild 3.2.8

b) Der kürzeste Abstand zwischen den im Allgemeinen windschiefen Peilgeraden, der zwischen den Punkten $C = T_1 + \lambda \mathbf{g}$ und $D = T_2 + \mu \mathbf{h}$ angenommen wird, zeichnet sich dadurch aus, dass die Richtung $D - C$ senkrecht auf den Peilrichtungen $\mathbf{g}$ und $\mathbf{h}$ steht, d.h.

$$\begin{aligned} 0 &= \langle D-C, \mathbf{g}\rangle = \langle T_2 - T_1, \mathbf{g}\rangle + \mu \langle \mathbf{h}, \mathbf{g}\rangle - \lambda \langle \mathbf{g}, \mathbf{g}\rangle \\ 0 &= \langle D-C, \mathbf{h}\rangle = \langle T_2 - T_1, \mathbf{h}\rangle + \mu \langle \mathbf{h}, \mathbf{h}\rangle - \lambda \langle \mathbf{g}, \mathbf{h}\rangle. \end{aligned}$$

Die Lösung unter Berücksichtigung von $\langle \mathbf{g}, \mathbf{g}\rangle = 1 = \langle \mathbf{h}, \mathbf{h}\rangle$ lautet:

$$\lambda = \frac{\langle T_2-T_1, \mathbf{h}\rangle \langle \mathbf{h}, \mathbf{g}\rangle - \langle T_2-T_1, \mathbf{g}\rangle \langle \mathbf{h}, \mathbf{h}\rangle}{\langle \mathbf{g}, \mathbf{h}\rangle^2 - \langle \mathbf{g}, \mathbf{g}\rangle \langle \mathbf{h}, \mathbf{h}\rangle} = \frac{(g_1 B + g_3 H) - (h_1 B + h_3 H)(\Sigma g_i h_i)}{1 - (\Sigma g_i h_i)^2}$$

$$\mu = \frac{\langle T_2-T_1, \mathbf{h}\rangle \langle \mathbf{g}, \mathbf{g}\rangle - \langle T_2-T_1, \mathbf{g}\rangle \langle \mathbf{h}, \mathbf{g}\rangle}{\langle \mathbf{g}, \mathbf{h}\rangle^2 - \langle \mathbf{g}, \mathbf{g}\rangle \langle \mathbf{h}, \mathbf{h}\rangle} = \frac{-(h_1 B + h_3 H) + (g_1 B + g_3 H)(\Sigma g_i h_i)}{1 - (\Sigma g_i h_i)^2}.$$

Lösung 3.2.9
Die Mastspitze liegt bei $P = (20, 0, H)^T$ und der Schatten der Mastspitze bei $Q = (0, q_2, 5)^T$. Nun gilt:

$$\begin{pmatrix} 20 \\ 0 \\ H \end{pmatrix} + \alpha \begin{pmatrix} -4 \\ 1 \\ -4 \end{pmatrix} = \begin{pmatrix} 0 \\ q_2 \\ 5 \end{pmatrix} \Rightarrow \alpha = 5 \Rightarrow q_2 = 5 \wedge H = 25.$$

Die Schattenlänge auf dem Platz ist $\left\| \begin{pmatrix} 20 \\ 0 \\ 0 \end{pmatrix} - \begin{pmatrix} 0 \\ q_2 \\ 0 \end{pmatrix} \right\| = \left\| \begin{pmatrix} 20 \\ -5 \\ 0 \end{pmatrix} \right\| = 5\sqrt{17} \approx 20.61553.$

Lösung 3.2.10
Der LKW bewegt sich längs der Gerade $\quad \mathbf{g}(t) = A + \dfrac{12.5t}{\|C-A\|}(C-A) = (30, 0)^T + \dfrac{12.5t}{50}(40, 30)^T$

und der PKW längs der Geraden $\quad \mathbf{h}(t) = B + \dfrac{15t}{\|C-B\|}(C-B) = (110, -30)^T + \dfrac{3t}{2\sqrt{52}}(-40, 60)^T.$

Um den gleichen Zeitparameter t verwenden zu können, wurden die Geschwindigkeiten in m/s umgerechnet und die Richtungsvektoren auf 1 normiert.

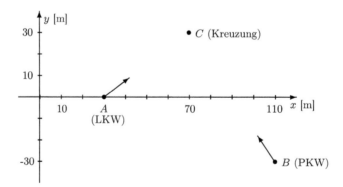

Bild 3.2.10

Die vordere Stoßstange des LKW erreicht die Kreuzung C somit nach $t_1 = \dfrac{50}{12.5}\,\mathrm{s} = 4\,\mathrm{s}$ und die des PKW nach $t_2 = \dfrac{2\sqrt{52}}{3}\,\mathrm{s} = 4.807401701\,\mathrm{s}$. In der Zeit $t_2 - t_1 = 0.807401701\,\mathrm{s}$ legt der LKW eine Strecke von $S = 12.5\,\mathrm{m/s} \cdot (t_2 - t_1)\,\mathrm{s} = 10.0925\,\mathrm{m}$ zurück. Dies reicht nicht aus, um die Rückleuchte seines 11 m langen Fahrzeuges rechtzeitig über den Kreuzungspunkt C zu ziehen. Es kommt also zum Zusammmenstoß.

Lösung 3.2.11

Die Eckpunkte des Dreieckschattens auf der Ebene sind die Durchstoßpunkte P_A, P_B und P_C der folgenden Geraden mit der Ebene:

$$\mathbf{g}_A(\lambda) = P + \lambda(A - P) = (1,1,1)^T + \frac{\lambda}{3}(0,1,-2)^T, \quad \mathbf{g}_B(\mu) = P + \mu(B - P) = (1,1,1)^T + \frac{\mu}{2}(0,1,0)^T,$$

$$\mathbf{g}_C(\nu) = P + \nu(C - P) = (1,1,1)^T + \frac{\nu}{2}(3,-1,-2)^T.$$

Einsetzen in die Ebenengleichung liefert: $4 + 6\left(1 + \frac{\lambda}{3}\right) - 3\left(1 - \frac{2\lambda}{3}\right) = 19 \Rightarrow \lambda = 3$. Analog ergeben sich $\mu = 4$ und $\nu = 2$ und damit die Schatteneckpunkte: $P_A = (1,2,-1)^T$, $P_B = (1,3,1)^T$ und $P_C = (4,0,-1)^T$.

Die Fläche des Dreieckschattens erhält man durch:

$$F = \frac{1}{2}\|(P_C - P_A) \times (P_B - P_A)\| = \frac{1}{2}\|(3,-2,0)^T \times (0,1,2)^T\| = \frac{1}{2}\|(-4,-6,3)^T\| = \frac{\sqrt{61}}{2}.$$

Lösung 3.2.12

Umrechnung der Kugelkoordinatenwinkel vom Gradmaß ins Bogenmaß:

Moskau : $\quad \lambda = 37°35' \doteq \left(37 + \frac{35}{60}\right)\frac{2\pi}{360} = 0.6559529, \quad \varphi = 55°45' \doteq 0.9730210,$

Genf : $\quad \lambda = 6°9' \doteq 0.1073377, \quad\quad\quad\quad\quad\quad\quad\quad \varphi = 46°12' \doteq 0.8063421,$

Washington : $\lambda = -77°1' \doteq -1.3441944, \quad\quad\quad\quad\quad\quad \varphi = 38°54' \doteq 0.6789330.$

Damit ergeben sich die Einheitsvektoren in Ortsrichtung (kartesische Koordinaten):

$\mathbf{e}_M = (0.446004385, 0.343262982, 0.826589749)^T,$
$\mathbf{e}_G = (0.688159774, 0.074150513, 0.721760022)^T, \Rightarrow$
$\mathbf{e}_W = (0.174846029, -0.758347719, 0.627963057)^T$

$\cos \sphericalangle(M,G) = \langle \mathbf{e}_M, \mathbf{e}_G \rangle = 0.92897483 \Rightarrow \sphericalangle(M,G) = 0.37916281,$
$\cos \sphericalangle(M,W) = \langle \mathbf{e}_M, \mathbf{e}_W \rangle = 0.33737222 \Rightarrow \sphericalangle(M,W) = 1.22734673,$
$\cos \sphericalangle(G,W) = \langle \mathbf{e}_G, \mathbf{e}_W \rangle = 0.51738763 \Rightarrow \sphericalangle(G,W) = 1.02700092.$

Ist α der Winkel zwischen den Ortsvektoren zweier Punkte auf der Oberfläche einer Kugel vom Radius R, so berechnet sich der Abstand d zwischen diesen Punkten durch $d = |\alpha R|$. Damit ergibt sich $d_{M,G} = 2415.64629$ km, $d_{M,W} = 7819.426033$ km und $d_{G,W} = 6543.022884$ km.

L.3.3 Allgemeine Vektorräume

Lösung 3.3.1

a) Die Vektoren $\mathbf{v}_1, \mathbf{v}_2$ und $\mathbf{v}_3$ sind linear unabhängig, denn aus:

$$\mathbf{0} = \lambda_1 \begin{pmatrix} 2 \\ 1 \\ 2 \end{pmatrix} + \lambda_2 \begin{pmatrix} 0 \\ 0 \\ 4 \end{pmatrix} + \lambda_3 \begin{pmatrix} 5 \\ 0 \\ -3 \end{pmatrix} = \begin{pmatrix} 2\lambda_1 + 5\lambda_3 \\ \lambda_1 \\ 2\lambda_1 + 4\lambda_2 - 3\lambda_3 \end{pmatrix}$$

$\Rightarrow \lambda_1 = 0 \Rightarrow \lambda_3 = 0 \Rightarrow \lambda_2 = 0$. Wegen dim Spann$(\mathbf{v}_1, \mathbf{v}_2, \mathbf{v}_3) = 3 = $ dim $\mathbb{R}^3$ bilden die Vektoren eine Basis. Für einen beliebigen Vektor $\mathbf{x} = (x_1, x_2, x_3)^T$ ist

$$\lambda_1 = \frac{1}{20}(3x_1 - 16x_2 + 5x_3), \quad \lambda_2 = x_2, \quad \lambda_3 = \frac{1}{5}(x_1 - 2x_2)$$

Lösung der Linearkombination $\mathbf{x} = \lambda_1 \mathbf{v}_1 + \lambda_2 \mathbf{v}_2 + \lambda_3 \mathbf{v}_3$.

b) Es seien $\mathbf{v}_1 = (1,1,1)^T$ und $\mathbf{v}_2 = (0,1,1)^T$, dann ist $\begin{pmatrix} x_1 \\ x_1 + x_2 \\ x_1 + x_2 \end{pmatrix} = x_1 \mathbf{v}_1 + x_2 \mathbf{v}_2$

$\Rightarrow W = $ Spann$(\mathbf{v}_1, \mathbf{v}_2)$. Da die Vektoren $\mathbf{v}_1$ und $\mathbf{v}_1 - \mathbf{v}_2 = (1,0,0)^T$ linear unabhängig sind und auch den Unterraum W aufspannen, bilden sie eine Basis von W.

Lösung 3.3.2

a) W_1 beschreibt eine Ebene durch den Ursprung und ist Untervektorraum des $\mathbb{R}^3$. Zu überprüfen sind die Unterraumkriterien mit $\mathbf{x}, \mathbf{y} \in W_1$ und $\lambda \in \mathbb{R}$ (vgl. Lehrbuch Definition 3.3.2):
(i) $\mathbf{0} \in W_1$, denn $\langle \mathbf{0}, \mathbf{n} \rangle = 0$, (ii) $\mathbf{x} + \mathbf{y} \in W_1$, denn $\langle \mathbf{x} + \mathbf{y}, \mathbf{n} \rangle = \langle \mathbf{x}, \mathbf{n} \rangle + \langle \mathbf{y}, \mathbf{n} \rangle = 0$ und
(iii) $\lambda \mathbf{x} \in W_1$, denn $\langle \lambda \mathbf{x}, \mathbf{n} \rangle = \lambda \langle \mathbf{x}, \mathbf{n} \rangle = 0$.

b) W_2 ist eine Ebene, die nicht durch den Nullpunkt verläuft, und ist kein Untervektorraum, da $\mathbf{0} \notin W_2$.

c) W_3 ist ein Spezialfall von W_1 mit $\mathbf{n} = (1, 3, 7)^T$.

d) W_4 ist der Untervektorraum der geraden Polynome, denn für $p, q \in W_4$ und $\lambda \in \mathbb{R}$ gilt: (i) $0 \in W_4$, denn $0(x) = 0(-x)$, (ii) $p+q \in W_4$, denn $(p+q)(x) = p(x)+q(x) = p(-x)+q(-x) = (p+q)(-x)$ und (iii) $\lambda p \in W_1$, denn $(\lambda p)(x) = \lambda p(x) = \lambda p(-x) = (\lambda p)(-x)$.

e) W_5 ist kein Untervektorraum, denn mit $p \neq 0$ ist $-p \notin \Pi_n$.

f) W_6 ist der Untervektorraum der ungeraden Polynome, wie man analog zu W_4 zeigen kann.

Lösung 3.3.3

a) Die Aussage ist falsch, denn $\mathbf{x} := \mathbf{e}_3, \mathbf{y} := \mathbf{e}_4$ und $\mathbf{z} := \mathbf{e}_3 + \mathbf{e}_4$ sind paarweise linear unabhängig, aber alle drei Vektoren sind linear abhängig.

b) (i) Zunächst wird überprüft, ob die vier Vektoren linear unabhängig sind:
$0 = \lambda_1 \cdot 1 + \lambda_2(1-x) + \lambda_3(1-x)^2 + \lambda_4(1-x)^3$
$= \lambda_1 + \lambda_2 + \lambda_3 + \lambda_4 + x(-\lambda_2 - 2\lambda_3 - 3\lambda_4) + x^2(\lambda_3 + 3\lambda_4) + x^3\lambda_4,$
ein Koeffizientenvergleich mit dem Nullpolynom ergibt
$\lambda_4 = 0 \Rightarrow \lambda_3 = 0 \Rightarrow \lambda_2 = 0 \Rightarrow \lambda_1 = 0.$
Damit sind $1, 1-x, (1-x)^2$ und $(1-x)^3$ linear unabhängig. Aus der gleichen Darstellung kann man auch ablesen, dass sich die Koeffizienten λ_i eindeutig aus einem Koeffizientenvergleich mit einem beliebigen Polynom aus Π_3 berechnen lassen. Also ist B eine Basis von Π_3.

(ii) Es ist $p(x) = 11 - 6(1-x) + (1-x)^2 - (1-x)^3$. Dies erhält man beispielsweise durch obigen Koeffizientenvergleich oder über das vollständige Horner-Schema (Umordnung von Polynomen).

Lösung 3.3.4

a) (i) $\begin{pmatrix} 0 \\ 0 \\ 0 \end{pmatrix} = \lambda_1 \begin{pmatrix} 3 \\ 0 \\ -1 \end{pmatrix} + \lambda_2 \begin{pmatrix} 1 \\ 28 \\ 4 \end{pmatrix} = \begin{pmatrix} 3\lambda_1 + \lambda_2 \\ 28\lambda_2 \\ -\lambda_1 + 4\lambda_2 \end{pmatrix}$

$\Rightarrow \lambda_2 = 0 \Rightarrow \lambda_1 = 0 \Rightarrow$ die Vektoren sind linear unabhängig.

(ii) Vier Vektoren im $\mathbb{R}^3$ sind linear abhängig.

(iii) Die Vektoren sind linear abhängig, da der Nullvektor dabei ist.

(iv) Die Vektoren werden zeilenweise notiert. Durch Zeilenumformungen nach dem Gaußschen Eliminationsverfahren versucht man in der letzten Zeile eine Nullzeile zu erzeugen:

$\left\{ \begin{array}{rrrrl} (1, & 0, & -3, & 1) & = \mathbf{v}_1^T \\ (4, & 1, & 5, & -2) & = \mathbf{v}_2^T \\ (10, & 3, & 21, & -8) & = \mathbf{v}_3^T \end{array} \right\} \Rightarrow \left\{ \begin{array}{rrrrl} (1, & 0, & -3, & 1) & = \mathbf{v}_1^T \\ (0, & 1, & 17, & -6) & = \mathbf{v}_2^T - 4\mathbf{v}_1^T \\ (0, & 3, & 51, & -18) & = \mathbf{v}_3^T - 10\mathbf{v}_1^T \end{array} \right\}$

$\Rightarrow \left\{ \begin{array}{rrrrl} (1, & 0, & -3, & 1) & = \mathbf{v}_1^T \\ (0, & 1, & 17, & -6) & = \mathbf{v}_2^T - 4\mathbf{v}_1^T \\ (0, & 0, & 0, & 0) & = \mathbf{v}_3^T - 10\mathbf{v}_1^T - 3(\mathbf{v}_2^T - 4\mathbf{v}_1^T) \end{array} \right\}$

$\Rightarrow$ die Vektoren sind linear abhängig, denn es gilt $2\mathbf{v}_1 - 3\mathbf{v}_2 + \mathbf{v}_3 = 0$.

L.3.3 Allgemeine Vektorräume

b)
$$\left\{\begin{array}{rl}(1,\ 0,\ 1) &= \mathbf{v}_1^T \\ (-1,\ 1,\ 1) &= \mathbf{v}_2^T \\ (0,\ 2,\ \alpha) &= \mathbf{v}_3^T\end{array}\right\} \Rightarrow \left\{\begin{array}{rl}(1,\ 0,\ 1) &= \mathbf{v}_1^T \\ (0,\ 1,\ 2) &= \mathbf{v}_2^T + \mathbf{v}_1^T \\ (0,\ 2,\ \alpha) &= \mathbf{v}_3^T\end{array}\right\}$$

$$\Rightarrow \left\{\begin{array}{rl}(1,\ 0,\ 1) &= \mathbf{v}_1^T \\ (0,\ 1,\ 2) &= \mathbf{v}_2^T + \mathbf{v}_1^T \\ (0,\ 0,\ \alpha - 4) &= \mathbf{v}_3^T - 2(\mathbf{v}_2^T + \mathbf{v}_1^T)\end{array}\right\}$$

$\Rightarrow$ die Vektoren sind genau dann linear abhängig, wenn $\alpha = 4$ und damit $\mathbf{v}_3 - 2\mathbf{v}_2 - 2\mathbf{v}_1 = \mathbf{0}$ gilt. Man erhält $\mathbf{v}_3 = 2\mathbf{v}_1 + 2\mathbf{v}_2$, $\mathbf{v}_2 = \dfrac{1}{2}(-2\mathbf{v}_1 + \mathbf{v}_3)$ und $\mathbf{v}_1 = \dfrac{1}{2}(-2\mathbf{v}_2 + \mathbf{v}_3)$.

Lösung 3.3.5

a) (i) $\dim W_1 = 2$, $\left\{\begin{pmatrix}1\\5\end{pmatrix}, \begin{pmatrix}5\\1\end{pmatrix}\right\}$ ist Basis, (ii) $\dim W_2 = 2$, $\left\{\begin{pmatrix}2\\4\\8\end{pmatrix}, \begin{pmatrix}1\\3\\1\end{pmatrix}\right\}$ ist Basis,

(iii) $\dim W_3 = 2$, $\left\{\begin{pmatrix}2\\1\\3\end{pmatrix}, \begin{pmatrix}-4\\-1\\1\end{pmatrix}\right\}$ ist Basis, (iv) $\dim W_4 = 3$, $\left\{\begin{pmatrix}1\\1\\1\\1\end{pmatrix}, \begin{pmatrix}0\\1\\2\\3\end{pmatrix}, \begin{pmatrix}0\\0\\-1\\-1\end{pmatrix}\right\}$ ist Basis

b) Die Vektoren sind genau dann linear abhängig, wenn $\alpha = 1$ gilt. Auf gleiche Weise wie in Lösung 3.3.4 erhält man dann $-2\mathbf{v}_1 + \mathbf{v}_2 + \mathbf{v}_3 = \mathbf{0}$, und damit $\mathbf{v}_1 = \dfrac{1}{2}(\mathbf{v}_2 + \mathbf{v}_3)$, $\mathbf{v}_2 = 2\mathbf{v}_1 - \mathbf{v}_3$ und $\mathbf{v}_3 = 2\mathbf{v}_1 - \mathbf{v}_2$.

Lösung 3.3.6

a) T_1 ist nicht linear, denn $\quad T_1(x) + T_1(y) = (x,1)^T + (y,1)^T = (x+y,2)^T \neq T_1(x+y)$.

b) T_2 ist nicht linear, denn für $\lambda \neq 0$ und $\lambda \neq 1$ und $x_2 \neq 0$ gilt $T_2(\lambda \mathbf{x}) = \lambda x_1 + (\lambda x_2)^2 \neq \lambda T_2(\mathbf{x})$.

c) T_3 ist linear, denn es gilt $T_3(\mathbf{x}+\mathbf{y}) = ((x_1+y_1)+(x_2+y_2), x_3+y_3)^T = (x_1+x_2, x_3)^T + (y_1+y_2, y_3)^T$
$= T_3(\mathbf{x}) + T_3(\mathbf{y})$ und $T_3(\lambda\mathbf{x}) = (\lambda x_1 + \lambda x_2, \lambda x_3)^T = \lambda(x_1+x_2, x_3)^T = \lambda T_3(\mathbf{x})$.

d) T_4 ist linear, dies zeigt man genauso wie bei T_3.

e) T_5 ist nicht linear, denn für $\mathbf{w} \neq \mathbf{0}$ gilt $\quad T_5(-\mathbf{w}) = \|-\mathbf{w}\| \neq -\|\mathbf{w}\| = -T_5(\mathbf{w})$.

f) T_6 ist linear, denn $\quad T_6(\lambda p + \mu q) = (\lambda p(t) + \mu q(t))' = \lambda p'(t) + \mu q'(t) = \lambda T_6(p) + \mu T_6(q)$.

g) T_7 ist nicht linear, denn $\quad T_7(f+g) = (f(x)+g(x))+1 \neq (f(x)+1)+(g(x)+1) = T_7(f)+T_7(g)$.

L.4 Lineare Gleichungssysteme

L.4.1 Matrizenkalkül

Lösung 4.1.1

$$\mathbf{A}+\mathbf{C} = \begin{pmatrix} -1 & 7 \\ 4 & -1 \\ 2 & 10 \end{pmatrix}, \quad 2\mathbf{B} = \begin{pmatrix} 6 & 0 \\ 2 & -14 \end{pmatrix}, \quad \mathbf{A}(\mathbf{y}+\mathbf{z}) = \begin{pmatrix} -31 \\ 41 \\ -26 \end{pmatrix},$$

$$\mathbf{C}(-4\mathbf{z}) = \begin{pmatrix} -44 \\ 16 \\ -76 \end{pmatrix}, \quad (\mathbf{A}+\mathbf{C})\mathbf{y} = \begin{pmatrix} -43 \\ 37 \\ -34 \end{pmatrix}, \quad \mathbf{AB} = \begin{pmatrix} -3 & -21 \\ 13 & -7 \\ 2 & -35 \end{pmatrix},$$

$$\mathbf{AC}^T = \begin{pmatrix} 10 & -6 & 9 \\ 8 & -2 & 17 \\ 19 & -10 & 22 \end{pmatrix}, \quad \mathbf{x}^T = (2, -17), \quad \mathbf{y}^T\mathbf{z} = 14, \quad \mathbf{yz}^T = \begin{pmatrix} 24 & 16 \\ -15 & -10 \end{pmatrix}.$$

Lösung 4.1.2

a) $\mathbf{A}_1\mathbf{A}_2 = \begin{pmatrix} 1 & 8 & 8 \\ 3 & 18 & 16 \end{pmatrix}, \quad \mathbf{A}_2\mathbf{A}_3 = \begin{pmatrix} 5 & 4 & 7 \\ 18 & 11 & 10 \end{pmatrix}, \quad \mathbf{A}_2\mathbf{A}_4 = \begin{pmatrix} 9 \\ 20 \end{pmatrix},$

$\mathbf{A}_2\mathbf{A}_5 = \begin{pmatrix} 4 \\ 7 \end{pmatrix}, \quad \mathbf{A}_3\mathbf{A}_4 = \begin{pmatrix} 15 \\ 10 \\ 13 \end{pmatrix}, \quad \mathbf{A}_3\mathbf{A}_5 = \begin{pmatrix} 7 \\ 7 \\ 9 \end{pmatrix}$

b) $\mathbf{A}_2^T\mathbf{A}_1 = \begin{pmatrix} 1 & 2 \\ 11 & 16 \\ 12 & 16 \end{pmatrix}, \quad \mathbf{A}_1^T\mathbf{A}_2 = \begin{pmatrix} 1 & 11 & 12 \\ 2 & 16 & 16 \end{pmatrix}, \quad \mathbf{A}_3^T\mathbf{A}_4 = \mathbf{A}_3\mathbf{A}_4,$

$\mathbf{A}_3^T\mathbf{A}_5 = \mathbf{A}_3\mathbf{A}_5, \quad \mathbf{A}_4^T\mathbf{A}_3 = (\mathbf{A}_3\mathbf{A}_4)^T, \quad \mathbf{A}_5^T\mathbf{A}_3 = (\mathbf{A}_3\mathbf{A}_5)^T, \mathbf{A}_5^T\mathbf{A}_4 = 8 = \mathbf{A}_4^T\mathbf{A}_5,$

$\mathbf{A}_3\mathbf{A}_2^T = (\mathbf{A}_2\mathbf{A}_3)^T, \quad \mathbf{A}_2\mathbf{A}_3^T = \mathbf{A}_2\mathbf{A}_3, \quad \mathbf{A}_4\mathbf{A}_5^T = \begin{pmatrix} 2 & 1 & 1 \\ 8 & 4 & 4 \\ 4 & 2 & 2 \end{pmatrix}$

Lösung 4.1.3

$$3\mathbf{A}^2 - 4\mathbf{A} + 5\mathbf{I} = \begin{pmatrix} 43 & 52 & 66 \\ 52 & 80 & 98 \\ 66 & 98 & 135 \end{pmatrix}, \quad \exp(\mathbf{A}) \approx \begin{pmatrix} 31 & 44 & 58 \\ 44 & 65 & 84 \\ 58 & 84 & 111 \end{pmatrix}$$

Lösung 4.1.4

a)
$$\mathbf{A}\cdot\mathbf{B} = \begin{pmatrix} 10-6i & 6-8i \\ 8+7i & 9+3i \end{pmatrix}, \quad \mathbf{B}\cdot\mathbf{A} = \begin{pmatrix} 9+i & 6+6i \\ 8-7i & 8-4i \end{pmatrix},$$

$$\mathbf{A}\cdot\mathbf{b} = \begin{pmatrix} 8-i \\ 9+3i \end{pmatrix}, \quad \mathbf{A}^* = \begin{pmatrix} 1+2i & 3-i \\ 3+i & 1-2i \end{pmatrix}, \quad \mathbf{B}^* = \begin{pmatrix} 1-i & 2+i \\ 2 & 1+i \end{pmatrix}$$

b) $\mathbf{x} = \begin{pmatrix} i \\ 1-i \end{pmatrix}$

c) Nein, denn es gilt $a_{11}\cdot\bar{a}_{11} + a_{12}\cdot\bar{a}_{12} = 13 - 6i \neq 1$ und damit ist $\mathbf{AA}^* \neq \mathbf{I}$.

Lösung 4.1.5

a) $\mathbf{A}^*\mathbf{A} = \mathbf{I}, \quad \mathbf{BB}^* = \mathbf{I}, \quad \mathbf{Ab} = \begin{pmatrix} 1+i \\ 1-i \end{pmatrix}, \mathbf{B}^2 = \begin{pmatrix} 0 & i \\ i & 0 \end{pmatrix}, \quad \mathbf{B}^4 = -\mathbf{I}, \quad \mathbf{B}^8 = \mathbf{I}.$

b) $\mathbf{A}$ ist unitär und hermitesch, denn $\mathbf{A}^* = \mathbf{A}$ und $\mathbf{B}$ ist unitär.

c) $\mathbf{x} = \mathbf{Ab}, \quad \mathbf{y} = \mathbf{B}^*\mathbf{b} = \begin{pmatrix} -1+i \\ 1+i \end{pmatrix}.$

Lösung 4.1.6

$$\mathbf{AA}^T = \begin{pmatrix} 0.25 + b_1^2 & 0.5(a_1 + b_1) \\ 0.5(a_1 + b_1) & 0.25 + a_1^2 \end{pmatrix} = \mathbf{I} \implies a_1^2 = b_1^2 = 0.75, \quad a_1 = -b_1$$

$$\implies \mathbf{A} = \begin{pmatrix} 0.5 & -0.5\sqrt{3} \\ 0.5\sqrt{3} & 0.5 \end{pmatrix} \quad \text{oder} \quad \mathbf{A} = \begin{pmatrix} 0.5 & 0.5\sqrt{3} \\ -0.5\sqrt{3} & 0.5 \end{pmatrix}$$

$\mathbf{B} = \mathbf{B}^T \implies b_2 = 0.5, \quad \mathbf{BB}^T = \mathbf{I} \implies a_2^2 = c_2^2 = 0.75, \quad a_2 = -c_2$

$$\implies \mathbf{B} = \begin{pmatrix} 0.5\sqrt{3} & 0.5 \\ 0.5 & -0.5\sqrt{3} \end{pmatrix} \quad \text{oder} \quad \mathbf{B} = \begin{pmatrix} -0.5\sqrt{3} & 0.5 \\ 0.5 & 0.5\sqrt{3} \end{pmatrix}$$

$\mathbf{C} = \mathbf{C}^* \implies b_3 = f_3 = 0, \quad l_3 = -0.5, \quad d_3 = c_3,$

$$\mathbf{CC}^* = \begin{pmatrix} 0.25 + a_3^2 + c_3^2 & (a_3 + 0.5)(c_3 + 0.5i) \\ (a_3 + 0.5)(c_3 + 0.5i) & 0.5 + c_3^2 \end{pmatrix} = \mathbf{I} \implies a_3 = -0.5, \quad c_3 = \pm 0.5\sqrt{2}$$

$$\implies \mathbf{C} = \begin{pmatrix} -0.5 & 0.5(\sqrt{2} + i) \\ 0.5(\sqrt{2} - i) & 0.5 \end{pmatrix} \quad \text{oder} \quad \mathbf{C} = \begin{pmatrix} -0.5 & 0.5(-\sqrt{2} + i) \\ -0.5(\sqrt{2} + i) & 0.5 \end{pmatrix}$$

$\mathbf{D} = \mathbf{D}^* \implies b_4 = 0, d_4 = -f_4, l_4 = c_4, \quad \mathbf{DD}^* = \begin{pmatrix} a_4^2 + c_4^2 + d_4^2 & 2a_4(c_4 + d_4 i) \\ 2a_4(c_4 - d_4 i) & a_4^2 + c_4^2 + d_4^2 \end{pmatrix} = \mathbf{I}$

$\implies$ 1. $a_4 = 0 \implies d_4 = \pm\sqrt{1 - c_4^2}$ mit $|c| \leq 1$ \quad 2. $a_4 \neq 0 \implies c_4 = 0 = d_4 \implies a_4 = \pm 1$

$\implies \mathbf{D} = \pm \mathbf{I} \quad \text{oder} \quad \mathbf{D} = \pm \begin{pmatrix} 0 & c_4 + i\sqrt{1 - c_4^2} \\ c_4 - i\sqrt{1 - c_4^2} & 0 \end{pmatrix}$

Lösung 4.1.7

a) $\mathbf{AX} + \mathbf{XA}^T = \begin{pmatrix} 4x_{11} & 3x_{12} - x_{11} \\ 3x_{21} - x_{11} & 2x_{22} - x_{12} - x_{21} \end{pmatrix} = \begin{pmatrix} 1 & 0 \\ 0 & 1 \end{pmatrix} \implies \mathbf{X} = \frac{1}{12} \begin{pmatrix} 3 & 1 \\ 1 & 7 \end{pmatrix}$

b) $\mathbf{X}^2 - \mathbf{X} = \begin{pmatrix} x_{11}(x_{11} - 1) + x_{12}x_{21} & x_{12}(x_{11} + x_{22} - 1) \\ x_{21}(x_{11} + x_{22} - 1) & x_{12}x_{21} + x_{22}(x_{22} - 1) \end{pmatrix} = \begin{pmatrix} 2 & 0 \\ 8 & 6 \end{pmatrix}$

$\implies \mathbf{X}_1 = \begin{pmatrix} 2 & 0 \\ 2 & 3 \end{pmatrix}, \mathbf{X}_2 = \begin{pmatrix} 2 & 0 \\ -8 & -2 \end{pmatrix}, \mathbf{X}_3 = \begin{pmatrix} -1 & 0 \\ 8 & 3 \end{pmatrix}, \mathbf{X}_4 = \begin{pmatrix} -1 & 0 \\ -2 & -2 \end{pmatrix}$

c) $\mathbf{A}^2 = (\mathbf{I}_n - 2\mathbf{aa}^T)(\mathbf{I}_n - 2\mathbf{aa}^T) = \mathbf{I}_n - 4\mathbf{aa}^T + 4\mathbf{a}(\mathbf{a}^T\mathbf{a})\mathbf{a}^T = \mathbf{I}_n$

$\implies \mathbf{A}^{-1} = \mathbf{A} \implies \mathbf{A}^{2k} = \mathbf{I}_n, \mathbf{A}^{2k-1} = \mathbf{A}$ für $k \in \mathbb{Z}$.

L.4.2 Gauß-Elimination

Lösung 4.2.1

a) $\begin{pmatrix} 2 & 0 & 1 & | & 3 \\ 4 & 2 & 1 & | & 3 \\ -2 & 8 & 2 & | & -8 \end{pmatrix} \to \begin{pmatrix} 2 & 0 & 1 & | & 3 \\ 0 & 2 & -1 & | & -3 \\ 0 & 8 & 3 & | & -5 \end{pmatrix} \to \begin{pmatrix} 2 & 0 & 1 & | & 3 \\ 0 & 2 & -1 & | & -3 \\ 0 & 0 & 7 & | & 7 \end{pmatrix} \implies \begin{pmatrix} x_1 \\ x_2 \\ x_3 \end{pmatrix} = \begin{pmatrix} 1 \\ -1 \\ 1 \end{pmatrix}$

b) $\begin{pmatrix} 1 & 1 & 2 & | & 3 \\ 2 & 2 & 5 & | & -4 \\ 5 & 5 & 11 & | & 6 \end{pmatrix} \to \begin{pmatrix} 1 & 1 & 2 & | & 3 \\ 0 & 0 & 1 & | & -10 \\ 0 & 0 & 1 & | & -9 \end{pmatrix} \to \begin{pmatrix} 1 & 1 & 2 & | & 3 \\ 0 & 0 & 1 & | & -10 \\ 0 & 0 & 0 & | & 1 \end{pmatrix}$

$\implies$ das Gleichungssystem besitzt keine Lösung

c) $\begin{pmatrix} 2 & 1 & -3 & | & 1 \\ 4 & 2 & -6 & | & 2 \\ -6 & -3 & 9 & | & -3 \end{pmatrix} \to \begin{pmatrix} 2 & 1 & -3 & | & 1 \\ 0 & 0 & 0 & | & 0 \\ 0 & 0 & 0 & | & 0 \end{pmatrix}$

$\implies \begin{pmatrix} x_1 \\ x_2 \\ x_3 \end{pmatrix} = \begin{pmatrix} 1/2 \\ 0 \\ 0 \end{pmatrix} + \lambda \begin{pmatrix} 3/2 \\ 0 \\ 1 \end{pmatrix} + \mu \begin{pmatrix} -1/2 \\ 1 \\ 0 \end{pmatrix}$ mit $\lambda, \mu \in \mathbb{R}$

d) $\begin{pmatrix} 3 & -5 & 1 & | & -1 \\ -3 & 6 & 0 & | & 2 \\ 3 & -4 & 2 & | & 0 \end{pmatrix} \to \begin{pmatrix} 3 & -5 & 1 & | & -1 \\ 0 & 1 & 1 & | & 1 \\ 0 & 1 & 1 & | & 1 \end{pmatrix} \to \begin{pmatrix} 3 & -5 & 1 & | & -1 \\ 0 & 1 & 1 & | & 1 \\ 0 & 0 & 0 & | & 0 \end{pmatrix}$

$\implies \begin{pmatrix} x_1 \\ x_2 \\ x_3 \end{pmatrix} = \begin{pmatrix} 4/3 \\ 1 \\ 0 \end{pmatrix} + \lambda \begin{pmatrix} -2 \\ -1 \\ 1 \end{pmatrix}$ mit $\lambda \in \mathbb{R}$

Lösung 4.2.2

a) $\begin{pmatrix} 3 & -5 & | & 2 \\ -9 & 15 & | & -6 \end{pmatrix} \to \begin{pmatrix} 3 & -5 & | & 2 \\ 0 & 0 & | & 0 \end{pmatrix} \Rightarrow \begin{pmatrix} x_1 \\ x_2 \end{pmatrix} = \begin{pmatrix} 2/3 \\ 0 \end{pmatrix} + \lambda \begin{pmatrix} 5 \\ 3 \end{pmatrix}$ mit $\lambda \in \mathbb{R}$

b) $\begin{pmatrix} -2 & 1 & 3 & -4 & | & -12 \\ -4 & 3 & 6 & -5 & | & -21 \\ 2 & -2 & -1 & 6 & | & 10 \\ -6 & 6 & 13 & 10 & | & -22 \end{pmatrix} \to \begin{pmatrix} -2 & 1 & 3 & -4 & | & -12 \\ 0 & 1 & 0 & 3 & | & 3 \\ 0 & -1 & 2 & 2 & | & -2 \\ 0 & 3 & 4 & 22 & | & 14 \end{pmatrix} \to \begin{pmatrix} -2 & 1 & 3 & -4 & | & -12 \\ 0 & 1 & 0 & 3 & | & 3 \\ 0 & 0 & 2 & 5 & | & 1 \\ 0 & 0 & 4 & 13 & | & 5 \end{pmatrix}$

$\to \begin{pmatrix} -2 & 1 & 3 & -4 & | & -12 \\ 0 & 1 & 0 & 3 & | & 3 \\ 0 & 0 & 2 & 5 & | & 1 \\ 0 & 0 & 0 & 3 & | & 3 \end{pmatrix} \Rightarrow \begin{pmatrix} x_1 \\ x_2 \\ x_3 \\ x_4 \end{pmatrix} = \begin{pmatrix} 1 \\ 0 \\ -2 \\ 1 \end{pmatrix}$

c) $\begin{pmatrix} 1 & 2 & 3 & 4 & 5 & | & 6 \\ 5 & 4 & 3 & 2 & 1 & | & 0 \\ 1 & 1 & 1 & 1 & 1 & | & 1 \\ 0 & 2 & 2 & 2 & 2 & | & 2 \end{pmatrix} \to \begin{pmatrix} 1 & 2 & 3 & 4 & 5 & | & 6 \\ 0 & -6 & -12 & -18 & -24 & | & -30 \\ 0 & -1 & -2 & -3 & -4 & | & -5 \\ 0 & 2 & 2 & 2 & 2 & | & 2 \end{pmatrix}$

$\to \begin{pmatrix} 1 & 2 & 3 & 4 & 5 & | & 6 \\ 0 & -6 & -12 & -18 & -24 & | & -30 \\ 0 & 0 & 0 & 0 & 0 & | & 0 \\ 0 & 0 & -2 & -4 & -6 & | & -8 \end{pmatrix}$

$\Rightarrow \begin{pmatrix} x_1 \\ x_2 \\ x_3 \\ x_4 \\ x_5 \end{pmatrix} = \begin{pmatrix} 0 \\ -3 \\ 4 \\ 0 \\ 0 \end{pmatrix} + \lambda \begin{pmatrix} 0 \\ 2 \\ -3 \\ 0 \\ 1 \end{pmatrix} + \mu \begin{pmatrix} 0 \\ 1 \\ -2 \\ 1 \\ 0 \end{pmatrix}$ mit $\lambda, \mu \in \mathbb{R}$

Lösung 4.2.3

$\begin{pmatrix} 2 & 1 & 0 & 0 & | & 0 \\ 1 & 2 & 1 & 0 & | & 0 \\ 0 & 1 & 2 & 1 & | & 0 \\ 0 & 0 & 1 & \alpha & | & \beta \end{pmatrix} \to \begin{pmatrix} 2 & 1 & 0 & 0 & | & 0 \\ 0 & 3/2 & 1 & 0 & | & 0 \\ 0 & 0 & 4/3 & 1 & | & 0 \\ 0 & 0 & 0 & \alpha - 3/4 & | & \beta \end{pmatrix}$

a) $\alpha \neq \dfrac{3}{4} \Rightarrow \begin{pmatrix} x_1 \\ x_2 \\ x_3 \\ x_4 \end{pmatrix} = \dfrac{\beta}{4\alpha - 3} \begin{pmatrix} -1 \\ 2 \\ -3 \\ 4 \end{pmatrix}$

b) $\alpha = \dfrac{3}{4} \wedge \beta = 0 \Rightarrow \begin{pmatrix} x_1 \\ x_2 \\ x_3 \\ x_4 \end{pmatrix} = \lambda \begin{pmatrix} -1 \\ 2 \\ -3 \\ 4 \end{pmatrix}$ mit $\lambda \in \mathbb{R}$

c) $\alpha = \dfrac{3}{4} \wedge \beta \neq 0$

d) $\det \mathbf{A} = 2 \cdot \dfrac{3}{2} \cdot \dfrac{4}{3} \cdot \left(\alpha - \dfrac{3}{4}\right) = 4\alpha - 3$

Lösung 4.2.4

$\begin{pmatrix} -1 & 2 & 3 & 1 & 1 & | & -1 \\ 2 & -3 & -6 & -3 & 0 & | & 3 \\ 3 & -5 & -8 & 0 & -2 & | & 3 \\ 1 & 0 & 0 & -1 & 2 & | & 2 \end{pmatrix} \to \begin{pmatrix} -1 & 2 & 3 & 1 & 1 & | & -1 \\ 0 & 1 & 0 & -1 & 2 & | & 1 \\ 0 & 0 & 1 & 4 & -1 & | & -1 \\ 0 & 0 & 0 & -10 & 2 & | & 2 \end{pmatrix}$

$\Rightarrow \begin{pmatrix} x_1 \\ x_2 \\ x_3 \\ x_4 \\ x_5 \end{pmatrix} = \dfrac{1}{5} \begin{pmatrix} 9 \\ 4 \\ -1 \\ -1 \\ 0 \end{pmatrix} + \lambda \begin{pmatrix} -9 \\ -9 \\ 1 \\ 1 \\ 5 \end{pmatrix}$ mit $\lambda \in \mathbb{R}$

Lösung 4.2.5

$\begin{pmatrix} -1 & 5 & 4 & -6 & | & b_1 \\ 2 & -3 & -1 & 5 & | & b_2 \\ 3 & 1 & 4 & 2 & | & b_3 \\ 4 & -2 & 2 & 6 & | & b_4 \end{pmatrix} \to \begin{pmatrix} -1 & 5 & 4 & -6 & | & b_1 \\ 0 & 7 & 7 & -7 & | & b_2 + 2b_1 \\ 0 & 16 & 16 & -16 & | & b_3 + 3b_1 \\ 0 & 18 & 18 & -18 & | & b_4 + 4b_1 \end{pmatrix}$

$$\rightarrow \begin{pmatrix} -1 & 5 & 4 & -6 & | & b_1 \\ 0 & 7 & 7 & -7 & | & b_2 + 2b_1 \\ 0 & 0 & 0 & 0 & | & b_3 - \frac{11}{7}b_1 - \frac{16}{7}b_2 \\ 0 & 0 & 0 & 0 & | & b_4 - \frac{8}{7}b_1 - \frac{18}{7}b_2 \end{pmatrix}$$

Das lineare Gleichungssystem ist lösbar, falls $b_3 = \frac{11}{7}b_1 + \frac{16}{7}b_2$ und $b_4 = \frac{8}{7}b_1 + \frac{18}{7}b_2$ gilt.

Die allgemeine Lösung lautet $\begin{pmatrix} x_1 \\ x_2 \\ x_3 \\ x_4 \end{pmatrix} = \frac{1}{7}\begin{pmatrix} 3b_1 + 5b_2 \\ 2b_1 + b_2 \\ 0 \\ 0 \end{pmatrix} + \lambda \begin{pmatrix} -1 \\ 1 \\ 0 \\ 1 \end{pmatrix} + \mu \begin{pmatrix} -1 \\ -1 \\ 1 \\ 0 \end{pmatrix}$ mit $\lambda, \mu \in \mathbb{R}$.

Lösung 4.2.6

$$\begin{pmatrix} -1 & -1 & 2 & 1 & | & 3 \\ 1 & 1 & 2 & 3 & | & 9 \\ 1 & 2 & 3 & 1 & | & 7 \\ -3 & 0 & 5 & -7 & | & -9 \end{pmatrix} \rightarrow \begin{pmatrix} -1 & -1 & 2 & 1 & | & 3 \\ 0 & 1 & 5 & 2 & | & 10 \\ 0 & 0 & 4 & 4 & | & 12 \\ 0 & 0 & 0 & 0 & | & 0 \end{pmatrix} \Rightarrow \begin{pmatrix} x_1 \\ x_2 \\ x_3 \\ x_4 \end{pmatrix} = \begin{pmatrix} 8 \\ -5 \\ 3 \\ 0 \end{pmatrix} + \lambda \begin{pmatrix} -4 \\ 3 \\ -1 \\ 1 \end{pmatrix}$$

mit $\lambda \in \mathbb{R}$. $\|x\|_2 = \sqrt{6} \Rightarrow (8-4\lambda)^2 + (3\lambda-5)^2 + (3-\lambda)^2 + \lambda^2 = 6 \Rightarrow \lambda_1 = 2, \lambda_2 = \frac{46}{27}$

$$\Rightarrow \mathbf{x}_1 = \begin{pmatrix} 0 \\ 1 \\ 1 \\ 2 \end{pmatrix}, \quad \mathbf{x}_2 = \frac{1}{27}\begin{pmatrix} 32 \\ 3 \\ 35 \\ 46 \end{pmatrix}.$$

Lösung 4.2.7

a) $\begin{pmatrix} 1 & 2 & 3 & 4 & 5 & 6 & | & 6 \\ 1 & 1 & 1 & 1 & 1 & 2 & | & 1 \\ 0 & 2 & 5 & 6 & 7 & 7 & | & 12 \end{pmatrix} \rightarrow \begin{pmatrix} 1 & 2 & 3 & 4 & 5 & 6 & | & 6 \\ 0 & -1 & -2 & -3 & -4 & -4 & | & -5 \\ 0 & 2 & 5 & 6 & 7 & 7 & | & 12 \end{pmatrix}$

$$\rightarrow \begin{pmatrix} 1 & 2 & 3 & 4 & 5 & 6 & | & 6 \\ 0 & -1 & -2 & -3 & -4 & -4 & | & -5 \\ 0 & 0 & 1 & 0 & -1 & -1 & | & 2 \end{pmatrix}$$

$$\Rightarrow \begin{pmatrix} x_1 \\ x_2 \\ x_3 \\ x_4 \\ x_5 \\ x_6 \end{pmatrix} = \begin{pmatrix} -2 \\ 1 \\ 2 \\ 0 \\ 0 \\ 0 \end{pmatrix} + \lambda \begin{pmatrix} 3 \\ -6 \\ 1 \\ 0 \\ 0 \\ 1 \end{pmatrix} + \mu \begin{pmatrix} 4 \\ -6 \\ 1 \\ 0 \\ 1 \\ 0 \end{pmatrix} + \nu \begin{pmatrix} 2 \\ -3 \\ 0 \\ 1 \\ 0 \\ 0 \end{pmatrix} \text{ mit } \lambda, \mu, \nu \in \mathbb{R}$$

b) $\begin{pmatrix} 1 & 2 & 3 & | & 6 \\ 1 & 1 & 1 & | & 1 \\ 0 & 2 & a & | & b \end{pmatrix} \rightarrow \begin{pmatrix} 1 & 2 & 3 & | & 6 \\ 0 & -1 & -2 & | & -5 \\ 0 & 2 & a & | & b \end{pmatrix} \rightarrow \begin{pmatrix} 1 & 2 & 3 & | & 6 \\ 0 & -1 & -2 & | & -5 \\ 0 & 0 & a-4 & | & b-10 \end{pmatrix} \Rightarrow$

(i) Die Lösung ist eindeutig für $a \neq 4$. Sie lautet $\begin{pmatrix} x_1 \\ x_2 \\ x_3 \end{pmatrix} = \frac{1}{a-4}\begin{pmatrix} -4a + b + 6 \\ 5a - 2b \\ b - 10 \end{pmatrix}$

(ii) Für $a = 4 \wedge b = 10$ gibt es unendlich viele Lösungen mit $\lambda \in \mathbb{R}$:

$$\begin{pmatrix} x_1 \\ x_2 \\ x_3 \end{pmatrix} = \begin{pmatrix} -4 \\ 5 \\ 0 \end{pmatrix} + \lambda \begin{pmatrix} 1 \\ -2 \\ 1 \end{pmatrix}.$$

(iii) Im Falle $a = 4 \wedge b \neq 10$ gibt es keine Lösung.

Lösung 4.2.8

$$\begin{pmatrix} 1 & 2 & -1 & -1 & | & 0 \\ 2 & 5 & 1 & 1 & | & 2 \\ 3 & 7 & 2 & 2 & | & \beta \\ -1 & 0 & 1 & \alpha & | & 16 \end{pmatrix} \rightarrow \begin{pmatrix} 1 & 2 & -1 & -1 & | & 0 \\ 0 & 1 & 3 & 3 & | & 2 \\ 0 & 0 & 2 & 2 & | & \beta - 2 \\ 0 & 0 & 0 & \alpha - 1 & | & 3(\beta + 2) \end{pmatrix}$$

a) (i) eindeutige Lösung $\Leftrightarrow \alpha \neq 1$,
   (ii) keine Lösung $\Leftrightarrow \alpha = 1 \wedge \beta \neq -2$,
   (iii) unendlich viele Lösungen $\Leftrightarrow \alpha = 1 \wedge \beta = -2$

b) $\begin{pmatrix} x_1 \\ x_2 \\ x_3 \\ x_4 \end{pmatrix} = \begin{pmatrix} \frac{7}{2}(\beta-2) - 4 \\ 2 - 3\frac{\beta-2}{2} \\ \frac{1}{2}\left(\beta - 2 - 6\frac{\beta+2}{\alpha-1}\right) \\ 3\frac{\beta+2}{\alpha-1} \end{pmatrix}$

c) $\begin{pmatrix} x_1 \\ x_2 \\ x_3 \\ x_4 \end{pmatrix} = \begin{pmatrix} -18 \\ 8 \\ -1 \\ -1 \end{pmatrix} + \lambda \begin{pmatrix} 0 \\ 0 \\ -1 \\ 1 \end{pmatrix}$ mit $\lambda \in \mathbb{R}$

d) $\det \mathbf{A} = 1 \cdot 1 \cdot 2 \cdot (\alpha - 1) = 2(\alpha - 1)$

Lösung 4.2.9

$$\begin{pmatrix} 1 & 1 & 2 & 1 & | & -2 \\ 2 & a & 0 & 1 & | & -1 \\ 2 & 1 & 1 & 1 & | & -2 \\ 1 & 2 & 1 & 2 & | & 0 \end{pmatrix} \to \begin{pmatrix} 1 & 2 & 1 & 2 & | & 0 \\ 1 & 1 & 2 & 1 & | & -2 \\ 2 & 1 & 1 & 1 & | & -2 \\ 2 & 1 & 0 & a & | & -1 \end{pmatrix} \to \begin{pmatrix} 1 & 2 & 1 & 2 & | & 0 \\ 0 & 1 & -1 & 1 & | & 2 \\ 0 & 0 & 1 & 0 & | & -1 \\ 0 & 0 & 0 & a-1 & | & 0 \end{pmatrix}$$

a) Für $a = 1$ gibt es unendlich viele Lösungen mit der Darstellung
$\begin{pmatrix} x_1 \\ x_2 \\ x_3 \\ x_4 \end{pmatrix} = \begin{pmatrix} -1 \\ 1 \\ -1 \\ 0 \end{pmatrix} + \lambda \begin{pmatrix} 0 \\ -1 \\ 0 \\ 1 \end{pmatrix}$ mit $\lambda \in \mathbb{R}$. $7 = \|\mathbf{x}\|_2^2 = 1 + (1-\lambda)^2 + 1 + \lambda^2$

$\Rightarrow \lambda_1 = 2$ und $\lambda_2 = -1 \Rightarrow \mathbf{x}_1 = \begin{pmatrix} -1 \\ -1 \\ -1 \\ 2 \end{pmatrix}$, $\mathbf{x}_2 = \begin{pmatrix} -1 \\ 2 \\ -1 \\ -1 \end{pmatrix}$.

b) Für $a \neq 1$ lautet die eindeutig bestimmte Lösung $\begin{pmatrix} x_1 \\ x_2 \\ x_3 \\ x_4 \end{pmatrix} = \begin{pmatrix} -1 \\ 0 \\ -1 \\ 1 \end{pmatrix}$

Lösung 4.2.10

a) $\begin{pmatrix} 2 & -2 & 1 & -3 & | & 1 \\ -2 & -2t & t & 4+t & | & 0 \\ -4t & -4 & 2-2t & 8t & | & 2 \\ 6 & -6 & 3+t & -9+t & | & 3-t^2 \end{pmatrix} \to \begin{pmatrix} 2 & -2 & 1 & -3 & | & 1 \\ 0 & -2-2t & 1+t & 1+t & | & 1 \\ 0 & 0 & -2t & -2 & | & 2t \\ 0 & 0 & 0 & t-1 & | & t-t^2 \end{pmatrix}$

b) $\det \mathbf{A}(t) = 2 \cdot (-2-2t) \cdot (-2t) \cdot (t-1) = 8t(t-1)(t+1) \Rightarrow$

   (i) Rang $\mathbf{A}(0)$ = Rang $\mathbf{A}(1)$ = Rang $\mathbf{A}(-1) = 3$ und Rang $\mathbf{A}(t) = 4$ für alle anderen $t \in \mathbb{R}$

   (ii) $\dim(\text{Kern } \mathbf{A}(0)) = \dim(\text{Kern } \mathbf{A}(1)) = \dim(\text{Kern } \mathbf{A}(-1)) = 1$ und $\dim(\text{Kern } \mathbf{A}(t)) = 0$ für alle anderen $t \in \mathbb{R}$

$\text{Kern}(\mathbf{A}(0)) = \text{Spann}\left(\begin{pmatrix} 0 \\ 1 \\ 2 \\ 0 \end{pmatrix}\right)$

c) (i) Für $t \neq 0, 1, -1$ ist das Gleichungssystem eindeutig lösbar.

   (ii) $t = 0$: $\begin{pmatrix} 2 & -2 & 1 & -3 & | & 1 \\ 0 & -2 & 1 & 1 & | & 1 \\ 0 & 0 & 0 & -2 & | & 0 \\ 0 & 0 & 0 & -1 & | & 0 \end{pmatrix} \Rightarrow$ Rang $\mathbf{A}$ = Rang$(\mathbf{A}|\mathbf{b}) \Rightarrow$ das Gleichungssystem ist lösbar.

(iii) $t = 1$: $\begin{pmatrix} 2 & -2 & 1 & -3 & | & 1 \\ 0 & -4 & 2 & 2 & | & 1 \\ 0 & 0 & -2 & -2 & | & 2 \\ 0 & 0 & 0 & 0 & | & 0 \end{pmatrix}$ $\Rightarrow$ Rang $\mathbf{A}$ = Rang$(\mathbf{A}|\mathbf{b})$ $\Rightarrow$ das Gleichungssystem ist lösbar.

(iv) $t = -1$: $\begin{pmatrix} 2 & -2 & 1 & -3 & | & 1 \\ 0 & 0 & 0 & 0 & | & 1 \\ 0 & 0 & 2 & -2 & | & -2 \\ 0 & 0 & 0 & -2 & | & -2 \end{pmatrix}$ $\Rightarrow$ das Gleichungssystem ist nicht lösbar.

Lösung 4.2.11

Setzt man $x_2 = 9$, so erhält man das lineare Gleichungssystem

$$\begin{pmatrix} 1 & 1 & 1 & 0 & 0 & 0 & 0 & 0 & | & 15 \\ 0 & 0 & 0 & 1 & 1 & 1 & 0 & 0 & | & 15 \\ 0 & 0 & 0 & 0 & 0 & 1 & 1 & 1 & | & 15 \\ 1 & 0 & 0 & 1 & 0 & 0 & 1 & 0 & | & 15 \\ 0 & 1 & 0 & 0 & 1 & 0 & 0 & 1 & | & 15 \\ 0 & 0 & 1 & 0 & 0 & 1 & 0 & 0 & | & 15 \\ 1 & 0 & 0 & 0 & 1 & 0 & 0 & 1 & | & 15 \\ 0 & 0 & 1 & 0 & 1 & 0 & 1 & 0 & | & 15 \\ 0 & 1 & 0 & 0 & 0 & 0 & 0 & 0 & | & 9 \end{pmatrix} \rightarrow \begin{pmatrix} 1 & 1 & 1 & 0 & 0 & 0 & 0 & 0 & | & 15 \\ 0 & 1 & 0 & 0 & 0 & 0 & 0 & 0 & | & 9 \\ 0 & 0 & -1 & 1 & 0 & 0 & 1 & 0 & | & 9 \\ 0 & 0 & 0 & 1 & 1 & 1 & 0 & 0 & | & 15 \\ 0 & 0 & 0 & 0 & 1 & 0 & 0 & 1 & | & 6 \\ 0 & 0 & 0 & 0 & 0 & -1 & 2 & 0 & | & 9 \\ 0 & 0 & 0 & 0 & 0 & 0 & 1 & 1 & | & 15 \\ 0 & 0 & 0 & 0 & 0 & 0 & 3 & 0 & | & 3 \\ 0 & 0 & 0 & 0 & 0 & 0 & 0 & 0 & | & 0 \end{pmatrix}$$

Die allgemeine Lösung mit $\lambda \in \mathbb{R}$ lautet:

$$\begin{pmatrix} x_1 \\ x_2 \\ x_3 \\ x_4 \\ x_5 \\ x_6 \\ x_7 \\ x_8 \\ x_9 \end{pmatrix} = \begin{pmatrix} 10 \\ 9 \\ -4 \\ -9 \\ 5 \\ 19 \\ 14 \\ 1 \\ 0 \end{pmatrix} + \lambda \begin{pmatrix} -1 \\ 0 \\ 1 \\ 2 \\ 0 \\ -2 \\ -1 \\ 0 \\ 1 \end{pmatrix}.$$

Alle Ziffern zwischen 1 und 9 erhält man für $\lambda = 6$. Es ergibt sich so das magische Quadrat

4	9	2
3	5	7
8	1	6

aus dem sich andere durch Spiegelung an den Symmetrieachsen ableiten lassen. Durch Spiegelung an der zweiten Spalte erhält man eine zweite Lösung (der Fall $\lambda = 8$). Spiegelungen an den anderen Symmetrieachsen ergeben Lösungen, bei denen die 9 nicht mehr an ihrer Position verbleibt.

Lösung 4.2.12

In der linken Masche fließe der Strom I_1 und in der rechten der Strom I_2, jeweils im Uhrzeigersinn. Die Kirchhoff'sche Maschenregel liefert dann

$$\begin{aligned} -R_1 I_0 + (R_1 + R_2 + R_3)I_1 - R_3 I_2 &= 0, \\ -R_4 I_0 - R_3 I_1 + (R_3 + R_4 + R_5)I_2 &= 0. \end{aligned}$$

Einsetzen der Eingangsdaten liefert für die unbekannten Ströme I_1 und I_2

$$\begin{pmatrix} 6 & -3 & | & I_0 \\ -3 & 12 & | & 4I_0 \end{pmatrix} \rightarrow \begin{pmatrix} 6 & -3 & | & I_0 \\ 0 & \frac{21}{2} & | & \frac{9}{2}I_0 \end{pmatrix} \Rightarrow I_1 = \frac{8}{21}I_0, \quad I_2 = \frac{9}{21}I_0.$$

Mit der Knotenregel lassen sich jetzt die Teilströme berechnen.

Lösung 4.2.13

Das Netzwerk besteht aus drei Maschen. In der linken Masche fließe der Strom I_1 gegen den Uhrzeigersinn. In der rechten oberen Masche fließe der Strom I_2 im Uhrzeigersinn. In der rechten unteren Masche fließe der Strom I_3 im Uhrzeigersinn. Nach dem zweiten Kirchhoff'schen Gesetz ergibt sich:

$$\begin{aligned} (R_1 + R_3 + R_5)I_1 + R_3 I_2 + R_5 I_3 &= e_1 + e_5 - e_3, \\ R_3 I_1 + (R_2 + R_3 + R_4)I_2 - R_2 I_3 &= e_4 - e_2 - e_3, \\ R_5 I_1 - R_2 I_2 + (R_2 + R_5 + R_6)I_3 &= e_2 + e_5 - e_6. \end{aligned}$$

Die speziellen Werte eingesetzt, liefert für die Ströme:
$$\begin{array}{rcrcrcr} 6I_1 & + & 3I_2 & + & 2I_3 & = & 1 \\ 3I_1 & + & 12I_2 & - & 4I_3 & = & -1 \\ 2I_1 & - & 4I_2 & + & 10I_3 & = & 4 \end{array} \Rightarrow \begin{pmatrix} I_1 \\ I_2 \\ I_3 \end{pmatrix} = \frac{1}{219} \begin{pmatrix} -1 \\ 13 \\ 93 \end{pmatrix}.$$

Lösung 4.2.14

Im Knoten A ist durch die feste Einspannung das Kräftegleichgewicht bereits gegeben. In den übrigen Knoten wird der Gleichgewichtszustand durch die Kräfte F_i, $i = 1, \ldots, 17$ in der horizontalen und vertikalen Komponente mit $\alpha = \sqrt{2}/2$ wie folgt beschrieben:

$$\begin{array}{rrcl rrcl}
B: & -\alpha F_1 + F_4 + \alpha F_5 & = & 0 \;\wedge & -\alpha F_1 - F_3 - \alpha F_5 & = & 0 \\
C: & -F_2 + F_6 & = & 0 \;\wedge & F_3 - 2000 & = & 0 \\
D: & -F_4 + F_8 & = & 0 \;\wedge & -F_7 & = & 0 \\
E: & -\alpha F_5 - F_6 + \alpha F_9 + F_{10} & = & 0 \;\wedge & \alpha F_5 + F_7 + \alpha F_9 - 1000 & = & 0 \\
F: & -F_8 - \alpha F_9 + F_{12} + \alpha F_{13} & = & 0 \;\wedge & -\alpha F_9 - F_{11} - \alpha F_{13} & = & 0 \\
G: & -F_{10} + \alpha F_{14} & = & 0 \;\wedge & F_{11} & = & 0 \\
H: & -F_{12} + \alpha F_{16} & = & 0 \;\wedge & -F_{15} - \alpha F_{16} & = & 0 \\
I: & -\alpha F_{13} - F_{14} + F_{17} & = & 0 \;\wedge & \alpha F_{13} + F_{15} - 1500 & = & 0 \\
J: & -\alpha F_{16} - F_{17} & = & 0
\end{array}$$

In Matrixschreibweise $\mathbf{Ax} = \mathbf{b}$ lauten:

$$\mathbf{A} = \begin{pmatrix}
-\alpha & & & 1 & \alpha & & & & & & & & & & & & \\
-\alpha & & -1 & & -\alpha & & & & & & & & & & & & \\
& -1 & & & & 1 & & & & & & & & & & & \\
& & & 1 & & & & & & & & & & & & & \\
& & & -1 & & & & 1 & & & & & & & & & \\
& & & & & & -1 & & & & & & & & & & \\
& & & & -\alpha & -1 & & & \alpha & 1 & & & & & & & \\
& & & & \alpha & & 1 & & \alpha & & & & & & & & \\
& & & & & & & -1 & -\alpha & & & 1 & \alpha & & & & \\
& & & & & & & & -\alpha & & -1 & & -\alpha & & & & \\
& & & & & & & & & & 1 & & & & & & \\
& & & & & & & & & -1 & & & & & & & \\
& & & & & & & & & & & & & -1 & & \alpha & \\
& & & & & & & & & & & & -\alpha & -1 & & & 1 \\
& & & & & & & & & & & & \alpha & & 1 & & \\
& & & & & & & & & & & & & & & -\alpha & -1
\end{pmatrix}$$

$\mathbf{x} = (F_1, F_2, F_3, F_4, F_5, F_6, F_7, F_8, F_9, F_{10}, F_{11}, F_{12}, F_{13}, F_{14}, F_{15}, F_{16}, F_{17})^T$,

$\mathbf{b} = (0, 0, 0, 2000, 0, 0, 0, 1000, 0, 0, 0, 0, 0, 0, 0, 1500, 0)^T$.

Lösung 4.2.15

Die Richtungen der Halteseile berechnen sich durch $\mathbf{r}_i = L - M_i$

$$\mathbf{r}_1 = \begin{pmatrix} 0 \\ 10 \\ -1 \end{pmatrix}, \quad \mathbf{r}_2 = \begin{pmatrix} -10 \\ -20 \\ -2 \end{pmatrix}, \quad \mathbf{r}_3 = \begin{pmatrix} 10 \\ -10 \\ 1 \end{pmatrix}.$$

An der Lampe greift entweder nur die Gewichtskraft $K = (0, 0, -20)^T$ oder zusätzlich auch noch die Sturmkraft S an. Der Gleichgewichtszustand $x_1 \mathbf{r}_1 + x_2 \mathbf{r}_2 + x_3 \mathbf{r}_3 = K$ bzw. $= K + S$ führt auf die Gleichungssysteme

$$\left(\begin{array}{rrr|rr} 0 & -10 & 10 & 0 & 30 \\ 10 & -20 & -10 & 0 & 20 \\ -1 & -2 & -1 & -20 & -20 \end{array} \right) \rightarrow \left(\begin{array}{rrr|rr} 10 & -20 & -10 & 0 & 20 \\ 0 & -10 & 10 & 0 & 30 \\ -1 & -2 & -1 & -20 & -20 \end{array} \right)$$

$$\rightarrow \left(\begin{array}{rrr|rr} 1 & -2 & -1 & 0 & 2 \\ 0 & -1 & 1 & 0 & 3 \\ 0 & 0 & -6 & -20 & -30 \end{array} \right)$$

mit der Lösung $\mathbf{x} = (x_1, x_2, x_3)^T = (30, 10, 10)^T/3$ ohne Sturm bzw. $\mathbf{x} = (11, 2, 5)^T$ mit Sturm. Die Kräfte in den Halteseilen ergeben sich aus $F_i = \|x_i \cdot \mathbf{r}_i\|$.

Ohne Sturm sind

$$F_1 = 10\sqrt{101}\,\text{N} \approx 100.499\,\text{N}, \; F_2 = \frac{10\sqrt{504}}{3}\,\text{N} \approx 78.833\,\text{N}, \; F_3 = \frac{10\sqrt{201}}{3}\,\text{N} \approx 47.258\,\text{N}$$

und mit Sturm sind

$$F_1 = 11\sqrt{101}\,\text{N} \approx 110.549\,\text{N}, \; F_2 = 2\sqrt{504}\,\text{N} \approx 44.900\,\text{N}, \; F_3 = 5\sqrt{201}\,\text{N} \approx 70.887\,\text{N}.$$

L.4.3 Inverse Matrizen

Lösung 4.3.1
Die Inverse kann über den Gauß-Jordan-Algorithmus berechnet werden

$$\begin{pmatrix} 1 & 3 & -1 & | & 1 & 0 & 0 \\ 2 & 5 & -1 & | & 0 & 1 & 0 \\ 0 & 4 & -3 & | & 0 & 0 & 1 \end{pmatrix} \to \begin{pmatrix} 1 & 3 & -1 & | & 1 & 0 & 0 \\ 0 & -1 & 1 & | & -2 & 1 & 0 \\ 0 & 4 & -3 & | & 0 & 0 & 1 \end{pmatrix} \to \begin{pmatrix} 1 & 3 & -1 & | & 1 & 0 & 0 \\ 0 & -1 & 1 & | & -2 & 1 & 0 \\ 0 & 0 & 1 & | & -8 & 4 & 1 \end{pmatrix}$$

$$\to \begin{pmatrix} 1 & 3 & 0 & | & -7 & 4 & 1 \\ 0 & 1 & 0 & | & -6 & 3 & 1 \\ 0 & 0 & 1 & | & -8 & 4 & 1 \end{pmatrix} \to \begin{pmatrix} 1 & 0 & 0 & | & 11 & -5 & -2 \\ 0 & 1 & 0 & | & -6 & 3 & 1 \\ 0 & 0 & 1 & | & -8 & 4 & 1 \end{pmatrix} \Rightarrow \mathbf{A}^{-1} = \begin{pmatrix} 11 & -5 & -2 \\ -6 & 3 & 1 \\ -8 & 4 & 1 \end{pmatrix}$$

$$\begin{pmatrix} 1 & 3 & 1 & | & 1 & 0 & 0 \\ 1 & 4 & 3 & | & 0 & 1 & 0 \\ 2 & 3 & -4 & | & 0 & 0 & 1 \end{pmatrix} \to \begin{pmatrix} 1 & 3 & 1 & | & 1 & 0 & 0 \\ 0 & 1 & 2 & | & -1 & 1 & 0 \\ 0 & -3 & -6 & | & -2 & 0 & 1 \end{pmatrix} \to \begin{pmatrix} 1 & 3 & 1 & | & 1 & 0 & 0 \\ 0 & 1 & 2 & | & -1 & 1 & 0 \\ 0 & 0 & 0 & | & -5 & 3 & 1 \end{pmatrix}$$

$$\Rightarrow \mathbf{B}^{-1} \text{ existiert nicht.} \quad \mathbf{X} = \mathbf{A}^{-1}\mathbf{B} = \begin{pmatrix} 2 & 7 & 4 \\ -1 & -3 & -1 \\ -2 & -5 & 0 \end{pmatrix}$$

Bemerkung: Die Inverse lässt sich auch mit Hilfe des Gauß-Algorithmus aus $\mathbf{AX} = \mathbf{I}$ berechnen.

Lösung 4.3.2

a) $$\begin{pmatrix} 1 & 2 & -2 & | & 1 & 0 & 0 \\ 2 & -1 & -4 & | & 0 & 1 & 0 \\ 2 & 0 & 5 & | & 0 & 0 & 1 \end{pmatrix} \to \begin{pmatrix} 1 & 2 & -2 & | & 1 & 0 & 0 \\ 0 & -5 & 0 & | & -2 & 1 & 0 \\ 0 & -4 & 9 & | & -2 & 0 & 1 \end{pmatrix} \to \begin{pmatrix} 1 & 2 & -2 & | & 1 & 0 & 0 \\ 0 & -5 & 0 & | & -2 & 1 & 0 \\ 0 & 0 & 9 & | & -\frac{2}{5} & -\frac{4}{5} & 1 \end{pmatrix}$$

$$\to \begin{pmatrix} 1 & 2 & 0 & | & \frac{41}{45} & -\frac{8}{45} & \frac{10}{45} \\ 0 & -5 & 0 & | & -2 & 1 & 0 \\ 0 & 0 & 1 & | & -\frac{2}{45} & -\frac{4}{45} & \frac{5}{45} \end{pmatrix} \to \begin{pmatrix} 1 & 0 & 0 & | & \frac{5}{45} & \frac{10}{45} & \frac{10}{45} \\ 0 & 1 & 0 & | & \frac{2}{5} & -\frac{1}{5} & 0 \\ 0 & 0 & 1 & | & -\frac{2}{45} & -\frac{4}{45} & \frac{5}{45} \end{pmatrix}$$

$$\Rightarrow \mathbf{A}^{-1} = \frac{1}{45} \begin{pmatrix} 5 & 10 & 10 \\ 18 & -9 & 0 \\ -2 & -4 & 5 \end{pmatrix}$$

b) Wenn $\mathbf{T}$ eine Inverse besitzt, dann gilt $\mathbf{T} = \mathbf{T}\mathbf{I}_n = \mathbf{T}(\mathbf{T}\mathbf{T}^{-1}) = \mathbf{T}^2\mathbf{T}^{-1} = \mathbf{T}\mathbf{T}^{-1} = \mathbf{I}_n$.

c) Wenn $\mathbf{S}$ eine Inverse besitzt, dann gilt $\mathbf{T} = \mathbf{I}_n\mathbf{T} = (\mathbf{S}^{-1}\mathbf{S})\mathbf{T} = \mathbf{S}^{-1}(\mathbf{S}\mathbf{T}) = \mathbf{O}$.

Lösung 4.3.3

a) $(\mathbf{A} - \mathbf{u}\mathbf{v}^T)\left(\mathbf{A}^{-1} + \frac{1}{1 - \mathbf{v}^T\mathbf{A}^{-1}\mathbf{u}} \mathbf{A}^{-1}\mathbf{u}\mathbf{v}^T\mathbf{A}^{-1}\right)$

$= \mathbf{I} + \frac{1}{1 - \mathbf{v}^T\mathbf{A}^{-1}\mathbf{u}}\mathbf{u}\mathbf{v}^T\mathbf{A}^{-1} - \mathbf{u}\mathbf{v}^T\mathbf{A}^{-1} - \frac{1}{1 - \mathbf{v}^T\mathbf{A}^{-1}\mathbf{u}}\mathbf{u}(\mathbf{v}^T\mathbf{A}^{-1}\mathbf{u})\mathbf{v}^T\mathbf{A}^{-1}$

$= \mathbf{I} + \left(\frac{1}{1 - \mathbf{v}^T\mathbf{A}^{-1}\mathbf{u}} - 1 - \frac{\mathbf{v}^T\mathbf{A}^{-1}\mathbf{u}}{1 - \mathbf{v}^T\mathbf{A}^{-1}\mathbf{u}}\right)\mathbf{u}\mathbf{v}^T\mathbf{A}^{-1} = \mathbf{I}$

b) Es sei $\mathbf{v}^T\mathbf{A}^{-1}\mathbf{u} = 1$. Für den Vektor $\mathbf{w} := \mathbf{A}^{-1}\mathbf{u} \ (\neq \mathbf{0})$ gilt dann
$(\mathbf{A} - \mathbf{u}\mathbf{v}^T)\mathbf{w} = \mathbf{A}\mathbf{A}^{-1}\mathbf{u} - \mathbf{u}\mathbf{v}^T\mathbf{A}^{-1}\mathbf{u} = \mathbf{0}$.

c)
$$\mathbf{B} = \mathbf{A} + \begin{pmatrix} 0 & 0 & 0 & -1 & 0 \\ 0 & 0 & 0 & -1 & 0 \\ 0 & 0 & 0 & 0 & 0 \\ 0 & 0 & 0 & 0 & 0 \\ 0 & 0 & 0 & 0 & 0 \end{pmatrix} = \mathbf{A} - \begin{pmatrix} 1 \\ 1 \\ 0 \\ 0 \\ 0 \end{pmatrix} \begin{pmatrix} 0 & 0 & 0 & 1 & 0 \end{pmatrix} =: \mathbf{A} - \mathbf{u}\mathbf{v}^T$$

$\Rightarrow \mathbf{v}^T\mathbf{A}^{-1}\mathbf{u} = 1 \Rightarrow \mathbf{B}$ ist singulär

$$\mathbf{C} = \mathbf{A} + \begin{pmatrix} 0 & -1 & 0 & -1 & 0 \\ 0 & 0 & 0 & 0 & 0 \\ 0 & -1 & 0 & -1 & 0 \\ 0 & 0 & 0 & 0 & 0 \\ 0 & 0 & 0 & 0 & 0 \end{pmatrix} = \mathbf{A} - \begin{pmatrix} 1 \\ 0 \\ 1 \\ 0 \\ 0 \end{pmatrix} \begin{pmatrix} 0 & 1 & 0 & 1 & 0 \end{pmatrix} =: \mathbf{A} - \mathbf{u}\mathbf{v}^T$$

$\Rightarrow \mathbf{v}^T \mathbf{A}^{-1} \mathbf{u} = 3 \Rightarrow \mathbf{C}$ ist regulär

$$\mathbf{C}^{-1} = \left(\mathbf{I} + \frac{1}{1-3} \mathbf{A}^{-1} \begin{pmatrix} 0 & -1 & 0 & -1 & 0 \\ 0 & 0 & 0 & 0 & 0 \\ 0 & -1 & 0 & -1 & 0 \\ 0 & 0 & 0 & 0 & 0 \\ 0 & 0 & 0 & 0 & 0 \end{pmatrix} \right) \mathbf{A}^{-1} = \frac{1}{6} \begin{pmatrix} 1 & -4 & -5 & -6 & -3 \\ -1 & -2 & -4 & -6 & -3 \\ -3 & -6 & -3 & -6 & -3 \\ -2 & -4 & -2 & 0 & 0 \\ -1 & -2 & -1 & 0 & 3 \end{pmatrix}$$

Lösung 4.3.4

Es ist $\mathbf{A} = \begin{pmatrix} \mathbf{A}_{11} & \mathbf{0} \\ \mathbf{A}_{21} & \mathbf{I}_3 \end{pmatrix}$ mit $\mathbf{A}_{11} = \begin{pmatrix} 2 & 1 & 2 \\ 1 & 2 & 0 \\ 0 & 0 & 1 \end{pmatrix}$ und $\mathbf{A}_{21} = \begin{pmatrix} 4 & 3 & 2 \\ 3 & 2 & 4 \\ 2 & 4 & 3 \end{pmatrix}$.

$\Rightarrow \mathbf{A}^{-1} = \begin{pmatrix} \mathbf{A}_{11}^{-1} & \mathbf{0} \\ -\mathbf{A}_{21}\mathbf{A}_{11}^{-1} & \mathbf{I}_3 \end{pmatrix}$ mit $\mathbf{A}_{11}^{-1} = \frac{1}{3} \begin{pmatrix} 2 & -1 & -4 \\ -1 & 2 & 2 \\ 0 & 0 & 3 \end{pmatrix}$ und

$$\mathbf{A}_{21}\mathbf{A}_{11}^{-1} = \frac{1}{3} \begin{pmatrix} 5 & 2 & -4 \\ 4 & 1 & 4 \\ 0 & 6 & 9 \end{pmatrix} \Rightarrow \mathbf{A}^{-1} = \frac{1}{3} \begin{pmatrix} 2 & -1 & -4 & 0 & 0 & 0 \\ -1 & 2 & 2 & 0 & 0 & 0 \\ 0 & 0 & 3 & 0 & 0 & 0 \\ -5 & -2 & 4 & 3 & 0 & 0 \\ -4 & -1 & -4 & 0 & 3 & 0 \\ 0 & -6 & -9 & 0 & 0 & 3 \end{pmatrix}$$

Es ist $\mathbf{B} = \begin{pmatrix} \mathbf{B}_{11} & \mathbf{B}_{12} \\ \mathbf{0} & \mathbf{I}_2 \end{pmatrix}$ mit $\mathbf{B}_{11} = \begin{pmatrix} 1 & 2 & 3 \\ 2 & 5 & 7 \\ 0 & 1 & 2 \end{pmatrix}$ und $\mathbf{B}_{12} = \begin{pmatrix} 1 & 0 \\ 1 & 1 \\ 1 & 1 \end{pmatrix}$

$\Rightarrow \mathbf{B}^{-1} = \begin{pmatrix} \mathbf{B}_{11}^{-1} & -\mathbf{B}_{11}^{-1}\mathbf{B}_{12} \\ \mathbf{0} & \mathbf{I}_2 \end{pmatrix}$ mit $\mathbf{B}_{11}^{-1} = \begin{pmatrix} 3 & -1 & -1 \\ -4 & 2 & -1 \\ 2 & -1 & 1 \end{pmatrix}$ und

$$\mathbf{B}_{11}^{-1} \mathbf{A}_{12} = \begin{pmatrix} -1 & 2 \\ 3 & -1 \\ -2 & 0 \end{pmatrix} \Rightarrow \mathbf{B}^{-1} = \begin{pmatrix} 3 & -1 & -1 & -1 & 2 \\ -4 & 2 & -1 & 3 & -1 \\ 2 & -1 & 1 & -2 & 0 \\ 0 & 0 & 0 & 1 & 0 \\ 0 & 0 & 0 & 0 & 1 \end{pmatrix}.$$

L.4.4 Dreieckszerlegung einer Matrix

Lösung 4.4.1

a) $\mathbf{A}_1 = \mathbf{L}_1 \mathbf{R}_1$ mit $\mathbf{L}_1 = \begin{pmatrix} 1 & 0 & 0 \\ -1 & 1 & 0 \\ 0 & -1 & 1 \end{pmatrix}$ und $\mathbf{R}_1 = \begin{pmatrix} 1 & -1 & 0 \\ 0 & 1 & -1 \\ 0 & 0 & 1 \end{pmatrix}$.

b) $\mathbf{A}_2$ besitzt keine LR-Zerlegung. Mit $\mathbf{P}_2 = \begin{pmatrix} 1 & 0 & 0 \\ 0 & 0 & 1 \\ 0 & 1 & 0 \end{pmatrix}$ gilt jedoch

$\mathbf{P}_2 \mathbf{A}_2 = \mathbf{L}_2 \mathbf{R}_2$ mit $\mathbf{L}_2 = \begin{pmatrix} 1 & 0 & 0 \\ 3 & 1 & 0 \\ -2 & 0 & 1 \end{pmatrix}$ und $\mathbf{R}_2 = \begin{pmatrix} 1 & -1 & 2 \\ 0 & -4 & -5 \\ 0 & 0 & 4 \end{pmatrix}$.

c) $\mathbf{A}_3$ ist singulär und damit auch $\mathbf{R}_3$.

d) $\mathbf{A}_4 = \mathbf{L}_4 \mathbf{R}_4$ mit $\mathbf{L}_4 = \begin{pmatrix} 1 & 0 & 0 \\ 2 & 1 & 0 \\ 2 & \frac{4}{5} & 1 \end{pmatrix}$ und $\mathbf{R}_4 = \begin{pmatrix} 1 & 2 & -2 \\ 0 & -5 & 0 \\ 0 & 0 & 9 \end{pmatrix}$.

e) $\mathbf{A}_5$ besitzt keine LR-Zerlegung. Mit $\mathbf{P}_5 = \mathbf{A}_5$ gilt jedoch $\mathbf{P}_5 \mathbf{A}_5 = \mathbf{I} = \mathbf{L}_5 \mathbf{R}_5$. Also $\mathbf{L}_5 = \mathbf{I} = \mathbf{R}_5$.

f) $\mathbf{A}_6 = \mathbf{L}_6 \mathbf{R}_6$ mit $\mathbf{L}_6 = \mathbf{I}$ und $\mathbf{R}_6 = \mathbf{A}_6$.

L.4.4 Dreieckszerlegung einer Matrix

Lösung 4.4.2

a) $\mathbf{L} = \begin{pmatrix} 1 & 0 & 0 \\ 2 & 1 & 0 \\ 3 & -1 & 1 \end{pmatrix}$ und $\mathbf{R} = \begin{pmatrix} 9 & 1 & 2 \\ 0 & 1 & -1 \\ 0 & 0 & -1 \end{pmatrix}$.

b) (i) $\mathbf{Ly} = \mathbf{b} \Rightarrow \mathbf{y} = \begin{pmatrix} -7 \\ -1 \\ -1 \end{pmatrix}$, $\mathbf{Rx} = \mathbf{y} \Rightarrow \mathbf{x} = \begin{pmatrix} -1 \\ 0 \\ 1 \end{pmatrix}$

(ii) $\mathbf{Ly} = \mathbf{b} \Rightarrow \mathbf{y} = \begin{pmatrix} 5 \\ -1 \\ -2 \end{pmatrix}$, $\mathbf{Rx} = \mathbf{y} \Rightarrow \mathbf{x} = \begin{pmatrix} 0 \\ 1 \\ 2 \end{pmatrix}$

Lösung 4.4.3

a) $\begin{pmatrix} \mathbf{I}_n & \mathbf{0} \\ \mathbf{CA}^{-1} & \mathbf{I}_m \end{pmatrix} \begin{pmatrix} \mathbf{A} & \mathbf{B} \\ \mathbf{0} & \mathbf{S} \end{pmatrix} = \begin{pmatrix} \mathbf{A} & \mathbf{B} \\ \mathbf{CA}^{-1}\mathbf{A} & \mathbf{CA}^{-1}\mathbf{B} + \mathbf{S} \end{pmatrix} = \mathbf{F}$

b) Es gilt $\det \mathbf{F} \neq 0 \Leftrightarrow \det \mathbf{S} \neq 0$, denn (vgl. Aufgabe 4.5.8)

$$\det \mathbf{F} = \det \begin{pmatrix} \mathbf{I}_n & \mathbf{0} \\ \mathbf{CA}^{-1} & \mathbf{I}_m \end{pmatrix} \det \begin{pmatrix} \mathbf{A} & \mathbf{B} \\ \mathbf{0} & \mathbf{S} \end{pmatrix} = \det \mathbf{A} \det \mathbf{S}$$

c) Mit $\mathbf{A} = \begin{pmatrix} 2 & 3 \\ 1 & 2 \end{pmatrix}$ und $\mathbf{A}^{-1} = \begin{pmatrix} 2 & -3 \\ -1 & 2 \end{pmatrix}$

$$\Rightarrow \begin{pmatrix} 2 & 3 & 1 & 2 \\ 1 & 2 & 1 & 1 \\ -1 & 0 & 2 & 0 \\ 2 & 1 & -1 & 3 \end{pmatrix} = \begin{pmatrix} 1 & 0 & & \\ 0 & 1 & & \\ -2 & 3 & 1 & 0 \\ 3 & -4 & 0 & 1 \end{pmatrix} \begin{pmatrix} 2 & 3 & 1 & 2 \\ 1 & 2 & 1 & 1 \\ & & 1 & 1 \\ & & 0 & 1 \end{pmatrix}$$

Lösung 4.4.4

Mit $\mathbf{P} = \begin{pmatrix} 1 & 0 & 0 & 0 \\ 0 & 1 & 0 & 0 \\ 0 & 0 & 0 & 1 \\ 0 & 0 & 1 & 0 \end{pmatrix}$ ergibt sich $\mathbf{PAx} = \mathbf{LRx} = \mathbf{Pb}$, wobei

$$\mathbf{L} = \begin{pmatrix} 1 & & & \\ -3 & 1 & & \\ 1 & -2 & 1 & \\ 2 & 1 & 0 & 1 \end{pmatrix} \quad \text{und} \quad \mathbf{R} = \begin{pmatrix} 2 & 3 & 1 & 0 \\ & -1 & -1 & 2 \\ & & 2 & 1 \\ & & & 1 \end{pmatrix}.$$

$$\mathbf{Ly} = \mathbf{Pb} \Rightarrow \mathbf{y} = \begin{pmatrix} 7 \\ 9 \\ 0 \\ 4 \end{pmatrix}, \quad \mathbf{Rx} = \mathbf{y} \Rightarrow \mathbf{x} = \begin{pmatrix} 3 \\ 1 \\ -2 \\ 4 \end{pmatrix}$$

Lösung 4.4.5

$\mathbf{A}:$ $\mathbf{L} = \begin{pmatrix} 1 & & & \\ 2 & 1 & & \\ 3 & -2 & 1 & \\ 2 & -1 & 1 & 1 \end{pmatrix}$, $\mathbf{R} = \begin{pmatrix} 2 & 1 & 2 & 3 \\ & 1 & 3 & 2 \\ & & 3 & 1 \\ & & & \alpha - 5 \end{pmatrix}$, $\alpha \neq 5$

$\mathbf{B}:$ $\mathbf{L} = \begin{pmatrix} 1 & & & \\ 2 & 1 & & \\ -2 & 2 & 1 & \\ 3 & -1 & 1 & 1 \end{pmatrix}$, $\mathbf{R} = \begin{pmatrix} 2 & 3 & 2 & 1 \\ & 1 & 2 & 3 \\ & & 4 & 1 \\ & & & \alpha - 1 \end{pmatrix}$, $\alpha \neq 1$

Lösung 4.4.6

$\mathbf{L}_1 = \begin{pmatrix} 1 & & & \\ 0 & 1 & & \\ 2 & -3 & 1 & \\ -1 & 2 & 7 & 1 \end{pmatrix}$, $\mathbf{D}_1 = \begin{pmatrix} 1 & & & \\ & 2 & & \\ & & 1 & \\ & & & 3 \end{pmatrix}$, $\mathbf{L}_2 = \begin{pmatrix} 1 & & \\ -2 & 1 & \\ 1 & 3 & 1 \end{pmatrix}$, $\mathbf{D}_2 = \begin{pmatrix} 4 & & \\ & -5 & \\ & & 2 \end{pmatrix}$

L.4.5 Determinanten

Lösung 4.5.1

$\det(-3\mathbf{A}) = (-3)^n \det \mathbf{A}$,

$\det(\mathbf{A}^T) = \det \mathbf{A}$,

$\det \mathbf{B}^3 = \det(\mathbf{BBB}) = \det \mathbf{B} \det \mathbf{B} \det \mathbf{B} = (\det \mathbf{B})^3$,

$\det \mathbf{I} = \det(\mathbf{A}\mathbf{A}^{-1}) = \det \mathbf{A} \det \mathbf{A}^{-1} \Rightarrow \det(\mathbf{A}^{-1}) = (\det \mathbf{A})^{-1}$,

$\det(\mathbf{BA}) = \det \mathbf{B} \det \mathbf{A}$,

$\det(\mathbf{B} - \mathbf{A})$ keine Vereinfachung möglich,

$\det \mathbf{A}^{-1}\mathbf{B} = \dfrac{\det \mathbf{B}}{\det \mathbf{A}}$,

$\det(5\mathbf{A}) = 5^n \det \mathbf{A}$

Lösung 4.5.2

$$\begin{vmatrix} 1 & 2 & 3 \\ -2 & 0 & 1 \\ 0 & 3 & -1 \end{vmatrix} = \begin{vmatrix} 1 & 2 & 3 \\ 0 & 4 & 7 \\ 0 & 3 & -1 \end{vmatrix} = \begin{vmatrix} 4 & 7 \\ 3 & -1 \end{vmatrix} = -25,$$

$$\begin{vmatrix} 1/2 & 1/3 & 1/4 \\ 1/3 & 1/4 & 1/5 \\ 1/4 & 1/5 & 1/6 \end{vmatrix} = \frac{1}{3\cdot 4}\frac{1}{3\cdot 4\cdot 5}\frac{1}{3\cdot 4\cdot 5}\begin{vmatrix} 6 & 4 & 3 \\ 20 & 15 & 12 \\ 15 & 12 & 10 \end{vmatrix} = \frac{1}{2^6 \cdot 3^3 \cdot 5^2}\begin{vmatrix} 0 & 1 & 0 \\ -4 & 3 & 3 \\ -5 & 2 & 4 \end{vmatrix} = \frac{1}{43200},$$

$$\begin{vmatrix} 1 & 1 & 1 & 1 \\ 2 & a & a & a \\ 2 & 3 & b & b \\ 2 & 3 & 4 & c \end{vmatrix} = \begin{vmatrix} 1 & 0 & 0 & 0 \\ 2 & a-2 & 0 & 0 \\ 2 & 1 & b-3 & 0 \\ 2 & 1 & 1 & c-4 \end{vmatrix} = (a-2)(b-3)(c-4),$$

$$\begin{vmatrix} 1 & x & x^2 \\ 1 & y & y^2 \\ 1 & z & z^2 \end{vmatrix} = \begin{vmatrix} 1 & x & x^2 \\ 0 & y-x & y^2-x^2 \\ 0 & z-x & z^2-x^2 \end{vmatrix} = \begin{vmatrix} y-x & y^2-x^2 \\ z-x & z^2-x^2 \end{vmatrix}$$
$$= (y-x)(z-x)\begin{vmatrix} 1 & y+x \\ 1 & z+x \end{vmatrix} = (y-x)(z-x)\begin{vmatrix} 1 & y \\ 1 & z \end{vmatrix} = (y-x)(z-x)(z-y)$$

Lösung 4.5.3

a) $\begin{vmatrix} 1 & 1 & 1 \\ 1 & 3 & 3 \\ 2 & 4 & 4 \end{vmatrix} = \begin{vmatrix} 1 & 1 & 1 \\ 0 & 2 & 2 \\ 0 & 2 & 2 \end{vmatrix} = 0,$

b) $\begin{vmatrix} 8 & 2 & 3 \\ 8 & 4 & 3 \\ 16 & 6 & 9 \end{vmatrix} = \begin{vmatrix} 8 & 2 & 3 \\ 0 & 2 & 0 \\ 0 & 2 & 3 \end{vmatrix} = 8 \cdot \begin{vmatrix} 2 & 0 \\ 2 & 3 \end{vmatrix} = 48,$

c) $\begin{vmatrix} 1 & 1 & 2 \\ t & 2t & 0 \\ 3a & a & a^2 \end{vmatrix} = t\cdot a \cdot \begin{vmatrix} 1 & 1 & 2 \\ 1 & 2 & 0 \\ 3 & 1 & a \end{vmatrix} = t\cdot a \cdot \begin{vmatrix} 1 & 1 & 2 \\ 0 & 1 & -2 \\ 0 & 0 & a-10 \end{vmatrix} = t\cdot a \cdot (a-10),$

d) $\begin{vmatrix} 4 & 1 & 1 & x+1 \\ 1 & 1 & 0 & 2 \\ 1 & 0 & 1 & 2 \\ 3 & 1 & 1 & x \end{vmatrix} = \begin{vmatrix} 1 & 0 & 0 & 1 \\ 1 & 1 & 0 & 2 \\ 1 & 0 & 1 & 2 \\ 3 & 1 & 1 & x \end{vmatrix} = \begin{vmatrix} 1 & 0 & 0 & 0 \\ 1 & 1 & 0 & 0 \\ 1 & 0 & 1 & 0 \\ 3 & 1 & 1 & x-5 \end{vmatrix} = x-5,$

e) $\begin{vmatrix} 2 & 6 & 2 & -4 \\ 4 & 13 & 5 & -8 \\ 1 & 5 & -1 & 0 \\ -8 & -24 & 0 & 16 \end{vmatrix} = \begin{vmatrix} 2 & 6 & 2 & -4 \\ 0 & 1 & 1 & 0 \\ 0 & 2 & -2 & 2 \\ 0 & 0 & 8 & 0 \end{vmatrix} = 2\cdot(-8)\cdot\begin{vmatrix} 1 & 0 \\ 2 & 2 \end{vmatrix} = -32$

Lösung 4.5.4

$$\begin{vmatrix} 1 & 3 & 2 & 7 & 3 \\ 1 & 4 & 3 & 0 & 0 \\ 2 & 6 & 0 & 1 & 3 \\ 2 & 7 & 3 & 0 & 0 \\ 2 & 8 & 2 & 7 & 5 \end{vmatrix} = \begin{vmatrix} 1 & 3 & 2 & 7 & 1\cdot 10^4 + 3\cdot 10^3 + 2\cdot 10^2 + 7\cdot 10^1 + 3 \\ 1 & 4 & 3 & 0 & 1\cdot 10^4 + 4\cdot 10^3 + 3\cdot 10^2 + 0\cdot 10^1 + 0 \\ 2 & 6 & 0 & 1 & 2\cdot 10^4 + 6\cdot 10^3 + 0\cdot 10^2 + 1\cdot 10^1 + 3 \\ 2 & 7 & 3 & 0 & 2\cdot 10^4 + 7\cdot 10^3 + 3\cdot 10^2 + 0\cdot 10^1 + 0 \\ 2 & 8 & 2 & 7 & 2\cdot 10^4 + 8\cdot 10^3 + 2\cdot 10^2 + 7\cdot 10^1 + 5 \end{vmatrix}$$

$$= \begin{vmatrix} 1 & 3 & 2 & 7 & 13273 \\ 1 & 4 & 3 & 0 & 14300 \\ 2 & 6 & 0 & 1 & 26013 \\ 2 & 7 & 3 & 0 & 27300 \\ 2 & 8 & 2 & 7 & 28275 \end{vmatrix} = 13 \cdot \begin{vmatrix} 1 & 3 & 2 & 7 & 1021 \\ 1 & 4 & 3 & 0 & 1100 \\ 2 & 6 & 0 & 1 & 2001 \\ 2 & 7 & 3 & 0 & 2100 \\ 2 & 8 & 2 & 7 & 2175 \end{vmatrix}.$$

Lösung 4.5.5
Der Beweis wird per Induktion über die Dimension n geführt.

$n = 1:$ $\det(a_{11}) = a_{11} = \prod_{i=1}^{1} a_{ii}$

$n \to n+1:$ $\det \begin{pmatrix} a_{11} & \cdots & a_{1,n+1} \\ & \ddots & \vdots \\ 0 & & a_{n+1,n+1} \end{pmatrix} = a_{n+1,n+1} \cdot \det \begin{pmatrix} a_{11} & \cdots & a_{1n} \\ & \ddots & \vdots \\ 0 & & a_{nn} \end{pmatrix}$

$= a_{n+1,n+1} \cdot \prod_{i=1}^{n} a_{ii} = \prod_{i=1}^{n+1} a_{ii}$

Lösung 4.5.6

a) $\det \mathbf{A}_n = 2\cos\rho \det \mathbf{A}_{n-1} - \begin{pmatrix} \cos\rho & 1 & & & & \\ 1 & 2\cos\rho & 1 & & & \\ & 1 & 2\cos\rho & 1 & & \\ & & \ddots & \ddots & \ddots & \\ & & & & \ddots & 0 \\ & & & & 1 & 1 \end{pmatrix} = 2\cos\rho \det \mathbf{A}_{n-1} - \det \mathbf{A}_{n-2}$

b) $n=1:$ $\det \mathbf{A}_1 = \det(\cos\rho) = \cos(1\cdot\rho)$

$n=2:$ $\det \mathbf{A}_2 = \begin{vmatrix} \cos\rho & 1 \\ 1 & 2\cos\rho \end{vmatrix} = 2\cos^2\rho - 1 = \cos^2\rho - \sin^2\rho = \cos(2\cdot\rho)$

$n-2, n-1 \to n:$ $\det \mathbf{A}_n = 2\cos\rho \det \mathbf{A}_{n-1} - \det \mathbf{A}_{n-2} = 2\cos\rho \cos((n-1)\rho) - \cos((n-2)\rho)$

$= 2\cos\rho \cos((n-1)\rho) - (\cos((n-1)\rho)\cos\rho + \sin((n-1)\rho))\sin\rho)$

$= \cos\rho \cos((n-1)\rho) - \sin((n-1)\rho))\sin\rho = \cos(n\rho)$

Lösung 4.5.7

$n=1:$ $\det \mathbf{A}_1 = 4 = 2^1 \cdot (1+1)$, $\quad n=2:$ $\det \mathbf{A}_2 = \begin{vmatrix} 4 & 1 \\ 4 & 4 \end{vmatrix} = 12 = 2^2 \cdot (1+2)$

$n-1, n \to n+1:$ $\det \mathbf{A}_{n+1} = 4 \cdot \begin{pmatrix} 4 & 1 & & & \\ 4 & 4 & 1 & & \\ & & \ddots & & 1 \\ & & & 4 & 4 \end{pmatrix} - 4 \cdot \begin{pmatrix} 4 & 1 & & & \\ 4 & 4 & & 1 & \\ & & \ddots & 4 & 0 \\ & & & 4 & 1 \end{pmatrix}$

$= 4 \det \mathbf{A}_n - 4 \det \mathbf{A}_{n-1} = 4(2^n(1+n) - 2^{n-1}(1+(n-1)))$

$= 2^{n+1}(2(1+n) - n) = 2^{n+1}(1+(n+1))$

Lösung 4.5.8

a) Durch Gauß-Elimination mit i Zeilenvertauschungen lassen sich die ersten n Zeilen der Matrix, also $(\mathbf{A}|\mathbf{B})$, umformen in $(\mathbf{R}_1|\tilde{\mathbf{B}})$, ohne Einfluss auf die folgenden Zeilen $(\mathbf{O}|\mathbf{D})$. Dabei ist $\mathbf{R}_1 \in \mathrm{I\!R}^{(n,n)}$ obere Dreiecksmatrix, und es gilt $(-1)^i \det \mathbf{R}_1 = \det \mathbf{A}$. Entsprechend werden dann die letzten m Zeilen $(\mathbf{O}|\mathbf{D})$ unter j Zeilenvertauschungen durch Gauß-Elimination umgeformt in $(\mathbf{O}|\mathbf{R}_2)$ mit $(-1)^j \det \mathbf{R}_2 = \det \mathbf{D}$. Es gilt daher

$$\det\begin{pmatrix} \mathbf{A} & \mathbf{B} \\ \mathbf{O} & \mathbf{D} \end{pmatrix} = (-1)^{i+j}\det\begin{pmatrix} \mathbf{R}_1 & \tilde{\mathbf{B}} \\ \mathbf{O} & \mathbf{R}_2 \end{pmatrix} = (-1)^{i+j}\det\mathbf{R}_1\det\mathbf{R}_2 = \det\mathbf{A}\cdot\det\mathbf{D}.$$

b) $\left|\begin{pmatrix} 2 & 0 \\ 0 & 2 \end{pmatrix}\cdot\begin{pmatrix} 1 & 0 \\ 0 & 1 \end{pmatrix}\right| - \left|\begin{pmatrix} 1 & 0 \\ 0 & 1 \end{pmatrix}\cdot\begin{pmatrix} 1 & 0 \\ 0 & 1 \end{pmatrix}\right| = 4 - 1 = 3$

$$\begin{vmatrix} 2 & 0 & 1 & 0 \\ 0 & 2 & 0 & 1 \\ 1 & 0 & 1 & 0 \\ 0 & 1 & 0 & 1 \end{vmatrix} = 2\cdot\begin{vmatrix} 2 & 0 & 1 \\ 0 & 1 & 0 \\ 1 & 0 & 1 \end{vmatrix} + \begin{vmatrix} 0 & 1 & 0 \\ 2 & 0 & 1 \\ 1 & 0 & 1 \end{vmatrix} = 2\cdot\begin{vmatrix} 2 & 1 \\ 1 & 1 \end{vmatrix} - \begin{vmatrix} 2 & 1 \\ 1 & 1 \end{vmatrix} = 1$$

Lösung 4.5.9

$$D = \begin{vmatrix} \cos\varphi\cos\psi & -r\sin\varphi\cos\psi & -r\cos\varphi\sin\psi \\ \sin\varphi\cos\psi & r\cos\varphi\cos\psi & -r\sin\varphi\sin\psi \\ \sin\psi & 0 & r\cos\psi \end{vmatrix} = r^2\begin{vmatrix} \cos\varphi\cos\psi & -\sin\varphi\cos\psi & -\cos\varphi\sin\psi \\ \sin\varphi\cos\psi & \cos\varphi\cos\psi & -\sin\varphi\sin\psi \\ \sin\psi & 0 & \cos\psi \end{vmatrix}$$

$$= r^2\left(\sin\psi\begin{vmatrix} -\sin\varphi\cos\psi & -\cos\varphi\sin\psi \\ \cos\varphi\cos\psi & -\sin\varphi\sin\psi \end{vmatrix} + \cos\psi\begin{vmatrix} \cos\varphi\cos\psi & -\sin\varphi\cos\psi \\ \sin\varphi\cos\psi & \cos\varphi\cos\psi \end{vmatrix}\right)$$

$$= r^2\left(\sin^2\psi\cos\psi\begin{vmatrix} -\sin\varphi & -\cos\varphi \\ \cos\varphi & -\sin\varphi \end{vmatrix} + \cos^3\psi\begin{vmatrix} \cos\varphi & -\sin\varphi \\ \sin\varphi & \cos\varphi \end{vmatrix}\right)$$

$$= r^2\cos\psi\,(\sin^2\psi + \cos^2\psi) = r^2\cos\psi$$

Lösung 4.5.10

Die Parallelotope P bzw. $\tilde{P}$ werden aufgespannt durch die Vektoren $\mathbf{v}_1,\cdots,\mathbf{v}_n$ bzw. $\tilde{\mathbf{v}}_1,\cdots,\tilde{\mathbf{v}}_n$, wobei $\tilde{\mathbf{v}}_i = \mathbf{A}\mathbf{v}_i$. Für die zugehörigen Volumen ergibt sich dann

$$\tilde{V} = |\det(\tilde{\mathbf{v}}_1,\cdots,\tilde{\mathbf{v}}_n)| = |\det(\mathbf{A}\mathbf{v}_1,\cdots,\mathbf{A}\mathbf{v}_n)| = |\det(\mathbf{A}\cdot(\mathbf{v}_1,\cdots,\mathbf{v}_n))|$$
$$= |\det(\mathbf{A})\cdot\det(\mathbf{v}_1,\cdots,\mathbf{v}_n)| = |\det(\mathbf{A})|\cdot V.$$

Lösung 4.5.11

a) Für $\mathbf{A} = (\mathbf{a}^1,\mathbf{a}^2,\mathbf{a}^3)$ erhalten wir $\mathbf{A}^{-1} = \left(\dfrac{\alpha_{i,j}}{\det\mathbf{A}}\right)_{i,j}$ mit $\det\mathbf{A} = -1$ und

$$\begin{array}{rclcrrclr}
\alpha_{1,1} & = & \det(\mathbf{e}_1,\mathbf{a}^2,\mathbf{a}^3) & = & -3/5, & \alpha_{2,1} & = & \det(\mathbf{a}^1,\mathbf{e}_1,\mathbf{a}^3) & = & 4/5, \\
\alpha_{3,1} & = & \det(\mathbf{a}^1,\mathbf{a}^2,\mathbf{e}_1) & = & 0, & \alpha_{1,2} & = & \det(\mathbf{e}_2,\mathbf{a}^2,\mathbf{a}^3) & = & 0, \\
\alpha_{2,2} & = & \det(\mathbf{a}^1,\mathbf{e}_2,\mathbf{a}^3) & = & 0, & \alpha_{3,2} & = & \det(\mathbf{a}^1,\mathbf{a}^2,\mathbf{e}_2) & = & -1, \\
\alpha_{1,3} & = & \det(\mathbf{e}_3,\mathbf{a}^2,\mathbf{a}^3) & = & -4/5, & \alpha_{2,3} & = & \det(\mathbf{a}^1,\mathbf{e}_3,\mathbf{a}^3) & = & -3/5, \\
\alpha_{3,3} & = & \det(\mathbf{a}^1,\mathbf{a}^2,\mathbf{e}_3) & = & 0. & & & & &
\end{array}$$

Diese aufwendige und in der Praxis für Berechnungen mit Dimension > 3 nicht zu empfehlende Methode ergibt hier

$$\mathbf{A}^{-1} = \frac{1}{5}\begin{pmatrix} 3 & 0 & 4 \\ -4 & 0 & 3 \\ 0 & 5 & 0 \end{pmatrix}.$$

b)

$$\det(\mathbf{H}^4) = \begin{vmatrix} 1 & 1/2 & 1/3 & 1/4 \\ 1/2 & 1/3 & 1/4 & 1/5 \\ 1/3 & 1/4 & 1/5 & 1/6 \\ 1/4 & 1/5 & 1/6 & 1/7 \end{vmatrix} = \begin{vmatrix} 1 & 1/2 & 1/3 & 1/4 \\ 0 & 1/12 & 1/12 & 3/40 \\ 0 & 1/12 & 4/45 & 1/12 \\ 0 & 3/40 & 1/12 & 9/112 \end{vmatrix}$$

$$= \begin{vmatrix} 1 & 1/2 & 1/3 & 1/4 \\ 0 & 1/12 & 1/12 & 3/40 \\ 0 & 0 & 1/180 & 1/120 \\ 0 & 0 & 1/120 & 9/700 \end{vmatrix} = \begin{vmatrix} 1 & 1/2 & 1/3 & 1/4 \\ 0 & 1/12 & 1/12 & 3/40 \\ 0 & 0 & 1/180 & 1/120 \\ 0 & 0 & 0 & 1/2800 \end{vmatrix} = \frac{1}{6048000}$$

Lösung 4.5.12

a) $n = 1:$ $\det(\mathbf{I}_1 + \mathbf{ab}^T) = \det(1 + a_1 b_1) = 1 + a_1 b_1$

$n - 1 \to n:$

$$\det(\mathbf{I}_n + \mathbf{ab}^T) = \begin{vmatrix} (1 + a_1 b_1) & a_1 b_2 & \cdots & a_1 b_n \\ a_2 b_1 & (1 + a_2 b_2) & & \\ \vdots & & \ddots & \vdots \\ a_n b_1 & & & (1 + a_n b_n) \end{vmatrix}$$

$$= \begin{vmatrix} 1 & a_1 b_2 & \cdots & a_1 b_n \\ 0 & (1 + a_2 b_2) & & a_2 b_n \\ 0 & a_3 b_2 & \ddots & \vdots \\ & \vdots & & \\ 0 & a_n b_2 & \cdots & (1 + a_n b_n) \end{vmatrix} + a_1 b_1 \begin{vmatrix} 1 & b_2 & \cdots & b_n \\ a_2 & (1 + a_2 b_2) & & a_2 b_n \\ a_3 & a_3 b_2 & \ddots & \vdots \\ \vdots & & & \\ a_n & a_n b_2 & \cdots & (1 + a_n b_n) \end{vmatrix}$$

$$= \left(1 + \sum_{j=2}^n a_j b_j\right) + a_1 b_1 \begin{vmatrix} 1 & b_2 & b_3 & \cdots & b_n \\ 0 & 1 & 0 & & 0 \\ 0 & 0 & \ddots & & \vdots \\ & \vdots & & & \\ 0 & 0 & \cdots & 0 & 1 \end{vmatrix} = 1 + \mathbf{a}^T \mathbf{b}.$$

b) Mit a) gilt $\det(\mathbf{A} + \mathbf{ab}^T) = \det\left(\mathbf{A}(\mathbf{I} + (\mathbf{A}^{-1}\mathbf{a})\mathbf{b}^T)\right) = \det \mathbf{A} \cdot (1 + \mathbf{b}^T(\mathbf{A}^{-1}\mathbf{a})).$

c) Es sei $\mathbf{H} := \mathbf{I}_n - 2\mathbf{w}\mathbf{w}^T$ die Householder-Matrix mit $\|\mathbf{w}\|_2 = 1$. Setze $\mathbf{A} := \mathbf{I}_n$, $\mathbf{a} := -2\mathbf{w}$ und $\mathbf{b} := \mathbf{w}^T$. Dann gilt $\det \mathbf{H} = 1 - 2\mathbf{w}^T\mathbf{w} = 1 - 2 = -1$.

L.5 Lineare Abbildungen

L.5.1 Lineare Abbildungen, Basisdarstellung

Lösung 5.1.1

a) Gesucht ist der Vektor $\boldsymbol{\xi} = (\xi_1, \xi_2, \xi_3)^T$ mit $\xi_1 \mathbf{v}_1 + \xi_2 \mathbf{v}_2 + \xi_3 \mathbf{v}_3 = \mathbf{x}$:

$$\begin{pmatrix} 1 & 2 & 3 & | & 3 \\ 1 & 1 & 1 & | & 5 \\ 2 & 0 & 1 & | & 8 \end{pmatrix} \rightarrow \begin{pmatrix} 1 & 2 & 3 & | & 3 \\ 0 & -1 & -2 & | & 2 \\ 0 & 0 & 3 & | & -6 \end{pmatrix} \Rightarrow \boldsymbol{\xi} = \begin{pmatrix} 5 \\ 2 \\ -2 \end{pmatrix}.$$

b) Gesucht ist der Vektor $\boldsymbol{\zeta} = (\zeta_1, \zeta_2, \zeta_3)^T$ mit $\zeta_1 \mathbf{w}_1 + \zeta_2 \mathbf{w}_2 + \zeta_3 \mathbf{w}_3 = \mathbf{z}$:

$$\begin{pmatrix} 1 & 1 & 1 & | & 2 \\ 0 & 1 & i & | & 1+2i \\ i & 0 & 1 & | & 2-i \end{pmatrix} \rightarrow \begin{pmatrix} 1 & 1 & 1 & | & 2 \\ 0 & 1 & i & | & 1+2i \\ 0 & 0 & -i & | & -2i \end{pmatrix} \Rightarrow \boldsymbol{\zeta} = \begin{pmatrix} -1 \\ 1 \\ 2 \end{pmatrix}.$$

Lösung 5.1.2

a) $\lambda_1 e^{3t} + \lambda_2 t e^{3t} + \lambda_3 t^2 e^{3t} = 0$ für alle $t \in \mathbb{R} \Rightarrow \lambda_1 + \lambda_2 t + \lambda_3 t^2 = 0$ für alle $t \in \mathbb{R} \Rightarrow \lambda_1 = \lambda_2 = \lambda_3 = 0$.

b) Die Differentiationsregeln besagen, dass die Ableitung eine lineare Abbildung auf $C^1(\mathbb{R})$ ist. Zu untersuchen bleibt also nur noch, ob das Bild von V in V liegt. Dies ist der Fall, denn

$$D(\mathbf{v}_1) = 3 \cdot \mathbf{v}_1 + 0 \cdot \mathbf{v}_2 + 0 \cdot \mathbf{v}_3, \quad D(\mathbf{v}_2) = 1 \cdot \mathbf{v}_1 + 3 \cdot \mathbf{v}_2 + 0 \cdot \mathbf{v}_3, \quad D(\mathbf{v}_3) = 0 \cdot \mathbf{v}_1 + 2 \cdot \mathbf{v}_2 + 3 \cdot \mathbf{v}_3.$$

c) Die darstellende Matrix $\mathbf{A}$ von D bezüglich $(\mathbf{v}_1, \mathbf{v}_2, \mathbf{v}_3)$ folgt aus b): $\mathbf{A} = \begin{pmatrix} 3 & 1 & 0 \\ 0 & 3 & 2 \\ 0 & 0 & 3 \end{pmatrix}$.

Lösung 5.1.3

$$\left.\begin{aligned} (1)' &= 0 \cdot 1 + 0 \cdot t + \cdots 0 \cdot t^{n-1} \\ (t)' &= 1 \cdot 1 + 0 \cdot t + \cdots 0 \cdot t^{n-1} \\ (t^2)' &= 0 \cdot 1 + 2 \cdot t + \cdots 0 \cdot t^{n-1} \\ &\vdots \\ (t^n)' &= 0 \cdot 1 + 0 \cdot t + \cdots n \cdot t^{n-1} \end{aligned}\right\} \Rightarrow \mathbf{A}_D = \begin{pmatrix} 0 & 1 & 0 & 0 & \cdots & 0 \\ 0 & 0 & 2 & 0 & \cdots & 0 \\ & & \vdots & & & \\ 0 & 0 & 0 & 0 & \cdots & n \end{pmatrix}$$

$$\left.\begin{aligned} \int_0^t 1 \, d\tau &= 0 \cdot 1 + 1 \cdot t + 0 \cdot t^2 + \cdots + 0 \cdot t^n \\ \int_0^t \tau \, d\tau &= 0 \cdot 1 + 0 \cdot t + \frac{1}{2} \cdot t^2 + \cdots + 0 \cdot t^n \\ &\vdots \\ \int_0^t \tau^{n-1} \, d\tau &= 0 \cdot 1 + 0 \cdot t + 0 \cdot t^2 + \cdots + \frac{1}{n} \cdot t^n \end{aligned}\right\} \Rightarrow \mathbf{A}_I = \begin{pmatrix} 0 & 0 & & & 0 \\ 1 & 0 & \cdots & & 0 \\ 0 & \frac{1}{2} & & & 0 \\ & & \vdots & & \\ 0 & 0 & & & \frac{1}{n} \end{pmatrix}$$

Lösung 5.1.4

a) Die Koordinaten bezüglich der Basis im Bildraum des Bildes unter der Abbildung T des j-ten Basisvektors (aus dem Urbildraum) stehen in der j-ten Spalte der Abbildungsmatrix von T. Daher lautet die Abbildungsmatrix $\mathbf{A}$ von T bezüglich der kanonischen Basis $(\mathbf{e}_1, \mathbf{e}_2, \mathbf{e}_3)$ im Urbild- und im Bildraum

$$\mathbf{A} = \begin{pmatrix} 0 & 1 & 0 \\ 0 & -1 & 2 \\ 3 & -9 & 7 \end{pmatrix}.$$

L.5.1 Lineare Abbildungen, Basisdarstellung

Die Übergangsmatrix $\mathbf{S}$ des Basisüberganges von $(\mathbf{a}_1, \mathbf{a}_2, \mathbf{a}_3)$ auf $(\mathbf{e}_1, \mathbf{e}_2, \mathbf{e}_3)$ ergibt sich folgendermaßen

$$\mathbf{a}_k = \sum_{j=1}^{3} s_{jk}\mathbf{e}_j, \quad k=1,2,3 \quad \Leftrightarrow \quad (\mathbf{a}_1|\mathbf{a}_2|\mathbf{a}_3) = (\mathbf{e}_1, \mathbf{e}_2, \mathbf{e}_3)\cdot \mathbf{S} = \mathbf{S} \quad \Rightarrow \quad \mathbf{S} = \begin{pmatrix} 1 & 1 & 1 \\ 1 & 2 & 3 \\ 1 & 3 & 6 \end{pmatrix}.$$

Die Abbildungsmatrix $\mathbf{B}$ von T bezüglich der Basis $(\mathbf{a}_1, \mathbf{a}_2, \mathbf{a}_3)$ im Urbild- und im Bildraum ergibt sich nun nach Berechnung von $\mathbf{S}^{-1}$ durch $\mathbf{B} = \mathbf{S}^{-1}\mathbf{A}\mathbf{S}$

$$\Rightarrow \quad \mathbf{B} = \begin{pmatrix} 1 & 0 & 0 \\ 0 & 2 & 0 \\ 0 & 0 & 3 \end{pmatrix} \quad \text{mit} \quad \mathbf{S}^{-1} = \begin{pmatrix} 3 & -3 & 1 \\ -3 & 5 & -2 \\ 1 & -2 & 1 \end{pmatrix},$$

oder ohne Berechnung von $\mathbf{S}^{-1}$ aus der Lösung des Gleichungssystems $\mathbf{SB} = \mathbf{AS}$.

b) Wegen $\mathbf{v}_1 = (1,1)^T = 1\cdot\mathbf{e}_1 + 1\cdot\mathbf{e}_2$ ist $\mathbf{v}_1$ sein eigener Koordinatenvektor bezüglich der kanonischen Basis. Damit ergeben sich die Koordinatenvektoren bezüglich der kanonischen Basis im Bildraum durch $T(\mathbf{v}_1) = \mathbf{A}\mathbf{v}_1 = (1,0,3)^T$, $T(\mathbf{v}_2) = \mathbf{A}\mathbf{v}_2 = (3,4,15)^T$ und $T(2\mathbf{e}_1 - 4\mathbf{e}_2) = (-4, 12, 6)^T$. Die Darstellung dieser Koordinatenvektoren in der Basis $(\mathbf{w}_1, \mathbf{w}_2, \mathbf{w}_3)$ ergibt sich aus der Lösung des Gleichungssystems

$$\begin{pmatrix} 1 & 1 & 2 & | & 1 & 3 & -4 \\ 2 & 3 & 4 & | & 0 & 4 & 12 \\ 2 & 4 & 5 & | & 3 & 15 & 6 \end{pmatrix} \to \begin{pmatrix} 1 & 1 & 2 & | & 1 & 3 & -4 \\ 0 & 1 & 0 & | & -2 & -2 & 20 \\ 0 & 2 & 1 & | & 1 & 9 & 14 \end{pmatrix} \to \begin{pmatrix} 1 & 1 & 2 & | & 1 & 3 & -4 \\ 0 & 1 & 0 & | & -2 & -2 & 20 \\ 0 & 0 & 1 & | & 5 & 13 & -26 \end{pmatrix}$$

$$\to \begin{pmatrix} 1 & 1 & 0 & | & -9 & -23 & 48 \\ 0 & 1 & 0 & | & -2 & -2 & 20 \\ 0 & 0 & 1 & | & 5 & 13 & -26 \end{pmatrix} \to \begin{pmatrix} 1 & 0 & 0 & | & -7 & -21 & 28 \\ 0 & 1 & 0 & | & -2 & -2 & 20 \\ 0 & 0 & 1 & | & 5 & 13 & -26 \end{pmatrix}$$

Die Abbildungsmatrix $\mathbf{B}$ der Abbildung T und der Koordinatenvektor $\mathbf{x}$ von $T(2\mathbf{e}_1 - 4\mathbf{e}_2)$ in der Basis $(\mathbf{v}_1, \mathbf{v}_2)$ im $\mathbb{R}^2$ und $(\mathbf{w}_1, \mathbf{w}_2, \mathbf{w}_3)$ im $\mathbb{R}^3$ lauten daher

$$\mathbf{B} = \begin{pmatrix} -7 & -21 \\ -2 & -2 \\ 5 & 13 \end{pmatrix}, \quad \mathbf{x} = \begin{pmatrix} 28 \\ 20 \\ -26 \end{pmatrix}.$$

Lösung 5.1.5

a) Die Abbildungsmatrix von T bezüglich der kanonischen Basis lautet $\quad \mathbf{A} = \begin{pmatrix} 2 & 5 & -3 \\ 1 & -4 & 7 \end{pmatrix}.$

Die den Basisübergang von $(\mathbf{v}_k)$ auf $(\mathbf{e}_j)$ im $\mathbb{R}^3$ beschreibende Matrix $\mathbf{S} = (s_{jk})$ ergibt sich aus der Lösung der drei Gleichungssysteme

$$(\mathbf{e}_1|\mathbf{e}_2|\mathbf{e}_3)\mathbf{S} = (\mathbf{v}_1|\mathbf{v}_2|\mathbf{v}_3) \quad \Leftrightarrow \quad \mathbf{S} = \begin{pmatrix} 1 & 1 & 1 \\ 1 & 1 & 0 \\ 1 & 0 & 0 \end{pmatrix}.$$

Entsprechend ergibt sich beim Basisübergang von $(\mathbf{w}_k)$ auf $(\mathbf{e}_j)$ im $\mathbb{R}^2$ die beschreibende Matrix $\mathbf{R} = (r_{jk})$:

$$\mathbf{R} = \begin{pmatrix} 1 & 2 \\ 3 & 5 \end{pmatrix} \Rightarrow \mathbf{R}^{-1} = \begin{pmatrix} -5 & 2 \\ 3 & -1 \end{pmatrix} \Rightarrow \mathbf{B} = \mathbf{R}^{-1}\mathbf{A}\mathbf{S} = \begin{pmatrix} -12 & -41 & -8 \\ 8 & 24 & 5 \end{pmatrix}.$$

b) $\mathbf{R}^{-1}\mathbf{A}\begin{pmatrix} 1 \\ 2 \\ 1 \end{pmatrix} = \begin{pmatrix} -45 \\ 27 \end{pmatrix}$

Lösung 5.1.6

a) Die den Wechsel der Basis von $(\tilde{\mathbf{v}}_k)$ auf $(\mathbf{v}_j)$ beschreibende Matrix $\mathbf{S} = (s_{jk})$ ergibt sich aus der Lösung der drei Gleichungssysteme

$$(\mathbf{v}_1|\mathbf{v}_2|\mathbf{v}_3)\begin{pmatrix} s_{11} & s_{12} & s_{13} \\ s_{21} & s_{22} & s_{23} \\ s_{31} & s_{32} & s_{33} \end{pmatrix} = (\tilde{\mathbf{v}}_1|\tilde{\mathbf{v}}_2|\tilde{\mathbf{v}}_3) \Leftrightarrow \left(\begin{array}{ccc|ccc} 1 & 2 & 3 & -2 & 2 & 1 \\ 1 & 1 & 1 & 0 & 1 & 1 \\ 2 & 0 & 1 & 3 & 0 & 1 \end{array}\right)$$

$$\rightarrow \left(\begin{array}{ccc|ccc} 1 & 2 & 3 & -2 & 2 & 1 \\ 0 & -1 & -2 & 2 & -1 & 0 \\ 0 & 0 & 3 & -1 & 0 & -1 \end{array}\right) \Rightarrow \mathbf{S} = \frac{1}{3}\begin{pmatrix} 5 & 0 & 2 \\ -4 & 3 & 2 \\ -1 & 0 & -1 \end{pmatrix}.$$

Analog ergibt sich die den Basiswechsel von $(\mathbf{w}_k)$ auf $(\tilde{\mathbf{w}}_j)$ beschreibende Matrix $\mathbf{R}^{-1} = (t_{jk})$ aus der Lösung der beiden Gleichungssysteme

$$(\tilde{\mathbf{w}}_1|\tilde{\mathbf{w}}_2)\begin{pmatrix} t_{11} & t_{12} \\ t_{21} & t_{22} \end{pmatrix} = (\mathbf{w}_1|\mathbf{w}_2) \Leftrightarrow \left(\begin{array}{cc|cc} 1 & 1 & \frac{7}{5} & \frac{1}{5} \\ 2 & -1 & \frac{2}{5} & \frac{11}{5} \end{array}\right) \rightarrow \left(\begin{array}{cc|cc} 1 & 1 & \frac{7}{5} & \frac{1}{5} \\ 0 & -3 & -\frac{12}{5} & \frac{9}{5} \end{array}\right)$$

$$\Rightarrow \mathbf{R}^{-1} = \frac{1}{5}\begin{pmatrix} 3 & 4 \\ 4 & -3 \end{pmatrix} \Rightarrow \mathbf{B} = \mathbf{R}^{-1}\mathbf{A}\mathbf{S} = \frac{1}{5}\begin{pmatrix} -8 & 11 & 7 \\ 6 & -2 & 1 \end{pmatrix}$$

b) (i) $\mathbf{S}\tilde{\mathbf{v}} = \frac{1}{3}(15, 6, -6)^T$, (ii) $\mathbf{A}\mathbf{S}\tilde{\mathbf{v}} = \mathbf{R}^{-1}\mathbf{B}\tilde{\mathbf{v}} = (5, 3)^T$, (iii) $\mathbf{B}\tilde{\mathbf{v}} = \frac{1}{5}(27, 11)^T$.

Lösung 5.1.7

a)
$$\left.\begin{array}{rcl} T(1) & = & 1 \cdot 1 \\ T(t) & = & -1 \cdot 1 + 1 \cdot t \\ T(t^2) & = & 1 \cdot 1 - 2 \cdot t + 1 \cdot t^2 \\ T(t^3) & = & -1 \cdot 1 + 3 \cdot t - 3 \cdot t^2 + 1 \cdot t^3 \end{array}\right\} \Rightarrow \mathbf{A} = \begin{pmatrix} 1 & -1 & 1 & -1 \\ 0 & 1 & -2 & 3 \\ 0 & 0 & 1 & -3 \\ 0 & 0 & 0 & 1 \end{pmatrix}$$

b)
$$\left.\begin{array}{rcl} 1 & = & 1 \cdot 1 \\ t - 1 & = & -1 \cdot 1 + 1 \cdot t \\ (t-1)^2 & = & 1 \cdot 1 - 2 \cdot t + 1 \cdot t^2 \\ (t-1)^3 & = & -1 \cdot 1 + 3 \cdot t - 3 \cdot t^2 + 1 \cdot t^3 \end{array}\right\} \Rightarrow \mathbf{S} = \mathbf{A} \Rightarrow \mathbf{B} = \mathbf{S}^{-1}\mathbf{A}\mathbf{S} = \mathbf{A}$$

c) Das Polynom $p(t) = -5 + 7t - 10t^2 + 15t^3$ besitzt in der Basis $(1, t, t^2, t^3)$ den Koordinatenvektor $\mathbf{x} = (-5, 7, -10, 15)^T$. Der Koordinatenvektor $\mathbf{y}$ in der Basis $(1, t-1, (t-1)^2, (t-1)^3)$ ergibt sich durch $\mathbf{y} = \mathbf{S}^{-1}\mathbf{x}$, also aus

$$\left(\begin{array}{cccc|c} 1 & -1 & 1 & -1 & -5 \\ 0 & 1 & -2 & 3 & 7 \\ 0 & 0 & 1 & -3 & -10 \\ 0 & 0 & 0 & 1 & 15 \end{array}\right) \Rightarrow \mathbf{y} = \begin{pmatrix} 7 \\ 32 \\ 35 \\ 15 \end{pmatrix}$$

$\Rightarrow -5 + 7t - 10t^2 + 15t^3 = 7 + 32(t-1) + 35(t-1)^2 + 15(t-1)^3$.

L.5.2 Orthogonalität

Lösung 5.2.1
Die Vektoren werden zeilenweise notiert. Durch Zeilenumformungen nach dem Gaußschen Eliminationsverfahren versucht man, in den unteren Zeilen Nullzeilen zu erzeugen:

$$\left\{\begin{array}{rrrr}(1, & 1, & 2, & 3)=\mathbf{v}_1^T\\(3, & 4, & 3, & 8)=\mathbf{v}_2^T\\(1, & 3, & -4, & 1)=\mathbf{v}_3^T\\(-2, & -1, & -7, & -7)=\mathbf{v}_4^T\\(-3, & -4, & -3, & -8)=\mathbf{v}_5^T\end{array}\right\} \Rightarrow \left\{\begin{array}{rrrr}(1, & 1, & 2, & 3)=\mathbf{v}_1^T\\(0, & 1, & -3, & -1)=\mathbf{v}_2^T-3\mathbf{v}_1^T\\(0, & 2, & -6, & -2)=\mathbf{v}_3^T-\mathbf{v}_1^T\\(0, & 1, & -3, & -1)=\mathbf{v}_4^T+2\mathbf{v}_1^T\\(0, & -1, & 3, & 1)=\mathbf{v}_5^T+3\mathbf{v}_1^T\end{array}\right\}$$

$$\Rightarrow \left\{\begin{array}{rrrr}(1, & 1, & 2, & 3)=\mathbf{v}_1^T\\(0, & 1, & -3, & -1)=\mathbf{v}_2^T-3\mathbf{v}_1^T\\(0, & 0, & 0, & 0)=\mathbf{v}_3^T+5\mathbf{v}_1^T-2\mathbf{v}_2^T\\(0, & 0, & 0, & 0)=\mathbf{v}_4^T+5\mathbf{v}_1^T-\mathbf{v}_2^T\\(0, & 0, & 0, & 0)=\mathbf{v}_5^T+\mathbf{v}_2^T\end{array}\right\}$$

$\Rightarrow$ die Vektoren $\mathbf{v}_1$ und $\mathbf{v}_2$ sind linear unabhängig, bilden damit eine Basis von W, und es gilt $\mathbf{v}_3 = -5\mathbf{v}_1 + 2\mathbf{v}_2$, $\mathbf{v}_4 = -5\mathbf{v}_1 + \mathbf{v}_2$, $\mathbf{v}_5 = -\mathbf{v}_2$.

Eine Orthogonalbasis $(\mathbf{w}_1, \mathbf{w}_2)$ erhält man aus $(\mathbf{v}_1, \mathbf{v}_2)$ durch einen Schritt des Schmidtschen Orthogonalisierungsverfahrens. Setze $\mathbf{w}_1 := \mathbf{v}_1$ und berechne α in $\mathbf{w}_2 := \mathbf{v}_2 - \alpha\mathbf{w}_1$, so dass

$$\mathbf{w}_2 \perp \mathbf{w}_1 \Leftrightarrow \langle\mathbf{w}_2,\mathbf{w}_1\rangle = 0 \Rightarrow \alpha = \frac{\langle\mathbf{v}_2,\mathbf{w}_1\rangle}{\langle\mathbf{w}_1,\mathbf{w}_1\rangle} = \frac{37}{15} \Rightarrow \mathbf{w}_2 = \frac{1}{15}(8, 23, -29, 9)^T.$$

Lösung 5.2.2
Gram-Schmidt-Orthonormalisierung:

$$\mathbf{w}_1 := \frac{\mathbf{a}_1}{\|\mathbf{a}_1\|} = \frac{1}{\sqrt{2}}(1, -1, 0, 0)^T$$

$$\mathbf{u}_2 := \mathbf{a}_2 - \langle\mathbf{a}_2,\mathbf{w}_1\rangle\mathbf{w}_1 = (2,0,1,0)^T - \sqrt{2}\frac{1}{\sqrt{2}}(1,-1,0,0)^T = (1,1,1,0)^T$$

$$\mathbf{w}_2 := \frac{\mathbf{u}_2}{\|\mathbf{u}_2\|} = \frac{1}{\sqrt{3}}(1,1,1,0)^T$$

$$\mathbf{u}_3 := \mathbf{a}_3 - \langle\mathbf{a}_3,\mathbf{w}_1\rangle\mathbf{w}_1 - \langle\mathbf{a}_3,\mathbf{w}_2\rangle\mathbf{w}_2$$
$$= (6,2,7,0)^T - \frac{4}{\sqrt{2}}\frac{1}{\sqrt{2}}(1,-1,0,0)^T - \frac{15}{\sqrt{3}}\frac{1}{\sqrt{3}}(1,1,1,0)^T = (-1,-1,2,0)^T$$

$$\mathbf{w}_3 := \frac{\mathbf{u}_3}{\|\mathbf{u}_3\|} = \frac{1}{\sqrt{6}}(-1,-1,2,0)^T$$

$$\mathbf{u}_4 := \mathbf{a}_4 - \langle\mathbf{a}_4,\mathbf{w}_1\rangle\mathbf{w}_1 - \langle\mathbf{a}_4,\mathbf{w}_2\rangle\mathbf{w}_2 - \langle\mathbf{a}_4,\mathbf{w}_3\rangle\mathbf{w}_3$$
$$= (3,1,-1,0)^T - \frac{2}{\sqrt{2}}\frac{1}{\sqrt{2}}(1,-1,0,0)^T - \frac{3}{\sqrt{3}}\frac{1}{\sqrt{3}}(1,1,1,0)^T - \frac{6}{\sqrt{6}}\frac{1}{\sqrt{6}}(-1,-1,2,0)^T$$
$$= (0,0,0,0)^T$$

$\Rightarrow \dim W = 3$. Als Basis kann also $(\mathbf{a}_1, \mathbf{a}_2, \mathbf{a}_3)$ und als Orthonormalbasis $(\mathbf{w}_1, \mathbf{w}_2, \mathbf{w}_3)$ verwendet werden. Die letzte Zeile im Schmidtschen Verfahren besagt $\mathbf{a}_4 \in W$.

Lösung 5.2.3

a) Gram-Schmidt-Orthonormalisierung:

$$\mathbf{w}_1 := \frac{\mathbf{v}_1}{\|\mathbf{v}_1\|} = \frac{1}{\sqrt{2}}(1,0,0,0,1)^T$$

$$\mathbf{u}_2 := \mathbf{v}_2 - \langle \mathbf{v}_2, \mathbf{w}_1 \rangle \mathbf{w}_1 = (1,0,1,0,0)^T - \frac{1}{\sqrt{2}}\frac{1}{\sqrt{2}}(1,0,0,0,1)^T = \frac{1}{2}(1,0,2,0,-1)^T$$

$$\mathbf{w}_2 := \frac{\mathbf{u}_2}{\|\mathbf{u}_2\|} = \frac{1}{\sqrt{6}}(1,0,2,0,-1)^T$$

$$\mathbf{u}_3 := \mathbf{v}_3 - \langle \mathbf{v}_3, \mathbf{w}_1 \rangle \mathbf{w}_1 - \langle \mathbf{v}_3, \mathbf{w}_2 \rangle \mathbf{w}_2$$
$$= (2,0,1,0,1)^T - \frac{3}{\sqrt{2}}\frac{1}{\sqrt{2}}(1,0,0,0,1)^T - \frac{3}{\sqrt{6}}\frac{1}{\sqrt{6}}(1,0,2,0,-1)^T = (0,0,0,0,0)^T$$

$$\mathbf{u}_4 := \mathbf{v}_4 - \langle \mathbf{v}_4, \mathbf{w}_1 \rangle \mathbf{w}_1 - \langle \mathbf{v}_4, \mathbf{w}_2 \rangle \mathbf{w}_2$$
$$= (0,0,0,1,0)^T - 0 \cdot \frac{1}{\sqrt{2}}(1,0,0,0,1)^T - 0 \cdot \frac{1}{\sqrt{6}}(1,0,2,0,-1)^T = (0,0,0,1,0)^T$$

$$\mathbf{w}_4 := \frac{\mathbf{u}_4}{\|\mathbf{u}_4\|} = \mathbf{u}_4$$

Damit ist $(\mathbf{w}_1, \mathbf{w}_2, \mathbf{w}_4)$ Orthonormalbasis von V. Außerdem gilt $\mathbf{v}_3 = \langle \mathbf{v}_3, \mathbf{w}_1 \rangle \mathbf{w}_1 - \langle \mathbf{v}_3, \mathbf{w}_2 \rangle \mathbf{w}_2$, d.h. $\mathbf{v}_3 \in \text{Spann}(\mathbf{w}_1, \mathbf{w}_2)$.

b) Nein, denn

$$\mathbf{u}_5 := \mathbf{v}_5 - \langle \mathbf{v}_5, \mathbf{w}_1 \rangle \mathbf{w}_1 - \langle \mathbf{v}_5, \mathbf{w}_2 \rangle \mathbf{w}_2 - \langle \mathbf{v}_5, \mathbf{w}_4 \rangle \mathbf{w}_4$$
$$= (0,1,0,1,0)^T - 0 \cdot \frac{1}{\sqrt{2}}(1,0,0,0,1)^T - 0 \cdot \frac{1}{\sqrt{6}}(1,0,2,0,-1)^T - (0,0,0,1,0)^T$$
$$= (0,1,0,0,0)^T \in V^\perp.$$

Lösung 5.2.4

Die Vektoren werden zeilenweise notiert. Durch Zeilenumformungen nach dem Gaußschen Eliminationsverfahren versucht man, in den unteren Zeilen Nullzeilen zu erzeugen:

$$\left\{\begin{array}{llll}(1, & 0, & 1, & 0) = \mathbf{v}_1^T \\ (1, & 1, & 1, & 1) = \mathbf{v}_2^T \\ (1, & 1, & 2, & 2) = \mathbf{v}_3^T \\ (0, & 1, & -1, & 0) = \mathbf{v}_4^T\end{array}\right\} \Rightarrow \left\{\begin{array}{llll}(1, & 0, & 1, & 0) = \mathbf{v}_1^T \\ (0, & 1, & 0, & 1) = \mathbf{v}_2^T - \mathbf{v}_1^T \\ (0, & 1, & 1, & 2) = \mathbf{v}_3^T - \mathbf{v}_1^T \\ (0, & 1, & -1, & 0) = \mathbf{v}_4^T\end{array}\right\}$$

$$\Rightarrow \left\{\begin{array}{llll}(1, & 0, & 1, & 0) = \mathbf{v}_1^T \\ (0, & 1, & 0, & 1) = \mathbf{v}_2^T - \mathbf{v}_1^T \\ (0, & 0, & 1, & 1) = \mathbf{v}_3^T - \mathbf{v}_2^T \\ (0, & 0, & 0, & 0) = \mathbf{v}_4^T + \mathbf{v}_3^T - 2\mathbf{v}_2^T + \mathbf{v}_1^T\end{array}\right\} \Rightarrow \dim W = 3$$

Als Basis von W können $\tilde{\mathbf{v}}_1 = (1,0,1,0)^T, \tilde{\mathbf{v}}_2 = (0,1,0,1)^T$ und $\tilde{\mathbf{v}}_3 = (0,0,1,1)^T$ genommen werden.
Gram-Schmidt-Orthonormalisierung:

$$\mathbf{w}_1 := \frac{\tilde{\mathbf{v}}_1}{\|\tilde{\mathbf{v}}_1\|} = \frac{1}{\sqrt{2}}(1,0,1,0)^T$$

$$\mathbf{u}_2 := \tilde{\mathbf{v}}_2 - \langle \tilde{\mathbf{v}}_2, \mathbf{w}_1 \rangle \mathbf{w}_1 = (0,1,0,1)^T - 0 \cdot \frac{1}{\sqrt{2}}(1,0,1,0)^T = (0,1,0,1)^T$$

$$\mathbf{w}_2 := \frac{\mathbf{u}_2}{\|\mathbf{u}_2\|} = \frac{1}{\sqrt{2}}(0,1,0,1)^T$$

$$\mathbf{u}_3 := \tilde{\mathbf{v}}_3 - \langle \tilde{\mathbf{v}}_3, \mathbf{w}_1 \rangle \mathbf{w}_1 - \langle \tilde{\mathbf{v}}_3, \mathbf{w}_2 \rangle \mathbf{w}_2 = (0,0,1,1)^T - \frac{1}{2}(1,0,1,0)^T - \frac{1}{2}(0,1,0,1)^T$$
$$= \frac{1}{2}(-1,-1,1,1)^T$$

$$\mathbf{w}_3 := \frac{\mathbf{u}_3}{\|\mathbf{u}_3\|} = \mathbf{u}_3$$

Als Orthonormalbasis von W können $\mathbf{w}_1, \mathbf{w}_2$ und $\mathbf{w}_3$ genommen werden. Die orthogonale Projektion auf W lautet:
$$\mathbf{P} = \sum_{i=1}^{3} \mathbf{w}_i \mathbf{w}_i^T = \frac{1}{4}\begin{pmatrix} 3 & 1 & 1 & -1 \\ 1 & 3 & -1 & 1 \\ 1 & -1 & 3 & 1 \\ -1 & 1 & 1 & 3 \end{pmatrix}.$$

Die orthogonale Projektion auf $W^\perp$ lautet:
$$\mathbf{Q} = \mathbf{I} - \mathbf{P} = \frac{1}{4}\begin{pmatrix} 1 & -1 & -1 & 1 \\ -1 & 1 & 1 & -1 \\ -1 & 1 & 1 & -1 \\ 1 & -1 & -1 & 1 \end{pmatrix}, \quad \min_{\mathbf{w}\in W}\|\mathbf{x}-\mathbf{w}\|_2 = \|\mathbf{x}-\mathbf{Px}\|_2 = \frac{1}{2}.$$

Lösung 5.2.5

a) Da $m \leq n$, gilt per Definition rang $\mathbf{A} = m$ genau dann, wenn die Spaltenvektoren $\mathbf{v}_1,\ldots,\mathbf{v}_m$ linear unabhängig sind. Zu zeigen ist also: $\mathbf{v}_1,\ldots,\mathbf{v}_m$ linear unabhängig $\Leftrightarrow \mathbf{A}^T\mathbf{A}$ regulär.

(i) $\mathbf{v}_1,\ldots,\mathbf{v}_m$ linear unabhängig $\Rightarrow \mathbf{A}^T\mathbf{A}$ ist regulär:
$\mathbf{A}^T\mathbf{A}\mathbf{x} = \mathbf{0} \Rightarrow \mathbf{x}^T\mathbf{A}^T\mathbf{A}\mathbf{x} = 0 \Rightarrow \langle \mathbf{Ax},\mathbf{Ax}\rangle = 0 \Rightarrow \|\mathbf{Ax}\| = 0 \Rightarrow \mathbf{Ax} = \mathbf{0} \Rightarrow \mathbf{x} = \mathbf{0}$

(ii) $\mathbf{A}^T\mathbf{A}$ ist regulär $\Rightarrow \mathbf{v}_1,\ldots,\mathbf{v}_m$ linear unabhängig: $\mathbf{Ax} = \mathbf{0} \Rightarrow \mathbf{A}^T\mathbf{Ax} = \mathbf{0} \Rightarrow \mathbf{x} = \mathbf{0}$

b) Es sei P die orthogonale Projektion des $\mathbb{R}^n$ auf W. Für $\mathbf{x} \in \mathbb{R}^n$ folgt $P(\mathbf{x}) \in W$ und $\mathbf{x} - P(\mathbf{x}) \in W^\perp$.

$$P(\mathbf{x}) \in W \Rightarrow P(\mathbf{x}) = \sum_{i=1}^{m} \lambda_i \mathbf{v}_i = \mathbf{A}\begin{pmatrix} y_1 \\ \vdots \\ y_n \end{pmatrix} =: \mathbf{Ay}$$

$$\mathbf{x} - P(\mathbf{x}) \in W^\perp \Rightarrow \langle \mathbf{v}_i, \mathbf{x} - P(\mathbf{x})\rangle = 0 \quad \text{für} \quad i = 1,\cdots,m$$

$$\Rightarrow \mathbf{v}_i^T(\mathbf{x} - \mathbf{Ay}) = 0 \quad \text{für} \quad i = 1,\cdots,m \Rightarrow \begin{pmatrix} \mathbf{v}_1^T(\mathbf{x}-\mathbf{Ay}) \\ \vdots \\ \mathbf{v}_n^T(\mathbf{x}-\mathbf{Ay}) \end{pmatrix} = \mathbf{0}$$

$$\Rightarrow \mathbf{A}^T(\mathbf{x} - \mathbf{Ay}) = \mathbf{0} \Rightarrow \mathbf{y} = (\mathbf{A}^T\mathbf{A})^{-1}\mathbf{A}^T\mathbf{x}$$

$$\Rightarrow P(\mathbf{x}) = \mathbf{Ay} = \mathbf{A}(\mathbf{A}^T\mathbf{A})^{-1}\mathbf{A}^T\mathbf{x}$$

c) Zunächst ergibt sich die Projektion auf Z nach b) durch: $\mathbf{Q} = \mathbf{v}_3(\mathbf{v}_3^T\mathbf{v}_3)^{-1}\mathbf{v}_3^T = \frac{1}{3}\begin{pmatrix} 1 & 1 & 1 \\ 1 & 1 & 1 \\ 1 & 1 & 1 \end{pmatrix}$.

Ein Blick auf die Vektoren ergibt $Z = W^\perp$. Damit erhält man die orthogonale Projektion auf W nach dem Projektionssatz (5.2.12) durch:

$$\mathbf{P} = \mathbf{I} - \mathbf{Q} = \frac{1}{3}\begin{pmatrix} 2 & -1 & -1 \\ -1 & 2 & -1 \\ -1 & -1 & 2 \end{pmatrix}.$$

Lösung 5.2.6

Gegeben sei der Polynomraum Π_{20} mit folgendem Skalarprodukt und zugehöriger Norm:

$$\langle p,q\rangle := \int_{-1}^{1} p(t)q(t)\,dt \quad \text{und} \quad \|p\| := \sqrt{\langle p,p\rangle}.$$

Gesucht ist dann dasjenige Polynom $a + bt \in \Pi_1$, das t^{20} im Sinne der obigen Norm am besten approximiert. Es gilt also $a + bt - t^{20} \perp \Pi_1 = \text{Spann}(1,t) \Leftrightarrow \langle 1, a+bt-t^{20}\rangle = 0$ und $\langle t, a+bt-t^{20}\rangle = 0$

$$\Leftrightarrow \begin{pmatrix} \int_{-1}^{1} 1\cdot 1\,dt & \int_{-1}^{1} 1\cdot t\,dt \\ \int_{-1}^{1} t\cdot 1\,dt & \int_{-1}^{1} t\cdot t\,dt \end{pmatrix}\begin{pmatrix} a \\ b \end{pmatrix} = \begin{pmatrix} \int_{-1}^{1} 1\cdot t^{20}\,dt \\ \int_{-1}^{1} t\cdot t^{20}\,dt \end{pmatrix}$$

$$\Rightarrow \begin{pmatrix} 2 & 0 \\ 0 & \frac{2}{3} \end{pmatrix} \begin{pmatrix} a \\ b \end{pmatrix} = \begin{pmatrix} \frac{2}{21} \\ 0 \end{pmatrix} \Rightarrow \begin{pmatrix} a \\ b \end{pmatrix} = \begin{pmatrix} \frac{1}{21} \\ 0 \end{pmatrix}.$$

Lösung 5.2.7

a) $p(t) := a + bt + ct^2 \in W^\perp \Rightarrow 0 = \langle p(t), t^2 + 1 \rangle = \int_0^1 (a + bt + ct^2)(t^2 + 1)\, dt = \frac{4}{3}a + \frac{3}{4}b + \frac{8}{15}c.$

Diese Gleichung ist für $c = -\frac{5}{2}a - \frac{45}{32}b$ erfüllt. Damit ist

$$p(t) = a + bt + \left(-\frac{5}{2}a - \frac{45}{32}b\right)t^2 = a\left(1 - \frac{5}{2}t^2\right) + b\left(t - \frac{45}{32}t^2\right).$$

Also gilt $W^\perp = \mathrm{Spann}\left(1 - \frac{5}{2}t^2, t - \frac{45}{32}t^2\right)$.

b) Gram-Schmidt-Orthonormalisierung:

$$q_1 := \frac{p_1}{\|p_1\|} = 1,$$

$$\tilde{q}_2 := p_2 - \langle p_2, q_1 \rangle q_1 = t - \int_0^1 t \cdot 1\, dt \cdot 1 = t - \frac{1}{2},$$

$$q_2 := \frac{\tilde{q}_2}{\|\tilde{q}_2\|} = \frac{t - 1/2}{\sqrt{\int_0^1 (t - 1/2)^2\, dt}} = \sqrt{3}(2t - 1),$$

$$\tilde{q}_3 := p_3 - \langle p_3, q_1 \rangle q_1 - \langle p_3, q_2 \rangle q_2$$

$$= t^2 - \int_0^1 t^2 \cdot 1\, dt \cdot 1 - \int_0^1 t^2 \sqrt{3}(2t - 1)\, dt \cdot \sqrt{3}(2t - 1) = \frac{1}{6} - t + t^2,$$

$$q_3 := \frac{\tilde{q}_3}{\|\tilde{q}_3\|} = \frac{1/6 - t + t^2}{\sqrt{\int_0^1 (1/6 - t + t^2)^2\, dt}} = \sqrt{5}(6t^2 - 6t + 1).$$

Die Polynome $q_1 = 1$, $q_2 = \sqrt{3}(2t - 1)$ und $q_3 = \sqrt{5}(6t^2 - 6t + 1)$ bilden also bezüglich des gegebenen Skalarproduktes eine Orthonormalbasis von Π_2.

L.5.3 Orthogonale Transformationen

Lösung 5.3.1 $\mathbf{A}$ symmetrisch $\Rightarrow \mathbf{A} = \begin{pmatrix} 1/3 & 2/3 & 2/3 \\ 2/3 & a_1 & a_2 \\ 2/3 & a_2 & a_3 \end{pmatrix}$; $\mathbf{A}$ orthogonal

$$\Rightarrow \mathbf{I} = \mathbf{A}^T \mathbf{A} = \begin{pmatrix} 1 & 2/3(1/3 + a_1 + a_2) & 2/3(1/3 + a_2 + a_3) \\ 2/3(1/3 + a_1 + a_2) & 4/9 + a_1^2 + a_2^2 & 4/9 + a_1 a_2 + a_2 a_3 \\ 2/3(1/3 + a_2 + a_3) & 4/9 + a_1 a_2 + a_2 a_3 & 4/9 + a_2^2 + a_3^2 \end{pmatrix}$$

Man erhält damit zwei lineare und drei quadratische Gleichungen. Die beiden linearen Gleichungssysteme $2/3(1/3 + a_1 + a_2) = 0$ und $2/3(1/3 + a_2 + a_3) = 0$ besitzen die Lösung $(a_1, a_2, a_3) = 1/3(-1 - \lambda, \lambda, -1 - \lambda)$ mit $\lambda \in \mathbb{R}$. Eingesetzt in die quadratische Gleichung $4/9 + a_1^2 + a_2^2 = 1$ oder $4/9 + a_2^2 + a_3^2 = 1$ ergeben sich die Lösungen $\lambda = 1$ und $\lambda = -2$. Beide Lösungen erfüllen auch die letzte der quadratischen Gleichungen $4/9 + a_1 a_2 + a_2 a_3 = 0$.

Damit ergeben sich die zwei Lösungen der Aufgabe

$$\mathbf{A}_1 = \frac{1}{3}\begin{pmatrix} 1 & 2 & 2 \\ 2 & -2 & 1 \\ 2 & 1 & -2 \end{pmatrix} \quad \text{und} \quad \mathbf{A}_2 = \frac{1}{3}\begin{pmatrix} 1 & 2 & 2 \\ 2 & 1 & -2 \\ 2 & -2 & 1 \end{pmatrix}.$$

Lösung 5.3.2

a) Wegen $\mathbf{B}^T\mathbf{B} = 5\mathbf{I}$ ist $\mathbf{B}$ nicht orthogonal und damit keine Drehung. Es gilt $\mathbf{A}^T\mathbf{A} = \mathbf{I}$, $\mathbf{C}^T\mathbf{C} = \mathbf{I}$, $\det \mathbf{A} = -1$ und $\det \mathbf{C} = 1$, daher ist $\mathbf{A}$ eine Spiegelung und $\mathbf{C}$ eine Drehung.

b) Wegen $\mathbf{D}^T\mathbf{D} = \mathbf{I}$ und $\det \mathbf{D} = 1$ ist $\mathbf{D}$ eine Drehung. Die Drehachse erfüllt die Bedingung $\mathbf{Dd} = \mathbf{d} \Leftrightarrow (\mathbf{D} - \mathbf{I})\mathbf{d} = \mathbf{0}$

$$\Rightarrow \begin{pmatrix} -1 & 1 & -4 & | & 0 \\ 4 & -13 & 7 & | & 0 \\ -1 & -8 & -13 & | & 0 \end{pmatrix} \to \begin{pmatrix} -1 & 1 & -4 & | & 0 \\ 0 & -9 & -9 & | & 0 \\ 0 & 0 & 0 & | & 0 \end{pmatrix}.$$

Die Drehachse wird also durch $\mathbf{d} = (-5, -1, 1)^T$ erzeugt. Zur Bestimmung des Drehwinkels φ wird ein vom Nullvektor verschiedener Vektor $\mathbf{v}$ gewählt, der senkrecht auf der Drehachse steht, beispielsweise $\mathbf{v} = (0, 1, 1)^T$. Dann ist

$$\cos\varphi = \frac{\langle \mathbf{v}, \mathbf{Dv}\rangle}{\|\mathbf{v}\| \cdot \|\mathbf{Dv}\|} = \frac{\left\langle \begin{pmatrix} 0 \\ 1 \\ 1 \end{pmatrix}, \frac{1}{3}\begin{pmatrix} -1 \\ 1 \\ -4 \end{pmatrix}\right\rangle}{\sqrt{2} \cdot \frac{1}{3}\sqrt{18}} = -\frac{1}{2} \Rightarrow \varphi = \pm\frac{2}{3}\pi.$$

Lösung 5.3.3

a) $\mathbf{w}_1 = \frac{1}{\sqrt{3}}\begin{pmatrix} 1 \\ 1 \\ -1 \end{pmatrix}$, $\mathbf{w}_2 = \frac{1}{\sqrt{2}}\begin{pmatrix} 1 \\ 0 \\ 1 \end{pmatrix}$, $\mathbf{w}_3 = \mathbf{w}_1 \times \mathbf{w}_2 = \frac{1}{\sqrt{6}}\begin{pmatrix} 1 \\ -2 \\ -1 \end{pmatrix}$

b) $\mathbf{A} = \begin{pmatrix} 1 & 0 & 0 \\ 0 & \cos\pi/2 & -\sin\pi/2 \\ 0 & \sin\pi/2 & \cos\pi/2 \end{pmatrix} = \begin{pmatrix} 1 & 0 & 0 \\ 0 & 0 & -1 \\ 0 & 1 & 0 \end{pmatrix}$

c) Die Matrix des Basiswechsels $(\mathbf{w}_k) \to (\mathbf{e}_j)$ ist $\mathbf{S}^{-1} = (\mathbf{w}_1|\mathbf{w}_2|\mathbf{w}_3)$. Wegen der Orthogonalität ist $\mathbf{S} = \mathbf{S}^{-T}$, also

$$\mathbf{S} = \begin{pmatrix} \frac{1}{\sqrt{3}} & \frac{1}{\sqrt{3}} & -\frac{1}{\sqrt{3}} \\ \frac{1}{\sqrt{2}} & 0 & \frac{1}{\sqrt{2}} \\ \frac{1}{\sqrt{6}} & -\frac{2}{\sqrt{6}} & -\frac{1}{\sqrt{6}} \end{pmatrix} \quad \text{und} \quad \mathbf{S}^T = \mathbf{S}^{-1} = \begin{pmatrix} \frac{1}{\sqrt{3}} & \frac{1}{\sqrt{2}} & \frac{1}{\sqrt{6}} \\ \frac{1}{\sqrt{3}} & 0 & -\frac{2}{\sqrt{6}} \\ -\frac{1}{\sqrt{3}} & \frac{1}{\sqrt{2}} & -\frac{1}{\sqrt{6}} \end{pmatrix}.$$

d) $\mathbf{B} = \mathbf{S}^T\mathbf{A}\mathbf{S} = \frac{1}{3}\begin{pmatrix} 1 & 1+\sqrt{3} & -1+\sqrt{3} \\ 1-\sqrt{3} & 1 & -1-\sqrt{3} \\ -1-\sqrt{3} & -1+\sqrt{3} & 1 \end{pmatrix}$

Lösung 5.3.4

Die die linearen Abbildungen T_i darstellenden Matrizen werden mit $\mathbf{T}_i$ bezeichnet. Wegen $\mathbf{T}_1^T\mathbf{T}_1 = \mathbf{I}$ und $\det \mathbf{T}_1 = 1$ ist T_1 eine Drehung. Die Drehachse erfüllt die Bedingung $\mathbf{T}_1\mathbf{v} = \mathbf{v} \Leftrightarrow (\mathbf{T}_1 - \mathbf{I})\mathbf{v} = \mathbf{0}$

$$\Rightarrow \begin{pmatrix} -10 & 10 & 10 & | & 0 \\ -2 & -4 & -10 & | & 0 \\ -14 & 2 & -10 & | & 0 \end{pmatrix} \to \begin{pmatrix} -10 & 10 & 10 & | & 0 \\ 0 & -6 & -12 & | & 0 \\ 0 & 0 & 0 & | & 0 \end{pmatrix}.$$

Die Drehachse wird also durch $\mathbf{v} = (1, 2, -1)^T$ erzeugt. Zur Bestimmung des Drehwinkels φ wird ein vom Nullvektor verschiedener Vektor $\mathbf{w}$ gewählt, der senkrecht auf der Drehachse steht, beispielsweise $\mathbf{w} = (1, 0, 1)^T$. Dann ist

$$\cos\varphi = \frac{\langle \mathbf{w}, T_1(\mathbf{w})\rangle}{\|\mathbf{w}\| \cdot \|T_1(\mathbf{w})\|} = \frac{\left\langle \begin{pmatrix} 1 \\ 0 \\ 1 \end{pmatrix}, \frac{1}{15}\begin{pmatrix} 15 \\ -12 \\ -9 \end{pmatrix}\right\rangle}{\sqrt{2} \cdot \sqrt{2}} = \frac{1}{5} \Rightarrow \varphi = \pm 78.46°\ldots$$

Wegen $\mathbf{T}_2^T\mathbf{T}_2 = \mathbf{I}$ und $\det \mathbf{T}_2 = -1$ ist T_2 eine Umlegung. Eine reine Spiegelung liegt nur dann vor, wenn es eine Ebene E gibt, so dass für alle $\mathbf{v} \in E$ gilt $\mathbf{T}_2\mathbf{v} = \mathbf{v} \Leftrightarrow (\mathbf{T}_2 - \mathbf{I})\mathbf{v} = \mathbf{0}$

$$\Rightarrow \begin{pmatrix} -8 & -4 & 8 & | & 0 \\ -4 & -2 & 4 & | & 0 \\ 8 & 4 & -8 & | & 0 \end{pmatrix} \to \begin{pmatrix} -8 & -4 & 8 & | & 0 \\ 0 & 0 & 0 & | & 0 \\ 0 & 0 & 0 & | & 0 \end{pmatrix}.$$

Damit liegt eine reine Spiegelung vor, wobei die Spiegelebene die Hessesche Normalform $\frac{2}{3}v_1 + \frac{1}{3}v_2 - \frac{2}{3}v_3 = 0$ besitzt.

Lösung 5.3.5

Für den Ansatz $\mathbf{Ha} = \alpha\mathbf{e}_1$ kommt aufgrund der Orthogonalität von $\mathbf{H}$,

die $3 = \|\mathbf{a}\| = \|\mathbf{Ha}\| = \|\alpha\mathbf{e}_1\| = |\alpha|$ ergibt, nur $\alpha = \pm\|\mathbf{a}\| = \pm 3$ in Frage.

Die Hyperebene, an der die Householder-Matrix $\mathbf{H}$ spiegelt, ist gerade der Orthogonalraum zu $\mathbf{w}$, denn es gilt $\mathbf{Hw} = -\mathbf{w}$ und $\mathbf{Hv} = \mathbf{v}$ für alle $\mathbf{v} \in \mathbb{R}^4$ mit $\mathbf{w}^T\mathbf{v} = 0$. Da auch der Vektor $\mathbf{u} := \mathbf{a} - \mathbf{Ha} = \mathbf{a} - \alpha\mathbf{e}_1 = \mathbf{a} \mp 3\mathbf{e}_1$ senkrecht zur Hyperebene steht, gibt es zwei mögliche Hyperebenen, deren Normalenvektoren $\mathbf{w}_i$, $i = 1,2$ sich durch Normierung aus $\mathbf{u}$ berechnen lassen:

$$\mathbf{w}_1 = \pm\frac{\mathbf{a} - 3\mathbf{e}_1}{\|\mathbf{a} - 3\mathbf{e}_1\|} = \pm\frac{1}{\sqrt{3}}\begin{pmatrix} -1 \\ 1 \\ 0 \\ 1 \end{pmatrix} \quad \text{und} \quad \mathbf{w}_2 = \pm\frac{\mathbf{a} + 3\mathbf{e}_1}{\|\mathbf{a} + 3\mathbf{e}_1\|} = \pm\frac{1}{\sqrt{6}}\begin{pmatrix} 2 \\ 1 \\ 0 \\ 1 \end{pmatrix}.$$

Dies führt auf die beiden Householder-Matrizen $\mathbf{H}_i = \mathbf{I}_4 - 2\mathbf{w}_i\mathbf{w}_i^T$ mit $\mathbf{H}_1\mathbf{a} = 3\mathbf{e}_1$ und $\mathbf{H}_2\mathbf{a} = -3\mathbf{e}_1$:

$$\mathbf{H}_1 = \frac{1}{3}\begin{pmatrix} 1 & 2 & 0 & 2 \\ 2 & 1 & 0 & -2 \\ 0 & 0 & 3 & 0 \\ 2 & -2 & 0 & 1 \end{pmatrix} \quad \text{und} \quad \mathbf{H}_2 = \frac{1}{3}\begin{pmatrix} -1 & -2 & 0 & -2 \\ -2 & 2 & 0 & -1 \\ 0 & 0 & 3 & 0 \\ -2 & -1 & 0 & 2 \end{pmatrix}.$$

Lösung 5.3.6

a) Householder-Matrizen sind Längen erhaltend. Da $\|\mathbf{a}\| = 5 = \|\mathbf{b}\|$ gilt, wird es also eine solche Householder-Matrix $\mathbf{H} = \mathbf{I} - 2\mathbf{w}\mathbf{w}^T$ mit $\|\mathbf{w}\| = 1$ geben. Die Hyperebene, an der die Householder-Matrix $\mathbf{H}$ spiegelt, ist der Orthogonalraum zu $\mathbf{w}$, denn es gilt $\mathbf{Hw} = -\mathbf{w}$ und $\mathbf{Hv} = \mathbf{v}$ für alle $\mathbf{v} \in \mathbb{R}^6$ mit $\mathbf{w}^T\mathbf{v} = 0$. Da der Vektor $\mathbf{a} - \mathbf{Ha} = \mathbf{a} - \mathbf{b}$ senkrecht zur Hyperebene steht, ergibt sich der Normalenvektoren $\mathbf{w}$ der Ebene durch Normierung

$$\mathbf{w} = \pm\frac{\mathbf{a} - \mathbf{b}}{\|\mathbf{a} - \mathbf{b}\|} = \pm\frac{1}{2\sqrt{2}}(-1, 0, 2, 1, 1, 1)^T.$$

Dies führt auf die Householder-Matrix

$$\mathbf{H} = \frac{1}{4}\begin{pmatrix} 3 & 0 & 2 & 1 & 1 & 1 \\ 0 & 4 & 0 & 0 & 0 & 0 \\ 2 & 0 & 0 & -2 & -2 & -2 \\ 1 & 0 & -2 & 3 & -1 & -1 \\ 1 & 0 & -2 & -1 & 3 & -1 \\ 1 & 0 & -2 & -1 & -1 & 3 \end{pmatrix}.$$

b) Zufällig liegt $\mathbf{e}_2$ in der Hyperebene von $\mathbf{H}$, denn $\mathbf{w}^T\mathbf{e}_2 = 0$. Also gilt $\mathbf{He}_2 = \mathbf{e}_2$ und $\mathbf{x} = \mathbf{e}_2$ ist die Lösung. Wäre dies nicht der Fall, so ist allgemein $\mathbf{x} = \mathbf{H}^T\mathbf{e}_2 = \mathbf{He}_2$ die Lösung.

Lösung 5.3.7

a) Mit $\mathbf{H}_w := -\mathbf{D}_w$ werde die $\mathbf{D}_w$ zugeordnete Householder-Matrix bezeichnet. $\mathbf{D}_w$ ist eine Drehung, denn es gilt $\mathbf{D}_w^T\mathbf{D}_w = (-\mathbf{H}_w^T)(-\mathbf{H}_w) = \mathbf{H}_w^T\mathbf{H}_w = \mathbf{I}_3$ und

$\det \mathbf{D}_w = \det(-\mathbf{H}_w) = (-1)^3 \det \mathbf{H}_w = (-1)^3(-1) = 1$ (vgl. Aufgabe 4.5.12 c)).

Die Drehachse ist gegeben durch $\mathbf{w}$, denn $\mathbf{D}_w\mathbf{w} = -(\mathbf{I}_3 - 2\mathbf{w}\mathbf{w}^T)\mathbf{w} = -\mathbf{w} + 2\mathbf{w}(\mathbf{w}^T\mathbf{w}) = \mathbf{w}$.
Sei $\mathbf{v} \in \mathbb{R}^3$ mit $\|\mathbf{v}\| = 1$ und $\mathbf{w}^T\mathbf{v} = 0$ gegeben, dann gilt $\mathbf{D}_w\mathbf{v} = -(\mathbf{I}_3 - 2\mathbf{w}\mathbf{w}^T)\mathbf{v} = -\mathbf{v}$, und der Drehwinkel wird berechnet durch

$$\cos\varphi = \frac{\langle \mathbf{v}, \mathbf{D}_w\mathbf{v}\rangle}{\|\mathbf{v}\| \cdot \|\mathbf{D}_w\mathbf{v}\|} = \frac{\langle \mathbf{v}, -\mathbf{v}\rangle}{1 \cdot 1} = -1 \Rightarrow \varphi = \pm\pi.$$

L.5.3 Orthogonale Transformationen

b) $\mathbf{D}_w \mathbf{a} = -(\mathbf{I}_3 - 2\mathbf{w}\mathbf{w}^T)\mathbf{a} = -\mathbf{a} + 2\dfrac{\mathbf{a}+\mathbf{b}}{\|\mathbf{a}+\mathbf{b}\|} \cdot \dfrac{\mathbf{a}^T+\mathbf{b}^T}{\|\mathbf{a}+\mathbf{b}\|}\mathbf{a} = -\mathbf{a} + (\mathbf{a}+\mathbf{b})\dfrac{2(\mathbf{a}^T+\mathbf{b}^T)\mathbf{a}}{\langle \mathbf{a}+\mathbf{b}, \mathbf{a}+\mathbf{b}\rangle}$

$= -\mathbf{a} + (\mathbf{a}+\mathbf{b})\dfrac{2\mathbf{a}^T\mathbf{a}+2\mathbf{b}^T\mathbf{a}}{\mathbf{a}^T\mathbf{a}+2\mathbf{b}^T\mathbf{a}+\mathbf{b}^T\mathbf{b}} = -\mathbf{a} + (\mathbf{a}+\mathbf{b})\dfrac{2\mathbf{a}^T\mathbf{a}+2\mathbf{b}^T\mathbf{a}}{2\mathbf{a}^T\mathbf{a}+2\mathbf{b}^T\mathbf{a}} = \mathbf{b}$

c) Setze $\mathbf{b} = \alpha \mathbf{e}_3$, wegen $\|\mathbf{a}\| = 3 = \|\mathbf{b}\|$ ist $\alpha = \pm 3$. Damit gibt es die beiden Möglichkeiten

$$\mathbf{w}_1 = \dfrac{\mathbf{a}+3\mathbf{e}_3}{\|\mathbf{a}+3\mathbf{e}_3\|} = \dfrac{1}{\sqrt{3}}\begin{pmatrix}1\\1\\1\end{pmatrix} \quad \text{und} \quad \mathbf{w}_2 = \dfrac{\mathbf{a}-3\mathbf{e}_3}{\|\mathbf{a}-3\mathbf{e}_3\|} = \dfrac{1}{\sqrt{6}}\begin{pmatrix}1\\1\\-2\end{pmatrix}.$$

Dies führt auf die beiden Drehmatrizen $\mathbf{D}_1 = \dfrac{1}{3}\begin{pmatrix}-1 & 2 & 2\\ 2 & -1 & 2\\ 2 & 2 & -1\end{pmatrix}$ und $\mathbf{D}_2 = \dfrac{1}{3}\begin{pmatrix}-2 & 1 & -2\\ 1 & -2 & -2\\ -2 & -2 & 1\end{pmatrix}$ mit $\mathbf{D}_1\mathbf{a} = 3\mathbf{e}_3$ und $\mathbf{D}_2\mathbf{a} = -3\mathbf{e}_3$.

L.6 Lineare Ausgleichsprobleme

L.6.1 Problemstellung, Normalgleichungen

Lösung 6.1.1

a) Das zugehörige überbestimmte Gleichungssystem lautet $\mathbf{Ax} = \mathbf{b}$ mit

$$\mathbf{A} = \begin{pmatrix} 1 & -2 \\ 1 & -1 \\ 1 & 0 \\ 1 & 1 \\ 1 & 2 \end{pmatrix}, \quad \mathbf{x} = \begin{pmatrix} a_1 \\ a_2 \end{pmatrix} \quad \text{und} \quad \mathbf{b} = \begin{pmatrix} 2 \\ 3 \\ 3 \\ 4 \\ 3 \end{pmatrix}.$$

Die Normalgleichungen $\mathbf{A}^T\mathbf{Ax} = \mathbf{A}^T\mathbf{b}$ mit $\mathbf{A}^T\mathbf{A} = \begin{pmatrix} 5 & 0 \\ 0 & 10 \end{pmatrix}$ und $\mathbf{A}^T\mathbf{b} = \begin{pmatrix} 15 \\ 3 \end{pmatrix}$ führen zur Lösung $a_1 = 3$ und $a_2 = 0.3$ $\Rightarrow$ $g(t) = 3 + \dfrac{3}{10}t$.

b) Das zugehörige überbestimmte Gleichungssystem lautet $\mathbf{Ax} = \mathbf{b}$ mit

$$\mathbf{A} = \begin{pmatrix} 1 & 4 \\ 1 & 1 \\ 1 & 0 \\ 1 & 1 \\ 1 & 4 \end{pmatrix}, \quad \mathbf{x} = \begin{pmatrix} b_1 \\ b_2 \end{pmatrix} \quad \text{und} \quad \mathbf{b} = \begin{pmatrix} 2 \\ 3 \\ 3 \\ 4 \\ 3 \end{pmatrix}.$$

Die Normalgleichungen $\mathbf{A}^T\mathbf{Ax} = \mathbf{A}^T\mathbf{b}$ mit $\mathbf{A}^T\mathbf{A} = \begin{pmatrix} 5 & 10 \\ 10 & 34 \end{pmatrix}$ und $\mathbf{A}^T\mathbf{b} = \begin{pmatrix} 15 \\ 27 \end{pmatrix}$ führen zur Lösung $a_1 = \dfrac{24}{7}$ und $a_2 = -\dfrac{3}{14}$ $\Rightarrow$ $p(t) = \dfrac{24}{7} - \dfrac{3}{14}t^2$.

Lösung 6.1.2

a) Das zugehörige überbestimmte Gleichungssystem lautet $\mathbf{Ax} = \mathbf{b}$ mit

$$\mathbf{A} = \begin{pmatrix} -2 & 1 \\ -1 & 1 \\ 0 & 1 \\ 1 & 1 \end{pmatrix}, \quad \mathbf{x} = \begin{pmatrix} a \\ b \end{pmatrix} \quad \text{und} \quad \mathbf{b} = \begin{pmatrix} 2 \\ 0 \\ 1 \\ 2 \end{pmatrix}.$$

Die Normalgleichungen $\mathbf{A}^T\mathbf{Ax} = \mathbf{A}^T\mathbf{b}$ mit $\mathbf{A}^T\mathbf{A} = \begin{pmatrix} 6 & -2 \\ -2 & 4 \end{pmatrix}$ und $\mathbf{A}^T\mathbf{b} = \begin{pmatrix} -2 \\ 5 \end{pmatrix}$ führen zur Lösung $a = \dfrac{1}{10}$ und $b = \dfrac{13}{10}$ $\Rightarrow$ $y = \dfrac{1}{10}x + \dfrac{13}{10}$.

b) Das zugehörige überbestimmte Gleichungssystem lautet $\mathbf{Ax} = \mathbf{b}$ mit

$$\mathbf{A} = \begin{pmatrix} 1 & -4 & 16 \\ 1 & -2 & 4 \\ 1 & -1 & 1 \\ 1 & 1 & 1 \\ 1 & 2 & 4 \\ 1 & 4 & 16 \end{pmatrix}, \quad \mathbf{x} = \begin{pmatrix} a_1 \\ a_2 \\ a_3 \end{pmatrix} \quad \text{und} \quad \mathbf{b} = \begin{pmatrix} 3 \\ 2 \\ 1 \\ -1 \\ -2 \\ -3 \end{pmatrix}.$$

Die Normalgleichungen $\mathbf{A}^T\mathbf{Ax} = \mathbf{A}^T\mathbf{b}$ mit $\mathbf{A}^T\mathbf{A} = \begin{pmatrix} 6 & 0 & 42 \\ 0 & 42 & 0 \\ 42 & 0 & 546 \end{pmatrix}$ und $\mathbf{A}^T\mathbf{b} = \begin{pmatrix} 0 \\ -34 \\ 0 \end{pmatrix}$ führen zur Lösung $a_1 = 0$, $a_2 = -\dfrac{17}{21}$ und $a_3 = 0$ $\Rightarrow$ $p(x) = -\dfrac{17}{21}x$.

Aufgaben und Lösungen zu Mathematik für Ingenieure 1, 4.Aufl., R. Ansorge, H. J. Oberle, K. Rothe und Th. Sonar
Copyright © 2010 WILEY-VCH Verlag GmbH & Co. KGaA, Weinheim
ISBN: 978-3-527-40987-7

Lösung 6.1.3
Die Normalgleichungen $\mathbf{A}^T\mathbf{A}\mathbf{x} = \mathbf{A}^T\mathbf{b}$ lauten: $\begin{pmatrix} 166 & 188 \\ 188 & 214 \end{pmatrix} \mathbf{x} = \begin{pmatrix} 210 \\ 240 \end{pmatrix}$ $\Rightarrow$ $\mathbf{x} = \begin{pmatrix} -1 \\ 2 \end{pmatrix}$.

Lösung 6.1.4
Die Messpunkte für $N = 4$ lauten

t_i	0	1	2	3	4
f_i	1	$\frac{1}{2}$	$\frac{1}{3}$	$\frac{1}{4}$	$\frac{1}{5}$

Der Hinweis führt zu dem Ansatz $p(t) = c_0 + c_1 t + c_2 t(t-4) + c_3 (t-4)t^2$. Forderung a) ergibt $p(0) = 1 \Rightarrow c_0 = 1$ und $p(4) = \frac{1}{5} \Rightarrow c_1 = -\frac{1}{5}$. Damit vereinfacht sich p zu
$p(t) = 1 - \frac{1}{5}t + c_2 t(t-4) + c_3 (t-4)t^2$.
Es verbleibt das überbestimmte Gleichungssystem in den Unbekannten c_2 und c_3:

$$\left\{ \begin{array}{rcl} \frac{1}{2} & = & p(1) = 1 - \frac{1}{5} - 3c_2 - 3c_3 \\ \frac{1}{3} & = & p(2) = 1 - \frac{2}{5} - 4c_2 - 8c_3 \\ \frac{1}{4} & = & p(3) = 1 - \frac{3}{5} - 3c_2 - 9c_3 \end{array} \right. \Leftrightarrow \begin{pmatrix} -3 & -3 \\ -4 & -8 \\ -3 & -9 \end{pmatrix} \begin{pmatrix} c_2 \\ c_3 \end{pmatrix} = \frac{1}{60} \begin{pmatrix} -18 \\ -16 \\ -9 \end{pmatrix}.$$

Die Forderung b) führt zu den Normalgleichungen $\begin{pmatrix} 34 & 68 \\ 68 & 154 \end{pmatrix} \begin{pmatrix} c_2 \\ c_3 \end{pmatrix} = \frac{1}{60} \begin{pmatrix} 145 \\ 263 \end{pmatrix}$ mit der Lösung $c_2 = \frac{247}{2040}$ und $c_3 = -\frac{1}{40}$ $\Rightarrow$ $p(t) = 1 - \frac{1}{5}t + \frac{247}{2040}t(t-4) - \frac{1}{40}(t-4)t^2$.

Lösung 6.1.5
Die Transformation ergibt die Ansatzfunktion $z(v) = av + b$ mit den Messwerten

v_i	10	20	25	30	40	50
z_i	0.4	0.5	0.56	2/3	0.74	0.84

Das zugehörige überbestimmte Gleichungssystem lautet $\mathbf{A}\mathbf{x} = \mathbf{b}$ mit

$$\mathbf{A} = \begin{pmatrix} 10 & 1 \\ 20 & 1 \\ 25 & 1 \\ 30 & 1 \\ 40 & 1 \\ 50 & 1 \end{pmatrix}, \quad \mathbf{x} = \begin{pmatrix} a \\ b \end{pmatrix} \quad \text{und} \quad \mathbf{b} = \begin{pmatrix} 0.4 \\ 0.5 \\ 0.56 \\ 2/3 \\ 0.74 \\ 0.84 \end{pmatrix}.$$

Die Normalgleichungen $\mathbf{A}^T\mathbf{A}\mathbf{x} = \mathbf{A}^T\mathbf{b}$ mit $\mathbf{A}^T\mathbf{A} = \begin{pmatrix} 6125 & 175 \\ 175 & 6 \end{pmatrix}$ und $\mathbf{A}^T\mathbf{b} = \begin{pmatrix} 120 \\ 3.71\overline{6} \end{pmatrix}$

ergeben $a = 0.011360\ldots$ und $b = 0.28813\ldots$ $\Rightarrow$ $s(v) \approx 0.011360v + 0.28813$.

$\mathbf{r} := \mathbf{A}\mathbf{x} - \mathbf{b} \approx (0.0017, 0.0153, 0.0121, -0.0377, -0.0075, 0.0161)^T$ $\Rightarrow$ $\|\mathbf{r}\| \approx 0.0461$.

L.6.2 Die QR-Zerlegung

Lösung 6.2.1
1. Schritt: Es sei $\mathbf{A} = \mathbf{A}^{(1)} = (\mathbf{a}^1|\mathbf{a}^2) = (a_{ij})$.

Bestimme $\mathbf{H}^{(1)}$, so dass $\mathbf{a}^1$ auf den Vektor $-\text{sgn}(a_{1,1}) \cdot \|\mathbf{a}^1\| \cdot \mathbf{e}_1$ gespiegelt wird. Dies ist der Fall für $\mathbf{H}^{(1)} = \mathbf{I} - 2\mathbf{w}_1\mathbf{w}_1^T$ mit

$$\mathbf{w}_1 = \frac{\mathbf{a}^1 + \text{sgn}(a_{1,1}) \cdot \|\mathbf{a}^1\| \cdot \mathbf{e}_1}{\|\mathbf{a}^1 + \text{sgn}(a_{1,1}) \cdot \|\mathbf{a}^1\| \cdot \mathbf{e}_1\|} = \frac{1}{\sqrt{30}} \begin{pmatrix} 5 \\ 1 \\ 2 \end{pmatrix}.$$

Berechne

$$\mathbf{H}^{(1)}\mathbf{a}^2 = \mathbf{a}^2 - 2\mathbf{w}_1(\mathbf{w}_1^T\mathbf{a}_2) = \begin{pmatrix} 0 \\ 4 \\ 1 \end{pmatrix} - \frac{2}{5} \begin{pmatrix} 5 \\ 1 \\ 2 \end{pmatrix} = \frac{1}{5} \begin{pmatrix} -10 \\ 18 \\ 1 \end{pmatrix},$$

$$\mathbf{H}^{(1)}\mathbf{b} = \mathbf{b} - 2\mathbf{w}_1(\mathbf{w}_1^T\mathbf{b}) = \begin{pmatrix} 2 \\ 5 \\ 3 \end{pmatrix} - \frac{7}{5} \begin{pmatrix} 5 \\ 1 \\ 2 \end{pmatrix} = \frac{1}{5} \begin{pmatrix} -25 \\ 18 \\ 1 \end{pmatrix}.$$

Das durch $\mathbf{H}^{(1)}$ transformierte Problem $\|\mathbf{A}\mathbf{x} - \mathbf{b}\| = \|\mathbf{H}^{(1)}(\mathbf{A}\mathbf{x} - \mathbf{b})\|$ =min! besitzt nach dem 1. Schritt also die Gestalt

$$\left\| \begin{pmatrix} -3 & -2 \\ 0 & \frac{18}{5} \\ 0 & \frac{1}{5} \end{pmatrix} \mathbf{x} - \begin{pmatrix} -5 \\ \frac{18}{5} \\ \frac{1}{5} \end{pmatrix} \right\| = \min!$$

2. Schritt: Es sei $\mathbf{H}^{(1)}\mathbf{A} = \mathbf{A}^{(2)} = (\tilde{a}_{ij})$ und $\mathbf{H}^{(1)}\mathbf{b} = (\tilde{b}_1, \tilde{b}_2, \tilde{b}_3)^T$.

Bestimme $\mathbf{H}^{(2)}$, so dass

$$\mathbf{H}^{(2)} \begin{pmatrix} \tilde{a}_{2,2} \\ \tilde{a}_{2,3} \end{pmatrix} = -\text{sgn}(\tilde{a}_{2,2}) \cdot \left\| \begin{pmatrix} \tilde{a}_{2,2} \\ \tilde{a}_{2,3} \end{pmatrix} \right\| \cdot \mathbf{e}_1 = \begin{pmatrix} -\sqrt{13} \\ 0 \end{pmatrix}.$$

$\mathbf{H}^{(2)}$ muss hier nicht extra berechnet werden, denn zufällig ist $(\tilde{a}_{2,2}, \tilde{a}_{2,3}) = (\tilde{b}_2, \tilde{b}_3)$, und es gilt daher auch

$$\mathbf{H}^{(2)} \begin{pmatrix} \tilde{b}_2 \\ \tilde{b}_3 \end{pmatrix} = \begin{pmatrix} -\sqrt{13} \\ 0 \end{pmatrix}.$$

Das durch $\begin{pmatrix} 1 & \mathbf{0} \\ \mathbf{0} & \mathbf{H}^{(2)} \end{pmatrix} \cdot \mathbf{H}^{(1)}$ transformierte Problem besitzt nach dem 2. Schritt somit die Gestalt

$$\left\| \begin{pmatrix} -3 & -2 \\ 0 & -\sqrt{13} \\ 0 & 0 \end{pmatrix} \mathbf{x} - \begin{pmatrix} -5 \\ -\sqrt{13} \\ 0 \end{pmatrix} \right\| = \min!$$

Das Ausgleichsproblems wird jetzt durch

$$\begin{pmatrix} -3 & -2 \\ 0 & -\sqrt{13} \end{pmatrix} \mathbf{x} = \begin{pmatrix} -5 \\ -\sqrt{13} \end{pmatrix},$$

also $\mathbf{x} = (1,1)^T$, gelöst. Da die Norm des Residuums gleich 0 ist, lag hier kein echtes überbestimmtes Gleichungssystem vor.

Lösung 6.2.2

a) Die Normalgleichungen $\mathbf{A}^T \mathbf{A} \mathbf{x} = \mathbf{A}^T \mathbf{b}$ lauten:

$$\begin{pmatrix} 2 & 1 & 2 \\ 1 & 2 & 0 \\ 2 & 0 & 5 \end{pmatrix} \mathbf{x} = \begin{pmatrix} 7 \\ -7 \\ 21 \end{pmatrix} \quad \Rightarrow \quad \mathbf{x} = \begin{pmatrix} 3 \\ -5 \\ 3 \end{pmatrix}.$$

Für das Residuum ergibt sich $\|(2, 2, -4, -2)^T\| = \sqrt{28} \approx 5.292$.

b) Nach dem Algorithmus für die QR-Zerlegung im Lehrbuch (6.2.6)–(6.2.8) erhält man in drei Schritten mit den Householder-Matrizen $\mathbf{H}^{(i)}$, $i = 1, 2, 3$, oberer Dreiecksform durch

$$\mathbf{H}^{(3)} \cdot \mathbf{H}^{(2)} \cdot \mathbf{H}^{(1)} \cdot \mathbf{A} = \begin{pmatrix} \mathbf{R} \\ \mathbf{0} \end{pmatrix}$$

$$= \begin{pmatrix} 1 & 0 & 0 & 0 \\ 0 & 1 & 0 & 0 \\ 0 & 0 & -0.655 & 0.756 \\ 0 & 0 & 0.756 & 0.655 \end{pmatrix} \cdot \begin{pmatrix} 1 & 0 & 0 & 0 \\ 0 & -0.817 & 0 & -0.577 \\ 0 & 0 & 1 & 0 \\ 0 & -0.577 & 0 & 0.817 \end{pmatrix}$$

$$\cdot \begin{pmatrix} -0.707 & 0 & 0 & -0.707 \\ 0 & 1 & 0 & 0 \\ 0 & 0 & 1 & 0 \\ -0.707 & 0 & 0 & 0.707 \end{pmatrix} \cdot \mathbf{A} = \begin{pmatrix} -1.414 & -0.707 & -1.414 \\ 0 & -1.225 & 0.816 \\ 0 & 0 & -1.529 \\ 0 & 0 & 0 \end{pmatrix}.$$

Die rechte Seite wird transformiert in

$$\mathbf{H}^{(3)} \cdot \mathbf{H}^{(2)} \cdot \mathbf{H}^{(1)} \cdot \mathbf{b} = \begin{pmatrix} \mathbf{b}^{(1)} \\ b^{(2)} \end{pmatrix} = (-4.949, 8.575, -4.574, 5.320)^T.$$

Aus $\mathbf{R}\mathbf{x} = \mathbf{b}^{(1)}$ ergibt sich die Lösung $\mathbf{x} \approx (3.013, -5.008, 2.991)^T$. Die Norm des Residuums ist $|b^{(2)}| = 5.320$.

L.7 Eigenwerttheorie für Matrizen

L.7.1 Eigenwerte und Eigenvektoren

Lösung 7.1.1

a) $p_{\mathbf{A}}(\lambda) = (i - \lambda)(10 - \lambda)((2 - \lambda)(1 - \lambda) - 12) = (\lambda + 2)(\lambda - 5)(\lambda - 10)(\lambda - i)$
$\Rightarrow \lambda_1 = -2, \quad \lambda_2 = 5, \quad \lambda_3 = 10 \text{ und } \lambda_4 = i.$

$p_{\mathbf{B}}(\lambda) = (\lambda + 1)^2(\lambda - 1)^2 \quad \Rightarrow \quad \lambda_{1,2} = -1, \quad \lambda_{3,4} = 1$

$p_{\mathbf{C}}(\lambda) = \begin{vmatrix} 1-\lambda & 3 \\ 2 & -\lambda \end{vmatrix} \cdot \begin{vmatrix} 3-\lambda & 2 \\ 2 & -\lambda \end{vmatrix} = ((1-\lambda)(-\lambda) - 6)((3-\lambda)(-\lambda) - 4)$

$\qquad = (\lambda + 2)(\lambda + 1)(\lambda - 3)(\lambda - 4) \quad \Rightarrow \quad \lambda_1 = -2, \quad \lambda_2 = -1, \quad \lambda_3 = 3 \text{ und } \lambda_4 = 4.$

b) $\mathbf{D} = \begin{pmatrix} 1 & 1 & 0 \\ 0 & 1 & 1 \\ 0 & 0 & 1 \end{pmatrix} \Rightarrow p_{\mathbf{D}}(\lambda) = (1-\lambda)^3 \Rightarrow \lambda_{1,2,3} = 1 \ (\mathbf{D} - \mathbf{I})\mathbf{v} = 0 \Rightarrow \left(\begin{array}{ccc|c} 0 & 1 & 0 & 0 \\ 0 & 0 & 1 & 0 \\ 0 & 0 & 0 & 0 \end{array}\right)$

$\Rightarrow \mathbf{v}_1 = \mathbf{e}_1.$

Lösung 7.1.2

$p_{\mathbf{A}}(\lambda) = \begin{vmatrix} -\lambda & -1 \\ 1 & -\lambda \end{vmatrix} = \lambda^2 + 1 = 0 \quad \Rightarrow \quad \lambda_1 = i, \ g(\lambda_1) = a(\lambda_1) = 1, \ \lambda_2 = -i, \ g(\lambda_2) = a(\lambda_2) = 1$

$(\mathbf{A} - i\mathbf{I})\mathbf{v}_1 = \begin{pmatrix} -i & -1 \\ 1 & -i \end{pmatrix} \mathbf{v}_1 = \mathbf{0} \Rightarrow \left(\begin{array}{cc|c} -i & -1 & 0 \\ 1 & -i & 0 \end{array}\right) \to \left(\begin{array}{cc|c} -i & -1 & 0 \\ 0 & 0 & 0 \end{array}\right) \Rightarrow \mathbf{v}_1 = \begin{pmatrix} i \\ 1 \end{pmatrix}$

Analog ergibt sich $\mathbf{v}_2 = (-i, 1)^T$.

$p_{\mathbf{B}}(\lambda) = \begin{vmatrix} -\lambda & 1 & 2 \\ 0 & 3-\lambda & 4 \\ 0 & 0 & 5-\lambda \end{vmatrix} = -\lambda(3-\lambda)(5-\lambda) = 0 \quad \Rightarrow \quad \lambda_1 = 0,$

$g(\lambda_1) = a(\lambda_1) = 1, \quad \lambda_2 = 3, \quad g(\lambda_2) = a(\lambda_2) = 1, \quad \lambda_3 = 5, \quad g(\lambda_3) = a(\lambda_3) = 1$

$(\mathbf{B} - 3\mathbf{I})\mathbf{v}_2 = \begin{pmatrix} -3 & 1 & 2 \\ 0 & 0 & 4 \\ 0 & 0 & 2 \end{pmatrix} \mathbf{v}_2 = \mathbf{0} \quad \Rightarrow \quad \left(\begin{array}{ccc|c} -3 & 1 & 2 & 0 \\ 0 & 0 & 4 & 0 \\ 0 & 0 & 2 & 0 \end{array}\right) \quad \Rightarrow \quad \mathbf{v}_2 = \begin{pmatrix} 1 \\ 3 \\ 0 \end{pmatrix}.$

Analog ergeben sich $\mathbf{v}_1 = \mathbf{e}_1$ und $\mathbf{v}_3 = (4, 10, 5)^T$.

Für die Householder-Matrix $\mathbf{H} = \mathbf{I}_n - 2\mathbf{w}\mathbf{w}^T$ gilt $\mathbf{H}\mathbf{w} = -\mathbf{w}$ und $\mathbf{H}\mathbf{v} = \mathbf{v}$ für alle $\mathbf{v} \perp \mathbf{w}$. Also ist $\lambda_1 = -1$ mit $g(\lambda_1) = a(\lambda_1) = 1$ und $\mathbf{v}_1 = \mathbf{w}$. Außerdem ist $\lambda_2 = 1$ mit $g(\lambda_2) = a(\lambda_2) = n - 1$ und $\mathbf{v}_i \perp \mathbf{v}_1$ sowie $\mathbf{v}_i$ linear unabhängig für $i = 2, \ldots, n$.

Lösung 7.1.3

a) $p_{\mathbf{A}}(\lambda) = \begin{vmatrix} 2-\lambda & -3 \\ 0 & 2-\lambda \end{vmatrix} = (2-\lambda)^2 \quad \Rightarrow \quad \lambda_{1,2} = 2$

$p_{\mathbf{B}}(\lambda) = \begin{vmatrix} 1-\lambda & 0 & 3 \\ 3 & -2-\lambda & -1 \\ 1 & -1 & 1-\lambda \end{vmatrix} = -(\lambda-1)(\lambda-2)(\lambda+3) \quad \Rightarrow \quad \lambda_1 = 1, \ \lambda_2 = 2, \ \lambda_3 = -3$

$p_{\mathbf{C}}(\lambda) = \begin{vmatrix} -\lambda & 1 & 0 & 0 \\ 0 & -\lambda & 1 & 0 \\ 0 & 0 & -\lambda & 1 \\ 4 & -2 & -2 & 3-\lambda \end{vmatrix} = (\lambda+1)(\lambda-2)(\lambda^2 - 2\lambda + 2)$

$\Rightarrow \quad \lambda_1 = -1, \quad \lambda_2 = 2, \quad \lambda_3 = 1 + i, \quad \lambda_4 = 1 - i$

b) Nach Voraussetzung gilt $\mathbf{B}\mathbf{v}_i = \lambda_i \mathbf{v}_i$ für $i = 1, \cdots, n$.

$\Rightarrow \mathbf{BS} = (\mathbf{B}\mathbf{v}_1 | \cdots | \mathbf{B}\mathbf{v}_n) = (\lambda_1 \mathbf{v}_1 | \cdots | \lambda_n \mathbf{v}_n) = \text{diag}(\lambda_i)(\mathbf{v}_1 | \cdots | \mathbf{v}_n) = \mathbf{SD}.$

Aufgaben und Lösungen zu Mathematik für Ingenieure 1, 4.Aufl., R. Ansorge, H. J. Oberle, K. Rothe und Th. Sonar
Copyright © 2010 WILEY-VCH Verlag GmbH & Co. KGaA, Weinheim
ISBN: 978-3-527-40987-7

Da die Eigenvektoren linear unabhängig sind, ist $\mathbf{S}$ invertierbar, und es gilt $\mathbf{D} = \mathbf{S}^{-1}\mathbf{B}\mathbf{S}$. Die Eigenvektoren der Matrix $\mathbf{B}$ aus a) sind linear unabhängig, da die Eigenwerte verschieden sind. Sie ergeben sich aus der Lösung von $(\mathbf{B} - \lambda_i \mathbf{I})\mathbf{v}_i = \mathbf{0}$ zu $\mathbf{v}_1 = (1,1,0)^T$, $\mathbf{v}_2 = (3,2,1)^T$, $\mathbf{v}_3 = (3,-13,-4)^T$. Es gilt daher $\mathbf{D} = \mathbf{S}^{-1}\mathbf{B}\mathbf{S}$ mit

$$\mathbf{S} = \begin{pmatrix} 1 & 3 & 3 \\ 1 & 2 & -13 \\ 0 & 1 & -4 \end{pmatrix} \quad \text{und} \quad \mathbf{D} = \begin{pmatrix} 1 & 0 & 0 \\ 0 & 2 & 0 \\ 0 & 0 & -3 \end{pmatrix}.$$

Lösung 7.1.4

$$p_{\mathbf{A}}(\lambda) = \begin{vmatrix} -\lambda & 1 & -1 \\ 0 & 1-\lambda & 0 \\ 1 & 0 & -\lambda \end{vmatrix} = (1-\lambda)(\lambda^2 + 1) \;\Rightarrow\; \lambda_1 = 1, \; \lambda_2 = i, \; \lambda_3 = -i$$

$$(\mathbf{A} - \mathbf{I})\mathbf{v}_1 = \begin{pmatrix} -1 & 1 & -1 \\ 0 & 0 & 0 \\ 1 & 0 & -1 \end{pmatrix} \mathbf{v}_1 = \mathbf{0} \;\Rightarrow\; \mathbf{v}_1 = \begin{pmatrix} 1 \\ 2 \\ 1 \end{pmatrix}$$

Analog ergeben sich $\mathbf{v}_2 = \begin{pmatrix} 1 \\ 0 \\ -i \end{pmatrix}$ und $\mathbf{v}_3 = \begin{pmatrix} 1 \\ 0 \\ i \end{pmatrix} \;\Rightarrow\; \mathbf{S} = \begin{pmatrix} 1 & 1 & 1 \\ 2 & 0 & 0 \\ 1 & -i & i \end{pmatrix}$.

$$p_{\mathbf{B}}(\lambda) = \begin{vmatrix} 1-\lambda & 0 & 0 \\ -1 & -2-\lambda & 1 \\ 0 & -2 & 1-\lambda \end{vmatrix} = (1-\lambda)\lambda(\lambda+1) \;\Rightarrow\; \lambda_1 = 1, \; \lambda_2 = 0, \; \lambda_3 = -1$$

$$(\mathbf{B} - \mathbf{I})\mathbf{v}_1 = \begin{pmatrix} 0 & 0 & 0 \\ -1 & -3 & 1 \\ 0 & -2 & 0 \end{pmatrix} \mathbf{v}_1 = \mathbf{0} \;\Rightarrow\; \mathbf{v}_1 = \begin{pmatrix} 1 \\ 0 \\ 1 \end{pmatrix}$$

Analog ergeben sich $\mathbf{v}_2 = \begin{pmatrix} 0 \\ 1 \\ 2 \end{pmatrix}$ und $\mathbf{v}_3 = \begin{pmatrix} 0 \\ 1 \\ 1 \end{pmatrix} \;\Rightarrow\; \mathbf{S} = \begin{pmatrix} 1 & 0 & 0 \\ 0 & 1 & 1 \\ 1 & 2 & 1 \end{pmatrix}$.

$$p_{\mathbf{C}}(\lambda) = \begin{vmatrix} 5-\lambda & -2 & -4 \\ -2 & 8-\lambda & -2 \\ -4 & -2 & 5-\lambda \end{vmatrix} = (9-\lambda)^2 \lambda \;\Rightarrow\; \lambda_{1,2} = 9, \; \lambda_3 = 0$$

$$(\mathbf{C} - 9\mathbf{I})\mathbf{v} = \begin{pmatrix} -4 & -2 & -4 \\ -2 & -1 & -2 \\ -4 & -2 & -4 \end{pmatrix} \mathbf{v} = \mathbf{0} \;\Rightarrow\; \mathbf{v}_1 = \begin{pmatrix} -1 \\ 0 \\ 1 \end{pmatrix}, \; \mathbf{v}_2 = \begin{pmatrix} -1 \\ 2 \\ 0 \end{pmatrix}$$

Analog ergibt sich $\mathbf{v}_3 = \begin{pmatrix} 2 \\ 1 \\ 2 \end{pmatrix} \;\Rightarrow\; \mathbf{S} = \begin{pmatrix} -1 & -1 & 2 \\ 0 & 2 & 1 \\ 1 & 0 & 2 \end{pmatrix}$.

Lösung 7.1.5

$$p_{\mathbf{A}}(\lambda) = \begin{vmatrix} -\lambda & -1 & -2 \\ -1 & -\lambda & -2 \\ -2 & -2 & -3-\lambda \end{vmatrix} = -(5+\lambda)(1-\lambda)^2 \;\Rightarrow\; \lambda_1 = -5, \; \lambda_{2,3} = 1$$

Da $\mathbf{A}$ symmetrisch ist, kann eine orthonormale Eigenvektorbasis gefunden werden.

$$(\mathbf{A} - \mathbf{I})\mathbf{v} = \begin{pmatrix} -1 & 1 & -1 \\ 0 & 0 & 0 \\ 1 & 0 & -1 \end{pmatrix} \mathbf{v} = \mathbf{0} \;\Rightarrow\; \mathbf{v}_2 = \frac{1}{\sqrt{5}}\begin{pmatrix} 0 \\ -2 \\ 1 \end{pmatrix}, \; \tilde{\mathbf{v}}_3 = \begin{pmatrix} 1 \\ -1 \\ 0 \end{pmatrix}$$

$\tilde{\mathbf{v}}_3$ wird noch im Eigenraum $E_{\lambda_{2,3}}$ zu $\mathbf{v}_2$ orthonormalisiert, etwa durch das Gram-Schmidtsche Verfahren zu $\mathbf{v}_3 = \frac{-1}{\sqrt{30}}(-5,1,2)^T$.

Da $\mathbf{v}_1$ orthogonal zu $\mathbf{v}_2$ und $\mathbf{v}_3$ ist, kann $\mathbf{v}_1$ entweder aus $\mathbf{v}_1 = \mathbf{v}_3 \times \mathbf{v}_2$ oder aus $(\mathbf{A} + 5\mathbf{I})\mathbf{v} = \mathbf{0}$ berechnet werden: $\mathbf{v}_1 = \frac{1}{\sqrt{6}}(1,1,2)^T$

$$\Rightarrow \quad \mathbf{U} = \frac{1}{\sqrt{30}} \begin{pmatrix} \sqrt{5} & 0 & -5 \\ \sqrt{5} & -2\sqrt{6} & 1 \\ 2\sqrt{5} & \sqrt{6} & 2 \end{pmatrix} \;\Rightarrow\; \mathbf{U}^T \mathbf{A} \mathbf{U} = \begin{pmatrix} -5 & 0 & 0 \\ 0 & 1 & 0 \\ 0 & 0 & 1 \end{pmatrix}.$$

Lösung 7.1.6

a)
$$p_{\mathbf{A}}(\lambda) = \begin{vmatrix} -\lambda & 1 & 1 & & 1 \\ 1 & -\lambda & 1 & \cdots & 1 \\ 1 & 1 & -\lambda & & 1 \\ \vdots & & & \ddots & \vdots \\ 1 & 1 & \cdots & 1 & -\lambda \end{vmatrix} = \begin{vmatrix} -\lambda & 1 & 1 & & 1 \\ 1+\lambda & -1-\lambda & 0 & \cdots & 0 \\ 1+\lambda & 0 & -1-\lambda & & 0 \\ \vdots & & & \ddots & \vdots \\ 1+\lambda & 0 & \cdots & 0 & -1-\lambda \end{vmatrix}$$

$$= \begin{vmatrix} n-1-\lambda & 1 & 1 & & 1 \\ 0 & -1-\lambda & 0 & \cdots & 0 \\ 0 & 0 & -1-\lambda & & 0 \\ \vdots & & & \ddots & \vdots \\ 0 & 0 & \cdots & 0 & -1-\lambda \end{vmatrix} = (n-1-\lambda)(-1-\lambda)^{n-1}$$

$\Rightarrow \lambda_1 = n-1$ und $\lambda_2 = -1$.

Die Berechnung der Eigenvektoren zu λ_2 erfolgt über $(\mathbf{A} - \lambda_2 \mathbf{I})\mathbf{v} = \mathbf{0}$:

$$\begin{pmatrix} 1 & \cdots & 1 & | & 0 \\ 1 & & 1 & | & 0 \\ \vdots & & \vdots & | & \vdots \\ 1 & \cdots & 1 & | & 0 \end{pmatrix} \rightarrow \begin{pmatrix} 1 & \cdots & 1 & | & 0 \\ 0 & \cdots & 0 & | & 0 \\ \vdots & & \vdots & | & \vdots \\ 0 & \cdots & 0 & | & 0 \end{pmatrix} \Rightarrow \mathbf{v}_2 = \begin{pmatrix} -1 \\ 1 \\ 0 \\ \vdots \\ 0 \end{pmatrix}, \cdots, \mathbf{v}_n = \begin{pmatrix} -1 \\ 0 \\ 0 \\ \vdots \\ 1 \end{pmatrix}.$$

In gleicher Weise ergibt sich $\mathbf{v}_1 = (1, \cdots, 1)^T$ als Eigenvektor zu λ_1.

b) Sei $\mathbf{v}$ einer der in a) für die Matrix $\mathbf{A}$ zum Eigenwert λ berechneten Eigenvektoren, dann gilt $\mathbf{Bv} = ((n-1)\mathbf{I} - \mathbf{A})\mathbf{v} = (n-1-\lambda)\mathbf{v}$. Die Matrix $\mathbf{B}$ besitzt also die Eigenwerte $\lambda_1 = 0$ und $\lambda_2 = n$ mit den gleichen Eigenvektoren wie auch die Matrix $\mathbf{A}$, d.h. in entsprechend gleicher Vielfachheit.

Lösung 7.1.7

$\lambda_1 = -1$, $g(\lambda_1) = 1$, $a(\lambda_1) = 3$, $E_{\lambda_1} = \text{Spann}(\mathbf{e}_1)$, $\lambda_2 = 1$, $g(\lambda_2) = 2$, $a(\lambda_2) = 4$,

$E_{\lambda_2} = \text{Spann}(\mathbf{e}_4, \mathbf{e}_6)$, $\lambda_3 = 2$, $g(\lambda_3) = 3$, $a(\lambda_3) = 4$, $E_{\lambda_3} = \text{Spann}(\mathbf{e}_8, \mathbf{e}_9, \mathbf{e}_{10})$

Lösung 7.1.8

a) $p_{\mathbf{A}}(\lambda) = (1-\lambda)(2-\lambda)^2 \Rightarrow \lambda_1 = 1$, $\lambda_2 = 2$

b) Der Eigenvektor zu λ_1 berechnet sich zu $\mathbf{v}_1 = (1,1,1)^T$.

Die Eigenvektoren zu $\lambda_2 = 2$ berechnen sich aus $(\mathbf{A} - 2\mathbf{I})\mathbf{v} = \mathbf{0}$:

$$\begin{pmatrix} -5 & 7 & -3 & | & 0 \\ -4 & 5 & -2 & | & 0 \\ -3 & 3 & -1 & | & 0 \end{pmatrix} \rightarrow \begin{pmatrix} -5 & 7 & -3 & | & 0 \\ 0 & -3 & 2 & | & 0 \\ 0 & 0 & 0 & | & 0 \end{pmatrix} \Rightarrow \mathbf{v}_2 = \begin{pmatrix} 1 \\ 2 \\ 3 \end{pmatrix}.$$

Da $1 = g(\lambda_2) < a(\lambda_2) = 2$ ist ein Hauptvektor 1. Stufe über den Ansatz $(\mathbf{A} - 2\mathbf{I})\mathbf{v}_3 = \mathbf{v}_2$ zu berechnen:

$$\begin{pmatrix} -5 & 7 & -3 & | & 1 \\ -4 & 5 & -2 & | & 2 \\ -3 & 3 & -1 & | & 3 \end{pmatrix} \rightarrow \begin{pmatrix} -5 & 7 & -3 & | & 1 \\ 0 & -3 & 2 & | & 6 \\ 0 & 0 & 0 & | & 0 \end{pmatrix} \Rightarrow \mathbf{v}_3 = \begin{pmatrix} -3 \\ -2 \\ 0 \end{pmatrix}.$$

c)
$$\mathbf{J} = \begin{pmatrix} 1 & 0 & 0 \\ 0 & 2 & 1 \\ 0 & 0 & 2 \end{pmatrix}, \quad \mathbf{S} = \begin{pmatrix} 1 & 1 & -3 \\ 1 & 2 & -2 \\ 1 & 3 & 0 \end{pmatrix}$$

Lösung 7.1.9

$p_{\mathbf{A}_1}(\lambda) = (2-\lambda)(1-\lambda)^3 \quad \Rightarrow \quad \lambda_1 = 2, \quad \lambda_2 = 1$

Der Eigenvektor zu $\lambda_1 = 2$ berechnet sich zu $\mathbf{v}_1 = (-3, -3, 2, 0)^T$.

Die Eigenvektoren zu $\lambda_2 = 1$ berechnen sich aus $(\mathbf{A}_1 - \mathbf{I})\mathbf{v} = \mathbf{0}$:

$$\left(\begin{array}{cccc|c} 0 & 1 & 0 & 0 & 0 \\ 0 & 3 & 3 & 0 & 0 \\ 0 & -2 & -2 & 0 & 0 \\ 0 & 0 & 0 & 0 & 0 \end{array}\right) \quad \Rightarrow \quad \mathbf{v}_2 = \mathbf{e}_4, \quad \mathbf{v}_3 = \mathbf{e}_1.$$

Da $2 = g(\lambda_2) < a(\lambda_2) = 3$ ist ein Hauptvektor 1. Stufe über den Ansatz $(\mathbf{A}_1 - \mathbf{I})\mathbf{v}_4 = \alpha\mathbf{v}_2 + \beta\mathbf{v}_3$ zu berechnen:

$$\left(\begin{array}{cccc|c} 0 & 1 & 0 & 0 & \beta \\ 0 & 3 & 3 & 0 & 0 \\ 0 & -2 & -2 & 0 & 0 \\ 0 & 0 & 0 & 0 & \alpha \end{array}\right) \quad \text{mit } \beta = 1 \text{ und } \alpha = 0 \quad \Rightarrow \quad \mathbf{v}_4 = \left(\begin{array}{c} 0 \\ 1 \\ -1 \\ 0 \end{array}\right)$$

$$\Rightarrow \quad \mathbf{J}_1 = \left(\begin{array}{cccc} 2 & 0 & 0 & 0 \\ 0 & 1 & 0 & 0 \\ 0 & 0 & 1 & 1 \\ 0 & 0 & 0 & 1 \end{array}\right), \quad \mathbf{S}_1 = \left(\begin{array}{cccc} -3 & 0 & 1 & 0 \\ -3 & 0 & 0 & 1 \\ 2 & 0 & 0 & -1 \\ 0 & 1 & 0 & 0 \end{array}\right).$$

$p_{\mathbf{A}_2}(\lambda) = (1+\lambda)^4 \quad \Rightarrow \quad \lambda_1 = -1$

Die Eigenvektoren zu $\lambda_1 = -1$ berechnen sich aus $(\mathbf{A}_2 + \mathbf{I})\mathbf{x} = \mathbf{0}$:

$$\left(\begin{array}{cccc|c} -6 & -1 & 1 & 3 & 0 \\ 0 & 0 & 0 & 0 & 0 \\ 0 & -3 & 0 & 0 & 0 \\ -12 & -1 & 2 & 6 & 0 \end{array}\right) \rightarrow \left(\begin{array}{cccc|c} -6 & -1 & 1 & 3 & 0 \\ 0 & -3 & 0 & 0 & 0 \\ 0 & 0 & 0 & 0 & 0 \\ 0 & 0 & 0 & 0 & 0 \end{array}\right) \Rightarrow \mathbf{x}_1 = \left(\begin{array}{c} 1 \\ 0 \\ 0 \\ 2 \end{array}\right), \quad \mathbf{x}_2 = \left(\begin{array}{c} 1 \\ 0 \\ 6 \\ 0 \end{array}\right).$$

Da $2 = g(\lambda_1) < a(\lambda_1) = 4$ sind Hauptvektoren über den Ansatz $(\mathbf{A}_2 + \mathbf{I})\mathbf{v} = \alpha\mathbf{x}_1 + \beta\mathbf{x}_2$ zu berechnen:

$$\left(\begin{array}{cccc|c} -6 & -1 & 1 & 3 & \alpha+\beta \\ 0 & 0 & 0 & 0 & 0 \\ 0 & -3 & 0 & 0 & 6\beta \\ -12 & -1 & 2 & 6 & 2\alpha \end{array}\right) \rightarrow \left(\begin{array}{cccc|c} -6 & -1 & 1 & 3 & \alpha+\beta \\ 0 & -3 & 0 & 0 & 6\beta \\ 0 & 0 & 0 & 0 & 0 \\ 0 & 0 & 0 & 0 & 0 \end{array}\right)$$

Es ergeben sich zwei linear unabhängige Hauptvektoren 1. Stufe durch die Wahl von $\alpha = 1$, $\beta = 1$
$\Rightarrow \quad \mathbf{v}_2 = (0, -2, 0, 0)^T$ und $\alpha = 1$, $\beta = -1 \Rightarrow \quad \mathbf{v}_4 = (-1/3, 2, 0, 0)^T$.

Zu $\mathbf{v}_2$ gehört der Eigenvektor $\mathbf{v}_1 = \mathbf{x}_1 + \mathbf{x}_2 = (2, 0, 6, 2)^T$ und zu $\mathbf{v}_4$ der Eigenvektor
$\mathbf{v}_3 = \mathbf{x}_1 - \mathbf{x}_2 = (0, 0, -6, 2)^T$

$$\Rightarrow \quad \mathbf{J}_2 = \left(\begin{array}{cccc} -1 & 1 & 0 & 0 \\ 0 & -1 & 0 & 0 \\ 0 & 0 & -1 & 1 \\ 0 & 0 & 0 & -1 \end{array}\right), \quad \mathbf{S}_2 = \left(\begin{array}{cccc} 2 & 0 & -\frac{1}{3} & 0 \\ 0 & -2 & 2 & 0 \\ 6 & 0 & 0 & -6 \\ 0 & 0 & 0 & 2 \end{array}\right).$$

Lösung 7.1.10

$p_{\mathbf{A}}(\lambda) = (1-\lambda)^4 \Rightarrow \lambda_1 = 1$. Die Eigenvektoren zu $\lambda_1 = 1$ berechnen sich aus $(\mathbf{A} - \mathbf{I})\mathbf{x} = \mathbf{0}$:

$$\begin{pmatrix} -24 & 12 & -1 & 3 & | & 0 \\ -40 & 20 & -1 & 5 & | & 0 \\ 0 & 0 & 0 & 0 & | & 0 \\ -32 & 16 & -3 & 4 & | & 0 \end{pmatrix} \rightarrow \begin{pmatrix} -24 & 12 & -1 & 3 & | & 0 \\ 0 & 0 & 2 & 0 & | & 0 \\ 0 & 0 & 0 & 0 & | & 0 \\ 0 & 0 & 0 & 0 & | & 0 \end{pmatrix} \Rightarrow \mathbf{x}_1 = \begin{pmatrix} 1 \\ 0 \\ 0 \\ 8 \end{pmatrix}, \mathbf{x}_2 = \begin{pmatrix} 1 \\ 2 \\ 0 \\ 0 \end{pmatrix}.$$

Da $2 = g(\lambda_1) < a(\lambda_1) = 4$ sind Hauptvektoren zu berechnen. Hauptvektoren 1. Stufe ergeben sich aus dem Ansatz $(\mathbf{A} - \mathbf{I})\mathbf{y} = \alpha \mathbf{x}_1 + \beta \mathbf{x}_2$:

$$\begin{pmatrix} -24 & 12 & -1 & 3 & | & \alpha + \beta \\ -40 & 20 & -1 & 5 & | & 2\beta \\ 0 & 0 & 0 & 0 & | & 0 \\ -32 & 16 & -3 & 4 & | & 8\alpha \end{pmatrix} \rightarrow \begin{pmatrix} -24 & 12 & -1 & 3 & | & \alpha+\beta \\ 0 & 0 & 2 & 0 & | & -5\alpha+\beta \\ 0 & 0 & 0 & 0 & | & 5\alpha-\beta \\ 0 & 0 & 0 & 0 & | & 0 \end{pmatrix}$$

$\Rightarrow \beta = 5\alpha \Rightarrow y_3 = 0 \Rightarrow -24y_1 + 12y_2 + 3y_4 = 6\alpha$. Aus $y_2 = 0 = y_4 \Rightarrow y_1 = -\frac{1}{4}\alpha$.

Durch die Wahl von $\alpha = -4$ ergibt sich ein Hauptvektor 1. Stufe $\mathbf{y} = (1, 0, 0, 0)^T$, und es gilt $\beta = -20$.

Der zugehörige Eigenvektor $\mathbf{x}_3$, für den also $(\mathbf{A} - \mathbf{I})\mathbf{y} = \mathbf{x}_3$ gilt, berechnet sich durch $\mathbf{x}_3 = -4\mathbf{x}_1 - 20\mathbf{x}_2 = (-24, -40, 0, -32)^T$.

Der noch fehlende Hauptvektor 2. Stufe lässt sich aus dem Ansatz $(\mathbf{A}-\mathbf{I})\mathbf{z} = \lambda\mathbf{x}_1 + \mu\mathbf{x}_3 + \nu\mathbf{y}$ berechnen, da auch $\mathbf{x}_1$ und $\mathbf{x}_3$ den Eigenraum aufspannen:

$$\begin{pmatrix} -24 & 12 & -1 & 3 & | & \lambda - 24\mu + \nu \\ -40 & 20 & -1 & 5 & | & -40\mu \\ 0 & 0 & 0 & 0 & | & 0 \\ -32 & 16 & -3 & 4 & | & 8\lambda - 32\mu \end{pmatrix} \rightarrow \begin{pmatrix} -24 & 12 & -1 & 3 & | & \lambda - 24\mu + \nu \\ 0 & 0 & 2 & 0 & | & -5\lambda - 5\nu \\ 0 & 0 & 0 & 0 & | & 5\lambda - 11\nu \\ 0 & 0 & 0 & 0 & | & 0 \end{pmatrix}$$

$\Rightarrow \lambda = \frac{11\nu}{5} \Rightarrow z_3 = -8\nu \Rightarrow -24z_1 + 12z_2 + -z_3 + 3z_4 = \frac{16\nu}{5} - 24\mu$. Aus $z_2 = z_4 = 0 = \mu \Rightarrow z_1 = \frac{\nu}{5}$.

Durch die Wahl von $\nu = 5$ ergibt sich als Ende einer Kette der Hauptvektor 2. Stufe $\mathbf{v}_4 := \mathbf{z} = (1, 0, -40, 0)^T$, und es gilt $\lambda = 11$.

Der zugehörige Hauptvektor 1. Stufe $\mathbf{v}_3$, für den also $(\mathbf{A} - \mathbf{I})\mathbf{v}_4 = \mathbf{v}_3$ gilt, berechnet sich dann durch $\mathbf{v}_3 = 11\mathbf{x}_1 + 5\mathbf{y} = (16, 0, 0, 88)^T$.

Der zugehörige Eigenvektor $\mathbf{v}_2$, für den also $(\mathbf{A} - \mathbf{I})\mathbf{v}_3 = \mathbf{v}_2$ gilt, berechnet sich folglich durch $\mathbf{v}_2 = 5\mathbf{x}_3 = (-120, -200, 0, -160)^T$.

Damit erhält man die Jordansche Normalform $\mathbf{J}_{\mathbf{A}} = \mathbf{S}_{\mathbf{A}}^{-1} \mathbf{A} \mathbf{S}_{\mathbf{A}}$ mit

$$\mathbf{J}_{\mathbf{A}} = \begin{pmatrix} 1 & 0 & 0 & 0 \\ 0 & 1 & 1 & 0 \\ 0 & 0 & 1 & 1 \\ 0 & 0 & 0 & 1 \end{pmatrix} \quad \text{und} \quad \mathbf{S}_{\mathbf{A}} = \begin{pmatrix} 1 & -120 & 16 & 1 \\ 0 & -200 & 0 & 0 \\ 0 & 0 & 0 & -40 \\ 8 & -160 & 88 & 0 \end{pmatrix}.$$

$p_{\mathbf{B}}(\lambda) = (2+\lambda)^4 \Rightarrow \lambda_1 = -2$. Die Eigenvektoren zu $\lambda_1 = -2$ berechnen sich aus $(\mathbf{A} + 2\mathbf{I})\mathbf{x} = \mathbf{0}$:

$$\begin{pmatrix} 0 & 5 & 0 & -7 & | & 0 \\ -4 & 0 & 6 & 0 & | & 0 \\ 0 & 3 & 0 & -4 & | & 0 \\ -2 & 0 & 3 & 0 & | & 0 \end{pmatrix} \rightarrow \begin{pmatrix} -2 & 0 & 3 & 0 & | & 0 \\ 0 & 5 & 0 & -7 & | & 0 \\ 0 & 0 & 0 & 1 & | & 0 \\ 0 & 0 & 0 & 0 & | & 0 \end{pmatrix} \Rightarrow \mathbf{x} = \begin{pmatrix} 3 \\ 0 \\ 2 \\ 0 \end{pmatrix}.$$

Da $1 = g(\lambda_1) < a(\lambda_1) = 4$, sind Hauptvektoren 1. bis 3. Stufe zu berechnen. Ein Hauptvektor 1. Stufe ergibt sich aus dem Ansatz $(\mathbf{A} + 2\mathbf{I})\mathbf{y} = \alpha \mathbf{x}$:

$$\begin{pmatrix} 0 & 5 & 0 & -7 & | & 3\alpha \\ -4 & 0 & 6 & 0 & | & 0 \\ 0 & 3 & 0 & -4 & | & 2\alpha \\ -2 & 0 & 3 & 0 & | & 0 \end{pmatrix} \rightarrow \begin{pmatrix} -2 & 0 & 3 & 0 & | & 0 \\ 0 & 5 & 0 & -7 & | & 3\alpha \\ 0 & 0 & 0 & 1 & | & \alpha \\ 0 & 0 & 0 & 0 & | & 0 \end{pmatrix} \quad \text{mit } \alpha = 1 \Rightarrow \mathbf{y} = \begin{pmatrix} 0 \\ 2 \\ 0 \\ 1 \end{pmatrix}.$$

Ein Hauptvektor 2. Stufe ergibt sich aus dem Ansatz $(\mathbf{A}+2\mathbf{I})\mathbf{z} = \beta\mathbf{x} + \gamma\mathbf{y}$:

$$\left(\begin{array}{cccc|c} 0 & 5 & 0 & -7 & 3\beta \\ -4 & 0 & 6 & 0 & 2\gamma \\ 0 & 3 & 0 & -4 & 2\beta \\ -2 & 0 & 3 & 0 & \gamma \end{array}\right) \rightarrow \left(\begin{array}{cccc|c} -2 & 0 & 3 & 0 & \gamma \\ 0 & 5 & 0 & -7 & 3\beta \\ 0 & 0 & 0 & 1 & \beta \\ 0 & 0 & 0 & 0 & 0 \end{array}\right) \Rightarrow \mathbf{z} = \left(\begin{array}{c} 1 \\ 0 \\ 1 \\ 0 \end{array}\right)$$

für $\beta = 0$ und $\gamma = 1$. Ein Hauptvektor 3. Stufe ergibt sich aus dem Ansatz $(\mathbf{A}+2\mathbf{I})\mathbf{v} = \lambda\mathbf{x} + \mu\mathbf{y} + \nu\mathbf{z}$:

$$\left(\begin{array}{cccc|c} 0 & 5 & 0 & -7 & 3\lambda+\nu \\ -4 & 0 & 6 & 0 & 2\mu \\ 0 & 3 & 0 & -4 & 2\lambda+\nu \\ -2 & 0 & 3 & 0 & \mu \end{array}\right) \rightarrow \left(\begin{array}{cccc|c} -2 & 0 & 3 & 0 & \mu \\ 0 & 5 & 0 & -7 & 3\lambda+\nu \\ 0 & 0 & 0 & 1 & \lambda+2\nu \\ 0 & 0 & 0 & 0 & 0 \end{array}\right) \Rightarrow \mathbf{v} = \left(\begin{array}{c} 0 \\ 3 \\ 0 \\ 2 \end{array}\right)$$

für $\lambda = 0 = \mu$ und $\nu = 1$. Damit ist folgende Kette berechnet worden

$$(\mathbf{A}+2\mathbf{I})^4\mathbf{v} = (\mathbf{A}+2\mathbf{I})^3\mathbf{z} = (\mathbf{A}+2\mathbf{I})^2\mathbf{y} = (\mathbf{A}+2\mathbf{I})\mathbf{x} = \mathbf{0},$$

und man erhält die Jordansche Normalform $\mathbf{J_B} = \mathbf{S_B}^{-1}\mathbf{B}\mathbf{S_B}$ mit

$$\mathbf{J_B} = \left(\begin{array}{cccc} -2 & 1 & 0 & 0 \\ 0 & -2 & 1 & 0 \\ 0 & 0 & -2 & 1 \\ 0 & 0 & 0 & -2 \end{array}\right) \quad \text{und} \quad \mathbf{S_B} = \left(\begin{array}{cccc} 3 & 0 & 1 & 0 \\ 0 & 2 & 0 & 3 \\ 2 & 0 & 1 & 0 \\ 0 & 1 & 0 & 2 \end{array}\right).$$

Lösung 7.1.11
Es ergeben sich die Matrizen

$$\mathbf{T} = \left(\begin{array}{ccc} 2 & 0 & 0 \\ 0 & 1 & 0 \\ 0 & 0 & 2 \end{array}\right) \quad \text{und} \quad \mathbf{K} = \left(\begin{array}{ccc} -1 & 1 & 0 \\ 1 & -2 & 1 \\ 0 & 1 & -1 \end{array}\right).$$

Das charakteristische Polynom ergibt sich durch

$$p(\lambda) = \det(\mathbf{K}+\omega^2\mathbf{T}) = \left|\begin{array}{ccc} -1+2\omega^2 & 1 & 0 \\ 1 & -2+\omega^2 & 1 \\ 0 & 1 & -1+2\omega^2 \end{array}\right| = \omega^2(2\omega^2-1)(2\omega^2-5).$$

Man erhält $\omega_0^2 = 0$, $\omega_1^2 = 0.5$ und $\omega_2^2 = 2.5$.

Lösung 7.1.12
Ist $\lambda \neq 0$ ein Eigenwert von $\mathbf{AB}$, so existiert ein $\mathbf{w} \neq \mathbf{0}$ mit $\mathbf{ABw} = \lambda\mathbf{w}$. Damit ist auch $\mathbf{v} := \mathbf{Bw} \neq \mathbf{0}$, und es gilt $\mathbf{BAv} = \mathbf{BABw} = \lambda\mathbf{Bw} = \lambda\mathbf{v}$, also ist λ auch ein Eigenwert von $\mathbf{BA}$. Vertauscht man die Rollen von $\mathbf{A}$ und $\mathbf{B}$, ergibt sich, dass $\mathbf{A}$ und $\mathbf{B}$ die gleichen von 0 verschiedenen Eigenwerte haben. Damit folgt die Behauptung.

L.7.2 Symmetrische Matrizen, Hauptachsentransformation

Lösung 7.2.1
Die Quadriken seien dargestellt durch $\mathbf{x}^T\mathbf{A}\mathbf{x} + \mathbf{b}^T\mathbf{x} + c = 0$. Mit $\mathbf{x} = \mathbf{Sy} = \mathbf{S}(\mathbf{z}-\mathbf{p})$ wird auf Normalform transformiert.

a) $\mathbf{A} = \left(\begin{array}{cc} 5 & 4 \\ 4 & 5 \end{array}\right)$, $\mathbf{b} = -\sqrt{2}\left(\begin{array}{c} 20 \\ 16 \end{array}\right)$, $c = 31$

Eigenwerte: $\lambda_1 = 9$, $\lambda_2 = 1$, Eigenvektoren: $\mathbf{v}_1 = \left(\begin{array}{c} 1 \\ 1 \end{array}\right)$, $\mathbf{v}_2 = \left(\begin{array}{c} -1 \\ 1 \end{array}\right)$

$\Rightarrow$ Koordinatenwechsel $\mathbf{x} = \mathbf{Sy}$ mit Drehmatrix: $\mathbf{S} = \dfrac{1}{\sqrt{2}}\left(\begin{array}{cc} 1 & -1 \\ 1 & 1 \end{array}\right)$

Quadrik nach Hauptachsentransformation: $9y_1^2 + y_2^2 - 36y_1 + 4y_2 + 31 = 0$
Quadratische Ergänzung: $9(y_1-2)^2 + (y_2+2)^2 - 9 = 0$
Verschiebung: $\mathbf{z} = \mathbf{y}+\mathbf{p}$ mit $\mathbf{p} = (-2,2)^T$

Quadrik nach Verschiebung: $z_1^2 + \dfrac{z_2^2}{9} - 1 = 0$ (Ellipse)

b) $\mathbf{A} = \begin{pmatrix} 25 & 60 \\ 60 & 144 \end{pmatrix}$, $\mathbf{b} = \begin{pmatrix} 130 \\ 312 \end{pmatrix}$, $c = 0$

Eigenwerte: $\lambda_1 = 169$, $\lambda_2 = 0$, Eigenvektoren: $\mathbf{v}_1 = \begin{pmatrix} 5 \\ 12 \end{pmatrix}$, $\mathbf{v}_2 = \begin{pmatrix} -12 \\ 5 \end{pmatrix}$

$\Rightarrow$ Koordinatenwechsel $\mathbf{x} = \mathbf{Sy}$ mit Drehmatrix: $\mathbf{S} = \frac{1}{13}\begin{pmatrix} 5 & -12 \\ 12 & 5 \end{pmatrix}$

Quadrik nach Hauptachsentransformation: $169y_1^2 + 338y_1 = 0$

Quadratische Ergänzung: $(y_1 + 1)^2 - 1 = 0$

Verschiebung: $\mathbf{z} = \mathbf{y} + \mathbf{p}$ mit $\mathbf{p} = (1,0)^T$

Quadrik nach Verschiebung: $z_1^2 - 1 = 0$ (parallele Geraden)

c) $\mathbf{A} = \begin{pmatrix} 1 & 2 \\ 2 & -2 \end{pmatrix}$, $\mathbf{b} = -\frac{1}{\sqrt{5}}\begin{pmatrix} 8 \\ 4 \end{pmatrix}$, $c = -4$

Eigenwerte: $\lambda_1 = 2$, $\lambda_2 = -3$, Eigenvektoren: $\mathbf{v}_1 = \begin{pmatrix} 2 \\ 1 \end{pmatrix}$, $\mathbf{v}_2 = \begin{pmatrix} -1 \\ 2 \end{pmatrix}$

$\Rightarrow$ Koordinatenwechsel $\mathbf{x} = \mathbf{Sy}$ mit Drehmatrix: $\mathbf{S} = \frac{1}{\sqrt{5}}\begin{pmatrix} 2 & -1 \\ 1 & 2 \end{pmatrix}$

Quadrik nach Hauptachsentransformation: $2y_1^2 - 3y_2^2 - 4y_1 - 4 = 0$

Quadratische Ergänzung: $2(y_1 - 1)^2 - 3y_2^2 - 6 = 0$

Verschiebung: $\mathbf{z} = \mathbf{y} + \mathbf{p}$ mit $\mathbf{p} = (-1,0)^T$

Quadrik nach Verschiebung: $\frac{z_1^2}{3} - \frac{z_2^2}{2} - 1 = 0$ (Hyperbel)

Lösung 7.2.2
Die Quadriken seien dargestellt durch $\mathbf{x}^T\mathbf{A}\mathbf{x} + \mathbf{b}^T\mathbf{x} + c = 0$. Mit $\mathbf{x} = \mathbf{Sy} = \mathbf{S}(\mathbf{z} - \mathbf{p})$ wird auf Normalform transformiert.

a) $\mathbf{A} = \begin{pmatrix} 9 & 12 \\ 12 & 16 \end{pmatrix}$, $\mathbf{b} = \begin{pmatrix} -4 \\ 3 \end{pmatrix}$, $c = 15$

Eigenwerte: $\lambda_1 = 25$, $\lambda_2 = 0$, Eigenvektoren: $\mathbf{v}_1 = \begin{pmatrix} 3 \\ 4 \end{pmatrix}$, $\mathbf{v}_2 = \begin{pmatrix} -4 \\ 3 \end{pmatrix}$

$\Rightarrow$ Koordinatenwechsel $\mathbf{x} = \mathbf{Sy}$ mit Drehmatrix: $\mathbf{S} = \frac{1}{5}\begin{pmatrix} 3 & -4 \\ 4 & 3 \end{pmatrix}$

Quadrik nach Hauptachsentransformation: $25y_1^2 + 5y_2 + 15 = 0$

Verschiebung: $5y_1^2 + (y_2 + 3) = 0$, mit $\mathbf{z} = \mathbf{y} + \mathbf{p}$ und $\mathbf{p} = (0,3)^T$

Quadrik nach Verschiebung: $5z_1^2 + z_2 = 0$ (Parabel)

b) $\mathbf{A} = \begin{pmatrix} 4 & 0 & 2 \\ 0 & 2 & -2 \\ 2 & -2 & 3 \end{pmatrix}$, $\mathbf{b} = \begin{pmatrix} 8 \\ -4 \\ 8 \end{pmatrix}$, $c = 0$. Eigenwerte: $\lambda_1 = 3$, $\lambda_2 = 6$, $\lambda_3 = 0$

Eigenvektoren: $\mathbf{v}_1 = \begin{pmatrix} 2 \\ 2 \\ -1 \end{pmatrix}$, $\mathbf{v}_2 = \begin{pmatrix} 2 \\ -1 \\ 2 \end{pmatrix}$, $\mathbf{v}_3 = \begin{pmatrix} 1 \\ -2 \\ -2 \end{pmatrix}$

$\Rightarrow$ Koordinatenwechsel $\mathbf{x} = \mathbf{Sy}$ mit Drehmatrix: $\mathbf{S} = \frac{1}{3}\begin{pmatrix} 2 & 2 & 1 \\ 2 & -1 & -2 \\ -1 & 2 & -2 \end{pmatrix}$

Quadrik nach Hauptachsentransformation: $3y_1^2 + 6y_2^2 + 12y_2 = 0$

Quadratische Ergänzung: $3y_1^2 + 6(y_2 + 1)^2 - 6 = 0$

Verschiebung: $\mathbf{z} = \mathbf{y} + \mathbf{p}$ mit $\mathbf{p} = (0,1,0)^T$

Quadrik nach Verschiebung: $\frac{z_1^2}{2} + z_2^2 - 1 = 0$ (elliptischer Zylinder)

c) $\mathbf{A} = \begin{pmatrix} 1 & -1 & 0 \\ -1 & 1 & 0 \\ 0 & 0 & 1 \end{pmatrix}$, $\mathbf{b} = \begin{pmatrix} 0 \\ \sqrt{2} \\ 2 \end{pmatrix}$, $c = \frac{1}{8}$

Eigenwerte: $\lambda_1 = 1$, $\lambda_2 = 2$, $\lambda_3 = 0$

Eigenvektoren: $\mathbf{v}_1 = \begin{pmatrix} 0 \\ 0 \\ 1 \end{pmatrix}$, $\mathbf{v}_2 = \begin{pmatrix} 1 \\ -1 \\ 0 \end{pmatrix}$, $\mathbf{v}_3 = \begin{pmatrix} 1 \\ 1 \\ 0 \end{pmatrix}$

$\Rightarrow$ Koordinatenwechsel $\mathbf{x} = \mathbf{S}\mathbf{y}$ mit Drehmatrix: $\mathbf{S} = \dfrac{1}{\sqrt{2}} \begin{pmatrix} 0 & 1 & 1 \\ 0 & -1 & 1 \\ \sqrt{2} & 0 & 0 \end{pmatrix}$

Quadrik nach Hauptachsentransformation: $y_1^2 + 2y_2^2 + 2y_1 - y_2 + y_3 + \dfrac{1}{8} = 0$

Quadratische Ergänzung: $(y_1 + 1)^2 + 2(y_2 - \dfrac{1}{4})^2 + y_3 - 1 = 0$

Verschiebung: $\mathbf{z} = \mathbf{y} + \mathbf{p}$ mit $\mathbf{p} = \left(1, -\dfrac{1}{4}, -1\right)^T$

Quadrik nach Verschiebung: $z_1^2 + 2z_2^2 + z_3 = 0$ (elliptisches Paraboloid)

Lösung 7.2.3
Die Quadrik sei dargestellt durch $\mathbf{x}^T \mathbf{A}\mathbf{x} + \mathbf{b}^T \mathbf{x} + c = 0$. Mit $\mathbf{x} = \mathbf{S}\mathbf{y} = \mathbf{S}(\mathbf{z} - \mathbf{p})$ wird auf Normalform transformiert.

$\mathbf{A} = \begin{pmatrix} 10 & 0 & 2 \\ 0 & 4 & 0 \\ 2 & 0 & 10 \end{pmatrix}$, $\mathbf{b} = \begin{pmatrix} 0 \\ 4 \\ 0 \end{pmatrix}$, $c = -3$

Eigenwerte: $\lambda_1 = 4$, $\lambda_2 = 8$, $\lambda_3 = 12$

Eigenvektoren: $\mathbf{v}_1 = \begin{pmatrix} 0 \\ 1 \\ 0 \end{pmatrix}$, $\mathbf{v}_2 = \begin{pmatrix} -1 \\ 0 \\ 1 \end{pmatrix}$, $\mathbf{v}_3 = \begin{pmatrix} 1 \\ 0 \\ 1 \end{pmatrix}$

$\Rightarrow$ Koordinatenwechsel $\mathbf{x} = \mathbf{S}\mathbf{y}$ mit Drehmatrix: $\mathbf{S} = \dfrac{1}{\sqrt{2}} \begin{pmatrix} 0 & -1 & 1 \\ \sqrt{2} & 0 & 0 \\ 0 & 1 & 1 \end{pmatrix}$

Quadrik nach Hauptachsentransformation: $4y_1^2 + 8y_2^2 + 12y_3^2 + 4y_1 - 3 = 0$

Quadratische Ergänzung: $4\left(y_1 + \dfrac{1}{2}\right)^2 + 8y_2^2 + 12y_3^2 - 4 = 0$

Verschiebung: $\mathbf{z} = \mathbf{y} + \mathbf{p}$ mit $\mathbf{p} = (\dfrac{1}{2}, 0, 0)^T$

Quadrik nach Verschiebung: $z_1^2 + 2z_2^2 + 3z_3^2 - 1 = 0$ (Ellipsoid)

Länge der Hauptachsen: $a = 1$, $b = \dfrac{1}{\sqrt{2}}$, $c = \dfrac{1}{\sqrt{3}}$

Mittelpunkt, d.h. $\mathbf{z} = \mathbf{0}$: $\Rightarrow \mathbf{x} = \mathbf{S}(\mathbf{z} - \mathbf{p}) = -\mathbf{S}\mathbf{p} = -\left(0, \dfrac{1}{2}, 0\right)^T$

Lösung 7.2.4
Die Quadrik sei dargestellt durch $\mathbf{x}^T \mathbf{A}\mathbf{x} + \mathbf{b}^T \mathbf{x} + c = 0$. Mit $\mathbf{x} = \mathbf{S}\mathbf{y} = \mathbf{S}(\mathbf{z} - \mathbf{p})$ wird auf Normalform transformiert.

$\mathbf{A} = \begin{pmatrix} -23 & 0 & 36 \\ 0 & 25 & 0 \\ 36 & 0 & -2 \end{pmatrix}$, $\mathbf{b} = \begin{pmatrix} -30 \\ 50 \\ -40 \end{pmatrix}$, $c = 75$

Eigenwerte: $\lambda_{1,2} = 25$, $\lambda_3 = -50$

Eigenvektoren: $\mathbf{v}_1 = \begin{pmatrix} 0 \\ 1 \\ 0 \end{pmatrix}$, $\mathbf{v}_2 = \begin{pmatrix} 3 \\ 0 \\ 4 \end{pmatrix}$, $\mathbf{v}_3 = \begin{pmatrix} 4 \\ 0 \\ -3 \end{pmatrix}$

Wichtig ist hier, dass im Eigenraum zu $\lambda_{1,2} = 25$ eine orthogonale Basis bestimmt wird. Dies geschieht entweder durch einen Orthogonalisierungsschritt oder in diesem Spezialfall durch $\mathbf{v}_2 = \mathbf{v}_3 \times \mathbf{v}_1$.

⇒ Koordinatenwechsel $\mathbf{x} = \mathbf{S}\mathbf{y}$ mit Drehmatrix: $\mathbf{S} = \dfrac{1}{5}\begin{pmatrix} 0 & 3 & 4 \\ 5 & 0 & 0 \\ 0 & 4 & -3 \end{pmatrix}$

Quadrik nach Hauptachsentransformation: $25y_1^2 + 25y_2^2 - 50y_3^2 + 50y_1 - 50y_2 + 75 = 0$

Quadratische Ergänzung: $25(y_1+1)^2 + 25(y_2-1)^2 - 50y_3^2 + 25 = 0$

Verschiebung: $\mathbf{z} = \mathbf{y} + \mathbf{p}$ mit $\mathbf{p} = (1,-1,0)^T$

Quadrik nach Verschiebung: $z_1^2 + z_2^2 - 2z_3^2 + 1 = 0$ (zweischaliges Hyperboloid)

Lösung 7.2.5
Die Quadrik sei dargestellt durch $\mathbf{x}^T\mathbf{A}\mathbf{x} + \mathbf{b}^T\mathbf{x} + c = 0$ mit $\mathbf{x} = (x,y,z)^T$.

a) $\mathbf{A} = \begin{pmatrix} 1 & 0 & a \\ 0 & 1 & 0 \\ a & 0 & 1 \end{pmatrix}$, $\mathbf{b} = \begin{pmatrix} 0 \\ 0 \\ 0 \end{pmatrix}$, $c = -1$

Eigenwerte: $\lambda_1 = 1$, $\lambda_2 = 1-a$, $\lambda_3 = 1+a$

(i) $|a| < 1 \Rightarrow$ drei positive Eigenwerte $\Rightarrow$ Ellipsoid

(ii) $|a| > 1 \Rightarrow$ zwei positive und ein negativer Eigenwert $\Rightarrow$ einschaliges Hyperboloid

(iii) $|a| = 1 \Rightarrow$ zwei positive Eigenwerte und ein Eigenwert gleich 0 $\Rightarrow$ elliptischer Zylinder

b) Eigenvektoren: $\mathbf{v}_1 = \begin{pmatrix} 0 \\ 1 \\ 0 \end{pmatrix}$, $\mathbf{v}_2 = \begin{pmatrix} -1 \\ 0 \\ 1 \end{pmatrix}$, $\mathbf{v}_3 = \begin{pmatrix} 1 \\ 0 \\ 1 \end{pmatrix}$

⇒ Koordinatenwechsel $\mathbf{x} = \mathbf{S}\mathbf{y}$ mit $\mathbf{y} = (u,v,w)^T$ und Drehmatrix:

$$\mathbf{S} = \dfrac{1}{\sqrt{2}}\begin{pmatrix} 0 & -1 & 1 \\ \sqrt{2} & 0 & 0 \\ 0 & 1 & 1 \end{pmatrix}$$

Quadrik nach Hauptachsentransformation: $u^2 + (1-a)v^2 + (1+a)w^2 - 1 = 0$

Lösung 7.2.6
Per Konstruktion liegt hier eine Ellipse mit den Brennpunkten $F_1 = (1,-1)^T$ und $F_2 = (-1,1)^T$ vor.

Rechnerisch ergibt sich:

$$\sqrt{(x_1-1)^2 + (x_2+1)^2} + \sqrt{(x_1+1)^2 + (x_2-1)^2} = 4\sqrt{2}$$

$$\Rightarrow \left(\sqrt{(x_1-1)^2 + (x_2+1)^2}\right)^2 = \left(4\sqrt{2} - \sqrt{(x_1+1)^2 + (x_2-1)^2}\right)^2$$

$$\Rightarrow x_1^2 - 2x_1 + x_2^2 + 2x_2 + 2 = 34 + x_1^2 + 2x_1 + x_2^2 - 2x_2 - 8\sqrt{2}\sqrt{(x_1+1)^2 + (x_2-1)^2}$$

$$\Rightarrow (x_1 - x_2 + 8)^2 = \left(2\sqrt{2}\sqrt{(x_1+1)^2 + (x_2-1)^2}\right)^2$$

$$\Rightarrow 7x_1^2 + 2x_1x_2 + 7x_2^2 - 48 = 0$$

$$\Rightarrow (x_1, x_2)\begin{pmatrix} 7 & 1 \\ 1 & 7 \end{pmatrix}\begin{pmatrix} x_1 \\ x_2 \end{pmatrix} - 48 = 0$$

Eigenwerte: $\lambda_1 = 8$, $\lambda_2 = 6$, Eigenvektoren: $\mathbf{v}_1 = \begin{pmatrix} 1 \\ 1 \end{pmatrix}$, $\mathbf{v}_2 = \begin{pmatrix} -1 \\ 1 \end{pmatrix}$

⇒ Koordinatenwechsel $\mathbf{x} = \mathbf{S}\mathbf{y}$ mit Drehmatrix: $\mathbf{S} = \dfrac{1}{\sqrt{2}}\begin{pmatrix} 1 & -1 \\ 1 & 1 \end{pmatrix}$

Quadrik nach Hauptachsentransformation:

$8y_1^2 + 6y_2^2 - 48 = 0 \quad \Rightarrow \quad \dfrac{y_1^2}{(\sqrt{6})^2} + \dfrac{y_2^2}{(2\sqrt{2})^2} - 1 = 0$ (Ellipse)

Damit liegen auf der Hauptachse $\mathbf{v}_1$ die beiden Nebenscheitelpunkte $N_{1,2} = \pm\sqrt{3}(1,1)^T$ mit (kleinstem) Abstand $\sqrt{6}$ vom Nullpunkt und auf der Hauptachse $\mathbf{v}_2$ die beiden Hauptscheitelpunkte $S_{1,2} = \pm(-2,2)^T$ mit (größtem) Abstand $2\sqrt{2}$ vom Nullpunkt.

Lösung 7.2.7

a) **A** ist positiv definit, denn das Hauptunterdeterminantenkriterium liefert:

$$\det(a_{11}) = 1 > 0, \quad \begin{vmatrix} 1 & 3 \\ 3 & 10 \end{vmatrix} = 1 > 0, \quad \begin{pmatrix} 1 & 3 & 2 \\ 3 & 10 & 3 \\ 2 & 3 & 15 \end{pmatrix} = 2 > 0.$$

b) **B** ist nicht positiv definit, denn ein Diagonalelement in der Cholesky-Zerlegung ist negativ:

$$\begin{pmatrix} 2 & 1 & 4 \\ 1 & 2 & 2 \\ 4 & 2 & 3 \end{pmatrix} \rightarrow \begin{pmatrix} 2 & 1 & 4 \\ 0 & \frac{3}{2} & 0 \\ 0 & 0 & -5 \end{pmatrix}.$$

c) **C** ist positiv definit, denn mit $\mathbf{x} \in \mathbb{R}^3$ und $\mathbf{x} \neq \mathbf{0}$ gilt:

$$\mathbf{x}^T \mathbf{C} \mathbf{x} = \mathbf{x}^T (\mathbf{D} + \mathbf{v}\mathbf{v}^T)\mathbf{x} = \mathbf{x}^T \mathbf{D}\mathbf{x} + \mathbf{x}^T \mathbf{v}\mathbf{v}^T \mathbf{x} = \mathbf{x}^T \mathbf{D}\mathbf{x} + (\mathbf{v}^T \mathbf{x})^2 > 0, \text{ da } \mathbf{D} \text{ positiv definit ist.}$$

Lösung 7.2.8

Die Cholesky-Zerlegung $\mathbf{A} = \mathbf{LDL}^T$ wird hier über den Gauß-Algorithmus erzeugt:

$$\begin{pmatrix} 1 & 1 & 0 \\ 1 & 5 & -2 \\ 0 & -2 & 10 \end{pmatrix} \rightarrow \begin{pmatrix} 1 & 1 & 0 \\ \boxed{1} & 4 & -2 \\ 0 & -2 & 10 \end{pmatrix} \rightarrow \begin{pmatrix} 1 & 1 & 0 \\ \boxed{1} & 4 & -2 \\ 0 & \boxed{-1/2} & 9 \end{pmatrix}$$

$$\Rightarrow \quad \mathbf{C} = \mathbf{D}^{1/2}\mathbf{L}^T = \begin{pmatrix} 1 & 0 & 0 \\ 0 & 2 & 0 \\ 0 & 0 & 3 \end{pmatrix} \cdot \begin{pmatrix} 1 & 1 & 0 \\ 0 & 1 & -1/2 \\ 0 & 0 & 1 \end{pmatrix} = \begin{pmatrix} 1 & 1 & 0 \\ 0 & 2 & -1 \\ 0 & 0 & 3 \end{pmatrix}$$

Symmetrie von $\mathbf{A} = \mathbf{C}^T\mathbf{C}$: $\quad \mathbf{A}^T = (\mathbf{C}^T\mathbf{C})^T = \mathbf{C}^T(\mathbf{C}^T)^T = \mathbf{A}$

Positive Definitheit von $\mathbf{A} = \mathbf{C}^T\mathbf{C}$: $\quad$ sei $\mathbf{x} \in \mathbb{R}^n \Rightarrow \mathbf{x}^T\mathbf{A}\mathbf{x} = \mathbf{x}^T\mathbf{C}^T\mathbf{C}\mathbf{x} = (\mathbf{C}\mathbf{x})^T\mathbf{C}\mathbf{x} = \|\mathbf{C}\mathbf{x}\|^2 \geq 0$

$\|\mathbf{C}\mathbf{x}\|^2 = 0 \Leftrightarrow \mathbf{C}\mathbf{x} = \mathbf{0} \Leftrightarrow \mathbf{x} = \mathbf{0}$, da $\mathbf{C}$ regulär.

Lösung 7.2.9

a) Es ergibt sich die Cholesky-Zerlegung für $\mathbf{A} = \mathbf{LDL}^T = \mathbf{C}^T\mathbf{C}$ mit

$$\mathbf{L} = \begin{pmatrix} 1 & 0 & 0 & 0 \\ -2 & 1 & 0 & 0 \\ -1 & 2 & 1 & 0 \\ 1 & 3 & 2 & 1 \end{pmatrix}, \quad \mathbf{D} = \begin{pmatrix} 1 & 0 & 0 & 0 \\ 0 & 4 & 0 & 0 \\ 0 & 0 & 9 & 0 \\ 0 & 0 & 0 & 16 \end{pmatrix}, \quad \mathbf{C} = \begin{pmatrix} 1 & -2 & -1 & 1 \\ 0 & 2 & 4 & 6 \\ 0 & 0 & 3 & 6 \\ 0 & 0 & 0 & 4 \end{pmatrix}.$$

b) Unter Verwendung der Cholesky-Zerlegung erhält man $\mathbf{A}^{-1} = \mathbf{L}^{-T}\mathbf{D}^{-1}\mathbf{L}^{-1}$:

$$\mathbf{L}^{-1} = \begin{pmatrix} 1 & 0 & 0 & 0 \\ 2 & 1 & 0 & 0 \\ -3 & -2 & 1 & 0 \\ -1 & 1 & -2 & 1 \end{pmatrix}, \quad \mathbf{A}^{-1} = \frac{1}{144}\begin{pmatrix} 441 & 159 & -30 & -9 \\ 159 & 109 & -50 & 9 \\ -30 & -50 & 52 & -18 \\ -9 & 9 & -18 & 9 \end{pmatrix}.$$

Lösung 7.2.10

Bei der Gauß-Elimination erhält man nach dem ersten Schritt die neuen Matrixelemente durch

$$a_{ij}^{(2)} = a_{ij} - \frac{a_{i1}}{a_{11}} a_{1j}, \quad i,j = 2,\ldots,n.$$

a) Die Restmatrix ist diagonaldominant, denn:

$$\begin{aligned}
\sum_{j=2,\,j\neq i}^{n} |a_{ij}^{(2)}| &= \sum_{j=2,\,j\neq i}^{n} \left|a_{ij} - \frac{a_{i1}}{a_{11}}a_{1j}\right| \leq \sum_{j=2,\,j\neq i}^{n} |a_{ij}| + \frac{|a_{i1}|}{|a_{11}|} \sum_{j=2,\,j\neq i}^{n} |a_{1j}| \\
&= \left(\sum_{j=1,\,j\neq i}^{n} |a_{ij}|\right) - |a_{i1}| + \frac{|a_{i1}|}{|a_{11}|} \left\{\left(\sum_{j=2}^{n} |a_{1j}|\right) - |a_{1i}|\right\} \\
&< (|a_{ii}| - |a_{i1}|) + \frac{|a_{i1}|}{|a_{11}|}(|a_{11}| - |a_{1i}|) = |a_{ii}| - \frac{|a_{i1}|}{|a_{11}|}|a_{1i}| \\
&\leq \left|a_{ii} - \frac{a_{i1}}{a_{11}}a_{1i}\right| = |a_{ii}^{(2)}|
\end{aligned}$$

b) Die Restmatrix ist symmetrisch: $a_{ij}^{(2)} = a_{ij} - \frac{a_{i1}}{a_{11}}a_{1j} = a_{ij} - \frac{a_{j1}}{a_{11}}a_{1i} = a_{ji}^{(2)}$

c) Die Diagonalelemente der Restmatrix sind positiv: $a_{ii}^{(2)} = a_{ii} - \frac{a_{i1}}{a_{11}}a_{1i} = a_{ii} - \sigma a_{1i} > 0$,

denn $\mathbf{A}$ ist diagonaldominant, und es gilt $|\sigma| = \frac{|a_{i1}|}{|a_{11}|} < 1$.

In der Cholesky-Zerlegung $\mathbf{A} = \mathbf{LDL}^T$ besitzt per Induktion $\mathbf{D}$ daher positive Diagonalelemente.

Lösung 7.2.11
Nach Aufgabe 4.4.3 besitzt $\mathbf{A}$ die Block-Cholesky-Zerlegung $\mathbf{A} = \mathbf{LDL}^T$ mit

$$\begin{pmatrix} \mathbf{A}_{11} & \mathbf{A}_{12} \\ \mathbf{A}_{12}^T & \mathbf{A}_{22} \end{pmatrix} = \begin{pmatrix} \mathbf{I}_m & \mathbf{0} \\ \mathbf{A}_{12}^T \mathbf{A}_{11}^{-1} & \mathbf{I}_{n-m} \end{pmatrix} \cdot \begin{pmatrix} \mathbf{A}_{11} & \mathbf{0} \\ \mathbf{0} & \mathbf{S} \end{pmatrix} \cdot \begin{pmatrix} \mathbf{I}_m & \mathbf{A}_{11}^{-1} \mathbf{A}_{12} \\ \mathbf{0} & \mathbf{I}_{n-m} \end{pmatrix}.$$

Sind $\mathbf{A}_{11}$ und $\mathbf{S}$ positiv definit, so folgt für $\mathbf{z} \in \mathbb{R}^n$ mit $\mathbf{z} \neq \mathbf{0}$ und $\mathbf{v} := \mathbf{L}^T \mathbf{z} = \begin{pmatrix} \mathbf{v}_1 \\ \mathbf{v}_2 \end{pmatrix} \neq \mathbf{0}$:

$$\mathbf{z}^T \mathbf{A} \mathbf{z} = \mathbf{z}^T (\mathbf{LDL}^T) \mathbf{z} = \mathbf{v}^T \mathbf{D} \mathbf{v} = \mathbf{v}_1^T \mathbf{A}_{11} \mathbf{v}_1 + \mathbf{v}_2^T \mathbf{S} \mathbf{v}_2 > 0$$

also die positive Definitheit von $\mathbf{A}$.

Ist umgekehrt $\mathbf{A}$ positiv definit, so folgt für $\mathbf{v}_1 \in \mathbb{R}^m$ mit $\mathbf{v}_1 \neq \mathbf{0}$ und $\mathbf{z} := \mathbf{L}^{-T} \begin{pmatrix} \mathbf{v}_1 \\ \mathbf{0} \end{pmatrix} \neq \mathbf{0}$:

$$\mathbf{v}_1^T \mathbf{A}_{11} \mathbf{v}_1 = \mathbf{z}^T \mathbf{A} \mathbf{z} > 0,$$

also die positive Definitheit von $\mathbf{A}_{11}$.

Analog folgt für $\mathbf{v}_2 \in \mathbb{R}^{n-m}$ mit $\mathbf{v}_2 \neq \mathbf{0}$ und $\mathbf{z} := \mathbf{L}^{-T} \begin{pmatrix} \mathbf{0} \\ \mathbf{v}_2 \end{pmatrix} \neq \mathbf{0}$:

$$\mathbf{v}_2^T \mathbf{S} \mathbf{v}_2 = \mathbf{z}^T \mathbf{A} \mathbf{z} > 0,$$

und damit die positive Definitheit von $\mathbf{S}$.

L.7.3 Numerische Berechnung von Eigenwerten und Eigenvektoren

Lösung 7.3.1

a) $\|\mathbf{A}\|_1 = \max\limits_{1 \leq k \leq 4} \sum\limits_{i=1}^{4} |a_{ik}| = \max\{5, 7, 9, 8\} = 9$

$$\det(\mathbf{A}^T\mathbf{A} - \lambda\mathbf{I}) = \begin{vmatrix} 13-\lambda & 0 & 23 & 0 \\ 0 & 25-\lambda & 0 & 29 \\ 23 & 0 & 41-\lambda & 0 \\ 0 & 29 & 0 & 34-\lambda \end{vmatrix} = (\lambda^2 - 54\lambda + 4)(\lambda^2 - 59\lambda + 9)$$

$\Rightarrow \lambda_{1,2} = \dfrac{54 \pm \sqrt{2900}}{2}$ und $\lambda_{3,4} = \dfrac{59 \pm \sqrt{3445}}{2}$ $\Rightarrow \|\mathbf{A}\|_2 = \sqrt{\dfrac{59 + \sqrt{3445}}{2}} \approx 7.671183819$

$\|\mathbf{A}\|_\infty = \max\limits_{1 \leq i \leq 4} \sum\limits_{k=1}^{4} |a_{ik}| = \max\{8, 6, 6, 9\} = 9$

b) Nach dem Satz von Hirsch (7.3.7) im Lehrbuch ist $|\lambda| \leq \|\mathbf{A}\|_2 \leq 7.67118382$.

c) Die Eigenwerte von $\mathbf{A}$ liegen in der Vereinigung der Kreisscheiben
$K_1 = \{\lambda \in \mathbb{C} \mid |\lambda + 3| \leq 5\}$, $K_2 = \{\lambda \in \mathbb{C} \mid |\lambda - 3| \leq 3\}$,
$K_3 = \{\lambda \in \mathbb{C} \mid |\lambda - 4| \leq 2\}$ und $K_4 = \{\lambda \in \mathbb{C} \mid |\lambda + 5| \leq 4\}$.

d) $\det(\mathbf{A} - \lambda\mathbf{I}) = (\lambda + 3)(\lambda + 1)(\lambda - 1)(\lambda - 2) \Rightarrow \lambda_1 = -3, \ \lambda_2 = -1, \ \lambda_3 = 1, \ \lambda_4 = 2$

Lösung 7.3.2

a) Die Eigenwerte von $\mathbf{A}$ liegen in der Vereinigung der Kreisscheiben
$K_1 = \{\lambda \in \mathbb{C} \mid |\lambda - 1| \leq 4\}$ und $K_2 = \{\lambda \in \mathbb{C} \mid |\lambda - 5| \leq 2\}$. Da $\mathbf{A}$ symmetrisch ist $\Rightarrow \lambda_i \in [-3, 7]$.

b) $R(\mathbf{x}_0) = \dfrac{\mathbf{x}_0^T \mathbf{A} \mathbf{x}_0}{\mathbf{x}_0^T \mathbf{x}_0} = \dfrac{17}{3} = 5.66666\ldots$

c) Für ein $i \in \{1, 2, 3\}$ gilt $\quad |R(\mathbf{x}_0) - \lambda_i| \leq \dfrac{\|\mathbf{A}\mathbf{x}_0 - R(\mathbf{x}_0)\mathbf{x}_0\|_2}{\|\mathbf{x}_0\|_2} = \dfrac{2\sqrt{2}}{3} \approx 0.942809041$

d) $\mathbf{x}_1 = (5, 7, 5)^T$, $\mathbf{A}\mathbf{x}_1 = (27, 45, 27)^T \Rightarrow R(\mathbf{x}_1) = \dfrac{\mathbf{x}_1^T \mathbf{A} \mathbf{x}_1}{\mathbf{x}_1^T \mathbf{x}_1} = \dfrac{585}{99} = 5.90909\ldots$,

$|R(\mathbf{x}_1) - \lambda_i| \leq \dfrac{\|\mathbf{A}\mathbf{x}_1 - R(\mathbf{x}_1)\mathbf{x}_1\|_2}{\|\mathbf{x}_1\|_2} = \dfrac{\sqrt{256608}}{99\sqrt{99}} \approx 0.5142594777$.

Lösung 7.3.3

Der Beweis wird über Induktion geführt. Man setze zunächst $p_0(\lambda) := 1$ und $p_1(\lambda) := \delta_1 - \lambda$, dann gilt

$k = 1: \quad p_1(\lambda) = \det(\delta_1 - \lambda)$

$k = 2: \quad p_2(\lambda) = \begin{vmatrix} \delta_1 - \lambda & \gamma_2 \\ \gamma_2 & \delta_2 - \lambda \end{vmatrix} = (\delta_1 - \lambda)(\delta_2 - \lambda) - \gamma_2^2 = (\delta_2 - \lambda)p_1(\lambda) - \gamma_2^2 p_0(\lambda)$

$k - 2, k - 1 \to k: \quad$ (Entwicklung nach der letzten Zeile)

$$p_k(\lambda) = \begin{vmatrix} (\delta_1 - \lambda) & \gamma_2 & & 0 \\ \gamma_2 & \ddots & & \\ & & & \gamma_k \\ 0 & & \gamma_k & (\delta_k - \lambda) \end{vmatrix}$$

$$= (\delta_k - \lambda) \cdot \begin{vmatrix} (\delta_1 - \lambda) & \gamma_2 & & 0 \\ \gamma_2 & \ddots & & \\ & & & \gamma_{k-1} \\ 0 & & \gamma_{k-1} & (\delta_{k-1} - \lambda) \end{vmatrix} - \gamma_k \cdot \begin{vmatrix} (\delta_1 - \lambda) & \gamma_2 & & 0 \\ \gamma_2 & \ddots & & \vdots \\ & & (\delta_{k-2} - \lambda) & 0 \\ 0 & & \gamma_{k-1} & \gamma_k \end{vmatrix}$$

$= (\delta_k - \lambda)p_{k-1}(\lambda) - \gamma_k^2 p_{k-2}(\lambda)$

Lösung 7.3.4

Die Eigenwerte und Eigenvektoren von $\mathbf{A}$ wurden in Aufgabe 7.1.5 berechnet:

$$\lambda_1 = -5 \quad \text{mit} \quad \mathbf{v}_1 = (1,1,2)^T, \quad \text{sowie} \quad \lambda_{2,3} = 1.$$

Das Von-Mises-Verfahren lässt hier, wegen des günstigen Quotienten $\dfrac{|\lambda_2|}{|\lambda_1|} = \dfrac{1}{5}$, eine gute Konvergenz erwarten. Auf eine Normierung der Näherungsvektoren $\mathbf{x}_i$ in den ersten drei Schritten kann verzichtet werden, da sich ein Exponentenüber- oder -unterlauf noch nicht einstellt.

$\mathbf{x}_1 = \mathbf{A}\mathbf{x}_0 = (-3,-3,-7)^T \Rightarrow |\lambda_1| \approx \dfrac{\|\mathbf{A}\mathbf{x}_0\|}{\|\mathbf{x}_0\|} = \sqrt{\dfrac{67}{3}} \approx 4.725815$

oder $\lambda_1 \approx R(\mathbf{x}_0) = \dfrac{-13}{3} \approx -4.333333$

$\mathbf{x}_2 = \mathbf{A}\mathbf{x}_1 = (17, 17, 33)^T \Rightarrow |\lambda_1| \approx \dfrac{\|\mathbf{A}\mathbf{x}_1\|}{\|\mathbf{x}_1\|} = \sqrt{\dfrac{1667}{67}} \approx 4.988045$

oder $\lambda_1 \approx R(\mathbf{x}_1) = \dfrac{-333}{67} \approx -4.970149$

$\mathbf{x}_3 = \mathbf{A}\mathbf{x}_2 = (-83,-83,-167)^T \Rightarrow |\lambda_1| \approx \dfrac{\|\mathbf{A}\mathbf{x}_2\|}{\|\mathbf{x}_2\|} = \sqrt{\dfrac{41667}{1667}} \approx 4.999520$

oder $\lambda_1 \approx R(\mathbf{x}_2) = \dfrac{-8333}{1667} \approx -4.998800$

Normiert man die erste Komponente von $\mathbf{x}_3$ auf 1, so erhält man $\quad \mathbf{v}_1 \approx (1, 1, 2.012)^T$.

L.8 Konvergenz von Folgen und Reihen

L.8.1 Folgen

Lösung 8.1.1

a) Behauptung: $a_n \leq b_n \Rightarrow \lim_{n \to \infty} a_n \leq \lim_{n \to \infty} b_n$.

Beweis: Annahme: $b := \lim_{n \to \infty} b_n < a := \lim_{n \to \infty} a_n$.

Zu $\varepsilon := a - b > 0$ wähle man $N_1, N_2 \in \mathbb{N}$ mit:
$$n \geq N_1 \Rightarrow |a_n - a| < \varepsilon/2 \quad \text{und} \quad n \geq N_2 \Rightarrow |b_n - b| < \varepsilon/2.$$

Für $n \geq \max(N_1, N_2)$ folgt damit $b_n < b + \frac{\varepsilon}{2} = \frac{a+b}{2} = a - \frac{\varepsilon}{2} < a_n$, also ein Widerspruch.

b) Behauptung: $a_n \leq c_n \leq b_n \ (\forall n) \Rightarrow \lim_{n \to \infty} c_n = a$.

Beweis: Nach Voraussetzung existiert zu $\varepsilon > 0 : N_1, N_2 \in \mathbb{N}$ mit:
$$n \geq N_1 \Rightarrow |a_n - a| < \varepsilon \quad \text{und} \quad n \geq N_2 \Rightarrow |b_n - a| < \varepsilon.$$

Für $n \geq \max(N_1, N_2)$ folgt damit

$$\left. \begin{array}{rcccc} -\varepsilon < a_n - a & \leq & c_n - a & \leq & b_n - a < \varepsilon \\ -\varepsilon < a - b_n & \leq & a - c_n & \leq & a - a_n < \varepsilon \end{array} \right\} \Rightarrow |c_n - a| < \varepsilon.$$

c) $q > 1: \ \sqrt[n]{q} = 1 + r_n, \ r_n > 0 \Rightarrow q = (1+r_n)^n \geq 1 + n r_n$ (Bernoulli)

$\Rightarrow 0 < r_n \leq \frac{1}{n}(q-1) \to 0 \ (n \to \infty) \Rightarrow \lim_{n \to \infty} r_n = 0$, d.h. $\lim_{n \to \infty} \sqrt[n]{q} = 1$

$q = 1:$ klar!

$0 < q < 1: \ \sqrt[n]{q} = \frac{1}{\sqrt[n]{1/q}} \to \frac{1}{1} = 1 \ (n \to \infty)$.

Lösung 8.1.2

$$t_{n+1} = t_n - \frac{f(t_n)}{f'(t_n)} = t_n - \frac{t_n^2 - 2}{2 t_n} = \frac{1}{2}\left(t_n + \frac{2}{t_n}\right).$$

a) Die Folge $(t_n)_{n \geq 1}$ ist streng monoton fallend und durch $\sqrt{2}$ nach unten beschränkt.

$n = 1:$ Man berechnet $t_1 = \frac{3}{2}$ und damit $t_1^2 > 2, \ t_1 > \sqrt{2}$.

$n \Rightarrow n+1:$ Wenn $t_n > \sqrt{2}$, so folgt :

$$t_{n+1} = \frac{1}{2}\left(t_n + \frac{2}{t_n}\right) < \frac{1}{2}\left(t_n + \frac{t_n^2}{t_n}\right) = t_n,$$

sowie
$$t_{n+1}^2 = t_n^2 \left(1 + \frac{2 - t_n^2}{2 t_n^2}\right)^2 \underset{\text{(Bernoulli)}}{>} t_n^2 \left(1 + \frac{2 - t_n^2}{t n^2}\right) = 2,$$

also auch $\sqrt{2} < t_{n+1} < t_n$.

Hieraus folgt, dass (t_n) konvergiert, und aus $t = \frac{1}{2}\left(t + \frac{2}{t}\right)$ folgt $t = \lim_{n \to \infty} t_n = \sqrt{2}$.

Zur quadratischen Konvergenz :

$$t_{n+1} - \sqrt{2} = \frac{1}{2}\left(t_n + \frac{2}{t_n}\right) - \frac{1}{2}\left(\sqrt{2} + \frac{2}{\sqrt{2}}\right) = \frac{1}{2}\left(t_n - \sqrt{2} + \frac{2(\sqrt{2} - t_n)}{\sqrt{2} t_n}\right)$$

$$= \frac{1}{2}(t_n - \sqrt{2}) \cdot \left(1 - \frac{2}{\sqrt{2} t_n}\right) = \frac{1}{2 t_n} \cdot (t_n - \sqrt{2})^2 \leq \frac{1}{2\sqrt{2}}(t_n - \sqrt{2})^2.$$

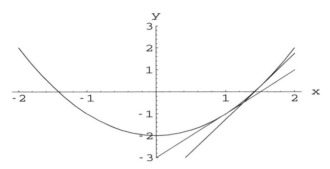

Bild 8.1.2 Newton-Verfahren mit den Tangenten zu $t_0 = 1$ und $t_1 = 1.5$

b) Newton :

i	t_i
0	1.0
1	1.5
2	1.4166 66666 66667
3	1.4142 15686 27451
4	1.4142 13562 37469
5	1.4142 13562 37310

Bisektion :

i	u_i	v_i
0	1.0	2.0
1	1.0	1.5
2	1.25	1.5
3	1.375	1.5
4	1.375	1.4375
5	1.40625	1.4375

Lösung 8.1.3

a) Gegeben ist $f(x) = x^3 + 4x^2 - 3x - 12$.

Newton :

i	x_i
0	4.0
1	2.649 350 65
2	1.968 515 429
3	1.754 232 953
4	1.732 275 164
5	1.732 050 831

Bisektion :

i	u_i	v_i
0	0.0	4.0
1	0.0	2.0
2	1.0	2.0
3	1.5	2.0
4	1.5	1.75
5	1.625	1.75
6	1.6875	1.75
7	1.71875	1.75
8	1.71875	1.734375
9	1.7265625	1.734375
10	1.73046875	1.734375

b) Gegeben ist $f(x) = \dfrac{1}{3}(x^3 + 2)$ $\Rightarrow$ $f'(x) = x^2$.

Für $x_0 = 1$ liefert das Newton-Verfahren $x_1 = x_0 - \dfrac{f(x_0)}{f'(x_0)} = 0$.

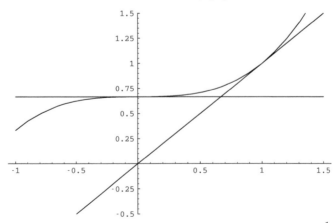

Bild 8.1.3 b) Newton-Verfahren mit waagerechter Tangente für $f(x) = \dfrac{1}{3}(x^3 + 2)$

x_1 ist keine Nullstelle von f, denn $f(x_1) = 2/3$. Wegen $f'(x_1) = 0$ ist das Newton-Verfahren nicht weiter durchführbar. Graphisch bedeutet dies, dass die Linearisierung von f im Punkte x_1 eine waagerechte Tangente liefert, die keinen Schnittpunkt mit der x-Achse besitzt und deshalb keinen nächsten Iterationswert x_2 liefert.

c) Gegeben ist $f(x) = -2x^3 + 3x^2 + x - 1$ $\Rightarrow$ $f'(x) = -6x^2 + 6x + 1$.

Für $x_0 = 1$ liefert das Newton-Verfahren

$$x_1 = x_0 - \frac{f(x_0)}{f'(x_0)} = 0 \quad \text{und} \quad x_2 = x_1 - \frac{f(x_1)}{f'(x_1)} = 1$$

Wegen $f(x_1) = -1$ und $f(x_2) = 1$ sind x_1 und x_2 keine Nullstellen. Da $x_2 = x_0$ gilt, erhält man für die Folgenglieder des Newton-Verfahrens $x_{2n} = x_0$ bzw. $x_{2n+1} = x_1$ für $n \in \mathbb{N}$. Das Newton-Verfahren springt also zyklisch zwischen den Werten 1 und 0 hin und her und konvergiert deshalb nicht.

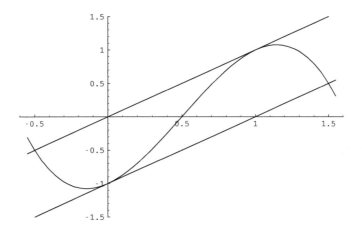

Bild 8.1.3 c)   Newton-Verfahren mit Zyklus

In Bild 8.1.3 c) sind $f(x) = -2x^3 + 3x^2 + x - 1$ und die Tangenten in $x_0 = 1$ und $x_1 = 0$ angegeben.

Lösung 8.1.4

a) $a_n = n + c$, $b_n = -n$ $\Rightarrow$ $\lim_{n\to\infty}(a_n + b_n) = \lim_{n\to\infty} c = c$

b) $a_n = n^2 + 1$, $b_n = -2n$ $\Rightarrow$ $\lim_{n\to\infty}(a_n + b_n) = \lim_{n\to\infty}(n-1)^2 = \infty$

c) $a_n = 2n$, $b_n = -n^2 - 1$ $\Rightarrow$ $\lim_{n\to\infty}(a_n + b_n) = \lim_{n\to\infty} -(n-1)^2 = -\infty$

Lösung 8.1.5
Induktionsanfang:

$n = 0:$ $\quad \dfrac{15\left(1 - 15^{-1}\right)a + 3\left(15^0 - 1\right)b}{14 \cdot 3^0} = \dfrac{14a}{14} = a = x_0$

$n = 1:$ $\quad \dfrac{15\left(1 - 15^0\right)a + 3\left(15^1 - 1\right)b}{14 \cdot 3^1} = \dfrac{3 \cdot 14b}{14 \cdot 3} = b = x_1$

Induktionsschritt: $\quad n-1, n \to n+1$

$$x_{n+1} = \frac{1}{3}(16x_n - 5x_{n-1})$$

$$= \frac{1}{3}\left(16\frac{15\left(1 - 15^{n-1}\right)a + 3\left(15^n - 1\right)b}{14 \cdot 3^n} - 5\frac{15\left(1 - 15^{n-2}\right)a + 3\left(15^{n-1} - 1\right)b}{14 \cdot 3^{n-1}}\right)$$

$$= \frac{(16 \cdot 15 - 16 \cdot 15^n)a + 16 \cdot 3\left(15^n - 1\right)b - (15 \cdot 15 - 15^n)a - 15 \cdot 3\left(15^{n-1} - 1\right)b}{14 \cdot 3^{n+1}}$$

$$= \frac{(15 - 15 \cdot 15^n)a + 3\left(15 \cdot 15^n - 1\right)b}{14 \cdot 3^{n+1}} = \frac{15\left(1 - 15^n\right)a + 3\left(15^{n+1} - 1\right)b}{14 \cdot 3^{n+1}}$$

L.8.2 Konvergenzkriterien für reelle Folgen

Lösung 8.2.1

$$0 \leq a_n = \sqrt{n+4} - \sqrt{n+2} = \frac{n+4-n-2}{\sqrt{n+4}+\sqrt{n+2}} \leq \frac{2}{\sqrt{n}} \xrightarrow{n\to\infty} 0$$

$$b_n = \left(\frac{5n}{2n+1}\right)^4 = \left(\frac{5}{2+1/n}\right)^4 \xrightarrow{n\to\infty} \left(\frac{5}{2}\right)^4$$

$$c_n = \frac{n^2-1}{n+3} - \frac{n^3+1}{n^2+1} = \frac{(n^2-1)(n^2+1) - (n^3+1)(n+3)}{(n+3)(n^2+1)}$$

$$= \frac{-3n^3 - n - 4}{n^3 + 3n^2 + n + 3} = \frac{-3 - 1/n^2 - 4/n^3}{1 + 3/n + 1/n^2 + 3/n^3} \xrightarrow{n\to\infty} -3$$

$$d_n = \left(1 - \frac{1}{3n}\right)^{7n} = \left\{\left(1 + \frac{(-1/3)}{n}\right)^n\right\}^7 \xrightarrow{n\to\infty} e^{-\frac{7}{3}}$$

$$e_n = \sqrt{n(n+3)} - n = \frac{n^2 + 3n - n^2}{\sqrt{n^2+3n}+n} = \frac{3}{\sqrt{1+\frac{3}{n}}+1} \stackrel{n\to\infty}{\longrightarrow} \frac{3}{2}$$

$$f_n = \frac{\ln(1+r) + 7 - 3r^n}{2r^n + 5}$$

$0 < r < 1: \quad r^n \to 0 \quad \Rightarrow \quad f_n \stackrel{n\to\infty}{\longrightarrow} \frac{\ln(1+r)+7}{5}$

$r = 1: \quad f_n = \frac{\ln 2 + 4}{7}$

$r > 1: \quad f_n = \frac{(\ln(1+r)+7)/r^n - 3}{2 + 5/r^n} \stackrel{n\to\infty}{\longrightarrow} -\frac{3}{2}$

Lösung 8.2.2

$$a_n = \frac{2n^5}{n^5 + n^4 + n^3 + n^2 + n + 1} = \frac{2}{1 + 1/n + 1/n^2 + 1/n^3 + 1/n^4 + 1/n^5} \stackrel{n\to\infty}{\longrightarrow} 2,$$

$$b_n = n^2\left(\sqrt{1+\frac{3}{n^2}} - \sqrt{1+\frac{1}{n^3}}\right) = \frac{n^2((1+3/n^2) - (1+1/n^3))}{\sqrt{1+3/n^2}+\sqrt{1+1/n^3}}$$

$$= \frac{3 - 1/n}{\sqrt{1+3/n^2}+\sqrt{1+1/n^3}} \stackrel{n\to\infty}{\longrightarrow} \frac{3}{2},$$

$$|c_n| = \left|\frac{2-2i}{3}\right|^n = \left(\sqrt{\frac{8}{9}}\right)^n \stackrel{n\to\infty}{\longrightarrow} 0,$$

$$d_n = \frac{a_n}{2} - \frac{3}{b_n} + c_n^2 \stackrel{n\to\infty}{\longrightarrow} \frac{2}{2} - \frac{3}{3/2} + 0^2 = -1,$$

$$e_n = \frac{n^3 + (-1)^n n^2}{2n^3 + 1} = \frac{1 + (-1)^n/n}{2 + 1/n^3} \stackrel{n\to\infty}{\longrightarrow} \frac{1}{2},$$

$$f_n = \frac{n^2}{n+1} - \frac{n^2}{n+3} = \frac{n^2(n+3) - n^2(n+1)}{(n+1)(n+3)} = \frac{2}{1+4/n+3/n^2} \stackrel{n\to\infty}{\longrightarrow} 2.$$

Lösung 8.2.3

$$a_n = \frac{n^2-1}{2n^3}\left(\frac{3n^2+1}{n+1} - \frac{8n^2-1}{n-1}\right) = \frac{1}{2n^3}\left((3n^2+1)(n-1) - (8n^2-1)(n+1)\right)$$

$$= \frac{-5n^3 - 11n^2 + 2n}{2n^3} = \frac{-5 - 11/n + 2/n^2}{2} \to \frac{-5}{2}$$

$$b_n = \left(1 + \frac{3}{5n}\right)^{10n} = \left(\left(1 + \frac{(3/5)}{n}\right)^n\right)^{10} \to \left(e^{3/5}\right)^{10} = e^6,$$

$$c_n = \frac{4^n + (-5)^n}{(-4)^n + 5^n} = \frac{(-1)^n((-4)^n + 5^n)}{(-4)^n + 5^n} = (-1)^n \quad \text{divergent},$$

$$|d_n| = \frac{|2-2i|^n}{|1+3i|^n} = \frac{(\sqrt{8})^n}{(\sqrt{10})^n} = \left(\sqrt{\frac{4}{5}}\right)^n \to 0 \quad \Rightarrow \quad d_n \to 0$$

$$e_n = \sqrt{9n^3 + 2n^{3/2} + (-1)^n} - 3n^{3/2}$$

$$= \frac{\left(\sqrt{9n^3 + 2n^{3/2} + (-1)^n} - 3n^{3/2}\right)\left(\sqrt{9n^3 + 2n^{3/2} + (-1)^n} + 3n^{3/2}\right)}{\sqrt{9n^3 + 2n^{3/2} + (-1)^n} + 3n^{3/2}}$$

$$= \frac{2n^{3/2} + (-1)^n}{\sqrt{9n^3 + 2n^{3/2} + (-1)^n} + 3n^{3/2}} = \frac{2 + \frac{(-1)^n}{n^{3/2}}}{\sqrt{9 + \frac{2}{n^{3/2}} + \frac{(-1)^n}{n^3}} + 3} \to \frac{1}{3}$$

$$f_n = \frac{1 + 2^n + 3^{n+1} + 4^{n+2} + 5^{n+3}}{5^{n+1}}$$

$$= \frac{1}{5}\cdot\left(\frac{1}{5}\right)^n + \frac{1}{5}\cdot\left(\frac{2}{5}\right)^n + \frac{3}{5}\cdot\left(\frac{3}{5}\right)^n + \frac{16}{5}\cdot\left(\frac{4}{5}\right)^n + \frac{125}{5}\cdot\left(\frac{5}{5}\right)^n \to 25$$

Lösung 8.2.4

a) $a_1 = 0$, $a_{n+1} = \frac{1}{4}(a_n - 3)$, $n \geq 1$.

Wenn a_n konvergiert, so gegen $a = \frac{1}{4}(a - 3)$, also $a = -1$.

Ferner: $a_{n+1} + 1 = \frac{1}{4}(a_n - 3) + 1 = \frac{1}{4}(a_n + 1)$.

Hieraus folgt unmittelbar per vollständiger Induktion $\forall n: -1 < a_n \leq 0$ und

$$a_{n+1} = \frac{1}{4}(a_n + 1) - 1 = -\frac{3}{4} + \frac{1}{4}a_n < \frac{3}{4}a_n + \frac{1}{4}a_n = a_n,$$

d.h., (a_n) ist streng monoton fallend $\Rightarrow a_n$ konvergent, $\lim_{n\to\infty} a_n = -1$.

b) $b_1 = 0$, $b_{n+1} = \sqrt{2 + b_n}$, $n \geq 1$.
Wenn b_n konvergiert, so gegen $b = \sqrt{2+b} \Rightarrow b = \frac{1}{2} \pm \frac{3}{2}$ und wegen $b_n \geq 0$ folgt damit $b = 2$.
Wir zeigen per vollständiger Induktion: $\forall n: b_n < b_{n+1} < 2$.
$n = 1$: $b_1 = 0 < \sqrt{2} = b_2 < 2$.
$n \Rightarrow n+1$: $b_{n+1} = \sqrt{2 + b_n} > \sqrt{2 + b_{n-1}} = b_n$, $b_{n+1} = \sqrt{2 + b_n} < \sqrt{2 + 2} = 2$.
Daher konvergiert (b_n) mit $\lim_{n\to\infty} b_n = 2$.

c) $c_1 = 2$, $c_{n+1} = 3/(4 - c_n)$, $n \geq 1$
Wenn (c_n) konvergiert, so gegen $c = \frac{3}{4-c} \Rightarrow c = 1 \lor c = 3$.
Wir zeigen per vollständiger Induktion: $1 < c_{n+1} < c_n \leq 2$.
$n = 1$: $1 < 1.5 < 2 \leq 2$
$n - 1 \Rightarrow n$: $1 < c_n < c_{n-1} \leq 2 \Rightarrow 2 \leq 4 - c_{n-1} < 4 - c_n < 3$

$$\Rightarrow 1 < \frac{3}{4 - c_n} < \frac{3}{4 - c_{n-1}} \leq \frac{3}{2} < 2.$$

Damit ist (c_n) streng monoton fallend und beschränkt, und es gilt $\lim_{n\to\infty} c_n = 1$.

d) $d_1 = 0$, $d_{n+1} = 3d_n + 2$, $n \geq 1$
Wenn (d_n) konvergiert, so gegen $d = 3d + 2 \Rightarrow d = -1$.
Aus $d_1 = 0$ folgt per Induktion sofort $d_n \geq 0$. Damit konvergiert die Folge (d_n) nicht.

Lösung 8.2.5

a) $a_n = \sqrt{n^2+1} - n - 1 = \dfrac{n^2+1-(n+1)^2}{\sqrt{n^2+1}+n+1} = \dfrac{-2n}{\sqrt{n^2+1}+n+1} = \dfrac{-2}{\sqrt{1+\frac{1}{n^2}}+1+\frac{1}{n}} \xrightarrow{n\to\infty} -1$

b) $\lim\limits_{n\to\infty} b_n = \lim\limits_{n\to\infty} \ln\left(\dfrac{5n}{n+1}\right) = \ln\left(\lim\limits_{n\to\infty} \dfrac{5}{1+\frac{1}{n}}\right) = \ln 5$

c) $c_n = \left(\dfrac{2}{n}-1\right)^n = (-1)^n \left(1+\dfrac{-2}{n}\right)^n \longrightarrow \begin{cases} e^{-2} & ; \ n \text{ gerade} \\ -e^{-2} & ; \ n \text{ ungerade} \end{cases}$

Es existieren zwei Häufungspunkte, also liegt keine Konvergenz vor.

d) $d_n = \sqrt{n^6+3n^3} - \sqrt{n^6-2n^3} = \dfrac{n^6+3n^3-(n^6-2n^3)}{\sqrt{n^6+3n^3}+\sqrt{n^6-2n^3}} = \dfrac{5}{\sqrt{1+\frac{3}{n^3}}+\sqrt{1-\frac{2}{n^3}}} \xrightarrow{n\to\infty} \dfrac{5}{2}$

e) $e_n = \dfrac{n^3+1}{n^2+5n} - \dfrac{n^4+4}{n^3+2n^2} = \dfrac{(n^3+1)(n^3+2n^2)-(n^2+5n)(n^4+4)}{(n^2+5n)(n^3+2n^2)}$

$= \dfrac{-3n^5+n^3-2n^2-20n}{n^5+6n^4+10n^3} \xrightarrow{n\to\infty} -3$

f) $f_n = \sqrt{n^8+4n^4} - \sqrt{n^8+7n^3} = \dfrac{n^8+4n^4-(n^8+7n^3)}{\sqrt{n^8+4n^4}+\sqrt{n^8+7n^3}} = \dfrac{4-\frac{7}{n}}{\sqrt{1+\frac{4}{n^4}}+\sqrt{1+\frac{7}{n^5}}} \xrightarrow{n\to\infty} 2$

g) $\lim\limits_{n\to\infty} g_n = \lim\limits_{n\to\infty} \left(\sqrt{n^2+2n} - \sqrt{n^2-n}\right)$

$= \lim\limits_{n\to\infty} \dfrac{n^2+2n-(n^2-n)}{\sqrt{n^2+2n}+\sqrt{n^2-n}} = \lim\limits_{n\to\infty} \dfrac{3}{\sqrt{1+\frac{2}{n}}+\sqrt{1-\frac{2}{n}}} = \dfrac{3}{2}$

Lösung 8.2.6

a) Wenn a_n gegen a konvergiert, so gilt $a = \sqrt{a}+2 \ \Rightarrow \ (a-2)^2 = a$

$\Rightarrow \ a^2-5a+4 = (a-1)(a-4) = 0 \ \Rightarrow \ a = 1$ oder $a = 4$

Aufgrund der Rekursion mit dem Startwert $a_1 = 6$ wird vermutet, dass die Folge monoton fällt und nach unten beschränkt ist durch 4, d.h. es ist zu zeigen:

$a_n \geq a_{n+1}$ (vollständige Induktion:)

$n = 1$: $a_1 = 6 \geq a_2 = \sqrt{6}+2$

$n \to n+1$: $a_{n+1} = \sqrt{a_n}+2 \geq \sqrt{a_{n+1}}+2 = a_{n+2}$

und $a_n \geq 4$ (vollständige Induktion:)

$n = 1$: $a_1 = 6 \geq 4$

$n \to n+1$: $a_{n+1} = \sqrt{a_n}+2 \geq \sqrt{4}+2 = 4$

Damit fällt a_n monoton, ist nach unten beschränkt, also konvergent. Als Grenzwert kommt nur $a = 4$ in Frage.

b) Wenn b_n gegen b konvergiert, so gilt $b = \sqrt{b}+6 \ \Rightarrow \ (b-6)^2 = b$

$\Rightarrow \ b^2-13b+36 = (b-9)(b-4) = 0 \ \Rightarrow \ b = 4$ oder $b = 9$

Aufgrund der Rekursion mit dem Startwert $b_1 = 5$ wird vermutet, dass die Folge monoton wächst und nach oben beschränkt ist durch 9, d.h. es ist zu zeigen:

$b_n \leq b_{n+1}$ (vollständige Induktion:)

$n = 1$: $b_1 = 5 \leq b_2 = \sqrt{5}+6$

$n \to n+1$: $b_{n+1} = \sqrt{b_n}+6 \leq \sqrt{b_{n+1}}+6 = b_{n+2}$

und $b_n \leq 9$ (vollständige Induktion:)

$n = 1$: $b_1 = 5 \leq 9$

$n \to n+1$: $b_{n+1} = \sqrt{b_n}+6 \leq \sqrt{9}+6 = 9$

Damit wächst b_n monoton, ist nach oben beschränkt, also konvergent. Als Grenzwert kommt nur $b = 9$ in Frage.

c) Falls $(c_n)_{n\in\mathbb{N}}$ konvergiert, so sei $c := \lim_{n\to\infty} c_n$ der Grenzwert.

Aus der Rekursion erhält man: $c = \dfrac{3-c}{2} \Rightarrow c = 1$.

$(c_n)_{n\in\mathbb{N}}$ konvergiert (gegen $c = 1$), denn es gilt
$$|c_{n+1} - 1| = \left|\frac{3-c_n}{2} - 1\right| = \frac{1}{2}|c_n - 1| = \cdots = \left(\frac{1}{2}\right)^n |c_1 - 1| = \left(\frac{1}{2}\right)^n \stackrel{n\to\infty}{\longrightarrow} 0.$$

d) Wenn (d_n) konvergiert, dann gegen $d = \lim_{n\to\infty} d_n$ mit: $d = \dfrac{\sqrt{d}}{3} \Rightarrow 9d^2 = d \Rightarrow d = 0 \vee d = \dfrac{1}{9}$

Behauptung: (d_n) ist nach unten beschränkt durch $\dfrac{1}{9}$, d.h. $d_n \geq \dfrac{1}{9}$

Induktion: $d_1 = 1 \geq \dfrac{1}{9}$, $d_{n+1} = \dfrac{\sqrt{d_n}}{3} \geq \dfrac{\sqrt{\frac{1}{9}}}{3} = \dfrac{1}{9}$

Behauptung: (d_n) fällt monoton, d.h. $d_{n+1} \leq d_n$

Induktion: $d_1 = 1 \geq \dfrac{1}{3} = d_2$, $d_{n+1} = \dfrac{\sqrt{d_n}}{3} \leq \dfrac{\sqrt{d_{n-1}}}{3} = d_n$

Nach dem Monotoniekriterium konvergiert (d_n) und der Grenzwert lautet $d = \dfrac{1}{9}$.

e) Wenn (e_n) konvergiert, dann gegen $e = \lim_{n\to\infty} e_n$ mit: $e = 1 + 2e \Rightarrow e = -1$

Behauptung: $e_n \geq 0$

Induktion: $e_1 = 0 \geq 0$, $e_{n+1} = 1 + 2e_n \geq 1 + 2 \cdot 0 \geq 0$

Damit kann (e_n) nicht konvergieren.

Lösung 8.2.7

a) $a_n = (n^3 + 2) - \sqrt{n^6 + 5n^3} = \dfrac{(n^3+2)^2 - (n^6+5n^3)}{n^3 + 2 + \sqrt{n^6+5n^3}} = \dfrac{-n^3 + 4}{n^3 + 2 + \sqrt{n^6+5n^3}}$

$= \dfrac{-1 + 4/n^3}{1 + 2/n^3 + \sqrt{1 + 5/n^3}} \stackrel{n\to\infty}{\longrightarrow} -\dfrac{1}{2}$

b) $b_1 = 1$, $b_{n+1} = \dfrac{1}{3}b_n + \dfrac{1}{2}$, $n \geq 1$

Wenn $(b_n)_{n\in\mathbb{N}}$ konvergiert, so gegen $b = \dfrac{1}{3}b + \dfrac{1}{2} \Rightarrow b = \dfrac{3}{4}$.

Da $b_1 > 0$ folgt induktiv $b_n > 0$, d.h., die Folge ist nach unten beschränkt durch 0.
Wegen $b_1 = 1 > \dfrac{5}{6} = b_2$ folgt mit dem Induktionsschluss $b_{n+1} = \dfrac{1}{3}b_n + \dfrac{1}{2} < \dfrac{1}{3}b_{n-1} + \dfrac{1}{2} = b_n$, dass die Folge monoton fällt und damit dann konvergiert.

Lösung 8.2.8

a) $a_n = (n^3 - 2) - \sqrt{n^6 - 5n^3} = \dfrac{(n^3-2)^2 - (n^6-5n^3)}{n^3 - 2 + \sqrt{n^6-5n^3}} = \dfrac{n^3 + 4}{n^3 - 2 + \sqrt{n^6-5n^3}}$

$= \dfrac{1 + 4/n^3}{1 - 2/n^3 + \sqrt{1 - 5/n^3}} \stackrel{n\to\infty}{\longrightarrow} \dfrac{1}{2}$

b) $b_1 = 1$, $b_{n+1} = \dfrac{1}{4}b_n - \dfrac{1}{2}$, $n \geq 1$

Wenn $(b_n)_{n\in\mathbb{N}}$ konvergiert, so gegen $b = \dfrac{1}{4}b - \dfrac{1}{2} \Rightarrow b = -\dfrac{2}{3}$.

Da $b_1 = 1 > -1$, folgt induktiv ($b_{n+1} = \dfrac{1}{4}b_n - \dfrac{1}{2} > \dfrac{-1}{4} - \dfrac{1}{2} > -1$), dass die Folge nach unten durch -1 beschränkt ist. Wegen $b_1 = 1 > -\dfrac{1}{4} = b_2$ folgt mit dem Induktionsschluss

$b_{n+1} = \frac{1}{4}b_n - \frac{1}{2} < \frac{1}{4}b_{n-1} - \frac{1}{2} = b_n$, dass die Folge monoton fällt und damit dann konvergiert.

Lösung 8.2.9

a) Aus $0 < a_n < b_n$ (Induktionsvoraussetzung, für $n = 0$ erfüllt) folgt:

  (i) $a_{n+1} = \sqrt{a_n b_n} > \sqrt{a_n a_n} = a_n$,

  (ii) $b_{n+1} = \frac{1}{2}(a_n + b_n) < \frac{1}{2}(b_n + b_n) = b_n$,

  (iii) $b_{n+1} - a_{n+1} = \frac{1}{2}(a_n - 2\sqrt{a_n b_n} + b_n) = \frac{1}{2}(\sqrt{b_n} - \sqrt{a_n})^2 > 0$.

Hiermit folgt per vollständiger Induktion: $\forall n : 0 < a_n < a_{n+1} < b_{n+1} < b_n$. Schließlich hat man noch

$b_{n+1} - a_{n+1} = \frac{1}{2}(a_n + b_n) - \sqrt{a_n b_n} < \frac{1}{2}(a_n + b_n) - \sqrt{a_n^2} = \frac{1}{2}(b_n - a_n)$ und damit $\lim_{n \to \infty}(b_n - a_n) = 0$.

b) $b_{n+1} - a_{n+1} = \frac{1}{2}(\sqrt{b_n} - \sqrt{a_n})^2 = \frac{1}{2}\left(\frac{b_n - a_n}{\sqrt{b_n} - \sqrt{a_n}}\right)^2$, $\quad b_{n+1} + a_{n+1} = \frac{1}{2}(\sqrt{b_n} + \sqrt{a_n})^2$

$\Rightarrow \quad \frac{b_{n+1} - a_{n+1}}{b_{n+1} + a_{n+1}} = \left(\frac{b_n - a_n}{(\sqrt{b_n} + \sqrt{a_n})^2}\right)^2 < \left(\frac{b_n - a_n}{b_n + a_n}\right)^2$.

Interpretation: Der relative Abstand konvergiert quadratisch gegen 0.

Lösung 8.2.10
Man betrachte den n-ten Pumpenschritt. Ausgangspunkt ist folgende Situation: Man hat das Volumen V mit Druck p_n und das Volumen Z mit Druck p_0.

Bei Ventilstellung (1/2) und Kolben in Position A gilt $(V + Z)\tilde{p}_n = V p_n + Z p_0$.

Wird der Kolben nach B bewegt, so folgt: $(V + Z)\tilde{p}_n = (V + Z + K)p_{n+1}$. Insgesamt ergibt sich:
$$p_{n+1} = \alpha p_n + \beta p_0, \quad n = 0, 1, 2, \ldots, \tag{1}$$

mit $\quad \alpha := \dfrac{V}{V + Z + K}, \quad \beta := \dfrac{Z}{V + Z + K}$.

Wegen $\alpha + \beta < 1$ ist $p_1 < p_0$ und wegen $(p_{n+1} - p_n) = \alpha(p_n - p_{n-1})$, $\alpha > 0$ ist die Folge (p_n) streng monoton fallend und positiv, also konvergent. Den Grenzwert erhält man aus (1):

$$p_\infty = \frac{\beta}{1 - \alpha} p_0.$$

Aus der Rekursion (1) folgt durch Einsetzen

$$\begin{aligned}
p_n &= \alpha p_{n-1} + \beta p_0 = \alpha^2 p_{n-2} + (\alpha + 1)\beta p_0 = \ldots \\
&= \alpha^n p_0 + (\alpha^{n-1} + \alpha^{n-2} + \ldots + \alpha + 1)\beta p_0 = \left(\alpha^n + \frac{1 - \alpha^n}{1 - \alpha}\beta\right)p_0 \\
&= \left(\frac{\beta}{1 - \alpha}\right)p_0 + \alpha^n \left(\frac{1 - \alpha - \beta}{1 - \alpha}\right)p_0.
\end{aligned}$$

Zahlenwerte:

$$\alpha = \frac{500}{555}, \quad \beta = \frac{5}{555}, \quad p_{10} = \frac{1}{11}p_0 + \left(\frac{500}{555}\right)^{10} \cdot \frac{10}{11} \cdot p_0$$

$$p_\infty = \frac{1}{11}p_0 \approx 0.091\, p_0, \quad p_{10} \approx p_\infty + 0.320\, p_0 \approx 0.411\, p_0.$$

Lösung 8.2.11

a) Es ist $\dfrac{x_n/2}{r} = \tan \dfrac{\pi}{n}$.

Mit $r = \dfrac{1}{2}$ folgt $x_n = \tan \dfrac{\pi}{n}$.

Damit ergibt sich $U_n = n \cdot x_n = n \cdot \tan \dfrac{\pi}{n}$

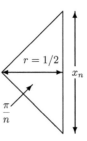

Bild 8.2.11
Winkel im n-Eck

b) Unter Berücksichtigung der Additionstheoreme für sin und cos ergibt sich:

$$\cos(2x) = \cos^2 x - \sin^2 x, \quad \sin(2x) = 2 \sin x \cos x.$$

Mit $\alpha = 2x$ folgt dann (beachte $\alpha \in \left] -\dfrac{\pi}{2}, \dfrac{\pi}{2} \right[\;\Rightarrow\; \cos \alpha > 0$):

$$\frac{\tan \alpha}{1 + \sqrt{1 + \tan^2 \alpha}} = \frac{\sin 2x}{\cos 2x \left(1 + \sqrt{1 + \dfrac{\sin^2 2x}{\cos^2 2x}}\right)} = \frac{\sin 2x}{\cos 2x + \sqrt{\cos^2 2x + \sin^2 2x}}$$

$$= \frac{2 \sin x \cos x}{1 + \cos^2 x - \sin^2 x} = \frac{2 \sin x \cos x}{2 \cos^2 x} = \frac{\sin x}{\cos x} = \tan \frac{\alpha}{2}.$$

c) $U_4 = 4$ (aus a)), $U_{2n} = 2n \tan\left(\dfrac{\pi}{2n}\right) = 2n \dfrac{\tan(\pi/n)}{1 + \sqrt{1 + \tan^2(\pi/n)}} = \dfrac{2 U_n}{1 + \sqrt{1 + (U_n/n)^2}}$.

d) Setzt man $V_n := U_{2^{n+1}}$, so ergibt sich die Rekursion:

$$V_{n+1} = \frac{2 V_n}{1 + \sqrt{1 + (V_n/m)^2}}, \quad V_1 = 4, \quad m = 2^{n+1}.$$

Man sieht hieraus: $V_n > 0$ und $V_{n+1} = \dfrac{2}{1 + \sqrt{1 + (V_n/m)^2}} \cdot V_n < V_n \;(\forall n \in \mathbb{N})$. (V_n) ist daher streng monoton fallend und nach unten beschränkt, also auch konvergent!

e) Für die V_n erhält man folgende Tabelle

n	V_n	n	V_n	n	V_n
1	.4000000000$D+01$	8	.3141632080$D+01$	15	.314159265599620$D+01$
2	.3313708498$D+01$	9	.3141602510$D+01$	16	.314159265419140$D+01$
3	.3182597878$D+01$	10	.3141595117$D+01$	17	.314159265374019$D+01$
4	.3151724907$D+01$	11	.314159326962931$D+01$	18	.314159265362739$D+01$
5	.3144118385$D+01$	12	.314159280759965$D+01$	19	.314159265359919$D+01$
6	.3142223629$D+01$	13	.314159269209226$D+01$	20	.314159265359214$D+01$
7	.3141750369$D+01$	14	.314159266321541$D+01$		

L.8.3 Folgen in Vektorräumen

Lösung 8.3.1

a) $\|\mathbf{x}\|_1^2 = \left(\sum_{i=1}^n |x_i|\right)^2 = \sum_{i,j=1}^n |x_i|\cdot|x_j| \geq \sum_{i=1}^n |x_i|^2 = \|\mathbf{x}\|_2^2$

$\|\mathbf{x}\|_1 = \langle \mathbf{e}, |\mathbf{x}|\rangle$ mit $\mathbf{e} := (1,\ldots,1)^T$, $|\mathbf{x}| := (|x_1|,\ldots|x_n|)^T$

$\underset{\text{C.S.U.}}{\Longrightarrow}$ $\|\mathbf{x}\|_1 \leq \|\mathbf{e}\|_2 \cdot \|\mathbf{x}\|_2 = \sqrt{n}\cdot \|\mathbf{x}\|_2$

b) $\|\mathbf{x}\|_\infty^2 = \max_i |x_i|^2 \leq \sum_{j=1}^n |x_j|^2 = \|\mathbf{x}\|_2^2$, $\quad \|\mathbf{x}\|_2^2 = \sum_{j=1}^n |x_j|^2 \leq n\cdot \max_i |x_i|^2 = n\,\|\mathbf{x}\|_\infty^2$

Lösung 8.3.2

a) Da eine Folge im $\mathbb{R}^3$ genau dann konvergiert, wenn alle Koordinatenfolgen konvergieren, liegt hier keine Konvergenz vor. Die Folge der zweiten Komponente $\cos(n\pi) = (-1)^n$ besitzt nämlich die beiden Häufungspunkte ± 1.

b) Die Folge konvergiert, denn es gilt:

$$\|\mathbf{y}_{n+1}\|_2 = \|\mathbf{A}\mathbf{y}_n\|_2 \leq \|\mathbf{A}\|_2 \cdot \|\mathbf{y}_n\|_2 \leq \cdots \leq \|\mathbf{A}\|_2^{n+1}\cdot \|\mathbf{y}_0\|_2\,,$$

wobei $\mathbf{A} = \dfrac{1}{2}\begin{pmatrix} -1 & 0 & 1 \\ 0 & 1 & 0 \\ 1 & 0 & 1 \end{pmatrix}$ die Eigenwerte $\lambda_1 = 1, \lambda_2 = \dfrac{1}{\sqrt{2}}$ und $\lambda_3 = -\dfrac{1}{\sqrt{2}}$ besitzt. Da $\mathbf{A}$ symmetrisch ist gilt

$$\|\mathbf{A}\|_2 = \sqrt{\lambda_{\max}(\mathbf{A}^T\mathbf{A})} = \sqrt{\lambda_{\max}(\mathbf{A}^2)} = \sqrt{(\lambda_{\max}(\mathbf{A}))^2} = |\lambda_{\max}(\mathbf{A})| = \frac{1}{\sqrt{2}}$$

$\Rightarrow \quad 0 \leq \lim_{n\to\infty} \|\mathbf{y}_n\|_2 \leq \lim_{n\to\infty}\left(\dfrac{1}{\sqrt{2}}\right)^n = 0 \quad \Rightarrow \quad \lim_{n\to\infty} \mathbf{y}_n = \mathbf{0}\,.$

c) Die Folge konvergiert, da jede Koordinatenfolge konvergiert:

$$\lim_{n\to\infty} \mathbf{z}_n = \begin{pmatrix} \lim\limits_{n\to\infty} \dfrac{4n^2 - 3n + 5}{7n^2 + 4n} \\ \lim\limits_{n\to\infty} \dfrac{3n^5 + 8n^2 - 1}{-6n^5 - 3n} \\ \lim\limits_{n\to\infty} \dfrac{n-1}{n^2 + 9n} \end{pmatrix} = \begin{pmatrix} \dfrac{4}{7} \\ -\dfrac{1}{2} \\ 0 \end{pmatrix}.$$

Lösung 8.3.3

a) Da eine Folge im $\mathbb{R}^2$ genau dann konvergiert, wenn alle Koordinatenfolgen konvergieren, liegt hier keine Konvergenz vor. Die Folge der zweiten Komponente besitzt nämlich zwei Häufungspunkte:

$$\frac{2n^2 + (-1)^n(n+1)^2}{n^2} = 2 + (-1)^n\left(1 + \frac{1}{n}\right)^2 \overset{n\to\infty}{\longrightarrow} \begin{cases} 1, & n\text{ ungerade} \\ 3, & n\text{ gerade}\,. \end{cases}$$

b) $\mathbf{x}^n = \left(\dfrac{4n}{5^n},\ \dfrac{(2n+1)}{(n+1)(n+2)},\ \left(1 - \dfrac{2}{n}\right)^n\right)^T$, $\quad n \in \mathbb{N}$,

1. Komponente:

Die Folge ist nach unten beschränkt: $\dfrac{4n}{5^n} \geq 0$.

Die Folge $\dfrac{4n}{5^n}$ fällt monoton, denn für $n \geq 1$ gilt:

$4n - 1 \geq 0 \quad \Rightarrow \quad 5n \geq n+1 \quad \Rightarrow \quad n \geq \dfrac{n+1}{5} \quad \Rightarrow \quad \dfrac{4n}{5^n} \geq \dfrac{4(n+1)}{5^{n+1}}$.

Damit konvergiert die 1. Koordinatenfolge. Dass der Grenzwert Null ist, kann einfach über l'Hospital berechnet werden, soll hier jedoch nicht ausgeführt werden.

2. Komponente: $\displaystyle\lim_{n\to\infty} \dfrac{(2n+1)^2}{(n+1)(n+2)} = \lim_{n\to\infty} \dfrac{(2+1/n)^2}{(1+1/n)(1+2/n)} = 4$.

3. Komponente: $\displaystyle\lim_{n\to\infty}\left(1 - \dfrac{2}{n}\right)^n = \lim_{n\to\infty}\left(1 + \dfrac{(-2)}{n}\right)^n = e^{-2}$.

Die Folge $\mathbf{x}^n$ konvergiert also.

c) $\mathbf{x}^0 = \begin{pmatrix} x_0 \\ y_0 \\ z_0 \end{pmatrix} = \begin{pmatrix} 1 \\ 2 \\ 3 \end{pmatrix}$, $\quad \mathbf{x}^{n+1} = \begin{pmatrix} x_{n+1} \\ y_{n+1} \\ z_{n+1} \end{pmatrix} = \begin{pmatrix} \frac{1}{2} x_n \sin y_n \\ \frac{1}{3} y_n \cos z_n \\ \frac{1}{4} z_n \sin x_n \end{pmatrix}, \quad n \in \mathbb{N}$.

konvergiert gegen den Nullvektor, denn mit $\|\cdot\|_2$ erhält man

$$\|\mathbf{x}^{n+1}\|_2^2 = \dfrac{x_n^2 \sin^2 y_n}{4} + \dfrac{y_n^2 \cos^2 z_n}{9} + \dfrac{z_n^2 \sin^2 x_n}{16} \leq \dfrac{x_n^2}{4} + \dfrac{y_n^2}{9} + \dfrac{z_n^2}{16}$$

$$\leq \dfrac{1}{4}(x_n^2 + y_n^2 + z_n^2) = \dfrac{1}{4} \|\mathbf{x}^n\|_2^2$$

$$\Rightarrow \|\mathbf{x}^{n+1}\|_2 \leq \dfrac{1}{2} \|\mathbf{x}^n\|_2 \leq \left(\dfrac{1}{2}\right)^2 \cdot \|\mathbf{x}^{n-1}\|_2 \leq \cdots \leq \left(\dfrac{1}{2}\right)^{n+1} \cdot \|\mathbf{x}^0\|_2 = \left(\dfrac{1}{2}\right)^{n+1} \cdot \sqrt{14}$$

$$\Rightarrow \lim_{n\to\infty} \|\mathbf{x}^n - \mathbf{0}\|_2 = \lim_{n\to\infty} \|\mathbf{x}^n\|_2 \leq \lim_{n\to\infty} \left(\dfrac{1}{2}\right)^n \cdot \sqrt{14} = 0.$$

L.8.4 Konvergenzkriterien für Reihen

Lösung 8.4.1

a) Die Reihe konvergiert nicht, denn es gilt $\displaystyle\lim_{n\to\infty} a_n = \lim_{n\to\infty} \dfrac{n}{n+1} = 1 \neq 0$. Die notwendige Konvergenzbedingung (Satz 8.4.2 b)) ist damit verletzt.

b) Die Reihe konvergiert absolut nach dem Majorantenkriterium, denn es gilt: $\dfrac{1}{k^2 + k + 1} \leq \dfrac{1}{k^2}$. Es kann also die absolut konvergente Reihe $\displaystyle\sum_{n=1}^{\infty} \dfrac{1}{n^2}$ als Majorante verwendet werden (Lehrbuch Beispiel (8.4.9) 2.).

c) Die Reihe konvergiert nach dem Leibniz-Kriterium, denn es gilt:

$$a_j = \left(\dfrac{1}{j}\right)^{1/3} \geq 0, \qquad a_j > a_{j+1} \qquad \text{und} \qquad \lim_{j\to\infty}\left(\dfrac{1}{j}\right)^{1/3} = 0.$$

d) Die Reihe konvergiert absolut, denn es gilt:

$$\dfrac{1}{4} + \dfrac{3}{16} + \dfrac{9}{64} + \dfrac{27}{256} + \dfrac{81}{1024} + \cdots = \dfrac{1}{4} \sum_{n=0}^{\infty} \left(\dfrac{3}{4}\right)^n = \dfrac{1}{4} \cdot \dfrac{1}{1 - 3/4} = 1.$$

e) Die Reihe konvergiert absolut, denn die Reihen $\displaystyle\sum_{n=1}^{\infty} \dfrac{1}{n^2}$ und $\displaystyle\sum_{n=1}^{\infty} \dfrac{1}{n^3}$ konvergieren absolut (vgl. Lehrbuch Beispiel (8.4.9) 2.) und damit auch die Summe nach Satz 8.4.2 c).

f) Die Reihe konvergiert absolut nach dem Quotientenkriterium, denn es gilt:
$$\lim_{k\to\infty}\left|\frac{a_{k+1}}{a_k}\right| = \lim_{k\to\infty}\frac{4^k(k+1)^3}{4^{k+1}k^3} = \lim_{k\to\infty}\frac{1}{4}\left(1+\frac{1}{k}\right)^3 = \frac{1}{4} < 1.$$

g) Die Reihe konvergiert nach dem Minorantenkriterium nicht, denn es gilt: $\frac{j+2}{j^2-4} = \frac{1}{j-2} > \frac{1}{j}$. Die harmonische Reihe ist also eine divergente Minorante.

h) Die Reihe konvergiert absolut nach dem Wurzelkriterium, denn es gilt:
$$\lim_{k\to\infty}\sqrt[k]{\left|\frac{-9k-10}{10k}\right|^k} = \lim_{k\to\infty}\frac{9+10/k}{10} = \frac{9}{10} < 1.$$

Lösung 8.4.2

a) Die Reihe konvergiert nicht, denn die a_n bilden keine Nullfolge: $\lim_{n\to\infty} a_n = \lim_{n\to\infty}\left(1-\frac{1}{n}\right) = 1$

b) Die Reihe divergiert nach dem Minorantenkriterium, denn es gilt: $\frac{k+1}{k^2-k-2} = \frac{1}{k-2} > \frac{1}{k}$. Es kann also die divergente Reihe $\sum_{k=3}^{\infty}\frac{1}{k}$ als Minorante verwendet werden.

c) Die Reihe konvergiert absolut nach dem Wurzelkriterium, denn es gilt: $\lim_{k\to\infty}\sqrt[k]{\left|\frac{1}{k^k}\right|} = \lim_{k\to\infty}\frac{1}{k} = 0$.

d) Die Reihe konvergiert absolut, denn es gilt:
$$\frac{1}{3} + \frac{2}{9} + \frac{4}{27} + \frac{8}{81} + \frac{16}{243} + \cdots = \frac{1}{3}\sum_{n=0}^{\infty}\left(\frac{2}{3}\right)^n = \frac{1}{3}\cdot\frac{1}{1-2/3} = 1.$$

e) Die Reihe konvergiert, denn die Reihen $\sum_{n=1}^{\infty}\frac{(-1)^n}{n+1}$ und $\sum_{n=1}^{\infty}\left(\frac{2}{3}\right)^n$ konvergieren und damit auch deren Summe nach Satz 8.4.2 c).

f) Die Reihe konvergiert absolut nach dem Quotientenkriterium, denn es gilt:
$$\lim_{k\to\infty}\left|\frac{a_{k+1}}{a_k}\right| = \lim_{k\to\infty}\frac{2^k(k+1)^2}{2^{k+1}k^2} = \lim_{k\to\infty}\frac{1}{2}\left(1+\frac{1}{k}\right)^2 = \frac{1}{2} < 1.$$

Lösung 8.4.3

a) $\sum_{n=1}^{\infty}\underbrace{\frac{n^2}{n^3+1}}_{=a_n}$ divergiert nach dem Minorantenkriterium, denn wegen

$|a_n| = \frac{n^2}{n^3+1} \geq \frac{n^2}{n^3+n^3} = \frac{1}{2}\cdot\frac{1}{n}$ kann die harmonische Reihe als divergente Minorante verwendet werden.

b) $\frac{3}{5} + \frac{6}{9} + \frac{9}{13} + \frac{12}{17} + \frac{15}{21} + \cdots = \sum_{n=1}^{\infty}\frac{3n}{4n+1}$ konvergiert nicht, da $\lim_{n\to\infty}\frac{3n}{4n+1} = \frac{3}{4} \neq 0$.

c) Die Reihe konvergiert nach dem Quotientenkriterium nicht:
$$\lim_{n\to\infty}\left|\frac{a_{n+1}}{a_n}\right| = \lim_{n\to\infty}\frac{(n+2)^2 6^{n+1}}{5^{n+1}}\cdot\frac{5^n}{(n+1)^2 6^n} = \lim_{n\to\infty}\frac{6(n+2)^2}{5(n+1)^2} = \frac{6}{5}.$$

d) Die Reihe konvergiert absolut nach dem Quotientenkriterium:
$$\lim_{n\to\infty}\left|\frac{a_{n+1}}{a_n}\right| = \lim_{n\to\infty}\frac{(n+1)^2 4^{n+2}}{5^{n+2}}\cdot\frac{5^{n+1}}{n^2 4^{n+1}} = \lim_{n\to\infty}\frac{4(n+1)^2}{5n^2} = \frac{4}{5}.$$

e) Diese geometrische Reihe konvergiert wegen $\left|\frac{35}{36}\right| < 1$.
$$\sum_{n=0}^{\infty}\frac{5^n\cdot 7^{n+2}}{36^{n+1}} = \frac{49}{36}\sum_{n=0}^{\infty}\left(\frac{35}{36}\right)^n = \frac{49}{36}\cdot\frac{1}{1-35/36} = 49$$

Lösung 8.4.4
Die Reihe S erfüllt erst ab $n = 3$ das Leibniz-Kriterium:
$$S = \sum_{n=0}^{\infty}(-1)^n\frac{n}{(2n-5)(n+1)} = \underbrace{0-\left(-\frac{1}{6}\right)+\left(-\frac{2}{3}\right)}_{=S_2}+\sum_{n=3}^{\infty}(-1)^n\underbrace{\frac{n}{(2n-5)(n+1)}}_{=a_n}$$
$$= -\frac{1}{2}-\sum_{k=0}^{\infty}(-1)^k\underbrace{\frac{k+3}{(2k+1)(k+4)}}_{=\tilde{a}_k}.$$

Für die im Index $k = n-3 \geq 0$ verschobene Reihe $\tilde{S} = \sum_{k=0}^{\infty}(-1)^k\frac{k+3}{(2k+1)(k+4)}$ wird nun das Leibniz-Kriterium überprüft:

es gilt $\tilde{a}_k = \frac{k+3}{(2k+1)(k+4)} > 0$, $\lim_{k\to\infty}\frac{k+3}{(2k+1)(k+4)} = 0$, außerdem ist $(\tilde{a}_k)$ monoton fallend, denn
$$2k^2 + 14k + 29 > 0 \;\Rightarrow\; 2k^3 + 19k^2 + 54k + 45 > 2k^3 + 17k^2 + 40k + 16$$
$$\Rightarrow\; (k+3)(2k+3)(k+5) > (k+4)^2(2k+1)$$
$$\Rightarrow\; a_k = \frac{k+3}{(2k+1)(k+4)} > \frac{k+4}{(2k+3)(k+5)} = a_{k+1}.$$

Die Reihe $\tilde{S}$ erfüllt also die Bedingungen des Leibniz-Kriteriums und konvergiert deshalb. Damit konvergiert dann auch die Reihe S.

Die Einschließung des Grenzwertes $\tilde{S}$ durch die Partialsummen $\tilde{S}_n = \sum_{k=0}^{n}(-1)^k\frac{k+3}{(2k+1)(k+4)}$ liefert:

$$\left.\begin{array}{l}\tilde{S}_{2k-1}\leq\tilde{S}\leq\tilde{S}_{2k}\\ \tilde{S}_{2k+1}\leq\tilde{S}\leq\tilde{S}_{2k}\end{array}\right\} \Rightarrow \begin{array}{l}0\leq\tilde{S}-\tilde{S}_{2k-1}\leq\tilde{S}_{2k}-\tilde{S}_{2k-1}=\tilde{a}_{2k}\\ -\tilde{a}_{2k+1}=\tilde{S}_{2k+1}-\tilde{S}_{2k}\leq\tilde{S}-\tilde{S}_{2k}\leq 0\end{array}\right\} \Rightarrow |\tilde{S}-\tilde{S}_{k-1}|\leq\tilde{a}_k.$$

Da $\tilde{a}_k$ monoton fallend ist und $\tilde{a}_9 = \frac{9+3}{(18+1)(9+4)} = 0.04858\cdots < 0.05 < 0.05392\cdots = \frac{8+3}{(16+1)(8+4)}$
$= \tilde{a}_8$ gilt, folgt $|S - S_{11}| = |S_2 - \tilde{S} - (S_2 - \tilde{S}_8)| = |\tilde{S} - \tilde{S}_8| < 0.05$, d.h. $N = 11$.

Lösung 8.4.5

a) Es gilt $\lim_{n\to\infty}b_n = \lim_{n\to\infty}\left(\frac{1}{n+1}+\frac{(-1)^n}{n}\right) = \lim_{n\to\infty}\frac{1}{n+1}+\lim_{n\to\infty}\frac{(-1)^n}{n} = 0.$

Die Reihe umgeschrieben lautet:
$$\sum_{n=1}^{\infty}\left(\frac{1}{n+1}+\frac{(-1)^n}{n}\right) = \sum_{n=1}^{\infty}(-1)^n\cdot\underbrace{\left(\frac{1}{n}+\frac{(-1)^n}{n+1}\right)}_{=:a_n}.$$

Da $a_n > 0$ für alle $n \geq 1$ gilt, alterniert die Reihe. Damit das Leibniz-Kriterium angewendet werden kann, muss $a_n = \frac{1}{n} + \frac{(-1)^n}{n+1}$ monoton fallen. Es müsste also $a_n \geq a_{n+1}$ für alle $n \geq 1$ gelten. Man erhält jedoch mit

$$a_n = \frac{1}{n} + \frac{(-1)^n}{n+1} \geq \frac{1}{n+1} + \frac{(-1)^{n+1}}{n+2} = a_{n+1}$$

$$\Rightarrow (n+1)(n+2) + (-1)^n n(n+2) \geq n(n+2) + (-1)^{n+1} n(n+1)$$

$$\Rightarrow n+2 \geq (-1)^{n+1} n(2n+3)$$

$$\Rightarrow \begin{cases} n+2 \geq -n(2n+3) & n \text{ gerade} \\ n+2 \geq n(2n+3) \geq 2n+3 & n \text{ ungerade} \end{cases}$$

einen Widerspruch für alle ungeraden n.

b) Die Reihe $\sum_{n=1}^{\infty} \frac{(-1)^n \cdot n}{(n+1)^2} = \sum_{n=0}^{\infty} (-1)^n \cdot \frac{n}{(n+1)^2}$ mit $a_n := \frac{n}{(n+1)^2} \geq 0$ konvergiert nach dem Leibniz-Kriterium, denn für $n \geq 1$ gilt

$$1 \leq n^2 + n$$

$$\Rightarrow (n+1)^3 = n^3 + 3n^2 + 3n + 1 \leq n^3 + 4n^2 + 4n = n(n+2)^2$$

$$\Rightarrow a_{n+1} = \frac{n+1}{(n+2)^2} \leq \frac{n}{(n+1)^2} = a_n,$$

die Folge a_n fällt also monoton. Außerdem gilt $\lim_{n \to \infty} a_n = 0$.

Für $s_k = \sum_{n=1}^{k} (-1)^n a_n$ gilt nach dem Leibniz-Kriterium die Einschließung

$$s_{2k-1} \leq s \leq s_{2k} \Rightarrow \begin{Bmatrix} |s - s_{2k-1}| \leq |s_{2k} - s_{2k-1}| = a_{2k} \\ |s - s_{2k}| \leq |s_{2k+1} - s_{2k}| = a_{2k+1} \end{Bmatrix} \Rightarrow |s - s_k| \leq a_{k+1}$$

$$|s - s_k| \leq a_{k+1} = \frac{k+1}{(k+2)^2} \stackrel{!}{\leq} 10^{-2} \Rightarrow k \geq N = 97$$

Lösung 8.4.6

a) $\sum_{j=1}^{\infty} \frac{(-1)^j}{\sqrt{j^2+1}} = \sum_{j=1}^{\infty} (-1)^j \underbrace{\frac{1}{\sqrt{j^2+1}}}_{= a_j}$ konvergiert nach dem Leibniz-Kriterium, denn es gilt

$$a_j > 0, \quad \lim_{j \to \infty} a_j = \lim_{j \to \infty} \frac{1}{\sqrt{j^2+1}} = 0, \quad a_{j+1} = \frac{1}{\sqrt{(j+1)^2+1}} < \frac{1}{\sqrt{j^2+1}} = a_j.$$

b) Die Konvergenz der Reihe lässt sich durch die Konvergenz der alternierenden harmonischen Reihe begründen. Wir überprüfen die Bedingungen des Leibniz-Kriteriums, um die Fehlerabschätzung nutzen zu können.

$$\sum_{n=0}^{\infty} \left(\frac{(-1)^n}{n+1} + \frac{(-1)^{n+1}}{n+2} \right) = \sum_{n=0}^{\infty} (-1)^n \underbrace{\left(\frac{1}{n+1} - \frac{1}{n+2} \right)}_{=:a_n}$$

(i) $\lim_{n \to \infty} a_n = \lim_{n \to \infty} \left(\frac{1}{n+1} - \frac{1}{n+2} \right) = 0$

(ii) $n+2 \geq n+1 \Rightarrow \frac{1}{n+2} \leq \frac{1}{n+1} \Rightarrow 0 \leq \frac{1}{n+1} - \frac{1}{n+2} = a_n$

(iii) $a_{n+1} = \dfrac{1}{n+2} - \dfrac{1}{n+3} \leq \dfrac{1}{n+1} - \dfrac{1}{n+2} = a_n$

$\Leftrightarrow \dfrac{1}{n^2+5n+6} \leq \dfrac{1}{n^2+3n+2} \Leftrightarrow n^2+5n+6 \geq n^2+3n+2$

Aus der Fehlerabschätzung des Leibniz-Kriteriums erhält man

$$|S - S_n| \leq a_{n+1} = \dfrac{1}{n^2+5n+6} \stackrel{!}{\leq} \dfrac{1}{30} \;\;\Rightarrow\;\; n^2+5n+6 \geq 30 \;\;\Rightarrow\;\; n \geq 3$$

Ab $N = 3$ gilt die verlangte Abschätzung.

Lösung 8.4.7

a) Die Sinus-Reihe konvergiert für $x = 1$ nach dem Leibniz-Kriterium. Außerdem gilt wie in Aufgabe 8.4.3 die Fehlerabschätzung $|S - S_n| \leq a_{n+1}$.

Aus $|\sin 1 - S_n| \leq a_{n+1} = \dfrac{1}{(2n+3)!} < 10^{-7}$ erhält man, dass die Abschätzung ab $n = 4$ (Monotonie) erfüllt ist, denn $a_4 \doteq 2.8 \cdot 10^{-6}$ und $a_5 \doteq 2.5 \cdot 10^{-8}$.

b) $x = 3.70\overline{451} = 3 + \dfrac{7}{10} + \dfrac{451}{10^5} + \dfrac{451}{10^8} + \cdots = 3 + \dfrac{7}{10} + \dfrac{451}{10^5} \sum_{j=0}^{\infty} \dfrac{1}{10^{3j}} = 3 + \dfrac{7}{10} + \dfrac{451}{10^5} \cdot \dfrac{1}{1-10^{-3}} = \dfrac{370081}{99900}$

Lösung 8.4.8

a) Die Cosinus-Reihe konvergiert für $x = -1$ nach dem Leibniz-Kriterium. Außerdem wird automatisch für den Grenzwert S eine Einschließung durch die Partialsummen S_n mitgeliefert (vgl. Aufgabe 8.4.4): $|S - S_n| \leq a_{n+1}$.

Aus $|\cos(-1) - S_n| \leq a_{n+1} = \dfrac{1}{(2n+2)!} < 10^{-4}$ erhält man, dass die Abschätzung ab $n = 3$ (Monotonie) erfüllt ist, denn $a_4 = \dfrac{1}{8!} < 10^{-4} < \dfrac{1}{6!} = a_3$.

b) $x = 1.2\overline{68} = 1 + \dfrac{2}{10} + \dfrac{68}{1000} + \dfrac{68}{100000} + \cdots = \dfrac{6}{5} + \dfrac{68}{1000} \sum_{j=0}^{\infty} \dfrac{1}{100^k} = \dfrac{6}{5} + \dfrac{68}{1000} \cdot \dfrac{1}{1-1/100} = \dfrac{628}{495}$

Lösung 8.4.9

a) Da der Würfel W_n die Höhe $h_n = \dfrac{1}{n}$ besitzt, ergibt sich die Gesamthöhe $H = \sum_{n=1}^{\infty} \dfrac{1}{n} = \infty$.

b) Man kommt also mit endlich viel Farbe aus, denn die Mantelfläche M des Turmes setzt sich aus der Summe der Mantelflächen $M_n = 5\dfrac{1}{n^2} - \dfrac{1}{(n+1)^2}$ des n-ten Würfels zusammen, also

$$M = \sum_{n=1}^{\infty} \left(5\dfrac{1}{n^2} - \dfrac{1}{(n+1)^2}\right) = 5 + 4 \sum_{n=2}^{\infty} \dfrac{1}{n^2} < \infty.$$

c) Das Volumen des Turmes ergibt sich durch $V = \sum_{n=1}^{\infty} \dfrac{1}{n^3} < \infty$. Demnach wird nur eine endliche Masse an Beton verbraucht.

L.9 Stetigkeit und Differenzierbarkeit

L.9.1 Stetigkeit, Grenzwerte von Funktionen

Lösung 9.1.1

a) $D_1' = [0,1]$, $D_1^0 =]0,1[$, $D_2' =]-\infty, 0]$, $D_2^0 =]-\infty, 0[$, $D_3' = [1,2] \times [0, \infty[$, $D_3^0 =]1,2[\times]0, \infty[$.
   Die Menge D_1 ist abgeschlossen und die Menge D_2 ist offen.

b) (i) Für die Folgen $x_n = -1 + \dfrac{1}{n}$ und $y_n = -1 - \dfrac{1}{n}$ gilt $\lim\limits_{n\to\infty} x_n = -1 = \lim\limits_{n\to\infty} y_n$.
   Da aber $\lim\limits_{n\to\infty} f(y_n) = \lim\limits_{n\to\infty} -n = -\infty$ und $\lim\limits_{n\to\infty} f(x_n) = \lim\limits_{n\to\infty} n = \infty$ gilt,
   existiert der Funktionsgrenzwert für $x \to x_0 = -1$ nicht.

   (ii) Für die Folgen $x_n = 2 + \dfrac{1}{n}$ und $y_n = 2 - \dfrac{1}{n}$ gilt $\lim\limits_{n\to\infty} x_n = 2 = \lim\limits_{n\to\infty} y_n$.
   Da aber $\lim\limits_{n\to\infty} f(y_n) = \lim\limits_{n\to\infty} -1 + \dfrac{1}{n} = -1$ und $\lim\limits_{n\to\infty} f(x_n) = \lim\limits_{n\to\infty} \dfrac{1}{n} = 0$ gilt,
   existiert der Funktionsgrenzwert für $x \to x_0 = 2$ nicht.

   (iii) $\lim\limits_{x\to 1} f(x) = 1$. Man beachte, dass für die zur Grenzwertberechnung in Frage kommenden Folgen $(x_n)_{n\in\mathbb{N}}$ gilt $x_n \neq 1$.

Lösung 9.1.2

a) $D_1' = [-1, 0] \cup \{1\}$, $D_1^0 =]-1, 0[$, $D_2' = [1, \infty[$, $D_2^0 =]1, \infty[$, $D_3' = \{-1, -e^{-1}, e^{-1}, 1\}$, $D_3^0 = \emptyset$.
   Die Menge D_2 ist offen.

b) (i) f konvergiert uneigentlich für $x \to 0$, denn $\lim\limits_{x\to 0-} f(x) = -\infty = \lim\limits_{x\to 0+} f(x)$.

   (ii) $\lim\limits_{x\to 1} f(x) = 1$.

   (iii) Der Funktionsgrenzwert für $x \to x_0 = \pi$ existiert nicht, denn linksseitiger und rechtsseitiger Grenzwert sind verschieden: $\lim\limits_{x\to\pi-} f(x) = 0 \;\wedge\; \lim\limits_{x\to\pi+} f(x) = 1$.

Lösung 9.1.3

a) $\lim\limits_{x\to 1} \dfrac{x^3 - 2x + 1}{x - 1} = \lim\limits_{x\to 1} \dfrac{(x^2 + x - 1)(x - 1)}{x - 1} = \lim\limits_{x\to 1} (x^2 + x - 1) = 1$

b) $\lim\limits_{x\to 0} \dfrac{1 - \sqrt{x+1}}{x} = \lim\limits_{x\to 0} \dfrac{-x}{x(1 + \sqrt{x+1})} = \lim\limits_{x\to 0} \dfrac{-1}{1 + \sqrt{x+1}} = -\dfrac{1}{2}$

c) Mit der Summenformel für die Partialsummen der geometrischen Reihe ergibt sich:
$$\lim_{x\to 1} \frac{x^5 - 1}{x^4 - 1} = \lim_{x\to 1} \frac{\frac{x^5-1}{x-1}}{\frac{x^4-1}{x-1}} = \lim_{x\to 1} \frac{1 + x + x^2 + x^3 + x^4}{1 + x + x^2 + x^3} = \frac{5}{4}$$

d) $\lim\limits_{x\to\infty} 2x - \sqrt{4x^2 - x} = \lim\limits_{x\to\infty} \dfrac{4x^2 - 4x^2 + x}{2x + \sqrt{4x^2 - x}} = \lim\limits_{x\to\infty} \dfrac{1}{2 + \sqrt{4 - 1/x}} = \dfrac{1}{4}$

Lösung 9.1.4

a) $\lim\limits_{x\to -1+} \ln(x^2 + 4x + 3) - \ln(x + 1) = \lim\limits_{x\to -1+} \ln \dfrac{x^2 + 4x + 3}{x + 1} = \lim\limits_{x\to -1+} \ln(x + 3) = \ln 2$

b) Unter Verwendung der Summenformel für die Partialsummen der geometrischen Reihe oder einer Polynomdivision ergibt sich: $\lim\limits_{x\to 1} \dfrac{1 - x^{20}}{1 - x} = \lim\limits_{x\to 1}(1 + x + x^2 + \cdots + x^{19}) = 20$

c) $\lim\limits_{x\to\pi/2}\left(\tan^2 x - \dfrac{1}{\cos^2 x}\right) = \lim\limits_{x\to\pi/2}\dfrac{\sin^2 x - 1}{\cos^2 x} = \lim\limits_{x\to\pi/2} -\dfrac{\cos^2 x}{\cos^2 x} = -1$

d) $\lim\limits_{x\to\infty} 5x(\sqrt{9x^2+2} - 3x) = \lim\limits_{x\to\infty}\dfrac{5x(9x^2+2-9x^2)}{3x+\sqrt{9x^2+2}} = \lim\limits_{x\to\infty}\dfrac{10x}{3x+\sqrt{9x^2+2}}$

$= \lim\limits_{x\to\infty}\dfrac{10}{3+\sqrt{9+2/x^2}} = \dfrac{5}{3}$

Lösung 9.1.5

a) $f(x) = \dfrac{x+x^2}{|x|} = \begin{cases} x+1 & ;\ x>0 \\ -x-1 & ;\ x<0 \end{cases}$, $\lim\limits_{x\to 0+} f(x) = 1$, $\lim\limits_{x\to 0-} f(x) = -1$, $D_f = \mathbb{R}\setminus\{0\}$

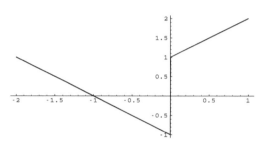

Bild 9.1.5 a) $f(x) = \dfrac{x+x^2}{|x|}$

b) $g(x) = \ln\dfrac{x}{x^2-1}$, $\dfrac{x}{(x+1)(x-1)} = \begin{cases} <0 & ;\ x<-1 \\ >0 & ;\ -1<x<0 \\ <0 & ;\ 0<x<1 \\ >0 & ;\ 1<x \end{cases}$

$\lim\limits_{x\to -1+} g(x) = +\infty$, $\lim\limits_{x\to 0-} g(x) = -\infty$, $\lim\limits_{x\to 1+} g(x) = +\infty$, $D_g =]-1,0[\,\cup\,]1,\infty[$

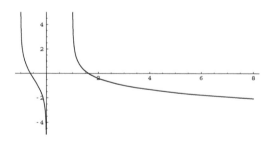

Bild 9.1.5 b) $g(x) = \ln\dfrac{x}{x^2-1}$

c) $h(x) = \dfrac{\sqrt{x^2-1}}{x-1} = \begin{cases} \sqrt{\dfrac{(x-1)(x+1)}{(x-1)^2}} = \sqrt{\dfrac{x+1}{x-1}} & ;\ 1<x \\ -\sqrt{\dfrac{(x-1)(x+1)}{(x-1)^2}} = -\sqrt{\dfrac{x+1}{x-1}} & ;\ -1<x \end{cases}$

$\lim\limits_{x\to -1-} h(x) = 0$, $\lim\limits_{x\to 1+} h(x) = +\infty$, $D_h =]-\infty,-1]\,\cup\,]1,\infty[$

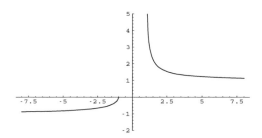

Bild 9.1.5 c) $h(x) = \dfrac{\sqrt{x^2 - 1}}{x - 1}$

Lösung 9.1.6

a) f ist im Punkt $x_0 = -1$ unstetig, denn mit $f(-1) = -1$ und $\delta > 0$ gilt

$$|f(x) - f(-1)| = |f(x) + 1| = \begin{cases} |x+1| < \delta & \text{für } -1 \leq x < -1 + \delta \\ ||x| + 1| > 2 & \text{für } -1 - \delta < x < -1 \end{cases}.$$

Damit kann für $\varepsilon \leq 2$ kein $\delta > 0$ gefunden werden, so dass für alle x mit $|x+1| < \delta$ folgt $|f(x) - f(-1)| < \varepsilon$.

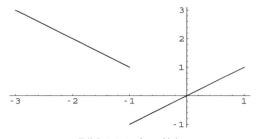

Bild 9.1.6 a) $f(x)$

b) g ist im Punkt $x_0 = \pi$ stetig mit $g(\pi) = 1$, denn es gilt:

$$|g(x) - g(\pi)| = \left| \sqrt{|x - \pi|} \cdot \sin \frac{1}{(x-\pi)^2} + 1 - 1 \right| \leq \sqrt{|x - \pi|}.$$

Zu beliebig vorgegebenem $\varepsilon > 0$, wähle man nun $\delta = \varepsilon^2$, dann gilt

$$|x - x_0| = |x - \pi| < \delta \Rightarrow |g(x) - g(\pi)| \leq \sqrt{|x - \pi|} < \sqrt{\delta} = \sqrt{\varepsilon^2} = \varepsilon.$$

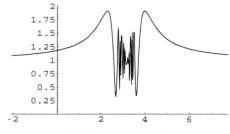

Bild 9.1.6 b) $g(x)$

Lösung 9.1.7

a) f ist im Punkt $x_0 = 0$ unstetig, denn für alle $\delta > 0$ gilt

$$|f(x) - f(0)| = |f(x) - \tfrac{1}{2}| = \begin{cases} \left|1 - \tfrac{1}{2}\right| = \tfrac{1}{2} & \text{für } 0 < x < \delta, \\ \left|0 - \tfrac{1}{2}\right| = \tfrac{1}{2} & \text{für } -\delta < x < 0. \end{cases}$$

Damit kann für $\varepsilon < \tfrac{1}{2}$ kein $\delta > 0$ gefunden werden, so dass für alle $|x| < \delta$ folgt $|f(x) - f(0)| < \varepsilon$.

b) g ist im Punkt $x_0 = 1$ stetig mit $g(1) = 0$, denn für $|x - 1| < \delta$ und $\delta > 0$ gilt:

$$|g(x) - g(1)| = \begin{cases} |x - 1|^2 & \text{für } 1 \leq x < 1 + \delta \\ |x - 1| & \text{für } -\delta + 1 < x < 1 \end{cases} < \max\{\delta, \delta^2\}.$$

Zu beliebig vorgegebenem $\varepsilon > 0$ wähle man nun $\delta = \varepsilon$ im Falle $0 < \varepsilon < 1$ oder $\delta = \sqrt{\varepsilon}$ im Falle $\varepsilon \geq 1$, dann gilt für alle $|x - 1| < \delta$: $|g(x) - g(1)| < \varepsilon$.

c) h ist im Punkt $x_0 = 0$ stetig mit $h(0) = 0$, denn es gilt:

$$|h(x) - h(0)| = \begin{cases} \left|x \cdot \cos \tfrac{1}{x}\right| & \text{für } x > 0 \\ |x| & \text{für } x \leq 0 \end{cases} \leq |x|.$$

Wählt man $\delta = \varepsilon$ zu beliebig vorgegebenem $\varepsilon > 0$, dann ist die ε-δ-Charakterisierung erfüllt.

Lösung 9.1.8

Wähle $f(x_0) := \lim\limits_{x \to 2} f(x) = \lim\limits_{x \to 2} \dfrac{x - 2}{x^2 - 4} = \lim\limits_{x \to 2} \dfrac{1}{x + 2} = \dfrac{1}{4}$.

Dann gilt für $\delta > 0$ und $|x - 2| < \delta \leq 2$ $(\Rightarrow x > 0)$:

$$|f(x) - f(x_0)| = \left|\dfrac{1}{x + 2} - \dfrac{1}{4}\right| = \left|\dfrac{x - 2}{4(x + 2)}\right| < \dfrac{\delta}{8}.$$

Wählt man zu beliebig vorgegebenem $\varepsilon > 0$ nun $\delta = \min\{8\varepsilon, 2\}$, dann ist die ε-δ-Charakterisierung erfüllt.

Lösung 9.1.9

a) (i) $\lim\limits_{x \to 0} \dfrac{4 + x^2}{2 + x} = \dfrac{4 + \lim\limits_{x \to 0} x^2}{2 + \lim\limits_{x \to 0} x} = 2$

(ii) $\lim\limits_{x \to 3} \dfrac{1}{x - 3}$ existiert nicht. Die folgenden Grenzwerte existieren jedoch uneigentlich:

$$\lim\limits_{x \to 3+} \dfrac{1}{x - 3} = \infty, \quad \lim\limits_{x \to 3-} \dfrac{1}{x - 3} = -\infty.$$

b) (i) Für die Nullfolge $(x_n)_{n \in \mathbb{N}}$ mit $x_n = \dfrac{1}{2\pi n}$ (> 0) gilt $\lim\limits_{n \to \infty} \cos\left(\dfrac{1}{x_n}\right) = 1$.

Für die Nullfolge $(\tilde{x}_n)_{n \in \mathbb{N}}$ mit $\tilde{x}_n = \dfrac{1}{\pi/2 + 2\pi n}$ (> 0) gilt $\lim\limits_{n \to \infty} \cos\left(\dfrac{1}{\tilde{x}_n}\right) = 0$.

Damit existiert der Grenzwert nicht. Die Menge der Häufungspunkte besteht aus dem Intervall $[-1, 1]$, denn für $y_0 \in [-1, 1]$ und die Nullfolge $(\bar{x}_n)_{n \in \mathbb{N}}$ mit

$$\bar{x}_n = \dfrac{1}{\arccos(y_0) + 2\pi n} \;(> 0) \quad \text{gilt} \quad \lim\limits_{n \to \infty} \cos\left(\dfrac{1}{\bar{x}_n}\right) = y_0.$$

(ii) Für die Nullfolge $((x_n, y_n))_{n\in\mathbb{N}}$ mit $(x_n, y_n) = \left(\frac{1}{\sqrt{n}}, 0\right)$ gilt $\lim\limits_{n\to\infty} \frac{x_n^2}{x_n^2 + y_n^2} = \lim\limits_{n\to\infty} \frac{\frac{1}{n}}{\frac{1}{n}} = 1$

und für die Nullfolge $((\tilde{x}_n, \tilde{y}_n))_{n\in\mathbb{N}}$ mit $(\tilde{x}_n, \tilde{y}_n) = \left(0, \frac{1}{\sqrt{n}}\right)$ gilt

$$\lim_{n\to\infty} \frac{\tilde{x}_n^2}{\tilde{x}_n^2 + \tilde{y}_n^2} = \lim_{n\to\infty} \frac{0}{\frac{1}{n}} = 0\,.$$

Also existiert $\lim\limits_{(x,y)\to(0,0)} \frac{x^2}{x^2+y^2}$ nicht. Grundsätzlich gilt: $0 \leq \frac{x^2}{x^2+y^2} \leq \frac{x^2+y^2}{x^2+y^2} = 1$.

Jeder Wert $c \in [0,1]$ ist Häufungspunkt, denn für die Nullfolge $((\hat{x}_n, \hat{y}_n))_{n\in\mathbb{N}}$ mit $(\hat{x}_n, \hat{y}_n) = \left(\sqrt{\frac{c}{n}}, \sqrt{\frac{1-c}{n}}\right)$ gilt

$$\lim_{n\to\infty} \frac{\hat{x}_n^2}{\hat{x}_n^2 + \hat{y}_n^2} = \lim_{n\to\infty} \frac{\frac{c}{n}}{\frac{c}{n} + \frac{1-c}{n}} = \lim_{n\to\infty} \frac{c}{c + 1 - c} = c\,.$$

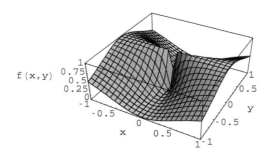

Bild 9.1.9 b) (ii) $f(x,y) = \dfrac{x^2}{x^2+y^2}$

Lösung 9.1.10

a) (i) $0 \leq \lim\limits_{(x,y)\to(0,0)} \dfrac{|x^2-y^2|}{|x|+|y|} = \lim\limits_{(x,y)\to(0,0)} \dfrac{||x|-|y||(|x|+|y|)}{|x|+|y|} = \lim\limits_{(x,y)\to(0,0)} (||x|-|y||)$

$\leq \lim\limits_{(x,y)\to(0,0)} (|x|+|y|) \leq \lim\limits_{(x,y)\to(0,0)} 2\max\{|x|,|y|\} = 0 \Rightarrow \lim\limits_{(x,y)\to(0,0)} \dfrac{|x^2-y^2|}{|x|+|y|} = 0$

(ii) Der Grenzwert existiert nicht, denn für die Nullfolgen $(x_n, y_n) = \left(0, \frac{1}{n}\right)$ und $(\tilde{x}_n, \tilde{y}_n) = \left(\frac{1}{n}, 0\right)$ ergeben sich unterschiedliche Grenzwerte:

$$\lim_{n\to\infty} \frac{x_n^4 + y_n^2}{x_n^2 + y_n^4} = \lim_{n\to\infty} n^2 = \infty\,, \quad \lim_{n\to\infty} \frac{\tilde{x}_n^4 + \tilde{y}_n^2}{\tilde{x}_n^2 + \tilde{y}_n^4} = \lim_{n\to\infty} \frac{1}{n^2} = 0\,.$$

b) Die Funktion $f : \mathbb{R}^2 \setminus \{(0,0)\} \to \mathbb{R}$ kann in $(0,0)$ durch $f(0,0) = 0$ stetig fortgesetzt werden, denn für $\left\| \begin{pmatrix} x \\ y \end{pmatrix} - \begin{pmatrix} 0 \\ 0 \end{pmatrix} \right\|_1 < \delta$ gilt:

$$|f(x,y) - f(0,0)| = \left| 2(x+y)\cos\left(\frac{1}{x^2+y^2}\right) \right| \leq 2|x+y| \leq 2(|x|+|y|) = 2\left\| \begin{pmatrix} x \\ y \end{pmatrix} \right\|_1 < 2\delta\,.$$

Wählt man zu beliebig vorgegebenem $\varepsilon > 0$ nun $\delta = \dfrac{\varepsilon}{2}$, dann ist die ε-δ-Charakterisierung erfüllt.

L.9.2 Differentialrechnung einer Variablen

Lösung 9.2.1

a) f ist gerade, denn $f(x) = x^2 + \cos x = (-x)^2 + \cos(-x) = f(-x)$.

f' ist ungerade, denn $f'(x) = 2x - \sin x = -(2(-x) - \sin(-x)) = -f'(-x)$.

b) g ist ungerade, denn $g(x) = x^2 \tan x = -(-x)^2 \tan(-x) = -g(-x)$.

g' ist gerade, denn $\quad g'(x) = \dfrac{2x \sin x \cos x + x^2}{\cos^2 x} = \dfrac{2(-x)\sin(-x)\cos(-x) + (-x)^2}{\cos^2(-x)} = g'(-x)$.

c) h ist gerade, denn $h(x) = x \sin x = (-x)\sin(-x) = h(-x)$.

h' ist ungerade, denn $\quad h'(x) = \sin x + x \cos x = -(\sin(-x) + (-x)\cos(-x)) = -h'(-x)$.

d) Es gilt $k(x) = e^x = k'(x)$.

Wäre k gerade oder ungerade, so müsste $k(x) = k(-x)$ oder $k(x) = -k(-x)$ für alle $x \in \mathbb{R}$ gelten. Dies ist hier jedoch nicht der Fall, denn es gilt $k(1) = e \neq \pm e^{-1} = \pm k(-1)$. Damit sind k und k' weder gerade noch ungerade.

e) $\ell(x)$ ist gerade, denn $\ell(x) = \ln(1 + x^2) = \ln(1 + (-x)^2) = \ell(-x)$.

$\ell'(x)$ ist ungerade, denn $\ell'(x) = \dfrac{2x}{1+x^2} = -\dfrac{2(-x)}{1+(-x)^2} = -\ell'(-x)$.

f) m ist weder gerade noch ungerade, denn

$m(2) = 1 + \sinh 2 = 4.6268\cdots \neq \pm(-2.6268\cdots) = \pm(1 + \sinh(-2)) = \pm m(-2)$.

m' ist gerade, denn $m'(x) = \cosh x = \dfrac{e^x + e^{-x}}{2} = m'(-x)$.

Lösung 9.2.2

Aus den gegebenen Werten für die Ableitung der Funktion folgt:

$$h(x) = \begin{cases} x + c_1 & : \quad -\infty < x < 0 \\ -x^2 + c_2 & : \quad 0 < x < 1 \\ c_3 & : \quad 1 < x < 2 \\ 2x + c_4 & : \quad 2 < x < \infty \end{cases}$$

mit Konstanten $c_i \in \mathbb{R}$.

Die Stetigkeit in den Punkten $x = 0, 1, 2$ ergibt die Forderungen:

$c_1 = \lim\limits_{x \to 0-} h(x) = \lim\limits_{x \to 0+} h(x) = c_2 \qquad \Rightarrow c_1 = c_2$

$-1 + c_2 = \lim\limits_{x \to 1-} h(x) = h(1) = 1 = \lim\limits_{x \to 1+} h(x) = c_3 \qquad \Rightarrow c_3 = 1, \, c_2 = 2 = c_1$

$1 = c_3 = \lim\limits_{x \to 2-} h(x) = \lim\limits_{x \to 2+} h(x) = 4 + c_4 \qquad \Rightarrow c_4 = -3$

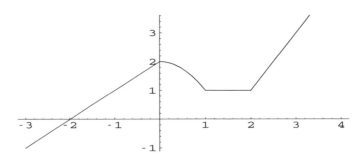

Bild 9.2.2: $h(x)$

Damit erhält man

$$h(x) = \begin{cases} x+2 & : \ -\infty < x \leq 0 \\ 2-x^2 & : \ 0 \leq x \leq 1 \\ 1 & : \ 1 \leq x \leq 2 \\ 2x-3 & : \ 2 \leq x < \infty \end{cases}$$

Lösung 9.2.3
Die Definition von f sichert die Differenzierbarkeit in $\mathbb{R}$ mit Ausnahme der Anschlusspunkte $x_0 = 1$ und $-x_0 = -1$. Die reellen Konstanten a und b sind also so zu bestimmen, dass die Differenzierbarkeit in diesen Anschlusspunkten gesichert ist.

f ist eine ungerade Funktion (vgl. Definition Aufgabe 9.2.1). Nach der Kettenregel ergibt sich dann $f'(x) = (-f(-x))' = f'(-x)$, d.h., f' ist eine gerade Funktion. Werden a und b so bestimmt, dass f im Punkt $x_0 = 1$ differenzierbar wird, so stellt sich damit automatisch die Differenzierbarkeit im Punkt $-x_0 = -1$ ein.

Die Stetigkeit im Punkt $x_0 = 1$ wird durch die Forderung

$$1 = \lim_{x \to 1+} x^3 = \lim_{x \to 1+} f(x) \stackrel{!}{=} \lim_{x \to 1-} f(x) = \lim_{x \to 1-} \left(a \sin(\pi x) + b \sin\left(\frac{\pi x}{2}\right) \right) = b$$

gesichert. Die Forderung

$$3 = \lim_{x \to 1+} 3x^2 = \lim_{x \to 1+} f'(x) \stackrel{!}{=} \lim_{x \to 1-} f'(x) = \lim_{x \to 1-} \left(a\pi \cos(\pi x) + \frac{\pi}{2} \cos\left(\frac{\pi x}{2}\right) \right) = -\pi a$$

sichert die Differenzierbarkeit im Punkt $x_0 = 1$. Wählt man also $a = -\dfrac{3}{\pi}$ und $b = 1$, so wird f auf $\mathbb{R}$ differenzierbar.

Lösung 9.2.4
Die Definition von f sichert die Differenzierbarkeit in $\mathbb{R}$ mit Ausnahme des Anschlusspunktes $x_0 = 0$. Die reellen Konstanten a und b sind also so zu bestimmen, dass die Differenzierbarkeit in diesem Anschlusspunkt gewährleistet ist. Die Stetigkeit im Punkt $x_0 = 0$ wird durch die Forderung

$$9 = \lim_{x \to 0-} (x+3)^2 = \lim_{x \to 0-} f(x) \stackrel{!}{=} \lim_{x \to 0+} f(x) = \lim_{x \to 0+} (4\sin(ax) + b) = b$$

gesichert. Mit der Forderung

$$6 = \lim_{x \to 0-} 2(x+3) = \lim_{x \to 0-} f'(x) \stackrel{!}{=} \lim_{x \to 0+} f'(x) = \lim_{x \to 0+} (4a\cos(ax)) = 4a$$

erhält man die Differenzierbarkeit im Punkt $x_0 = 0$. Mit $a = 3/2$ und $b = 9$ wird f auf $\mathbb{R}$ also differenzierbar.

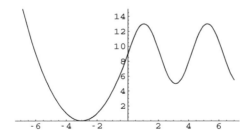

Bild 9.2.4 $f(x)$ mit $a = 3/2$ und $b = 9$

Lösung 9.2.5

a) Unstetigkeit und Nichtdifferenzierbarkeit kann nur in $x_0 = 1$ auftreten. Die Stetigkeitsforderung in $x_0 = 1$ führt zu
$$a = g(1) \stackrel{!}{=} \lim_{x \to 1+} g(x) = b - 1 \Rightarrow b = a + 1$$

Die Differenzierbarkeitsforderung in $x_0 = 1$ lautet

$$2a = \lim_{x \to 1-} g'(x) \stackrel{!}{=} \lim_{x \to 1+} g'(x) = 2 \Rightarrow a = 1 \Rightarrow b = 2 \Rightarrow g(x) = \begin{cases} x^2, & x \leq 1 \\ 2 - (2-x)^2, & x > 1 \end{cases}$$

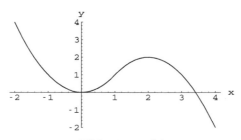

Bild 9.2.5 $g(x)$

b) $T_1(x; 1) = g(1) + g'(1)(x - 1) = 1 + 2(x - 1)$

Lösung 9.2.6

a) $f(x) = 3^{x^2-8} = e^{(x^2-8)\ln 3} \Rightarrow f'(x) = 2x \ln 3 \cdot 3^{x^2-8}$
$\Rightarrow \ell_f(x) = f(3) + f'(3)(x - 3) = 3 + 18\ln(3) \cdot (x - 3)$

b) Die reellen Konstanten a und b sind so zu bestimmen, dass die Differenzierbarkeit von f im Anschlusspunkt $x_0 = 1$ gewährleistet ist.

Stetigkeit in $x_0 = 1$: $a + b = \lim_{x \to 1-} ax^3 + b \stackrel{!}{=} \lim_{x \to 1+} \ln x = 0 \Rightarrow b = -a$

Differenzierbarkeit in $x_0 = 1$: $3a = \lim_{x \to 1-} 3ax^2 \stackrel{!}{=} \lim_{x \to 1+} \frac{1}{x} = 1 \Rightarrow a = \frac{1}{3} \Rightarrow b = -\frac{1}{3}$

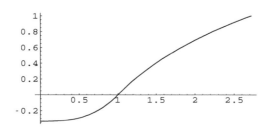

Bild 9.2.6 $f(x)$ mit $a = 1/3$ und $b = -1/3$

c) (i) $f(x) = \log\left(\frac{x^2 + 2}{x^4 + 4}\right) = \log(x^2 + 2) - \log(x^4 + 4)$

$f'(x) = \frac{2x}{x^2 + 2} - \frac{4x^3}{x^4 + 4} \quad \left(= \frac{2x(4 - 4x^2 - x^4)}{(x^2 + 2)(x^4 + 4)}\right)$

(ii) $g(x) = \left(4x^3 + 2x^2 + 1\right)^{1/5} \Rightarrow g'(x) = \frac{12x^2 + 4x}{5\left(4x^3 + 2x^2 + 1\right)^{4/5}}$

Lösung 9.2.7

a) Es werden zwei Folgen gegen $x_0 = 0$ konstruiert, die, eingesetzt in die Funktion f, unterschiedliche Grenzwerte erzeugen. Damit ist f im Punkt x_0 unstetig und kann auch nicht stetig ergänzt werden.

Für die durch $x_n = \dfrac{1}{n2\pi}$ definierte Folge ergibt sich $\lim\limits_{n\to\infty} f(x_n) = \lim\limits_{n\to\infty} \cos(n2\pi) = 1$.

Für die durch $y_n = \dfrac{2}{(2n+1)\pi}$ definierte Folge ergibt sich $\lim\limits_{n\to\infty} f(y_n) = \lim\limits_{n\to\infty} \cos\left(\pi n + \dfrac{\pi}{2}\right) = 0$.

b) Zum Stetigkeitsnachweis von g im Punkt $x_0 = 0$:

Für $\delta > 0$ und $|x - x_0| = |x| < \delta$ gilt: $|g(x) - g(x_0)| = |g(x) - g(0)| = \left|x \cos\dfrac{1}{x}\right| \leq |x| < \delta$.

Wählt man $\delta = \varepsilon$ zu beliebig vorgegebenem $\varepsilon > 0$, dann ist die ε-δ-Charakterisierung der Stetigkeit in x_0 erfüllt.

Für die Differenzierbarkeit in x_0 ist zu überprüfen, ob der Differentialquotient in x_0 existiert:

$$\lim_{x \to x_0} \frac{g(x) - g(x_0)}{x - x_0} = \lim_{x \to 0} \frac{g(x) - g(0)}{x} = \lim_{x \to 0} \frac{x \cos(1/x) - 0}{x} = \lim_{x \to 0} \cos\left(\frac{1}{x}\right).$$

Dieser Grenzwert existiert nach a) nicht, und damit ist f im Punkt x_0 zwar stetig, aber nicht differenzierbar.

Lösung 9.2.8

a) $f'(x) = 2(x+2) - 8 + \dfrac{8}{x+2} = \dfrac{2x^2}{x+2}$

b) $g'(x) = \dfrac{3}{x^2+1} + \dfrac{3}{x^2+1} - \dfrac{6x^2}{(x^2+1)^2} + \dfrac{2}{(x^2+1)^2} - \dfrac{8x^2}{(x^2+1)^3} = \dfrac{8}{(x^2+1)^3}$

c) $h'(x) = (\ln(x^2+1) - \ln(x^2-1))' = \dfrac{2x}{x^2+1} - \dfrac{2x}{x^2-1} = \dfrac{4x}{1-x^4}$

d) $p'(x) = \dfrac{\dfrac{\sqrt{4x+5}}{\sqrt{2x+3}} - 2\dfrac{\sqrt{2x+3}}{\sqrt{4x+5}}}{4x+5} = \dfrac{-1}{\sqrt{2x+3}\sqrt{(4x+5)^3}}$

e) $q'(x) = \dfrac{1}{-\sin(\arccos 1/x)} \cdot \dfrac{-1}{x^2} = \dfrac{1}{x^2\sqrt{1-\cos^2(\arccos 1/x)}} = \dfrac{1}{x\sqrt{x^2-1}}$

f) $r'(x) = \tan x + \dfrac{x}{\cos^2 x} + (-\sin x)\dfrac{1}{\cos x} = \dfrac{x}{\cos^2 x}$

Lösung 9.2.9

a) $f'(x) = \dfrac{1}{2\cos(\arcsin x/2)} + \dfrac{x\dfrac{-x}{\sqrt{4-x^2}} - \sqrt{4-x^2}}{x^2}$

$= \dfrac{1}{2\sqrt{1-\sin^2(\arcsin x/2)}} + \dfrac{-x^2 - 4 + x^2}{x^2\sqrt{4-x^2}} = \dfrac{1}{\sqrt{4-x^2}} - \dfrac{4}{x^2\sqrt{4-x^2}} = -\dfrac{\sqrt{4-x^2}}{x^2}$

b) $g'(x) = \dfrac{1}{2\sqrt{x}(1+x)} + \dfrac{\dfrac{x+1}{2\sqrt{x}} - \sqrt{x}}{(x+1)^2} = \dfrac{2(x+1) - 2x}{2\sqrt{x}(1+x)^2} = \dfrac{1}{\sqrt{x}(x+1)^2}$

c) $h'(x) = \dfrac{1}{\tan x \cos^2 x} + \dfrac{2\sin^2 2x + 4\cos^2 2x}{\sin^3 2x} = \dfrac{1}{\sin x \cos x} + \dfrac{2 + 2\cos^2 2x}{\sin^3 2x}$

$= \dfrac{2}{\sin 2x} + \dfrac{2 + 2\cos^2 2x}{\sin^3 2x} = \dfrac{4}{\sin^3 2x}$

d) $p'(x) = \dfrac{3x\dfrac{(2x+3)}{\sqrt{x^2+3x}} - 6\sqrt{x^2+3x}}{9x^2} = \dfrac{3x(2x+3) - 6(x^2+3x)}{9x^2\sqrt{x^2+3x}} = \dfrac{-1}{x\sqrt{x^2+3x}}$

e) $q'(x) = \dfrac{1}{x\ln x}$, f) $r'(x) = \dfrac{\cos x}{\sin x} - \cot x - x\dfrac{(-\sin^2 x - \cos^2 x)}{\sin^2 x} = \dfrac{x}{\sin^2 x}$

Lösung 9.2.10

a) $f'(x) = \dfrac{2x}{1+x^4}$, $f''(x) = \dfrac{2-6x^4}{(1+x^4)^2}$, b) $g'(x) = \dfrac{4x^3}{x^4-1}$, $g''(x) = \dfrac{-4x^6 - 12x^2}{(x^4-1)^2}$

c) $h'(x) = 2\sin\ln x$, $h''(x) = \dfrac{2\cos\ln x}{x}$, d) $p'(x) = \dfrac{15}{2x\sqrt{x^5-9}}$, $p''(x) = -\dfrac{15(7x^5 - 18)}{4x^2(x^5-9)^{3/2}}$

Lösung 9.2.11

a) $f'(x) = \ln x$, $f''(x) = \dfrac{1}{x}$, $f'''(x) = -\dfrac{1}{x^2}$

b) $g'(x) = x(9-x^2)^{-3/2}$, $g''(x) = (9-x^2)^{-3/2} + 3x^2(9-x^2)^{-5/2}$,
   $g'''(x) = 9x(9-x^2)^{-5/2} + 15x^3(9-x^2)^{-7/2}$

c) $h'(x) = \dfrac{1}{\sinh(\operatorname{arcosh} x)} = \dfrac{1}{\sqrt{\cosh^2(\operatorname{arcosh} x) - 1}} = \dfrac{1}{\sqrt{x^2-1}}$,
   $h''(x) = -x(x^2-1)^{-3/2}$, $h'''(x) = -(x^2-1)^{-3/2} + 3x^2(x^2-1)^{-5/2}$

d) $p'(x) = \ln^2 x$, $p''(x) = \dfrac{2\ln x}{x}$, $p'''(x) = \dfrac{2 - 2\ln x}{x^2}$

Lösung 9.2.12

a) i) $f'(x) = \left(\dfrac{1}{2}\sinh x \cosh x + \dfrac{x}{2}\right)' = \dfrac{1}{2}\left(\cosh^2 x + \sinh^2 x + 1\right) = \cosh^2 x$

   ii) $g'(x) = (-x\cot x + \ln(\sin x))' = -\cot x - x\dfrac{-\sin^2 x - \cos^2 x}{\sin^2 x} + \dfrac{\cos x}{\sin x} = \dfrac{x}{\sin^2 x}$

b) i) $h'(x) = \left(\dfrac{x}{x^2+1}\right)' = \dfrac{1-x^2}{(x^2+1)^2}$, $h''(x) = \left(\dfrac{1-x^2}{(x^2+1)^2}\right)' = \dfrac{2x^3 - 6x}{(x^2+1)^3}$

   ii) $k'(x) = (x^x)' = \left(e^{x\ln x}\right)' = (\ln x + 1)\,x^x$

   $k''(x) = ((\ln x + 1)x^x)' = \left(\dfrac{1}{x} + (\ln x + 1)^2\right) x^x$

c) i) $u'(x) = (7(2x+5)^2 - 2(8-9x) + 3)' = 28(2x+5) + 18$

   $u''(x) = (28(2x+5) + 18)' = 56$, $u'''(x) = 0$

   ii) $v'(x) = \sqrt{(4-7x)^3}' = \left((4-7x)^{3/2}\right)' = -\dfrac{21}{2}(4-7x)^{1/2}$

   $v''(x) = \dfrac{147}{4}(4-7x)^{-1/2}$, $v'''(x) = \dfrac{1029}{8}(4-7x)^{-3/2}$

Lösung 9.2.13

a) $f(x) = \log_a x = \dfrac{\ln x}{\ln a}$, $f'(x) = \dfrac{1}{x\ln a}$, $x_0 = 2 \Rightarrow \ell_f(x) = f(2) + f'(2)(x-2) = \dfrac{\ln 2}{\ln a} + \dfrac{x-2}{2\ln a}$

b) $g(x) = \sinh x$, $g'(x) = \cosh x$, $x_0 = -1$
   $\Rightarrow \ell_g(x) = g(-1) + g'(-1)(x+1) = \sinh(-1) + \cosh(-1)(x+1) = -1.1752 + 1.5431(x+1)$

c) $h(x) = \begin{vmatrix} \sin 2x & e^x \\ \cosh 5x & 3x^4 \end{vmatrix} = 3x^4 \sin 2x - e^x \cosh 5x$,

$h'(x) = 6x^4 \cos 2x + 12x^3 \sin 2x - e^x(\cosh 5x + 5\sinh 5x)$, $x_0 = 0 \Rightarrow \ell_h(x) = h(0) + h'(0)x = -1 - x$

d) $\mathbf{p}(x) = \begin{pmatrix} \cos x \\ \sin x \end{pmatrix}$, $\mathbf{p}'(x) = \begin{pmatrix} -\sin x \\ \cos x \end{pmatrix}$, $x_0 = \frac{3\pi}{4}$

$\Rightarrow \ell_{\mathbf{p}}(x) = \mathbf{p}\left(\frac{3\pi}{4}\right) + \mathbf{p}'\left(\frac{3\pi}{4}\right)\left(x - \frac{3\pi}{4}\right) = \begin{pmatrix} -\frac{\sqrt{2}}{2} \\ \frac{\sqrt{2}}{2} \end{pmatrix} + \begin{pmatrix} -\frac{\sqrt{2}}{2} \\ -\frac{\sqrt{2}}{2} \end{pmatrix}\left(x - \frac{3\pi}{4}\right)$

Lösung 9.2.14

a) $f(x) = a^x = e^{x \ln a}$, $f'(x) = \ln a \, e^{x \ln a}$, $x_0 = 1$
$\Rightarrow \ell_f(x) = f(1) + f'(1)(x-1) = a + a \ln a \cdot (x-1)$

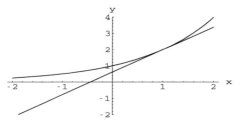

Bild 9.2.14 a) $f(x)$ und $\ell_f(x)$ für $a = 2$

b) $g(x) = \begin{vmatrix} \tan x & \ln x \\ x^2 & \cos x \end{vmatrix} = \sin x - x^2 \ln x$, $g'(x) = \cos x - 2x \ln x - x$, $x_0 = \pi$

$\Rightarrow \ell_g(x) = g(\pi) + g'(\pi)(x - \pi) = -\pi^2 \ln \pi - (1 + 2\pi \ln \pi + \pi) \cdot (x - \pi)$

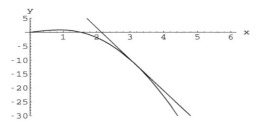

Bild 9.2.14 b) $g(x)$ und $\ell_g(x)$

c) $\mathbf{h}(x) = \frac{x^2 - 1}{x^2 + 1} \cdot \begin{pmatrix} 1 \\ x \end{pmatrix}$, $\mathbf{h}'(x) = \frac{4x}{(x^2+1)^2} \cdot \begin{pmatrix} 1 \\ x \end{pmatrix} + \frac{x^2-1}{x^2+1}\begin{pmatrix} 0 \\ 1 \end{pmatrix}$,

$x_0 = 0 \Rightarrow \ell_{\mathbf{h}}(x) = \mathbf{h}(0) + \mathbf{h}'(0)x = \begin{pmatrix} -1 \\ 0 \end{pmatrix} + \begin{pmatrix} 0 \\ -1 \end{pmatrix} \cdot x$

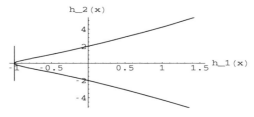

Bild 9.2.14 c) $\mathbf{h}(x)$ und $\ell_{\mathbf{h}}(x)$

L.10 Weiterer Ausbau der Differentialrechnung

L.10.1 Mittelwertsätze, Satz von Taylor

Lösung 10.1.1
R Kugelradius, r Zylinderradius, h Zylinderhöhe, $V_{Zyl}(r,h) = \pi r^2 h$ mit $r, h \geq 0$ Zylindervolumen

Der Zylinder wird der Kugel so einbeschrieben, dass er die Kugeloberfläche von innen, jeweils mit den Rändern der ihn begrenzenden kreisförmigen Deckel, berührt. Nach einem Schnitt durch den Kugelmittelpunkt und parallel zur Zylinderachse führt dies zu einem Rechteck mit den Seiten h und $2r$, dass einem Kreis so einbeschrieben wird, dass seine Ecken genau auf dem Kreisradius liegen.

Der Satz des Pythagoras ergibt dann $r^2 + \left(\dfrac{h}{2}\right)^2 = R^2$. Diese Nebenbedingung beschreibt, wegen $r, h \geq 0$, eine Viertelellipse, über der die Funktion $V_{Zyl}(r, h)$ maximiert werden soll.

Neben der Lagrangeschen Multiplikatorenregel für Extremwertaufgaben mit Nebenbedingungen, kann hier die Nebenbedingung aufgelöst und in V eingesetzt werden und man erhält eine Extremalaufgabe von einer Veränderlichen ohne Nebenbedingung:

$$r^2 = R^2 - \left(\frac{h}{2}\right)^2 \;\Rightarrow\; V(h) = \pi h \left(R^2 - \frac{h^2}{4}\right),$$

wobei per Konstruktion $0 \leq h \leq 2R$ gilt. Die Extrema im Inneren des Intervalls $[0, 2R]$ ergeben sich aus

$$V'(h) = \pi\left(R^2 - \frac{3h^2}{4}\right) = 0 \;\Rightarrow\; h = \frac{2R}{\sqrt{3}},\; V''(h) = -\frac{6\pi h}{4} \;\Rightarrow\; V''\left(\frac{2R}{\sqrt{3}}\right) = -\frac{12\pi R}{4\sqrt{3}} < 0.$$

Damit wird für $h = \dfrac{2R}{\sqrt{3}}$ das maximale Zylindervolumen angenommen, mit

$$V\left(\frac{2R}{\sqrt{3}}\right) = \pi \frac{2R}{\sqrt{3}}\left(R^2 - \frac{4R^2}{12}\right) = \frac{4\pi R^3}{3\sqrt{3}} = V_{\max}.$$

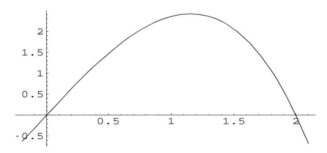

Bild 10.1.1 $V(h) = \pi h \left(R^2 - \dfrac{h^2}{4}\right)$ mit $R = 1$

Die minimalen Zylindervolumen werden am Rand, d.h. für $h = 0$ und $h = 2R$ mit $V_{\min} = 0$ angenommen.

Lösung 10.1.2

a) $f(x) = \begin{cases} x^2 & \text{für } x \geq 0 \\ -x^2 & \text{für } x < 0 \end{cases} \;\Rightarrow\; f'(x) = 2|x| \;\Rightarrow\; f''(x) = \begin{cases} 2 & \text{für } x > 0 \\ -2 & \text{für } x < 0 \end{cases}.$

Aufgaben und Lösungen zu Mathematik für Ingenieure 1, 4.Aufl., R. Ansorge, H. J. Oberle, K. Rothe und Th. Sonar
Copyright © 2010 WILEY-VCH Verlag GmbH & Co. KGaA, Weinheim
ISBN: 978-3-527-40987-7

Damit ist f stetig und differenzierbar, die Voraussetzungen des Mittelwertsatzes sind erfüllt, und es lassen sich für $]-1,1[$ sogar zwei Zwischenstellen x_0 berechnen:

$$f'(x_0) = 2|x_0| = \frac{f(1)-f(-1)}{1-(-1)} = 1 \quad \Rightarrow \quad x_0 = \pm\frac{1}{2}\;.$$

Die Voraussetzungen des Mittelwertsatzes für f' sind nicht erfüllt, da f'' für $x=0$ nicht definiert ist und diese Definitionslücke im zu untersuchenden Intervall $]-1,1[$ liegt. Tatsächlich lässt sich auch kein x_0 angeben, für das $f''(x_0) = \dfrac{f'(1)-f'(-1)}{1-(-1)} = 0$ gilt.

b) $h(x) = e^x - 3x^2$ ist beliebig oft stetig differenzierbar. Man erhält $h(-1) = -2.632\cdots < 0$, $h(0) = 1 > 0$, $h(1) = -0.281\cdots < 0$, $h(4) = 6.598\cdots > 0$.

Nach dem Zwischenwertsatz liegt in jedem der Intervalle $]-1,0[$, $]0,1[$ und $]1,4[$ mindestens eine Nullstelle.

Angenommen, h besäße mehr als drei Nullstellen, dann besäße nach dem Satz von Rolle $h'(x) = e^x - 6x$ mehr als zwei Nullstellen, $h''(x) = e^x - 6$ mehr als eine Nullstelle und $h'''(x) = e^x$ mindestens eine Nullstelle, was falsch ist. Demnach besitzt h höchstens drei Nullstellen und damit dann genau drei Nullstellen.

Lösung 10.1.3

a)

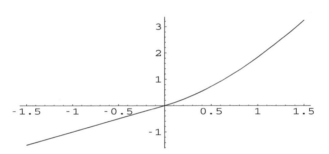

Bild 10.1.3.a.1 $\quad f(x) = \begin{cases} \sin x + x^2 & \text{für} \quad x \geq 0 \\ x & \text{für} \quad x < 0 \end{cases}$.

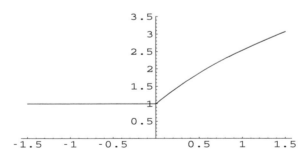

Bild 10.1.3.a.2 $\quad f'(x) = \begin{cases} \cos x + 2x & \text{für} \quad x \geq 0 \\ 1 & \text{für} \quad x < 0 \end{cases}$.

$$f''(x) = \begin{cases} -\sin x + 2 & \text{für} \quad x > 0 \\ 0 & \text{für} \quad x < 0 \end{cases}.$$

Damit ist f stetig und differenzierbar, die Voraussetzungen des Mittelwertsatzes sind erfüllt und es lässt sich für $]-\frac{\pi}{2},\frac{\pi}{2}[$ eine Zwischenstelle x_0 berechnen:

$$\frac{f(\frac{\pi}{2})-f(-\frac{\pi}{2})}{\frac{\pi}{2}-(-\frac{\pi}{2})} = \frac{\pi^2+2\pi+4}{4\pi} = 1.6037\cdots = f'(x_0)\;.$$

Wegen $f'(0) = 1 < f'(x_0) < f'(\frac{\pi}{2}) = \pi$ ist $0 < x_0 < \frac{\pi}{2}$.

Die Voraussetzungen des Mittelwertsatzes für f' sind nicht erfüllt, da f'' für $x = 0$ nicht definiert ist und diese Definitionslücke im zu untersuchenden Intervall $]-\frac{\pi}{2}, \frac{\pi}{2}[$ liegt. Tatsächlich lässt sich auch kein x_0 angeben, für das $\dfrac{f'(\frac{\pi}{2}) - f'(-\frac{\pi}{2})}{\frac{\pi}{2} - (-\frac{\pi}{2})} = \dfrac{\pi - 1}{\pi} = 0.68169 \cdots = f''(x_0)$ gilt.

b) $h(x) = \ln x + 2 - x$ ist beliebig oft stetig differenzierbar. Man erhält:

$$h(0.1) = -0.4026 \cdots < 0, \quad h(1) = 1 > 0, \quad h(4) = -0.6137 \cdots < 0.$$

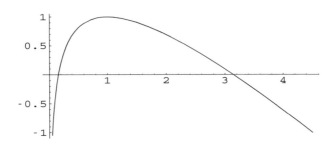

Bild 10.1.3.b $h(x) = \ln x + 2 - x$

Nach dem Zwischenwertsatz liegt in jedem der Intervalle $]0.1, 1[$ und $]1, 4[$ mindestens eine Nullstelle. Angenommen h besäße mehr als zwei Nullstellen, dann besäße nach dem Satz von Rolle $h'(x) = \dfrac{1}{x} - 1$ mehr als eine Nullstelle und $h''(x) = -\dfrac{1}{x^2}$ mindestens eine Nullstelle, was falsch ist. Demnach besitzt h höchstens zwei Nullstellen und damit dann genau zwei Nullstellen.

Lösung 10.1.4

a) Durch Einsetzen einiger Funktionswerte erhält man:

$$f(-1) = 0.56606..., \quad f(0) = -1.25..., \quad f(1) = 0.390859..., \quad f(5) = -22.4566...$$

Da f stetig ist, besitzt f nach dem Zwischenwertsatz in jedem der Intervalle $]-1, 0[$, $]0, 1[$ und $]1, 5[$ mindestens eine Nullstelle.

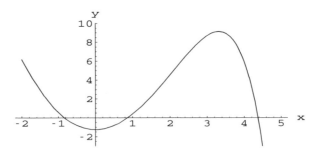

Bild 10.1.4 $f(x) = \dfrac{1}{4}(4x+3)(2x-1) - \dfrac{1}{2}e^x$

b) f ist beliebig oft differenzierbar. Angenommen f besäße mehr als drei Nullstellen, dann hätte nach dem Satz von Rolle f' mehr als zwei Nullstellen, f'' mehr als eine Nullstelle und $f''' = -\dfrac{1}{2}e^x$ mindestens eine Nullstelle, was falsch ist. Demnach besitzt f höchstens drei Nullstellen.

Lösung 10.1.5

a) $\lim_{x \to -2+} f(x) = -\infty$

b) $f(x) = \ln(\sqrt{2+x}) - \dfrac{1}{x+2}$, $f(-1) = -1$

$f'(x) = \dfrac{1}{2(x+2)} + \dfrac{1}{(x+2)^2}$, $f'(-1) = \dfrac{3}{2}$

$f''(x) = -\dfrac{1}{2(x+2)^2} - \dfrac{2}{(x+2)^3}$, $f''(-1) = -\dfrac{5}{2}$

$f'''(x) = \dfrac{1}{(x+2)^3} + \dfrac{6}{(x+2)^4}$, $f'''(-1) = 7$

$T_3(x; -1) = -1 + \dfrac{3}{2}(x+1) - \dfrac{5}{4}(x+1)^2 + \dfrac{7}{6}(x+1)^3$

c) $T_3(-1/2; -1) = -1 + \dfrac{3}{4} - \dfrac{5}{16} + \dfrac{7}{48} = \dfrac{-48 + 36 - 15 + 7}{48} = -\dfrac{20}{48} = -\dfrac{5}{12}$

$f^{(iv)}(x) = -\dfrac{3}{(x+2)^4} - \dfrac{24}{(x+2)^5}$, mit $-1 < \xi < -\dfrac{1}{2}$ gilt

$\left| f\left(-\dfrac{1}{2}\right) - T_3\left(-\dfrac{1}{2}; -1\right) \right| = \left| R_3\left(-\dfrac{1}{2}; -1\right) \right| = \left| \dfrac{f^{(iv)}(\xi)}{4!} \left(\dfrac{1}{2}\right)^4 \right|$

$= \left| -\dfrac{1}{16 \cdot 24} \left(\dfrac{3}{(\xi+2)^4} + \dfrac{24}{(\xi+2)^5} \right) \right| \leq \dfrac{27}{16 \cdot 24} = \dfrac{9}{128}$

d) $T_1(x; -1) = -1 + \dfrac{3}{2}(x+1)$

e) Weil nach a) $\lim_{x \to -2+} f(x) = -\infty$ gilt.

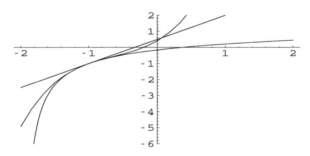

Bild 10.1.5 $f(x) = \ln(\sqrt{2+x}) - \dfrac{1}{x+2}$, $T_1(x;-1)$, $T_3(x;-1)$

Lösung 10.1.6

a) $f(x) = (4x+5)^{-1/3}$, $f'(x) = 4\left(-\dfrac{1}{3}\right)(4x+5)^{-4/3}$

$f''(x) = 4^2 \left(-\dfrac{1}{3}\right)\left(-\dfrac{4}{3}\right)(4x+5)^{-7/3}$

$\vdots$

$f^{(k)}(x) = \left(-\dfrac{4}{3}\right)^k (1 \cdot 4 \cdots (3k-2))(4x+5)^{-1/3-k}$ (per Induktion für $k \geq 1$)

$\Rightarrow f(x) = 3^{-2/3} + \sum_{k=1}^{\infty} \left(-\dfrac{4}{3}\right)^k \dfrac{1 \cdot 4 \cdots (3k-2) \cdot 3^{-(6k+2)/3}}{k!} (x-1)^k$

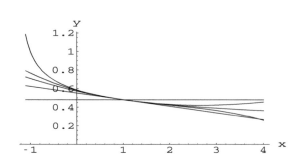

Bild 10.1.6 f und die Taylor-Polynome $T_i(x;1)$ für $i=0,1,2,3$

c) $T_3(x;1) = 3^{-2/3} - 4 \cdot 3^{-11/3}(x-1) + 32 \cdot 3^{-20/3}(x-1)^2 - 896 \cdot 3^{-32/3}(x-1)^3$

Fehlerabschätzung für die Approximation von $f\left(\frac{3}{2}\right)$ durch $T_3\left(\frac{3}{2};1\right)$: $\left|f\left(\frac{3}{2}\right) - T_3\left(\frac{3}{2};1\right)\right|$

$= \left|R_3\left(\frac{3}{2};1\right)\right| = \left|\frac{f^{(4)}(\xi)}{4!}\left(\frac{3}{2}-1\right)^4\right| = \left|\left(-\frac{4}{3}\right)^4 \frac{1\cdot 4\cdot 7\cdot 10\cdot (4\xi+5)^{-13/3}}{4!}\left(\frac{3}{2}-1\right)^4\right|.$

Nach dem Taylorschen Satz gilt $1 = x_0 < \xi < x = \frac{3}{2}$, und damit kann der Ausdruck $(4\xi+5)^{-13/3}$ nach oben mit $\xi = 1$ abgeschätzt werden:

$$\Rightarrow \quad \left|f\left(\frac{3}{2}\right) - T_3\left(\frac{3}{2};1\right)\right| \leq \left|\frac{4^4 \cdot 4 \cdot 7 \cdot 10 \cdot 9^{-13/3}}{3^4 \cdot 4! \cdot 2^4}\right| = \frac{560}{3^{41/3}} \leq 1.69 \cdot 10^{-4}$$

d) $T_0\left(\frac{3}{2};1\right) = 3^{-2/3} = 0.48074949856$, $T_1\left(\frac{3}{2};1\right) = T_0\left(\frac{3}{2};1\right) - 2\cdot 3^{-11/3} = 0.445138755$,

$T_2\left(\frac{3}{2};1\right) = T_1\left(\frac{3}{2};1\right) + 8\cdot 3^{-20/3} = 0.450414473$, $T_3\left(\frac{3}{2};1\right) = T_2\left(\frac{3}{2};1\right) - 112\cdot 3^{-32/3}$
$= 0.44950262$.

$f\left(\frac{3}{2}\right) = 11^{-1/3} = 0.449644313\ldots$ Der tatsächliche Fehler ist $\left|f\left(\frac{3}{2}\right) - T_3\left(\frac{3}{2};1\right)\right| = 0.00014169$.

Lösung 10.1.7

a) $f(x) = \sin(\pi^2 - x^2)$ $\qquad\Rightarrow\quad f(\pi) = 0$

$f'(x) = -2x\cos(\pi^2 - x^2)$ $\qquad\Rightarrow\quad f'(\pi) = -2\pi$

$f''(x) = -2\cos(\pi^2 - x^2) - 4x^2\sin(\pi^2 - x^2) \;\Rightarrow\; f''(\pi) = -2$

$\Rightarrow\quad T_2(x;\pi) = -2\pi(x-\pi) - (x-\pi)^2$

b) $f'''(x) = 8x^3\cos(\pi^2 - x^2) - 12x\sin(\pi^2 - x^2)\quad$ mit $\frac{\pi}{2} < \xi < \pi$ gilt

$\left|f\left(\frac{\pi}{2}\right) - T_2\left(\frac{\pi}{2};\pi\right)\right| = \left|R_2\left(\frac{\pi}{2};\pi\right)\right| = \left|\frac{f'''(\xi)}{3!}\left(\frac{\pi}{2}-\pi\right)^3\right|$

$= |8\xi^3\cos(\pi^2-\xi^2) - 12\xi\sin(\pi^2-\xi^2)|\frac{\pi^3}{48}$

$\leq (8\xi^3 + 12\xi)\frac{\pi^3}{48} < (2\pi^3 + 3\pi)\frac{\pi^3}{12}$

Lösung 10.1.8

$f(x) = \frac{1}{\sqrt[3]{(x+2)^2}} \;\Rightarrow\; f(-1) = 1\,,\quad f'(x) = -\frac{2}{3}(x+2)^{-5/3} \;\Rightarrow\; f'(-1) = -\frac{2}{3}\,,$

$f''(x) = \frac{10}{9}(x+2)^{-8/3} \Rightarrow f''(-1) = \frac{10}{9}$, $\quad f'''(x) = -\frac{80}{27}(x+2)^{-11/3} \Rightarrow f'''(-1) = -\frac{80}{27}$,

$f^{(4)}(x) = \frac{880}{81}(x+2)^{-14/3} \Rightarrow T_3(x;-1) = 1 - \frac{2}{3}(x+1) + \frac{10}{18}(x+1)^2 - \frac{40}{81}(x+1)^3$.

Fehlerabschätzung für $x \in \left[-\frac{3}{2}, -\frac{1}{2}\right]$ ($\Rightarrow \xi \in \left]-\frac{3}{2}, -\frac{1}{2}\right[$) nach Lagrange:

$|f(x) - T_3(x;-1)| = |R_3(x;-1)| = \left|\frac{f^{(4)}(\xi)}{4!}(x+1)^4\right| = \left|\frac{880(\xi+2)^{-14/3}}{81} \cdot \frac{(x+1)^4}{4!}\right|$

$\leq \left|\frac{110(-3/2+2)^{-14/3}(-1/2+1)^4}{3^5}\right| = \frac{110}{3^5} \cdot \left(\frac{1}{2}\right)^{-2/3} = 0.718576607$.

Lösung 10.1.9

$g(x) = -\frac{1}{\sqrt{(x-1)^3}} \Rightarrow g(2) = -1$, $\quad g'(x) = \frac{3}{2}(x-1)^{-5/2} \Rightarrow g'(2) = \frac{3}{2}$,

$g''(x) = -\frac{15}{4}(x-1)^{-7/2} \Rightarrow g''(2) = -\frac{15}{4}$, $\quad g'''(x) = \frac{105}{8}(x-1)^{-9/2} \Rightarrow g'''(2) = \frac{105}{8}$

$g^{(4)}(x) = -\frac{945}{16}(x-1)^{-11/2} \Rightarrow T_3(x;2) = -1 + \frac{3}{2}(x-2) - \frac{15}{8}(x-2)^2 + \frac{35}{16}(x-2)^3$

Fehlerabschätzung für $x \in \left[\frac{7}{4}, \frac{9}{4}\right]$ ($\Rightarrow \xi \in \left]\frac{7}{4}, \frac{9}{4}\right[\wedge \theta \in]0,1[$) nach Cauchy:

$|g(x) - T_3(x;2)| = |R_3(x;2)| = \left|\frac{g^{(4)}(\xi)}{3!}(x-2)^4(1-\theta)^3\right| = \left|\frac{945(\xi-1)^{-11/2}}{16} \cdot \frac{(x-2)^4(1-\theta)^3}{3!}\right|$

$\leq \left|\frac{315(7/4-1)^{-11/2}(9/4-2)^4}{2^5}\right| = 0.18710425$

Lösung 10.1.10

a) $f(x) = \exp(2x-1) \cdot \sin(\pi x) \qquad \Rightarrow f(1) = 0$

$f'(x) = \exp(2x-1)(2\sin(\pi x) + \pi \cos(\pi x)) \qquad \Rightarrow f'(1) = -e \cdot \pi$

$f''(x) = \exp(2x-1)\left((4-\pi^2)\sin(\pi x) + 4\pi \cos(\pi x)\right) \Rightarrow f''(1) = -4e \cdot \pi$

$\Rightarrow T_2(x;\pi) = -e \cdot \pi(x-1) - 2e \cdot \pi(x-1)^2$

b) $f'''(x) = \exp(2x-1)\left((8-6\pi^2)\sin(\pi x) + (12\pi - \pi^3)\cos(\pi x)\right)$

Für $x \in \left[\frac{1}{2}, \frac{3}{2}\right]$ muss $\xi \in \left]\frac{1}{2}, \frac{3}{2}\right[$ betrachtet werden und man erhält

$|f(x) - T_2(x;1)| = |R_2(x;1)| = \left|\frac{f'''(\xi)}{3!}(x-1)^3\right|$

$\leq \frac{e^2}{3!} \cdot \frac{1}{8} \left(|(8-6\pi^2)\sin(\pi\xi)| + |(12\pi - \pi^3)\cos(\pi\xi)|\right)$

$< \frac{e^2}{48}\left(|8-6\pi^2| + |12\pi - \pi^3|\right) = \frac{-8 + 6\pi^2 + 12\pi - \pi^3}{48}$

Lösung 10.1.11

a) $T_2(x;0) = \cos 0 + \frac{-\sin(0)}{1!}x + \frac{-\cos(0)}{2!}x^2 = 1 - \frac{x^2}{2}$

$T_4(x;0) = T_2(x;0) + \frac{\sin(0)}{3!}x^3 + \frac{\cos(0)}{4!}x^4 = 1 - \frac{x^2}{2} + \frac{x^4}{24}$

b) $|f(x) - T_2(x);0)| = |R_2(x;0)| = \left|\dfrac{f^{(iii)}(\xi)}{3!}x^3\right| = \left|\dfrac{\sin(\xi)}{3!}x^3\right| \leq \left|\dfrac{x^3}{3!}\right| \leq \dfrac{1}{3!}$

$|f(x) - T_4(x);0)| = |R_4(x;0)| = \left|\dfrac{f^{(v)}(\xi)}{5!}x^5\right| = \left|\dfrac{-\sin(\xi)}{5!}x^5\right| \leq \left|\dfrac{x^5}{5!}\right| \leq \dfrac{1}{5!}$

c) Für die k-ten Ableitungen ($k = 0,1,2,\cdots$) von f gilt offenbar $f^{(2k)}(0) = (-1)^k \cos 0 = (-1)^k$ und $f^{(2k+1)}(0) = (-1)^{k+1}\sin 0 = 0$. Man erhält so die Taylor-Reihe für f

$$f(x) = \sum_{k=0}^{\infty} \dfrac{(-1)^k}{(2k)!} x^{2k} \stackrel{z=x^2}{=} \sum_{k=0}^{\infty} \dfrac{(-1)^k}{(2k)!} z^k = \sum_{k=0}^{\infty} (-1)^k \underbrace{\dfrac{z^k}{(2k)!}}_{=a_k}.$$

Diese Reihe konvergiert für alle $0 \leq z = x^2 \leq 1$ nach dem Leibniz-Kriterium, denn es gilt

$$0 \leq z \leq (2k+1)(2k+2) \quad \Rightarrow \quad 0 \leq \dfrac{z^{k+1}}{(2(k+1))!} = a_{k+1} \leq a_k = \dfrac{z^k}{(2k)!}.$$

Für den Grenzwert f gilt dann die Einschließung

$$T_2(x;0) = \sum_{k=0}^{1} \dfrac{(-1)^k}{(2k)!} z^k \leq f(x) \leq \sum_{k=0}^{2} \dfrac{(-1)^k}{(2k)!} z^k = T_4(x;0).$$

d)

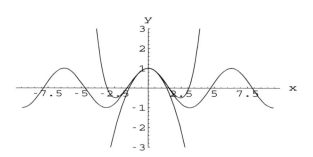

Bild 10.1.11 f, T_2 und T_4 im Intervall $[-3\pi, 3\pi]$

Lösung 10.1.12

a) $f(x) = \ln(a(x+1) + b) + xe^x \;\Rightarrow\; f(0) = \ln(a+b)$,

$f'(x) = \dfrac{a}{a(x+1)+b} + (x+1)e^x \;\Rightarrow\; f'(0) = \dfrac{a}{a+b} + 1$,

$f''(x) = \dfrac{-a^2}{(a(x+1)+b)^2} + (x+2)e^x \;\Rightarrow\; f''(0) = \dfrac{-a^2}{(a+b)^2} + 2$,

$f'''(x) = \dfrac{2a^3}{(a(x+1)+b)^3} + (x+3)e^x \;\Rightarrow\; f'''(0) = \dfrac{2a^3}{(a+b)^3} + 3$,

$f^{(4)}(x) = \dfrac{-6a^4}{(a(x+1)+b)^4} + (x+4)e^x \;\Rightarrow\; f^{(4)}(0) = \dfrac{-6a^4}{(a+b)^4} + 4, \;\Rightarrow$

$T_4(x;0) = \ln(a+b) + \left(\dfrac{a}{a+b} + 1\right)x + \left(\dfrac{-a^2}{(a+b)^2} + 2\right)\dfrac{x^2}{2} + \left(\dfrac{2a^3}{(a+b)^3} + 3\right)\dfrac{x^3}{6} + \left(\dfrac{-6a^4}{(a+b)^4} + 4\right)\dfrac{x^4}{24}$

b) $\ln(a+b) = 0 \;\wedge\; \dfrac{a}{a+b} + 1 = 0 \;\Rightarrow\; a+b = 1 \;\Rightarrow\; a+1 = 0 \;\Rightarrow\; a = -1 \;\Rightarrow\; b = 2$

$\Rightarrow \sum_{k=0}^{\infty} \dfrac{f^{(k)}(0)}{k!} x^k = \dfrac{1}{2}x^2 + \dfrac{1}{6}x^3 - \dfrac{1}{12}x^4 \pm \cdots$

Lösung 10.1.13

$$f(x) = \frac{5+x}{x\tan x} - \frac{4\cos x + e^x}{x^2} = \frac{(5+x) - \frac{\tan x}{x}(4\cos x + e^x)}{x\tan x}$$

Mit Hilfe der Reihenentwicklungen von $\sin x$, $\cos x$ und e^x erhält man:

$$x\tan x = x(x + \frac{x^3}{3} + O(x^5)) = x^2 + \frac{x^4}{3} + O(x^6) \quad,\quad \frac{\tan x}{x} = 1 + \frac{x^2}{3} + O(x^4)$$

$$4\cos x + e^x = 4(1 - \frac{x^2}{2} + O(x^4)) + 1 + x + \frac{x^2}{2} + O(x^3) = 5 + x - \frac{3x^2}{2} + O(x^3)$$

$$\Rightarrow \quad f(x) = \frac{(5+x) - (1 + \frac{x^2}{3} + O(x^4)) \cdot (5 + x - \frac{3x^2}{2} + O(x^3))}{x^2 + \frac{x^4}{3} + O(x^6)}$$

$$= \frac{(5+x) - (5 + x - \frac{3x^2}{2} + \frac{5x^2}{3} + O(x^3))}{x^2 + O(x^4)} = \frac{-\frac{x^2}{6} + O(x^3)}{x^2 + O(x^4)} = \frac{-\frac{1}{6} + O(x)}{1 + O(x^2)} \quad\Rightarrow\quad \lim_{x\to 0} f(x) = -\frac{1}{6}$$

Lösung 10.1.14

Mit $\quad y'(t) = \dfrac{-4e^{-4t} - \frac{1}{2}}{2\sqrt{e^{-4t} + \frac{1}{8} - \frac{t}{2}}} \quad$ ergibt sich

$$y(t) \cdot y'(t) + 2y^2(t) + t = \sqrt{e^{-4t} + \frac{1}{8} - \frac{t}{2}} \cdot \frac{-4e^{-4t} - \frac{1}{2}}{2\sqrt{e^{-4t} + \frac{1}{8} - \frac{t}{2}}} + 2\left(e^{-4t} + \frac{1}{8} - \frac{t}{2}\right) + t$$

$$= \frac{1}{2}\left(-4e^{-4t} - \frac{1}{2}\right) + 2e^{-4t} + \frac{1}{4} - t + t = 0$$

Lösung 10.1.15

a) Differenziert man $h(t) := e^{\lambda t} N(t)$, so ergibt sich $h'(t) = \lambda e^{\lambda t} N(t) + e^{\lambda t} \dot N(t)$.
Wegen der Differentialgleichung folgt $h'(t) = 0$ und damit nach (10.1.9.a)) des Lehrbuches $h(t) = \text{const.} =: N_0 \Rightarrow N(t) = N_0 e^{-\lambda t}$. Diese Funktion löst auch die Anfangswertaufgabe

$$\dot N(t) = -\lambda \cdot N(t), \quad N(0) = N_0\,.$$

b) Differenziert man $\begin{pmatrix} h_1(x) \\ h_2(x) \end{pmatrix} = \begin{pmatrix} \cos x & -\sin x \\ \sin x & \cos x \end{pmatrix} \begin{pmatrix} y(x) \\ y'(x) \end{pmatrix}$,

so ergibt sich $\begin{pmatrix} h_1'(x) \\ h_2'(x) \end{pmatrix} = \begin{pmatrix} -\sin x & -\cos x \\ \cos x & -\sin x \end{pmatrix} \begin{pmatrix} y(x) \\ y'(x) \end{pmatrix} + \begin{pmatrix} \cos x & -\sin x \\ \sin x & \cos x \end{pmatrix} \begin{pmatrix} y'(x) \\ y''(x) \end{pmatrix}$

und damit aufgrund der Differentialgleichung $y'' = -y$, dass $h_1'(x) = 0$ und $h_2'(x) = 0$ gilt. Nach (10.1.9.a)) des Lehrbuches folgt

$$\begin{pmatrix} a \\ b \end{pmatrix} = \begin{pmatrix} h_1(x) \\ h_2(x) \end{pmatrix} = \begin{pmatrix} \cos x & -\sin x \\ \sin x & \cos x \end{pmatrix} \begin{pmatrix} y(x) \\ y'(x) \end{pmatrix}$$

mit Konstanten $a, b \in \mathbb{R}$. Multiplikation mit $\begin{pmatrix} \cos x & -\sin x \\ \sin x & \cos x \end{pmatrix}^{-1} = \begin{pmatrix} \cos x & \sin x \\ -\sin x & \cos x \end{pmatrix}$

ergibt $\quad y(x) = a\cos x + b\sin x\,, \quad y'(x) = -a\sin x + b\cos x\,.$
Diese Funktion löst auch die Anfangswertaufgabe $\quad y''(x) = -y(x)\,, \quad y(0) = a\,, \quad y'(0) = b\,.$

Lösung 10.1.16
Die Umordnung eines Polynoms nach Potenzen von $x - x_0$ ergibt sich nach dem Taylorschen Satz mit Entwicklungspunkt x_0 (hier $x_0 = 1$):

$p(x) = -x^3 + 5x - 3 \Rightarrow p(1) = 1, \quad p'(x) = -3x^2 + 5 \Rightarrow p'(1) = 2,$

$p''(x) = -6x \Rightarrow p''(1) = -6, \quad p'''(x) = -6 \Rightarrow p'''(1) = -6,$

$p^{(k)}(x) = 0 \Rightarrow p^{(k)}(1) = 0 \quad \text{für} \quad k \geq 4 \quad \Rightarrow \quad p(x) = 1 + 2(x-1) - 3(x-1)^2 - (x-1)^3$

Die Koeffizienten können auch über das vollständige Horner-Schema berechnet werden.

L.10.2 Die Regeln von de l'Hospital

Lösung 10.2.1

a) $\lim\limits_{x \to 0} \dfrac{1 - \dfrac{x^2}{2} - \cos x}{x \sin x} = \lim\limits_{x \to 0} \dfrac{-x + \sin x}{\sin x + x \cos x} = \lim\limits_{x \to 0} \dfrac{-1 + \cos x}{2 \cos x - x \sin x} = 0$

b) $\lim\limits_{x \to 0} x \ln x = \lim\limits_{x \to 0} \dfrac{\ln x}{\dfrac{1}{x}} = \lim\limits_{x \to 0} \dfrac{\dfrac{1}{x}}{-\dfrac{1}{x^2}} = \lim\limits_{x \to 0} -x = 0$

c) Mit der Stetigkeit von e^x und b) folgt $\lim\limits_{x \to 0} x^x = \lim\limits_{x \to 0} \mathrm{e}^{x \ln x} = \exp\left(\lim\limits_{x \to 0} x \ln x\right) = \mathrm{e}^0 = 1$

d) $\lim\limits_{x \to 0} \left(\dfrac{1}{x} - \dfrac{1}{\sin(x)}\right) = \lim\limits_{x \to 0} \dfrac{\sin(x) - x}{x \sin(x)} \stackrel{\frac{0}{0}}{=} \lim\limits_{x \to 0} \dfrac{\cos(x) - 1}{\sin(x) + x \cos(x)} \stackrel{\frac{0}{0}}{=} \lim\limits_{x \to 0} \dfrac{-\sin(x)}{2\cos(x) - x \sin(x)} = 0$

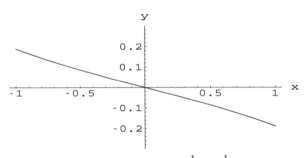

Bild 10.2.1 d) $\quad h(x) = \dfrac{1}{x} - \dfrac{1}{\sin(x)}$

Lösung 10.2.2

a) $\lim\limits_{x \to \infty} \dfrac{\cosh x}{\mathrm{e}^x} = \lim\limits_{x \to \infty} \dfrac{\dfrac{\mathrm{e}^x + \mathrm{e}^{-x}}{2}}{\mathrm{e}^x} = \lim\limits_{x \to \infty} \dfrac{1}{2}\left(1 + \mathrm{e}^{-2x}\right) = \dfrac{1}{2}$

b) $\lim\limits_{x \to -1+} (x+1) \tan \dfrac{\pi x}{2} = \lim\limits_{x \to -1+} \dfrac{\tan \dfrac{\pi x}{2}}{\dfrac{1}{x+1}} = \lim\limits_{x \to -1+} \dfrac{\dfrac{\pi}{2 \cos^2\left(\dfrac{\pi x}{2}\right)}}{-\left(\dfrac{1}{x+1}\right)^2}$

$= -\dfrac{\pi}{2} \left(\lim\limits_{x \to -1+} \dfrac{x+1}{\cos\left(\dfrac{\pi x}{2}\right)}\right)^2 = -\dfrac{\pi}{2} \left(\lim\limits_{x \to -1+} \dfrac{1}{-\dfrac{\pi}{2} \sin\left(\dfrac{\pi x}{2}\right)}\right)^2 = -\dfrac{2}{\pi}$

c) $\lim_{x\to 1}\frac{x-1-\ln(x)}{x^2-2x+1} \stackrel{\frac{0}{0}}{=} \lim_{x\to 1}\frac{1-\frac{1}{x}}{2x-2} \stackrel{\frac{0}{0}}{=} \lim_{x\to 1}\frac{\frac{1}{x^2}}{2} = \frac{1}{2}$

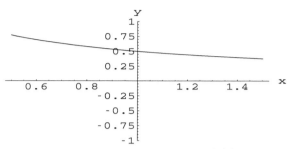

Bild 10.2.2 c) $g(x) = \dfrac{x-1-\ln(x)}{x^2-2x+1}$

d) $\lim_{x\to \pi/2}\dfrac{\tan 3x}{\tan 5x} = \lim_{x\to \pi/2}\dfrac{\frac{3}{\cos^2 3x}}{\frac{5}{\cos^2 5x}} = \dfrac{3}{5}\left(\lim_{x\to \pi/2}\dfrac{\cos 5x}{\cos 3x}\right)^2 = \dfrac{3}{5}\left(\lim_{x\to \pi/2}\dfrac{-5\sin 5x}{-3\sin 3x}\right)^2 = \dfrac{5}{3}$

Lösung 10.2.3

Mit der Regel $\dfrac{0}{0}$ von de l'Hospital kann der Grenzwert berechnet werden:

$\lim_{x\to 0}\dfrac{\ln^2(1+3x)-2\sin^2 x}{1-e^{-x^2}} = \lim_{x\to 0}\dfrac{\frac{6}{1+3x}\ln(1+3x)-4\sin x\cos x}{2xe^{-x^2}}$

$= \lim_{x\to 0}\dfrac{\ln(1+3x)}{x}\cdot\dfrac{3}{(1+3x)e^{-x^2}} - \dfrac{\sin x}{x}\cdot\dfrac{2\cos x}{e^{-x^2}}\quad.$

Für die einzelnen Grenzwerte erhält man gegebenenfalls wieder mit de l'Hospital:

$\lim_{x\to 0}\dfrac{\ln(1+3x)}{x} = \lim_{x\to 0}\dfrac{\frac{3}{1+3x}}{1} = 3,\ \lim_{x\to 0}\dfrac{3}{(1+3x)e^{-x^2}} = 3,\ \lim_{x\to 0}\dfrac{\sin x}{x} = \lim_{x\to 0}\dfrac{\cos x}{1} = 1,\ \lim_{x\to 0}\dfrac{2\cos x}{e^{-x^2}} = 2$

$\Rightarrow\ \lim_{x\to 0}\dfrac{\ln^2(1+3x)-2\sin^2 x}{1-e^{-x^2}} = 3\cdot 3 - 1\cdot 2 = 7$

Lösung 10.2.4

a) $\lim_{x\to\infty}\dfrac{\cosh x}{\sinh x} = \lim_{x\to\infty}\dfrac{e^x+e^{-x}}{e^x-e^{-x}} = \lim_{x\to\infty}\dfrac{1+e^{-2x}}{1-e^{-2x}} = 1,$

b) $\lim_{x\to 0}\dfrac{\tan x}{x} = \lim_{x\to 0}\dfrac{1}{\cos x}\cdot\dfrac{\sin x}{x} = \lim_{x\to 0}\dfrac{1}{\cos x}\cdot\lim_{x\to 0}\dfrac{\sin x}{x} \stackrel{\frac{0}{0}}{=} \lim_{x\to 0}\dfrac{\cos x}{1} = 1$

c) $\lim_{x\to 0}\dfrac{x\sin x}{1-\cos x} \stackrel{\frac{0}{0}}{=} \lim_{x\to 0}\dfrac{\sin x+x\cos x}{\sin x} = \lim_{x\to 0}\left(1+\dfrac{x\cos x}{\sin x}\right) \stackrel{\frac{0}{0}}{=} 1+\lim_{x\to 0}\dfrac{\cos x-x\sin x}{\cos x} = 2$

Lösung 10.2.5

a) $\lim_{x\to 0}\dfrac{x^2}{x/3-3+\sqrt{9-2x}} \stackrel{\frac{0}{0}}{=} \lim_{x\to 0}\dfrac{2x}{1/3-1/\sqrt{9-2x}} \stackrel{\frac{0}{0}}{=} \lim_{x\to 0}\dfrac{2}{-1/\sqrt{(9-2x)^3}} = -54$

b) $\lim_{x\to 0}\dfrac{3x^2}{2+x/2-\sqrt{4+2x}} \stackrel{\frac{0}{0}}{=} \lim_{x\to 0}\dfrac{6x}{1/2-1/\sqrt{4+2x}} \stackrel{\frac{0}{0}}{=} \lim_{x\to 0}\dfrac{6}{1/\sqrt{(4+2x)^3}} = 48$

c) $\lim_{x\to\pi}(x-\pi)\cdot\cot x = \lim_{x\to\pi}\dfrac{(x-\pi)\cos x}{\sin x} = \lim_{x\to\pi}\cos x\lim_{x\to\pi}\dfrac{x-\pi}{\sin x} \stackrel{\frac{0}{0}}{=} -\lim_{x\to\pi}\dfrac{1}{\cos x} = 1$

d) $\lim\limits_{x\to\pi/2}\left(x-\dfrac{\pi}{2}\right)\cdot\tan x = \lim\limits_{x\to\pi/2}\dfrac{(x-\pi/2)\sin x}{\cos x} = \lim\limits_{x\to\pi/2}\sin x \lim\limits_{x\to\pi/2}\dfrac{x-\pi/2}{\cos x} \overset{\frac{0}{0}}{=} \lim\limits_{x\to\pi/2}\dfrac{1}{-\sin x} = -1$

Lösung 10.2.6

a) $\lim\limits_{x\to 0}\dfrac{x\tan x}{1-\cos x} = \lim\limits_{x\to 0}\dfrac{\tan x + x/\cos^2 x}{\sin x} = \lim\limits_{x\to 0}\dfrac{\sin x\cos x + x}{\sin x\cos^2 x} = \lim\limits_{x\to 0}\dfrac{\cos^2 x - \sin^2 x + 1}{\cos^3 x - 2\sin^2 x\cos x} = 2$

b) $f(-x) = \dfrac{-x\tan(-x)}{1-\cos(-x)} = \dfrac{x\tan x}{1-\cos x} = f(x)$

c) Ansatz für eine gerade Funktion: $f(x) = a_0 + a_2 x^2 + a_4 x^4 + \cdots$

$$\tan x = x + \frac{x^3}{3} + \frac{2x^5}{15} + \frac{17x^7}{315} + \cdots, \quad 1 - \cos x = \frac{x^2}{2!} - \frac{x^4}{4!} + \frac{x^6}{6!} + \cdots \Rightarrow$$

$$1 + \frac{x^2}{3} + \frac{2x^4}{15} + \frac{17x^6}{315} + \cdots = (a_0 + a_2 x^2 + a_4 x^4 + \cdots)\left(\frac{1}{2!} - \frac{x^2}{4!} + \frac{x^4}{6!} + \cdots\right)$$

$$= \frac{a_0}{2!} + \left(\frac{a_2}{2!} - \frac{a_0}{4!}\right)x^2 + \left(\frac{a_4}{2!} - \frac{a_2}{4!} + \frac{a_0}{6!}\right)x^4 + \cdots$$

Über einen Koeffizientenvergleich ergibt sich

$$a_0 = 2, \quad a_2 = \frac{5}{6}, \quad a_4 = \frac{238}{6!} \quad \Rightarrow \quad f(x) = 2 + \frac{5}{6}x^2 + \frac{238}{6!}x^4 + O(x^6).$$

L.10.3 Kurvendiskussion

Lösung 10.3.1 $\qquad f(x) = (x^2 - 1)\,\mathrm{e}^x$

a) Definitionsbereich: $D = \mathbb{R}$

b) Symmetrien: keine

c) Pole: keine

d) Verhalten im Unendlichen und Asymptoten: $\lim\limits_{x\to -\infty}(x^2-1)\mathrm{e}^x = 0$, $\lim\limits_{x\to \infty}(x^2-1)\mathrm{e}^x = \infty$

   Für $x \to -\infty$ ist $y \equiv 0$ Asymptote.

e) Nullstellen: $(x^2-1)\mathrm{e}^x = 0 \Rightarrow x_1 = -1, x_2 = 1$

f) Extrema und Monotonie: $f'(x) = (x^2 + 2x - 1)\mathrm{e}^x = 0 \Rightarrow x_3 = -1 - \sqrt{2}, x_4 = -1 + \sqrt{2}$

$$\Rightarrow f'(x) \begin{cases} > 0 & \text{für } x \in\,]-\infty, x_3[& \Rightarrow f \text{ ist streng monoton wachsend} \\ < 0 & \text{für } x \in\,]x_3, x_4[& \Rightarrow f \text{ ist streng monoton fallend} \\ > 0 & \text{für } x \in\,]x_4, \infty[& \Rightarrow f \text{ ist streng monoton wachsend} \end{cases}$$

Damit ist x_3 strenges lokales Maximum und x_4 strenges lokales (sogar globales) Minimum.

g) Wendepunkte und Konvexität: $f''(x) = (x^2 + 4x + 1)\mathrm{e}^x = 0 \Rightarrow x_5 = -2 - \sqrt{3}, x_6 = -2 + \sqrt{3}$

$$\Rightarrow f''(x) \begin{cases} > 0 & \text{für } x \in\,]-\infty, x_5[& \Rightarrow f \text{ ist streng konvex} \\ < 0 & \text{für } x \in\,]x_5, x_6[& \Rightarrow f \text{ ist streng konkav} \\ > 0 & \text{für } x \in\,]x_6, \infty[& \Rightarrow f \text{ ist streng konvex} \end{cases}$$

Es gibt also die beiden Wendepunkte x_5 (Links-Rechtskurve) und x_6 (Rechts-Linkskurve).

h)

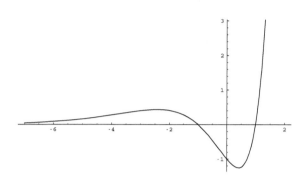

Bild 10.3.1 Funktionsgraph von $f(x) = (x^2 - 1)\,\mathrm{e}^x$

Lösung 10.3.2

$$f(x) = \begin{cases} x + \dfrac{x}{x-2} = \dfrac{x(x-1)}{x-2} = x + 1 + \dfrac{2}{x-2} &: x \geq 0 \\[2mm] x + \dfrac{x}{-x-2} = \dfrac{x(x+1)}{x+2} = x - 1 + \dfrac{2}{x+2} &: x < 0 \end{cases}$$

a) Definitionsbereich: $\mathbb{R}\setminus\{-2, 2\}$

b) Symmetrie: f ist ungerade, denn $\quad f(-x) = -x + \dfrac{-x}{|-x|-2} = -\left(x + \dfrac{x}{|x|-2}\right) = -f(x)$

c) Pol 1. Ordnung bei $x = 2$: $\quad \lim\limits_{x\to 2+} f(x) = \infty, \quad \lim\limits_{x\to 2-} f(x) = -\infty$

Pol 1. Ordnung (vgl. Symmetrie) bei $x = -2$: $\quad \lim\limits_{x\to -2+} f(x) = \infty, \quad \lim\limits_{x\to -2-} f(x) = -\infty$

d) Verhalten im Unendlichen (vgl. Symmetrie): $\quad \lim\limits_{x\to\infty} f(x) = \infty, \quad \lim\limits_{x\to -\infty} f(x) = -\infty$.

Asymptoten (vgl. Symmetrie): $\quad \lim\limits_{x\to\infty}(f(x) - (x+1)) = 0, \quad \lim\limits_{x\to -\infty}(f(x) - (x-1)) = 0$.

Damit ist $y = x + 1$ Asymptote für $x \to \infty$ und $y = x - 1$ Asymptote für $x \to -\infty$.

e) Nullstellen (vgl. Symmetrie):

$$0 = f(x) = \begin{cases} \dfrac{x(x-1)}{x-2} &: x \geq 0 \\[2mm] \dfrac{x(x+1)}{x+2} &: x < 0 \end{cases} \quad \Rightarrow \quad x_1 = 0,\, x_2 = 1,\, x_3 = -1$$

f) Extrema und Monotonie (vgl. Symmetrie):

$$0 = f'(x) = \begin{cases} 1 - \dfrac{2}{(x-2)^2} = \dfrac{(x-2)^2 - 2}{(x-2)^2} &: x > 0 \\[2mm] \dfrac{1}{2} &: x = 0 \\[2mm] 1 - \dfrac{2}{(x+2)^2} = \dfrac{(x+2)^2 - 2}{(x+2)^2} &: x < 0 \end{cases}$$

$\Rightarrow$ $x_{4,5} = 2 \pm \sqrt{2}$, $x_{7,6} = -(2 \pm \sqrt{2}) = -x_{4,5}$

$$\Rightarrow \quad f'(x) \begin{cases} > 0 & \text{für } x \in]-\infty, -2-\sqrt{2}[\\ & \Rightarrow f \text{ ist streng monoton wachsend} \\ < 0 & \text{für } x \in]-2-\sqrt{2}, -2+\sqrt{2}[\setminus\{-2\} \\ & \Rightarrow f \text{ ist streng monoton fallend} \\ > 0 & \text{für } x \in]-2+\sqrt{2}, 2-\sqrt{2}[\\ & \Rightarrow f \text{ ist streng monoton wachsend} \\ < 0 & \text{für } x \in]2-\sqrt{2}, 2+\sqrt{2}[\setminus\{2\} \\ & \Rightarrow f \text{ ist streng monoton fallend} \\ > 0 & \text{für } x \in]2+\sqrt{2}, \infty[\\ & \Rightarrow f \text{ ist streng monoton wachsend} \end{cases}$$

Damit ist

$x_4 = 2 + \sqrt{2}$ strenges lokales Minimum, $x_5 = 2 - \sqrt{2}$ strenges globales Maximum,

$x_6 = -2 + \sqrt{2}$ strenges globales Minimum und $x_7 = -2 - \sqrt{2}$ strenges lokales Maximum.

g) Wendepunkte und Konvexität: $f''(x) = \begin{cases} \dfrac{4}{(x-2)^3} & : \ x > 0 \\ \dfrac{4}{(x+2)^3} & : \ x < 0 \end{cases}$

Es gibt also kein x mit $f''(x) = 0$. Man erhält jedoch

$$f''(x) \begin{cases} < 0 & \text{für } x \in]-\infty, -2[& \Rightarrow f \text{ ist streng konkav} \\ > 0 & \text{für } x \in]-2, 0[& \Rightarrow f \text{ ist streng konvex} \\ < 0 & \text{für } x \in]0, 2[& \Rightarrow f \text{ ist streng konkav} \\ > 0 & \text{für } x \in]2, \infty[& \Rightarrow f \text{ ist streng konvex} \end{cases}$$

Einziger Wendepunkt des Definitonsbereichs ist also $x_1 = 0$ (Links-Rechtskurve).

h)

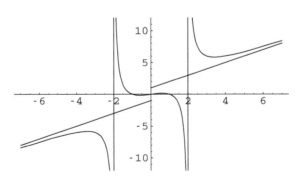

Bild 10.3.2 Funktionsgraph von $f(x) = x + \dfrac{x}{|x|-2}$ mit Asymptoten

Lösung 10.3.3

Auflösen der impliziten Gleichung liefert: $x^{2/3} + y^{2/3} = 1 \Rightarrow y = \pm\sqrt{(1-\sqrt[3]{x^2})^3}$.

Diskutiert wird hier nur der positive Ast, gegeben durch: $f(x) = \sqrt{(1-\sqrt[3]{x^2})^3} = (1-x^{2/3})^{3/2}$.

Der negative Ast, gegeben durch $-f(x)$, geht aus dem positiven durch Spiegelung an der x-Achse hervor.

a) Definitionsbereich: $1 - x^{2/3} \geq 0 \Rightarrow D_f = [-1, 1]$

b) Symmetrie: f ist gerade, denn $f(-x) = \sqrt{(1-\sqrt[3]{(-x)^2})^3} = \sqrt{(1-\sqrt[3]{x^2})^3} = f(x)$

   Für die Ableitungen gilt dann nach der Kettenregel:

   f' ist ungerade, denn $-f'(-x) = f'(x)$ und f'' ist gerade, denn $f''(-x) = f''(x)$

   Die Ableitungsberechnung kann also auf $x \geq 0$ beschränkt werden.

c) Nullstellen: $1 - x^{2/3} = 0 \Rightarrow x = \pm 1$

d) Monotoniebereiche und Extrema: Für $0 < x \leq 1$ gilt

   $f'(x) = -\dfrac{(1-x^{2/3})^{1/2}}{x^{1/3}} \begin{cases} < 0, & 0 < x < 1 \\ = 0, & x = 1 \end{cases}$, streng monoton fallend, globales Minimum

   Da f' ungerade ist erhält man für $-1 \leq x < 0$:

   $f'(x) \begin{cases} = 0, & x = -1 \\ > 0, & -1 < x < 0 \end{cases}$, globales Minimum, streng monoton wachsend

   Damit liegt in $x = 0$ ein globales Maximum vor.

e) Konvexitätsbereiche und Wendepunkte: Für $0 < x < 1$ gilt

   $f''(x) = \dfrac{1}{3}\left(\dfrac{1}{x^{2/3}(1-x^{2/3})^{1/2}} + \dfrac{(1-x^{2/3})^{1/2}}{x^{4/3}} \right) > 0,$

   d.h. f ist für $0 < x < 1$ streng konvex. Da f'' gerade ist, ist f auch für $-1 < x < 0$ konvex. Damit liegt kein Krümmungswechsel vor, also gibt es keine Wendepunkte.

f)

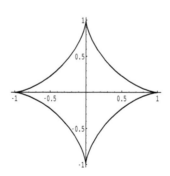

Bild 10.3.3 Asteroide

Lösung 10.3.4

$$f(x) = \frac{x^2+1}{x^2-1} = \frac{x^2+1}{(x+1)(x-1)}$$

a) Definitionsbereich: $D = \mathbb{R}\setminus\{-1, 1\}$

b) Symmetrien: f ist gerade, denn $f(x) = \dfrac{x^2+1}{x^2-1} = \dfrac{(-x)^2+1}{(-x)^2-1} = f(-x)$

c) Pole: $x_1 = -1$ und $x_2 = 1$ sind Pole erster Ordnung

$$\lim_{x \to -1\mp} \frac{x^2+1}{(x+1)(x-1)} = \pm\infty \quad , \quad \lim_{x \to 1\mp} \frac{x^2+1}{(x+1)(x-1)} = \mp\infty$$

d) Verhalten im Unendlichen und Asymptoten: $\lim_{x \to \pm\infty} \frac{x^2+1}{x^2-1} = 1$

Für $x \to \pm\infty$ ist $y \equiv 1$ Asymptote.

e) Nullstellen: keine, da $x^2 + 1 > 0$

f) Extrema und Monotonie: $f'(x) = -\dfrac{4x}{(x^2-1)^2} = 0 \;\Rightarrow\; x_3 = 0$

$$\Rightarrow \quad f'(x) \begin{cases} > 0 & \text{für } x \in\,]-\infty, x_1[& \Rightarrow f \text{ ist streng monoton wachsend} \\ > 0 & \text{für } x \in\,]x_1, x_3[& \Rightarrow f \text{ ist streng monoton wachsend} \\ < 0 & \text{für } x \in\,]x_3, x_2[& \Rightarrow f \text{ ist streng monoton fallend} \\ < 0 & \text{für } x \in\,]x_2, \infty[& \Rightarrow f \text{ ist streng monoton fallend} \end{cases}$$

Damit ist x_3 strenges lokales Maximum.

g) Wendepunkte und Konvexität: $f''(x) = \dfrac{12x^2 + 4}{(x^2-1)^3} \neq 0$

$$\Rightarrow \quad f''(x) \begin{cases} > 0 & \text{für } x \in\,]-\infty, x_1[& \Rightarrow f \text{ ist streng konvex} \\ < 0 & \text{für } x \in\,]x_1, x_2[& \Rightarrow f \text{ ist streng konkav} \\ > 0 & \text{für } x \in\,]x_2, \infty[& \Rightarrow f \text{ ist streng konvex} \end{cases}$$

Es gibt keine Wendepunkte (die Pole x_1 und x_2 sind Definitionslücken).

h)

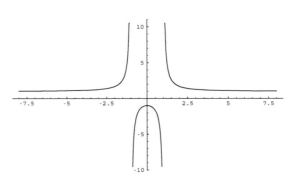

Bild 10.3.4   Funktionsgraph von $f(x) = \dfrac{x^2+1}{x^2-1}$

Lösung 10.3.5 $f(x) = x\sqrt{16 - x^2} = x\sqrt{(4-x)(4+x)}$

a) Definitionsbereich: $D = [-4, 4]$

b) Symmetrien: f ist ungerade, denn $f(x) = x\sqrt{16-x^2} = -(-x)\sqrt{16-(-x)^2} = -f(-x)$

c) Pole: keine

d) Verhalten im Unendlichen und Asymptoten: entfällt

e) Nullstellen: $x\sqrt{16 - x^2} = 0 \;\Rightarrow\; x_1 = -4\,, x_2 = 0\,, x_3 = 4$

f) Extrema und Monotonie: $f'(x) = \dfrac{16-2x^2}{\sqrt{16-x^2}} = 0 \;\Rightarrow\; x_4 = -2\sqrt{2},\; x_5 = 2\sqrt{2}$

$\Rightarrow\; f'(x) \begin{cases} <0 & \text{für } x\in\,]x_1,x_4[\\ >0 & \text{für } x\in\,]x_4,x_5[\\ <0 & \text{für } x\in\,]x_5,x_3[\end{cases} \begin{array}{l}\Rightarrow f \text{ ist streng monoton fallend} \\ \Rightarrow f \text{ ist streng monoton wachsend} \\ \Rightarrow f \text{ ist streng monoton fallend}\end{array}$

Damit ist x_1 strenges lokales Maximum, x_4 strenges globales Minimum, x_5 strenges globales Maximum und x_3 strenges lokales Minimum.

g) Wendepunkte und Konvexität:

$$f''(x) = \frac{2x(x^2-24)}{(16-x^2)^{3/2}} = 0 \;\Rightarrow\; x_6 = 0 \quad \text{(einzige Lösung in } D\text{)}$$

$\Rightarrow\; f''(x) \begin{cases} >0 & \text{für } x\in\,]x_1,x_6[\\ <0 & \text{für } x\in\,]x_6,x_3[\end{cases} \begin{array}{l}\Rightarrow f \text{ ist streng konvex} \\ \Rightarrow f \text{ ist streng konkav}\end{array}$

Es gibt den Wendepunkt x_6 (Links-Rechtskurve).

h)

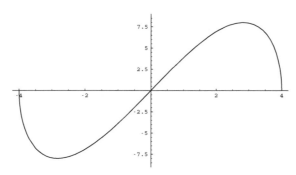

Bild 10.3.5 Funktionsgraph von $f(x) = x\sqrt{16-x^2}$

Lösung 10.3.6 $\quad f(x) = x^2 - 2|x| + 1 = \begin{cases} (x-1)^2 & \text{für } x \geq 0 \\ (x+1)^2 & \text{für } x \leq 0 \end{cases}$

a) Definitionsbereich: $D = \mathbb{R}$

b) Symmetrien: f ist gerade, denn

$$f(x) = x^2 - 2|x| + 1 = (-x)^2 - 2|-x| + 1 = f(-x)$$

c) Pole: keine

d) Verhalten im Unendlichen und Asymptoten: $\displaystyle\lim_{x\to\pm\infty} x^2 - 2|x| + 1 = \infty$

e) Nullstellen: $x^2 - 2|x| + 1 = 0 \;\Rightarrow\; x_1 = -1,\, x_2 = 1$

f) Extrema und Monotonie:

$$f'(x) = \begin{cases} 2x-2 & \text{für } x>0 \\ 2x+2 & \text{für } x<0 \end{cases} = 0 \;\Rightarrow\; x_1 = -1,\, x_2 = 1$$

$\Rightarrow\; f'(x) \begin{cases} <0 & \text{für } x\in\,]-\infty,x_1[\\ >0 & \text{für } x\in\,]x_1,0[\\ <0 & \text{für } x\in\,]0,x_2[\\ >0 & \text{für } x\in\,]x_2,\infty[\end{cases} \begin{array}{l}\Rightarrow f \text{ ist streng monoton fallend} \\ \Rightarrow f \text{ ist streng monoton wachsend} \\ \Rightarrow f \text{ ist streng monoton fallend} \\ \Rightarrow f \text{ ist streng monoton wachsend}\end{array}$

Damit sind x_1, x_2 strenge globale Minima und $x_3 = 0$ ist strenges lokales Maximum.

g) Wendepunkte und Konvexität: $f''(x) = 2 > 0$ (für $x \neq 0$)

$\Rightarrow$ f ist streng konvex und es gibt keine Wendepunkte.

h)

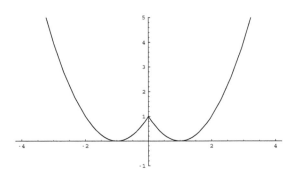

Bild 10.3.6 Funktionsgraph von $f(x) = x^2 - 2|x| + 1$

Lösung 10.3.7
$$f(x) = \frac{7x+5}{x^2+4x+3} = \frac{7x+5}{(x+3)(x+1)}$$

a) Definitionsbereich: $D = \mathbb{R}\setminus\{-3,-1\}$

b) Symmetrien: keine

c) Pole: $x_1 = -3$ und $x_2 = -1$ sind Pole erster Ordnung

$$\lim_{x \to -3\mp} \frac{7x+5}{(x+3)(x+1)} = \mp\infty \quad , \quad \lim_{x \to -1\mp} \frac{7x+5}{(x+3)(x+1)} = \pm\infty$$

d) Verhalten im Unendlichen und Asymptoten: $\displaystyle\lim_{x \to \pm\infty} \frac{7x+5}{x^2+4x+3} = 0$

Für $x \to \pm\infty$ ist $y \equiv 0$ Asymptote.

e) Nullstellen: $\dfrac{7x+5}{x^2+4x+3} = 0 \quad \Rightarrow \quad 7x+5 = 0 \quad \Rightarrow \quad x_3 = -\dfrac{5}{7}$

f) Extrema und Monotonie:

$$f'(x) = \frac{-7x^2 - 10x + 1}{(x+3)^2(x+1)^2} = 0 \quad \Rightarrow \quad x_4 = -\frac{5}{7} - \frac{4\sqrt{2}}{7}, \ x_5 = -\frac{5}{7} + \frac{4\sqrt{2}}{7}$$

$\Rightarrow f'(x) \begin{cases} < 0 & \text{für } x \in\,]-\infty, x_1[& \Rightarrow f \text{ ist streng monoton fallend} \\ < 0 & \text{für } x \in\,]x_1, x_4[& \Rightarrow f \text{ ist streng monoton fallend} \\ > 0 & \text{für } x \in\,]x_4, x_2[& \Rightarrow f \text{ ist streng monoton wachsend} \\ > 0 & \text{für } x \in\,]x_2, x_5[& \Rightarrow f \text{ ist streng monoton wachsend} \\ < 0 & \text{für } x \in\,]x_5, \infty[& \Rightarrow f \text{ ist streng monoton fallend} \end{cases}$

Damit ist x_4 strenges lokales Minimum und x_5 strenges lokales Maximum.

g) Wendepunkte und Konvexität:

$$f''(x) = \frac{14x^3 + 30x^2 - 6x - 38}{(x+3)^3(x+1)^3} = 0 \quad \Rightarrow \quad x_6 = 1 \quad \text{(einzige reelle Lösung)}$$

$\Rightarrow f''(x) \begin{cases} < 0 & \text{für } x \in\,]-\infty, x_1[& \Rightarrow f \text{ ist streng konkav} \\ > 0 & \text{für } x \in\,]x_1, x_2[& \Rightarrow f \text{ ist streng konvex} \\ < 0 & \text{für } x \in\,]x_2, x_6[& \Rightarrow f \text{ ist streng konkav} \\ > 0 & \text{für } x \in\,]x_6, \infty[& \Rightarrow f \text{ ist streng konvex} \end{cases}$

Es gibt nur einen Wendepunkt x_6 (Rechts-Linkskurve, die Pole x_1 und x_2 sind Definitionslücken).

h)

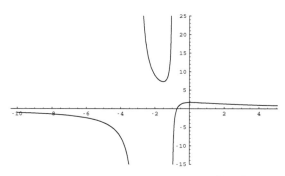

Bild 10.3.7 Funktionsgraph von $f(x) = \dfrac{7x+5}{x^2+4x+3}$

Lösung 10.3.8
$$f(x) = \ln(3x^2 + 2x + 1) = \ln\left(3\left(x+\frac{1}{3}\right)^2 + \frac{2}{3}\right)$$

a) Definitionsbereich: $D = \mathbb{R}$

b) Symmetrien: Die verschobene Funktion $g(x) := f\left(x - \dfrac{1}{3}\right)$ ist gerade, denn

$$g(x) = f\left(x - \frac{1}{3}\right) = \ln\left(3x^2 + \frac{2}{3}\right) = \ln\left(3(-x)^2 + \frac{2}{3}\right) = g(-x)$$

c) Pole: keine

d) Verhalten im Unendlichen und Asymptoten: $\lim\limits_{x \to \pm\infty} \ln(3x^2 + 2x + 1) = \infty$

e) Nullstellen:
$$\ln(3x^2 + 2x + 1) = 0 \quad \Rightarrow \quad 3x^2 + 2x = 0 \quad \Rightarrow \quad x_1 = -\frac{2}{3},\ x_2 = 0$$

f) Extrema und Monotonie: $f'(x) = \dfrac{6x+2}{3x^2+2x+1} = 0 \quad \Rightarrow \quad x_3 = -\dfrac{1}{3}$

$$\Rightarrow \quad f'(x) \begin{cases} < 0 & \text{für } x \in\,]-\infty, x_3[\\ > 0 & \text{für } x \in\,]x_3, \infty[\end{cases} \begin{array}{l} \Rightarrow f \text{ ist streng monoton fallend} \\ \Rightarrow f \text{ ist streng monoton wachsend} \end{array}$$

Damit ist x_3 strenges globales Minimum.

g) Wendepunkte und Konvexität:

$$f''(x) = \frac{-18((x+1/3)^2 - 2/9)}{(3x^2+2x+1)^2} = 0 \quad \Rightarrow \quad x_4 = -\frac{1}{3} - \frac{\sqrt{2}}{3},\ x_5 = -\frac{1}{3} + \frac{\sqrt{2}}{3}$$

$$\Rightarrow \quad f''(x) \begin{cases} < 0 & \text{für } x \in\,]-\infty, x_4[\\ > 0 & \text{für } x \in\,]x_4, x_5[\\ < 0 & \text{für } x \in\,]x_5, \infty[\end{cases} \begin{array}{l} \Rightarrow f \text{ ist streng konkav} \\ \Rightarrow f \text{ ist streng konvex} \\ \Rightarrow f \text{ ist streng konkav} \end{array}$$

Es gibt also die beiden Wendepunkte x_4 (Rechts-Linkskurve) und x_5 (Links-Rechtskurve).

h)

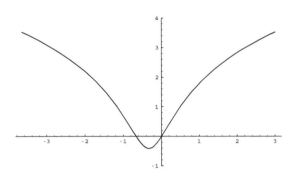

Bild 10.3.8 Funktionsgraph von $f(x) = \ln(3x^2 + 2x + 1)$

Lösung 10.3.9

a) Auf Grund des Nenners und der Logarithmusfunktion muss für den Definitionsbereich $x \neq 0$ und $1 + x > 0$ gefordert werden. Man erhält $D =]-1, \infty[\ \backslash \{0\}$.

b) $\lim\limits_{x \to 0} f(x) = \lim\limits_{x \to 0} \dfrac{3x^2 + x - \sin x}{x^2 + (\ln(1+x))^2} \stackrel{\frac{0}{0}}{=} \lim\limits_{x \to 0} \dfrac{6x + 1 - \cos x}{2x + 2\frac{\ln(1+x)}{1+x}}$

$= \lim\limits_{x \to 0} \dfrac{(1+x)(6x + 1 - \cos x)}{2x(1+x) + 2\ln(1+x)} \stackrel{\frac{0}{0}}{=} \lim\limits_{x \to 0} \dfrac{6x + 1 - \cos x + (1+x)(6 + \sin x)}{2 + 4x + \frac{2}{1+x}} = \dfrac{3}{2}$

c) $\lim\limits_{x \to \infty} f(x) = \lim\limits_{x \to \infty} \dfrac{3x^2 + x - \sin x}{x^2 + (\ln(1+x))^2} \stackrel{\frac{\infty}{\infty}}{=} \lim\limits_{x \to \infty} \dfrac{6x + 1 - \cos x}{2x + 2\frac{\ln(1+x)}{1+x}} = \lim\limits_{x \to \infty} \dfrac{6 + \frac{1}{x} - \frac{\cos x}{x}}{2 + 2\frac{\ln(1+x)}{x(1+x)}} = 3$,

da $\lim\limits_{x \to \infty} \dfrac{\cos x}{x} = 0$ und $\lim\limits_{x \to \infty} \dfrac{\ln(1+x)}{x(1+x)} \stackrel{\frac{\infty}{\infty}}{=} \lim\limits_{x \to \infty} \dfrac{\frac{1}{1+x}}{1 + 2x} = 0$

Damit ist $y \equiv 3$ Asymptote zu f mit $x \to \infty$.

Lösung 10.3.10

a) $D = \mathbb{R}\backslash\{-3\}$

b) f besitzt keine Nullstellen, da die e-Funktion im Reellen positiv ist.

c) $\lim\limits_{x \to -3+} f(x) = \lim\limits_{x \to -3+} e^{(-x - 4/(x+3))} = 0$, $\lim\limits_{x \to -3-} f(x) = \lim\limits_{x \to -3-} e^{(-x - 4/(x+3))} = \infty$.

d) $\lim\limits_{x \to \infty} f(x) = \lim\limits_{x \to \infty} e^{(-x - 4/(x+3))} = 0$, $\lim\limits_{x \to -\infty} f(x) = \lim\limits_{x \to -\infty} e^{(-x - 4/(x+3))} = \infty$

e) $f'(x) = \left(-1 + \dfrac{4}{(x+3)^2}\right) e^{(-x - 4/(x+3))} = -\dfrac{(x+1)(x+5)}{(x+3)^2} e^{(-x - 4/(x+3))} \Rightarrow$

$f'(x) \begin{cases} < 0 & , x < -5 \\ = 0 & , x = -5 \\ > 0 & , -5 < x < -3 \quad \text{streng monoton wachsend} \\ > 0 & , -3 < x < -1 \quad \text{streng monoton wachsend} \\ = 0 & , x = -1 \\ < 0 & , -1 < x \quad \text{streng monoton fallend} \end{cases}$ streng monoton fallend

f) Auf Grund des Monotonieverhaltens liegt in $x = -5$ ein lokales Minimum und in $x = -1$ ein lokales Maximum vor.

g) $T_1(x; 1) = f(1) + f'(1)(x - 1) = e^{-2} - \dfrac{3e^{-2}}{4}(x - 1)$

L.10.4 Fehlerrechnung

Lösung 10.4.1

a) Die Vorwärtsrekursion lässt sich mittels partieller Integration herleiten:

$$I_n = \int_1^2 (\ln x)^n dx = x(\ln x)^n\big|_1^2 - \int_1^2 xn(\ln x)^{n-1}\frac{1}{x}dx = 2(\ln 2)^n - nI_{n-1} \quad (R) \ .$$

Mit dem Startwert $I_1 \doteq 0.3863$ berechnen sich folgende Werte über die Vorwärtsrekursion:

n	1	2	3	4	5	6	7
$I_n \doteq$	0.3863	0.1883	0.1011	0.0571	0.0343	0.0161	0.0408

Wegen

$$|I_n| = \left|\int_1^2 (\ln x)^n dx\right| \leq \int_1^2 |\ln x|^n dx \leq |\ln 2|^n \stackrel{n\to\infty}{\longrightarrow} 0$$

erwartet man, dass die I_n eine monoton fallende Nullfolge bilden. Dem entspricht $I_6 < I_7$ aus der Vorwärtsrekursion nicht. Eine Erklärung wird im Folgenden durch die schlechte Kondition der Vorwärtsrekursion und die damit verbundene Fehlerfortpflanzung geliefert.

b) Mit $(\tilde{I}_k)_{k\in\mathbb{N}}$ werde die Folge bezeichnet, die sich aus (R) mit Startwert $\tilde{I}_1$ ergibt.
Für $\Delta I_k := \tilde{I}_k - I_k$ erhält man die Fehlerfortpflanzung:

$$\Delta I_n = \tilde{I}_n - I_n = 2(\ln 2)^n - n\tilde{I}_{n-1} - 2(\ln 2)^n + nI_{n-1} = -n\Delta I_{n-1} = \cdots = (-1)^{n-1}n!\Delta I_1 \ ,$$

d.h., der Eingangsfehler ΔI_1 wird mit dem Faktor $n!$ verstärkt.

$$\Rightarrow \quad \Delta I_7 = (-1)^6 \cdot 7!(0.3863 - (2\ln 2 - 1)) \doteq 0.0284 \quad \Rightarrow \quad \left|\frac{\Delta I_7}{I_7}\right| \cdot \frac{100}{100} \doteq \frac{2.84}{0.0123621}\% = 230\%$$

c) $I_{n+1} = 2(\ln 2)^{n+1} - (n+1)I_n \quad \Rightarrow \quad I_n = \dfrac{2(\ln 2)^{n+1} - I_{n+1}}{n+1}$ \hfill (R')

Mit $(\hat{I}_i)_{i=n,\cdots,n+k}$ werden die Werte bezeichnet, die sich aus (R') mit Startwert $\hat{I}_{n+k} = 0$ ergeben. Man erhält für $\Delta I_i := \hat{I}_i - I_i$ die Fehlerrekursion:

$$\Delta I_n = \hat{I}_n - I_n = \frac{2(\ln 2)^{n+1} - \hat{I}_{n+1}}{n+1} - \frac{2(\ln 2)^{n+1} - I_{n+1}}{n+1}$$

$$= -\frac{\Delta I_{n+1}}{n+1} = \cdots = (-1)^k \frac{\Delta I_{n+k}}{(n+1)\cdots(n+k)} = (-1)^{k+1}\frac{I_{n+k}}{(n+1)\cdots(n+k)} \ ,$$

d.h., der Eingangsfehler $\Delta I_{n+k} = -I_{n+k}$ wird mit dem Faktor $\dfrac{1}{(n+1)\cdots(n+k)}$ gedämpft. Da die Folgenglieder I_n monoton fallen, erhält man

$$\left|\frac{\Delta I_7}{I_7}\right| = \frac{|I_{7+k}|}{|I_7|} \cdot \frac{1}{8\cdot 9\cdots(7+k)} < \frac{1}{1000} \quad \Rightarrow \quad k \geq 4 \ .$$

Tatsächlich reicht schon $k = 3$ aus, wie sich aus der folgenden Tabelle ergibt.

n	11	10	9	8	7	rel. Fehler
$I_n \doteq$	0	0.00323	0.00480	0.00767	0.0123619	0.0016%
	–	0	0.00512	0.00764	0.0123664	0.0348%
	–	–	0	0.00821	0.0122953	0.5404%

L.10.5 Fixpunkt-Iterationen

Lösung 10.5.1

a) $f(x) = 3(x - \ln x) - \dfrac{13}{4}$, $\quad f'(x) = 3(1 - \dfrac{1}{x})$, $\quad f''(x) = \dfrac{3}{x^2}$

Da f'' keine Nullstelle besitzt, hat f' nach dem Satz von Rolle höchstens eine Nullstelle und wiederum nach dem Satz von Rolle hat f höchstens zwei Nullstellen. Aus

$$f(0.5) = 0.329\cdots > 0, \quad f(1) = -0.25 < 0, \quad f(1.4) = -0.059\cdots < 0, \quad f(1.5) = 0.033\cdots > 0$$

ergeben sich nach dem Zwischenwertsatz zwei Nullstellen, und zwar in den Intervallen $[0.5, 1]$ und $[1.4, 1.5]$.

b) (i) Erste Nullstelle im abgeschlossenen Intervall $D_1 := [0.5, 1]$:

$$0 = 3(x - \ln x) - \frac{13}{4} \quad \Rightarrow \quad x = \exp\left(x - \frac{13}{12}\right) =: \Phi_1(x)$$

Die Verfahrensfunktion für die Fixpunktiteration Φ_1 ist streng monoton wachsend, denn $\Phi_1'(x) = \Phi_1(x) > 0$. Damit wird das Minimum von Φ_1 auf D_1 am unteren und das Maximum am oberen Intervallende angenommen, es gilt also

$$\Phi_1(D_1) = [\Phi_1(0.5), \Phi_1(1)] = [0.588, 0.92] \subset D_1 ,$$

d.h., Φ_1 ist eine Selbstabbildung auf D_1.

Φ_1 ist auf D_1 kontrahierend, denn die Lipschitz-Konstante L_1 ist wählbar als

$$L_1 := \sup_{x \in D_1} |\Phi_1'(x)| = \Phi_1'(1) = 0.92\cdots < 1 .$$

Damit konvergiert die Fixpunktiteration $x_{k+1} = \Phi_1(x_k)$ für alle Startwerte $x_0 \in D_1$ gegen den Fixpunkt $x^* \in D_1$, und es gelten die Fehlerabschätzungen unter c).

$\begin{array}{lll}
x_0 = 0.75 & x_4 = 0.665951721 & x_8 = 0.648979188 \\
x_1 = 0.71653131 & x_5 = 0.658769477 & x_9 = 0.647682841 \\
x_2 = 0.69294682 & x_6 = 0.654054984 & x_{10} = 0.646843763 \\
x_3 = 0.67679523 & x_7 = 0.650978704 &
\end{array}$

(ii) Zweite Nullstelle im abgeschlossenen Intervall $D_2 := [1.4, 1.5]$:

$$0 = 3(x - \ln x) - \frac{13}{4} \quad \Rightarrow \quad x = \ln x + \frac{13}{12} =: \Phi_2(x)$$

Die Verfahrensfunktion für die Fixpunktiteration Φ_2 ist streng monoton wachsend in D_2, denn $\Phi_2'(x) = \dfrac{1}{x} > 0$ für $x \in [1.4, 1.5]$. Damit wird das Minimum von Φ_2 auf D_2 am unteren und das Maximum am oberen Intervallende angenommen, es gilt also

$$\Phi_2(D_2) = [\Phi_2(1.4), \Phi_2(1.5)] = [1.42, 1.49] \subset D_2 \quad ,$$

d.h., Φ_2 ist eine Selbstabbildung auf D_2.

Φ_2 ist auf D_2 kontrahierend, denn die Lipschitz-Konstante L_2 ist wählbar als

$$L_2 := \sup_{x \in D_2} |\Phi_2'(x)| = \Phi_2'(1.4) = 0.7143\cdots < 1 \quad .$$

Damit konvergiert die Fixpunktiteration $x_{k+1} = \Phi_2(x_k)$ für alle Startwerte $x_0 \in D_2$ gegen den Fixpunkt $x^* \in D_2$, und es gelten die Fehlerabschätzungen unter c).

$\begin{array}{lll}
x_0 = 1.45 & x_4 = 1.462169014 & x_8 = 1.464849400 \\
x_1 = 1.45489689 & x_5 = 1.463254293 & x_9 = 1.465085772 \\
x_2 = 1.45826836 & x_6 = 1.463996256 & x_{10} = 1.465247122 \\
x_3 = 1.46058301 & x_7 = 1.464503191 &
\end{array}$

c) (i) A-priori-Fehlerabschätzung:
$$|x_{10} - x^*| \leq \frac{L_1^{10}}{1-L_1}|x_1 - x_0| = 5.4355 \cdot |x_1 - x_0| = 0.18192$$

A-posteriori-Fehlerabschätzung:
$$|x_{10} - x^*| \leq \frac{L_1}{1-L_1}|x_{10} - x_9| = 11.50695 \cdot |x_{10} - x_9| = 0.0096553$$

(ii) A-priori-Fehlerabschätzung:
$$|x_{10} - x^*| \leq \frac{L_2^{10}}{1-L_2}|x_1 - x_0| = 0.121 \cdot |x_1 - x_0| = 0.00059253$$

A-posteriori-Fehlerabschätzung:
$$|x_{10} - x^*| \leq \frac{L_2}{1-L_2}|x_{10} - x_9| = 2.5 \cdot |x_{10} - x_9| = 0.00040338$$

Lösung 10.5.2

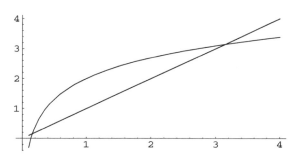

Bild 10.5.2 Fixpunkte von $\Phi(x) = \ln x + 2$ mit $\Phi'(x) = \frac{1}{x}$

a) Nach Bild 10.5.2 gibt es zwei Fixpunkte.

Für das gegebene Φ ist der kleinere Fixpunkt bei $x^{**} \approx 0.15$ abstoßend, da dort $\Phi'(x^{**}) > 1$ gilt.
Der Größere bei $x^* \approx 3$ ist anziehend, wegen $0 < \Phi'(x^*) < 1$.
Das Fixpunktverfahren $x_{n+1} = \Phi(x_n)$ kann also nur gegen x^* konvergieren.

Zum Startwert:

Wählt man $x_0 = 2$, so liegt man unterhalb des Fixpunktes x^*.

Aufgrund der Anschauung $(0 < \Phi'(x^*) < 1)$ erwarten wir eine monoton wachsende Fixpunktfolge.

Zur Lipschitz-Konstanten:

Im Intervall $[2, \infty[$ ist Φ kontrahierend mit $\quad L = \max_{x \in [2,\infty[} |\Phi'(x)| = \max_{x \in [2,\infty[} \frac{1}{x} = \frac{1}{2}$.

Zum abgeschlossenen Iterationsintervall:

Nach Bild 10.5.2 liegt x^* im abgeschlossenen Intervall $D := [2, 4]$.

Es ist zu prüfen, ob Φ auf D eine Selbstabbildung ist, d.h., ob $\Phi(D) \subset D$ gilt. Da Φ monoton wächst, gilt

$$\Phi(D) = [\min_{x \in D} \Phi(x), \max_{x \in D} \Phi(x)] = [\Phi(2), \Phi(4)] = [2.693, 3.386] \subset [2, 4].$$

Damit sind alle Voraussetzungen des Fixpunktsatzes erfüllt und das Fixpunktverfahren konvergiert für jeden Startwert aus $D = [2, 4]$, also insbesondere für $x_0 = 2$.

Zur Anzahl der Iterationen:

Aus der A-priori-Fehlerabschätzung kann man bei gegebenem absoluten Fehler von $\varepsilon := 10^{-3}$ die Anzahl der erforderlichen Iterationsschritte ermitteln:

$$|x^* - x_n| \leq \frac{L^n}{1-L}|x_1 - x_0| \stackrel{!}{\leq} \varepsilon \quad \Rightarrow \quad n \geq \frac{\ln(\varepsilon(1-L)/|x_1-x_0|)}{\ln L} = 10.437$$

Fixpunktfolge:
$$\begin{array}{rcl}
x_0 & = & 2 \\
x_1 & = & 2.693147181 \\
x_2 & = & 2.990710465 \\
x_3 & = & 3.095510973 \\
x_4 & = & 3.129952989 \\
x_5 & = & 3.141017985 \\
x_6 & = & 3.144546946 \\
x_7 & = & 3.145669825 \\
x_8 & = & 3.146026848 \\
x_9 & = & 3.146140339 \\
x_{10} & = & 3.146176412 \\
x_{11} & = & 3.146187878
\end{array}$$

A-posteriori-Fehlerabschätzung: $|x^* - x_{11}| \leq \frac{L}{1-L}|x_{11} - x_{10}| = |x_{11} - x_{10}| = 1.15 \cdot 10^{-5}$.

Tatsächlich (s.u.) gilt $|x^* - x_{11}| = 5.3 \cdot 10^{-6}$.

Zur Kugelbedingung:

Anstelle der Selbstabbildung eines zugrundeliegenden abgeschlossenen Intervalls D kann auch die Kugelbedingung überprüft werden.

Wählt man $y_0 := x_1$ aus der Iterationsfolge als Kugelmittelpunkt, so erhält man:

$$|\Phi(y_0) - y_0| = |\Phi(x_1) - \Phi(x_0)| \leq L|x_1 - x_0| =: r(1-L),$$

mit $L = 1/2$ also $r = \frac{L|x_1 - x_0|}{1-L} = |x_1 - x_0|$. Die abgeschlossene Kugel um y_0 lautet daher

$$K_r(y_0) = [x_1 - r, x_1 + r] = [2, 3.3862944].$$

Nachträglich rechtfertigt sich so die Wahl von $L = 1/2$ (gilt für $[2, \infty[$) und die Kugelbedingung ist per Konstruktion erfüllt. Damit ist Φ in $K_r(y_0)$ eine kontrahierende Selbstabbildung und das Fixpunktverfahren konvergiert für jeden Startwert aus $K_r(y_0)$, insbesondere $x_0 = 2$.

b) Umformulierung des Fixpunktproblems aus a) in ein Nullstellenproblem:

$$x = \ln x + 2 \quad \Leftrightarrow \quad 0 = \ln x + 2 - x =: f(x)$$

Newton-Verfahren:

$$x_{n+1} = x_n - \frac{f(x)}{f'(x)} = x_n - \frac{\ln x_n + 2 - x_n}{1/x_n - 1}$$

Newton-Folge:
$$\begin{array}{rcl}
x_0 & = & 2 \\
x_1 & = & 3.386294361 \\
x_2 & = & 3.149938394 \\
x_3 & = & 3.146194257 \\
x_4 & = & 3.146193221 \\
x_5 & = & 3.146193221
\end{array}$$

Wegen $f(3.146193221) = 4.2 \cdot 10^{-10} > 0 > -9.4 \cdot 10^{-10} = f(3.146193222)$ lautet die ersten Ziffern der Nullstelle nach dem Zwischenwertsatz (absoluter Fehler $< 10^{-9}$)

$$x^* = 3.146193221\ldots$$

Lösung 10.5.3

$$f(x) = \cos x - 2x \quad , \quad f'(x) = -\sin x - 2$$

a) Da f' keine Nullstelle besitzt, hat f nach dem Satz von Rolle höchstens eine Nullstelle.
Aus $f(0) = 1 > 0$ und $f\left(\frac{\pi}{2}\right) = -\pi < 0$ ergibt sich nach dem Zwischenwertsatz (mindestens) eine Nullstelle im Intervall $D := \left[0, \frac{\pi}{2}\right]$.
Insgesamt besitzt f also genau eine Nullstelle in D.

b)
$$0 = \cos x - 2x \quad \Rightarrow \quad x = \frac{1}{2}\cos x =: \Phi(x)$$

Die Verfahrensfunktion für die Fixpunktiteration Φ ist monoton fallend in D, denn $\Phi'(x) = -\frac{1}{2}\sin x < 0$ in D. Damit ist Φ maximal am unteren und minimal am oberen Intervallende von D, es gilt also

$$\Phi(D) = \left[\Phi\left(\frac{\pi}{2}\right), \Phi(0)\right] = \left[0, \frac{1}{2}\right] \subset D \quad ,$$

d.h., Φ ist eine Selbstabbildung auf D.

Φ ist auf D kontrahierend, denn die Lipschitz-Konstante L ist wählbar als

$$L := \sup_{x \in D} |\Phi'(x)| = \frac{1}{2} < 1 \quad .$$

Damit konvergiert die Fixpunktiteration $x_{k+1} = \Phi(x_k)$ für alle Startwerte $x_0 \in D$ gegen den Fixpunkt $x^* \in D$, und es gelten die Fehlerabschätzungen unter c).

$$\frac{\pi}{4} = x_0 = 0.78539816 \,, \quad x_1 = 0.35355339 \,, \quad x_2 = 0.46907417 \,,$$
$$x_3 = 0.44599360 \,, \quad x_4 = 0.45109126 \,, \quad x_5 = 0.44998595 \,.$$

c) A-priori-Fehlerabschätzung:

$$|x_5 - x^*| \leq \frac{L^5}{1-L}|x_1 - x_0| = \left(\frac{1}{2}\right)^4 \cdot 0.43184477 = 0.02699$$

A-posteriori-Fehlerabschätzung:

$$|x_5 - x^*| \leq \frac{L}{1-L}|x_5 - x_4| = 0.00111$$

Lösung 10.5.4

a) $D = [1.5, 2.5]$ ist abgeschlossen.
Nach der Zeichnung gibt es einen Fixpunkt $x^* \in D$ und dieser ist anziehend für die Fixpunktiteration $x_{n+1} = g(x_n)$.
Deshalb wird g als Verfahrensfunktion gewählt:
$g'(x) = 3(x-2)^2 \geq 0 \quad \Rightarrow \quad g$ ist monoton wachsend
$L := \max_{x \in D}|g'(x)| = 3 \cdot (0.5)^2 = \frac{3}{4} < 1 \quad \Rightarrow \quad g$ ist kontrahierend in D
Da g monoton wächst, gilt:
$g(D) = [g(1.5), g(2.5)] = [-\frac{1}{8} + 2.1, \frac{1}{8} + 2.1] = [1.975, 2.225] \subset D \quad \Rightarrow \quad g$ bildet D in sich ab.
Damit sind alle Voraussetzungen des Fixpunktsatzes erfüllt und es gibt genau einen Fixpunkt $x^* \in D$.

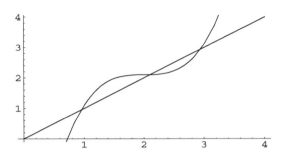

Bild 10.5.4 $x, g(x)$

b) $x_1 = g(x_0) = (2-2)^3 + 2.1 = 2.1 \Rightarrow x_2 = g(x_1) = (2.1-2)^3 + 2.1 = 0.001 + 2.1 = 2.101$

A-priori-Fehlerabschätzung: $|x_2 - x^*| \leq \dfrac{L^2}{1-L}|x_1 - x_0| = \dfrac{\left(\frac{3}{4}\right)^2}{1-\frac{3}{4}} \cdot \dfrac{1}{10} = \dfrac{9}{40}$

A-posteriori-Fehlerabschätzung: $|x_2 - x^*| \leq \dfrac{L}{1-L}|x_2 - x_1| = \dfrac{\frac{3}{4}}{1-\frac{3}{4}} \cdot \dfrac{1}{1000} = \dfrac{3}{1000}$

Lösung 10.5.5

a) Verfahrensfunktion $\Phi(x) = x^{1/5} + \dfrac{1}{2} \Rightarrow \Phi'(x) = \dfrac{1}{5x^{4/5}}$.

Das Intervall $D = [1, 2]$ ist abgeschlossen.

Selbstabbildung: $\Phi(D) = [\Phi(1), \Phi(2)] = [1.5, 2^{1/5} + 1/2] \subset D$,
da Φ in D monoton wächst und $2^{1/5} + 0.5 < \sqrt{2} + 0.5 < 1.5 + 0.5 = 2$

Kontraktion: Die Lipschitz-Konstante ergibt sich durch (vgl. 10.5.7 Lehrbuch):

$$L := \max_{x \in D} |\Phi'(x)| = \max_{x \in [1,2]} \left|\dfrac{1}{5x^{4/5}}\right| = \dfrac{1}{5} < 1$$

Damit sind die Voraussetzungen des Banachschen Fixpunktsatzes erfüllt und es gibt genau einen Fixpunkt in D.

b) $x_0 = 1 \Rightarrow x_1 = x_0^{1/5} + \frac{1}{2} = 1 + 0.5 = 1.5$

Da $x_0 \in D$ gilt, kann nach a) die Fehlerabschätzung angewendet werden:

$$|x_1 - x^*| \leq \dfrac{L}{1-L}|x_1 - x_0| = \dfrac{1/5}{1-1/5}|1.5 - 1| = \dfrac{1}{8}.$$

Lösung 10.5.6

Das nichtlineare Gleichungssystem kann in ein äquivalentes Fixpunktproblem übergeführt werden:

$$\begin{array}{rcl} 100x - \sin(xy) + z^3 &=& 1 \\ e^{xz^2} - 200y &=& -2 \\ \dfrac{1}{300}\sqrt{(x^2+y^2)^3} - z &=& 0 \end{array} \Leftrightarrow \begin{pmatrix} x \\ y \\ z \end{pmatrix} = \begin{pmatrix} \dfrac{1}{100}(\sin(xy) - z^3 + 1) \\ \dfrac{1}{200}(e^{xz^2} + 2) \\ \dfrac{1}{300}\sqrt{(x^2+y^2)^3} \end{pmatrix} =: \mathbf{\Phi}(x,y,z)$$

Für $\mathbf{\Phi} = (\Phi_1, \Phi_2, \Phi_3)^T$ und die abgeschlossene Menge $D = \{\mathbf{x} \in \mathbb{R}^3 \mid \|\mathbf{x}\|_\infty \leq 1\}$ werden jetzt die Voraussetzungen des Banachschen Fixpunktsatzes überprüft.

Da $\mathbf{x} \in D \Leftrightarrow \max\{|x|, |y|, |z|\} \leq 1$ folgt:

$$|\Phi_1(x,y,z)| = \left|\dfrac{1}{100}(\sin(xy) - z^3 + 1)\right| \leq \dfrac{1}{100}(|\sin(xy)| + |z|^3 + 1) \leq \dfrac{3}{100} = 0.03 < 1$$

$$|\Phi_2(x,y,z)| = \left|\frac{1}{200}(e^{xz^2}+2)\right| \leq \frac{e+2}{200} \leq 0.0236 < 1$$

$$|\Phi_3(x,y,z)| = \left|\frac{1}{300}\sqrt{(x^2+y^2)^3}\right| \leq \frac{2^{3/2}}{300} \leq 0.00943 < 1$$

Man erhält $\max_{\mathbf{x}\in D}\|\mathbf{\Phi}(x)\|_\infty \leq 0.03 < 1$ also $\mathbf{\Phi}(D) \subset D$, d.h., $\mathbf{\Phi}$ bildet die Menge D in sich ab.

$$\mathbf{J\Phi(x)} = \frac{1}{100}\begin{pmatrix} y\sin(xy) & x\sin(xy) & -3z^2 \\ \frac{z^2}{2}e^{xz^2} & 0 & xye^{xz^2} \\ x\sqrt{x^2+y^2} & y\sqrt{x^2+y^2} & 0 \end{pmatrix}$$

Nach dem Mittelwertsatz (vgl. Aufgabe 17.3.1 und Bemerkung 17.3.6 im Lehrbuch) gilt

$$\|\mathbf{\Phi(y)} - \mathbf{\Phi(z)}\|_\infty \leq \max_{\mathbf{x}\in D}\|\mathbf{J\Phi(x)}\|_\infty \cdot \|\mathbf{y}-\mathbf{z}\|_\infty \ .$$

Gibt es nun ein L mit $\max_{\mathbf{x}\in D}\|\mathbf{J\Phi(x)}\|_\infty \leq L < 1$, so ist $\mathbf{\Phi}$ auf D kontrahierend. Dies ist der Fall, denn für $\mathbf{x} \in D$ erhält man:

$$\frac{1}{100}(|y\sin(xy)| + |x\sin(xy)| + 3z^2) \leq \frac{5}{100} = 0.05 =: L \ ,$$

$$\frac{1}{100}\left(\frac{z^2}{2}e^{xz^2} + |xy|e^{xz^2}\right) \leq \frac{3e}{100} \leq 0.041 \ ,$$

$$\frac{1}{100}(|x|\sqrt{x^2+y^2} + |y|\sqrt{x^2+y^2}) \leq \frac{2\sqrt{2}}{100} \leq 0.0283 \ .$$

Damit sind die Voraussetzungen des Banachschen Fixpunktsatzes erfüllt, und es gibt in D genau einen Fixpunkt $\mathbf{x}^*$. Das Fixpunktverfahren $\mathbf{x}_{k+1} = \mathbf{\Phi}(\mathbf{x}_k)$ konvergiert für jeden Startwert $\mathbf{x}_0 \in D$ gegen $\mathbf{x}^*$.

Für $\mathbf{x}_0 = \mathbf{0}$ ergibt sich $\mathbf{x}_1 = \mathbf{\Phi}(\mathbf{x}_0) = (0.01, 0.015, 0)^T$ als Näherung für $\mathbf{x}^*$, und die Fehlerabschätzung zeigt, dass diese Näherung schon die gewünschte Genauigkeit besitzt:

$$\|\mathbf{x}_1 - \mathbf{x}^*\|_\infty \leq \frac{L}{1-L}\|\mathbf{x}_1 - \mathbf{x}_0\|_\infty = \frac{0.015}{19} \leq 0.00079 \leq 10^{-3} \ .$$

Ein weiterer Iterationsschritt liefert: $\mathbf{x}_2 = (0.0100015, 0.015, 0.000000019)^T$.

L.11 Potenzreihen und elementare Funktionen

L.11.1 Gleichmäßige Konvergenz

Lösung 11.1.1

a) $f_n(x) = x^n$ konvergiert punktweise für $x \in [0, 1[$ gegen die Nullfunktion (vgl. geometrische Folge im Lehrbuch, Beispiel 8.2.6). Die punktweise Konvergenz besagt, dass für alle $\varepsilon > 0$ und $x_0 \in [0, 1[$ ein $N(\varepsilon, x_0)$ existiert, so dass gilt

$$|f_n(x_0) - f(x_0)| = x_0^n < \varepsilon \quad \text{für alle} \quad n \geq N(\varepsilon, x_0) \quad.$$

Bei der konkreten Berechnung dieses $N(\varepsilon, x_0)$ ergibt sich:

$$|f_n(x_0) - f(x_0)| = x_0^n < \varepsilon \quad \Leftrightarrow \quad n \ln x_0 < \ln \varepsilon \quad \Leftrightarrow \quad n > \frac{\ln \varepsilon}{\ln x_0} \quad.$$

Wegen $\lim\limits_{x \to 1-} \ln x = 0$ lässt sich $N(\varepsilon, x_0)$ nicht unabhängig von x_0 wählen. Die Folge konvergiert daher nicht gleichmäßig auf $[0, 1[$.

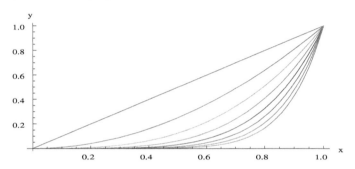

Bild 11.1.1 a) $f_n(x) = x^n$, $n = 1, \ldots, 8$

b) Es gilt $\lim\limits_{n \to \infty} g_n(0) = 0$ und für $x \neq 0$ $\lim\limits_{n \to \infty} g_n(x) = \lim\limits_{n \to \infty} \frac{(nx)^2}{1 + (nx)^3} = \lim\limits_{n \to \infty} \frac{x^2/n}{1/n^3 + x^3} = 0$,

d.h., die Folge $(g_n)_{n \in \mathbb{N}}$ konvergiert punktweise gegen $g \equiv 0$ für alle $x \in \mathbb{R}$.

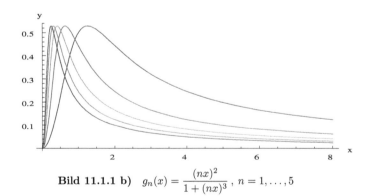

Bild 11.1.1 b) $g_n(x) = \frac{(nx)^2}{1 + (nx)^3}$, $n = 1, \ldots, 5$

Eine kurze Rechnung ergibt, dass g_n im Punkt $x = \frac{\sqrt[3]{2}}{n} \in [0, \infty[$ ein Maximum besitzt. Damit gilt

$$\sup_{x \in [0, \infty[} |g_n(x) - g(x)| = \frac{(n\sqrt[3]{2}/n)^2}{1 + (n\sqrt[3]{2}/n)^3} = \frac{2^{2/3}}{3} \quad,$$

d.h., die Folge $(g_n)_{n \in \mathbb{N}}$ konvergiert nicht gleichmäßig auf $[0, \infty[$.

c) Die Folge $(h_n)_{n\in\mathbb{N}}$ konvergiert gleichmäßig auf $[1,\infty[$ gegen $h \equiv 0$, denn

$$\sup_{x\in[1,\infty[} |h_n(x) - h(x)| = \sup_{x\in[1,\infty[} \frac{(nx)^2}{1+(nx)^3} \leq \sup_{x\in[1,\infty[} \frac{(nx)^2}{(nx)^3} = \frac{1}{n} \xrightarrow{n\to\infty} 0 \quad .$$

Damit liegt auch punktweise Konvergenz vor, was aus b) bereits bekannt war.

d) Die Folge $(k_n)_{n\in\mathbb{N}}$ konvergiert gleichmäßig (und punktweise) auf $]\frac{\pi}{2}, \frac{3\pi}{2}[$ gegen $k \equiv 0$, denn

$$\sup_{x\in]\pi/2,3\pi/2[} |k_n(x) - k(x)| = \sup_{x\in]\pi/2,3\pi/2[} \left|\frac{\cos(nx)}{n^2}\right| \leq \frac{1}{n^2} \xrightarrow{n\to\infty} 0 \quad .$$

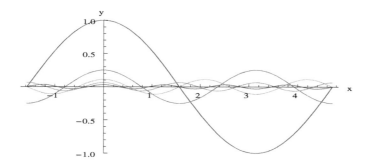

Bild 11.1.1 d) $k_n(x) = \dfrac{\cos(nx)}{n^2}$, $n=1,\ldots,5$

e) Die Folge $(p_n)_{n\in\mathbb{N}}$ konvergiert punktweise, absolut und gleichmäßig nach dem Majorantenkriterium, denn für $x \in \mathbb{R}$ gilt

$$\left|\frac{\sin x^2}{k^3}\right| \leq \frac{1}{k^3} \quad \text{und} \quad \sum_{k=1}^{n} \frac{1}{k^3} < \infty \quad .$$

Lösung 11.1.2

h_n lässt sich umformen (durch Partialbruchzerlegung)

$$\begin{aligned}
h_n(x) &= \sum_{k=0}^{n} \frac{2}{(x+k)(x+k+2)} = \sum_{k=0}^{n} \left(\frac{1}{x+k} - \frac{1}{x+k+2}\right) \\
&= \frac{1}{x} + \frac{1}{x+1} - \frac{1}{x+n+1} - \frac{1}{x+n+2} = \frac{2x+1}{x(x+1)} - \frac{1}{x+n+1} - \frac{1}{x+n+2}
\end{aligned}$$

Für festes x ergibt sich damit punktweise Konvergenz mit $\displaystyle\lim_{n\to\infty} h_n(x) = \frac{2x+1}{x(x+1)}$.

Es liegt sogar gleichmäßige Konvergenz vor, denn

$$\sup_{x\in]0,\infty[} |h_n(x) - h(x)| = \sup_{x\in]0,\infty[} \left(\frac{1}{x+n+1} + \frac{1}{x+n+2}\right) = \frac{1}{n+1} + \frac{1}{n+2} \xrightarrow{n\to\infty} 0 .$$

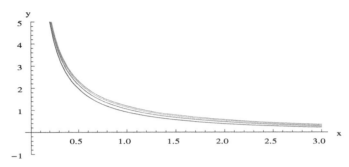

Bild 11.1.2 $h_n(x)$, $n = 1, \ldots, 4$

Lösung 11.1.3

a) Für $f_n(x) := \sum_{k=0}^{n} \dfrac{3^k \cdot x^4}{(3+x^4)^k}$ ergibt die geometrische Summenformel für $x \neq 0$

$$f_n(x) = x^4 \sum_{k=0}^{n} \left(\dfrac{3}{3+x^4}\right)^k = x^4 \dfrac{1 - \left(\dfrac{3}{3+x^4}\right)^{n+1}}{1 - \dfrac{3}{3+x^4}} = x^4 \dfrac{3 + x^4 - (3+x^4)\left(\dfrac{3}{3+x^4}\right)^{n+1}}{x^4}$$

$$= 3 + x^4 - 3\left(\dfrac{3}{3+x^4}\right)^n.$$

Die Partialsummenfolge f_n konvergiert damit punktweise für alle $x \in \mathbb{R}$ gegen die folgende Funktion f

$$\lim_{n \to \infty} f_n(x) = f(x) = \begin{cases} 0 & : x = 0 \\ 3 + x^4 & : x \neq 0. \end{cases}$$

Die Grenzfunktion f ist nicht stetig, die Konvergenz kann also nicht gleichmäßig sein.

b) Die Summanden $\dfrac{1}{(2k+3)^4 \sqrt{2+3kx}}$ sind nur definiert für $2 + 3kx > 0 \Rightarrow x > -\dfrac{2}{3k}$. Da dies für alle $k \in \mathbb{N}$ gelten muss, folgt $x \geq 0$.

$$g(x) = \sum_{k=1}^{\infty} \dfrac{1}{(2k+3)^4 \sqrt{2+3kx}}$$ konvergiert gleichmäßig (und damit auch punktweise) und absolut nach dem Majorantenkriterium für $x \geq 0$, denn es gilt

$$\left| \dfrac{1}{(2k+3)^4 \sqrt{2+3kx}} \right| \leq \dfrac{1}{(2k+3)^4} \leq \dfrac{1}{k^4} \quad \text{und} \quad \sum_{k=1}^{\infty} \dfrac{1}{k^4} < \infty.$$

L.11.2 Potenzreihen

Lösung 11.2.1

a) Die geometrische Reihe $\sum_{n=0}^{\infty} x^n$ (mit $a_n = 1$) besitzt den Konvergenzradius

$$r = \lim_{n \to \infty} \left| \dfrac{a_n}{a_{n+1}} \right| = \lim_{n \to \infty} \left| \dfrac{1}{1} \right| = 1 \ .$$

In beiden Randpunkten des Konvergenzintervalls, d.h. für $x = \pm 1$, liegt Divergenz vor.

b) Die Reihe $\sum_{n=1}^{\infty} \dfrac{x^n}{n}$ (mit $a_n = 1/n$) besitzt den Konvergenzradius

$$r = \lim_{n \to \infty} \left| \dfrac{a_n}{a_{n+1}} \right| = \lim_{n \to \infty} \left| \dfrac{n+1}{n} \right| = 1 \ .$$

Im Randpunkt $x = 1$ liegt keine Konvergenz vor, denn die harmonische Reihe divergiert. Im Randpunkt $x = -1$ liegt Konvergenz vor, denn die alternierende harmonische Reihe konvergiert.

c) Die Reihe $\sum_{n=1}^{\infty} \dfrac{x^n}{n^2}$ (mit $a_n = 1/n^2$) besitzt den Konvergenzradius

$$r = \lim_{n \to \infty} \left| \frac{a_n}{a_{n+1}} \right| = \lim_{n \to \infty} \left| \frac{n+1}{n} \right|^2 = 1 \ .$$

In beiden Randpunkten des Konvergenzintervalls, d.h. für $x = \pm 1$, liegt Konvergenz vor.

Lösung 11.2.2

a) Mit $a_n = \sinh n$ ergibt sich

$$r = \lim_{n \to \infty} \left| \frac{a_n}{a_{n+1}} \right| = \lim_{n \to \infty} \left| \frac{\sinh n}{\sinh(n+1)} \right| = \lim_{n \to \infty} \left| \frac{e^n - e^{-n}}{e^{n+1} - e^{-(n+1)}} \right| = \lim_{n \to \infty} \left| \frac{1 - e^{-2n}}{e - e^{-2n-1}} \right| = \frac{1}{e}$$

b) Mit $a_n = 2^n$ und $z = x^2$ ergibt sich für die Reihe $\sum_{n=0}^{\infty} a_n z^n$

$$\lim_{n \to \infty} \left| \frac{a_n}{a_{n+1}} \right| = \lim_{n \to \infty} \left| \frac{2^n}{2^{n+1}} \right| = \frac{1}{2} \quad \Rightarrow \quad r = \frac{1}{\sqrt{2}}$$

c) Die Folge $\sqrt[k]{|a_k|}$ besitzt die beiden Häufungspunkte 0 und 1. Der Konvergenzradius wird nach der Formel von Cauchy-Hadamard über den limes superior berechnet:

$$r = \frac{1}{\lim\sup_{k \to \infty} \sqrt[k]{|a_k|}} = \frac{1}{\lim_{n \to \infty} \sqrt[n]{|-n|}} = \frac{1}{\lim_{n \to \infty} \sqrt[n]{n}} = 1 \ .$$

Lösung 11.2.3

a) Mit $a_n = n^4 - 4n^3$ ergibt sich

$$r = \lim_{n \to \infty} \left| \frac{a_n}{a_{n+1}} \right| = \lim_{n \to \infty} \left| \frac{n^4 - 4n^3}{(n+1)^4 - 4(n+1)^3} \right| = \lim_{n \to \infty} \left| \frac{1 - \dfrac{4}{n}}{\left(1 + \dfrac{1}{n}\right)^4 - \dfrac{4}{n}\left(1 + \dfrac{1}{n}\right)^3} \right| = 1 \ .$$

b) Mit $a_\nu = \dfrac{1}{(4 + (-1)^\nu)^{3\nu}}$ und $x = z^5$ wird zunächst die Reihe $\sum_{\nu=0}^{\infty} a_\nu x^\nu$ betrachtet.

Die Folge $\sqrt[\nu]{|a_\nu|} = \left(\dfrac{1}{4 + (-1)^\nu}\right)^3$ besitzt die beiden Häufungspunkte $1/5^3$ und $1/3^3$. Der Konvergenzradius wird nach der Formel von Cauchy-Hadamard über den limes superior berechnet:

$$\frac{1}{\lim\sup_{\nu \to \infty} \sqrt[\nu]{|a_\nu|}} = 3^3 \ .$$

Damit ergibt sich der Konvergenzradius der Ausgangsreihe $r = 3^{3/5}$.

c) Mit $a_k = k^{(\ln k)/k}$ erhält man

$$r = \frac{1}{\lim_{k \to \infty} \sqrt[k]{|a_k|}} = \frac{1}{\lim_{k \to \infty} \sqrt[k]{k^{(\ln k)/k}}} = \frac{1}{\lim_{k \to \infty} \sqrt[k]{e^{(\ln k)^2/k}}} = \frac{1}{\exp\left(\lim_{k \to \infty} (\ln k)/k\right)^2} = \frac{1}{e^0} = 1 \ .$$

Lösung 11.2.4

a) $\sum_{n=1}^{\infty} \dfrac{x^n}{n2^{n+1} - 2^n} = \sum_{n=1}^{\infty} \dfrac{1}{2n-1} \left(\dfrac{x}{2}\right)^n$. Setze $z = x/2$.

Konvergenzradius für $\sum_{n=1}^{\infty} \dfrac{z^n}{2n-1}$: $r = \lim\limits_{n\to\infty} \left|\dfrac{a_n}{a_{n+1}}\right| = \lim\limits_{n\to\infty} \left|\dfrac{2n+1}{2n-1}\right| = \lim\limits_{n\to\infty} \left|\dfrac{2+\frac{1}{n}}{2-\frac{1}{n}}\right| = 1$.

Für $z = 1$ liegt Divergenz vor ($\sum_{n=1}^{\infty} \dfrac{1}{2n}$ als Minorante) und für $z = -1$ ergibt sich Konvergenz nach dem Leibniz-Kriterium. Für x erhält man also das Konvergenzintervall $[-2, 2[$.

b) Setze $z = x^2 + 2x + 1 = (x+1)^2$. Konvergenzradius für $\sum_{n=1}^{\infty} \dfrac{z^n}{\sqrt{2n-1}}$:

$r = \lim\limits_{n\to\infty} \left|\dfrac{a_n}{a_{n+1}}\right| = \lim\limits_{n\to\infty} \dfrac{\sqrt{2n+1}}{\sqrt{2n-1}} = 1$

Für $z = 1$ liegt Divergenz vor, denn die harmonische Reihe ist Minorante:

$(n-1)^2 \geq 0 \Rightarrow n^2 \geq 2n - 1 \Rightarrow n \geq \sqrt{2n-1} \Rightarrow \dfrac{1}{n} \leq \dfrac{1}{\sqrt{2n-1}}$.

Für x erhält man also das Konvergenzintervall $]-2, 0[$.

c) $r = \lim\limits_{n\to\infty} \dfrac{1}{\sqrt[n]{|a_n|}} = \lim\limits_{n\to\infty} \dfrac{1}{\sqrt[n]{\left(\dfrac{n}{n+2}\right)^{n^2}}}$

$= \lim\limits_{n\to\infty} \dfrac{1}{\left(\dfrac{n}{n+2}\right)^n} = \lim\limits_{n\to\infty} \left(\dfrac{n+2}{n}\right)^n = \lim\limits_{n\to\infty} \left(1 + \dfrac{2}{n}\right)^n = e^2$

Für x erhält man also das Konvergenzintervall $]1 - e^2, 1 + e^2[$.

Lösung 11.2.5

a) Nach dem Identitätssatz kann die Potenzreihe von f über einen Koeffizientenvergleich bestimmt werden:

$$f(x) = \sum_{k=0}^{\infty} a_k x^k = \dfrac{4 - 2x}{1 + \cos x}$$

$\Rightarrow \quad 4 - 2x = (a_0 + a_1 x + a_2 x^2 + a_3 x^3 + a_4 x^4 + \cdots)\left(1 + \left(1 - \dfrac{x^2}{2} + \dfrac{x^4}{24} \mp \cdots\right)\right)$

$= 2a_0 + 2a_1 x + \left(2a_2 - \dfrac{a_0}{2}\right) x^2 + \left(2a_3 - \dfrac{a_1}{2}\right) x^3 + \left(2a_4 - \dfrac{a_2}{2} + \dfrac{a_0}{24}\right) x^4 + \cdots$

$\Rightarrow \quad 2a_0 = 4, \quad 2a_1 = -2, \quad 2a_2 - \dfrac{a_0}{2} = 0, \quad 2a_3 - \dfrac{a_1}{2} = 0, \quad 2a_4 - \dfrac{a_2}{2} + \dfrac{a_0}{24} = 0$

$\Rightarrow \quad a_0 = 2, \quad a_1 = -1, \quad a_2 = \dfrac{1}{2}, \quad a_3 = -\dfrac{1}{4}, \quad a_4 = -\dfrac{1}{6}$

b) f ist an den Stellen $\pm\pi$ wegen $\lim\limits_{x \to \pm\pi\mp} f(x) = \mp\infty$ nicht definiert.

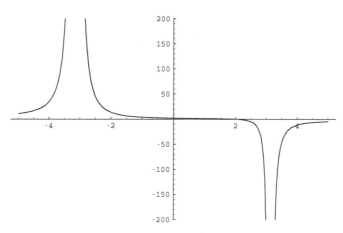

Bild 11.2.5 $f(x) = \dfrac{4-2x}{1+\cos x}$

Lösung 11.2.6

a)

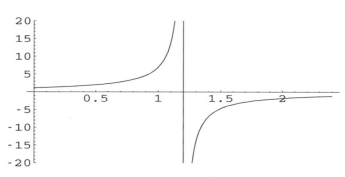

Bild 11.2.6 $f(x) = \dfrac{7}{6-5x}$

b) $k = 0$: $f^{(0)} = \dfrac{7 \cdot 5^0 \cdot 0!}{(6-5x)^{0+1}} = \dfrac{7}{6-5x} = f(x)$

$k \to k+1$:

$f^{(k+1)}(x) = \left(f^{(k)}(x)\right)' = \left(\dfrac{7 \cdot 5^k \cdot k!}{(6-5x)^{k+1}}\right)' = \dfrac{7 \cdot 5^k(-5) \cdot k!(-(k+1))}{(6-5x)^{k+2}} = \dfrac{7 \cdot 5^{k+1} \cdot (k+1)!}{(6-5x)^{k+2}}$

c) Taylor-Reihe: $f(x) = \displaystyle\sum_{k=0}^{\infty} \dfrac{7 \cdot 5^k}{(6-5x_0)^{k+1}} (x-x_0)^k$

$r = \displaystyle\lim_{k\to\infty} \left|\dfrac{a_k}{a_{k+1}}\right| = \lim_{k\to\infty} \left|\dfrac{7 \cdot 5^k(6-5x_0)^{k+2}}{7 \cdot 5^{k+1}(6-5x_0)^{k+1}}\right| = \left|\dfrac{6-5x_0}{5}\right| = \left|\dfrac{6}{5} - x_0\right|$

d) Konvergenzintervall: $I =]x_0 - r, x_0 + r[$

$x_0 = 1$: $I = \left]\dfrac{4}{5}, \dfrac{6}{5}\right[$, $x_0 = 2$: $I = \left]\dfrac{6}{5}, \dfrac{14}{5}\right[$

In den Randpunkten liegt keine Konvergenz vor:

Man erhält für $x_0 = 1$ und $x = \dfrac{4}{5}$ beispielsweise $\displaystyle\sum_{k=0}^{\infty} \dfrac{7 \cdot 5^k}{(6-5)^{k+1}} \left(\dfrac{4}{5} - 1\right)^k = \sum_{k=0}^{\infty} 7 \cdot (-1)^k$.

Für $x = \frac{6}{5}$ ergibt sich entsprechend $\sum_{k=0}^{\infty} 7$. Läge in diesem Fall Konvergenz vor, so wäre f nach dem Abelschen Grenzwertsatz dort (in der Polstelle) stetig.

e)
$$\frac{7}{6-5z} = \frac{7}{6-5z_0+5z_0-5z} = \frac{7}{6-5z_0} \cdot \frac{1}{1-\left(\frac{5(z-z_0)}{6-5z_0}\right)}$$
$$= \frac{7}{6-5z_0} \sum_{k=0}^{\infty} \left(\frac{5(z-z_0)}{6-5z_0}\right)^k = \sum_{k=0}^{\infty} \frac{7 \cdot 5^k}{(6-5z_0)^{k+1}} (z-z_0)^k$$

Die Potenzreihe stimmt also mit der Taylor-Reihe überein. Der Konvergenzradius ist gegeben durch die Konvergenzbedingung der geometrischen Reihe

$$\left|\frac{5(z-z_0)}{6-5z_0}\right| < 1 \Rightarrow |z-z_0| < \left|\frac{6-5z_0}{5}\right| = \left|\frac{6}{5} - z_0\right| = r.$$

Speziell für $z_0 = i$ ergibt sich die Potenzreihe $\sum_{k=0}^{\infty} \frac{7 \cdot 5^k}{(6-5i)^{k+1}} (z-i)^k$.

Konvergenzradius: $r = \left|\frac{6-5i}{5}\right| = \frac{\sqrt{61}}{5}$

Lösung 11.2.7

a) Die Potenzreihe kann unter Verwendung der Summenformel für die geometrische Reihe bestimmt werden:

$$f(x) = \frac{x}{4-x^2} = \frac{x}{4} \cdot \frac{1}{1-(x/2)^2} = \frac{x}{4} \sum_{k=0}^{\infty} \left(\frac{x}{2}\right)^{2k} = x \sum_{k=0}^{\infty} \frac{(x^2)^k}{4^{k+1}} = \sum_{k=0}^{\infty} \frac{x^{2k+1}}{4^{k+1}}.$$

b) Der Konvergenzradius wird am besten über die Reihe $\sum_{k=0}^{\infty} a_k z^k$ mit $a_k = \frac{1}{4^{k+1}}$ und $z = x^2$ ermittelt:

$$\lim_{k \to \infty} \left|\frac{a_k}{a_{k+1}}\right| = \lim_{k \to \infty} \left|\frac{4^{k+2}}{4^{k+1}}\right| = 4 \Rightarrow r = 2.$$

Wegen der Polstellen von f bei ± 2 ist kein größerer Konvergenradius möglich.

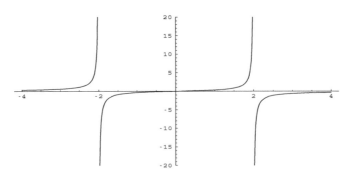

Bild 11.2.7 $f(x) = \frac{x}{4-x^2}$

Lösung 11.2.8

a) $\frac{5}{9-x^2} = \frac{5}{9} \cdot \frac{1}{1-x^2/9} = \frac{5}{9} \sum_{k=0}^{\infty} \left(\frac{x^2}{9}\right)^k = \sum_{k=0}^{\infty} \frac{5}{9^{k+1}} x^{2k}$

Der Konvergenzradius ist durch die Bedingung $\frac{x^2}{9} < 1 \Rightarrow |x| < 3$ gegeben. In den Randpunkten $x = \pm 3$ liegt keine Konvergenz vor, denn $\sum_{k=0}^{\infty} \frac{5(\pm 3)^{2k}}{9^{k+1}} = \sum_{k=0}^{\infty} \frac{5}{9}$.

b) Die Koeffizienten d_k der Potenzreihe $f(x) = \sum_{k=0}^{\infty} d_k x^k$ ergeben sich über das Cauchy-Produkt durch

$$\sum_{k=0}^{\infty} d_k x^k = \frac{5}{9 - x^2} \quad \Rightarrow \quad (9 - x^2)(d_0 + d_1 x + d_2 x^2 + d_3 x^3 + d_4 x^4 + \cdots) = 5$$

$$\Rightarrow \quad 9d_0 + 9d_1 x + (9d_2 - d_0)x^2 + (9d_3 - d_1)x^3 + (9d_4 - d_2)x^4 + \cdots = 5$$

Die Koeffizienten ergeben sich nach einem Koeffizientenvergleich bzgl. der x-Potenzen

$$d_0 = \frac{5}{9}, \quad d_1 = 0, \quad d_k = \frac{d_{k-2}}{9} \quad \Rightarrow \quad d_{2k} = \frac{5}{9^{k+1}}, \quad d_{2k+1} = 0.$$

Die Reihenentwicklung stimmt mit der in a) überein.

Lösung 11.2.9

a) Mit der Regel von de l'Hospital erhält man:

$$\lim_{x \to 1/2-} \frac{e^{2x-1} - 1}{\cos(\pi x)} = \lim_{x \to 1/2-} \frac{2e^{2x-1}}{-\pi \sin(\pi x)} = -\frac{2}{\pi}.$$

Außerdem ergibt sich $\lim_{x \to -1/2+} \frac{e^{2x-1} - 1}{\cos(\pi x)} = -\infty$.

b) Nach dem Identitätssatz und dem gegebenen Tipp kann die Potenzreihe von f über einen Koeffizientenvergleich bestimmt werden:

$$f(x) = \sum_{k=0}^{\infty} a_k x^k = \frac{e^{2x-1} - 1}{\cos(\pi x)}$$

$$\Rightarrow \quad e^{-1}(e^{2x} - e) = (a_0 + a_1 x + a_2 x^2 + a_3 x^3 + \cdots)\left(1 - \frac{(\pi x)^2}{2} + \frac{(\pi x)^4}{24} \mp \cdots\right) \quad \Rightarrow$$

$$e^{-1}\left(1 - e + 2x + \frac{(2x)^2}{2} + \frac{(2x)^3}{6} + \cdots\right)$$

$$= a_0 + a_1 x + \left(a_2 - \frac{a_0 \pi^2}{2}\right) x^2 + \left(a_3 - \frac{a_1 \pi^2}{2}\right) x^3 + \cdots$$

$$\Rightarrow \quad a_0 = e^{-1} - 1, \quad a_1 = 2e^{-1}, \quad a_2 = 2e^{-1} + \frac{(e^{-1} - 1)\pi^2}{2}, \quad a_3 = e^{-1}\left(\pi^2 + \frac{4}{3}\right).$$

Lösung 11.2.10

a) $a_0 + a_1 x + a_2 x^2 + a_3 x^3 + \cdots =: f(x) = \frac{1}{1 - \sin\left(\frac{x}{2}\right)} \quad \Rightarrow$

$$1 = (a_0 + a_1 x + a_2 x^2 + a_3 x^3 + \cdots)\left(1 - \left(\frac{x}{2} - \frac{1}{3!}\left(\frac{x}{2}\right)^3 \pm \cdots\right)\right)$$

$$= a_0 + \left(a_1 - \frac{a_0}{2}\right) x + \left(a_2 - \frac{a_1}{2}\right) x^2 + \left(a_3 - \frac{a_2}{2} + \frac{a_0}{48}\right) x^3 + \cdots$$

$$\Rightarrow \quad a_0 = 1, \; a_1 - \frac{a_0}{2} = 0 \Rightarrow a_1 = \frac{1}{2}, \; a_2 - \frac{a_1}{2} = 0 \Rightarrow a_2 = \frac{1}{4}, \; a_3 - \frac{a_2}{2} + \frac{a_0}{48} = 0 \Rightarrow a_3 = \frac{5}{48}$$

b)
$$g(x) = \sqrt{3+2x}, \quad g'(x) = 2 \cdot \frac{1}{2}(3+2x)^{-1/2}, \quad g''(x) = 2^2 \cdot \frac{1}{2} \cdot \frac{-1}{2}(3+2x)^{-3/2},$$
$$g'''(x) = 2^3 \cdot \frac{1}{2} \cdot \frac{-1}{2} \cdot \frac{-3}{2}(3+2x)^{-5/2},$$
$$\vdots$$
$$g^{(k)}(x) = (-1)^{k-1} 1 \cdot 3 \cdot 5 \cdots (2k-3)(3+2x)^{-k+1/2}, \ k \geq 1$$
$$\Rightarrow \quad g(x) = \sqrt{3} + \sqrt{3} \sum_{k=1}^{\infty} \frac{(-1)^{k-1} 1 \cdot 3 \cdot 5 \cdots (2k-3)}{k! \, 3^k} x^k$$

$$r = \lim_{k \to \infty} \left| \frac{a_k}{a_{k+1}} \right| = \lim_{k \to \infty} \frac{1 \cdot 3 \cdot 5 \cdots (2k-3)(k+1)! \, 3^{k+1}}{1 \cdot 3 \cdot 5 \cdots (2k-1) k! \, 3^k} = \lim_{k \to \infty} \frac{3(k+1)}{2k-1} = \frac{3}{2}$$

Lösung 11.2.11
$$\sum_{n=0}^{\infty} \frac{(3x-2)^n}{5^n(n+2)\sqrt{n+3}} = \sum_{n=0}^{\infty} \frac{3^n}{5^n(n+2)\sqrt{n+3}} \left(x - \frac{2}{3} \right)^n$$

Konvergenzradius: $\displaystyle r = \lim_{n \to \infty} \left| \frac{a_n}{a_{n+1}} \right| = \lim_{n \to \infty} \frac{3^n 5^{n+1}(n+3)\sqrt{n+4}}{3^{n+1} 5^n (n+2)\sqrt{n+3}} = \frac{5}{3}$

Konvergenz in den Randpunkten:

$x_1 = \frac{7}{3}$, Konvergenz nach dem Majorantenkriterium:

$$\sum_{n=0}^{\infty} \frac{3^n}{5^n(n+2)\sqrt{n+3}} \left(\frac{7}{3} - \frac{2}{3} \right)^n = \sum_{n=0}^{\infty} \frac{1}{(n+2)\sqrt{n+3}} \leq \sum_{n=0}^{\infty} \frac{1}{(n+2)\sqrt{n+2}} = \sum_{n=2}^{\infty} \frac{1}{n^{3/2}} < \infty$$

$x_2 = -1$, Konvergenz nach dem Leibniz-Kriterium: $\displaystyle \sum_{n=0}^{\infty} \frac{3^n}{5^n(n+2)\sqrt{n+3}} \left(-1 - \frac{2}{3} \right)^n = \sum_{n=0}^{\infty} \frac{(-1)^n}{(n+2)\sqrt{n+3}}$

Man erhält also das Konvergenzintervall $\left[-1, \frac{7}{3} \right]$.

Lösung 11.2.12

a) Unter Verwendung der Summenformel der geometrischen Reihe erhält man:
$$\frac{3}{3-x} = \frac{3}{2-(x-1)} = \frac{3}{2} \cdot \frac{1}{1 - \left(\frac{x-1}{2} \right)} = \frac{3}{2} \sum_{k=0}^{\infty} \left(\frac{x-1}{2} \right)^k = \sum_{k=0}^{\infty} \frac{3}{2^{k+1}} (x-1)^k .$$

Die Formel der geometrischen Reihe durfte nur für $\left| \frac{x-1}{2} \right| < 1$ angewendet werden.

Damit erhält man den Konvergenzradius $r = 2$.

b) Die Randpunkte lauten $x_1 = 1 + r = 3$: $\displaystyle \sum_{k=0}^{\infty} \frac{3}{2^{k+1}}(3-1)^k = \sum_{k=0}^{\infty} \frac{3}{2}$

und $x_2 = 1 - r = -1$: $\displaystyle \sum_{k=0}^{\infty} \frac{3}{2^{k+1}}(-1-1)^k = \sum_{k=0}^{\infty} (-1)^k \cdot \frac{3}{2}$.

In beiden Fällen liegt keine Konvergenz vor, da die Folge der Summanden nicht gegen Null konvergiert.

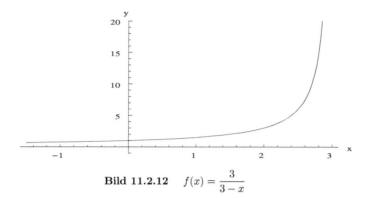

Bild 11.2.12 $f(x) = \dfrac{3}{3-x}$

L.11.3 Elementare Funktionen

Lösung 11.3.1

a) Für $g(x) = \text{arsinh}\, x$ ergibt sich die Ableitung nach der Ableitungsregel für die Umkehrfunktion:

$$g'(x) = \frac{1}{(\sinh)'(\text{arsinh}\, x)} = \frac{1}{\cosh(\text{arsinh}\, x)} = \frac{1}{\sqrt{1+\sinh^2(\text{arsinh}\, x)}} = \frac{1}{\sqrt{1+x^2}}.$$

b) Für $k \geq 1$ gilt (vgl. Lehrbuch 11.3.8):

$$\binom{-1/2}{k} = \frac{-1/2\,(-1/2-1)\,(-1/2-2)\cdots(-1/2-k+1)}{k!}$$

$$= (-1)^k \frac{1/2 \cdot 3/2 \cdots (k-1/2)}{k!} = (-1)^k \frac{1 \cdot 3 \cdots (2k-1)}{2^k \cdot k!}.$$

c) Über die Binomialreihe ergibt sich die Potenzreihe von g' unter Berücksichtigung von $\binom{-1/2}{0} = 1$:

$$g'(x) = (1+x^2)^{-1/2} = \sum_{k=0}^{\infty} \binom{-1/2}{k} (x^2)^k = 1 + \sum_{k=1}^{\infty} (-1)^k \frac{1 \cdot 3 \cdots (2k-1)}{2^k \cdot k!} x^{2k}$$

$$\Rightarrow \quad g(x) = C + x + \sum_{k=1}^{\infty} (-1)^k \frac{1 \cdot 3 \cdots (2k-1)}{(2k+1) 2^k \cdot k!} x^{2k+1}.$$

Die Integrationskonstante ergibt sich aus $0 = \text{arsinh}\, 0 = C$.

d) Der Konvergenzradius berechnet sich am besten aus der Potenzreihendarstellung:

$$g(x) = x\left(1 + \sum_{k=1}^{\infty} \underbrace{(-1)^k \frac{1 \cdot 3 \cdots (2k-1)}{(2k+1) 2^k \cdot k!}}_{=:\, a_k} (x^2)^k\right) \quad \Rightarrow$$

$$\lim_{k\to\infty} \left|\frac{a_k}{a_{k+1}}\right| = \lim_{k\to\infty} \left|(-1)^k \frac{1 \cdot 3 \cdots (2k-1)}{(2k+1) 2^k \cdot k!} \cdot (-1)^{k+1} \frac{(2k+3) 2^{k+1} \cdot (k+1)!}{1 \cdot 3 \cdots (2k+1)}\right|$$

$$= \lim_{k\to\infty} \frac{2(k+1)(2k+3)}{(2k+1)^2} = 1 \quad \Rightarrow \quad r = 1 \ .$$

Bemerkung: g' besitzt im Komplexen die Singularitäten $\pm i$.

L.12 Interpolation

L.12.1 Problemstellung

Lösung 12.1.1

a) Die Stützstelle sind gegeben durch $\begin{array}{c|ccccc} x_i & -\pi & -\frac{\pi}{2} & 0 & \frac{\pi}{2} & \pi \\ \hline \cos x_i & -1 & 0 & 1 & 0 & -1 \end{array}$.

$$L_0(x) = \frac{\left(x+\frac{\pi}{2}\right)x\left(x-\frac{\pi}{2}\right)(x-\pi)}{\left(-\pi+\frac{\pi}{2}\right)(-\pi)\left(-\pi-\frac{\pi}{2}\right)(-\pi-\pi)} = \frac{2\left(x+\frac{\pi}{2}\right)x\left(x-\frac{\pi}{2}\right)(x-\pi)}{3\pi^4}$$

$$L_2(x) = \frac{(x+\pi)\left(x+\frac{\pi}{2}\right)\left(x-\frac{\pi}{2}\right)(x-\pi)}{\pi\cdot\frac{\pi}{2}\cdot\left(-\frac{\pi}{2}\right)\cdot(-\pi)} = \frac{4(x+\pi)\left(x+\frac{\pi}{2}\right)\left(x-\frac{\pi}{2}\right)(x-\pi)}{\pi^4}$$

$$L_4(x) = \frac{(x+\pi)\left(x+\frac{\pi}{2}\right)x\left(x-\frac{\pi}{2}\right)}{(\pi+\pi)\left(\pi+\frac{\pi}{2}\right)\pi\left(\pi-\frac{\pi}{2}\right)} = \frac{4(x+\pi)\left(x+\frac{\pi}{2}\right)x\left(x-\frac{\pi}{2}\right)}{\pi^4}$$

$$\Rightarrow \quad p(x) = -L_0(x) + L_2(x) - L_4(x) = 1 - \frac{14}{3}\left(\frac{x}{\pi}\right)^2 + \frac{8}{3}\left(\frac{x}{\pi}\right)^4$$

b) $\max_{x\in I}|\cos x - p(x)| = \max_{x\in I}\left|\frac{-\sin\tau}{5!}(x+\pi)\left(x+\frac{\pi}{2}\right)x\left(x-\frac{\pi}{2}\right)(x-\pi)\right|$

$$\leq \max_{x\in I}\left|\frac{(x^2-\pi^2)x\left(x^2-\left(\frac{\pi}{2}\right)^2\right)}{5!}\right| \leq \frac{\pi^2\cdot\pi\cdot\frac{3\pi^2}{4}}{5!} = \frac{3\pi^5}{480} \leq 1.913$$

c)

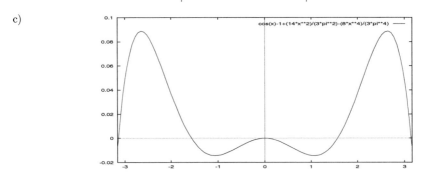

Bild 12.1.1 Fehlerfunktion $\cos x - p(x)$

L.12.2 Polynom-Interpolation

Lösung 12.2.1
Die Koeffizienten der Newtonschen Darstellung des Interpolationspolynoms werden über das Schema der dividierten Differenzen berechnet:

$$\begin{array}{c|ccccc} -1 & 1 \\ 0 & 3 & 2 \\ 1 & 3 & 0 & -1 \\ 3 & 45 & 21 & 7 & 2 \\ 2 & -5 & 50 & 29 & 11 & 3 \end{array}$$

⇒

a) $p_3(t) = 1 + 2(t+1) - (t+1)t + 2(t+1)t(t-1)$

b) $p_4(t) = p_3(t) + 3(t+1)t(t-1)(t-3)$.

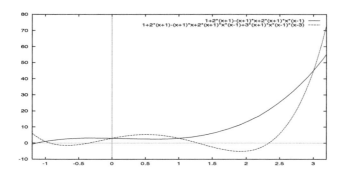

Bild 12.2.1 Interpolationspolynome $p_3(t)$ und $p_4(t)$

Lösung 12.2.2
Aus dem Schema der dividierten Differenzen erhält man die Koeffizienten der Newtonschen Darstellung des Interpolationspolynoms:

$$
\begin{array}{c|cccccc}
-1 & 3 \\
0 & 3+i & i \\
1 & 1+2i & i-2 & -1 \\
i & 5-2i & -4 & 2i-1 & i+1 \\
2i & 35-11i & -9-30i & -11+8i & 3+5i & 2
\end{array}
$$

$\Rightarrow \quad p(z) = 3 + i(z+1) - (z+1)z + (i+1)(z+1)z(z-1) + 2(z+1)z(z-1)(z-i)$.

Lösung 12.2.3

a) Aus dem Schema der dividierten Differenzen erhält man die Koeffizienten der Newtonschen Darstellung des Interpolationspolynoms:

$$
\begin{array}{c|ccc}
0.5 & -0.693 \\
1 & 0 & 1.386 \\
2 & 0.693 & 0.693 & -0.462
\end{array}
$$

$\Rightarrow \quad p(x) = -0.693 + 1.386(x - 0.5) - 0.462(x - 0.5)(x - 1)$

b) $p(1.5) = -0.693 + 1.386 - 0.462 \cdot 0.5 = 0.462$ Mit $\tau \in\ ]0.5, 2[$ gilt:

$$|\ln 1.5 - p(1.5)| = \left|\frac{g'''(\tau)}{3!}(1.5-0.5)(1.5-1)(1.5-2)\right| = \left|\frac{2}{24\tau^3}\right| \quad \begin{cases} \leq \dfrac{2^4}{24} \leq 0.6667 \\ \geq \dfrac{2}{24 \cdot 2^3} \geq 0.0104 \end{cases}$$

Der tatsächliche Fehler: $|\ln 1.5 - p(1.5)| \doteq |0.405465 - 0.462| \doteq 0.0565$.

Lösung 12.2.4

i	x_i	$P_{i,0}$	$P_{i,1}$	$P_{i,2}$	$P_{i,3}$	$P_{i,4}$	$P_{i,5}$	
0	-3	-1						
1	-2	0	2					
2	-1	-1	-2	-4				
3	1	15	7	4	2			
4	2	-16	46	20	12	8		
5	3	95	-238	180	62	32	20	$= p(0)$

i	x_i	$P_{i,0}$	$P_{i,1}$	$P_{i,2}$	$P_{i,3}$	$P_{i,4}$	$P_{i,5}$
0	-3	-1					
1	-2	0	2.5				
2	-1	-1	-2.5	-6.25			
3	1	15	11.0	8.75	6.875		
4	2	-16	30.5	20.75	16.250	13.438	
5	3	95	-182.5	83.75	44.375	30.313	23.281 $= p(0.5)$

Das Interpolationspolynom in Newtonscher Darstellung lautet

$$p(x) = -1 + (x+3) - (x+3)(x+2) + (x+3)(x+2)(x+1)$$
$$-(x+3)(x+2)(x+1)(x-1) + (x+3)(x+2)(x+1)(x-1)(x-2).$$

Lösung 12.2.5

Aus dem Schema der dividierten Differenzen (vgl. Lehrbuch 12.2.7) erhält man die Koeffizienten der Newtonschen Darstellung des Interpolationspolynoms:

$$\begin{array}{c|cccc} 0 & 1 \\ 1 & 3 & 2 \\ 2 & 13 & 10 & 4 \\ 3 & 67 & 54 & 22 & 6 \end{array}$$

$$\Rightarrow \quad p(x) = 1 + 2x + 4x(x-1) + 6x(x-1)(x-2)$$

Lösung 12.2.6

a) Nach Berechnung der Funktionswerte an den Stützstellen x_i lautet das Schema der dividierten Differenzen

$$\begin{array}{c|cccc} x_i & f(x_i) \\ \hline \pi/2 & 1+\pi/2 \\ & & \pi \\ \pi & \pi & & \dfrac{\pi-2}{\pi} \\ & & 2\pi & & \dfrac{4}{3\pi^2} \\ 2\pi & 2\pi & & 1 \end{array}$$

$$\Rightarrow \quad p_2(x) = \frac{2+\pi}{2} + \frac{\pi-2}{\pi} \cdot \left(x - \frac{\pi}{2}\right) + \frac{4}{3\pi^2} \cdot \left(x - \frac{\pi}{2}\right)(x - \pi)$$

b) Mit $\tau \in \left]\dfrac{\pi}{2}, 2\pi\right[$ gilt:

$$\left| f\left(\frac{3\pi}{2}\right) - p_2\left(\frac{3\pi}{2}\right) \right| = \left| \frac{\sin'''(\tau)}{3!} \cdot \left(\frac{3\pi}{2} - \frac{\pi}{2}\right)\left(\frac{3\pi}{2} - \pi\right)\left(\frac{3\pi}{2} - 2\pi\right) \right| \leq \frac{1}{3!} \left| \pi \cdot \frac{\pi}{2} \cdot \frac{-\pi}{2} \right| = \frac{\pi^3}{24}$$

c)

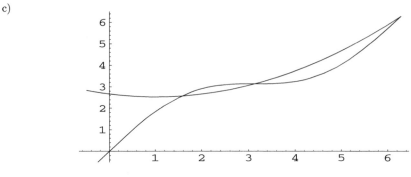

Bild 12.2.6 $p_2(x)$ und $f(x)$

L.12.3 Spline-Interpolation

Lösung 12.3.1
Die Spline-Funktion ist auf den drei Intervallen ($n = 3$)

$$I_0 := [t_0, t_1] = [-1, 0], \quad I_1 := [t_1, t_2] = [0, 1], \quad I_2 := [t_2, t_3] = [1, 3]$$

zu berechnen. Der Ansatz im Intervall I_j lautet (vgl. Lehrbuch 12.3.5):

$$S(t) = y_j + \beta_j(t - t_j) + \gamma_j(t - t_j)^2 + \delta_j(t - t_j)^3 \quad \text{für} \quad j = 0, 1, 2.$$

Es ist $h_0 = 1$, $h_1 = 1$, $h_2 = 2$ und $\gamma_0 = \gamma_3 = 0$. Die übrigen γ_j berechnen sich aus

$$\begin{pmatrix} 2(h_0 + h_1) & h_1 \\ h_1 & 2(h_1 + h_2) \end{pmatrix} \begin{pmatrix} \gamma_1 \\ \gamma_2 \end{pmatrix} = \begin{pmatrix} b_1 \\ b_2 \end{pmatrix} \quad \text{mit} \quad b_j = 3\left(\frac{y_{j+1} - y_j}{h_j} - \frac{y_j - y_{j-1}}{h_{j-1}}\right)$$

$$\Rightarrow \quad \begin{pmatrix} 4 & 1 \\ 1 & 6 \end{pmatrix} \begin{pmatrix} \gamma_1 \\ \gamma_2 \end{pmatrix} = \begin{pmatrix} -6 \\ 63 \end{pmatrix} \quad \Rightarrow \quad \gamma_1 = -\frac{99}{23}, \gamma_2 = \frac{258}{23}.$$

Mit den Formeln

$$\beta_j = \frac{y_{j+1} - y_j}{h_j} - \frac{(2\gamma_j + \gamma_{j+1})h_j}{3}, \quad \delta_j = \frac{\gamma_{j+1} - \gamma_j}{3h_j}$$

erhält man

$$\beta_0 = \frac{79}{23}, \beta_1 = -\frac{20}{23}, \beta_2 = \frac{139}{23}, \quad \delta_0 = -\frac{33}{23}, \delta_1 = \frac{119}{23}, \delta_2 = -\frac{43}{23}.$$

Damit ergibt sich der Spline

$$S(t) = \begin{cases} 1 + \dfrac{79}{23}(t+1) - \dfrac{33}{23}(t+1)^3 & \text{in } [-1, 0], \\ 3 - \dfrac{20}{23}t - \dfrac{99}{23}t^2 + \dfrac{119}{23}t^3 & \text{in } [0, 1], \\ 3 + \dfrac{139}{23}(t-1) + \dfrac{258}{23}(t-1)^2 - \dfrac{43}{23}(t-1)^3 & \text{in } [1, 3]. \end{cases}$$

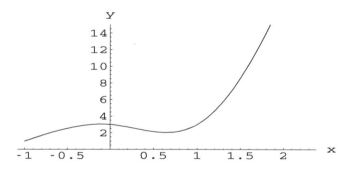

Bild 12.3.1 $S(t)$

L.13 Integration

L.13.1 Das bestimmte Integral

Lösung 13.1.1

$$U_f(Z_n) = \sum_{i=0}^{n-1} \left(\frac{i}{n}\right)^2 \left(\frac{i+1}{n} - \frac{i}{n}\right) = \frac{1}{n^3} \sum_{i=0}^{n-1} i^2 = \frac{1}{n^3} \frac{(n-1)n(2n-1)}{6} \xrightarrow{n\to\infty} \frac{1}{3}$$

$$O_f(Z_n) = \sum_{i=0}^{n-1} \left(\frac{i+1}{n}\right)^2 \left(\frac{i+1}{n} - \frac{i}{n}\right) = \frac{1}{n^3} \sum_{i=1}^{n} i^2 = \frac{1}{n^3} \frac{n(n+1)(2n+1)}{6} \xrightarrow{n\to\infty} \frac{1}{3}$$

Damit ist f integrierbar über $I = [0,1]$, und es gilt $\int_0^1 x^2\,dx = \frac{1}{3}$.

L.13.2 Kriterien für Integrierbarkeit

Lösung 13.2.1
Zu zeigen ist, dass für alle $\varepsilon > 0$ eine Zerlegung Z von $[0,1]$ existiert, so dass $O_f(Z) - U_f(Z) < \varepsilon$.

Die äquidistanten Zerlegungen $Z_n = \left\{0, \frac{1}{n}, \frac{2}{n}, \cdots, 1\right\}$ erfüllen für hinreichend großes n diese Bedingung, denn

$$O_f(Z_n) - U_f(Z_n) = \sum_{i=0}^{n-1} \left(\left(\frac{i+1}{n}\right)^3 - \left(\frac{i}{n}\right)^3\right)\left(\frac{i+1}{n} - \frac{i}{n}\right) = \frac{1}{n^4} \sum_{i=0}^{n-1} \left((i+1)^3 - i^3\right)$$

$$= \frac{1}{n^4} \sum_{i=0}^{n-1} (3i^2 + 3i + 1) = \frac{1}{n^4} \left(\frac{3(n-1)n(2n-1)}{6} + \frac{3(n-1)n}{2} + (n-1)\right) \xrightarrow{n\to\infty} 0\,.$$

Lösung 13.2.2

a) Mit $x_i = \frac{n+i}{n}$ für $i = 0, 1, \ldots, n$ erhält man

$$U_f(Z_n) = \sum_{i=0}^{n-1} \inf f([x_i, x_{i+1}])(x_{i+1} - x_i) = \sum_{i=0}^{n-1} \left(5 - 2\frac{n+i+1}{n}\right)\left(\frac{n+i+1}{n} - \frac{n+i}{n}\right)$$

$$= \frac{1}{n^2} \sum_{i=0}^{n-1} (3n - 2i - 2) = \frac{1}{n^2}\left(3n^2 - (n-1)n - 2n\right) = 2 - \frac{1}{n}$$

$$O_f(Z_n) = \sum_{i=0}^{n-1} \sup f([x_i, x_{i+1}])(x_{i+1} - x_i) = \sum_{i=0}^{n-1} \left(5 - 2\frac{n+i}{n}\right)\left(\frac{n+i+1}{n} - \frac{n+i}{n}\right)$$

$$= \frac{1}{n^2} \sum_{i=0}^{n-1} (3n - 2i) = \frac{1}{n^2}\left(3n^2 - (n-1)n\right) = 2 + \frac{1}{n}$$

b) Für alle $\varepsilon > 0$ existiert ein N mit $N > \frac{2}{\varepsilon}$, dann gilt: $O_f(Z_N) - U_f(Z_N) = \frac{2}{N} < \varepsilon$,

d.h., die Zerlegung Z_N erfüllt das Riemannsche Kriterium und f ist integrierbar. Alternativ folgt die Integrierbarkeit von f natürlich auch daraus, dass f monoton fällt oder stetig ist.

c) $\int_1^2 5 - 2x\,dx = \left(5x - x^2\right)\big|_1^2 = 2$

L.13.3 Der Hauptsatz und Anwendungen

Lösung 13.3.1

a) $\int \dfrac{3x^2+1}{\sqrt{x^3+x+1}}\,dx \stackrel{u=x^3+x+1}{=} \int u^{-1/2}\,du = 2u^{1/2} + C = 2\sqrt{x^3+x+1} + C$

b) $\int \dfrac{x^5+x^3+x+1}{\sqrt[5]{x}}\,dx = \int x^{24/5} + x^{14/5} + x^{4/5} + x^{-1/5}\,dx$

$= \dfrac{5}{29}x^{29/5} + \dfrac{5}{19}x^{19/5} + \dfrac{5}{9}x^{9/5} + \dfrac{5}{4}x^{4/5} + C$

c) $\int \dfrac{\ln x}{x}\,dx \stackrel{u=\ln x}{=} \int u\,du = \dfrac{1}{2}u^2 + C = \dfrac{1}{2}(\ln x)^2 + C$

d) $\int \dfrac{\cos x}{\sqrt{1-\sin^2 x}}\,dx = \int dx = x + C$

e) $\int (x^2+1)e^{2x}\,dx = \dfrac{e^{2x}}{2}(x^2+1) - \int xe^{2x}\,dx = \dfrac{e^{2x}}{2}(x^2+1) - \left(\dfrac{xe^{2x}}{2} - \int \dfrac{e^{2x}}{2}\,dx\right)$

$= \dfrac{e^{2x}}{2}(x^2+1) - \dfrac{xe^{2x}}{2} + \dfrac{e^{2x}}{4} + C = \dfrac{e^{2x}}{2}\left(x^2 - x + \dfrac{3}{2}\right) + C$

f) $\int \sin x \cos^3 x\,dx \stackrel{u=\cos x}{=} -\int u^3\,du = -\dfrac{u^4}{4} + C = -\dfrac{\cos^4 x}{4} + C$

Lösung 13.3.2

a) $\int \dfrac{x}{1+\sqrt{1+x^2}}\,dx \stackrel{u=1+\sqrt{1+x^2}}{=} \int \dfrac{u-1}{u}\,du$

$= u - \ln u + C = 1 + \sqrt{1+x^2} - \ln(1+\sqrt{1+x^2}) + C$

b) Substitution: $u = \cos x$

$\int \tan x\,dx = \int \dfrac{\sin x}{\cos x}\,dx = -\int \dfrac{1}{u}\,du = -\ln|u| + C = -\ln|\cos x| + C$

Partielle Integration führt hier nicht zum Ziel, denn

$\int \tan x\,dx = \int \underbrace{\sin x}_{=v'(x)} \underbrace{\cos^{-1} x}_{u(x)}\,dx = -\cos x \cos^{-1} x + \int \cos x \sin x \cos^{-2} x\,dx + C$

$= -1 + \int \tan x\,dx + C \;\Rightarrow\; 0 = -1 + C$

Vergisst man die Integrationskonstante, so ergibt sich $0 = -1$.

c) $\int \ln x\,dx = x\ln x - \int dx = x\ln x - x \;\Rightarrow\;$

$\int (\ln x)^2\,dx = (x\ln x - x)\ln x - \int \ln x - 1\,dx = x(\ln x)^2 - 2x\ln x + 2x + C$

d) $\int \dfrac{\sqrt{1-x^2}}{x^2}\,dx = -\dfrac{\sqrt{1-x^2}}{x} - \int \dfrac{1}{\sqrt{1-x^2}}\,dx = -\dfrac{\sqrt{1-x^2}}{x} - \arcsin x + C$

e) direkte Berechnung über Funktionsumformung:

$\int e^x \cosh x\,dx = \int e^x \cdot \dfrac{e^x + e^{-x}}{2}\,dx = \int \dfrac{e^{2x}+1}{2}\,dx = \dfrac{e^{2x}}{4} + \dfrac{x}{2} + C$

Partielle Integration führt wiederum nicht zum Ziel, denn

$\int e^x \cosh x\,dx = e^x \cosh x - \int e^x \sinh x\,dx + C = e^x \cosh x - \left(e^x \sinh x - \int e^x \cosh x\,dx\right) + C$

$\Rightarrow\; 0 = e^x \cosh x - e^x \sinh x + C = e^x\left(\dfrac{e^x + e^{-x} - (e^x - e^{-x})}{2}\right) + C = 1 + C$

Vergisst man die Integrationskonstante, so ergibt sich $0 = 1$.

f) $\int x \sin x \, dx = -x \cos x + \int \cos x \, dx = -x \cos x + \sin x + C$

Lösung 13.3.3

a) $\int \cosh x \sin x \, dx = \sinh x \sin x - \int \sinh x \cos x \, dx$

$= \sinh x \sin x - \cosh x \cos x - \int \cosh x \sin x \, dx + \tilde{C}$

$\Rightarrow \int \cosh x \sin x \, dx = \frac{1}{2}(\sinh x \sin x - \cosh x \cos x) + C$

b) $\int \tanh x \, dx = \int \frac{\sinh x}{\cosh x} \, dx \stackrel{u=\cosh x}{=} \int \frac{1}{u} \, du = \ln u + C = \ln(\cosh x) + C$

c) $\int x^2 \cos x \, dx = x^2 \sin x - \int 2x \sin x \, dx$

$= x^2 \sin x + 2x \cos x - 2 \int \cos x \, dx = x^2 \sin x + 2x \cos x - 2 \sin x + C$

d) $\int \frac{x^3}{\sqrt{x^2+1}} \, dx = \int x^2 \cdot \frac{x}{\sqrt{x^2+1}} \, dx = x^2 \sqrt{x^2+1} - \int 2x\sqrt{x^2+1} \, dx$

$= x^2 \sqrt{x^2+1} - \frac{2}{3}\sqrt{(x^2+1)^3} + C$

e) $\int \sin(\ln x) \, dx \stackrel{u=\ln x}{=} \int e^u \sin u \, du = -e^u \cos u + \int e^u \cos u \, du$

$= -e^u \cos u + e^u \sin u - \int e^u \sin u \, du$

$\Rightarrow \int \sin(\ln x) \, dx = \frac{e^u}{2}(\sin u - \cos u) + C = \frac{x}{2}(\sin(\ln x) - \cos(\ln x)) + C$

f) $\int \frac{x^2+2}{\sqrt{x}} \, dx = \int x^{3/2} + 2x^{-1/2} \, dx = \frac{2}{5}x^{5/2} + 4x^{1/2} + C$

Lösung 13.3.4

a) partielle Integration:

$\int_0^1 \underbrace{u^3}_{f} \underbrace{e^u}_{g'} \, du = \left(\underbrace{u^3}_{f} \underbrace{e^u}_{g}\right)\Big|_0^1 - \int_0^1 \underbrace{3u^2}_{f'} \underbrace{e^u}_{g} \, du = (u^3 e^u - 3u^2 e^u)\Big|_0^1 + \int_0^1 6u e^u \, du$

$= (u^3 e^u - 3u^2 e^u + 6u e^u)\Big|_0^1 - \int_0^1 6 e^u \, du = (u^3 e^u - 3u^2 e^u + 6u e^u - 6 e^u)\Big|_0^1 = (e - 3e + 6e - 6e) + 6$

$= 6 - 2e = 0.563436343\ldots,$

b) partielle Integration:

$\int_1^2 \frac{1}{s^2} \ln s \, ds = -\frac{\ln s}{s}\Big|_1^2 + \int_1^2 \frac{1}{s^2} \, ds = -\left(\frac{\ln s}{s} + \frac{1}{s}\right)\Big|_1^2 = -\frac{\ln 2}{2} - \frac{1}{2} + 1 = \frac{1}{2} - \frac{\ln 2}{2} = 0.153426409\ldots,$

c) Substitution: $s = \sqrt{x-2}$ bzw. $x = s^2 + 2$ $\rightarrow$ $dx = (2s)ds$

$\int_2^3 x^2 \sqrt{x-2} \, dx = \int_0^1 (s^2+2)^2 \cdot s \cdot (2s) \, ds = 2\int_0^1 s^6 + 4s^4 + 4s^2 \, ds$

$= 2s^3 \left(\frac{s^4}{7} + \frac{4s^2}{5} + \frac{4}{3}\right)\Big|_0^1 = 2\left(\frac{1}{7} + \frac{4}{5} + \frac{4}{3}\right) = \frac{478}{105} = 4.552380952\ldots,$

d) Substitution: $x = \cosh t \to dx = (\sinh t)dt \quad \int_0^{\ln 2} \frac{\sinh t}{\cosh^2 t}\,dt = \int_1^{\cosh \ln 2} \frac{dx}{x^2} = \left(-\frac{1}{x}\right)\Big|_1^{5/4} = \frac{1}{5}$,

e) Polynomdivision:

$$(x^3 + x^2) : (3x + 2) = \frac{x^2}{3} + \frac{x}{9} - \frac{2}{27} + \frac{4}{27(3x+2)}$$

$$\underline{-(x^3 + \frac{2x^2}{3})}$$
$$\frac{x^2}{3}$$
$$\underline{-(\frac{x^2}{3} + \frac{2x}{9})}$$
$$-\frac{2x}{9}$$
$$\underline{-(-\frac{2x}{9} - \frac{4}{27})}$$
$$\frac{4}{27}$$

$$\int_{-1/3}^{0} \frac{x^3 + x^2}{3x + 2}\,dx = \int_{-1/3}^{0} \frac{x^2}{3} + \frac{x}{9} - \frac{2}{27} + \frac{4}{27(3x+2)}\,dx = \left(\frac{x^3}{9} + \frac{x^2}{18} - \frac{2x}{27} + \frac{4\ln(3x+2)}{81}\right)\Big|_{-1/3}^{0}$$

$$= \frac{4\ln(2)}{81} - \left(-\frac{1}{243} + \frac{1}{162} + \frac{2}{81}\right) = \frac{1}{486}(24\ln(2) - 13) = 0.007480519205\ldots$$

Lösung 13.3.5
Der Kreis hat wegen Radius = 1 den Flächeninhalt π. Damit besitzen die beiden sichelförmigen Flächen den Flächeninhalt:

$$F_1 = F_2 = \frac{\pi}{4} - \left|\int_0^1 x^2 - 1\,dx\right| = \frac{\pi}{4} - \left|\frac{x^3}{3} - x\right|_0^1 = \frac{\pi}{4} - \frac{2}{3} = 0.118731496\ldots$$

Die Restfläche besitzt also den Flächeninhalt $F_3 = \pi - 2\left(\frac{\pi}{4} - \frac{2}{3}\right) = \frac{\pi}{2} + \frac{4}{3} = 2.90412966\ldots$

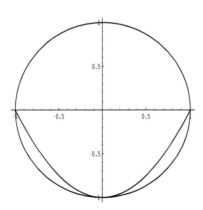

Bild 13.3.5   Flächeninhalte

Lösung 13.3.6

$$\int_{-1}^{1} 1-x^2-(1-|x|)\,\mathrm{d}x = 2\int_{0}^{1} 1-x^2-(1-x)\,\mathrm{d}x = 2\left(\frac{x^2}{2}-\frac{x^3}{3}\right)\bigg|_{0}^{1} = \frac{1}{3}$$

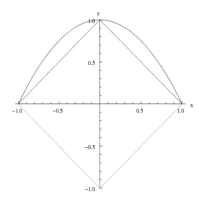

Bild 13.3.6 Flächeninhalt

Lösung 13.3.7

Es gilt für $0 \le t \le 8$: $\quad w(t) = \int_{t-8}^{t} E(\tau)\,\mathrm{d}\tau = \int_{t-8}^{t} 0\,\mathrm{d}\tau = 0$,

für $8 \le t \le 16$:

$$w(t) = \int_{8}^{t} E(\tau)\,\mathrm{d}\tau = \int_{8}^{t} (8-\tau)(\tau-16)\,\mathrm{d}\tau = -\frac{\tau^3}{3}+12\tau^2-128\tau\bigg|_{8}^{t} = -\frac{t^3}{3}+12t^2-128t+\frac{1280}{3}$$

und für $16 \le t \le 24$: $\quad w(t) = \int_{t-8}^{16} E(\tau)\,\mathrm{d}\tau = \int_{t-8}^{16} (8-\tau)(\tau-16)\,\mathrm{d}\tau$

$$= -\frac{\tau^3}{3}+12\tau^2-128\tau\bigg|_{(t-8)}^{16} = \frac{(t-8)^3}{3}-12(t-8)^2+128(t-8)-\frac{1024}{3}\,.$$

Lösung 13.3.8

a) $m(0) = \underbrace{1000\,\mathrm{kg}+25000\,\mathrm{kg}}_{\text{1. Stufe}} + \underbrace{500\,\mathrm{kg}+8000\,\mathrm{kg}}_{\text{2. Stufe}} = 34500\,\mathrm{kg}$

Brenndauer 1. Stufe: $t_1 = \dfrac{25000}{500}\,\mathrm{s} = 50\,\mathrm{s}$, 2. Stufe: $t_2 = \dfrac{8000}{40}\,\mathrm{s} = 200\,\mathrm{s}$

$\Rightarrow\quad m(t) = \begin{cases} 34500-500t & \text{für } \;0\le t\le 50 \\ 10500-40t & \text{für } 50 < t \le 250 \end{cases}$

b) Für $0 \le t \le 50$ gilt:

$$v(t) = \int_{0}^{t} \frac{F}{m(\tau)}-g\,\mathrm{d}\tau = \int_{0}^{t} \frac{2000000}{34500-500\tau}-9.81\,\mathrm{d}\tau = \int_{0}^{t} \frac{4000}{69-\tau}-9.81\,\mathrm{d}\tau$$

$$= (-4000\ln(69-\tau)-9.81\tau)\big|_{0}^{t} = \left(4000\ln\frac{69}{69-t}-9.81t\right)\frac{\mathrm{m}}{\mathrm{s}}$$

$$\Rightarrow \quad v(50) = 4000 \ln \frac{69}{19} - 490.5 = 4668.17 \, \frac{\text{m}}{\text{s}}$$

Für $50 \leq t \leq 250$ gilt:

$$v(t) = v(50) + \int_{50}^{t} \frac{F}{m(\tau)} - g \, d\tau = v(50) + \int_{50}^{t} \frac{300000}{10500 - 40\tau} - 9.81 \, d\tau$$

$$= v(50) + \int_{50}^{t} \frac{15000}{525 - 2\tau} - 9.81 \, d\tau = v(50) + \left(-7500 \ln(525 - 2\tau) - 9.81\tau\right)\Big|_{50}^{t}$$

$$= \left(v(50) + 7500 \ln \frac{425}{525 - 2t} - 9.81(t - 50)\right) \frac{\text{m}}{\text{s}}$$

$$\Rightarrow \quad v(250) = v(50) + 7500 \ln 17 - 1962 = 23955.27 \, \frac{\text{m}}{\text{s}}$$

c) Für $0 \leq t \leq 50$ gilt:

$$h(t) = \int_{0}^{t} v(\tau) \, d\tau = \int_{0}^{t} 4000 \ln \frac{69}{69 - \tau} - 9.81\tau \, d\tau$$

$$= \left(4000(\tau \ln 69 - (69 - \tau) + (69 - \tau) \ln(69 - \tau)) - 4.905\tau^2\right)\Big|_{0}^{t}$$

$$= 4000(t \ln 69 + t + (69 - t) \ln(69 - t) - 69 \ln 69) - 4.905t^2$$

$$\Rightarrow \quad h(50) = 4000 \left(50 + 19 \ln \frac{19}{69}\right) - 12262.5 \, \text{m} = 89722.77 \, \text{m}$$

Für $50 \leq t \leq 250$ gilt:

$$h(t) = h(50) + \int_{50}^{t} v(\tau) \, d\tau = h(50) + \int_{50}^{t} v(50) + 7500 \ln \frac{425}{525 - 2t} - 9.81(t - 50) \, d\tau$$

$$= h(50) + \left(v(50)\tau - 4.905(\tau - 50)^2\right)\Big|_{50}^{t}$$

$$+ 7500 \left(\tau \ln 425 - \frac{1}{2}\{(525 - 2\tau) - (525 - 2\tau) \ln(525 - 2\tau)\}\right)\Big|_{50}^{t}$$

$$= h(50) + v(50)(t - 50) - 4.905(t - 50)^2$$

$$+ 7500 \left((t - 50) \ln 425 - \frac{1}{2}\{-2(t - 50) - (525 - 2t) \ln(525 - 2t) + 425 \ln 425\}\right)$$

$$\Rightarrow \quad h(250) = h(50) + 200 v(50) - 4.905 \cdot 200^2$$

$$+ 7500(200 \ln 425 - \frac{1}{2}(-400 - 25 \ln 25 + 425 \ln 425)) = 2061543.037 \, \text{m}$$

Lösung 13.3.9

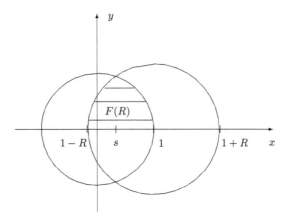

Bild 13.3.9 Weidefläche der Ziege

Der Schnittpunkt s der beiden Kreise berechnet sich aus

$$\sqrt{1-x^2} = \sqrt{R^2 - (x-1)^2} \quad \Rightarrow \quad s = 1 - \frac{R^2}{2} \; .$$

Damit ergibt sich die Fläche

$$\begin{aligned}
F(R) &= R \int_{1-R}^{s} \sqrt{1 - \left(\frac{x-1}{R}\right)^2}\, dx + \int_{s}^{1} \sqrt{1-x^2}\, dx \\
&= \frac{R^2}{2} \left(\arcsin\left(\frac{x-1}{R}\right) + \left(\frac{x-1}{R}\right) \sqrt{1 - \left(\frac{x-1}{R}\right)^2} \right) \Bigg|_{1-R}^{s} \\
&\quad + \frac{1}{2} \left(\arcsin x + x\sqrt{1-x^2} \right) \Bigg|_{s}^{1} \\
&= \frac{1}{2}\left(\frac{\pi}{2}(1+R^2) - R^2 \arcsin\frac{R}{2} - \arcsin\left(1 - \frac{R^2}{2}\right) - R\sqrt{1 - \frac{R^2}{4}} \right) \; .
\end{aligned}$$

Der Radius R ergibt sich aus $g(R) := F(R) - \frac{\pi}{4} = 0$. Als Einschließung für R ergibt sich aus der Zeichnung sofort $1 < R < \sqrt{2}$.

Das Newton-Verfahren zu Lösung von $g(R) = 0$ liefert mit $g(R)' = \frac{\pi R}{2} - R \arcsin \frac{R}{2}$ folgende Werte

n	x_n	$g(x_n)$	x_n	$g(x_n)$
0	1	$-0.17 \cdot 10^0$	$\sqrt{2}$	$0.29 \cdot 10^0$
1	1.163496671	$0.53 \cdot 10^{-2}$	1.157264939	$-0.16 \cdot 10^{-2}$
2	1.158730912	$0.27 \cdot 10^{-5}$	1.158728709	$0.26 \cdot 10^{-6}$
3	1.158728473	$0.72 \cdot 10^{-12}$	1.158728473	$0.66 \cdot 10^{-14}$

Wegen $-0.518 \cdot 10^{-6} = g(1.158728) < 0 < g(1.158729) = 0.535 \cdot 10^{-6}$ folgt nach dem Zwischenwertsatz $1.158728 < R < 1.158729$.

L.13.4 Integration rationaler Funktionen

Lösung 13.4.1

a) $\displaystyle\int \frac{x-1}{x^5 - x^4 + 8x^3 - 8x^2 + 16x - 16}\,dx = \int \frac{x-1}{(x-1)(x^2+4)^2}\,dx$

$\displaystyle = \frac{1}{16}\int \frac{1}{\left(\left(\frac{x}{2}\right)^2 + 1\right)^2}\,dx \stackrel{t=x/2}{=} \frac{1}{8}\int \frac{1}{(t^2+1)^2}\,dt$

$\displaystyle = \frac{1}{16}\left(\int \frac{1}{t^2+1}\,dt + \frac{t}{t^2+1}\right) = \frac{1}{16}\arctan\left(\frac{x}{2}\right) + \frac{1}{8}\frac{x}{x^2+4} + C$

b) $\displaystyle\int \frac{x}{x^2-4x+8}\,dx = \int \frac{x}{(x-2)^2+4}\,dx = \frac{1}{2}\int \frac{2x-4}{(x-2)^2+4}\,dx + \int \frac{2}{(x-2)^2+4}\,dx$

$\displaystyle = \frac{1}{2}\ln((x-2)^2+4) + \frac{1}{2}\int \frac{1}{\left(\frac{x-2}{2}\right)^2+1}\,dx = \frac{1}{2}\ln((x-2)^2+4) + \arctan\left(\frac{x-2}{2}\right) + C$

c) $\displaystyle\int \frac{2x^6 + x^5 + 12x^3 - 7x^2 + 5x - 2}{2x^5 - x^4 + 2x^3 - x^2}\,dx = \int x + 1 + \frac{-x^4 + 11x^3 - 6x^2 + 5x - 2}{x^2(2x-1)(x^2+1)}\,dx$

Ansatz für die Partialbruchzerlegung:

$$\frac{-x^4 + 11x^3 - 6x^2 + 5x - 2}{x^2(2x-1)(x^2+1)} = \frac{A}{x} + \frac{B}{x^2} + \frac{C}{2x-1} + \frac{Dx+E}{x^2+1}$$

$\Rightarrow -x^4 + 11x^3 - 6x^2 + 5x - 2$
$= Ax(2x-1)(x^2+1) + B(2x-1)(x^2+1) + Cx^2(x^2+1) + (Dx+E)x^2(2x-1)$

Einsetzen auf beiden Seiten von:

$$x = \frac{1}{2} \Rightarrow C = 1, \quad x = 0 \Rightarrow B = 2, \quad x = i \Rightarrow D = 0 \wedge E = 3$$

Ableiten beider Seiten und $x = 0$ einsetzen führt auf $A = -1$. Damit lautet die Partialbruchzerlegung

$$\frac{-x^4 + 11x^3 - 6x^2 + 5x - 2}{x^2(2x-1)(x^2+1)} = -\frac{1}{x} + \frac{2}{x^2} + \frac{1}{2x-1} + \frac{3}{x^2+1}$$

$\Rightarrow \displaystyle\int \frac{2x^6 + x^5 + 12x^3 - 7x^2 + 5x - 2}{2x^5 - x^4 + 2x^3 - x^2}\,dx = \frac{(x+1)^2}{2} - \ln|x| - \frac{2}{x} + \frac{\ln|2x-1|}{2} + 3\arctan x + C$

Lösung 13.4.2

a)
$$\int \frac{x^3 - x^2 - 3x + 12}{x^2 + x - 6}\,dx = \int x - 2 + \frac{5x}{(x+3)(x-2)}\,dx$$

Ansatz für die Partialbruchzerlegung:

$$\frac{5x}{(x+3)(x-2)} = \frac{A}{x+3} + \frac{B}{x-2} \Rightarrow 5x = A(x-2) + B(x+3).$$

Einsetzen auf beiden Seiten von: $x = 2 \Rightarrow B = 2$, $x = -3 \Rightarrow A = 3$

$\Rightarrow \displaystyle\int \frac{x^3 - x^2 - 3x + 12}{x^2 + x - 6}\,dx = \int x - 2 + \frac{3}{x+3} + \frac{2}{x-2}\,dx$

$\displaystyle = \frac{(x-2)^2}{2} + 3\ln|x+3| + 2\ln|x-2| + C$

b)
$$\int \frac{e^{3x} + e^{2x} + 2e^x}{e^{3x} + e^{2x} + e^x + 1} \, dx \stackrel{t=e^x}{=} \int \frac{t^3 + t^2 + 2t}{t(t^3 + t^2 + t + 1)} \, dt = \int \frac{t^2 + t + 2}{(t^2 + 1)(t + 1)} \, dt$$
$$= \int \frac{1}{t^2 + 1} + \frac{1}{t + 1} \, dt = \arctan t + \ln|t + 1| + C = \arctan e^x + \ln(e^x + 1) + C$$

Lösung 13.4.3

a)
$$\int \frac{5x^3 - x^2 + 9x + 7}{x^4 + 2x^3 - 2x^2 - 6x + 5} \, dx = \int \frac{5x^3 - x^2 + 9x + 7}{(x-1)^2((x+2)^2 + 1)} \, dx$$

Ansatz für die Partialbruchzerlegung:
$$\frac{5x^3 - x^2 + 9x + 7}{(x-1)^2((x+2)^2 + 1)} = \frac{A}{x-1} + \frac{B}{(x-1)^2} + \frac{Cx + D}{(x+2)^2 + 1}$$

$$\Rightarrow \quad 5x^3 - x^2 + 9x + 7 = A(x-1)((x+2)^2 + 1) + B((x+2)^2 + 1) + (Cx + D)(x-1)^2$$

Einsetzen auf beiden Seiten von $\quad x = 1 \Rightarrow B = 2$

$B = 2$ einsetzen und ableiten ergibt: $15x^2 - 6x + 1 = A(x^2 + 4x + 5) + (x - 1)q(x)$

Einsetzen auf beiden Seiten von $\quad x = 1 \Rightarrow A = 1$ und oben eingesetzt

$$\Rightarrow \quad 4x^3 - 6x^2 + 2 = (Cx + D)(x - 1)^2$$

Einsetzen auf beiden Seiten von: $\quad x = 0 \Rightarrow D = 2$, $\quad x = 2 \Rightarrow C = 4$

$$\Rightarrow \int \frac{5x^3 - x^2 + 9x + 7}{x^4 + 2x^3 - 2x^2 - 6x + 5} \, dx = \int \frac{1}{x-1} + \frac{2}{(x-1)^2} + \frac{4x + 2}{(x+2)^2 + 1} \, dx$$

$$= \ln|x - 1| - \frac{2}{x-1} + 2 \int \frac{2(x+2)}{(x+2)^2 + 1} \, dx - \int \frac{6}{(x+2)^2 + 1} \, dx$$

$$= \ln|x - 1| - \frac{2}{x-1} + 2 \ln((x+2)^2 + 1) - 6 \arctan(x + 2) + C$$

b)
$$\int \frac{1}{\sin x + \cos x} \, dx \stackrel{t=\tan(x/2)}{=} -\int \frac{2}{t^2 - 2t - 1} \, dt$$
$$= -\frac{1}{\sqrt{2}} \int \frac{1}{t - (1 + \sqrt{2})} - \frac{1}{t - (1 - \sqrt{2})} \, dt = \frac{1}{\sqrt{2}} \ln\left(\frac{t - (1 - \sqrt{2})}{t - (1 + \sqrt{2})}\right) + C$$
$$= \frac{1}{\sqrt{2}} \ln\left(\frac{\tan \frac{x}{2} - (1 - \sqrt{2})}{\tan \frac{x}{2} - (1 + \sqrt{2})}\right) + C$$

Lösung 13.4.4

a)
$$\int \frac{2e^{2x} + 3e^x - 2}{e^{2x} - e^x - 2} \, dx \stackrel{t=e^x}{=} \int \frac{2t^2 + 3t - 2}{t(t+1)(t-2)} \, dt$$

Ansatz für die Partialbruchzerlegung:
$$\frac{2t^2 + 3t - 2}{t(t+1)(t-2)} = \frac{A}{t} + \frac{B}{t+1} + \frac{C}{t-2}$$

$$\Rightarrow \quad 2t^2 + 3t - 2 = A(t+1)(t-2) + Bt(t-2) + Ct(t+1) \quad .$$

Einsetzen auf beiden Seiten von: $t = 0 \Rightarrow A = 1$, $t = -1 \Rightarrow B = -1$, $t = 2 \Rightarrow C = 2$

$$\Rightarrow \int \frac{2t^2 + 3t - 2}{t(t+1)(t-2)} \, dt = \int \frac{1}{t} - \frac{1}{t+1} + \frac{2}{t-2} \, dt$$

$$\Rightarrow \int \frac{2e^{2x} + 3e^x - 2}{e^{2x} - e^x - 2} \, dx = x - \ln(e^x + 1) + 2 \ln|e^x - 2| + C \quad .$$

L.13.4 Integration rationaler Funktionen

b)
$$\int \frac{1+\sin x}{1+\cos x}\,dx \stackrel{t=\tan(x/2)}{=} \int \frac{1+\frac{2t}{1+t^2}}{1+\frac{1-t^2}{1+t^2}} \cdot \frac{2}{1+t^2}\,dt = \int 1 + \frac{2t}{1+t^2}\,dt$$
$$= t + \ln(1+t^2) + C = \tan\frac{x}{2} + \ln\left(1+\tan^2\frac{x}{2}\right) + C$$

Lösung 13.4.5

a) $\displaystyle\int \frac{4x^3 - 7x + 2}{2x+1}\,dx = \int 2x^2 - x - 3 + \frac{5}{2x+1}\,dx = \frac{2}{3}x^3 - \frac{1}{2}x^2 - 3x + \frac{5}{2}\ln|2x+1| + K$

b) Partialbruchzerlegungsansatz:
$$\frac{x^2 - x + 7}{x^3 - 3x^2 + 4x - 12} = \frac{x^2 - x + 7}{(x-3)(x^2+4)} = \frac{A}{x-3} + \frac{Bx+C}{x^2+4}$$

$\Rightarrow \quad x^2 - x + 7 = A(x^2+4) + (Bx+C)(x-3)$

$x = 3: \quad 13 = A(9+4) \quad \Rightarrow \quad A = 1$

$x = 0: \quad 7 = 4 - 3C \quad \Rightarrow \quad C = -1$

$x = 1: \quad 7 = 5 + (B-1)(-2) \quad \Rightarrow \quad B = 0$

$$\int \frac{x^2 - x + 7}{x^3 - 3x^2 + 4x - 12}\,dx = \int \frac{1}{x-3} - \frac{1}{x^2+4}\,dx = \ln|x-3| - \frac{1}{2}\arctan\frac{x}{2} + K$$

Lösung 13.4.6

a)
$$\int \frac{2x+1}{x^2+2x+2}\,dx = \int \frac{2x+2-1}{x^2+2x+2}\,dx = \int \frac{2x+2}{x^2+2x+2}\,dx - \int \frac{1}{x^2+2x+2}\,dx$$
$$= \ln(x^2+2x+2) - \int \frac{1}{(x+1)^2+1}\,dx = \ln(x^2+2x+2) - \arctan(x+1) + C$$

b)
$$\int \frac{2x+1}{x^3+2x^2+x}\,dx = \int \frac{2x+1}{x(x+1)^2}\,dx$$

Partialbruchzerlegungsansatz:
$$\frac{2x+1}{x(x+1)^2} = \frac{A}{x} + \frac{B}{x+1} + \frac{C}{(x+1)^2} = \frac{A(x+1)^2 + Bx(x+1) + Cx}{x(x+1)^2}$$

Koeffizientenvergleich:

$2x + 1 = Ax^2 + 2Ax + A + Bx^2 + Bx + Cx = (A+B)x^2 + (2A+B+C)x + A$

$\Rightarrow \quad A = 1,\ B = -1 \text{ und } C = 1$

$$\int \frac{2x+1}{x^3+2x^2+x}\,dx = \int \frac{1}{x} - \frac{1}{x+1} + \frac{1}{(x+1)^2}\,dx = \ln|x| - \ln|x+1| - \frac{1}{x+1} + C.$$

Lösung 13.4.7

a)
$$\int \frac{2x^4 + 5x^2 + 2x + 16}{x^4 - x^3 + 2x^2 + 4x}\,dx = \int 2 + \frac{2x^3 + x^2 - 6x + 16}{x(x+1)((x-1)^2+3)}\,dx$$

Ansatz für die Partialbruchzerlegung:
$$\frac{2x^3 + x^2 - 6x + 16}{x(x+1)((x-1)^2+3)} = \frac{A}{x} + \frac{B}{x+1} + \frac{Cx+D}{(x-1)^2+3}$$

$\Rightarrow \quad 2x^3 + x^2 - 6x + 16 = A(x+1)((x-1)^2 + 3) + Bx((x-1)^2 + 3) + (Cx+D)x(x+1)$

Einsetzen auf beiden Seiten von:

$x = 0 \Rightarrow A = 4, \quad x = -1 \Rightarrow B = -3, \quad x = 1 \Rightarrow C + D = -1,$

$x = 2 \Rightarrow 2C + D = 0 \Rightarrow C = 1 \wedge D = -2$

$$\Rightarrow \int \frac{2x^4 + 5x^2 + 2x + 16}{x^4 - x^3 + 2x^2 + 4x} \, dx = \int 2 + \frac{4}{x} - \frac{3}{x+1} + \frac{x-2}{(x-1)^2 + 3} \, dx$$

$$\int \frac{x-2}{(x-1)^2 + 3} \, dx = \frac{1}{2} \int \frac{2(x-1)}{(x-1)^2 + 3} \, dx - \int \frac{1}{(x-1)^2 + 3} \, dx$$

$$= \frac{1}{2} \ln((x-1)^2 + 3) - \frac{1}{3} \int \frac{1}{\left(\frac{x-1}{\sqrt{3}}\right)^2 + 1} \, dx$$

$$= \frac{1}{2} \ln((x-1)^2 + 3) - \frac{1}{\sqrt{3}} \arctan\left(\frac{x-1}{\sqrt{3}}\right) + C$$

$$\Rightarrow \int \frac{2x^4 + 5x^2 + 2x + 16}{x^4 - x^3 + 2x^2 + 4x} \, dx$$

$$= 2x + 4\ln|x| - 3\ln|x+1| + \frac{1}{2} \ln((x-1)^2 + 3) - \frac{1}{\sqrt{3}} \arctan\left(\frac{x-1}{\sqrt{3}}\right) + C$$

b)

$$\int \frac{e^{3x} + 3e^{2x} - 2e^x}{e^{3x} - e^{2x} + e^x - 1} \, dx \stackrel{t = e^x}{=} \int \frac{t^3 + 3t^2 - 2t}{t(t^3 - t^2 + t - 1)} \, dt = \int \frac{t^2 + 3t - 2}{(t-1)(t^2 + 1)} \, dt$$

Ansatz für die Partialbruchzerlegung:

$$\frac{t^2 + 3t - 2}{(t-1)(t^2 + 1)} = \frac{A}{t-1} + \frac{Bt + C}{t^2 + 1}$$

$$\Rightarrow \quad t^2 + 3t - 2 = A(t^2 + 1) + (Bt + C)(t - 1).$$

Einsetzen auf beiden Seiten von:

$$t = 1 \Rightarrow A = 1, \quad t = 0 \Rightarrow C = 3, \quad t = 2 \Rightarrow B = 0$$

$$\int \frac{t^2 + 3t - 2}{(t-1)(t^2 + 1)} \, dt = \int \frac{1}{t-1} + \frac{3}{t^2 + 1} \, dt = \ln|t-1| + 3\arctan t + C$$

$$\Rightarrow \int \frac{e^{3x} + 3e^{2x} - 2e^x}{e^{3x} - e^{2x} + e^x - 1} \, dx = \ln|e^x - 1| + 3\arctan e^x + C$$

Lösung 13.4.8

a) Polynomdivision: $\quad \dfrac{x^3 - 4x^2 - 12x + 13}{x^2 - x - 12} = x - 3 - \dfrac{3x + 23}{x^2 - x - 12}$

Nennerfaktorisierung: $\quad x^2 - x - 12 = (x-4)(x+3)$

Partialbruchzerlegungsansatz: $\quad \dfrac{3x + 23}{(x-4)(x+3)} = \dfrac{A}{x-4} + \dfrac{B}{x+3}$

Koeffizientenberechnung: $\quad 3x + 23 = A(x+3) + B(x-4)$

$x = 4: \quad 3 \cdot 4 + 23 = 35 = A(4+3) \quad \Rightarrow \quad A = 5$

$x = -3: \quad 3 \cdot (-3) + 23 = 14 = B(-3-4) \quad \Rightarrow \quad B = -2$

Integration:

$$\int \frac{x^3 - 4x^2 - 12x + 13}{x^2 - x - 12} \, dx = \int x - 3 - \frac{5}{x-4} + \frac{2}{x+3} \, dx$$

$$= \frac{x^2}{2} - 3x - 5\ln|x-4| + 2\ln|x+3| + C$$

b) $\int \dfrac{e^x}{e^{2x}+1}\,dx \stackrel{t=e^x}{=} \int \dfrac{t}{t^2+1}\cdot\dfrac{dt}{t} = \arctan t + K = \arctan(e^x) + K$

Lösung 13.4.9

a) Partialbruchzerlegungsansatz:
$$\dfrac{7x^2+4x+9}{(x+3)(x^2-2x+5)} = \dfrac{A}{x+3} + \dfrac{Bx+C}{(x-1)^2+4}$$

$$\Rightarrow\quad 7x^2+4x+9 = A((x-1)^2+4) + (x+3)(Bx+C)$$

Nullstelle $x=-3$ einsetzen:
$60 = 7(-3)^2 + 4(-3) + 9 = A((-3-1)^2+4) = 20 \quad\Rightarrow\quad A=3$

Einsetzen weiterer x-Werte:
$x=0:\quad 9 = A(1+4) + 3C = 15 + 3C \quad\Rightarrow\quad C=-2$
$x=1:\quad 20 = 4A + 4(B+C) = 4 + 4B \quad\Rightarrow\quad B=4$

$$\int \dfrac{7x^2+4x+9}{(x+3)(x^2-2x+5)}\,dx = \int \dfrac{3}{x+3} + \dfrac{4x-2}{(x-1)^2+4}\,dx + C$$

$$= 3\ln|x+3| + \int 2\cdot\dfrac{2(x-1)}{(x-1)^2+4} + \dfrac{2}{(x-1)^2+4}\,dx + C$$

$$= 3\ln|x+3| + 2\ln|(x-1)^2+4| + \dfrac{1}{2}\int \dfrac{1}{((x-1)/2)^2+1}\,dx + C$$

$$= 3\ln|x+3| + 2\ln|(x-1)^2+4| + \arctan\left(\dfrac{x-1}{2}\right) + C$$

b) $\int \dfrac{2e^{2x}+e^x}{e^{2x}+1}\,dx \stackrel{t=e^x}{=} \int \dfrac{2t^2+t}{t^2+1}\dfrac{dt}{t} = \int \dfrac{2t+1}{t^2+1}\,dt$
$= \ln(t^2+1) + \arctan t + C = \ln(e^{2x}+1) + \arctan e^x + C$

L.13.5 Uneigentliche Integrale

Lösung 13.5.1

$$\Gamma(x+1) = \int_0^\infty e^{-t} t^{(x+1)-1}\,dt = \lim_{a\to\infty}\int_0^a e^{-t} t^x\,dt$$

$$= \lim_{a\to\infty}\left\{(-t^x e^{-t})\big|_0^a + \int_0^a x e^{-t} t^{x-1}\,dt\right\} = \lim_{a\to\infty} x\int_0^a e^{-t} t^{x-1}\,dt = x\Gamma(x)$$

Induktion:

$n=1:\quad \Gamma(1) = \int_0^\infty e^{-t}\,dt = \lim_{a\to\infty}\int_0^a e^{-t}\,dt = \lim_{a\to\infty}(-e^{-t})\big|_0^a = 1 = 0!$

$n\to n+1:\quad \Gamma(n+1) = n\Gamma(n) = n(n-1)! = n! = ((n+1)-1)!$

Lösung 13.5.2

a) (i) $\int_0^\infty \dfrac{x}{x^4+2x^2+1}\,dx = \underbrace{\int_0^1 \dfrac{x}{(x^2+1)^2}\,dx}_{\text{existiert}} + \int_1^\infty \dfrac{x}{(x^2+1)^2}\,dx$

$\int_1^\infty \dfrac{x}{(x^2+1)^2}\,dx = \lim\limits_{t\to\infty} \int_1^t \dfrac{x}{(x^2+1)^2}\,dx \leq \lim\limits_{t\to\infty} \int_1^t \dfrac{x}{x^4}\,dx = \lim\limits_{t\to\infty} \left. -\dfrac{x^{-2}}{2}\right|_1^t = \dfrac{1}{2}$

Damit existiert das Integral.

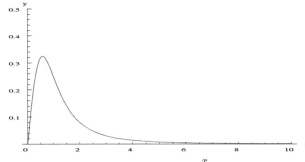

Bild 13.5.2 a) (i) $f(x) = \dfrac{x}{x^4+2x^2+1}$

(ii) $\int_0^\infty \dfrac{x+1}{\sqrt{x^4+1}}\,dx = \underbrace{\int_0^1 \dfrac{x+1}{\sqrt{x^4+1}}\,dx}_{\text{existiert}} + \int_1^\infty \dfrac{x+1}{\sqrt{x^4+1}}\,dx$

$\int_1^\infty \dfrac{x+1}{\sqrt{x^4+1}}\,dx = \lim\limits_{t\to\infty} \int_1^t \dfrac{x+1}{\sqrt{x^4+1}}\,dx \geq \lim\limits_{t\to\infty} \int_1^t \dfrac{x}{\sqrt{x^4+x^4}}\,dx = \lim\limits_{t\to\infty} \left.\dfrac{\ln x}{\sqrt{2}}\right|_1^t = \infty$

Damit existiert das Integral nicht.

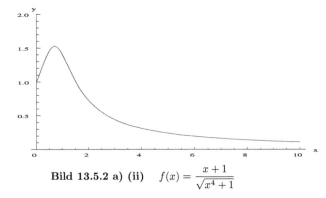

Bild 13.5.2 a) (ii) $f(x) = \dfrac{x+1}{\sqrt{x^4+1}}$

b) (i) $\int_0^2 \dfrac{dx}{\sqrt{|1-x^2|}} = \int_0^1 \dfrac{dx}{\sqrt{1-x^2}} + \int_1^2 \dfrac{dx}{\sqrt{x^2-1}}$

$= \lim\limits_{t\to 1-} \arcsin x \Big|_0^t + \lim\limits_{s\to 1+} \ln(x+\sqrt{x^2-1})\Big|_s^2 = \dfrac{\pi}{2} + \ln(2+\sqrt{3})$

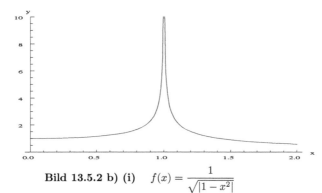

Bild 13.5.2 b) (i) $f(x) = \dfrac{1}{\sqrt{|1-x^2|}}$

(ii)
$$\int_0^3 \frac{x+1}{x^2-1}\,dx = \int_0^1 \frac{1}{x-1}\,dx + \int_1^3 \frac{1}{x-1}\,dx$$

Das Integral existiert nicht, denn

$$\int_0^1 \frac{1}{x-1}\,dx = \lim_{t\to 1-} \int_0^t \frac{1}{x-1}\,dx = \lim_{t\to 1-} \ln|x-1|\Big|_0^t = -\infty\,.$$

Berechnung des Cauchyschen Hauptwertes:

$$\int_0^3 \frac{x+1}{x^2-1}\,dx = \lim_{\varepsilon\to 0+}\left(\int_0^{1-\varepsilon}\frac{1}{x-1}\,dx + \int_{1+\varepsilon}^3 \frac{1}{x-1}\,dx\right)$$

$$= \lim_{\varepsilon\to 0+}\left(\ln|x-1|\Big|_0^{1-\varepsilon} + \ln|x-1|\Big|_{1+\varepsilon}^3\right) = \lim_{\varepsilon\to 0+}(\ln|\varepsilon| + \ln 2 - \ln|\varepsilon|) = \ln 2\,.$$

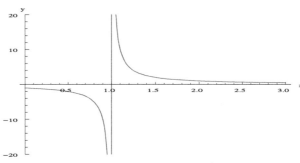

Bild 13.5.2 b) (ii) $f(x) = \dfrac{x+1}{x^2-1}$

Lösung 13.5.3

a) (i) $\displaystyle\int_0^\infty \frac{x-1}{x^3+1}\,dx = \underbrace{\int_0^1 \frac{x-1}{x^3+1}\,dx}_{\text{existiert}} + \int_1^\infty \frac{x-1}{x^3+1}\,dx$

$$\int_1^\infty \frac{x-1}{x^3+1}\,dx = \lim_{t\to\infty}\int_1^t \frac{x-1}{x^3+1}\,dx \le \lim_{t\to\infty}\int_1^t \frac{1}{x^2}\,dx = \lim_{t\to\infty} -\frac{1}{x}\Big|_1^t = 1$$

Damit existiert das Integral.

(ii) $\displaystyle\int_0^\infty \frac{x^2}{\sqrt{x^6+2x^2+1}}\,\mathrm{d}x = \underbrace{\int_0^1 \frac{x^2}{\sqrt{x^6+2x^2+1}}\,\mathrm{d}x}_{\text{existiert}} + \int_1^\infty \frac{x^2}{\sqrt{x^6+2x^2+1}}\,\mathrm{d}x$

$$\lim_{t\to\infty}\int_1^t \frac{x^2}{\sqrt{x^6+2x^2+1}}\,\mathrm{d}x \geq \lim_{t\to\infty}\int_1^t \frac{x^2}{\sqrt{x^6+2x^6+x^6}}\,\mathrm{d}x = \lim_{t\to\infty} \left.\frac{\ln x}{2}\right|_1^t = \infty$$

Damit existiert das Integral nicht.

b) (i) $\displaystyle\int_{-2}^0 \frac{\mathrm{d}x}{\sqrt{|x+1|}} = \int_{-2}^{-1} \frac{\mathrm{d}x}{\sqrt{-(x+1)}} + \int_{-1}^0 \frac{\mathrm{d}x}{\sqrt{x+1}}$

$\displaystyle= \lim_{t\to -1-} \left.-2\sqrt{-(x+1)}\right|_{-2}^t + \lim_{s\to -1+} \left.2\sqrt{x+1}\right|_s^0 = 2+2 = 4$

(ii)
$$\int_{-2}^2 \frac{1}{x+1}\,\mathrm{d}x = \int_{-2}^{-1} \frac{1}{x+1}\,\mathrm{d}x + \int_{-1}^2 \frac{1}{x+1}\,\mathrm{d}x$$

Das Integral existiert nicht, denn

$$\int_{-2}^{-1} \frac{1}{x+1}\,\mathrm{d}x = \lim_{t\to -1-}\int_{-2}^t \frac{1}{x+1}\,\mathrm{d}x = \lim_{t\to -1-} \ln|x+1|\,\big|_{-2}^t = -\infty\,.$$

Berechnung des Cauchyschen Hauptwertes:

$$\int_{-2}^2 \frac{1}{x+1}\,\mathrm{d}x = \lim_{\varepsilon\to 0+}\left(\int_{-2}^{-1-\varepsilon} \frac{1}{x+1}\,\mathrm{d}x + \int_{-1+\varepsilon}^2 \frac{1}{x+1}\,\mathrm{d}x\right)$$

$$= \lim_{\varepsilon\to 0+}\left(\ln|x+1|\,\big|_{-2}^{-1-\varepsilon} + \ln|x+1|\,\big|_{-1+\varepsilon}^2\right) = \lim_{\varepsilon\to 0+}(\ln|\varepsilon| + \ln 3 - \ln|\varepsilon|) = \ln 3\,.$$

Lösung 13.5.4

a) $\displaystyle\int_0^\infty x\mathrm{e}^{-x}\,\mathrm{d}x = \lim_{t\to\infty}\int_0^t x\mathrm{e}^{-x}\,\mathrm{d}x = \lim_{t\to\infty}\left(-x\mathrm{e}^{-x}\big|_0^t + \int_0^t \mathrm{e}^{-x}\,\mathrm{d}x\right) = \lim_{t\to\infty} -\mathrm{e}^{-x}\big|_0^t = 1$

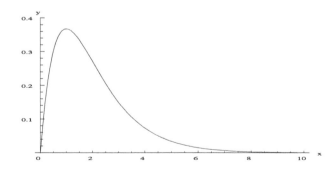

Bild 13.5.4 a) $f(x) = x\mathrm{e}^{-x}$

b) $\displaystyle\int_{-1}^{7}\frac{\mathrm{d}x}{(x-5)^3} = \int_{-1}^{5}\frac{\mathrm{d}x}{(x-5)^3} + \int_{5}^{7}\frac{\mathrm{d}x}{(x-5)^3} = \lim_{\varepsilon\to 0+}\left(\int_{-1}^{5-\varepsilon}\frac{\mathrm{d}x}{(x-5)^3} + \int_{5+\varepsilon}^{7}\frac{\mathrm{d}x}{(x-5)^3}\right)$

$\displaystyle = \lim_{\varepsilon\to 0+}\left(\left.\frac{1}{-2(x-5)^2}\right|_{-1}^{5-\varepsilon} + \left.\frac{1}{-2(x-5)^2}\right|_{5+\varepsilon}^{7}\right) = \lim_{\varepsilon\to 0+}\frac{1}{-2}\left(\frac{1}{(-\varepsilon)^2} - \frac{1}{(-6)^2} + \frac{1}{2^2} - \frac{1}{\varepsilon^2}\right) = -\frac{1}{9}$

Damit lässt sich hier nur der Cauchysche Hauptwert berechnen.

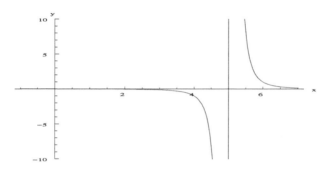

Bild 13.5.4 b) $f(x) = \dfrac{1}{(x-5)^3}$

c) $\displaystyle\int_{-2}^{2}\frac{\mathrm{d}x}{(x+1)^2} = \int_{-2}^{-1}\frac{\mathrm{d}x}{(x+1)^2} + \int_{-1}^{2}\frac{\mathrm{d}x}{(x+1)^2} = \lim_{\varepsilon\to 0+}\left(\int_{-2}^{-1-\varepsilon}\frac{\mathrm{d}x}{(x+1)^2} + \int_{-1+\varepsilon}^{2}\frac{\mathrm{d}x}{(x+1)^2}\right)$

$\displaystyle = \lim_{\varepsilon\to 0+}\left(\left.-\frac{1}{x+1}\right|_{-2}^{-1-\varepsilon} - \left.\frac{1}{x+1}\right|_{-1+\varepsilon}^{2}\right) = \lim_{\varepsilon\to 0+}\left(-\frac{1}{-\varepsilon} + \frac{1}{-1} - \frac{1}{3} + \frac{1}{\varepsilon}\right) = \infty$

Damit lässt sich hier nicht einmal der Cauchysche Hauptwert berechnen.

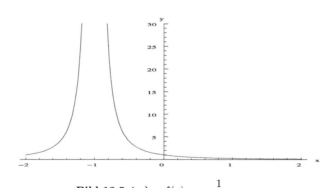

Bild 13.5.4 c) $f(x) = \dfrac{1}{(x+1)^2}$

Lösung 13.5.5

a) Das Integral existiert, denn $0 \leq \dfrac{\sin x}{x\sqrt{x}} \leq \dfrac{1}{\sqrt{x}}$ für $x \in \,]0,1]$ und

$$0 \leq \int_0^1 \frac{\sin x}{x\sqrt{x}}\,\mathrm{d}x \leq \int_0^1 \frac{1}{\sqrt{x}}\,\mathrm{d}x = \left[2\sqrt{x}\right]_0^1 = 2$$

b) Das Integral existiert nicht:

$$\int_6^7 \frac{dx}{\sqrt[7]{(x-6)^8}} = \lim_{\varepsilon \to 0} \left(-\frac{7}{\sqrt[7]{x-6}}\right)\Big|_{6+\varepsilon}^7 = -7 + \lim_{\varepsilon \to 0} \frac{7}{\sqrt[7]{\varepsilon}} = \infty.$$

L.13.6   Parameterabhängige Integrale

Lösung 13.6.1

a) $\displaystyle\int_0^b x^2 e^x \, dx = e^x(x^2 - 2x + 2)\Big|_0^b = e^b(b^2 - 2b + 2) - 2$

b) $\displaystyle F(y) = \int_0^b e^{xy} \, dx \quad \Rightarrow \quad F'(y) = \int_0^b x e^{xy} \, dx$

$\Rightarrow \quad F''(y) = \displaystyle\int_0^b x^2 e^{xy} \, dx \quad \Rightarrow \quad F''(1) = \int_0^b x^2 e^x \, dx$

$F(y) = \displaystyle\int_0^b e^{xy} \, dx = \frac{e^{xy}}{y}\Big|_0^b = \frac{e^{by} - 1}{y} \quad \Rightarrow \quad F'(y) = \frac{ybe^{by} - e^{by} + 1}{y^2}$

$\Rightarrow \quad F''(y) = \dfrac{y^2 b^2 e^{by} - 2(ybe^{by} - e^{by} + 1)}{y^3} \quad \Rightarrow \quad F''(1) = e^b(b^2 - 2b + 2) - 2$

Lösung 13.6.2

a) $\text{Si}'(x) = \dfrac{\sin x}{x}$,

b) $\text{erf}'(x) = \dfrac{2}{\sqrt{\pi}} e^{-x^2}$,

c) $G'(x) = \displaystyle\int_{x^2}^{x^3} \frac{1}{x} \, dt + 3x^2 \ln x^4 - 2x \ln x^3 = x^2(1 + 12\ln x) - x(1 + 6\ln x)$

d) $H'(x) = e^{1+x} - \dfrac{e^{\ln x}}{x} = e^{1+x} - 1$.

L.14 Anwendungen der Integralrechnung

L.14.1 Rotationskörper

Lösung 14.1.1

a) $V_{x\text{-Achse}} = \pi \int\limits_0^a (x^2)^2 \, dx = \left.\dfrac{\pi x^5}{5}\right|_0^a = \dfrac{\pi a^5}{5}$

b) $V_{y\text{-Achse}} = \pi \int\limits_0^{a^2} (\sqrt{x})^2 \, dx = \left.\dfrac{\pi x^2}{2}\right|_0^{a^2} = \dfrac{\pi a^4}{2}$

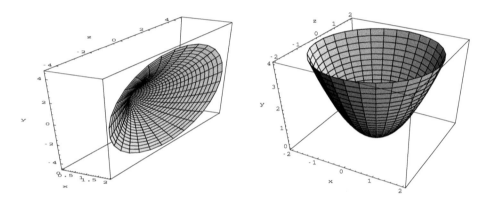

Bild 14.1.1 Rotationsflächen bzgl. der x- bzw. y-Achse

Lösung 14.1.2

$$V = \pi \int\limits_0^{\pi/2} \sin^2 x \, dx - \pi \int\limits_0^{\pi/2} \left(\dfrac{2x}{\pi}\right)^2 dx = \pi \left(\dfrac{1}{2}(x - \sin x \cos x) - \dfrac{4x^3}{3\pi^2}\right)\bigg|_0^{\pi/2} = \dfrac{\pi^2}{12}$$

$$M = 2\pi \int\limits_0^{\pi/2} \sin x \sqrt{1 + \cos^2 x} \, dx + 2\pi \int\limits_0^{\pi/2} \dfrac{2x}{\pi} \sqrt{1 + \left(\dfrac{2}{\pi}\right)^2} \, dx$$

$$= 2\pi \int\limits_0^1 \sqrt{1+t^2} \, dt + 4\sqrt{1 + \left(\dfrac{2}{\pi}\right)^2} \, \dfrac{x^2}{2}\bigg|_0^{\pi/2} = \pi \left(x\sqrt{1+x^2} + \ln(x + \sqrt{1+x^2})\right)\bigg|_0^1 + \dfrac{\pi}{2}\sqrt{\pi^2 + 4}$$

$$= \pi \left(\sqrt{2} + \ln(1+\sqrt{2}) + \dfrac{\sqrt{\pi^2+4}}{2}\right) = 13.06174649\ldots$$

Lösung 14.1.3

$$V = \pi \int\limits_{-1}^1 (3-x^2)^2 \, dx - \pi \int\limits_{-1}^1 (x^2+1)^2 \, dx = 16\pi \int\limits_0^1 1 - x^2 \, dx = \dfrac{32\pi}{3}$$

Aufgaben und Lösungen zu Mathematik für Ingenieure 1, 4.Aufl., R. Ansorge, H. J. Oberle, K. Rothe und Th. Sonar
Copyright © 2010 WILEY-VCH Verlag GmbH & Co. KGaA, Weinheim
ISBN: 978-3-527-40987-7

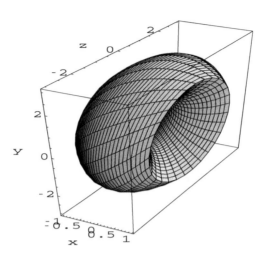

Bild 14.1.3 Rotationskörper

$$M = 2\pi \int\limits_{-1}^{1} (3-x^2)\sqrt{1+4x^2}\,dx + 2\pi \int\limits_{-1}^{1} (x^2+1)\sqrt{1+4x^2}\,dx = 16\pi \int\limits_{0}^{1} \sqrt{1+(2x)^2}\,dx$$

$$\stackrel{t=2x}{=} 8\pi \int\limits_{0}^{2} \sqrt{1+t^2}\,dt = 4\pi \left\{t\sqrt{1+t^2} + \ln\left(t+\sqrt{1+t^2}\right)\right\}\Big|_0^2 = 4\pi \left\{2\sqrt{5} + \ln\left(2+\sqrt{5}\right)\right\}$$

Lösung 14.1.4

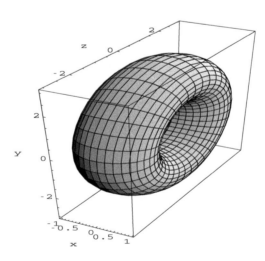

Bild 14.1.4 Rotationskörper mit $r=1$ und $R=2$

$$V = 2\pi \int\limits_{0}^{r} \left(R+\sqrt{r^2-x^2}\right)^2 dx - 2\pi \int\limits_{0}^{r} \left(R-\sqrt{r^2-x^2}\right)^2 dx = 8\pi R \int\limits_{0}^{r} \sqrt{r^2-x^2}\,dx$$

$$\stackrel{x=r\sin t}{=} 8\pi R r^2 \int_0^{\pi/2} \cos^2 t \, dt = 4\pi R r^2 \left(t + \sin t \cos t\right)\big|_0^{\pi/2} = 2\pi^2 R r^2$$

$$M = 4\pi \int_0^r \left(R + \sqrt{r^2 - x^2}\right) \sqrt{1 + \frac{x^2}{r^2 - x^2}} \, dx + 4\pi \int_0^r \left(R - \sqrt{r^2 - x^2}\right) \sqrt{1 + \frac{x^2}{r^2 - x^2}} \, dx$$

$$= 8\pi R \int_0^r \frac{1}{\sqrt{1 - (x/r)^2}} \, dx \stackrel{t=x/r}{=} 8\pi R r \int_0^1 \frac{1}{\sqrt{1 - t^2}} \, dt = 8\pi R r \arcsin t\big|_0^1 = 4\pi^2 R r$$

Lösung 14.1.5

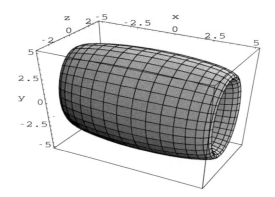

Bild 14.1.5 Rotationskörper mit $a = 5, b = 1$ und $R = 2$

$$V = 2\pi \int_0^a \left(R + b\sqrt{1 - \frac{x^2}{a^2}}\right)^2 dx - 2\pi \int_0^a \left(R - b\sqrt{1 - \frac{x^2}{a^2}}\right)^2 dx = 8\pi b R \int_0^a \sqrt{1 - \frac{x^2}{a^2}} \, dx$$

$$\stackrel{x=a\sin t}{=} 8\pi abR \int_0^{\pi/2} \cos^2 t \, dt = 4\pi abR \left(t + \sin t \cos t\right)\big|_0^{\pi/2} = 2\pi^2 abR$$

Lösung 14.1.6

$$y = \frac{4x - 1}{3} \quad \Leftrightarrow \quad x = \frac{3y + 1}{4}$$

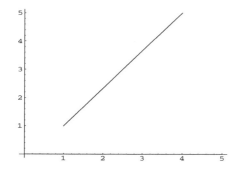
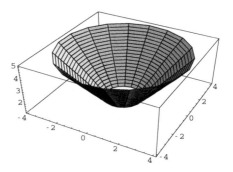

Bild 14.1.6 $y = f(x)$ und Rotationsfläche bzgl. y-Achse

$$M_{\text{Rot}} = 2\pi \int_1^5 x(y)\sqrt{1+(x'(y))^2}\,dy = 2\pi \int_1^5 \frac{3y+1}{4}\sqrt{1+\left(\frac{3}{4}\right)^2}\,dy$$
$$= \frac{5\pi}{8}\left(\frac{3}{2}y^2+y\right)\bigg|_1^5 = \frac{5\pi}{8}\left(\frac{3}{2}(25-1)+(5-1)\right) = 25\pi$$

Lösung 14.1.7

a)

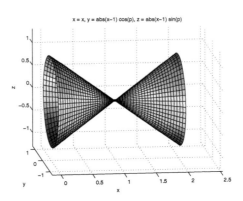

Bild 14.1.7 Rotation von $f(x) = |x-1|$ um die x-Achse

b) $V_{x\text{-Achse}} = \pi \int_a^b (f(x))^2\,dx = \pi \int_0^2 (|x-1|)^2\,dx = \frac{\pi(x-1)^3}{3}\bigg|_0^2 = \frac{2\pi}{3}$

L.14.2 Kurven und Bogenlänge

Lösung 14.2.1

a)
$$\dot{\mathbf{c}}(t) = e^{-2t}\begin{pmatrix} -2\cos t - \sin t \\ -2\sin t + \cos t \end{pmatrix} \quad \Rightarrow \quad \|\dot{\mathbf{c}}(t)\|_2 = \sqrt{5}\,e^{-2t}$$
$$\Rightarrow \quad L(\mathbf{c}) = \int_0^\infty \|\dot{\mathbf{c}}(t)\|_2\,dt = \lim_{a\to\infty}\int_0^a \sqrt{5}\,e^{-2t}\,dt = \lim_{a\to\infty} \frac{\sqrt{5}\,e^{-2t}}{-2}\bigg|_0^a$$
$$= \lim_{a\to\infty}\left(-\frac{\sqrt{5}\,e^{-2a}}{2}+\frac{\sqrt{5}}{2}\right) = \frac{\sqrt{5}}{2}$$

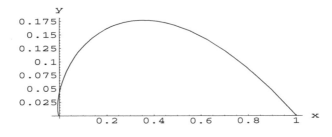

Bild 14.2.1 a) Kurve c

b)

$$\dot{\mathbf{c}}(t) = \begin{pmatrix} \cos t - t\sin t \\ \sin t + t\cos t \\ 1 \end{pmatrix} \quad \Rightarrow \quad \|\dot{\mathbf{c}}(t)\|_2 = \sqrt{2+t^2}$$

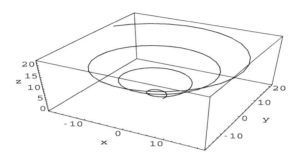

Bild 14.2.1 b) Kurve **c**

$$\Rightarrow \quad L(\mathbf{c}) = \int_0^a \|\dot{\mathbf{c}}(t)\|_2\, dt = \int_0^a \sqrt{2+t^2}\, dt = \sqrt{2}\int_0^a \sqrt{1+\left(\frac{t}{\sqrt{2}}\right)^2}\, dt$$

$$\stackrel{x=t/\sqrt{2}}{=} 2\int_0^{a/\sqrt{2}} \sqrt{1+x^2}\, dx = \left(x\sqrt{1+x^2} + \ln\left(x+\sqrt{1+x^2}\right)\right)\Big|_0^{a/\sqrt{2}}$$

$$= \frac{a}{\sqrt{2}}\sqrt{1+\frac{a^2}{2}} + \ln\left(\frac{a}{\sqrt{2}} + \sqrt{1+\frac{a^2}{2}}\right)$$

Lösung 14.2.2

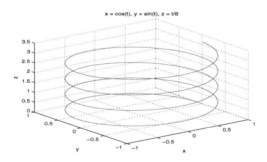

Bild 14.2.2 Schraubenlinie $\mathbf{c}_8$

$$\mathbf{c}_k(t) = \begin{pmatrix} \cos t \\ \sin t \\ t/k \end{pmatrix} \quad \Rightarrow \quad \dot{\mathbf{c}}_k(t) = \begin{pmatrix} -\sin t \\ \cos t \\ 1/k \end{pmatrix}, \quad \|\dot{\mathbf{c}}_k(t)\|_2 = \sqrt{(-\sin t)^2 + \cos^2 t + 1/k^2} = \sqrt{1+1/k^2}$$

$$\Rightarrow \quad L(\mathbf{c}_k) = \int_0^{k\pi} \|\dot{\mathbf{c}}_k(t)\|_2\, dt = \int_0^{k\pi} \sqrt{1+1/k^2}\, dt = \pi\sqrt{1+k^2}$$

Lösung 14.2.3

a)

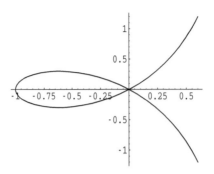

Bild 14.2.3 Strophoide

b) Mit $x(t) = \dfrac{t^2 - 1}{t^2 + 1}$ und $y(t) = tx(t) = \dfrac{t(t^2 - 1)}{t^2 + 1}$ gilt

$$x\dot{y} - \dot{x}y = x(x + t\dot{x}) - \dot{x}(tx) = x^2 = \left(\dfrac{t^2-1}{t^2+1}\right)^2 = \left(1 - \dfrac{2}{t^2+1}\right)^2$$

$$\Rightarrow F(\mathbf{c}) = \dfrac{1}{2}\int_{-1}^{1} x(t)\dot{y}(t) - \dot{x}(t)y(t)\,dt = \dfrac{1}{2}\int_{-1}^{1} 1 - \dfrac{4}{t^2+1} + \dfrac{4}{(t^2+1)^2}\,dt$$

$$= \left(t - 4\arctan t + \dfrac{2t}{t^2+1} + 2\arctan t\right)\Big|_0^1 = 2 - \dfrac{\pi}{2} = 0.42920\ldots$$

Lösung 14.2.4

a)

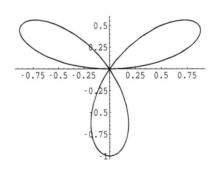

Bild 14.2.4 Dreiblättriges Kleeblatt

b)
$$\mathbf{c}(\varphi) = \begin{pmatrix} x(\varphi) \\ y(\varphi) \end{pmatrix} = r(\varphi)\begin{pmatrix} \cos\varphi \\ \sin\varphi \end{pmatrix} = \sin(3\varphi)\begin{pmatrix} \cos\varphi \\ \sin\varphi \end{pmatrix}$$

$$\Rightarrow \dot{\mathbf{c}}(\varphi) = \begin{pmatrix} 3\cos(3\varphi)\cos\varphi - \sin(3\varphi)\sin\varphi \\ 3\cos(3\varphi)\sin\varphi + \sin(3\varphi)\cos\varphi \end{pmatrix}$$

c) In Polarkoordinaten ergibt sich

$x(\varphi)\dot{y}(\varphi) - \dot{x}(\varphi)y(\varphi)$
$= r(\varphi)\cos\varphi(\dot{r}(\varphi)\sin\varphi + r(\varphi)\cos\varphi) - r(\varphi)\sin\varphi(\dot{r}(\varphi)\cos\varphi - r(\varphi)\sin\varphi) = r^2(\varphi)\,.$

Mit $\varphi \in [0, \pi]$ werden alle drei Blätter erzeugt. Ein Blatt ergibt sich für $\varphi \in \left[0, \frac{\pi}{3}\right]$, und man erhält die Fläche eines Blattes durch

$$F(\mathbf{c}) = \frac{1}{2} \int_0^{\pi/3} r^2(\varphi) \, d\varphi = \frac{1}{2} \int_0^{\pi/3} \sin^2(3\varphi) \, d\varphi \stackrel{t=3\varphi}{=} \frac{1}{6} \int_0^{\pi} \sin^2 t \, dt = \frac{1}{12} (t - \sin t \cos t)\Big|_0^{\pi} = \frac{\pi}{12}.$$

Lösung 14.2.5

a)

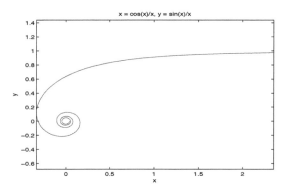

Bild 14.2.5 a)   Hyperbolische Spirale mit $r(\varphi) = 1/\varphi$ für $\varphi \in [\pi/8, 8\pi]$

b) $\mathbf{c}(\varphi) = \begin{pmatrix} x(\varphi) \\ y(\varphi) \end{pmatrix} = r(\varphi) \begin{pmatrix} \cos\varphi \\ \sin\varphi \end{pmatrix} = \frac{1}{\varphi} \begin{pmatrix} \cos\varphi \\ \sin\varphi \end{pmatrix}$

Tangentenvektor:

$$\begin{aligned}
\dot{\mathbf{c}}(\varphi) &= \begin{pmatrix} \dot{x}(\varphi) \\ \dot{y}(\varphi) \end{pmatrix} = \dot{r}(\varphi) \begin{pmatrix} \cos\varphi \\ \sin\varphi \end{pmatrix} + r(\varphi) \begin{pmatrix} -\sin\varphi \\ \cos\varphi \end{pmatrix} \\
&= -\frac{1}{\varphi^2} \begin{pmatrix} \cos\varphi \\ \sin\varphi \end{pmatrix} + \frac{1}{\varphi} \begin{pmatrix} -\sin\varphi \\ \cos\varphi \end{pmatrix} \quad \Rightarrow \\
\dot{\mathbf{c}}(2k\pi) &= -\frac{1}{(2k\pi)^2} \begin{pmatrix} \cos 2k\pi \\ \sin 2k\pi \end{pmatrix} + \frac{1}{2k\pi} \begin{pmatrix} -\sin 2k\pi \\ \cos 2k\pi \end{pmatrix} = \frac{1}{2k\pi} \begin{pmatrix} -1/(2k\pi) \\ 1 \end{pmatrix}
\end{aligned}$$

c) Es gilt $x(\varphi)\dot{y}(\varphi) - \dot{x}(\varphi)y(\varphi) = r^2(\varphi)$

$$\begin{aligned}
F(\mathbf{c}) &= \frac{1}{2} \int_{2k\pi}^{(2k+2)\pi} r^2(\varphi) \, d\varphi = \frac{1}{2} \int_{2k\pi}^{(2k+2)\pi} \frac{1}{\varphi^2} \, d\varphi = -\frac{1}{\varphi}\Big|_{2k\pi}^{(2k+2)\pi} \\
&= \frac{1}{2} \left(\frac{1}{2k\pi} - \frac{1}{(2k+2)\pi} \right) = \frac{1}{4\pi k(k+1)}
\end{aligned}$$

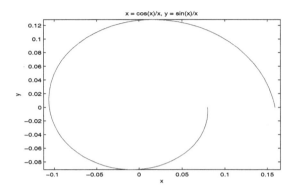

Bild 14.2.5 c) Hyperbolische Spirale mit $r(\varphi) = 1/\varphi$ für $\varphi \in [2\pi, 4\pi]$

Lösung 14.2.6

a)

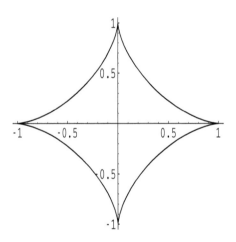

Bild 14.2.6 Asteroide mit $R = 1$

b)
$$\mathbf{c}(t) = R \begin{pmatrix} \cos^3 t \\ \sin^3 t \end{pmatrix} \quad \Rightarrow \quad \dot{\mathbf{c}}(t) = 3R \sin t \cos t \begin{pmatrix} -\cos t \\ \sin t \end{pmatrix}$$

$$L(\mathbf{c}) = \int_0^{2\pi} \|\dot{\mathbf{c}}(t)\|_2 \, dt = \int_0^{2\pi} 3R |\sin t \cos t| \, dt = 12R \int_0^{\pi/2} \sin t \cos t \, dt \stackrel{x=\sin t}{=} 12R \int_0^1 x \, dx = 6R$$

c) $\displaystyle F(\mathbf{c}) = \frac{1}{2} \int_0^{2\pi} x(t) \dot{y}(t) - \dot{x}(t) y(t) \, dt = \frac{3R^2}{2} \int_0^{2\pi} \cos^2 t \sin^2 t \, dt$

$\displaystyle = \frac{3R^2}{8} \int_0^{2\pi} \sin^2(2t) \, dt = \frac{3R^2}{16} \int_0^{4\pi} \sin^2 x \, dx = \frac{3R^2}{32} (x - \sin x \cos x) \Big|_0^{4\pi} = \frac{3\pi R^2}{8}$

L.14.3 Kurvenintegrale

Lösung 14.3.1

a) Die Ellipse $x^2 + \frac{y^2}{4} = 1$ werde durch $\mathbf{c}(t) = \begin{pmatrix} \cos t \\ 2\sin t \end{pmatrix}$ mit $0 \leq t \leq 2\pi$ parametrisiert.

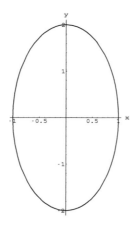

Bild 14.3.1 a) Ellipse $x^2 + \frac{y^2}{4} = 1$

$$\int_{\mathbf{c}} f(\mathbf{x})\,\mathrm{d}s = \int_0^{2\pi} f(\mathbf{c}(t))\|\dot{\mathbf{c}}(t)\|_2\,\mathrm{d}t = \int_0^{2\pi} \cos t \sqrt{\sin^2 t + 4\cos^2 t}\,\mathrm{d}t$$

$$= \int_0^{2\pi} \cos t \sqrt{1 + 3\cos^2 t}\,\mathrm{d}t = \int_0^{\pi} \cos t \sqrt{1 + 3\cos^2 t}\,\mathrm{d}t + \int_{\pi}^{2\pi} \cos t \sqrt{1 + 3\cos^2 t}\,\mathrm{d}t$$

$$\stackrel{t=x+\pi}{=} \int_0^{\pi} \cos t \sqrt{1 + 3\cos^2 t}\,\mathrm{d}t + \int_0^{\pi} \cos(x+\pi)\sqrt{1+3\cos^2(x+\pi)}\,\mathrm{d}x$$

$$= \int_0^{\pi} \cos t \sqrt{1 + 3\cos^2 t}\,\mathrm{d}t + \int_0^{\pi} (-\cos x)\sqrt{1+3(-\cos x)^2}\,\mathrm{d}x = 0$$

b)

$$\mathbf{c}(t) = \begin{pmatrix} \cos^3 t \\ \sin^3 t \end{pmatrix} \Rightarrow \dot{\mathbf{c}}(t) = 3\sin t \cos t \begin{pmatrix} -\cos t \\ \sin t \end{pmatrix}$$

$$\int_{\mathbf{c}} \rho(\mathbf{x})\,\mathrm{d}s = \int_0^{\pi/2} \rho(\mathbf{c}(t))\|\dot{\mathbf{c}}(t)\|_2\,\mathrm{d}t = \int_0^{\pi/2} 3\sin t|\sin t \cos t|\,\mathrm{d}t = 3\int_0^{\pi/2} \sin^2 t \cos t\,\mathrm{d}t = \sin^3 t\Big|_0^{\pi/2} = 1$$

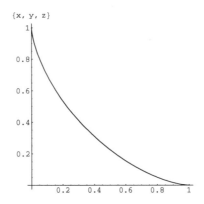

Bild 14.3.1 b) Viertelasteroide

Lösung 14.3.2

a)
$$\mathbf{c}(z) = \begin{pmatrix} z\cos z \\ z\sin z \\ z \end{pmatrix} \Rightarrow \dot{\mathbf{c}}(z) = \begin{pmatrix} \cos z - z\sin z \\ \sin z + z\cos z \\ 1 \end{pmatrix} \Rightarrow \|\dot{\mathbf{c}}(z)\|_2 = \sqrt{2+z^2}$$

$$\Rightarrow \int_\mathbf{c} \rho(\mathbf{x})\,\mathrm{d}s = \int_0^{4\pi} \rho(\mathbf{c}(z))\|\dot{\mathbf{c}}(z)\|_2\,\mathrm{d}z = 4\pi$$

$$\int_\mathbf{c} \rho(\mathbf{x})\,\mathbf{x}\,\mathrm{d}s = \int_0^{4\pi} \rho(\mathbf{c}(z))\mathbf{c}(z)\|\dot{\mathbf{c}}(z)\|_2\,\mathrm{d}z = \int_0^{4\pi} \frac{1}{\sqrt{2+z^2}} \begin{pmatrix} z\cos z \\ z\sin z \\ z \end{pmatrix} \sqrt{2+z^2}\,\mathrm{d}z$$

$$= \int_0^{4\pi} \begin{pmatrix} z\cos z \\ z\sin z \\ z \end{pmatrix} \mathrm{d}z = \begin{pmatrix} (\cos z + z\sin z)\big|_0^{4\pi} \\ (\sin z - z\cos z)\big|_0^{4\pi} \\ \frac{z^2}{2}\big|_0^{4\pi} \end{pmatrix} = \begin{pmatrix} 0 \\ -4\pi \\ 8\pi^2 \end{pmatrix} \Rightarrow \mathbf{x}_s = \begin{pmatrix} 0 \\ -1 \\ 2\pi \end{pmatrix}$$

b) Der Abstand zur z-Achse beträgt $r(\mathbf{x}) = r(\mathbf{c}(z)) = \left\|\begin{pmatrix} z\cos z \\ z\sin z \end{pmatrix}\right\|_2 = z$.

$$\Theta = \int_\mathbf{c} \rho(\mathbf{x})\,r^2(\mathbf{x})\,\mathrm{d}s = \int_0^{4\pi} \frac{1}{\sqrt{2+z^2}}\,z^2\,\sqrt{2+z^2}\,\mathrm{d}z = \int_0^{4\pi} z^2\,\mathrm{d}z = \frac{z^3}{3}\bigg|_0^{4\pi} = \frac{64\pi^3}{3}$$

Lösung 14.3.3

Die im Bild 14.3.3 angegebene Kurve wird parametrisiert durch

$$\mathbf{c}(t) = \begin{cases} (t,0)^T, & t\in[0,1] \\ (1,t-1)^T, & t\in[1,2] \\ (3-t,3-t)^T, & t\in[2,3] \end{cases} \quad \text{mit} \quad \dot{\mathbf{c}}(t) = \begin{cases} (1,0)^T, & t\in[0,1] \\ (0,1)^T, & t\in[1,2] \\ (-1,-1)^T, & t\in[2,3] \end{cases}$$

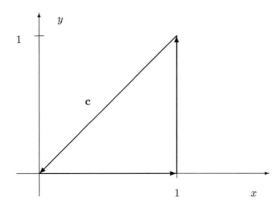

Bild 14.3.3 Kurve c

$$\Rightarrow \int_{\mathbf{c}} g(\mathbf{x})\,ds = \int_0^3 g(\mathbf{c}(t))\|\dot{\mathbf{c}}(t)\|_2\,dt$$

$$= \int_0^1 t\cdot 0\cdot 1\,dt + \int_1^2 1\cdot(t-1)\cdot 1\,dt + \int_2^3 (3-t)^2\cdot\sqrt{2}\,dt$$

$$= \frac{1}{2} + \frac{\sqrt{2}}{3} = 0.9714\ldots$$

Lösung 14.3.4

a) $\mathbf{c}(t) = \begin{pmatrix} t \\ t^2 \end{pmatrix} \Rightarrow \dot{\mathbf{c}}(t) = \begin{pmatrix} 1 \\ 2t \end{pmatrix} \Rightarrow \|\dot{\mathbf{c}}(t)\|_2 = \sqrt{1+4t^2}$

$$\int_{\mathbf{c}} \rho(\mathbf{x})\,ds = \int_1^2 \rho(\mathbf{c}(t))\|\dot{\mathbf{c}}(t)\|_2\,dt = \int_1^2 t\sqrt{1+4t^2}\,dt$$

$$\stackrel{x=1+4t^2}{=} \frac{1}{8}\int_5^{17} \sqrt{x}\,dx = \frac{1}{12}x^{3/2}\Big|_5^{17} = \frac{17\sqrt{17} - 5\sqrt{5}}{12}$$

b) Für $\mathbf{c}(t) = (x(t), y(t))^T = (\cos t, \sin t)^T$ erhält man

$$\|\dot{\mathbf{c}}(t)\|_2 = \sqrt{\dot{x}(t)^2 + \dot{y}(t)^2} = \sqrt{\cos^2 t + \sin^2 t} = 1 \ ,\quad \rho(\mathbf{c}(t)) = \frac{y(t)}{x^2(t)} = \frac{\sin(t)}{\cos^2(t)}$$

$$\int_{\mathbf{c}} \rho(\mathbf{x})\,ds = \int_0^{\pi/4} \rho(\mathbf{c}(t))\|\dot{\mathbf{c}}(t)\|_2\,dt = \int_0^{\pi/4} \frac{\sin(t)}{\cos^2(t)}\,dt \stackrel{u=\cos t}{=} -\int_1^{1/\sqrt{2}} \frac{1}{u^2}\,du = \frac{1}{u}\Big|_1^{1/\sqrt{2}} = \sqrt{2} - 1$$

L.15 Numerische Quadratur

L.15.1 Newton-Cotes-Formeln

Lösung 15.1.1

a) $\displaystyle\int_0^1 \sqrt{4-x^2}\,dx = \frac{1}{2}\left(x\sqrt{4-x^2} + 4\arcsin\frac{x}{2}\right)\Big|_0^1 = \frac{1}{2}\left(\sqrt{3} + 4\arcsin\frac{1}{2}\right) = 1.913222955\ldots$

b) $I_1[f] = \dfrac{f(0)+f(1)}{2} = \dfrac{2+\sqrt{3}}{2} = 1.866025404\ldots$

c) Die Abschätzung $|R_1[f]| \leq \dfrac{(b-a)^3}{12}\max\limits_{x\in[a,b]}|f''(x)|$ ergibt hier:

$$\left|R_1[\sqrt{4-x^2}]\right| \leq \frac{1}{12}\max_{x\in[0,1]}\left|-\frac{1}{\sqrt{4-x^2}} - \frac{x^2}{\sqrt{(4-x^2)^3}}\right| \leq \frac{1}{12}\left(\frac{1}{\sqrt{3}} + \frac{1}{\sqrt{3^3}}\right) = 0.064150029\ldots$$

Der tatsächliche Fehler: $\left|R_1[\sqrt{4-x^2}]\right| = 0.047197551\ldots$

Lösung 15.1.2

Die Knoten der $\dfrac{3}{8}$-Regel lauten

$$x_0 = a,\quad x_1 = a + \frac{b-a}{3},\quad x_2 = a + \frac{2(b-a)}{3},\quad x_3 = b\,.$$

Die Fehlerabschätzung ergibt sich aus der Formel für den Interpolationsfehler, dem Mittelwertsatz und der Substitution $x = a + t(b-a)$:

$$|R[f]| = \left|\int_a^b \frac{f^{(4)}(\tau)}{4!}(x-x_0)(x-x_1)(x-x_2)(x-x_3)\,dx\right|$$

$$= \left|\frac{(b-a)^5 f^{(4)}(\xi)}{4!}\int_a^b t\left(t-\frac{1}{3}\right)\left(t-\frac{2}{3}\right)(t-1)\,dt\right| \leq \frac{(b-a)^5}{6480}\max_{x\in[a,b]}\left|f^{(4)}(x)\right|$$

Lösung 15.1.3

Die Quadraturformel $Q(f) = g_0 f(x_0) + g_1 f(1)$ besitzt die drei freien Parameter g_0, g_1 und x_0. Die Forderung, dass die Polynome 1, x und x^2 exakt integriert werden, führt auf das folgende nichtlineare Gleichungssystem:

$$\left.\begin{aligned}\int_0^1 1\,dx &= 1 = g_0 + g_1\\ \int_0^1 x\,dx &= \frac{1}{2} = g_0 x_0 + g_1\\ \int_0^1 x^2\,dx &= \frac{1}{3} = g_0 x_0^2 + g_1\end{aligned}\right\} \Rightarrow x_0 = \frac{1}{3},\ g_0 = \frac{3}{4},\ g_1 = \frac{1}{4}\,.$$

Aufgrund der Linearität der Quadraturformel werden durch $Q(f) = \frac{3}{4}f\left(\frac{1}{3}\right) + \frac{1}{4}f(1)$ Polynome bis zum Grad 2 exakt integriert. Da

$$\int_0^1 x^3\,dx = \frac{1}{4} \neq \frac{5}{18} = Q(x^3)$$

werden Polynome ab dem Grad 3 nicht mehr notwendig exakt integriert.

Lösung 15.1.4

a) $\displaystyle\int_0^{\pi/2} x\cos x\,dx = (\cos x + x\sin x)\big|_0^{\pi/2} = \frac{\pi}{2} - 1 = 0.57079632\ldots$

b)
$$S\left(\frac{\pi}{8}\right) = \frac{\pi}{24}\left(f(0) + 4f\left(\frac{\pi}{8}\right) + 2f\left(\frac{\pi}{4}\right) + 4f\left(\frac{3\pi}{8}\right) + f\left(\frac{\pi}{2}\right)\right)$$
$$= \frac{\pi}{24}\left(\frac{\pi}{2}\cos\frac{\pi}{8} + \frac{\pi}{2}\cos\frac{\pi}{4} + \frac{3\pi}{2}\cos\frac{3\pi}{8}\right) = 0.571416499\ldots$$

c) Die Abschätzung $\left|S(h) - \displaystyle\int_a^b f(x)\,dx\right| \leq \dfrac{(b-a)h^4}{180} \max_{x\in[a,b]}\left|f^{(4)}(x)\right|$ ergibt hier:

$$\left|S\left(\frac{\pi}{8}\right) - \int_0^{\pi/2} x\cos x\,dx\right| \leq \frac{1}{180}\frac{\pi}{2}\left(\frac{\pi}{8}\right)^4 \max_{x\in[0,\pi/2]}|4\sin x + x\cos x|$$

$$\leq \frac{\pi^5}{1474560}\left(4 + \frac{\pi}{2}\right) = 0.001156123\ldots$$

Der tatsächliche Fehler: $\left|S\left(\dfrac{\pi}{8}\right) - \displaystyle\int_0^{\pi/2} x\cos x\,dx\right| = 0.000620172\ldots$

L.16 Periodische Funktionen, Fourier-Reihen

L.16.1 Grundlegende Begriffe

Lösung 16.1.1
Die folgenden Umformungen benutzen die Substitutionsregel, die Periodizität der Funktion, d.h.
$f(x) = f(x+kT)$ mit $k \in \mathbb{Z}$, und die eindeutige Darstellung $a = c + nT$ mit $1 \leq c \leq T$ und $n \in \mathbb{Z}$
fest:

$$\int_a^{a+T} f(x)\,dx = \int_{c+nT}^{c+(n+1)T} f(x)\,dx = \int_c^{c+T} f(t+nT)\,dt = \int_c^{c+T} f(t)\,dt$$

$$= \int_c^T f(t)\,dt + \int_T^{c+T} f(t)\,dt = \int_c^T f(t)\,dt + \int_0^c f(y+T)\,dy$$

$$= \int_c^T f(t)\,dt + \int_0^c f(y)\,dy = \int_0^T f(x)\,dx.$$

L.16.2 Fourier-Reihen

Lösung 16.2.1

a)

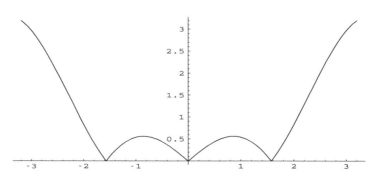

Bild 16.2.1 $f(x) = |x \cos x|$

b) $f(x) = |x \cos x| = |-x \cos(-x)| = f(-x) \Rightarrow f$ ist gerade $\Rightarrow b_k = 0$

$$a_0 = \frac{4}{2\pi} \int_0^\pi |x \cos x|\,dx = \frac{2}{\pi}\left(\int_0^{\pi/2} x \cos x\,dx + \int_{\pi/2}^\pi -x \cos x\,dx\right)$$

$$= \frac{2}{\pi}\left\{(\cos x + x \sin x)\big|_0^{\pi/2} - (\cos x + x \sin x)\big|_{\pi/2}^\pi\right\} = 2$$

$$a_1 = \frac{4}{2\pi}\int_0^\pi |x \cos x|\cos x\,dx = \frac{1}{\pi}\int_0^\pi x(\cos(2x)+1)\,dx = \frac{1}{2\pi}\left(\frac{\cos(2x)}{2} + x\sin(2x) + x^2\right)\bigg|_0^\pi = \frac{\pi}{2}$$

$$a_{k\geq 2} = \frac{4}{2\pi}\int_0^\pi |x \cos x|\cos(kx)\,dx = \frac{2}{\pi}\left\{\int_0^{\pi/2} x \cos x \cos(kx)\,dx - \int_{\pi/2}^\pi x \cos x \cos(kx)\,dx\right\}$$

$$= \frac{1}{\pi} \left\{ \int_0^{\pi/2} x(\cos(k+1)x + \cos(k-1)x)\,dx - \int_{\pi/2}^{\pi} x(\cos(k+1)x + \cos(k-1)x)\,dx \right\}$$

$$= \frac{1}{\pi} \left\{ \frac{\pi \sin(k+1)\frac{\pi}{2}}{k+1} + \frac{\pi \sin(k-1)\frac{\pi}{2}}{k-1} + \frac{2\cos(k+1)\frac{\pi}{2}}{(k+1)^2} + \frac{2\cos(k-1)\frac{\pi}{2}}{(k-1)^2} \right.$$

$$\left. -(1+(-1)^{k+1})\left(\frac{1}{(k+1)^2} + \frac{1}{(k-1)^2}\right) \right\}$$

Lösung 16.2.2
Da f gerade ist $(f(-x) = f(x))$, gilt $b_k = 0$.

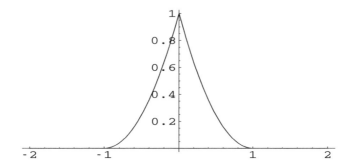

Bild 16.2.2 a) $f(x)$

Mit den Bezeichnungen des Lehrbuches ist $T = 4 \Rightarrow \omega = 2\pi/T = \pi/2$

$$a_0 = \frac{4}{T} \int_0^{T/2} f(x)\,dx = \int_0^1 (x-1)^2\,dx = \frac{1}{3}$$

$$\begin{aligned}
a_{k \geq 1} &= \frac{4}{T} \int_0^{T/2} f(x) \cos\left(\frac{k\pi x}{2}\right) dx = \int_0^2 (x-1)^2 \cos\left(\frac{k\pi x}{2}\right) dx \\
&= \left.\frac{2(x-1)^2}{k\pi} \sin\left(\frac{k\pi x}{2}\right)\right|_0^1 - \frac{2}{k\pi} \int_0^1 2(x-1)\sin\left(\frac{k\pi x}{2}\right) dx \\
&= \left.\frac{8(x-1)}{k^2\pi^2} \cos\left(\frac{k\pi x}{2}\right)\right|_0^1 - \frac{8}{k^2\pi^2} \int_0^1 \cos\left(\frac{k\pi x}{2}\right) dx \\
&= \frac{8}{k^2\pi^2} - \left.\frac{16}{k^3\pi^3} \sin\left(\frac{k\pi x}{2}\right)\right|_0^1 = \frac{8}{k^2\pi^2} - \frac{16}{k^3\pi^3} \sin\left(\frac{k\pi}{2}\right)
\end{aligned}$$

Damit lautet die Fourier-Reihe $\quad F_f(x) = \frac{1}{6} + \frac{8}{\pi^3} \sum_{k=1}^{\infty} \frac{k\pi - 2\sin\left(\frac{k\pi}{2}\right)}{k^3} \cos\left(\frac{k\pi x}{2}\right)$.

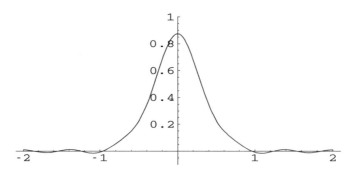

Bild 16.2.2 b) Partialsumme $S_6(x)$

Lösung 16.2.3

a) Mit den Bezeichnungen des Lehrbuches ist $T = 2 \quad \Rightarrow \quad \omega = \pi$

$$a_0 = \int_{-1}^{1} f(x)\,dx = \int_{-1}^{0} 1\,dx + \int_{0}^{1} 1 - x\,dx = \frac{3}{2}$$

$$a_{k\geq 1} = \int_{-1}^{1} f(x)\cos(k\pi x)\,dx = \int_{-1}^{1} \cos(k\pi x)\,dx - \int_{0}^{1} x\cos(k\pi x)\,dx$$

$$= \left.\frac{\sin(k\pi x)}{k\pi}\right|_{-1}^{1} - \left(\frac{x\sin(k\pi x)}{k\pi} + \frac{\cos(k\pi x)}{(k\pi)^2}\right)\Bigg|_{0}^{1} = \frac{1-(-1)^k}{(k\pi)^2} = \begin{cases} \dfrac{2}{(k\pi)^2} & k \text{ ungerade} \\ 0 & k \text{ gerade} \end{cases}$$

$$b_{k\geq 1} = \int_{-1}^{1} f(x)\sin(k\pi x)\,dx = \int_{-1}^{1} \sin(k\pi x)\,dx - \int_{0}^{1} x\sin(k\pi x)\,dx$$

$$= -\left.\frac{\cos(k\pi x)}{k\pi}\right|_{-1}^{1} - \left(-\frac{x\cos(k\pi x)}{k\pi} + \frac{\sin(k\pi x)}{(k\pi)^2}\right)\Bigg|_{0}^{1} \quad = \frac{(-1)^k}{k\pi}$$

Damit lautet die Fourier-Reihe

$$f(x) \sim \frac{3}{4} + \frac{2}{\pi^2}\sum_{k=1}^{\infty}\frac{1}{(2k-1)^2}\cos(2k-1)\pi x + \frac{1}{\pi}\sum_{k=1}^{\infty}\frac{(-1)^k}{k}\sin k\pi x\,.$$

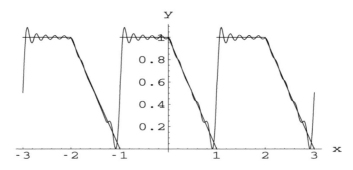

Bild 16.2.3 $f(x)$ mit Partialsumme $S_{10}(x)$

b) Da f stückweise C^1-Funktion und stetig in $x = 0$ ist, konvergiert die Fourier-Reihe dort gegen f. Es gilt also

$$1 = f(0) = \frac{3}{4} + \frac{2}{\pi^2}\sum_{k=1}^{\infty}\frac{1}{(2k-1)^2} \quad \Rightarrow \quad \sum_{k=1}^{\infty}\frac{1}{(2k-1)^2} = \frac{\pi^2}{8}\,.$$

Lösung 16.2.4

a)

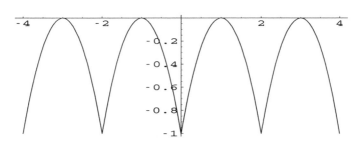

Bild 16.2.4 2-periodische direkte Fortsetzung von f

b) Da f gerade ist, gilt $b_k = 0$.

Mit den Bezeichnungen des Lehrbuches ist $T = 2 \Rightarrow \omega = \pi$

$$a_0 = \frac{4}{T}\int_0^{T/2} f(x)\,dx = 2\int_0^1 -(x-1)^2\,dx = -2\frac{(x-1)^3}{3}\bigg|_0^1 = -\frac{2}{3}$$

$$a_{k\geq 1} = 2\int_0^1 -(x-1)^2 \cos(k\pi x)\,dx$$

$$= -2\left\{\frac{(x-1)^2 \sin(k\pi x)}{k\pi}\bigg|_0^1 - \frac{1}{k\pi}\int_0^1 2(x-1)\sin(k\pi x)\,dx\right\}$$

$$= \frac{4}{k\pi}\left\{\frac{-(x-1)\cos(k\pi x)}{k\pi}\bigg|_0^1 + \frac{1}{k\pi}\int_0^1 \cos(k\pi x)\,dx\right\}$$

$$= \frac{4}{k\pi}\left\{\frac{-\cos(k\pi \cdot 0)}{k\pi}\right\} = -\frac{4}{k^2\pi^2}$$

Damit lautet die Fourier-Reihe $\quad f(x) \sim -\frac{1}{3} - \frac{4}{\pi^2}\sum_{k=1}^\infty \frac{\cos(k\pi x)}{k^2}$.

c) Da f stückweise C^1-Funktion und stetig in $x = 0$ ist, konvergiert die Fourier-Reihe dort gegen f. Es gilt also

$$-1 = f(0) = -\frac{1}{3} - \frac{4}{\pi^2}\sum_{k=1}^\infty \frac{1}{k^2} \quad\Rightarrow\quad \sum_{k=1}^\infty \frac{1}{k^2} = \frac{\pi^2}{6}.$$

Lösung 16.2.5

Da f ungerade ist, gilt $a_k = 0$.

$$b_k = 2\int_0^1 x^3 \sin(k\pi x)\,dx = 2\left\{\left(\frac{3x^2}{(k\pi)^2} - \frac{6}{(k\pi)^4}\right)\sin k\pi x - \left(\frac{x^3}{k\pi} - \frac{6x}{(k\pi)^3}\right)\cos k\pi x\right\}\bigg|_0^1$$

$$= (-1)^{k+1}\left(\frac{2}{k\pi} - \frac{12}{(k\pi)^3}\right)$$

Damit lautet die Fourier-Reihe

$$f(x) \sim \sum_{k=1}^\infty (-1)^{k+1}\left(\frac{2}{k\pi} - \frac{12}{(k\pi)^3}\right)\sin k\pi x\,.$$

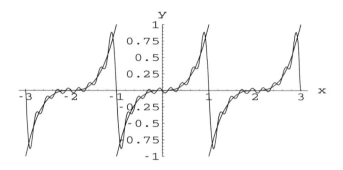

Bild 16.2.5 $f(x)$ mit Partialsumme $S_8(x)$

Lösung 16.2.6
Unter Verwendung einiger Additionstheoreme lassen sich die trigonometrischen Funktionen umformen. Im Folgenden werden nur die von 0 verschiedenen Koeffizienten angegeben.

a) $\sin^4(2x) = \dfrac{1}{8}\cos(8x) - \dfrac{1}{2}\cos(4x) + \dfrac{3}{8}$ $\Rightarrow$ $a_0 = \dfrac{3}{4},\ a_4 = -\dfrac{1}{2},\ a_8 = \dfrac{1}{8}$

b) $\cos^4(3x) = \dfrac{1}{8}\cos(12x) + \dfrac{1}{2}\cos(6x) + \dfrac{3}{8}$ $\Rightarrow$ $a_0 = \dfrac{3}{4},\ a_6 = \dfrac{1}{2},\ a_{12} = \dfrac{1}{8}$

c) $\sin x \cos x = \dfrac{1}{2}\sin(2x)$ $\Rightarrow$ $b_2 = \dfrac{1}{2}$

d) $3\sin(5x) - 4\sin^3(7x) = 3\sin(5x) - 3\sin(7x) + \sin(21x)$ $\Rightarrow$ $b_5 = 3,\ b_7 = -3,\ b_{21} = 1$

e) $\cos^2(3x) - \sin^2(3x) = \cos(6x)$ $\Rightarrow$ $a_6 = 1$

f) $1 + 2\sin(9x) + 3\cos(5x)$ $\Rightarrow$ $a_0 = 2,\ b_9 = 2,\ a_5 = 3$

Lösung 16.2.7

a) $\gamma_0 = \dfrac{1}{2\pi}\left(\displaystyle\int_{-\pi}^{0} -x^2 e^{-i\cdot 0\cdot x}\,dx + \int_{0}^{\pi} x^2 e^{-i\cdot 0\cdot x}\,dx\right) = 0$

$\gamma_k = \dfrac{1}{2\pi}\left\{\displaystyle\int_{-\pi}^{0} -x^2 e^{-ikx}\,dx + \int_{0}^{\pi} x^2 e^{-ikx}\,dx\right\}$

$= \dfrac{1}{2\pi}\left\{e^{-ikx}\left(-\dfrac{ix^2}{k} - \dfrac{2x}{k^2} + \dfrac{2i}{k^3}\right)\bigg|_{-\pi}^{0} + e^{-ikx}\left(\dfrac{ix^2}{k} + \dfrac{2x}{k^2} - \dfrac{2i}{k^3}\right)\bigg|_{0}^{\pi}\right\}$

$= \dfrac{i}{\pi}\left\{\dfrac{2}{k^3}(1-(-1)^k) + \dfrac{\pi^2(-1)^k}{k}\right\} = \begin{cases} \dfrac{i\pi}{k} & k \text{ gerade} \\ \dfrac{4i}{\pi k^3} - \dfrac{i\pi}{k} & k \text{ ungerade} \end{cases}$

b) Da $\gamma_k = -\gamma_{-k}$ folgt $a_k = \gamma_k + \gamma_{-k} = 0$ und

$$b_k = i(\gamma_k - \gamma_{-k}) = 2i\gamma_k = \begin{cases} -\dfrac{2\pi}{k} & k \text{ gerade} \\ -\dfrac{8}{\pi k^3} + \dfrac{2\pi}{k} & k \text{ ungerade} \end{cases}$$

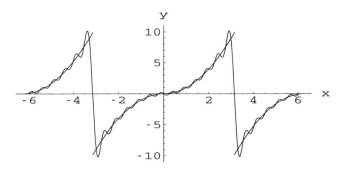

Bild 16.2.7 $f(x)$ mit Partialsumme $S_6(x)$

Lösung 16.2.8

a) Setzt man den Fourierreihenansatz in die Differentialgleichung $y'(x) = y(x) + \cos(x)$, ein, so ergibt sich mit (16.2.5 f))

$$\sum_{k=1}^{\infty} -ka_k \sin(kx) + kb_k \cos(kx) = \frac{a_0}{2} + \sum_{k=1}^{\infty}(a_k \cos(kx) + b_k \sin(kx)) + \cos(x) \quad \Rightarrow$$

$$0 = \frac{a_0}{2} + (a_1 - b_1 + 1)\cos x + (a_1 + b_1)\sin x + \sum_{k=2}^{\infty}(a_k - kb_k)\cos(kx) + (b_k + ka_k)\sin(kx)$$

Aus einem Koeffizientenvergleich ergeben sich damit für $k \geq 1$ die folgenden 2×2 Gleichungssysteme

$$\underbrace{\begin{pmatrix} 1 & -k \\ k & 1 \end{pmatrix}}_{=\mathbf{A}_k} \begin{pmatrix} a_k \\ b_k \end{pmatrix} = \mathbf{b}_k \,,$$

die wegen $\det \mathbf{A}_k = 1 + k^2$ regulär sind. Da nur $\mathbf{b}_1 = (-1, 0)^T$ vom Nullvektor verschieden ist, erhält man

$$a_1 = -\frac{1}{2}, \quad b_1 = \frac{1}{2}, \quad a_k = b_k = 0 \,.$$

Außerdem ergibt der Koeffizientenvergleich noch $a_0 = 0$. Eine Lösung der Differentialgleichung (überprüfen durch Einsetzen) lautet daher:

$$y(x) = \frac{1}{2}\sin(x) - \frac{1}{2}\cos(x) \,.$$

b) Aus $y'(x) = 2y(x) - 4\sin(2x)$, dem Ansatz und (16.2.5 f)) ergibt sich:

$$\sum_{k=1}^{\infty} -ka_k \sin(kx) + kb_k \cos(kx) = 2\left(\frac{a_0}{2} + \sum_{k=1}^{\infty} a_k \cos(kx) + b_k \sin(kx)\right) - 4\sin(2x) \quad \Rightarrow$$

$$0 = a_0 + (2a_1 - b_1)\cos x + (a_1 + 2b_1)\sin x + (2a_2 - 2b_2)\cos(2x)$$

$$+ (2a_2 + 2b_2 - 4)\sin(2x) + \sum_{k=3}^{\infty}(2a_k - kb_k)\cos(kx) + (2b_k + ka_k)\sin(kx) \,.$$

Aus einem Koeffizientenvergleich ergibt sich damit (die entstehenden 2×2 Gleichungssysteme sind regulär):

$a_0 = 0, \quad a_2 = 1, \quad b_2 = 1, \quad a_k = b_k = 0$ sonst.

Die Lösung der Gleichung lautet daher: $y(x) = \sin(2x) + \cos(2x) \,.$

Lightning Source UK Ltd.
Milton Keynes UK
UKHW031001260219
338003UK00004BA/9/P

*Rainer Ansorge,
Hans Joachim Oberle,
Kai Rothe und Thomas Sonar*

Mathematik für Ingenieure 1

Weitere Titel zu diesem Thema

Wüst, R.

Mathematik für Physiker und Mathematiker
Band 1: Reelle Analysis und Lineare Algebra
2009
ISBN: 978-3-527-40877-1

Wüst, R.

Mathematik für Physiker und Mathematiker
Band 2: Analysis im Mehrdimensionalen und Einführungen in Spezialgebiete
2009
ISBN: 978-3-527-40878-8

Kuypers, F.

Physik für Ingenieure und Naturwissenschaftler
Band 2: Elektrizität, Optik und Wellen
2003
ISBN: 978-3-527-40394-3

Kuypers, F.

Physik für Ingenieure und Naturwissenschaftler
Band 1: Mechanik und Thermodynamik
2003
ISBN: 978-3-527-40368-4

Rainer Ansorge, Hans Joachim Oberle,
Kai Rothe und Thomas Sonar

Mathematik für Ingenieure

Band 1: Lineare Algebra und analytische Geometrie,
Differential- und Integralrechnung einer Variablen

4., erweiterte Auflage

WILEY-VCH Verlag GmbH & Co. KGaA

Autoren

Prof. Dr. Rainer Ansorge
Norderstedt, Deutschland
r-ansorge.nord@t-online.de

Prof. Dr. Hans Joachim Oberle
Universität Hamburg
Fachbereich Mathematik
Hamburg, Deutschland
oberle@math.uni-hamburg.de

Dr. Kai Rothe
Universität Hamburg
Fachbereich Mathematik
Hamburg, Deutschland
rothe@math.uni-hamburg.de

Prof. Dr. Thomas Sonar
Technische Universität Braunschweig
Institute Computational Mathematics
Braunschweig, Deutschland
t.sonar@tu-bs.de

4. erweiterte Auflage 2010

Alle Bücher von Wiley-VCH werden sorgfältig erarbeitet. Dennoch übernehmen Autoren, Herausgeber und Verlag in keinem Fall, einschließlich des vorliegenden Werkes, für die Richtigkeit von Angaben, Hinweisen und Ratschlägen sowie für eventuelle Druckfehler irgendeine Haftung

**Bibliografische Information
der Deutschen Nationalbibliothek**
Die Deutsche Nationalbibliothek verzeichnet diese Publikation in der Deutschen Nationalbibliografie; detaillierte bibliografische Daten sind im Internet über <http://dnb.d-nb.de> abrufbar.

© 2010 Wiley-VCH Verlag & Co. KGaA, Boschstr. 12, 69469 Weinheim, Germany

Alle Rechte, insbesondere die der Übersetzung in andere Sprachen, vorbehalten. Kein Teil dieses Buches darf ohne schriftliche Genehmigung des Verlages in irgendeiner Form – durch Photokopie, Mikroverfilmung oder irgendein anderes Verfahren – reproduziert oder in eine von Maschinen, insbesondere von Datenverarbeitungsmaschinen, verwendbare Sprache übertragen oder übersetzt werden. Die Wiedergabe von Warenbezeichnungen, Handelsnamen oder sonstigen Kennzeichen in diesem Buch berechtigt nicht zu der Annahme, dass diese von jedermann frei benutzt werden dürfen. Vielmehr kann es sich auch dann um eingetragene Warenzeichen oder sonstige gesetzlich geschützte Kennzeichen handeln, wenn sie nicht eigens als solche markiert sind.

Satz Uwe Krieg, Berlin

Druck und Bindung betz-druck GmbH, Darmstadt

Umschlaggestaltung Spiesz Design, Neu-Ulm

ISBN: 978-3-527-40980-8

Vorwort

Diese zweibändige *Mathematik für Ingenieure* ist aus Lehrveranstaltungen hervorgegangen, die wir an den Technischen Universitäten Clausthal, München und Hamburg-Harburg über viele Jahre abgehalten haben. Der Gesamtumfang entspricht dem Stoff eines viersemestrigen Kurses von jeweils vier Semesterwochenstunden.

Da den Anfängern im ersten Semester vom Schulunterricht her zumeist eher Grundkenntnisse aus der Analysis als aus der Linearen Algebra zur Verfügung stehen, jedoch von Anbeginn in den technisch-naturwissenschaftlichen Grundvorlesungen – etwa in der Technischen Mechanik oder den Grundlagen der Elektrotechnik – alsbald auch Hilfsmittel aus der Linearen Algebra eingesetzt werden, beginnt der erste Band nach einführenden Abschnitten mit der Vektorrechnung und Analytischen Geometrie, gefolgt von Abschnitten über lineare Gleichungssysteme, lineare Abbildungen sowie lineare Ausgleichs- und Eigenwertprobleme. Erst dann wird zur Analysis der Funktionen einer reellen Veränderlichen übergegangen, wobei überall dort, wo dies ohne Mehraufwand möglich ist, auch sogleich komplexe Variable einbezogen werden.

Der zweite Band umfasst die Analysis bei mehreren reellen Veränderlichen, Integralsätze, gewöhnliche und partielle Differentialgleichungen, Optimierung, Spezielle Funktionen, Integraltransformationen und Funktionentheorie einer komplexen Variablen.

Großen Wert haben wir auf motivierende Modellbildungen aus ingenieurwissenschaftlichen Bereichen gelegt, wobei allerdings zu Anfang angesichts des Umstandes, dass die Kenntnisse der Studierenden zu diesem Zeitpunkt auch in ihrem jeweiligen technischen Hauptfach noch eher rar sind, keine großen Ansprüche gestellt werden können.

Nahezu alle angesprochenen mathematischen Teilgebiete werden durch Einführung in zugehörige numerische Methoden sowie durch Übungsaufgaben ergänzt.

Wir verzichten nicht auf mathematische Strenge und nur selten auf Beweise mathematischer Aussagen, denn erst das Begreifen eines Zusammenhangs – was nicht als jederzeitige auswendige Reproduzierbarkeit eines Beweises durch die Studierenden misszuverstehen ist – kann zum Verständnis der Voraussetzungen einer Aussage und damit zur kritischen Einschätzung der großen Möglichkeiten, aber auch der Grenzen eines mathematischen Werkzeugs führen. Andererseits haben wir uns jedoch einer Sprache zu befleißigen versucht, die auf zu starren Formalismus verzichtet, statt dessen vielfach lieber klare verbale Formulierungen bevorzugt, nichtsdestoweniger aber auch formale Ausdrucksweisen benutzt, wo verbale Sprache auch bei Ingenieur-Anwendern eher erschwerend wirken würde.

Wir glauben, dass das Werk auch für Naturwissenschaftler und hinsichtlich der Modelle aus mancherlei technisch-naturwissenschaftlichen Anwendungen sogar für Studierende der Mathematik hilfreich sein kann, doch ist es für Ingenieure konzipiert.

Herzlichen Dank möchten wir den Sekretärinnen unseres Instituts, insbesondere Frau Monika Jampert, sagen, die bei der Erstellung der Druckvorlagen unschätzbare Dienste geleistet haben, und Herrn Uwe Grothkopf, der uns bei vielen Fragen im Zusammenhang mit der Benutzung des Textverarbeitungssystems LaTeX unterstützte. Unser Dank gilt auch vielen Kollegen und Mitarbeitern, die bei der kritischen Verwendung der als Vorläufer dieser Bände erstellten Vorlesungsskripten Ungereimtheiten aufgedeckt und so zur Gestaltung der nun vorliegenden Fassung beigetragen haben.

Nicht zuletzt sind wir dem Verlag, insbesondere Frau Gesine Reiher, für geduldiges Eingehen auf unsere Wünsche und für mancherlei Ratschläge zu Dank verpflichtet.

Hamburg, im Oktober 1993   Die Verfasser

Vorwort zur zweiten Auflage

Die freundliche Aufnahme, die unser Lehrbuch sowohl bei den Lesern wie bei der Kritik gefunden hat, veranlasst uns, diese rasch notwendig gewordene Neuauflage im Wesentlichen als Nachdruck der ersten Auflage vorzulegen.

Dennoch haben wir für mancherlei Verbesserungsvorschläge sowohl von den Studierenden wie aus dem Kollegenkreise Dank zu sagen. Wir sind diesen Vorschlägen weitestgehend gefolgt, und natürlich wurden alle uns bekannt gewordenen Druckfehler korrigiert.

Dank sagen wir auch dem Verlag für die uns zuteil gewordene Unterstützung.

So hoffen wir, dass auch diese zweite Auflage den Studierenden wie den in der Praxis tätigen Ingenieuren eine seriöse Hilfe beim Erlernen oder Nachschlagen grundlegender mathematischer Sachverhalte und deren Nutzung in mathematischen Modellen natur- oder ingenieurwissenschaftlicher Zusammenhänge sein wird.

Hamburg, im April 1997   Die Verfasser

Vorwort zur dritten Auflage

Erneut erfordert die interessierte Nachfrage nach unserem Lehrbuch eine Neuauflage, zunächst des ersten Bandes, und diesmal unter der Schirmherrschaft des Verlages Wiley-VCH, der dankenswerterweise nach Übernahme des früheren Akademie Verlages bereit war, sich auch seinerseits für eine dritte Auflage zu engagieren.

Das Buch wurde vollständig neu durchgesehen, Abbildungen verbessert, noch vorhandene Druckfehler – soweit bekannt geworden – beseitigt, Rechenprogramme aus dem Buch mit entsprechendem Verweis ins Internet übernommen, weitere Übungsaufgaben zusätzlich integriert, das Lehrbuchverzeichnis aktualisiert, missverständliche Textstellen präzisiert. Darüber hinaus wird in einem dritten Ergänzungsband zur *Mathematik für Ingenieure* eine Fülle weiterer Übungs- und Klausuraufgaben einschließlich Lösungsvorschlägen bereitgestellt. Wir haben deshalb die Hoffnung, dass diese Neuauflage auch künftig den Studierenden wie dem Praktiker bei der Bewältigung anstehender Aufgaben hilfreich zur Seite stehen kann.

Hamburg, im Januar 2000   Die Verfasser

Vorwort zur vierten Auflage

Nach über zehn Jahren fortdauerndem Interesse durch die geneigte Leserschaft hat uns der Verlag Wiley-VCH dazu ermutigt, eine weitere Neuauflage unserer *Mathematik für Ingenieure* in Angriff zu nehmen. Hiermit legen wir nun zunächst die Bände eins (Lehrbuch) und drei (Aufgabenband) zur Linearen Algebra und zur Analysis einer Variablen in nunmehr gemeinsamer Autorenschaft vor.

Die Bücher wurden grundlegend überarbeitet, die erläuternden Texte wurden erweitert und verbessert, viele alte und neue Abbildungen wurden verbessert bzw. neu erstellt. Der Aufgabenband wurde durch eine Vielzahl neuer Aufgaben einschließlich zugehöriger Lösungshinweise verstärkt, und auch inhaltlich wurde das Lehrbuch durch das Einfügen der im Bereich der Ingenieurwissenschaften zunehmend wichtigen *linearen Optimierung* erweitert. Die Beschreibung der numerischen Verfahren schließlich wurde ergänzt durch Hinweise auf Software in der MATLAB Rechenumgebung.

MATLAB dient inzwischen weitgehend als Standard-Werkzeug im naturwissenschaftlich-technischen Bereich und steht den Studierenden der Technischen Universitäten in der Regel zur Verfügung.

Bedanken möchten wir uns bei vielen Studentinnen und Studenten, die uns zu unserer Ingenieur-Mathematik viel Lob, aber auch viele Verbesserungvorschläge haben zukommen lassen. Dankbar sind wir auch dem Verlag, in persona Frau Palmer und Frau Werner, für tatkräftige Ermutigung und Unterstützung. Natürlich wünschen wir, dass unser Werk auch weiterhin den Studierenden wie auch den in der Praxis tätigen Ingenieuren von Nutzen sein möge.

Hamburg und Braunschweig, im April 2010   Die Verfasser

Inhaltsverzeichnis

1. **Aussagen, Mengen und Funktionen** 1
   - 1.1 Aussagen 1
   - 1.2 Mengen 5
   - 1.3 Funktionen 10
2. **Zahlbereiche** 17
   - 2.1 Natürliche Zahlen 17
   - 2.2 Reelle Zahlen 25
   - 2.3 Komplexe Zahlen 33
3. **Vektorrechnung, analytische Geometrie** 45
   - 3.1 Vektoren 45
   - 3.2 Geraden und Ebenen im $\mathbb{R}^3$ 61
   - 3.3 Allgemeine Vektorräume 65
4. **Lineare Gleichungssysteme** 73
   - 4.1 Matrizenkalkül 73
   - 4.2 Gauß-Elimination 77
   - 4.3 Inverse Matrizen 85
   - 4.4 Die Dreieckszerlegung einer Matrix 89
   - 4.5 Determinanten 97
5. **Lineare Abbildungen** 109
   - 5.1 Lineare Abbildungen, Basisdarstellung 109
   - 5.2 Orthogonalität 116
   - 5.3 Orthogonale Transformationen 124
6. **Lineare Ausgleichsprobleme, lineare Programme** . 133
   - 6.1 Problemstellung, Normalgleichung 133
   - 6.2 Die QR-Zerlegung 138
   - 6.3 Lineare Programme 142
   - 6.3 Das Simplexverfahren 147
7. **Eigenwerttheorie für Matrizen** 153
   - 7.1 Eigenwerte und Eigenvektoren 153
   - 7.2 Symmetrische Matrizen, Hauptachsentransformation ... 168
   - 7.3 Numerische Berechnung von Eigenwerten und Eigenvektoren .. 181

8. Konvergenz von Folgen und Reihen 193
    8.1   Folgen 193
    8.2   Konvergenzkriterien für reelle Folgen 199
    8.3   Folgen in Vektorräumen 208
    8.4   Konvergenzkriterien für Reihen 210

9. Stetigkeit und Differenzierbarkeit 219
    9.1   Stetigkeit, Grenzwerte von Funktionen 219
    9.2   Differentialrechnung einer Variablen 229

10. Weiterer Ausbau der Differentialrechnung 237
    10.1 Mittelwertsätze, Satz von Taylor 237
    10.2 Die Regeln von de l'Hospital 253
    10.3 Kurvendiskussion 256
    10.4 Fehlerrechnung 259
    10.5 Fixpunkt-Iterationen 265

11. Potenzreihen und elementare Funktionen 271
    11.1 Gleichmäßige Konvergenz 271
    11.2 Potenzreihen 274
    11.3 Elementare Funktionen 280

12. Interpolation 290
    12.1 Problemstellung 290
    12.2 Polynom-Interpolation nach Aitken, Neville und Newton 296
    12.3 Spline-Interpolation 301

13. Integration 306
    13.1 Das bestimmte Integral 306
    13.2 Kriterien für Integrierbarkeit 311
    13.3 Der Hauptsatz und Anwendungen 315
    13.4 Integration rationaler Funktionen 323
    13.5 Uneigentliche Integrale 328
    13.6 Parameterabhängige Integrale 334

14. Anwendungen der Integralrechnung 339
    14.1 Rotationskörper 339
    14.2 Kurven und Bogenlänge 343
    14.3 Kurvenintegrale 351

15. Numerische Quadratur 355
15.1 Newton-Cotes-Formeln 355
15.2 Extrapolation 361
16. Periodische Funktionen, Fourier-Reihen 366
16.1 Grundlegende Begriffe 366
16.2 Fourier-Reihen 372
16.3 Numerische Berechnung der Fourier-Koeffizienten 383
Literatur 391
Stichwortverzeichnis 397

1 Aussagen, Mengen und Funktionen

In diesem und dem folgenden einführenden Abschnitt sollen einige Grundregeln der mathematischen Sprech- und Ausdrucksweise vereinbart werden. Hierzu werden die wichtigsten Begriffe über Aussagen, Mengen und Funktionen sowie später über die Zahlbereiche zusammengestellt. Den Studierenden sollte der Stoff dieser Abschnitte im Wesentlichen von der Schule bekannt sein (mit Ausnahme vielleicht der komplexen Zahlen). Das Augenmerk sollte also hierbei eher auf dem Einüben der Notation liegen.

1.1 Aussagen

Aussagen sind Sätze, die wahr oder falsch sind. Vom Standpunkt der Aussagenlogik, aber auch für das formale Umformen von Aussagen ist nicht der Inhalt einer Aussage von Interesse, sondern ihr **Wahrheitswert**. Ist A eine Aussage, so legen wir fest:

$$w(A) = 0 \quad :\Longleftrightarrow \quad A \text{ ist falsch}$$
$$w(A) = 1 \quad :\Longleftrightarrow \quad A \text{ ist wahr.} \tag{1.1.1}$$

$w(A)$ bezeichnet dabei den Wahrheitswert der Aussage A; das Symbol $:\Longleftrightarrow$ bezeichnet die definierende Äquivalenz, sprachlich: „... wird definiert durch ...". Wir gehen davon aus, dass es nur zwei Wahrheitswerte gibt (tertium non datur) und dass jede (sinnvolle) Aussage entweder wahr oder falsch ist.

Sind A und B Aussagen, so werden die folgenden **Verknüpfungen** dieser Aussagen betrachtet:

$\neg A$: „nicht A"   (Negation)
$A \wedge B$: „A und B"   (Konjunktion)
$A \vee B$: „A oder B"   (Disjunktion)
$A \Rightarrow B$: „aus A folgt B"   (Implikation)
$A \Leftrightarrow B$: „A äquivalent zu B" (Äquivalenz) .

Definiert werden diese „neuen" Aussagen durch Festlegung ihrer Wahrheitswerte (in Abhängigkeit von den Wahrheitswerten der Aussagen A und B):

Tafel (1.1.2):   Wahrheitswertetafel

$w(A)$	$w(B)$	$w(\neg A)$	$w(A \wedge B)$	$w(A \vee B)$	$w(A \Rightarrow B)$	$w(A \Leftrightarrow B)$
1	1	0	1	1	1	1
1	0	0	0	1	0	0
0	1	1	0	1	1	0
0	0	1	0	0	1	1

Man beachte:

(i) $A \vee B$ ist auch wahr, wenn beide Aussagen wahr sind. $\vee$ beschreibt also das „nicht ausschließende oder" im Gegensatz zum „entweder ... oder".

(ii) Eine Implikation $A \Rightarrow B$ ist immer wahr, wenn die **Prämisse** (das ist die Aussage A) falsch ist.

Mit Hilfe dieser Verknüpfungen lassen sich nun formal weitere Aussagen bilden, wie etwa:
$$(A \Rightarrow B) \iff (\neg B \Rightarrow \neg A). \tag{1.1.3}$$

Nun gilt: Die Aussage (1.1.3) ist immer, d.h. unabhängig von den Aussagen A und B, wahr. Solche Aussagen heißen **Tautologien**. Wir überprüfen diese Eigenschaft anhand der zugehörigen Wahrheitswertetafel:

Tafel (1.1.4): Wahrheitswertetafel zu (1.1.3)

A	B	$A \Rightarrow B$	$\neg A$	$\neg B$	$(\neg B) \Rightarrow (\neg A)$	(1.1.3)
1	1	1	0	0	1	1
1	0	0	0	1	0	1
0	1	1	1	0	1	1
0	0	1	1	1	1	1

Tautologien lassen sich dazu benutzen, mathematische Aussagen in andere, äquivalente Aussagen umzuwandeln.

Liste häufig verwendeter Tautologien (1.1.5)

(1)	$A \vee \neg A$	Satz vom ausgeschlossenen Dritten
(2)	$\neg(A \wedge \neg A)$	Satz vom Widerspruch
(3)	$\neg\neg A \iff A$	doppelte Verneinung
(4)	$\neg(A \wedge B) \iff (\neg A) \vee (\neg B)$	Regel von de Morgan[1]
(5)	$\neg(A \vee B) \iff (\neg A) \wedge (\neg B)$	Regel von de Morgan
(6)	$(A \Rightarrow B) \iff (\neg B \Rightarrow \neg A)$	Kontraposition
(7)	$(A \Rightarrow B) \wedge A \Rightarrow B$	modus ponens
(8)	$(A \Rightarrow B) \wedge \neg B \Rightarrow \neg A$	modus tollens
(9)	$(A \Rightarrow B) \wedge (B \Rightarrow C) \Rightarrow (A \Rightarrow C)$	modus barbara
(10)	$A \wedge (B \vee C) \iff (A \wedge B) \vee (A \wedge C)$	Distributivgesetz
(11)	$A \vee (B \wedge C) \iff (A \vee B) \wedge (A \vee C)$	Distributivgesetz

Beispiel (1.1.6)

Zum Nachweis, dass die beiden Regeln von de Morgan (4) und (5) Tautologien sind, stellen wir die zugehörige Wahrheitswertetafel auf.

A	B	$\neg A$	$\neg B$	$(\neg A) \wedge (\neg B)$	$A \vee B$	$\neg(A \vee B)$	$A \wedge B$	$\neg(A \wedge B)$	$(\neg A) \vee (\neg B)$
1	1	0	0	0	1	0	1	0	0
1	0	0	1	0	1	0	0	1	1
0	1	1	0	0	1	0	0	1	1
0	0	1	1	1	0	1	0	1	1

---

[1] Augustus de Morgan (1806–1871); London

1.1 Aussagen

Aussageformen sind Aussagen, die von Variablen abhängen. So ist z.B.

$$A(x,y) :\Longleftrightarrow x^2 + y^2 < 2$$

eine (zweistellige) Aussageform in den Variablen x, y. Eine Aussageform selbst hat keinen Wahrheitswert. Erst wenn man für die Variablen konkrete Objekte (hier etwa reelle Zahlen) einsetzt, erhält man eine Aussage, die dann wahr oder falsch ist. Für obiges Beispiel ist etwa $A(\frac{1}{2}, 1)$ eine wahre und $A(-3, 2)$ eine falsche Aussage.

Für eine einstellige Aussageform $A(x)$ werden die folgenden Aussagen definiert:

$\forall x : A(x) \;:\Longleftrightarrow\;$ **Für alle** x ist $A(x)$ wahr.
$\exists x : A(x) \;:\Longleftrightarrow\;$ **Es gibt** (wenigstens) ein x, so dass $A(x)$ wahr ist.
$\exists_1 x : A(x) \;:\Longleftrightarrow\;$ **Es gibt genau** ein x, so dass $A(x)$ wahr ist.

Die Symbole $\forall$, $\exists$ und $\exists_1$ heißen **Quantoren**.

Die allgemeine Form eines **mathematischen Satzes** ist die Implikation $A \Rightarrow B$. Dabei heißt A die **Voraussetzung (Prämisse)**, B die **Behauptung (Konklusion)**. Man sagt dann auch: B ist eine **notwendige Bedingung** für A und A ist eine **hinreichende Bedingung** für B.

Für den **Beweis** eines mathematischen Satzes $A \Rightarrow B$ wird in der Regel ein so genannter **Kettenschluss** durchgeführt:

$$A =: A_0 \Rightarrow A_1 \Rightarrow A_2 \Rightarrow \ldots \Rightarrow A_n = B\,.$$

Eine Begründung hierzu liefert die Tautologie (9) in (1.1.5). Die einzelnen Schlüsse sind dabei einsichtig, sie sind z.B. bereits früher bewiesen worden oder sie folgen unmittelbar aus Axiomen. Diese Form des Beweises heißt **direkter Beweis**.

Beim so genannten **indirekten Beweis** benutzt man die Kontraposition bzw. den modus tollens. Anstelle von $A \Rightarrow B$ beweist man $\neg B \Rightarrow \neg A$ oder: wenn die Behauptung B nicht gilt, so ergibt sich ein Widerspruch zur Voraussetzung A.

Wir betrachten zwei einfache Beispiele für diese Beweisformen:

Satz (1.1.7)

Für eine natürliche Zahl n gilt $\quad n$ gerade $\Longleftrightarrow n^2$ gerade.

Beweis

Wir beweisen die Äquivalenz, indem wir die beiden Implikationen

$$n \text{ gerade} \;\Rightarrow\; n^2 \text{ gerade}$$
$$\text{und} \quad n \text{ gerade} \;\Leftarrow\; n^2 \text{ gerade}$$

einzeln nachweisen.

$\Rightarrow:$ (direkter Schluss)

$$\begin{aligned}
n \text{ gerade} \;&\Rightarrow\; n = 2k, \quad k \text{ natürliche Zahl,} \\
&\Rightarrow\; n^2 = 4k^2 = 2\,(2k^2) \\
&\Rightarrow\; n^2 \text{ ist gerade.}
\end{aligned}$$

$\Leftarrow$: (indirekter Beweis)

$$\begin{aligned}
\text{Annahme: } n \text{ ungerade} &\Rightarrow n = 2k-1, \quad k \text{ natürliche Zahl,} \\
&\Rightarrow n^2 = (2k-1)^2 \\
&= 4k^2 - 4k + 1 \\
&= 2(2k^2 - 2k) + 1 \\
&\Rightarrow n^2 \text{ ist ungerade,} \\
& \text{im Widerspruch zur Voraussetzung!}
\end{aligned}$$

■

Wir betrachten ein zweites Beispiel für einen indirekten Beweis. Die äußere Form des Satzes ist dabei etwas anders, da keine Voraussetzung explizit genannt wird. Tatsächlich bilden jedoch die (üblichen) Rechenregeln für natürliche bzw. rationale Zahlen hier die Voraussetzungen.

Satz (1.1.8)

$\sqrt{2}$ ist irrational, d.h., $\sqrt{2}$ lässt sich nicht als Bruch $\sqrt{2} = \dfrac{n}{m}$ mit n, m natürliche Zahlen darstellen.

Anmerkung

Die klassische geometrische Fragestellung lautet: Sind die „Strecken" 1 und $\sqrt{2}$ kommensurabel (lat.: mit gleichem Maß messbar)?
Oder anders gesagt: Gibt es eine „kleine" Strecke Δ mit

$$1 = m \cdot \Delta \quad \text{und} \quad \sqrt{2} = n \cdot \Delta$$

(m, n natürliche Zahlen)?

Wenn es ein solches Δ gibt, so ist $\Delta = \dfrac{1}{m}$ und damit $\sqrt{2} = n \cdot \Delta = \dfrac{n}{m}$ eine rationale Zahl.

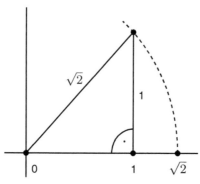

Abb. 1.1. Konstruktion von $\sqrt{2}$

Beweis zu (1.1.8) (indirekt)

Annahme: $\sqrt{2} = \dfrac{n}{m}$; n, m natürliche Zahlen. Weiter können wir annehmen, dass der Bruch $\dfrac{n}{m}$ gekürzt ist, d.h., n und m teilerfremd sind.

Es folgt:
$$2m^2 = n^2$$
$$\implies n^2 \text{ gerade}$$
$$\underset{(1.1.7)}{\implies} n \text{ gerade, etwa } n = 2k, \ k \text{ natürliche Zahl.}$$

Dies in obige Gleichung eingesetzt liefert:
$$2m^2 = n^2 = (2k)^2 = 4k^2$$
$$\implies m^2 = 2k^2$$
$$\implies m^2 \text{ gerade}$$
$$\underset{(1.1.7)}{\implies} m \text{ gerade.}$$

Damit haben wird einen Widerspruch konstruiert zu unserer Voraussetzung, dass n und m teilerfremd sind.

Die Annahme $\sqrt{2} = \dfrac{n}{m}$ ist also falsch! ∎

1.2 Mengen

Wir verwenden den „naiven" Mengenbegriff nach Georg Cantor[2]. Hiernach ist eine Menge eine „Zusammenfassung bestimmter, wohlunterschiedener Objekte zu einem Ganzen". Es soll jedoch kritisch angemerkt werden, dass sich hierdurch der Begriff „Menge" nicht streng definieren lässt; er ist ein Grundbegriff. Der korrekte Weg wäre es, Regeln festzulegen, wie man mit Mengen umzugehen hat. Dies führt auf die axiomatische Mengenlehre nach Ernst Zermelo und David Hilbert[3].

Bezeichnungen

$$A, B, \ldots, M, N, \ldots \text{ Mengen,}$$
$$a \in M \ :\Longleftrightarrow \ a \text{ ist Element der Menge } M,$$
$$a \notin M \ :\Longleftrightarrow \ \neg(a \in M).$$

Mengen lassen sich definieren durch:

a) Aufzählung der Elemente: $M := \{1, 2, 3, 4\}$,

b) eine charakterisierende Eigenschaft $A(x)$: $M := \{x \in \Omega : A(x)\}$.

---

[2] Georg Cantor (1845–1918); Berlin, Halle
[3] Ernst Zermelo (1871–1953); Göttingen, Zürich, Freiburg
   David Hilbert (1862–1943); Königsberg, Göttingen

Hierbei bezeichnet := die definierende Gleichheit („... wird definiert durch ..."), $A(x)$ ist eine Aussageform, die für Objekte (Elemente) aus einem Grundbereich Ω erklärt ist.

Gleichheit (1.2.1)

$$M = N \; :\Longleftrightarrow \; \forall x \, : \, (x \in M \Longleftrightarrow x \in N)$$

Teilmenge (1.2.2)

$$M \subset N \; :\Longleftrightarrow \; \forall x \, : \, (x \in M \Rightarrow x \in N)$$

Eine Menge, welche kein Element enthält, heißt **leere Menge**; nach (1.2.1) existiert nur eine leere Menge, diese wird mit $\emptyset$ bezeichnet.

Ordnungseigenschaft (1.2.3)

a) $M \subset M$,

b) $M \subset N \wedge N \subset M \; \Rightarrow \; M = N$,

c) $M \subset N \wedge N \subset P \; \Rightarrow \; M \subset P$.

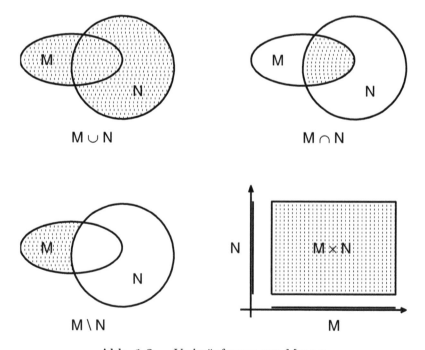

Abb. 1.2. Verknüpfungen von Mengen

1.2 Mengen

Verknüpfungen von Mengen (1.2.4)

$$\begin{aligned}
M \cup N &:= \{x : x \in M \vee x \in N\} & \text{(Vereinigung)}, \\
M \cap N &:= \{x : x \in M \wedge x \in N\} & \text{(Durchschnitt)}, \\
M \setminus N &:= \{x : x \in M \wedge x \notin N\} & \text{(Differenz)}, \\
M \times N &:= \{(a,b) : a \in M \wedge b \in N\} & \text{(Kartesisches[4] Produkt)}, \\
\mathcal{P}(M) &:= \{X : X \subset M\} & \text{(Potenzmenge)}.
\end{aligned}$$

Bemerkungen (1.2.5)

a) Zwei Mengen M, N mit leerem Durchschnitt, d.h., $M \cap N = \emptyset$, heißen **disjunkt**.

b) Die Begriffe Vereinigung, Durchschnitt und Kartesisches Produkt lassen sich unmittelbar auf mehrere Mengen verallgemeinern

$$\begin{aligned}
\bigcup_{k=1}^{n} A_k &= A_1 \cup A_2 \cup \ldots \cup A_n \\
&:= \{a : \exists i \in \{1, \ldots, n\} : a \in A_i\}, \\
\bigcap_{k=1}^{n} A_k &= A_1 \cap A_2 \cap \ldots \cap A_n \\
&:= \{a : \forall i \in \{1, \ldots, n\} : a \in A_i\}, \\
\prod_{k=1}^{n} A_k &= A_1 \times A_2 \times \ldots \times A_n \\
&:= \{(a_1, \ldots, a_n) : \forall i : a_i \in A_i\}.
\end{aligned}$$

c) Man beachte, dass für geordnete Paare bzw. geordnete n-Tupel gilt:

$$(a_1, a_2) = (b_1, b_2) \iff a_1 = b_1 \wedge a_2 = b_2$$

bzw. $\quad (x_1, \ldots, x_n) = (y_1, \ldots, y_n) \iff \forall i \in \{1, \ldots, n\} : x_i = y_i$.

d) Wir geben einige wichtige Beispiele für Kartesische Produkte an. Hierbei und im Folgenden bezeichne $\mathbb{R}$ die Menge der reellen Zahlen, vgl. Abschnitt 2.2.

Die Euklidische Ebene:[5]

$$\mathbb{R}^2 := \mathbb{R} \times \mathbb{R} = \{(x,y) \mid x, y \in \mathbb{R}\},$$

---

[4] René Descartes (Cartesius) (1596–1650); Paris, Niederlande
[5] Eukleides bzw. Euklid (um 300 v. Chr.); Alexandria

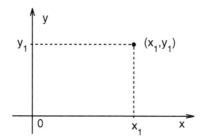

Abb. 1.3. Die Euklidische Ebene

Der dreidimensionale Euklidische Raum:

$$\mathbb{R}^3 := \mathbb{R} \times \mathbb{R} \times \mathbb{R} = \{(x, y, z) \mid x, y, z \in \mathbb{R}\},$$

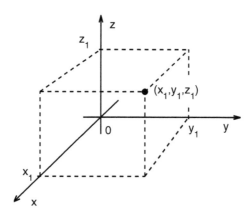

Abb. 1.4. Der dreidimensionale Euklidische Raum

Der n-dimensionale Euklidische Raum:

$$\mathbb{R}^n := \underbrace{\mathbb{R} \times \ldots \times \mathbb{R}}_{n-\text{fach}} = \{(x_1, \ldots, x_n) \mid x_i \in \mathbb{R}\}$$

Beispiele (1.2.6)

a) Kreisfläche: $K := \{(x, y) \in \mathbb{R}^2 \mid \sqrt{x^2 + y^2} \leq 1\}$,

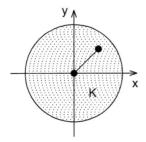 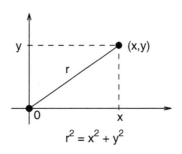

Abb. 1.5. Kreisfläche

b) Streifen: $S := \{(x,y) \in \mathbb{R}^2 \mid 5 \leq x^2 + 1 \leq 17\}$,

$$5 \leq x^2 + 1 \leq 17 \iff 4 \leq x^2 \leq 16$$
$$\iff 2 \leq x \leq 4 \ \vee \ -4 \leq x \leq -2,$$

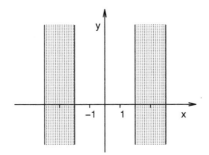

Abb. 1.6. Streifen

c) Für $a \leq b$; $a, b \in \mathbb{R}$ werden Intervalle definiert:

$$\begin{aligned}
[a,b] &:= \{x \in \mathbb{R} \mid a \leq x \leq b\} & &\text{abgeschlossenes Intervall,} \\
]a,b[&:= \{x \in \mathbb{R} \mid a < x < b\} & &\text{offenes Intervall,} \\
[a,b[&:= \{x \in \mathbb{R} \mid a \leq x < b\} & &\Big\}\ \text{halboffene Intervalle.} \\
]a,b] &:= \{x \in \mathbb{R} \mid a < x \leq b\} & &
\end{aligned}$$

d) T-Träger: $T := T_1 \cup T_2$ mit

$$T_1 := \left[-\frac{\alpha}{2}, \frac{\alpha}{2}\right] \times [-\gamma, 0], \quad T_2 := \left[-\left(\frac{\alpha}{2} + \beta\right), \left(\frac{\alpha}{2} + \beta\right)\right] \times [0, \delta]$$

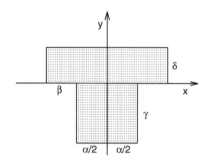

Abb. 1.7. Querschnitt eines T-Trägers

1.3 Funktionen

Seien D und Z Mengen. Unter einer **Funktion** (**Abbildung**) von D in Z verstehen wir eine Vorschrift, die jedem Element $x \in D$ genau ein Element $y \in Z$ zuordnet. Wir schreiben dann: $f : D \to Z$ und $y = f(x)$ oder $f : x \mapsto y$. Man hat also

$$f : D \to Z \iff \forall x \in D : \exists_1 y \in Z : y = f(x). \tag{1.3.1}$$

D heißt **Definitionsbereich**, Z heißt **Zielmenge** oder **Bildbereich** von f. Die Menge

$$\mathrm{graph}(f) := \{(x, f(x)) : x \in M\} \subset D \times Z \tag{1.3.2}$$

heißt der **Graph** der Funktion f.

Zu $A \subset D$ heißt

$$f(A) := \{f(x) : x \in A\} \tag{1.3.3}$$

das **Bild** von A unter der Funktion f. Zu $B \subset Z$ heißt

$$f^{-1}(B) := \{x \in D : f(x) \in B\} \tag{1.3.4}$$

das **Urbild** von B unter der Funktion f.

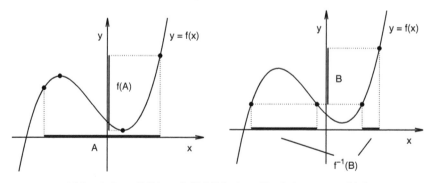

Abb. 1.8. Bild und Urbild einer Funktion $y = f(x)$

1.3 Funktionen

Im Zusammenhang mit Funktionen tritt häufig das Problem der **Lösung bzw. Lösbarkeit von Gleichungen** auf, d.h., zu gegebenem $y \in Z$ wird eine Lösung $x \in D$ der Gleichung $f(x) = y$ gesucht.

Wir sagen:

$f: D \to Z$ heißt **surjektiv**, falls die Gleichung $f(x) = y$ für jedes $y \in Z$ *wenigstens* eine Lösung $x \in D$ besitzt, falls also gilt

$$\forall y \in Z \; \exists x \in D \; : \; y = f(x); \tag{1.3.5}$$

$f: D \to Z$ heißt **injektiv**, falls die Gleichung $f(x) = y$ für jedes $y \in Z$ *höchstens* eine Lösung $x \in D$ besitzt, also

$$\forall x_1, x_2 \in D \; : \; (f(x_1) = f(x_2) \Rightarrow x_1 = x_2). \tag{1.3.6}$$

Schließlich heißt eine Funktion $f: D \to Z$ **bijektiv**, falls sie injektiv und surjektiv ist. Die Gleichung $f(x) = y$ besitzt dann also zu jedem $y \in Z$ genau eine Lösung $x \in D$.

Injektive Funktionen $f: D \to Z$ lassen sich invertieren; zu jedem $y \in f(D)$ existiert nämlich genau ein $x \in D$ mit $y = f(x)$.

Durch die Zuordnung $y \mapsto x$ wird die **Umkehrfunktion** $f^{-1}: f(D) \to D$ definiert. Ist f sogar bijektiv, so hat man also

$$D \; \underset{f^{-1}}{\overset{f}{\rightleftarrows}} \; D.$$

Ist f eine reellwertige Funktion einer reellen Variablen, gilt also $D, Z \subset \mathbb{R}$, so erhält man den Graphen der Umkehrfunktion f^{-1} aus den Graphen von f durch Spiegelung an der Diagonalen $y = x$, wobei dann aber wieder x die unabhängige Variable bezeichnet.

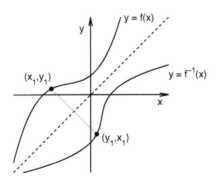

Abb. 1.9. Konstruktion der Umkehrfunktion

Eine wichtige Verknüpfung von Funktionen ist die **Hintereinanderausführung** bzw. **Komposition**.

Dazu seien $f : D \to Z$ und $g : Z \to P$ Funktionen. Dann definiert man die Komposition $g \circ f$ (merke: erst $f(x)$ berechnen, danach $g(f(x))$!!) durch

$$g \circ f : D \to P, \qquad (g \circ f)(x) := g(f(x)), \tag{1.3.7}$$

$$D \xrightarrow{f} Z \xrightarrow{g} P .$$
$$\underbrace{\phantom{D \xrightarrow{f} Z \xrightarrow{g} P}}_{g \circ f}$$

Bemerkung (1.3.8)

Die Komposition von Funktionen ist eine assoziative Operation, sie ist jedoch i. Allg. nicht kommutativ, d.h., es gilt:
$$h \circ (g \circ f) = (h \circ g) \circ f,$$
denn: $(h \circ (g \circ f))(x) = h(g(f(x)) = ((h \circ g) \circ f)(x)$, jedoch gilt i. Allg.:

$$g \circ f \neq f \circ g .$$

Die letzte Aussage lässt sich etwa durch das folgende **Gegenbeispiel** belegen

$$f : \mathbb{R} \to \mathbb{R}, \qquad f(x) := x^2 + 2x ,$$
$$g : \mathbb{R} \to \mathbb{R}, \qquad g(y) := y + 1 .$$

Es folgt
$$(g \circ f)(x) = x^2 + 2x + 1 = (x+1)^2 ,$$
$$(f \circ g)(y) = (y+1)^2 + 2y + 2 ,$$
also ist $f \circ g \neq g \circ f$.

Bemerkung (1.3.9)

Die Menge der bijektiven Funktionen einer Menge D auf sich

$$S(D) := \{f : D \to D : f \text{ bijektiv}\}$$

bildet bezüglich der Komposition von Funktionen eine **Gruppe**, die so genannte **symmetrische Gruppe** von D, d.h., es gelten:

(G1) $h \circ (g \circ f) = (h \circ g) \circ f$ (Assoziativgesetz),
(G2) $f \circ \mathrm{id}_M = \mathrm{id}_M \circ f = f$ (neutrales Element),
(G3) $f \circ f^{-1} = f^{-1} \circ f = \mathrm{id}_D$ (inverses Element).

Dabei ist id_D die **Identität**, $\mathrm{id}_M(x) := x$, und f^{-1} die zu f inverse Funktion.

Im Folgenden stellen wir einige Eigenschaften elementarer reeller Funktionen zusammen. Eine genauere Herleitung wird an späterer Stelle nachgeliefert. Man vergleiche hierzu den Abschnitt 11.3.

Einige elementare Funktionen

a)   Affin-lineare Funktion (Gerade)

$$y = f(x) = a_1 x + a_0. \tag{1.3.10}$$

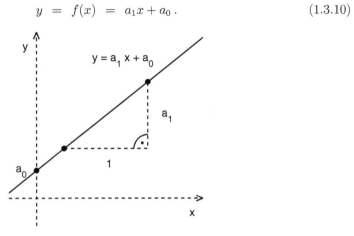

Abb. 1.10.   Gerade im $\mathbb{R}^2$

b)   Polynome

$$y = f(x) = a_n x^n + a_{n-1} x^{n-1} + \cdots + a_1 x + a_0. \tag{1.3.11}$$

Ist $a_n \neq 0$, so heißt n der **Grad** des Polynoms.

c)   Exponentialfunktion

$$y = f(x) = a^x, \quad a > 0 \quad \text{Basis}. \tag{1.3.12}$$

Funktionalgleichung:
$$a^{x+y} = a^x \cdot a^y. \tag{1.3.13}$$

Es gibt genau eine Zahl $e > 1$, so dass für die Funktion $f(x) = e^x$ gilt: $f'(0) = 1$. Diese Zahl e heißt die **Eulersche Zahl**[6].
Es gilt (vgl. Abschnitt 11.3) :

$$e = 2.7182\,81828\,45904\,52353\ldots = \sum_{n=0}^{\infty} \frac{1}{n!}. \tag{1.3.14}$$

d)   Logarithmus

Die Logarithmus-Funktion

$$y = \log_a x, \quad a > 0, \, a \neq 1 \quad \text{Basis}, \tag{1.3.15}$$

---

[6]Leonhard Euler (1707–1783); Basel, Berlin, St. Petersburg

wird als Umkehrfunktion der (injektiven) Exponentialfunktion $y = a^x$ definiert. Insbesondere ist $y = \log_a x$ daher nur für $x > 0$ erklärt.

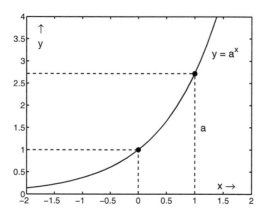

Abb. 1.11. Allgemeine Exponentialfunktion (für $a > 1$)

Funktionalgleichung:
$$\log_a(xy) = \log_a x + \log_a y. \tag{1.3.16}$$

Wählt man als Basis für den Logarithmus die Eulersche Zahl $a = \mathrm{e}$, so erhält man den so genannten **natürlichen Logarithmus** $y = \ln x$. Es gilt somit:

$$\ln 1 = 0, \quad \ln \mathrm{e} = 1.$$

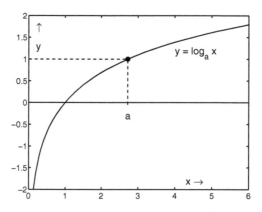

Abb. 1.12. Allgemeiner Logarithmus (für $a > 1$)

e) Trigonometrische Funktionen

Die Koordinaten eines Punktes $P = (x_P, y_P)$ auf dem Einheitskreis werden in Abhängigkeit vom Winkel x mit $x_P = \cos x$, $y_P = \sin x$ bezeichnet. Hierdurch sind die Funktionen $\cos x$ und $\sin x$ für $x \in \mathbb{R}$ definiert. Der Winkel x wird dabei im Bogenmaß gemessen (= Länge des Kreissegments von $(1,0)$ bis zum Punkt P), also:

$$0° \,\widehat{=}\, x = 0, \qquad 45° \,\widehat{=}\, x = \frac{\pi}{4}, \qquad 90° \,\widehat{=}\, x = \frac{\pi}{2}, \quad \text{usw.}$$

Dabei bezeichnet π die **Kreiszahl**

$$\pi \;=\; 3.1415\,92653\,58979\,32384\ldots \qquad [7] \qquad (1.3.17)$$

Ferner bezeichnet $\tan x := \frac{\sin x}{\cos x}$ das Verhältnis von Gegenkathete zu Ankathete in einem rechtwinkligen Dreieck (Strahlensatz).

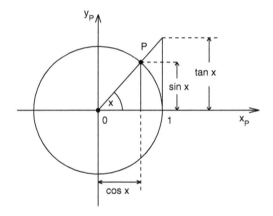

Abb. 1.13. Trigonometrische Funktionen am Einheitskreis

Es gelten:

(i) $$\sin^2 x + \cos^2 x = 1,$$

(ii) $\quad \sin(-x) = -\sin x, \quad \cos(-x) = \cos x,$

(iii) $\quad \cos(x + 2\pi) = \cos x, \quad \sin(x + 2\pi) = \sin x,$

(iv)

x	0	$\pi/6$	$\pi/4$	$\pi/3$	$\pi/2$
$\sin x$	0	$1/2$	$\sqrt{2}/2$	$\sqrt{3}/2$	1
$\cos x$	1	$\sqrt{3}/2$	$\sqrt{2}/2$	$1/2$	0

, (1.3.18)

---

[7] Ferdinand von Lindemann (1852–1939); Erlangen, Würzburg, Freiburg, Königsberg und München; er bewies 1882 die Transzendenz der Kreiszahl π.

(v) *Funktionalgleichung* (**Additionstheoreme**):

$$\begin{aligned}\sin(x+y) &= \sin x \cos y + \cos x \sin y, \\ \cos(x+y) &= \cos x \cos y - \sin x \sin y.\end{aligned} \qquad (1.3.19)$$

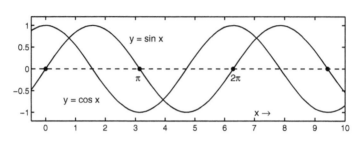

Abb. 1.14.   Trigonometrische Funktionen

Beweis zu (v) (elementargeometrisch)
Aus Abb. 1.15 liest man ab

$$\begin{aligned}\sin(x+y) &= \frac{AE}{OE} = \frac{BD}{OE} + \frac{CE}{OE} = \frac{BD}{OD} \cdot \frac{OD}{OE} + \frac{CE}{ED} \cdot \frac{ED}{OE} \\ &= \sin x \cdot \cos y + \cos x \cdot \sin y, \\ \cos(x+y) &= \frac{OA}{OE} = \frac{OB}{OE} - \frac{CD}{OE} = \frac{OB}{OD} \cdot \frac{OD}{OE} - \frac{CD}{ED} \cdot \frac{ED}{OE} \\ &= \cos x \cdot \cos y - \sin x \cdot \sin y.\end{aligned}$$
∎

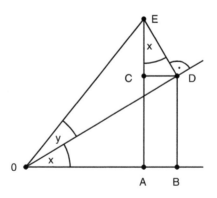

Abb. 1.15.   Zu den Additionstheoremen

2 Zahlbereiche

2.1 Natürliche Zahlen

Die Menge der natürlichen Zahlen

$$\mathbb{N} = \{1, 2, 3, \ldots\}$$

lässt sich durch die **Peano-Axiome**[8] kennzeichnen. Sie lauten

(**P1**) $1 \in \mathbb{N}$,
(**P2**) $n \in \mathbb{N} \Rightarrow (n+1) \in \mathbb{N}$,
(**P3**) $n \neq m \Rightarrow (n+1) \neq (m+1)$,
(**P4**) $n \in \mathbb{N} \Rightarrow n+1 \neq 1$,
(**P5**)   Für jede Teilmenge $A \subset \mathbb{N}$ gilt:
$$1 \in A \wedge (\forall n : [n \in A \Rightarrow (n+1) \in A]) \Rightarrow A = \mathbb{N}.$$

(2.1.1)

Ein wesentliches Element der Peano-Axiome ist die „**Nachfolgeabbildung**": Zu jeder natürlichen Zahl n gibt es einen Nachfolger – hier mit $(n+1)$ bezeichnet:

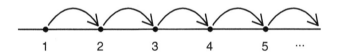

Die Axiome (P1)–(P4) gewährleisten, dass man mit Hilfe der Nachfolgeabbildung stets zu neuen natürlichen Zahlen kommt, die Abbildung $n \mapsto (n+1)$ ist injektiv. Das Axiom (P5) wird auch **Vollständigkeitsaxiom** genannt; es gewährleistet, dass man mittels der Nachfolgeabbildung – bis auf die Zahl 1 – alle natürlichen Zahlen erreicht. Dieses Axiom liefert die Grundlage für das Beweisprinzip der vollständigen Induktion.

Beweisprinzip der vollständigen Induktion (2.1.2)

Eine Aussage $A(n)$ sei von $n \in \mathbb{N}$ abhängig. Zu beweisen sei: $\forall n \in \mathbb{N} : A(n)$.
Gelten nun

$$A(1) \quad \text{(\textbf{Induktionsanfang})}$$

und für beliebiges $n \in \mathbb{N}$

$$A(n) \Rightarrow A(n+1) \quad \text{(\textbf{Induktionsschluss})},$$

so ist die Aussage $A(n)$ für alle $n \in \mathbb{N}$ wahr.

Man beachte, dass der Induktionsschluss für ein beliebiges, festes $n \in \mathbb{N}$ zu beweisen ist. Dabei heißt $A(n)$ auch **Induktionsannahme**, $A(n+1)$ die **Induktionsbehauptung**.

---

[8] Giuseppe Peano (1858–1932); Turin

Wir wollen uns zum Beweisprinzip der vollständigen Induktion einige Beispiele ansehen. Zunächst fragen wir nach der Anzahl t_n der Teilmengen einer vorgegebenen n-elementigen Menge $A = \{a_1, \ldots, a_n\}$.
Wir stellen fest

für $n = 1:$ $A_1 = \{a_1\}$; Teilmengen: $\emptyset$, $\{a_1\}$;
es gibt $t_1 = 2$ Teilmengen,

für $n = 2:$ $A_2 = \{a_1, a_2\}$; Teilmengen: $\emptyset$, $\{a_1\}$, $\{a_2\}$, $\{a_1, a_2\}$;
es gibt $t_2 = 4$ Teilmengen.

Wir vermuten daher

Satz (2.1.3)
Eine n-elementige Menge $A = \{a_1, \ldots, a_n\}$ besitzt $t_n = 2^n$ Teilmengen.

Beweis (mittels vollständiger Induktion)
n = 1: $t_1 = 2^1$ wurde bereits oben gezeigt.
n ⇒ n + 1: Wir betrachten ein beliebiges (aber festes) $n \in \mathbb{N}$ und nehmen an:
Induktionsvoraussetzung: Eine n-elementige Teilmenge hat 2^n Teilmengen.
Zu beweisen ist: $A = \{a_1, \ldots, a_{n+1}\}$ hat 2^{n+1} Teilmengen.
Wir fassen die Teilmengen von A, also die Potenzmenge $\mathcal{P}(A)$, in zwei disjunkte Klassen zusammen: $\mathcal{P}(A) = K_1 \cup K_2$ mit

$$T \in K_1 \quad :\Longleftrightarrow \quad a_{n+1} \notin T,$$
$$T \in K_2 \quad :\Longleftrightarrow \quad a_{n+1} \in T.$$

Die Mengen aus K_1 sind gerade die Teilmengen von $A' = \{a_1, \ldots, a_n\}$; K_1 besitzt also 2^n Elemente. Jede Menge aus K_2 hat die Form

$$T = \{a_{i_1}, \ldots, a_{i_k}, a_{n+1}\},$$

wobei $\{a_{i_1}, \ldots, a_{i_k}\}$ irgendeine Teilmenge von A' ist. Damit hat nach Induktionsvoraussetzung auch K_2 genau 2^n Elemente.
Da offensichtlich $K_1 \cap K_2 = \emptyset$ gilt, hat $\mathcal{P}(A)$ somit genau $2^n + 2^n = 2^{n+1}$ Elemente. ■

Auf ähnliche Weise lässt sich die Frage beantworten: Wieviele Vertauschungen des n-Tupels $(1, 2, \ldots, n)$ gibt es? Dabei heißt ein n-Tupel $(i_1, \ldots, i_n)$ eine **Vertauschung** oder **Permutation** von $(1, \ldots, n)$, falls $\{i_1, \ldots, i_n\} = \{1, \ldots, n\}$ gilt.

Wir stellen zunächst wieder fest:

für $n = 1:$ (1) : 1 Permutation,
für $n = 2:$ $(1,2), (2,1)$: 2 Permutationen,
für $n = 3:$ $(1,2,3), (1,3,2)$
$(2,3,1), (2,1,3)$: 6 Permutationen,
$(3,1,2), (3,2,1)$

2.1 Natürliche Zahlen

und vermuten daher

Satz (2.1.4)

Es gibt
$$p_n := n! := 1 \cdot 2 \cdot 3 \cdot \ldots \cdot n$$
Permutationen des n-Tupels $(1, 2, \ldots, n)$, bzw. des n-Tupels $(a_1, \ldots, a_n)$, sofern die a_i paarweise verschieden sind.

Beweis (mittels vollständiger Induktion)

n = 1: $p_1 = 1! = 1$ wurde bereits gezeigt.

n ⇒ n + 1: Wir unterteilen die Menge der Permutationen von $(1, 2, \ldots, n+1)$ in $(n+1)$ disjunkte Klassen.
Die Klasse Nr. k, für $k \in \{1, \ldots, n+1\}$, enthalte dabei gerade alle Permutationen, die mit k beginnen, die also die Form $(k, i_1, \ldots, i_n)$ haben. Hierbei ist dann $(i_1, \ldots, i_n)$ eine beliebige Permutation von $(1, 2, \ldots, k-1, k+1, \ldots, n+1)$. Nach Induktionsvoraussetzung enthält die Klasse Nr. k also genau $p_n = n!$ viele Permutationen.
Da die $n + 1$ Klassen offensichtlich disjunkt sind, erhält man insgesamt

$$p_{n+1} = (n + 1) \cdot p_n = (n + 1) \cdot n! = (n + 1)!$$

viele Permutationen von $\{1, \ldots, n + 1\}$. ■

Als eine Folgerung aus Satz (2.1.4) ergibt sich die Anzahl der m-elementigen Teilmengen einer n-elementigen Menge $\{a_1, a_2, \ldots, a_n\}$, $m \leq n$.

Hierzu betrachten wir alle Permutationen von $(a_1, \ldots, a_n)$ und sehen uns jeweils die ersten m Plätze an. Wie oft führt eine solche Permutation $(a_{i_1}, \ldots, a_{i_m}, \ldots, a_{i_n})$ auf die gleiche *Menge* $\{a_{i_1}, \ldots, a_{i_m}\}$?
Nun, offensichtlich genau $m! \cdot (n-m)!$ mal. Denn: Genau die Permutationen der ersten m Plätze $(a_{i_1}, \ldots, a_{i_m})$ (deren Anzahl ist $m!$) und diejenigen vom Rest $(a_{i_{m+1}}, \ldots, a_{i_n})$, mit Anzahl $(n-m)!$, verändern die Teilmenge $\{a_{i_1}, \ldots, a_{i_m}\}$ nicht.

Folgerung (2.1.5)

Eine n-elementige Menge $\{a_1, \ldots, a_n\}$ besitzt genau

$$\binom{n}{m} := \frac{n!}{m! \, (n-m)!} \qquad (2.1.6)$$

m-elementige Teilmengen. Dies gilt für alle ganzen Zahlen m, $0 \leq m \leq n$, wobei zusätzlich $0! := 1$ gesetzt wird.

Die natürlichen Zahlen $\binom{n}{m}$ heißen **Binomialkoeffizienten**.
Einige wichtige Eigenschaften der Binomialkoeffizienten sind im folgenden Satz notiert.

Satz (2.1.7)

a) Für $n, m \in \mathbb{N}$, $0 < m \leq n$, gilt die **Rekursionsformel**:

$$\binom{n}{0} = \binom{n}{n} = 1$$
$$\binom{n+1}{m} = \binom{n}{m} + \binom{n}{m-1}.$$

(2.1.8)

b) Für reelle (und auch für komplexe) a, b und $n \in \mathbb{N}_0 := \mathbb{N} \cup \{0\}$ gilt **der binomische Lehrsatz**:

$$(a+b)^n = \sum_{k=0}^{n} \binom{n}{k} a^k b^{n-k}.$$

(2.1.9)

Bemerkungen (2.1.10)

a) Mittels der Rekursion (2.1.8) lassen sich die Binomialkoeffizienten einfach berechnen. Dazu werden sie im so genannten **„Pascalschen[9] Dreieck"** angeordnet. Pascal hatte in seinen Untersuchungen über die Binomialkoeffizienten erstmals das Prinzip der vollständigen Induktion angewendet.

$$
\begin{array}{ccccccccccc}
 & & & & & 1 & & & & & \\
 & & & & 1 & & 1 & & & & \\
 & & & 1 & & 2 & & 1 & & & \\
 & & 1 & & 3 & & 3 & & 1 & & \\
 & 1 & & 4 & & 6 & & 4 & & 1 & \\
1 & & 5 & & 10 & & 10 & & 5 & & 1 \\
\end{array}
$$

....

Jede nicht am Rand stehende Zahl ist die Summe der beiden über ihr stehenden Zahlen. Somit entnimmt man z.B. der sechsten Zeile des Pascalschen Dreiecks:

$$(a+b)^5 = 1\,a^0\,b^5 + 5\,a^1\,b^4 + 10\,a^2\,b^3 + 10\,a^3\,b^2 + 5\,a^4\,b^1 + 1\,a^5\,b^0.$$

b) Allgemeine Summen und Produkte werden wie folgt definiert:

$$\sum_{k=m}^{n} b_k := b_m + b_{m+1} + \cdots b_n \quad \text{(falls } m \leq n\text{)},$$

$$\sum_{k=m}^{n} b_k := 0 \quad \text{(falls } m > n\text{; leere Summe)},$$

$$\prod_{k=m}^{n} b_k := b_m \cdot b_{m+1} \cdot \ldots \cdot b_n \quad \text{(falls } m \leq n\text{)},$$

$$\prod_{k=m}^{n} b_k := 1 \quad \text{(falls } m > n\text{; leeres Produkt)}.$$

---

[9]Blaise Pascal (1623–1662); Paris

2.1 Natürliche Zahlen

Hiermit werden für $a \in \mathbb{R}/\mathbb{C}$ (vgl. die Abschnitte 2.2 und 2.3), $a \neq 0$ und $n \in \mathbb{Z}$ die **Potenzen** definiert:

$$a^n := \prod_{k=1}^{n} a, \qquad \text{für } n \geq 0,$$

$$a^n := 1/(a^{-n}), \qquad \text{für } n < 0.$$

Es gelten die üblichen **Potenzgesetze** $(n, m \in \mathbb{Z})$

$$a^n \cdot a^m = a^{n+m}, \quad (a^n)^m = a^{n \cdot m}.$$

Beweis zu (2.1.8) $(m, n \in \mathbb{N}, \ 1 \leq m \leq n)$

$$\binom{n}{m} + \binom{n}{m-1} = \frac{n!}{m!\,(n-m)!} + \frac{n!}{(m-1)!\,(n-m+1)!}$$

$$= \frac{n!\,(n+1-m) + n!\,m}{m!\,(n+1-m)!}$$

$$= \frac{n!\,(n+1-m+m)}{m!\,(n+1-m)!}$$

$$= \frac{(n+1)!}{m!\,(n+1-m)!}$$

$$= \binom{n+1}{m}. \qquad \blacksquare$$

Beweis zu (2.1.9) (mittels vollständiger Induktion)

$\mathbf{n=1}:\quad (a+b)^1 = a+b = \binom{1}{0} a^0 b^1 + \binom{1}{1} a^1 b^0,$

$\mathbf{n \Rightarrow n+1}:$

$$(a+b)^{n+1} = (a+b)(a+b)^n$$

$$\stackrel{=}{_{\text{(Ind.vor.)}}} (a+b) \sum_{k=0}^{n} \binom{n}{k} a^k b^{n-k}$$

$$= \sum_{k=0}^{n} \binom{n}{k} a^{k+1} b^{n-k} + \sum_{k=0}^{n} \binom{n}{k} a^k b^{n+1-k}$$

$$\stackrel{=}{_{(j=k+1)}} \sum_{j=1}^{n+1} \binom{n}{j-1} a^j b^{n+1-j} + \sum_{k=0}^{n} \binom{n}{k} a^k b^{n+1-k}$$

$$= a^0 b^{n+1} + \sum_{k=1}^{n} \left[\binom{n}{k} + \binom{n}{k-1} \right] a^k b^{n+1-k} + a^{n+1} b^0$$

$$\stackrel{=}{_{(2.1.8)}} a^0 b^{n+1} + \sum_{k=1}^{n} \binom{n+1}{k} a^k b^{n+1-k} + a^{n+1} b^0$$

$$= \sum_{k=0}^{n+1} \binom{n+1}{k} a^k b^{n+1-k} . \qquad \blacksquare$$

Wir wollen nun kurz auf die multiplikativen Elementarbausteine der natürlichen Zahlen, die **Primzahlen**, eingehen. Dazu definieren wir

Definition (2.1.11)

Eine natürliche Zahl $m \in \mathbb{N}$ heißt ein **Teiler** von $n \in \mathbb{N}$, falls es ein $k \in \mathbb{N}$ gibt mit $n = m \cdot k$. Wir schreiben dann $m \mid n$.

Jede natürliche Zahl n besitzt also zumindest die Teiler 1 und n. Ist $n > 1$ und besitzt n außer diesen keine weiteren Teiler, so heißt n eine **Primzahl**.

Satz (2.1.12)

Jede Zahl $n \in \mathbb{N}$ lässt sich als Produkt von Primzahlpotenzen schreiben:

$$n = p_1^{r_1} \cdot p_2^{r_2} \cdots p_k^{r_k}, \quad p_j: \text{ paarweise verschiedene Primzahlen}, \quad r_j \in \mathbb{N}_0 .$$

Der Beweis hierzu kann mit vollständiger Induktion geführt werden. Es zeigt sich jedoch, dass zum Nachweis von $A(n+1)$ als Induktionsvoraussetzung $A(k)$ für alle kleineren Indizes $k = 1, \ldots, n$ benötigt wird – und nicht lediglich $A(n)$. Dies lässt sich aber auf den alten Fall dadurch zurückführen, dass man die Behauptung wie folgt formuliert:

$$\tilde{A}(n) \quad :\Longleftrightarrow \quad \forall k \in \{1, \ldots, n\}: \ A(k)$$

und nun $\tilde{A}(n)$ mit vollständiger Induktion nachweist.

Beweis (mittels vollständige Induktion)

$\mathbf{n = 1}$: $\qquad 1 = 2^0$.

$\mathbf{1, \ldots, n \Rightarrow n+1}$: Ist $(n+1)$ eine Primzahl, so ist die Behauptung mit $(n+1) = (n+1)^1$ klar. Andernfalls existieren $k, m \in \{2, 3, \ldots, n\}$ mit $(n+1) = k \cdot m$. Nach Induktionsvoraussetzung sind aber k und m als Primzahlprodukte darstellbar, also ist auch $(n+1)$ als Primzahlprodukt darstellbar. $\blacksquare$

Definition (2.1.13)

Zu $n, m \in \mathbb{N}$ heißt

$$\mathrm{ggT}(n, m) := \max\{k \in \mathbb{N}: \ k \text{ teilt } n \text{ und } m\}$$

der **größte gemeinsame Teiler** von n und m, und

$$\mathrm{kgV}(n, m) := \min\{k \in \mathbb{N}: \ n \text{ und } m \text{ teilen } k\}$$

das **kleinste gemeinsame Vielfache** von n und m.

2.1 Natürliche Zahlen

Sind die Primzahlzerlegungen von n und m bekannt, so lässt sich durch eventuelle Einführung weiterer Faktoren p_j^0 eine gemeinsame Darstellung erreichen

$$n = p_1^{r_1} \cdot \ldots \cdot p_k^{r_k}, \quad m = p_1^{s_1} \cdot \ldots \cdot p_k^{s_k},$$

wobei die p_j paarweise verschiedene Primzahlen sind. ggT(n,m) und kgV(n,m) lassen sich hieraus leicht berechnen, es gilt:

$$\begin{aligned}
\text{ggT}(n,m) &= p_1^{\min(r_1,s_1)} \cdot \ldots \cdot p_k^{\min(r_k,s_k)}, \\
\text{kgV}(n,m) &= p_1^{\max(r_1,s_1)} \cdot \ldots \cdot p_k^{\max(r_k,s_k)}.
\end{aligned} \quad (2.1.14)$$

Folgerung (2.1.15)
$$\text{ggT}(n,m) \cdot \text{kgV}(n,m) = n \cdot m.$$

Beispiel
$$\begin{aligned}
n &= 525 = 2^0 \cdot 3^1 \cdot 5^2 \cdot 7^1 \\
m &= 180 = 2^2 \cdot 3^2 \cdot 5^1 \cdot 7^0
\end{aligned}$$
$\Rightarrow$
$$\begin{aligned}
\text{ggT}(525, 180) &= 2^0 \cdot 3^1 \cdot 5^1 \cdot 7^0 = 15, \\
\text{kgV}(525, 180) &= 2^2 \cdot 3^2 \cdot 5^2 \cdot 7^1 = 6300.
\end{aligned}$$

Sind dagegen die Primzahlzerlegungen von n und m nicht bekannt, so lässt sich der ggT(n,m) mit dem **Euklidischen Algorithmus** (*Verfahren der iterierten Division*) bestimmen:

I. Eine Division

Zu $n, m \in \mathbb{N}$ existieren stets eindeutig bestimmte $q, r \in \mathbb{N}_0 := \mathbb{N} \cup \{0\}$ mit

$$n = q \cdot m + r, \quad 0 \leq r < m.$$

Die Beweisidee ist einfach: Man subtrahiere m solange von n, bis der verbleibende Rest kleiner als m wird. In Form eines **Algorithmus** (Rechenvorschrift) geschrieben:

$$\begin{aligned}
q &:= 0; \quad r := n; \\
\text{solange } (r \geq m) : \quad q &:= q + 1, \\
r &:= r - m.
\end{aligned}$$

II. Iterierte Division (2.1.16)

Man setze $\quad r_0 := n; \quad r_1 := m$

und führe folgende Divisionen durch:

für $j = 1, 2, \ldots$
$$r_{j-1} = q_j \cdot r_j + r_{j+1}, \quad 0 \leq r_{j+1} < r_j.$$

Die r_j fallen streng monoton, d.h. $r_0 > r_1 > r_2 > \ldots$. Deshalb bricht die Schleife nach endlich vielen Schritten mit $r_{k+1} = 0$ ab. Dann gilt: $r_k = \text{ggT}(n,m)$.

Beispiel (2.1.17)

Zu berechnen sei $\text{ggT}(3054, 1002)$. Der Euklidische Algorithmus liefert:

$$
\begin{aligned}
3054 &= 3 \cdot 1002 + 48\,, \\
1002 &= 20 \cdot 48 + 42\,, \\
48 &= 1 \cdot 42 + 6\,, \\
42 &= 7 \cdot \boxed{6} + 0\,.
\end{aligned}
$$

Somit ist also $\text{ggT}(3054, 1002) = 6$ und $\text{kgV}(3054, 1002) = (3054 \cdot 1002)/6 = 510\,018$.

Bemerkungen (2.1.18)

a) Mit Hilfe des Euklidischen Algorithmus lässt sich der $\text{ggT}(n,m)$ als so genannte $\mathbb{Z}$-Kombination von n und m schreiben. Für obiges Beispiel (2.1.17) ergibt sich etwa:

$$
\begin{aligned}
6 &= 48 - 1 \cdot 42 \\
&= 48 - 1 \cdot (1002 - 20 \cdot 48) \\
&= -1 \cdot 1002 + 21 \cdot 48 \\
&= -1 \cdot 1002 + 21(3054 - 3 \cdot 1002) \\
&= 21 \cdot 3054 - 64 \cdot 1002\,.
\end{aligned}
$$

b) Dass r_k tatsächlich der $\text{ggT}(n,m)$ ist, macht man sich am Beispiel (2.1.17) klar. Aus der iterierten Division folgt – von unten nach oben gelesen:

$$
\begin{aligned}
&6 \text{ teilt } 42\,, \\
&6 \text{ teilt } 48 \quad (\text{da } 6|42 \text{ und } 6|6)\,, \\
&6 \text{ teilt } 1002 \quad (\text{da } 6|48 \text{ und } 6|42)\,, \\
&6 \text{ teilt } 3054 \quad (\text{da } 6|1002 \text{ und } 6|48)\,.
\end{aligned}
$$

6 ist also ein gemeinsamer Teiler.

Aus der Darstellung als $\mathbb{Z}$-Kombination folgt aber auch: Jeder gemeinsame Teiler von 3054 und 1002 muss auch 6 teilen, denn:

$$d|1002 \wedge d|3054 \;\Rightarrow\; d|(21 \cdot 3054 - 64 \cdot 1002) = 6\,.$$

Damit ist 6 der größte gemeinsame Teiler.

Die obige Beweismethode lässt sich unmittelbar auf den allgemeinen Fall übertragen, man erhält

$$\text{ggT}(m,n) \;=\; \min\{d > 0 : d = x_1 m + x_2 n,\; x_i \in \mathbb{Z}\}\,. \tag{2.1.19}$$

Folgerung (2.1.20)

Die Primzahl-Zerlegung (2.1.12) einer natürlichen Zahl $n \in \mathbb{N}$ ist – bis auf die Reihenfolge und Faktoren der Form p_j^0 – eindeutig bestimmt.

Beweis
Es ist zu zeigen, dass die Exponenten r_j in der Darstellung $n = p_1^{r_1} \cdot p_2^{r_2} \cdots p_k^{r_k}$ eindeutig bestimmt sind.

Hierzu genügt es offenbar, die folgende **Hilfsaussage** zu beweisen: Sind p und q Primzahlen und ist $m \in \mathbb{N}$, so gilt:
$$p \,|\, (q \cdot m) \;\Rightarrow\; p = q \,\vee\, p \,|\, m\,.$$

Zum Beweis verwenden wir (2.1.19). Ist $p \neq q$, so folgt $\mathrm{ggT}(p,q) = 1$, also mit (2.1.19)
$$\exists\, x_1, x_2 \in \mathbb{Z}:\; 1 = x_1 p + x_2 q\,.$$

Wegen $p \,|\, (q \cdot m)$ existiert ein $k \in \mathbb{N}$ mit $qm = kp$. Damit folgt
$$\begin{aligned}
m &= (x_1 p + x_2 q) \cdot m \\
&= x_1 p m + x_2 (q m) \\
&= x_1 p m + x_2 (k p) \\
&= (x_1 m + x_2 k) \cdot p,
\end{aligned}$$

also insbesondere $p \,|\, m$. ∎

2.2 Reelle Zahlen

Erweiterungen der Zahlenbereiche sind aus dem Wunsch entstanden, Gleichungen lösen zu können. So ist eine Gleichung der Form
$$n + x = m$$
bei gegebenem $n, m \in \mathbb{N}$ innerhalb der natürlichen Zahlen nicht immer lösbar. Dies führt zur Einführung negativer Zahlen und damit zu den **ganzen Zahlen**:
$$\mathbb{Z} = \{\ldots -3, -2, -1, 0, 1, 2, 3, \ldots\}\,. \tag{2.2.1}$$

Ähnlich ist es mit Gleichungen der Form
$$n \cdot x = m, \quad m, n \in \mathbb{Z}, \quad n \neq 0\,.$$

Man führt entsprechend Brüche ein und erhält so die **rationalen Zahlen**
$$\mathbb{Q} = \left\{ \frac{m}{n} :\; m \in \mathbb{Z},\; n \in \mathbb{N},\; m, n \text{ teilerfremd} \right\}. \tag{2.2.2}$$

Die Erweiterung von $\mathbb{Q}$ auf die reellen Zahlen $\mathbb{R}$ ist komplizierter. Man könnte sich auch hier von Gleichungen – etwa $x^p = a$ ($p \in \mathbb{N}$, $a \geq 0$) – leiten lassen, jedoch würde man so nicht *alle* reellen Zahlen gewinnen.

Ein besserer Weg ist der folgende: Die rationalen Zahlen lassen offenbar Lücken auf der Zahlengerade, obgleich sie „dicht" liegen:

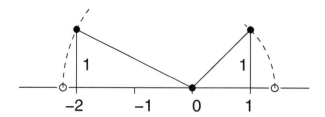

Abb. 2.1. Lücken innerhalb der Menge $\mathbb{Q}$

Die Grundidee ist nun, solche Lücken zu füllen: Die „Grenzwerte" von Folgen rationaler Zahlen sollen zu $\mathbb{R}$ gehören.

Wir wollen diesen Weg hier nicht im Detail verfolgen, sondern geben statt dessen ein „definierendes Axiomensystem" für die reellen Zahlen an.

Axiomensystem für $\mathbb{R}$ (2.2.3)

(I) Regeln der Addition

(a) $x + (y + z) = (x + y) + z$
(b) $x + y = y + x$
(c) $x + 0 = 0 + x = x$
(d) $x + (-x) = (-x) + x = 0$

(II) Regeln der Multiplikation

(a) $(x \cdot y) \cdot z = x \cdot (y \cdot z)$
(b) $x \cdot y = y \cdot x$
(c) $x \cdot 1 = 1 \cdot x = x$
(d) $x \cdot \left(\dfrac{1}{x}\right) = \left(\dfrac{1}{x}\right) \cdot x = 1 \quad (x \neq 0)$

(III) Distributivgesetz

$$x \cdot (y + z) = x \cdot y + x \cdot z$$

(IV) Ordnungseigenschaften

(a) $x \leq y \vee y \leq x$
(b) $x \leq x$
(c) $x \leq y \wedge y \leq x \Rightarrow x = y$
(d) $x \leq y \wedge y \leq z \Rightarrow x \leq z$
(e) $x \leq y \Rightarrow x + z \leq y + z$
(f) $x \leq y \wedge z \geq 0 \Rightarrow x \cdot z \leq y \cdot z$

2.2 Reelle Zahlen

(V) Vollständigkeitsaxiom (Dedekind[10], 1872)

Zerlegt man die reellen Zahlen $\mathbb{R}$ in zwei Mengen: $\mathbb{R} = L \cup R$, wobei $L \neq \emptyset$, $R \neq \emptyset$ und $\forall x \in L, y \in R : x < y$ gelten möge, so gibt es genau eine „Schnittzahl" $s \in \mathbb{R}$ mit: $\forall x \in L, y \in R : x \leq s \leq y$.

Bemerkungen (2.2.4)

a) Eine Menge mit einer Verknüpfung (Addition $+$), die die Regeln **(I)** erfüllt, heißt eine **abelsche Gruppe**[11].
Eine Menge mit zwei Verknüpfungen (Addition $+$ und Multiplikation $\cdot$), die die Regeln **(I)**–**(III)** erfüllt, heißt ein **Körper**. Gelten zudem die Ordungseigenschaften **(IV)**, so spricht man von einem **angeordneten Körper**.

b) Die rationalen Zahlen $\mathbb{Q}$ erfüllen alle Regeln **(I)**–**(IV)**, $\mathbb{Q}$ ist also ein angeordneter Körper.

Die rationalen Zahlen $\mathbb{Q}$ erfüllen jedoch *nicht* das Vollständigkeitsaxiom **(V)**. Zu
$$L := \{x \in \mathbb{Q} : x^2 < 2 \;\vee\; x < 0\},$$
$$R := \{x \in \mathbb{Q} : x^2 > 2 \;\wedge\; x > 0\}$$
gibt es nämlich keine Schnittzahl. Diese wäre ja gerade $s = \sqrt{2} \notin \mathbb{Q}$, vgl. (1.1.8).

Über das Rechnen mit Ungleichungen und Beträgen

Aus den Grundregeln **(IV)** für die Ordnungsrelation $\leq$ folgen weitere Regeln, die für das Rechnen mit Ungleichungen nützlich sind:

$$
\begin{aligned}
&(1) \quad x \leq y \;\Rightarrow\; -x \geq -y \\
&(2) \quad x \leq y \wedge z \leq 0 \;\Rightarrow\; x \cdot z \geq y \cdot z \\
&(3) \quad x^2 \geq 0 \\
&(4) \quad x \leq y \wedge u \leq v \;\Rightarrow\; x + u \leq y + v \\
&(5) \quad 0 \leq x \leq y \wedge 0 \leq u \leq v \;\Rightarrow\; x \cdot u \leq y \cdot v.
\end{aligned}
\qquad (2.2.5)
$$

Beweis Es werden jeweils die Axiome aus **(IV)** angewendet.

zu (1): $\quad x \leq y \;\overset{(e)}{\Longrightarrow}\; x + (-x - y) \leq y + (-x - y)$
$\quad\quad\quad\;\;\Longrightarrow\; -y \leq -x.$

zu (2): $\quad x \leq y \,\wedge\, z \leq 0 \;\overset{(1)}{\Longrightarrow}\; x \leq y \,\wedge\, (-z) \geq 0$
$\quad\quad\quad\;\;\overset{(f)}{\Longrightarrow}\; x \cdot (-z) \leq y \cdot (-z)$
$\quad\quad\quad\;\;\overset{(1)}{\Longrightarrow}\; x \cdot z \geq y \cdot z.$

---

[10] Richard Dedekind (1831–1916); Göttingen, Braunschweig
[11] Niels Henrik Abel (1802–1829); Berlin, Paris

zu (3): $\quad x \geq 0 \stackrel{(f)}{\Longrightarrow} x^2 \geq x \cdot 0 = 0$

$\qquad\qquad x \leq 0 \stackrel{(1)}{\Longrightarrow} x^2 \geq x \cdot 0 = 0.$

zu (4): $\quad x \leq y \stackrel{(e)}{\Longrightarrow} x + u \leq y + u$

$\qquad\qquad u \leq v \stackrel{(e)}{\Longrightarrow} y + u \leq y + v$

$\qquad\qquad \stackrel{(d)}{\Longrightarrow} x + u \leq y + v$

zu (5): $\quad$ analog $\qquad\qquad\qquad\qquad\qquad\qquad$ ■

Definition (2.2.6)

Zu $a \in \mathbb{R}$ heißt $\quad |a| := \begin{cases} a, & \text{falls } a \geq 0 \\ -a, & \text{falls } a < 0 \end{cases} \quad$ der **Betrag** von a.

$|a - b|$ ist der (nichtnegative) **Abstand** der Zahlen a, b auf der Zahlengeraden.

Eigenschaften (2.2.7)

(1) $\ |a| \geq 0$

(2) $\ |a| = 0 \iff a = 0$

(3) $\ |a b| = |a| |b|$

(4) $\ |a + b| \leq |a| + |b| \qquad$ (**Dreiecksungleichung**)

(5) $\ K_\varepsilon(a) := \{x \in \mathbb{R} : |x - a| < \varepsilon\} = \,]a - \varepsilon, a + \varepsilon[, \quad \varepsilon > 0$

$\qquad\qquad\qquad\qquad$ (ε-**Umgebung von** a)

Wie liegen die natürlichen Zahlen $\mathbb{N}$ innerhalb der reellen Zahlen $\mathbb{R}$?

Nach (2.2.5), (3) ist zunächst $1 = 1 \cdot 1 > 0$; hieraus erhält man durch fortgesetzte Addition von 1:
$$0 < 1 < 2 < 3 < \cdots$$
Es ergibt sich also die übliche Anordnung von $\mathbb{N}$.

Wie sieht es nun aber für große Zahlen aus? Gibt es reelle Zahlen, die größer als alle natürlichen Zahlen sind?

Definition (2.2.8)

Sei M eine Teilmenge von $\mathbb{R}$.

a) Eine Zahl $x \in \mathbb{R}$ heißt eine **obere Schranke** von M, falls gilt $\ \forall w \in M : w \leq x$.

$\quad\,$ Analog: $x \in \mathbb{R}$ heißt eine **untere Schranke** von M, falls gilt $\ \forall w \in M : w \geq x$.

b) Die Menge M heißt **nach oben** (bzw. **nach unten**) **beschränkt**, falls es eine obere (bzw. untere) Schranke von M gibt. M heißt **beschränkt**, falls M sowohl nach oben wie auch nach unten beschränkt ist.

2.2 Reelle Zahlen

c) Eine Zahl $s \in \mathbb{R}$ heißt **Supremum** von M, falls s eine obere Schranke von M ist und ferner für jede beliebige obere Schranke x von M die Beziehung $s \leq x$ gilt.

s ist also die kleinste obere Schranke von M und damit (falls es eine solche Zahl gibt) eindeutig bestimmt. Wir schreiben $s =: \sup M$.

Analog wird der Begriff „**Infimum**" von M als größte untere Schranke definiert und mit $\inf M$ bezeichnet.

Beispiel

Sei $M = [1,2[$. Jede Zahl $x \geq 2$ ist eine obere Schranke von M, jede Zahl $y \leq 1$ eine untere Schranke. Es gilt also

$$2 = \sup[1,2[\quad \text{und} \quad 1 = \inf[1,2[= \min[1,2[.$$

Satz (2.2.9)

Jede nichtleere, nach oben beschränkte Menge $M \subset \mathbb{R}$ besitzt ein Supremum; jede nichtleere, nach unten beschränkte Menge $M \subset \mathbb{R}$ besitzt ein Infimum.

Beweis (für das Supremum)

Man zerlege $\mathbb{R}$ wie folgt:

$$L := \{x \in \mathbb{R} : \exists w \in M : x < w\}$$
$$R := \{y \in \mathbb{R} : \forall w \in M : y \geq w\} .$$

Dann gelten die folgenden Eigenschaften:

$\mathbb{R} = L \cup R$, nach Definition,

$L \neq \emptyset$, da $M \neq \emptyset$ ist,

$R \neq \emptyset$, da M nach oben beschränkt ist,

und $\forall x \in L, y \in R : x < y$.

Nach dem Vollständigkeitsaxiom (**V**) gibt es daher eine Schnittzahl s zwischen L und R, also $\quad \forall x \in L, y \in R : x \leq s \leq y$.

Hieraus sieht man, dass s eine obere Schranke von M ist: Wäre s nämlich keine obere Schranke, so gäbe es ein $w \in M$ mit $s < w$. Mit $s < x := (s+w)/2 < w$ ergäbe sich ein Widerspruch zur linken Ungleichung. Aufgrund der rechten Ungleichung ist s aber auch die kleinste obere Schranke von M, und somit $s = \sup M$. ∎

Folgerungen (2.2.10)

a) $\mathbb{N}$ ist nach oben unbeschränkt.

b) $\forall x \in \mathbb{R} : \left(x > 0 \Rightarrow \exists n \in \mathbb{N} : 0 < \dfrac{1}{n} < x \right)$.

c) Zwischen zwei reellen Zahlen $x < y$ gibt es immer unendlich viele rationale Zahlen.

Beweis

zu a) (indirekt)

Wäre die Menge $\mathbb{N}$ der natürlichen Zahlen beschränkt, so existierte nach (2.2.9) das Supremum $s = \sup \mathbb{N}$.

Man betrachte nun die Menge $M := \{n-1 \mid n \in \mathbb{N}\} = \mathbb{N}_0$. Für $x \in M$ gilt nun $x = n - 1 \leq s - 1$.

Damit ist $(s-1)$ eine obere Schranke von $\mathbb{N}_0$. Andererseits ist $\mathbb{N} \subset \mathbb{N}_0$ und $(s-1)$ ist somit auch eine obere Schranke von $\mathbb{N}$. Dies steht aber dazu im Widerspruch, dass $s = \sup \mathbb{N}$ die kleinste obere Schranke ist.

zu b) Nach a) kann $\frac{1}{x} > 0$ keine obere Schranke von $\mathbb{N}$ sein, d.h.,

$$\exists n \in \mathbb{N} \; : \; 0 < \frac{1}{x} < n$$

$$\Rightarrow \exists n \in \mathbb{N} \; : \; 0 < 1 < nx$$

$$\Rightarrow \exists n \in \mathbb{N} \; : \; 0 < \frac{1}{n} < x.$$

zu c) Man wende b) an auf $y - x > 0$.

$$\Rightarrow \exists n \in \mathbb{N} \; : \; 0 < \frac{1}{n} < y - x$$

$$\Rightarrow \exists n \in \mathbb{N} \; : \; x < x + \frac{1}{n} < y.$$

Man wähle nun $m \in \mathbb{Z}$ mit $\frac{m-1}{n} \leq x < \frac{m}{n}$.

Dann folgt: $x < \frac{m}{n} = \frac{m-1}{n} + \frac{1}{n} \leq x + \frac{1}{n} < y$, also $q_1 := \frac{m}{n} \in \;]x,y[$.

Wendet man dieses Verfahren nun auf $x < q_1$ an, so gibt es eine weitere rationale Zahl q_2 mit $x < q_2 < q_1$. Dieses Vorgehen wird iteriert und man erhält unendlich viele rationale Zahlen im Intervall $]x,y[$. ∎

Zifferndarstellung reeller Zahlen

Seien n und g natürliche Zahlen, $g > 1$. Eine Darstellung der Form

$$n = \sum_{j=0}^{k} r_j\, g^j, \qquad r_j \in \{0, 1, \ldots, g-1\}, \tag{2.2.11}$$

heißt g**-adische Zifferndarstellung** von n.

Dabei heißen:

r_j : **Ziffern**

g : **Basis**

k : **Stellenzahl** (falls $r_k \neq 0$).

Schreibweise $n = (r_k\, r_{k-1} \ldots r_1\, r_0)_g$.

2.2 Reelle Zahlen

Häufig verwendete Basen sind:

$g = 2$: **Dualdarstellung**, Ziffern: $0, 1$
$g = 10$: **Dezimaldarstellung**, Ziffern: $0, \ldots, 9$
$g = 16$: **Hexadezimaldarstellung**, Ziffern: $0, \ldots, 9, A, \ldots, F$.

Umrechnung (2.2.12)

a) **dezimal** $\Rightarrow$ **g-adisch**

Die Umrechnung erfolgt mittels **iterierter Division durch g**; es sei also mit $q_j \in \mathbb{N}$ und $r_j \in \mathbb{N}_0$:

$$\begin{aligned} n &= q_0 \cdot g + r_0, & 0 \leq r_0 < g \\ q_0 &= q_1 \cdot g + r_1, & 0 \leq r_1 < g \\ &\vdots & \vdots \\ q_{k-2} &= q_{k-1} \cdot g + r_{k-1}, & 0 \leq r_{k-1} < g \\ q_{k-1} &= 0 \cdot g + r_k, & 0 \leq r_k < g. \end{aligned}$$

Dann gilt: $n = (r_k\, r_{k-1}\, \ldots\, r_0)_g$.

b) **g-adisch** $\Rightarrow$ **dezimal**

Die Umrechnung erfolgt durch Auswertung von (2.2.11) nach dem **Horner-Schema**:

$$n = (\ldots((r_k g + r_{k-1})g + r_{k-2})g + \cdots + r_1)\, g + r_0.$$

Beispiel $n = 452$, $g = 7$

a)
$$\begin{aligned} 452 &= 64 \cdot 7 + 4 \\ 64 &= 9 \cdot 7 + 1 \\ 9 &= 1 \cdot 7 + 2 \\ 1 &= 0 \cdot 7 + 1 \end{aligned}$$

$$\Rightarrow \quad 452 = (1214)_7$$

b)
$$\begin{aligned} (1214)_7 &= ((1 \cdot 7 + 2) \cdot 7 + 1) \cdot 7 + 4 \\ &= 452 \end{aligned}$$

Wir kommen nun zur g-adischen Darstellung reeller Zahlen. Sei dazu $x \in \mathbb{R}$ und gelte ohne Beschränkung der Allgemeinheit (o.B.d.A.) $x > 0$. Zunächst spalten wir den ganzen Anteil von x ab:

$$x = n + x_0, \quad n \in \mathbb{N}_0, \quad 0 \leq x_0 < 1.$$

Der ganze Anteil n wird nach (2.2.12) in g-adische Darstellung umgerechnet. Für $x_0 \neq 0$ sucht man eine Entwicklung von x_0 nach Potenzen von $\dfrac{1}{g} = g^{-1}$ der Form:

$$x_0 = \sum_{j=1}^{\infty} s_j\, g^{-j}, \quad s_j \in \{0, 1, \ldots, g-1\}. \tag{2.2.13}$$

Im Dezimalsystem lautet (2.2.13) $x_0 = s_1 \cdot \dfrac{1}{10} + s_2 \cdot \dfrac{1}{100} + s_3 \cdot \dfrac{1}{1000} + \cdots$.

Schreibweise $\qquad x_0 = (0.s_1 s_2 s_3 \ldots)_g$.

Die s_j lassen sich durch iterierte Multiplikation mit der Basis g berechnen:

$$\begin{aligned} g \cdot x_0 &= s_1 + x_1, & 0 < x_1 < 1 \\ g \cdot x_1 &= s_2 + x_2, & 0 < x_2 < 1 \\ g \cdot x_2 &= s_3 + x_3, & 0 < x_3 < 1 \\ &\vdots \end{aligned}$$

Diese Folge bricht eventuell mit $x_k = 0$ ab.

Beispiel $\quad x_0 = \dfrac{13}{17}, \quad g = 10$

j	$g \cdot x_j$	$=$	s_{j+1}	$+$	x_{j+1}
0	$\dfrac{130}{17}$	$=$	7	$+$	$\dfrac{11}{17}$
1	$\dfrac{110}{17}$	$=$	6	$+$	$\dfrac{8}{17}$
2	$\dfrac{80}{17}$	$=$	4	$+$	$\dfrac{12}{17}$
$\vdots$	$\vdots$				
15	$\dfrac{30}{17}$	$=$	1	$+$	$\dfrac{13}{17}$
16	$\dfrac{130}{17}$	$=$	7	$+$	$\dfrac{11}{17}$
$\vdots$	$\vdots$				

Somit gilt:
$$\frac{13}{17} = 0.\overline{76470\ 58823\ 52941\ 1}\ 76\ldots$$

Bemerkung

Man erkennt anhand des Verfahrens, dass die Dezimaldarstellung jeder rationalen Zahl endlich oder periodisch ist. Dies gilt natürlich ebenso für die allgemeine g-adische Zifferndarstellung. Aber auch das Umgekehrte ist richtig: Jede periodische Dezimalzahl stellt eine rationale Zahl dar. Dezimaldarstellungen von irrationalen Zahlen sind immer unendlich und nicht periodisch.

2.3 Komplexe Zahlen

Wir fragen nach einer Zahlbereichserweiterung von $\mathbb{R}$, innerhalb der die Gleichung

$$x^2 = a$$

für gegebenes a stets eine Lösung besitzt.

Wir verlangen dabei, dass auch innerhalb dieses größeren Zahlenbereichs Addition und Multiplikation erklärt sind und den Körperaxiomen **(I)**–**(III)** von (2.2.3) genügen.

Wir nehmen an, dass es einen solchen Bereich gibt. Dann muss auch die Gleichung $x^2 + 1 = 0$ eine Lösung besitzen. Sie heiße i, die **imaginäre Einheit**. Die Zahl $-i = (-1) \cdot i$ ist dann eine weitere Lösung dieser Gleichung.

Schließlich müssen aufgrund unserer Annahme auch alle Zahlen der Form

$$z = x + i \cdot y \qquad (2.3.1)$$

zu diesem Bereich gehören. Diese Zahlen heißen **komplexe Zahlen**, x heißt der **Realteil** von z ($x = \operatorname{Re} z$), y der **Imaginärteil** von z ($y = \operatorname{Im} z$). Der Bereich der komplexen Zahlen

$$\mathbb{C} := \{z = x + i y \,:\, x, y \in \mathbb{R}\} \qquad (2.3.2)$$

liefert dann eine solche Zahlenbereichserweiterung von $\mathbb{R}$, für die Gleichungen der Form

$$z^2 = a, \quad a \in \mathbb{C} \text{ gegeben},$$

stets Lösungen besitzen.

Geometrisch lassen sich die komplexen Zahlen als Punkte (Vektoren) einer Ebene, der **komplexen Ebene** bzw. der **Gaußschen Zahlenebene**[12] darstellen.

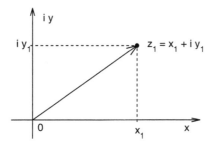

Abb. 2.2. Gaußsche Zahlenebene

Die Gleichheit komplexer Zahlen, ihre Addition und ihre Multiplikation ergeben sich aufgrund der vorausgesetzten Rechenregeln:

$$z_1 = z_2 \iff x_1 + i y_1 = x_2 + i y_2 \iff x_1 - x_2 = i(y_2 - y_1)$$

---

[12]Carl Friedrich Gauß (1777–1855); Göttingen

Quadriert man diese Gleichung, so ergibt sich $(x_1 - x_2)^2 = -(y_2 - y_1)^2$. Da die linke Seite nicht negativ, die rechte aber nicht positiv ist, folgt $x_1 = x_2$ und $y_1 = y_2$, also

$$z_1 = z_2 \iff \operatorname{Re} z_1 = \operatorname{Re} z_2 \wedge \operatorname{Im} z_1 = \operatorname{Im} z_2. \qquad (2.3.3)$$

Ferner:
$$z_1 + z_2 = (x_1 + x_2) + i(y_1 + y_2), \qquad (2.3.4)$$
$$z_1 \cdot z_2 = (x_1 + i y_1)(x_2 + i y_2)$$
$$= (x_1 x_2 - y_1 y_2) + i(x_1 y_2 + x_2 y_1). \qquad (2.3.5)$$

Geometrisch lässt sich die Addition komplexer Zahlen als Vektoraddition darstellen.

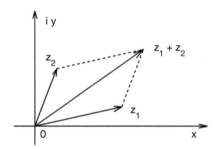

Abb. 2.3. Addition komplexer Zahlen

Für die Darstellung der Subtraktion gilt analog
$$z_1 - z_2 = (x_1 - x_2) + i(y_1 - y_2). \qquad (2.3.6)$$

Für die Darstellung der Division bedient man sich eines Kunstgriffs. Man definiert hierzu

Definition (2.3.7)

a) $\overline{z} := x - i y$ heißt die zu $z = x + i y$ **konjugiert komplexe Zahl**.

b) $|z| := \sqrt{x^2 + y^2}$ heißt der **Betrag**, auch die **Norm**, die **Länge** oder der **Modul** der komplexen Zahl z.

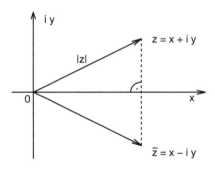

Abb. 2.4. Betrag und konjugiert komplexe Zahl

Eigenschaften (2.3.8)

a) $\bar{\bar{z}} = z$

b) $\overline{z_1 + z_2} = \bar{z}_1 + \bar{z}_2$, $\quad \overline{z_1 \cdot z_2} = \bar{z}_1 \cdot \bar{z}_2$

c) $\operatorname{Re} z = \dfrac{1}{2}(z + \bar{z})$, $\quad \operatorname{Im} z = \dfrac{1}{2i}(z - \bar{z})$

d) $z \in \mathbb{R} \iff z = \bar{z}$

e) $|z| = \sqrt{z \cdot \bar{z}}$, $\quad$ d.h. $\quad z \cdot \bar{z} = x^2 + y^2$

f) $|z| \geq 0$, $\quad |z| = 0 \iff z = 0$

g) $|z_1 \cdot z_2| = |z_1| \cdot |z_2|$

h) $|z_1 + z_2| \leq |z_1| + |z_2| \quad$ (Dreiecksungleichung)

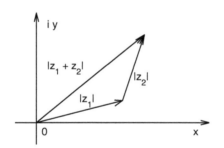

Abb. 2.5. Zur Dreiecksungleichung

Für die Division durch eine komplexe Zahl $z \neq 0$ verwenden wir nun die Beziehung:

$$z \cdot \bar{z} = |z|^2 = x^2 + y^2$$
$$\Rightarrow \quad \frac{1}{z} = \frac{\bar{z}}{x^2 + y^2}$$
$$\Rightarrow \quad \frac{1}{z} = \frac{x}{x^2 + y^2} - i\frac{y}{x^2 + y^2}. \qquad (2.3.9)$$

Darstellung in Polarkoordinaten

Für das Potenzieren komplexer Zahlen ist die Darstellung in Polarkoordinaten hilfreich. Hierbei wird eine komplexe Zahl $z \in \mathbb{C}$, $z \neq 0$, nicht durch Real- und Imaginärteil, sondern durch den Betrag $r := |z|$ und durch den Winkel $\varphi \in [0, 2\pi[$ zwischen der positiven x-Achse und der komplexen Zahl z dargestellt. Dieser Winkel heißt das **Argument**, oder die **Phase**, der komplexen Zahl z.

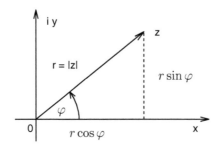

Abb. 2.6. Polarkoordinaten einer komplexen Zahl

Umrechnung (2.3.11)

a) $\qquad x = r \cos \varphi$
$\qquad\qquad y = r \sin \varphi$

b) $\qquad r = \sqrt{x^2 + y^2}$
$\qquad\qquad \cos \varphi = \dfrac{x}{\sqrt{x^2 + y^2}}, \quad \sin \varphi = \dfrac{y}{\sqrt{x^2 + y^2}}, \quad z \neq 0.$

Zur Berechnung von φ beachte man die Mehrdeutigkeit des arctan:

$$\varphi = \begin{cases} \arctan(y/x) & , \quad x > 0, \ y \geq 0 \\ \pi/2 & , \quad x = 0, \ y > 0 \\ \pi + \arctan(y/x) & , \quad x < 0 \\ 3\pi/2 & , \quad x = 0, \ y < 0 \\ 2\pi + \arctan(y/x) & , \quad x > 0, \ y < 0; \end{cases}$$

hierbei bezeichnet arctan den Zweig von arctan mit Werten in $\left]-\dfrac{\pi}{2}, \dfrac{\pi}{2}\right[$.

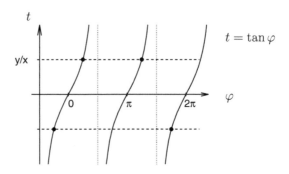

Abb. 2.7. Berechnung des Arguments

2.3 Komplexe Zahlen

Beispiel Für die komplexe Zahl $z = -\frac{3}{2}i + \frac{2-i}{(1-i)^2}$ sind Real- und Imaginärteil, sowie die Polardarstellung zu ermitteln. Zunächst berechnet man

$$\begin{aligned}
z &= -\tfrac{3}{2}i + \tfrac{2-i}{(1-i)^2} &= -\tfrac{3}{2}i + \tfrac{2-i}{1-2i+i^2} \\
&= -\tfrac{3}{2}i + \tfrac{2-i}{-2i} &= -\tfrac{3}{2}i + i + \tfrac{1}{2} \\
&= \tfrac{1}{2} - \tfrac{1}{2}i
\end{aligned}$$

Damit wird $|z| = \frac{1}{2}\sqrt{2}$ und $\varphi = 2\pi + \arctan(-1) = \frac{7\pi}{4}$.

Multiplikation in Polarkoordinaten

Seien $z_k = r_k \cdot (\cos \varphi_k + i \sin \varphi_k)$, $k = 1, 2$, zwei gegebene komplexe Zahlen in Polarkoordinatendarstellung. Dann gilt für das Produkt:

$$\begin{aligned}
z_1 \cdot z_2 &= r_1 r_2 (\cos \varphi_1 + i \sin \varphi_1)(\cos \varphi_2 + i \sin \varphi_2) \\
&= r_1 r_2 \left[(\cos \varphi_1 \cos \varphi_2 - \sin \varphi_1 \sin \varphi_2) \right. \\
&\quad \left. + i (\cos \varphi_1 \sin \varphi_2 + \sin \varphi_1 \cos \varphi_2) \right].
\end{aligned}$$

Mit Hilfe der Additionstheoreme (1.3.19) lässt sich dies umschreiben zu:

$$z_1 \cdot z_2 = r_1 \cdot r_2 \cdot [\cos(\varphi_1 + \varphi_2) + i \sin(\varphi_1 + \varphi_2)]. \tag{2.3.12}$$

Merkregel Bei der Multiplikation komplexer Zahlen werden die Beträge multipliziert und die Argumente addiert.

Für die Division zweier komplexer Zahlen ergibt sich analog

$$\frac{z_1}{z_2} = \frac{r_1}{r_2} [\cos(\varphi_1 - \varphi_2) + i \sin(\varphi_1 - \varphi_2)], \quad z_2 \neq 0. \tag{2.3.13}$$

Setzt man in (2.3.12) $z_1 = z_2 = z$, so folgt weiter:

$$z^2 = r^2 [\cos(2\varphi) + i \sin(2\varphi)],$$

und hieraus mit vollständige Induktion

$$z^n = r^n [\cos(n\varphi) + i \sin(n\varphi)]. \tag{2.3.14}$$

Speziell für $r = 1$ ergibt sich die **Formel von Moivre**[13]:

$$(\cos \varphi + i \sin \varphi)^n = \cos(n\varphi) + i \sin(n\varphi). \tag{2.3.15}$$

---

[13] Abraham de Moivre (1667–1754); London

2 Zahlbereiche

Diese Beziehung ist Anlass für die wichtige **Definition (Formel von Euler)**

$$e^{i\varphi} := \cos\varphi + i\sin\varphi. \qquad (2.3.16)$$

Man beachte, dass $e^{i\varphi}$ hierbei (zunächst) lediglich als eine Abkürzung zu verstehen ist. Die Schreibweise ist allerdings dadurch motiviert, dass aufgrund von (2.3.12) und (2.3.15) die üblichen Potenzgesetze gelten (vgl. auch Abschnitt 11.3):

$$\begin{aligned} e^{i0} &= 1, \quad e^{i(\varphi_1+\varphi_2)} = e^{i\varphi_1} \cdot e^{i\varphi_2} \\ (e^{i\varphi})^n &= e^{in\varphi}, \quad e^{-i\varphi} = 1/e^{i\varphi}. \end{aligned} \qquad (2.3.17)$$

Wir kommen nun zur Ausgangsfrage dieses Abschnittes zurück. Wie löst man Gleichungen der Form

$$z^n = a,$$

wobei $a \in \mathbb{C}$ und $n \in \mathbb{N}$ gegeben sind?

Wir beginnen mit dem Fall $a = 1$, bestimmen also die **n-ten Einheitswurzeln**, das sind die (komplexen) Lösungen der Gleichung $z^n = 1$.
Da $|z|^n = |z^n| = 1$ ist, muss auch $|z| = 1$ gelten, d.h., z liegt auf dem Einheitskreis und besitzt daher die Polardarstellung $z = e^{i\varphi} = \cos\varphi + i\sin\varphi$.
Aus (2.3.15) folgt:

$$\cos(n\varphi) + i\sin(n\varphi) = 1$$
$$\Rightarrow \quad n\varphi = 2\pi k, \quad k \in \mathbb{Z}$$
$$\Rightarrow \quad \varphi = \frac{2\pi k}{n}, \quad k \in \mathbb{Z}.$$

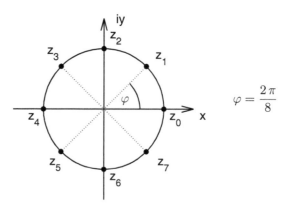

Abb. 2.8. Die achten Einheitswurzeln

2.3 Komplexe Zahlen

Aufgrund der 2π-Periodität der Winkelfunktionen ergibt sich der folgende Satz.

Satz (2.3.18)

Es gibt genau n verschiedene komplexe Zahlen $z_0, \ldots, z_{n-1}$, die die Gleichung $z^n = 1$ erfüllen, diese sind gegeben durch

$$z_k = e^{i\frac{2\pi k}{n}}, \quad k = 0, 1, \ldots, n-1.$$

Beispiel Zu berechnen seien die sechsten Einheitwurzeln, also die komplexen Lösungen der Gleichung $z^6 = 1$.

Mit $\cos\dfrac{2\pi}{6} = \dfrac{1}{2}$ und $\sin\dfrac{2\pi}{6} = \dfrac{1}{2}\sqrt{3}$ findet man

$$z_0 = e^{i0} = 1, \qquad z_1 = e^{i\frac{2\pi}{6}} = \frac{1}{2} + i\frac{1}{2}\sqrt{3},$$

$$z_2 = e^{i\frac{4\pi}{6}} = -\frac{1}{2} + i\frac{1}{2}\sqrt{3}, \qquad z_3 = e^{i\frac{6\pi}{6}} = -1,$$

$$z_4 = e^{i\frac{8\pi}{6}} = -\frac{1}{2} - i\frac{1}{2}\sqrt{3}, \qquad z_5 = e^{i\frac{10\pi}{6}} = \frac{1}{2} - i\frac{1}{2}\sqrt{3}.$$

Lösung von $z^n = a$

Im allgemeinen Fall einer Gleichung $z^n = a$, mit gegebenem $a \in \mathbb{C}$, $a \neq 0$, kann analog vorgegangen werden. Zunächst stellt man a in Polardarstellung dar

$$z^n = a = re^{i\varphi}, \quad r > 0, \quad \varphi \in [0, 2\pi[.$$

Formales Wurzelziehen unter Berücksichtigung der Mehrdeutigkeit liefert dann

$$z_k = \sqrt[n]{a} = \sqrt[n]{r}\, e^{i\frac{\varphi + 2\pi k}{n}}, \quad k = 0, 1, \ldots, n-1. \tag{2.3.19}$$

Es bezeichnet $\sqrt[n]{r}$ die eindeutig bestimmte, positive reelle Lösung der Gleichung $x^n = r$. Der Faktor $e^{i\frac{\varphi + 2\pi k}{n}} = e^{i\frac{\varphi}{n}} \cdot e^{i\frac{2\pi k}{n}}$ beschreibt die um den Winkel φ/n nach links (mathematisch positiv) gedrehten n-ten Einheitswurzeln. Insgesamt erhält man also auch hier genau n verschiedene komplexe Lösungen z_k.

Beispiel Man löse $z^3 = -27i = 27\,e^{i3\pi/2}$. Nach (2.3.19) erhält man

$$z_k = \sqrt[3]{27} \cdot e^{i\left(\frac{\pi}{2} + \frac{2\pi k}{3}\right)}, \quad k = 0, 1, 2,$$

$$\Rightarrow \quad z_0 = 3\,e^{i\pi/2} = 3i,$$

$$z_1 = 3\,e^{i7\pi/6} = -\frac{3}{2}\left(\sqrt{3} + i\right),$$

$$z_2 = 3\,e^{i11\pi/6} = \frac{3}{2}\left(\sqrt{3} - i\right).$$

Komplexe Polynome

Funktionen der Form
$$p(z) = \sum_{k=0}^{n} a_k z^k, \quad a_k \in \mathbb{C} \qquad (2.3.20)$$

heißen **Polynome** bzw. **Polynomfunktionen**. Ist $a_n \neq 0$, so heißt n der **Grad** des Polynoms $p(z)$, $\operatorname{grad} p = n$. Polynome vom Grad $n = 0$ sind konstante Funktionen, $p(z) = a_0 \neq 0$. Der Nullfunktion $p(z) = a_0 = 0$ kann man künstlich den Grad $n = -\infty$ zuordnen. Mit Π_n wird die Menge aller komplexen Polynome vom Grad kleiner oder gleich n bezeichnet. Die a_k heißen die **Koeffizienten** des Polynoms $p(z)$. Das Polynom heißt **reell**, falls alle Koeffizienten reell sind.

Polynome lassen sich günstig mit Hilfe des **Horner-Algorithmus**[14] auswerten. Hierzu schreibt man das Polynom wie folgt

$$p(z) = (\ldots((a_n \cdot z + a_{n-1}) \cdot z + a_{n-2}) \cdot z + \ldots a_1) \cdot z + a_0.$$

Der Horner-Algorithmus zur Berechnung von $p(z)$ lautet also

$$\begin{aligned} p &= a_n; \\ &\text{für } k = n-1, n-2, \ldots, 0 \\ p &= z \cdot p + a_k; \\ &\text{end } k. \end{aligned} \qquad (2.3.21)$$

Für die Handrechnung benutzt man das folgende Horner-Schema

$$\begin{array}{c|cccc} & a_n & a_{n-1} & \ldots & a_1 & a_0 \\ & & z \cdot b_{n-1} & & z \cdot b_1 & z \cdot b_0 \\ \hline z & b_{n-1} & b_{n-2} & \ldots & b_0 & p \end{array} \qquad (2.3.22)$$

mit $b_{n-1} = a_n$, $b_{k-1} = a_k + z \cdot b_k$, $k = n-1, \ldots, 1$, und $p = p(z) = a_0 + z \cdot b_0$.

Beispiel Zu berechnen sei $p(-2)$ für das Polynom $p(z) = 5z^3 - 3z^2 - 6$.
Das Horner-Schema lautet

$$\begin{array}{c|cccc} & 5 & -3 & 0 & -6 \\ & & -10 & 26 & -52 \\ \hline z = -2 & 5 & -13 & 26 & \mathbf{-58} \end{array}$$

Demnach ist $p(-2) = -58$.

Satz (2.3.23) (Fundamentalsatz der Algebra)

Jedes (komplexe) Polynom $p(z)$ vom Grad $n \geq 1$ hat in $\mathbb{C}$ eine Nullstelle.

Dieser Satz ist außerordentlich wichtig und fundamental für den Umgang mit Polynomen. Dennoch ist er nicht leicht zu beweisen. Nach vorausgegangenen lückenhaften Beweisen

---
[14]William George Horner (1786–1837); Bath (England)

gelang Carl Friedrich Gauß in seiner Dissertation im Jahre 1799 der erste vollständige Beweis. Wir werden den Satz später mit Hilfe der Funktionentheorie beweisen.

Folgerung (2.3.24)

Jedes Polynom $p(z)$ vom Grad $n \geq 1$ lässt sich (über $\mathbb{C}$) in Linearfaktoren zerlegen:

$$p(z) = a_n(z-z_1)(z-z_2) \cdot \ldots \cdot (z-z_n).$$

Dabei sind die z_k die – nicht notwendig verschiedenen – Nullstellen von $p(z)$.

Beweis

a) Polynome lassen sich „durchdividieren", d.h., sind $p(z)$ und $q(z)$ Polynome mit

$$\operatorname{grad} p = n \geq \operatorname{grad} q = m,$$

so gibt es eindeutig bestimmte Polynome $s(z)$ und $r(z)$ mit

$$p(z) = s(z) \cdot q(z) + r(z), \quad \text{wobei} \quad \operatorname{grad} r < \operatorname{grad} q.$$

Beispiel
$$p(z) = 5z^3 - 3z^2 - 6$$
$$q(z) = z^2 + z - 2$$

$$(5z^3 - 3z^2 + 0z - 6) : (z^2 + z - 2) = 5z - 8$$
$$\underline{5z^3 + 5z^2 - 10z}$$
$$-8z^2 + 10z - 6$$
$$\underline{-8z^2 - 8z + 16}$$
$$18z - 22$$

$$\Rightarrow \quad p(z) = (5z - 8) \cdot q(z) + (18z - 22).$$

b) Ist $q(z) = z - z_0$ ein lineares Polynom, so muss $r(z)$ ein Polynom vom Grad < 1, also eine Konstante, sein.

Damit hat man die Zerlegung $\quad p(z) = \tilde{p}(z) \cdot (z - z_0) + c$.

Setzt man hierin $z = z_0$ ein, so erhält man

$$p(z_0) = \tilde{p}(z_0) \cdot (z_0 - z_0) + c = c,$$

also

$$p(z) = \tilde{p}(z)(z - z_0) + p(z_0).$$

$p(z)$ lässt sich also genau dann ohne Rest durch $(z - z_0)$ dividieren, falls z_0 eine Nullstelle von $p(z)$ ist.

c) Die Behauptung folgt schließlich aus dem Fundamentalsatz der Algebra (2.3.23) und aus b) mittels vollständiger Induktion. ∎

Definition (2.3.25)

z_0 heißt eine **k-fache Nullstelle** von $p(z)$, falls $p(z)$ durch $(z-z_0)^k$ teilbar ist, jedoch nicht durch $(z-z_0)^{k+1}$. In der Linearfaktor-Zerlegung (2.3.24) sind dann genau k der z_j gleich z_0.

Folgerung

Jedes Polynom n-ten Grades ($n \geq 1$) besitzt demgemäß genau n Nullstellen (in $\mathbb{C}$), wobei diese ihrer Vielfachheit nach gezählt werden.

Eine weitere Folgerung von (2.3.24) ist die, dass ein Polynom höchstens n-ten Grades niemals mehr als n Nullstellen besitzen kann. Anders gesagt: Besitzt ein Polynom $p(z) \in \Pi_n$ wenigstens $(n+1)$ Nullstellen, so ist es das Nullpolynom, $p(z) = 0$, d.h., alle $a_j = 0$.

Satz (2.3.26) (Identitätssatz)

Stimmen zwei Polynome $p(z) = \sum_{j=0}^{n} a_j z^j$ und $q(z) = \sum_{j=0}^{n} b_j z^j$ höchstens n-ten Grades an (wenigstens) $(n+1)$ Stellen überein, so sind die Polynome gleich, d.h., $a_j = b_j \, (\forall j)$.

Beweis

Das Differenzpolynom $d(z) := p(z) - q(z) = \sum_{j=0}^{n}(a_j - b_j)z^j$ hat nach Annahme $(n+1)$ Nullstellen. Damit folgt nach Obigem $a_j - b_j = 0 \, (\forall j)$. ∎

Aus dem Identitätssatz folgt unmittelbar, dass zwei Polynome, die als Funktionen gleich sind, auch gleiche Koeffizienten besitzen müssen. Hierbei genügt die Gleichheit als Funktionen auf $\mathbb{R}$ oder sogar auf einem reellen Intervall $[a,b]$, $a < b$. Diese Folgerung nennt man das **Verfahren des Koeffizientenvergleichs**.

Als Anwendung hiervon bestimmen wir die Koeffizienten b_k des Polynoms $q(z) = \sum_{k=0}^{n-1} b_k z^k$ in der Zerlegung

$$p(z) = (z - z_0)q(z) + p(z_0). \qquad (2.3.27)$$

Dabei sind $p(z) = \sum_{k=0}^{n} a_k z^k$ und $z_0 \in \mathbb{C}$ gegeben; vgl. den Beweis zu (2.3.24). Zunächst finden wir

$$\begin{aligned}
\sum_{k=0}^{n} a_k z^k &= (z-z_0)\left(\sum_{k=0}^{n-1} b_k z^k\right) + p(z_0) \\
&= \sum_{k=0}^{n-1} b_k z^{k+1} - \sum_{k=0}^{n-1} z_0 b_k z^k + p(z_0) \\
&= b_{n-1} z^n + \sum_{k=1}^{n-1}(b_{k-1} - z_0 b_k) z^k + p(z_0) - z_0 b_0.
\end{aligned}$$

2.3 Komplexe Zahlen

Durch Koeffizientenvergleich dieser beiden Polynome erhalten wir die Relationen

$$a_n = b_{n-1}$$
$$a_k = b_{k-1} - z_0 b_k, \quad k = 1, \ldots, n-1$$
$$a_0 = p(z_0) - z_0 b_0.$$

Dies sind aber gerade die Beziehungen, die wir beim Horner-Schema (2.3.22) gefunden hatten. Das Horner-Schema liefert also in der Zerlegung (2.3.27) nicht nur den Funktionswert $p(z_0)$, sondern zugleich auch die Koeffizienten des abdividierten Polynoms $q(z)$.

Beispiel:
Sei $p(z) = z^3 + z^2 - z - 2$ und $z_0 = 1$. Das zugehörige Horner-Schema lautet

$$\begin{array}{r|rrrr} & 1 & 1 & -1 & -2 \\ & & 1 & 2 & 1 \\ \hline z_0 = 1 & 1 & 2 & 1 & -1 \end{array}$$

und somit: $p(z) = (z-1)(z^2 + 2z + 1) - 1$.

Anwendung (2.3.28)
Eine Standardanwendung der komplexen Zahlen in der Elektrotechnik ist die Untersuchung von Wechselstromkreisen. Als einfaches Beispiel betrachten wir einen Wechselstromkreis mit Spule und Ohmschem Widerstand in Reihenschaltung.

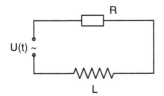

R : Ohmscher Widerstand
L : Induktivität
$U(t) = U_0 \cos(\omega t)$ Spannung
$U_0 > 0$

Abb. 2.9. Wechselstromkreis

Nach den Kirchhoffschen Gesetzen genügt die Stromstärke $I(t)$ der Differentialgleichung

$$L\,I'(t) + R\,I(t) = U(t).$$

Hierbei ist $U(t) = U_0 \cos(\omega t)$ der vorgegeben Spannungsverlauf; $I'(t)$ bezeichnet die zeitliche Ableitung der Stromstärke.
Der Trick besteht nun darin, Stromstärke und Spannung als komplexe Funktionen zu erweitern (bezeichnet mit $I^*(t)$, $U^*(t)$), deren Realteile dann jeweils die eigentlichen physikalischen Größen darstellen.

Man definiert also $U^*(t) := U_0 e^{i\omega t} = U_0(\cos(\omega t) + i \sin(\omega t))$ und auch $I^*(t) := I_0^* e^{i\omega t}$ mit einer unbekannten, komplexen Amplitude $I_0^* \in \mathbb{C}$. Diese Ansätze werden in die Differentialgleichung eingesetzt. Man erhält

$$L I_0^* i \omega e^{i\omega t} + R I_0^* e^{i\omega t} = U_0 e^{i\omega t}$$
$$\Rightarrow \quad I_0^* = \frac{U_0}{R + i\omega L}.$$

Stellt man nun I_0^* in Polarkoordinaten dar, so folgt

$$I_0^* = I_0 e^{-i\alpha}, \quad I_0 = \frac{U_0}{\sqrt{R^2 + \omega^2 L^2}}, \quad \tan \alpha = \frac{\omega L}{R}.$$

Aus der komplexen Stromstärke $I^*(t) = I_0 e^{i(\omega t - \alpha)}$ erhält man schließlich die physikalische Stromstärke als Realteil $I(t) = I_0 \cos(\omega t - \alpha)$ mit den oben angegebenen Relationen für I_0 und α.

Die Größe $|R^*| = \sqrt{R^2 + \omega^2 L^2}$, also den Betrag des komplexen Widerstandes $R^* := U^*/I^*$, bezeichnet man auch als **Wechselstromwiderstand** oder **Impedanz**. Man erhält sie, ebenso wie die **Phasenverschiebung** α, aus der Darstellung des komplexen Widerstandes R^* in der Gaußschen Zahlenebene (**Phasendiagramm**):

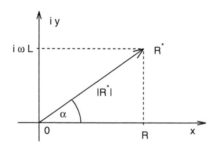

Abb. 2.10. Komplexer Widerstand, Phasendiagramm

3 Vektorrechnung, analytische Geometrie

3.1 Vektoren

Vektoren sind gerichtete Größen (Pfeile). Sie sind durch **Länge** (auch **Betrag**, **Norm**) und **Richtung** gekennzeichnet. Physikalische Beispiele für Vektoren sind: Kraft, Geschwindigkeit, Beschleunigung, elektrische und magnetische Feldstärke und vieles mehr. $\mathbf{v} = \overrightarrow{PQ}$ bezeichne den Vektor mit dem Anfangspunkt P und dem Endpunkt Q.
Vektoren, die durch Parallelverschiebung ineinander überführt werden können, werden als gleich angesehen (freie Vektoren).

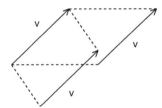

Abb. 3.1. Freie Vektoren

In einem kartesischen Koordinatensystem kann man $\mathbf{v}$ daher stets so verschieben, dass sein Anfangspunkt im Koordinatenursprung $\mathbf{0}$ liegt. $\mathbf{v}$ ist dann allein durch seinen Endpunkt P gekennzeichnet; im $\mathbb{R}^3$ also

$$\mathbf{v} = \overrightarrow{OP} = \begin{pmatrix} v_1 \\ v_2 \\ v_3 \end{pmatrix}.$$

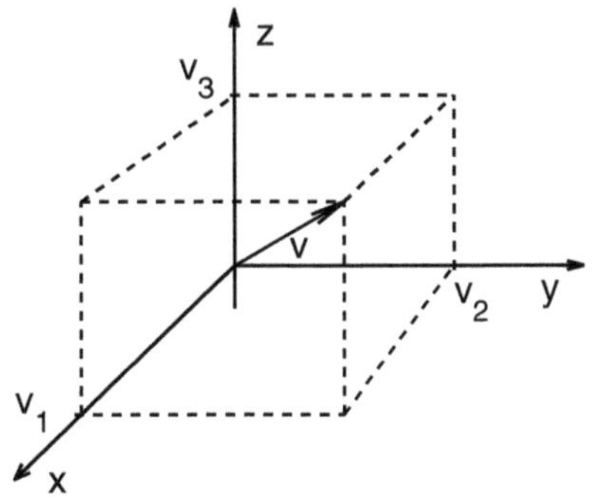

Im $\mathbb{R}^2$: $\mathbf{v} = \begin{pmatrix} v_1 \\ v_2 \end{pmatrix}$

Im $\mathbb{R}^n$: $\mathbf{v} = \begin{pmatrix} v_1 \\ v_2 \\ \vdots \\ v_n \end{pmatrix}$

Abb. 3.2. Vektoren im $\mathbb{R}^3$

Die v_i heißen hierbei die **Koordinaten** oder **Komponenten** des Vektors $\mathbf{v}$.
Zwei Vektoren sind gleich, wenn sie in Richtung und Länge übereinstimmen – oder (äquivalent) wenn sie gleiche Koordinaten besitzen.

Vektoraddition

Vektoren werden nach der Regel des Kräfteparallelogramms addiert.

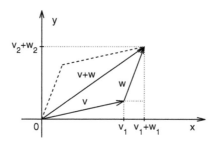

Abb. 3.3. Kräfteparallelogramm

Die i-te Koordinate einer Vektorsumme ist also gerade gleich der Summe der i-ten Koordinaten der Summanden, also

$$\mathbf{v}+\mathbf{w} := \begin{pmatrix} v_1 + w_1 \\ v_2 + w_2 \\ \vdots \\ v_n + w_n \end{pmatrix} \quad (\text{im } \mathbb{R}^n). \tag{3.1.1}$$

Multiplikation mit Skalaren

Natürlich schreibt man für $\mathbf{v}+\mathbf{v} =: 2\,\mathbf{v}$, für $\mathbf{v}+\mathbf{v}+\mathbf{v} =: 3\,\mathbf{v}$ usw. In Verallgemeinerung hiervon definiert man die Multiplikation eines Vektors $\mathbf{v} \in \mathbb{R}^n/\mathbb{C}^n$ mit einem Skalar $\alpha \in \mathbb{R}/\mathbb{C}$ durch

$$\alpha\,\mathbf{v} := \begin{pmatrix} \alpha\,v_1 \\ \vdots \\ \alpha\,v_n \end{pmatrix}. \tag{3.1.2}$$

Man beachte, dass nach unserer Konvention der Skalar immer links steht.

Die beiden soeben eingeführten Operationen, Addition von Vektoren und Multiplikation von Vektoren mit Skalaren, heißen **Vektorraumoperationen**. Ihre wichtigsten Eigenschaften werden durch die folgenden **Vektorraum-Axiome** wiedergegeben.

$$
\begin{array}{lll}
(\mathbf{VR1}) &
\begin{array}{ll}
(i) & \mathbf{v}+\mathbf{w} = \mathbf{w}+\mathbf{v} \\
(ii) & \mathbf{v}+(\mathbf{w}+\mathbf{z}) = (\mathbf{v}+\mathbf{w})+\mathbf{z} \\
(iii) & \mathbf{v}+\mathbf{0} = \mathbf{0}+\mathbf{v} = \mathbf{v} \\
(iv) & \mathbf{v}+(-\mathbf{v}) = (-\mathbf{v})+\mathbf{v} = \mathbf{0},
\end{array} \\
(\mathbf{VR2}) &
\begin{array}{ll}
(v) & 1\cdot\mathbf{v} = \mathbf{v} \\
(vi) & \alpha(\beta\mathbf{v}) = (\alpha\beta)\mathbf{v} \\
(vii) & (\alpha+\beta)\mathbf{v} = \alpha\mathbf{v}+\beta\mathbf{v} \\
(viii) & \alpha(\mathbf{v}+\mathbf{w}) = \alpha\mathbf{v}+\alpha\mathbf{w}
\end{array}
\end{array} \tag{3.1.3}
$$

(VR1) beschreibt die Regeln der Addition von Vektoren; diese bilden gerade die Axiome einer abelschen Gruppe, vgl. (2.2.4). (VR2) beschreibt die Regeln der Multiplikation mit Skalaren. Diese können reelle oder komplexe Zahlen sein.

Der in (VR1) auftretende **Nullvektor** sowie die additiv inversen Vektoren $-\mathbf{v}$ sind für die Räume $\mathbb{R}^n$ bzw. $\mathbb{C}^n$ gegeben durch

$$\mathbf{0} := \begin{pmatrix} 0 \\ \vdots \\ 0 \end{pmatrix}, \qquad -\mathbf{v} := (-1) \cdot \mathbf{v} \,. \tag{3.1.4}$$

Definition (3.1.5)

Eine Menge V, für deren Elemente eine Addition und eine Multiplikation mit Skalaren (reellen oder komplexen Zahlen) erklärt ist, heißt ein **Vektorraum**, falls die Axiome (VR1) und (VR2) gelten. Je nach Skalarbereich ($\mathbb{R}$ oder $\mathbb{C}$) spricht man von einem reellen oder einem komplexen Vektorraum.

Beispiele (3.1.6)

a) $\mathbb{R}^2, \mathbb{R}^3, \mathbb{R}^n$ (bzw. $\mathbb{C}^n$) sind reelle (bzw. komplexe) Vektorräume.

b) Seien die Polynomräume wie in Abschnitt 2.3 erklärt durch

$$\Pi_n(\mathbb{R}) := \{p(x) = \sum_{k=0}^{n} a_k x^k : a_k \in \mathbb{R}, \, \forall k = 0, \ldots, n\}$$

$$\Pi_n(\mathbb{C}) := \{p(x) = \sum_{k=0}^{n} a_k x^k : a_k \in \mathbb{C}, \, \forall k = 0, \ldots, n\}\,.$$

Definiert man Addition und Skalarmultiplikation, wie für Funktionen üblich, durch

$$(p+q)(x) := p(x) + q(x) = \sum_{k=0}^{n} a_k x^k + \sum_{k=0}^{n} b_k x^k = \sum_{k=0}^{n} (a_k + b_k) x^k,$$

$$(\alpha p)(x) := \alpha p(x) = \alpha \sum_{k=0}^{n} a_k x^k = \sum_{k=0}^{n} (\alpha a_k) x^k,$$

so wird $\Pi_n(\mathbb{R})$ bzw. $\Pi_n(\mathbb{C})$ hiermit zu einem reellen bzw. komplexen Vektorraum.

c) Die Menge der stetigen Funktionen auf einem Intervall $[a,b]$

$$C[a,b] := \{f : [a,b] \to \mathbb{R} : f \text{ stetig auf } [a,b]\}$$

bildet ebenso bezüglich der Operationen

$$(f+g)(x) := f(x) + g(x), \quad (\alpha f)(x) := \alpha \cdot f(x)$$

einen reellen Vektorraum.

Norm eines Vektors

Nach dem Satz von Pythagoras[15] (in einem rechtwinkligen Dreieck ist das Hypotenusenquadrat gleich der Summe der Kathetenquadrate) ergibt sich für die Länge eines Vektors $\mathbf{v} \in \mathbb{R}^3$ gemäß Abbildung 3.4

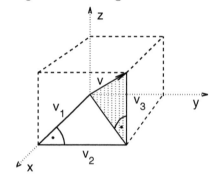

$$\|\mathbf{v}\| = \sqrt{v_1^2 + v_2^2 + v_3^2}$$

$\|\mathbf{v}\|$ heißt die **Euklidische Norm** (**Länge**) des Vektors $\mathbf{v}$.

Abb. 3.4. Norm eines Vektors im $\mathbb{R}^3$

Analog definiert man die **Euklidische Norm** eines Vektors $\mathbf{v} \in \mathbb{R}^n$, $n \in \mathbb{N}$, durch

$$\|\mathbf{v}\| := \sqrt{\sum_{k=1}^{n} v_k^2} \,. \tag{3.1.7}$$

Die wichtigsten Eigenschaften sind durch die folgenden **Norm-Axiome** gegeben:

(**Norm**)
- (i) $\|\mathbf{v}\| \geq 0$
- (ii) $\|\mathbf{v}\| = 0 \Rightarrow \mathbf{v} = \mathbf{0}$
- (iii) $\|\alpha\,\mathbf{v}\| = |\alpha|\,\|\mathbf{v}\|$
- (iv) $\|\mathbf{v} + \mathbf{w}\| \leq \|\mathbf{v}\| + \|\mathbf{w}\|$ (**Dreiecksungleichung**).

(3.1.8)

Bemerkungen (3.1.9)

a) Die ersten drei Eigenschaften lassen sich unmittelbar mittels (3.1.7) beweisen.

Die Dreiecksungleichung ist jedoch komplizierter! Im $\mathbb{R}^3$ ist sie geometrisch klar; sie besagt ja gerade, dass die Länge einer Dreieckseite niemals größer ist als die Summe der Längen der beiden anderen Seiten.

---

[15] Pythagoras (ca. 580–500 v. Chr.); Unteritalien

3.1 Vektoren

Für den $\mathbb{R}^n$ formen wir um

$$\|\mathbf{v} + \mathbf{w}\| \leq \|\mathbf{v}\| + \|\mathbf{w}\|$$

$$\iff \sum_{i=1}^n (v_i + w_i)^2 \leq \sum_{i=1}^n v_i^2 + \sum_{i=1}^n w_i^2 + 2\sqrt{\sum_{i=1}^n v_i^2} \cdot \sqrt{\sum_{i=1}^n w_i^2} \quad (3.1.10)$$

$$\iff \sum_{i=1}^n v_i w_i \leq \sqrt{\sum_{i=1}^n v_i^2} \cdot \sqrt{\sum_{i=1}^n w_i^2}\,.$$

Diese Relation heißt **Cauchy-Schwarzsche Ungleichung**; wir werden sie später beweisen!

b) $\|\mathbf{b} - \mathbf{a}\|$ gibt den Abstand zwischen den Endpunkten von **a** und **b** an.

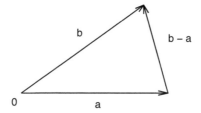

Abb. 3.5. Abstand zweier Punkte

c) Wir definieren wieder allgemein: Gibt es für einen Vektorraum V eine Abbildung: $\|\cdot\| : \mathbf{v} \mapsto \|\mathbf{v}\| \in \mathbb{R}$, die die Axiome (3.1.8) erfüllt, so heißt $\|\cdot\|$ eine **Norm** für den Vektorraum V und $(V, \|\cdot\|)$ heißt ein **normierter Vektorraum**.

Beispiele für Normen sind:

für den $\mathbb{R}^n$: $\quad \|\mathbf{v}\|_\infty := \max\{|v_1|, \ldots, |v_n|\} \quad$ **(Maximumsnorm)**

$\|\mathbf{v}\|_2 := \sqrt{\sum_{i=1}^n v_i^2} \quad$ **(Euklidische Norm)**

$\|\mathbf{v}\|_1 := \sum_{i=1}^n |v_i| \quad$ **(L^1-Norm)**

für $C[a,b]$: $\quad \|f\|_\infty := \max\{|f(t)| \,:\, a \leq t \leq b\} \quad$ **(Maximumsnorm)**

$\|f\|_2 := \sqrt{\int_a^b (f(t))^2 dt} \quad$ **(Euklidische Norm)**

$\|f\|_1 := \int_a^b |f(t)|\, dt \quad$ **(L^1-Norm)**

Skalarprodukt zweier Vektoren

Wirkt auf einen Massenpunkt eine Kraft **K** und legt dieser hierbei den Weg **s** zurück, so ist die hierbei aufgewendete mechanische Arbeit gegeben durch $A = \|\mathbf{K}\|\,\|\mathbf{s}\|\cos\varphi$, dabei ist $\|\mathbf{K}\| \cos \varphi$ gerade die Länge der Projektion von der Kraft $\mathbf{K}$ auf den Weg-Vektor $\mathbf{s}$. Dieser Ausdruck heißt das **Skalarprodukt** oder das **innere Produkt** der Vektoren $\mathbf{K}$ und $\mathbf{s}$.

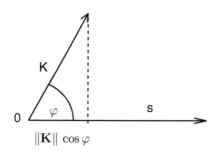

Abb. 3.6. Skalarprodukt

Definition (3.1.11)

Für Vektoren $\mathbf{v}, \mathbf{w}$ des $\mathbb{R}^3 \setminus \{\mathbf{0}\}$ heißt

$$\langle \mathbf{v}, \mathbf{w} \rangle := \|\mathbf{v}\| \, \|\mathbf{w}\| \, \cos(\sphericalangle(\mathbf{v}, \mathbf{w}))$$

das (Euklidische) **Skalarprodukt** von $\mathbf{v}$ und $\mathbf{w}$. Hierbei bezeichnet $\sphericalangle(\mathbf{v}, \mathbf{w})$ den im mathematisch positiven Sinn (entgegen dem Uhrzeigersinn) gemessenen Winkel zwischen $\mathbf{v}$ und $\mathbf{w}$. Für $\mathbf{v} = \mathbf{0}$ oder $\mathbf{w} = \mathbf{0}$ definiert man zusätzlich $\langle \mathbf{v}, \mathbf{w} \rangle := 0$.

Bemerkungen

a)
$$\frac{\langle \mathbf{v}, \mathbf{w} \rangle}{\|\mathbf{w}\|} = \|\mathbf{v}\| \cos(\sphericalangle(\mathbf{v}, \mathbf{w})) \qquad (3.1.12)$$

beschreibt die (vorzeichenbehaftete) Länge der **Projektion** des Vektors $\mathbf{v}$ auf den Vektor $\mathbf{w}$ ($\mathbf{w} \neq \mathbf{0}$).

b) Vektoren $\mathbf{v}, \mathbf{w} \in \mathbb{R}^3$ stehen genau dann aufeinander senkrecht, wenn ihr Skalarprodukt verschwindet,

$$\mathbf{v} \perp \mathbf{w} \quad \Longleftrightarrow \quad \langle \mathbf{v}, \mathbf{w} \rangle = 0. \qquad (3.1.13)$$

Die wichtigsten Eigenschaften des Skalarprodukts schreiben wir wiederum als ein Axiomensystem:

(Skalarprodukt)
(i) $\langle \mathbf{v}, \mathbf{w} \rangle = \langle \mathbf{w}, \mathbf{v} \rangle$
(ii) $\langle \alpha \mathbf{v}, \mathbf{w} \rangle = \alpha \langle \mathbf{v}, \mathbf{w} \rangle, \quad \alpha \in \mathbb{R}$
(iii) $\langle \mathbf{v} + \mathbf{w}, \mathbf{u} \rangle = \langle \mathbf{v}, \mathbf{u} \rangle + \langle \mathbf{w}, \mathbf{u} \rangle$ \qquad (3.1.14)
(iv) $\langle \mathbf{v}, \mathbf{v} \rangle \geq 0,$
$\langle \mathbf{v}, \mathbf{v} \rangle = 0 \iff \mathbf{v} = \mathbf{0}$

3.1 Vektoren

Das Axiom (i) beschreibt die **Symmetrie** (oder Kommutativität) des Skalarproduktes. Die Regeln (ii) und (iii) besagen, dass das Skalarprodukt bezüglich des ersten Faktors linear ist. Natürlich gelten diese Regeln wegen (i) dann auch für den zweiten Faktor, also $\langle \mathbf{v}, \alpha \mathbf{w} \rangle = \alpha \langle \mathbf{v}, \mathbf{w} \rangle$ und $\langle \mathbf{v}, \mathbf{u} + \mathbf{w} \rangle = \langle \mathbf{v}, \mathbf{u} \rangle + \langle \mathbf{v}, \mathbf{w} \rangle$. Man darf also ausmultiplizieren. Hierzu sagt man auch, das Skalarprodukt ist **bilinear**. Schließlich bedeutet (iv) die **Positivität** des Skalarproduktes.

Wir zeigen nun, dass das in (3.1.11) definierte Skalarprodukt diesen Axiomen genügt.

Beweis

zu (i) : Dies folgt aus $\cos(2\pi - \varphi) = \cos \varphi$.
zu (ii): Für $\alpha < 0$ folgt dies aus $\cos(\pi + \varphi) = -\cos \varphi$.
zu (iii):

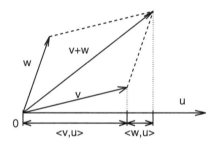

Abb. 3.7. Projektionen auf Einheitsvektor $\mathbf{u}$, $\|\mathbf{u}\| = 1$.

Aus der Abbildung 3.7 folgt (wenn man dort $\mathbf{u}$ durch $\mathbf{u}/\|\mathbf{u}\|$ ersetzt)

$$\left\langle \mathbf{v} + \mathbf{w}, \frac{\mathbf{u}}{\|\mathbf{u}\|} \right\rangle = \left\langle \mathbf{v}, \frac{\mathbf{u}}{\|\mathbf{u}\|} \right\rangle + \left\langle \mathbf{w}, \frac{\mathbf{u}}{\|\mathbf{u}\|} \right\rangle$$

Multiplikation mit $\|\mathbf{u}\|$ liefert die Behauptung. ■

Mit Hilfe der Eigenschaften (3.1.14) lässt sich das Skalarprodukt $\langle \mathbf{v}, \mathbf{w} \rangle$ nun direkt durch die Koordinaten v_i, w_i der beteiligten Vektoren ausdrücken.
Seien dazu die **Einheitsvektoren** $\mathbf{e}_1, \mathbf{e}_2, \mathbf{e}_3$ definiert durch

$$\mathbf{e}_1 := \begin{pmatrix} 1 \\ 0 \\ 0 \end{pmatrix}, \quad \mathbf{e}_2 := \begin{pmatrix} 0 \\ 1 \\ 0 \end{pmatrix}, \quad \mathbf{e}_3 := \begin{pmatrix} 0 \\ 0 \\ 1 \end{pmatrix}. \quad (3.1.15)$$

Dann ist: $\mathbf{v} = \sum_{i=1}^{3} v_i \mathbf{e}_i$, $\mathbf{w} = \sum_{j=1}^{3} w_j \mathbf{e}_j$ und somit

$$\langle \mathbf{v}, \mathbf{w} \rangle = \left\langle \sum_{i=1}^{3} v_i \mathbf{e}_i, \sum_{j=1}^{3} w_j \mathbf{e}_j \right\rangle \stackrel{=}{_{(3.1.14)}} \sum_{i=1}^{3} \sum_{j=1}^{3} v_i w_j \langle \mathbf{e}_i, \mathbf{e}_j \rangle .$$

Schließlich folgt wegen $\langle \mathbf{e}_i, \mathbf{e}_j \rangle = \delta_{ij} := \begin{cases} 1, & \text{für } i = j \\ 0, & \text{für } i \neq j \end{cases}$ die Darstellung

$$\langle \mathbf{v}, \mathbf{w} \rangle = \sum_{i=1}^{3} v_i w_i \,. \qquad (3.1.16)$$

Der oben definierte Ausdruck δ_{ij} heißt das **Kronecker-Symbol**[16]. In Verallgemeinerung von (3.1.11) bzw. (3.1.16) definieren wir nun

Definition (3.1.17)

Ist für einen reellen Vektorraum V eine Abbildung

$$\langle \cdot, \cdot \rangle : (\mathbf{a}, \mathbf{b}) \mapsto \langle \mathbf{a}, \mathbf{b} \rangle \in \mathbb{R}$$

definiert, die die Axiome (3.1.14) erfüllt, so heißt $\langle \cdot, \cdot \rangle$ ein **Skalarprodukt** für V. Das Paar $(V, \langle \cdot, \cdot \rangle)$ heißt dann ein **Euklidischer Vektorraum**.

Beispiele

a) Für den $\mathbb{R}^n$: $(\mathbf{v}, \mathbf{w} \in \mathbb{R}^n)$

$$\langle \mathbf{v}, \mathbf{w} \rangle := \sum_{i=1}^{n} v_i w_i \,. \qquad (3.1.18)$$

Wegen (3.1.16) ist dies eine Verallgemeinerung des „Standard-Skalarprodukts" für den $\mathbb{R}^3$.

b) Für $C[a, b]$: Für stetige Funktionen $f, g \in C[a, b]$ wird definiert

$$\langle f, g \rangle := \int_a^b f(x) g(x)\, dx \,. \qquad (3.1.19)$$

In beiden Fällen lassen sich die Skalarproduktaxiome (3.1.14) leicht überprüfen.

Satz (3.1.20) (Cauchy-Schwarzsche Ungleichung[17]**)**

Ist V ein Euklidischer Vektorraum mit Skalarprodukt $\langle \cdot, \cdot \rangle$, so gilt mit der Abkürzung $\|\mathbf{v}\| := \sqrt{\langle \mathbf{v}, \mathbf{v} \rangle}$ die Cauchy-Schwarzsche Ungleichung:

$$|\langle \mathbf{v}, \mathbf{w} \rangle| \leq \|\mathbf{v}\| \cdot \|\mathbf{w}\| \,.$$

Weiterhin ist durch $\|\mathbf{v}\|$ eine Norm (**die zum Skalarprodukt zugehörige Norm**) definiert.

---

[16] Leopold Kronecker (1821–1891); Berlin, Breslau, Bonn
[17] Augustin Louis Cauchy (1789–1857); Paris
  Hermann Amandus Schwarz (1843–1921); Halle, Zürich, Göttingen, Berlin

Beweis

Die Behauptung ist für den $\mathbb{R}^3$ und das Standard-Skalarprodukt (3.1.11) klar, da ja $|\cos\alpha| \leq 1$ gilt.
Im allgemeinen Fall schließt man folgendermaßen: Für beliebige Skalare $\alpha,\beta \in \mathbb{R}$ gilt aufgrund der Skalarproduktaxiome

$$\langle \alpha \mathbf{v} + \beta \mathbf{w}, \alpha \mathbf{v} + \beta \mathbf{w} \rangle \geq 0$$
$$\Rightarrow \quad \alpha^2 \langle \mathbf{v},\mathbf{v} \rangle + \beta^2 \langle \mathbf{w},\mathbf{w} \rangle + 2\alpha\beta \langle \mathbf{v},\mathbf{w} \rangle \geq 0$$
$$\Rightarrow \quad \alpha^2 \|\mathbf{v}\|^2 + \beta^2 \|\mathbf{w}\|^2 \geq -2\alpha\beta \langle \mathbf{v},\mathbf{w} \rangle \,.$$

Hierin wird $\alpha := \|\mathbf{w}\|$ und $\beta := \pm\|\mathbf{v}\|$ eingesetzt. Es folgt

$$2\|\mathbf{v}\|^2 \|\mathbf{w}\|^2 \geq \pm 2\|\mathbf{v}\| \|\mathbf{w}\| \langle \mathbf{v},\mathbf{w} \rangle$$
$$\Rightarrow \quad \|\mathbf{v}\| \|\mathbf{w}\| \geq \pm \langle \mathbf{v},\mathbf{w} \rangle \,.$$

Damit ist die Cauchy-Schwarzsche Ungleichung bewiesen. Man erkennt weiterhin an der obigen Umformung, dass in der Cauchy-Schwarzschen Ungleichung genau dann Gleichheit gilt, wenn $\mathbf{w}$ ein Vielfaches von $\mathbf{v}$ ist – oder umgekehrt.

Die Normeigenschaften (3.1.8) (i) – (iii) sind unmittelbare Folge der entsprechenden Skalarprodukteigenschaften (3.1.14). Die Dreiecksungleichung folgt mit Hilfe der Cauchy-Schwarzschen Ungleichung

$$\|\mathbf{v}+\mathbf{w}\|^2 = \langle \mathbf{v}+\mathbf{w},\mathbf{v}+\mathbf{w} \rangle = \|\mathbf{v}\|^2 + \|\mathbf{w}\|^2 + 2\langle \mathbf{v},\mathbf{w} \rangle$$
$$\leq \|\mathbf{v}\|^2 + \|\mathbf{w}\|^2 + 2\|\mathbf{v}\| \|\mathbf{w}\| = (\|\mathbf{v}\| + \|\mathbf{w}\|)^2 \,. \qquad \blacksquare$$

Bemerkung (3.1.21)

Speziell für den $\mathbb{R}^n$ mit dem Standard-Skalarprodukt (3.1.18) lautet die Cauchy-Schwarzsche Ungleichung

$$\left| \sum_{i=1}^{n} v_i w_i \right| \leq \sqrt{\sum_{i=1}^{n} v_i^2} \cdot \sqrt{\sum_{i=1}^{n} w_i^2} \,.$$

Damit ist nun auch die Dreiecksungleichung für die Euklidische Norm im $\mathbb{R}^n$ bewiesen; man vgl. (3.1.10).

Eine Reihe elementargeometrischer Probleme lassen sich mit Hilfe des Skalarprodukts elegant lösen. Zwei Beispiele seien hier genannt.

Beispiele (3.1.22)

a) Zu beweisen ist der **Satz des Thales**[18]: Die Winkel über dem Durchmesser eines Kreises sind rechte.

b) Zu zeigen ist der **Cosinussatz**

$$\|\mathbf{a}\|^2 = \|\mathbf{b}\|^2 + \|\mathbf{c}\|^2 - 2\|\mathbf{b}\| \|\mathbf{c}\| \cdot \cos\alpha \,.$$

---

[18]Thales von Milet (624–546 v. Chr.)

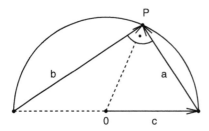
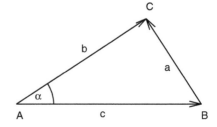

Abb. 3.8. Satz des Thales   **Abb. 3.9.** Cosinussatz

Beweis

zu a):   Nach Abbildung 3.8 gilt für den Ortsvektor $\mathbf{r} := \overrightarrow{OP}$ vom Kreismittelpunkt zum Punkt P auf dem oberen Halbkreis $\mathbf{r} = \mathbf{c} + \mathbf{a} = -\mathbf{c} + \mathbf{b}$. Es folgt

$$\langle \mathbf{b}, \mathbf{a} \rangle = \langle \mathbf{r} + \mathbf{c}, \mathbf{r} - \mathbf{c} \rangle = \|\mathbf{r}\|^2 - \|\mathbf{c}\|^2 = 0.$$

Damit stehen die Vektoren $\mathbf{a}$ und $\mathbf{b}$ aufeinander senkrecht.

zu b):   Nach Abbildung 3.9 ist $\mathbf{a} = \mathbf{b} - \mathbf{c}$ und damit

$$\begin{aligned}\|\mathbf{a}\|^2 = \|\mathbf{b} - \mathbf{c}\|^2 &= \|\mathbf{b}\|^2 + \|\mathbf{c}\|^2 - 2\langle \mathbf{b}, \mathbf{c} \rangle \\ &= \|\mathbf{b}\|^2 + \|\mathbf{c}\|^2 - 2\|\mathbf{b}\|\,\|\mathbf{c}\|\cos\sphericalangle(\mathbf{b}, \mathbf{c}).\end{aligned}$$ ∎

Das Vektorprodukt   (Nur für Vektoren des $\mathbb{R}^3$!!)

Das **Vektorprodukt**, auch **äußeres Produkt**, $\mathbf{v} \times \mathbf{w}$ zweier Vektoren $\mathbf{v}, \mathbf{w} \in \mathbb{R}^3$ ist ein Vektor im $\mathbb{R}^3$, der durch die folgenden Eigenschaften eindeutig festgelegt wird.

a) $$\|\mathbf{v} \times \mathbf{w}\| = \|\mathbf{v}\|\,\|\mathbf{w}\|\,|\sin\sphericalangle(\mathbf{v}, \mathbf{w})|. \tag{3.1.23}$$

Der Betrag des Vektorprodukts $\mathbf{v} \times \mathbf{w}$ ist damit gleich dem Flächeninhalt des von $\mathbf{v}$ und $\mathbf{w}$ aufgespannten Parallelogramms.

b) $\mathbf{v} \times \mathbf{w}$ steht senkrecht auf den Vektoren $\mathbf{v}$ und $\mathbf{w}$. Damit ist der Vektor $\mathbf{v} \times \mathbf{w}$ nun bis auf das Vorzeichen festgelegt.

c) Die Vektoren $(\mathbf{v}, \mathbf{w}, \mathbf{v} \times \mathbf{w})$ bilden – in dieser Reihenfolge – ein **Rechtssystem**. D.h., dreht man den Vektor $\mathbf{v}$ in der von $\mathbf{v}$ und $\mathbf{w}$ aufgespannten Ebene auf kürzestem Weg in die Richtung von $\mathbf{w}$, so zeigt $\mathbf{v} \times \mathbf{w}$ in die Richtung, in die sich eine Rechtsschraube bei dieser Drehung bewegen würde. Alternativ lässt sich die Richtung von $\mathbf{v} \times \mathbf{w}$ durch die **Rechte-Hand-Regel** festlegen: Weist der Daumen der rechten Hand in Richtung von $\mathbf{v}$, der Zeigefinger in Richtung von $\mathbf{w}$, so weist der Mittelfinger in Richtung von $\mathbf{v} \times \mathbf{w}$.

3.1 Vektoren

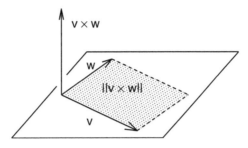

Abb. 3.10. Das Vektorprodukt

Beispiele (3.1.24)

a) Auf einen stromdurchflossenen Leiter mit (gerichteter) Stromstärke **I** und Länge ℓ in einem homogenen Magnetfeld (Magnetische Induktion **B**) wirkt eine Kraft **K**, die gegeben ist durch $\mathbf{K} = \ell \mathbf{I} \times \mathbf{B}$.

b) Greift an einem starren Körper mit einer Drehachse eine Kraft **K** an, so erzeugt diese ein Drehmoment **D** der Größe $\mathbf{D} = \mathbf{r} \times \mathbf{K}$. Hierbei bezeichnet **r** den Hebelarm, vgl. Abb. 3.11.

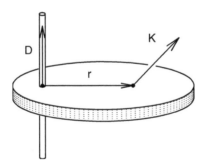

Abb. 3.11. Drehmoment

Wichtige Eigenschaften des Vektorprodukts

$$
\begin{aligned}
&\text{(i)} && \mathbf{v} \times \mathbf{w} = -(\mathbf{w} \times \mathbf{v}) \\
\text{(Vektorprod.)} \quad &\text{(ii)} && (\alpha \mathbf{v}) \times \mathbf{w} = \alpha (\mathbf{v} \times \mathbf{w}), \quad \alpha \in \mathbb{R} \\
&\text{(iii)} && \mathbf{u} \times (\mathbf{v} + \mathbf{w}) = \mathbf{u} \times \mathbf{v} + \mathbf{u} \times \mathbf{w}.
\end{aligned}
\quad (3.1.25)
$$

Beweis (geometrisch)

zu (i): Die Vertauschung der Reihenfolge von **v**, **w** ändert lediglich den Drehsinn und damit das Vorzeichen von $(\mathbf{v} \times \mathbf{w})$.

zu (ii): Die Multiplikation von **v** mit α ändert den Flächeninhalt des Parallelogramms um das $|\alpha|$-fache. Die Orientierung bleibt erhalten, falls $\alpha \geq 0$ ist, und sie ändert sich, falls $\alpha < 0$ ist.

56   3 Vektorrechnung, analytische Geometrie

zu (iii):   Man betrachtet die Projektionen von $\mathbf{v}$ und $\mathbf{w}$ bzw. $\mathbf{v}+\mathbf{w}$ auf die Ursprungsebene E senkrecht zu $\mathbf{u}$. Diese seien mit $\mathbf{v}'$ und $\mathbf{w}'$ bzw. $(\mathbf{v}+\mathbf{w})'$ bezeichnet. Dann gilt:

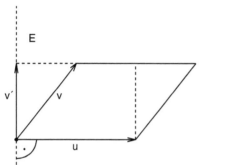

$$\begin{aligned} \mathbf{u}\times\mathbf{v} &= \mathbf{u}\times\mathbf{v}' \\ \mathbf{u}\times\mathbf{w} &= \mathbf{u}\times\mathbf{w}' \\ \mathbf{u}\times(\mathbf{v}+\mathbf{w}) &= \mathbf{u}\times(\mathbf{v}+\mathbf{w})' \\ \mathbf{v}'+\mathbf{w}' &= (\mathbf{v}+\mathbf{w})'. \end{aligned}$$

Die Produkte $\mathbf{u}\times\mathbf{v}'$, $\mathbf{u}\times\mathbf{w}'$, $\mathbf{u}\times(\mathbf{v}+\mathbf{w})'$ erhält man, indem man die Vektoren $\mathbf{v}'$, $\mathbf{w}'$, $(\mathbf{v}+\mathbf{w})'$ in der Ebene E um $\mathbf{u}$ herum um $\pi/2$ dreht und die Längen jeweils mit $\|\mathbf{u}\|$ multipliziert:

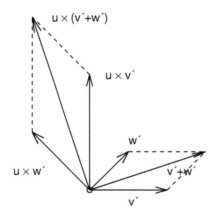

Abb. 3.12.   Additivität des Vektorprodukts

Damit ergibt sich:
$$\begin{aligned} \mathbf{u}\times(\mathbf{v}+\mathbf{w}) &= \mathbf{u}\times(\mathbf{v}+\mathbf{w})' = \mathbf{u}\times(\mathbf{v}'+\mathbf{w}') \\ &= \mathbf{u}\times\mathbf{v}'+\mathbf{u}\times\mathbf{w}' = \mathbf{u}\times\mathbf{v}+\mathbf{u}\times\mathbf{w}.\quad\blacksquare \end{aligned}$$

Mit Hilfe der Eigenschaften (3.1.25) gelingt es, das Vektorprodukt $\mathbf{v}\times\mathbf{w}$ durch die Koordinaten von $\mathbf{v}$ und $\mathbf{w}$ auszudrücken.

Zunächst folgt unmittelbar aus der Definition (3.1.23):
$$\begin{aligned} \mathbf{e}_i\times\mathbf{e}_i &= \mathbf{0}, \quad i=1,2,3, \\ \mathbf{e}_1\times\mathbf{e}_2 &= \mathbf{e}_3,\quad \mathbf{e}_2\times\mathbf{e}_3=\mathbf{e}_1,\quad \mathbf{e}_3\times\mathbf{e}_1=\mathbf{e}_2. \end{aligned}$$

3.1 Vektoren

Man beachte hierbei die zyklische Durchlaufung der Indizes.

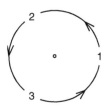

Abb. 3.13. Zyklische Durchlaufung der Indizes

Für beliebige Vektoren $\mathbf{v}, \mathbf{w} \in \mathbb{R}^3$ erhält man hieraus

$$\begin{aligned}\mathbf{v} \times \mathbf{w} &= \left(\sum_{i=1}^{3} v_i \mathbf{e}_i\right) \times \left(\sum_{j=1}^{3} w_j \mathbf{e}_j\right) = \sum_{i,j=1}^{3} v_i w_j (\mathbf{e}_i \times \mathbf{e}_j) \\ &= \begin{pmatrix} v_2 w_3 - v_3 w_2 \\ v_3 w_1 - v_1 w_3 \\ v_1 w_2 - v_2 w_1 \end{pmatrix}.\end{aligned} \qquad (3.1.26)$$

Beispiele (3.1.27)

a) $\begin{pmatrix} 1 \\ 2 \\ 4 \end{pmatrix} \times \begin{pmatrix} -2 \\ 3 \\ 1 \end{pmatrix} = \begin{pmatrix} -10 \\ -9 \\ 7 \end{pmatrix}.$

b) Zu bestimmen sei die Fläche des Dreiecks mit den Eckpunkten

$$P_1 = \begin{pmatrix} 4 \\ 2 \\ 3 \end{pmatrix}, \quad P_2 = \begin{pmatrix} 1 \\ 0 \\ 5 \end{pmatrix}, \quad P_3 = \begin{pmatrix} 6 \\ -1 \\ 1 \end{pmatrix}.$$

Nach der geometrischen Definition des Vektorproduktes, vgl (3.1.23) und Abb. 3.10, ergibt sich für den Flächeninhalt

$$F_\Delta = \tfrac{1}{2} \|\overrightarrow{P_1 P_2} \times \overrightarrow{P_1 P_3}\| = \tfrac{1}{2} \left\| \begin{pmatrix} -3 \\ -2 \\ 2 \end{pmatrix} \times \begin{pmatrix} 2 \\ -3 \\ -2 \end{pmatrix} \right\| = \tfrac{1}{2} \sqrt{273}.$$

c) Im $\mathbb{R}^3$ lässt sich die Gerade durch einen vorgegebenen Punkt $\mathbf{x}_1$ und mit vorgegebenem Richtungsvektor $\mathbf{u} \neq \mathbf{0}$ beschreiben durch

$$G = \{\mathbf{x} \in \mathbb{R}^3 : (\mathbf{x} - \mathbf{x}_1) \times \mathbf{u} = \mathbf{0}\}.$$

Die einzelnen Komponenten des Vektorproduktes $\mathbf{v} \times \mathbf{w}$ in (3.1.26) lassen sich als 2×2-Determinanten interpretieren. Hierzu definieren wir

Definition (3.1.28)

a) Ein Zahlenschema der Form

$$\mathbf{A} = \begin{pmatrix} a_{11} & a_{12} & \cdots & a_{1n} \\ a_{21} & a_{22} & \cdots & a_{2n} \\ \vdots & \vdots & & \vdots \\ a_{m1} & a_{m2} & \cdots & a_{mn} \end{pmatrix}$$

heißt eine **Matrix**, genauer eine (m,n)-Matrix. m heißt dabei die **Zeilenzahl** und n die **Spaltenzahl** der Matrix $\mathbf{A}$. Die a_{ij} sind reelle oder komplexe Zahlen.

Mit $\mathbb{R}^{(m,n)}$ bzw. $\mathbb{C}^{(m,n)}$ wird die Menge der reellen bzw. komplexen (m,n)-Matrizen bezeichnet.

Ist $m = n$, so spricht man von einer **quadratischen Matrix**.

b) Jeder quadratischen Matrix $\mathbf{A} \in \mathbb{R}^{(n,n)}$ – bzw. $\mathbf{A} \in \mathbb{C}^{(n,n)}$ – wird eine Zahl, die **Determinante** det $\mathbf{A}$ der Matrix $\mathbf{A}$ zugeordnet.

Für $n = 2$ und $n = 3$ lauten die Definitionen:

n = 2 :

$$\det \mathbf{A} := \begin{vmatrix} a_{11} & a_{12} \\ a_{21} & a_{22} \end{vmatrix} := a_{11} a_{22} - a_{12} a_{21}$$

n = 3 : (Entwicklung nach der 1. Zeile)

$$\det \mathbf{A} := \begin{vmatrix} a_{11} & a_{12} & a_{13} \\ a_{21} & a_{22} & a_{23} \\ a_{31} & a_{32} & a_{33} \end{vmatrix} := a_{11} \begin{vmatrix} a_{22} & a_{23} \\ a_{32} & a_{33} \end{vmatrix} - a_{12} \begin{vmatrix} a_{21} & a_{23} \\ a_{31} & a_{33} \end{vmatrix} + a_{13} \begin{vmatrix} a_{21} & a_{22} \\ a_{31} & a_{32} \end{vmatrix}.$$

Bemerkung

Zur Berechnung einer $(3,3)$-Determinante gibt es eine weitere Methode, die so genannte **Regel von Sarrus**: Hierzu schreibt man die ersten beiden Spalten nochmals neben das Determinantenschema, addiert die Produkte der drei Hauptdiagonalen und subtrahiert hiervon die Produkte der drei Nebendiagonalen.

$$\begin{vmatrix} a_{11} & a_{12} & a_{13} \\ a_{21} & a_{22} & a_{23} \\ a_{31} & a_{32} & a_{33} \end{vmatrix} \begin{matrix} a_{11} & a_{12} \\ a_{21} & a_{22} \\ a_{31} & a_{32} \end{matrix} = \begin{matrix} a_{11} a_{22} a_{33} + a_{12} a_{23} a_{31} + a_{13} a_{21} a_{32} \\ - a_{13} a_{22} a_{31} - a_{11} a_{23} a_{32} - a_{12} a_{21} a_{33} \end{matrix}.$$

Die Berechnung durch Entwicklung nach der 1. Zeile ist jedoch i. Allg. günstiger als die Anwendung der Sarrusschen Regel.

3.1 Vektoren

Beispiel (3.1.29)
$$\mathbf{A} = \begin{pmatrix} 1 & 2 & 3 \\ 4 & 5 & 6 \\ 7 & 8 & 9 \end{pmatrix}.$$

$$\Rightarrow \det \mathbf{A} = 1 \cdot \begin{vmatrix} 5 & 6 \\ 8 & 9 \end{vmatrix} - 2 \cdot \begin{vmatrix} 4 & 6 \\ 7 & 9 \end{vmatrix} + 3 \cdot \begin{vmatrix} 4 & 5 \\ 7 & 8 \end{vmatrix}$$
$$= -3 - 2 \cdot (-6) + 3 \cdot (-3) = 0,$$

oder:
$$\det \mathbf{A} = \begin{vmatrix} 1 & 2 & 3 \\ 4 & 5 & 6 \\ 7 & 8 & 9 \end{vmatrix} \begin{matrix} 1 & 2 \\ 4 & 5 \\ 7 & 8 \end{matrix} = 45 + 84 + 96 - 105 - 48 - 72 = 0.$$

Mit Hilfe der Determinante lässt sich das Vektorprodukt $\mathbf{v} \times \mathbf{w}$ zweier Vektoren $\mathbf{v}, \mathbf{w} \in \mathbb{R}^3$ nun auch folgendermaßen schreiben:

$$\mathbf{v} \times \mathbf{w} = \begin{vmatrix} \mathbf{e}_1 & \mathbf{e}_2 & \mathbf{e}_3 \\ v_1 & v_2 & v_3 \\ w_1 & w_2 & w_3 \end{vmatrix}. \tag{3.1.30}$$

Beispiel (3.1.31)
Es soll ein Vektor bestimmt werden, der auf den Vektoren $\mathbf{v} = \begin{pmatrix} 1 \\ 2 \\ 3 \end{pmatrix}$ und $\mathbf{w} = \begin{pmatrix} 4 \\ 5 \\ 6 \end{pmatrix}$ senkrecht steht. Dazu berechnen wir das Vektorprodukt

$$\mathbf{x} := \mathbf{v} \times \mathbf{w} = \begin{vmatrix} \mathbf{e}_1 & \mathbf{e}_2 & \mathbf{e}_3 \\ 1 & 2 & 3 \\ 4 & 5 & 6 \end{vmatrix} = \begin{pmatrix} -3 \\ 6 \\ -3 \end{pmatrix}.$$

Zur Überprüfung der Rechnung kann man nun die Skalarprodukte auswerten $\langle \mathbf{x}, \mathbf{v} \rangle = \langle \mathbf{x}, \mathbf{w} \rangle = 0$.

Das Spatprodukt (Nur für Vektoren des $\mathbb{R}^3$!!)

Unter dem **Spatprodukt** dreier Vektoren $\mathbf{u}, \mathbf{v}, \mathbf{w} \in \mathbb{R}^3$ versteht man die Zahl

$$[\mathbf{u}, \mathbf{v}, \mathbf{w}] := \langle \mathbf{u} \times \mathbf{v}, \mathbf{w} \rangle. \tag{3.1.32}$$

Geometrische Deutung

Der Betrag des Spatproduktes $V = |[\mathbf{u}, \mathbf{v}, \mathbf{w}]|$ gibt das Volumen des von den Vektoren $\mathbf{u}, \mathbf{v}$ und $\mathbf{w}$ aufgespannten **Parallelotops** P (auch **Parallelepiped** oder **Spat** genannt) an,

$$P := \{\alpha \mathbf{u} + \beta \mathbf{v} + \gamma \mathbf{w} : \alpha, \beta, \gamma \in [0,1]\}. \tag{3.1.33}$$

Ferner gilt: Das Spatprodukt $[\mathbf{u},\mathbf{v},\mathbf{w}]$ ist positiv, falls die Vektoren $(\mathbf{u},\mathbf{v},\mathbf{w})$ ein Rechtssystem bilden, und negativ, falls sie ein Linkssystem bilden. Es verschwindet genau dann, wenn die Vektoren $\mathbf{u}$, $\mathbf{v}$ und $\mathbf{w}$ nach Anheftung im Koordinatenursprung in einer Ursprungsebene liegen. Man sagt dann, die Vektoren $\mathbf{u}$, $\mathbf{v}$, $\mathbf{w}$ sind **komplanar** oder **linear abhängig**.

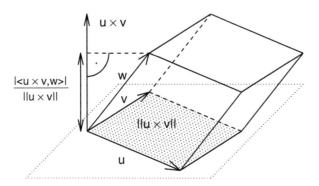

Abb. 3.14. Das Spatprodukt

Bemerkung

Verwendet man für die Berechnung des Spatprodukts die Beziehung (3.1.30), so findet man

$$[\mathbf{u},\mathbf{v},\mathbf{w}] = \begin{vmatrix} w_1 & w_2 & w_3 \\ u_1 & u_2 & u_3 \\ v_1 & v_2 & v_3 \end{vmatrix} = \begin{vmatrix} u_1 & u_2 & u_3 \\ v_1 & v_2 & v_3 \\ w_1 & w_2 & w_3 \end{vmatrix}. \qquad (3.1.34)$$

Beispiel (3.1.35)

a) Die Vektoren $\mathbf{u} = \begin{pmatrix} 1 \\ 3 \\ 6 \end{pmatrix}$, $\mathbf{v} = \begin{pmatrix} 3 \\ 2 \\ 2 \end{pmatrix}$ und $\mathbf{w} = \begin{pmatrix} -2 \\ 8 \\ 7 \end{pmatrix}$ beschreiben die in einer Ecke zusammenlaufenden Kanten eines Parallelotops. Gesucht ist dessen Volumen V.

b) Für welche Werte c liegen die Punkte

$$P_1 = \begin{pmatrix} 1 \\ 1 \\ 1 \end{pmatrix}, \quad P_2 = \begin{pmatrix} 1 \\ 2 \\ 1 \end{pmatrix}, \quad P_3 = \begin{pmatrix} 5 \\ 3 \\ 5 \end{pmatrix}, \quad P_4 = \begin{pmatrix} 6 \\ 1 \\ c \end{pmatrix}$$

in einer Ebene?

zu a) Mit Hilfe des Spatproduktes ergibt sich

$$V = [\mathbf{u},\mathbf{v},\mathbf{w}] = \begin{vmatrix} 1 & 3 & 6 \\ 3 & 2 & 2 \\ -2 & 8 & 7 \end{vmatrix} = 91.$$

zu b) Die Punkte $P_1, \cdots, P_4$ liegen genau dann in einer Ebene, wenn das Volumen V des durch sie aufgespannten Parallelotops verschwindet. Wegen

$$V = [\overrightarrow{P_1P_2}, \overrightarrow{P_1P_3}, \overrightarrow{P_1P_4}] = \begin{vmatrix} 0 & 1 & 0 \\ 4 & 2 & 4 \\ 5 & 0 & (c-1) \end{vmatrix} = -4c + 24$$

ist dies genau für $c = 6$ der Fall.

3.2 Geraden und Ebenen im $\mathbb{R}^3$

Eine **Gerade im** $\mathbb{R}^2$ bzw. $\mathbb{R}^3$ ist durch zwei Punkte A, B mit den Ortsvektoren $\mathbf{a}, \mathbf{b}$ festgelegt. Der allgemeine Ortsvektor $\mathbf{x}$ eines Punkts der Geraden g lautet dann

$$g: \quad \mathbf{x} = \mathbf{a} + \lambda(\mathbf{b} - \mathbf{a}), \quad \lambda \in \mathbb{R}. \tag{3.2.1}$$

(3.2.1) heißt die **Zweipunkteform der Geradengleichung**.

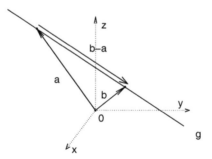

Abb. 3.15. Gerade im $\mathbb{R}^3$

Sind ein Punkt A (Ortsvektor $\mathbf{a}$) der Geraden und ein Richtungsvektor $\mathbf{u}$ gegeben, so lautet die **Punkt-Richtungsform** der Geradengleichung:

$$\mathbf{x} = \mathbf{a} + \lambda \mathbf{u}, \quad \lambda \in \mathbb{R}. \tag{3.2.2}$$

Eliminiert man in (3.2.1) bzw. (3.2.2) den Parameter λ, so ergibt sich

a) **für den** $\mathbb{R}^2$: eine Gleichung der Form

$$n_1 x_1 + n_2 x_2 = \gamma \tag{3.2.3}$$

Varianten dieser **Normalform** sind:

$$x_2 - a_2 = m(x_1 - a_1) \quad \text{(\textbf{Punkt-Steigungsform})}$$
$$x_2 = m x_1 + n \quad \text{(\textbf{explizite Normalform})}$$
$$\frac{x_1}{\alpha_1} + \frac{x_2}{\alpha_2} = 1 \quad \text{(\textbf{Achsenabschnittsform})}.$$

b) **für den** $\mathbb{R}^3$: zwei Gleichungen der Form

$$\alpha_i x_1 + \beta_i x_2 + \gamma_i x_3 = \delta_i, \quad i = 1, 2. \quad (3.2.4)$$

Jede dieser Gleichungen beschreibt eine Ebene im $\mathbb{R}^3$; man hat also die Gerade als Schnitt zweier Ebenen dargestellt.

Die Hessesche Normalform[19] **der Geradengleichung**

Die Normalform (3.2.3) einer **Geraden im** $\mathbb{R}^2$ lässt sich vektoriell auch wie folgt schreiben:

$$\langle \mathbf{n}, \mathbf{x} \rangle - \gamma = 0, \quad \mathbf{n} := \begin{pmatrix} n_1 \\ n_2 \end{pmatrix}. \quad (3.2.5)$$

Ist **a** Ortsvektor eines (festen) Punkts der Geraden, so gilt zugleich

$$\langle \mathbf{n}, \mathbf{a} \rangle - \gamma = 0.$$

Subtrahiert man diese beiden Gleichungen voneinander, so erhält man $\langle \mathbf{n}, \mathbf{x} - \mathbf{a} \rangle = 0$, d.h., der Vektor **n** ist ein **Normalenvektor** der Geraden.
Dividiert man (3.2.5) nun noch durch $\pm \|\mathbf{n}\| = \pm\sqrt{n_1^2 + n_2^2}$, d.h., normiert man den Normalenvektor auf Länge 1, so erhält man die so genannte **Hessesche Normalform der Geradengleichung** im $\mathbb{R}^2$:

$$\langle \mathbf{n}_0, \mathbf{x} \rangle - p = 0, \quad \|\mathbf{n}_0\| = 1, \quad p \geq 0. \quad (3.2.6)$$

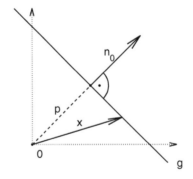

Abb. 3.16. Hessesche Normalform

Bemerkungen (3.2.7)

a) $\mathbf{n}_0$ ist der vom Ursprung wegweisende Normaleneinheitsvektor, p ist der Abstand der Geraden vom Ursprung.

---
[19]Ludwig Otto Hesse (1811–1874); Königsberg, Halle, Heidelberg, München

b) Setzt man die Koordinaten eines beliebigen Punkts $\mathbf{x}_1$ in die Hessesche Normalform ein
$$d_1 := \langle \mathbf{n}_0, \mathbf{x}_1 \rangle - p,$$
so gibt $|d_1|$ den Abstand des Punkts $\mathbf{x}_1$ von der Geraden an. d_1 ist positiv, falls der Punkt $\mathbf{x}_1$ und der Ursprung $\mathbf{0}$ auf verschiedenen Seiten der Geraden liegen.

Eine **Ebene im** $\mathbb{R}^3$ ist durch drei Punkte mit den Ortsvektoren $\mathbf{a}, \mathbf{b}$ und $\mathbf{c}$ festgelegt. Für einen beliebigen Punkt $\mathbf{x}$ der Ebene E gilt dann die Parameterdarstellung

$$E: \quad \mathbf{x} = \mathbf{a} + \lambda (\mathbf{b} - \mathbf{a}) + \mu (\mathbf{c} - \mathbf{a}), \quad \lambda, \mu \in \mathbb{R}, \tag{3.2.8}$$

bzw. mit den Richtungsvektoren $\mathbf{u} := \mathbf{b} - \mathbf{a}$ und $\mathbf{v} := \mathbf{c} - \mathbf{a}$:

$$E: \quad \mathbf{x} = \mathbf{a} + \lambda \mathbf{u} + \mu \mathbf{v}, \quad \lambda, \mu \in \mathbb{R}. \tag{3.2.9}$$

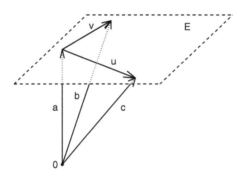

Abb. 3.17. Ebenengleichung

Die Hessesche Normalform der Ebenengleichung

Eliminiert man in (3.2.8) bzw. (3.2.9) die Parameter λ und μ, so erhält man die **Normalform der Ebenengleichung**

$$n_1 x_1 + n_2 x_2 + n_3 x_3 = \gamma, \tag{3.2.10}$$

bzw. in Vektorschreibweise:

$$\langle \mathbf{n}, \mathbf{x} \rangle = \gamma, \quad \mathbf{n} = \begin{pmatrix} n_1 \\ n_2 \\ n_3 \end{pmatrix}. \tag{3.2.11}$$

Wie für die Gerade zeigt man, dass $\mathbf{n}$ ein Normalenvektor der Ebene ist.
Normiert man diesen Normalenvektor wiederum auf Länge 1, indem man die Gleichung (3.2.10) durch $\pm\sqrt{n_1^2 + n_2^2 + n_3^2}$ dividiert, so erhält man die **Hessesche Normalform der Ebene**

$$\langle \mathbf{n}_0, \mathbf{x} \rangle - p = 0, \quad \|\mathbf{n}_0\| = 1, \quad p \geq 0. \tag{3.2.12}$$

Wie im Fall der Geraden gelten die

Bemerkungen (3.2.13)

a) $\mathbf{n}_0$ ist der vom Ursprung wegweisende Normaleneinheitsvektor der Ebene, p der Abstand der Ebene vom Ursprung.

b) Setzt man die Koordinaten eines beliebigen Punktes $\mathbf{x}_1$ in die Hessesche Normalform ein

$$d_1 := \langle \mathbf{n}_0, \mathbf{x}_1 \rangle - p,$$

so gibt $|d_1|$ den Abstand des Punkts $\mathbf{x}_1$ von der Ebene an. d_1 ist positiv, falls $\mathbf{x}_1$ und $\mathbf{0}$ auf verschiedenen Seiten der Ebene liegen.

Beispiel (3.2.14)

Gegeben seien zwei Geraden im $\mathbb{R}^3$

$$g_1: \quad \mathbf{x} = \mathbf{a} + \lambda \mathbf{u}, \quad \lambda \in \mathbb{R}$$
$$g_2: \quad \mathbf{y} = \mathbf{b} + \mu \mathbf{v}, \quad \mu \in \mathbb{R}.$$

Gesucht ist der Schnittpunkt bzw. der (kürzeste) Abstand der Geraden voneinander.

(i) *Ein Schnittpunkt:* Man setzt $\mathbf{x} = \mathbf{y}$ und findet hiermit:

$$\mathbf{b} - \mathbf{a} = \lambda \mathbf{u} - \mu \mathbf{v}.$$

Ein Schnittpunkt existiert somit genau dann, wenn $\mathbf{b} - \mathbf{a}$ in der von $\mathbf{u}$ und $\mathbf{v}$ aufgespannten Ursprungsebene liegt. Die obige Bedingung stellt ein überbestimmtes lineares Gleichungssystem für λ und μ dar.

(ii) *Parallele Richtungsvektoren:* O.B.d.A. sei $\mathbf{v} = \mathbf{u} \neq \mathbf{0}$. Für den kürzesten Verbindungsvektor eines Punktes auf g_1 mit einem Punkt auf g_2 gilt dann

$$\mathbf{d} = \mathbf{y} - \mathbf{x} = (\mathbf{b} - \mathbf{a}) + \sigma \mathbf{u} \perp \mathbf{u}$$

und damit $\sigma = \dfrac{\langle \mathbf{a} - \mathbf{b}, \mathbf{u} \rangle}{\langle \mathbf{u}, \mathbf{u} \rangle}$.

(iii) *Windschiefe Geraden:* Sind $\mathbf{u} \neq \mathbf{0}$ und $\mathbf{v} \neq \mathbf{0}$ nicht parallel, also auch $\mathbf{u} \times \mathbf{v} \neq \mathbf{0}$, so ist der kürzeste Abstand gegeben als Länge eines die Geraden g_1 und g_2 „verbindenden" Vektors $\mathbf{n}$, der auf sowohl auf $\mathbf{u}$ als auch auf $\mathbf{v}$ senkrecht steht. Die Richtung des Vektors $\mathbf{n}$ liegt damit fest, und zwar mit

$$\mathbf{n}_0 := \frac{\mathbf{u} \times \mathbf{v}}{\|\mathbf{u} \times \mathbf{v}\|}.$$

Man betrachtet nun die zu $\mathbf{n}_0$ senkrechten Ebenen E_1 und E_2 durch $\mathbf{a}$ und $\mathbf{b}$. Der gesuchte Abstand d ist nun gleich dem Abstand zwischen diesen beiden parallelen Ebenen und ist damit gegeben als Länge der Projektion von $\mathbf{b} - \mathbf{a}$ auf $\mathbf{n}_0$, also $d = |\langle \mathbf{n}_0, \mathbf{b} - \mathbf{a} \rangle|$.

3.3 Allgemeine Vektorräume

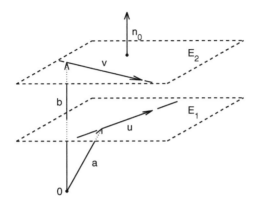

Abb. 3.18. Windschiefe Geraden

Möchte man zudem die Punkte $\mathbf{x} \in g_1$, $\mathbf{y} \in g_2$ mit kürzestem Abstand berechnen, so führt $\mathbf{x} - \mathbf{y} \perp \mathbf{u}, \mathbf{v}$ auf ein **lineares Gleichungssystem**

$$\langle \mathbf{u}, \mathbf{u} \rangle \lambda - \langle \mathbf{u}, \mathbf{v} \rangle \mu = \langle \mathbf{b} - \mathbf{a}, \mathbf{u} \rangle$$
$$\langle \mathbf{u}, \mathbf{v} \rangle \lambda - \langle \mathbf{v}, \mathbf{v} \rangle \mu = \langle \mathbf{b} - \mathbf{a}, \mathbf{v} \rangle .$$

Hieraus lassen sich λ und μ und damit auch $\mathbf{x}$ und $\mathbf{y}$ berechnen.

3.3 Allgemeine Vektorräume

Wir knüpfen an die Betrachtungen der allgemeine Vektorräume aus Abschnitt 3.1 an. Ziel dieses Abschnitts ist es, wichtige Begriffe wie „Lineare Unabhängigkeit, Basis, Basisdarstellung, Dimension", denen wir teilweise schon im letzten Abschnitt begegnet sind, auch für allgemeine Vektorräume einzuführen.

Es sei also im folgenden V ein Vektorraum. Zur Erinnerung: V ist eine (nichtleere) Menge, für die eine Addition und eine Multiplikation mit Skalaren (reellen oder komplexen) erklärt ist, so dass die Vektorraumaxiome (VR1) und (VR2) erfüllt sind. Nochmals Beispiele hierzu:

Beispiele (3.3.1)

a) $\mathbb{R}^n$, $\mathbb{C}^n$

b) Die Matrizenräume $\mathbb{R}^{(m,n)}$ bzw. $\mathbb{C}^{(m,n)}$ mit den Operationen

$$\mathbf{A} + \mathbf{B} := (a_{ij}) + (b_{ij}) := (a_{ij} + b_{ij})$$
$$\alpha \mathbf{A} := \alpha (a_{ij}) := (\alpha a_{ij}), \quad \alpha \in \mathbb{R}/\mathbb{C}.$$

c) Die Polynomräume

$$\Pi_n := \left\{ \sum_{k=0}^{n} a_k x^k : a_k \in \mathbb{R}/\mathbb{C} \right\} \quad \text{bzw.} \quad \Pi := \bigcup_{n \in \mathbb{N}} \Pi_n$$

mit den in (3.1.6) erklärten Operationen.

d) $C(\mathbb{R}) := \{f : \mathbb{R} \to \mathbb{R} : f \text{ stetig }\}$ bzw. $C[a,b]$ mit den in (3.1.6) erklärten Operationen.

Man erkennt an den obigen Beispielen (etwa für den reellen Fall), dass nicht nur

$$\Pi_n \subset \Pi \subset C(\mathbb{R})$$

gilt, sondern dass auch die Vektorraumoperationen in den entsprechenden Räumen übereinstimmen.

Definition (3.3.2)

Eine Teilmenge $W \subset V$ heißt ein **linearer Unterraum**, auch **Untervektorraum**, oder **linearer Teilraum** des Vektorraums V, falls W bezüglich der Operationen in V selbst ein Vektorraum ist.

Ein notwendiges und hinreichendes Kriterium hierfür ist durch die folgenden drei Eigenschaften gegeben

(**UVR**)
- (i) $\mathbf{0} \in W$
- (ii) $\mathbf{v}, \mathbf{w} \in W \Rightarrow \mathbf{v} + \mathbf{w} \in W$
- (iii) $\mathbf{v} \in W, \alpha \in \mathbb{R}/\mathbb{C} \Rightarrow \alpha \mathbf{v} \in W$.

Beispiele (3.3.3)

a) $W := \{\mathbf{x} \in \mathbb{R}^n : \|\mathbf{x}\|_2 \leq 1\}$ ist *kein* Unterraum des $\mathbb{R}^n$, da zwar $\mathbf{e}_1 \in W$, aber $2\mathbf{e}_1 \notin W$ – im Widerspruch zu (UVR) (iii).

b) $W := \{\begin{pmatrix} x \\ y \end{pmatrix} \in \mathbb{R}^2 : x \cdot y = 0\}$ ist *kein* Unterraum des $\mathbb{R}^2$, da zwar $\begin{pmatrix} 1 \\ 0 \end{pmatrix}$ und $\begin{pmatrix} 0 \\ 1 \end{pmatrix}$ in W liegen, die Summe $\begin{pmatrix} 1 \\ 1 \end{pmatrix}$ jedoch nicht – im Widerspruch zu (UVR) (ii).

c) Für jeden Vektor $\mathbf{v} \in \mathbb{R}^n$, $\mathbf{v} \neq \mathbf{0}$ ist die von $\mathbf{v}$ aufgespannte Ursprungsgerade $G := \{\alpha \mathbf{v} : \alpha \in \mathbb{R}\}$ ein Unterraum des $\mathbb{R}^n$.
Für zwei Vektoren $\mathbf{v}, \mathbf{w} \in \mathbb{R}^n$, $\mathbf{v}$ nicht parallel zu $\mathbf{w}$, ist die von $\mathbf{v}$ und $\mathbf{w}$ aufgespannte Ursprungsebene

$$E := \{\alpha \mathbf{v} + \beta \mathbf{w} : \alpha, \beta \in \mathbb{R}\}$$

ein Unterraum des $\mathbb{R}^n$.

d) Π_n ist ein Unterraum von Π, Π ist ein Unterraum von $C(\mathbb{R})$.

e) Lösungsmengen homogener linearer Gleichungssysteme in den Variablen $x_1, \ldots, x_n$ sind Unterräume des $\mathbb{R}^n$, vgl. Abschnitt 4.

3.3 Allgemeine Vektorräume

Definition (3.3.4)

Für $\mathbf{v}_1, \ldots, \mathbf{v}_m \in V$ heißt jeder Vektor der Form $\mathbf{x} = \sum_{j=1}^{m} \alpha_j \mathbf{v}_j$, $\alpha_j \in \mathbb{R}/\mathbb{C}$ eine **Linearkombination** der Vektoren $\mathbf{v}_1, \ldots, \mathbf{v}_m$.

Die Menge aller Linearkombinationen von $\mathbf{v}_1, \ldots, \mathbf{v}_m$ heißt der der von $\mathbf{v}_1, \ldots, \mathbf{v}_m$ **aufgespannte Unterraum** von V,

$$\text{Spann}(\mathbf{v}_1, \ldots, \mathbf{v}_m) := \left\{ \sum_{j=1}^{m} \alpha_j \mathbf{v}_j \; : \; \alpha_j \in \mathbb{R}/\mathbb{C} \right\}.$$

Bemerkung (3.3.5)

$\text{Spann}(\mathbf{v}_1, \ldots, \mathbf{v}_m)$ ist tatsächlich stets ein Unterraum von V. Für einen einzelnen Vektor $\mathbf{v} \neq \mathbf{0}$ beschreibt $\text{Spann}(\mathbf{v})$ die Ursprungsgerade durch $\mathbf{v}$; für zwei nichtparallele Vektoren $\mathbf{v}$ und $\mathbf{w}$ beschreibt $\text{Spann}(\mathbf{v}, \mathbf{w})$ die Ursprungsebene, die von $\mathbf{v}$ und $\mathbf{w}$ aufgespannt wird.

Wir wollen für einen gegebenen Unterraum W eine minimale Menge aufspannender Vektoren konstruieren. Eine solche Menge heißt dann eine **Basis** von W. Offensichtlich ist dies eine Menge $B = \{\mathbf{v}_1, \ldots, \mathbf{v}_m\} \subset W$, die einerseits W aufspannt und für die sich andererseits keiner der Vektoren $\mathbf{v}_i$ als eine Linearkombination der anderen Vektoren $\mathbf{v}_j$, $j \neq i$, darstellen lässt.

Definition (3.3.6)

Eine Menge von Vektoren $\{\mathbf{v}_1, \ldots, \mathbf{v}_m\}$ heißt **linear unabhängig**, falls für alle Skalare $\alpha_1, \ldots, \alpha_m \in \mathbb{R}/\mathbb{C}$ die folgende Implikation erfüllt ist

$$\sum_{i=1}^{m} \alpha_i \mathbf{v}_i = \mathbf{0} \Rightarrow \alpha_1 = \cdots = \alpha_m = 0.$$

$B = \{\mathbf{v}_1, \ldots, \mathbf{v}_m\} \subset W$ heißt eine **Basis** von W, falls B linear unabhängig ist und den gesamten Raum W aufspannt, $W = \text{Spann}(\mathbf{v}_1, \ldots, \mathbf{v}_m)$.

Bemerkung (3.3.7)

Ist $\{\mathbf{v}_1, \ldots, \mathbf{v}_m\}$ linear unabhängig, so sind in einer Darstellung eines Vektors $\mathbf{v}$ als Linearkombination der $\mathbf{v}_i$, $\mathbf{v} = \sum_{i=1}^{m} x_i \mathbf{v}_i$, die Skalare $x_i \in \mathbb{R}/\mathbb{C}$ eindeutig bestimmt.

Ist $\{\mathbf{v}_1, \ldots, \mathbf{v}_m\}$ Basis eines Unterraums W, so lässt sich demnach jeder Vektor $\mathbf{v} \in W$ in **eindeutiger** Weise als eine Linearkombination der $\{\mathbf{v}_1, \ldots, \mathbf{v}_m\}$ darstellen, $\mathbf{v} = \sum_{i=1}^{m} x_i \mathbf{v}_i$. Man nennt diese Darstellung die **Basisdarstellung** des Vektors $\mathbf{v}$. Die Skalare $x_1, \ldots, x_m$ heißen die **Koordinaten** oder **Komponenten** des Vektors $\mathbf{v}$ bezüglich der Basis $\{\mathbf{v}_1, \ldots, \mathbf{v}_m\}$.

Beispiele (3.3.8)

a) Zwei Vektoren $\mathbf{v}, \mathbf{w} \neq \mathbf{0}$ sind genau dann linear unabhängig, falls sie nicht parallel sind.

Drei Vektoren $\mathbf{v}_i \neq \mathbf{0}$, $i = 1, 2, 3$, sind genau dann linear unabhängig, wenn sie nicht in einer Ursprungsebene liegen.

b) Die **Einheitsvektoren** $\mathbf{e}_i \in \mathbb{R}^n/\mathbb{C}^n$, $i = 1, \ldots, n$, sind gegeben durch

$$\mathbf{e}_i := \begin{pmatrix} 0 \\ \vdots \\ 0 \\ 1 \\ 0 \\ \vdots \\ 0 \end{pmatrix} \leftarrow i\text{-te Stelle}$$

Die Menge $\{\mathbf{e}_1, \ldots, \mathbf{e}_n\}$ bildet dann eine Basis von $\mathbb{R}^n/\mathbb{C}^n$. Man spricht hierbei von der **kanonischen Basis** des $\mathbb{R}^n/\mathbb{C}^n$ („kanonisch" von „kanon" (grch.) = Richtschnur, Regel, Vorschrift).

c) Die Vektoren $\mathbf{v}_1 := \begin{pmatrix} 1 \\ 0 \\ 1 \end{pmatrix}$, $\mathbf{v}_2 := \begin{pmatrix} 0 \\ 1 \\ 1 \end{pmatrix}$ und $\mathbf{v}_3 := \begin{pmatrix} 0 \\ 0 \\ 1 \end{pmatrix}$ bilden eine Basis des $\mathbb{R}^3$.

Denn aus $\sum_{i=1}^{3} \alpha_i \mathbf{v}_i = \mathbf{0}$ folgt durch Betrachtung der einzelnen Komponenten $\alpha_1 = \alpha_2 = \alpha_3 = 0$. Ferner lässt sich jeder Vektor $\mathbf{x} \in \mathbb{R}^3$ darstellen in der Form $\mathbf{x} = x_1 \mathbf{v}_1 + x_2 \mathbf{v}_2 + (x_3 - x_1 - x_2) \mathbf{v}_3$.

d) Durch $W := \left\{ \begin{pmatrix} x_1 \\ x_2 \\ x_1 - x_2 \end{pmatrix} : x_1, x_2 \in \mathbb{R} \right\}$ ist ein Unterraum des $\mathbb{R}^3$ definiert.

Die Vektoren $\mathbf{v}_1 := \begin{pmatrix} 1 \\ 0 \\ 1 \end{pmatrix}$, $\mathbf{v}_2 := \begin{pmatrix} 1 \\ 1 \\ 0 \end{pmatrix}$ bilden eine Basis von W.

Hierzu weist man für W direkt die Eigenschaften (UVR) nach. Man zeigt, dass $\mathbf{v}_1$ und $\mathbf{v}_2$ in W liegen, linear unabhängig sind und dass sich jeder Vektor $\mathbf{x} \in W$ als Linearkombination von $\mathbf{v}_1$ und $\mathbf{v}_2$ darstellen lässt.

Konstruktion einer Basis (3.3.9)

Sei W ein Unterraum des Vektorraums V. Wir gehen davon aus, dass es eine *endliche* Menge gibt, die den Unterraum W aufspannt.
Es gelte also: $W = \text{Spann}(\mathbf{v}_1, \ldots, \mathbf{v}_m)$. Wir möchten hieraus eine Basis $\{\mathbf{w}_1, \ldots, \mathbf{w}_r\}$ von W konstruieren.

3.3 Allgemeine Vektorräume

(a) Falls $\{\mathbf{v}_1, \ldots, \mathbf{v}_m\}$ linear unabhängig ist, setze man $r := m$, $\mathbf{w}_i := \mathbf{v}_i$, $i = 1, \ldots, r$ und ist fertig!

(b) Andernfalls existieren $\alpha_1, \ldots, \alpha_m \in \mathbb{R}/\mathbb{C}$ mit $\sum_{i=1}^m \alpha_i \mathbf{v}_i = \mathbf{0}$, wobei die α_i nicht sämtlich verschwinden. Durch eventuelle Umnumerierung erreicht man $\alpha_m \neq 0$. Auflösung nach $\mathbf{v}_m$ ergibt

$$\mathbf{v}_m = \sum_{i=1}^{m-1} \left(-\frac{\alpha_i}{\alpha_m}\right) \mathbf{v}_i.$$

Hieraus folgt, dass der Unterraum W bereits von $\mathbf{v}_1, \ldots, \mathbf{v}_{m-1}$ aufgespannt wird, $W = \text{Spann}(\mathbf{v}_1, \ldots, \mathbf{v}_{m-1})$. Man setze also $m := m - 1$ und gehe nach (a).

Aus der obigen Konstruktion folgt, dass jeder Vektorraum, der von endlich vielen Vektoren aufgespannt wird, auch eine Basis besitzt. Natürlich ist eine solche dann in aller Regel nicht eindeutig bestimmt.

Satz (3.3.10)

Sei $W \subset V$ ein Unterraum von V mit Basis $\{\mathbf{v}_1, \ldots, \mathbf{v}_m\}$. Dann sind je n Vektoren $\mathbf{w}_1, \ldots, \mathbf{w}_n$ aus W mit $n > m$ linear abhängig.

Beweis

Wir suchen nichttriviale Lösungen $(\alpha_1, \ldots, \alpha_n)$ der Gleichung $\sum_{j=1}^n \alpha_j \mathbf{w}_j = \mathbf{0}$. Jeder Vektor $\mathbf{w}_j$ lässt sich aber aufgrund der Voraussetzung durch die Basisvektoren darstellen, $\mathbf{w}_j = \sum_{i=1}^m \beta_{ij} \mathbf{v}_i$. Dies oben eingesetzt führt zu

$$\sum_{i=1}^m \left(\sum_{j=1}^n \beta_{ij} \alpha_j\right) \mathbf{v}_i = \mathbf{0}$$

und damit wegen der linearen Unabhängigkeit der $\mathbf{v}_i$ auf

$$\sum_{j=1}^n \beta_{ij} \alpha_j = 0 \quad (\forall i = 1, \ldots, m).$$

Dies ist ein homogenes, lineares Gleichungssystem mit m Gleichungen für die n Unbekannten $\alpha_1, \ldots, \alpha_n$. Wir werden in Abschnitt 4.2 mit Hilfe des Gaußschen Eliminationsverfahrens zeigen, dass ein solches „unterbestimmtes" lineares Gleichungssystem $(n > m)$ stets eine nichttriviale Lösungen besitzt! ∎

Folgerung (3.3.11)

Die Elementzahl einer Basis von W ist unabhängig von der speziellen Basis. Je zwei Basen von W haben die gleiche Elementzahl m. Diese Zahl heißt die **Dimension** des Unterraums W, man schreibt hierfür $\dim W = m$.

Beispiele (3.3.12)

a) $\dim \mathbb{R}^n = n$, eine Basis ist $\{\mathbf{e}_1, \ldots, \mathbf{e}_n\}$.

b) $W = \left\{ \begin{pmatrix} x_1 \\ x_2 \\ x_1 - x_2 \end{pmatrix} : x_1, x_2 \in \mathbb{R} \right\}$ hat die Dimension $\dim W = 2$, vgl. (3.3.8)d).

c) $\dim \Pi_n = n+1$, denn die Polynome $\{1, x, x^2, \ldots, x^n\}$ bilden eine Basis von Π_n. Die lineare Unabhängigkeit folgt hier aus dem Identitätssatz (2.3.26).

Bemerkungen (3.3.13)

a) Nicht jeder Vektorraum besitzt eine (endliche) Basis; ein Gegenbeispiel liefert der Vektorraum Π.

Besitzt ein Vektorraum eine endliche Basis, so heißt er **endlich dimensional**.

b) Für einen n-dimensionalen Vektorraum V sind äquivalent:

(i) $\{\mathbf{v}_1, \ldots, \mathbf{v}_n\}$ Basis von V

(ii) $\{\mathbf{v}_1, \ldots, \mathbf{v}_n\}$ linear unabhängig

(iii) $V = \text{Spann}\,(\mathbf{v}_1, \ldots, \mathbf{v}_n)$.

Definition (3.3.14)

Zwei Vektorräume V und W heißen **isomorph**, falls es eine Abbildung $T: V \to W$ gibt mit den Eigenschaften:

a) T ist bijektiv,

b) T ist **linear**, d.h., $T(\mathbf{v} + \mathbf{w}) = T(\mathbf{v}) + T(\mathbf{w})$,

$\phantom{b)\quad T \text{ ist linear, d.h.,}\quad}T(\alpha\,\mathbf{v}) = \alpha\,T(\mathbf{v})$.

Die Abbildung T heißt dann eine **Isomorphie** zwischen V und W. Aufgrund der Eigenschaft a) spielt sie die Rolle einer „**Umbenennung**" von V, und diese ist (wegen b) derart, dass die Vektorraumoperationen hierbei erhalten bleiben.

Es ist damit leicht einzusehen, dass eine Basis von V vermöge einer Isomorphie T in eine Basis von W transformiert wird.

Isomorphe Vektorräume haben also die gleiche Dimension. Aber, es gibt auch die Umkehrung

Satz (3.3.15)

Je zwei (reelle) Vektorräume V und W der gleichen (endlichen) Dimension n sind isomorph.

Beweis

Es genügt zu zeigen, dass jeder n-dimensionale (reelle) Vektorraum V zum $\mathbb{R}^n$ isomorph ist. Dazu sei $\{\mathbf{v}_1, \ldots, \mathbf{v}_n\}$ eine Basis von V.

3.3 Allgemeine Vektorräume

Zu $\mathbf{v} \in V$ existiert dann eine eindeutige Darstellung $\mathbf{v} = \sum_{i=1}^{n} x_i \mathbf{v}_i$ mit den Koordinaten x_i von $\mathbf{v}$ bezüglich der Basis $\{\mathbf{v}_1, \ldots, \mathbf{v}_n\}$, vgl. (3.3.7).
Die Abbildung

$$T: V \to \mathbb{R}^n, \quad \mathbf{v} \mapsto \begin{pmatrix} x_1 \\ \vdots \\ x_n \end{pmatrix}$$

erfüllt dann alle geforderten Eigenschaften: Sie ist **injektiv**, da

$$T(\mathbf{v}) = T(\mathbf{w}) = \begin{pmatrix} x_1 \\ \vdots \\ x_n \end{pmatrix} \;\Rightarrow\; \mathbf{v} = \sum_i x_i \mathbf{v}_i = \mathbf{w},$$

sie ist auch **surjektiv**, da gilt:

$$\text{zu } \begin{pmatrix} x_1 \\ \vdots \\ x_n \end{pmatrix} \in \mathbb{R}^n \text{ ist } \mathbf{v} := \sum_{i=1}^{n} x_i \mathbf{v}_i \in V \text{ ein Urbild.}$$

Schließlich ist T auch **linear**, da

$$\mathbf{v} = \sum_{i=1}^{n} x_i \mathbf{v}_i, \; \mathbf{w} = \sum_{i=1}^{n} y_i \mathbf{v}_i \;\Rightarrow\; \mathbf{v} + \mathbf{w} = \sum_{i=1}^{n} (x_i + y_i) \mathbf{v}_i$$
$$\mathbf{v} = \sum_{i=1}^{n} x_i \mathbf{v}_i \;\Rightarrow\; \alpha \mathbf{v} = \sum_{i=1}^{n} (\alpha x_i) \mathbf{v}_i. \qquad \blacksquare$$

Beispiel (3.3.16)

Der Unterraum $W \subset \mathbb{R}^3$ aus Beispiel (3.3.8) d) hat die Basis $\mathbf{v}_1 = \mathbf{e}_1 + \mathbf{e}_3$, $\mathbf{v}_2 = \mathbf{e}_1 + \mathbf{e}_2$. Die im obigen Beweis angegebene Isomorphie $T: W \to \mathbb{R}^2$ hat hier die Form:

$$T: \begin{pmatrix} x_1 \\ x_2 \\ x_1 - x_2 \end{pmatrix} = (x_1 - x_2)\mathbf{v}_1 + x_2 \mathbf{v}_2 \mapsto \begin{pmatrix} x_1 - x_2 \\ x_2 \end{pmatrix} \in \mathbb{R}^2.$$

So gelten z.B. für $\mathbf{v} = \begin{pmatrix} 2 \\ 1 \\ 1 \end{pmatrix}, \mathbf{w} = \begin{pmatrix} 3 \\ -1 \\ 4 \end{pmatrix} \in W$: $T(\mathbf{v}) = \begin{pmatrix} 1 \\ 1 \end{pmatrix}$, $T(\mathbf{w}) = \begin{pmatrix} 4 \\ -1 \end{pmatrix}$

sowie $T\begin{pmatrix} 5 \\ 0 \\ 5 \end{pmatrix} = \begin{pmatrix} 5 \\ 0 \end{pmatrix} = T(\mathbf{v}) + T(\mathbf{w})$.

Komplexe Vektorräume

Unsere bisherigen Untersuchungen über Vektorräume waren weitgehend davon unabhängig, welchen Skalarkörper ($\mathbb{R}$ oder $\mathbb{C}$) wir zugrunde gelegt haben.
Etwas vorsichtiger muss man jedoch die in Abschnitt 3.1 behandelten Begriffe „Norm" und „Skalarprodukt" übertragen.

Normen: Zunächst verabreden wir, dass auch für komplexe Vektorräume die Norm $\|\mathbf{v}\|$ eines Vektors eine **reelle, nichtnegative** Größe sein soll. Die Normaxiome (3.1.8) bleiben also unverändert erhalten mit dem Zusatz, dass in Regel (iii)

$$\|\alpha\,\mathbf{v}\| \;=\; |\alpha|\,\|\mathbf{v}\|$$

für α beliebige komplexe Zahlen zugelassen werden.

Entsprechend hat man dann die **Euklidische Norm** für $\mathbf{v} \in \mathbb{C}^n$ zu modifizieren zu:

$$\|\mathbf{v}\|_2 \;=\; \sqrt{\sum_{i=1}^{n} |v_i|^2} \;=\; \sqrt{\sum_{i=1}^{n} v_i\,\overline{v}_i}\,. \qquad (3.3.17)$$

Gleiches gilt für das **Standard-Skalarprodukt** des $\mathbb{C}^n$:
Um die Relation $\|\mathbf{z}\| = \sqrt{\langle \mathbf{z}, \mathbf{z}\rangle}$ zu erhalten, definiert man für $\mathbf{v}, \mathbf{w} \in \mathbb{C}^n$:

$$\langle \mathbf{v}, \mathbf{w}\rangle \;:=\; \sum_{i=1}^{n} \overline{v}_i\, w_i\,. \qquad (3.3.18)$$

Damit ändern sich nun aber auch die Skalarprodukt-Axiome, vgl. (3.1.14), wie folgt

(Skalarprodukt)

$$\begin{aligned}
&\text{(i)} && \langle \mathbf{v}, \mathbf{w}\rangle \;=\; \overline{\langle \mathbf{w}, \mathbf{v}\rangle} \\
&\text{(ii)} && \langle \alpha\mathbf{v}, \mathbf{w}\rangle \;=\; \overline{\alpha}\,\langle \mathbf{v}, \mathbf{w}\rangle,\quad \alpha \in \mathbb{C} \\
&\text{(iii)} && \langle \mathbf{v}+\mathbf{w}, \mathbf{u}\rangle \;=\; \langle \mathbf{v}, \mathbf{u}\rangle + \langle \mathbf{w}, \mathbf{u}\rangle \\
&\text{(iv)} && \langle \mathbf{v}, \mathbf{v}\rangle \;\geq\; 0, \\
& && \langle \mathbf{v}, \mathbf{v}\rangle \;=\; 0 \;\Longleftrightarrow\; \mathbf{v} = \mathbf{0}
\end{aligned} \qquad (3.3.19)$$

4 Lineare Gleichungssysteme

Eines der wohl am häufigsten auftretenden Standardprobleme der angewandten Mathematik ist die (zumeist numerische) **Lösung linearer Gleichungssysteme**. Die Aufgabenstellung ist einfach: Gesucht sind n Unbekannte $x_1, \ldots, x_n$, die m linearen Bedingungen genügen sollen:

$$
\begin{array}{rcl}
a_{11}\, x_1 + a_{12}\, x_2 + \cdots + a_{1n}\, x_n &=& b_1 \\
a_{21}\, x_1 + a_{22}\, x_2 + \cdots + a_{2n}\, x_n &=& b_2 \\
\vdots & & \vdots \\
a_{m1}\, x_1 + a_{m2}\, x_2 + \cdots + a_{mn}\, x_n &=& b_m \,.
\end{array}
\tag{4.1.1}
$$

Dabei sind die **Koeffizienten** a_{ij} gegeben, ebenso die **rechten Seiten** b_i.

Zur vereinfachten Schreibweise fasst man die Koeffizienten zu einer Matrix $\mathbf{A} = (a_{ij})$, die Unbekannten x_j und die rechten Seiten b_i jeweils zu einem Vektor $\mathbf{x}$ und $\mathbf{b}$ zusammen und schreibt anstelle von (4.1.1):

$$
\begin{pmatrix} a_{11} & \cdots & a_{1n} \\ \vdots & & \vdots \\ a_{m1} & \cdots & a_{mn} \end{pmatrix} \begin{pmatrix} x_1 \\ \vdots \\ x_n \end{pmatrix} = \begin{pmatrix} b_1 \\ \vdots \\ b_m \end{pmatrix}
\tag{4.1.2}
$$

oder

$$\mathbf{A}\mathbf{x} = \mathbf{b}\,.$$

4.1 Matrizenkalkül

Wir wollen uns zunächst in einem einführenden Abschnitt mit den üblichen Rechenregeln für Matrizen beschäftigen.

Schon bekannt, vgl. Beispiel (3.3.1), sind die Vektorraumoperationen:

Addition, Skalarmultiplikation

Für Matrizen $\mathbf{A} = (a_{ij})$, $\mathbf{B} = (b_{ij}) \in \mathbb{R}^{(m,n)}$, bzw. $\in \mathbb{C}^{(m,n)}$, und Skalare $\lambda \in \mathbb{R}$, bzw. $\lambda \in \mathbb{C}$, definiert man:

$$
\begin{array}{rcl}
\mathbf{A} + \mathbf{B} &:=& (a_{ij} + b_{ij}) \\
\lambda\,\mathbf{A} &:=& (\lambda\,a_{ij})\,.
\end{array}
\tag{4.1.3}
$$

Bezüglich dieser Operationen ist $\mathbb{R}^{(m,n)}$, bzw. $\mathbb{C}^{(m,n)}$, ein reeller (bzw. komplexer) Vektorraum.

Man beachte: Nur Matrizen gleichen Typs, also gleicher Zeilen- und Spaltenzahl lassen sich addieren!

Multiplikation von Matrix und Vektor

Diese Operation beschreibt gerade die linke Seite des linearen Gleichungssystems (4.1.1). Für eine Matrix $\mathbf{A} \in \mathbb{R}^{(m,n)}/\mathbb{C}^{(m,n)}$ und einen Vektor $\mathbf{x} \in \mathbb{R}^n/\mathbb{C}^n$ definiert man:

$$\mathbf{A}\mathbf{x} \;=\; \begin{pmatrix} a_{11} & \cdots & a_{1n} \\ \vdots & & \vdots \\ a_{m1} & \cdots & a_{mn} \end{pmatrix} \begin{pmatrix} x_1 \\ \vdots \\ x_n \end{pmatrix} \;:=\; \begin{pmatrix} \sum_{j=1}^{n} a_{1j} x_j \\ \vdots \\ \sum_{j=1}^{n} a_{mj} x_j \end{pmatrix}. \qquad (4.1.4)$$

Beispiel

$$\begin{pmatrix} 4 & 3 & 0 & 1 & 2 \\ 2 & 1 & 4 & 0 & 1 \\ 0 & 0 & 4 & 1 & 0 \\ 2 & 0 & 1 & 0 & 6 \end{pmatrix} \begin{pmatrix} 1 \\ 0 \\ 3 \\ 1 \\ 0 \end{pmatrix} \;=\; \begin{pmatrix} 5 \\ 14 \\ 13 \\ 5 \end{pmatrix}.$$

Man bestätigt unmittelbar die folgenden Regeln des Matrix-Vektor-Produktes:

$$\begin{aligned} \mathbf{A}(\mathbf{x}+\mathbf{y}) &= \mathbf{A}\mathbf{x} + \mathbf{A}\mathbf{y} \\ \mathbf{A}(\lambda \mathbf{x}) &= \lambda(\mathbf{A}\mathbf{x}) = (\lambda \mathbf{A})\mathbf{x} \\ (\mathbf{A}+\mathbf{B})\mathbf{x} &= \mathbf{A}\mathbf{x} + \mathbf{B}\mathbf{x} \end{aligned} \qquad (4.1.5)$$

Die ersten beiden Eigenschaften sagen aus, dass durch die Multiplikation mit einer Matrix eine **lineare Abbildung** $T(\mathbf{x}) := \mathbf{A}\mathbf{x}$ gegeben ist, vgl. Definition (3.3.14).

Die Matrizenmultiplikation

Seien $\mathbf{A} \in \mathbb{R}^{(\ell,m)}/\mathbb{C}^{(\ell,m)}$ und $\mathbf{B} \in \mathbb{R}^{(m,n)}/\mathbb{C}^{(m,n)}$ gegeben. Das Matrizenprodukt $\mathbf{C} = \mathbf{A} \cdot \mathbf{B}$ soll so definiert werden, dass für alle Vektoren $\mathbf{x} \in \mathbb{R}^n/\mathbb{C}^n$ gilt:

$$\mathbf{A}(\mathbf{B}\mathbf{x}) \;=\; (\mathbf{A}\mathbf{B})\mathbf{x}.$$

Wir rechnen die linke Seite in Koordinaten aus

$$\mathbf{B}\mathbf{x} \;=\; \begin{pmatrix} b_{11} & \cdots & b_{1n} \\ \vdots & & \vdots \\ b_{m1} & \cdots & b_{mn} \end{pmatrix} \begin{pmatrix} x_1 \\ \vdots \\ x_n \end{pmatrix} \;=\; \begin{pmatrix} \sum_j b_{1j} x_j \\ \vdots \\ \sum_j b_{mj} x_j \end{pmatrix}$$

$$\Longrightarrow \quad \mathbf{A}(\mathbf{B}\mathbf{x}) \;=\; \begin{pmatrix} a_{11} & \cdots & a_{1m} \\ \vdots & & \vdots \\ a_{\ell 1} & \cdots & b_{\ell m} \end{pmatrix} \begin{pmatrix} \sum_j b_{1j} x_j \\ \vdots \\ \sum_j b_{mj} x_j \end{pmatrix}$$

$$=\; \begin{pmatrix} \sum_{k=1}^{m} a_{1k} \sum_{j=1}^{n} b_{kj} x_j \\ \vdots \\ \sum_{k=1}^{m} a_{\ell k} \sum_{j=1}^{n} b_{kj} x_j \end{pmatrix} \;=\; \begin{pmatrix} \sum_{j=1}^{n} \left(\sum_{k=1}^{m} a_{1k} b_{kj} \right) x_j \\ \vdots \\ \sum_{j=1}^{n} \left(\sum_{k=1}^{m} a_{\ell k} b_{kj} \right) x_j \end{pmatrix}$$

$$\stackrel{!}{=}\; \begin{pmatrix} c_{11} & \cdots & c_{1n} \\ \vdots & & \vdots \\ c_{\ell 1} & \cdots & c_{\ell n} \end{pmatrix} \begin{pmatrix} x_1 \\ \vdots \\ x_n \end{pmatrix}.$$

Hiermit folgt: $\mathbf{C} = \mathbf{A} \cdot \mathbf{B}$ muss eine (ℓ, n)-Matrix sein mit

$$c_{ij} := \sum_{k=1}^{m} a_{ik}\, b_{kj}\,, \qquad (4.1.6)$$

$$\begin{pmatrix} c_{11} & \cdots & c_{1n} \\ \vdots & \boxed{c_{ij}} & \vdots \\ c_{\ell 1} & \cdots & c_{\ell n} \end{pmatrix} = \begin{pmatrix} a_{11} & \cdots & a_{1m} \\ \boxed{a_{i1} \;\cdots\; a_{im}} \\ a_{\ell 1} & \cdots & a_{\ell m} \end{pmatrix} \begin{pmatrix} b_{11} & \boxed{b_{1j}} & b_{1n} \\ \vdots & \vdots & \vdots \\ b_{m1} & \boxed{b_{mj}} & b_{mn} \end{pmatrix}. \qquad (4.1.7)$$

Zur Berechnung von c_{ij} ist also das Skalarprodukt des i-ten Zeilenvektors von $\mathbf{A}$ mit dem j-ten Spaltenvektor vom $\mathbf{B}$ zu bilden.

Beispiel

$$\begin{pmatrix} 4 & 3 & 0 & 1 & 2 \\ 2 & 1 & 4 & 0 & 1 \\ 0 & 0 & 4 & 1 & 0 \\ 2 & 0 & 1 & 0 & 6 \end{pmatrix} \begin{pmatrix} 1 & 2 & 0 \\ 0 & 4 & 2 \\ 3 & 0 & 1 \\ 1 & 1 & 3 \\ 0 & 0 & 2 \end{pmatrix} = \begin{pmatrix} 5 & 21 & 13 \\ 14 & 8 & 8 \\ 13 & 1 & 7 \\ 5 & 4 & 13 \end{pmatrix}$$

Bemerkungen (4.1.8)

a) Man kann nur dann das Produkt zweier Matrizen bilden, wenn die Spaltenzahl der ersten Matrix mit der Zeilenzahl der zweiten Matrix übereinstimmt.

b) Man bestätigt unmittelbar die folgenden Rechenregeln:

(i) $\quad (\mathbf{A} + \mathbf{B})\,\mathbf{C} = \mathbf{A}\,\mathbf{C} + \mathbf{B}\,\mathbf{C}$

(ii) $\quad \mathbf{A}\,(\mathbf{B} + \mathbf{C}) = \mathbf{A}\,\mathbf{B} + \mathbf{A}\,\mathbf{C}$

(iii) $\quad \mathbf{A}\,(\mathbf{B}\,\mathbf{C}) = (\mathbf{A}\,\mathbf{B})\,\mathbf{C}$

(iv) $\quad (\mathbf{A}\,(\lambda\,\mathbf{B}) = (\lambda\,\mathbf{A})\,\mathbf{B} = \lambda\,(\mathbf{A}\,\mathbf{B})$

(v) $\quad \mathbf{A}\,\mathbf{I}_n = \mathbf{A},\ \mathbf{I}_m\,\mathbf{A} = \mathbf{A},\ $ für $\mathbf{A} \in \mathbb{R}^{(m,n)}/\mathbb{C}^{(m,n)}$.

Dabei bezeichnet

$$\mathbf{I}_k := \begin{pmatrix} 1 & & 0 \\ & \ddots & \\ 0 & & 1 \end{pmatrix} \in \mathbb{C}^{(k,k)} \qquad (4.1.9)$$

die so genannte (k,k)-**Einheitsmatrix**, $k \in \mathbb{N}$.

c) Das Matrizenprodukt ist **nicht kommutativ**, d.h., im Allgemeinen gilt

$$\mathbf{A}\,\mathbf{B} \neq \mathbf{B}\,\mathbf{A}\,.$$

Beispiel

$$\begin{pmatrix} 1 & -1 \\ -1 & 1 \end{pmatrix} \begin{pmatrix} 1 & 1 \\ 2 & 2 \end{pmatrix} = \begin{pmatrix} -1 & -1 \\ 1 & 1 \end{pmatrix}$$

$$\begin{pmatrix} 1 & 1 \\ 2 & 2 \end{pmatrix} \begin{pmatrix} 1 & -1 \\ -1 & 1 \end{pmatrix} = \begin{pmatrix} 0 & 0 \\ 0 & 0 \end{pmatrix}$$

Das Beispiel zeigt auch, dass aus $\mathbf{A}\mathbf{B} = \mathbf{0}$ nicht folgt, dass einer der Faktoren $\mathbf{A}$ oder $\mathbf{B}$ die Nullmatrix $\mathbf{0}$ sein muss.

d) Das Produkt von Matrix und Vektor ist ein Spezialfall des Matrizenprodukts.

Die Transposition

Die Transposition vertauscht Zeilen und Spalten einer Matrix

$$\mathbf{A} = \begin{pmatrix} a_{11} & \cdots & a_{1n} \\ \vdots & & \vdots \\ a_{m1} & \cdots & a_{mn} \end{pmatrix} \implies \mathbf{A}^{\mathrm{T}} := \begin{pmatrix} a_{11} & \cdots & a_{m1} \\ \vdots & & \vdots \\ a_{1n} & \cdots & a_{mn} \end{pmatrix} \qquad (4.1.10)$$

Damit gilt insbesondere:

$$\mathbf{A} \in \mathbb{C}^{(m,n)} \implies \mathbf{A}^{\mathrm{T}} \in \mathbb{C}^{(n,m)}.$$

Für die Transposittion gelten die folgenden Rechenregeln:

$$\begin{array}{rll} \text{(i)} & (\mathbf{A} + \mathbf{B})^{\mathrm{T}} & = \mathbf{A}^{\mathrm{T}} + \mathbf{B}^{\mathrm{T}} \\ \text{(ii)} & (\lambda \mathbf{A})^{\mathrm{T}} & = \lambda \mathbf{A}^{\mathrm{T}} \\ \text{(iii)} & (\mathbf{A}^{\mathrm{T}})^{\mathrm{T}} & = \mathbf{A} \\ \text{(iv)} & (\mathbf{A}\mathbf{B})^{\mathrm{T}} & = \mathbf{B}^{\mathrm{T}} \mathbf{A}^{\mathrm{T}}. \end{array} \qquad (4.1.11)$$

Mit Hilfe der Transposition lässt sich das Standard-Skalarprodukt für **reelle** Vektoren auch folgendermaßen schreiben $(\mathbf{x}, \mathbf{y} \in \mathbb{R}^n)$:

$$\langle \mathbf{x}, \mathbf{y} \rangle = \mathbf{x}^{\mathrm{T}} \mathbf{y} = \sum_{i=1}^{n} x_i y_i. \qquad (4.1.12)$$

Definition (4.1.13)

Eine quadratische Matrix $\mathbf{A} \in \mathbb{R}^{(n,n)}$ heißt:

$$\begin{array}{ll} \textbf{symmetrisch} & :\iff \mathbf{A} = \mathbf{A}^{\mathrm{T}} \\ \textbf{orthogonal} & :\iff \mathbf{A}\mathbf{A}^{\mathrm{T}} = \mathbf{A}^{\mathrm{T}}\mathbf{A} = \mathbf{I}_n \\ \textbf{positiv definit} & :\iff \mathbf{A} \text{ ist symmetrisch und es gilt} \\ & \quad \forall \mathbf{x} \in \mathbb{R}^n, \mathbf{x} \neq \mathbf{0}: \mathbf{x}^{\mathrm{T}}\mathbf{A}\mathbf{x} > 0. \end{array}$$

Für komplexe Matrizen $\mathbf{A} \in \mathbb{C}^{(m,n)}$ wird ferner definiert:

$$\overline{\mathbf{A}} := \begin{pmatrix} \overline{a}_{11} & \cdots & \overline{a}_{1n} \\ \vdots & & \vdots \\ \overline{a}_{m1} & \cdots & \overline{a}_{mn} \end{pmatrix} \quad \text{(konjugierte Matrix)}, \qquad (4.1.14)$$

$$\mathbf{A}^{*} := \overline{\mathbf{A}}^{\mathrm{T}} \quad \text{(adjungierte Matrix)}.$$

Die Eigenschaften (4.1.11) gelten analog:

$$
\begin{aligned}
\text{(i)} \quad & (\mathbf{A}+\mathbf{B})^* = \mathbf{A}^* + \mathbf{B}^* \\
\text{(ii)} \quad & (\lambda\mathbf{A})^* = \overline{\lambda}\mathbf{A}^* \\
\text{(iii)} \quad & (\mathbf{A}^*)^* = \mathbf{A} \\
\text{(iv)} \quad & (\mathbf{A}\mathbf{B})^* = \mathbf{B}^*\mathbf{A}^*.
\end{aligned}
\tag{4.1.15}
$$

Definition (4.1.16)

Ist $\mathbf{A} \in \mathbb{C}^{(n,n)}$ eine quadratische, komplexe Matrix, so sagt man

$\mathbf{A}$ Hermitesch[20] $\;:\Longleftrightarrow\; \mathbf{A} = \mathbf{A}^*$

$\mathbf{A}$ unitär $\;:\Longleftrightarrow\; \mathbf{A}\mathbf{A}^* = \mathbf{A}^*\mathbf{A} = \mathbf{I}_n$

$\mathbf{A}$ positiv definit $\;:\Longleftrightarrow\; \mathbf{A}$ Hermitesch und es gilt

$$\forall\, \mathbf{x} \in \mathbb{C}^n,\; \mathbf{x} \neq \mathbf{0}:\; \mathbf{x}^*\mathbf{A}\mathbf{x} > 0.$$

4.2 Gauß-Elimination

Wir kehren zurück zum linearen Gleichungssystem $\mathbf{A}\mathbf{x} = \mathbf{b}$ mit gegebener, reeller Koeffizientenmatrix $\mathbf{A} \in \mathbb{R}^{(m,n)}$ und gegebener rechter Seite $\mathbf{b} \in \mathbb{R}^m$.

Definition (4.2.1)

Das lineare Gleichungssystem $\mathbf{A}\mathbf{x} = \mathbf{b}$ heißt **homogen**, falls $\mathbf{b} = \mathbf{0}$ ist, andernfalls **inhomogen**.
Homogene lineare Gleichungssysteme haben stets die Lösung $\mathbf{x} = \mathbf{0}$ (**triviale Lösung**).
Ein wichtiges und sehr allgemeines Prinzip für **lineare** Probleme wird im folgenden Satz genannt.

Satz (4.2.2)

a) Die Lösungen $\mathbf{x}_h$ des homogenen Gleichungssystems $\mathbf{A}\mathbf{x} = \mathbf{0}$ bilden einen linearen Teilraum des $\mathbb{R}^n$, den so genannten **Kern der Matrix A**.
Ist $(\mathbf{x}^{(1)}, \ldots, \mathbf{x}^{(k)})$ eine Basis von Kern $\mathbf{A}$, so lautet **die allgemeine Lösung des homogenen Systems**:
$$\mathbf{x}_h = \sum_{j=1}^{k} \alpha_j \mathbf{x}^{(j)}, \qquad \alpha_j \in \mathbb{R}.$$

b) Ist $\mathbf{x}_s$ eine Lösung des inhomogenen Gleichungssystems $\mathbf{A}\mathbf{x} = \mathbf{b}$ (spezielle Lösung), so lautet **die allgemeine Lösung des inhomogenen Systems**:
$$\mathbf{x} = \mathbf{x}_s + \mathbf{x}_h = \mathbf{x}_s + \sum_{j=1}^{k} \alpha_j \mathbf{x}^{(j)}.$$

---

[20]Charles Hermite (1822–1901); Paris

Beweis

zu a): Wir zeigen die Eigenschaften (i), (ii), (iii) von Definition (3.3.2):

(i) $\mathbf{0} \in \operatorname{Kern} \mathbf{A}$, denn $\mathbf{A}\,\mathbf{0} = \mathbf{0}$,

(ii) $\mathbf{v}, \mathbf{w} \in \operatorname{Kern} \mathbf{A} \Rightarrow \mathbf{v} + \mathbf{w} \in \operatorname{Kern} \mathbf{A}$, denn:
$$\mathbf{A}(\mathbf{v} + \mathbf{w}) = \mathbf{A}\mathbf{v} + \mathbf{A}\mathbf{w} = \mathbf{0} + \mathbf{0} = \mathbf{0},$$

(iii) $\mathbf{v} \in \operatorname{Kern} \mathbf{A}, \alpha \in \mathbb{R} \Rightarrow \alpha\,\mathbf{v} \in \operatorname{Kern} \mathbf{A}$, denn:
$$\mathbf{A}(\alpha\,\mathbf{v}) = \alpha\,(\mathbf{A}\mathbf{v}) = \alpha\,\mathbf{0} = \mathbf{0}.$$

Damit ist gezeigt, dass $\operatorname{Kern} \mathbf{A}$ ein linearer Teilraum des $\mathbb{R}^n$ ist.

zu b): Ist $\mathbf{x}_s$ eine spezielle Lösung und $\mathbf{x}_h$ irgendeine Lösung des homogenen Gleichungssystems, so folgt

$$\mathbf{A}(\mathbf{x}_s + \mathbf{x}_h) = \mathbf{A}\mathbf{x}_s + \mathbf{A}\mathbf{x}_h = \mathbf{b} + \mathbf{0} = \mathbf{b}.$$

Also lösen alle Vektoren der Form $\mathbf{y} = \mathbf{x}_s + \mathbf{x}_h$ das inhomogene, lineare Gleichungssystem. Umgekehrt gilt: Ist $\mathbf{y}$ eine Lösung des inhomogenen Systems, so folgt

$$\mathbf{A}(\mathbf{y} - \mathbf{x}_s) = \mathbf{A}\mathbf{y} - \mathbf{A}\mathbf{x}_s = \mathbf{b} - \mathbf{b} = \mathbf{0}$$

also ist $\mathbf{y} - \mathbf{x}_s$ eine Lösung des homogenen Gleichungssystems, d.h., nach a) gilt

$$\mathbf{y} - \mathbf{x}_s = \sum_{j=1}^{k} \alpha_j \mathbf{x}^{(j)}.$$ ∎

Das im Folgenden beschriebene **Eliminationsverfahren nach Gauß** ist **das** Standard-Verfahren zur Lösung linearer Gleichungssysteme. Das Prinzip besteht darin, mittels elementarer Umformungen die Koeffizientenmatrix $\mathbf{A}$ schrittweise in eine obere Dreiecksmatrix zu transformieren.

Wir notieren das Gleichungssystem $\mathbf{A}\mathbf{x} = \mathbf{b}$ in Form der erweiterten Matrix

$$(\mathbf{A}|\mathbf{b}) = \left(\begin{array}{ccc|c} a_{11} & \cdots & a_{1n} & b_1 \\ \vdots & & \vdots & \vdots \\ a_{m1} & \cdots & a_{mn} & b_m \end{array} \right). \tag{4.2.3}$$

Eliminationsprozess (4.2.4) (1. Teilschritt)

I. Ist $a_{11} \neq 0$?

(a) Falls $a_{11} = 0$, so suche man in der 1. Spalte von $\mathbf{A}$ ein Element $a_{k1} \neq 0$ und vertausche die k-te Zeile mit der ersten (Vertauschung von Gleichungen).

(b) Falls *alle* Elemente der ersten Spalte verschwinden, so suche man in der Restmatrix $(a_{ij})_{1 \leq i \leq m,\, 2 \leq j \leq n}$ ein Element $a_{ij} \neq 0$ und vertausche die i-te Spalte mit der ersten Spalte (dies entspricht einer Vertauschung der Variablen, notieren!) und gehe nach (a).

(c) Sind in der Restmatrix alle Elemente gleich 0, so ist der Eliminationsprozess beendet!

II. Ist $a_{11} \neq 0$ erreicht, so heißt dieses Element a_{11} das **Pivotelement** für den ersten Eliminationsschritt; pivot (frz.) = Angelpunkt.
Man führe nun die folgende Rechnung durch:

$$\begin{aligned} &\text{für} \quad i = 2, \ldots, m: \\ &\qquad \text{Addiere das} \; \left(-\frac{a_{i1}}{a_{11}}\right)\text{-fache der ersten Zeile zur Zeile Nr. } i. \\ &\text{end } i \end{aligned}$$

Als Ergebnis dieses ersten Eliminationsschritts erhalten wir eine erweiterte Matrix der Form

$$\begin{pmatrix} a_{11} & a_{12} & \cdots & a_{1n} & \Big| & b_1 \\ 0 & a_{22}^{(2)} & \cdots & a_{2n}^{(2)} & \Big| & b_2^{(2)} \\ \vdots & \vdots & & \vdots & \Big| & \vdots \\ 0 & a_{m2}^{(2)} & \cdots & a_{mn}^{(2)} & \Big| & b_m^{(2)} \end{pmatrix}. \tag{4.2.5}$$

Offensichtlich ist der Eliminationsprozess reversibel, d.h., durch entsprechende Additionen von Vielfachen der ersten Gleichung zu den folgenden Gleichungen erhält man aus (4.2.5) das Ausgangssystem (4.2.3) wieder zurück. Insbesondere ist die Lösungmenge des linearen Gleichungssystems bei dem obigen Prozess unverändert geblieben.

Im 2. Teilschritt wird nun der gleiche Eliminationsprozess auf die Restmatrix (Gleichungen Nr. $2-m$ in den Variablen $x_2, \ldots, x_n$) angewendet, und dieses Verfahren sodann iteriert. Das Verfahren bricht nach höchstens $m-1$ Teilschritten ab, falls kein Pivotelement mehr gefunden werden kann, oder das Restsystem nur noch aus einer Gleichung besteht. In diesem Fall hat die erweiterte Matrix die Form:

$$\begin{pmatrix} a_{11} & a_{12} & \cdots & \cdots & \cdots & a_{1n} & \Big| & b_1 \\ & a_{22}^{(2)} & \cdots & \cdots & \cdots & a_{2n}^{(2)} & \Big| & b_2^{(2)} \\ & & \ddots & & & \vdots & \Big| & \vdots \\ & & & a_{rr}^{(r)} & \cdots & a_{rn}^{(r)} & \Big| & b_r^{(r)} \\ & & \mathbf{0} & & & & \Big| & b_{r+1}^{(r)} \\ & & & & \mathbf{0} & & \Big| & \vdots \\ & & & & & & \Big| & b_m^{(r)} \end{pmatrix} \tag{4.2.6}$$

mit $a_{ii}^{(i)} \neq 0$, $i = 1, \ldots, r$. Das lineare Gleichungssystem (4.2.6) besitzt nun genau dann eine Lösung, falls für die rechte Seite gilt $b_k^{(r)} = 0$, $\forall k = r+1, \ldots, m$.
In diesem Fall lässt sich (4.2.6) zu beliebig vorgegebenen $x_{r+1}, \ldots, x_n$ durch **„Rückwärts-Substitution"** lösen. Der Einfachheit halber sind im folgenden Algorithmus die oberen

Indizes weggelassen, ebenso eine evtl. Umnummerierung der Variablen x_i.

$$\text{für} \quad i = r, r-1, \ldots, 1$$
$$x_i = \left(b_i - \sum_{j=i+1}^{n} a_{ij}\, x_j \right) / a_{ii} \qquad (4.2.7)$$
$$\text{end } i$$

Um nun **alle Lösungen** zu bestimmen, verwenden wir den Satz (4.2.2):

a) Ermittlung einer speziellen Lösung $\mathbf{x}_s$:
 Man wähle etwa $x_{r+1} := \cdots := x_n := 0$ und berechne die $x_1, \ldots, x_r$ gemäß (4.2.7).

b) Ermittlung einer Basis von Kern $\mathbf{A}$:
 Man setze in (4.2.7) alle $b_i = 0$ und wähle für $j = 1, \ldots, n-r$:

$$x_{r+i}^{(j)} = \begin{cases} 0 : & i = 1, \ldots, n-r, \ i \neq j \\ 1 : & i = j \end{cases}.$$

Mit diesen Startwerten berechne man die $x_1^{(j)}, \ldots, x_r^{(j)}$ gemäß (4.2.7).

Aufgrund der obigen Anfangsdaten sind die $\mathbf{x}^{(j)}$, $j = 1, \ldots, n-r$ dann linear unabhängig und jede Lösung des homogenen Gleichungssystems $\mathbf{Ax} = \mathbf{0}$ lässt sich – ebenfalls wegen (4.2.7) – als Linearkombination der $\mathbf{x}^{(1)}, \ldots, \mathbf{x}^{(n-r)}$ darstellen. Somit ist mit $(\mathbf{x}^{(1)}, \ldots, \mathbf{x}^{(n-r)})$ eine Basis von Kern $\mathbf{A}$ konstruiert worden und man hat für die allgemeine Lösung des linearen Gleichungssystems die Darstellung:

$$\mathbf{x} = \mathbf{x}_s + \alpha_1 \mathbf{x}^{(1)} + \ldots + \alpha_{n-r} \mathbf{x}^{(n-r)}, \qquad \alpha_j \in \mathbb{R}. \qquad (4.2.8)$$

Definition (4.2.9)

Die maximale Anzahl linear unabhängiger Zeilen der Matrix $\mathbf{A}$ heißt der **(Zeilen-) Rang** von $\mathbf{A}$.

Man sieht nun, dass sich der Rang einer Matrix $\mathbf{A}$ beim Eliminationsprozess nicht verändert. Damit kann man den Rang an der transformierten Matrix (4.2.6) ablesen,

$$\text{Rang}\,\mathbf{A} = r. \qquad (4.2.10)$$

Ferner ergibt sich das folgende allgemeine Kriterium für die Lösbarkeit eines linearen Gleichungssystems, vgl. auch (4.2.6).

Satz (4.2.11)

Das lineare Gleichungssystem $\mathbf{Ax} = \mathbf{b}$ besitzt genau dann eine Lösung, falls der Rang der Koeffizientenmatrix $\mathbf{A}$ und der der erweiterten Matrix $(\mathbf{A}|\mathbf{b})$ übereinstimmen,

$$\text{Rang}\,\mathbf{A} = \text{Rang}\,(\mathbf{A}|\mathbf{b}).$$

Als weitere Folgerungen ergibt sich

Satz (4.2.12)

a) Für jede (m,n)-Matrix $\mathbf{A}$ gilt die **Dimensionsformel**:

$$\dim(\text{Kern}\,\mathbf{A}) + \text{Rang}\,\mathbf{A} = n.$$

b) Ein unterbestimmtes, homogenes, lineares Gleichungssystem $\mathbf{Ax} = \mathbf{0}$, mit $\mathbf{A} \in \mathbb{R}^{(m,n)}/\mathbb{C}^{(m,n)}$, $m < n$, hat stets nichttriviale Lösungen.

c) Ein lineares Gleichungssystem $\mathbf{Ax} = \mathbf{b}$ mit einer quadratischen Koeffizientenmatrix $\mathbf{A} \in \mathbb{R}^{(n,n)}/\mathbb{C}^{(n,n)}$ ist genau dann eindeutig lösbar, falls $\text{Rang}\,\mathbf{A} = n$ gilt.

Beweis

zu a): Wir hatten als Ergebnis der Gauß-Elimination erhalten: $r = \text{Rang}\,\mathbf{A}$ und $n - r = \dim(\text{Kern}\,\mathbf{A})$; vgl. auch (4.2.8), (4.2.10).

zu b): Die Gauß-Elimination liefert ein transformiertes Gleichungssystem der Form (4.2.6) mit $b_k = 0$, $\forall\, k = 1, \ldots, n$, und $r < n$. Dieses besitzt aber nichttriviale Lösungen – man setze etwa $x_{r+1} = \cdots = x_n = 1$.

zu c): Falls $\mathbf{Ax} = \mathbf{b}$ eine Lösung besitzt, ist die allgemeine Lösung durch (4.2.8) gegeben. Eindeutige Lösbarkeit liegt dann nur im Fall $\text{Rang}\,\mathbf{A} = r = n$ vor.

Ist umgekehrt $\text{Rang}\,\mathbf{A} = n$, so hat auch die erweiterte Matrix den $\text{Rang}\,(\mathbf{A}|\mathbf{b}) = n$. Somit ist das Gleichungssystem nach (4.2.11) lösbar und zwar wegen (4.2.8) auch eindeutig. ∎

Beispiele (4.2.13)

a)
$$\begin{array}{rcrcrcl} x_1 & + & x_2 & + & x_3 & = & 3 \\ x_1 & - & x_2 & - & x_3 & = & 4 \\ x_1 & + & 3x_2 & + & 3x_3 & = & 1. \end{array}$$

Die zugehörige erweiterte Matrix lautet:

$$\left(\begin{array}{ccc|c} 1 & 1 & 1 & 3 \\ 1 & -1 & -1 & 4 \\ 1 & 3 & 3 & 1 \end{array}\right).$$

Gauß-Elimination liefert hiermit:

$$\left(\begin{array}{ccc|c} 1 & 1 & 1 & 3 \\ 1 & -1 & -1 & 4 \\ 1 & 3 & 3 & 1 \end{array}\right) \Rightarrow \left(\begin{array}{ccc|c} 1 & 1 & 1 & 3 \\ 0 & -2 & -2 & 1 \\ 0 & 2 & 2 & -2 \end{array}\right) \Rightarrow \left(\begin{array}{ccc|c} 1 & 1 & 1 & 3 \\ 0 & -2 & -2 & 1 \\ 0 & 0 & 0 & -1 \end{array}\right)$$

Das Gleichungssystem besitzt also keine Lösung!

b) Ändert man die letzte Gleichung des obigen Beispiels wie folgt
$$\begin{array}{rcl} x_1 + x_2 + x_3 &=& 3 \\ x_1 - x_2 - x_3 &=& 4 \\ x_1 + 3x_2 + 3x_3 &=& 2 \end{array},$$
so liefert die Gauß-Elimination das Tableau:
$$\left(\begin{array}{ccc|c} 1 & 1 & 1 & 3 \\ 0 & -2 & -2 & 1 \\ 0 & 0 & 0 & 0 \end{array} \right).$$
Zur Berechnung einer speziellen Lösung setzt man $x_3 := 0$ und erhält:
$$\mathbf{x}_s = \frac{1}{2} \begin{pmatrix} 7 \\ -1 \\ 0 \end{pmatrix}.$$
Zur Berechnung der allgemeinen Lösung des zugehörigen homogenen Gleichungssystems
$$\left(\begin{array}{ccc|c} 1 & 1 & 1 & 0 \\ 0 & -2 & -2 & 0 \end{array} \right)$$
setze man $x_3 := 1$ und findet:
$$\mathbf{x}^{(1)} = \begin{pmatrix} 0 \\ -1 \\ 1 \end{pmatrix}.$$
Damit lautet die allgemeine Lösung des linearen Gleichungssystems:
$$\mathbf{x} = \frac{1}{2} \begin{pmatrix} 7 \\ -1 \\ 0 \end{pmatrix} + \alpha \begin{pmatrix} 0 \\ -1 \\ 1 \end{pmatrix}, \quad \alpha \in \mathbb{R}.$$

Definition (4.2.14)

Eine quadratische Matrix $\mathbf{A} \in \mathbb{R}^{(n,n)}/\mathbb{C}^{(n,n)}$ heißt **regulär** oder **nichtsingulär**, falls $\operatorname{Rang} \mathbf{A} = n$ ist. Andernfalls heißt $\mathbf{A}$ **singulär**.

Für quadratische Matrizen lassen sich die Ergebnisse, die wir aus dem Gauß-Algorithmus gezogen haben, nun folgendermaßen zusammenfassen.

Satz (4.2.15)

Für eine quadratische Matrix $\mathbf{A} \in \mathbb{R}^{(n,n)}/\mathbb{C}^{(n,n)}$ sind die folgenden Aussagen äquivalent:

a) Die Zeilenvektoren von $\mathbf{A}$ sind linear unabhängig,

b) $\operatorname{Rang} \mathbf{A} = n$,

c) $\mathbf{A}$ ist regulär,

d) $\mathbf{A}\mathbf{x} = \mathbf{b}$ ist für jede rechte Seite $\mathbf{b}$ lösbar.

e) $\mathbf{A}\mathbf{x} = \mathbf{b}$ ist für jede rechte Seite $\mathbf{b}$ eindeutig lösbar.

f) Das homogene lineare Gleichungssystem $\mathbf{A}\mathbf{x} = \mathbf{0}$ hat nur die triviale Lösung.

4.2 Gauß-Elimination

Algorithmische Durchführung

Wir betrachten ein lineares Gleichungssystem $\mathbf{Ax} = \mathbf{b}$ mit quadratischer Koeffizientenmatrix $\mathbf{A} \in \mathbb{R}^{(n,n)}$. Für das Folgende setzen wir voraus, dass $\mathbf{A}$ regulär ist, das lineare Gleichungssystem also eine eindeutig bestimmte Lösung besitzt.

Zunächst stellen wir fest, dass die Gauß-Elimination in diesem Fall ohne Spaltenvertauschungen durchgeführt werden kann. Spaltenvertauschungen sind nämlich nur notwendig, falls in einer Restmatrix die ganze erste Spalte verschwindet:

$$(\mathbf{A}'|\mathbf{b}') = \begin{pmatrix} * & * & \cdots & & \cdots & * & b_1 \\ & \ddots & & & & \vdots & \vdots \\ & & * & * & * & \cdots & * & b_r \\ & & & 0 & * & \cdots & * & b_{r+1} \\ & \mathbf{0} & & \vdots & \vdots & & \vdots & \vdots \\ & & & 0 & * & \cdots & * & b_n \end{pmatrix}$$

Die letzten $(n-r)$ Zeilenvektoren der Matrix $\mathbf{A}'$ sind dann aber notwendigerweise linear abhängig, da je $(n-r)$ Vektoren im $\mathbb{R}^{n-r-1}$ linear abhängig sind; vgl. auch Satz (3.3.9). Daher gilt: Rang $\mathbf{A} < n$ – im Widerspruch zur Voraussetzung.

Für reguläre Matrizen lassen sich also allein durch Zeilenvertauschungen stets Pivotelemente $\neq 0$ finden.

Aus Gründen der numerischen Stabilität (Rundungsfehler-Einfluss) ist es allerdings nicht gleichgültig, welche Zeile man zur Pivotzeile macht. Ein „kleines" Pivotelement kann die Rechnung durch Rundungsfehler verfälschen.

Beispiel (4.2.16)

Zur Lösung des linearen Gleichungssystems

$$\begin{pmatrix} 10^{-4} & 1 \\ 1 & 1 \end{pmatrix} \begin{pmatrix} x_1 \\ x_2 \end{pmatrix} = \begin{pmatrix} 1 \\ 2 \end{pmatrix}$$

simulieren wir eine dreistellige Rechnung ($\doteq$ heißt „gleich bis auf Rundung")

$$\begin{pmatrix} 10^{-4} & 1 & | & 1 \\ 1 & 1 & | & 2 \end{pmatrix} \longrightarrow \begin{pmatrix} 10^{-4} & 1 & | & 1 \\ 0 & 1 - 10^4 & | & 2 - 10^4 \end{pmatrix}$$

$$\doteq \begin{pmatrix} 10^{-4} & 1 & | & 1 \\ 0 & -10^4 & | & -10^4 \end{pmatrix}$$

$\Rightarrow x_2 \doteq 1, \; x_1 \doteq 0$

Das „numerische" Resultat für x_1 ist jedoch völlig falsch – die richtige Lösung lautet:

$$x_1 = 1 + \frac{1}{9999} = 1.0001\ldots$$

$$x_2 = 1 - \frac{1}{9999} = 0.999899\ldots$$

Eine Abhilfe für dieses Problem ist eine geeignete Pivotsuche. Häufig wird die so genannte Spaltenpivotsuche verwendet.

84   4 Lineare Gleichungssysteme

Spaltenpivotsuche (4.2.17)
Man wähle jeweils das betragsmäßig größte Element der ersten Spalte als Pivotelement.

Bemerkungen (4.2.18)
  a) Aufwendiger aber auch stabiler als (4.2.17) ist die **vollständige Pivotsuche**: Man wähle das betragsgrößte Element der gesamten Restmatrix. Dies bedeutet allerdings, dass evtl. auch Spaltenvertauschungen notwendig werden.

  b) Für die numerische Stabilität ist ebenfalls eine geeignete **Skalierung** ($\hat{=}$ Multiplikation der k-ten Gleichung mit einem Skalierungsfaktor $d_k \neq 0$) wesentlich.

  Günstig wäre es hier, eine **Equilibrierung** der Matrix **A** zu erreichen, d.h., Gleichungen (und Variable) so zu skalieren, dass

  $$\forall\, i, j\, :\, \sum_{k=1}^{n} |a_{ik}| \;=\; \sum_{k=1}^{n} |a_{kj}|$$

  gilt. Im Allgemeinen ist es jedoch schwierig, eine solche Skalierung zu bestimmen.

Schließlich verabredet man noch, dass die so genannten **Eliminationsfaktoren**

$$\ell_{ji} := \frac{a_{ji}}{a_{ii}}, \quad j = i+1, \ldots, n, \tag{4.2.19}$$

auf den Speicherplätzen notiert werden, in denen durch die Elimination Nullen entstehen. Die Gründe hierfür werden wir in Abschnitt 4.4 näher erläutern.

Beispiel (4.2.20)

$$\begin{pmatrix} 0 & 1 & 3 \\ 2 & 1 & 0 \\ 4 & 1 & 1 \end{pmatrix} \begin{pmatrix} x_1 \\ x_2 \\ x_3 \end{pmatrix} = \begin{pmatrix} 4 \\ 3 \\ 6 \end{pmatrix}$$

Eliminationsschritte:

$$\left(\begin{array}{ccc|c} 0 & 1 & 3 & 4 \\ 2 & 1 & 0 & 3 \\ 4 & 1 & 1 & 6 \end{array}\right) \longrightarrow \left(\begin{array}{ccc|c} 4 & 1 & 1 & 6 \\ 2 & 1 & 0 & 3 \\ 0 & 1 & 3 & 4 \end{array}\right) \longrightarrow$$

$$\longrightarrow \left(\begin{array}{ccc|c} 4 & 1 & 1 & 6 \\ \frac{1}{2} & \frac{1}{2} & -\frac{1}{2} & 0 \\ 0 & 1 & 3 & 4 \end{array}\right) \longrightarrow \left(\begin{array}{ccc|c} 4 & 1 & 1 & 6 \\ 0 & 1 & 3 & 4 \\ \frac{1}{2} & \frac{1}{2} & -\frac{1}{2} & 0 \end{array}\right)$$

$$\longrightarrow \left(\begin{array}{ccc|c} 4 & 1 & 1 & 6 \\ 0 & 1 & 3 & 4 \\ \frac{1}{2} & \frac{1}{2} & -2 & -2 \end{array}\right).$$

Rückwärts-Substitution liefert die Lösung $\mathbf{x} = (1, 1, 1)^T$.

In einem numerischen Programm zur Realisierung des Gaußschen Eliminationsverfahrens mit Spaltenpivotsuche ist in jedem Eliminationsschritte zu prüfen, ob das Pivotelement a_{kk} nicht zu klein ist, d.h., ob die Matrix **A** nicht „**numerisch singulär**" ist. Diese Prüfung geschieht zumeist vermöge der Abfrage

$$|a_{kk}| < A_{\max} \cdot \text{eps} \quad ?$$

Dabei ist $A_{\max} := \max_{i,j} |a_{ij}|$ das betragsmäßig größte Element der Ausgangsmatrix, eps bezeichnet die **relative Maschinengenauigkeit**, dies ist die kleinste positive Maschinenzahl, für die bei numerischer Rechnung auf dem Computer

$$1 + \text{eps} > 1$$

gilt, vgl. auch den Abschnitt 10.4. In der vielfach verwendeten kommerziellen numerischen Rechenumgebung **MATLAB** (von matrix laboratory) ist eps $\approx 2.2204 \times 10^{-16}$.

4.3 Inverse Matrizen

Gegeben sei eine Matrix $\mathbf{A} \in \mathbb{R}^{(n,n)}/\mathbb{C}^{(n,n)}$.
Eine Matrix $\mathbf{X} \in \mathbb{R}^{(n,n)}/\mathbb{C}^{(n,n)}$ mit der Eigenschaft

$$\mathbf{A}\mathbf{X} = \mathbf{X}\mathbf{A} = \mathbf{I}_n \qquad (4.3.1)$$

heißt eine **inverse Matrix** zu **A**. Existiert zu **A** eine inverse Matrix, so sagt man, **A** ist **invertierbar**.

Satz (4.3.2)
Notwendig für die Existenz einer inversen Matrix ist die Regularität der Matrix **A**.

Beweis

Besitzt **A** eine inverse Matrix **X**, so ist das lineare Gleichungssystem $\mathbf{A}\mathbf{x} = \mathbf{b}$ für **jede** rechte Seite $\mathbf{b} \in \mathbb{R}^n/\mathbb{C}^n$ lösbar!
Eine Lösung ist nämlich durch $\mathbf{x} := \mathbf{X}\mathbf{b}$ gegeben:

$$\mathbf{A}\mathbf{x} = \mathbf{A}(\mathbf{X}\mathbf{b}) = (\mathbf{A}\mathbf{X})\mathbf{b} = \mathbf{I}_n\mathbf{b} = \mathbf{b}.$$

Dies ist aber nach dem Gaußschen Algorithmus, vgl. (4.2.15), genau dann der Fall, falls **A** regulär ist. ∎

Satz (4.3.3)
Eine Matrix $\mathbf{A} \in \mathbb{R}^{(n,n)}/\mathbb{C}^{(n,n)}$ ist genau dann regulär, falls die Spaltenvektoren von **A** linear unabhängig sind.

Beweis

Sei $\mathbf{A} = (\mathbf{a}^{(1)}, \ldots, \mathbf{a}^{(n)})$, wobei die $\mathbf{a}^{(i)}$ die Spaltenvektoren der Matrix $\mathbf{A}$ bezeichnen. Dann gilt:

$$\mathbf{A}\mathbf{x} = \mathbf{0} \iff \sum_{i=1}^{n} x_i\, \mathbf{a}^{(i)} = \mathbf{0}.$$

Mit (4.2.15) schließt man hieraus:

$\mathbf{A}$ regulär $\iff \mathbf{A}\mathbf{x} = \mathbf{0}$ hat nur die triviale Lösung $\mathbf{x} = \mathbf{0}$

$$\iff \forall\, \mathbf{x} \in \mathbb{R}^n/\mathbb{C}^n : \left(\sum_{i=1}^{n} x_i\, \mathbf{a}^{(i)} = \mathbf{0} \Rightarrow x_1 = \ldots = x_n = 0\right)$$

$\iff (\mathbf{a}^{(1)}, \ldots, \mathbf{a}^{(n)})$ linear unabhängig. ■

Satz (4.3.4)

Für beliebige (auch nichtquadratische) Matrizen $\mathbf{A} \in \mathbb{R}^{(m,n)}/\mathbb{C}^{(m,n)}$ stimmt die maximale Anzahl linear unabhängiger Zeilenvektoren mit der maximalen Anzahl linear unabhängiger Spaltenvektoren überein: **Zeilenrang** = **Spaltenrang**.

Beweis

Nach der Dimensionsformel, vgl. (4.2.11), gilt:

$$\dim(\operatorname{Kern}\mathbf{A}) = \dim\{\mathbf{x} \in \mathbb{R}^n/\mathbb{C}^n : \mathbf{A}\mathbf{x} = \mathbf{0}\} = n - \operatorname{Rang}\mathbf{A}.$$

Andererseits ist

$$\operatorname{Kern}\mathbf{A} = \left\{(x_1, \ldots, x_n)^T \in \mathbb{R}^n/\mathbb{C}^n : \sum_{i=1}^{n} x_i\, \mathbf{a}^{(i)} = \mathbf{0}\right\}.$$

Sei nun ℓ die maximale Anzahl linear unabhängiger Spaltenvektoren von $\mathbf{A}$. O.B.d.A. sei die Nummerierung der Variablen (und damit der Spaltenvektoren von $\mathbf{A}$) so gewählt, dass $(\mathbf{a}^{(1)}, \ldots, \mathbf{a}^{(\ell)})$ linear unabhängig ist. Dann liegen die $\mathbf{a}^{(\ell+1)}, \ldots, \mathbf{a}^{(n)}$ in dem von $(\mathbf{a}^{(1)}, \ldots, \mathbf{a}^{(\ell)})$ aufgespannten Raum. Es gibt somit Darstellungen der Form

$$\mathbf{a}^{(k)} = \sum_{i=1}^{\ell} \alpha_{ki}\, \mathbf{a}^{(i)}, \quad k = \ell+1, \ldots, n.$$

Hiermit folgt

$$\mathbf{x} \in \operatorname{Kern}\mathbf{A} \iff \sum_{i=1}^{n} x_i\, \mathbf{a}^{(i)} = \mathbf{0}$$

$$\iff \sum_{i=1}^{\ell} \left(x_i + \sum_{k=\ell+1}^{n} \alpha_{ki}\, x_k\right) \mathbf{a}^{(i)} = \mathbf{0}$$

$$\iff \forall\, i = 1, \ldots, \ell : x_i = -\sum_{k=\ell+1}^{n} \alpha_{ki}\, x_k.$$

$\operatorname{Kern}\mathbf{A}$ hat demnach die Dimension $n - \ell$, somit folgt: $\ell = \operatorname{Rang}\mathbf{A}$. ■

Satz (4.3.5)

Eine Matrix $\mathbf{A} \in \mathbb{R}^{(n,n)}/\mathbb{C}^{(n,n)}$ besitzt genau dann eine inverse Matrix, falls sie regulär ist.

Beweis

Nach Satz (4.3.2) bleibt zu zeigen, dass jede reguläre Matrix $\mathbf{A}$ auch eine Inverse besitzt. Mit $\mathbf{X} = (\mathbf{x}^{(1)}, \ldots, \mathbf{x}^{(n)})$ gilt:

$$\mathbf{A}\mathbf{X} = \mathbf{I}_n \iff \mathbf{A}\mathbf{x}^{(i)} = \mathbf{e}_i, \quad i = 1, \ldots, n.$$

Dies sind n lineare Gleichungssysteme, die wegen der Regularität von $\mathbf{A}$ eindeutig bestimmte Lösungen $\mathbf{x}^{(i)}$ besitzen. Diese sind auch linear unabhängig, denn

$$\sum_{i=1}^{n} \alpha_i \mathbf{x}^{(i)} = \mathbf{0}$$
$$\Rightarrow \quad \mathbf{0} = \sum_{i=1}^{n} \alpha_i \mathbf{A}\mathbf{x}^{(i)} = \sum_{i=1}^{n} \alpha_i \mathbf{e}_i$$
$$\Rightarrow \quad \alpha_1 = \ldots = \alpha_n = 0.$$

Damit ist aber nach Satz (4.3.3) die Matrix $\mathbf{X}$ regulär, und wir haben gezeigt:

$$\mathbf{A} \text{ regulär} \quad \Rightarrow \quad \exists_1 \mathbf{X} \in \mathbb{R}^{(n,n)}/\mathbb{C}^{(n,n)} : \mathbf{A}\mathbf{X} = \mathbf{I}_n \text{ und } \mathbf{X} \text{ regulär}.$$

Wir wenden dieses Resultat nun auf $\mathbf{X}$ selbst an und finden:

$$\exists_1 \mathbf{Y} \in \mathbb{R}^{(n,n)}/\mathbb{C}^{(n,n)} : \mathbf{X}\mathbf{Y} = \mathbf{I}_n.$$

Damit folgt aber auch:

$$\mathbf{X}\mathbf{A} = \mathbf{X}\mathbf{A}\mathbf{I}_n = (\mathbf{X}\mathbf{A})(\mathbf{X}\mathbf{Y})$$
$$= \mathbf{X}(\mathbf{A}\mathbf{X})\mathbf{Y} = \mathbf{X}\mathbf{I}_n\mathbf{Y}$$
$$= \mathbf{X}\mathbf{Y} = \mathbf{I}_n,$$

und wir haben gezeigt: $\mathbf{X}\mathbf{A} = \mathbf{A}\mathbf{X} = \mathbf{I}_n$. ∎

Bemerkungen (4.3.6)

a) Aus obigem Beweis ist ersichtlich, dass die zu $\mathbf{A}$ inverse Matrix eindeutig bestimmt ist; sie wird mit $\mathbf{A}^{-1}$ bezeichnet.

b) Aus $\mathbf{A}\mathbf{B} = \mathbf{I}_n$, $\mathbf{A}, \mathbf{B} \in \mathbb{R}^{(n,n)}/\mathbb{C}^{(n,n)}$, folgt, dass $\mathbf{A}$ und $\mathbf{B}$ beide regulär sind und zudem $\mathbf{B} = \mathbf{A}^{-1}$ und $\mathbf{A} = \mathbf{B}^{-1}$ gelten.

Insbesondere folgt:

$$(\mathbf{A}^{-1})^{-1} = \mathbf{A}. \tag{4.3.7}$$

c) Für reguläre Matrizen $\mathbf{A}, \mathbf{B} \in \mathbb{R}^{(n,n)}/\mathbb{C}^{(n,n)}$ gilt:

$$(\mathbf{A}\,\mathbf{B})^{-1} = \mathbf{B}^{-1}\mathbf{A}^{-1}. \tag{4.3.8}$$

Beweis $(\mathbf{A}\,\mathbf{B})(\mathbf{B}^{-1}\,\mathbf{A}^{-1}) = \mathbf{A}\,(\mathbf{B}\,\mathbf{B}^{-1})\,\mathbf{A}^{-1} = \mathbf{A}\,\mathbf{I}_n\,\mathbf{A}^{-1} = \mathbf{I}_n$. ∎

d) Ist $\mathbf{A} \in \mathbb{R}^{(n,n)}/\mathbb{C}^{(n,n)}$ eine reguläre Matrix, so ist auch $\mathbf{A}^{\mathrm{T}}$ regulär, und es gilt:

$$(\mathbf{A}^{\mathrm{T}})^{-1} = (\mathbf{A}^{-1})^{\mathrm{T}}. \tag{4.3.9}$$

Beweis $\mathbf{A}^{\mathrm{T}}(\mathbf{A}^{-1})^{\mathrm{T}} = (\mathbf{A}^{-1}\mathbf{A})^{\mathrm{T}} = \mathbf{I}_n^{\mathrm{T}} = \mathbf{I}_n$. ∎

Berechnung der inversen Matrix

Wir wollen an dieser Stelle kurz auf ein Verfahren zur Berechnung inverser Matrizen eingehen. Es sei jedoch ausdrücklich angemerkt, dass man ein lineares Gleichungssystem $\mathbf{A}\mathbf{x} = \mathbf{b}$ in aller Regel **nicht** mit Hilfe von $\mathbf{x} = \mathbf{A}^{-1}\mathbf{b}$, d.h. über die Berechnung der inversen Matrix $\mathbf{A}^{-1}$, lösen darf!

Die Berechnung von $\mathbf{A}^{-1}$ entspricht ja gerade der Lösung von n linearen Gleichungssystemen mit gleicher Koeffizientenmatrix $\mathbf{A}$ und benötigt dabei ein Vielfaches des Aufwands für die Lösung eines einzelnen linearen Gleichungssystems.

Im übrigen treten in den Anwendungen häufig sehr große, jedoch schwach besetzte Matrizen $\mathbf{A}$ auf, d.h., nur wenige der a_{ij} sind von Null verschieden. Hier ist die Inverse $\mathbf{A}^{-1}$ jedoch häufig eine „voll besetzte" Matrix, so dass sich die Berechnung von $\mathbf{A}^{-1}$ schon aus diesem Grunde verbietet!

Beispiel (4.3.10)

Für die tridiagonale Matrix

$$\mathbf{A} = \begin{pmatrix} 1 & -1 & & & \mathbf{0} \\ -1 & 2 & -1 & & \\ & \ddots & \ddots & \ddots & \\ & & \ddots & 2 & -1 \\ \mathbf{0} & & & -1 & 2 \end{pmatrix} \in \mathbb{R}^{(n,n)}$$

ergibt sich eine vollbesetzte inverse Matrix, nämlich

$$\mathbf{A}^{-1} = (x_{ij}) = (n+1 - \max(i,j))_{1 \leq i,j \leq n}.$$

Der Gauß-Jordan-Algorithmus[21]

Man erweitert den Gauß-Algorithmus dadurch, dass man auch oberhalb der Diagonalen Nullen erzeugt. Hierdurch erreicht man eine **Diagonalisierung** der Koeffizientenmatrix.

---

[21]Camille Jordan (1838–1922); Paris

Schließlich kann man mittels Division der Gleichungen durch die jeweiligen Pivotelemente erreichen, dass die Einheitsmatrix entsteht. Dieser Eliminationsprozess wird nun simultan für die n rechten Seiten $(\mathbf{e}_1, \ldots, \mathbf{e}_n) = \mathbf{I}_n$ durchgeführt. Die hierbei entstehende Matrix auf der rechten Seite ist dann gerade die gesuchte inverse Matrix $\mathbf{A}^{-1}$:

$$(\mathbf{A} \mid \mathbf{I}_n) \longrightarrow (\mathbf{I}_n \mid \mathbf{A}^{-1}).$$

Beispiel (4.3.11)

$$\mathbf{A} = \begin{pmatrix} 1 & 1 & 1 \\ 1 & 2 & 3 \\ 1 & 3 & 6 \end{pmatrix}.$$

Das Gauß-Jordan-Verfahren ergibt das folgende Tableau

1	1	1	1	0	0
1	2	3	0	1	0
1	3	6	0	0	1
1	1	1	1	0	0
0	1	2	-1	1	0
0	2	5	-1	0	1
1	1	1	1	0	0
0	1	2	-1	1	0
0	0	1	1	-2	1
1	1	0	0	2	-1
0	1	0	-3	5	-2
0	0	1	1	-2	1
1	0	0	3	-3	1
0	1	0	-3	5	-2
0	0	1	1	-2	1

$$\implies \mathbf{A}^{-1} = \begin{pmatrix} 3 & -3 & 1 \\ -3 & 5 & -2 \\ 1 & -2 & 1 \end{pmatrix}.$$

4.4 Die Dreieckszerlegung einer Matrix

Die Dreieckszerlegung oder **LR-Zerlegung** einer Matrix liefert eine Variante der Gauß-Elimination, die für den Fall **eines** linearen Gleichungssystems zur Gauß-Elimination völlig äquivalent ist. Die Methode liefert jedoch einen effizienteren Algorithmus, falls mehrere lineare Gleichungssysteme mit gleicher Koeffizientenmatrix zu lösen sind. In der Tat tritt diese Aufgabenstellung bei verschiedenen Problemen der numerischen Mathematik als ein Teilproblem auf, .

Die Grundidee besteht darin, die einzelnen Transformationsschritte des Gauß-Verfahrens bei der rechten Seite **b** des linearen Gleichungssystems erst durchzuführen, **nachdem** die

Koeffizientenmatrix **A** bereits vollständig transformiert ist. Dies ist möglich, wenn man sich die so genannten Eliminationsfaktoren $\ell_{ik} = a_{ik}/a_{kk}$ merkt.

Wir sehen uns den Hauptschritt der Gauß-Elimination für eine reguläre (n,n)-Matrix **A** an. Vereinfachend nehmen wir an, dass das Gauß-Verfahren ohne Zeilenvertauschungen abläuft.

Im k-ten Eliminationsschritt hat man als Ausgangssituation

$$\mathbf{A}^{(k)}\mathbf{x} = \mathbf{b}^{(k)} : \begin{pmatrix} a_{11} & \cdots & & \cdots & a_{1n} \\ & \ddots & & & \vdots \\ & & a_{kk} & \cdots & a_{kn} \\ \mathbf{0} & & \vdots & & \vdots \\ & & a_{nk} & \cdots & a_{nn} \end{pmatrix} \begin{pmatrix} x_1 \\ \vdots \\ x_k \\ \vdots \\ x_n \end{pmatrix} = \begin{pmatrix} b_1 \\ \vdots \\ b_k^{(k)} \\ \vdots \\ b_n^{(k)} \end{pmatrix}$$

Wird nun $a_{kk} \neq 0$ als Pivotelement gewählt, so ergibt sich nach dem Eliminationsschritt

$$\mathbf{A}^{(k+1)}\mathbf{x} = \mathbf{b}^{(k+1)} : \begin{pmatrix} a_{11} & \cdots & & & \cdots & a_{1n} \\ & \ddots & & & & \vdots \\ & & a_{kk} & \cdots & & a_{kn} \\ & & 0 & \tilde{a}_{k+1,k+1} & \cdots & * \\ \mathbf{0} & & \vdots & \vdots & & \vdots \\ & & 0 & * & \cdots & \tilde{a}_{nn} \end{pmatrix} \begin{pmatrix} x_1 \\ \vdots \\ x_k \\ x_{k+1} \\ \vdots \\ x_n \end{pmatrix} = \begin{pmatrix} b_1 \\ \vdots \\ \\ b_{k+1}^{(k+1)} \\ \vdots \\ b_n^{(k+1)} \end{pmatrix}.$$

Der Transformation $(\mathbf{A}^{(k)}, \mathbf{b}^{(k)}) \mapsto (\mathbf{A}^{(k+1)}, \mathbf{b}^{(k+1)})$ lässt sich nun als Multiplikation der erweiterten Matrix $(\mathbf{A}^{(k)}, \mathbf{b}^{(k)})$ mit einer regulären (quadratischen) Matrix $\mathbf{M}_k$ deuten:

$$\mathbf{A}^{(k+1)} = \mathbf{M}_k \mathbf{A}^{(k)}, \quad \mathbf{b}^{(k+1)} = \mathbf{M}_k \mathbf{b}^{(k)}$$

$$\mathbf{M}_k := \begin{pmatrix} 1 & & & & & \\ & \ddots & & & \mathbf{0} & \\ & & 1 & & & \\ & & -\ell_{k+1,k} & 1 & & \\ & \mathbf{0} & \vdots & & \ddots & \\ & & -\ell_{n,k} & & & 1 \end{pmatrix}, \quad \ell_{ik} := \frac{a_{ik}}{a_{kk}}. \tag{4.4.1}$$

Die gesamte Gauß-Elimination ergibt nach $n-1$ Eliminationsschritten eine obere Drei-

4.4 Die Dreieckszerlegung einer Matrix

ecksmatrix $\mathbf{A}^{(n)}$, die sich somit aus $\mathbf{A}$ durch Multiplikation mit den Matrizen $\mathbf{M}_k$ ergibt

$$\mathbf{R} := \mathbf{A}^{(n)} = \begin{pmatrix} a_{11} & a_{12} & \cdots & & a_{1n} \\ & a_{22}^{(2)} & \cdots & & a_{2n}^{(2)} \\ & & \ddots & & \vdots \\ & \mathbf{0} & & \ddots & \vdots \\ & & & & a_{nn}^{(n)} \end{pmatrix}, \qquad (4.4.2)$$

$$\mathbf{R} = (\mathbf{M}_{n-1} \cdot \ldots \cdot \mathbf{M}_2 \cdot \mathbf{M}_1) \cdot \mathbf{A}. \qquad (4.4.3)$$

Nun sind die Eliminationsmatrizen $\mathbf{M}_k$ offensichtlich regulär (die Spaltenvektoren sind linear unabhängig, vgl. (4.4.1)). Daher lässt sich (4.4.3) auch folgendermaßen schreiben:

$$\mathbf{A} = (\mathbf{M}_1^{-1} \mathbf{M}_2^{-1} \ldots \mathbf{M}_{n-1}^{-1}) \cdot \mathbf{R} =: \mathbf{L} \cdot \mathbf{R}. \qquad (4.4.4)$$

Wie der folgende Satz zeigt, ist die hierdurch definierte Matrix $\mathbf{L}$ eine **normierte untere Dreiecksmatrix**, d.h., $\mathbf{L}$ ist eine untere Dreieckmatrix mit Diagonalelementen $\ell_{kk} = 1$, $k = 1, \ldots, n$. (4.4.4) heißt daher **Dreieckszerlegung** bzw. **LR-Zerlegung** von $\mathbf{A}$.

Satz (4.4.5)

a) $\quad \mathbf{M}_k^{-1} = \begin{pmatrix} 1 & & & & & \\ & \ddots & & & \mathbf{0} & \\ & & 1 & & & \\ & & \ell_{k+1,k} & 1 & & \\ & \mathbf{0} & \vdots & & \ddots & \\ & & \ell_{n,k} & & & 1 \end{pmatrix}, \quad k = 1, \ldots, n-1,$

b) $\quad \mathbf{L} := \mathbf{M}_1^{-1} \ldots \mathbf{M}_{n-1}^{-1} = \begin{pmatrix} 1 & & & & \\ \ell_{21} & 1 & & \mathbf{0} & \\ \vdots & \ddots & \ddots & & \\ \vdots & & \ddots & 1 & \\ \ell_{n1} & \cdots & \cdots & \ell_{n,n-1} & 1 \end{pmatrix}.$

Beweis
Der Beweis dieser Aussagen ergibt sich unmittelbar durch „Ausmultiplizieren" der entsprechenden Matrizen. ∎

Wendet man die Gauß-Elimination also nur auf die Matrix $\mathbf{A}$ an und merkt sich dabei die Eliminationsfaktoren ℓ_{ik}, so erhält man bereits die vollständige Information über die LR-Zerlegung von $\mathbf{A}$:

$$\mathbf{A} = \mathbf{L} \cdot \mathbf{R} = \begin{pmatrix} 1 & & & 0 \\ \ell_{21} & \ddots & & \\ \vdots & & \ddots & \\ \ell_{n1} & \cdots & \ell_{n,n-1} & 1 \end{pmatrix} \begin{pmatrix} a_{11} & \cdots & \cdots & a_{1n} \\ & \ddots & & \vdots \\ & & \ddots & \vdots \\ 0 & & & a_{nn}^{(n)} \end{pmatrix}.$$

Zur Lösung eines linearen Gleichungssystems mittels Dreieckszerlegung schreibt man:

$$\mathbf{A}\,\mathbf{x} \;=\; (\mathbf{L}\,\mathbf{R})\,\mathbf{x} \;=\; \mathbf{L}\,(\mathbf{R} \cdot \mathbf{x}) \;=\; \mathbf{b}$$

und setzt $\mathbf{y} := \mathbf{R}\,\mathbf{x}$. Man kann also folgendermaßen vorgehen:

Algorithmus (4.4.6)

a) Man berechne die LR-Zerlegung der Matrix $\mathbf{A}$ mittels Gauß-Elimination.

b) Man löse das lineare Gleichungssystem $\mathbf{L}\,\mathbf{y} = \mathbf{b}$ mittels **Vorwärts-Substitution**:

$$y_i \;=\; b_i - \sum_{j=1}^{i-1} \ell_{ij}\,y_j, \qquad i = 1, 2, \ldots, n.$$

c) Man löse das lineare Gleichungssystem $\mathbf{R}\,\mathbf{x} = \mathbf{y}$ mittels **Rückwärts-Substitution**:

$$x_i \;=\; \left(y_i - \sum_{j=i+1}^{n} r_{ij}\,x_j \right) / r_{ii}, \qquad i = n, n-1, \ldots, 1.$$

Beispiel (4.4.7)

Gegeben sei $\mathbf{A} := \begin{pmatrix} 1 & 1 & 1 \\ 2 & 3 & 4 \\ 3 & 4 & 6 \end{pmatrix}$. Gauß-Elimination liefert:

$$\begin{pmatrix} 1 & 1 & 1 \\ 2 & 3 & 4 \\ 3 & 4 & 6 \end{pmatrix} \longrightarrow \begin{pmatrix} 1 & 1 & 1 \\ 2 & 1 & 2 \\ 3 & 1 & 3 \end{pmatrix} \longrightarrow \begin{pmatrix} 1 & 1 & 1 \\ 2 & 1 & 2 \\ 3 & 1 & 1 \end{pmatrix}$$

also

$$\mathbf{L} = \begin{pmatrix} 1 & 0 & 0 \\ 2 & 1 & 0 \\ 3 & 1 & 1 \end{pmatrix}, \qquad \mathbf{R} = \begin{pmatrix} 1 & 1 & 1 \\ 0 & 1 & 2 \\ 0 & 0 & 1 \end{pmatrix}.$$

Ist nun z.B. das lineare Gleichungssystem $\mathbf{A}\mathbf{x} = \mathbf{b}$, mit der rechten Seite $\mathbf{b} := (0, -2, -5)^{\mathrm{T}}$ zu lösen, so liefert der obige Algorithmus:

4.4 Die Dreieckszerlegung einer Matrix

$$\mathbf{L\,y} = \mathbf{b}\ :\quad \begin{pmatrix} 1 & 0 & 0 & | & 0 \\ 2 & 1 & 0 & | & -2 \\ 3 & 1 & 1 & | & -5 \end{pmatrix} \quad\Longrightarrow\quad \mathbf{y}^T = (0, -2, -3),$$

$$\mathbf{R\,x} = \mathbf{y}\ :\quad \begin{pmatrix} 1 & 1 & 1 & | & 0 \\ 0 & 1 & 2 & | & -2 \\ 0 & 0 & 1 & | & -3 \end{pmatrix} \quad\Longrightarrow\quad \mathbf{x}^T = (-1, 4, -3).$$

Bemerkung (4.4.8)

Zur Messung des numerischen Aufwandes wird die Zahl der wesentlichen Operationen gezählt. Eine wesentliche Operation entspricht einer Addition und einer Multiplikation. Man erhält:

für die LR-Zerlegung $\approx \frac{1}{3} n^3$ wesentliche Operationen,

für Vorwärts- bzw. Rückwärts-Substitution $\approx \frac{1}{2} n^2$ wesentliche Operationen.

Wie bereits erwähnt wurde, sind für ein einzelnes lineares Gleichungssystem Gauß-Elimination und LR-Zerlegung gleichwertig. Die LR-Zerlegung ist vorzuziehen, falls mehrere lineare Gleichungssysteme mit der gleichen Koeffizientenmatrix zu lösen sind.

In der **MATLAB**-Rechenumgebung wird die LR-Zerlegung einer Matrix **A** mit dem Programmaufruf

$$[\mathbf{L}, \mathbf{R}, \mathbf{P}] = \mathrm{lu}(\mathbf{A})$$

berechnet. Dabei steht lu für lower/upper decomposition, **P** ist eine Permutationsmatrix, mit der Eigenschaft, dass **P A** die LR-Zerlegung **P A** = **L R** besitzt. P beschreibt also die evtl. auftretenden Zeilenvertauschungen (Pivoting) von **A**.

Ein lineares Gleichungssystem $\mathbf{A\,x} = \mathbf{b}$ wird sodann vermöge der Anweisungen

$$\mathbf{y} = \mathbf{L} \backslash (\mathbf{P} * \mathbf{b}); \quad \mathbf{x} = \mathbf{R} \backslash \mathbf{y};$$

gelöst.

Ein einfacher, aber wichtiger **Spezialfall** ist die Dreieckszerlegung für **tridiagonale Matrizen**. Wir nehmen an, dass der Eliminationsprozess ohne Pivotsuche durchführbar ist. Dies ist z.B. für so genannte **diagonaldominante Matrizen** der Fall. Dies sind Matrizen $\mathbf{A} = (a_{ij})$, für die $|a_{ii}| > \sum_{k \neq i} |a_{ik}|$, für alle $i = 1, \ldots, n$, gilt.

Gegeben sei also eine tridiagonale Matrix

$$\mathbf{A} = \begin{pmatrix} a_1 & c_1 & & \mathbf{0} \\ b_2 & a_2 & \ddots & \\ & \ddots & \ddots & c_{n-1} \\ \mathbf{0} & & b_n & a_n \end{pmatrix}. \tag{4.4.9}$$

Der Ansatz:
$$\begin{pmatrix} a_1 & c_1 & & 0 \\ b_2 & a_2 & \ddots & \\ & \ddots & \ddots & c_{n-1} \\ 0 & & b_n & a_n \end{pmatrix} = \begin{pmatrix} 1 & & & 0 \\ u_2 & 1 & & \\ & \ddots & \ddots & \\ 0 & & u_n & 1 \end{pmatrix} \begin{pmatrix} r_1 & c_1 & & 0 \\ & r_2 & \ddots & \\ & & \ddots & c_{n-1} \\ 0 & & & r_n \end{pmatrix} \quad (4.4.10)$$

liefert dann das folgende Verfahren zur Berechnung der Dreieckszerlegung, wie man durch Ausmultiplizieren der rechten Seite von (4.4.10) unmittelbar sieht.

Algorithmus (4.4.11)

$$r_1 := a_1$$
$$\text{für} \quad i = 2, \ldots, n$$
$$u_i := b_i / r_{i-1}$$
$$r_i := a_i - u_i \cdot c_{i-1}$$
$$\text{end } i$$

Wir wollen nun der Frage nachgehen, welche Matrizen $\mathbf{A} \in \mathbb{R}^{(n,n)}/\mathbb{C}^{(n,n)}$ eine Dreieckszerlegung $\mathbf{A} = \mathbf{L}\mathbf{R}$ besitzen und ob diese eindeutig bestimmt ist. Mit Dreieckszerlegung ist dabei stets gemeint, dass $\mathbf{L}$ eine normierte untere Dreiecksmatrix, $\mathbf{R}$ eine obere Dreiecksmatrix ist.

Wir hatten in Abschnitt 4.2 bereits gesehen, dass man jede reguläre Matrix $\mathbf{A}$ durch Zeilenvertauschungen in eine Matrix $\tilde{\mathbf{A}}$ überführen kann, die eine Dreieckszerlegung besitzt.

Satz (4.4.12)

Ist $\mathbf{A} \in \mathbb{R}^{(n,n)}/\mathbb{C}^{(n,n)}$ regulär, so gibt es eine **Permutationsmatrix**

$$\mathbf{P} = \begin{pmatrix} \mathbf{e}_{i_1}^T \\ \vdots \\ \mathbf{e}_{i_n}^T \end{pmatrix}, \quad (i_1, \ldots, i_n) \text{ Permutation von } (1, \ldots, n),$$

so dass $\tilde{\mathbf{A}} := \mathbf{P} \cdot \mathbf{A}$ eine Dreieckszerlegung besitzt.

Beispiel (4.4.13)

Die Matrix $\mathbf{A} = \begin{pmatrix} 0 & 0 & 2 \\ 1 & 2 & 3 \\ 2 & 5 & 8 \end{pmatrix}$ besitzt keine Dreieckszerlegung.

Gauß-Elimination mit Zeilenvertauschung liefert jedoch:

$$\mathbf{A} = \begin{pmatrix} 0 & 0 & 2 \\ 1 & 2 & 3 \\ 2 & 5 & 8 \end{pmatrix} \longrightarrow \begin{pmatrix} 1 & 2 & 3 \\ 0 & 0 & 2 \\ 2 & 1 & 2 \end{pmatrix} \longrightarrow \begin{pmatrix} 1 & 2 & 3 \\ 2 & 1 & 2 \\ 0 & 0 & 2 \end{pmatrix},$$

wobei im ersten Eliminationsschritt die erste und zweite Zeile, im zweiten Schritt die zweite und dritte Zeile vertauscht wurden.

Es ist also $\mathbf{L} = \begin{pmatrix} 1 & 0 & 0 \\ 2 & 1 & 0 \\ 0 & 0 & 1 \end{pmatrix}$ und $\mathbf{R} = \begin{pmatrix} 1 & 2 & 3 \\ 0 & 1 & 2 \\ 0 & 0 & 2 \end{pmatrix}$.

Die Permutationsmatrix $\mathbf{P}$ erhält man durch die entsprechenden Zeilenvertauschungen bei der Einheitsmatrix

$$\mathbf{P} = \begin{pmatrix} \mathbf{e}_2^T \\ \mathbf{e}_3^T \\ \mathbf{e}_1^T \end{pmatrix} = \begin{pmatrix} 0 & 1 & 0 \\ 0 & 0 & 1 \\ 1 & 0 & 0 \end{pmatrix}, \quad \tilde{\mathbf{A}} = \mathbf{P}\mathbf{A} = \begin{pmatrix} 1 & 2 & 3 \\ 2 & 5 & 8 \\ 0 & 0 & 2 \end{pmatrix} = \mathbf{L} \cdot \mathbf{R}.$$

Der folgende Satz gibt ein notwendiges und hinreichendes Kriterium für die Existenz einer Dreieckszerlegung (ohne Zeilenvertauschungen) und zeigt zugleich deren Eindeutigkeit.

Satz (4.4.14)

Sei $\mathbf{A} \in \mathbb{R}^{(n,n)}/\mathbb{C}^{(n,n)}$ eine reguläre Matrix.
Ferner seien die folgenden Teilmatrizen von $\mathbf{A}$ definiert:

$$\mathbf{A}_j := \begin{pmatrix} a_{11} & \cdots & a_{1j} \\ \vdots & & \vdots \\ a_{j1} & \cdots & a_{jj} \end{pmatrix} \in \mathbb{R}^{(j,j)}/\mathbb{C}^{(j,j)}, \quad j = 1, \ldots, n.$$

Dann sind die folgenden Aussagen äquivalent:

a) $\mathbf{A}$ besitzt eine Dreieckszerlegung $\mathbf{A} = \mathbf{L} \cdot \mathbf{R}$,

b) $\forall j = 1, \ldots, n-1 : \mathbf{A}_j$ regulär.

Die Dreieckszerlegung ist in diesem Fall eindeutig bestimmt!

Beweis (mittels vollständiger Induktion über n)

$\mathbf{n = 1}$: $\mathbf{A} = (a_{11})$, $a_{11} \neq 0$. Die Dreieckszerlegung $\mathbf{A} = (1) \cdot (a_{11})$ existiert also und ist eindeutig bestimmt.

$\mathbf{n-1 \Rightarrow n}$:
Wir betrachten die folgende Partitionierung der Matrizen $\mathbf{A}$, $\mathbf{L}$ und $\mathbf{R}$:

$$\mathbf{A} = \left(\begin{array}{c|c} \mathbf{A}_{n-1} & \mathbf{v} \\ \hline \mathbf{u}^T & a_{nn} \end{array}\right) = \left(\begin{array}{c|c} \mathbf{L}_{n-1} & \mathbf{0} \\ \hline \mathbf{x}^T & 1 \end{array}\right) \left(\begin{array}{c|c} \mathbf{R}_{n-1} & \mathbf{y} \\ \hline \mathbf{0} & r_{nn} \end{array}\right).$$

Durch Berechnung des rechten Produkts sieht man, dass diese Relation zu den folgenden Gleichungen äquivalent ist.

(1) $\mathbf{A}_{n-1} = \mathbf{L}_{n-1}\mathbf{R}_{n-1}$,   (2) $\mathbf{u}^T = \mathbf{x}^T\mathbf{R}_{n-1}$,

(3) $\mathbf{v} = \mathbf{L}_{n-1}\mathbf{y}$,   (4) $a_{nn} = \mathbf{x}^T\mathbf{y} + r_{nn}$.

zu a) ⇒ b): Besitzt $\mathbf{A}$ als reguläre Matrix eine Dreieckszerlegung, so sind auch die Matrizen $\mathbf{L}$ und $\mathbf{R}$ regulär. Damit sind auch $\mathbf{L}_{n-1}$ und $\mathbf{R}_{n-1}$ regulär und somit auch das Produkt $\mathbf{A}_{n-1} = \mathbf{L}_{n-1}\mathbf{R}_{n-1}$. Die Induktionsvoraussetzung liefert nun:

$$\forall j = 1, \ldots, n-1: \quad \mathbf{A}_j \quad \text{regulär.}$$

zu b) ⇒ a): Nach Induktionsvoraussetzung existiert eine (eindeutig bestimmte) Dreieckszerlegung von $\mathbf{A}_{n-1}$: $\mathbf{A}_{n-1} = \mathbf{L}_{n-1}\mathbf{R}_{n-1}$. Die Matrizen $\mathbf{L}_{n-1}$ und $\mathbf{R}_{n-1}$ aus (1) sind also eindeutig bestimmt und regulär.
Bei gegebenen Vektoren $\mathbf{u}$, $\mathbf{v}$ sind die Relationen (2) und (3) daher lineare Gleichungssysteme mit regulären Koeffizientenmatrizen. Deren Lösungen $\mathbf{x}$ und $\mathbf{y}$ sind somit ebenfalls eindeutig bestimmt. Schließlich ist die Relation (4) eine explizite Gleichung zur Berechnung von $r_{nn} := a_{nn} - \mathbf{x}^T\mathbf{y}$. ∎

Aus diesem Satz ergibt sich nun eine interessante Folgerung für symmetrische Matrizen.

Folgerung (4.4.15)

Ist $\mathbf{A} \in \mathbb{R}^{(n,n)}/\mathbb{C}^{(n,n)}$ symmetrisch und regulär und besitzt $\mathbf{A}$ eine Dreieckszerlegung $\mathbf{A} = \mathbf{L}\mathbf{R}$, so gilt $\mathbf{R} = \mathbf{D}\mathbf{L}^T$ mit einer regulären **Diagonalmatrix** $\mathbf{D}$, d.h. $d_{ij} = 0$ für $i \neq j$ und $d_{ii} \neq 0$ für $i = 1, \ldots, n$.
Die Matrix $\mathbf{A}$ besitzt also eine so genannte **Cholesky-Zerlegung**[22]:

$$\mathbf{A} = \mathbf{L}\mathbf{D}\mathbf{L}^T,$$

wobei $\mathbf{L}$ eine normierte untere Dreiecksmatrix und $\mathbf{D}$ eine reguläre Diagonalmatrix ist.

Beweis

Die obere Dreiecksmatrix $\mathbf{R}$ ist nach Voraussetzung regulär, also gilt $r_{ii} \neq 0$, $i = 1, \ldots, n$. Man zieht nun die Diagonalelemente von $\mathbf{R}$ multiplikativ aus der Matrix heraus. Dazu setzen wir

$$\mathbf{D} := \begin{pmatrix} r_{11} & & 0 \\ & \ddots & \\ & & \ddots \\ 0 & & r_{nn} \end{pmatrix}, \quad \tilde{\mathbf{R}} := \begin{pmatrix} 1 & \tilde{r}_{12} & \cdots & \tilde{r}_{1n} \\ & 1 & & \vdots \\ & & \ddots & \tilde{r}_{n-1,n} \\ 0 & & & 1 \end{pmatrix}, \quad \tilde{r}_{ij} := r_{ij}/r_{ii}.$$

Damit sieht man $\mathbf{R} = \mathbf{D}\tilde{\mathbf{R}}$ und somit

$$\mathbf{A} = \mathbf{A}^T = (\mathbf{L}\mathbf{D}\tilde{\mathbf{R}})^T = \tilde{\mathbf{R}}^T(\mathbf{D}^T\mathbf{L}^T).$$

Dies ist aber eine weitere Dreieckszerlegung von $\mathbf{A}$. Wegen deren Eindeutigkeit folgt:

$$\tilde{\mathbf{R}}^T = \mathbf{L} \quad \text{oder} \quad \tilde{\mathbf{R}} = \mathbf{L}^T, \quad \text{d.h.} \quad \mathbf{A} = \mathbf{L}\mathbf{D}\mathbf{L}^T. \quad \blacksquare$$

---

[22]André-Louis Cholesky (1875–1918); Bordeaux, Paris

Im symmetrischen Fall ohne Pivotsuche braucht also von der Dreieckszerlegung nur das untere Dreieck, d.h. **L** und **D**, berechnet und gespeichert zu werden.

4.5 Determinanten

Wir hatten bereits für den zwei- und dreidimensionalen Fall den Begriff der Determinante definiert, vgl. (3.1.27), und festgestellt:

$$\begin{vmatrix} a_{11} & a_{12} \\ a_{21} & a_{22} \end{vmatrix} = a_{11}\,a_{22} - a_{12}\,a_{21}$$

liefert den (vorzeichenbehafteten) Flächeninhalt des von $\begin{pmatrix} a_{11} \\ a_{12} \end{pmatrix}$, $\begin{pmatrix} a_{21} \\ a_{22} \end{pmatrix}$ aufgespannten Parallelogramms,

$$\begin{vmatrix} a_{11} & a_{12} & a_{13} \\ a_{21} & a_{22} & a_{23} \\ a_{31} & a_{32} & a_{33} \end{vmatrix} = \begin{matrix} a_{11}\,a_{22}\,a_{33} & + & a_{12}\,a_{23}\,a_{31} & + & a_{13}\,a_{21}\,a_{32} \\ -a_{13}\,a_{22}\,a_{31} & - & a_{11}\,a_{23}\,a_{32} & - & a_{12}\,a_{21}\,a_{33} \end{matrix}$$

liefert das (vorzeichenbehaftete) Volumen des von $\begin{pmatrix} a_{11} \\ a_{12} \\ a_{13} \end{pmatrix}$, $\begin{pmatrix} a_{21} \\ a_{22} \\ a_{23} \end{pmatrix}$ und $\begin{pmatrix} a_{31} \\ a_{32} \\ a_{33} \end{pmatrix}$ aufgespannten Spates.

Wir versuchen nun, die obigen Definitionen auf den Fall höherer Dimensionen zu verallgemeinern. Dazu betrachten wir zunächst Permutationen des n-Tupels $(1, 2, \ldots, n)$.

Definition (4.5.1)

a) Es bezeichne S_n die Menge der **Permutationen** (Vertauschungen) von $(1, \ldots, n)$. Jede Permutation $\sigma = (\sigma_1, \ldots, \sigma_n) \in S_n$ wird dabei aufgefasst als eine bijektive Abbildung $\{1, \ldots, n\} \to \{1, \ldots, n\}$ mit $\sigma : i \mapsto \sigma_i$.

b) Insbesondere kann man somit Permutationen auch hintereinander ausführen (Komposition von Abbildungen):
$$(\mu_1, \ldots, \mu_n) \circ (\sigma_1, \ldots, \sigma_n) := (\mu_{\sigma_1}, \ldots, \mu_{\sigma_n}).$$

Beispiel $\qquad (1, 3, 2, 4) \circ (2, 4, 1, 3) = (3, 4, 1, 2).$

Bemerkung (4.5.2)

S_n ist mit dieser Verknüpfung eine Gruppe, und zwar die symmetrische Gruppe $S_n = S(\{1, \ldots, n\})$, vgl. (1.3.9).
Man beachte, dass S_n für $n > 2$ nicht kommutativ ist, i. Allg. also $\mu \circ \sigma \neq \sigma \circ \mu$ gilt.

Beispiel $\qquad (2, 4, 1, 3) \circ (1, 3, 2, 4) = (2, 1, 4, 3).$

Definition (4.5.3)

Eine Permutation, die genau zwei Elemente vertauscht (und die anderen fest lässt), heißt **Transposition**:

$$\tau = (1,\ldots,i-1,j,i+1,\ldots,j-1,i,j+1,\ldots,n) =: [i,j].$$

Für eine Transposition τ gilt somit $\tau \circ \tau = \text{id}$, also $\tau^{-1} = \tau$.

Satz (4.5.4)

a) Jede Permutation $\sigma \in S_n$ lässt sich als Produkt von Transpositionen schreiben:

$$\sigma = \tau_1 \circ \ldots \circ \tau_k.$$

b) Ist eine Permutation σ auf zwei Arten in ein Produkt von k bzw. ℓ Transpositionen zerlegt worden:

$$\sigma = \tau_1 \circ \ldots \circ \tau_k = \tilde{\tau}_1 \circ \ldots \circ \tilde{\tau}_\ell,$$

so sind die Zahlen k und ℓ entweder beide gerade oder beide ungerade.

Beweis

zu a): Sei $\sigma = (\sigma_1,\ldots,\sigma_n)$. Man betrachte den folgenden Algorithmus:

(∗) Bestimme ein minimales i mit $\sigma_i \neq i$. Damit ist $\sigma_i > i$ und für

$$\tilde{\sigma} := [i,\sigma_i] \circ \sigma = (\tilde{\sigma}_1 \ldots \tilde{\sigma}_n)$$

gilt: $\forall j = 1,\ldots,i:\ \tilde{\sigma}_j = j$.

Falls $\tilde{\sigma} \neq \text{id}$, setze man $\sigma := \tilde{\sigma}$ und gehe nach (∗).

Nach höchstens $n-1$ Durchläufen bricht die obige Schleife ab und man hat:

$$\tau_k \circ \tau_{k-1} \circ \ldots \circ \tau_1 \circ \sigma = \text{id}, \quad \text{also } \sigma = \tau_1 \circ \tau_2 \circ \ldots \circ \tau_k.$$

zu b): Es genügt zu zeigen, dass die Identität $\text{id} \in S_n$ nur in eine **gerade** Anzahl von Transpositionen zerlegt werden kann.

Wir führen einen Induktionsbeweis über $n \geq 2$. Für $n = 2$ ist die Behauptung klar, da es nur eine Transposition $[1,2]$ gibt.

n − 1 ⇒ n : Sei $\text{id} = \tau_1 \circ \ldots \circ \tau_k$ mit τ_i Transpositionen.

Wir bringen alle Transpositionen, die n bewegen, nach rechts und kürzen sie weg. Dazu verwenden wir die folgenden **Regeln**: (i,j,m,n seien paarweise verschieden)

(R1) $[i,n] \circ [j,m] = [j,m] \circ [i,n]$

(R2) $[i,n] \circ [i,m] = [i,m] \circ [m,n]$

(R3) $[i,n] \circ [j,n] = [i,j] \circ [i,n]$

(R4) $[i,n] \circ [i,n] = \text{id}$ („wegstreichen")

4.5 Determinanten

Durch wiederholte Anwendung dieser Regeln erreicht man eine Darstellung

$$\text{id} = \tilde{\tau}_1 \circ \ldots \circ \tilde{\tau}_\ell ,$$

wobei gelten:

(i) $(k - \ell)$ ist gerade (es werden ja jeweils **zwei** Transpositionen gestrichen).

(ii) Höchstens $\tilde{\tau}_\ell$ könnte nach den Regeln (R1)–(R3) noch n enthalten.

Aber auch das ist nicht möglich, da sonst $(\tilde{\tau}_1 \circ \ldots \circ \tilde{\tau}_\ell)(n) \neq n$ wäre!

Damit sind die $\tilde{\tau}_1, \ldots, \tilde{\tau}_\ell$ Transpositionen von $\{1, \ldots, n-1\}$ und ℓ ist nach Induktionsvoraussetzung gerade. Wegen (i) ist damit aber auch k gerade. ∎

Beispiel (4.5.5)

zu a):
$$\sigma = (5, 3, 4, 1, 2) \in S_5$$
$$\sigma_1 = [1, 5] \circ \sigma = (1, 3, 4, 5, 2)$$
$$\sigma_2 = [2, 3] \circ \sigma_1 = (1, 2, 4, 5, 3)$$
$$\sigma_3 = [3, 4] \circ \sigma_2 = (1, 2, 3, 5, 4)$$
$$\sigma_4 = [4, 5] \circ \sigma_3 = \text{id}$$
$$\Rightarrow \sigma = [1, 5] \circ [2, 3] \circ [3, 4] \circ [4, 5] .$$

zu b):

id	=	[2,4]	[1,5]	[3,5]	[4,5]	[2,4]	[2,5]	[3,5]	[1,5]	
	=	...	[1,3]	[1,5]	[4,5]	[2,4]	[2,5]	[3,5]	[1,5]	, nach (R3)
	=	...	...	[1,4]	[1,5]	[2,4]	[2,5]	[3,5]	[1,5]	, nach (R3)
	=	...	...	...	[2,4]	[1,5]	[2,5]	[3,5]	[1,5]	, nach (R1)
	=	...	...	...	...	[1,2]	[1,5]	[3,5]	[1,5]	, nach (R3)
	=	...	...	...	...	...	[1,3]	[1,5]	[1,5]	, nach (R3)
	=	[2,4]	[1,3]	[1,4]	[2,4]	[1,2]	[1,3]			nach (R4)

...

Definition (4.5.6)

Für $\sigma \in S_n$ heißt $\text{sign}(\sigma) := (-1)^k$ das **Vorzeichen (Signum)** der Permutation σ. Dabei ist k die Anzahl der Transpositionen, in die σ zerlegt werden kann. k ist nicht eindeutig bestimmt, wohl aber $(-1)^k$ gemäß Satz (4.5.4). Die Permutation σ heißt **gerade**, falls $\text{sign}(\sigma) = +1$, sonst **ungerade**.

Bemerkung (4.5.7)

Es gelten die folgenden Eigenschaften

a) τ Transposition $\Rightarrow$ $\text{sign}(\tau) = -1$,

b) $\text{sign}(\sigma \circ \mu) = \text{sign}(\sigma) \text{sign}(\mu)$,

c) $\text{sign}(\sigma^{-1}) = \text{sign}(\sigma)$.

Wir betrachten nochmals die Definitionen der $(2,2)$- und $(3,3)$-Determinanten und sehen uns die Indizes an:

$\mathbf{n = 2}:$
$$\begin{vmatrix} a_{11} & a_{12} \\ a_{21} & a_{22} \end{vmatrix} = a_{11}\,a_{12} - a_{12}\,a_{21}$$

$$\begin{aligned}(1,2) &= \text{id} \in S_2 &: \text{sign}(1,2) = +1 \\ (2,1) &= [1,2] \in S_2 &: \text{sign}(2,1) = -1\end{aligned}$$

$\mathbf{n = 3}:$
$$\begin{vmatrix} a_{11} & a_{12} & a_{13} \\ a_{21} & a_{22} & a_{23} \\ a_{31} & a_{32} & a_{33} \end{vmatrix} = \begin{matrix} +a_{11}\,a_{22}\,a_{33} & + & a_{12}\,a_{23}\,a_{31} & + & a_{13}\,a_{21}\,a_{32} \\ -a_{13}\,a_{22}\,a_{31} & - & a_{11}\,a_{23}\,a_{32} & - & a_{12}\,a_{21}\,a_{33} \end{matrix}$$

$$\left.\begin{aligned}(1,2,3) &= \text{id} \\ (2,3,1) &= [2,3] \circ [1,3] \\ (3,1,2) &= [1,2] \circ [1,3]\end{aligned}\right\} \text{gerade Permutationen}$$

$$\left.\begin{aligned}(3,2,1) &= [1,3] \\ (1,3,2) &= [2,3] \\ (2,1,3) &= [1,2]\end{aligned}\right\} \text{ungerade Permutationen}$$

Diese Beobachtung legt nun die folgende (allgemeine) Definition einer (n,n)-Determinante nahe:

Definition (4.5.8)

Für $\mathbf{A} = (a_{ij}) \in \mathbb{R}^{(n,n)}/\mathbb{C}^{(n,n)}$ wird die **Determinante** von $\mathbf{A}$ definiert durch:

$$\det \mathbf{A} := \begin{vmatrix} a_{11} & \cdots & a_{1n} \\ \vdots & & \vdots \\ a_{n1} & \cdots & a_{nn} \end{vmatrix} := \sum_{\sigma \in S_n} \text{sign}(\sigma)\, a_{1\sigma_1} \cdot \ldots \cdot a_{n\sigma_n}.$$

Bemerkung

Die obige Definition der Determinante hat natürlich nur theoretische Bedeutung. Für die praktische Berechnung der Determinate ist sie – zumindest für größere Dimensionen n – völlig ungeeignet, da die Summe in (4.5.8) $n!$ Summanden hat. Wir werden im Folgenden durch die Untersuchung der Eigenschaften der Determinate eine wesentlich effizientere Methode zu ihrer Berechnung finden.

Satz (4.5.9)

$$\det \mathbf{A}^{\mathrm{T}} = \det \mathbf{A}$$

4.5 Determinanten

Beweis

Es gilt $\det \mathbf{A}^{\mathrm{T}} = \sum_{\mu \in S_n} \operatorname{sign}(\mu)\, a_{\mu_1 1} \ldots a_{\mu_n n}$.

Die $(\mu_1, \ldots, \mu_n)$ bilden jeweils eine Permutation von $(1, \ldots, n)$. Wir vertauschen nun die Reihenfolge der Faktoren $a_{\mu_k k}$ so, dass der erste Index in natürlicher Reihenfolge $1, \ldots, n$ steht. Der zweite Index geht dabei in den zugehörigen Index der inversen Permutation μ^{-1} über:

$$\det \mathbf{A}^{\mathrm{T}} = \sum_{\substack{\mu \in S_n \\ \mu^{-1} = (\sigma_1, \ldots, \sigma_n)}} \operatorname{sign}(\mu)\, a_{1\sigma_1} \cdot \ldots \cdot a_{n\sigma_n}.$$

Nun gilt aber $\operatorname{sign}(\mu) = \operatorname{sign}(\mu^{-1})$ und damit mit $\sigma := \mu^{-1}$:

$$\det \mathbf{A}^{\mathrm{T}} = \sum_{\sigma \in S_n} \operatorname{sign}(\sigma)\, a_{1\sigma_1} \ldots a_{n\sigma_n} = \det \mathbf{A}. \qquad \blacksquare$$

Im Folgenden bezeichnen wir mit $\mathbf{a}_i^{\mathrm{T}} := (a_{i1} \ldots a_{in})$ den i-ten Zeilenvektor einer Matrix $\mathbf{A}$ bzw. der Determinante von $\mathbf{A}$. Damit gilt

Satz (4.5.10)

Die Vertauschung zweier Zeilen einer Determinante ändert lediglich das Vorzeichen der Determinante:

$$\det \begin{pmatrix} \mathbf{a}_1^{\mathrm{T}} \\ \vdots \\ \mathbf{a}_k^{\mathrm{T}} \\ \vdots \\ \mathbf{a}_\ell^{\mathrm{T}} \\ \vdots \\ \mathbf{a}_n^{\mathrm{T}} \end{pmatrix} = (-1) \cdot \det \begin{pmatrix} \mathbf{a}_1^{\mathrm{T}} \\ \vdots \\ \mathbf{a}_\ell^{\mathrm{T}} \\ \vdots \\ \mathbf{a}_k^{\mathrm{T}} \\ \vdots \\ \mathbf{a}_n^{\mathrm{T}} \end{pmatrix}.$$

Beweis

$$\det \begin{pmatrix} \vdots \\ \mathbf{a}_k^{\mathrm{T}} \\ \vdots \\ \mathbf{a}_\ell^{\mathrm{T}} \\ \vdots \end{pmatrix} = \sum_\sigma \operatorname{sign}(\sigma) \cdot a_{1\sigma_1} \ldots a_{k\sigma_k} \ldots a_{\ell\sigma_\ell} \ldots a_{n\sigma_n}$$

$$= \sum_\sigma \operatorname{sign}(\sigma) \cdot a_{1\sigma_1} \ldots a_{\ell\sigma_\ell} \cdots a_{k\sigma_k} \ldots a_{n\sigma_n}$$

$$= \sum_\sigma \operatorname{sign}(\sigma \circ [k, \ell]) \cdot a_{1\sigma_1} \ldots a_{\ell\sigma_k} \ldots a_{k\sigma_\ell} \ldots a_{n\sigma_n}$$

$$\underset{(4.5.7)}{=} (-1) \sum_\sigma \operatorname{sign}(\sigma)\, a_{1\sigma_1} \ldots a_{\ell\sigma_k} \ldots a_{k\sigma_\ell} \ldots a_{n\sigma_n}$$

$$= (-1) \cdot \det \begin{pmatrix} \vdots \\ \mathbf{a}_\ell^{\mathrm{T}} \\ \vdots \\ \mathbf{a}_k^{\mathrm{T}} \\ \vdots \end{pmatrix}. \qquad \blacksquare$$

Folgerung (4.5.11)

a) Die Determinate einer Matrix mit zwei gleichen Zeilen (bzw. mit zwei gleichen Spalten) verschwindet.

b) Bei Vertauschung der Zeilen einer Matrix bleibt die Determinante dem Betrage nach erhalten. Die Determinate wechselt das Vorzeichen, falls die Permutation ungerade ist, genauer

$$\det \begin{pmatrix} \mathbf{a}_{\sigma_1}^T \\ \vdots \\ \mathbf{a}_{\sigma_n}^T \end{pmatrix} = \operatorname{sign}(\sigma) \cdot \det \begin{pmatrix} \mathbf{a}_1^T \\ \vdots \\ \mathbf{a}_n^T \end{pmatrix}.$$

Satz (4.5.12)

Die Determinante ist eine **n-Linearform**, $\det : \mathbb{R}^n \times \ldots \times \mathbb{R}^n \to \mathbb{R}$ bzw. $\det : \mathbb{C}^n \times \ldots \times \mathbb{C}^n \to \mathbb{C}$, d.h., sie ist bezüglich jedes Zeilenvektors von $\mathbf{A}$ – bei Festhalten aller anderen Matrixelemente – eine lineare Abbildung $\mathbb{R}^n/\mathbb{C}^n \to \mathbb{R}/\mathbb{C}$.

Beweis

$$\det \begin{pmatrix} \vdots \\ \mathbf{a}_k^T + \tilde{\mathbf{a}}_k^T \\ \vdots \end{pmatrix} = \sum_\sigma \operatorname{sign}(\sigma) \cdot a_{1\sigma_1} \ldots (a_{k\sigma_k} + \tilde{a}_{k\sigma_k}) \ldots a_{n\sigma_n}$$

$$= \sum_\sigma \operatorname{sign}(\sigma) \cdot a_{1\sigma_1} \ldots a_{k\sigma_k} \cdots a_{n\sigma_n}$$

$$+ \sum_\sigma \operatorname{sign}(\sigma) \cdot a_{1\sigma_1} \ldots \tilde{a}_{k\sigma_k} \ldots a_{n\sigma_n}$$

$$= \det \begin{pmatrix} \vdots \\ \mathbf{a}_k^T \\ \vdots \end{pmatrix} + \det \begin{pmatrix} \vdots \\ \tilde{\mathbf{a}}_k^T \\ \vdots \end{pmatrix},$$

und analog:

$$\det \begin{pmatrix} \vdots \\ \alpha\, \mathbf{a}_k^T \\ \vdots \end{pmatrix} = \alpha \cdot \det \begin{pmatrix} \vdots \\ \mathbf{a}_k^T \\ \vdots \end{pmatrix}. \qquad \blacksquare$$

Warnung !

Man beachte, dass $\det \mathbf{A}$ **keine** lineare Abbildung bezogen auf die Matrix $\mathbf{A}$ selbst ist. Im Allgemeinen gelten also

$$\det(\mathbf{A} + \mathbf{B}) \neq \det \mathbf{A} + \det \mathbf{B},$$

$$\det(\alpha \mathbf{A}) \neq \alpha \det \mathbf{A}.$$

Folgerung (4.5.13)

Bei der Gauß-Elimination ohne Zeilenvertauschung bleibt der Wert der Determinante erhalten. Bei der Vertauschung zweier Zeilen ändert sich lediglich das Vorzeichen der Determinante.

Dies liefert nun ein effizientes Verfahren zur Determinantenberechnung. Durch Gauß-Elimination für eine reguläre Matrix ist ja nach evtl. Zeilenvertauschungen stets obere Dreiecksform zu erhalten, und für diese gilt:

$$\det \begin{pmatrix} a_{11} & \cdots & a_{1n} \\ & \ddots & \vdots \\ 0 & & a_{nn} \end{pmatrix} = \prod_{i=1}^{n} a_{ii} \qquad (4.5.14)$$

Diese Relation erhält man direkt aus der Definition (4.5.8).

Die Gauß-Elimination liefert also gewissermaßen nebenbei auch den Wert der Determinante der Koeffizientenmatrix als das Produkt der Pivotelemente $a_{11}, \ldots, a_{nn}$ (evtl. Vorzeichenkorrektur bei Zeilenvertauschung).

Beispiel (4.5.15)

$$\begin{vmatrix} 1 & 3 & 2 & -1 \\ -2 & -4 & 0 & 3 \\ 1 & 5 & 4 & 0 \\ 3 & 7 & 6 & -1 \end{vmatrix} = \begin{vmatrix} 1 & 3 & 2 & -1 \\ 0 & 2 & 4 & 1 \\ 0 & 2 & 2 & 1 \\ 0 & -2 & 0 & 2 \end{vmatrix}$$

$$= \begin{vmatrix} 1 & 3 & 2 & -1 \\ 0 & 2 & 4 & 1 \\ 0 & 0 & -2 & 0 \\ 0 & 0 & 4 & 3 \end{vmatrix} = \begin{vmatrix} 1 & 3 & 2 & -1 \\ 0 & 2 & 4 & 1 \\ 0 & 0 & -2 & 0 \\ 0 & 0 & 0 & 3 \end{vmatrix} = -12 \, .$$

Aus obigem Verfahren ergibt sich ein weiteres Kriterium für die Regularität einer Matrix, vgl. auch die Folgerung (4.2.15).

Folgerung (4.5.16)

Für eine Matrix $\mathbf{A} \in \mathbb{R}^{(n,n)}/\mathbb{C}^{(n,n)}$ sind die folgenden Aussagen äquivalent:

(i) $\det \mathbf{A} \neq 0$,

(ii) die Zeilen von $\mathbf{A}$ sind linear unabhängig,

(iii) die Spalten von $\mathbf{A}$ sind linear unabhängig,

(iv) $\mathbf{A}$ ist regulär,

(v) $\mathbf{A}$ ist invertierbar.

Satz (4.5.17) (Determinanten-Multiplikationssatz)

$$\det(\mathbf{A}\,\mathbf{B}) = \det \mathbf{A} \cdot \det \mathbf{B}.$$

Beweis

Falls Rang $\mathbf{A} < n$ gilt, so ist auch Rang $(\mathbf{A}\,\mathbf{B}) < n$ und $\det \mathbf{A} = \det(\mathbf{A}\,\mathbf{B}) = 0$. Sei also $\mathbf{A}$ regulär. Wir schreiben

$$\mathbf{A}\,\mathbf{B} = \begin{pmatrix} \mathbf{a}_1^T \\ \vdots \\ \mathbf{a}_n^T \end{pmatrix} (\mathbf{b}^1, \ldots, \mathbf{b}^n) = \begin{pmatrix} \mathbf{a}_1^T \mathbf{b}^1 & \ldots & \mathbf{a}_1^T \mathbf{b}^n \\ \vdots & & \vdots \\ \mathbf{a}_n^T \mathbf{b}^1 & \ldots & \mathbf{a}_n^T \mathbf{b}^n \end{pmatrix}$$

mit $\mathbf{a}_k^T$: Zeilenvektoren von $\mathbf{A}$ und $\mathbf{b}^j$: Spaltenvektoren von $\mathbf{B}$.

Wir führen nun vollständige Gauß-Jordan-Elimination für die Matrix $\mathbf{A}$ aus. Dabei wird durch Bildung entsprechender Linearkombinationen der Zeilenvektoren die Matrix $\mathbf{A}$ in Diagonalgestalt transformiert:

$$\begin{pmatrix} \mathbf{a}_1^T \\ \vdots \\ \mathbf{a}_n^T \end{pmatrix} \longrightarrow \begin{pmatrix} \tilde{a}_{11} & & 0 \\ & \ddots & \\ 0 & & \tilde{a}_{nn} \end{pmatrix},$$

und man hat $\det \mathbf{A} = \pm \prod_{i=1}^{n} \tilde{a}_{ii}$ (Vorzeichen je nach Zahl der benötigten Zeilenvertauschungen).

Wendet man nun genau diese Eliminationsschritte auf das Produkt $\mathbf{A} \cdot \mathbf{B}$ an, so erhält man die Matrix

$$\begin{pmatrix} \tilde{\mathbf{a}}_1^T \mathbf{b}^1 & \ldots & \tilde{\mathbf{a}}_1^T \mathbf{b}^n \\ \vdots & & \vdots \\ \tilde{\mathbf{a}}_n^T \mathbf{b}^1 & \ldots & \tilde{\mathbf{a}}_n^T \mathbf{b}^n \end{pmatrix},$$

wobei die $\tilde{\mathbf{a}}_k^T$ gerade die entsprechenden Linearkombinationen der Zeilen $\mathbf{a}_j^T$ bilden, also: $\tilde{\mathbf{a}}_k^T = \tilde{a}_{kk} \cdot \mathbf{e}_k^T$.

Damit erhalten wir

$$\det(\mathbf{A}\,\mathbf{B}) = \pm \det \begin{pmatrix} \tilde{a}_{11} b_{11} & \ldots & \tilde{a}_{11} b_{1n} \\ \vdots & & \vdots \\ \tilde{a}_{nn} b_{n1} & \ldots & \tilde{a}_{nn} b_{nn} \end{pmatrix}$$

$$= \left(\pm \prod_{i=1}^{n} \tilde{a}_{ii} \right) \cdot \det \begin{pmatrix} b_{11} & \ldots & b_{1n} \\ \vdots & & \vdots \\ b_{n1} & \ldots & b_{nn} \end{pmatrix} = \det \mathbf{A} \cdot \det \mathbf{B}. \quad \blacksquare$$

Folgerungen (4.5.18)

a) Ist $\mathbf{A} \in \mathbb{R}^{(n,n)}/\mathbb{C}^{(n,n)}$ regulär, so gilt: $\det(\mathbf{A}^{-1}) = \dfrac{1}{\det \mathbf{A}}$.

b) $\mathbf{A} \cdot \mathbf{B}$ regulär $\iff$ beide Matrizen $\mathbf{A}$ und $\mathbf{B}$ sind regulär.

Satz (4.5.19) (Entwicklungssatz von Laplace[23])
Für $\mathbf{A} \in \mathbb{R}^{(n,n)}/\mathbb{C}^{(n,n)}$ bezeichne $\mathbf{A}_{ik} \in \mathbb{R}^{(n-1,n-1)}/\mathbb{C}^{(n-1,n-1)}$ die Matrix, die aus $\mathbf{A}$ durch Streichung der i-ten Zeile und der k-ten Spalte entsteht, $i, k \in \{1, \ldots, n\}$. Dann gilt (Entwicklung nach der ersten Zeile)

$$\det \mathbf{A} = \sum_{k=1}^{n} (-1)^{1+k} a_{1k} \det(\mathbf{A}_{1k}).$$

Beweis

$$\det \mathbf{A} = \sum_{\sigma \in S_n} \operatorname{sign}(\sigma) \cdot a_{1\sigma_1} \ldots a_{n\sigma_n}$$

$$= \sum_{k=1}^{n} a_{1k} \sum_{(\sigma_2, \ldots, \sigma_n) \in S_n^k} \operatorname{sign}(k, \sigma_2, \ldots, \sigma_n) \cdot a_{2\sigma_2} \ldots a_{n\sigma_n},$$

wobei S_n^k die Menge aller Permutationen von $(1, \ldots, k-1, k+1, \ldots, n)$ bezeichnet. Nun gilt:

$$\operatorname{sign}(k, \sigma_2, \ldots, \sigma_n) = (-1)^{k-1} \operatorname{sign}(\sigma_2, \ldots, \sigma_k, k, \sigma_{k+1}, \ldots, \sigma_n)$$

$$= (-1)^{k-1} \operatorname{sign}(\sigma_2, \ldots, \sigma_k, \sigma_{k+1}, \ldots, \sigma_n)$$

und hiermit

$$\det \mathbf{A} = \sum_{k=1}^{n} a_{1k} (-1)^{k+1} \det \mathbf{A}_{1k}. \qquad \blacksquare$$

Bemerkungen (4.5.20)

a) Analog erhält man für die Entwicklung nach der i-ten Zeile bzw. k-ten Spalte:

$$\det \mathbf{A} = \sum_{k=1}^{n} (-1)^{i+k} a_{ik} \det \mathbf{A}_{ik}$$

$$= \sum_{i=1}^{n} (-1)^{i+k} a_{ik} \det \mathbf{A}_{ik}$$

b) Definiert man zu einer Matrix $\mathbf{A} \in \mathbb{R}^{(n,n)}/\mathbb{C}^{(n,n)}$ die **komplementäre Matrix** $\widetilde{\mathbf{A}}$ durch

$$\widetilde{\mathbf{A}} := \begin{pmatrix} \alpha_{11} & \ldots & \alpha_{1n} \\ \vdots & & \vdots \\ \alpha_{n1} & \ldots & \alpha_{nn} \end{pmatrix}^{\mathrm{T}}, \qquad \alpha_{ik} := (-1)^{i+k} \det \mathbf{A}_{ik}, \qquad (4.5.21)$$

wobei α_{ik} die **Adjunkte** des Elements a_{ik} heißt, so lässt sich mit Hilfe des

---

[23]Pierre Simon Marquis de Laplace (1749–1827); Paris

Laplaceschen Entwicklungssatzes zeigen
$$\mathbf{A}\,\widetilde{\mathbf{A}} \;=\; \widetilde{\mathbf{A}}\,\mathbf{A} \;=\; (\det \mathbf{A})\cdot \mathbf{I}_n\,.$$

Für reguläre Matrizen hat man also insbesondere die Darstellung:
$$\mathbf{A}^{-1} \;=\; \frac{1}{\det \mathbf{A}}\,\widetilde{\mathbf{A}}\,. \tag{4.5.22}$$

Satz (4.5.23) (**Cramersche Regel**[24])

Ist $\mathbf{A} = (\mathbf{a}^1, \ldots, \mathbf{a}^n) \in \mathbb{R}^{(n,n)}/\mathbb{C}^{(n,n)}$ eine reguläre Matrix mit den Spaltenvektoren $\mathbf{a}^k$, so lässt sich die (eindeutig bestimmte) Lösung eines linearen Gleichungssystems $\mathbf{A}\mathbf{x} = \mathbf{b}$, $\mathbf{b} \in \mathbb{R}^n/\mathbb{C}^n$ wie folgt darstellen

$$x_k \;=\; \frac{\det(\mathbf{a}^1,\ldots,\mathbf{b},\ldots,\mathbf{a}^n)}{\det(\mathbf{a}^1,\ldots,\mathbf{a}^k,\ldots,\mathbf{a}^n)}\,, \quad k=1,\ldots,n\,.$$

Beweis
$$\mathbf{A}\mathbf{x} = \mathbf{b} \;\Longleftrightarrow\; \mathbf{b} = \sum_{k=1}^{n} x_k \mathbf{a}^k,$$

$$\det\underbrace{(\mathbf{a}^1,\ldots,\mathbf{b},\ldots,\mathbf{a}^n)}_{k\text{-te Stelle}} \;=\; \det\!\left(\mathbf{a}^1,\ldots,\sum_{j=1}^{n} x_j \mathbf{a}^j,\ldots,\mathbf{a}^n\right)$$

$$=\; \sum_{j=1}^{n} x_j \underbrace{\det(\mathbf{a}^1,\ldots,\mathbf{a}^j,\ldots,\mathbf{a}^n)}_{=\,0\ \text{für}\ j\neq k}$$

$$=\; x_k \cdot \det(\mathbf{a}^1,\ldots,\mathbf{a}^k,\ldots,\mathbf{a}^n)\,. \qquad\blacksquare$$

Es ist wiederum zu vermerken, dass die Cramersche Regel vor allem für theoretische Untersuchungen brauchbar ist; für die numerische Auswertung ist jedoch i. Allg. der Aufwand ($n+1$ Determinantenberechnungen) zu groß!

Volumen eines Parallelotops

Die anschauliche Bedeutung der Determinante ist dadurch gegeben, dass sie den Begriff „Volumen eines Parallelotops" auf den Fall höherer Dimensionen verallgemeinert.
Zunächst erinnern wir nochmals an die Situationen im $\mathbb{R}^2$ und $\mathbb{R}^3$, vgl. Abschnitt 3.1.

a) Gelte $\mathbf{a}^i = (a_{1i}, a_{2i})^\mathrm{T} \in \mathbb{R}^2$, $i=1,2$.

Dann ist der Flächeninhalt $V(\mathbf{a}^1, \mathbf{a}^2)$ des von den Vektoren $\mathbf{a}^1$ und $\mathbf{a}^2$ aufgespannten **Parallelogramms** $P = \{\alpha_1 \mathbf{a}^1 + \alpha_2 \mathbf{a}^2 : \alpha_i \in [0,1]\}$ gegeben durch

$$V(\mathbf{a}^1, \mathbf{a}^2) \;=\; \begin{vmatrix} a_{11} & a_{12} \\ a_{21} & a_{22} \end{vmatrix}\,.$$

---
[24]Gabriel Cramer (1704–1752); Genf

4.5 Determinanten

Zum Beweis bette man die $\mathbf{a}^i$ in den $\mathbb{R}^3$ ein, setze also $\widetilde{\mathbf{a}}^i := (a_{1i}, a_{2i}, 0)^{\mathrm{T}}$, und wende (3.1.23) und (3.1.30) an.

b) Seien $\mathbf{a}^i = (a_{1i}, a_{2i}, a_{3i})^{\mathrm{T}} \in \mathbb{R}^3$, $i = 1, 2, 3$.

Dann gilt für das Volumen $V(\mathbf{a}^1, \mathbf{a}^2, \mathbf{a}^3)$ des von $\mathbf{a}^1$, $\mathbf{a}^2$ und $\mathbf{a}^3$ aufgespannten **Parallelotops** $P = \left\{ \sum_{i=1}^{3} \alpha_i \mathbf{a}^i : \alpha_i \in [0,1] \right\}$ gemäß (3.1.34)

$$V(\mathbf{a}^1, \mathbf{a}^2, \mathbf{a}^3) = \begin{vmatrix} a_{11} & a_{12} & a_{13} \\ a_{21} & a_{22} & a_{23} \\ a_{31} & a_{32} & a_{33} \end{vmatrix}.$$

Man beachte, dass V je nach Orientierung der Kanten $\mathbf{a}^1$, $\mathbf{a}^2$ bzw. $\mathbf{a}^1$, $\mathbf{a}^2$, $\mathbf{a}^3$ auch negative Werte annehmen kann. Es handelt sich also um ein vorzeichenbehaftetes Volumen. Zur Verallgemeinerung des Volumenbegriffs auf den $\mathbb{R}^n$ wollen wir das Volumen des von Vektoren $\mathbf{a}^1, \ldots, \mathbf{a}^n \in \mathbb{R}^n$ aufgespannten Parallelotops

$$P := \left\{ \sum_{i=1}^{n} \alpha_i \mathbf{a}^i : 0 \leq \alpha_i \leq 1 \right\} \subset \mathbb{R}^n$$

messen. Dazu definieren wir

Definition (4.5.24)

Eine Abbildung

$$V : \mathbb{R}^{(n,n)} \to \mathbb{R}, \quad (\mathbf{a}^1, \ldots, \mathbf{a}^n) \mapsto V(\mathbf{a}^1, \ldots, \mathbf{a}^n)$$

heißt eine **Volumenfunktion**, falls sie die folgenden Eigenschaften erfüllt:

(V1) $\quad V(\mathbf{a}^1, \ldots, \mathbf{a}^i, \ldots, \mathbf{a}^j, \ldots, \mathbf{a}^n) = -V(\mathbf{a}^1, \ldots, \mathbf{a}^j, \ldots, \mathbf{a}^i, \ldots, \mathbf{a}^n)$

(V2) $\quad V(\mathbf{a}^1, \ldots, \alpha\, \mathbf{a}^i, \ldots, \mathbf{a}^n) = \alpha\, V(\mathbf{a}^1, \ldots, \mathbf{a}^i, \ldots, \mathbf{a}^n)$

(V3) $\quad V(\mathbf{a}^1, \ldots, \mathbf{a}^i + \widetilde{\mathbf{a}}^i, \ldots, \mathbf{a}^n) = V(\mathbf{a}^1, \ldots, \mathbf{a}^i, \ldots, \mathbf{a}^n) + V(\mathbf{a}^1, \ldots, \widetilde{\mathbf{a}}^i, \ldots, \mathbf{a}^n)$

(V4) $\quad V(\mathbf{e}_1, \ldots, \mathbf{e}_n) = 1$.

Eine Volumenfunktion V ist also eine alternierende, normierte n-Linearform. Offensichtlich erfüllt die Determinante die Eigenschaften (V1)–(V4), vgl. (4.5.11) und (4.5.12). Die Determinante ist also eine Volumenfunktion.

Man sieht aber nun auch umgekehrt, dass

$$V : (\mathbf{a}^1, \ldots, \mathbf{a}^n) \mapsto \det(\mathbf{a}^1, \ldots, \mathbf{a}^n)$$

die **einzige** Volumenfunktion ist!

4 Lineare Gleichungssysteme

Dazu sei V eine Volumenfunktion und $\mathbf{a}^i = \sum_{j=1}^{n} a_{ji}\mathbf{e}_j$. Mit Hilfe der Regeln (V1)–(V4) erhält man:

$$\begin{aligned}
V(\mathbf{a}^1,\ldots,\mathbf{a}^n) &= V\left(\sum_{\sigma_1=1}^{n} a_{\sigma_1,1}\mathbf{e}_{\sigma_1},\ldots,\sum_{\sigma_n=1}^{n} a_{\sigma_n,n}\mathbf{e}_{\sigma_n}\right) \\
&\underset{(V2),\,(V3)}{=} \sum_{\sigma_1=1}^{n}\cdots\sum_{\sigma_n=1}^{n} a_{\sigma_1,1}\cdots a_{\sigma_n,n}\, V(\mathbf{e}_{\sigma_1},\ldots,\mathbf{e}_{\sigma_n}) \\
&\underset{(V1)}{=} \sum_{\sigma\in S_n} a_{\sigma_1,1}\cdots a_{\sigma_n,n}\, V(\mathbf{e}_{\sigma_1},\ldots,\mathbf{e}_{\sigma_n}) \\
&\underset{(V1)}{=} \sum_{\sigma\in S_n} a_{\sigma_1,1}\cdots a_{\sigma_n,n}\, \mathrm{sign}\,(\sigma)\cdot V(\mathbf{e}_1,\ldots,\mathbf{e}_n) \\
&\underset{(V4)}{=} \det\begin{pmatrix} a_{11} & \cdots & a_{n1} \\ \vdots & & \vdots \\ a_{1n} & \cdots & a_{nn} \end{pmatrix} \\
&\underset{(4.5.9)}{=} \det\begin{pmatrix} a_{11} & \cdots & a_{1n} \\ \vdots & & \vdots \\ a_{n1} & \cdots & a_{nn} \end{pmatrix}. \quad\blacksquare
\end{aligned}$$

Im Hinblick auf Anwendungen in der Integralrechnung untersuchen wir noch, wie sich Volumina von Parallelotopen unter linearen Transformationen verhalten.

Satz (4.5.25)

Ein Parallelotop $P = \{\sum_{i=1}^{n} \alpha_i \mathbf{a}^i : 0 \leq \alpha_i \leq 1\} \subset \mathbb{R}^n$ vom Volumen V wird durch eine lineare Transformation $\mathbf{y} = \mathbf{B}\mathbf{x}$ abgebildet auf ein Parallelotop $\tilde{P}$ mit dem (Vorzeichen behafteten) Volumen $\tilde{V} = \det(\mathbf{B}) \cdot V$.

Beweis

Unter der linearen Transformation $\mathbf{y} := \mathbf{B}\mathbf{x}$ geht P über in ein Parallelotop $\tilde{P}$, das von den Vektoren $\mathbf{B}\mathbf{a}^1, \cdots, \mathbf{B}\mathbf{a}^n$ aufgespannt wird. Für das zugehörige Volumen gilt dann

$$\begin{aligned}
\tilde{V} &= \det(\mathbf{B}\mathbf{a}^1,\cdots,\mathbf{B}\mathbf{a}^n) &= \det(\mathbf{B}\cdot(\mathbf{a}^1,\cdots,\mathbf{a}^n)) \\
&= \det\mathbf{B}\cdot\det(\mathbf{a}^1,\cdots,\mathbf{a}^n) &= \det\mathbf{B}\cdot V. \quad\blacksquare
\end{aligned}$$

5 Lineare Abbildungen

5.1 Lineare Abbildungen, Basisdarstellung

Gegeben seien zwei reelle (oder komplexe) Vektorräume V und W. Eine Abbildung

$$T : V \to W$$

heißt **linear**, oder auch eine **lineare Transformation**, falls die folgenden Eigenschaften für alle Vektoren $\mathbf{v}, \mathbf{w} \in V$ und Skalare $\alpha \in \mathbb{R}/\mathbb{C}$ gelten:

$$\begin{aligned} T(\mathbf{v}+\mathbf{w}) &= T(\mathbf{v}) + T(\mathbf{w}) \\ T(\alpha\,\mathbf{v}) &= \alpha\,T(\mathbf{v}). \end{aligned} \quad (5.1.1)$$

Ein Standardbeispiel für eine lineare Abbildung ist die Multiplikation mit einer festen Matrix $\mathbf{A} \in \mathbb{C}^{(m,n)}$:

$$T : \mathbb{C}^n \to \mathbb{C}^m, \quad T(\mathbf{x}) := \mathbf{A}\,\mathbf{x}.$$

Sind V und W endlichdimensionale Vektorräume, so ist dies zugleich auch der allgemeine Fall einer linearen Abbildung, d.h., jede lineare Abbildung $\mathbf{w} = T(\mathbf{v})$ lässt sich mit einer geeigneten Matrix $\mathbf{A}$ in der Form $\mathbf{y} = \mathbf{A}\,\mathbf{x}$ beschreiben. Dabei bezeichnet $\mathbf{x}$ die Koordinaten des Vektors $\mathbf{v}$, $\mathbf{y}$ die Koordinaten des Vektors $\mathbf{w}$ bezüglich vorgegebener Basen von V und W.

Die Matrix $\mathbf{A}$ hängt hierbei natürlich von den zugrunde gelegten Basen für V und W ab und wird wie folgt definiert

Definition (5.1.2)

Sei $T : V \to W$ eine lineare Abbildung, $(\mathbf{v}_1, \ldots, \mathbf{v}_n)$ eine Basis von V und $(\mathbf{w}_1, \ldots, \mathbf{w}_m)$ eine Basis von W. Jeder Vektor $T(\mathbf{v}_j)$ lässt sich dann in eindeutiger Weise als Linearkombination der Basisvektoren $\mathbf{w}_i$ schreiben, vgl. (3.3.7).
Die Matrix $\mathbf{A} = (a_{ij}) \in \mathbb{R}^{(m,n)}/\mathbb{C}^{(m,n)}$ wird nun definiert durch

$$T(\mathbf{v}_j) = \sum_{i=1}^{m} a_{ij}\,\mathbf{w}_i, \quad j = 1, \ldots, n\,.$$

$\mathbf{A}$ heißt die **Matrix der linearen Abbildung** T bezüglich der Basen $(\mathbf{v}_1, \ldots, \mathbf{v}_n)$ und $(\mathbf{w}_1, \ldots, \mathbf{w}_m)$, oder auch die **Basisdarstellung** der linearen Abbildung T.

Die Bedeutung von $\mathbf{A}$ wird im folgenden Satz beschrieben.

Satz (5.1.3)

Die Koordinaten von $T(\mathbf{v})$ entstehen aus den Koordinaten von $\mathbf{v}$ durch Multiplikation mit der Matrix $\mathbf{A}$, also

$$\mathbf{w} = T(\mathbf{v}) \iff \mathbf{v} = \sum_{j=1}^{n} x_j\,\mathbf{v}_j, \ \mathbf{w} = \sum_{i=1}^{m} y_i\,\mathbf{w}_i, \ \begin{pmatrix} y_1 \\ \vdots \\ y_m \end{pmatrix} = \mathbf{A} \begin{pmatrix} x_1 \\ \vdots \\ x_n \end{pmatrix}.$$

110   5 Lineare Abbildungen

Beweis

$$T(\mathbf{v}) = T\left(\sum_{j=1}^{n} x_j \mathbf{v}_j\right) = \sum_{j=1}^{n} x_j T(\mathbf{v}_j)$$

$$= \sum_{j=1}^{n} x_j \sum_{i=1}^{m} a_{ij} \mathbf{w}_i = \sum_{i=1}^{m} \left(\sum_{j=1}^{n} a_{ij} x_j\right) \mathbf{w}_i,$$

$$\mathbf{w} = \sum_{i=1}^{m} y_i \mathbf{w}_i.$$

Da $(\mathbf{w}_1, \ldots, \mathbf{w}_m)$ eine Basis ist, folgt durch Koeffizientenvergleich:

$$T(\mathbf{v}) = \mathbf{w} \iff y_i = \sum_{j=1}^{n} a_{ij} x_j, \quad \forall\, i = 1, \ldots, m. \qquad \blacksquare$$

Beispiel (5.1.4)

Die Drehung des $\mathbb{R}^2$ um den Ursprung mit dem Drehwinkel α ist eine lineare Abbildung. Die Matrixdarstellung bezüglich der kanonischen Basis $(\mathbf{e}_1, \mathbf{e}_2)$, vgl. auch (3.3.8), in Bild- und Urbildraum erhält man wie folgt:

$$T(\mathbf{e}_1) = \begin{pmatrix} \cos\alpha \\ \sin\alpha \end{pmatrix}$$

$$T(\mathbf{e}_2) = \begin{pmatrix} -\sin\alpha \\ \cos\alpha \end{pmatrix}$$

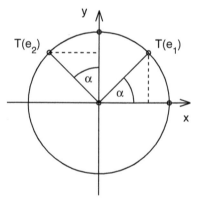

Damit lautet die „**Drehmatrix**":

$$\mathbf{D}_\alpha = \begin{pmatrix} \cos\alpha & -\sin\alpha \\ \sin\alpha & \cos\alpha \end{pmatrix}.$$

Abb. 5.1.   Drehung im $\mathbb{R}^2$

Beispiel (5.1.5)

Eine lineare Abbildung $T: \mathbb{R}^2 \to \mathbb{R}^3$ sei bezüglich der kanonischen Basen des $\mathbb{R}^2$ und $\mathbb{R}^3$ gegeben durch

$$T(\mathbf{x}) = \begin{pmatrix} 1 & 4 \\ 2 & 5 \\ 3 & 6 \end{pmatrix} \begin{pmatrix} x_1 \\ x_2 \end{pmatrix}.$$

Gesucht ist Basisdarstellung der linearen Abbildung bezüglich der folgenden Basen

des $\mathbb{R}^2$: $\mathbf{v}_1 = \begin{pmatrix} 1 \\ 1 \end{pmatrix},\ \mathbf{v}_2 = \begin{pmatrix} -1 \\ 1 \end{pmatrix}$

des $\mathbb{R}^3$: $\mathbf{w}_1 = \begin{pmatrix} 1 \\ 0 \\ 0 \end{pmatrix},\ \mathbf{w}_2 = \begin{pmatrix} 1 \\ 1 \\ 0 \end{pmatrix},\ \mathbf{w}_3 = \begin{pmatrix} 1 \\ 1 \\ 1 \end{pmatrix}.$

5.1 Lineare Abbildungen, Basisdarstellung

Wir berechnen die Bilder von $\mathbf{v}_1$ und $\mathbf{v}_2$ und stellen diese bezüglich der Basis $(\mathbf{w}_i)$ dar

$$T(\mathbf{v}_1) = \begin{pmatrix} 5 \\ 7 \\ 9 \end{pmatrix} = -2 \cdot \mathbf{w}_1 - 2 \cdot \mathbf{w}_2 + 9 \cdot \mathbf{w}_3,$$

$$T(\mathbf{v}_2) = \begin{pmatrix} 3 \\ 3 \\ 3 \end{pmatrix} = 0 \cdot \mathbf{w}_1 + 0 \cdot \mathbf{w}_2 + 3 \cdot \mathbf{w}_3.$$

Somit lautet die Matrix $\mathbf{B}$ der linearen Abbildung T bezüglich der Basen $(\mathbf{v}_j)$ und $(\mathbf{w}_i)$:

$$\mathbf{B} = \begin{pmatrix} -2 & 0 \\ -2 & 0 \\ 9 & 3 \end{pmatrix}.$$

Für $\mathbf{v} := \mathbf{e}_1$ gilt $\mathbf{v} = 0.5\,(\mathbf{v}_1 - \mathbf{v}_2)$. Damit hat $T(\mathbf{e}_1)$ bezüglich $(\mathbf{w}_i)$ die Koordinaten

$$\mathbf{y} = \begin{pmatrix} -2 & 0 \\ -2 & 0 \\ 9 & 3 \end{pmatrix} \begin{pmatrix} 0.5 \\ -0.5 \end{pmatrix} = \begin{pmatrix} -1 \\ -1 \\ 3 \end{pmatrix}.$$

In der Tat ist

$$T(\mathbf{e}_1) = -1 \cdot \mathbf{w}_1 - 1 \cdot \mathbf{w}_2 + 3 \cdot \mathbf{w}_3 = \begin{pmatrix} 1 \\ 2 \\ 3 \end{pmatrix}.$$

Bemerkung (5.1.6)

Zur Darstellung der Bilder $T(\mathbf{v}_j)$ als Linearkombination der Basisvektoren $\mathbf{w}_i$ ist im Allg. ein lineares Gleichungssystem mit der Koeffizientenmatrix $(\mathbf{w}_1, \ldots, \mathbf{w}_m)$ zu lösen. Zur Berechnung der Basisdarstellung einer linearen Abbildung ergeben sich somit insgesamt n lineare Gleichungssysteme mit der universellen Koeffizientenmatrix $(\mathbf{w}_1, \ldots, \mathbf{w}_m)$.

Bemerkung (5.1.7)

Der Hintereinanderausführung von linearen Abbildungen entspricht die Multiplikation von Matrizen, vgl. Abschnitt 4.1.

$$V \xrightarrow{T} W \xrightarrow{S} Z$$

$$\begin{pmatrix} x_1 \\ \vdots \\ x_n \end{pmatrix} \xmapsto{\mathbf{A}} \begin{pmatrix} y_1 \\ \vdots \\ y_m \end{pmatrix} \xmapsto{\mathbf{B}} \begin{pmatrix} z_1 \\ \vdots \\ z_\ell \end{pmatrix}$$

$$\Rightarrow \quad \mathbf{z} = \mathbf{B}\,(\mathbf{A}\,\mathbf{x}) = (\mathbf{B}\,\mathbf{A})\,\mathbf{x}.$$

Beispiel (5.1.8)

Es ist die Matrixdarstellung $\mathbf{S}_\alpha$ der Spiegelung des $\mathbb{R}^2$ an einer Ursprungsgeraden bzgl. der kanonischen Basis zu bestimmen. Die Spiegelungsgerade möge mit der x-Achse den Winkel α einschließen.

Die Spiegelung lässt sich als Komposition dreier linearer Abbildungen beschreiben: Zunächst die Drehung des $\mathbb{R}^2$ um den Winkel $(-\alpha)$ – die Spiegelungsachse liegt jetzt auf der x-Achse, sodann die Spiegelung an der x-Achse und schließlich die Drehung zurück um den Winkel $(+\alpha)$.

Mit (5.1.4) und (5.1.7) folgt für die entsprechenden Matrixdarstellungen

$$\mathbf{S}_\alpha = \begin{pmatrix} \cos\alpha & -\sin\alpha \\ \sin\alpha & \cos\alpha \end{pmatrix} \begin{pmatrix} 1 & 0 \\ 0 & -1 \end{pmatrix} \begin{pmatrix} \cos\alpha & \sin\alpha \\ -\sin\alpha & \cos\alpha \end{pmatrix}$$

$$= \begin{pmatrix} \cos^2\alpha - \sin^2\alpha & 2\sin\alpha\cos\alpha \\ 2\sin\alpha\cos\alpha & -\cos^2\alpha + \sin^2\alpha \end{pmatrix} = \begin{pmatrix} \cos(2\alpha) & \sin(2\alpha) \\ \sin(2\alpha) & -\cos(2\alpha) \end{pmatrix}.$$

Basiswechsel

Gegeben sei die Basisdarstellung $\mathbf{A} \in \mathbb{R}^{(m,n)}/\mathbb{C}^{(m,n)}$ einer linearen Abbildung $T: V \to W$ bezüglich Basen $(\mathbf{v}_1, \ldots, \mathbf{v}_n)$ von V und $(\mathbf{w}_1, \ldots, \mathbf{w}_m)$ von W.

Wir suchen die Basisdarstellung $\mathbf{B}$ derselben linearen Abbildung T bezüglich neuer Basen $(\widetilde{\mathbf{v}}_1, \ldots, \widetilde{\mathbf{v}}_n)$ von V und $(\widetilde{\mathbf{w}}_1, \ldots, \widetilde{\mathbf{w}}_m)$ von W.

Hierzu definieren wir die so genannte **Matrix** $\mathbf{S} \in \mathbb{R}^{(n,n)}/\mathbb{C}^{(n,n)}$ **des Basisübergangs** $(\widetilde{\mathbf{v}}_k) \to (\mathbf{v}_j)$ vermöge:

$$\mathbf{S} := (s_{jk}); \quad \widetilde{\mathbf{v}}_k = \sum_{j=1}^{n} s_{jk} \mathbf{v}_j, \quad k = 1, \ldots, n. \tag{5.1.9}$$

$\mathbf{S}$ beschreibt, wie man einen Ausdruck in den $\widetilde{\mathbf{v}}_k$ umzurechnen hat, um ihn in den $\mathbf{v}_j$ auszudrücken. Die s_{jk} sind durch (5.1.9) eindeutig bestimmt, da $(\mathbf{v}_j)$ ja eine Basis bildet.

Satz (5.1.10)

$\mathbf{S}$ ist regulär, $\mathbf{S}^{-1}$ beschreibt den umgekehrten Basiswechsel $(\mathbf{v}_j) \to (\widetilde{\mathbf{v}}_j)$.

Beweis

Bezeichnet $\mathbf{Q} = (q_{j\ell})$ die Matrix des Basiswechsels $(\mathbf{v}_j) \to (\widetilde{\mathbf{v}}_k)$, so gilt wie in (5.1.9):

$$\mathbf{v}_j = \sum_{\ell=1}^{n} q_{\ell j} \widetilde{\mathbf{v}}_\ell, \quad j = 1, \ldots, n$$

und somit aus (5.1.9):

$$\widetilde{\mathbf{v}}_k = \sum_{j=1}^{n} s_{jk} \sum_{\ell=1}^{n} q_{\ell j} \widetilde{\mathbf{v}}_\ell = \sum_{\ell=1}^{n} \left(\sum_{j=1}^{n} q_{\ell j} s_{jk} \right) \widetilde{\mathbf{v}}_\ell$$

5.1 Lineare Abbildungen, Basisdarstellung

$$\Rightarrow \quad \sum_{j=1}^{n} q_{\ell j}\, s_{jk} \;=\; \delta_{\ell k} := \begin{cases} 0, & \text{falls} \quad \ell \neq k \\ 1, & \text{falls} \quad \ell = k \end{cases}$$

$$\Rightarrow \quad \mathbf{Q} \cdot \mathbf{S} \;=\; \mathbf{I}_n \,.$$

Die Matrix $\mathbf{S}$ ist also regulär und $\mathbf{Q}$ ist die inverse Matrix von $\mathbf{S}$. ∎

Wir kommen zurück zum Problem des Basiswechsels und betrachten neben der Matrix $\mathbf{S}$ aus (5.1.9) die Matrix $\mathbf{R} \in \mathbb{R}^{(m,m)}/\mathbb{C}^{(m,m)}$ des Basisübergangs $(\widetilde{\mathbf{w}}_\ell) \to (\mathbf{w}_i)$. Diese ist gegeben durch

$$\mathbf{R} := (r_{i\ell}); \quad \widetilde{\mathbf{w}}_\ell = \sum_{i=1}^{m} r_{i\ell}\, \mathbf{w}_i, \quad \ell = 1, \ldots, m. \tag{5.1.11}$$

Wir haben dann das folgende **Schema (5.1.12)**:

$$\begin{array}{ccc}
V & \xrightarrow{T} & W \\
\updownarrow & & \updownarrow \\
(\mathbf{v}_1, \ldots, \mathbf{v}_n) & \xrightarrow{\mathbf{A}} & (\mathbf{w}_1, \ldots, \mathbf{w}_m) \\
\mathbf{S} \uparrow & & \uparrow \mathbf{R} \\
(\widetilde{\mathbf{v}}_1, \ldots, \widetilde{\mathbf{v}}_n) & \xrightarrow{\mathbf{B}} & (\widetilde{\mathbf{w}}_1, \ldots, \widetilde{\mathbf{w}}_m) \,.
\end{array}$$

Die Transformationsmatrizen sind durch die folgenden Relationen festgelegt.

$$\mathbf{S}: \quad \widetilde{\mathbf{v}}_k = \sum_j s_{jk}\, \mathbf{v}_j \qquad \mathbf{A}: \quad T(\mathbf{v}_j) = \sum_i a_{ij}\, \mathbf{w}_i$$

$$\mathbf{R}: \quad \widetilde{\mathbf{w}}_\ell = \sum_i r_{i\ell}\, \mathbf{w}_i \qquad \mathbf{B}: \quad T(\widetilde{\mathbf{v}}_k) = \sum_\ell b_{\ell k}\, \widetilde{\mathbf{w}}_\ell \,.$$

Wir setzen nun jeweils die entsprechenden Darstellungen ein

$$T(\widetilde{\mathbf{v}}_k) \;=\; T\!\left(\sum_j s_{jk}\, \mathbf{v}_j\right) \;=\; \sum_j s_{jk}\, T(\mathbf{v}_j) \;=\; \sum_{i,j} a_{ij}\, s_{jk}\, \mathbf{w}_i,$$

und ebenso

$$T(\widetilde{\mathbf{v}}_k) \;=\; \sum_\ell b_{\ell k}\, \widetilde{\mathbf{w}}_\ell \;=\; \sum_{i,\ell} r_{i\ell}\, b_{\ell k}\, \mathbf{w}_i \,.$$

Koeffizientenvergleich liefert nun $\sum_j a_{ij}\, s_{jk} \;=\; \sum_\ell r_{i\ell}\, b_{\ell k}, \quad \forall\, i,\, k,$ und damit

$$\mathbf{A} \cdot \mathbf{S} \;=\; \mathbf{R} \cdot \mathbf{B}. \tag{5.1.13}$$

Insgesamt haben wir den folgenden Satz bewiesen:

Satz (5.1.14)

Die Basisdarstellung **B** einer linearen Abbildung $T : V \to W$ bezüglich der Basen $(\tilde{\mathbf{v}}_k), (\tilde{\mathbf{w}}_\ell)$ erhält man aus der Basisdarstellung **A** bezüglich der Basen $(\mathbf{v}_j), (\mathbf{w}_i)$ durch

$$\mathbf{B} = \mathbf{R}^{-1}\mathbf{A}\mathbf{S}.$$

Dabei sind **S** und **R** die Matrizen der Basisübergänge, gegeben durch (5.1.9) und (5.1.11).

Man mache sich die Relation (5.1.13) bzw. den Satz (5.1.14) auch anhand des obigen Schemas (5.1.12) klar. Dabei beachte man insbesondere die Pfeilrichtungen.

Die Tatsache, dass Matrizen **A** und **B**, die (5.1.13) genügen, dieselbe lineare Abbildung beschreiben, allerdings bezüglich evtl. verschiedener Basen in Bild- und Urbildraum, legt die folgende Definition nahe.

Definition (5.1.15)

Zwei Matrizen $\mathbf{A}, \mathbf{B} \in \mathbb{R}^{(m,n)}/\mathbb{C}^{(m,n)}$ heißen **äquivalent**, falls es reguläre Matrizen $\mathbf{S} \in \mathbb{R}^{(n,n)}/\mathbb{C}^{(n,n)}$ und $\mathbf{R} \in \mathbb{R}^{(m,m)}/\mathbb{C}^{(m,m)}$ gibt mit $\mathbf{B} = \mathbf{R}^{-1}\mathbf{A}\mathbf{S}$.

Beispiel (5.1.16)

Wir betrachten nochmals das Beispiel (5.1.5):

$$T(\mathbf{x}) = \begin{pmatrix} 1 & 4 \\ 2 & 5 \\ 3 & 6 \end{pmatrix} \begin{pmatrix} x_1 \\ x_2 \end{pmatrix} = \mathbf{A}\mathbf{x}.$$

Als Basis des $\mathbb{R}^2$ bzw. $\mathbb{R}^3$ betrachten wir wieder

$$\mathbf{v}_1 = \begin{pmatrix} 1 \\ 1 \end{pmatrix}, \mathbf{v}_2 = \begin{pmatrix} -1 \\ 1 \end{pmatrix}, \mathbf{w}_1 = \begin{pmatrix} 1 \\ 0 \\ 0 \end{pmatrix}, \mathbf{w}_2 = \begin{pmatrix} 1 \\ 1 \\ 0 \end{pmatrix}, \mathbf{w}_3 = \begin{pmatrix} 1 \\ 1 \\ 1 \end{pmatrix}.$$

Gesucht ist die Matrixdarstellung **B** von T bzgl. der Basen $(\mathbf{v}_k), (\mathbf{w}_\ell)$:

Basiswechsel: $(\mathbf{v}_k) \to (\mathbf{e}_j) : \mathbf{v}_k = \sum_j s_{jk}\mathbf{e}_j$

$$\Rightarrow \mathbf{S} = \begin{pmatrix} 1 & -1 \\ 1 & 1 \end{pmatrix},$$

Basiswechsel: $(\mathbf{w}_\ell) \to (\mathbf{e}_i) : \mathbf{w}_\ell = \sum_j r_{j\ell}\mathbf{e}_j$

$$\Rightarrow \mathbf{R} = \begin{pmatrix} 1 & 1 & 1 \\ 0 & 1 & 1 \\ 0 & 0 & 1 \end{pmatrix} \Rightarrow \mathbf{R}^{-1} = \begin{pmatrix} 1 & -1 & 0 \\ 0 & 1 & -1 \\ 0 & 0 & 1 \end{pmatrix}.$$

Nach Satz (5.1.14) ergibt sich für die gesuchte Basisdarstellung

$$\mathbf{B} = \mathbf{R}^{-1}\mathbf{A}\mathbf{S} = \begin{pmatrix} 1 & -1 & 0 \\ 0 & 1 & -1 \\ 0 & 0 & 1 \end{pmatrix} \begin{pmatrix} 1 & 4 \\ 2 & 5 \\ 3 & 6 \end{pmatrix} \begin{pmatrix} 1 & -1 \\ 1 & 1 \end{pmatrix} = \begin{pmatrix} -2 & 0 \\ -2 & 0 \\ 9 & 3 \end{pmatrix}.$$

Normalformen

Erwähnt sei an dieser Stelle das so genannte **Normalformenproblem**: Man finde zu einer gegebenen linearen Abbildung $T: V \to W$ Basen von V und W, so dass die Matrixdarstellung von T möglichst einfache Form hat, an der man beispielsweise geometrische Eigenschaften von T leicht ablesen kann.

Aufgrund des bisher Gezeigten bedeutet dies, zu einer gegebenen Matrix $\mathbf{A} \in \mathbb{R}^{(m,n)}/\mathbb{C}^{(m,n)}$ eine möglichst einfache äquivalente Matrix $\mathbf{B}$ zu finden.

Dieses Problem lässt sich relativ leicht lösen. Es gilt nämlich, dass zwei (m,n)-Matrizen $\mathbf{A}$ und $\mathbf{B}$ genau dann äquivalent sind, wenn sie den gleichen Rang haben. Eine vorgegebene Matrix $\mathbf{A}$ ist dann stets zu einer Matrix von folgender Gestalt (Normalform) äquivalent

$$\mathbf{D}_r = \left(\begin{array}{ccc|c} 1 & & 0 & \\ & \ddots & & 0 \\ 0 & & 1 & \\ \hline & 0 & & 0 \end{array} \right), \qquad r = \text{Rang } \mathbf{A}. \tag{5.1.17}$$

Ferner lassen sich die Matrizen $\mathbf{R}$ und $\mathbf{S}$ der zugehörigen Basiswechsel mit einem „Gaußartigen" Algorithmus berechnen.

Recht häufig tritt jedoch der Spezialfall auf, dass Bild- und Urbildraum einer linearen Abbildung übereinstimmen, man also lineare Abbildungen T eines Vektorraums V *in sich* betrachtet, $T: V \to V$.

In diesem Fall ist es sinnvoll, zu verlangen, dass Bild- und Urbildraum (beides V) auch mit der gleichen Basis $(\mathbf{v}_1, \ldots, \mathbf{v}_n)$ ausgestattet werden. Man spricht dann von der Matrixdarstellung von T bezüglich der Basis $(\mathbf{v}_1, \ldots, \mathbf{v}_n)$ von V.

Die definierende Relation für die Matrixdarstellung von T lautet in diesem Fall

$$\mathbf{A} = (a_{ij}) \in \mathbb{R}^{(n,n)}/\mathbb{C}^{(n,n)}: \quad T(\mathbf{v}_j) = \sum_{i=1}^{n} a_{ij} \mathbf{v}_i. \tag{5.1.18}$$

Bei einem **Basiswechsel** $(\mathbf{v}_1, \ldots, \mathbf{v}_n) \to (\tilde{\mathbf{v}}_1, \ldots, \tilde{\mathbf{v}}_n)$ hat man ebenfalls zu beachten, dass in Bild- und Urbildraum jeweils die gleiche Matrix $\mathbf{S}$ des Basiswechsels wirksam wird.

$$\mathbf{S}: \tilde{\mathbf{v}}_k = \sum_{j=1}^{n} s_{jk} \mathbf{v}_j, \ k = 1, \ldots, n, \qquad \mathbf{B} = \mathbf{S}^{-1} \mathbf{A} \mathbf{S}. \tag{5.1.19}$$

Definition (5.1.20)

Zwei Matrizen $\mathbf{A}, \mathbf{B} \in \mathbb{R}^{(n,n)}/\mathbb{C}^{(n,n)}$ heißen **ähnlich**, falls es eine reguläre Matrix $\mathbf{S} \in \mathbb{R}^{(n,n)}/\mathbb{C}^{(n,n)}$ gibt mit $\mathbf{B} = \mathbf{S}^{-1} \mathbf{A} \mathbf{S}$.

Auch für den Fall ähnlicher Matrizen lässt sich das Normalformenproblem formulieren. Man bestimme zu einer vorgegebenen Matrix $\mathbf{A} \in \mathbb{R}^{(n,n)}/\mathbb{C}^{(n,n)}$ eine reguläre Matrix $\mathbf{S} \in \mathbb{R}^{(n,n)}/\mathbb{C}^{(n,n)}$, so dass die transformierte Matrix $\mathbf{B} = \mathbf{S}^{-1}\mathbf{A}\mathbf{S}$ eine möglichst einfache Gestalt hat. $\mathbf{S}$ wird dabei wieder als Matrix eines Basiswechsels interpretiert und $\mathbf{A}$ ist die Matrixdarstellung der linearen Abbildung $T(\mathbf{x}) := \mathbf{A}\mathbf{x}$ bezüglich der kanonischen Basis. Die Lösung dieses Normalformenproblems ist jedoch erheblich komplizierter als im Fall äquivalenter Matrizen und führt auf die so genannte **Jordansche Normalform** einer Matrix. Wir werden im siebten Kapitel hierauf zurückkommen.

5.2 Orthogonalität

Es sei V ein reeller Euklidischer Vektorraum mit Skalarprodukt $\langle \cdot, \cdot \rangle$ und der durch das Skalarprodukt induzierten Norm $\|\mathbf{v}\| := \sqrt{\langle \mathbf{v}, \mathbf{v} \rangle}$, vgl. Abschnitt 3.1.

Definition (5.2.1)

a) Wir sagen: Die Vektoren $(\mathbf{w}_1, \ldots, \mathbf{w}_m)$ bilden ein **Orthogonalsystem (OGS)**, falls sie paarweise aufeinander senkrecht stehen, d.h. falls gilt

$$\forall i,j \;:\; \langle \mathbf{w}_i, \mathbf{w}_j \rangle \begin{cases} = 0, & \text{für } i \neq j \\ > 0, & \text{für } i = j. \end{cases}$$

b) Die Vektoren $(\mathbf{w}_1, \ldots, \mathbf{w}_m)$ bilden ein **Orthonormalsystem (ONS)**, falls die $\mathbf{w}_k$ ein OGS bilden und darüber hinaus die Länge 1 haben, also

$$\forall i,j \;:\; \langle \mathbf{w}_i, \mathbf{w}_j \rangle = \delta_{ij} = \begin{cases} 0, & \text{für } i \neq j \\ 1, & \text{für } i = j \end{cases}.$$

Wir fassen einige wichtige Eigenschaften von Orthogonalsystemen zusammen.

Satz (5.2.2)

Sei $(V, \langle \cdot, \cdot \rangle)$ ein n-dimensionaler, reeller Euklidischer Vektorraum.

a) Jedes OGS ist linear unabhängig. Ein OGS aus n Vektoren ist daher stets eine Basis von V. Man spricht dann von einer **Orthogonalbasis (OGB)**, bzw. im normierten Fall von einer **Orthonormalbasis (ONB)**.

b) Ist $(\mathbf{w}_1, \ldots, \mathbf{w}_n)$ eine ONB, so besitzt jeder Vektor $\mathbf{x} \in V$ die **Fourier-Entwicklung**[25]:

$$\mathbf{x} = \sum_{i=1}^{n} \langle \mathbf{w}_i, \mathbf{x} \rangle \, \mathbf{w}_i. \tag{5.2.3}$$

---

[25] Jean Baptiste Joseph Baron de Fourier (1768–1830); Grenoble, Paris

Beweis

zu a) Aus $\sum_{i=1}^{m} \alpha_i \mathbf{w}_i = \mathbf{0}$ folgt für alle $k \in \{1, \ldots, m\}$: $\langle \sum_i \alpha_i \mathbf{w}_i, \mathbf{w}_k \rangle = 0$ und damit nach (5.2.1)

$$0 = \sum_i \alpha_i \langle \mathbf{w}_i, \mathbf{w}_k \rangle = \alpha_k \langle \mathbf{w}_k, \mathbf{w}_k \rangle \Rightarrow \alpha_k = 0, \quad \forall k = 1, \ldots, m.$$

zu b) Da $(\mathbf{w}_1, \ldots, \mathbf{w}_n)$ eine Basis ist, existiert eine Darstellung $\mathbf{x} = \sum_{i=1}^{n} \xi_i \mathbf{w}_i$.
Bildet man nun das Skalarprodukt mit den $\mathbf{w}_k$, so folgt

$$\langle \mathbf{w}_k, \mathbf{x} \rangle = \langle \mathbf{w}_k, \sum_i \xi_i \mathbf{w}_i \rangle = \sum_i \xi_i \langle \mathbf{w}_k, \mathbf{w}_i \rangle = \sum_i \xi_i \delta_{ik} = \xi_k.$$

und damit $\mathbf{x} = \sum_i \langle \mathbf{w}_i, \mathbf{x} \rangle \mathbf{w}_i$. ■

Bemerkungen (5.2.4)

a) Für $V = \mathbb{R}^n$ mit dem Standard-Skalarprodukt $\langle \mathbf{v}, \mathbf{w} \rangle = \mathbf{v}^T \mathbf{w} = \sum_{i=1}^{n} v_i w_i$ ergibt sich aus der Fourier-Entwicklung

$$\mathbf{x} = \sum_{i=1}^{n} (\mathbf{w}_i^T \mathbf{x}) \mathbf{w}_i = \sum_{i=1}^{n} \mathbf{w}_i (\mathbf{w}_i^T \mathbf{x}) = \left(\sum_{i=1}^{n} \mathbf{w}_i \mathbf{w}_i^T \right) \mathbf{x}.$$

Ist $(\mathbf{w}_1, \ldots, \mathbf{w}_n)$ eine ONB des $\mathbb{R}^n$, so folgt also

$$\sum_{i=1}^{n} \mathbf{w}_i \mathbf{w}_i^T = \mathbf{I}_n. \tag{5.2.5}$$

b) Ein Produkt der Form $\mathbf{A} = \mathbf{u}\mathbf{v}^T$ heißt auch eine **Dyade** oder ein **dyadisches Produkt**. Genau die Matrizen diesen Typs haben für $\mathbf{u}, \mathbf{v} \neq \mathbf{0}$ den Rang $\mathbf{A} = 1$.

Orthogonalisierung nach Erhard Schmidt

Das folgenden Verfahren, orthogonale bzw. orthonormale Vektoren zu konstruieren, wird auch **Gram–Schmidt-Orthogonalisierung**[26] genannt.

Es sei W ein linearer Unterraum des Vektorraums V und $(\mathbf{v}_1, \ldots, \mathbf{v}_m)$ eine Basis von W, also $W = \mathrm{Spann}(\mathbf{v}_1, \ldots, \mathbf{v}_m)$.

Wir wollen mit Hilfe dieser vorgegebenen Basis eine neue OGB, bzw. sogar eine ONB, $(\mathbf{w}_1, \ldots, \mathbf{w}_m)$ für W konstruieren. Die Idee ist dabei, die $\mathbf{w}_j$ rekursiv zu bestimmen. Sind die Vektoren $\mathbf{w}_1, \ldots, \mathbf{w}_{j-1}$ bereits bekannt und liegt $\mathbf{v}_j$ nicht in dem von $(\mathbf{w}_1, \ldots, \mathbf{w}_{j-1})$ aufgespannten Unterraum, so genügt es offenbar, von $\mathbf{v}_j$ eine geeignete Linearkombination der $\mathbf{w}_1, \ldots, \mathbf{w}_{j-1}$ zu subtrahieren, um einen neuen, auf $\mathbf{w}_1, \ldots, \mathbf{w}_{j-1}$ senkrecht stehenden Vektor $\mathbf{w}_j$ zu finden.

---

[26]Erhard Schmidt (1876–1959); Zürich, Erlangen, Breslau, Berlin
  Jorgen Pedersen Gram (1850–1916); Kopenhagen

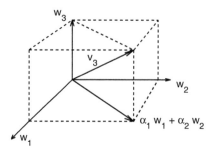

Abb. 5.2. Gram-Schmidt-Orthogonalisierung

Wir verwenden also den Ansatz, vgl. Abb. 5.2

$$\mathbf{w}_j = \mathbf{v}_j - \sum_{i=1}^{j-1} \alpha_i \mathbf{w}_i$$

und bestimmen die α_i so, dass $\mathbf{w}_j$ auf allen Vektoren $\mathbf{w}_k$, $k < j$, senkrecht steht. Die Auswertung der Skalarprodukte $\langle \mathbf{w}_j, \mathbf{w}_k \rangle$ ergibt nun

$$0 = \langle \mathbf{w}_j, \mathbf{w}_k \rangle = \langle \mathbf{v}_j, \mathbf{w}_k \rangle - \sum_{i=1}^{j-1} \alpha_i \langle \mathbf{w}_i, \mathbf{w}_k \rangle = \langle \mathbf{v}_j, \mathbf{w}_k \rangle - \alpha_k \langle \mathbf{w}_k, \mathbf{w}_k \rangle$$

und damit $\alpha_i = \dfrac{\langle \mathbf{v}_j, \mathbf{w}_i \rangle}{\langle \mathbf{w}_i, \mathbf{w}_i \rangle}$, $i = 1, 2, \ldots, j-1$.

Insgesamt ergibt sich damit das folgende Verfahren zur Bestimmung eines Orthogonalsystems, bzw. einer Orthogonalbasis:

Konstruktion eines OGS (5.2.6)

$$\mathbf{w}_1 := \mathbf{v}_1$$
$$\text{für } j = 2, 3, \ldots, m$$
$$\mathbf{w}_j := \mathbf{v}_j - \sum_{i=1}^{j-1} \frac{\langle \mathbf{v}_j, \mathbf{w}_i \rangle}{\langle \mathbf{w}_i, \mathbf{w}_i \rangle} \mathbf{w}_i$$
$$\text{end } j.$$

Zur Berechnung eines ONS bzw. einer ONB hat man die $\mathbf{w}_j$ in jedem Schritt des obigen Algorithmus zu normalisieren. Es ergibt sich

Konstruktion eines ONS (5.2.7)

$$\mathbf{w}_1 := \frac{\mathbf{v}_1}{\|\mathbf{v}_1\|}$$
$$\text{für } j = 2, 3, \ldots, m$$
$$\mathbf{u}_j := \mathbf{v}_j - \sum_{i=1}^{j-1} \langle \mathbf{v}_j, \mathbf{w}_i \rangle \mathbf{w}_i, \quad \mathbf{w}_j := \frac{\mathbf{u}_j}{\|\mathbf{u}_j\|}$$
$$\text{end } j.$$

5.2 Orthogonalität

Orthogonale Projektionen

Es sei W ein m-dimensionaler linearer Unterraum eines Euklidischen Raumes V. Wir wollen die **orthogonale Projektion** des Raumes V auf den Unterraum W konstruieren:

$$P : V \to V, \qquad P(\mathbf{x}) : \text{Fußpunkt des Lots von } \mathbf{x} \text{ auf } W$$

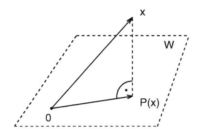

Abb. 5.3. Orthogonale Projektion

Eine **Interpretation** der orthogonalen Projektion lautet wie folgt. Wir suchen bei gegebenem $\mathbf{x} \in V$ ein Element $\mathbf{w} = P(\mathbf{x}) \in W$, welches $\mathbf{x}$ am besten approximiert, d.h., für das der Abstand $\|\mathbf{x}-\mathbf{w}\|$ minimal ist. $P(\mathbf{x})$ heißt daher auch die **beste Approximation** von $\mathbf{x}$ in W.

Zur Berechnung der orthogonalen Projektion stellen wir $P(\mathbf{x})$ bezüglich einer beliebigen Basis $(\mathbf{v}_1, \ldots, \mathbf{v}_m)$ von W dar, setzen also

$$P(\mathbf{x}) = \sum_{i=1}^{m} \alpha_i \mathbf{v}_i. \tag{5.2.8}$$

Die Forderung $\mathbf{y} := \mathbf{x} - P(\mathbf{x}) \perp W$ führt dann zu den Bedingungen:

$$\forall k = 1, \ldots, m : \quad \langle \mathbf{v}_k, \mathbf{x} - \sum_{i=1}^{m} \alpha_i \mathbf{v}_i \rangle = 0.$$

Diese Beziehungen lassen sich als ein lineares Gleichungssystem zur Bestimmung der $\alpha_1, \ldots, \alpha_m$ schreiben

$$\begin{pmatrix} \langle \mathbf{v}_1, \mathbf{v}_1 \rangle & \cdots & \langle \mathbf{v}_1, \mathbf{v}_m \rangle \\ \vdots & & \vdots \\ \langle \mathbf{v}_m, \mathbf{v}_1 \rangle & \cdots & \langle \mathbf{v}_m, \mathbf{v}_m \rangle \end{pmatrix} \begin{pmatrix} \alpha_1 \\ \vdots \\ \alpha_m \end{pmatrix} = \begin{pmatrix} \langle \mathbf{v}_1, \mathbf{x} \rangle \\ \vdots \\ \langle \mathbf{v}_m, \mathbf{x} \rangle \end{pmatrix}. \tag{5.2.9}$$

Setzt man die Lösung (α_i) von (5.2.9) in (5.2.8) ein, so erhält man eine Darstellung für die orthogonale Projektion $P(\mathbf{x})$. Die Koeffizientenmatrix des Systems (5.2.9) wird mit $\mathbf{G}(\mathbf{v}_1, \ldots, \mathbf{v}_m)$ bezeichnet und heißt die **Gramsche Matrix**. Man beachte, dass diese nur von der gewählten Basis $(\mathbf{v}_1, \ldots, \mathbf{v}_m)$ abhängt, jedoch nicht von $\mathbf{x}$. Will man also die orthogonale Projektion für verschiedene Vektoren $\mathbf{x} \in V$ berechnen, so genügt hierzu eine einzige LR-Zerlegung der Gramschen Matrix.

Wir werden sehen, dass die Gramsche Matrix für linear unabhängige $\mathbf{v}_1,\ldots,\mathbf{v}_m$ stets regulär ist. Das Gleichungssystem (5.2.9) besitzt also unter dieser Voraussetzung stets eine eindeutig bestimmte Lösung.

Wählt man statt einer beliebigen Basis $(\mathbf{v}_1,\ldots,\mathbf{v}_m)$ spezieller eine ONB $(\mathbf{w}_1,\ldots,\mathbf{w}_m)$ von W, so wird $\mathbf{G}(\mathbf{w}_1,\ldots,\mathbf{w}_m) = \mathbf{I}_m$ und aus (5.2.8) folgt:

$$P(\mathbf{x}) = \sum_{i=1}^{m} \langle \mathbf{w}_i, \mathbf{x}\rangle \, \mathbf{w}_i \,. \tag{5.2.10}$$

Bemerkung (5.2.11)

Erweitert man die ONB $(\mathbf{w}_1,\ldots,\mathbf{w}_m)$ von W zu einer ONB $(\mathbf{w}_1,\ldots,\mathbf{w}_n)$ des ganzen Vektorraums V, so hat man nach (5.2.4) und (5.2.10) die beiden Darstellungen:

$$\mathbf{x} = \sum_{i=1}^{n} \langle \mathbf{w}_i, \mathbf{x}\rangle \, \mathbf{w}_i \,,$$

$$P(\mathbf{x}) = \sum_{i=1}^{m} \langle \mathbf{w}_i, \mathbf{x}\rangle \, \mathbf{w}_i \,.$$

Die orthogonale Projektion $P(\mathbf{x})$ ist also die nach m Termen abgebrochene Fourier-Entwicklung von $\mathbf{x}$.

Satz (5.2.12) (**Projektionssatz**)

Sei V ein endlich dimensionaler Euklidischer Raum, W ein linearer Unterraum von V. Zu $\mathbf{x} \in V$ existiert dann stets eine eindeutige Zerlegung $\mathbf{x} = \mathbf{x}_1 + \mathbf{y}$ mit $\mathbf{x}_1 \in W$ und $\mathbf{y} \perp W$.

Beweis

Die Existenz der Zerlegung haben wir bereits mit $\mathbf{x}_1 := P(\mathbf{x})$ und $\mathbf{y} := \mathbf{x} - P(\mathbf{x})$ gezeigt. Zum Nachweis der Eindeutigkeit nehmen wir an, es gäbe zwei Zerlegungen

$$\mathbf{x} = \mathbf{x}_1 + \mathbf{y} = \widetilde{\mathbf{x}}_1 + \widetilde{\mathbf{y}}$$

mit $\mathbf{x}_1, \widetilde{\mathbf{x}}_1 \in W$ und $\mathbf{y}, \widetilde{\mathbf{y}} \perp W$.

Es folgt: $\mathbf{x}_1 - \widetilde{\mathbf{x}}_1 = \widetilde{\mathbf{y}} - \mathbf{y}$ sowie $\mathbf{x}_1 - \widetilde{\mathbf{x}}_1 \in W$ und $(\widetilde{\mathbf{y}} - \mathbf{y}) \perp W$. Damit muss aber $\mathbf{x}_1 - \widetilde{\mathbf{x}}_1 = \widetilde{\mathbf{y}} - \mathbf{y} = \mathbf{0}$ gelten. ∎

Folgerung (5.2.13)

Aufgrund des Eindeutigkeitsbeweises ist die orthogonale Projektion $P(\mathbf{x})$ unabhängig von Koordinatensystemen durch die Bedingungen

$$P(\mathbf{x}) \in W \quad \wedge \quad \mathbf{y} = \mathbf{x} - P(\mathbf{x}) \perp W$$

5.2 Orthogonalität

eindeutig festgelegt. Das lineare Gleichungssystem (5.2.9) muss daher stets eine eindeutige Lösung besitzen und somit muss auch die Gramsche Matrix

$$\mathbf{G}(\mathbf{v}_1,\ldots,\mathbf{v}_m) := \begin{pmatrix} \langle \mathbf{v}_1, \mathbf{v}_1 \rangle & \ldots & \langle \mathbf{v}_1, \mathbf{v}_m \rangle \\ \vdots & & \vdots \\ \langle \mathbf{v}_m, \mathbf{v}_1 \rangle & \ldots & \langle \mathbf{v}_m, \mathbf{v}_m \rangle \end{pmatrix}$$

für linear unabhängige Vektoren $(\mathbf{v}_1,\ldots,\mathbf{v}_m)$ regulär sein.

Bemerkung

Ist W ein linearer Unterraum des $\mathbb{R}^n$ (mit Standard-Skalarprodukt) und $(\mathbf{w}_1,\ldots,\mathbf{w}_m)$ eine ONB von W, so liefert die Darstellung (5.2.10) der orthogonalen Projektion auf W

$$P(\mathbf{x}) = \sum_{i=1}^{m} (\mathbf{w}_i^\mathrm{T} \mathbf{x})\, \mathbf{w}_i = \left(\sum_{i=1}^{m} \mathbf{w}_i\, \mathbf{w}_i^\mathrm{T} \right) \mathbf{x}\,.$$

Damit ist die Matrixdarstellung der orthogonalen Projektion bezüglich der kanonischen Basis gegeben durch

$$\mathbf{P} = \sum_{i=1}^{m} \mathbf{w}_i\, \mathbf{w}_i^\mathrm{T}\,. \tag{5.2.14}$$

Beispiel (5.2.15)

Zu bestimmen sei die Matrixdarstellung der orthogonalen Projektion des $\mathbb{R}^3$ auf die Ebene $E : 3x_1 - 2x_2 + 5x_3 = 0$ bezüglich der kanonischen Basis.
Zur Lösung verwenden wir (5.2.14). Der Vektor $\mathbf{v}_3 := (3, -2, 5)^\mathrm{T}$ steht auf der Ebene E senkrecht. Eine Basis für E lässt sich daher unmittelbar angeben:

$$\mathbf{v}_1 := \begin{pmatrix} 2 \\ 3 \\ 0 \end{pmatrix}, \quad \mathbf{v}_2 := \begin{pmatrix} 5 \\ 0 \\ -3 \end{pmatrix}.$$

Die Gram–Schmidt-Orthonormalisierung dieser Basis liefert nun:

$$\mathbf{w}_1 = \frac{1}{\sqrt{13}} \begin{pmatrix} 2 \\ 3 \\ 0 \end{pmatrix},$$

$$\mathbf{u}_2 = \begin{pmatrix} 5 \\ 0 \\ -3 \end{pmatrix} - \frac{1}{13} \left[(5,0,-3) \begin{pmatrix} 2 \\ 3 \\ 0 \end{pmatrix} \right] \begin{pmatrix} 2 \\ 3 \\ 0 \end{pmatrix} = \frac{1}{13} \begin{pmatrix} 45 \\ -30 \\ -39 \end{pmatrix},$$

$$\mathbf{w}_2 = \frac{1}{\sqrt{494}} \begin{pmatrix} 15 \\ -10 \\ -13 \end{pmatrix}.$$

Damit ergibt sich nach (5.2.14) für die Matrixdarstellung der orthogonalen Projektion:

$$\mathbf{P} = \frac{1}{13}\begin{pmatrix} 2 \\ 3 \\ 0 \end{pmatrix}(2,3,0) + \frac{1}{494}\begin{pmatrix} 15 \\ -10 \\ -13 \end{pmatrix}(15,-10,-13)$$

$$= \frac{1}{38}\begin{pmatrix} 29 & 6 & -15 \\ 6 & 34 & 10 \\ -15 & 10 & 13 \end{pmatrix}.$$

Bemerkung (5.2.16)

Die Matrixdarstellung der orthogonalen Projektion des $\mathbb{R}^n$ auf einen linearen Unterraum W des $\mathbb{R}^n$ lässt sich natürlich auch mit Hilfe einer beliebigen Basis $(\mathbf{v}_1, \ldots, \mathbf{v}_m)$ des Unterraumes W bestimmen.

Dazu setzt man $\mathbf{A} := (\mathbf{v}_1, \ldots, \mathbf{v}_m) \in \mathbb{R}^{(n,m)}$. Das lineare Gleichungssystem (5.2.9) lässt sich hiermit wie folgt schreiben

$$(\mathbf{A}^T\mathbf{A})\,\mathbf{a} = \mathbf{A}^T\mathbf{x}, \qquad \mathbf{a} := (\alpha_1, \ldots, \alpha_m)^T.$$

Die Gramsche Matrix $\mathbf{G}(\mathbf{v}_1, \ldots, \mathbf{v}_m) = \mathbf{A}^T\mathbf{A}$ ist nach Folgerung (5.2.13) regulär, also gilt $\mathbf{a} = (\mathbf{A}^T\mathbf{A})^{-1}\mathbf{A}^T\mathbf{x}$. Setzt man dies in (5.2.8), $P(\mathbf{x}) = \mathbf{A}\,\mathbf{a}$, ein, so ergibt sich

$$P(\mathbf{x}) = [\,\mathbf{A}\,(\mathbf{A}^T\mathbf{A})^{-1}\,\mathbf{A}^T\,]\,\mathbf{x}\,.$$

Die Matrix $\mathbf{P} := \mathbf{A}\,(\mathbf{A}^T\mathbf{A})^{-1}\,\mathbf{A}^T$ in dieser Relation ist somit gerade die Matrixdarstellung der orthogonalen Projektion auf W.

Der folgende Approximationssatz beschreibt den Zusammenhang zwischen orthogonaler Projektion und bester Approximation.

Satz (5.2.17) **(Approximationssatz)**

Sei V ein Euklidischer Vektorraum. Zu $\mathbf{x} \in V$ sei $P(\mathbf{x})$ die orthogonale Projektion von $\mathbf{x}$ auf einen endlich dimensionalen linearen Unterraum W von V.

Dann gilt: $\quad \forall\, \mathbf{w} \in W, \ \mathbf{w} \neq P(\mathbf{x}) : \quad \|\mathbf{x} - P(\mathbf{x})\| < \|\mathbf{x} - \mathbf{w}\|$,

d.h., $P(\mathbf{x})$ ist die eindeutig bestimmte beste Approximation von $\mathbf{x}$ aus W.

Beweis

Zunächst eine Vorbemerkung: Für Euklidische Vektorräume gilt der **Satz des Pythagoras**:

$$\mathbf{u} \perp \mathbf{v} \quad \Longrightarrow \quad \|\mathbf{u} + \mathbf{v}\|^2 = \|\mathbf{u}\|^2 + \|\mathbf{v}\|^2.$$

Dies sieht man beispielsweise unmittelbar durch Ausmultiplizieren

$$\|\mathbf{u} + \mathbf{v}\|^2 = \langle \mathbf{u}+\mathbf{v}, \mathbf{u}+\mathbf{v}\rangle = \|\mathbf{u}\|^2 + 2\langle \mathbf{u}, \mathbf{v}\rangle + \|\mathbf{v}\|^2 = \|\mathbf{u}\|^2 + \|\mathbf{v}\|^2.$$

5.2 Orthogonalität

Zu $\mathbf{x} \in V$ sei nun gemäß des Projektionssatzes (5.2.12):

$$\mathbf{x}_1 := P(\mathbf{x}) \in W, \qquad \mathbf{y} := \mathbf{x} - P(\mathbf{x}) \perp W.$$

Dann ist $\|\mathbf{x} - P(\mathbf{x})\|^2 = \|\mathbf{y}\|^2$ und für $\mathbf{w} \in W$ gilt

$$\begin{aligned}\|\mathbf{x}-\mathbf{w}\|^2 &= \|(P(\mathbf{x})-\mathbf{w})+\mathbf{y}\|^2 \\ &= \|P(\mathbf{x})-\mathbf{w}\|^2 + \|\mathbf{y}\|^2, \qquad \text{(Satz des Pythagoras)} \\ &\geq \|\mathbf{y}\|^2,\end{aligned}$$

wobei das Gleichheitszeichen nur für $\mathbf{w} = P(\mathbf{x})$ eintritt. ∎

Bemerkung

Es ist anzumerken, dass für die Konstruktion der Orthogonalprojektion $P(\mathbf{x})$ lediglich benötigt wurde, dass der lineare Unterraum W endlich dimensional ist – der Vektorraum V selbst könnte dagegen auch unendlich dimensional sein. In der Tat ist dies für viele Aufgaben der Approximationstheorie, in denen es zumeist darum geht, *Funktionen* zu approximieren, der Fall.

Beispiel (5.2.18)

Wir betrachten den Vektorraum $C[0, \pi/2]$ der stetigen Funktionen auf dem Intervall $[0, \pi/2]$ mit dem Skalarprodukt

$$\langle u, v \rangle := \int_0^{\pi/2} u(t)\, v(t)\, dt.$$

Aufgabe sei es, eine Gerade zu bestimmen, die die Funktion $u(t) := \sin t$ im Sinne der zu obigem Skalarprodukt zugehörigen Norm am besten approximiert. Aufgrund des Approximationssatzes haben wir also die orthogonale Projektion der Funktion u auf den linearen Unterraum $W = \Pi_1[0, \pi/2]$ aller Geraden zu bestimmen. Mit anderen Worten: Wir suchen die Gerade $g(t) := \alpha_1 + \alpha_2 t$, für die der Abstand

$$\|g - u\| = \left(\int_0^{\pi/2} (g(t) - \sin t)^2\, dt \right)^{1/2}$$

minimal wird.

Wählt man als Basis von W die Funktionen $v_1(t) := 1$ und $v_2(t) := t$, so liefert (5.2.9) das folgende lineare Gleichungssystem

$$\begin{pmatrix} \int_0^{\pi/2} 1\, dt & \int_0^{\pi/2} t\, dt \\ \int_0^{\pi/2} t\, dt & \int_0^{\pi/2} t^2\, dt \end{pmatrix} \begin{pmatrix} \alpha_1 \\ \alpha_2 \end{pmatrix} = \begin{pmatrix} \int_0^{\pi/2} \sin t\, dt \\ \int_0^{\pi/2} t \cdot \sin t\, dt \end{pmatrix}$$

$$\Rightarrow \quad \begin{pmatrix} \dfrac{\pi}{2} & \dfrac{\pi^2}{8} \\ \dfrac{\pi^2}{8} & \dfrac{\pi^3}{24} \end{pmatrix} \begin{pmatrix} \alpha_1 \\ \alpha_2 \end{pmatrix} = \begin{pmatrix} 1 \\ 1 \end{pmatrix}.$$

Die Lösung dieses linearen Gleichungssystems ergibt

$$\alpha_1 = 8 \left(\frac{\pi - 3}{\pi^2} \right) \doteq 0.11477\,06821$$

$$\alpha_2 = 24 \left(\frac{4 - \pi}{\pi^3} \right) \doteq 0.66443\,88982$$

und hiermit die Bestapproximation $g(t) = \alpha_1 + \alpha_2 \, t$, $0 \leq t \leq \pi/2$.

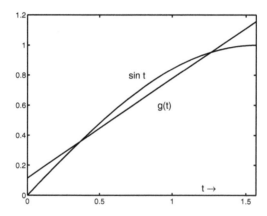

Abb. 5.4. Bestapproximation von $\sin t$

5.3 Orthogonale Transformationen

Wir untersuchen lineare Abbildungen (Transformationen) eines Euklidischen Vektorraumes V in sich: $T : V \to V$ und fragen nach solchen Transformationen, die die Länge von Vektoren erhalten, d.h., für die gilt $\|T(\mathbf{v})\| = \|\mathbf{v}\|$, $\forall \mathbf{v} \in V$.

Der Einfachheit halber beschränken wir uns auf den endlich dimensionalen Fall und führen die Untersuchung für den $\mathbb{R}^n$ mit dem Standard-Skalarprodukt $\langle \mathbf{u}, \mathbf{v} \rangle = \mathbf{u}^T \mathbf{v}$, der zugehörigen Norm $\|\mathbf{v}\| := \sqrt{\mathbf{v}^T \mathbf{v}}$ und der linearen Transformation

$$T(\mathbf{x}) = \mathbf{A}\,\mathbf{x}, \quad \mathbf{A} \in \mathbb{R}^{(n,n)}. \tag{5.3.1}$$

Der folgende Satz zeigt, dass längentreue Transformationen genau durch orthogonale Matrizen, vgl. (4.1.13), beschrieben werden.

Satz (5.3.2)

Die folgenden Aussagen sind paarweise äquivalent

a) T ist eine **isometrische (längentreue)** Transformation, d.h.,
$$\forall \mathbf{x} : \|\mathbf{A}\mathbf{x}\| = \|\mathbf{x}\|,$$

b) T ist eine **Kongruenztransformation**, d.h., T erhält das Skalarprodukt und ist somit längen- und winkeltreu
$$\forall \mathbf{x}, \mathbf{y} : \langle \mathbf{A}\mathbf{x}, \mathbf{A}\mathbf{y} \rangle = \mathbf{x}^T \mathbf{A}^T \mathbf{A} \mathbf{y} = \mathbf{x}^T \mathbf{y} = \langle \mathbf{x}, \mathbf{y} \rangle,$$

c) $\mathbf{A}$ ist eine orthogonale Matrix, d.h. $\mathbf{A}^T \mathbf{A} = \mathbf{A} \mathbf{A}^T = \mathbf{I}_n$,

d) die Zeilen von $\mathbf{A}$ bilden eine ONB des $\mathbb{R}^n$,

e) die Spalten von $\mathbf{A}$ bilden eine ONB des $\mathbb{R}^n$.

Beweis

a) $\Rightarrow$ b): Man rechnet nach: $\|\mathbf{x}+\mathbf{y}\|^2 - \|\mathbf{x}-\mathbf{y}\|^2 = 4 \langle \mathbf{x},\mathbf{y} \rangle$. Damit folgt:

$$\begin{aligned}
\langle \mathbf{A}\mathbf{x}, \mathbf{A}\mathbf{y} \rangle &= \tfrac{1}{4}\{\|\mathbf{A}\mathbf{x}+\mathbf{A}\mathbf{y}\|^2 - \|\mathbf{A}\mathbf{x}-\mathbf{A}\mathbf{y}\|^2\} \\
&= \tfrac{1}{4}\{\|\mathbf{A}(\mathbf{x}+\mathbf{y})\|^2 - \|\mathbf{A}(\mathbf{x}-\mathbf{y})\|^2\} \\
&= \tfrac{1}{4}\{\|\mathbf{x}+\mathbf{y}\|^2 - \|\mathbf{x}-\mathbf{y}\|^2\} \quad \text{nach a)} \\
&= \langle \mathbf{x}, \mathbf{y} \rangle.
\end{aligned}$$

b) $\Rightarrow$ c):

$$\begin{aligned}
(\mathbf{A}^T \mathbf{A})_{ij} &= \mathbf{e}_i^T \mathbf{A}^T \mathbf{A} \mathbf{e}_j \\
&= \langle \mathbf{A}\mathbf{e}_i, \mathbf{A}\mathbf{e}_j \rangle \\
&= \langle \mathbf{e}_i, \mathbf{e}_j \rangle \quad \text{nach b)} \\
&= \delta_{ij} = \begin{cases} 0, & \text{für } i \neq j \\ 1, & \text{für } i = j \end{cases}
\end{aligned}$$

$$\Rightarrow \mathbf{A}^T \mathbf{A} = \mathbf{I}_n \wedge \mathbf{A}^T = \mathbf{A}^{-1} \wedge \mathbf{A}\mathbf{A}^T = \mathbf{I}_n.$$

c) $\Rightarrow$ a):
$$\|\mathbf{A}\mathbf{x}\|^2 = \mathbf{x}^T \mathbf{A}^T \mathbf{A} \mathbf{x} = \mathbf{x}^T \mathbf{I}_n \mathbf{x} = \|\mathbf{x}\|^2.$$

c) $\Longleftrightarrow$ d), e):
$$\mathbf{A}^T \mathbf{A} = \mathbf{I}_n \iff \begin{pmatrix} \mathbf{a}_1^T \\ \vdots \\ \mathbf{a}_n^T \end{pmatrix} (\mathbf{a}_1, \ldots, \mathbf{a}_n) = \mathbf{I}_n$$

$$\iff \mathbf{a}_i^T \mathbf{a}_j = \delta_{ij}$$

$$\iff \text{die Spalten von } \mathbf{A} \text{ bilden eine ONB}$$

$$\mathbf{A}\mathbf{A}^T = \mathbf{I}_n \iff \text{die Zeilen von } \mathbf{A} \text{ bilden eine ONB}. \quad \blacksquare$$

Bemerkung (5.3.3)

Analog zu Satz (5.3.2) lassen sich die winkel- aber nicht notwendig längentreuen linearen Transformationen $T : V \to V$ eines Euklidischen Vektorraums V in sich ($T \neq 0$) charakterisieren. Dazu zeigt man, dass die folgenden Aussagen paarweise äquivalent sind.

a) T ist **konform (winkeltreu)**, d.h., T ist injektiv und es gilt
$$\forall \mathbf{x}, \mathbf{y} \neq \mathbf{0} : \sphericalangle(T(\mathbf{x}), T(\mathbf{y})) = \sphericalangle(\mathbf{x}, \mathbf{y}).$$

Der Winkel $\sphericalangle(\mathbf{x}, \mathbf{y})$ ist hierbei definiert durch, vgl. auch (3.1.11),
$$\sphericalangle(\mathbf{x}, \mathbf{y}) := \arccos\left(\frac{\langle \mathbf{x}, \mathbf{y}\rangle}{\|\mathbf{x}\|\,\|\mathbf{y}\|}\right) \in [0, \pi].$$

b) T ist **orthogonalitätstreu**, d.h., rechte Winkel bleiben erhalten, also
$$\forall \mathbf{x}, \mathbf{y} : \langle \mathbf{x}, \mathbf{y}\rangle = 0 \implies \langle T(\mathbf{x}), T(\mathbf{y})\rangle = 0.$$

c) T ist **streckentreu**, d.h.,
$$\forall \mathbf{x}, \mathbf{y} : \|\mathbf{x}\| = \|\mathbf{y}\| \implies \|T(\mathbf{x})\| = \|T(\mathbf{y})\|.$$

d) T ist eine **Ähnlichkeitstransformation**, d.h., es gibt $k \neq 0$ und eine orthogonale Matrix $\mathbf{A} \in \mathbb{R}^{(n,n)}$ mit
$$\forall \mathbf{x} : T(\mathbf{x}) = k\,\mathbf{A}\,\mathbf{x}.$$

Beispiel (5.3.4)

Für orthogonale Matrizen im $\mathbb{R}^{(2,2)}$ gibt es wegen (5.3.2) e) lediglich die folgenden beiden Möglichkeiten:
$$\mathbf{A}_1 = \begin{pmatrix} \cos\alpha & -\sin\alpha \\ \sin\alpha & \cos\alpha \end{pmatrix}, \quad \mathbf{A}_2 = \begin{pmatrix} \cos\alpha & \sin\alpha \\ \sin\alpha & -\cos\alpha \end{pmatrix}.$$

Die Transformation mit der Matrixdarstellung $\mathbf{A}_1$ beschreibt die *Drehung* um den Ursprung mit Drehwinkel α, vgl. (5.1.4). Die Transformation mit der Matrixdarstellung $\mathbf{A}_2$ beschreibt die *Spiegelung* des $\mathbb{R}^2$ an der Hyperebene
$$\sin\left(\frac{\alpha}{2}\right) x_1 - \cos\left(\frac{\alpha}{2}\right) x_2 = 0,$$

vgl. auch (5.1.8). Welcher dieser beiden Fälle bei einer gegebenen orthogonalen Matrix $\mathbf{A} \in \mathbb{R}^{(2,2)}$ vorliegt, lässt sich unmittelbar an der Determinante ablesen:
$$\det \mathbf{A}_1 = +1, \quad \det \mathbf{A}_2 = -1.$$

5.3 Orthogonale Transformationen

Auch im allgemeinen Fall einer orthogonalen Matrix $\mathbf{A} \in \mathbb{R}^{(n,n)}$, also $\mathbf{A}^T \mathbf{A} = \mathbf{I}_n$, folgt aus dem Determinantenmultiplikationssatz (4.5.17) und (4.5.9)

$$\det \mathbf{A} \in \{-1, +1\}. \tag{5.3.5}$$

Insbesondere sind orthogonale Transformationen also volumentreu, vgl. dazu (4.5.25).

Definition (5.3.6)
Eine orthogonale Matrix $\mathbf{A} \in \mathbb{R}^{(n,n)}$ heißt

$$\begin{aligned} &\text{eine \textbf{Drehung}, falls} \quad &\det \mathbf{A} &= +1, \\ &\text{eine \textbf{Umlegung}, falls} \quad &\det \mathbf{A} &= -1. \end{aligned}$$

Bemerkung (5.3.7)
Die Menge aller orthogonalen Matrizen

$$O(n) := \{\mathbf{A} \in \mathbb{R}^{(n,n)} : \mathbf{A}^T \mathbf{A} = \mathbf{I}_n\}$$

bildet eine Gruppe, die so genannte **orthogonale Gruppe** des $\mathbb{R}^n$. Eine Untergruppe dieser Gruppe ist die **Drehgruppe**, auch **spezielle orthogonale Gruppe** genannt

$$SO(n) := \{\mathbf{A} \in \mathbb{R}^{(n,n)} : \mathbf{A}^T \mathbf{A} = \mathbf{I}_n \wedge \det \mathbf{A} = +1\}.$$

Im folgenden Satz verifizieren wir, dass der in (5.3.6) definierte Begriff der Drehung für den $\mathbb{R}^3$ mit dem anschaulichen Begriff eine Drehung des $\mathbb{R}^3$ um eine Ursprungsachse übereinstimmt.

Satz (5.3.8)
Sei $\mathbf{A} \in O(3)$ eine orthogonale Matrix.

a) Falls $\det \mathbf{A} = 1$, so beschreibt $\mathbf{A}$ eine Drehung des $\mathbb{R}^3$ um eine feste Drehachse durch $\mathbf{0}$.

b) Falls $\det \mathbf{A} = -1$, so ist $\mathbf{A}$ Hintereinanderausführung einer Spiegelung an einer Ursprungsebene und einer Drehung.

Beweis

zu a): Sei $\mathbf{A} \in SO(3)$. Wir bestimmen zunächst die **Drehachse** $\mathbf{v}$ als eine nichttriviale Lösung der Gleichung

$$\mathbf{A}\mathbf{v} = \mathbf{v} \iff (\mathbf{A} - \mathbf{I}_3)\mathbf{v} = \mathbf{0}. \tag{5.3.9}$$

Für die Determinante der Koeffizientenmatrix findet man

$$\begin{aligned} \det(\mathbf{A} - \mathbf{I}_3) &= \det(\mathbf{A} \cdot (\mathbf{I}_3 - \mathbf{A}^T)) &= \det \mathbf{A} \cdot \det(\mathbf{I}_3 - \mathbf{A}^T) \\ &= \det(\mathbf{I}_3 - \mathbf{A}) &= (-1)^3 \cdot \det(\mathbf{A} - \mathbf{I}_3). \end{aligned}$$

Daher ergibt sich $\det(\mathbf{A} - \mathbf{I}_3) = 0$. Das lineare Gleichungssystem (5.3.9) hat also eine singuläre Koeffizientenmatrix und besitzt daher tatsächlich eine nichttriviale Lösung $\mathbf{v} \neq \mathbf{0}$.

Wir wählen nun eine ONB $(\mathbf{w}_1, \mathbf{w}_2, \mathbf{w}_3)$ des $\mathbb{R}^3$, so dass $\mathbf{w}_1$ parallel zu $\mathbf{v}$ ist, also insbesondere $\mathbf{A}\mathbf{w}_1 = \mathbf{w}_1$ gilt, und stellen die lineare Abbildung $\mathbf{y} := \mathbf{A}\mathbf{x}$ bez. dieser ONB dar.

Die Matrix des Basiswechsels $(\mathbf{w}_k) \rightarrow (\mathbf{e}_j)$ ist durch $\mathbf{S} = (\mathbf{w}_1, \mathbf{w}_2, \mathbf{w}_3)$ gegeben, vgl. auch (5.1.9), (5.1.16). $\mathbf{S}$ ist eine orthogonale Matrix. Damit hat die lineare Abbildung $\mathbf{y} := \mathbf{A}\mathbf{x}$ bez. der Basis $(\mathbf{w}_k)$ die Matrixdarstellung

$$\widetilde{\mathbf{A}} = \mathbf{S}^{-1}\mathbf{A}\mathbf{S} = \mathbf{S}^T\mathbf{A}\mathbf{S}.$$

$\widetilde{\mathbf{A}}$ ist also ebenfalls eine orthogonale Matrix, sie liegt sogar in $SO(3)$, und wegen $\mathbf{A}\mathbf{w}_1 = \mathbf{w}_1$ folgt $\widetilde{\mathbf{A}}\mathbf{e}_1 = \mathbf{e}_1$, also

$$\widetilde{\mathbf{A}} = \begin{pmatrix} 1 & * & * \\ 0 & * & * \\ 0 & * & * \end{pmatrix}.$$

Da $\widetilde{\mathbf{A}}$ orthogonal ist, muss sogar

$$\widetilde{\mathbf{A}} = \begin{pmatrix} 1 & 0 & 0 \\ 0 & * & * \\ 0 & * & * \end{pmatrix}$$

gelten, wobei die Restmatrix $\begin{pmatrix} * & * \\ * & * \end{pmatrix}$ ebenfalls orthogonal sein muss mit der Determinante $+1$.

Nach (5.3.4) existiert demnach ein Drehwinkel α mit

$$\widetilde{\mathbf{A}} = \begin{pmatrix} 1 & 0 & 0 \\ 0 & \cos\alpha & -\sin\alpha \\ 0 & \sin\alpha & \cos\alpha \end{pmatrix},$$

und $\mathbf{A}$ beschreibt eine Drehung um die Achse $\mathbf{w}_1$ mit Drehwinkel α.

zu b): Wir betrachten $\widetilde{\mathbf{A}} := \mathbf{A} \cdot \begin{pmatrix} 1 & 0 & 0 \\ 0 & 1 & 0 \\ 0 & 0 & -1 \end{pmatrix}$.

Letztere Matrix beschreibt die Spiegelung des $\mathbb{R}^3$ an der (x,y)-Ebene. Aufgrund der Voraussetzungen an $\mathbf{A}$ gilt $\widetilde{\mathbf{A}} \in SO(3)$, d.h., $\widetilde{\mathbf{A}}$ beschreibt eine Drehung und somit ist

$$\mathbf{A} = \widetilde{\mathbf{A}} \cdot \begin{pmatrix} 1 & 0 & 0 \\ 0 & 1 & 0 \\ 0 & 0 & -1 \end{pmatrix}$$

die Hintereinanderausführung einer Spiegelung und einer Drehung. ■

5.3 Orthogonale Transformationen

Beispiel (5.3.10)

Zu zeigen ist, dass die Matrix

$$\mathbf{A} = \frac{1}{3}\begin{pmatrix} 1 & 2 & 2 \\ 2 & 1 & -2 \\ -2 & 2 & -1 \end{pmatrix}$$

eine Drehung beschreibt. Ferner ist die Drehachse und der Drehwinkel zu bestimmen.
Wir verwenden hierzu Satz (5.3.8). Zunächst rechnet man direkt nach: $\mathbf{A}^T\mathbf{A} = \mathbf{I}_3$, sowie $\det \mathbf{A} = +1$. Hiermit folgt, dass $\mathbf{A}$ eine Drehung beschreibt.
Zur Bestimmung der Drehachse berechnen wir eine nichttriviale Lösung des linearen Gleichungssystems (5.3.9), $(\mathbf{A} - \mathbf{I}_3)\mathbf{v} = \mathbf{0}$. Man findet z.B. $\mathbf{v} = (1, 1, 0)^T$.
Zur Bestimmung des Drehwinkels, genügt es nun, den Winkel zwischen $\mathbf{w}$ und $\mathbf{Aw}$ für irgendeinen auf $\mathbf{v}$ senkrecht stehenden Vektor $\mathbf{w}$ zu bestimmen. So ergibt sich beispielsweise mit

$$\mathbf{w} = \begin{pmatrix} 0 \\ 0 \\ 1 \end{pmatrix}, \quad \mathbf{A}\mathbf{w} = \frac{1}{3}\begin{pmatrix} 2 \\ -2 \\ -1 \end{pmatrix}$$

für den Drehwinkel: $\cos\alpha = -\frac{1}{3}$; vgl. (3.1.12).
Will man zusätzlich den Drehsinn bezogen auf die Richtung der willkürlich gewählten Drehachse $\mathbf{v}$, ermitteln, so kann man wie im Beweis zu (5.3.8) vorgehen. Für eine ONB erhält man beispielsweise:

$$\mathbf{w}_1 = \frac{1}{\sqrt{2}}\begin{pmatrix} 1 \\ 1 \\ 0 \end{pmatrix}, \quad \mathbf{w}_2 = \frac{1}{\sqrt{2}}\begin{pmatrix} -1 \\ 1 \\ 0 \end{pmatrix}, \quad \mathbf{w}_3 = \begin{pmatrix} 0 \\ 0 \\ 1 \end{pmatrix},$$

Die Transformation von $\mathbf{A}$ auf die Basis $(\mathbf{w}_k)$ liefert

$$\tilde{\mathbf{A}} = \mathbf{S}^T\mathbf{A}\mathbf{S} = \frac{1}{3}\begin{pmatrix} 3 & 0 & 0 \\ 0 & -1 & -2\sqrt{2} \\ 0 & 2\sqrt{2} & -1 \end{pmatrix},$$

und somit $\cos\alpha = -\frac{1}{3}$, $\sin\alpha = \frac{2}{3}\sqrt{2}$.

Bemerkung (5.3.11)

Die obige Methode, eine Drehachse zu bestimmen, lässt sich nicht auf höhere Dimensionen übertragen. So ist z.B.

$$\mathbf{A} = \left(\begin{array}{cc|cc} \cos\alpha & -\sin\alpha & \multicolumn{2}{c}{\mathbf{0}} \\ \sin\alpha & \cos\alpha & & \\ \hline \multicolumn{2}{c|}{\mathbf{0}} & \cos\beta & -\sin\beta \\ & & \sin\beta & \cos\beta \end{array}\right) \in O(4)$$

eine Drehmatrix, die jedoch für $\alpha, \beta \in \,]0, 2\pi[$ keinen Fixpunkt $\mathbf{v} \neq \mathbf{0}$ besitzt.

Spiegelungen an Hyperebenen

Drehungen und Spiegelungen spielen auch für numerische Lösungen von Problemen der linearen Algebra eine wichtige Rolle. Der Grund hierfür liegt unter anderem darin, dass diese Transformationen wegen ihrer Orthogonalität, und damit ihrer Längen- und Winkelinvarianz, ein besonders günstiges Verhalten in bezug auf die Rundungsfehler–Einflüsse zeigen.

Für **Drehungen** werden häufig einfache Drehungen in einer zweidimensionalen Koordinatenebene verwendet. Diese werden für $1 \leq i < k \leq n$ durch Matrizen der Form

$$\mathbf{G}_{ik}(\alpha) \;=\; \begin{pmatrix} 1 & & & & & & & & \\ & \ddots & & & & & & 0 & \\ & & \cos\alpha & & & -\sin\alpha & & & \\ & & & 1 & & & & & \\ & & & & \ddots & & & & \\ & & & & & 1 & & & \\ & & \sin\alpha & & & \cos\alpha & & & \\ & 0 & & & & & \ddots & & \\ & & & & & & & 1 & \\ & & \vdots & & & \vdots & & & \\ & & i & & & k & & & \end{pmatrix} \qquad (5.3.12)$$

beschrieben. Derartige elementare Rotationsmatrizen treten in vielen numerischen Verfahren auf und werden – je nach Anwendung – auch **Givens-Rotationen** oder **Jacobi-Rotationen**[27] genannt.

Für **Spiegelungen** werden häufig Spiegelungen an Hyperebenen des $\mathbb{R}^n$ verwendet. Unter einer **Hyperebene** des $\mathbb{R}^n$ versteht man dabei einen $(n-1)$-dimensionalen linearen Unterraum. Hyperebenen werden demnach durch *eine* lineare Gleichung beschrieben und haben die allgemeine Form

$$\mathbf{w}^\perp \;:=\; \left\{ \mathbf{x} \in \mathbb{R}^n \,:\, \mathbf{w}^{\mathrm{T}} \mathbf{x} = 0 \right\} . \qquad (5.3.13)$$

Dabei ist $\mathbf{w} \in \mathbb{R}^n$ mit $\|\mathbf{w}\| = 1$ ein Normaleneinheitsvektor der Hyperebene $\mathbf{w}^\perp$.
Zur Aufstellung der Matrixdarstellung einer Spiegelung erweitern wir $\mathbf{w}$ zu einer ONB $(\mathbf{w}_1, \ldots, \mathbf{w}_n)$ des $\mathbb{R}^n$, wobei $\mathbf{w}_1 := \mathbf{w}$ sei, und damit $\mathbf{w}_j \in \mathbf{w}^\perp$, $j = 2, \ldots, n$, gilt. Die Spiegelung an $\mathbf{w}^\perp$ bildet nun einen Vektor $\mathbf{x} \in \mathbb{R}^n$ folgendermaßen ab

$$H : \quad \mathbf{x} = \sum_{i=1}^n \xi_i \mathbf{w}_i \;\mapsto\; H(\mathbf{x}) = -\xi_1 \mathbf{w}_1 + \sum_{i=2}^n \xi_i \mathbf{w}_i .$$

Damit folgt

$$H(\mathbf{x}) \;=\; \mathbf{x} - 2\,\xi_1\,\mathbf{w} \;=\; \mathbf{x} - 2\,\langle \mathbf{w}, \mathbf{x} \rangle\,\mathbf{w} \;=\; (\mathbf{I}_n - 2\,\mathbf{w}\,\mathbf{w}^{\mathrm{T}})\,\mathbf{x} .$$

---

[27] James Wallace Givens (1910–1993); New York, Chicago
Carl Gustav Jacobi (1804–1851); Königsberg, Berlin

5.3 Orthogonale Transformationen

Definition (5.3.14)

Die Spiegelung des $\mathbb{R}^n$ an der Hyperebene $\mathbf{w}^\perp$, mit $\mathbf{w} \in \mathbb{R}^n$, $\|\mathbf{w}\| = 1$, wird durch die Matrix

$$\mathbf{H} = \mathbf{I}_n - 2\,\mathbf{w}\,\mathbf{w}^T$$

beschrieben. Matrizen dieser Form heißen **Householder-Matrizen**.[28]

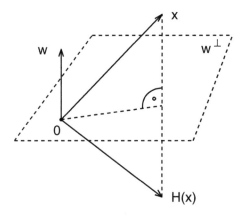

Abb. 5.5. Spiegelung an einer Hyperebene

Bemerkung (5.3.15)

Die folgenden Eigenschaften von Householder-Matrizen rechnet man unmittelbar nach

a) $\mathbf{H}^2 = \mathbf{I}_n$, man sagt $\mathbf{H}$ ist involutorisch,

b) $\mathbf{H}^T = \mathbf{H}$, d.h., $\mathbf{H}$ ist symmetrisch,

c) $\mathbf{H}^T \mathbf{H} = \mathbf{H}\mathbf{H}^T = \mathbf{I}_n$, d.h., $\mathbf{H}$ ist orthogonal.

Satz (5.3.16)

Je zwei Vektoren $\mathbf{x}, \mathbf{y} \in \mathbb{R}^n$ gleicher Länge lassen sich durch eine Householder-Spiegelung $\mathbf{H}$ ineinander überführen, $\mathbf{y} = \mathbf{H}\mathbf{x}$.
Ist $\mathbf{x} \neq \mathbf{y}$, so ist $\mathbf{H}$ gegeben durch:

$$\mathbf{H} = \mathbf{I}_n - 2\,\mathbf{w}\,\mathbf{w}^T, \quad \mathbf{w} = \pm \frac{\mathbf{x} - \mathbf{y}}{\|\mathbf{x} - \mathbf{y}\|}.$$

Beweis

Zunächst folgt aus der Bedingung $\mathbf{H}\mathbf{x} = \mathbf{y}$:

$$\mathbf{H}\mathbf{x} = \mathbf{x} - 2\,\mathbf{w}\,(\mathbf{w}^T \mathbf{x}) = \mathbf{y} \quad \Longleftrightarrow \quad 2\,(\mathbf{w}^T \mathbf{x})\,\mathbf{w} = \mathbf{x} - \mathbf{y}.$$

---

[28] Aston Scott Householder (1904–1993); Chicago, Oak Ridge, University of Tennessee

Für $\mathbf{x} \neq \mathbf{y}$ muss also $\mathbf{w} = \pm \dfrac{\mathbf{x} - \mathbf{y}}{\|\mathbf{x} - \mathbf{y}\|}$ gelten. Setzt man dieses $\mathbf{w}$ ein, so folgt weiter

$$\mathbf{H}\mathbf{x} = \mathbf{x} - 2\,\frac{(\mathbf{x}-\mathbf{y})^T \mathbf{x}}{\|\mathbf{x}-\mathbf{y}\|^2}\,(\mathbf{x}-\mathbf{y})$$

und $\|\mathbf{x}-\mathbf{y}\|^2 = \mathbf{x}^T\mathbf{x} - 2\mathbf{x}^T\mathbf{y} + \mathbf{y}^T\mathbf{y} = 2(\mathbf{x}^T\mathbf{x} - \mathbf{x}^T\mathbf{y})$, da ja $\|\mathbf{x}\| = \|\mathbf{y}\|$ vorausgesetzt wurde.
Damit ergibt sich $\mathbf{H}\mathbf{x} = \mathbf{x} - (\mathbf{x}-\mathbf{y}) = \mathbf{y}$. ∎

In verschiedenen numerischen Algorithmen tritt das Problem auf, eine Householder-Matrix so zu bestimmen, dass ein gegebener Vektor $\mathbf{x} \in \mathbb{R}^n$, $\mathbf{x} \neq \mathbf{0}$, in ein Vielfaches des ersten Einheitsvektors $\alpha\,\mathbf{e}_1$ transformiert wird.
Nach (5.3.16) erhält man zwei Lösungen, nämlich

$$\mathbf{H} = \mathbf{I}_n - 2\,\mathbf{w}\,\mathbf{w}^T, \quad \mathbf{w} = \frac{\mathbf{x} - \alpha\,\mathbf{e}_1}{\|\mathbf{x} - \alpha\,\mathbf{e}_1\|}, \quad \alpha = \pm\|\mathbf{x}\|.$$

Das Vorzeichen von α wird nun so gewählt, dass der Vektor $\mathbf{u} := \mathbf{x} - \alpha\,\mathbf{e}_1$ auslöschungsfrei, d.h. ohne „echte" Subtraktion, berechnet werden kann. Man wählt also

$$\text{Falls}\quad x_1 < 0 \;:\; \alpha := +\|\mathbf{x}\|$$
$$\text{Falls}\quad x_1 \geq 0 \;:\; \alpha := -\|\mathbf{x}\|.$$

Nach einigen Umformungen erhält man hieraus die folgenden Gleichungen zur Berechnung der Householder-Matrix $\mathbf{H}$:

$$\begin{aligned}\mathbf{u} &:= \mathbf{x} + \operatorname{sign}(x_1)\,\|\mathbf{x}\|\,\mathbf{e}_1, & c &:= \|\mathbf{x}\|^2 + |x_1|\,\|\mathbf{x}\|, \\ \mathbf{H} &:= \mathbf{I}_n - \frac{1}{c}\,\mathbf{u}\,\mathbf{u}^T, & \mathbf{H}\mathbf{x} &= -\operatorname{sign}(x_1)\,\|\mathbf{x}\|\,\mathbf{e}_1.\end{aligned} \qquad (5.3.17)$$

Die Householder-Matrix $\mathbf{H}$ selbst braucht nicht gespeichert zu werden, es genügt vielmehr, den Vektor $\mathbf{u}$ zu speichern. Für die Normierung gilt $c = (\mathbf{u}^T\mathbf{u})/2$. Wird die Berechnung von $\mathbf{H}\mathbf{y}$ für einen Vektor $\mathbf{y} \in \mathbb{R}^n$ benötigt, so wertet man wie folgt aus

$$\mathbf{H}\mathbf{y} = \mathbf{y} - \left(\frac{\mathbf{u}^T\mathbf{y}}{c}\right)\mathbf{u},\quad c = \frac{1}{2}\mathbf{u}^T\mathbf{u}. \qquad (5.3.18)$$

6 Lineare Ausgleichsprobleme, lineare Programme

In diesem Kapitel betrachten wir klassische Anwendungen von über- und unterbestimmten linearen Gleichungssystemen.

Im Fall eines überbestimmten linearen Gleichungssystems $\mathbf{A}\mathbf{x} = \mathbf{b}$, $\mathbf{A} \in \mathbb{R}^{(m,n)}$, mit $m > n$ wird im Allg. keine Lösung $\mathbf{x} \in \mathbb{R}^n$ für das lineare Gleichungssystem existieren. Man wird sich daher mit einer möglichst gute Näherungslösung begnügen, etwa mit einem Vektor $\mathbf{x}$ für den das Residuum $\mathbf{r} := \mathbf{A}\mathbf{x} - \mathbf{b} \in \mathbb{R}^m$ eine möglichst kleine Norm hat. Misst man das Residuum in der Euklidischen Norm, so erhält man das Verfahren der kleinsten Quadrate, welches auf Gauß zurückgeht. Solche lineare Ausgleichsprobleme haben zumeist das Ziel, fehlerbehaftete Messdaten durch eine Modellfunktion möglichst gut zu approximieren.

Unterbestimmte lineare Gleichungssysteme $\mathbf{A}\mathbf{x} = \mathbf{b}$, $\mathbf{A} \in \mathbb{R}^{(m,n)}$, mit $m < n$ besitzen dagegen im Allg. unendlich viele Lösungen. Dies gibt Anlass, nach einer Lösung zu suchen, die eine vorgegebene lineare Zielfunktion, d.h. ein Gütekriterium optimiert. Solche linearen Optimierungsaufgaben haben insbesondere im Operations Research, in den Wirtschaftswissenschaften, aber auch in den Ingenieurwissenschaften eine besondere Bedeutung. Sie werden auch lineare Programme genannt. Ein Standardverfahren zur numerischen Lösung solcher linearer Programme ist das so genannte Simplex-Verfahren, das wir am Ende des Kapitels in Kürze behandeln wollen.

6.1 Ausgleichsprobleme, Normalgleichungen

Von reellen Größen y und t sei bekannt, dass zwischen ihnen ein Zusammenhang der Form
$$y = f(t; x_1, \ldots, x_n) \qquad (6.1.1)$$
besteht. Dabei sind die $x_1, \ldots, x_n$ unbekannte Parameter und die Aufgabe besteht darin, diese Parameter durch Messungen von (t, y) zu bestimmen.

Beispiele:

a) Von der Größe einer Population $N(t)$ sei bekannt, dass sie sich in Abhängigkeit von der Zeit t wie eine Exponentialfunktion verhält, also:
$$N(t) = \alpha\,e^{-\lambda t}; \qquad \alpha, \lambda : \text{Parameter}.$$
Gesucht sind die Parameter α und λ.

b) Von einer Bahn eines Planeten $(x(t), y(t))$ in einer Ebene sei bekannt, dass sie eine Ellipse in Normalform bildet:
$$\frac{x^2}{a^2} + \frac{y^2}{b^2} = 1; \qquad a, b : \text{Parameter}.$$
Gesucht sind die Parameter a und b.

Man könnte nun so vorgehen, dass man (t, y) n mal misst und versucht, die Parameter $x_1, \ldots, x_n$ aus den n Gleichungen

$$f(t_i; x_1, \ldots, x_n) - y_i = 0, \qquad i = 1, \ldots, n,$$

zu bestimmen.

Im ersten Beispiel hätte man das *nichtlineare* Gleichungssystem

$$\alpha e^{-\lambda t_1} - N_1 = 0$$
$$\alpha e^{-\lambda t_2} - N_2 = 0$$

bez. der Parameter α und λ zu lösen.

Im zweiten Beispiel kann man substituieren: $\alpha := \dfrac{1}{a^2}$, $\beta := \dfrac{1}{b^2}$ und man erhält ein *lineares* Gleichungssystem

$$\begin{pmatrix} x_1^2 & y_1^2 \\ x_2^2 & y_2^2 \end{pmatrix} \begin{pmatrix} \alpha \\ \beta \end{pmatrix} = \begin{pmatrix} 1 \\ 1 \end{pmatrix}$$

für die unbekannten Parameter α und β.

Das obige Vorgehen hat jedoch den Nachteil, dass man aufgrund der Messfehler in den (t_i, y_i) im Allg. nur recht ungenaue Werte für die Parameter $x_1, \ldots, x_n$ erhalten wird. Eine Abhilfe besteht darin, mehr Messwerte (t_i, y_i), $i = 1, \ldots, m$, $m \gg n$, zu verwenden. Das entstehende nichtlineare bzw. lineare Gleichungssystem:

$$f(t_i; x_1, \ldots, x_n) - y_i = 0, \qquad i = 1, \ldots, m, \tag{6.1.2}$$

ist dann allerdings gerade aufgrund der Messfehler in der Regel *nicht lösbar*, und wir können nur versuchen, die Parameter $x_1, \ldots, x_n$ so zu bestimmen, dass die **Residuen**

$$r_i := f(t_i; x_1, \ldots, x_n) - y_i \tag{6.1.3}$$

möglichst klein werden. Der Residuenvektor wird dabei in einer geeigneten Norm gemessen. Die übliche Vergehensweise ist also, die Parameter so zu bestimmen, dass

a) die Quadratsumme $\sum_{i=1}^{m} r_i^2 = \|\mathbf{r}\|_2^2$ möglichst klein wird (**Methode der kleinsten Quadrate**), oder so, dass

b) die Summe der Absolutwerte $\sum_{i=1}^{m} |r_i| = \|\mathbf{r}\|_1$ möglichst klein wird, oder so,

c) dass der größte Absolutwert, d.h. $\max_{1 \le i \le m} |r_i| = \|\mathbf{r}\|_\infty$ möglichst klein wird (**Ausgleich nach Tschebyscheff**[29]).

Wir wollen uns im Folgenden auf den ersten Fall, die Methode der kleinsten Quadrate, einschränken und auch nur *lineare* Ausgleichsprobleme behandeln. Für nichtlineare Probleme sei auf Kapitel 18 verwiesen. Für Ausgleichsprobleme bzgl. der L_1- oder der L_∞-Norm sei auf Lehrbücher zur Approximationstheorie verwiesen.

Die Methode der kleinsten Quadrate geht auf **Carl Friedrich Gauß** zurück, der das Verfahren 1795 entwickelt, und 1801 zur Bahnberechnung des Planetoiden Vesta mit großem

---

[29]Pafnuti Lwowitsch Tschebyscheff (1821–1894); Moskau, St. Petersburg

6.1 Ausgleichsprobleme, Normalgleichung

Erfolg angewendet hat. Auch bei der Vermessung des Königreichs Hannover setzte Gauß seine Methode intensiv ein.

Die **Ansatzfunktion** $f(t; x_1, \ldots, x_n)$ sei also linear bezüglich der Parameter $x_1, \ldots, x_n$. Damit gilt

$$f(t; x_1, \ldots, x_n) = \sum_{j=1}^{n} x_j f_j(t), \qquad (6.1.4)$$

wobei die f_j vorgegebene, in gewissem Sinn unabhängige Funktionen sind.
Das überbestimmte lineare Gleichungssystem (6.1.2) lautet dann:

$$\sum_{j=1}^{n} f_j(t_i) x_j - y_i =: r_i \approx 0, \qquad i = 1, \ldots, m,$$

oder in Matrixschreibweise

$$\begin{pmatrix} f_1(t_1) & \cdots & f_n(t_1) \\ \vdots & & \vdots \\ \vdots & & \vdots \\ f_1(t_m) & \cdots & f_n(t_m) \end{pmatrix} \begin{pmatrix} x_1 \\ \vdots \\ x_n \end{pmatrix} - \begin{pmatrix} y_1 \\ \vdots \\ \vdots \\ y_m \end{pmatrix} =: \begin{pmatrix} r_1 \\ \vdots \\ \vdots \\ r_m \end{pmatrix} \approx \begin{pmatrix} 0 \\ \vdots \\ \vdots \\ 0 \end{pmatrix}. \qquad (6.1.5)$$

Hierbei sind nun die $x_1, \ldots, x_n$ so zu bestimmen, dass $\sum_{i=1}^{m} r_i^2 = \|\mathbf{r}\|_2^2$ minimal wird. Die geforderte Unabhängigkeit der Funktionen f_j wird dadurch präzisiert, dass wir verlangen, dass die Koeffizientenmatrix in (6.1.5) maximalen Rang $(= n)$ besitzt.
Wir fassen die Problemstellung zusammen.

Lineare Ausgleichsprobleme (6.1.6)

Gegeben sei eine Matrix $\mathbf{A} \in \mathbb{R}^{(m,n)}$, $m \geq n$ mit Rang$(\mathbf{A}) = n$, sowie $\mathbf{b} \in \mathbb{R}^m$. Gesucht ist ein Vektor $\mathbf{x} \in \mathbb{R}^n$, so dass $\|\mathbf{A}\mathbf{x} - \mathbf{b}\|_2$, oder äquivalent $\|\mathbf{A}\mathbf{x} - \mathbf{b}\|_2^2$, minimal wird.
Der Vektor $\mathbf{r}(\mathbf{x}) := \mathbf{A}\mathbf{x} - \mathbf{b}$ heißt das **Residuum** oder der **Residuenvektor** des linearen Gleichungssystems $\mathbf{A}\mathbf{x} = \mathbf{b}$.

In Koordinaten lautet die zu minimierende **Zielfunktion** (quadriert)

$$\|\mathbf{r}(\mathbf{x})\|_2^2 = \sum_{i=1}^{m} r_i^2 = \sum_{i=1}^{m} \left(\sum_{j=1}^{n} a_{ij} x_j - b_i \right)^2. \qquad (6.1.7)$$

Wir untersuchen nun, wie sich die Zielfunktion verändert, wenn wir $\mathbf{x}$ variieren zu $\tilde{\mathbf{x}} = \mathbf{x} + \boldsymbol{\Delta}\mathbf{x}$, $\boldsymbol{\Delta}\mathbf{x} \in \mathbb{R}^n$:

$$\mathbf{r}(\tilde{\mathbf{x}}) = \mathbf{r}(\mathbf{x} + \boldsymbol{\Delta}\mathbf{x}) = \mathbf{A}(\mathbf{x} + \boldsymbol{\Delta}\mathbf{x}) - \mathbf{b} = (\mathbf{A}\mathbf{x} - \mathbf{b}) + \mathbf{A}\boldsymbol{\Delta}\mathbf{x} = \mathbf{r}(\mathbf{x}) + \mathbf{A}\boldsymbol{\Delta}\mathbf{x}.$$

Damit wird mit $\|\cdot\| := \|\cdot\|_2$:

$$\begin{aligned} \|\mathbf{r}(\tilde{\mathbf{x}})\|^2 &= (\mathbf{r}(\mathbf{x}) + \mathbf{A}\boldsymbol{\Delta}\mathbf{x})^\mathrm{T}(\mathbf{r}(\mathbf{x}) + \mathbf{A}\boldsymbol{\Delta}\mathbf{x}) \\ &= \|\mathbf{r}(\mathbf{x})\|^2 + 2\boldsymbol{\Delta}\mathbf{x}^\mathrm{T}(\mathbf{A}^\mathrm{T}\mathbf{r}(\mathbf{x})) + \|\mathbf{A}\boldsymbol{\Delta}\mathbf{x}\|^2. \end{aligned} \qquad (6.1.8)$$

Hieraus ergeben sich nun sofort zwei Folgerungen

a) Falls die hinreichende Bedingung $\mathbf{A}^T\mathbf{r}(\mathbf{x}) = \mathbf{0}$ gilt, ist $\|\mathbf{r}(\tilde{\mathbf{x}})\|^2 \geq \|\mathbf{r}(\mathbf{x})\|^2$ für alle $\Delta\mathbf{x} \in \mathbb{R}^n$, d.h., $\mathbf{x}$ ist eine Lösung der linearen Ausgleichsaufgabe (6.1.6).

b) Wegen Rang $(\mathbf{A}) = n$ liefert die hinreichende Bedingung sogar $\|\mathbf{r}(\tilde{\mathbf{x}})\|^2 > \|\mathbf{r}(\mathbf{x})\|^2$ für alle $\Delta\mathbf{x} \neq \mathbf{0}$, d.h., $\mathbf{x}$ ist *eindeutig bestimmte* Lösung der linearen Ausgleichsaufgabe .

Schließlich lässt sich die hinreichende Bedingung folgendermaßen umformen

$$\mathbf{A}^T\mathbf{r}(\mathbf{x}) = \mathbf{0} \iff \mathbf{A}^T(\mathbf{A}\mathbf{x} - \mathbf{b}) = \mathbf{0} \iff \mathbf{A}^T\mathbf{A}\mathbf{x} = \mathbf{A}^T\mathbf{b}.$$

Definition (6.1.9)

Das lineare Gleichungssystem $\mathbf{A}^T\mathbf{A}\mathbf{x} = \mathbf{A}^T\mathbf{b}$ (mit quadratischer Koeffizientenmatrix) heißt nach Gauß die **Normalgleichung(en)** des linearen Ausgleichsproblems.

Die Matrix $\mathbf{A}^T\mathbf{A}$ ist eine **symmetrische** (n,n)-Matrix und, wegen Rang $(\mathbf{A}) = n$, auch regulär. Die Normalgleichung ist also eindeutig lösbar! Damit haben wir gezeigt:

Satz (6.1.10)

Sei $\mathbf{A} \in \mathbb{R}^{(m,n)}$, Rang $\mathbf{A} = n$, $\mathbf{b} \in \mathbb{R}^m$ und $m \geq n$.

Dann hat das lineare Ausgleichsproblem $\mathbf{r}^T\mathbf{r}$ minimal, $\mathbf{r} := \mathbf{A}\mathbf{x} - \mathbf{b}$ eine eindeutig bestimmte Lösung $\mathbf{x} \in \mathbb{R}^n$. Diese lässt sich mit Hilfe der Normalgleichung

$$\mathbf{A}^T\mathbf{A}\mathbf{x} = \mathbf{A}^T\mathbf{b}$$

berechnen.

Warnung An dieser Stelle darf der Hinweis nicht fehlen, dass die Normalgleichung häufig „schlecht konditioniert" ist. Das heißt, Rundungsfehler werden evtl. erheblich verstärkt und verfälschen das numerische Ergebnis. Die Normalgleichung sollte daher nur bei „Handrechnung" verwendet werden, bzw. wenn sichergestellt werden kann, dass $\mathbf{A}^T\mathbf{A}$ gut konditioniert ist. Eine Abhilfe für die numerische Rechnung liefert die im nächsten Abschnitt behandelte **QR-Zerlegung**.

Beispiel (6.1.11)

$$\mathbf{A} = \begin{pmatrix} 1 & 1 \\ \varepsilon & 0 \\ 0 & \varepsilon \end{pmatrix}.$$

Für nicht zu kleine $|\varepsilon|$ sind die Spalten von $\mathbf{A}$ auch „numerisch" linear unabhängig, während die Matrix der Normalgleichung:

$$\mathbf{A}^T\mathbf{A} = \begin{pmatrix} 1+\varepsilon^2 & 1 \\ 1 & 1+\varepsilon^2 \end{pmatrix}$$

numerisch singulär ist, etwa falls $|\varepsilon| > $ eps, $\varepsilon^2 <$ eps, wobei eps die relative Maschinengenauigkeit bezeichnet.

6.2 Die QR-Zerlegung

Beispiel (6.1.12)

Durch die Punkte

$$\begin{array}{c|cccc} t_i & -1 & 0 & 1 & 2 \\ \hline y_i & 2 & 1 & 2 & 3 \end{array}$$

ist eine **Ausgleichsparabel** $y = c_0 + c_1 t + c_2 t^2$ zu legen.

Das zugehörige lineare Ausgleichsproblem bzw. dessen Residuum lautet:

$$\mathbf{r} := \begin{pmatrix} 1 & t_1 & t_1^2 \\ 1 & t_2 & t_2^2 \\ 1 & t_3 & t_3^2 \\ 1 & t_4 & t_4^2 \end{pmatrix} \begin{pmatrix} c_0 \\ c_1 \\ c_2 \end{pmatrix} - \begin{pmatrix} y_1 \\ y_2 \\ y_3 \\ y_4 \end{pmatrix} = \begin{pmatrix} 1 & -1 & 1 \\ 1 & 0 & 0 \\ 1 & 1 & 1 \\ 1 & 2 & 4 \end{pmatrix} \begin{pmatrix} c_0 \\ c_1 \\ c_2 \end{pmatrix} - \begin{pmatrix} 2 \\ 1 \\ 2 \\ 3 \end{pmatrix}.$$

Die Normalgleichung des linearen Ausgleichsproblems lautet

$$\mathbf{A}^{\mathrm{T}} \mathbf{A} \mathbf{x} = \mathbf{A}^{\mathrm{T}} \mathbf{b} \quad \Longleftrightarrow \quad \begin{pmatrix} 4 & 2 & 6 \\ 2 & 6 & 8 \\ 6 & 8 & 18 \end{pmatrix} \begin{pmatrix} c_0 \\ c_1 \\ c_2 \end{pmatrix} = \begin{pmatrix} 8 \\ 6 \\ 16 \end{pmatrix}.$$

Die Lösung dieses linearen Gleichungssystems ergibt $c_0 = 1.3$, $c_1 = -0.1$ und $c_2 = 0.5$. Damit lautet die Ausgleichsparabel:

$$y(t) = 0.5 t^2 - 0.1 t + 1.3.$$

Die Güte der Approximation lässt sich durch die Norm des Residuums $\|\mathbf{r}\|$ messen. Für das obige Beispiel erhält man $\|\mathbf{r}\|_2 = \sqrt{0.2} \approx 0.447\ldots$

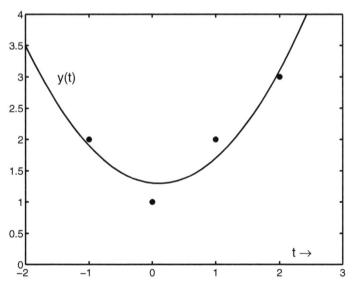

Abb. 6.1. Ausgleichsparabel

6.2 Die QR-Zerlegung

Die Grundidee lässt sich aus der LR-Zerlegung zur Lösung (quadratischer) linearer Gleichungssysteme ableiten. Der Residuenvektor des linearen Gleichungssystems

$$\mathbf{r} := \mathbf{A}\mathbf{x} - \mathbf{b} = \mathbf{0}$$

wird mit einer regulären Matrix $\mathbf{G}$ multipliziert:

$$\mathbf{G}\mathbf{r} = (\mathbf{G}\mathbf{A})\mathbf{x} - (\mathbf{G}\mathbf{b}) =: \mathbf{R}\mathbf{x} - \tilde{\mathbf{b}},$$

und hierbei wird $\mathbf{G}\,(=\mathbf{L}^{-1})$ so gewählt, dass $\mathbf{R} = \mathbf{G}\mathbf{A}$ eine obere Dreiecksmatrix wird. Das entstehende lineare Gleichungssystem $\mathbf{R}\mathbf{x} = \tilde{\mathbf{b}}$ ist dann leicht zu lösen.

Will man diese Idee auf lineare Ausgleichsprobleme übertragen, so hat man dafür Sorge zu tragen, dass die Multiplikation mit der Transformationsmatrix $\mathbf{G}$ die zu minimierende „**Zielfunktion**" $f(\mathbf{x}) := \|\mathbf{r}(\mathbf{x})\|_2^2$ nicht verändert. Wir fordern also:

$$\|\mathbf{G}\,\mathbf{r}(\mathbf{x})\|_2 = \|\mathbf{r}(\mathbf{x})\|_2, \qquad \forall\,\mathbf{x} \in \mathbb{R}^n.$$

Nach Abschnitt 5.3 wird diese Forderung aber gerade von *orthogonalen* Matrizen $\mathbf{G} = \mathbf{Q}^T \in \mathbb{R}^{(m,m)}$ erfüllt, vgl. Satz (5.3.2).

Wir multiplizieren daher $\mathbf{r} = \mathbf{A}\mathbf{x} - \mathbf{b}$ mit einer orthogonalen Matrix $\mathbf{Q}^T \in \mathbb{R}^{(m,m)}$, so dass gilt

$$\mathbf{Q}^T \mathbf{A} = \begin{pmatrix} \mathbf{R} \\ \mathbf{0} \end{pmatrix} = \begin{pmatrix} \tilde{a}_{11} & \cdots & \tilde{a}_{1n} \\ & \ddots & \vdots \\ 0 & & \tilde{a}_{nn} \\ \hline & \mathbf{0} & \end{pmatrix} \tag{6.2.1}$$

$$\mathbf{Q}^T \mathbf{b} = \begin{pmatrix} \mathbf{b}^{(1)} \\ \mathbf{b}^{(2)} \end{pmatrix}, \quad \mathbf{b}^{(1)} \in \mathbb{R}^n,\ \mathbf{b}^{(2)} \in \mathbb{R}^{m-n}.$$

Aufgrund der Orthogonalität von $\mathbf{Q}^T$ (Normerhaltung) folgt für die Zielfunktion

$$\begin{aligned} f(\mathbf{x}) &= \|\mathbf{r}(\mathbf{x})\|_2^2 = \|\mathbf{Q}^T\mathbf{r}(\mathbf{x})\|_2^2 \\ &= \left\| \begin{pmatrix} \mathbf{R} \\ \mathbf{0} \end{pmatrix}\mathbf{x} - \begin{pmatrix} \mathbf{b}^{(1)} \\ \mathbf{b}^{(2)} \end{pmatrix} \right\|_2^2 = \|\mathbf{R}\mathbf{x} - \mathbf{b}^{(1)}\|_2^2 + \|\mathbf{b}^{(2)}\|_2^2. \end{aligned} \tag{6.2.2}$$

Hieran lässt sich nun die Lösung der Minimierungsaufgabe für $f(\mathbf{x})$ unmittelbar ablesen: $\mathbf{x}$ ist Lösung des linearen Gleichungssystems $\mathbf{R}\mathbf{x} = \mathbf{b}^{(1)}$ und lässt sich somit durch Rückwärtssubstitution leicht berechnen.

Man beachte, dass die obere Dreiecksmatrix $\mathbf{R}$ regulär ist, da Rang $\mathbf{A} = n$ vorausgesetzt wurde. Die Norm des Residuums erhält man ferner aus:

$$\|\mathbf{r}(\mathbf{x})\|_2 = \|\mathbf{b}^{(2)}\|_2. \tag{6.2.3}$$

6.2 Die QR-Zerlegung

Bemerkung (6.2.4)
Da mit der Matrix $\mathbf{Q}^T$ auch $\mathbf{Q}$ selbst orthogonal ist, gilt $\mathbf{Q}^T = \mathbf{Q}^{-1}$. Multipliziert man (6.2.1) also mit $\mathbf{Q}$, so ergibt sich die so genannte **QR-Zerlegung** der Matrix $\mathbf{A}$

$$\mathbf{A} = \mathbf{Q} \begin{pmatrix} \mathbf{R} \\ \mathbf{0} \end{pmatrix}. \tag{6.2.5}$$

Konstruktion von $\mathbf{Q}^T$:
Wir bestimmen $\mathbf{Q}^T$ als Produkt von Householder-Matrizen $\mathbf{Q}^T = \mathbf{H}^{(n)} \ldots \mathbf{H}^{(1)}$:

$\mathbf{A}^{(1)} := \mathbf{A}; \quad \mathbf{b}^{(1)} := \mathbf{b};$

für $i = 1, 2, \ldots, n$

$\mathbf{A}^{(i+1)} := \mathbf{H}^{(i)} \mathbf{A}^{(i)}; \quad \mathbf{b}^{(i+1)} := \mathbf{H}^{(i)} \mathbf{b}^{(i)};$

end i

Im i-ten Teilschritt habe $\mathbf{A}^{(i)}$ die Form:

$$\mathbf{A}^{(i)} = \begin{pmatrix} a_{11} & \cdots & & \cdots & a_{1n} \\ & \ddots & & & \vdots \\ & & a_{ii} & \cdots & a_{in} \\ & \mathbf{0} & \vdots & & \vdots \\ & & a_{mi} & \cdots & a_{mn} \end{pmatrix}. \tag{6.2.6}$$

Die Householder-Matrix $\mathbf{H}^{(i)}$ wird nun so bestimmt, dass $(a_{ii}, \ldots, a_{mi})^T$ auf ein Vielfaches von $(1, 0, \ldots, 0)^T \in \mathbb{R}^{m-i+1}$ gespiegelt wird und die ersten $i-1$ Zeilen von $\mathbf{A}^{(i)}$ unverändert bleiben.
Nach dem in Kapitel 5 behandelten Algorithmus, vgl. (5.3.17), ergibt sich:

$$\mathbf{H}^{(i)} := \mathbf{I}_m - \frac{1}{c} \mathbf{u} \mathbf{u}^T, \quad \mathbf{u} := \begin{pmatrix} 0 \\ \vdots \\ 0 \\ a_{ii} + \text{sign}(a_{ii}) \cdot s \\ a_{i+1,i} \\ \vdots \\ a_{m,i} \end{pmatrix}, \tag{6.2.7}$$

$$s := \sqrt{\sum_{j=i}^{m} a_{ji}^2}, \qquad c := s^2 + |a_{ii}| s.$$

Die Berechnung von $\mathbf{A}^{(i+1)} := \mathbf{H}^{(i)} \mathbf{A}^{(i)}$ und $\mathbf{b}^{(i+1)} := \mathbf{H}^{(i)} \mathbf{b}^{(i)}$ geschieht nun wie folgt:

$$\mathbf{A}^{(i+1)} := \mathbf{A}^{(i)} - \mathbf{u}\mathbf{y}^T, \quad \mathbf{y}^T := \frac{1}{c} \mathbf{u}^T \mathbf{A}^{(i)}, \quad y_k := \begin{cases} 0, & k = 1, \ldots, i-1 \\ \dfrac{1}{c} \sum_{j=i}^{m} u_j a_{jk}, & k = i, \ldots, n. \end{cases}$$

Die Matrix $\mathbf{A}^{(i+1)}$ wird hierbei spaltenweise berechnet, $\mathbf{y}$ braucht dann nicht als Vektor gespeichert zu werden, die Speicherung erfolgt koordinatenweise innerhalb der Schleife! Die rechte Seite $\mathbf{b}$ wird als $(n+1)$-te Spalte an die Matrix $\mathbf{A}$ angehängt. Insgesamt ergibt sich

Algorithmus für den i-ten Teilschritt (6.2.8)

$$s := \sqrt{\sum_{j=i}^{m} a_{ji}^2}\,; \qquad c := s^2 + |a_{ii}|\,s\,;$$

$$\ell := \operatorname{sign}(a_{ii}); \qquad a_{ii} := a_{ii} + \ell\,s\,;$$

$$\text{für} \quad k = i+1, \ldots, n+1$$

$$y := \frac{1}{c}\sum_{j=i}^{m} a_{ji}\,a_{jk};$$

$$\text{für} \quad j = i, \ldots, m$$

$$a_{jk} := a_{jk} - a_{ji}\,y;$$

end j
end k

$$a_{ii} = -\ell\,s\,;$$

Bemerkungen (6.2.9)

a) Anstelle von Spiegelungen lassen sich natürlich auch Drehungen, etwa Givens-Rotationen, zur Berechnung einer QR-Zerlegung verwenden. Hierzu sei auf Lehrbücher zur numerischen Mathematik verwiesen.

b) Im Fall eines linearen Gleichungssystems, also $n = m$, lässt sich die Methode natürlich ebenfalls verwenden. Sie ist aufwendiger als die LR-Zerlegung (etwa doppelter Aufwand), aber in Bezug auf Stabilität, also Rundungsfehlereinfluss, dieser auch im Allg. überlegen.

In der **MATLAB**-Rechenumgebung lässt sich die QR-Zerlegung einer reellen oder sogar komplexen Matrix $\mathbf{A} \in \mathbb{R}^{(n,m)}/\mathbb{C}^{(n,m)}$, $m \geq n$, mit dem Programmaufruf

$$[\mathbf{Q}, \mathbf{R}, \mathbf{P}] = \operatorname{qr}(\mathbf{A})$$

berechnen. Dabei ist $\mathbf{P}$ eine Permutationmatrix mit der Eigenschaft, dass $\mathbf{A}\mathbf{P}$ die QR-Zerlegung $\mathbf{A}\mathbf{P} = \mathbf{Q}\mathbf{R}$ besitzt. $\mathbf{P}$ beschreibt evtl. auftretende Spaltenvertauschungen (Pivoting) von $\mathbf{A}$; dies entspricht einer Umnummerierung der Variablen. $\mathbf{R} \in \mathbb{R}^{(n,m)}/\mathbb{C}^{(n,m)}$ ist eine obere Dreiecksmatrix, $\mathbf{Q} \in \mathbb{R}^{(m,m)}/\mathbb{C}^{(m,m)}$ eine orthogonale bzw. unitäre Matrix. Die Permutationsmatrix $\mathbf{P}$ wird aus Stabilitätsgründen so bestimmt, dass die Diagonalelemente $|r_{ii}|$ von $\mathbf{R}$ dem Betrage nach mit dem Index i fallen.

6.2 Die QR-Zerlegung

Ein lineares Ausgleichsproblem „$\|\mathbf{A}\mathbf{x} - \mathbf{b}\|_2$ minimal" lässt sich dann vermöge der folgenden MATLAB-Anweisungen lösen, vgl. die Dokumentation in MATLAB

$$\mathbf{y} = \mathbf{R} \setminus (\mathbf{Q}' * \mathbf{b}); \quad \mathbf{x} = \mathbf{P} * \mathbf{y}.$$

Beispiel (6.2.10)

Gegeben sei ein lineares Ausgleichsproblem mit den Daten

$$\mathbf{A} = \begin{pmatrix} 3 & -4 \\ 3 & 0 \\ -3 & 3 \\ -3 & 3 \end{pmatrix}, \quad \mathbf{b} = \begin{pmatrix} 1 \\ 7 \\ 0 \\ 4 \end{pmatrix}.$$

Zu bestimmen ist die QR-Zerlegung der Matrix $\mathbf{A}$, die Lösung $\mathbf{x}^*$ des linearen Ausgleichsproblems sowie die Norm des Residuums $\|\mathbf{A}\mathbf{x}^* - \mathbf{b}\|_2$.

Für die Handrechnung verwenden wir (5.3.17) bzw. (6.2.7). Der erste Spaltenvektor von $\mathbf{A}$ ist $\mathbf{x} = (3, 3, -3, -3)^T$ mit Norm $\|\mathbf{x}\| = 6$. Damit ergibt sich nach (5.3.17)

$$\mathbf{u} = \mathbf{x} + \operatorname{sign}(x_1) \|\mathbf{x}\| \mathbf{e}_1 = (9, 3, -3, -3)^T$$
$$c = \|\mathbf{x}\|^2 + |x_1| \cdot \|\mathbf{x}\| = 54$$
$$\mathbf{H}\mathbf{x} = -\operatorname{sign}(x_1) \|\mathbf{x}\| \mathbf{e}_1 = (-6, 0, 0, 0)^T.$$

Der zweite Spaltenvektor von $\mathbf{A}$ ist $\mathbf{y} := (-4, 0, 3, 3)^T$. Mit (5.3.18) folgt

$$\mathbf{H}\mathbf{y} = \mathbf{y} - \left(\frac{\mathbf{u}^T \mathbf{y}}{c}\right) \mathbf{u} = (5, 3, 0, 0)^T.$$

Damit erhalten wir schon nach einem Schritt für $\mathbf{H}\mathbf{A}$ eine obere Dreiecksmatrix

$$\begin{pmatrix} \mathbf{R} \\ \mathbf{0} \end{pmatrix} = \begin{pmatrix} -6 & 5 \\ 0 & 3 \\ 0 & 0 \\ 0 & 0 \end{pmatrix}.$$

Insbesondere ist $\mathbf{Q} = \mathbf{H} = \mathbf{I}_n - \dfrac{1}{c} \mathbf{u}\mathbf{u}^T = \dfrac{1}{6} \begin{pmatrix} -3 & -3 & 3 & 3 \\ -3 & 5 & 1 & 1 \\ 3 & 1 & 5 & -1 \\ 3 & 1 & -1 & 5 \end{pmatrix}.$

Zur Lösung des linearen Ausgleichsproblems berechnen wir $\mathbf{H}\mathbf{b}$, wiederum mittels (5.3.18),

$$\mathbf{H}\mathbf{b} = \mathbf{b} - \left(\frac{\mathbf{u}^T \mathbf{b}}{c}\right) \mathbf{u} = (-2, 6, 1, 5)^T.$$

Damit erhält man die Lösung $\mathbf{x}^*$ des linearen Ausgleichsproblems aus dem linearen Gleichungssystem

$$\begin{pmatrix} -6 & 5 \\ 0 & 3 \end{pmatrix} \begin{pmatrix} x_1^* \\ x_2^* \end{pmatrix} = \begin{pmatrix} -2 \\ 6 \end{pmatrix}$$

zu $\mathbf{x}^* = (2, 2)^T$. Für die Norm des Residuums ergibt sich schließlich $\|(1, 5)^T\|_2 = \sqrt{26}$.

6.3 Lineare Programme

Ein Problem der **linearen Optimierung**, auch **lineares Programm** genannt, bezeichnet die Aufgabe, eine lineare Zielfunktion

$$z := f(\mathbf{x}) := \mathbf{c}^T \mathbf{x}, \quad \mathbf{x} \in \mathbb{R}^n$$

unter linearen Gleichungs- oder Ungleichungsnebenbedingungen

$$\mathbf{a}_i^T \mathbf{x} = b_i \quad \text{oder} \quad \mathbf{a}_i^T \mathbf{x} \leq b_i, \quad i \in I,$$

zu minimieren.

In **Normalform** lautet die Problemstellung

Problemstellung (6.3.1) (**Lineares Programm in Normalform**)
Zu vorgegebenen $\mathbf{A} \in \mathbb{R}^{(m,n)}$, $\mathbf{c} \in \mathbb{R}^n$, $\mathbf{b} \in \mathbb{R}^m$, $m < n$ ist ein Minimum $\mathbf{x}^* \in \mathbb{R}^n$ der Zielfunktion $z = f(\mathbf{x}) = \mathbf{c}^T \mathbf{x}$ unter den Nebenbedingungen

$$\mathbf{A}\mathbf{x} = \mathbf{b}, \quad \mathbf{x} \geq \mathbf{0}$$

zu bestimmen.

Zusatzvoraussetzungen (6.3.2)

Wir wollen zusätzlich voraussetzen, dass die Matrix $\mathbf{A}$ maximalen Rang besitzt, Rang $\mathbf{A} = m$, und dass die **Menge der zulässigen Punkte**, auch **zulässige Menge** genannt,

$$M := \{ \mathbf{x} \in \mathbb{R}^n : \mathbf{A}\mathbf{x} = \mathbf{b} \wedge \mathbf{x} \geq \mathbf{0} \} \qquad (6.3.3)$$

nichtleer ist.

In Abbildung 6.2 sind die zulässigen Mengen *einer* linearen Gleichung ($m = 1$) für $n = 2$ und $n = 3$ dargestellt.

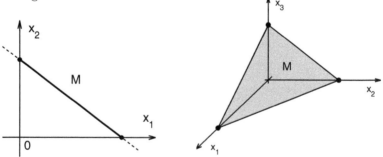

Abb. 6.2. Zulässige Menge eines linearen Programms

Hat die Matrix $\mathbf{A}$ die Form $\mathbf{A} = (\tilde{\mathbf{A}} | \mathbf{I}_m)$, so lassen sich die Variablen x_i, $i > n - m$, eliminieren und man kann anstelle von M die **projizierte zulässige Menge**

$$M_{\text{proj}} := \{ \tilde{\mathbf{x}} \in \mathbb{R}^{n-m} : \tilde{\mathbf{A}} \tilde{\mathbf{x}} \leq \mathbf{b} \wedge \tilde{\mathbf{x}} \geq \mathbf{0} \} \qquad (6.3.4)$$

betrachten.

6.3 Lineare Programme

Damit hat man anstelle linearer Gleichungen nun lineare Ungleichungen. Eine skalare lineare Ungleichung $\mathbf{a}_i^T \mathbf{x} \leq b_i$ beschreibt eine Halbebene bzw. einen Halbraum im $\mathbb{R}^{n-m}$. Die projizierte zulässige Menge stellt daher als Durchschnitt von Halbräumen ein so genanntes **konvexes Polyeder**, auch als **Simplex** bezeichnet, dar.

Beispiel (6.3.5)

Eine Schuhmanufaktur produziere zwei Schuhmodelle. In der folgenden Tabelle sind Herstellungszeit, Maschinenzeit, Lederverbrauch und Gewinn pro produziertem Schuhpaar angegeben, ebenso die in einem gewissen Zeitraum maximal möglichen Mengen. Gefragt ist, welche Stückzahlen von den beiden Schuhmodellen in diesem Zeitraum hergestellt werden sollen, so dass die vorgegebenen Schranken nicht überschritten und der Gewinn maximal ist.

Tafel (6.3.6): Daten einer Schuhfabrik

	Modell 1	Modell 2	maximal
Herstellungszeit [h]	20	10	8000
Maschinen [h]	4	5	2000
Leder [dm^2]	6	15	4500
Gewinn [€]	16	32	

Bezeichnet x_1 und x_2 die im Zeitraum hergestellten Schuhpaare von dem jeweiligen Modell, so lautet die mathematische Aufgaben:

Maximiere den Gewinn $16 x_1 + 32 x_2$ unter den Nebenbedingungen

$$\begin{array}{rcl} 20 x_1 + 10 x_2 & \leq & 8000 \\ 4 x_1 + 5 x_2 & \leq & 2000 \\ 6 x_1 + 15 x_2 & \leq & 4500 \\ x_1, x_2 & \geq & 0. \end{array}$$

Zur Herstellung der Normalform werden nun durch $x_3 := 8000 - 20 x_1 - 10 x_2$, $x_4 := 2000 - 4 x_1 - 5 x_2$ und $x_5 := 4500 - 6 x_1 - 15 x_2$ so genannte **Schlupfvariable** eingeführt. Sie stellen also die Differenzen der beiden Seiten in den obigen Ungleichungen dar.

Die Aufgabe lautet dann in Normalform:

Minimiere $z := f(x_1, \ldots, x_5) := -16 x_1 - 32 x_2$ unter den Nebenbedingungen

$$\begin{pmatrix} 20 & 10 & 1 & 0 & 0 \\ 4 & 5 & 0 & 1 & 0 \\ 6 & 15 & 0 & 0 & 1 \end{pmatrix} \begin{pmatrix} x_1 \\ x_2 \\ x_3 \\ x_4 \\ x_5 \end{pmatrix} = \begin{pmatrix} 8000 \\ 2500 \\ 4500 \end{pmatrix},$$

$$x_1, x_2, \ldots, x_5 \geq 0.$$

In Abbildung 6.3 ist die zugehörige projizierte zulässige Menge dargestellt sowie eine Höhenlinie $z = f(\mathbf{x}) = $ const der Zielfunktion. Aufgabe ist es, den Wert dieser Konstanten möglichst klein zu wählen, wobei der Schnitt der Höhenlinie mit der projizierten zulässigen Menge nichtleer sein darf.

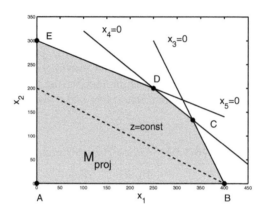

Abb. 6.3. Projizierte zulässige Menge für Beispiel (6.3.5)

Man erkennt anhand des Beispiels die folgenden allgemeinen Eigenschaften:

a) Ist die zulässige Menge M nichtleer und beschränkt, so besitzt das lineare Programm wenigstens eine Lösung x^*, die in einer Ecke der projizierten zulässigen Menge liegt.

b) Man erhält die Ecken (im Beispiel $A, \ldots, E$), indem man $(n-m)$ der Variablen x_i (im Beispiel zwei Variable) Null setzt und die anderen Variablen aus dem linearen Gleichungssystem $\mathbf{A}\mathbf{x} = \mathbf{b}$ berechnet.

Man beachte jedoch, dass nicht alle so konstruierten Ecken zulässig sind, z.B. führt $x_3 = x_5 = 0$ auf eine nicht zulässige Ecke; die Bedingung $x_4 \geq 0$ ist hierfür verletzt!

Definition (6.3.7)

a) Für einen zulässigen Punkt $\mathbf{x} \in M$ heißt $I(\mathbf{x}) := \{j \in \{1, \ldots, n\} : x_j > 0\}$ die **Menge der inneren Indizes**.

b) Ein zulässiger Punkt $\mathbf{x} \in M$ heißt eine **Basislösung zur Indexmenge $\mathbf{J_B}$**, falls folgende Eigenschaften gelten

$$J_B \subset \{1, \ldots, n\}, \quad \#J_B = m,$$
$$I(\mathbf{x}) \subset J_B, \quad (\mathbf{a}^j)_{j \in J_B} \text{ Basis des } \mathbb{R}^m$$

Dabei bezeichnet $\#J_B$ die Elementzahl der Menge J_B und die $\mathbf{a}^j$ sind die Spaltenvektoren der Matrix $\mathbf{A}$, also $\mathbf{A} = (\mathbf{a}^1, \ldots, \mathbf{a}^n)$.

6.3 Lineare Programme

Die Indizes $j \in J_B$ heißen **Basisindizes**, die zugehörigen Variablen x_j **Basisvariable**. Die x_j mit $j \in J_N := \{1, \ldots, n\} \setminus J_B$ heißen **Nichtbasisvariable**.

Eine Basislösung heißt **entartet**, falls $I(\mathbf{x})$ eine echte Teilmenge von J_B ist, also $I(\mathbf{x}) \neq J_B$.

Die obigen Bedingungen besagen gerade, dass man bei einer Basislösung die $(n-m)$ Variable x_j, $j \in J_N$, Null gesetzt hat, dass das verbleibende lineare Gleichungssystem $\mathbf{Ax} = \mathbf{b}$ dann eindeutig lösbar ist und auch zu einer *zulässigen* Lösung führt. Die Basislösungen entsprechen also geometrisch gerade den Ecken der projizierten zulässigen Menge. Der folgende Satz zeigt, dass es zur Lösung eines linearen Programms genügt, die (endlich vielen) Basislösungen abzusuchen.

Satz (6.3.8) (Fundamentalsatz)
Ist das lineare Programm (6.3.1) lösbar, so existiert auch eine Lösung $\mathbf{x}^*$, die zugleich Basislösung ist.

Beweis

Sei $\mathbf{x} \in \mathbb{R}^n$ eine Lösung von (6.3.1).
Fall 1: Die $(\mathbf{a}^j)_{j \in I(\mathbf{x})}$ sind linear unabhängig. Wegen Rang $\mathbf{A} = m$ lassen sich diese $\mathbf{a}^j$ dann zu einer Basis $(\mathbf{a}^j)_{j \in J_B}$, $I(\mathbf{x}) \subset J_B$, ergänzen. Damit ist $\mathbf{x}$ aber eine Basislösung zur Indexmenge J_B.

Fall 2: Die $(\mathbf{a}^j)_{j \in I(\mathbf{x})}$ sind linear abhängig. Wir ersetzen $\mathbf{x}$ durch eine andere Lösung $\tilde{\mathbf{x}}$, für die $I(\tilde{\mathbf{x}})$ eine echte Teilmenge von $I(\mathbf{x})$ ist. Nach endlich vielen solcher Ersetzungsschritte tritt dann notwendigerweise der Fall 1 ein.

Nach Voraussetzung existiert ein $\mathbf{y} \in \mathbb{R}^n \setminus \{\mathbf{0}\}$ mit $I(\mathbf{y}) \subset I(\mathbf{x})$ und $\mathbf{Ay} = \mathbf{0}$. Man bestimmt nun einen Index $i_0 \in I(\mathbf{x})$ mit

$$\mu := \min\left\{ \left|\frac{x_i}{y_i}\right| : i \in I(\mathbf{x}),\, y_i \neq 0 \right\} = \left|\frac{x_{i_0}}{y_{i_0}}\right| > 0$$

und setzt $\mathbf{x}^\pm := \mathbf{x} \pm \mu \mathbf{y}$. Es folgen

- $\mathbf{Ax}^\pm = \mathbf{Ax} \pm \mu \mathbf{Ay} = \mathbf{Ax} = \mathbf{b}$,
- $\mathbf{x}^\pm \geq \mathbf{0}$, nach Definition von μ,
- Beide Punkte $\mathbf{x}^\pm$ sind zulässig und es gilt $f(\mathbf{x}^\pm) = \mathbf{c}^T \mathbf{x} \pm \mu(\mathbf{c}^T \mathbf{y})$. Da $\mathbf{x}$ optimal ist, folgt $\mathbf{c}^T \mathbf{y} = 0$. Damit sind beide Punkte $\mathbf{x}^\pm$ auch optimal!
- Wählt man für das Vorzeichen $-\text{sign}(\frac{x_{i_0}}{y_{i_0}})$, so folgt

$$\tilde{x}_{i_0} = x_{i_0} - \text{sign}\left(\frac{x_{i_0}}{y_{i_0}}\right) \left|\frac{x_{i_0}}{y_{i_0}}\right| y_{i_0} = 0.$$

Damit ist $\tilde{\mathbf{x}}$ eine weitere Lösung mit $I(\tilde{\mathbf{x}}) \subset I(\mathbf{x})$ und $I(\tilde{\mathbf{x}}) \neq I(\mathbf{x})$. ∎

Bemerkung (6.3.9)

Verwendet man die obige Konstruktion für einen nur zulässigen, aber nicht notwendig optimalen Punkt $\mathbf{x} \in M$, so lässt sich in analoger Weise eine Basislösung $\tilde{\mathbf{x}}$ konstruieren mit $I(\tilde{\mathbf{x}}) \subset I(\mathbf{x})$. Da $M \neq \emptyset$ vorausgesetzt wurde, ist die Menge der Basislösungen somit ebenfalls nichtleer.

Satz (6.3.10) (Darstellungssatz)

Es bezeichne $\{\mathbf{v}_\ell : \ell \in L\}$ die endliche und nichtleere Menge der Basislösungen von (6.3.1) mit jeweils zugehöriger (nicht notwendig eindeutig bestimmter) Indexmenge $J_B(\mathbf{v}_\ell)$. Jeder zulässige Punkt $\mathbf{x} \in M$ besitzt dann eine Darstellung

$$\mathbf{x} = \sum_{\ell \in L} \alpha_\ell \mathbf{v}_\ell + \mathbf{d}$$

mit $\alpha_\ell \geq 0$, $\sum_\ell \alpha_\ell = 1$, $\mathbf{d} \geq \mathbf{0}$ und $\mathbf{A}\mathbf{d} = \mathbf{0}$.

Beweis (per vollständiger Induktion über $p := \# I(\mathbf{x})$)

$p = 0$: In diesem Fall gilt $\mathbf{x} = \mathbf{0}$, damit ist $\mathbf{x}$ aber selber eine (entartete) Basislösung und die obige Darstellung ist trivialerweise mit $\mathbf{d} = \mathbf{0}$ erfüllt.

$0, 1, \ldots, p-1 \Rightarrow p$: Ist $\mathbf{x}$ selbst Basislösung, so ist die Behauptung wie oben erfüllt. Sei $\mathbf{x}$ also keine Basislösung, d.h. die $(\mathbf{a}^j)_{j \in I(\mathbf{x})}$ sind linear abhängig. Dann existiert aber ein Vektor $\mathbf{y} \in \mathbb{R}^n \setminus \{\mathbf{0}\}$ mit $I(\mathbf{y}) \subset I(\mathbf{x})$ und $\mathbf{A}\mathbf{y} = \mathbf{0}$.

Fall 1: $\mathbf{y}$ hat positive und negative Komponenten. Man setze

$$\mu_1 := \min\{\frac{x_i}{y_i} : i \in I(\mathbf{x}), y_i > 0\} > 0,$$

$$\mu_2 := \min\{-\frac{x_i}{y_i} : i \in I(\mathbf{x}), y_i < 0\} > 0,$$

$$\mathbf{x}^1 := \mathbf{x} - \mu_1 \mathbf{y}, \quad \mathbf{x}^2 := \mathbf{x} + \mu_2 \mathbf{y}.$$

Wie im Beweis zu (6.3.7) folgt $\mathbf{x}^1, \mathbf{x}^2 \in M$, $\#I(\mathbf{x}^1) < p$ und $\#I(\mathbf{x}^2) < p$. Auf $\mathbf{x}^1$ und $\mathbf{x}^2$ lässt sich also die Induktionsvoraussetzung anwenden. Schließlich ist

$$\mathbf{x} = (1-\alpha)\mathbf{x}^1 + \alpha \mathbf{x}^2, \quad \alpha := \frac{\mu_1}{\mu_1 + \mu_2} \in]0,1[$$

und mit den Darstellungen (Induktionsvoraussetzung) $\mathbf{x} = \sum_\ell \alpha_\ell^i \mathbf{v}_\ell + \mathbf{d}^i$, $i = 1, 2$, wird

$$\mathbf{x} = \sum_{\ell \in L} ((1-\alpha)\alpha_\ell^1 + \alpha \alpha_\ell^2)\mathbf{v}_\ell + ((1-\alpha)\mathbf{d}^1 + \alpha \mathbf{d}^2).$$

Dies ist gerade die gewünschte Darstellung.

Fall 2: $\mathbf{y} \geq \mathbf{0}$. Man setze

$$\mu_1 := \min\{\frac{x_i}{y_i} : i \in I(\mathbf{x}), y_i > 0\} > 0, \quad \mathbf{x}^1 := \mathbf{x} - \mu_1 \mathbf{y}.$$

Wieder folgt $\mathbf{x}^1 \in M$ und $\#I(\mathbf{x}^1) < p$. Daher gibt es nach Induktionsvoraussetzung eine Darstellung $\mathbf{x}^1 = \sum_{\ell} \alpha_{\ell}^1 \mathbf{v}_{\ell} + \mathbf{d}^1$. Es folgt die gewünschte Darstellung

$$\mathbf{x} = \sum_{\ell \in L} \alpha_{\ell}^1 \mathbf{v}_{\ell} + (\mathbf{d}^1 + \mu_1 \mathbf{y}).$$

Fall 3: $\mathbf{y} \leq \mathbf{0}$ wird analog behandelt. ∎

Der obige Darstellungssatz ist das zentrale Hilfsmittel für den Beweis des folgenden Existenzsatzes.

Satz (6.3.11) (Existenzsatz)
Für ein lineares Programm (6.3.1) mögen die Zusatzvoraussetzungen (6.3.2) gelten. Dann nimmt entweder die Zielfunktion f auf der zulässigen Menge M beliebig kleine Werte an, oder das lineare Programm besitzt eine optimale Basislösung.

Beweis
Wir unterscheiden zwei Fälle.
Fall 1: Es gibt einen Vektor $\mathbf{d} \in \mathbb{R}^n$ mit $\mathbf{d} \geq \mathbf{0}$, $\mathbf{A}\mathbf{d} = \mathbf{0}$, $\mathbf{c}^T\mathbf{d} < 0$.
Für einen beliebigen zulässigen Punkt $\mathbf{x}_0 \in M$ und alle $t \geq 0$ folgt dann: $\mathbf{x}_0 + t\mathbf{d} \in M$. Ferner: $f(\mathbf{x}) = \mathbf{c}^T\mathbf{x} = \mathbf{c}^T\mathbf{x}_0 + t(\mathbf{c}^T\mathbf{d})$ nimmt wegen $\mathbf{c}^T\mathbf{d} < 0$ und $t \geq 0$ beliebig kleine Werte an.

Fall 2: Für alle Vektoren $\mathbf{d} \in \mathbb{R}^n$ gilt: $\mathbf{d} \geq \mathbf{0} \wedge \mathbf{A}\mathbf{d} = \mathbf{0} \Rightarrow \mathbf{c}^T\mathbf{d} \geq 0$.
Nach (6.3.9) besitzt jeder zulässige Punkt $\mathbf{x} \in M$ eine Darstellung

$$\mathbf{x} = \sum_{\ell \in L} \alpha_{\ell} \mathbf{v}_{\ell} + \mathbf{d},$$

wobei $\mathbf{v}_{\ell}$ Basislösungen sind, $\alpha_{\ell} \geq 0$, $\sum_{\ell} \alpha_{\ell} = 1$, $\mathbf{d} \geq \mathbf{0}$ und $\mathbf{A}\mathbf{d} = \mathbf{0}$. Insbesondere ist daher $\mathbf{c}^T\mathbf{d} \geq 0$ und es folgt

$$f(\mathbf{x}) = \mathbf{c}^T\mathbf{x} = \sum_{\ell} \alpha_{\ell}(\mathbf{c}^T\mathbf{v}_{\ell}) + \mathbf{c}^T\mathbf{d} \geq \min\{\mathbf{c}^T\mathbf{v}_{\ell} : \ell \in L\}.$$

Damit ist notwendigerweise unter den (endlich vielen) Basislösungen auch eine optimale Basislösung. ∎

6.4 Das Simplexverfahren

Das Simplexverfahren zur numerischen Lösung linearer Programme ist eines der grundlegenden Optimierungsverfahren mit vielfachen Anwendungen, vorwiegend im Bereich der Wirtschaftswissenschaften.

148   6 Lineare Ausgleichsprobleme, lineare Programme

Es geht auf den amerikanischen Mathematiker George Dantzig[30] zurück, der das Verfahren 1947 publizierte. Dantzig wird auch als der „Vater der linearen Optimierung" bezeichnet.

Die Grundidee besteht in einem systematischen Absuchen der Ecken des zulässigen Bereichs M. Der Übergang von einer Ecke zur nächsten wird mittels **Austauschschritten** durchgeführt. Dabei wird eine Basislösung durch eine benachbarte Basislösung ersetzt, wobei der Wert der Zielfunktion in jedem Austauschschritt fällt.

Wir verwenden die folgenden Bezeichnungen

$\mathbf{x}$: Basislösung zur Indexmenge J_B,

$J = (j_1, \ldots, j_n)$: Permutation von $(1, \ldots, n)$ mit

$J_B = \{j_1, \ldots, j_m\}, \quad J_N = \{j_{m+1}, \ldots, j_n\},$

$\mathbf{A}_B := (\mathbf{a}^{j_1} \ldots \mathbf{a}^{j_m}), \quad \mathbf{A}_N := (\mathbf{a}^{j_{m+1}} \ldots \mathbf{a}^{j_n}),$

$\mathbf{x}_B := (x_{j_1}, \ldots, x_{j_m})^T, \quad \mathbf{x}_N := (x_{j_{m+1}}, \ldots, x_{j_n})^T = \mathbf{0}.$

Für einen beliebigen Vektor $\overline{\mathbf{x}} = (\overline{\mathbf{x}}_B, \overline{\mathbf{x}}_N)^T \in \mathbb{R}^n$ gilt dann

$$\mathbf{A}\,\overline{\mathbf{x}} = \mathbf{A}_B\overline{\mathbf{x}}_B + \mathbf{A}_N\overline{\mathbf{x}}_N = \mathbf{b}$$
$$\iff \overline{\mathbf{x}}_B = \mathbf{A}_B^{-1}(\mathbf{b} - \mathbf{A}_N\overline{\mathbf{x}}_N) = \mathbf{x}_B - \mathbf{A}_B^{-1}\mathbf{A}_N\,\overline{\mathbf{x}}_N.$$

Die hierbei auftretende Matrix

$$\mathbf{D} = (\mathbf{d}^{j_{m+1}} \ldots \mathbf{d}^{j_n}) := \mathbf{A}_B^{-1}\mathbf{A}_N \in \mathbb{R}^{(m,n-m)} \qquad (6.4.1)$$

heißt **Tableaumatrix**. Nach Obigem hat man also $\overline{\mathbf{x}}_B = \mathbf{x}_B - \mathbf{D}\,\overline{\mathbf{x}}_N$ und damit für den Zielfunktionswert

$$\begin{aligned} f(\overline{\mathbf{x}}) &= \mathbf{c}^T\overline{\mathbf{x}} = \mathbf{c}_B^T\overline{\mathbf{x}}_B + \mathbf{c}_N^T\overline{\mathbf{x}}_N \\ &= \mathbf{c}_B^T\mathbf{x}_B + (\mathbf{c}_N^T - \mathbf{c}_B^T\mathbf{D})\,\overline{\mathbf{x}}_N \\ &= f(\mathbf{x}) + \mathbf{t}^T\overline{\mathbf{x}}_N, \quad \text{wobei} \end{aligned} \qquad (6.4.2)$$

$$\mathbf{t} = (t_{j_{m+1}}, \ldots, t_{j_n})^T := \mathbf{c}_N - \mathbf{D}^T\mathbf{c}_B \in \mathbb{R}^{n-m}. \qquad (6.4.3)$$

$\mathbf{t}$ heißt der **Vektor der reduzierten Kosten**. Die Komponente t_k gibt an, um wieviel sich die Zielfunktion vergrößert, wenn x_k, $k \in J_N$, um eine Einheit vergrößert wird. An (6.4.2) liest man nun unmittelbar ab:

Folgerung (6.4.4)

a) Ist $\mathbf{t} \geq \mathbf{0}$, so ist $\mathbf{x}$ eine Lösung des linearen Programms.

b) Ist $\mathbf{t} > \mathbf{0}$, so ist die Lösung $\mathbf{x}$ eindeutig bestimmt.

---

[30]George Dantzig (1914–2005); University of California Berkeley, Stanford-University

6.4 Das Simplexverfahren

Austauschschritt

Sei die Basislösung $\mathbf{x}$ nun (noch) keine Lösung des linearen Programms. Dann gibt es nach (6.4.4) einen Index $r = j_q \in J_N$ mit $t_r < 0$.
Für $\delta \in \mathbb{R}$ definieren wir $\mathbf{x}(\delta) \in \mathbb{R}^n$ durch

$$\mathbf{x}_B(\delta) := \mathbf{x}_B - \delta\, \mathbf{d}^r, \quad x_r(\delta) := \delta, \quad x_j(\delta) := 0 \;\; (j \in J_N \setminus \{r\}). \tag{6.4.5}$$

Damit findet man:

$$\mathbf{A}\,\mathbf{x}(\delta) = \mathbf{b}, \quad \mathbf{c}^T \mathbf{x}(\delta) = f(\mathbf{x}) + \delta\, t_r. \tag{6.4.6}$$

Denn:

- $\mathbf{A}\,\mathbf{x}(\delta) = \mathbf{A}_B(\mathbf{x}_B - \delta\,\mathbf{d}^r) + \delta\,\mathbf{a}^r$
  $= \mathbf{A}_b \mathbf{x}_B + \delta\,\mathbf{a}^r - \delta\,\mathbf{A}_B\,\mathbf{d}^r$
  $= \mathbf{b} + \delta\,(\mathbf{a}^r - \mathbf{A}_B \mathbf{A}_B^{-1}\mathbf{a}^r) = \mathbf{b}$
- $\mathbf{c}^T\mathbf{x}(\delta) = \mathbf{c}_B^T \mathbf{x}_B + \delta\,(c_r - \mathbf{c}_B^T \mathbf{d}^r) = \mathbf{c}_B^T \mathbf{x}_B + \delta\, t_r.$

Damit erfüllt $\mathbf{x}(\delta)$ für alle $\delta \in \mathbb{R}$ die Gleichungsnebenbedingungen. Ferner fällt die Zielfunktion für $\delta > 0$, da ja $t_r < 0$ war. Es bleibt zu untersuchen, ob auch die Ungleichungsnebenbedingungen $\mathbf{x} \geq \mathbf{0}$ erfüllt werden.

Zunächst stellen wir fest: Ist $\mathbf{d}^r \leq \mathbf{0}$, so ist $\mathbf{x}(\delta) \geq \mathbf{0}$ für alle $\delta \geq 0$, $\mathbf{x}(\delta)$ ist also für alle $\delta \geq 0$ zulässig. Andererseits folgt aber aus (6.4.6), dass dann $f(\mathbf{x}(\delta)) = \mathbf{c}^T\mathbf{x}(\delta)$ beliebig kleine Werte annehmen kann. Das lineare Programm (6.3.1) hat in diesem Fall keine Lösung!

Hat $\mathbf{d}^r$ dagegen positive Komponenten, so gilt $\mathbf{x}_B(\delta) \geq \mathbf{0}$ nur in einem beschränkten Intervall $\delta \in [0, \delta_{\max}]$. $\delta := \delta_{\max}$ lässt sich folgendermaßen festlegen: Man bestimme einen Index $p \in \{1, \ldots, m\}$ mit

$$\delta := \frac{x_{j_p}}{d_p^r} := \min\left\{ \frac{x_{j_i}}{d_i^r} \; : \; d_i^r > 0,\; i = 1, \ldots, m \right\}. \tag{6.4.7}$$

Dann ist $\mathbf{x}(\delta) \in M$, $f(\mathbf{x}(\delta)) \leq f(\mathbf{x})$ und $\mathbf{x}$ ist zudem Basislösung zur Indexmenge

$$J_B^{\text{neu}} := \big(J_B \cup \{j_q\}\big) \setminus \{j_p\}. \tag{6.4.8}$$

Ist die Ausgangs-Basislösung nicht entartet, also $\mathbf{x}_B > \mathbf{0}$, so ist $\delta > 0$ und die Zielfunktion fällt streng nach (6.4.6), $f(\mathbf{x}(\delta)) < f(\mathbf{x})$. Bei entarteten Basislösungen kann jedoch $\delta = 0$ auftreten. In diesem Fall liefert der Austauschschritt keine Verbesserung in Bezug auf den Zielfunktionswert.
Wir fassen das soeben entwickelte Verfahren nun noch einmal in Form eines Algorithmus zusammen.

Algorithmus (6.4.9) (Simplexverfahren)

Vorgegeben sei $\mathbf{A} \in \mathbb{R}^{(m,n)}$, $m < n$, $J = (j_1, \ldots, j_n)$ Permutation von $(1, \ldots, n)$ und $J_B = (j_1, \ldots, j_m)$ Basisindizes.

1.) $\mathbf{A}_B := (a_{ij_k})_{i,k=1,\ldots,m}$; Berechne die LR-Zerlegung von $\mathbf{A}_B$;

Falls $\mathbf{A}_B$ singulär: Abbruch (Fehlausgang)!

2.) Löse das lineare Gleichungssystem $\mathbf{A}_B \mathbf{x}_B = \mathbf{b}$;

Teste, ob $\mathbf{x}_B \geq \mathbf{0}$ gilt. Falls nicht: Abbruch (Fehlausgang)!

$\mathbf{c}_B := (c_{j_1}, \ldots, c_{j_m})^\mathrm{T}$; $f := \mathbf{c}_B^\mathrm{T} \mathbf{x}_B$;

3.) Löse das lineare Gleichungssystem $\mathbf{A}_B^\mathrm{T} \mathbf{y} = \mathbf{c}_B$;

$t_{j_k} := c_{j_k} - \mathbf{y}^\mathrm{T} \mathbf{a}^{j_k}$, $k = m+1, \ldots, n$;

Bestimme $q \in \{m+1, \ldots, n\}$, $r = j_q$, mit $t_r = \min\{t_{j_k} : k = m+1, \ldots, n\}$;

Falls $t_r \geq 0$: Abbruch (Lösung gefunden!)

4.) Löse das lineare Gleichungssystem $\mathbf{A}_B \mathbf{d} = \mathbf{a}^r$;

Falls $\mathbf{d} \leq \mathbf{0}$: Abbruch (Zielfunktion unbeschränkt!)

Bestimme $p \in \{1, \ldots, m\}$, $s = j_p$, mit

$$\frac{(x_B)_p}{d_p} = \min\left\{\frac{(x_B)_i}{d_i} : i = 1, \ldots, m, \ d_i > 0\right\};$$

5.) Vertausche j_p und j_q in J; gehe zu 1.).

Bemerkungen (6.4.10)

a) In $\mathbf{x}_B$ steht nach Abbruch des Verfahren nur der Basis-Abteil des Lösungsvektors $\mathbf{x}^*$. Man muss also noch setzen:

$$x_{j_i}^* := \begin{cases} (x_B)_i, & \text{für } i = 1, \ldots, m \\ 0, & \text{für } i = m+1, \ldots, n. \end{cases}$$

b) In jedem Austauschschritt sind jeweils *drei* lineare Gleichungssysteme zu lösen. Hierzu genügt es, *eine* LR-Zerlegung der Matrix $\mathbf{A}_B$ zu bestimmen und die Lösungen jeweils mit Vorwärts-/Rückwärtssubstitution zu berechnen.

c) Durch spezielle Techniken, auf die hier nicht eingegangen werden kann, lässt es sich vermeiden, dass im Fall entarteter Basislösungen **Zyklen** auftreten, also nach endlich vielen Austauschschritten wieder die frühere Indexmenge gewählt wird.

d) Die Matrix $\mathbf{A}_B^{(k+1)}$ im $(k+1)$-ten Schritt unterscheidet sich von $\mathbf{A}_B^{(k)}$ nur in einer Spalte. Es bietet sich an, für eine vereinfachte Berechnung der LR-Zerlegung so genannte **Modifikationstechniken** zu verwenden.

6.4 Das Simplexverfahren

Zur Illustration des Simplexverfahrens betrachten wir noch einmal das einfache Modellproblem einer Schuhfabrik, vgl. (6.3.5). Die Ausgangsdaten ordnen wir in einem Tableau an.

Beispiel (6.4.11)

	a^1	a^2	a^3	a^4	a^5	b
A	20	10	1	0	0	8000
	4	5	0	1	0	2000
	6	15	0	0	1	4500
c^T	−16	−32	0	0	0	

1. Austauschschritt: $J = (3, 4, 5 \mid 1, 2)$,

$A_B = I_3$, $x_B = A_B^{-1} b = (8000, 2000, 4500)^T$, $c_B = (0, 0, 0)^T$, $f = 0$,

$y = A_B^{-T} c_B = (0, 0, 0)^T$,

$t_1 = -16 - y^T(20,4,6)^T = -16$, $\quad t_2 = -32 - y^T(10,5,15)^T = -32$,

$\Rightarrow r = 2 = j_5$, $\quad d = A_B^{-1} a^2 = (10, 5, 15)^T$,

$\left(\dfrac{(x_B)_i}{d_i}\right) = (800, 400, 200)^T \Rightarrow p = 3$, $s = j_3 = 5$.

2. Austauschschritt: $J = (3, 4, 2 \mid 1, 5)$,

$A_B = \begin{pmatrix} 1 & 0 & 10 \\ 0 & 1 & 5 \\ 0 & 0 & 15 \end{pmatrix}$, $\quad x_B = A_B^{-1} b = (5000, 500, 300)^T$,

$c_B = (0, 0, -32)^T$, $f = -9600$,

$y = A_B^{-T} c_B = (0, 0, -64/30)^T$,

$t_1 = -16 - y^T(20,4,6)^T = -3.2$, $\quad t_5 = 0 - y^T(0,0,1)^T = 64/30$,

$\Rightarrow r = 1 = j_4$, $\quad d = A_B^{-1} a^1 = (16, 2, 0.4)^T$,

$\left(\dfrac{(x_B)_i}{d_i}\right) = (312.5, 250, 750)^T \Rightarrow p = 2$, $s = j_2 = 4$.

3. Austauschschritt: $J = (3, 1, 2 \mid 4, 5)$,

$A_B = \begin{pmatrix} 1 & 20 & 10 \\ 0 & 4 & 5 \\ 0 & 6 & 15 \end{pmatrix}$, $\quad x_B = A_B^{-1} b = (1000, 250, 200)^T$,

$c_B = (0, -16, -32)^T$, $f = -10400$,

$y = A_B^{-T} c_B = (0, -1.6, -1.6)^T$,

$t_1 = 0 - y^T(0,1,0)^T = 1.6$, $\quad t_5 = 0 - y^T(0,0,1)^T = 1.6$,

$\Rightarrow$ Lösung gefunden! $\quad x^* = (250, 200, 1000, 0, 0)^T$.

Satz (6.4.12)

Wird das Simplexverfahren mit einer Basislösung gestartet und sind alle erzeugten Basislösungen nichtentartet, so liefert der Algorithmus nach höchstens $\binom{n}{m}$ Austauschschritten eine Lösung des linearen Programms, oder die Information, dass die Zielfunktion über der zulässigen Menge beliebig kleine Werte annimmt.

Auffinden einer Basislösung

Zum Start des Simplexverfahrens ist die Kenntnis einer Basislösung notwendig. Häufig kann man eine solche der Problemstellung ablesen, beispielsweise, wenn $\mathbf{A}$ die kanonischen Einheitsvektoren $\mathbf{e}_1, \ldots, \mathbf{e}_m$ enthält und $\mathbf{b} \geq \mathbf{0}$ gilt, vgl. Beispiel (6.4.11).

Ist dies nicht der Fall, so kann selbst die Bestimmung eines zulässigen Punktes schwierig sein. Man kann dann folgendermaßen vorgehen. Zunächst sorgt man durch evtl. Multiplikation einzelner Gleichungen mit (-1) dafür, dass $\mathbf{b} \geq \mathbf{0}$ gilt.

Sodann löst man das folgende Hilfsproblem, das auch als **Phase I des Simplexverfahrens** bezeichnet wird:

$$\text{Minimiere} \quad f_H(\mathbf{x}, \mathbf{y}) := \sum_{i=1}^m y_i \quad \text{unter den Nebenbedingungen}$$
$$(\mathbf{A} \,|\, \mathbf{I}_m) \begin{pmatrix} \mathbf{x} \\ \mathbf{y} \end{pmatrix} = \mathbf{b}, \quad \mathbf{x} \geq \mathbf{0}, \quad \mathbf{y} \geq \mathbf{0}. \tag{6.4.13}$$

Offensichtlich ist dieses Hilfsproblem ein lineares Programm, dass die Zusatzvoraussetzungen (6.3.2) erfüllt. Ferner sieht man unmittelbar, dass $(\mathbf{x}, \mathbf{y}) := (\mathbf{0}, \mathbf{b})$ eine Basislösung mit Indexmenge $J_B = \{n+1, \ldots, n+m\}$ ist. Da weiterhin die Zielfunktion über der zulässigen Menge offensichtlich nach unten beschränkt ist, hat das Hilfsproblem eine optimale Lösung $(\mathbf{x}^*, \mathbf{y}^*)$, die sich mit dem Simplexverfahren berechnen lässt.

Jeder zulässige Punkt des Ausgangsproblems ist offenbar mit $\mathbf{y} = \mathbf{0}$ auch zulässig für das Hilfsproblem. Ist also $f_H(\mathbf{x}^*, \mathbf{y}^*) > 0$, so ist die zulässige Menge des Ausgangsproblems leer und damit die Aufgabe sinnlos. Ist dagegen $f_H(\mathbf{x}^*, \mathbf{y}^*) = 0$, so ist notwendigerweise $\mathbf{y}^* = \mathbf{0}$ und $\mathbf{x}^*$ ist Basislösung des Ausgangsproblems mit der in Phase I berechneten Indexmenge.

7 Eigenwerttheorie für Matrizen

7.1 Eigenwerte und Eigenvektoren

Wir knüpfen an das in Abschnitt 5.1 erwähnte **Normalformenproblem** für ähnliche Matrizen an.

Gegeben sei eine Matrix $\mathbf{A} \in \mathbb{R}^{(n,n)}/\mathbb{C}^{(n,n)}$ und die zugehörige lineare Transformation

$$\mathbf{y} = T(\mathbf{x}) = \mathbf{A}\,\mathbf{x} \qquad (\mathbf{x} \in \mathbb{R}^n/\mathbb{C}^n).$$

Wir fragen nach einer Basis $(\mathbf{v}_1, \ldots, \mathbf{v}_n)$ des $\mathbb{R}^n/\mathbb{C}^n$, so dass die lineare Abbildung T bezüglich dieser Basis eine möglichst einfache Basisdarstellung $\mathbf{B}$ besitzt.

Wünschenswert wäre etwa, für $\mathbf{B}$ eine Diagonalform

$$\mathbf{B} = \mathbf{\Lambda} = \begin{pmatrix} \lambda_1 & & 0 \\ & \ddots & \\ 0 & & \lambda_n \end{pmatrix} =: \operatorname{diag}(\lambda_1, \ldots, \lambda_n)$$

zu erhalten.

Wir erinnern an die wesentlichen Beziehungen des Basiswechsels. Nach Abschnitt 5.1 gilt:

$$\mathbf{B} = \mathbf{S}^{-1}\mathbf{A}\,\mathbf{S}, \tag{7.1.1}$$

wobei die Matrix $\mathbf{S}$ des Basiswechsels $(\mathbf{v}_j) \to (\mathbf{e}_i)$ gegeben ist durch:

$$\mathbf{S} = (\mathbf{v}_1, \ldots, \mathbf{v}_n). \tag{7.1.2}$$

Definition (7.1.3)

Die Matrix $\mathbf{A}$ heißt **diagonalisierbar**, falls es eine reguläre Matrix $\mathbf{S}$ gibt, so dass die Matrix $\mathbf{B} := \mathbf{S}^{-1}\mathbf{A}\,\mathbf{S}$ Diagonalgestalt besitzt.

Nehmen wir einmal an, dass $\mathbf{A}$ diagonalisierbar sei, dass also (7.1.1) mit $\mathbf{B} = \mathbf{\Lambda} = \operatorname{diag}(\lambda_1, \ldots, \lambda_n)$ gilt. Dann können wir mit (7.1.2) umformen:

$$\mathbf{\Lambda} = \mathbf{S}^{-1}\mathbf{A}\,\mathbf{S}, \qquad \mathbf{\Lambda} = \operatorname{diag}(\lambda_1, \ldots, \lambda_n),$$

$$\iff \mathbf{S}\,\mathbf{\Lambda} = \mathbf{A}\,\mathbf{S}$$

$$\iff (\mathbf{v}_1, \ldots, \mathbf{v}_n) \cdot \operatorname{diag}(\lambda_1, \ldots, \lambda_n) = \mathbf{A} \cdot (\mathbf{v}_1, \ldots, \mathbf{v}_n)$$

$$\iff (\lambda_1 \mathbf{v}_1, \ldots, \lambda_n \mathbf{v}_n) = (\mathbf{A}\,\mathbf{v}_1, \ldots, \mathbf{A}\,\mathbf{v}_n)$$

$$\iff \mathbf{A}\,\mathbf{v}_j = \lambda_j \mathbf{v}_j, \qquad j = 1, 2, \ldots, n. \tag{7.1.4}$$

Die geometrische Interpretation von (7.1.4) ist wie folgt: Es gibt eine Basis $(\mathbf{v}_1, \ldots, \mathbf{v}_n)$, so dass die Transformation $T(\mathbf{x}) = \mathbf{A}\,\mathbf{x}$ in Richtung von $\mathbf{v}_j$ eine **Streckung** mit Streckungsfaktor λ_j darstellt.

Definition (7.1.5)

Eine Zahl $\lambda \in \mathbb{R}/\mathbb{C}$ heißt ein **Eigenwert (EW)** der Matrix $\mathbf{A}$, falls es einen Vektor $\mathbf{v} \in \mathbb{R}^n/\mathbb{C}^n$ gibt, der die Eigenwertgleichung

$$\mathbf{A}\,\mathbf{v} \;=\; \lambda\,\mathbf{v} \quad \text{und} \quad \mathbf{v} \neq \mathbf{0}$$

erfüllt. In diesem Fall heißt $\mathbf{v}$ ein zum Eigenwert λ zugehöriger **Eigenvektor (EV)**.

Die Menge aller Eigenvektoren eines bestimmten Eigenwerts λ bildet zusammen mit dem Nullvektor den so genannten **Eigenraum** zum Eigenwert λ:

$$E_\lambda \;:=\; \{\mathbf{v} \in \mathbb{R}^n/\mathbb{C}^n \,:\, \mathbf{A}\,\mathbf{v} = \lambda\,\mathbf{v}\}.$$

Bemerkung (7.1.6)

Der Eigenraum E_λ ist stets ein nichttrivialer, also nicht nur aus dem Nullvektor bestehender, linearer Unterraum des $\mathbb{R}^n/\mathbb{C}^n$. Denn wegen

$$\begin{aligned}
\mathbf{v} \in E_\lambda &\iff \mathbf{A}\,\mathbf{v} = \lambda\,\mathbf{v} \\
&\iff (\mathbf{A} - \lambda\,\mathbf{I}_n)\,\mathbf{v} = \mathbf{0} \\
&\iff \mathbf{v} \in \operatorname{Kern}(\mathbf{A} - \lambda\,\mathbf{I}_n)
\end{aligned}$$

ist der Eigenraum E_λ gleich dem Kern der Matrix $(\mathbf{A} - \lambda\,\mathbf{I}_n)$, und somit ein linearer Unterraum des $\mathbb{R}^n/\mathbb{C}^n$, vgl. Satz (4.2.2).

Mit den Umformungen in (7.1.4) ergibt sich das folgende Kriterium für die Diagonalisierbarkeit der Matrix $\mathbf{A}$.

Satz (7.1.7) (Diagonalisierbarkeit I)

Eine Matrix $\mathbf{A} \in \mathbb{R}^{(n,n)}/\mathbb{C}^{(n,n)}$ ist genau dann diagonalisierbar, wenn es eine Basis $(\mathbf{v}_1, \ldots, \mathbf{v}_n)$ des $\mathbb{R}^n/\mathbb{C}^n$ bestehend aus Eigenvektoren von $\mathbf{A}$ gibt. Die Matrix des Basiswechsels ist dann durch (7.1.2) gegeben.

Bemerkung (7.1.8)

Man beachte, dass eine reelle Matrix $\mathbf{A} \in \mathbb{R}^{(n,n)}$ durchaus komplexe Eigenwerte und Eigenvektoren besitzen kann.

So besitzt beispielsweise die (reelle) Drehmatrix

$$\mathbf{D}_\varphi \;=\; \begin{pmatrix} \cos\varphi & -\sin\varphi \\ \sin\varphi & \cos\varphi \end{pmatrix} \in \mathbb{R}^{(2,2)}$$

für $\varphi \neq k\,\pi$, $k \in \mathbb{Z}$ offensichtlich keine reellen Eigenwerte und Eigenvektoren. Dies ist schon aufgrund der geometrischen Bedeutung von $\mathbf{D}_\varphi$ klar. Wohl aber besitzt die Drehmatrix komplexe Eigenwerte und Eigenvektoren.

7.1 Eigenwerte und Eigenvektoren

Denn mit $\mathbf{v}_1 = \begin{pmatrix} 1 \\ -i \end{pmatrix}$, $\mathbf{v}_2 = \begin{pmatrix} 1 \\ i \end{pmatrix}$ rechnet man nach:

$$\mathbf{D}_\varphi \mathbf{v}_1 = e^{i\varphi} \mathbf{v}_1, \qquad \mathbf{D}_\varphi \mathbf{v}_2 = e^{-i\varphi} \mathbf{v}_2,$$

d.h., $\lambda_1 = e^{i\varphi}$ und $\lambda_2 = e^{-i\varphi}$ sind komplexe Eigenwerte von $\mathbf{D}_\varphi$.

Die Umformung in (7.1.6) ermöglicht eine einfache Charakterisierung der Eigenwerte als Nullstellen eines Polynoms. Es gilt hiernach:

$$\lambda \ \text{EW von} \ \mathbf{A} \iff \exists \mathbf{v} \neq \mathbf{0} : (\mathbf{A} - \lambda \mathbf{I}_n)\mathbf{v} = \mathbf{0}$$
$$\iff \det(\mathbf{A} - \lambda \mathbf{I}_n) = 0.$$

Satz (7.1.9)

Sei $\mathbf{A} \in \mathbb{R}^{(n,n)}/\mathbb{C}^{(n,n)}$.

a) $\lambda \in \mathbb{C}$ ist genau dann ein EW von $\mathbf{A}$, wenn $p_\mathbf{A}(\lambda) := \det(\mathbf{A} - \lambda \mathbf{I}_n) = 0$.

b) Die Funktion $\lambda \mapsto p_\mathbf{A}(\lambda)$, $\lambda \in \mathbb{C}$, ist ein Polynom vom Grad n, das so genannte **charakteristische Polynom** der Matrix $\mathbf{A}$.

c) Einige Koeffizienten des charakteristischen Polynoms $p_\mathbf{A}(\lambda) = \sum_{k=0}^{n} a_k \lambda^k$ lassen sich explizit angeben:

$$a_n = (-1)^n,$$
$$a_{n-1} = (-1)^{n-1} \sum_{j=1}^{n} a_{jj} =: (-1)^{n-1} \operatorname{Spur} \mathbf{A},$$
$$a_0 = \det \mathbf{A}.$$

d) Ist die Matrix $\mathbf{A}$ reell, so ist auch das charakteristische Polynom $p_\mathbf{A}(\lambda)$ reell, es besitzt also reelle Koeffizienten a_k.

Beweis

Nach Definition der Determinante gilt

$$p_\mathbf{A}(\lambda) = \begin{vmatrix} (a_{11} - \lambda) & a_{12} & \cdots & a_{1n} \\ a_{21} & (a_{22} - \lambda) & & \vdots \\ \vdots & & \ddots & \vdots \\ a_{n1} & \cdots & \cdots & (a_{nn} - \lambda) \end{vmatrix} = \sum_{\sigma \in S_n} \operatorname{sign}(\sigma) \, \tilde{a}_{1\sigma_1} \cdots \tilde{a}_{n\sigma_n}$$

mit $\tilde{a}_{jk} := \begin{cases} a_{jk} & : \text{für } j \neq k \\ a_{jk} - \lambda & : \text{für } j = k \end{cases}$

Jeder Summand der obigen Summe ist somit ein Polynom in λ. Nur für $\sigma = \operatorname{id}$ tritt λ in jedem Faktor $\tilde{a}_{j\sigma_j}$ auf. Für alle anderen Permutationen sind wenigstens *zwei* der Faktoren

$\tilde{a}_{j\sigma_j} = a_{j\sigma_j}$ unabhängig von λ. Das heißt, diese Summanden sind also Polynome aus Π_{n-2} bzgl. λ. Damit gilt:

$$\begin{aligned} p_{\mathbf{A}}(\lambda) &= (a_{11} - \lambda) \cdot \ldots \cdot (a_{nn} - \lambda) + \text{Polynom vom Grad} \leq (n-2) \\ &= (-1)^n \cdot \lambda^n + (-1)^{n-1} \lambda^{n-1} \sum_{j=1}^{n} a_{jj} + \text{Polynom vom Grad} \leq (n-2) \,. \end{aligned}$$

Schließlich gilt noch für den Absolutterm

$$a_0 = p_{\mathbf{A}}(0) = \det(\mathbf{A} - 0\,\mathbf{I}_n) = \det \mathbf{A}\,.$$ ∎

Folgerung (7.1.10)

Jede Matrix $\mathbf{A} \in \mathbb{R}^{(n,n)}/\mathbb{C}^{(n,n)}$ besitzt höchstens n reelle Eigenwerte. Sie besitzt genau n Eigenwerte in $\mathbb{C}$, wenn diese nach ihrer Vielfachheit als Nullstelle von $p_{\mathbf{A}}(\lambda)$ gezählt werden.

Beispiel (7.1.11)

Für die Drehmatrix $\mathbf{D}_\varphi \in \mathbb{R}^{(2,2)}$, vgl. (7.1.8), erhält man das charakteristische Polynom $p(\lambda) = \det(\mathbf{D}_\varphi - \lambda \mathbf{I}_2) = \lambda^2 - 2\cos(\varphi)\lambda + 1$. Damit ergeben sich die Eigenwerte von $\mathbf{D}_\varphi$ als die komplexen Nullstellen $\lambda_{1,2} = \cos\varphi \pm i\sin\varphi = e^{\pm i\varphi}$ von $p(\lambda)$.

Satz (7.1.12)

Sind $\mathbf{v}_1, \ldots, \mathbf{v}_m$ Eigenvektoren zu **verschiedenen** Eigenwerten $\lambda_1, \ldots, \lambda_m$, gilt also $\lambda_i \neq \lambda_j$ für $i \neq j$, so sind diese linear unabhängig.

Beweis (mittels vollständiger Induktion)

$\mathbf{m} = \mathbf{1}$: Ist klar, da ein Eigenvektor stets von $\mathbf{0}$ verschieden ist.

$\mathbf{m} - \mathbf{1} \Rightarrow \mathbf{m}$: Aus $\sum_{j=1}^{m} \alpha_j \mathbf{v}_j = \mathbf{0}$: folgt durch Multiplikation mit $(\mathbf{A} - \lambda_m \mathbf{I}_n)$:

$$\sum_{j=1}^{m} \alpha_j (\mathbf{A} - \lambda_m \mathbf{I}_n) \mathbf{v}_j = \mathbf{0}$$

$$\implies \sum_{j=1}^{m} \alpha_j (\lambda_j - \lambda_m) \mathbf{v}_j = \mathbf{0}$$

$$\implies \sum_{j=1}^{m-1} \alpha_j (\lambda_j - \lambda_m) \mathbf{v}_j = \mathbf{0}$$

und damit nach Induktionsvoraussetzung $\alpha_1 = \ldots = \alpha_{m-1} = 0$. Es bleibt somit $\sum_{j=1}^{m} \alpha_j \mathbf{v}_j = \alpha_j \mathbf{v}_m = \mathbf{0}$, also auch $\alpha_m = 0$. ∎

7.1 Eigenwerte und Eigenvektoren

Folgerung (7.1.13)

Jede Matrix $\mathbf{A} \in \mathbb{R}^{(n,n)}/\mathbb{C}^{(n,n)}$ mit n verschiedenen Eigenwerten ist diagonalisierbar.

Beispiel (7.1.14)

Wir haben in (7.1.11) gesehen, dass die Drehmatrix $\mathbf{D}_\varphi \in \mathbb{R}^{(2,2)}$ die Eigenwerte $\lambda_1 = \mathrm{e}^{i\varphi}$ und $\lambda_2 = \mathrm{e}^{-i\varphi}$ besitzt. Die zugehörigen Eigenvektoren ergeben sich als Lösungen des zugehörigen homogenen linearen Gleichungssystem $(\mathbf{D}_\varphi - \lambda_k \mathbf{I}_2)\mathbf{v}_k = \mathbf{0}$. Man erhält:

$$\mathbf{v}_1 = \begin{pmatrix} 1 \\ -i \end{pmatrix}, \quad \mathbf{v}_2 = \begin{pmatrix} 1 \\ i \end{pmatrix}.$$

Wegen $\lambda_1 \neq \lambda_2$ (es wird $\varphi \neq k\pi$, $k \in \mathbb{Z}$ vorausgesetzt) ist $\mathbf{D}_\varphi$ diagonalisierbar. Setzt man also

$$\mathbf{S} = \begin{pmatrix} 1 & 1 \\ -i & i \end{pmatrix},$$

so gilt:

$$\mathbf{\Lambda} = \mathbf{S}^{-1}\mathbf{D}_\varphi\mathbf{S} = \begin{pmatrix} \mathrm{e}^{i\varphi} & 0 \\ 0 & \mathrm{e}^{-i\varphi} \end{pmatrix}.$$

Definition (7.1.15)

a) Die Vielfachheit eines Eigenwerts λ als Nullstelle des charakteristischen Polynoms $p_\mathbf{A}(\lambda)$ heißt die **algebraische Vielfachheit** von λ. Bezeichnung: $a(\lambda)$.

b) Ist λ ein Eigenwert, so heißt die Dimension des Eigenraums E_λ die **geometrische Vielfachheit** von λ. Bezeichnung: $g(\lambda)$.

Satz (7.1.16) (Invarianz)

a) Ähnliche Matrizen haben das gleiche charakteristische Polynom; also auch die gleichen Eigenwerte, die gleichen algebraischen Vielfachheiten, die gleiche Determinante und die gleiche Spur.

b) Für ähnliche Matrizen stimmen auch die geometrischen Vielfachheiten überein. Genauer gilt für $\mathbf{B} = \mathbf{S}^{-1}\mathbf{A}\mathbf{S}$ mit einer regulären Matrix $\mathbf{S}$:

$$\mathbf{v} \text{ EV von } \mathbf{A} \text{ zum EW } \lambda \iff$$
$$\iff \mathbf{w} = \mathbf{S}^{-1}\mathbf{v} \text{ EV von } \mathbf{B} \text{ zum EW } \lambda.$$

Beweis

zu a)

$$\begin{aligned}
p_\mathbf{B}(\lambda) &= \det(\mathbf{B} - \lambda\mathbf{I}_n) \\
&= \det(\mathbf{S}^{-1}\mathbf{A}\mathbf{S} - \lambda\mathbf{S}^{-1}\mathbf{I}_n\mathbf{S}) \\
&= \det(\mathbf{S}^{-1}) \cdot \det(\mathbf{A} - \lambda\mathbf{I}_n) \cdot \det(\mathbf{S}) \\
&= \det(\mathbf{A} - \lambda\mathbf{I}_n) \\
&= p_\mathbf{A}(\lambda).
\end{aligned}$$

zu b)
$$\mathbf{A}\mathbf{v} = \lambda \mathbf{v} \iff (\mathbf{S}^{-1}\mathbf{A}\mathbf{S})(\mathbf{S}^{-1}\mathbf{v}) = \lambda(\mathbf{S}^{-1}\mathbf{v})$$
$$\iff \mathbf{B}\mathbf{w} = \lambda \mathbf{w} \text{ und } \mathbf{w} = \mathbf{S}^{-1}\mathbf{v}.$$
∎

Der obige Satz besagt, dass die genannten Größen (Eigenwerte, algebraische und geometrische Vielfachheiten, Determinante und Spur) **invariant gegenüber Koordinatentransformationen** sind. Somit sind diese nicht nur für Matrizen, sondern auch für die zugrunde gelegten linearen Abbildungen $\mathbf{y} = T(\mathbf{x})$ erklärt.

Satz (7.1.17)

Für einen beliebigen EW λ_0 von $\mathbf{A} \in \mathbb{R}^{(n,n)}/\mathbb{C}^{(n,n)}$ gilt stets: $\quad 1 \leq g(\lambda_0) \leq a(\lambda_0) \leq n$.

Beweis

Sei $(\mathbf{v}_1, \ldots, \mathbf{v}_k)$ eine Basis des Eigenraums E_{λ_0}, also $k = g(\lambda_0)$. Man ergänze diese zu einer Basis $(\mathbf{v}_1, \ldots, \mathbf{v}_n)$ des $\mathbb{R}^n/\mathbb{C}^n$.
Mit $\mathbf{S} := (\mathbf{v}_1, \ldots, \mathbf{v}_n)$ gilt dann:

$$\mathbf{B} := \mathbf{S}^{-1}\mathbf{A}\mathbf{S} = \left(\begin{array}{ccc|c} \lambda_0 & & 0 & \\ & \ddots & & \star \\ 0 & & \lambda_0 & \\ \hline & 0 & & \mathbf{R} \end{array} \right).$$

Damit folgt für das charakteristische Polynom:

$$p_\mathbf{A}(\lambda) = p_\mathbf{B}(\lambda) = (\lambda_0 - \lambda)^k \cdot \det(\mathbf{R} - \lambda \mathbf{I}_{n-k}).$$

Somit ist $\lambda = \lambda_0$ eine wenigstens k-fache Nullstelle von $p_\mathbf{A}(\lambda)$. Damit gilt also $g(\lambda_0) = k \leq a(\lambda_0)$. ∎

Mit Hilfe von (7.1.17) können wir nun ein weiteres Kriterium für die Diagonalisierbarkeit einer Matrix $\mathbf{A}$ aufstellen.

Satz (7.1.18) (Diagonalisierbarkeit II)

Eine Matrix $\mathbf{A} \in \mathbb{C}^{(n,n)}$ ist genau dann diagonalisierbar, wenn für alle Eigenwerte λ von $\mathbf{A}$ gilt: $g(\lambda) = a(\lambda)$.
Ist $\mathbf{A}$ reell und diagonalisierbar und sind alle Eigenwerte reell, so lässt sich auch die Transformationsmatrix $\mathbf{S} = (\mathbf{v}_1, \ldots, \mathbf{v}_n)$ reell wählen.

Beweis

Seien $\lambda_1, \ldots, \lambda_m$ die paarweise verschiedenen Eigenwerte von $\mathbf{A}$. Zu jedem $j \in \{1, \ldots, m\}$ sei $(\mathbf{v}_1^j, \ldots, \mathbf{v}_{k_j}^j)$ eine Basis von E_{λ_j}. Aus (7.1.12) folgt dann, dass auch die gesamte Menge $(\mathbf{v}_1^1, \ldots, \mathbf{v}_{k_1}^1, \mathbf{v}_1^2, \ldots, \mathbf{v}_1^m, \ldots, \mathbf{v}_{k_m}^m)$ linear unabhängig ist!

7.1 Eigenwerte und Eigenvektoren

$\Rightarrow$: Ist $\mathbf{A}$ diagonalisierbar, so gibt es eine Basis des $\mathbb{C}^n$ aus Eigenvektoren von $\mathbf{A}$. Jeder dieser Eigenvektoren liegt aber in einem zugehörigen Eigenraum. Deshalb muss $(\mathbf{v}_1^1, \ldots, \mathbf{v}_{k_m}^m)$ auch den ganzen Raum $\mathbb{C}^n$ aufspannen. Es folgt $\sum_{j=1}^{m} g(\lambda_j) = n$.

Da aber auch $\sum_{j=1}^{m} a(\lambda_j) = n$ ist, folgt wegen (7.1.17) $g(\lambda_j) = a(\lambda_j)$ für alle $j = 1, \ldots, m$.

$\Leftarrow$: Ist umgekehrt $g(\lambda_j) = a(\lambda_j)$, $j = 1, \ldots, m$, so folgt $\sum_{j=1}^{m} k_j = \sum_{j=1}^{m} g(\lambda_j) = n$. Die linear unabhängige Menge $(\mathbf{v}_1^1, \ldots, \mathbf{v}_{k_m}^m)$ besteht daher aus n Vektoren und ist somit eine Basis von $\mathbb{C}^n$. Damit ist $\mathbf{A}$ nach (7.1.7) diagonalisierbar. ∎

Wählt man die obige Basis als neues Koordinatensystem, also $\mathbf{S} = (\mathbf{v}_1^1, \ldots, \mathbf{v}_{k_m}^m)$, so folgt:

$$\mathbf{\Lambda} = \mathbf{S}^{-1} \mathbf{A} \mathbf{S} = \begin{pmatrix} \lambda_1 & & 0 & & & & & & \\ & \ddots & & & & & \mathbf{0} & & \\ 0 & & \lambda_1 & & & & & & \\ \hline & & & \lambda_2 & & & & & \\ & & & & \ddots & & & & \\ & & & & & \lambda_{m-1} & & & \\ \hline & & & & & & \lambda_m & & 0 \\ & \mathbf{0} & & & & & & \ddots & \\ & & & & & & 0 & & \lambda_m \end{pmatrix}.$$

Hierbei ist die Größe des zu λ_j gehörigen Kästchens gegeben durch $g(\lambda_j) = a(\lambda_j)$.

Beispiele (7.1.19)

a) Sei $\mathbf{A} = \begin{pmatrix} 3 & 2 & 0 \\ -3 & -2 & 0 \\ -3 & -3 & 1 \end{pmatrix}$.

Man findet: $p_\mathbf{A}(\lambda) = -\lambda(\lambda - 1)^2$, also

$$\lambda_1 = 0, \quad a(\lambda_1) = 1, \quad \lambda_2 = 1, \quad a(\lambda_2) = 2.$$

Zur Berechnung der Eigenvektoren lösen wir die folgenden homogenen linearen Gleichungssysteme:

$$(\mathbf{A} - \lambda_1 \mathbf{I}_3) \mathbf{v} = \mathbf{0} \quad : \quad \begin{pmatrix} 3 & 2 & 0 & | & 0 \\ -3 & -2 & 0 & | & 0 \\ -3 & -3 & 1 & | & 0 \end{pmatrix}.$$

Der Lösungsraum (Eigenraum zu λ_1) ist eindimensional mit Basis:

$$\mathbf{v}_1^1 = \begin{pmatrix} -2 \\ 3 \\ 3 \end{pmatrix}.$$

$$(\mathbf{A} - \lambda_2 \mathbf{I}_3)\mathbf{v} = \mathbf{0} \quad : \quad \left(\begin{array}{ccc|c} 2 & 2 & 0 & 0 \\ -3 & -3 & 0 & 0 \\ -3 & -3 & 0 & 0 \end{array}\right).$$

Der Lösungsraum (Eigenraum zu λ_2) ist zweidimensional mit Basis:

$$\mathbf{v}_1^2 = \begin{pmatrix} -1 \\ 1 \\ 0 \end{pmatrix}, \quad \mathbf{v}_2^2 = \begin{pmatrix} 0 \\ 0 \\ 1 \end{pmatrix}.$$

Damit ist $(\mathbf{v}_1^1, \mathbf{v}_1^2, \mathbf{v}_2^2)$ eine Basis aus Eigenvektoren, $\mathbf{A}$ ist diagonalisierbar mit:

$$\mathbf{S}^{-1}\mathbf{A}\mathbf{S} = \begin{pmatrix} 0 & 0 & 0 \\ 0 & 1 & 0 \\ 0 & 0 & 1 \end{pmatrix} \; ; \; \mathbf{S} = \begin{pmatrix} -2 & -1 & 0 \\ 3 & 1 & 0 \\ 3 & 0 & 1 \end{pmatrix}.$$

b) Sei $\mathbf{A} = \begin{pmatrix} 1 & 1 \\ 0 & 1 \end{pmatrix}$.

Das charakteristische Polynom lautet $p_\mathbf{A}(\lambda) = (1-\lambda)^2$, also ist $\lambda_1 = 1$ einziger Eigenwert mit $a(\lambda_1) = 2$.

Andererseits ist Kern $(\mathbf{A}-\lambda_1 \mathbf{I}_2)$ nur eindimensional: $E_{\lambda_1} = \left\{ \alpha \begin{pmatrix} 1 \\ 0 \end{pmatrix} : \alpha \in \mathbb{R} \right\}$.

Somit gilt $g(\lambda_1) < a(\lambda_1)$ und die Matrix $\mathbf{A}$ ist deshalb **nicht** diagonalisierbar!

c) In Verallgemeinerung des obigen Beispiels halten wir fest: Eine Matrix der Form

$$\mathbf{J}(\lambda_0) = \begin{pmatrix} \lambda_0 & 1 & & 0 \\ & \lambda_0 & \ddots & \\ & & \ddots & 1 \\ 0 & & & \lambda_0 \end{pmatrix} \in \mathbb{C}^{(n,n)}$$

hat das charakteristische Polynom $p_\mathbf{J}(\lambda) = (\lambda_0 - \lambda)^n$ und damit den n-fachen Eigenwert $\lambda_0 \in \mathbb{C}$. Es gilt $g(\lambda_0) = 1$, $a(\lambda_0) = n$ und

$$E_{\lambda_0} = \{\alpha \mathbf{e}_1 : \alpha \in \mathbb{C}\}.$$

Eine Matrix vom Typ $\mathbf{J}(\lambda_0)$ heißt ein **Jordan-Kästchen**.

Ein wichtiger Anwendungsbereich für die Diagonalisierung von Matrizen ist die Entkopplung von Systemen linearer, gewöhnlicher Differentialgleichungen mit konstanten Koeffizienten. Solche treten beispielsweise bei der Behandlung mechanischer Schwingungsprobleme auf. Sie haben im so genannten homogenen Fall die Gestalt:

$$\mathbf{y}'(t) = \begin{pmatrix} y_1'(t) \\ \vdots \\ y_n'(t) \end{pmatrix} = \mathbf{A} \begin{pmatrix} y_1(t) \\ \vdots \\ y_n(t) \end{pmatrix} = \mathbf{A}\mathbf{y}(t)$$

7.1 Eigenwerte und Eigenvektoren

mit einer konstanten (n,n)-Matrix $\mathbf{A}$.
Ist $\mathbf{A}$ nun zu einer Diagonalmatrix $\mathbf{\Lambda}$ ähnlich, d.h., gibt es eine Transformation $\mathbf{\Lambda} = \mathbf{S}^{-1}\mathbf{A}\mathbf{S}$ mit einer regulären Matrix $\mathbf{S}$ und einer Diagonalmatrix $\mathbf{\Lambda}$, so folgt:

$$\mathbf{y}'(t) = \mathbf{S}\mathbf{\Lambda}\mathbf{S}^{-1}\mathbf{y}(t)$$
$$\text{oder} \quad \mathbf{S}^{-1}\mathbf{y}'(t) = \mathbf{\Lambda}(\mathbf{S}^{-1}\mathbf{y}(t)).$$

Man kann also zunächst das entkoppelte lineare Differentialgleichungssystem

$$\mathbf{z}'(t) = \mathbf{\Lambda}\,\mathbf{z}(t)$$

für $\mathbf{z} := \mathbf{S}^{-1}\mathbf{y}$ lösen und erhält damit $\mathbf{y}(t)$ gemäß $\mathbf{y}(t) = \mathbf{S}\,\mathbf{z}(t)$.

Beispiel (7.1.20)

Für das Differentialgleichungssystem

$$\begin{pmatrix} y_1' \\ y_2' \\ y_3' \end{pmatrix} = \begin{pmatrix} 3 & 2 & 0 \\ -3 & -2 & 0 \\ -3 & -3 & 1 \end{pmatrix} \begin{pmatrix} y_1 \\ y_2 \\ y_3 \end{pmatrix}$$

erhält man durch Diagonalisierung, vgl. (7.1.19) a):

$$\begin{pmatrix} z_1' \\ z_2' \\ z_3' \end{pmatrix} = \begin{pmatrix} 0 & 0 & 0 \\ 0 & 1 & 0 \\ 0 & 0 & 1 \end{pmatrix} \begin{pmatrix} z_1 \\ z_2 \\ z_3 \end{pmatrix} = \begin{pmatrix} 0 \\ z_2 \\ z_3 \end{pmatrix}.$$

Für die allgemeine Lösung ergibt sich damit

$$\begin{pmatrix} z_1(t) \\ z_2(t) \\ z_3(t) \end{pmatrix} = \begin{pmatrix} C_1 \\ C_2\,\mathrm{e}^t \\ C_3\,\mathrm{e}^t \end{pmatrix}, \quad \begin{pmatrix} y_1(t) \\ y_2(t) \\ y_3(t) \end{pmatrix} = \begin{pmatrix} -2 & -1 & 0 \\ 3 & 1 & 0 \\ 3 & 0 & 1 \end{pmatrix} \begin{pmatrix} C_1 \\ C_2\,\mathrm{e}^t \\ C_3\,\mathrm{e}^t \end{pmatrix},$$

wobei C_1, C_2, C_3 beliebige Konstante sind.

Die Jordansche Normalform

Wir betrachten nun die Fälle, in denen eine vorgegebene Matrix $\mathbf{A} \in \mathbb{C}^{(n,n)}$ **nicht diagonalisierbar** ist. Wieder suchen wir nach einer möglichst einfachen Normalform für $\mathbf{A}$, d.h. nach einer möglichst einfachen Matrix $\mathbf{J}$, die zur Matrix $\mathbf{A}$ ähnlich ist. Es stellt sich heraus (auf einen Beweis dieser Tatsache müssen wir hier verzichten), dass eine solche Matrix $\mathbf{J}$ durch die so genannte **Jordansche Normalform** gegeben ist. Dies ist eine Block-Diagonalmatrix, wobei die Diagonalelemente selbst quadratische Matrizen (Blöcke) vom Typ eines **Jordan-Kästchens** sind. Man vergleiche hierzu das Beispiel (7.1.19)c).

Bevor wir auf die allgemeine Konstruktion der Jordanschen Normalform eingehen, sehen wir uns zwei **Grenzfälle** an. Der eine Grenzfall besteht darin, dass sämtliche Jordan-Kästchen der Jordanschen Normalform $\mathbf{J}$ nur (1,1)-Matrizen (also Skalare) sind. In diesem Fall ist $\mathbf{J}$ eine Diagonalmatrix. Ein Kriterium hierfür haben wir gerade in Satz

(7.1.18) kennengelernt. Die nicht eindeutig bestimmte Transformationsmatrix **S** erhält man sehr einfach, indem man eine beliebige Basis aus Eigenvektoren als Spaltenvektoren nebeneinander schreibt, vgl. (7.1.4).

Der andere Grenzfall ergibt sich, wenn man annimmt, dass die Block-Diagonalmatrix **J** nur aus **einem** Block, d.h. aus einem Jordan-Kästchen besteht, dass also gilt:

$$\mathbf{S}^{-1}\,\mathbf{A}\,\mathbf{S} \;=\; \mathbf{J}(\lambda_0)\,, \qquad \mathbf{S} \;=\; (\mathbf{v}_1,\ldots,\mathbf{v}_n)\,, \qquad (7.1.21)$$

mit $\mathbf{J}(\lambda_0)$ wie in (7.1.19)c). Ein Kriterium hierfür ist mit Beispiel (7.1.19) klar: **A** darf nur **einen** Eigenwert λ_0 besitzen und für den muss weiterhin $g(\lambda_0) = 1$ und $a(\lambda_0) = n$ gelten. Wie erhält man in diesem Fall nun die Transformationsmatrix **S**?

Zunächst folgt aus (7.1.21)

$$\mathbf{A}\,(\mathbf{v}_1,\ldots,\mathbf{v}_n) \;=\; (\mathbf{v}_1,\ldots,\mathbf{v}_n) \begin{pmatrix} \lambda_0 & 1 & & 0 \\ & \lambda_0 & \ddots & \\ & & \ddots & 1 \\ 0 & & & \lambda_0 \end{pmatrix}$$

$$= \; (\lambda_0\,\mathbf{v}_1,\; \mathbf{v}_1 + \lambda_0\,\mathbf{v}_2,\; \ldots,\; \mathbf{v}_{n-1} + \lambda_0\,\mathbf{v}_n)$$

und damit:

$$\begin{aligned}(\mathbf{A} - \lambda_0\,\mathbf{I}_n)\,\mathbf{v}_1 &= \mathbf{0}\,, \\ (\mathbf{A} - \lambda_0\,\mathbf{I}_n)\,\mathbf{v}_k &= \mathbf{v}_{k-1}\,, \quad k = 2, 3, \ldots n\,.\end{aligned} \qquad (7.1.22)$$

$\mathbf{v}_1$ ist also ein EV zum EW λ_0 und als solcher wegen $g(\lambda_0) = 1$ auch (bis auf die Länge) eindeutig bestimmt.

Die Vektoren $\mathbf{v}_k$, $k = 2,\ldots,n$, heißen **Hauptvektoren** der Stufen $1, 2, \ldots, n-1$. Sie lassen sich als Lösungen der linearen Gleichungssysteme in (7.1.22), der so genannten **Kettenbedingung**, ermitteln. Man beachte, dass die Koeffizientenmatrix dieser Gleichungssysteme singulär ist. Die Lösungen sind demnach nicht eindeutig bestimmt!

Setzt man die Gleichungen aus (7.1.22) ineinander ein, so findet man ferner

$$(\mathbf{A} - \lambda_0\,\mathbf{I}_n)^2\,\mathbf{v}_2 \;=\; (\mathbf{A} - \lambda_0\,\mathbf{I}_n)\,\mathbf{v}_1 \;=\; \mathbf{0}$$

und allgemein

$$(\mathbf{A} - \lambda_0\,\mathbf{I}_n)^k\,\mathbf{v}_k \;=\; \mathbf{0}\,, \quad k = 1,\ldots,n\,. \qquad (7.1.23)$$

Man könnte die gesuchten Vektoren $\mathbf{v}_k$ also auch aus den (singulären) linearen Gleichungssystemen (7.1.23) bestimmen, wobei allerdings darauf zu achten ist, dass die Kettenbedingung (7.1.22) erfüllt sein muss.

Beispiel (7.1.24)

Gegeben sei die Matrix $\mathbf{A} = \begin{pmatrix} -3 & 15 & -11 \\ -9 & 21 & -9 \\ -9 & 15 & 0 \end{pmatrix}$.

7.1 Eigenwerte und Eigenvektoren

Für das charakteristische Polynom findet man $p_{\mathbf{A}}(\lambda) = -(\lambda - 6)^3$, also ist $\lambda_0 = 6$ dreifacher Eigenwert von $\mathbf{A}$.

Wir lösen nun die Gleichungssysteme (7.1.22). Zunächst findet man, dass der Eigenraum $E_{\lambda_0} = \mathrm{Kern}\,(\mathbf{A} - \lambda_0\,\mathbf{I}_3)$ tatsächlich eindimensional ist. Aufgrund der anschließend zu lösenden Gleichungssysteme skalieren wir den Eigenvektor zu

$$\mathbf{v}_1 = \begin{pmatrix} 45 \\ 27 \\ 0 \end{pmatrix}.$$

Hiermit finden wir für die Lösungen der Kettenbedingung

$$(\mathbf{A} - \lambda_0\,\mathbf{I}_3)\,\mathbf{v}_2 = \mathbf{v}_1 : \qquad \mathbf{v}_2 = \begin{pmatrix} -9 \\ -9 \\ -9 \end{pmatrix},$$

$$(\mathbf{A} - \lambda_0\,\mathbf{I}_3)\,\mathbf{v}_3 = \mathbf{v}_2 : \qquad \mathbf{v}_3 = \begin{pmatrix} 1 \\ 0 \\ 0 \end{pmatrix}.$$

Die Matrix $\mathbf{A}$ ist also zum Jordan-Kästchen $\mathbf{J}(\lambda_0)$ ähnlich; Transformation : $\mathbf{J}(\lambda_0) = \mathbf{S}^{-1}\,\mathbf{A}\,\mathbf{S}$ mit:

$$\mathbf{J}(\lambda_0) = \begin{pmatrix} 6 & 1 & 0 \\ 0 & 6 & 1 \\ 0 & 0 & 6 \end{pmatrix}, \qquad \mathbf{S} = \begin{pmatrix} 45 & -9 & 1 \\ 27 & -9 & 0 \\ 0 & -9 & 0 \end{pmatrix}.$$

Im folgenden Satz stellen wir die allgemeine Jordansche Normalform dar und geben die zu ihrer Berechnung benötigten Eigenschaften an. Wie erwähnt, werden wir auf einen Beweis des folgenden Satzes verzichten und verweisen hierzu auf die Standard-Lehrbücher zur Linearen Algebra.

Satz (7.1.25) (Die Jordansche Normalform)

Gegeben sei eine beliebige Matrix $\mathbf{A} \in \mathbb{C}^{(n,n)}$. Mit $\lambda_1, \ldots, \lambda_m$ seien die (verschiedenen) Eigenwerte der Matrix $\mathbf{A}$ bezeichnet. Insbesondere gilt also $\sum_{k=1}^{m} a(\lambda_k) = n$.
Des weiteren bezeichnen wir die geometrischen Vielfachheiten der Eigenwerte λ_k, $k = 1, \ldots, m$, mit $\ell_k := g(\lambda_k)$. Es gilt also $1 \leq \ell_k \leq a(\lambda_k)$.

Dann gibt es eine zu $\mathbf{A}$ ähnliche Matrix $\mathbf{J} \in \mathbb{C}^{(n,n)}$ der folgenden Form

$$\mathbf{J} = \begin{pmatrix} \mathbf{J}_1 & & & \mathbf{0} \\ & \mathbf{J}_2 & & \\ & & \ddots & \\ \mathbf{0} & & & \mathbf{J}_m \end{pmatrix}, \qquad \mathbf{J}_k = \begin{pmatrix} \mathbf{J}_{k1} & & & \mathbf{0} \\ & \mathbf{J}_{k2} & & \\ & & \ddots & \\ \mathbf{0} & & & \mathbf{J}_{k\ell_k} \end{pmatrix} \in \mathbb{C}^{(a(\lambda_k),a(\lambda_k))}$$

$$\mathbf{J}_{ki} = \begin{pmatrix} \lambda_k & 1 & & 0 \\ & \lambda_k & \ddots & \\ & & \ddots & 1 \\ 0 & & & \lambda_k \end{pmatrix} \in \mathbb{C}^{(m_{ki}, m_{ki})}$$

Die Matrix $\mathbf{J}$ heißt die **Jordansche Normalform** der Matrix $\mathbf{A}$. Die $\mathbf{J}_{ki}$ sind die **Jordan-Kästchen**. Ihre Anzahl ist durch die geometrische Vielfachheit ℓ_k festgelegt. Schwieriger ist dagegen die Bestimmung der Dimensionen m_{ki} der Jordan-Kästchen. Diese Größen können i. Allg. erst nach Berechnung der **Hauptvektoren** festgelegt werden.

Die Transformationsmatrix $\mathbf{S} \in \mathbb{C}^{(n,n)}$ mit $\mathbf{J} = \mathbf{S}^{-1} \mathbf{A} \mathbf{S}$ ist folgendermaßen aufgebaut:

$$\mathbf{S} = (\mathbf{S}_1, \mathbf{S}_2, \ldots, \mathbf{S}_m), \qquad \mathbf{S}_k \in \mathbb{C}^{(n, a(\lambda_k))}$$

$$\mathbf{S}_k = (\mathbf{S}_{k1}, \mathbf{S}_{k2}, \ldots, \mathbf{S}_{k\ell_k}), \qquad \mathbf{S}_{ki} \in \mathbb{C}^{(n, m_{ki})}$$

$$\mathbf{S}_{ki} = (\mathbf{v}_1^{ki}, \ldots, \mathbf{v}_{m_{ki}}^{ki}), \quad i = 1, \ldots, \ell_k$$

$\mathbf{v}_1^{ki}$: **Eigenvektor** von $\mathbf{A}$ zum EW λ_k, d.h.

$$(\mathbf{A} - \lambda_k \mathbf{I}_n) \mathbf{v}_1^{ki} = \mathbf{0}, \quad \mathbf{v}_1^{ki} \neq \mathbf{0}, \quad i = 1, \ldots, \ell_k = g(\lambda_k).$$

$\mathbf{v}_j^{ki}$: **Hauptvektor** von $\mathbf{A}$ zum EW λ_k der Stufe $j-1$, $j \geq 2$, d.h.

$$(\mathbf{A} - \lambda_k \mathbf{I}_n)^j \mathbf{v}_j^{ki} = \mathbf{0}, \quad (\mathbf{A} - \lambda_k \mathbf{I}_n)^{j-1} \mathbf{v}_j^{ki} \neq \mathbf{0}.$$

Eigenvektoren und Hauptvektoren müssen dabei der **Kettenbedingung** genügen, vgl. (7.1.22):

$$(\mathbf{A} - \lambda_k \mathbf{I}_n) \mathbf{v}_j^{ki} = \mathbf{v}_{j-1}^{ki}, \quad j = 2, \ldots, m_{ki}.$$

Bemerkungen (7.1.26)

a) Die Jordansche Normalform ist bis auf Permutationen der Jordan-Kästchen eindeutig bestimmt.

b) Zwei Matrizen sind genau dann ähnlich, wenn sich ihre Jordanschen Normalformen nur durch eine Permutation der Jordan-Kästchen unterscheiden.

Beispiel (7.1.27)

Gegeben sei die Matrix $\mathbf{A} = \begin{pmatrix} 8 & 8 & 4 \\ -1 & 2 & 1 \\ -2 & -4 & -2 \end{pmatrix}$.

Für das charakteristische Polynom findet man: $p_\mathbf{A}(\lambda) = -\lambda(\lambda - 4)^2$.

7.1 Eigenwerte und Eigenvektoren

Damit ergeben sich die Eigenwerte und Eigenvektoren:

$$\lambda_1 = 0: \quad \mathbf{v}^1 = \begin{pmatrix} 0 \\ -1 \\ 2 \end{pmatrix}, \quad \lambda_2 = 4: \quad \mathbf{v}^2 = \begin{pmatrix} -2 \\ 1 \\ 0 \end{pmatrix}.$$

Es ist $g(\lambda_2) < a(\lambda_2)$. Man muss also einen Hauptvektor zu $\lambda_2 = 4$ bestimmen. Man findet:

$$(\mathbf{A} - \lambda_2 \mathbf{I}_3)^2 = \begin{pmatrix} 0 & 0 & 0 \\ -4 & -8 & -12 \\ 8 & 16 & 24 \end{pmatrix}.$$

Der Kern von $(\mathbf{A} - \lambda_2 \mathbf{I}_3)^2$ ist also zweidimensional, er enthält den Eigenvektor $\mathbf{v}^2$. Dies ist übrigens stets der Fall! Ein von $\mathbf{v}^2$ linear unabhängiger Vektor aus dem Kern ist etwa:

$$\mathbf{v}^3 = \begin{pmatrix} -3 \\ 0 \\ 1 \end{pmatrix} \quad \text{(Hauptvektor 1. Stufe)}$$

Setzen wir also:

$$\mathbf{v}_2^{21} := \begin{pmatrix} -3 \\ 0 \\ 1 \end{pmatrix} = \mathbf{v}^3, \quad \text{so folgt:}$$

$$\mathbf{v}_1^{21} := (\mathbf{A} - \lambda_2 \mathbf{I}_3)\mathbf{v}_2^{21} = \begin{pmatrix} -8 \\ 4 \\ 0 \end{pmatrix} = 4\mathbf{v}^2$$

und $\mathbf{v}_1^{11} := \begin{pmatrix} 0 \\ -1 \\ 2 \end{pmatrix} = \mathbf{v}^1.$

Man beachte nochmals, dass Eigen- und Hauptvektoren nicht eindeutig bestimmt sind. Mit den obigen Vektoren ergibt sich:

$$\mathbf{S} = \begin{pmatrix} 0 & -8 & -3 \\ -1 & 4 & 0 \\ 2 & 0 & 1 \end{pmatrix}.$$

Hiermit rechnet man nach (Probe!):

$$\mathbf{J} = \begin{pmatrix} 0 & 0 & 0 \\ 0 & 4 & 1 \\ 0 & 0 & 4 \end{pmatrix} = \mathbf{S}^{-1}\mathbf{A}\,\mathbf{S}.$$

Bemerkung (7.1.28)

Im Fall $g(\lambda_k) = 1$ lassen sich die Hauptvektoren auch als Lösung der linearen Gleichungssysteme (Kettenbedingung)

$$(\mathbf{A} - \lambda_k \mathbf{I}_n)\mathbf{v}_j^{ki} = \mathbf{v}_{j-1}^{ki}$$

ermitteln, so dass die Berechnung der Potenzen $(\mathbf{A} - \lambda_k \mathbf{I}_n)^j$ entfallen kann. Im Fall $g(\lambda_k) > 1$ geht dies jedoch i. Allg. nicht.

Beispiel (7.1.29)

Sei $\mathbf{A} = \begin{pmatrix} -2 & 5 & -2 \\ -3 & 6 & -2 \\ -3 & 5 & -1 \end{pmatrix}$.

Man findet: $p_\mathbf{A}(\lambda) = -(\lambda - 1)^3$, also ist $\lambda_1 = 1$ dreifacher EW. Aus $(\mathbf{A} - \lambda_1 \mathbf{I}_3)\mathbf{v} = \mathbf{0}$ erhält man zwei linear unabhängige Eigenvektoren, etwa:

$$\mathbf{v}_1 = \begin{pmatrix} 5 \\ 3 \\ 0 \end{pmatrix}, \quad \mathbf{v}_2 = \begin{pmatrix} 2 \\ 0 \\ -3 \end{pmatrix},$$

als Basis des Eigenraums E_{λ_1}.

Damit liegt die Jordansche Normalform von $\mathbf{A}$ bereits fest: $\mathbf{J} = \begin{pmatrix} 1 & 0 & 0 \\ 0 & 1 & 1 \\ 0 & 0 & 1 \end{pmatrix}$.

Um die Transformationsmatrix $\mathbf{S}$ aufzustellen, benötigt man einen Hauptvektor. Wegen $(\mathbf{A} - \lambda_1 \mathbf{I}_3)^2 = \mathbf{0}$ ist **jeder** nicht in E_{λ_1} liegende Vektor ein Hauptvektor. Man wähle z.B.

$$\mathbf{v}_2^{1\,2} := \begin{pmatrix} 1 \\ 0 \\ 0 \end{pmatrix} \notin E_{\lambda_1}.$$

Damit wird:

$$\mathbf{v}_1^{1\,2} := (\mathbf{A} - \lambda_1 \mathbf{I}_3)\mathbf{v}_2^{1\,2} = \begin{pmatrix} -3 \\ -3 \\ -3 \end{pmatrix} \in E_{\lambda_1}.$$

Für $\mathbf{v}_1^{1\,1}$ lässt sich nun irgendein von $\mathbf{v}_1^{1\,2}$ linear unabhängiger Vektor in E_{λ_1} wählen, etwa: $\mathbf{v}_1^{1\,1} = \mathbf{v}_1$.

Insgesamt hat man damit die Transformationsmatrix:

$$\mathbf{S} = \begin{pmatrix} 5 & -3 & 1 \\ 3 & -3 & 0 \\ 0 & -3 & 0 \end{pmatrix}$$

und überprüft, dass tatsächlich $\mathbf{S}^{-1}\mathbf{A}\mathbf{S} = \mathbf{J}$ gilt.

Beispiel (7.1.30) (nach Burg, Haf, Wille [2])

Gegeben sei die Matrix

$$\mathbf{A} = \begin{pmatrix} -1 & 6 & -2 & 3 & -3 \\ 1 & -1 & 1 & -1 & 1 \\ 2 & -13 & 7 & -4 & 2 \\ 1 & -12 & 5 & -2 & 1 \\ 6 & -19 & 7 & -8 & 8 \end{pmatrix}.$$

7.1 Eigenwerte und Eigenvektoren

Für das charakteristische Polynom ergibt sich $p_{\mathbf{A}}(\lambda) = -(\lambda-3)(\lambda-2)^4$. Man hat also die Eigenwerte $\lambda_1 = 3$, $\lambda_2 = 2$ mit $a(\lambda_1) = 1$, $a(\lambda_2) = 4$.
Für die Eigenvektoren findet man mittels Gauß-Elimination:

$$(\mathbf{A} - \lambda_1 \mathbf{I})\mathbf{v} = \mathbf{0}: \quad \mathbf{v}^1 := (1, 0, 1, 1, -1)^T,$$
$$(\mathbf{A} - \lambda_2 \mathbf{I})\mathbf{v} = \mathbf{0}: \quad \mathbf{v}^2 := (1, 1, 3, 1, 0)^T, \quad \mathbf{v}^3 := (-1, 0, 0, 0, 1)^T.$$

Insbesondere ist $g(\lambda_2) = 2$, d.h., zu λ_2 gibt es **zwei** Jordan-Kästchen, und man hat entweder zwei Hauptvektoren erster Stufe oder einen Hauptvektor erster und einen zweiter Stufe zu bestimmen.
Man berechnet nun

$$(\mathbf{A} - \lambda_2 \mathbf{I})^2 = \begin{pmatrix} -4 & 11 & -4 & 5 & -4 \\ 1 & -5 & 2 & -2 & 1 \\ -1 & -4 & 2 & -1 & -1 \\ -3 & 6 & -2 & 3 & -3 \\ 5 & -16 & 6 & -7 & 5 \end{pmatrix}.$$

Diese Matrix hat den Rang 2. Das zugehörige homogene Gleichungssystem besitzt die linear unabhängigen Lösungen

$$(\mathbf{A} - \lambda_2 \mathbf{I})^2 \mathbf{v} = \mathbf{0}: \quad \mathbf{v}^2, \mathbf{v}^3 \text{ und } \mathbf{v}^4 := (2, 4, 9, 0, 0)^T.$$

Insbesondere gibt es also nur einen (linear unabhängigen) Hauptvektor erster Stufe. Wir müssen daher weiter rechnen

$$(\mathbf{A} - \lambda_2 \mathbf{I})^3 \mathbf{v} = \mathbf{0}: \quad \mathbf{v}^2, \mathbf{v}^3, \mathbf{v}^4 \text{ und } \mathbf{v}^5 := (11, 4, 0, 0, 0)^T.$$

Damit sind alle Basisvektoren bestimmt, und man hat nun dafür Sorge zu tragen, dass auch die Kettenbedingung erfüllt ist. Wir setzen daher

$$\mathbf{v}_3^{2\,2} := \mathbf{v}^5,$$
$$\mathbf{v}_2^{2\,2} := (\mathbf{A} - \lambda_2 \mathbf{I})\mathbf{v}_3^{2\,2} = (-9, -1, -30, -37, -10)^T,$$
$$\mathbf{v}_1^{2\,2} := (\mathbf{A} - \lambda_2 \mathbf{I})\mathbf{v}_2^{2\,2} = (0, -9, -27, -9, -9)^T,$$
$$\mathbf{v}_1^{2\,1} := \mathbf{v}^3, \quad \mathbf{v}^3 \text{ ist linear unabhängig von } \mathbf{v}_1^{2\,2},$$
$$\mathbf{v}_1^{1\,1} := \mathbf{v}^1.$$

Damit ergeben sich schließlich die Transformationsmatrix

$$\mathbf{S} = \begin{pmatrix} 1 & -1 & 0 & -9 & 11 \\ 0 & 0 & -9 & -1 & 4 \\ 1 & 0 & -27 & -30 & 0 \\ 1 & 0 & -9 & -37 & 0 \\ -1 & 1 & -9 & -10 & 0 \end{pmatrix}$$

und die zugehörige Jordansche Normalform

$$\mathbf{J} = \left(\begin{array}{c|cccc} 3 & 0 & 0 & 0 & 0 \\ \hline 0 & 2 & 0 & 0 & 0 \\ 0 & 0 & 2 & 1 & 0 \\ 0 & 0 & 0 & 2 & 1 \\ 0 & 0 & 0 & 0 & 2 \end{array}\right).$$

7.2 Symmetrische Matrizen, Hauptachsentransformation

Wir wollen zunächst zeigen, dass sich jede reelle, **symmetrische** Matrix diagonalisieren lässt und dass man ferner bei der Diagonalisierung die Transformationsmatrix **orthogonal** wählen kann.

Geometrisch bedeutet dies, dass die einer symmetrischen Matrix zugrunde liegende lineare Transformation bezüglich eines geeigneten **orthogonalen** Koordinatensystems Diagonalgestalt besitzt, also – bis auf eine Drehung oder Spiegelung – lediglich aus Streckungen in den Koordinatenrichtungen besteht.

Wir führen die Beweise im Folgenden für den etwas allgemeineren Fall einer Hermiteschen Matrix. Zuvor sei nochmals an die wesentlichen Definitionen erinnert:

(i) $\quad \langle \mathbf{u}, \mathbf{v} \rangle := \sum_{j=1}^{n} \bar{u}_j v_j = \mathbf{u}^* \mathbf{v} \quad$ (Skalarprodukt); $\quad \mathbf{u}, \mathbf{v} \in \mathbb{C}^n$

(ii) $\quad \|\mathbf{v}\| := \sqrt{\langle \mathbf{v}, \mathbf{v} \rangle} = \sqrt{\sum_{j=1}^{n} |v_j|^2} \quad$ (Norm); $\quad \mathbf{v} \in \mathbb{C}^n$

(iii) $\quad \mathbf{A}^* := \overline{\mathbf{A}}^{\mathrm{T}} = \begin{pmatrix} \bar{a}_{11} & \cdots & \bar{a}_{m1} \\ \vdots & & \vdots \\ \bar{a}_{1n} & \cdots & \bar{a}_{mn} \end{pmatrix} \in \mathbb{C}^{(n,m)}; \quad \mathbf{A} \in \mathbb{C}^{(m,n)}$

(iv) $\quad \mathbf{A} \quad$ Hermitesch $\quad :\Longleftrightarrow \quad \mathbf{A} = \mathbf{A}^*; \quad \mathbf{A} \in \mathbb{C}^{(n,n)}$

(v) $\quad \mathbf{A} \quad$ unitär $\quad :\Longleftrightarrow \quad \mathbf{A}\mathbf{A}^* = \mathbf{A}^*\mathbf{A} = \mathbf{I}_n; \quad \mathbf{A} \in \mathbb{C}^{(n,n)}$

Bemerkungen (7.2.1)

a) Längen- und winkelerhaltende lineare Transformationen $\mathbb{C}^n \to \mathbb{C}^n$ werden durch unitäre Matrizen beschrieben.

b) $\mathbf{A}$ ist genau dann unitär, wenn die Spaltenvektoren (Zeilenvektoren) von $\mathbf{A}$ ein ONS bilden.

c) Für reelle Matrizen $\mathbf{A} \in \mathbb{R}^{(n,n)}$ gilt

$\mathbf{A} \quad$ Hermitesch $\quad \Longleftrightarrow \quad \mathbf{A} \quad$ symmetrisch

$\mathbf{A} \quad$ unitär $\quad \Longleftrightarrow \quad \mathbf{A} \quad$ orthogonal.

Beispiel (7.2.2)

a) Die Matrix $\mathbf{A} = \begin{pmatrix} 2 & 1+i \\ 1-i & 1 \end{pmatrix}$ ist Hermitesch.

b) Die Matrix $\mathbf{U} = \begin{pmatrix} i/\sqrt{2} & (1-i)/2 \\ (1+i)/2 & i/\sqrt{2} \end{pmatrix}$ ist unitär.

Satz (7.2.3)

Sei $\mathbf{A} \in \mathbb{C}^{(n,n)}$ eine Hermitesche Matrix. Dann gilt

a) Die Eigenwerte von $\mathbf{A}$ sind reell.

b) Die Eigenvektoren zu verschiedenen Eigenwerten sind orthogonal.

Beweis

zu a) Ist $\mathbf{v} \in \mathbb{C}^n$ ein Eigenvektor zum Eigenwert $\lambda \in \mathbb{C}$, so folgt

$$\mathbf{v}^* \mathbf{A} \mathbf{v} = \mathbf{v}^* (\lambda \mathbf{v}) = \lambda \|\mathbf{v}\|^2$$

und $\quad \mathbf{v}^* \mathbf{A}^* \mathbf{v} = (\mathbf{A}\mathbf{v})^* \mathbf{v} = \overline{\lambda} \|\mathbf{v}\|^2.$

Ist $\mathbf{A}$ hermitesch, also $\mathbf{A} = \mathbf{A}^*$, so folgt $\lambda = \overline{\lambda}$, d.h., $\lambda \in \mathbb{R}$.

zu b) Es gelte $\mathbf{A}\mathbf{v} = \lambda \mathbf{v}$, $\mathbf{A}\mathbf{w} = \mu \mathbf{w}$, wobei $\mathbf{v}, \mathbf{w} \neq \mathbf{0}$ und $\lambda \neq \mu$ sei.
Nach a) folgt dann, dass λ und μ reell sind, sowie:

$$\begin{aligned}(\lambda - \mu)(\mathbf{v}^* \mathbf{w}) &= (\lambda \mathbf{v})^* \mathbf{w} - \mathbf{v}^*(\mu \mathbf{w}) \\ &= (\mathbf{A}\mathbf{v})^* \mathbf{w} - \mathbf{v}^*(\mathbf{A}\mathbf{w}) \\ &= 0, \quad \text{da } \mathbf{A} = \mathbf{A}^*.\end{aligned}$$

Damit folgt $\mathbf{v}^* \mathbf{w} = 0$, d.h., $\mathbf{v}$ und $\mathbf{w}$ sind orthogonal. ∎

Satz (7.2.4) (Hauptachsentransformation)

Jede Hermitesche Matrix $\mathbf{A} \in \mathbb{C}^{(n,n)}$ ist diagonalisierbar. Die Transformationsmatrix $\mathbf{S}$ mit $\mathbf{\Lambda} = \mathbf{S}^{-1} \mathbf{A} \mathbf{S}$ (Diagonalmatrix) lässt sich unitär wählen.

Beweis

Wäre die Hermitesche Matrix $\mathbf{A}$ nicht diagonalisierbar, so gäbe es nach dem Satz (7.1.25) über die Jordansche Normalform einen Hauptvektor erster Stufe, d.h., es gäbe einen EW λ von $\mathbf{A}$ und einen Vektor $\mathbf{v} \in \mathbb{C}^n$ mit

$$(\mathbf{A} - \lambda \mathbf{I})^2 \mathbf{v} = \mathbf{0}, \quad (\mathbf{A} - \lambda \mathbf{I}) \mathbf{v} \neq \mathbf{0}.$$

Mit **A** ist nun aber auch die Matrix $(\mathbf{A} - \lambda \mathbf{I})$ Hermitesch, da der EW λ nach (7.2.3) reell ist.
Es folgt
$$(\mathbf{A} - \lambda \mathbf{I})^2 \mathbf{v} = (\mathbf{A} - \lambda \mathbf{I})^* (\mathbf{A} - \lambda \mathbf{I}) \mathbf{v} = \mathbf{0}$$
$$\implies \mathbf{v}^* (\mathbf{A} - \lambda \mathbf{I})^* (\mathbf{A} - \lambda \mathbf{I}) \mathbf{v} = 0$$
$$\implies \| (\mathbf{A} - \lambda \mathbf{I}) \mathbf{v} \|^2 = 0$$
$$\implies (\mathbf{A} - \lambda \mathbf{I}) \mathbf{v} = \mathbf{0}.$$

Dies steht aber im Widerspruch zur Annahme, dass **v** ein Hauptvektor ist. Damit ist gezeigt, dass **A** diagonalisierbar ist.

Um nun eine unitäre Transformationsmatrix zu erhalten, hat man eine ONB aus Eigenvektoren von **A** zu konstruieren.

Die Eigenvektoren zu verschiedenen Eigenwerten stehen aber bereits nach Satz (7.2.3) aufeinander senkrecht, so dass man nur noch die Basen zu den einzelnen Eigenräumen orthonormal zu wählen hat. Dies gelingt aber stets mittels Gram–Schmidt-Orthogonalisierung, vgl. Abschnitt 5.2. ∎

Bemerkungen (7.2.5)

a) Jede reelle, symmetrische Matrix ist nach (7.2.4) diagonalisierbar. Die Transformationsmatrix **S** ist dann ebenfalls reell und lässt sich orthogonal wählen:

$$\boldsymbol{\Lambda} = \mathbf{S}^T \mathbf{A} \mathbf{S}, \qquad \mathbf{S}^T \mathbf{S} = \mathbf{I}_n.$$

Ferner lässt sich durch evtl. Ersetzung eines EVs **v** durch $-\mathbf{v}$ sogar $\det \mathbf{S} = 1$ erreichen, d.h., die durch **S** gegebene Transformation ist eine Drehung.

b) Die Voraussetzungen in (7.2.4) lassen sich abschwächen: Es genügt zu fordern, dass **A** eine **normale** Matrix ist, d.h., dass $\mathbf{A}^* \mathbf{A} = \mathbf{A} \mathbf{A}^*$ gilt.
Allerdings sind die Eigenwerte von **A** dann nicht mehr notwendig reell.

Beispiel (7.2.6)

Die symmetrische Matrix $\mathbf{A} = \begin{pmatrix} 1 & 3 & 0 \\ 3 & -2 & -1 \\ 0 & -1 & 1 \end{pmatrix}$ besitzt die Eigenwerte $\lambda_1 = 1$, $\lambda_2 = 3$ und $\lambda_3 = -4$.

Zu λ_1 und λ_2 werden normierte Eigenvektoren berechnet:

$$\mathbf{w}_1 = \frac{1}{\sqrt{10}} \begin{pmatrix} 1 \\ 0 \\ 3 \end{pmatrix}, \quad \mathbf{w}_2 = \frac{1}{\sqrt{14}} \begin{pmatrix} 3 \\ 2 \\ -1 \end{pmatrix}.$$

Der Eigenvektor zu λ_3 muss auf $\mathbf{w}_1$ und $\mathbf{w}_2$ senkrecht stehen. Man kann daher

$$\mathbf{w}_3 := \mathbf{w}_1 \times \mathbf{w}_2 = \frac{1}{\sqrt{35}} \begin{pmatrix} -3 \\ 5 \\ 1 \end{pmatrix}.$$

7.2 Symmetrische Matrizen, Hauptachsentransformation

wählen. Mit der Drehmatrix $\mathbf{S} := (\mathbf{w}_1, \mathbf{w}_2, \mathbf{w}_3)$ ist dann $\mathbf{S}^T \mathbf{A} \mathbf{S} = \begin{pmatrix} 1 & 0 & 0 \\ 0 & 3 & 0 \\ 0 & 0 & -4 \end{pmatrix}$.

Wir wollen die Hauptachsentransformation nun verwenden, um so genannte **Quadriken** zu untersuchen. Unter einer Quadrik versteht man die Lösungsmenge einer quadratischen Gleichung in n Variablen $x_1, \ldots, x_n$.

Definition (7.2.7)

a) Eine Funktion $q : \mathbb{R}^n \to \mathbb{R}$ der Form

$$q(\mathbf{x}) = \mathbf{x}^T \mathbf{A} \mathbf{x} + \mathbf{b}^T \mathbf{x} + c = \sum_{i,j=1}^{n} a_{ij} x_i x_j + \sum_{i=1}^{n} b_i x_i + c$$

heißt ein **quadratisches Polynom** in den Variablen $x_1, \ldots, x_n$.

Hierbei seien $\mathbf{A} \in \mathbb{R}^{(n,n)}$, $\mathbf{b} \in \mathbb{R}^n$ und $c \in \mathbb{R}$. Ferner kann man wegen

$$a_{ij} x_i x_j + a_{ji} x_j x_i = \left(\frac{a_{ij} + a_{ji}}{2} \right) x_i x_j + \left(\frac{a_{ij} + a_{ji}}{2} \right) x_j x_i$$

o.B.d.A. annehmen, dass die Matrix $\mathbf{A}$ symmetrisch ist, $\mathbf{A} = \mathbf{A}^T$.

b) Die Menge aller Punkte $\mathbf{x} \in \mathbb{R}^n$, die eine **quadratische Gleichung** der Form

$$q(\mathbf{x}) = \mathbf{x}^T \mathbf{A} \mathbf{x} + \mathbf{b}^T \mathbf{x} + c = 0 \qquad (7.2.8)$$

erfüllen, heißt eine **Quadrik** oder eine **Hyperfläche zweiter Ordnung**.

Beispiel (7.2.9)

Das quadratische Polynom

$$q(\mathbf{x}) = 7x_1^2 + 6x_2^2 + 5x_3^2 - 4x_1 x_2 + 8x_2 x_3 + 14x_1 - 8x_2 + 10x_3 + 6$$

lautet in Matrix-Schreibweise:

$$q(\mathbf{x}) = (x_1, x_2, x_3) \begin{pmatrix} 7 & -2 & 0 \\ -2 & 6 & 4 \\ 0 & 4 & 5 \end{pmatrix} \begin{pmatrix} x_1 \\ x_2 \\ x_3 \end{pmatrix} + (14, -8, 10) \begin{pmatrix} x_1 \\ x_2 \\ x_3 \end{pmatrix} + 6.$$

Hieran lassen sich $\mathbf{A}$, $\mathbf{b}$ und c ablesen.

Wir transformieren nun eine vorgegebene Quadrik durch geeignete Koordinatentransformationen auf eine einfache Form, an der man die geometrische Gestalt der Quadrik ablesen kann. Insbesondere fallen bei der transformierten Quadrik dann die Achsen (Hauptachsen) mit den Koordinatenachsen zusammen; daher der Name: Hauptachsentransformation. Die Transformation besteht insgesamt aus drei Teilschritten.

1. Schritt:

Wir führen die **Hauptachsentransformation** des quadratischen Anteils von $q(\mathbf{x})$ aus. Dazu berechnen wir die Eigenwerte λ_i der Matrix $\mathbf{A}$ sowie eine ONB $(\mathbf{w}_1, \ldots, \mathbf{w}_n)$ aus Eigenvektoren von $\mathbf{A}$.

$$\mathbf{S} := (\mathbf{w}_1, \ldots, \mathbf{w}_n) \quad \text{orthogonale Matrix,} \quad \det \mathbf{S} = 1$$

$$\mathbf{\Lambda} = \begin{pmatrix} \lambda_1 & & 0 \\ & \ddots & \\ 0 & & \lambda_n \end{pmatrix} = \mathbf{S}^T \mathbf{A} \mathbf{S}.$$

Setzt man diese Transformation in die Quadrik (7.2.8) ein, so folgt

$$\begin{aligned} \mathbf{y}^T \mathbf{\Lambda} \mathbf{y} + \mathbf{e}^T \mathbf{y} + c &= 0 \\ \mathbf{y} := \mathbf{S}^T \mathbf{x}, \quad \mathbf{e} &:= \mathbf{S}^T \mathbf{b}, \end{aligned} \quad (7.2.10)$$

bzw. explizit: $\quad \lambda_1 y_1^2 + \cdots + \lambda_n y_n^2 + e_1 y_1 + \cdots + e_n y_n + c = 0$.

2. Schritt:

Durch evtl. Umnumerierung der Variablen lässt sich erreichen, dass $\lambda_1, \lambda_2, \ldots \lambda_r$ nicht verschwinden und $\lambda_{r+1} = \ldots = \lambda_n = 0$ gilt. Für die nicht verschwindenden quadratischen Terme berechnen wir jeweils die **quadratische Ergänzung**, d.h., wir setzen

$$z_i := \begin{cases} y_i + \dfrac{e_i}{2\lambda_i}, & i = 1, \ldots, r \\ y_i, & i = r+1, \ldots, n \end{cases} \quad (7.2.11)$$

Geometrisch bedeutet der Übergang von den y_i zu den z_i eine Koordinatenverschiebung. Damit erhält man aus (7.2.10) die folgende Darstellung der Quadrik:

$$\lambda_1 z_1^2 + \cdots + \lambda_r z_r^2 + e_{r+1} z_{r+1} + \cdots + e_n z_n + d = 0. \quad (7.2.12)$$

Dabei ist $d := c - \sum_{k=1}^{r} \dfrac{e_k^2}{4\lambda_k}$ und $r = \text{Rang} \, \mathbf{A}$.

3. Schritt:

Ist einer der Koeffizienten $e_{r+1}, \ldots, e_n \neq 0$, so kann man durch eine weitere Koordinatenverschiebung erreichen, dass der Absolutterm d verschwindet. Dazu setze man, falls etwa $e_n \neq 0$ ist:

$$z_n \to z_n^{\text{neu}} := z_n + \dfrac{d}{e_n}. \quad (7.2.13)$$

7.2 Symmetrische Matrizen, Hauptachsentransformation

Insgesamt erhält man mit diesen drei Schritten ein neues, verschobenes und rechtwinkliges Koordinatensystem, bezüglich dessen die Quadrik eine der folgenden Darstellungen in Normalform besitzt.

Normalformen von Quadriken (7.2.14)

Falls $r = \operatorname{Rang} \mathbf{A} = n$: $\quad \lambda_1 z_1^2 + \cdots + \lambda_n z_n^2 + d = 0$,

Falls $r = \operatorname{Rang} \mathbf{A} < n$: $\quad \lambda_1 z_1^2 + \cdots + \lambda_r z_r^2 + e_{r+1} z_{r+1} + \cdots + e_n z_n = 0$,

oder : $\quad \lambda_1 z_1^2 + \cdots + \lambda_r z_r^2 + d = 0$.

Beispiel (7.2.15)

Die folgende Quadrik $q(\mathbf{x}) = \mathbf{x}^T \mathbf{A} \mathbf{x} + \mathbf{b}^T \mathbf{x} + c = 0$ mit

$$\mathbf{A} = \begin{pmatrix} 5 & -2 & -4 \\ -2 & 8 & -2 \\ -4 & -2 & 5 \end{pmatrix}, \quad \mathbf{b} = \begin{pmatrix} 16 \\ 8 \\ -20 \end{pmatrix}, \quad c = 19$$

ist auf Hauptachsenform zu transformieren.

Zunächst erhält man zur Matrix $\mathbf{A}$ das charakteristische Polynom $p_\mathbf{A}(\lambda) = -\lambda(\lambda-9)^2$, die Eigenwerte sind also $\lambda_1 = 9$ und $\lambda_2 = 0$.
Zu λ_1 erhält man zwei linear unabhängige Eigenvektoren, etwa:

$$\mathbf{v}_1 = \begin{pmatrix} 1 \\ 2 \\ -2 \end{pmatrix}, \quad \mathbf{v}_2 = \begin{pmatrix} -1 \\ 2 \\ 0 \end{pmatrix}.$$

Da wir eine unitäre bzw. orthogonale Transformationsmatrix benötigen, müssen wir diese Vektoren noch orthonormieren. Man findet hier mit dem Gram–Schmidt-Verfahren:

$$\mathbf{w}_1 = \frac{1}{3} \begin{pmatrix} 1 \\ 2 \\ -2 \end{pmatrix}, \quad \mathbf{w}_2 = \frac{1}{3} \begin{pmatrix} -2 \\ 2 \\ 1 \end{pmatrix}.$$

Der dritte Eigenvektor (zu $\lambda_2 = 0$) lässt sich dann wieder einfach mit Hilfe des Vektorprodukts berechnen:

$$\mathbf{w}_3 := \mathbf{w}_1 \times \mathbf{w}_2 = \frac{1}{3} \begin{pmatrix} 2 \\ 1 \\ 2 \end{pmatrix}.$$

Insgesamt haben wir also die orthogonale Transformationsmatrix (Drehmatrix – man überprüfe die Determinante!):

$$\mathbf{S} = \frac{1}{3} \begin{pmatrix} 1 & -2 & 2 \\ 2 & 2 & 1 \\ -2 & 1 & 2 \end{pmatrix}$$

Nach (7.2.10) transformiert sich die Quadrik also vermöge $\mathbf{y} := \mathbf{S}^T \mathbf{x}$ in die Form:

$$9 y_1^2 + 9 y_2^2 + 24 y_1 - 12 y_2 + 19 = 0.$$

Es bleibt nun noch, die quadratische Ergänzung zu bilden. Mit $z_1 := y_1 + 4/3$, $z_2 := y_2 - 2/3$ ergibt sich dann die Normalform

$$9 z_1^2 + 9 z_2^2 - 1 = 0.$$

Die geometrische Gestalt der Quadrik lässt sich an der Normalform jetzt unmittelbar ablesen: Die Quadrik stellt einen Zylinder mit kreisförmigem Querschnitt (Radius $= 1/3$) und der z_3-Achse als Symmetrieachse dar.

Im Folgenden stellen wir die Normalformen der Quadriken im $\mathbb{R}^2$ und $\mathbb{R}^3$ zusammen und geben ihre geometrische Bedeutung als Kegelschnitte bzw. Flächen zweiten Grades an.

Um hierbei die geometrische Gestalt der Flächen zweiten Grades zu erkennen, ist es hilfreich, sich die Schnitte der Quadriken mit Ebenen parallel zu den Koordinatenebenen, also $x = \text{const.}$, $y = \text{const.}$ oder $z = \text{const.}$, anzusehen. Deren Gestalt erkennt man wiederum mit Hilfe der Quadriken im $\mathbb{R}^2$.

Die Normalform der Quadriken im $\mathbb{R}^2$ (7.2.16)

(i)   Rang $\mathbf{A} = 2$ (alle Eigenwerte $\neq 0$)

$\dfrac{x^2}{a^2} + \dfrac{y^2}{b^2} - 1 = 0$ Ellipse $\dfrac{x^2}{a^2} - \dfrac{y^2}{b^2} - 1 = 0$ Hyperbel

$\dfrac{x^2}{a^2} + \dfrac{y^2}{b^2} + 1 = 0$ leere Menge $x^2 + a^2 y^2 = 0$ Punkt

$x^2 - a^2 y^2 = 0$ Geradenpaar

(ii)   Rang $\mathbf{A} = 1$ (ein Eigenwert $= 0$)

$x^2 - 2 p y = 0$ Parabel $x^2 - a^2 = 0$ parallele Geraden

$x^2 = 0$ Doppelgerade $x^2 + a^2 = 0$ leere Menge

(iii)   Rang $\mathbf{A} = 0$ (nur lineare Terme)

$b_1 x + b_2 y + c = 0$ allgemeine Gerade

7.2 Symmetrische Matrizen, Hauptachsentransformation

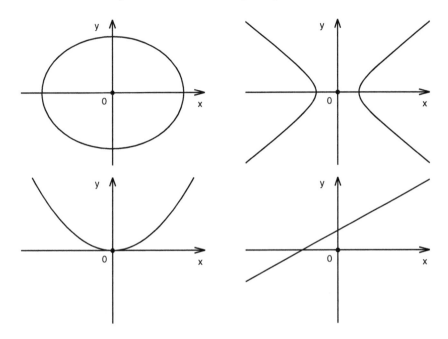

Abb. 7.1. Kegelschnitte: Ellipse, Hyperbel, Parabel, Gerade

Die Normalformen der Quadriken im $\mathbb{R}^3$ (7.2.17)

(i) Rang $\mathbf{A} = 3$ (alle Eigenwerte $\neq 0$)

$$\frac{x^2}{a^2} + \frac{y^2}{b^2} + \frac{z^2}{c^2} - 1 = 0 \qquad \text{Ellipsoid}$$

$$\frac{x^2}{a^2} + \frac{y^2}{b^2} + \frac{z^2}{c^2} + 1 = 0 \qquad \text{leere Menge}$$

$$\frac{x^2}{a^2} + \frac{y^2}{b^2} - \frac{z^2}{c^2} - 1 = 0 \qquad \text{einschaliges Hyperboloid}$$

$$\frac{x^2}{a^2} + \frac{y^2}{b^2} - \frac{z^2}{c^2} + 1 = 0 \qquad \text{zweischaliges Hyperboloid}$$

$$\frac{x^2}{a^2} + \frac{y^2}{b^2} + \frac{z^2}{c^2} = 0 \qquad \text{Punkt}$$

$$\frac{x^2}{a^2} + \frac{y^2}{b^2} - \frac{z^2}{c^2} = 0 \qquad \text{elliptischer Kegel}$$

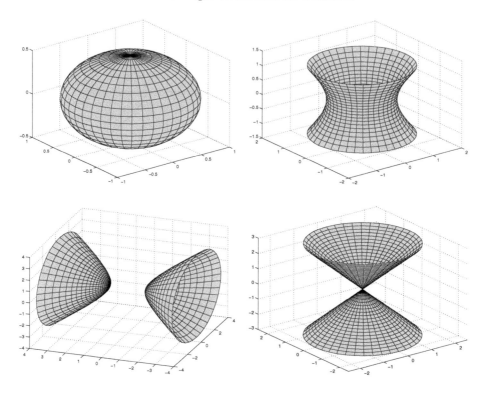

Abb. 7.2. Ellipsoid, ein- und zweischaliges Hyperboloid, elliptischer Kegel

(ii)   Rang $\mathbf{A} = 2$ (ein Eigenwert $= 0$)

$\dfrac{x^2}{a^2} + \dfrac{y^2}{b^2} - 2\,p\,z = 0$ elliptisches Paraboloid

$\dfrac{x^2}{a^2} - \dfrac{y^2}{b^2} - 2\,p\,z = 0$ hyperbolisches Paraboloid

$\dfrac{x^2}{a^2} + \dfrac{y^2}{b^2} + 1 = 0$ leere Menge

$\dfrac{x^2}{a^2} + \dfrac{y^2}{b^2} - 1 = 0$ elliptischer Zylinder

$\dfrac{x^2}{a^2} - \dfrac{y^2}{b^2} + 1 = 0$ hyperbolischer Zylinder

7.2 Symmetrische Matrizen, Hauptachsentransformation

$$\frac{x^2}{a^2} + \frac{y^2}{b^2} = 0 \quad \text{Gerade}$$

$$\frac{x^2}{a^2} - \frac{y^2}{b^2} = 0 \quad \text{Ebenenpaar mit Schnittgerade}$$

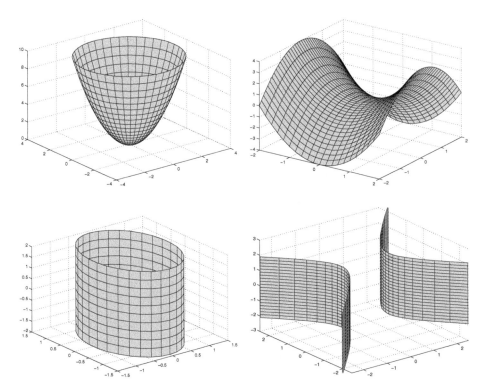

Abb. 7.3. Elliptisches und hyperbolisches Paraboloid, elliptischer und hyperbolischer Zylinder

(iii)   Rang $\mathbf{A} = 1$ (zwei Eigenwerte $= 0$)

$$x^2 - 2\,p\,z = 0 \quad \text{parabolischer Zylinder}$$

$$x^2 - a^2 = 0 \quad \text{paralleles Ebenenpaar}$$

$$x^2 + a^2 = 0 \quad \text{leere Menge}$$

$$x^2 = 0 \quad \text{Ebene}$$

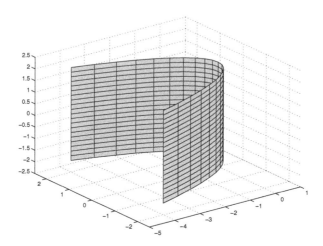

Abb. 7.4. Parabolischer Zylinder

(iv)   Rang **A** $= 0$ (nur lineare Terme)

$b_1 x + b_2 y + b_3 z + c = 0$ allgemeine Ebenengleichung

Positiv definite Matrizen

Im Folgenden sei $\mathbf{A} \in \mathbb{R}^{(n,n)}$ eine reelle, **symmetrische** Matrix. Nach Satz (7.2.1) sind dann sämtliche Eigenwerte $\lambda_1, \ldots, \lambda_n$ von **A** reell. In Erweiterung der Definition (4.1.13) sagen wir:

Definition (7.2.18) (Definitheit)

Eine symmetrische Matrix $\mathbf{A} \in \mathbb{R}^{(n,n)}$ heißt

positiv definit	$:\Longleftrightarrow$	$\forall i : \lambda_i > 0$
positiv semidefinit	$:\Longleftrightarrow$	$\forall i : \lambda_i \geq 0$
negativ definit	$:\Longleftrightarrow$	$\forall i : \lambda_i < 0$
negativ semidefinit	$:\Longleftrightarrow$	$\forall i : \lambda_i \leq 0$
indefinit	$:\Longleftrightarrow$	$\exists$ EWe $\lambda, \mu : \lambda \cdot \mu < 0$.

Der folgende Satz zeigt, dass diese Definition mit der früheren Definition (4.1.13) in Einklang steht. Zugleich erhalten wir ein Verfahren, mit dem man relativ leicht die positive Definitheit einer vorgegebenen Matrix feststellen kann.

7.2 Symmetrische Matrizen, Hauptachsentransformation

Satz (7.2.19)

Für eine symmetrische Matrix $\mathbf{A} \in \mathbb{R}^{(n,n)}$ sind äquivalent:

a) $\mathbf{A}$ ist positiv definit

b) $\forall \mathbf{x} \in \mathbb{R}^n, \; \mathbf{x} \neq \mathbf{0}: \; \mathbf{x}^T \mathbf{A} \mathbf{x} > 0$

c) $\forall k = 1, \ldots, n: \quad \det \begin{pmatrix} a_{11} & \ldots & a_{1k} \\ \vdots & & \vdots \\ a_{k1} & \ldots & a_{kk} \end{pmatrix} > 0.$

d) $\mathbf{A}$ besitzt eine Cholesky-Zerlegung: $\mathbf{A} = \mathbf{L}\mathbf{D}\mathbf{L}^T$.
Dabei ist $\mathbf{L}$ eine normierte untere Dreiecksmatrix, $\mathbf{D} = \operatorname{diag}(d_1, \ldots, d_n)$ eine Diagonalmatrix mit $d_k > 0$, für alle $k = 1, \ldots, n$.

Beweis

a) $\Rightarrow$ b): Sei $(\mathbf{w}_1, \ldots, \mathbf{w}_n)$ eine ONB aus EVen von $\mathbf{A}$, vgl. (7.2.2), also

$$\mathbf{A}\mathbf{w}_i = \lambda_i \mathbf{w}_i, \quad i = 1, \ldots, n, \quad \|\mathbf{w}_i\| = 1.$$

Dann gilt für einen beliebigen Vektor $\mathbf{x} = \sum_{i=1}^{n} x_i \mathbf{w}_i \neq \mathbf{0}$:

$$\mathbf{x}^T \mathbf{A} \mathbf{x} = \left(\sum_i x_i \mathbf{w}_i\right)^T \mathbf{A} \left(\sum_j x_j \mathbf{w}_j\right) = \sum_{i,j} x_i x_j \lambda_j (\mathbf{w}_i^T \mathbf{w}_j) = \sum_i \lambda_i x_i^2 > 0.$$

b) $\Rightarrow$ c): Sei $\mathbf{A}_k := \begin{pmatrix} a_{11} & \ldots & a_{1k} \\ \vdots & & \vdots \\ a_{k1} & \ldots & a_{kk} \end{pmatrix} \in \mathbb{R}^{(k,k)}.$

$\mathbf{A}_k$ ist symmetrisch und besitzt daher also nur reelle Eigenwerte.

Da die Determinante einer Matrix gleich dem Produkt ihrer Eigenwerte ist, würde aus $\det \mathbf{A}_k \leq 0$ folgen, dass $\mathbf{A}_k$ einen EW $\mu \leq 0$ besitzen muss. Sei $\mathbf{y} \in \mathbb{R}^k$ ein zugehöriger EV von $\mathbf{A}_k$.

Für $\mathbf{x} := \begin{pmatrix} \mathbf{y} \\ \mathbf{0} \end{pmatrix} \in \mathbb{R}^n$ folgt damit:

$$\mathbf{x}^T \mathbf{A} \mathbf{x} = \mathbf{y}^T \mathbf{A}_k \mathbf{y} = \mu (\mathbf{y}^T \mathbf{y}) \leq 0, \quad \text{im Widerspruch zu b)}.$$

c) $\Rightarrow$ d): Nach (4.4.14) und (4.4.15) besitzt $\mathbf{A}$ eine Cholesky-Zerlegung $\mathbf{A} = \mathbf{L}\mathbf{D}\mathbf{L}^T$. Da die Determinante, auch von Teilmatrizen $\mathbf{A}_k$, bei der Gauß-Elimination ohne Zeilenvertauschungen unverändert bleibt, gilt:

$$\det \mathbf{A}_k = d_1 d_2 \cdot \ldots \cdot d_k > 0, \quad \forall k = 1, \ldots, n,$$

und somit auch: $d_k > 0, \; \forall k = 1, \ldots, n$.

d) ⇒ a): Sei $\mathbf{w} \in \mathbb{R}^n$ ein EV zum EW λ von $\mathbf{A}$ und gelte $\|\mathbf{w}\| = 1$. Dann folgt:

$$\lambda = \mathbf{w}^T \mathbf{A} \mathbf{w} = (\mathbf{L}^T \mathbf{w})^T \mathbf{D} (\mathbf{L}^T \mathbf{w}) = \mathbf{y}^T \mathbf{D} \mathbf{y} = \sum_{k=1}^{n} d_k y_k^2 > 0,$$

wobei $\mathbf{y} := \mathbf{L}^T \mathbf{w} \neq \mathbf{0}$. ∎

Bemerkungen (7.2.20)

a) Satz (7.2.19) liefert ein einfaches Kriterium, um eine gegebene symmetrische Matrix $\mathbf{A} \in \mathbb{R}^{(n,n)}$ auf positive Definitheit zu überprüfen. Dazu führe man die Gauß-Elimination von $\mathbf{A}$ ohne Zeilen- oder Spaltenvertauschungen durch. Es gilt dann:

$$\mathbf{A} \text{ positiv definit} \iff \text{alle Pivotelemente } d_i > 0.$$

b) Für positiv definite Matrizen $\mathbf{A} \in \mathbb{R}^{(n,n)}$ lässt sich die Diagonalmatrix $\mathbf{D}$ in der Cholesky-Zerlegung $\mathbf{A} = \mathbf{L}\mathbf{D}\mathbf{L}^T$ nochmals zerlegen:

$$\mathbf{D} = \tilde{\mathbf{D}}^T \tilde{\mathbf{D}}, \qquad \tilde{\mathbf{D}} := \operatorname{diag}(\sqrt{d_1}, \ldots, \sqrt{d_n}).$$

Damit erhält man nun für $\mathbf{A}$ eine Zerlegung der Form: $\mathbf{A} = \mathbf{C}\mathbf{C}^T$ mit einer unteren Dreiecksmatrix $\mathbf{C} := \mathbf{L}\tilde{\mathbf{D}}^T$, die nur positive Diagonalelemente enthält. Diese Darstellung wird in der Literatur häufig auch als **Cholesky-Zerlegung** von $\mathbf{A}$ bezeichnet. In **MATLAB** lässt sich die Matrix $\mathbf{C}$ der Cholesky-Zerlegung mit Hilfe der Anweisung $\mathbf{C} = \operatorname{chol}(\mathbf{A})'$ berechnen. Dabei wird $\mathbf{A}$ als positiv definit vorausgesetzt.

c) Kriterien analog zu (7.2.19) lassen sich natürlich auch für negativ definite Matrizen formulieren.

Demnach ist eine symmetrische Matrix $\mathbf{A} \in \mathbb{R}^{(n,n)}$ genau dann negativ definit, wenn gilt

$$\forall k = 1, \ldots, n : \qquad (-1)^k \cdot \det \begin{pmatrix} a_{11} & \cdots & a_{1k} \\ \vdots & & \vdots \\ a_{k1} & \cdots & a_{kk} \end{pmatrix} > 0.$$

Beispiel (7.2.21) Die Matrix $\mathbf{A} = \begin{pmatrix} 2 & 1 & & & 0 \\ 1 & 2 & 1 & & \\ & 1 & 2 & 1 & \\ & & 1 & 2 & 1 \\ 0 & & & 1 & 2 \end{pmatrix}$ ist positiv definit, denn

die LR-Zerlegung von $\mathbf{A}$ ergibt

$$\mathbf{R} = \begin{pmatrix} 2 & 1 & & & 0 \\ & 3/2 & 1 & & \\ & & 4/3 & 1 & \\ & & & 5/4 & 1 \\ 0 & & & & 6/5 \end{pmatrix} \qquad \text{und damit } \forall i: d_i > 0.$$

7.3 Numerische Berechnung von Eigenwerten und Eigenvektoren

Da sich nach einem **Satz von Abel** Nullstellen von Polynomen mit Grad ≥ 5 nicht mit endlich vielen elementaren Operationen berechnen lassen, werden auch für die Berechnung von Eigenwerten als Nullstellen von charakteristischen Polynomen i. Allg. **iterative Verfahren** benötigt.

Solche Verfahren gehen von einem Näherungswert $\lambda^{(k)}$ für einen EW λ aus und verbessern diesen zu einer Näherung $\lambda^{(k+1)} = \Phi(\lambda^{(k)})$.

Ganz allgemein ergeben sich für solche Iterationsverfahren die folgenden Fragen:

- Wie findet man eine geeignete Ausgangsnäherung $\lambda^{(0)}$?
  Kann man den Anfangsfehler $|\lambda - \lambda^{(0)}|$ hierfür abschätzen?

- Mit welchen Methoden lassen sich die Näherungen verbessern? (Wahl der Verfahrensfunktion Φ?)

- „Konvergiert" das Verfahren? Wie schnell ist die Konvergenz?

Wir wollen auf diese Fragen im Fall der Eigenwert- und Eigenvektor-Berechnung einführend eingehen. Dabei sei unser Augenmerk zunächst auf die erste Frage gerichtet.

Eigenwertabschätzungen

Ein wichtiges Hilfsmittel hierfür sind die **Matrix-Normen**.

Definition (7.3.1)

Ist $\|.\|$ eine Norm für den $\mathbb{R}^n / \mathbb{C}^n$, so definiert man die **zugehörige Matrixnorm** für $\mathbf{A} \in \mathbb{R}^{(n,n)}/\mathbb{C}^{(n,n)}$ durch

$$\|\mathbf{A}\| := \max\left\{ \frac{\|\mathbf{A}\mathbf{x}\|}{\|\mathbf{x}\|} \,:\, \mathbf{x} \neq \mathbf{0} \right\}.$$

Bemerkungen (7.3.2)

a) Die Existenz des Maximums in (7.3.1) wird später mit Mitteln der Analysis gezeigt, vgl. (9.1.15). Aus der Definition ergibt sich sofort die wichtige Abschätzung

$$\|\mathbf{A}\mathbf{x}\| \leq \|\mathbf{A}\| \|\mathbf{x}\|, \quad \forall \mathbf{x} \in \mathbb{R}^n/\mathbb{C}^n. \tag{7.3.3}$$

Man sagt hierzu, dass die Matrixnorm mit der zugrunde gelegten Vektornorm **verträglich** ist.

b) Es genügt, das Maximum in (7.3.1) über die Vektoren der Länge 1 zu erstrecken.

In Abbildung 7.5 ist das Bild des (Euklidischen) Einheitskreises im $\mathbb{R}^2$ unter der Abbildung $\mathbf{x} \mapsto \mathbf{A}\mathbf{x}$ für eine vorgegebene reguläre Matrix $\mathbf{A}$ eingezeichnet. Man erkennt, dass es zwei Punkte maximaler Norm enthält. Der eingezeichnete maximale Abstand zum Ursprung ist gerade die Norm $\|\mathbf{A}\|_2$.

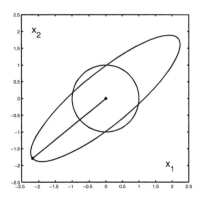

Abb. 7.5. Matrixnorm $\|\mathbf{A}\|_2$

c) Durch (7.3.1) wird tatsächlich eine Norm für den Vektorraum $\mathbb{R}^{(n,n)}/\mathbb{C}^{(n,n)}$ definiert. Diese genügt nicht nur der Verträglichkeitsbedingung (7.3.3), sondern sie ist zudem **submultiplikativ**, d.h.

$$\|\mathbf{A}\,\mathbf{B}\| \;\leq\; \|\mathbf{A}\| \cdot \|\mathbf{B}\|, \qquad \forall\, \mathbf{A},\, \mathbf{B} \in \mathbb{R}^{(n,n)}/\mathbb{C}^{(n,n)}. \tag{7.3.4}$$

d) Die wichtigsten Beispiele für Matrixnormen sind im Folgenden zusammen mit den zugehörigen Vektornormen aufgelistet:

$$\begin{aligned}
\|\mathbf{x}\|_1 &= \sum_{i=1}^{n} |x_i| : & \|\mathbf{A}\|_1 &= \max_{1\leq k\leq n} \sum_{i=1}^{n} |a_{ik}| & &\textbf{Spaltensummennorm} \\
\|\mathbf{x}\|_2 &= \sqrt{\sum_{i=1}^{n} |x_i|^2} : & \|\mathbf{A}\|_2 &= \sqrt{\lambda_{\max}(\mathbf{A}^*\mathbf{A})} & &\textbf{Spektralnorm} \\
\|\mathbf{x}\|_\infty &= \max_{1\leq i\leq n} |x_i| : & \|\mathbf{A}\|_\infty &= \max_{1\leq i\leq n} \sum_{k=1}^{n} |a_{ik}| & &\textbf{Zeilensummennorm}
\end{aligned}$$
(7.3.5)

Die Beweise zu diesen Formeln findet man u.a. in Lehrbüchern zur Numerischen Mathematik.

Eine erste, noch recht grobe Abschätzung für die Eigenwerte einer vorgegebenen Matrix liefert der Satz von Hirsch.

Satz (7.3.6) (Satz von Hirsch)

Ist λ Eigenwert einer Matrix $\mathbf{A} \in \mathbb{C}^{(n,n)}$ und $\|.\|$ irgendeine zu einer Vektornorm zugehörige Matrixnorm, so gilt:

$$|\lambda| \;\leq\; \|\mathbf{A}\|.$$

7.3 Numerische Berechnung von Eigenwerten und Eigenvektoren

Beweis

Aus $\mathbf{A}\mathbf{x} = \lambda \mathbf{x}$, $\mathbf{x} \neq \mathbf{0}$, folgt sofort die Abschätzung:

$$|\lambda|\, \|\mathbf{x}\| \;=\; \|\lambda \mathbf{x}\| \;=\; \|\mathbf{A}\mathbf{x}\| \;\leq\; \|\mathbf{A}\|\,\|\mathbf{x}\|,$$

also $|\lambda| \leq \|\mathbf{A}\|$. ∎

Beispiel (7.3.7)

Gegeben sei die Matrix $\quad \mathbf{A} = \begin{pmatrix} 1 & 0.1 & -0.1 \\ 0 & 2 & 0.4 \\ -0.2 & 0 & 3 \end{pmatrix}.$

Mit der Maximumsnorm $\|.\|_\infty$ erhält man die Abschätzung

$$|\lambda| \;\leq\; \|\mathbf{A}\|_\infty \;=\; \max(1.2, 2.4, 3.2) \;=\; 3.2 \,.$$

Tatsächlich lauten die Eigenwerte von $\mathbf{A}$ näherungsweise:

$$\lambda_1 \doteq 3.0060 \qquad \lambda_2 \doteq 2.0078 \qquad \lambda_3 \doteq 0.9862\,.$$

Definition und Bemerkung (7.3.8)

Die Menge der Eigenwerte einer Matrix $\mathbf{A}$ heißt das **Spektrum** der Matrix $\mathbf{A}$. Der Betrag des betragsmäßig größten Eigenwerts $\rho(\mathbf{A}) := \max\limits_{i} |\lambda_i|$ heißt der **Spektralradius** der Matrix $\mathbf{A}$. Der Satz von Hirsch besagt also gerade, dass sich der Spektralradius durch eine beliebige Matrixnorm abschätzen lässt $\rho(\mathbf{A}) \leq \|\mathbf{A}\|$.

Man kann sogar zeigen, dass der Spektralradius $\rho(\mathbf{A})$ das Infimum aller (zu Vektornormen zugehörigen) Matrixnormen von $\mathbf{A}$ ist, genauer: Zu jedem $\varepsilon > 0$ gibt es eine Matrixnorm mit $\|\mathbf{A}\| \leq \rho(\mathbf{A}) + \varepsilon$.

Eine genauere Abschätzung für einzelne Eigenwerte liefert der **Satz von Gerschgorin**. Hier werden zu einer vorgegebenen Matrix $\mathbf{A} \in \mathbb{C}^{(n,n)}$ die folgenden Kreisscheiben in $\mathbb{C}$, die so genannten **Gerschgorin-Kreise**, betrachtet:

$$K_i := \Big\{ \lambda \in \mathbb{C} \,:\, |\lambda - a_{ii}| \leq \sum_{\substack{k=1 \\ k \neq i}}^{n} |a_{ik}| \Big\}, \qquad i = 1, \ldots, n\,. \tag{7.3.9}$$

Eine Teilvereinigung $\bigcup_{j=1}^{k} K_{i_j}$ bestehend aus k dieser n Gerschgorin-Kreise heißt eine **Zusammenhangskomponente** von $\bigcup_{i=1}^{n} K_i$, falls $\bigcup_{j=1}^{k} K_{i_j}$ mit allen übrigen Kreisen leeren Schnitt hat und selbst nicht in zwei disjunkte Teilvereinigungen zerfällt.

So besteht beispielsweise die in Abb. 7.6 dargestellte Vereinigung von neun Kreisen aus zwei Zusammenhangskomponenten, nämlich

$$K_1 \cup K_3 \cup K_4 \cup K_7 \cup K_8$$

und $\quad K_2 \cup K_5 \cup K_6 \cup K_9\,.$

184   7 Eigenwerttheorie für Matrizen

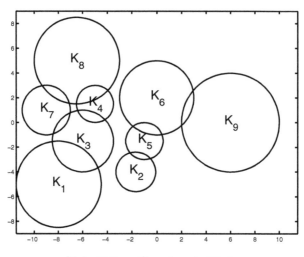

Abb. 7.6.   Gerschgorin-Kreise

Satz (7.3.10) **(Satz von Gerschgorin)**

a) Die Vereinigung aller Kreisscheiben $\bigcup_{i=1}^{n} K_i$ enthält alle Eigenwerte der Matrix **A**.

b) Jede Zusammenhangskomponente $\bigcup_{j=1}^{k} K_{i_j}$ aus k Kreisen enthält genau k Eigenwerte von **A**, wobei diese der Vielfachheit nach zu zählen sind.

Einen Beweis dieses Satzes findet man u.a. in dem Lehrbuch von Stoer und Bulirsch.

Beispiel (7.3.11)

Für die Matrix des Beispiels (7.3.7) liefert der Satz von Gerschgorin die Kreise:

$$\begin{aligned} K_1 &= \{\lambda : |\lambda - 1| \leq 0.2\} \\ K_2 &= \{\lambda : |\lambda - 2| \leq 0.4\} \\ K_3 &= \{\lambda : |\lambda - 3| \leq 0.2\}\,. \end{aligned}$$

Da diese disjunkt sind, muss **A** drei verschiedene Eigenwerte besitzen, insbesondere ist **A** daher diagonalisierbar.

Bemerkung (7.3.12)

Häufig wendet man den Satz von Gerschgorin nicht direkt auf **A**, sondern auf eine zur Matrix **A** ähnlichen Matrix an, etwa:

$$\tilde{\mathbf{A}} \;=\; \mathbf{D}^{-1} \mathbf{A} \mathbf{D}, \qquad \mathbf{D} \;:\; \text{geeignete Diagonalmatrix}\,.$$

7.3 Numerische Berechnung von Eigenwerten und Eigenvektoren

Für das obige Beispiel (7.3.11) ergibt sich hiermit

$$\tilde{\mathbf{A}} = \begin{pmatrix} 1 & \left(\frac{d_2}{d_1} \cdot 0.1\right) & -\left(\frac{d_3}{d_1} \cdot 0.1\right) \\ 0 & 2 & \left(\frac{d_3}{d_2} \cdot 0.4\right) \\ -\left(\frac{d_1}{d_3} \cdot 0.2\right) & 0 & 3 \end{pmatrix}.$$

Durch geschickte Wahl von d_1, d_2 und d_3 erhält man mit Hilfe des Satzes von Gerschgorin die genaueren Abschätzungen:

a) $|\lambda_1 - 3| \leq 0.02$ $(d_1 = 0.1,\ d_2 = 0.5,\ d_3 = 1)$

b) $|\lambda_2 - 2| \leq 0.02$ $(d_1 = 3,\ d_2 = 20,\ d_3 = 1)$

c) $|\lambda_3 - 1| \leq 0.0222\ldots$ $(d_1 = 9,\ d_2 = d_3 = 1)$.

Im Fall einer **reellen, symmetrischen** Matrix $\mathbf{A} \in \mathbb{R}^{(n,n)}$ können wir Eigenwertabschätzungen mit Hilfe der so genannten **Rayleigh-Quotienten** erhalten. Der Rayleigh-Quotient ist folgendermaßen definiert:

$$R_{\mathbf{A}}(\mathbf{x}) = R(\mathbf{x}) := \frac{\mathbf{x}^T \mathbf{A} \mathbf{x}}{\mathbf{x}^T \mathbf{x}}, \qquad \mathbf{x} \neq \mathbf{0}. \qquad (7.3.13)$$

Satz (7.3.14) (Rayleighsches Prinzip)

Sei $\mathbf{A} \in \mathbb{R}^{(n,n)}$ symmetrisch mit Eigenwerten $\lambda_1 \geq \lambda_2 \geq \ldots \geq \lambda_n$ und orthonormierten zugehörigen Eigenvektoren $\mathbf{w}_1, \ldots, \mathbf{w}_n$. Dann gilt

a) $\lambda_n \leq R(\mathbf{x}) \leq \lambda_1$,

b) $\lambda_1 = \max\limits_{\mathbf{x} \neq \mathbf{0}} R(\mathbf{x}), \qquad \lambda_n = \min\limits_{\mathbf{x} \neq \mathbf{0}} R(\mathbf{x})$,

c) $R(\mathbf{x}) = \lambda_1 \Rightarrow \mathbf{x}$ EV zu λ_1,

     $R(\mathbf{x}) = \lambda_n \Rightarrow \mathbf{x}$ EV zu λ_n.

d) $\lambda_i = \min\{R(\mathbf{x}) : \mathbf{x} \perp \mathbf{w}_{i+1}, \ldots, \mathbf{w}_n,\ \mathbf{x} \neq \mathbf{0}\}$,

     $\lambda_i = \max\{R(\mathbf{x}) : \mathbf{x} \perp \mathbf{w}_1, \ldots, \mathbf{w}_{i-1},\ \mathbf{x} \neq \mathbf{0}\}$.

Beweis

a) Aus $\mathbf{x} = \sum_i x_i \mathbf{w}_i$ folgt $\mathbf{x}^T \mathbf{x} = \sum_i x_i^2$, $\mathbf{A}\mathbf{x} = \sum_i x_i \lambda_i \mathbf{w}_i$.
Damit wird $\mathbf{x}^T \mathbf{A} \mathbf{x} = \sum_i \lambda_i x_i^2$ und somit

$$R(\mathbf{x}) = \frac{\mathbf{x}^T \mathbf{A} \mathbf{x}}{\mathbf{x}^T \mathbf{x}} = \frac{\sum \lambda_i x_i^2}{\sum x_i^2} \in [\lambda_n, \lambda_1].$$

b) Setzt man speziell $\mathbf{x} = \mathbf{w}_j$, so folgt $\quad R(\mathbf{w}_j) = \dfrac{\mathbf{w}_j^T \mathbf{A} \mathbf{w}_j}{\mathbf{w}_j^T \mathbf{w}_j} = \lambda_j$, also werden die Extrema von $R(\mathbf{x})$ gerade für $\mathbf{x} = \mathbf{w}_n$ und $\mathbf{x} = \mathbf{w}_1$ angenommen.

c) Gilt $R(\mathbf{x}) = \dfrac{\sum \lambda_i x_i^2}{\sum x_i^2} = \lambda_1$, so folgt notwendigerweise $\forall i : \lambda_i = \lambda_1 \lor x_i = 0$.

Damit ist $\mathbf{x}$ aber eine Linearkombination von Eigenvektoren $\mathbf{w}_i$ zum Eigenwert λ_1, also auch selbst Eigenvektor zum Eigenwert λ_1.

d) Ist $\mathbf{x} \perp \mathbf{w}_{i+1}, \ldots, \mathbf{w}_n$, so folgt für die Komponenten $x_{i+1} = \ldots = x_n = 0$. Damit wird
$$R(\mathbf{x}) = \frac{\sum_1^i \lambda_k x_k^2}{\sum_1^i x_k^2} \geq \lambda_i \land R(\mathbf{w}_i) = \lambda_i.$$

Folglich ist $\quad \lambda_i = \min\{R(\mathbf{x}) : \mathbf{x} \perp \mathbf{w}_{i+1}, \ldots, \mathbf{w}_n, \mathbf{x} \neq 0\}$. ∎

Bemerkung (7.3.15)

Mit Hilfe des Rayleighschen Prinzips lässt sich im reellen Fall nun ein sehr einfacher Beweis für die Darstellung der Euklidischen Matrixnorm $\|\cdot\|_2$ angeben, vgl. (7.3.5).

$$\|\mathbf{A}\|_2^2 = \max_{\mathbf{x} \neq 0} \frac{\|\mathbf{A}\mathbf{x}\|_2^2}{\|\mathbf{x}\|_2^2} = \max_{\mathbf{x} \neq 0} \frac{\mathbf{x}^T \mathbf{A}^T \mathbf{A} \mathbf{x}}{\mathbf{x}^T \mathbf{x}}$$
$$= \max_{\mathbf{x} \neq 0} R_{\mathbf{A}^T \mathbf{A}}(\mathbf{x}) = \lambda_{\max}(\mathbf{A}^T \mathbf{A}).$$
∎

Die folgende Abschätzung ist hilfreich, falls Näherungen für einen Eigenwert und für den zugehörigen Eigenvektor vorliegen.

Satz (7.3.16) (Satz von Bogoljubow, Krylow[31])

Sei $\mu \in \mathbb{R}$ ein Näherungwert für einen Eigenwert λ von $\mathbf{A}$ ($\mathbf{A}$ sei wieder reell und symmetrisch) und $\mathbf{x} \in \mathbb{R}^n$, $\mathbf{x} \neq 0$ eine Näherung für den zugehörigen Eigenvektor. Dann gibt es einen Eigenwert λ_k von $\mathbf{A}$ mit

$$|\mu - \lambda_k| \leq \sqrt{\frac{\mathbf{y}^T \mathbf{y}}{\mathbf{x}^T \mathbf{x}}}\,; \quad \text{wobei} \quad \mathbf{y} := \mathbf{A}\mathbf{x} - \mu \mathbf{x}.$$

Beweis

Sei $(\mathbf{w}_1, \ldots, \mathbf{w}_n)$ eine ONB aus Eigenvektoren von $\mathbf{A}$. Die Darstellungen bzgl. dieser Basis lauten dann
$$\mathbf{x} = \sum_{i=1}^n x_i \mathbf{w}_i, \quad \mathbf{A}\mathbf{x} = \sum_{i=1}^n \lambda_i x_i \mathbf{w}_i.$$

---
[31]Aleksei Nikolajewitsch Krylow (1863–1945); St. Petersburg

7.3 Numerische Berechnung von Eigenwerten und Eigenvektoren

Damit wird $\mathbf{y} = \mathbf{A}\mathbf{x} - \mu\mathbf{x} = \sum_{i=1}^{n}(\lambda_i - \mu)x_i\mathbf{w}_i$ und somit

$$\mathbf{y}^T\mathbf{y} = \sum_{i=1}^{n}(\lambda_i - \mu)^2 x_i^2 \geq (\lambda_k - \mu)^2 \sum_{i=1}^{n} x_i^2,$$

wobei $|\lambda_k - \mu| = \min_i |\lambda_i - \mu|$ sei.

Division durch $\sum_i x_i^2$ liefert nun gerade $(\lambda_k - \mu)^2 \leq \dfrac{\mathbf{y}^T\mathbf{y}}{\mathbf{x}^T\mathbf{x}}$. ∎

Beispiel (7.3.17)

Sei $\mathbf{A} = \begin{pmatrix} 2 & -1 & & 0 \\ -1 & 2 & \ddots & \\ & \ddots & \ddots & -1 \\ 0 & & -1 & 2 \end{pmatrix} \in \mathbb{R}^{(n,n)}$ und $\mathbf{x} = (1, 1, \ldots, 1)^T$.

Hiermit findet man $\mathbf{x}^T\mathbf{x} = n$ und $\mu = \dfrac{\mathbf{x}^T\mathbf{A}\mathbf{x}}{\mathbf{x}^T\mathbf{x}} = \dfrac{2}{n}$. Damit folgt

$$\mathbf{y} := \mathbf{A}\mathbf{x} - \mu\mathbf{x} = \begin{pmatrix} 1 - 2/n \\ -2/n \\ \vdots \\ -2/n \\ 1 - 2/n \end{pmatrix}, \quad \mathbf{y}^T\mathbf{y} = 2 - \dfrac{4}{n}.$$

Hiermit sind die benötigten Größen im Satz von Bogoljubow, Krylow berechnet worden und man erhält als Folgerung: Es gibt einen EW λ_k mit $\left|\lambda_k - \dfrac{2}{n}\right| \leq \sqrt{\dfrac{2}{n} - \dfrac{4}{n^2}}$.

Reduktion auf Tridiagonalform

Als erster Schritt für die numerische Berechnung von Eigenwerten und Eigenvektoren ist es sinnvoll, die Matrix $\mathbf{A}$ zunächst durch Ähnlichkeitstransformationen auf eine einfachere Gestalt zu bringen. Im Fall einer symmetrischen, reellen Matrix $\mathbf{A}$ gelingt es, diese auf Tridiagonalform zu bringen.

Man kann hier z.B. mit Householder-Transformationen arbeiten, also:

$$\mathbf{A}^{(0)} := \mathbf{A} \quad \text{(symmetrisch)}$$
$$\text{für} \quad j = 1, 2, \ldots, n-2 \qquad (7.3.18)$$
$$\mathbf{A}^{(j)} := \mathbf{H}^{(j)} \mathbf{A}^{(j-1)} \mathbf{H}^{(j)}.$$

Hat man für $\mathbf{A}^{(j-1)}$ bereits die folgende Gestalt erzielt

$$\mathbf{A}^{(j-1)} = \left(\begin{array}{ccccccc} \delta_1 & \gamma_2 & & 0 & & & \\ \gamma_2 & \delta_2 & \ddots & & & \mathbf{0} & \\ & \ddots & \ddots & \gamma_j & & & \\ 0 & & \gamma_j & \delta_j & \alpha_{j,j+1} & \cdots & \alpha_{jn} \\ \hline & & & \alpha_{j+1,j} & & & \\ & \mathbf{0} & & \vdots & & \tilde{\mathbf{A}}^{(j-1)} & \\ & & & \alpha_{nj} & & & \end{array} \right),$$

so wähle man eine Householder-Matrix $\tilde{\mathbf{H}}^{(j)}$, die den Vektor $(\alpha_{j+1,j}, \ldots, \alpha_{nj})^{\mathrm{T}}$ in ein Vielfaches des ersten Einheitsvektors transformiert, vgl. hierzu den Abschnitt 6.2, insbesondere (6.2.7). Damit setzt man

$$\mathbf{H}^{(j)} := \left(\begin{array}{c|c} \mathbf{I}_j & \mathbf{0} \\ \hline \mathbf{0} & \tilde{\mathbf{H}}^{(j)} \end{array} \right).$$

Nach Durchlaufen der Schleife in (7.3.18) hat die Matrix $\mathbf{A}^{(n-2)}$ dann Tridiagonalgestalt.

Bemerkung (7.3.19)

Im nichtsymmetrischen Fall, gelingt es mit dem obigen Verfahren, die Matrix $\mathbf{A}$ auf so genannte „**obere Hessenberg-Gestalt**" zu transformieren:

$$\mathbf{A}^{(n-2)} = \left(\begin{array}{cccc} * & \cdots & \cdots & * \\ * & \ddots & & \vdots \\ & \ddots & \ddots & \vdots \\ 0 & & * & * \end{array} \right).$$

Berechnung von Eigenwerten

Sei $\mathbf{A}$ eine symmetrische, reelle Tridiagonalmatrix

$$\mathbf{A} = \left(\begin{array}{cccc} \delta_1 & \gamma_2 & & 0 \\ \gamma_2 & \delta_2 & \ddots & \\ & \ddots & \ddots & \gamma_n \\ 0 & & \gamma_n & \delta_n \end{array} \right) \qquad (7.3.20)$$

mit Eigenwerten $\lambda_1 \geq \lambda_2 \geq \ldots \geq \lambda_n$. Setzt man für $\lambda \in \mathbb{R}$, $k = 1, \ldots, n$:

$$p_k(\lambda) := \det \left(\begin{array}{cccc} (\delta_1 - \lambda) & \gamma_2 & & 0 \\ \gamma_2 & \ddots & \ddots & \\ & \ddots & \ddots & \gamma_k \\ 0 & & \gamma_k & (\delta_k - \lambda) \end{array} \right), \qquad (7.3.21)$$

7.3 Numerische Berechnung von Eigenwerten und Eigenvektoren

so ergibt sich durch Entwicklung nach der letzten Zeile der obigen Determinante die folgende **Dreiterm-Rekursion** für die Berechnung der charakteristischen Polynome $p_1(\lambda), \ldots, p_n(\lambda)$:

$$p_0(\lambda) := 1, \quad p_1(\lambda) := \delta_1 - \lambda$$
$$\text{für} \quad k = 2, \ldots, n \qquad (7.3.22)$$
$$p_k(\lambda) := (\delta_k - \lambda)\, p_{k-1}(\lambda) - \gamma_k^2\, p_{k-2}(\lambda).$$

Durch dieses Verfahren lässt sich also das charakteristische Polynom $p_n(\lambda)$ für vorgegebenes λ leicht auswerten.

Unser Ziel ist aber nun die Berechnung der Nullstellen des charakteristischen Polynoms $p_n(\lambda)$. Dazu ist die **Methode der Bisektion** ein gebräuchliches, wenngleich auch relativ langsames Verfahren.

Man geht aus von einem Intervall $[\lambda_\ell, \lambda_r]$ mit $p_n(\lambda_\ell) \cdot p_n(\lambda_r) < 0$. Aufgrund des Zwischenwertsatzes, siehe Abschnitt 9.1, muss das Intervall $[\lambda_\ell, \lambda_r]$ dann wenigstens einen Eigenwert von $\mathbf{A}$ enthalten. Nun versucht man, durch fortgesetzte Halbierung des Intervalls diese Nullstelle des charakteristischen Polynoms einzuschachteln. Es ergibt sich der folgende Algorithmus

$$\begin{aligned}
&\text{for} \quad k = 1, 2, \ldots \\
&\quad \mu := (\lambda_\ell + \lambda_r)/2 \\
&\quad \text{falls} \quad p_n(\lambda_\ell) \cdot p_n(\mu) > 0 : \quad \lambda_\ell := \mu \qquad (7.3.23)\\
&\quad \text{andernfalls} : \quad \lambda_r := \mu \\
&\text{end } k\,;
\end{aligned}$$

Das Durchlaufen dieser Schleife wird abgebrochen, falls λ_ℓ und λ_r im Rahmen der gewünschten Genauigkeit übereinstimmen.

Mit einer Variante dieses Verfahrens kann man auch spezielle Eigenwerte, etwa nur den größten λ_1 oder nur den kleinsten λ_n, berechnen. Im Fall $\gamma_k \neq 0$, $k = 2, \ldots, n$, d.h., die Matrix $\mathbf{A}$ zerfällt nicht, bilden nämlich die Polynome $p_0(\lambda), p_1(\lambda), \ldots, p_n(\lambda)$ eine so genannte **Sturmsche Kette**[32], d.h., es gelten

a) Alle Eigenwerte sind einfach:
$$\lambda_1 > \lambda_2 > \ldots > \lambda_n.$$

b) Die Anzahl der Vorzeichenwechsel $w(\lambda)$ in der Folge $p_0(\lambda), p_1(\lambda), \ldots, p_n(\lambda)$ gibt an, wieviele Eigenwerte λ_i links von λ liegen, $\lambda_i < \lambda$.

Mit dieser Information, der Anzahl der Vorzeichenwechsel in der Kette der $p_k(\lambda)$, lässt sich das Bisektionsverfahren gezielt so steuren, dass genau der k-te Eigenwert eingeschlossen wird.

---
[32]Jaques Charles Francois Sturm (1803–1855); Paris

Ein anderes gebräuchliches und sehr allgemeines Verfahren zur Nullstellenbestimmung, das sich im Unterschied zum Bisektionsverfahren auch auf Gleichungssysteme anwenden lässt, ist das **Newton-Verfahren**[33]. Ausgehend von einer Näherung λ_j bestimmt man die Tangente an die Funktion $\lambda \mapsto p_n(\lambda)$ im Punkt λ_j und wählt deren Nullstelle als neue Näherung λ_{j+1}.

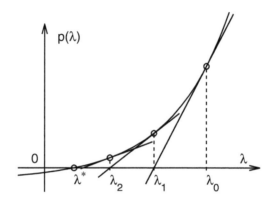

Abb. 7.7. Newton-Verfahren

Explizit ergibt sich die Newton-Rekursion in der Form

$$\lambda_{(j+1)} := \lambda_j - \frac{p_n(\lambda_j)}{p'_n(\lambda_j)}. \qquad (7.3.24)$$

$p_n(\lambda_j)$ wird mit Hilfe der Rekursion (7.3.22) berechnet. Die Ableitung $p'_n(\lambda_j)$ erhält man durch „Differentiation dieser Rekursion":

$$\begin{aligned}
& p'_0(\lambda) := 0, \quad p'_1(\lambda) = -1, \\
& \text{für} \quad k = 2, \ldots, n \\
& \quad p'_k(\lambda) = -p_{k-1}(\lambda) + (\delta_k - \lambda) p'_{k-1}(\lambda) - \gamma_k^2 \, p'_{k-2}(\lambda) \\
& \text{end } k
\end{aligned} \qquad (7.3.25)$$

Es ist günstig, die Berechnung von (7.3.25) zusammen mit (7.3.22) in Schleife durchzuführen.

Das Newton-Verfahren benötigt relativ gute Startschätzung λ_0, es hat dann aber gegenüber der Bisektion den Vorteil der schnellen Konvergenz.

Es sei abschließend darauf hingewiesen, dass es i. Allg. aus Gründen der numerischen Stabilität nicht unproblematisch ist, die Eigenwerte einer Matrix als Nullstellen des charakteristischen Polynoms zu berechnen. Jedenfalls sollte man diesen Weg keinesfalls für eine „voll besetzte" Matrix ohne vorherige Reduktion anwenden.

---

[33]Isaac Newton (1643–1727); Cambridge

7.3 Numerische Berechnung von Eigenwerten und Eigenvektoren

Berechnung von Eigenvektoren

Wir gehen vereinfachend von einer symmetrischen, reellen Tridiagonalmatrix aus, obgleich sich die folgenden Methoden auch auf den nichtsymmetrischen Fall übertragen lassen.
Ein relativ altes, aber in speziellen Varianten auch heute aktuelles Verfahren ist das so genannte **Von-Mises-Verfahren**[34], auch **Vektoriteration** oder **Potenzmethode** genannt.
Ausgangspunkt hierfür ist die Iteration:

$$\mathbf{x}^{(i+1)} := \mathbf{A}\,\mathbf{x}^{(i)}, \quad i = 0, 1, 2, \ldots, \qquad (7.3.26)$$

wobei $\mathbf{x}^{(0)} \in \mathbb{R}^n$ ein beliebiger Startvektor ist. In der Regel wird man hier keine Konvergenz der Vektorfolge $\mathbf{x}^{(i)}$ feststellen, wohl aber die „Konvergenz" der Richtung von $\mathbf{x}^{(i)}$.
Dazu nehmen wir an, dass $(\mathbf{v}_1, \ldots, \mathbf{v}_n)$ eine Basis aus Eigenvektoren von $\mathbf{A}$ ist. Die zugehörigen Eigenwerte seien wie folgt nummeriert:

$$|\lambda_1| > |\lambda_2| \geq \ldots \geq |\lambda_n|. \qquad (7.3.27)$$

Insbesondere setzen wir voraus, dass der betragsgrößte Eigenwert einfach ist.
Sei dann $\mathbf{x}^{(0)} = \sum_{i=1}^{n} \xi_i \mathbf{v}_i$, $\xi_1 \neq 0$. Hieraus folgt nun

$$\mathbf{x}^{(k)} = \mathbf{A}^k \mathbf{x}^{(0)} = \sum_{i=1}^{n} \xi_i \lambda_i^k \mathbf{v}_i = \xi_1 \lambda_1^k \cdot \left[\mathbf{v}_1 + \frac{\xi_2}{\xi_1} \left(\frac{\lambda_2}{\lambda_1}\right)^k \mathbf{v}_2 + \ldots + \frac{\xi_n}{\xi_1} \left(\frac{\lambda_n}{\lambda_1}\right)^k \mathbf{v}_n \right].$$

Wegen $\left|\frac{\lambda_i}{\lambda_1}\right| < 1$, $i = 2, \ldots, n$, konvergiert die Klammer [...] und damit auch die Richtung von $\mathbf{x}^{(k)}$ gegen die Richtung von $\mathbf{v}_1$.
Um bei der Berechnung der $\mathbf{x}^{(k)}$ nach (7.3.26) Exponentenüberlauf zu vermeiden, normiert man die Vektoren auf die Länge eins, d.h., anstelle von (7.3.26) berechnet man:

$$\mathbf{x}^{(i+1)} = \frac{\mathbf{A}\,\mathbf{x}^{(i)}}{\|\mathbf{A}\,\mathbf{x}^{(i)}\|}. \qquad (7.3.28)$$

Für große i lässt sich hieraus – wegen $\mathbf{A}\mathbf{x}^{(i)} \approx \lambda_1 \mathbf{x}^{(i)}$ – auch λ_1 näherungsweise ermitteln.
Die Von-Mises-Iteration ist i. Allg. ein relativ langsames Verfahren. Die Konvergenz verläuft allerdings umso schneller, je kleiner die Faktoren $|\lambda_j/\lambda_1|$, $j = 2, \ldots, n$, sind. Dieser Sachverhalt lässt sich dazu verwenden, das Verfahren zu beschleunigen. Dazu sei μ eine (möglichst gute) Näherung eines Eigenwertes, sagen wir von λ_1.
Die Matrix $(\mathbf{A} - \mu \mathbf{I}_n)^{-1}$ hat dann die Eigenwerte $\tilde{\lambda}_j = 1/(\lambda_j - \mu)$ bei unveränderten Eigenvektoren. Die Konvergenzfaktoren $\left|\tilde{\lambda}_j/\tilde{\lambda}_1\right| = |(\lambda_1 - \mu)/(\lambda_j - \mu)|$, $j = 2, \ldots, n$,

---
[34]Richard von Mises (1883–1953); Straßburg, Dresden, Berlin

sind nun i. Allg. wesentlich kleiner als für die Vektoriteration (7.3.28). Diese Idee führt auf die so genannte **inverse Von-Mises-Iteration**:

$$(\mathbf{A} - \mu \mathbf{I}_n) \tilde{\mathbf{x}}^{(j+1)} := \mathbf{x}^{(j)}, \quad j = 0, 1, \ldots$$
$$\mathbf{x}^{(j+1)} := \frac{\tilde{\mathbf{x}}^{(j+1)}}{\|\tilde{\mathbf{x}}^{(j+1)}\|}. \qquad (7.3.29)$$

In jedem Iterationsschritt hat man also ein lineares Gleichungssystem bei unveränderter Koeffizientenmatrix zu lösen.

Das gebräuchlichste und in speziellen Varianten wohl auch schnellste Verfahren zur Berechnung von Eigenwerten und Eigenvektoren ist der auf Francis (1961/62) zurückgehende **QR-Algorithmus**. Die grundlegende Iteration sieht dabei wie folgt aus:

$$\mathbf{A}^{(0)} := \mathbf{A}$$

für $k = 0, 1, 2, \ldots$

$$\mathbf{Q}_k \cdot \mathbf{R}_k := \mathbf{A}^{(k)} \quad \text{(QR-Zerlegung gemäß Abschnitt 6.2)} \qquad (7.3.30)$$
$$\mathbf{A}^{(k+1)} := \mathbf{R}_k \cdot \mathbf{Q}_k.$$

end k

Wegen $\mathbf{A}^{(k+1)} = \mathbf{Q}_k^T \mathbf{A}^{(k)} \mathbf{Q}_k$ sind sämtliche Matrizen $\mathbf{A}^{(k)}$ untereinander ähnlich. Ferner konvergiert die Matrix $\mathbf{A}^{(k)}$ unter gewissen Voraussetzungen, etwa dass alle Eigenwerte einfach sind, gegen eine Diagonalmatrix:

$$\mathbf{A}^{(k)} \to \begin{pmatrix} \lambda_1 & & 0 \\ & \ddots & \\ 0 & & \lambda_n \end{pmatrix}$$

$$\mathbf{Q}_1 \cdot \mathbf{Q}_2 \cdot \ldots \cdot \mathbf{Q}_k \to (\mathbf{w}_1, \ldots, \mathbf{w}_n) \quad \text{ONB aus Eigenvektoren}.$$

In der Praxis wird der QR-Algorithmus nicht unmittelbar auf $\mathbf{A}$, sondern auf eine Matrix $\mathbf{A} - \mu \mathbf{I}_n$ angewendet. Der Parameter μ heißt **Shift-Parameter**, er beschreibt eine Verschiebung des **Spektrums**.

Für die Einzelheiten dieser Verfahren und weitere numerische Methoden zur Eigenwertberechnung sei auf die Lehrbuch-Literatur im Bereich der Numerischen Mathematik verwiesen, insbesondere auf das Buch von Wilkinson und Reinsch.

8 Konvergenz von Folgen und Reihen

Eine zentrale Methode der Analysis ist die Bildung von Grenzwerten. Eine Größe (reelle oder komplexe Zahl, Vektor oder Funktion) hänge von einer natürlichen Zahl $n \in \mathbb{N}$ ab. Wir sind daran interessiert, wie sich diese Größe verändert, wenn der Index n groß wird. Insbesondere fragen wir, ob sich die Größe für wachsendes n einer festen Größe, dem „Grenzwert", beliebig gut annähert. In diesem Fall spricht man von **Konvergenz**.

8.1 Folgen

Es sei V ein normierter (reeller oder komplexer) Vektorraum mit einer Norm $\|\cdot\|$.

Definition (8.1.1)

Unter einer **Folge** versteht man eine Abbildung $\mathbb{N} \to V$, $n \mapsto a_n \in V$ (für $n \in \mathbb{N}$). Wir bezeichnen Folgen mit $(a_n)_{n \in \mathbb{N}}$ oder $(a_n)_{n \geq 1}$. Mitunter nimmt man auch den Index $n = 0$ hinzu und schreibt dann $(a_n)_{n \in \mathbb{N}_0}$ oder $(a_n)_{n \geq 0}$.

Für $V = \mathbb{R}$ oder $V = \mathbb{C}$, wobei die Norm durch den Betrag gegeben ist, $\|\cdot\| := |\cdot|$, spricht man von reellen bzw. komplexen Folgen. Im Fall $V = \mathbb{R}^n/\mathbb{C}^n$, beispielsweise mit der Euklidischen Norm $\|\cdot\|_2$, hat man Folgen von Vektoren. Ein Beispiel für Vektorfolgen ist uns gerade in Abschnitt 7.3 mit dem Von-Mises-Verfahren zur Berechnung von Eigenvektoren begegnet.

Häufig treten auch kompliziertere Funktionenräume auf, etwa der Vektorraum $V = C[a, b]$ der stetigen Funktionen auf einem reellen Intervall $[a, b]$ mit einer der folgenden Standard-Normen

$$\|f\|_1 := \int_a^b |f(t)|\, dt, \quad \|f\|_2 := \Big(\int_a^b f(t)^2\, dt\Big)^{1/2}, \quad \|f\|_\infty := \max_{a \leq t \leq b} |f(t)|. \quad (8.1.2)$$

Bemerkungen (8.1.3)

a) Folgen lassen sich elementweise addieren und mit Skalaren multiplizieren:

$$(a_n)_{n \in \mathbb{N}} + (b_n)_{n \in \mathbb{N}} := (a_n + b_n)_{n \in \mathbb{N}},$$

$$\alpha \cdot (a_n)_{n \in \mathbb{N}} := (\alpha \cdot a_n)_{n \in \mathbb{N}}, \quad \alpha \in \mathbb{R}/\mathbb{C}.$$

Die Menge aller Folgen in V bildet damit einen reellen bzw. einen komplexen Vektorraum; dieser wird mit $V^{\mathbb{N}}$ bezeichnet.

b) Häufig werden Folgen **rekursiv** definiert. Dies geschieht meist mit einer Vorschrift, **Rekursion** oder **Iteration** genannt, der Form

$$a_{n+1} := \Phi(n, a_n), \quad n \in \mathbb{N}. \quad (8.1.4)$$

Die Funktion $\Phi : \mathbb{N} \times V \to V$ heißt dabei die **Verfahrensfunktion** oder **Iterationsvorschrift**. Ist a_1 gegeben, so liegt die Folge $(a_n)_{n \in \mathbb{N}}$ durch (8.1.4) eindeutig fest.

Beispiel (8.1.5) (**Intervallhalbierung, Bisektion**)

Sei $f: \mathbb{R} \to \mathbb{R}$ eine stetige Funktion und gelte für zwei reelle Zahlen a, b: $f(a) \cdot f(b) < 0$. Unter diesen Voraussetzungen muss es zwischen a und b eine Nullstelle x^* von f geben. Wir bestimmen eine solche Nullstelle durch fortgesetzte Intervallhalbierung. Dazu definieren wir Folgen (a_n) und (b_n) durch den folgenden Algorithmus:

$(a_0, b_0) := (a, b);$

for $n = 0, 1, 2, \ldots$

$\quad x := (a_n + b_n)/2;$

$\quad$ Falls $(f(x) = 0): a_n := b_n := x;$

$\quad$ Falls $(f(x) \cdot f(b_n) < 0): a_{n+1} := x; b_{n+1} := b_n;$

$\quad$ Sonst: $a_{n+1} := a_n; b_{n+1} := x;$

end for

Wir sehen, dass der Abstand $|b_n - a_n|$ in jedem Schritt des Verfahrens halbiert wird und dass stets $f(a_n) \cdot f(b_n) \leq 0$ gilt. Somit liegt in jedem der Intervalle $[a_n, b_n]$ eine Nullstelle von f. Wie wir später sehen werden, konvergieren die Folgen $(a_n)_{n\geq 0}$ und $(b_n)_{n\geq 0}$ gegen einen (gemeinsamen) Grenzwert x^*, der damit auch eine Nullstelle von f ist. Ferner schließen die Folgen diese Nullstelle ein.

Für $f(x) := x^2 - 2$, $a = 1$, $b = 2$, erhält man beispielsweise die folgende Tabelle:

n	a_n	b_n
0	1.0000 00000	2.0000 00000
1	1.0000 00000	1.5000 00000
2	1.2500 00000	1.5000 00000
3	1.3750 00000	1.5000 00000
⋮	⋮	⋮
10	1.4140 62500	1.4150 39063
20	1.4142 13181	1.4142 14134
30	1.4142 13562	1.4142 13562
⋮	⋮	⋮

Die Konvergenz ist relativ langsam.

Beispiel (8.1.6) (**Newton-Verfahren**)

Ist die Funktion $f : \mathbb{R} \to \mathbb{R}$ sogar stetig differenzierbar, so lässt sich eine Nullstelle x^* von f auch mit Hilfe des Newton-Verfahrens bestimmen, vgl. Abschnitt 7.3. Ist x_n ein Näherungswert für die gesuchte Nullstelle, so bestimmt man die Tangente an die Funktion f im Punkt $(x_n, f(x_n))$ und wählt dann deren Nullstelle (Existenz vorausgesetzt) als neue Näherung x_{n+1}, vgl. auch Abb. 7.7. Die Iterationsvorschrift für das Newton-Verfahren lautet

$$x_{n+1} := x_n - \frac{f(x_n)}{f'(x_n)}, \quad n = 0, 1, 2, \ldots$$

8.1 Folgen

Man beachte, dass die Folge (x_n) nur dann definiert ist, falls (abhängig vom Startwert x_0) für alle Iterierten $f'(x_n) \neq 0$ gilt. Ist dies der Fall, so beobachtet man für „geeignete" Startwerte x_0 die schnelle Konvergenz der Folge (x_n) gegen die gesuchte Nullstelle.
Für das obige Beispiel: $f(x) := x^2 - 2$ und den Startwert $x_0 := 1$ erhält man die folgende Tabelle der Iterierten

n	x_n
0	1.0000 00000
1	1.5000 00000
2	1.4166 66667
3	1.4142 15686
4	1.4142 13562
⋮	⋮

Offenbar ist die Konvergenzgeschwindigkeit deutlich größer als die des Bisektionsverfahrens.

Definition (8.1.7) **(Konvergenz)**

Es sei $(a_n)_{n \in \mathbb{N}}$ eine Folge in V.

a) Für $(n_j) \in \mathbb{N}^{\mathbb{N}}$ mit $1 \leq n_1 < n_2 < n_3 < \ldots$ heißt $(a_{n_j})_{j \in \mathbb{N}}$ eine **Teilfolge** von $(a_n)_{n \in \mathbb{N}}$.

b) Die Folge (a_n) heißt **beschränkt**, falls es eine Konstante $C > 0$ gibt, so dass
$\forall n \in \mathbb{N}: \ \|a_n\| \leq C$.

c) Die Folge (a_n) heißt **konvergent** mit **Grenzwert (Limes)** $a \in V$, falls
$$\forall \varepsilon > 0 : \ \exists N = N(\varepsilon) \in \mathbb{N} : \ \forall n \geq N : \ \|a_n - a\| < \varepsilon.$$
Eine nicht-konvergente Folge heißt **divergent**.

d) Die Folge (a_n) heißt eine **Cauchy-Folge**, falls:
$$\forall \varepsilon > 0 : \ \exists N = N(\varepsilon) \in \mathbb{N} : \ \forall n, m \geq N : \ \|a_n - a_m\| < \varepsilon.$$

Beispiele

a) $(1, \frac{1}{2}, \frac{1}{4}, \frac{1}{8}, \frac{1}{16}, \ldots)$ ist eine Teilfolge von $(1/n)_{n \in \mathbb{N}}$, $(\frac{1}{2}, 1, \frac{1}{8}, \frac{1}{4}, \frac{1}{32}, \frac{1}{16}, \ldots)$ ist jedoch *keine* Teilfolge von $(1/n)_{n \in \mathbb{N}}$.

b) Die Folge $a_n := \dfrac{1}{2 + \sin n}$, $n \in \mathbb{N}$, ist beschränkt mit $\dfrac{1}{3} \leq a_n \leq 1$, (a_n) ist jedoch *nicht* konvergent!

c) Die Folge $a_n := \dfrac{1}{n}$, $n \in \mathbb{N}$, ist konvergent mit Grenzwert 0, denn:
Zu $\varepsilon > 0$ existiert nach (2.2.10) ein $N \in \mathbb{N}$ mit $0 < 1/N < \varepsilon$. Damit folgt für alle $n \geq N$:
$$-\varepsilon \ < \ \frac{1}{n} \ \leq \ \frac{1}{N} \ < \ \varepsilon, \quad \text{also} \quad |\frac{1}{n} - 0| \ < \ \varepsilon.$$

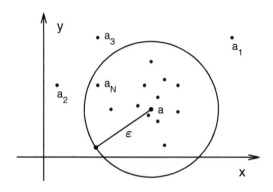

Abb. 8.1. Konvergenz im $\mathbb{R}^2$

Die Abbildung 8.1 gibt eine geometrische Veranschaulichung des Konvergenzbegriffs für den $\mathbb{R}^2$.

Satz (8.1.8)

a) Jede konvergente Folge ist beschränkt.

b) Jede konvergente Folge ist eine Cauchy-Folge.

c) Der Grenzwert einer konvergenten Folge ist eindeutig bestimmt.

Beweis

zu a) Zu vorgegebenem $\varepsilon > 0$ und $n \geq N = N(\varepsilon)$ gilt nach Definition (8.1.7):
$$\|a_n\| = \|(a_n - a) + a\| \leq \|a_n - a\| + \|a\| < \varepsilon + \|a\|.$$
Setzt man also $C := \max\{\|a_1\|, \ldots, \|a_{N-1}\|, \|a\| + \varepsilon\}$, so folgt
$\forall n \in \mathbb{N} : \|a_n\| \leq C$.

zu b) Zu $\varepsilon > 0$ schätzt man ab:
$$\begin{aligned}\|a_n - a_m\| &= \|(a_n - a) + (a - a_m)\| \\ &\leq \|a_n - a\| + \|a_m - a\| \\ &< \frac{\varepsilon}{2} + \frac{\varepsilon}{2} = \varepsilon, \quad \text{für alle } n, m \geq N = N(\tfrac{\varepsilon}{2}).\end{aligned}$$

zu c) Für $\varepsilon > 0$ gelte:
$$\|a_n - a\| < \varepsilon, \ \forall n \geq N_1(\varepsilon)), \quad \text{und} \quad \|a_n - \tilde{a}\| < \varepsilon \ \forall n \geq N_2(\varepsilon)).$$
Für $n \geq \max(N_1(\varepsilon), N_2(\varepsilon))$ folgt damit
$$\|a - \tilde{a}\| = \|(a - a_n) + (a_n - \tilde{a})\| \leq \|a - a_n\| + \|a_n - \tilde{a}\| < 2\varepsilon.$$
Da dies für jedes $\varepsilon > 0$ gilt, folgt hieraus $a = \tilde{a}$. ∎

8.1 Folgen

Für den eindeutig bestimmten Grenzwert einer konvergenten Folge $(a_n)_{n\in\mathbb{N}}$ schreibt man
$$\lim_{n\to\infty} a_n = a \quad \text{oder} \quad a_n \to a \quad (n\to\infty).$$

Für **reelle** Folgen vereinbart man weiterhin, dass auch $\pm\infty$ als so genannte uneigentliche Grenzwerte zugelassen werden.

Definition (8.1.9)
$$\lim_{n\to\infty} a_n = \infty \quad :\Longleftrightarrow \quad \forall C > 0: \exists N \in \mathbb{N}: \forall n \geq N: a_n > C,$$
$$\lim_{n\to\infty} a_n = -\infty \quad :\Longleftrightarrow \quad \forall C > 0: \exists N \in \mathbb{N}: \forall n \geq N: a_n < -C.$$

Man spricht hierbei von **uneigentlicher Konvergenz** bzw. von **Divergenz** gegen den **uneigentlichen Grenzwert** $\pm\infty$.

Die Umkehrung der Aussage (8.1.8) b), also die Aussage dass jede Cauchy-Folge in einem vorgegebenem normierten Raum $(V, \|\cdot\|)$ auch konvergiert, ist nur in gewissen Räumen gültig.

Solche normierten Vektorräume heißen **vollständig** oder auch **Banach-Räume**[35].
Entstammt hierbei die Norm einem Skalarprodukt, vgl. (3.1.20), so handelt es sich um einen vollständigen Euklidischen Vektorraum. Solche Räume heißen auch **Hilbert-Räume**.
Die meisten der uns bisher bekannten Räume sind vollständig, etwa $(\mathbb{R}, |\cdot|)$, $(\mathbb{C}, |\cdot|)$, $(\mathbb{R}^n, \|\cdot\|_2)$.
Ebenso ist der Raum $C[a,b]$ der stetigen Funktionen auf einem Intervall $[a,b]$ mit der Maximumsnorm $\|\cdot\|_\infty$ vollständig. Allerdings ist er *nicht* vollständig, wenn man anstelle der Maximumsnorm die Euklidischen Norm $\|\cdot\|_2$ betrachtet.

Beispiel (8.1.10)
Im Raum $C[-1,1]$ betrachten wir die Funktionenfolge ($n \in \mathbb{N}$)
$$x_n(t) := \begin{cases} -1, & \text{falls } -1 \leq t \leq -1/n \\ nt, & \text{falls } -1/n \leq t \leq 1/n \\ 1, & \text{falls } 1/n \leq t \leq 1. \end{cases}$$
Eine grobe Abschätzung des Integrals liefert für $m \geq n$ die Beziehung
$$\|x_n - x_m\|_2^2 = \int_{-1}^{1} (x_n(t) - x_m(t))^2 \, dt \leq \frac{2}{n}.$$
Damit ist (x_n) eine Cauchy-Folge in $(C[-1,1], \|\cdot\|_2)$. Andererseits müsste ein potentieller Grenzwert x^* jedoch für $t \neq 0$ punktweise die Gleichung $x^*(t) = \text{sign}(t)$ erfüllen. Damit wäre x^* aber unstetig, d.h., die Folge (x_n) ist in $(C[-1,1], \|\cdot\|_2)$ divergent.

---
[35]Stefan Banach (1892–1945); Lwów

Satz (8.1.11)

Die Grenzwertbildung ist mit den Vektorraum-Operationen verträglich, d.h., sind $(a_n)_{n\in\mathbb{N}}$ und $(b_n)_{n\in\mathbb{N}}$ konvergente Folgen, so konvergieren auch die Folgen $(a_n + b_n)_{n\in\mathbb{N}}$ und $(\alpha\, a_n)_{n\in\mathbb{N}}$, $\alpha \in \mathbb{R}/\mathbb{C}$, und es gelten

a) $\lim\limits_{n\to\infty} (a_n + b_n) = \lim\limits_{n\to\infty} a_n + \lim\limits_{n\to\infty} b_n$

b) $\lim\limits_{n\to\infty} (\alpha\, a_n) = \alpha \lim\limits_{n\to\infty} a_n$.

Beweis

Sei $a := \lim\limits_{n\to\infty} a_n$, $b := \lim\limits_{n\to\infty} b_n$. Ferner bezeichne $N_1(\varepsilon)$ bzw. $N_2(\varepsilon)$ die Indizes in der Konvergenzdefinition (8.1.7) für die Folge (a_n) bzw. (b_n). Damit gilt

zu a) $\quad \|(a_n + b_n) - (a+b)\| \leq \|a_n - a\| + \|b_n - b\| < \dfrac{\varepsilon}{2} + \dfrac{\varepsilon}{2} = \varepsilon,$

für $n \geq \max\{N_1(\varepsilon/2), N_2(\varepsilon/2)\}$.

zu b) Für $\alpha = 0$ ist die Behauptung klar. Für $\alpha \neq 0$ schließt man:

$$\|\alpha\, a_n - \alpha\, a\| = |\alpha|\cdot \|a_n - a\| < |\alpha| \frac{\varepsilon}{|\alpha|} = \varepsilon,$$

für $n \geq N_1(\varepsilon/|\alpha|)$. ∎

Beispiel (8.1.12)

$$\lim_{n\to\infty} \frac{2n+7}{3n} = \lim_{n\to\infty}\left(\frac{2}{3} + \frac{7}{3}\cdot\frac{1}{n}\right) = \frac{2}{3} + \frac{7}{3}\cdot \lim_{n\to\infty}\frac{1}{n} = \frac{2}{3}.$$

Für die praktische Verwendung iterativer Verfahren ist neben der Frage der Konvergenz des Verfahrens auch die der **Konvergenzgeschwindigkeit** wesentlich. Man definiert hierzu:

Definition (8.1.13)

Die Folge (a_n) sei konvergent mit Grenzwert a. Dann definiert man
  a) (a_n) heißt (mindestens) **linear konvergent**, falls es eine Konstante $C \in\,]0,1[$ und einen Index $n_0 \in \mathbb{N}$ gibt mit

  $$\forall n \geq n_0:\ \|a_{n+1} - a\| \leq C\,\|a_n - a\|.$$

  b) (a_n) heißt (mindestens) **superlinear konvergent**, falls es eine Folge $(C_n)_{n\in\mathbb{N}}$ gibt mit $C_n \geq 0$ und $\lim\limits_{n\to\infty} C_n = 0$, so dass

  $$\forall n \in \mathbb{N}:\ \|a_{n+1} - a\| \leq C_n\,\|a_n - a\|.$$

  c) (a_n) heißt konvergent mit der **Ordnung** (mindestens) $p > 1$, falls es eine Konstante $C \geq 0$ gibt, so dass

  $$\forall n \in \mathbb{N}:\ \|a_{n+1} - a\| \leq C\,\|a_n - a\|^p.$$

Das Bisektionsverfahren ist lediglich linear konvergent mit $C = 0.5$, jedoch nicht superlinear konvergent. Dagegen ist das Newton-Verfahren, wie wir später sehen werden, (lokal) konvergent mit der Ordnung $p = 2$. Man spricht dann von **quadratischer Konvergenz**.

8.2 Konvergenzkriterien für reelle Folgen

In diesem Abschnitt betrachten wir Konvergenzkriterien, die sich speziell auf reelle Folgen anwenden lassen. Dabei spielen Monotonie-Eigenschaften der Folgen eine wichtige Rolle.

Definition (8.2.1)

Eine reelle Folge $(a_n)_{n \in \mathbb{N}} \in \mathbb{R}^\mathbb{N}$ heißt

$$
\begin{aligned}
&\textbf{monoton wachsend} &&:\Longleftrightarrow \quad \forall\, n < m : a_n \leq a_m, \\
&\textbf{streng monoton wachsend} &&:\Longleftrightarrow \quad \forall\, n < m : a_n < a_m, \\
&\textbf{nach oben beschränkt} &&:\Longleftrightarrow \quad \exists\, C : \forall\, n \in \mathbb{N} : a_n \leq C.
\end{aligned}
$$

Analog werden die Begriffe „**monoton fallend**", „**streng monoton fallend**" und „**nach unten beschränkt**" definiert.

Satz (8.2.2)

Ist eine reelle Folge $(a_n)_{n \in \mathbb{N}}$ monoton wachsend und nach oben beschränkt, so ist sie konvergent, und es gilt:

$$\lim_{n \to \infty} a_n = \sup\{a_n : n \in \mathbb{N}\}.$$

Beweis

Aufgrund der Voraussetzungen ist $\{a_n : n \in \mathbb{N}\}$ nach oben beschränkt. Daher existiert nach (2.2.9) $s := \sup\{a_n : n \in \mathbb{N}\}$. Sei nun $\varepsilon > 0$ vorgegeben. Dann gibt es eine natürliche Zahl $N = N(\varepsilon)$ mit $s - \varepsilon < a_N \leq s$. Da (a_n) monoton wächst, gilt somit für alle $n \geq N$:

$$s - \varepsilon < a_N \leq a_n \leq s < s + \varepsilon,$$

d.h. $|s - a_n| < \varepsilon$. ∎

Folgerung (8.2.3) (**Das Prinzip der Intervallschachtelung**)

Sind $(a_n)_{n\in\mathbb{N}}$, $(b_n)_{n\in\mathbb{N}}$ reelle Folgen, die die folgenden Eigenschaften besitzen

a) (a_n) ist monoton wachsend,

b) (b_n) ist monoton fallend und

c) $\forall n \in \mathbb{N}: a_n \leq b_n$,

so sind beide Folgen konvergent. Gilt überdies d) $\lim\limits_{n\to\infty}(b_n - a_n) = 0$, so besitzen sie auch einen gemeinsamen Grenzwert $\xi = \lim\limits_{n\to\infty} a_n = \lim\limits_{n\to\infty} b_n$. Schließlich gelten die **Fehlerabschätzungen:**

$$\forall n \in \mathbb{N}: |a_n - \xi| \leq |b_n - a_n|, \quad |b_n - \xi| \leq |b_n - a_n|.$$

Beweis

Aus den Voraussetzungen a), b) und c) ergibt sich unmittelbar

$$\forall n \in \mathbb{N}: a_0 \leq a_n \leq b_n \leq b_0.$$

Somit sind beide Folgen beschränkt und daher nach (8.2.2) konvergent. Mit der weiteren Voraussetzung d) und (8.1.11) müssen dann die beiden Grenzwerte übereinstimmen. Die Fehlerabschätzung ergibt sich aus $a_n \leq \xi \leq b_n$. ∎

Bemerkung (8.2.4)

Aus dem Prinzip der Intervallschachtelung folgt unmittelbar die Konvergenz des Bisektionsverfahrens.

Für die folgenden Konvergenzuntersuchungen werden häufig Abschätzungen mit Hilfe der so genannten **Bernoullischen Ungleichung**[36] verwendet. Diese lautet:

$$\forall x \geq -1,\ n \in \mathbb{N}: (1+x)^n \geq 1 + nx, \tag{8.2.5}$$

wobei Gleichheit nur für $n = 1$ oder $x = 0$ gilt.
Der Beweis dieser Ungleichung lässt sich leicht mittels vollständiger Induktion führen.

Beispiel (8.2.6) (**Die geometrische Folge**)

Wir untersuchen die geometrische Folge $a_n := q^n$, $n \in \mathbb{N}$, für ein vorgegebenes $q \in \mathbb{R}$.

---

[36] Jakob Bernoulli (1654–1705); Basel

- $q > 1$: (q^n) ist streng monoton wachsend und wegen
$$q^n = (1 + (q-1))^n \geq 1 + n(q-1) \quad \text{(Bernoullische Ungleichung!)}$$
nach oben unbeschränkt. Damit folgt $\lim_{n \to \infty} q^n = +\infty$.
- $q = 1$: $\lim_{n \to \infty} q^n = 1$.
- $0 < q < 1$: Wie oben folgt mit der Bernoullischen Ungleichung:
$$0 < q^n = \frac{1}{(1+(\frac{1}{q}-1))^n} \leq \frac{1}{1+n(\frac{1}{q}-1)}, \quad \text{also} \quad \lim_{n \to \infty} q^n = 0.$$
- $-1 < q \leq 0$: Wegen $|q^n| = |q|^n$ folgt $\lim_{n \to \infty} q^n = 0$.
- $q = -1$: (q^n) ist beschränkt, aber nicht konvergent.
- $q < -1$: (q^n) ist divergent und besitzt auch keinen uneigentlichen Grenzwert.

Beispiel (8.2.7) (**Das arithmetisch-geometrische Mittel**)

Für $0 < a < b$ werden Folgen $(a_n)_{n \geq 0}$, $(b_n)_{n \geq 0}$ wie folgt rekursiv definiert:
$$a_0 := a, \quad b_0 := b$$
$$\text{for} \quad n = 0, 1, 2, \ldots$$
$$a_{n+1} := \sqrt{a_n b_n}, \qquad b_{n+1} := \frac{a_n + b_n}{2}$$
end n.

Man zeigt per vollständiger Induktion, dass die Eigenschaften a) – c) einer Intervallschachtelung erfüllt sind. Gilt nämlich für ein $n \geq 0$ die Abschätzung $0 < a_n < b_n$, so folgt:
$$a_{n+1} = \sqrt{a_n b_n} > \sqrt{a_n a_n} = a_n, \quad b_{n+1} = (a_n + b_n)/2 < (b_n + b_n)/2 = b_n$$
und $b_{n+1} - a_{n+1} = (a_n - 2\sqrt{a_n b_n} + b_n)/2 = (\sqrt{b_n} - \sqrt{a_n})^2/2 > 0$.

Schließlich hat man noch
$$(b_{n+1} - a_{n+1}) = (a_n + b_n)/2 - \sqrt{a_n b_n} < (a_n + b_n)/2 - \sqrt{a_n^2} = (b_n - a_n)/2,$$
so dass beide Folgen gegen einen gemeinsamen Grenzwert $\xi =: \text{agm}(a, b)$ konvergieren, dem so genannte **arithmetisch-geometrischen Mittel** von a und b. Die Konvergenz ist hierbei sogar quadratisch. Für $a = 1$ und $b = 4$ erhält man beispielsweise die Tabelle

n	a_n	b_n
0	1.0000 00000	4.0000 00000
1	2.0000 00000	2.5000 00000
2	2.2360 67978	2.2500 00000
3	2.2430 23172	2.2430 33989
4	2.2430 28580	2.2430 28580
⋮	⋮	⋮

Satz (8.2.9)

Seien (a_n), (b_n) konvergente reelle Folgen mit den Grenzwerten $a := \lim\limits_{n\to\infty} a_n$ und $b := \lim\limits_{n\to\infty} b_n$. Dann gelten

a) $\lim\limits_{n\to\infty}(a_n\, b_n) = \left(\lim\limits_{n\to\infty} a_n\right) \cdot \left(\lim\limits_{n\to\infty} b_n\right)$

b) $\forall n: b_n \neq 0 \wedge b \neq 0 \quad \Rightarrow \quad \lim\limits_{n\to\infty}\left(\dfrac{a_n}{b_n}\right) = \dfrac{\lim_{n\to\infty} a_n}{\lim_{n\to\infty} b_n}$

c) $\forall n: a_n \geq 0 \wedge m \in \mathbb{N} \quad \Rightarrow \quad \lim\limits_{n\to\infty} \sqrt[m]{a_n} = \sqrt[m]{\lim\limits_{n\to\infty} a_n}$.

Beweis

zu a)
$$\begin{aligned}
|a_n b_n - a\, b| &= |a_n b_n - a_n b + a_n b - a\, b| \\
&\leq |a_n||b_n - b| + |a_n - a||b| \\
&\leq C_a \cdot |b_n - b| + |a_n - a| \cdot |b| \\
&< (C_a + |b|)\,\varepsilon,
\end{aligned}$$

für alle hinreichend großen $n \geq N(\varepsilon)$. C_a bezeichnet hierbei eine Schranke für $|a_n|$.

zu b) Wegen $b_n \neq 0$ und $b \neq 0$ ist die Folge (b_n) „von Null weg" beschränkt, d.h., es gibt eine Konstante $C_b > 0$ mit $\forall n: C_b \leq |b_n|$.

Es folgt damit:

$$\left|\dfrac{1}{b_n} - \dfrac{1}{b}\right| = \dfrac{1}{|b_n||b|}|b_n - b| < \dfrac{1}{C_b |b|}\cdot \varepsilon$$

für alle hinreichend großen $n \geq N(\varepsilon)$.

Damit ist gezeigt, dass $\lim\limits_{n\to\infty}\dfrac{1}{b_n} = \dfrac{1}{b}$. Die Behauptung folgt nun mit a).

zu c) Wir setzen zunächst die Existenz und Eindeutigkeit der m-ten Wurzel voraus.

1. Fall: $a = 0$. Zu $\varepsilon > 0$ gilt:

$$|a_n| < \varepsilon^m, \quad \forall n \geq N(\varepsilon^m)$$

und damit $0 \leq \sqrt[m]{a_n} < \varepsilon,\ \forall n \geq N$. Somit folgt: $\lim\limits_{n\to\infty} \sqrt[m]{a_n} = 0$.

2. Fall: $a > 0$. Man verwendet die Identität (zweite binomische Formel)

$$x^m - y^m = (x-y)\sum_{j=1}^{m} x^{m-j}\, y^{j-1}$$

für $x = \sqrt[m]{a_n}$ und $y = \sqrt[m]{a}$. Es folgt:

8.2 Konvergenzkriterien für reelle Folgen

$$\left| \sqrt[m]{a_n} - \sqrt[m]{a} \right| = \frac{|a_n - a|}{\left| \left(\sqrt[m]{a_n}\right)^{m-1} + \cdots + \left(\sqrt[m]{a}\right)^{m-1} \right|}$$

$$\leq \frac{|a_n - a|}{\left(\sqrt[m]{a}\right)^{m-1}} < C\varepsilon, \quad \forall n \geq N(\varepsilon). \quad \blacksquare$$

Bemerkung

Die Aussagen a) und b) des obigen Satzes gelten bei gleichen Beweisen auch für komplexe Folgen.

Beispiel (8.2.10)

Gegeben sei die Folge $a_n := \sqrt{n^2 + 5n + 1} - n$. Eine Umformung mittels der zweiten binomischen Formel ergibt:

$$a_n = \frac{(n^2 + 5n + 1) - n^2}{\sqrt{n^2 + 5n + 1} + n} = \frac{5 + \frac{1}{n}}{\sqrt{1 + \frac{5}{n} + \frac{1}{n^2}} + 1},$$

und damit:
$$\lim_{n \to \infty} a_n = \frac{5 + 0}{\sqrt{1 + 0} + 1} = \frac{5}{2}.$$

Wir gehen nun auf die Frage der Existenz und Eindeutigkeit der m-ten Wurzel ein, die im Beweis zu (8.2.9) noch offen geblieben war. Auch hierzu kann ein konstruktiver Weg über die Untersuchung einer geeigneten konvergenten Folge hilfreich sein.

Satz (8.2.11)

Zu $x > 0$ und $m \in \mathbb{N}$ existiert genau eine Zahl $w > 0$ mit $w^m = x$. Diese Zahl wird mit $w = \sqrt[m]{x}$ bezeichnet.

Beweis

Sei $w_1 > 0$ ein beliebiger Startwert mit $w_1^m > x$. Wir definieren $(w_n)_{n \in \mathbb{N}}$ rekursiv mit Hilfe des Newton-Verfahrens für die Funktion $f(w) := w^m - x$:

$$w_{n+1} = w_n - \frac{w_n^m - x}{m\, w_n^{m-1}} = \frac{(m-1)\, w_n^m + x}{m\, w_n^{m-1}}. \quad (8.2.12)$$

Man sieht:
$$w_n > 0 \;\Rightarrow\; w_{n+1} > 0,$$
$$w_n^m > x \;\Rightarrow\; w_{n+1} < w_n \;\wedge\; w_{n+1}^m > x.$$

Die letzte Beziehung erhält man mittels der Bernoullischen Ungleichung aus

$$w_{n+1}^m = w_n^m \left(1 + \frac{x - w_n^m}{m\, w_n^m}\right)^m > w_n^m \left(1 + \frac{x - w_n^m}{w_n^m}\right) = x.$$

Damit ist gezeigt, dass die Folge (w_n) streng monoton fällt und positiv ist. Insbesondere folgt daher, dass (w_n) konvergiert.
Aus (8.2.12) folgt schließlich

$$m\, w_n^{m-1}\, w_{n+1} \;=\; (m-1)\, w_n^m \;+\; x, \quad \forall\, n\,.$$

Bildet man hier den Grenzwert für $n \to \infty$, so folgt mit $w := \lim_{n\to\infty} w_n$:

$$m\, w^{m-1} \cdot w \;=\; (m-1)\, w^m \;+\; x$$

und somit $w^m = x$. Damit ist die Existenz der m-ten Wurzel gezeigt.
Die Eindeutigkeit folgt mit :

$$0 \;<\; w_1 \;<\; w_2 \quad\Rightarrow\quad 0 \;<\; w_1^m \;<\; w_2^m\,. \qquad\blacksquare$$

Beispiel (8.2.13) (**Die Exponentialfunktion**)
Wir betrachten die Verzinsung eines Kapitals K_0 zu einem Zinsfuß p (Jahreszinsfuß) im Zeitraum eines Jahres. Variiert werden die Zeitintervalle, nach denen jeweils die Verzinsung durchgeführt wird, d.h. die angelaufenen Zinsen zum Kapital hinzugefügt werden.
Es ergibt sich:

$$\begin{aligned} K_1 &= K_0\,(1+p) & &\text{bei jährlicher Verzinsung} \\ K_2 &= K_0\,(1+\tfrac{p}{2})^2 & &\text{bei halbjährlicher Verzinsung} \\ K_4 &= K_0\,(1+\tfrac{p}{4})^4 & &\text{bei vierteljährlicher Verzinsung} \end{aligned}$$

usw., also allgemein: $K_n = K_0\,(1+\tfrac{p}{n})^n$.
Zahlenbeispiel: $K_0 = 100\,€,\ p = 10\%$:

$$\begin{aligned} K_1 &= 110,-\,€ & &\text{(jährliche Verzinsung)} \\ K_4 &= 110,38\,€ & &\text{(vierteljährliche Verzinsung)} \\ K_{12} &= 110,47\,€ & &\text{(monatliche Verzinsung)} \\ K_{360} &= 110,52\,€ & &\text{(tägliche Verzinsung)}. \end{aligned}$$

Wir fragen nun nach dem Grenzwert $K_\infty := \lim_{n\to\infty} K_n$.
Hierzu haben wir die Folge $a_n := (1+\tfrac{p}{n})^n$ zu untersuchen.
Sei zunächst $p > 0$. Die Folge (a_n) ist dann **streng monoton wachsend**, denn mittels Bernoullischer Ungleichung schätzt man ab

8.2 Konvergenzkriterien für reelle Folgen

$$\frac{a_{n+1}}{a_n} = \frac{(1+\frac{p}{n+1})^{n+1}}{(1+\frac{p}{n})^n} = (1+\frac{p}{n+1})\left(\frac{1+\frac{p}{n+1}}{1+\frac{p}{n}}\right)^n$$

$$= (1+\frac{p}{n+1})\left(1-\frac{p}{n^2+(p+1)n+p}\right)^n$$

$$\geq (1+\frac{p}{n+1})\left(1-\frac{np}{n^2+(p+1)n+p}\right)$$

$$= \frac{n+1+p}{n+1}\cdot\frac{n^2+n+p}{n^2+(p+1)n+p}$$

$$= \frac{n^3+(p+2)\,n^2+(2p+1)\,n+p\,(p+1)}{n^3+(p+2)\,n^2+(2p+1)\,n+p} > 1\,.$$

Die Folge (a_n) ist auch **nach oben beschränkt**.

Für $p=1$ verwenden wir die gerade gezeigte Monotonie der Folge (a_n) sowie die Bernoullische Ungleichung:

$$a_n = (1+\frac{1}{n})^n \leq (1+\frac{1}{2n})^{2n} = \frac{1}{(1-\frac{1}{2n+1})^{2n}}$$

$$\leq \frac{1}{(1-\frac{n}{2n+1})^2} = \left(\frac{2n+1}{n+1}\right)^2 \leq 4\,.$$

Für beliebige $p>0$ schätzt man schließlich ab:

$$\left(1+\frac{p}{n}\right)^n \leq \left(1+\frac{\ell}{n}\right)^n \leq \left(1+\frac{\ell}{\ell m}\right)^{\ell m} \leq 4^\ell,$$

wobei $\ell\in\mathbb{N}$, $\ell\geq p$ und $m\in\mathbb{N}$, $\ell\cdot m\geq n$ gewählt wurde.
Damit ist gezeigt, dass die Folge $a_n=(1+\frac{p}{n})^n$ für jedes $p>0$ konvergiert.

Für $p=1$ ist der Grenzwert die schon in Abschnitt 1.3 erwähnte **Eulersche Zahl**:

$$\lim_{n\to\infty}\left(1+\frac{1}{n}\right)^n = e = 2.7182\,81828\,45904\ldots \tag{8.2.14}$$

Für rationale $p=\dfrac{z}{m}>0$, $z,m\in\mathbb{N}$ und $n=k\cdot z$, $k\in\mathbb{N}$, findet man ferner

$$(1+\frac{p}{n})^n = (1+\frac{z}{n\cdot m})^n = \left[\left(1+\frac{1}{k\cdot m}\right)^{km}\right]^{(z/m)} = \left[\left(1+\frac{1}{km}\right)^{km}\right]^p.$$

Damit folgt:

$$\lim_{n\to\infty}(1+\frac{p}{n})^n = e^p\,. \tag{8.2.15}$$

8 Konvergenz von Folgen und Reihen

Wir werden später sehen, dass (8.2.15) auch für beliebige reelle, ja sogar auch für alle komplexen Zahlen p gilt.

Bemerkung (8.2.16)

Für negative $p < 0$ findet man wiederum mit der Bernoullischen Ungleichung und $|p| < n$:

$$(1 + \frac{p}{n})^n (1 - \frac{p}{n})^n = (1 - \frac{p^2}{n^2})^n \geq (1 - \frac{p^2}{n}) \quad \text{und}$$

$$(1 + \frac{p}{n})^n (1 - \frac{p}{n})^n = (1 - \frac{p^2}{n^2})^n < 1$$

$$\Rightarrow \quad \frac{(1 - \frac{p^2}{n})}{(1 - \frac{p}{n})^n} \leq (1 + \frac{p}{n})^n \leq \frac{1}{(1 - \frac{p}{n})^n}.$$

Da sowohl die untere wie auch die obere Schranke für $n \to \infty$ gegen e^p konvergiert, folgt, dass die Beziehung (8.2.15) auch für alle negativen rationalen Exponenten p gültig ist.

Wir beweisen nun die Vollständigkeit der reellen Zahlen $\mathbb{R}$ im Sinn des Cauchyschen Konvergenzkriteriums. Ein eigenständiges und wichtiges Resultat hierzu ist der

Satz (8.2.17) (**Satz von Bolzano–Weierstraß**[37])

Jede beschränkte, reelle Folge (a_n) besitzt eine konvergente Teilfolge.

Beweis

Sei $[A, B]$ ein Intervall, in dem alle Folgenglieder a_n liegen. Wir verwenden fortgesetzte Intervallhalbierung und achten hierbei darauf, dass in allen Teilintervallen $[A_k, B_k]$ stets ebenfalls unendlich viele Folgenglieder a_n liegen, bezogen auf den Index n:

$$A_1 := A, \quad B_1 := B,$$

for $k = 1, 2, 3, \ldots$

$$C := \frac{1}{2}(A_k + B_k)$$

Falls $\{n : a_n \in [A_k, C]\}$ unendlich:

$$A_{k+1} := A_k, \quad B_{k+1} := C,$$

Sonst: $A_{k+1} := C, \quad B_{k+1} := B_k,$

end k.

---
[37]Bernhard Bolzano (1781–1848); Prag
Karl Weierstraß (1815–1897); Münster, Braunschweig, Berlin

8.2 Konvergenzkriterien für reelle Folgen

Die Folgen (A_k), (B_k) bilden eine Intervallschachtelung, vgl. (8.2.3). Daher gibt es einen gemeinsamen Grenzwert $\xi = \lim_{n\to\infty} A_k = \lim_{n\to\infty} B_k$.

Man definiere nun eine Teilfolge (a_{n_k}) von (a_n) wie folgt:

$n_1 := 1$,

for $k = 2, 3, 4, \ldots$

wähle $n_k > n_{k-1}$ mit $a_{n_k} \in [A_k, B_k]$,

end k.

Einen solchen Index n_k gibt es, da ja für unendlich viele Indizes $a_n \in [A_k, B_k]$ gilt. Wegen $A_k \leq a_{n_k} \leq B_k$ folgt damit auch $\lim_{k\to\infty} a_{n_k} = \xi$. ∎

Definition (8.2.18)

Sei (a_n) eine beliebige Folge (nicht notwendig reell). Die Grenzwerte konvergenter Teilfolgen von (a_n) heißen **Häufungspunkte** der Folge (a_n).

Der Satz von Bolzano–Weierstraß besagt also, dass jede beschränkte, reelle Folge wenigstens einen Häufungspunkt besitzt.

Man zeigt nun leicht, dass auch Grenzwerte von Häufungspunkten einer Folge selbst wieder Häufungspunkte dieser Folge sind. Daher besitzt also jede reelle Folge auch einen kleinsten und einen größten Häufungspunkt. Hierbei muss man für den Fall einer unbeschränkten Folge auch $\pm\infty$ zulassen. Diese extremalen Häufungspunkte einer rellen Folge heißen **limes inferior** (der kleinste Häufungspunkt) bzw. **limes superior** (der größte Häufungspunkt). Sie werden mit $\liminf_{n\to\infty} a_n$ bzw. $\limsup_{n\to\infty} a_n$ bezeichnet.

Satz (8.2.19) (Cauchysches Konvergenzkriterium)

Jede reelle Cauchy-Folge ist konvergent.

Beweis

Sei (a_n) eine Cauchy-Folge, also $\forall \varepsilon > 0 : \exists N(\varepsilon) : \forall n, m \geq N : |a_n - a_m| < \varepsilon$.
Zunächst sieht man, dass (a_n) beschränkt ist: Für ein festes $\varepsilon > 0$ und $n \geq N = N(\varepsilon)$ gilt nämlich:

$$|a_n| = |(a_n - a_N) + a_N| \leq |a_n - a_N| + |a_N| < \varepsilon + |a_N|,$$

also folgt $|a_n| \leq C$ mit $C := \max\{|a_1|, \ldots, |a_{N-1}|, |a_N| + \varepsilon\}$.

Nach dem Satz von Bolzano–Weierstraß gibt es also einen (endlichen) Häufungspunkt $\xi = \lim_{k\to\infty} a_{n_k}$, also:

$$\forall \varepsilon > 0 : \exists K(\varepsilon) : \forall k \geq K : |a_{n_k} - \xi| < \varepsilon.$$

Sei nun $\varepsilon > 0$ vorgegeben. Für $m \geq N(\varepsilon/2)$ und $k \geq K(\varepsilon/2)$ mit $n_k \geq N(\varepsilon/2)$ gilt dann:

$$|a_m - \xi| = |(a_m - a_{n_k}) + (a_{n_k} - \xi)| \leq |a_m - a_{n_k}| + |a_{n_k} - \xi| < \frac{\varepsilon}{2} + \frac{\varepsilon}{2} = \varepsilon.$$

Damit folgt also $\lim_{m\to\infty} a_m = \xi$. ∎

8.3 Folgen in Vektorräumen

Wir gehen nochmals auf die Konvergenzuntersuchung für Folgen in allgemeinen normierten Vektorräumen $(V, \|\cdot\|)$ zurück. Die Definition (8.1.7) lässt vermuten, dass die Frage, ob eine vorgegebene Folge konvergiert, auch von der verwendeten Norm abhängt. Für unendlichdimensionale Räume ist dies auch tatsächlich der Fall, wie das folgende Beispiel zeigt.

Beispiel (8.3.1)

Für den Raum $C[0,1]$ der stetigen Funktionen auf dem Intervall $[0,1]$ betrachten wir die Normen $\|\cdot\|_2$ und $\|\cdot\|_\infty$ (vgl.(8.1.2)).
Für die folgenden Funktionen $x_n(t)$:

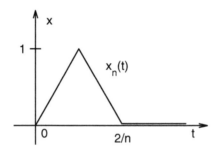

findet man durch leichte Rechnung

$$\|x_n\|_2 \leq \frac{1}{\sqrt{n}}, \quad \|x_n\|_\infty = 1.$$

Damit ist die Folge $(x_n)_{n\in\mathbb{N}}$ bezüglich der Euklidischen Norm $\|\cdot\|_2$ eine Nullfolge, während sie bezüglich der Maximumsnorm $\|\cdot\|_\infty$ divergiert!

Für endlichdimensionale Vektorräume kann jedoch die obige Situation nicht auftreten: die Konvergenz einer Folge ist hier unabhängig von der betrachteten Norm des Vektorraums. Es gilt hierfür nämlich der so genannte Normäquivalenzsatz.

Satz (8.3.2) (Normäquivalenzsatz)

Je zwei Normen $\|\cdot\|$ und $\|\cdot\|'$ eines *endlichdimensionalen* Vektorraums V sind äquivalent, d.h., es gibt positive Konstanten $C_1, C_2 > 0$ mit:

$$\forall \mathbf{v} \in V: \quad C_1\|\mathbf{v}\| \leq \|\mathbf{v}\|' \leq C_2\|\mathbf{v}\|.$$

Der Beweis dieses Satzes kann mittels vollständiger Induktion über die Dimension des

8.3 Folgen in Vektorräumen

Vektorraums V geführt werden. Dabei macht man sich zunutze, dass der Vektorraum $\mathbb{R}^n$ bezüglich der Maximumsnorm $\|\cdot\|_\infty$ vollständig ist. Dieses folgt wiederum per Induktion aus der Vollständigkeit von $\mathbb{R}$. Für die Einzelheiten des Beweises sei jedoch auf die Standard-Lehrbücher zur Analysis verwiesen.

Bemerkung (8.3.3)

Für die Standard-Normen $\|\cdot\|_p$, $p = 1, 2, \infty$, des $\mathbb{R}^n$ lassen sich die Konstanten des Normäquivalenzsatzes leicht angeben. Es gilt für $\mathbf{x} \in \mathbb{R}^n$

$$\|\mathbf{x}\|_2 \leq \|\mathbf{x}\|_1 \leq \sqrt{n}\,\|\mathbf{x}\|_2, \qquad \|\mathbf{x}\|_\infty \leq \|\mathbf{x}\|_2 \leq \sqrt{n}\,\|\mathbf{x}\|_\infty.$$

Folgerung (8.3.4)

Konvergenz und Grenzwert einer Folge in einem endlichdimensionalen Vektorraum sind unabhängig von der betrachteten Norm.

Folgerung (8.3.5)

Eine Folge $(\mathbf{x}^{(k)})_{k\in\mathbb{N}}$ im $\mathbb{R}^n$ konvergiert genau dann, wenn alle n Koordinatenfolgen $(x_j^{(k)})_{k\in\mathbb{N}}$ für $j = 1,\ldots,n$ konvergieren. Der Grenzwert der Folge lässt sich dabei koordinatenweise berechnen, also

$$\lim_{k\to\infty} \mathbf{x}^{(k)} = \left(\lim_{k\to\infty} x_1^{(k)}, \ldots, \lim_{k\to\infty} x_n^{(k)}\right)^T.$$

Beweis

$$\mathbf{x}^{(k)} \to \mathbf{x} \quad (k\to\infty) \iff \|\mathbf{x}^{(k)} - \mathbf{x}\|_\infty \to 0 \quad (k\to\infty)$$

$$\iff \forall j \in \{1,\ldots,n\}: \; |x_j^{(k)} - x_j| \to 0 \quad (k\to\infty)$$

$$\iff \forall j \in \{1,\ldots,n\}: \; x_j^{(k)} \to x_j \quad (k\to\infty). \qquad \blacksquare$$

Folgerung (8.3.6)

Für endlichdimensionale Vektorräume gilt sowohl das **Cauchysche Konvergenzkriterium**: „Jede Cauchy-Folge ist konvergent", wie auch der **Satz von Bolzano–Weierstraß**: „Jede beschränkte Folge besitzt eine konvergente Teilfolge."
Die Beweise ergeben sich mit der Maximumsnorm durch Zurückführung auf den $\mathbb{R}^1$.

Beispiel (8.3.7)

Der Grenzwert der Folge $\mathbf{x}^{(n)} = \left(\dfrac{n^3 + 2n + 1}{n(7n^2+1)},\; e^{-n^2},\; \dfrac{\cos n + n}{\sqrt{n^2 + 2n}}\right)^T$ lautet

$$\lim_{n\to\infty} \mathbf{x}^{(n)} = \left(\frac{1}{7},\; 0,\; 1\right)^T.$$

Beispiel (8.3.8)

Für die geometrische Folge $a_n := z^n$ mit $z \in \mathbb{C}$ gilt analog zum reellen Fall:

$$|z| > 1 \;\Rightarrow\; |a_n| = |z|^n \text{ unbeschränkt, also } (a_n) \text{ divergent}$$

$$|z| < 1 \;\Rightarrow\; |a_n| = |z|^n \to 0 \; (n \to \infty), \text{ also } \lim_{n \to \infty} z^n = 0.$$

8.4 Konvergenzkriterien für Reihen

Bildet man zu einer gegebenen Folge $(a_n)_{n \in \mathbb{N}_0}$, $a_n \in \mathbb{R}/\mathbb{C}$, die neue Folge $(s_n)_{n \in \mathbb{N}_0}$ mit

$$s_n := \sum_{k=0}^{n} a_k, \quad n \in \mathbb{N}_0, \tag{8.4.1}$$

so nennt man diese eine **Reihe** und schreibt hierfür $\sum_{k=0}^{\infty} a_k$. Die s_n heißen auch **Partialsummen** der Reihe. Ist die Reihe $\sum_{k=0}^{\infty} a_k$ konvergent, so wird der Grenzwert $s := \lim_{n \to \infty} \sum_{k=0}^{n} a_k$ ebenfalls mit $\sum_{k=0}^{\infty} a_k$ bezeichnet.

Folgen und Reihen unterscheiden sich also lediglich dadurch, dass man bei Reihen versucht, Konvergenzaussagen in Abhängigkeit von den Summanden a_k zu erhalten.

Satz (8.4.2) (Konvergenzkriterien für Reihen)

a) **Cauchysches Konvergenzkriterium:**

$$\sum_{k=0}^{\infty} a_k \text{ konvergent} \;\Longleftrightarrow\; \forall \varepsilon > 0 : \exists N(\varepsilon) : \forall n, m \geq N : \left| \sum_{k=n}^{m} a_k \right| < \varepsilon.$$

b) **Notwendige Bedingung:** $\sum_{k=0}^{\infty} a_k$ konvergent $\;\Rightarrow\; \lim_{k \to \infty} a_k = 0$.

c) **Linearität:** Sind $\sum_{k=0}^{\infty} a_k$, $\sum_{k=0}^{\infty} b_k$ konvergente Reihen, so konvergieren auch die Reihen $\sum_{k=0}^{\infty}(a_k + b_k)$ und $\sum_{k=0}^{\infty}(\alpha a_k)$ und es gelten $\sum_{k=0}^{\infty}(a_k + b_k) = \sum_{k=0}^{\infty} a_k + \sum_{k=0}^{\infty} b_k$, und $\sum_{k=0}^{\infty}(\alpha a_k) = \alpha \sum_{k=0}^{\infty} a_k$, $\alpha \in \mathbb{R}/\mathbb{C}$.

d) **Leibnizsches Kriterium**[38]:

Alternierende Reihen der Form $\sum_{k=0}^{\infty}(-1)^k a_k$, $a_k \geq 0$, für die $(a_k)_{k \in \mathbb{N}_0}$ eine monoton fallende Nullfolge bildet, sind konvergent und es gilt die **Einschließung**:

$$\sum_{k=0}^{2n-1}(-1)^k a_k \leq \sum_{k=0}^{\infty}(-1)^k a_k \leq \sum_{k=0}^{2n}(-1)^k a_k.$$

Beweis

zu a) Dies folgt unmittelbar aus dem Cauchy-Kriterium (8.1.8) b) und (8.2.18).

zu b) Dies folgt aus a) für $m = n$.

zu c) Dies folgt aus (8.1.11).

zu d) Seien $u_n := \sum_{k=0}^{2n-1}(-1)^k a_k$, $v_n := \sum_{k=0}^{2n}(-1)^k a_k$. Dann folgt:

$$u_{n+1} = u_n + (a_{2n} - a_{2n+1}) \geq u_n$$

$$v_{n+1} = v_n - (a_{2n+1} - a_{2n+2}) \leq v_n$$

$$v_n = u_n + a_{2n} \geq u_n$$

$$v_n - u_n = a_{2n} \to 0 \quad (n \to \infty)$$

Damit bilden die Folgen (u_n) und (v_n) eine Intervallschachtelung und konvergieren somit gegen einen gemeinsamen Grenzwert. Damit konvergiert aber auch die Reihe $\sum_{k=0}^{\infty}(-1)^k a_k$ und es gilt:

$$u_n \leq \sum_{k=0}^{\infty}(-1)^k a_k \leq v_n, \quad \forall n \in \mathbb{N}_0.$$

∎

Bemerkung (8.4.3)

Aufgrund des Cauchy-Kriteriums bleibt das Konvergenzverhalten einer Reihe unverändert, wenn man endlich viele Reihenglieder a_k abändert, nicht aber der Grenzwert der Reihe!

Beispiele (8.4.4)

a) Die **geometrische Reihe** $\sum_{k=0}^{\infty} q^k = 1 + q + q^2 + q^3 + \ldots$, $q \in \mathbb{C}$, konvergiert für $|q| < 1$, denn für die Partialsummen zeigt man: $s_n = \sum_{k=0}^{n} q^k = \dfrac{1-q^{n+1}}{1-q}$.

Damit folgt

$$\sum_{k=0}^{\infty} q^k = \frac{1}{1-q}, \quad |q| < 1.$$

Für $|q| > 1$ ist die geometrische Reihe divergent.

---
[38] Gottfried Wilhelm Leibniz (1646–1716); Paris, Hannover, Wien

b) Die **harmonische Reihe** $\sum_{k=1}^{\infty} \frac{1}{k} = 1 + \frac{1}{2} + \frac{1}{3} + \frac{1}{4} + \ldots$ ist divergent, denn man kann einen Reihenabschnitt nach unten abschätzen:

$$\sum_{k=n}^{m} \frac{1}{k} \geq \sum_{k=n}^{m} \frac{1}{m} = \frac{m-n+1}{m} \to 1 \quad (m \to \infty).$$

Damit ist das Cauchy-Kriterium verletzt!

c) Die **alternierende harmonische Reihe** $\sum_{k=0}^{\infty} (-1)^k \frac{1}{k+1} = 1 - \frac{1}{2} + \frac{1}{3} - \frac{1}{4} + - \cdots$ ist dagegen aufgrund des Leibnizschen Kriteriums konvergent. Der Grenzwert lautet, vgl. (11.2.12):

$$\sum_{k=0}^{\infty} (-1)^k \frac{1}{k+1} = \ln 2 \doteq 0.69314\,71806.$$

Definition (8.4.5)

Eine Reihe $\sum_{k=0}^{\infty} a_k$ heißt **absolut konvergent**, falls die Reihe $\sum_{k=0}^{\infty} |a_k|$ konvergiert.

Bemerkung (8.4.6)

Aufgrund des Cauchy-Kriteriums ist jede absolut konvergente Reihe auch konvergent (Dreiecksungleichung!).
Die alternierende harmonische Reihe ist konvergent, jedoch *nicht* absolut konvergent!

Satz (8.4.7) (**Kriterien für absolute Konvergenz**)

a) Eine Reihe $\sum_{k=0}^{\infty} a_k$ ist genau dann absolut konvergent, wenn die Folge $\left(\sum_{k=0}^{n} |a_k|\right)_{n \in \mathbb{N}_0}$ beschränkt ist.

b) **Majorantenkriterium:**

$$\forall k: |a_k| \leq b_k \land \sum_{k=0}^{\infty} b_k \text{ konvergent} \quad \Rightarrow \quad \sum_{k=0}^{\infty} a_k \text{ absolut konvergent}.$$

c) **Quotientenkriterium:** Sei $a_k \neq 0 \quad (\forall k \geq k_0)$.

$$\left|\frac{a_{k+1}}{a_k}\right| \leq q < 1 \quad (\forall k \geq k_0) \quad \Rightarrow \quad \sum_{k=0}^{\infty} a_k \text{ absolut konvergent}.$$

d) **Wurzelkriterium:**

$$\sqrt[k]{|a_k|} \leq q < 1 \quad (\forall k \geq k_0) \quad \Rightarrow \quad \sum_{k=0}^{\infty} a_k \text{ absolut konvergent}.$$

Beweis

zu a) Die Folge $\left(\sum_{k=0}^{n} |a_k|\right)$ ist monoton wachsend und daher genau dann konvergent, wenn sie beschränkt ist.

zu b) Da $\forall k : |a_k| \leq b_k$, ist $b_k \geq 0$ und $\sum_{k=0}^{\infty} b_k$ absolut konvergent, also beschränkt.

Damit ist aber auch $\sum_{k=1}^{n} |a_k| \leq \sum_{k=1}^{n} b_k \leq \sum_{k=1}^{\infty} b_k$ beschränkt, und somit ist die Reihe $\sum_{k=0}^{\infty} a_k$ nach a) absolut konvergent.

zu c) Aus $\left|\dfrac{a_{k+1}}{a_k}\right| \leq q$, $k \geq k_0$, folgt per vollständiger Induktion $|a_k| \leq q^{k-k_0}|a_{k_0}|$, und somit für alle $n \geq k_0$:

$$\sum_{k=0}^{n} |a_k| \leq \sum_{k=0}^{k_0-1} |a_k| + |a_{k_0}| \sum_{j=0}^{n-k_0} q^j \leq \sum_{k=0}^{k_0-1} |a_k| + |a_{k_0}| \frac{1}{1-q}.$$

Damit ist die Reihe $\sum_{k=0}^{\infty} a_k$ wiederum nach a) absolut konvergent.

zu d) Aus $\sqrt[k]{|a_k|} \leq q$, $k \geq k_0$, folgt direkt $|a_k| \leq q^k$, $k \geq k_0$. Wie in c) schließt man:

$$\sum_{k=0}^{n} |a_k| \leq \sum_{k=0}^{k_0-1} |a_k| + \frac{q^{k_0}}{1-q}, \quad n \geq k_0$$

Damit ist die Reihe $\sum_{k=0}^{\infty} a_k$ wiederum nach a) absolut konvergent. ∎

Bemerkungen (8.4.8)

a) Die Voraussetzung des Quotienten- bzw. Wurzelkriteriums ist erfüllt, falls

$$\lim_{k \to \infty} \left|\frac{a_{k+1}}{a_k}\right| < 1 \quad \text{bzw.} \quad \lim_{k \to \infty} \sqrt[k]{|a_k|} < 1.$$

b) Gilt dagegen $\lim_{k \to \infty} \left|\dfrac{a_{k+1}}{a_k}\right| > 1$ oder $\lim_{k \to \infty} \sqrt[k]{|a_k|} > 1$,

so ist die Reihe $\sum_{k=0}^{\infty} a_k$ divergent.

Beispiele (8.4.9)

a) Wegen $\sum_{k=1}^{n} \dfrac{1}{k(k+1)} = \sum_{k=1}^{n} \left(\dfrac{1}{k} - \dfrac{1}{k+1}\right) = 1 - \dfrac{1}{n+1}$ ist die Reihe $\sum_{k=1}^{\infty} \dfrac{1}{k(k+1)}$

absolut konvergent mit Grenzwert $\displaystyle\sum_{k=1}^{\infty}\frac{1}{k(k+1)}=1$.

b) Die Reihe $\displaystyle\sum_{k=1}^{\infty}\frac{1}{k^r}$, ist für $r\in\mathbb{N}$, $r\geq 2$ absolut konvergent, denn es gilt nach a)

$$\sum_{k=1}^{n}\frac{1}{k^r}\leq\sum_{k=1}^{n}\frac{1}{k^2}<1+\sum_{k=2}^{n}\frac{1}{k(k-1)}<2.$$

Einige Grenzwerte seien ohne Beweis angegeben:

$$\sum_{k=1}^{\infty}\frac{1}{k^2}=\frac{\pi^2}{6},\quad\sum_{k=1}^{\infty}\frac{1}{k^4}=\frac{\pi^4}{90},\quad\sum_{k=1}^{\infty}\frac{1}{k^6}=\frac{\pi^6}{945}.$$

Mit der Abschätzung

$$\sum_{k=2^{n-1}}^{2^n-1}\frac{1}{k^r}\leq 2^{n-1}\frac{1}{(2^{n-1})^r}=\left(\frac{1}{2^{r-1}}\right)^{n-1}=:q^{n-1}$$

lässt sich sogar die absolute Konvergenz von $\displaystyle\sum_{k=1}^{\infty}\frac{1}{k^r}$ für alle $r\in\mathbb{R}$, $r>1$, beweisen.

c) Die Reihe $\displaystyle\sum_{k=0}^{\infty}\frac{z^k}{k!}$ ist für jedes $z\in\mathbb{C}$ absolut konvergent.

Dies folgt mit dem Quotientenkriterium aus:

$$\left|\frac{a_{k+1}}{a_k}\right|=\frac{|z|}{k+1}\longrightarrow 0\ (k\to\infty).$$

Es gilt: $\displaystyle e^z=\sum_{k=0}^{\infty}\frac{z^k}{k!},\quad\forall z\in\mathbb{C}$.

d) Die Reihe $\displaystyle\sum_{k=0}^{\infty}(-1)^k\frac{z^{2k+1}}{2k+1}$ ist für $|z|<1$ absolut konvergent, denn:

$$\left|\frac{a_{k+1}}{a_k}\right|=\left|\frac{z^2(2k+1)}{(2k+3)}\right|\longrightarrow|z|^2<1\ (k\to\infty).$$

Man beachte, dass diese Reihe auch für $z=1$ und für $z=-1$ nach dem Leibniz-Kriterium konvergiert, jedoch nicht absolut. Divergenz liegt dagegen für $z=i$ und für $z=-i$ vor.

Es gilt: $\displaystyle\arctan z=\sum_{k=0}^{\infty}(-1)^k\frac{z^{2k+1}}{2k+1},\quad\forall z:|z|<1$.

8.4 Konvergenzkriterien für Reihen

Wir fragen, ob man die Summationsreihenfolge bei einer Reihe $\sum_{k=0}^{\infty} a_k$ ähnlich wie bei einer (endlichen) Summe beliebig vertauschen kann, ohne dass sich hierdurch der Grenzwert ändert.

Dabei sollen natürlich nicht nur endlich viele Summanden vertauscht werden dürfen, sondern es werden allgemein Reihen der Form $\sum_{k=0}^{\infty} a_{\sigma_k}$ untersucht, wobei $\sigma : \mathbb{N}_0 \to \mathbb{N}_0$ eine beliebige Bijektion (Permutation) von $\mathbb{N}_0$ ist.

Einfache Beispiele zeigen, dass man hier vorsichtig sein muss:

Beispiel (8.4.10)

Aus der alternierenden harmonischen Reihe (konvergent) entsteht durch die folgende Umordnung der Reihenglieder eine neue Reihe:

$$\sum_{k=0}^{\infty} (-1)^k \frac{1}{k+1} = 1 - \frac{1}{2} + \frac{1}{3} - \frac{1}{4} + \frac{1}{5} \cdots$$

$$\to 1 - \frac{1}{2} + \frac{1}{3} - \frac{1}{4}$$

$$+ \left(\frac{1}{5} + \frac{1}{7} \right) - \frac{1}{6}$$

$$+ \left(\frac{1}{9} + \frac{1}{11} + \frac{1}{13} + \frac{1}{15} \right) - \frac{1}{8}$$

$$+ \left(\frac{1}{17} + \frac{1}{19} + \cdots + \frac{1}{31} \right) - \frac{1}{10}$$

$$\vdots$$

$$+ \left(\frac{1}{2^n + 1} + \frac{1}{2^n + 3} + \cdots + \frac{1}{2^{n+1} - 1} \right) - \frac{1}{2n + 2} \cdots$$

Für die neue Reihe zeigt aber nun eine Abschätzung der Teilsummen

$$\left(\frac{1}{2^n + 1} + \cdots + \frac{1}{2^{n+1} - 1} \right) > 2^{n-1} \cdot \frac{1}{2^{n+1}} = \frac{1}{4},$$

dass diese Reihe nach den Cauchy-Kriterium *nicht* konvergiert!

Satz (8.4.11) (Umordnungssatz)

Ist die Reihe $\sum_{k=0}^{\infty} a_k$ absolut konvergent, so ist auch jede umgeordnete Reihe $\sum_{k=0}^{\infty} a_{\sigma_k}$ absolut konvergent, und es gilt $\sum_{k=0}^{\infty} a_k = \sum_{k=0}^{\infty} a_{\sigma_k}$.

Beweis

Für $m \in \mathbb{N}$ ist $\sum_{k=0}^{m} |a_{\sigma_k}| \leq \sum_{k=0}^{N} |a_k| \leq \sum_{k=0}^{\infty} |a_k| =: S$, wobei N so groß gewählt sei, dass $\{\sigma_0, \ldots, \sigma_m\} \subset \{0, 1, \ldots, N\}$ gilt.

Daher ist $\sum_{k=0}^{\infty} a_{\sigma_k}$ absolut konvergent und für den Grenzwert $S' := \sum_{k=0}^{\infty} |a_{\sigma_k}|$ gilt $S' \leq S$.

Da aber umgekehrt $\sum_{k=0}^{\infty} a_k$ auch eine Umordnung von $\sum_{k=0}^{\infty} a_{\sigma_k}$ ist, gilt ebenso $S \leq S'$, also $S = S'$.

Wendet man dies nun auf die absolut konvergente Reihe $\sum_{k=0}^{\infty} (|a_k| + a_k)$ an, so folgt:

$$S + \sum_{k=0}^{\infty} a_k = S' + \sum_{k=0}^{\infty} a_{\sigma_k}$$

und damit $\sum_{k=0}^{\infty} a_k = \sum_{k=0}^{\infty} a_{\sigma_k}$. ∎

Bemerkung (8.4.12)

Es gilt auch umgekehrt: Ist die Reihe $\sum_{k=0}^{\infty} a_{\sigma_k}$ für *jede* Permutation $\sigma : \mathbb{N}_0 \to \mathbb{N}_0$ konvergent, so ist die Ausgangsreihe $\sum_{k=0}^{\infty} a_k$ absolut konvergent.

Zum Abschluss fragen wir nach der Darstellung eines **Produkts zweier Reihen** in Form einer neuen Reihe. Genauer: Wir fragen, ob ein „Ausmultiplizieren" in der Form

$$\left(\sum_{k=0}^{\infty} a_k\right)\left(\sum_{\ell=0}^{\infty} b_\ell\right) = \sum_{k=\ell=0}^{\infty} a_k b_\ell$$

möglich ist.

Bei der rechts stehenden Reihe soll jedes Indexpaar $(k,\ell) \in \mathbb{N}_0 \times \mathbb{N}_0$ genau einmal als Summand auftreten. Um Konvergenzaussagen machen zu können, muss man sich auf eine Reihenfolge dieser Summanden festlegen. Wegen (8.4.11) und (8.4.12) wird man die obige Relation unabhängig von der Reihenfolge der Summanden nur für absolut konvergente Reihen erwarten können.

Satz (8.4.13) (**Produkt von Reihen**)

Die Reihen $\sum_{k=0}^{\infty} a_k$, $\sum_{\ell=0}^{\infty} b_\ell$ seien absolut konvergent.

Dann ist die Reihe $\sum_{k=0}^{\infty} a_{\sigma_k} b_{\mu_k}$ für jede Numerierung der Indexpaare $(\sigma, \mu) : \mathbb{N}_0 \to \mathbb{N}_0^2$ (Bijektion) absolut konvergent, und es gilt:

$$\sum_{k=0}^{\infty} a_{\sigma_k} b_{\mu_k} = \left(\sum_{k=0}^{\infty} a_k\right)\left(\sum_{k=0}^{\infty} b_k\right).$$

Beweis

Für $m \in \mathbb{N}$ lässt sich N hinreichend groß wählen, so dass

$$\sum_{k=0}^{m} |a_{\sigma_k} b_{\mu_k}| \leq \sum_{k=0}^{N} \sum_{\ell=0}^{N} |a_k| |b_\ell| \leq \left(\sum_{k=0}^{\infty} |a_k|\right)\left(\sum_{\ell=0}^{\infty} |b_\ell|\right)$$

gilt. Damit ist die Reihe $\sum_{k=0}^{\infty} a_{\sigma_k} b_{\mu_k}$ absolut konvergent, ihr Grenzwert ist daher nach dem Umordnungssatz unabhängig von der Permutation (σ, μ).
Wählt man als spezielle Reihenfolge

$$\mu_k \downarrow \quad \begin{array}{c|cccc} & 0 & 1 & 2 & 3 \\ \hline 0 & 0 & 3 & 8 & \\ 1 & 1 & 2 & 7 & \uparrow \\ 2 & 4 & 5 & 6 & \\ 3 & \rightarrow & & & \end{array} \quad \rightarrow \sigma_k$$

so erhält man mit $m = (n+1)^2 - 1$:

$$\sum_{k=0}^{m} a_{\sigma_k} b_{\mu_k} = (a_0 + a_1 + \cdots + a_n)(b_0 + b_1 + \cdots + b_n)$$

und somit für $n \to \infty$:

$$\sum_{k=0}^{\infty} a_{\sigma_k} b_{\mu_k} = \left(\sum_{k=0}^{\infty} a_k\right)\left(\sum_{\ell=0}^{\infty} b_\ell\right). \quad \blacksquare$$

Folgerung (8.4.14)

Numeriert man die Indizes (σ_k, μ_k) längs der Diagonalen:

$$\mu_k \downarrow \quad \begin{array}{c|ccccc} & 0 & 1 & 2 & 3 & 4 \\ \hline 0 & 0 & 2 & 5 & 9 & \\ 1 & 1 & 4 & 8 & & \\ 2 & 3 & 7 & \nearrow & & \\ 3 & 6 & & & & \\ 4 & & & & & \end{array} \quad \rightarrow \sigma_k$$

so erhält man das so genannte **Cauchy-Produkt der Reihen**:

$$\left(\sum_{k=0}^{\infty} a_k\right)\left(\sum_{\ell=0}^{\infty} b_\ell\right) = \sum_{n=0}^{\infty}\left(\sum_{k=0}^{n} a_k b_{n-k}\right) \quad (8.4.15)$$

$$= a_0 b_0 + (a_0 b_1 + a_1 b_0) + (a_0 b_2 + a_1 b_1 + a_2 b_0) + \cdots$$

Beispiel (8.4.16)

Für die durch

$$\exp(z) := \sum_{k=0}^{\infty} \frac{z^k}{k!}, \quad z \in \mathbb{C}, \quad (8.4.17)$$

definierte **Exponentialfunktion** gilt die **Funktionalgleichung**:

$$\exp(z+w) = \exp(z)\exp(w). \quad (8.4.18)$$

Beweis

Die Reihe (8.4.17) ist absolut konvergent, also folgt mittels (8.4.15):

$$\begin{aligned}
\exp(z)\exp(w) &= \left(\sum_{k=0}^{\infty} \frac{z^k}{k!}\right)\left(\sum_{\ell=0}^{\infty} \frac{w^\ell}{\ell!}\right) = \sum_{n=0}^{\infty}\sum_{k=0}^{n} \frac{z^k\,w^{n-k}}{k!\,(n-k)!} \\
&= \sum_{n=0}^{\infty} \frac{1}{n!}\left(\sum_{k=0}^{n} \binom{n}{k} z^k\,w^{n-k}\right) = \sum_{n=0}^{\infty} \frac{1}{n!}(z+w)^n \\
&= \exp(z+w)\,.
\end{aligned}$$
∎

9 Stetigkeit und Differenzierbarkeit

9.1 Stetigkeit, Grenzwerte von Funktionen

Stetigkeit ist ein fundamentaler Begriff der Analysis. Eine Funktion $y = f(x)$ wird stetig genannt, wenn sie sich „kontinuierlich" und nicht „sprunghaft" verhält. Kleine Änderungen im Argument x sollen also zu nur kleinen Änderungen des Funktionswerts y führen. Oder: Wenn x sich einem bestimmten Wert x_0 „annähert", soll $y = f(x)$ sich dem zugehörigen Funktionswert $y_0 = f(x_0)$ annähern.

Von technischen und physikalischen Systemen erwartet man i. Allg. die Stetigkeit der dieses System beschreibenden Funktionen. Jedoch gilt dies nur innerhalb gewisser Grenzen für die Parameter: Erhöht man beispielsweise bei einer Glühlampe die anliegende Spannung U, so erhöht sich auch damit (stetig) die Stromstärke – bis zum Durchbrennen des Glühdrahts. An dieser Stelle springt die Stromstärke von einem positiven Wert auf Null – sie verhält sich unstetig!

Stetigkeit ist eine lokale Eigenschaft: Eine Funktion $y = f(x)$ ist „an einer Stelle x_0" stetig (oder nicht), und dies hängt nur von der Funktion an der Stelle x_0 und in einer Umgebung von x_0 ab. Wir beschäftigen uns daher zunächst mit dem Verhalten von $y = f(x)$, wenn sich x einer vorgegebenen Stelle x_0 annähert.

Im Folgenden seien V und W normierte Vektorräume und $f: D \to W$, $D \subset V$ eine Funktion. Wir definieren zunächst einige topologische Eigenschaften des Definitionsbereichs D.

Definition (9.1.1)

a) Ein Punkt $x_0 \in V$ heißt ein **Häufungspunkt von** D, falls es eine Folge $(x_n)_{n \in \mathbb{N}}$ gibt mit:
$$\forall n: \quad x_n \in D, \quad x_n \neq x_0 \quad \text{und} \quad \lim_{n \to \infty} x_n = x_0.$$

Die **Menge aller Häufungspunkte von** D wird mit D' bezeichnet.

Die Menge $\overline{D} := D \cup D'$ heißt die **abgeschlossene Hülle** von D oder der **topologische Abschluss** von D.

Eine Menge $D \subset V$ heißt **abgeschlossen**, falls $D' \subset D$ also $D = \overline{D}$ gilt.

b) Zu $x_0 \in V$ und $\varepsilon > 0$ bezeichnet
$$K_\varepsilon(x_0) := \{ x \in V : \|x - x_0\| < \varepsilon \}$$

die (offene) Kugel um x_0 mit Radius ε.

Eine Menge $D \subset V$ heißt **beschränkt**, falls es ein $x_0 \in V$ und ein $\varepsilon > 0$ gibt mit $D \subset K_\varepsilon(x_0)$.

Ein Punkt $x_0 \in D$ heißt **innerer Punkt** von D, falls es ein $\varepsilon > 0$ gibt mit $K_\varepsilon(x_0) \subset D$.

Die **Menge aller inneren Punkte** von D wird mit D^0, bezeichnet, manchmal auch mit $\text{int}(D)$. Die Menge D^0 heißt **der Kern** oder **das Innere** von D.

Eine Menge $D \subset V$ heißt **offen**, falls $D^0 = D$ gilt.

Bemerkungen und Beispiele (9.1.2)

a) $D = \,]0,1[\, \subset \mathbb{R}$ ist offen mit $D' = [0,1]$, $\quad D = [1, \infty[\, \subset \mathbb{R}$ ist abgeschlossen.

b) $D = \,]-\infty, 0[\, \cup \{1\} \cup \,]2, \infty[\,$ ist weder offen noch abgeschlossen, es gelten

$D' = \,]-\infty, 0] \cup [2, \infty[,\quad \overline{D} = \,]-\infty, 0] \cup \{1\} \cup [2, \infty[,\quad D^0 = \,]-\infty, 0[\, \cup \,]2, \infty[\,.$

c) Kugeln $D = K_\varepsilon(x_0) \subset V$ sind offen, $\quad D' = \{x : \|x - x_0\| \leq \varepsilon\} =: \overline{K}_\varepsilon(x_0)$ ist die abgeschlossene Kugel mit Radius ε um x_0.

d) Innere Punkte $x_0 \in D^0$ sind stets auch Häufungspunkte von D, da für beliebiges $z \in V \setminus \{0\}$ und $\varepsilon > 0$ gilt:

$$K_\varepsilon(x_0) \ni x_0 + \frac{\varepsilon}{n+1} \frac{z}{\|z\|} \;\to\; x_0, \quad n \to \infty.$$

Definition (9.1.3) (**Grenzwerte von Funktionen**)

Gegeben sei eine Funktion $f : D \to W$, $D \subset V$ und $x_0 \in D'$.

a) Wir sagen, $f(x)$ **konvergiert** für $x \to x_0$ gegen den Grenzwert y_0, falls für **jede** Folge $(x_n)_{n \in \mathbb{N}} \in D^\mathbb{N}$ mit $x_n \neq x_0$ gilt:

$$\lim_{n \to \infty} x_n = x_0 \;\Rightarrow\; \lim_{n \to \infty} f(x_n) = y_0.$$

Wir schreiben dann $\lim\limits_{x \to x_0} f(x) = y_0$ oder $f(x) \to y_0 \;(x \to x_0)$.

b) Im Fall $D \subset \mathbb{R}$ lassen sich auch **einseitige Grenzwerte** definieren:

$$\lim_{x \to x_0-} f(x) = y_0 \;:\Longleftrightarrow\; \forall\, (x_n) \in D^\mathbb{N},\; x_n < x_0 :$$
$$\left(\lim_{n \to \infty} x_n = x_0 \;\Rightarrow\; \lim_{n \to \infty} f(x_n) = y_0 \right)$$
$$\lim_{x \to x_0+} f(x) = y_0 \;:\Longleftrightarrow\; \forall\, (x_n) \in D^\mathbb{N},\; x_n > x_0 :$$
$$\left(\lim_{n \to \infty} x_n = x_0 \;\Rightarrow\; \lim_{n \to \infty} f(x_n) = y_0 \right).$$

Hierbei wird vorausgesetzt, dass es mindestens eine Folge (x_n) mit der jeweils genannten Eigenschaft gibt.

c) In der Definition b) ist auch der Fall $x_0 = \pm\infty$ zugelassen und im Fall $W = \mathbb{R}$ sind für beide Definitionen a) und b) auch die Fälle $y_0 = \pm\infty$ zugelassen.

Bemerkung (9.1.4)

Die für Folgen bekannten Grenzwertsätze, vgl. (8.1.11), (8.2.9), lassen sich unmittelbar auf Grenzwerte von Funktionen übertragen. Unter den entsprechenden Voraussetzungen an die Funktionen f und g gelten also:

a) $\quad \lim\limits_{x \to x_0} (f(x) + g(x)) \;=\; \lim\limits_{x \to x_0} f(x) \;+\; \lim\limits_{x \to x_0} g(x)$

b) $\quad \lim\limits_{x \to x_0} (\alpha\, f(x)) \;=\; \alpha \cdot \lim\limits_{x \to x_0} f(x), \quad \alpha \in \mathbb{R}/\mathbb{C}$

c) Im Fall $W = \mathbb{R}/\mathbb{C}$ gelten, sofern die angegebenen Grenzwerte existieren:

$$\lim_{x \to x_0} (f(x) \cdot g(x)) \;=\; \Big(\lim_{x \to x_0} f(x)\Big) \cdot \Big(\lim_{x \to x_0} g(x)\Big)$$

$$\lim_{x \to x_0} (f(x)/g(x)) \;=\; \Big(\lim_{x \to x_0} f(x)\Big) \Big/ \Big(\lim_{x \to x_0} g(x)\Big), \quad \text{falls} \quad \lim_{x \to x_0} g(x) \neq 0\,.$$

d) Schließlich können im Fall $W = \mathbb{R}^n/\mathbb{C}^n$ auch die Grenzwerte von Funktionen koordinatenweise berechnet werden:

$$\lim_{x \to x_0} \big(f_1(x), \ldots, f_n(x)\big)^{\mathrm T} \;=\; \Big(\lim_{x \to x_0} f_1(x),\; \ldots,\; \lim_{x \to x_0} f_n(x)\Big)^{\mathrm T}.$$

Beispiele (9.1.5)

a) Für die Funktion $f : \mathbb{R} \to \mathbb{R}$,

$$f(x) \;:=\; \begin{cases} 0: & x < 0 \;\vee\; x = 1 \\ 1: & \text{sonst} \end{cases}$$

gilt: $\quad \lim\limits_{x \to 0} f(x) \;$ existiert nicht, $\quad \lim\limits_{x \to 1} f(x) \;=\; 1 \neq f(1)\,.$

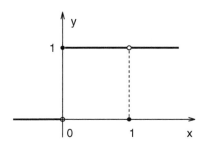

Abb. 9.1. Sprungfunktion

b) Für die Funktion $f : \mathbb{R} \setminus \{0\} \to \mathbb{R}$, $f(x) := \sin(1/x)$ existiert weder $\lim\limits_{x \to 0+} f(x)$ noch $\lim\limits_{x \to 0-} f(x)\,.$

Für $g : \mathbb{R} \setminus \{0\} \to \mathbb{R}$, $g(x) := x \sin(1/x)$ gilt dagegen $\lim\limits_{x \to 0} g(x) = 0\,.$

c) $\lim\limits_{x \to 0+} \dfrac{1}{x} = \infty$, $\lim\limits_{x \to 0-} \dfrac{1}{x} = -\infty$.

d) $\lim\limits_{x \to -1} \dfrac{(x+3)(2x-1)}{x^2+3x-2} = \dfrac{\lim(x+3) \cdot \lim(2x-1)}{\lim(x^2+3x-2)} = \dfrac{2 \cdot (-3)}{(-4)} = \dfrac{3}{2}.$

e) $\lim\limits_{x \to \infty} \dfrac{2x^4 - 3x^2 + 1}{6x^4 + x^3 - 3x} = \lim\limits_{x \to \infty} \dfrac{2 - \frac{3}{x^2} + \frac{1}{x^4}}{6 + \frac{1}{x} - \frac{3}{x^3}} = \dfrac{1}{3}.$

f) $\lim\limits_{h \to 0} \dfrac{\sqrt{x+h} - \sqrt{x}}{h} = \lim\limits_{h \to 0} \dfrac{(x+h) - x}{h(\sqrt{x+h} + \sqrt{x})} = \dfrac{1}{2\sqrt{x}},$ $x > 0.$

Definition (9.1.6) (Stetigkeit)

Gegeben sei eine Funktion $f : D \to W$, $D \subset V$.

a) Die Funktion f heißt **stetig ergänzbar** in $x_0 \in D'$, falls $\lim\limits_{x \to x_0} f(x)$ existiert (und endlich ist).

b) Die Funktion f heißt **stetig** in $x_0 \in D \cap D'$, falls $\lim\limits_{x \to x_0} f(x) = f(x_0)$ gilt.

c) Die Funktion f heißt **stetig**, falls f in **allen** Punkten $x_0 \in D \cap D'$ stetig ist.

Der Stetigkeitsbegriff stimmt mit der eingangs geschilderten Bedingung überein, dass kleine Änderungen im Argument x der Funktion nur zu kleinen Änderungen in den Werten $y = f(x)$ führen dürfen. Es gilt nämlich:

Satz (9.1.7) (ε - δ -Definition)

Für $x_0 \in D \cap D'$ sind die folgenden Eigenschaften äquivalent:

a) f ist in x_0 stetig, d.h., $\lim\limits_{x \to x_0} f(x) = f(x_0)$

b) $\forall \varepsilon > 0 : \exists \delta > 0 : \forall x \in D:$

$$\|x - x_0\| < \delta \quad \Rightarrow \quad \|f(x) - f(x_0)\| < \varepsilon.$$

Beweis

a) $\Rightarrow$ b):   Annahme:

$$\exists \varepsilon > 0 : \forall \delta > 0 : \exists x_\delta \in D : \quad \|x_\delta - x_0\| < \delta \ \wedge \ \|f(x_\delta) - f(x_0)\| \geq \varepsilon.$$

Wählt man $\delta = \delta_n := 1/n$, $n \in \mathbb{N}$, so erhält man eine Folge $(x_n) \in D^\mathbb{N}$ mit

$$\|x_n - x_0\| < \dfrac{1}{n} \ \wedge \ \|f(x_n) - f(x_0)\| \geq \varepsilon.$$

Wegen der letzten Ungleichung gilt $x_n \in D \setminus \{x_0\}$, wegen der ersten Ungleichung $\lim_{n \to \infty} x_n = x_0$. Jedoch kann – wegen der zweiten Ungleichung – $(f(x_n))$ nicht gegen $f(x_0)$ konvergieren. Dies steht im Widerspruch zur Stetigkeit von f in x_0.

9.1 Stetigkeit, Grenzwerte von Funktionen

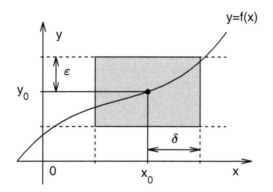

Abb. 9.2. ε-δ-Definition

b) $\Rightarrow$ a): Gelte $\lim_{n\to\infty} x_n = x_0$, $x_n \in D \setminus \{x_0\}$.

Zu $\varepsilon > 0$ wähle man nun nach b) ein $\delta = \delta(\varepsilon) > 0$ mit

$$\forall x \in D: \ \|x - x_0\| < \delta \ \Rightarrow \ \|f(x) - f(x_0)\| < \varepsilon,$$

sowie $N(\varepsilon)$ mit $\forall n \geq N: \ \|x_n - x_0\| < \delta$.

Damit folgt nun $\forall n \geq N: \ \|f(x_n) - f(x_0)\| < \varepsilon$, also $\lim_{n\to\infty} f(x_n) = f(x_0)$. ∎

Bemerkungen (9.1.8)

a) Die Grenzwertsätze (9.1.4) zeigen, dass für in x_0 stetige Funktionen f und g auch die Funktionen $f + g$, $\alpha \cdot f$, $f \cdot g$ und f/g in x_0 stetig sind, letztere, falls $g(x_0) \neq 0$ ist.

b) Die Hintereinanderausführung stetiger Funktionen ist wieder eine stetige Funktion. Genauer: Sind V, W und Z normierte Räume und sind $f: D_f \to W$, $D_f \subset V$, und $g: D_g \to Z$, $D_g \subset W$, in $x_0 \in D_f^0$ bzw. in $y_0 := f(x_0) \in D_g^0$, stetige Funktionen, so ist auch die Komposition $g \circ f$ in x_0 stetig.

Dies folgt direkt aus der Definition (9.1.6). Man beachte, dass wir hierbei nur die Stetigkeit in inneren Punkten des Definitionsbereichs betrachtet haben. Die Aussage gilt auch für andere Punkte in $D_{g \circ f} := D_f \cap f^{-1}(D_g)$, die allerdings Häufungspunkte des Definitionsbereichs $D_{g \circ f}$ sein müssen.

Beispiele (9.1.9)

a) Konstante Funktionen sind stetig, die Identität $\mathrm{id}: V \to V$ eines normierten Vektorraums V ist stetig. Speziell für $V = \mathbb{R}/\mathbb{C}$ ergibt sich die Stetigkeit der Funktion $y = f(x) := x$.

b) Mit den Grenzwertsätzen folgt hieraus, dass alle Polynomfunktionen $y = f(x) = \sum_{k=0}^{n} a_k x^k$ als Funktionen $f : \mathbb{R} \to \mathbb{R}$ bzw. $f : \mathbb{C} \to \mathbb{C}$ stetig sind.

Die Koordinaten-Projektionen $p_k : \mathbb{R}^n \to \mathbb{R}$, $p_k(x) := x_k$, sind stetig, da Grenzwerte koordinatenweise berechnet werden. Damit sind aber auch allgemeine Polynomfunktionen in n Variablen

$$f(x_1, \ldots, x_n) = \sum_{k_1, \ldots, k_n = 0}^{m} a_{k_1, \ldots, k_n} x_1^{k_1} \ldots x_n^{k_n}$$

stetig. Dies gilt sowohl für den reellen, $f : \mathbb{R}^n \to \mathbb{R}$, wie auch für den komplexen Fall, also $f : \mathbb{C}^n \to \mathbb{C}$, $a_{k_1 \ldots k_n} \in \mathbb{C}$.

Weitere Beispiele für stetige Funktionen sind:

$$\mathbf{f} : \mathbb{R}^n \to \mathbb{R}^m, \quad \mathbf{f}(\mathbf{x}) = \mathbf{A}\mathbf{x}, \quad \mathbf{A} \in \mathbb{R}^{(m,n)}$$
$$g : \mathbb{R}^m \times \mathbb{R}^n = \mathbb{R}^{m+n} \to \mathbb{R}, \quad g(\mathbf{x}, \mathbf{y}) = \mathbf{x}^T \mathbf{A} \mathbf{y}, \quad \mathbf{A} \in \mathbb{R}^{(m,n)}.$$

c) Die Funktion $\sqrt[m]{x} : [0, \infty[\to \mathbb{R}$ ist stetig auf ihrem Definitionsbereich $[0, \infty[$, vgl. (8.2.9) c).

d) Wir werden später sehen, dass alle durch **Potenzreihen** $f(z) := \sum_{k=0}^{\infty} a_k z^k$ erklärte Funktionen auf dem Bereich der absoluten Konvergenz der Reihe stetig sind.

Zu diesen gehören die elementaren Funktionen $\exp(z)$, $\ln z$, $\sin z$, $\cos z$, $\tan z, \ldots$

e) Die Funktion $f(x, y) := \sin(\sqrt{x^2 + y^2 - 1})$ ist auf dem gesamten Definitionsbereich $D = \{(x, y) : x^2 + y^2 \geq 1\}$ stetig, denn sie ist als Hintereinanderausführung stetiger Funktionen darstellbar:

$$f = \sin \circ \sqrt{\ldots} \circ (x^2 + y^2 - 1).$$

Die Funktion $g(x) := \sqrt{\cos(x) - 1}$ ist zwar eine Komposition stetiger Funktionen, jedoch nur auf isolierten Punkten $D = \{2k\pi : k \in \mathbb{Z}\}$ definiert. Hier ist Stetigkeit nicht definiert!

f) Die Umkehrfunktion einer stetiger Funktionen ist nicht notwendigerweise stetig!

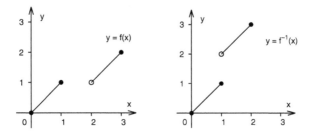

Abb. 9.3. Funktion und Umkehrfunktion

Einige wichtige Eigenschaften stetiger, reellwertiger Funktionen einer reellen Variablen werden im folgenden Satz zusammengefasst:

Satz (9.1.10)

Es sei $f : [a,b] \to \mathbb{R}$ eine stetige, reellwertige Funktion auf einem abgeschlossenen und beschränkten Intervall $[a,b] \subset \mathbb{R}$.

a) **Existenz einer Nullstelle:**
$$f(a) \cdot f(b) < 0 \quad \Rightarrow \quad \exists\, x_0 \in\,]a,b[:\ f(x_0) = 0$$

b) **Zwischenwertsatz:**
$$f(a) < c < f(b) \quad \Rightarrow \quad \exists\, x_0 \in\,]a,b[:\ f(x_0) = c$$

c) **Stetigkeit der Umkehrfunktion:**

Ist f streng monoton wachsend, d.h. $\forall\, x,y :\ x < y \Rightarrow f(x) < f(y)$, so ist auch die Umkehrfunktion $f^{-1} : [f(a), f(b)] \to \mathbb{R}$ stetig und streng monoton wachsend.

d) **Min-Max-Eigenschaft:**

Es gibt $x_1, x_2 \in [a,b]$ mit: $f(x_1) = \min\limits_{x\in [a,b]} f(x)$ und $f(x_2) = \max\limits_{x\in [a,b]} f(x)$.

Beweis

zu a): Es gelte o.B.d.A. $f(a) < 0$ und $f(b) > 0$.

Wir verwenden das Bisektionsverfahren und definieren:

$$x_1 := a, \quad y_1 := b$$
$$\text{für} \quad k = 1, 2, \ldots$$
$$z := (x_k + y_k)/2,$$
$$\text{falls}\ \ f(z) < 0:\ \ x_{k+1} := z, \quad y_{k+1} := y_k$$
$$\text{falls}\ \ f(z) \geq 0:\ \ x_{k+1} := x_k, \quad y_{k+1} := z$$
$$\text{end}\ k\ .$$

Die Folgen (x_k), (y_k) definieren dann eine Intervallschachtelung mit einem gemeinsamen Grenzwert x_0. Ferner gilt $\forall\, k :\ f(x_k) < 0$ und damit $f(x_0) = \lim_{k\to\infty} f(x_k) \leq 0$. Analog gilt $\forall\, k :\ f(y_k) \geq 0$, woraus auch: $f(x_0) = \lim_{k\to\infty} f(y_k) \geq 0$ folgt. Insgesamt ergibt sich damit: $f(x_0) = 0$.

zu b): Man wende a) auf die Funktion $g(x) := f(x) - c$ an.

zu c): Da f streng monoton wächst, ist $f : [a,b] \to [f(a), f(b)]$ bijektiv. O.B.d.A. sei $x_0 \in\,]a,b[$ und $\varepsilon > 0$, so dass $[x_0 - \varepsilon,\, x_0 + \varepsilon] \subset [a,b]$.

Wähle $\delta := \min\{|y_0 - f(x_0 - \varepsilon)|, |y_0 - f(x_0 + \varepsilon)|\}$, wobei $y_0 := f(x_0)$ ist. Aufgrund der strengen Monotonie von f ist $\delta > 0$ und für $|y - y_0| < \delta$ gilt $f(x_0 - \varepsilon) < y < f(x_0 + \varepsilon)$. Wegen b) existiert daher ein $x \in \,]x_0 - \varepsilon, x_0 + \varepsilon[$ mit $y = f(x)$. Damit folgt:

$$|y - y_0| < \delta \quad \Rightarrow \quad |f^{-1}(y) - f^{-1}(y_0)| < \varepsilon.$$

Analog schließt man für die Intervallgrenzen $x_0 = a$ (also $y_0 = f(a)$) und $x_0 = b$ (also $y_0 = f(b)$).

zu d): Sei $s := \sup\{f(x) \,|\, a \leq x \leq b\}$ ($+\infty$ ist hier zugelassen!). Dann existiert eine Folge $x_k \in [a, b]$ mit $f(x_k) \to s\ (k \to \infty)$.

Nach dem Satz von Bolzano–Weierstraß gibt es eine konvergente Teilfolge von (x_k), deren Grenzwert ebenfalls in $[a, b]$ liegt, also

$$x_{k_j} \to x_0 \in [a, b]\ (j \to \infty) \quad \wedge \quad f(x_{k_j}) \to s\ (j \to \infty).$$

Aufgrund der Stetigkeit von f in x_0 folgt damit: $s = f(x_0) = \max_{a \leq x \leq b} f(x)$.

Der Beweis für die Existenz des Minimums verläuft analog. ∎

Bemerkung (9.1.11)

Für den Nachweis der Min-Max-Eigenschaft ist es wesentlich, dass wir ein **kompaktes** (d.h. beschränktes und abgeschlossenes) Intervall $[a, b] \subset \mathbb{R}$ betrachtet haben.
So ist die Funktion $f(x) := 1/x$ auf dem Intervall $]0, \infty[$ stetig, nimmt aber hierauf weder ein Maximum noch ein Minimum an, ja die Funktion ist noch nicht einmal beschränkt!
Der Satz über die Min-Max-Eigenschaft lässt sich (bei gleichem Beweis!) auf den Fall einer Funktion mehrerer Variabler übertragen. Wichtiges Hilfsmittel ist hierbei wiederum der Satz von Bolzano–Weierstraß.

Definition (9.1.12)

Eine Menge $D \subset \mathbb{R}^n$ heißt **kompakt**, oder auch **folgenkompakt**, falls jede Folge $(\mathbf{x}_k) \in D^\mathbb{N}$, eine konvergente Teilfolge (x_{k_j}) besitzt mit $\mathbf{x}_{k_j} \to \mathbf{x}_0 \in D\ (j \to \infty)$.

Wie in (9.1.10) beweist man die Min-Max-Eigenschaft allgemein für kompakte Definitionsbereiche im $\mathbb{R}^n$.

Satz (9.1.13) (Min-Max-Eigenschaft)

Ist $D \subset \mathbb{R}^n$ eine kompakte Menge und ist die Funktion $f : D \to \mathbb{R}$ stetig, so gibt es Punkte $\mathbf{x}_1, \mathbf{x}_2 \in D$ mit $f(\mathbf{x}_1) = \min_{\mathbf{x} \in D} f(\mathbf{x})$ und $f(\mathbf{x}_2) = \max_{\mathbf{x} \in D} f(\mathbf{x})$.

Die Kompaktheit des Definitionbereichs einer stetigen Funktion ist also die wesentliche Voraussetzung für den Existenzbeweis von Extrema (Maxima und Minima) der Funktion.

9.1 Stetigkeit, Grenzwerte von Funktionen

Im folgenden Satz fassen wir daher Kriterien für die Kompaktheit einer Teilmenge des $\mathbb{R}^n$ zusammen. Für den Beweis der so genannten Heine-Borel-Eigenschaft [39] wird jedoch auf die Lehrbücher zur Analysis verwiesen.

Satz (9.1.14) (**Kriterien für Kompaktheit**)
Für eine Menge $D \subset \mathbb{R}^n$ sind die folgenden Eigenschaften äquivalent:
  a) D ist kompakt.

  b) D ist beschränkt und abgeschlossen.

  c) **Heine-Borel-Eigenschaft:** Jede Überdeckung von D aus offenen Mengen besitzt eine endliche Teilüberdeckung :
$$D \subset \bigcup_{i \in I} U_i, \quad U_i \text{ offen} \quad \Rightarrow \quad \exists\, i_1, \ldots, i_k \in I : \; D \subset \bigcup_{j=1}^{k} U_{i_j}.$$

Beweis (nur (a) $\iff$ (b))

a) $\Rightarrow$ b): (indirekt)

Wäre D unbeschränkt, so gäbe es eine Folge $(\mathbf{x}_k) \in D^{\mathbb{N}}$ mit $\lim_{k \to \infty} \|\mathbf{x}_k\| = \infty$. Diese kann aber keine konvergente Teilfolge besitzen!

Wäre D nicht abgeschlossen, so gäbe es einen Häufungspunkt $\mathbf{x}_0$ von D mit $\mathbf{x}_0 \notin D$. Damit gibt es aber auch eine Folge $(\mathbf{x}_k) \in D^{\mathbb{N}}$ und $\lim_{k \to \infty} \mathbf{x}_k = \mathbf{x}_0 \notin D$. Diese kann aber keine konvergente Teilfolge besitzen, deren Grenzwert in D liegt!

b) $\Rightarrow$ a): Sei $(\mathbf{x}_k)$ eine Folge in D. Da D beschränkt ist, ist auch die Folge $(\mathbf{x}_k)$ beschränkt. Nach dem Satz von Bolzano–Weierstraß besitzt $(\mathbf{x}_k)$ somit eine konvergente Teilfolge $\mathbf{x}_{k_j} \to \mathbf{x}_0 \; (j \to \infty)$.

Wäre $\mathbf{x}_0 \notin D$, so wäre $\mathbf{x}_0 \in D'$ ein Häufungspunkt von D, da dann ja die $\mathbf{x}_{m_j} \in D \setminus \{\mathbf{x}_0\}$ lägen. D ist aber abgeschlossen, d.h. $D' \subset D$. Daher muss $\mathbf{x}_0 \in D$ liegen. ∎

Beispiele (9.1.15)

  a) Jede Norm $\|\cdot\|$ des $\mathbb{R}^n$ ist eine stetige Funktion, denn für $\mathbf{x}_k \to \mathbf{x}_0 \; (k \to \infty)$ gilt:
$$0 \leq |\,\|\mathbf{x}_k\| - \|\mathbf{x}_0\|\,| \leq \|\mathbf{x}_k - \mathbf{x}_0\| \to 0 \quad (k \to \infty),$$
also folgt $\lim_{k \to \infty} \|\mathbf{x}_k\| = \|\mathbf{x}_0\|$.

  b) Für eine gegebene Matrix $\mathbf{A} \in \mathbb{R}^{(n,n)}$ ist damit auch die Funktion $\varphi : \mathbb{R}^n \to \mathbb{R}$, $\varphi(\mathbf{x}) := \|\mathbf{A}\mathbf{x}\|$ stetig.

---

[39] Eduard Heine (1821–1881); Berlin, Bonn, Halle
Emil Borel (1871–1956); Paris

c) Die **Einheitssphäre** bezüglich einer beliebigen Norm $\|\cdot\|$ im $\mathbb{R}^n$

$$S^{n-1} := \{\,\mathbf{x} \in \mathbb{R}^n \,:\, \|\mathbf{x}\| = 1\,\}$$

ist kompakt, da beschränkt und abgeschlossen. Aufgrund der Min-Max-Eigenschaft folgt hiermit: Es gibt Vektoren $\mathbf{x}_1, \mathbf{x}_2 \in S^{n-1}$ mit

$$\|\mathbf{A}\mathbf{x}_1\| = \min_{\|\mathbf{x}\|=1} \|\mathbf{A}\mathbf{x}\|, \quad \|\mathbf{A}\mathbf{x}_2\| = \max_{\|\mathbf{x}\|=1} \|\mathbf{A}\mathbf{x}\|.$$

Man vergleiche hierzu auch (7.3.1) und Abbildung 7.5.

d) Jede bilineare Abbildung $\langle \cdot, \cdot \rangle : \mathbb{R}^n \times \mathbb{R}^n \to \mathbb{R}$ (z.B. ein Skalarprodukt) lässt sich in Koordinaten folgendermaßen schreiben:

$$\langle \mathbf{x}, \mathbf{y} \rangle = \sum_{i,j=1}^{n} x_i\, y_j\, \langle \mathbf{e}_i, \mathbf{e}_j \rangle\,.$$

Damit ist $\langle \cdot, \cdot \rangle$ als Polynomfunktion in $(x_1, \ldots, x_n)$ und $(y_1, \ldots, y_n)$ stetig.

e) Die Determinantenabbildung

$$\det : \mathbb{R}^n \times \ldots \times \mathbb{R}^n \to \mathbb{R}$$
$$(\mathbf{a}_1, \ldots, \mathbf{a}_n) \mapsto \det(\mathbf{a}_1, \ldots, \mathbf{a}_n)$$

ist als Polynomfunktion stetig.

Gleichmäßige Stetigkeit

Die ε-δ-Definition der Stetigkeit, vgl. (9.1.7), gibt zugleich eine quantitative Aussage über den „Grad der Stetigkeit": Je kleiner man ein $\delta = \delta(\varepsilon) > 0$ wählen muss, um $\|f(x) - f(x_0)\| < \varepsilon$ bei vorgegebenem ε zu erreichen, desto stärker ändert sich offenbar $f(x)$ in der Nähe von x_0.

Für die Funktion $y = e^x$, $x \in \mathbb{R}$, muss man beispielsweise $\delta(\varepsilon, x_0) \leq \ln(1 + \varepsilon e^{-x_0})$ wählen, um $|x - x_0| < \delta \Rightarrow |e^x - e^{x_0}| < \varepsilon$ garantieren zu können. Je größer hier also x_0 ist, desto kleiner muss man δ wählen (bei vorgegebenem ε).

Eine Funktion $f(x)$ heißt dagegen gleichmäßig stetig, wenn sich δ unabhängig von x_0 wählen lässt.

Definition (9.1.16)

Eine Funktion $\mathbf{f} : D \to \mathbb{R}^m$, $D \subset \mathbb{R}^n$, heißt **gleichmäßig stetig**, falls gilt:

$$\forall \varepsilon > 0 :\ \exists \delta > 0 :\ \forall \mathbf{x}, \mathbf{x}_0 \in D :\ \|\mathbf{x} - \mathbf{x}_0\| < \delta \ \Rightarrow\ \|\mathbf{f}(\mathbf{x}) - \mathbf{f}(\mathbf{x}_0)\| < \varepsilon.$$

9.2 Differentialrechnung einer Variablen

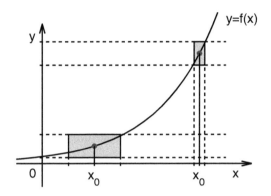

Abb. 9.4. Gleichmäßige Stetigkeit

Satz (9.1.17)
Jede stetige Funktion auf einem Kompaktum $D \subset \mathbb{R}^n$ ist gleichmäßig stetig.

Beweis
Wäre $\mathbf{f}$ nicht gleichmäßig stetig, so gäbe es ein $\varepsilon > 0$, so dass für alle $\delta > 0$:

$$\exists\, \mathbf{x}_\delta,\, \mathbf{y}_\delta \in D: \quad \|\mathbf{x}_\delta - \mathbf{y}_\delta\| < \delta \quad \wedge \quad \|\mathbf{f}(\mathbf{x}_\delta) - \mathbf{f}(\mathbf{y}_\delta)\| \geq \varepsilon\,.$$

Wählt man nun $\delta = 1/k$, $k \in \mathbb{N}$, so erhält man zwei Folgen $(\mathbf{x}_k)$ und $(\mathbf{y}_k)$ mit $\|\mathbf{x}_k - \mathbf{y}_k\| < 1/k$ sowie $\|\mathbf{f}(\mathbf{x}_k) - \mathbf{f}(\mathbf{y}_k)\| \geq \varepsilon$.
Nun ist D kompakt. Daher besitzen beide Folgen konvergente Teilfolgen $(\mathbf{x}_{k_j})$ und $(\mathbf{y}_{k_j})$, die aufgrund der ersten Ungleichung gegen einen gemeinsamen Grenzwert $\mathbf{x}_0 \in D$ konvergieren. Damit folgt aber aufgrund der Stetigkeit von $\mathbf{f}$ auch $\lim_{j \to \infty} \mathbf{f}(\mathbf{x}_{k_j}) = \lim_{j \to \infty} \mathbf{f}(\mathbf{y}_{k_j}) = \mathbf{f}(\mathbf{x}_0)$, im Widerspruch zur zweiten Ungleichung! ∎

9.2 Differentialrechnung einer Variablen

Der zweite fundamentale Begriff der Analysis ist der der Ableitung bzw. der Differentiation einer Funktion. Diese Begriffe wurden Ende des 17. Jahrhunderts unabhängig voneinander von Leibniz und Newton entwickelt. Anschaulich können der Ableitung (oder dem Differentialquotienten) einer Funktion mehrere Deutungen gegeben werden:

Sie beschreibt die „Tangentensteigung" als Grenzwert von „Sekantensteigungen".

Sie gibt die (momentane) Geschwindigkeit eines Massenpunktes an, der einen Weg durchläuft.

Man erhält durch Differentiation einer Funktion eine afin-lineare Funktion, nämlich die Tangente, die die Ausgangsfunktion an einer vorgegebenen Stelle besonders gut approximiert.

Definition (9.2.1) (Differenzierbarkeit)

a) Gegeben seien eine Funktion $\mathbf{f}: D \to \mathbb{R}^m$, $D \subset \mathbb{R}$, und ein Punkt $x_0 \in D \cap D'$. Die Funktion $\mathbf{f}$ heißt **differenzierbar** in x_0, falls der Grenzwert

$$\mathbf{f}'(x_0) = \frac{d\mathbf{f}}{dx}(x_0) := \lim_{x \to x_0} \frac{\mathbf{f}(x) - \mathbf{f}(x_0)}{x - x_0}$$

existiert. Dieser heißt dann der **Differentialquotient** oder die **Ableitung** von $\mathbf{f}$ im Punkt x_0.

b) Die einseitigen Grenzwerte

$$\mathbf{f}'(x_0^+) := \lim_{x \to x_0+} \frac{\mathbf{f}(x) - \mathbf{f}(x_0)}{x - x_0}, \qquad \mathbf{f}'(x_0^-) := \lim_{x \to x_0-} \frac{\mathbf{f}(x) - \mathbf{f}(x_0)}{x - x_0}$$

heißen **rechtsseitige bzw. linksseitige Ableitung** von $\mathbf{f}$ in x_0.

Bemerkungen (9.2.2)

a) Der Differenzenquotient $\dfrac{\Delta \mathbf{y}}{\Delta x} = \dfrac{\mathbf{f}(x_1) - \mathbf{f}(x_0)}{x_1 - x_0}$ gibt für $x_1 \neq x_0$ (komponentenweise) die „**Sekantensteigung**" an.

Bildet man den Grenzwert $x_1 \to x_0$, so geht die Sekantensteigung in die **Tangentensteigung** über:

$$\mathbf{f}'(x_0) = \frac{d\mathbf{y}}{dx}(x_0) = \lim_{x_1 \to x_0} \frac{\Delta \mathbf{y}}{\Delta x}.$$

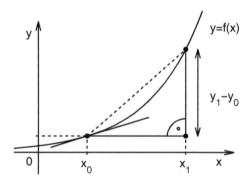

Abb. 9.5. Differenzenquotient

b) Die zeitliche Bewegung eines Massenpunkts wird durch eine Funktion $\mathbf{c}: I \to \mathbb{R}^3$ beschrieben, wobei $I \subset \mathbb{R}$ ein Intervall ist; $t \in I$ beschreibt die Zeit, $\mathbf{c}(t)$ beschreibt den Ort.

Wir fragen nach der **Geschwindigkeit** des Massenpunkts zur Zeit t_0.

9.2 Differentialrechnung einer Variablen

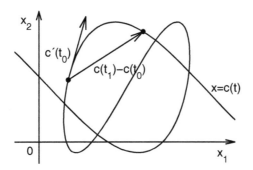

Abb. 9.6. Geschwindigkeitsvektor

In einem Zeitintervall $\Delta t = t_1 - t_0$ legt der Massenpunkt die Strecke $\Delta \mathbf{c} = \mathbf{c}(t_1) - \mathbf{c}(t_0)$ zurück; die „mittlere Geschwindigkeit" beträgt also

$$\frac{\Delta \mathbf{c}}{\Delta t} = \frac{\mathbf{c}(t_1) - \mathbf{c}(t_0)}{t_1 - t_0}.$$

Für $t_1 \to t_0$ erhält man dann die momentane Geschwindigkeit zum Zeitpunkt t_0

$$\dot{\mathbf{c}}(t_0) = \lim_{t \to t_0} \frac{\mathbf{c}(t) - \mathbf{c}(t_0)}{t - t_0}.$$

c) Sei wieder $\mathbf{f} : D \to \mathbb{R}^m$, $D \subset \mathbb{R}$, und $x_0 \in D \cap D'$. Wir sagen, die Funktion $\mathbf{f}$ besitzt in x_0 eine **Tangente** $\boldsymbol{\ell}(x) = \mathbf{a}(x - x_0) + \mathbf{b}$ (afin-lineare Funktion), falls gelten: $\mathbf{b} = \mathbf{f}(x_0)$ und

$$\lim_{x \to x_0} \frac{\mathbf{f}(x) - \boldsymbol{\ell}(x)}{x - x_0} = \lim_{x \to x_0} \frac{\mathbf{f}(x) - \mathbf{a}(x - x_0) - \mathbf{b}}{x - x_0} = 0. \qquad (9.2.3)$$

Man sieht nun unmittelbar, dass die Funktion $\mathbf{f}$ genau dann in x_0 eine Tangente besitzt, falls sie in x_0 differenzierbar ist. Es gilt dann: $\mathbf{b} = \mathbf{f}(x_0)$ und $\mathbf{a} = \mathbf{f}'(x_0)$, also beschreibt:

$$\mathbf{y} = \boldsymbol{\ell}(x) = \mathbf{f}'(x_0)(x - x_0) + \mathbf{f}(x_0). \qquad (9.2.4)$$

die Tangente an $\mathbf{f}$ im Punkt x_0.

Definition (9.2.5) (**Landau-Symbole**[40])

Für eine Funktion $\boldsymbol{\varphi} : D \to \mathbb{R}^m$, $D \subset \mathbb{R}$, $0 \in D \cap D'$, und $k \in \mathbb{N}_0 = \mathbb{N} \cup \{0\}$ sagt man:

$$\boldsymbol{\varphi}(h) = o(h^k) \quad :\Longleftrightarrow \quad \lim_{h \to 0} \frac{\boldsymbol{\varphi}(h)}{h^k} = 0$$

$$\boldsymbol{\varphi}(h) = O(h^k) \quad :\Longleftrightarrow \quad \exists\, C, \varepsilon > 0 : \ \forall\, 0 < |h| < \varepsilon :$$

$$\left(h \in D \ \Rightarrow \ \|\boldsymbol{\varphi}(h)\| \leq C\, h^k \right)$$

---
[40]Edmund Landau (1877–1938); Berlin, Göttingen, Cambridge

Die Aussage $\varphi(h) = o(h^k)$ besagt also, dass $\varphi(h)$ für $h \to 0$ schneller gegen Null konvergiert als h^k.

Die Aussage $\varphi(h) = O(h^k)$ besagt, dass $\varphi(h)$ für $h \to 0$ wenigstens so schnell wie h^k gegen Null konvergiert.

Bemerkung (9.2.6)

Nach der obigen Definition ist $\mathbf{f}$ also genau dann in x_0 differenzierbar, wenn es einen Vektor $\mathbf{a} = \mathbf{f}'(x_0) \in \mathbb{R}^m$ gibt, so dass gilt

$$\mathbf{r}(x, x_0) := \mathbf{f}(x) - \mathbf{f}(x_0) - \mathbf{a}(x - x_0) = o(x - x_0).$$

Beispiele (9.2.7)

a) Sei $f(x) := x^n$, $n \in \mathbb{N}$, $x \in \mathbb{R}$. Aufgrund der zweiten binomischen Formel gilt für beliebige $x, x_0 \in \mathbb{R}$:

$$x^n - x_0^n = (x - x_0) \sum_{j=0}^{n-1} x^{n-1-j} x_0^j.$$

Damit folgt für $x \neq x_0$: $\lim_{x \to x_0} \dfrac{x^n - x_0^n}{x - x_0} = \lim_{x \to x_0} \sum_{j=0}^{n-1} x^{n-1-j} x_0^j = n x_0^{n-1}$. Die Funktion $f(x) = x^n$ ist somit auf ganz $\mathbb{R}$ differenzierbar mit $f'(x) = n\, x^{n-1}$.

b) Aufgrund der Grenzwertsätze sind mit $\mathbf{f}$ und $\mathbf{g}$ auch die Funktionen $\mathbf{f} + \mathbf{g}$ und $\alpha \mathbf{f}$ differenzierbar, siehe auch (9.2.8).

Hieraus folgt mit a) und wegen des Verschwindens der Ableitung einer konstanten Funktion, dass alle Polynomfunktionen auf ganz $\mathbb{R}$ differenzierbar sind mit der Ableitungsregel:

$$\frac{\mathrm{d}}{\mathrm{d}x} \left(\sum_{k=0}^{n} a_k\, x^k \right) = \sum_{k=1}^{n} a_k\, k\, x^{k-1}.$$

c) Im Vorgriff auf den Abschnitt 11.3 notieren wir einige Ableitungen elementarer Funktionen:

$f(x)$	$f'(x)$		
x^α	$\alpha\, x^{\alpha-1},$	$\alpha \in \mathbb{R},$	$x > 0$
e^x	$e^x,$	$x \in \mathbb{R}$	
$\sin x$	$\cos x,$	$x \in \mathbb{R}$	
$\cos x$	$-\sin x,$	$x \in \mathbb{R}$	
$\tan x$	$\dfrac{1}{\cos^2 x},$	$x \neq \dfrac{\pi}{2} + k\pi,\ k \in \mathbb{Z}$	
$\ln x$	$1/x,$	$x > 0$	

d) Für eine vektorwertige Funktion **f** wird analog zur Grenzwertbildung auch die Ableitung komponentenweise berechnet. Beispielsweise:

$$\mathbf{f}(x) := (x,\, e^x,\, \sin x)^T \quad \Rightarrow \quad \mathbf{f}'(x) = (1,\, e^x,\, \cos x)^T,$$
$$\mathbf{c}(t) := (\cos t,\, \sin t)^T \quad \Rightarrow \quad \dot{\mathbf{c}}(t) = (-\sin t,\, \cos t)^T.$$

Im folgenden Satz fassen wir die wichtigsten Differentiationsregeln zusammen.

Satz (9.2.8) (**Differentiationsregeln**)

a) Ist $\mathbf{f}: D \to \mathbb{R}^m$ mit $D = [a,b] \subset \mathbb{R}$ in $x_0 \in D$ differenzierbar, so ist f dort auch stetig.

b) Sind $\mathbf{f}, \mathbf{g}: D \to \mathbb{R}^m$ mit $D = [a,b] \subset \mathbb{R}$ in $x_0 \in D$ differenzierbar, so ist für $\alpha, \beta \in \mathbb{R}$ auch $\alpha \mathbf{f} + \beta \mathbf{g}$ in x_0 differenzierbar und es gilt

$$(\alpha \mathbf{f} + \beta \mathbf{g})'(x_0) = \alpha \mathbf{f}'(x_0) + \beta \mathbf{g}'(x_0).$$

c) Sind $f, g: D \to \mathbb{R}/\mathbb{C}$ mit $D = [a,b] \subset \mathbb{R}$ in $x_0 \in D$ differenzierbar, so ist auch $f \cdot g$ in x_0 differenzierbar, und es gilt die **Produktregel**:

$$(f \cdot g)'(x_0) = f'(x_0)\, g(x_0) + f(x_0)\, g'(x_0).$$

Ist ferner $g(x_0) \neq 0$, so ist auch (f/g) in x_0 differenzierbar, und es gilt die **Quotientenregel**:

$$\left(\frac{f}{g}\right)'(x_0) = \frac{f'(x_0)\, g(x_0) - f(x_0)\, g'(x_0)}{(g(x_0))^2}.$$

d) Sind $f: D_f \to D_g$, $g: D_g \to \mathbb{R}$ mit $D_f = [a,b]$, $D_g = [c,d] \subset \mathbb{R}$ und $x_0 \in D_f$ gegeben und ist f in x_0 und g in $f(x_0)$ differenzierbar, so ist auch die Hintereinanderausführung $(g \circ f)$ in x_0 differenzierbar, und es gilt die **Kettenregel**:

$$(g \circ f)'(x_0) = g'(f(x_0)) \cdot f'(x_0).$$

e) Ist $f: D \to \mathbb{R}$, $D = [a,b] \subset \mathbb{R}$, streng monoton wachsend und in $x_0 \in D$ differenzierbar mit $f'(x_0) \neq 0$, so ist auch die Umkehrfunktion $f^{-1}: [f(a), f(b)] \to \mathbb{R}$ in $y_0 := f(x_0)$ differenzierbar, und es gilt:

$$(f^{-1})'(y_0) = \frac{1}{f'(x_0)}, \qquad y_0 := f(x_0).$$

f) Ist $\langle \cdot, \cdot \rangle : \mathbb{R}^n \times \mathbb{R}^n \to \mathbb{R}$ eine Bilinearform, und sind $\mathbf{f}, \mathbf{g}: D \to \mathbb{R}^n$ mit $D = [a,b] \subset \mathbb{R}$ in $x_0 \in D$ differenzierbar, so ist auch die Funktion $F(x) := \langle \mathbf{f}(x), \mathbf{g}(x) \rangle$ in x_0 differenzierbar und es gilt die **verallgemeinerte Produktregel**:

$$\frac{d}{dx} \langle \mathbf{f}(x), \mathbf{g}(x) \rangle \Big|_{x_0} = \langle \mathbf{f}'(x_0), \mathbf{g}(x_0) \rangle + \langle \mathbf{f}(x_0), \mathbf{g}'(x_0) \rangle.$$

Beweis

zu a): Aus $\lim_{x \to x_0} \dfrac{\mathbf{f}(x) - \mathbf{f}(x_0)}{x - x_0} = \mathbf{f}'(x_0)$ folgt sofort
$\lim_{x \to x_0} (\mathbf{f}(x) - \mathbf{f}(x_0) - (x - x_0)\mathbf{f}'(x_0)) = 0$. Wegen $\lim_{x \to x_0} (x - x_0)\mathbf{f}'(x_0) = 0$
ist auch $\lim_{x \to x_0} (\mathbf{f}(x) - \mathbf{f}(x_0)) = 0$, und damit $\lim_{x \to x_0} \mathbf{f}(x) = \mathbf{f}(x_0)$.

zu b):
$$\frac{(\alpha \mathbf{f} + \beta \mathbf{g})(x) - (\alpha \mathbf{f} + \beta \mathbf{g})(x_0)}{x - x_0} = \alpha \frac{\mathbf{f}(x) - \mathbf{f}(x_0)}{x - x_0} + \beta \frac{\mathbf{g}(x) - \mathbf{g}(x_0)}{x - x_0}$$
$$\longrightarrow \alpha \mathbf{f}'(x_0) + \beta \mathbf{g}'(x_0) \quad \text{für } x \to x_0.$$

zu c):
$$\frac{(f\,g)(x) - (f\,g)(x_0)}{x - x_0} = \frac{f(x) - f(x_0)}{x - x_0} g(x) + f(x_0) \frac{g(x) - g(x_0)}{x - x_0}$$
$$\longrightarrow f'(x_0)\,g(x_0) + f(x_0)\,g'(x_0) \quad \text{für } x \to x_0.$$

Ist $g(x_0) \neq 0$, so ist wegen der Stetigkeit von g in x_0 auch $g(x) \neq 0$ in einer Umgebung U von x_0. Für $x \in U$ folgt dann:
$$\frac{(1/g)(x) - (1/g)(x_0)}{x - x_0} = -\frac{1}{g(x)\,g(x_0)} \cdot \frac{g(x) - g(x_0)}{x - x_0}$$
$$\longrightarrow -\frac{g'(x_0)}{(g(x_0))^2} \quad \text{für } x \to x_0,$$

also folgt $(1/g)'(x_0) = -g'(x_0)/(g(x_0))^2$. Hieraus ergibt sich die Behauptung mit der Produktregel:
$$(f/g)'(x_0) = (f \cdot (1/g))'(x_0) = \frac{f'(x_0)\,g(x_0) - f(x_0)\,g'(x_0)}{(g(x_0))^2}.$$

zu d): Nach Voraussetzung gelten:
$$f(x) = f(x_0) + \eta_1(x)\,(x - x_0), \quad \lim_{x \to x_0} \eta_1(x) = f'(x_0),$$
$$g(y) = g(y_0) + \eta_2(y)\,(y - y_0), \quad \lim_{y \to y_0} \eta_2(y) = g'(y_0).$$

Damit folgt $(g \circ f)(x) = (g \circ f)(x_0) + \eta_2(f(x)) \cdot \eta_1(x)\,(x - x_0)$, und somit:
$$\frac{(g \circ f)(x) - (g \circ f)(x_0)}{x - x_0} = \eta_2(f(x)) \cdot \eta_1(x)$$
$$\longrightarrow g'(f(x_0)) \cdot f'(x_0) \quad \text{für } x \to x_0.$$

zu e): Nach Voraussetzung gilt:
$$f(x) = f(x_0) + \eta(x)(x - x_0), \quad \lim_{x \to x_0} \eta(x) = f'(x_0) \neq 0.$$

Setzt man hierin $x = f^{-1}(y)$ ein, so folgt:
$$y = y_0 + \eta(f^{-1}(y))(f^{-1}(y) - f^{-1}(y_0)), \quad \text{also für } y \neq y_0$$

$$\frac{f^{-1}(y) - f^{-1}(y_0)}{y - y_0} = \frac{1}{\eta(f^{-1}(y))} \longrightarrow \frac{1}{f'(f^{-1}(y_0))} \quad \text{für } y \to y_0.$$

zu f): Analog zum Beweis der Produktregel:
$$\frac{\langle \mathbf{f}(x), \mathbf{g}(x) \rangle - \langle \mathbf{f}(x_0), \mathbf{g}(x_0) \rangle}{x - x_0}$$
$$= \left\langle \frac{\mathbf{f}(x) - \mathbf{f}(x_0)}{x - x_0}, \mathbf{g}(x) \right\rangle + \left\langle \mathbf{f}(x_0), \frac{\mathbf{g}(x) - \mathbf{g}(x_0)}{x - x_0} \right\rangle$$
$$\longrightarrow \langle \mathbf{f}'(x_0), \mathbf{g}(x_0) \rangle + \langle \mathbf{f}(x_0), \mathbf{g}'(x_0) \rangle \quad \text{für } x \to x_0. \quad \blacksquare$$

Beispiele (9.2.9)

a) Aus den Ableitungsregeln für die trigonometrischen Funktionen
$$\frac{\mathrm{d}}{\mathrm{d}x} \sin x = \cos x, \quad \frac{\mathrm{d}}{\mathrm{d}x} \cos x = -\sin x,$$
folgt
$$\frac{\mathrm{d}}{\mathrm{d}x} \tan x = \frac{\mathrm{d}}{\mathrm{d}x}\left(\frac{\sin x}{\cos x}\right) = \frac{\cos x \cdot \cos x + \sin x \cdot \sin x}{\cos^2 x}$$
$$= \frac{1}{\cos^2 x}, \quad x \neq \frac{\pi}{2} + k\pi, \; k \in \mathbb{Z}.$$

b) Für die Umkehrfunktion des Tangens $\arctan: \mathbb{R} \to \left]-\frac{\pi}{2}, \frac{\pi}{2}\right[$ erhält man mit $y = \tan x$:
$$\frac{\mathrm{d}}{\mathrm{d}y} \arctan y = \frac{1}{1/\cos^2 x} = \cos^2 x = \frac{1}{1 + \tan^2 x} = \frac{1}{1 + y^2}.$$

c) Aus der Ableitungsregel für die Exponentialfunktion $\frac{\mathrm{d}}{\mathrm{d}x}(\mathrm{e}^x) = \mathrm{e}^x$ folgt für die Umkehrfunktion:
$$\frac{\mathrm{d}}{\mathrm{d}y}(\ln y) = \frac{1}{\mathrm{e}^x} = \frac{1}{y}, \quad y > 0.$$

d) Aus der Ableitungsregel für die Monome $\frac{d}{dx}(x^n) = n\,x^{n-1}$, $n \geq 2$, folgt für die Umkehrfunktion $\sqrt[n]{y}: \,]0,\infty[\, \to \mathbb{R}:$

$$\frac{d}{dy}\left(\sqrt[n]{y}\right) = \frac{1}{n\,x^{n-1}} = \frac{1}{n\,y^{(n-1)/n}} = \frac{1}{n}y^{(1/n-1)}$$

e)
$$\frac{d}{dx}\left(\cos(e^x)\right) = -\sin(e^x)\cdot e^x$$

$$\frac{d}{dx}(a^x) = \frac{d}{dx}\left(e^{(\ln a)x}\right) = (\ln a)\cdot a^x, \qquad a > 0,$$

$$\frac{d}{dx}(x^x) = \frac{d}{dx}\left(e^{x\cdot \ln x}\right) = e^{x\cdot \ln x}\left(1\cdot \ln x + x\cdot \frac{1}{x}\right)$$

$$= x^x(1 + \ln x), \qquad x > 0.$$

Bemerkungen (9.2.10)

a) Es lassen sich leicht Funktionen angeben, die in gewissen Punkten stetig, aber nicht differenzierbar sind. Beispielsweise ist die stetige Funktion $f(x) = |x|$ in $x_0 = 0$ nicht differenzierbar. Von Weierstraß stammt ein Beispiel einer stetigen Funktion $f: \mathbb{R} \to \mathbb{R}$, die in **keinem** Punkt $x_0 \in \mathbb{R}$ differenzierbar ist.

b) Analog zum Beweis der verallgemeinerten Produktregel zeigt man, dass für in $x_0 \in D$ differenzierbare Funktionen $\mathbf{f},\mathbf{g}: D \to \mathbb{R}^3$, $D = [a,b]$, gilt

$$\frac{d}{dx}\left(\mathbf{f}(x)\times \mathbf{g}(x)\right)\Big|_{x_0} = \mathbf{f}'(x_0)\times \mathbf{g}(x_0) + \mathbf{f}(x_0)\times \mathbf{g}'(x_0).$$

Definition (9.2.11)

Ist eine Funktion $f: D = [a,b] \to \mathbb{R}$ in jedem Punkt $x_0 \in D$ differenzierbar (einseitige Ableitungen in den Intervallenden), so ist die Ableitung von f wiederum eine Funktion $f': D \to \mathbb{R}$, $f': x \mapsto f'(x)$. Ist nun f' wiederum differenzierbar, so erhält man hiermit **die zweite Ableitung** f'' von f usw.

Ist f n-mal differenzierbar auf $[a,b]$, $n \in \mathbb{N}_0$, und ist zudem die n-te Ableitung

$$f^{(n)}(x) = \frac{d^n}{dx^n}f(x)$$

auf dem Intervall $[a,b]$ stetig, so heißt f **n-fach stetig differenzierbar** oder eine $\mathbf{C}^n$-**Funktion**. Gilt dies sogar für **jedes** $n \in \mathbb{N}_0$, so spricht man von einer $\mathbf{C}^\infty$-**Funktion**. Wir sagen also:

$\quad f\ \ C^0$-Funktion $\ :\Longleftrightarrow\ f$ stetig auf $[a,b]$

$\quad f\ \ C^1$-Funktion $\ :\Longleftrightarrow\ f$ stetig differenzierbar auf $[a,b]$

$\quad f\ \ C^n$-Funktion $\ :\Longleftrightarrow\ f$ n-fach stetig differenzierbar auf $[a,b]$

$\quad f\ \ C^\infty$-Funktion $\ :\Longleftrightarrow\ f$ beliebig oft stetig differenzierbar auf $[a,b]$.

10 Weiterer Ausbau der Differentialrechnung

10.1 Mittelwertsätze, Satz von Taylor

Ein wichtiges Anwendungsgebiet der Differentialrechnung ist die Aufgabe der Extremwertbestimmung für vorgegebene, reellwertige Funktionen f. Gesucht sind also die Stellen x_0 aus dem Definitionsbereich von f, an denen f einen maximalen bzw. minimalen Wert annimmt.

Derartige Optimierungsaufgaben treten im Zusammenhang mit physikalischen und ingenieurwissenschaftlichen Problemen außerordentlich häufig auf.

Beispiel (10.1.1)

Wir fragen, in welchem Verhältnis Höhe und Durchmesser einer zylinderförmigen Konservendose stehen müssen, damit bei festem Volumen ein Minimum an Blech gebraucht wird?

Ist r der Radius der Grundfläche (Kreis) und h die Höhe der Konservendose, so ist die zu minimierende Funktion, das ist die Oberfläche der Konservendose, gegeben durch:

$$f = 2\pi r^2 + 2\pi r h,$$

und da das Volumen $V = \pi r^2 h$ vorgegeben ist:

$$f(r) = 2\pi r^2 + 2\frac{V}{r}, \quad 0 < r < \infty.$$

Beispiel (10.1.2)

Wir betrachten einen Lichtstrahl, der von einem Punkt $A = (0, a)$ zu einem Punkt $B = (c, b)$ läuft und dabei an der x-Achse in einem Punkt $P = (x, 0)$ gespiegelt wird.

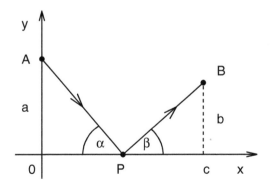

Abb. 10.1. Reflexion eines Lichtstrahls

Nach dem **Fermatschen Prinzip**[41] liegt der Reflexionspunkt P so, dass die Gesamtlänge des Lichtwegs
$$\ell(x) = \sqrt{a^2 + x^2} + \sqrt{b^2 + (c-x)^2}$$
minimal ist.

Zunächst klassifizieren wir die Extrema etwas genauer:

Definition (10.1.3)
Sei $(V, \|\cdot\|)$ ein normierter Vektorraum und $f : D \to \mathbb{R}$ eine Funktion, $D \subset V$ und $x_0 \in D$. Wir sagen:

a) f hat in x_0 ein **globales Maximum**, falls: $\forall x \in D : f(x) \leq f(x_0)$.

b) f hat in x_0 ein **strenges globales Maximum**, falls: $\forall x \in D \setminus \{x_0\} : f(x) < f(x_0)$.

c) f hat in x_0 ein **lokales Maximum**, falls es ein $\varepsilon > 0$ gibt mit:
$$\forall x \in D : \|x - x_0\| < \varepsilon \Rightarrow f(x) \leq f(x_0).$$

d) f hat in x_0 ein **strenges lokales Maximum**, falls es ein $\varepsilon > 0$ gibt mit:
$$\forall x \in D : 0 < \|x - x_0\| < \varepsilon \Rightarrow f(x) < f(x_0).$$

Analog werden die Begriffe **globales Minimum**, **strenges globales Minimum**, **lokales Minimum** und **strenges lokales Minimum** definiert. Maximum und Minimum werden im Begriff **Extremum** zusammengefasst.

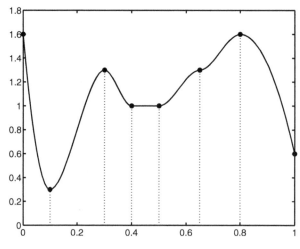

Abb. 10.2. Lokale Extrema einer Funktion

---
[41]Pierre de Fermat (1601–1665); Toulouse

Für die in der Abbildung 10.2. skizzierte Funktion $f : [0,1] \to \mathbb{R}$ gilt: $x_1 = 0$ und $x_7 = 0.8$ sind globale Maxima und zugleich strikte lokale Maxima, $x_2 = 0.1$ ist striktes globales Minimum, $x_3 = 0.3$ ist ein striktes lokales Maximum, $x_8 = 1$ ein striktes lokales Minimum. Alle Punkte im Intervall $[x_5, x_6] = [0.4, 0.5]$ sind lokale Minima, jedoch nicht strikt, $x_6 = 0.65$ ist ein stationärer Punkt, jedoch weder ein lokales Maximum noch ein lokales Minimum.

Bemerkung (10.1.4)

Wir erinnern an die Min-Max-Eigenschaft stetiger Funktionen, vgl. (9.1.13). Danach gilt: Stetige Funktionen mit kompakten Definitionsbereichen besitzen stets (wenigstens) ein globales Maximum und ein globales Minimum!

Die Min-Max-Eigenschaft ist ein nützliches Mittel, um die **Existenz** globaler Extrema festzustellen. Die tatsächliche Berechnung globaler Extrema ist jedoch meist keine leichte Aufgabe. Einfacher ist es, zunächst die lokalen Extrema einer vorgegebenen differenzierbaren Funktion zu bestimmen. Hierzu liefert die Differentialrechnung das folgende Kriterium.

Satz (10.1.5) (Kriterium für lokale Extrema I)

Besitzt eine Funktion $f : [a,b] \to \mathbb{R}$ in einem Punkt $x_0 \in [a,b]$ ein lokales Extremum, und ist f in x_0 differenzierbar, so gilt:

$$a < x_0 < b \;\Rightarrow\; f'(x_0) = 0$$

$$x_0 = a \;\Rightarrow\; f'(x_0) \begin{cases} \leq 0, & \text{für ein Maximum} \\ \geq 0, & \text{für ein Minimum} \end{cases}$$

$$x_0 = b \;\Rightarrow\; f'(x_0) \begin{cases} \geq 0, & \text{für ein Maximum} \\ \leq 0, & \text{für ein Minimum} \end{cases}$$

Beweis

Wir führen den Beweis o.B.d.A. für ein lokales Maximum x_0 von f. Nach Definition gibt es dann ein $\varepsilon > 0$ mit:

$$\frac{f(x) - f(x_0)}{x - x_0} \begin{cases} \leq 0, & \text{für } x_0 < x \leq \min(x_0 + \varepsilon, b) \\ \geq 0, & \text{für } \max(x_0 - \varepsilon, a) \leq x < x_0 \end{cases}$$

und daher $f'(x_0^-) \geq 0$ und $f'(x_0^+) \leq 0$.
Für $x_0 \in]a, b[$ folgt insbesondere $f'(x_0) = f'(x_0^-) = f'(x_0^+) = 0$. ∎

Bemerkungen (10.1.6)

Die Punkte x_0 mit $f'(x_0) = 0$ heißen **stationäre Punkte** von f.
Man beachte, dass $f'(x_0) = 0$ lediglich eine **notwendige Bedingung** für ein lokales Extremum ist. Ferner beachte man, dass die Randpunkte des Definitionsbereichs sowie eventuell Punkte, an denen f nicht differenzierbar ist, mit dieser notwendigen Bedingung nicht erfasst werden.

Beispiel (10.1.7)

Für die in Beispiel (10.1.1) betrachtete Funktion

$$f(r) \;=\; 2\pi r^2 + 2\frac{V}{r}, \quad 0 < r < \infty,$$

gilt: f ist stetig, und wegen $V > 0$ gilt $\displaystyle\lim_{r\to 0+} f(r) \;=\; \lim_{r\to\infty} f(r) \;=\; +\infty$.
Hieraus folgt, dass f ein globales Minimum in einem Punkt $r_0 \in\,]0,\infty[$ besitzen muss. Andererseits hat die Ableitung $f'(r) = 4\pi r - 2V/r^2$ nur eine Nullstelle in $]0,\infty[$, und zwar in

$$r_0 \;=\; \sqrt[3]{\frac{V}{2\pi}}\,.$$

In r_0 muss die Funktion f daher nach (10.1.5) ein strenges globales Minimum besitzen. Für die zugehörige Höhe ergibt sich $h_0 = 2r_0$, so dass für eine „optimale" Konservendose: „Höhe = Durchmesser" gilt.

Neben dem lokalen Verhalten einer Funktion f an einer Extremalstelle lässt sich mit Hilfe der Ableitungen das lokale Verhalten der Funktion an einer beliebigen Stelle x_0 dadurch untersuchen, dass man f in der Nähe von x_0 durch ein Polynom approximiert. Dies leistet der Taylorsche Satz. Eine Vorstufe hiervon bilden die so genannten Mittelwertsätze, mit denen die Steigungen von Sekanten und Tangenten verglichen werden.

Satz (10.1.8) (**Mittelwertsätze**)

a) **Satz von Rolle**[42]

Ist $f : [a,b] \to \mathbb{R}$ stetig und differenzierbar auf dem offenen Intervall $]a,b[$, so gilt:
$$f(a) \;=\; f(b) \;\Rightarrow\; \exists\, x_0 \in\,]a,b[\, :\; f'(x_0) \;=\; 0\,.$$

b) **Erster Mittelwertsatz**

Ist $f : [a,b] \to \mathbb{R}$ stetig und differenzierbar auf dem offenen Intervall $]a,b[$, so gilt:
$$\exists\, x_0 \in\,]a,b[\, :\; f'(x_0) \;=\; \frac{f(b) - f(a)}{b - a}\,.$$

c) **Zweiter Mittelwertsatz**

Sind die Funktionen $f,\, g : [a,b] \to \mathbb{R}$ stetig und differenzierbar auf dem offenen Intervall $]a,b[$ und gilt $g'(x) \neq 0$ für alle $x \in\,]a,b[$, so folgt:
$$\exists\, x_0 \in\,]a,b[\, :\; \frac{f'(x_0)}{g'(x_0)} \;=\; \frac{f(b) - f(a)}{g(b) - g(a)}\,.$$

---

[42]Michel Rolle (1652–1719); Paris

Beweis

zu a): Da die Funktion f auf dem Kompaktum $[a,b]$ stetig ist, nimmt sie dort ein Maximum und ein Minimum an. Liegen beide Extrema am Rand des Intervalls $[a,b]$, so ist f konstant, woraus $f' = 0$ folgt.

Andernfalls gibt es ein Extremum x_0 im offenen Intervall $]a,b[$. Nach (10.1.5) folgt dann $f'(x_0) = 0$.

zu b): Die Funktion
$$h(x) := f(x) - \frac{x-a}{b-a}\,(f(b) - f(a))$$
erfüllt die Voraussetzungen des Satzes von Rolle. Daher existiert ein $x_0 \in\,]a,b[$ mit
$$0 = h'(x_0) = f'(x_0) - \frac{1}{b-a}\,(f(b) - f(a)).$$

zu c): Aufgrund der Voraussetzungen ist $g(b) \neq g(a)$. Die Funktion
$$h(x) := f(x) - g(x) \cdot \frac{f(b) - f(a)}{g(b) - g(a)}$$
erfüllt die Voraussetzungen des Satzes von Rolle. Daher existiert ein $x_0 \in\,]a,b[$ mit
$$0 = h'(x_0) = f'(x_0) - g'(x_0) \cdot \frac{f(b) - f(a)}{g(b) - g(a)}.$$ ∎

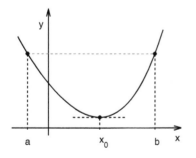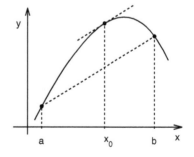

Abb. 10.3. Satz von Rolle und erster Mittelwertsatz

Folgerung (10.1.9)

a) Ist $f : [a,b] \to \mathbb{R}$ differenzierbar, und gilt für alle $x \in [a,b]$: $f'(x) = 0$, so ist f konstant. Anders ausgedrückt:

Die allgemeine Lösung der **Differentialgleichung** $y' = 0$ lautet $y(x) = C = $ const.

b) Für eine auf $[a,b]$ differenzierbare Funktion f gilt:

$$\forall x: f'(x) \geq 0 \iff f \text{ monoton wachsend}$$
$$\forall x: f'(x) > 0 \implies f \text{ streng monoton wachsend}$$
$$\forall x: f'(x) \leq 0 \iff f \text{ monoton fallend}$$
$$\forall x: f'(x) < 0 \longrightarrow f \text{ streng monoton fallend.}$$

Beispiel (10.1.10)

Für die in Beispiel (10.1.2) betrachtete Funktion

$$\ell(x) = \sqrt{a^2 + x^2} + \sqrt{b^2 + (c-x)^2}, \quad 0 \leq x \leq c$$

mit $a, b, c > 0$ gilt:
ℓ ist auf dem Intervall $[0,c]$ eine positive C^∞-Funktion. Für die ersten beiden Ableitungen ergeben sich

$$\ell'(x) = \frac{x}{\sqrt{a^2+x^2}} + \frac{x-c}{\sqrt{b^2+(c-x)^2}}$$
$$\ell''(x) = \frac{a^2}{\sqrt{(a^2+x^2)^3}} + \frac{b^2}{\sqrt{(b^2+(c-x)^2)^3}}.$$

Wegen $\ell'' > 0$ ist ℓ' nach (10.1.9) auf $[0,c]$ streng monoton wachsend. Da ferner $\ell'(0) = -c/\sqrt{b^2+c^2} < 0$ und $\ell'(c) = c/\sqrt{a^2+c^2} > 0$ ist, existiert nach dem Zwischenwertsatz genau eine Nullstelle x^* von ℓ' zwischen 0 und c. Da $\ell'(x) < 0$ für $0 \leq x < x^*$ und $\ell'(x) > 0$ für $x^* < x \leq c$, ist x^* zugleich das globale Minimum von ℓ auf $[0,c]$. Im Minimum gilt also:

$$\ell'(x^*) = 0 \iff \frac{x^*}{\sqrt{a^2+(x^*)^2}} = \frac{c-x^*}{\sqrt{b^2+(c-x^*)^2}} \iff \cos\alpha = \cos\beta.$$

Da für die Winkel $0 < \alpha, \beta < \pi/2$ gilt, ergibt sich also $\alpha = \beta$, d.h., es gilt das Reflexionsgesetz: „Einfallswinkel = Ausfallswinkel".

Beispiel (10.1.11)

Sei $f(x) := x - \ln(1+x)$, $-1 < x < \infty$. Damit gilt:

$$f'(x) = 1 - \frac{1}{1+x} = \frac{x}{1+x} \begin{cases} < 0: & -1 < x < 0 \\ > 0: & 0 < x < \infty. \end{cases}$$

Somit ist f streng monoton fallend in $]-1,0]$ und streng monoton wachsend in $[0,\infty[$. Insbesondere folgt: $f(x) > f(0) = 0$, $\forall x \neq 0$, und damit

$$\forall x \in]-1,\infty[, \; x \neq 0: \quad \ln(1+x) < x.$$

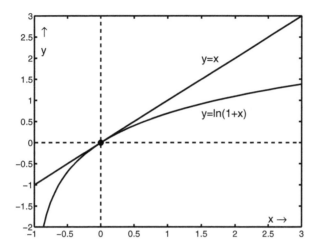

Abb. 10.4. Lineare Approximation des Logarithmus

Beispiel (10.1.12)
Für die Funktion $f(x) = x^2 \sqrt{1-x^2}$, $-1 \le x \le 1$, gilt:

$$f'(x) = \frac{2x - 3x^3}{\sqrt{1-x^2}}, \qquad -1 < x < 1,$$

und daher

$$f'(x) \begin{cases} > 0, & -1 < x < -\sqrt{2/3} \\ < 0, & -\sqrt{2/3} < x < 0 \\ > 0, & 0 < x < \sqrt{2/3} \\ < 0, & \sqrt{2/3} < x < 1. \end{cases}$$

Die Punkte $\left(\pm\sqrt{2/3},\, (2/3)\sqrt{1/3}\right)$ sind also globale Maxima der Funktion f, die Punkte $(\pm 1, 0)$, $(0, 0)$ sind globale Minima.

Der folgende Satz von Taylor ist einer der zentralen und für Anwendungen außerordentlich wichtigen Sätze der Analysis. Er sagt aus, dass das Taylor-Polynom einer vorgegebenen glatten Funktion diese in der Nähe des Entwicklungspunktes in gewissem Sinn am besten approximiert (annähert). Dies gestattet also für gewisse Anwendungen, kompliziertere Funktionen durch einfachere Polynomfunktionen zu ersetzen.

Zusätzlich liefert der Taylorsche Satz eine konkrete Fehlerabschätzung für den Abstand zwischen Taylor-Polynom und Ausgangsfunktion.

Satz (10.1.13) (Taylorscher Satz[43])
Sei $f: [a,b] \to \mathbb{R}$ eine C^n-Funktion, $n \in \mathbb{N}$ und $x_0 \in]a,b[$.
Dann gibt es genau ein Polynom $T_n(x;x_0)$ höchstens n-ten Grades mit der Approximationsgüte

$$f(x) = T_n(x;x_0) + o\left((x-x_0)^n\right),$$

das so genannte **Taylor-Polynom n-ten Grades** zum Entwicklungspunkt x_0

$$T_n(x;x_0) := \sum_{k=0}^{n} \frac{f^{(k)}(x_0)}{k!}(x-x_0)^k.$$

Ist f eine $C^{(n+1)}$-Funktion, so gilt für den Fehler die so genannte **Restgliedformel nach Lagrange**:

$$f(x) = \sum_{k=0}^{n} \frac{f^{(k)}(x_0)}{k!}(x-x_0)^k + R_n(x;x_0), \quad a \leq x \leq b,$$

$$R_n(x;x_0) = \frac{f^{(n+1)}(\xi)}{(n+1)!}(x-x_0)^{n+1}, \quad \xi = x_0 + \Theta(x-x_0),\ 0 < \Theta < 1.$$

Beweis

Zunächst geben wir eine Begründung für die Form des Taylorschen Polynoms: Wir möchten ein Polynom $T(x) = \sum_{k=0}^{n} a_k(x-x_0)^k$ konstruieren, welches die vorgegebene Funktion f in der Nähe des Entwicklungspunktes x_0 möglichst gut approximiert.
Dazu fordern wir, dass $T^{(j)}(x_0) = f^{(j)}(x_0)$ für alle $j = 0, 1, \ldots, n$ gilt, d.h., Funktionswert und Ableitungen von f und vom gesuchten Polynom T stimmen im Entwicklungspunkt bis zur Ableitungsordnung n überein. Die Differentiation des Polynoms liefert nun:

$$T^{(j)}(x) = \sum_{k=j}^{n} a_k\, k \cdot (k-1) \cdot \ldots \cdot (k-j+1)(x-x_0)^{k-j}$$

$$\Rightarrow \quad T^{(j)}(x_0) = a_j \cdot j! = f^{(j)}(x_0), \quad j = 0, 1, \ldots, n$$

$$\Rightarrow \quad T(x) = \sum_{k=0}^{n} \frac{f^{(k)}(x_0)}{k!}(x-x_0)^k.$$

Wir zeigen nun die behauptete Approximationsgüte des Taylor-Polynoms. Dazu definieren wir für $x \neq x_0$:

$$g(t) := f(x) - \sum_{k=0}^{n-1} \frac{f^{(k)}(t)}{k!}(x-t)^k, \quad a \leq t \leq b,$$

$$G(t) := g(t) - g(x_0)\left(\frac{x-t}{x-x_0}\right)^n \quad a \leq t \leq b.$$

Beide Funktionen sind stetig differenzierbar, und man berechnet:

---
[43]Brook Taylor (1685–1731); Cambridge

10.1 Mittelwertsätze, Satz von Taylor

$$g'(t) = -\sum_{k=0}^{n-1} \frac{f^{(k+1)}(t)}{k!}(x-t)^k + \sum_{k=1}^{n-1} \frac{f^{(k)}(t)}{(k-1)!}(x-t)^{k-1}$$

$$= -\frac{f^{(n)}(t)}{(n-1)!}(x-t)^{n-1}, \quad a \le t \le b,$$

sowie $G(x) = G(x_0) = 0$.

Auf die Funktion $G(t)$ lässt sich also der Satz von Rolle anwenden: Es gibt $\Theta \in]0,1[$, so dass mit $\xi := x_0 + \Theta(x-x_0)$ gilt:

$$0 = G'(\xi) = g'(\xi) + n\,g(x_0)\frac{(x-\xi)^{n-1}}{(x-x_0)^n}$$

$$= -\frac{f^{(n)}(\xi)}{(n-1)!}(x-\xi)^{n-1} + n\,g(x_0)\frac{(x-\xi)^{n-1}}{(x-x_0)^n}.$$

Wegen $x \ne \xi$ folgt hieraus: $g(x_0) = \frac{f^{(n)}(\xi)}{n!}(x-x_0)^n$ und damit nach Definition von g:

$$f(x) = \sum_{k=0}^{n-1} \frac{f^{(k)}(x_0)}{k!}(x-x_0)^k + \frac{f^{(n)}(\xi)}{n!}(x-x_0)^n. \tag{10.1.14}$$

Aus (10.1.14) erhält man nun die Fehlerdarstellung:

$$f(x) - T_n(x;x_0) = \frac{1}{n!}\bigl(f^{(n)}(\xi) - f^{(n)}(x_0)\bigr)(x-x_0)^n,$$

wobei nach Konstruktion $\xi = \xi(x) = x_0 + \Theta(x-x_0);\ \Theta = \Theta(x) \in]0,1[$. Die Stetigkeit von $f^{(n)}$ ergibt hiermit

$$\lim_{x \to x_0} \frac{f(x) - T_n(x;x_0)}{(x-x_0)^n} = \frac{1}{n!}\lim_{x \to x_0}\bigl(f^{(n)}(\xi) - f^{(n)}(x_0)\bigr) = 0.$$

Damit ist die Approximationseigenschaft gezeigt! Die Restgliedformel nach Lagrange folgt unmittelbar aus (10.1.14), wenn man dort n durch $(n+1)$ ersetzt.

Es bleibt zu zeigen, dass das approximierende Taylor-Polynom $T_n(x;x_0)$ **eindeutig bestimmt** ist.
Dazu nehmen wir an, dass $P(x) = \sum_{k=0}^n a_k(x-x_0)^k$ und $Q(x) = \sum_{k=0}^n b_k(x-x_0)^k$ Polynome mit der geforderten Approximationsgüte sind. Dann folgt für $j = 0, 1, \dots, n$:

$$\frac{P(x)-Q(x)}{(x-x_0)^j} = \frac{P(x)-f(x)}{(x-x_0)^j} + \frac{f(x)-Q(x)}{(x-x_0)^j} \to 0 \quad (x \to x_0),$$

also

$$\sum_{k=0}^n (a_k - b_k)(x-x_0)^{k-j} \to 0 \quad (x \to x_0).$$

Setzt man hierin nacheinander $j = 0, 1, 2, \dots, n$ ein, so folgt $a_j = b_j$ für alle $j = 0, 1, \dots, n$. ∎

Bemerkung (10.1.15)

Der Vollständigkeit halber seien hier ohne Beweis noch die folgenden Restgliedformeln für das Taylorschen Polynom angegeben:

a) **Restgliedformel von Schlömilch:**

$$R_n(x; x_0) = \frac{f^{(n+1)}(\xi)}{p \cdot n!} (x - x_0)^{n+1} (1 - \Theta)^{n+1-p}$$

mit $\xi = x_0 + \Theta(x - x_0)$, $\Theta \in]0, 1[$, $p \in \{1, 2, \ldots, n+1\}$.

b) **Restgliedformel von Cauchy:**

$$R_n(x; x_0) = \frac{f^{(n+1)}(\xi)}{n!} (x - x_0)^{n+1} (1 - \Theta)^n$$

mit $\xi = x_0 + \Theta(x - x_0)$, $\Theta \in]0, 1[$

c) **Integraldarstellung des Restglieds:** (vgl. auch (13.3.11))

$$R_n(x; x_0) = \frac{1}{n} \int_{x_0}^{x} (x - t)^n f^{(n+1)}(t)\, dt .$$

Beispiele (10.1.16)

a) **Taylor-Entwicklung der Exponentialfunktion:**

Wegen $\dfrac{d}{dx} e^x = e^x$ erhält man die folgende Taylor-Entwicklung der Exponentialfunktion $\exp(x) = e^x$ zum Entwicklungspunkt $x_0 = 0$:

$$e^x = 1 + x + \frac{x^2}{2} + \ldots + \frac{x^n}{n!} + R_n(x)$$

$$R_n(x) = \frac{e^\xi}{(n+1)!} x^{n+1}, \quad \xi = \Theta x, \quad 0 < \Theta < 1$$

Man erkennt, dass für jedes (feste) $x \in \mathbb{R}$ gilt: $\lim\limits_{n \to \infty} R_n(x) = 0$, und damit $\exp(x) = \sum\limits_{k=0}^{\infty} \dfrac{x^k}{k!}$.

Für $0 \leq x \leq 1$ und $n = 10$ hat man also beispielsweise die Fehlerabschätzung:

$$\left| e^x - \sum_{k=0}^{10} \frac{x^k}{k!} \right| = |R_{10}(x)| = \frac{e^\xi}{11!} x^{n+1} \leq \frac{e}{11!} \approx 6.81 \times 10^{-8}.$$

b) **Taylor-Entwicklung der Sinusfunktion:**

Wegen $\sin' x = \cos x$, $\cos' x = -\sin x$ erhält man die folgende Taylor-Entwicklung von $f(x) = \sin x$ zum Entwicklungspunkt $x_0 = 0$:

$$\sin x = x - \frac{x^3}{3!} + \frac{x^5}{5!} - \ldots + (-1)^n \frac{x^{2n+1}}{(2n+1)!} + R_{2n+2}(x)$$

$$R_{2n+2}(x) = (-1)^{n+1} \frac{\cos \xi}{(2n+3)!} x^{2n+3}, \quad \xi = \Theta x, \quad 0 < \Theta < 1.$$

Für das Intervall $[-\pi/6, \pi/6]$ und $n = 3$ ergibt sich damit die folgende Abschätzung für den **relativen Fehler** $(x \neq 0)$ der Approximation von $\sin x$ durch das Taylor-Polynom $T_7(x)$:

$$\left| \frac{R_8(x)}{\sin x} \right| \leq \frac{|R_8(x)|}{(3/\pi)|x|} \leq \frac{1}{9!} \cdot \frac{\pi}{3} \cdot x^8 \leq \frac{1}{9!} \cdot \frac{\pi}{3} \cdot \left(\frac{\pi}{6}\right)^8 \approx 1.63 \times 10^{-8}.$$

c) Die **kinetische Energie eines „relativistischen Teilchens"** ist gegeben durch:

$$E_{\text{rel}} = mc^2 - m_0 c^2 = m_0 c^2 \left(\frac{1}{\sqrt{1 - (v/c)^2}} - 1 \right).$$

Dabei bezeichnet m_0 die Ruhemasse und v die Geschwindigkeit des Teilchens; c ist die Lichtgeschwindigkeit.

Wir fragen nach dem Zusammenhang zwischen der relativistischen und der nichtrelativistischen kinetischen Energie $E = \frac{1}{2} m_0 v^2$. Genauer wollen wir E_{rel} bezüglich der Geschwindigkeit v in eine Reihe entwickeln. Dazu betrachten wir die Taylor-Entwicklung der Funktion $f(x) := (1+x)^{-0.5}$ zum Entwicklungspunkt $x_0 = 0$ und finden hierfür:

$$\frac{1}{\sqrt{1+x}} = 1 - \frac{x}{2} + \frac{3}{8} x^2 + R_3(x)$$

$$R_3(x) = -\frac{5}{16} \frac{x^3}{(1+\xi)^{7/2}}, \quad \xi = \Theta x, \quad 0 < \Theta < 1.$$

Damit folgt:
$$E_{\text{rel}} = m_0 c^2 \left\{ \frac{1}{2} \left(\frac{v}{c}\right)^2 + \frac{3}{8} \left(\frac{v}{c}\right)^4 + O\left(\left(\frac{v}{c}\right)^6\right) \right\}$$
$$= \frac{1}{2} m_0 v^2 + \frac{3}{8} m_0 v^2 \left(\frac{v}{c}\right)^2 + O\left(\left(\frac{v}{c}\right)^6\right).$$

Der erste Summand ist gerade die nichtrelativistische kinetische Energie, der zweite Summand beschreibt die „relativistische Korrektur" erster Ordnung. Zur Bedeutung des Landau–Symbols O vergleiche man (9.2.5).

Bemerkung (10.1.17)

Man beachte, dass die Taylor-Reihe $\sum_{k=0}^{\infty} \frac{f^{(k)}(x_0)}{k!}(x-x_0)^k$ einer C^∞-Funktion f nicht notwendig konvergieren muss.

Und selbst wenn die Taylor-Reihe konvergiert, muss sie nicht notwendig gegen $f(x)$ konvergieren.

Eine C^∞-Funktion f, für die dies jedoch der Fall ist, so dass also für einen Entwicklungspunkt $x_0 \in {]a,b[}$

$$f(x) = \sum_{k=0}^{\infty} \frac{f^{(k)}(x_0)}{k!}(x-x_0)^k$$

für alle $x \in {]a,b[}$ gilt, heißt dort **reell analytisch** bzw. eine $\mathbf{C^\omega}$ **-Funktion**.

Zum Schluss des Abschnitts gehen wir auf einige direkte Folgerungen aus dem Taylorschen Satz ein.

Satz (10.1.18)

Gilt für eine C^{n+1}-Funktion f: $f^{(n+1)}(x) = 0$ ($\forall\, x \in [a,b]$), so ist f ein Polynom höchstens n-ten Grades. Mit anderen Worten: Der Lösungsraum der **gewöhnlichen Differentialgleichung** $y^{(n+1)} = 0$ ist gerade Π_n.

Beweis

Die Behauptung folgt direkt aus der Lagrange-Restgliedformel:

$$f(x) = \sum_{k=0}^{n} \frac{f^{(k)}(x_0)}{k!}(x-x_0)^k + R_n(x;x_0), \quad R_n(x,x_0) = \frac{f^{(n+1)}(\xi)}{(n+1)!}(x-x_0)^{n+1} = 0\,.$$

∎

Satz (10.1.19)

Sei $f : [a,b] \to \mathbb{R}$ eine C^2-Funktion und $x^* \in {]a,b[}$ eine einfache Nullstelle dieser Funktion. Dann ist das Newton-Verfahren mit Startwerten in der Nähe von x^* **quadratisch konvergent**.

Beweis

Sei $x^* \in {]a,b[}$ eine einfache Nullstelle von f, also $f(x^*) = 0$, $f'(x^*) \neq 0$. Die Taylor-Entwicklung von f um eine Iterierte $x_n \in {]a,b[}$ liefert:

$$f(x) = f(x_n) + f'(x_n)(x-x_n) + \frac{f''(\xi_n)}{2}(x-x_n)^2\,.$$

Setzt man hierin $x = x^*$ ein, so findet man:

$$-\frac{f(x_n)}{f'(x_n)} = (x^* - x_n) + \frac{f''(\xi_n)}{2 f'(x_n)}(x^* - x_n)^2$$

oder
$$(x_{n+1} - x^*) = \frac{f''(\xi_n)}{2f'(x_n)} (x_n - x^*)^2 \qquad (10.1.20)$$

mit $\xi_n = x^* + \Theta_n (x_n - x^*)$, $0 < \Theta_n < 1$.

Da f' stetig ist, gilt $f'(x) \neq 0$ in einer geeigneten Umgebung $U = K_\varepsilon(x^*)$ von x^*. Schließlich lässt sich ε so klein wählen, dass mit einer geeigneten Konstanten C gilt:

$$\left| \frac{f''(y)}{2\,f'(x)} \right| \leq C, \quad \text{für alle } x, y \in K_\varepsilon(x^*).$$

Die Konvergenz und ebenso die quadratische Konvergenz folgt dann aus (10.1.20) für Startwerte x_0 in einer eventuell kleineren Umgebung $|x_0 - x^*| < \delta \leq \varepsilon$. ∎

Umordnen von Polynomen

Wendet man den Taylorschen Satz auf ein Polynom $p(x) = \sum_{k=0}^{n} a_k x^k$ n-ten Grades an, so erhält man ein nach Potenzen von $(x - x_0)$ „umgeordnetes Polynom":

$$p(x) = \sum_{k=0}^{n} \frac{p^{(k)}(x_0)}{k!} (x - x_0)^k. \qquad (10.1.21)$$

Das Restglied verschwindet in (10.1.21), da $p^{(n+1)} = 0$ ist.

Die Koeffizienten $b_k := p^{(k)}(x_0)/k!$ des umgeordneten Polynoms lassen sich mit dem **vollständigen Horner-Schema** berechnen, vgl. auch (2.3.21)–(2.3.22).

	a_n	a_{n-1}	a_{n-2}	$\ldots$	a_2	a_1	a_0
$x = x_0$		$*$	$*$		$*$	$*$	$*$
	$\tilde{a}_{n-1}$	$\tilde{a}_{n-2}$	$\tilde{a}_{n-3}$	$\ldots$	$\tilde{a}_1$	$\tilde{a}_0$	b_0
$x = x_0$		$*$	$*$		$*$	$*$	
	$\tilde{\tilde{a}}_{n-2}$	$\tilde{\tilde{a}}_{n-3}$	$\tilde{\tilde{a}}_{n-4}$	$\ldots$	$\tilde{\tilde{a}}_0$	b_1	
$x = x_0$		$*$	$*$		$*$		
	$\vdots$	$\vdots$	$\vdots$				
$x = x_0$	$*$	b_{n-1}					
	b_n						

Es gilt nämlich, vgl. (2.3.27):

$$\begin{aligned}
p(x) &= b_0 + (x - x_0) \sum_{k=0}^{n-1} \tilde{a}_k x^k \\
&= b_0 + (x - x_0) \left\{ b_1 + (x - x_0) \sum_{k=0}^{n-2} \tilde{\tilde{a}}_k x^k \right\} \\
&= b_0 + (x - x_0)(b_1 + (x - x_0)(b_2 + \ldots b_n)\ldots) = \sum_{k=0}^{n} b_k (x - x_0)^k.
\end{aligned}$$

Gleichzeitig kann man mit dem vollständigen Horner-Schema auch sämtliche Ableitungen $p^{(k)}(x_0)$, $k = 0, 1, \ldots, n$, berechnen.

Beispiel (10.1.22)

Man entwickle das Polynom $p(x) = 30\,x^3 + 10\,x^2 - 2\,x + 5$ nach Potenzen von $(x-1)$. Das vollständige Horner-Schema lautet:

	30	10	−2	5
$x = 1$		30	40	38
	30	40	38	43
$x = 1$		30	70	
	30	70	108	
$x = 1$		30		
	30	100		
$x = 1$				
	30			

Damit folgt für das umgeordnete Polynom:

$$p(x) \;=\; 30\,(x-1)^3 \,+\, 100\,(x-1)^2 \,+\, 108\,(x-1) \,+\, 43\,,$$

sowie für die Ableitungen:

$$p(1) \;=\; 43\,, \quad p'(1) \;=\; 108\,, \quad p''(1) \;=\; 200\,, \quad p'''(1) \;=\; 180\,.$$

Hinreichende Bedingungen für Extrema

Wir gehen auf die hinreichenden Bedingungen bei der Extremwert-Bestimmung ein. Auch diese erhält man als unmittelbare Folgerung des Taylorschen Satzes.

Satz (10.1.23) (Kriterien für lokale Extrema II)

Ist $f: [a,b] \to \mathbb{R}$ eine C^2-Funktion, so gilt für $x_0 \in\,]a,b[\,$:

a) $f'(x_0) = 0 \;\wedge\; f''(x_0) > 0 \;\Rightarrow\; f$ hat in x_0 ein strenges lokales Minimum

b) $f'(x_0) = 0 \;\wedge\; f''(x_0) < 0 \;\Rightarrow\; f$ hat in x_0 ein strenges lokales Maximum.

Beweis

Mit der Voraussetzung $f'(x_0) = 0$ liefert der Taylorsche Satz:

$$f(x) \;=\; f(x_0) \,+\, \frac{f''(\xi)}{2!}\,(x - x_0)^2\,.$$

Da f'' stetig ist, muss $f''(x)$ auch überall in einer Umgebung von x_0 positiv (im Fall a)) bzw. negativ (im Fall b)) sein. Damit ist aber: $f(x) > f(x_0)$ (im Fall a)) und $f(x) < f(x_0)$ (im Fall b)) für alle x in dieser Umgebung, $x \neq x_0$. ∎

Bemerkung (10.1.24)

Verschwindet auch $f''(x_0)$ an einem stationären Punkt x_0, so geben mitunter die höheren Ableitungen von f Auskunft über das Verhalten der Funktion bei x_0. So zeigt man analog zu (10.1.23):

Ist f eine C^{2n}-Funktion $(n \in \mathbb{N})$ und gilt:

$$\forall k = 1, 2, \ldots, 2n-1: \quad f^{(k)}(x_0) = 0,$$

so hat f in x_0 ein strenges lokales Minimum, falls $f^{(2n)}(x_0) > 0$, bzw. ein strenges lokales Maximum, falls $f^{(2n)}(x_0) < 0$ ist.

Konvexität

Eine Funktion $f : [a,b] \to \mathbb{R}$ heißt **konvex**, oder eine **Linkskurve**, falls für alle $x_1 < x < x_2$ in $[a,b]$ gilt:

$$f(x) \leq f(x_1) + \frac{x - x_1}{x_2 - x_1} \left(f(x_2) - f(x_1) \right).$$

f heißt **konkav**, oder eine **Rechtskurve**, falls für alle $x_1 < x < x_2$ in $[a,b]$ gilt:

$$f(x) \geq f(x_1) + \frac{x - x_1}{x_2 - x_1} \left(f(x_2) - f(x_1) \right).$$

Gelten die obigen Ungleichungen mit $<$ bzw. $>$, so heißt f **streng konvex** bzw. **streng konkav**.

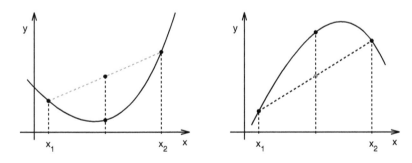

Abb. 10.5. Konvexität und Konkavität einer Funktion

Satz (10.1.26)

Sei f eine C^2-Funktion auf $[a,b]$. Dann gilt:

$$\forall x \in]a,b[: \; f''(x) > 0 \quad \Rightarrow \quad f \text{ streng konvex}$$

$$\forall x \in]a,b[: \; f''(x) < 0 \quad \Rightarrow \quad f \text{ streng konkav}.$$

Beweis

Es gelte o.B.d.A. $f''(x) > 0$, $a < x < b$. Ferner seien $x_1 < x_2$ in $]a,b[$ vorgegeben. Für die Funktion

$$g(x) := f(x_1) + \frac{x - x_1}{x_2 - x_1}(f(x_2) - f(x_1)) - f(x)$$

gilt dann nach dem Mittelwertsatz

$$\begin{aligned} g'(x) &= \frac{f(x_2) - f(x_1)}{x_2 - x_1} - f'(x) \\ &= f'(\xi) - f'(x), \quad x_1 < \xi < x_2 \\ &= f''(\eta)(\xi - x), \quad \eta = x + \Theta(\xi - x), \quad 0 < \Theta < 1. \end{aligned}$$

Aufgrund der Annahme ist somit $g'(x) > 0$ im Intervall $]x_1, \xi[$ und $g'(x) < 0$ für $x \in]\xi, x_2[$. Damit ist g streng monoton wachsend in $[x_1, \xi]$ und streng monoton fallend in $[\xi, x_2]$. Insbesondere folgt aus $g(x_1) = g(x_2) = 0$, dass $g(x) > 0$ gilt für alle $x \in]x_1, x_2[$. Damit ist die strenge Konvexität von f gezeigt. ∎

Satz (10.1.27)

Der Graph einer konvexen, differenzierbaren Funktion liegt stets oberhalb seiner Tangenten.

Beweis

Für $x_1 < x < x_2$ folgt aus der Definition der Konvexität

$$\frac{f(x) - f(x_1)}{x - x_1} \leq \frac{f(x_2) - f(x_1)}{x_2 - x_1},$$

Der Grenzübergang $x \to x_1$ liefert dann:

$$f'(x_1) \leq \frac{f(x_2) - f(x_1)}{x_2 - x_1}, \quad \text{d.h.} \quad f(x_2) \geq f(x_1) + (x_2 - x_1)f'(x_1).$$

Im Fall $x_2 < x < x_1$ erfolgt der Beweis analog. ∎

Definition (10.1.28)

Für eine Funktion $f: [a,b] \to \mathbb{R}$ sagen wir:
$x_0 \in]a,b[$ ist ein **Wendepunkt** von f, falls f in x_0 von konvex auf konkav – oder umgekehrt – wechselt. Genauer heißt dies:
Es gibt ein $\varepsilon > 0$, so dass f in $]x_0 - \varepsilon, x_0[$ konvex und in $]x_0, x_0 + \varepsilon[$ konkav ist, oder umgekehrt. Im ersten Fall spricht man von einer **Links-Rechtskurve**, im umgekehrten Fall von einer **Rechts-Linkskurve**.

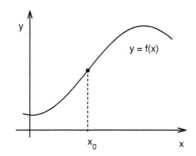

Abb. 10.6. Links-Rechts-Kurve

Satz (10.1.29) (Kriterien für Wendepunkte)

Sei $f: [a,b] \to \mathbb{R}$ eine C^3-Funktion.

a) Ist $x_0 \in]a,b[$ ein Wendepunkt von f, so gilt $f''(x_0) = 0$.

b) Gilt für ein $x_0 \in]a,b[$: $f''(x_0) = 0$, $f'''(x_0) > 0$, so ist x_0 ein Wendepunkt und f ist bei x_0 eine Rechts-Linkskurve.

Gilt für ein $x_0 \in]a,b[$: $f''(x_0) = 0$, $f'''(x_0) < 0$, so ist x_0 ein Wendepunkt und f ist bei x_0 eine Links-Rechtskurve.

Beweis

zu a): Dies folgt aus (10.1.26) und der Stetigkeit von f''.

zu b): Gilt $f''(x_0) = 0$ und $f'''(x_0) > 0$, so ist f'' bei x_0 streng monoton wachsend. Es gibt also ein $\varepsilon > 0$ mit $f''(x) < 0$ im Intervall $]x_0 - \varepsilon, x_0[$ und $f''(x) > 0$ in $]x_0, x_0 + \varepsilon[$. Die Behauptung folgt dann aus (10.1.26) und der Definition. ■

10.2 Die Regeln von de l'Hospital

Bei den Regeln von de l'Hospital[44] handelt es sich um nützliche Methoden zur Berechnung von so genannten „**unbestimmten Ausdrücken**" der Form $0/0$ oder ∞/∞. Gemeint sind hiermit Grenzwerte der Form $\lim_{x \to x_0} (f(x)/g(x))$ wobei $f(x) \to 0$ und $g(x) \to 0$ oder aber $f(x) \to \infty$ und $g(x) \to \infty$ konvergieren.

Die Existenz dieser Grenzwerte und ihr Wert hängt davon ab, wie schnell Zähler und Nenner gegen Null bzw. gegen ∞ konvergieren. Die Regel von de l'Hospital besagt in etwa, dass es hierzu genügt, den Quotienten der Ableitungen von f und g zu untersuchen. Der mathematische Hintergrund für diese Regel ist durch den zweiten Mittelwertsatz gegeben, vgl. (10.1.8).

---

[44]Guillaume Francois Antoine Marquis de l'Hospital (1661–1704); Paris

Satz (10.2.1) (Regel von de l'Hospital I)

Seien $f, g : \,]a,b\,[\to \mathbb{R}$ differenzierbar, sei $x_0 \in \,]a,b\,[$ mit $f(x_0) = g(x_0) = 0$ und gelte $g'(x) \neq 0$ für $x \neq x_0$. Dann folgt:

$$\lim_{x \to x_0} \frac{f(x)}{g(x)} = \lim_{x \to x_0} \frac{f'(x)}{g'(x)},$$

sofern der rechts stehende Grenzwert existiert.

Beweis

Der zweite Mittelwertsatz (10.1.8) liefert für $x \neq x_0$:

$$\frac{f(x)}{g(x)} = \frac{f(x) - f(x_0)}{g(x) - g(x_0)} = \frac{f'(\xi)}{g'(\xi)}$$

mit $\xi = \xi(x) = x_0 + \Theta(x)\,(x - x_0)$, $0 < \Theta(x) < 1$.

Konvergiert nun eine Folge $(x_n) \in [a,b]^\mathbb{N}$ mit $x_n \neq x_0$ gegen x_0, so konvergieren auch die zugehörigen $\xi_n = \xi(x_n)$ gegen x_0, wobei ebenfalls $\xi_n \neq x_0$ gilt. Die Behauptung folgt damit aus obiger Relation! ∎

Bemerkung (10.2.2)

Die Aussage des Satzes (10.2.1) gilt ebenfalls für einseitige Grenzwerte

$$\lim_{x \to x_0-} \frac{f(x)}{g(x)}, \qquad \lim_{x \to x_0+} \frac{f(x)}{g(x)}$$

und ebenfalls im Fall, dass $f'(x)/g'(x)$ gegen $\pm\infty$ „konvergiert".
Schließlich gilt Satz (10.2.1) auch entsprechend für uneigentliche Grenzwerte der Form

$$\lim_{x \to -\infty} \frac{f(x)}{g(x)}, \qquad \lim_{x \to \infty} \frac{f(x)}{g(x)}.$$

Letzteres beweist man mit Hilfe der Substitution $y := 1/x$:

$$\lim_{x \to \infty} \frac{f(x)}{g(x)} = \lim_{y \to 0+} \frac{f(1/y)}{g(1/y)} = \lim_{y \to 0+} \frac{f'(1/y)\,(-1/y^2)}{g'(1/y)\,(-1/y^2)}$$

$$= \lim_{y \to 0+} \frac{f'(1/y)}{g'(1/y)} = \lim_{x \to \infty} \frac{f'(x)}{g'(x)}. \qquad \blacksquare$$

Satz (10.2.3) (Regel von de l'Hospital II)

Seien $f, g :\,]a,b\,[\setminus\{x_0\} \to \mathbb{R}$ differenzierbar, $x_0 \in \,]a,b\,[$, gelte $f(x) \to \infty$, $g(x) \to \infty$ für $x \to x_0$ und gelte $g'(x) \neq 0$ für $x \neq x_0$. Dann folgt:

$$\lim_{x \to x_0} \frac{f(x)}{g(x)} = \lim_{x \to x_0} \frac{f'(x)}{g'(x)},$$

sofern der rechts stehende Grenzwert existiert.

Beweis

Wir zeigen die Behauptung für die rechtsseitigen Grenzwerte.
Sei $K := \lim_{x \to x_0} f'(x)/g'(x)$. Zu $\varepsilon > 0$ wählt man ein $\delta_1 > 0$ mit

$$\left| \frac{f'(x)}{g'(x)} - K \right| < \varepsilon, \qquad \forall\, x \in\,]x_0, x_0 + \delta_1[\,.$$

Sei nun $x_1 \in\,]x_0, x_0 + \delta_1[$ fest gewählt. Für $x \in\,]x_0, x_1[$ erweitere man:

$$\frac{f(x)}{g(x)} = \frac{f(x)}{f(x) - f(x_1)} \cdot \frac{g(x) - g(x_1)}{g(x)} \cdot \frac{f(x) - f(x_1)}{g(x) - g(x_1)}.$$

Diese Erweiterung lässt sich vornehmen, falls $f(x) \neq f(x_1)$ und $g(x) \neq g(x_1)$ gilt. Da $f(x) \to \infty$ und $g(x) \to \infty$ (für $x \to x_0+$), lässt sich dies jedoch nach eventuell weiterer Einschränkung auf ein kleineres Teilintervall $x \in\,]x_0, x_0 + \delta_2[$ erreichen. Aus obiger Umformung erhält man nun mit einem $\xi \in\,]x_0, x[$ aus dem zweiten Mittelwertsatz:

$$\frac{f(x)}{g(x)} = \frac{1 - g(x_1)/g(x)}{1 - f(x_1)/f(x)} \cdot \frac{f'(\xi)}{g'(\xi)}$$

$$= \left(1 + \frac{f(x_1)/f(x) - g(x_1)/g(x)}{1 - f(x_1)/f(x)} \right) \cdot \frac{f'(\xi)}{g'(\xi)} \quad \Longrightarrow$$

$$\left| \frac{f(x)}{g(x)} - K \right| \leq \left| \frac{f(x_1)/f(x) - g(x_1)/g(x)}{1 - f(x_1)/f(x)} \right| \cdot \left| \frac{f'(\xi)}{g'(\xi)} \right| + \left| \frac{f'(\xi)}{g'(\xi)} - K \right|.$$

Der erste Bruch auf der rechten Seite konvergiert gegen Null für $x \to x_0$. Damit gibt es ein $\delta = \delta(\varepsilon)$ mit $0 < \delta < \delta_2$, so dass

$$\left| \frac{f(x_1)/f(x) - g(x_1)/g(x)}{1 - f(x_1)/f(x)} \right| < \varepsilon \quad \text{für } x \in\,]x_0, x_0 + \delta[\,.$$

Somit folgt für $x \in\,]x_0, x_0 + \delta[\,$: $\quad \left| \dfrac{f(x)}{g(x)} - K \right| \leq \varepsilon\,(|K| + \varepsilon) + \varepsilon.$

und damit $\lim_{x \to x_0+} f(x)/g(x) = K$. ∎

Beispiele (10.2.4)

a) $\quad \lim\limits_{x \to 0} \dfrac{\sin x}{x} = \dfrac{0}{0} = \lim\limits_{x \to 0} \dfrac{\cos x}{1} = 1$.

b) $\quad \lim\limits_{x \to 0} \dfrac{1 - \cos x}{x^2} = \dfrac{0}{0} = \lim\limits_{x \to 0} \dfrac{\sin x}{2x} = \dfrac{1}{2}$.

c) $\lim\limits_{x\to\infty}\left[x\cdot\ln\left(\dfrac{x+1}{x-1}\right)\right] = \lim\limits_{x\to\infty}\dfrac{\ln(x+1)-\ln(x-1)}{1/x} = \dfrac{0}{0} =$

$\lim\limits_{x\to\infty}\dfrac{1/(x+1)-1/(x-1)}{-1/x^2} = \lim\limits_{x\to\infty}\dfrac{2x^2}{x^2-1} = 2$

d) $\lim\limits_{x\to 0}\left(\dfrac{1}{\ln(1+x)}-\dfrac{1}{x}\right) = \lim\limits_{x\to 0}\left(\dfrac{x-\ln(x+1)}{x\cdot\ln(1+x)}\right) = \dfrac{0}{0} =$

$\lim\limits_{x\to 0}\left(\dfrac{1-1/(1+x)}{\ln(1+x)+x/(1+x)}\right) = \lim\limits_{x\to 0}\dfrac{x}{(1+x)\ln(1+x)+x} = \dfrac{0}{0} =$

$\lim\limits_{x\to 0}\dfrac{1}{\ln(1+x)+1+1} = \dfrac{1}{2}.$

e) $\lim\limits_{x\to\infty} x^2\,\mathrm{e}^{-x} = \lim\limits_{x\to\infty}\dfrac{x^2}{\mathrm{e}^x} = \dfrac{\infty}{\infty} = \lim\limits_{x\to\infty}\dfrac{2x}{\mathrm{e}^x} = \dfrac{\infty}{\infty} = \lim\limits_{x\to\infty}\dfrac{2}{\mathrm{e}^x} = 0\,.$

10.3 Kurvendiskussion

Ziel einer Kurvendiskussion ist die Feststellung des qualitativen und quantitativen Verhaltens des Graphen einer gegebenen Funktion $y=f(x)$. Diese Funktion liegt in der Regel nur in Form einer Funktionsvorschrift vor, so dass auch die Festlegung von Definitions– und Wertebereich zur Kurvendiskussion hinzugerechnet werden muss.

Im Folgenden geben wir eine kurze Liste von Punkten, die bei einer Kurvendiskussion untersucht werden sollten.

I. Definitionsbereich, Wertebereich:

Hiermit ist stets der **maximale Definitionsbereich** für die vorgelegte Funktionsvorschrift $y=f(x)$ gemeint. Man achte insbesondere auf **isolierte Singularitäten** und untersuche diese eventuell auf stetige Ergänzbarkeit.

II. Symmetrien

f ist **symmetrisch zur y-Achse**, falls $\forall x:\ f(-x)=f(x)$ gilt.
f heißt dann eine **gerade Funktion**.
f ist **symmetrisch zum Ursprung**, falls $\forall x:\ f(-x)=-f(x)$ gilt.
f heißt dann eine **ungerade Funktion**.

III. Pole

Hat f die Form $f(x)=g(x)/(x-x_0)^k$, wobei g in x_0 stetig sein möge mit $g(x_0)\neq 0$, so besitzt f für ungerade k einen **Pol mit Vorzeichenwechsel** und für gerade k einen **Pol ohne Vorzeichenwechsel**. Der Index k heißt auch die **Ordnung** der Polstelle.

IV. Verhalten im Unendlichen

Zunächst bestimme man die Grenzwerte $y_\infty := \lim_{x \to \infty} f(x)$ und $y_{-\infty} := \lim_{x \to -\infty} f(x)$, falls existent. Existiert einer dieser Grenzwerte (im Endlichen), so ist die Gerade $y = y_{\pm\infty}$ eine horizontale Asymptote an f.

Untersuchung auf allgemeine **Asymptoten**: Eine Gerade $y = \alpha x + \beta$ heißt eine Asymptote von f für $x \to \pm\infty$, falls $\lim_{x \to \pm\infty} [f(x) - \alpha x - \beta] = 0$ gilt.

Die Koeffizienten α und β lassen sich dann wie folgt bestimmen:

$$\alpha = \lim_{x \to \pm\infty} \frac{f(x)}{x}, \qquad \beta = \lim_{x \to \pm\infty} [f(x) - \alpha x].$$

V. Nullstellenbestimmung

Bei Polynomen kann man mitunter eine Nullstelle „raten" und durch den entsprechenden Linearfaktor dividieren. Meist ist jedoch zur Nullstellenbestimmung die Anwendung numerischer Methoden notwendig. An Verfahren sind hier zu nennen: Bisektion, Newton-Verfahren und Fixpunkt-Iterationen; vgl. Abschnitt 10.5.

VI. Bestimmung der Extrema

Für innere Punkte des Definitionsbereichs verwende man die notwendige Bedingung (10.1.5) sowie die hinreichenden Bedingungen (10.1.23). Sehr hilfreich ist auch die Bestimmung der **Monotoniebereiche** von f mittels (10.1.9).

Die Randpunkte des Definitionsbereichs sind gesondert zu untersuchen – z.B. mit Hilfe von Monotoniebetrachtungen; vgl. (10.1.9).

VII. Wendepunkte

Man verwende die Kriterien (10.1.29). Hilfreich ist aber auch die Bestimmung der **Konvexitätsbereiche** mittels (10.1.26). Hat man die Vorzeichenverteilung und alle Nullstellen von f'' bestimmt, so erspart dies die Berechnung der dritten Ableitung von f.

VIII. Skizze

Unter Berücksichtigung der Daten aus I–VII fertige man eine sorgfältige Skizze des Funktionsgraphen an.

Beispiel (10.3.1)

Für die folgende Funktion sei eine Kurvendiskussion durchzuführen:

$$y = f(x) = \frac{2x^2 + 3x - 4}{x^2}.$$

(i) Der Definitionsbereich ist $D = \mathbb{R} \setminus \{0\}$.

In $x_0 = 0$ ist die Funktion nicht stetig ergänzbar, da

$$\lim_{x \to 0} 2x^2 + 3x - 4 = -4 \neq 0.$$

Für den Wertebereich erhält man aus den späteren Resultaten $W =]-\infty, f(8/3)]$.

(ii) Symmetrien sind nicht zu erkennen.

(iii) $x_0 = 0$ ist eine Polstelle ohne Vorzeichenwechsel,

$$\lim_{x \to 0\pm} f(x) = -\infty.$$

(iv) $\lim\limits_{x \to \pm\infty} \dfrac{2x^2 + 3x - 4}{x^2} = 2$, $y = 2$ ist also eine horizontale Asymptote.

(v)
$$f(x) = 0 \iff 2x^2 + 3x - 4 = 0$$
$$\iff x = x_{1,2} = \tfrac{1}{4}(-3 \pm \sqrt{41}),$$
$$x_1 \approx -2.35081059,\ x_2 \approx 0.85081059$$

(vi) **Extrema:**

$$y' = \frac{-3x + 8}{x^3} = 0 \iff x = x_3 = 8/3,\ y_3 = f(x_3) \approx 2.56$$
$$y'' = \frac{6x - 24}{x^4}$$

$y''(x_3) < 0 \Rightarrow f$ hat in x_3 ein strenges lokales Maximum

$$y'(x) \begin{cases} < 0: & 8/3 < x < \infty & (f \text{ streng monoton fallend}) \\ > 0: & 0 < x < 8/3 & (f \text{ streng monoton wachsend}) \\ < 0: & -\infty < x < 0 & (f \text{ streng monoton fallend}) \end{cases}$$

(vii) **Wendepunkte:**

$$y'' = 0 \iff x = x_4 := 4,\ y_4 = f(x_4) = 5/2$$
$$y''' = \frac{96 - 18x}{x^5}$$

$y'''(x_4) > 0 \Rightarrow f$ ist bei x_4 eine Rechts-Links-Kurve

(viii) **Skizze:**

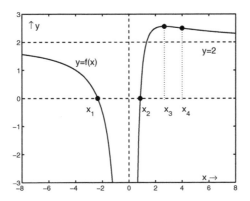

Abb. 10.7. Graph der Funktion f

10.4 Fehlerrechnung

Bei praktischen Rechnungen sind die Ergebnisdaten i. Allg. fehlerbehaftet. Dies beruht zum einen darauf, dass die Eingangsdaten und Parameter des Problems häufig nur mit einer gewissen **Eingangsgenauigkeit** bekannt sind, beispielsweise, wenn dies Messdaten sind. Zum anderen beruht dies darauf, dass die Ergebnisse i. Allg. numerisch, also mit einem Computer gewonnen werden und hierbei unvermeidbar **Rundungsfehler** und **Approximationsfehler** auftreten. Rundungsfehler beruhen auf der Rechnung mit endlicher Mantissenlänge, wodurch Runden i. Allg. nach jeder elementaren Rechenoperation notwendig wird. Approximationsfehler entstehen beispielsweise bei der Approximation einer Reihe durch eine endliche Partialsumme, oder bei der Ersetzung von Ableitungen durch Differenzenquotienten.

Die auf einem Rechner realisierbaren Zahlen werden **Maschinenzahlen** genannt. Es sind dies in der Regel **normalisierte Gleitkommazahlen**, die die folgende Gestalt haben:

$$x = \pm(.a_1 \ldots a_\ell)_b \cdot b^e = \pm\left(\sum_{j=1}^{\ell} a_j b^{-j}\right) b^e \qquad (10.4.1)$$

mit $\quad a_1 \ldots a_\ell \;:\;$ **Mantisse;** $\quad a_j \in \{0, 1, \ldots, b-1\}, \quad a_1 \neq 0,$
$\qquad\qquad b \;:\;$ **Basis;** $\quad$ in der Regel 2, 8 oder 16,
$\qquad\qquad e \;:\;$ **Exponent;** $\quad e_{\min} \leq e \leq e_{\max}.$

Hinzu kommt noch die Zahl $x = 0$.

Es ist damit klar, dass auf einem Computer nur *endlich* viele Maschinenzahlen zur Verfügung stehen. Jede eingegebene reelle Zahl, aber auch das Ergebnis jeder elementaren

Rechenoperation $x \pm y$, $x \times y$, x/y muss daher i. Allg. zu einer Maschinenzahl gerundet werden.

Definition (10.4.2)

Sei $\tilde{x}$ eine Näherung für $x \in \mathbb{R}$. Dann wird definiert:

$$\Delta x := \tilde{x} - x \quad \textbf{absoluter Fehler}$$

$$\varepsilon_x := \frac{\tilde{x} - x}{x} \quad \textbf{relativer Fehler} \quad (\text{für } x \neq 0).$$

Bemerkungen (10.4.3)

a) Ohne Kenntnis von x gibt der absolute Fehler keinerlei Information über die Güte der Näherung $\tilde{x}$. Dagegen gibt der relative Fehler an, wie viel Ziffern von x durch $\tilde{x}$ in etwa richtig wiedergegeben werden. Eine Faustregel besagt: Ist $\varepsilon_x = \alpha \cdot 10^{-k}$ mit $0.1 < |\alpha| \leq 1$, so besitzt die Näherung $\tilde{x}$ etwa k gültige Dezimalziffern. Dies wird durch das folgende Beispiel verdeutlicht:

Für $x = 0.1237 \times 10^8$ und der Näherung $\tilde{x} = 0.1238 \times 10^8$ findet man

$$\Delta x = 1 \times 10^4, \quad \varepsilon_x \approx 0.8 \times 10^{-3}.$$

Dagegen ergibt sich für $x = 0.7321 \times 10^{-5}$ mit der Näherung $\tilde{x} = 0.7921 \times 10^{-5}$

$$\Delta x = 6 \times 10^{-7}, \quad \varepsilon_x \approx 0.8 \times 10^{-1}.$$

b) Für Näherungen $\tilde{x}$ von $x = 0$ lässt sich kein relativer Fehler definieren, jede Approximation von $x = 0$ besitzt keine gültigen Ziffern!

Jede reelle Zahl $x \neq 0$ im Bereich

$$b^{e_{\min}-1} \leq |x| \leq b^{e_{\max}}(1 - b^{-\ell})$$

lässt sich durch Rundung auf die nächstliegende Maschinenzahl durch eine Maschinenzahl $\tilde{x} = \text{fl}(x)$ approximieren. Die Maschinenzahl $\text{fl}(x)$ heißt **Gleitpunktdarstellung (floating point representation)** von x.

Der relative Rundungsfehler, der hierdurch entsteht, lässt sich abschätzen durch

$$|\varepsilon_x| = \frac{|\text{fl}(x) - x|}{|x|} \leq \text{eps} := b^{1-\ell}/2. \quad (10.4.4)$$

Die Zahl eps heißt **relative Maschinengenauigkeit**.

Beispiel: Für die MATLAB-Rechenumgebung gelten die Parameter

$$b = 2, \quad \ell = 52, \quad \text{eps} \approx 2.2204 \times 10^{-16}$$

Somit rechnet MATLAB mit etwa 16 gültigen Dezimalziffern.

10.4 Fehlerrechnung

Es ist zu beachten, dass bei Vorliegen von Messfehlern in den Eingangsdaten die Eingangsgenauigkeit i. Allg. wesentlich geringer ist als die Maschinengenauigkeit. In vielen praktischen Fällen liegt die relative Datengenauigkeit zwischen 10^{-2} und 10^{-4}. Der Einfluss dieser Datenfehler überwiegt somit bei weitem den Rundungsfehlereinfluss in den Eingangsdaten.

Auch die Resultate der Grundoperationen $+, -, \times, /$ sind i. Allg. keine Maschinenzahlen und werden daher durch Rundung verfälscht. Der relative Fehler ist dabei wieder kleiner oder gleich der relativen Maschinengenauigkeit, d.h., es gilt:

$$\begin{aligned} \text{fl}(a \pm b) &= (a \pm b)(1+\sigma), & |\sigma| &\leq \text{eps} \\ \text{fl}(a \times b) &= (a \times b)(1+\mu), & |\mu| &\leq \text{eps} \\ \text{fl}(a/b) &= (a/b)(1+\delta), & |\delta| &\leq \text{eps}. \end{aligned} \qquad (10.4.5)$$

Ziel einer Fehlerrechnung ist es abzuschätzen, wie sich ein relativer Fehler in einer Eingangsgröße x auf die Genauigkeit bei der Auswertung einer Funktion $y = f(x)$ auswirkt, d.h., man fragt nach dem resultierenden relativen Fehler in y:

$$\varepsilon_y = \frac{\tilde{y} - y}{y} = \frac{f(\tilde{x}) - f(x)}{f(x)}, \qquad y = f(x) \neq 0,$$

in Abhängigkeit vom relativen Eingangsfehler ε_x.

Die unvermeidbar bei jeder numerischen Auswertung von $f(x)$ auftretenden Rundungsfehler sollen hier untersucht werden. Das heißt, wir gehen bei der folgenden Betrachtung davon aus, dass $f(\tilde{x})$ „exakt" ausgewertet wird. Natürlich muss man eigentlich gerade den Rundungsfehlereinfluss und die Verstärkung der Datenfehler gemeinsam untersuchen, wenn man die Brauchbarkeit eines bestimmten numerischen Algorithmus beurteilen will. Dies ist eine Aufgabe der Numerischen Mathematik. Durch Wahl eines geschickten Algorithmus lassen sich die Rundungsfehler beeinflussen, nicht jedoch der Fehler, der aufgrund der verfälschten Eingangsdaten im Ergebnis zu erwarten ist.

Definition (10.4.6)

Für „kleine" Eingangsfehler ε_x heißt das Verhältnis der relativen Fehler $\varepsilon_y/\varepsilon_x$ **die relative Konditionszahl** κ des „Problems" $y = f(x)$. Genauer wird definiert:

$$\kappa = \kappa(x) := \lim_{\varepsilon_x \to 0} \frac{\varepsilon_y}{\varepsilon_x}.$$

Analog lässt sich auch eine absolute Konditionszahl definieren:

$$\kappa_{\text{abs}} = \kappa_{\text{abs}}(x) = \lim_{\Delta x \to 0+} \frac{\Delta y}{\Delta x}.$$

Das Problem $y = f(x)$ heißt **gut konditioniert**, falls $|\kappa(x)|$ klein ist, also kleine Änderungen der Eingangsdaten auch zu kleinen Änderungen im Resultat führen.
Ist $|\kappa(x)|$ „groß", so heißt das Problem **schlecht konditioniert**.
Die Begriffe „klein" und „groß" sind dabei i. Allg. problemabhängig zu interpretieren. Dabei ist $|\kappa| = 1$ eine gute Orientierung: Dies entspricht der reinen Rundung des Resultats.

$|\kappa|$ beschreibt die Fehlerverstärkung; für $|\kappa| < 1$ hat man Fehlerdämpfung. Wieder gilt eine Faustregel: Ist $|\kappa| \approx 10^k$, so gehen bei der Auswertung von $y = f(x)$ etwa k Dezimalstellen verloren, d.h., sie werden durch Verstärkung des Eingangsfehlers verfälscht. Betrachtet man als Beispiel die Aufgabe, den Schnittpunkt zweier Geraden in $\mathbb{R}^2$ zu berechnen, so findet man, dass die Kondition dieses Problems im Wesentlichen vom Schnittwinkel der Geraden abhängt. Ist der Schnittwinkel groß, so liegt ein gut konditioniertes Problem vor, ist der Schnittwinkel klein (schleifender Schnitt), so hat man ein schlecht konditioniertes Problem. In diesem Fall könnte eine kleine Störung in den Koeffizienten der Geradengleichung unter Umständen auf das unlösbare Problem führen, einen Schnittpunkt zweier paralleler Geraden zu berechnen.

Satz (10.4.7)

Ist $f : [a, b] \to \mathbb{R}$ eine C^1-Funktion, so gilt für die Kondition $\kappa(x)$ von f:

$$\kappa(x) = x \, \frac{f'(x)}{f(x)}, \qquad y = f(x) \neq 0.$$

Beweis

Für $x, \tilde{x} \in [a, b]$, $\tilde{x} \neq x$, $f(x) \neq 0$ gilt:

$$\frac{\varepsilon_y}{\varepsilon_x} = \left(\frac{f(\tilde{x}) - f(x)}{f(x)} \right) \cdot \left(\frac{x}{\tilde{x} - x} \right)$$

$$= \frac{x}{f(x)} \cdot \left(\frac{f(\tilde{x}) - f(x)}{\tilde{x} - x} \right) \to \frac{x \cdot f'(x)}{f(x)}, \quad \text{für } \tilde{x} \to x. \qquad \blacksquare$$

Beispiel (10.4.8)

Sei $y = f(x) = \sqrt[3]{x - 1} = \text{sign}(x - 1) \cdot \sqrt[3]{|x - 1|}$. Dann gilt:

$$\kappa(x) = x \, \frac{f'(x)}{f(x)} = \frac{x}{3 \, (x - 1)} \qquad (x \neq 1).$$

Für $x \approx 1$ ist das Problem daher schlecht konditioniert. So ist z.B.:

$$\begin{aligned} x &= 1.0012 &\Rightarrow\quad f(x) &= 0.106265\ldots \\ \tilde{x} &= 1.0015 &\Rightarrow\quad f(\tilde{x}) &= 0.114471\ldots \end{aligned}$$

und $\kappa(1.0012) \approx 278.1 = 0.2781 \cdot 10^3$.

Bei der Berechnung von f gehen daher etwa drei Dezimalstellen verloren.

Beispiel (10.4.9)

Zu berechnen sei $f(x) = \dfrac{1 - \cos x}{x}$ für kleine $|x| > 0$. Man findet

$$\kappa(x) = \frac{x \cdot f'(x)}{f(x)} = \frac{x \cdot \sin x - (1 - \cos x)}{1 - \cos x}$$

10.4 Fehlerrechnung

und damit $\kappa(x) \to 1$, $x \to 0$. Das Problem ist also in der Nähe von $x = 0$ **gut konditioniert**!

Trotzdem findet man bei numerischer Auswertung mittels MATLAB beispielsweise:

$$x = 0.12345 \times 10^{-5}: \quad \text{fl}(y) = 0.61721\,02566\,22312 \times 10^{-6}$$
$$y_{\text{exakt}} = 0.61724\,99999\,99921 \times 10^{-6}$$

Der beobachtete signifikante Fehler wird nicht durch Verstärkung des Eingangsfehlers in x, sondern durch Verstärkung des Rundungsfehlers bei $\cos x$ hervorgerufen. Die Fehlerverstärkung tritt ein, da im Zähler von f zwei Zahlen nahezu gleicher Größe voneinander subtrahiert werden. Dadurch heben sich bei der Subtraktion führende Ziffern weg und es tritt ein Genauigkeitsverlust im Ergebnis auf. Dieses Phänomen nennt man **Auslöschung**. Derartige Auslöschungseffekte sollten bei numerischer Rechnung, wenn irgend möglich, vermieden werden! Im vorliegenden Fall lässt sich Auslöschung auf verschiedene Arten vermeiden:

a) $\quad y = \dfrac{(1 - \cos x)(1 + \cos x)}{x(1 + \cos x)} = \dfrac{\sin^2 x}{x(1 + \cos x)}.$

b) $\quad y = \dfrac{1}{x}\left(1 - \left[1 - \dfrac{x^2}{2} + \dfrac{x^4}{4!} - + \cdots\right]\right) = x\left(\dfrac{1}{2} - \dfrac{x^2}{4!} + - \cdots\right).$

Für $|x| \le 10^{-5}$ ist $x^4/6! < 10^{-22}$, daher genügt es nach dem Satz von Leibniz über alternierende Reihen, nur die ersten beiden Summanden der Reihe zu berücksichtigen.

Beispiel (10.4.10)

Zu berechnen seien die Integrale

$$I_n = \dfrac{1}{e}\int_0^1 x^n e^x \, dx, \quad n = 0, 1, 2 \ldots$$

Für $n = 0$ findet man $I_0 \doteq 0.63212\,05588$.
Für $n > 0$ findet man durch partielle Integration; vgl. Abschnitt 13:

$$I_n = 1 - n\,I_{n-1}, \quad n = 1, 2, 3, \ldots \quad (10.4.11)$$

Die numerische Rechnung liefert:

n	I_n
5	$.14553\,29406\,e+0$
10	$.83877\,07006\,e-1$
15	$.59033\,79364\,e-2$
20	$-.30192\,39489\,e+2$

Der letzte Wert muss offensichtlich falsch sein (falsches Vorzeichen).

Wir untersuchen die absolute Kondition des Problems: Für den Eingangsfehler gilt $|\Delta I_0| \approx 10^{-10}$. Dieser Fehler wird nun durch die Rekursion folgendermaßen verstärkt:

$$\begin{aligned} \Delta I_k &= \tilde{I}_k - I_k \\ &= (1 - k\,\tilde{I}_{k-1}) - (1 - k\,I_{k-1}) \\ &= (-k) \cdot \Delta I_{k-1}, \end{aligned}$$

also folgt $\Delta I_n = (-1)^n \cdot n! \cdot \Delta I_0$.

Speziell für $n = 20$ ist damit $|\Delta I_{20}| \approx 2.4 \times 10^{18} \cdot |\Delta I_0|$. Das Problem, I_{20} aus I_0 zu berechnen, ist daher extrem schlecht konditioniert!

Eine Idee, dieses Problem zu umgehen und doch die I_n berechnen zu können, besteht darin, die Rekursion (10.4.11) „rückwärts" auszuwerten, d.h., die Rekursion wird dazu verwendet, I_{n-1} aus I_n zu berechnen. Dazu setzt man $I_N = 0$, für hinreichend großes N, und berechnet $I_{N-1}, I_{N-2}, \ldots, I_n$. Bei jedem Schritt tritt nun Fehlerdämpfung auf, so dass man für kleinere n eine hireichend genaue Approximation erwarten kann. Für $N = 28$ findet man beispielsweise (gültige Stellen unterstrichen):

n	I_n
28	0
26	0.$\underline{35714\,28571}\,e - 1$
24	0.$\underline{38516\,48352}\,e - 1$
22	0.$\underline{41736\,44}$290 $e - 1$
20	0.$\underline{45544\,88408}\,e - 1$

Für alle $n \leq 20$ liefert das Verfahren eine Genauigkeit von (wenigstens) 10 gültigen Dezimalziffern.

Bemerkung (10.4.12)

Im Vorgriff auf spätere Ergebnisse vermerken wir schon hier, dass sich bei Funktionen **mehrerer** Variablen $(x_1, \ldots, x_n)$ die Fehler, die sich aufgrund der Verfälschung der einzelnen x_i ergeben, zum Gesamtfehler addieren.

So erhält man für eine Funktion $y = f(x_1, \ldots, x_n)$ bei Variation $x_i \to \tilde{x}_i$:

$$\begin{aligned} \Delta y &= \tilde{y} - y \\ &= f(\tilde{x}_1, \ldots, \tilde{x}_n) - f(x_1, \ldots, x_n) \\ &= (f(\tilde{x}_1, \tilde{x}_2, \ldots, \tilde{x}_n) - f(x_1, \tilde{x}_2, \ldots, \tilde{x}_n)) \\ &\quad + (f(x_1, \tilde{x}_2, \ldots, \tilde{x}_n) - f(x_1, x_2, \ldots, \tilde{x}_n)) \\ &\quad \vdots \\ &\quad + (f(x_1, \ldots, x_{n-1}, \tilde{x}_n) - f(x_1, \ldots, x_{n-1}, x_n)) \\ &\to \sum_{i=1}^{n} \frac{\partial f}{\partial x_i}(x_1, \ldots, x_n)\,\Delta x_i, \qquad \|\Delta \mathbf{x}\| \to 0. \end{aligned}$$

Dabei bezeichnet

$$\frac{\partial f}{\partial x_i}(x_1,\ldots,x_n) := \lim_{\tilde{x}_i \to x_i} \frac{f(x_1,\ldots,\tilde{x}_i,\ldots,x_n) - f(x_1,\ldots,x_i,\ldots,x_n)}{\tilde{x}_i - x_i}$$

die **partielle Ableitung** von f nach der Variablen x_i.
Für die Verstärkung der relativen Fehler ergibt sich dann ($x_i \neq 0$, $f(\mathbf{x}) \neq 0$):

$$\varepsilon_y = \frac{\tilde{y} - y}{f(\mathbf{x})} \approx \sum_{i=1}^n \left(\frac{\partial f}{\partial x_i}(\mathbf{x}) \cdot \frac{x_i}{f(\mathbf{x})} \right) \cdot \varepsilon_{x_i}. \qquad (10.4.13)$$

Die Zahlen $\kappa_i(x) := \frac{\partial f}{\partial x_i}(\mathbf{x}) \cdot \frac{x_i}{f(\mathbf{x})}$, $i = 1,\ldots,n$, heißen wiederum (**relative**) **Konditionszahlen**.

Beispiel (10.4.14)
Für die Subtraktion zweier Zahlen $y = f(x_1, x_2) := x_1 - x_2$ erhält man die Konditionszahlen

$$\kappa_1 = 1 \cdot \frac{x_1}{x_1 - x_2}, \qquad \kappa_2 = (-1)\frac{x_2}{x_1 - x_2}$$

und damit

$$\varepsilon_y \approx \frac{x_1}{x_1 - x_2}\varepsilon_{x_1} - \frac{x_2}{x_1 - x_2}\varepsilon_{x_2}.$$

10.5 Fixpunkt-Iterationen

Wir kommen in diesem Abschnitt zurück auf Verfahren zur iterativen Lösung von Gleichungen. Wir betrachten hier eine Verfahrensklasse, die so genannten Fixpunkt-Iterationen, die sich nicht nur auf skalare Gleichungen, sondern auch auf Gleichungssysteme, also Gleichungen im $\mathbb{R}^n$, anwenden lässt.
Für skalare (nichtlineare) Gleichungen der Form

$$f(x) = 0 \qquad (10.5.1)$$

mit einer C^1-Funktion $f : \mathbb{R} \supset D \to \mathbb{R}$, haben wir bereits das Bisektionsverfahren und das Newton-Verfahren kennengelernt. Allgemein sind solche Iterationsverfahren von der Form

$$x_{k+1} = \Phi(x_k), \qquad k = 0, 1, 2, \ldots \qquad (10.5.2)$$

Φ heißt hierbei die **Verfahrensfunktion**. Ist die Folge (x_k) konvergent, und ist die Verfahrensfunktion Φ stetig, so folgt aus (10.5.2) unmittelbar durch Grenzübergang:

$$x^* = \lim_{k \to \infty} x_{k+1} = \lim_{k \to \infty} \Phi(x_k) = \Phi(\lim_{k \to \infty} x_k) = \Phi(x^*).$$

Die gesuchte Nullstelle x^* ist also ein **Fixpunkt** der Verfahrensfunktion. Daher heißen Iterationen der Form (10.5.2) **Fixpunkt-Iterationen**.

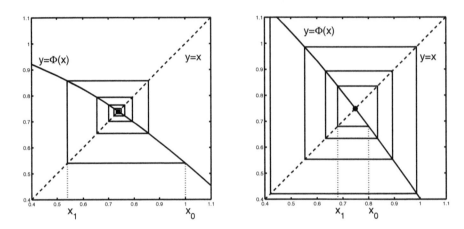

Abb. 10.8. Anziehender und abstoßender Fixpunkt

In Abbildung 10.8 sind Fixpunkt-Iterationen in zwei Fällen dargestellt. Links beobachtet man relativ schnelle Konvergenz gegen den Fixpunkt, man spricht dann von einem **anziehenden Fixpunkt**, im rechten Bild dagegen divergiert die Fixpunkt-Iteration, die Spirale läuft nach außen, man spricht von einem **abstoßenden Fixpunkt**.

Zur Konstruktion einer geeigneten Verfahrensfunktion Φ formt man die Gleichung $f(x) = 0$ in eine äquivalente Gleichung der Form $x = \Phi(x)$ um. Dies kann auf vielfältige Art geschehen; die zugehörige Fixpunkt-Iteration muss jedoch nicht in jedem Fall konvergieren.

Beispiel (10.5.3)

Gesucht sei die eindeutig bestimmte Lösung $x^* \in \,]\,0, \frac{\pi}{2}\,[\,$ der Gleichung

$$f(x) = 2x - \tan x = 0.$$

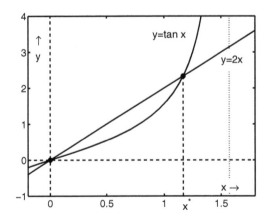

Abb. 10.9. Nullstellenproblem

a) Erste Umformung:
$$2x - \tan x = 0 \iff x = \frac{1}{2}\tan x =: \Phi_1(x)$$
Mit der Anfangsnäherung $x_0 := 1.2$ erhält man

k	x_k	
0	1.2	
1	1.2860 75811	
2	1.7083 96214	$> \pi/2$
3	$-3.6107\,61599$	
4	$-0.2534\,04236$	
$\vdots$	$\vdots$	

Ab dieser Iterierten erfolgt dann monotone Konvergenz allerdings gegen den unerwünschten Fixpunkt $\lim_{k\to\infty} x_k = 0$.

b) Eine andere Umformung ergibt:
$$2x - \tan x = 0 \iff x = \arctan(2x) = \Phi_2(x).$$
Mit gleicher Startnäherung x_0 findet man hier:

k	x_k
0	1.2
5	1.1656 57641
10	1.1655 61465
15	1.1655 61186
20	1.1655 61185
$\vdots$	$\vdots$

Hier beobachtet man also Konvergenz der Fixpunkt-Iteration gegen den gesuchten Fixpunkt.

Um allgemein die Konvergenz einer Fixpunkt-Iteration nachzuweisen, versucht man, den Abstand benachbarter Folgenglieder $|x_{k+1} - x_k|$ abzuschätzen. Dazu definiert man:

Definition (10.5.4)

Sei $(V, \|\cdot\|)$ ein normierter Vektorraum. Eine Abbildung $\Phi : D \to V$, $D \subset V$, heißt **Lipschitz-stetig**[45] auf D, falls es eine Konstante $L > 0$ gibt mit :
$$\forall\, x, y \in D : \|\Phi(x) - \Phi(y)\| \leq L\,\|x - y\|. \tag{10.5.5}$$
Eine solche Konstante L heißt **Lipschitz-Konstante**.

Man bemüht sich natürlich, L möglichst klein zu wählen. Kann man sogar $L < 1$ wählen, so heißt die Abbildung Φ **kontrahierend** und L heißt eine **Kontraktionskonstante**.

---

[45]Rudolf Lipschitz (1832–1903); Breslau, Berlin

Bemerkungen (10.5.6)

a) Jede Lipschitz-stetige Abbildung Φ ist auch stetig. Aus $x_k \to x$ $(k \to \infty)$ folgt nämlich
$$\|\Phi(x_k) - \Phi(x)\| \leq L\|x_k - x\| \to 0 \quad (k \to \infty),$$
also auch $\Phi(x_k) \to \Phi(x)$ $(k \to \infty)$.

b) Man beachte, dass man zur Kontraktionseigenschaft eine Abschätzung (10.5.5) mit $L < 1$ benötigt.

Eine schwächere Abschätzung der Form:
$$\forall\, x \neq y: \ \|\Phi(x) - \Phi(y)\| < \|x - y\|$$
genügt dazu *nicht*!

Man sieht leicht, dass die Funktion $\Phi(x) := x + e^{-x}$, $x \geq 0$, die obige schwächere Abschätzung erfüllt, jedoch nicht kontrahierend ist und auch keinen Fixpunkt besitzt!

Satz (10.5.7)

Jede C^1-Funktion $\Phi : [a,b] \to \mathbb{R}$ auf einem kompakten Intervall ist Lipschitz-stetig mit der Lipschitz-Konstanten
$$L := \sup\{\,|\Phi'(x)| \,:\, a \leq x \leq b\,\}.$$

Ist $L < 1$, so ist Φ sogar kontrahierend; ist dagegen $L > 1$, so ist Φ nicht kontrahierend!

Beweis

Die Behauptung folgt unmittelbar aus dem Mittelwertsatz :
$$|\Phi(x) - \Phi(y)| = |\Phi'(\xi)|\,|x - y| \leq L\,|x - y|. \quad\blacksquare$$

Satz (10.5.8) (Banachscher Fixpunktsatz)

Sei $(V, \|\cdot\|)$ ein *Banachraum*, also ein *vollständiger* normierter Raum. Ferner sei $D \subset V$ abgeschlossen und $\Phi : D \to D$ eine kontrahierende Abbildung der Menge D *in sich* mit einer Kontraktionskonstanten $L \in\,]0,1[$. Dann gelten die folgenden Aussagen:

a) Es gibt genau einen Fixpunkt x^* von Φ in D.

b) Für jeden Startwert $x_0 \in D$ konvergiert die Fixpunkt-Iteration $x_{k+1} = \Phi(x_k)$ gegen x^*.

c) Es gelten die *Fehlerabschätzungen* (a posteriori- und a priori-Abschätzung):
$$\|x_n - x^*\| \leq \frac{L}{1-L}\|x_n - x_{n-1}\| \leq \frac{L^n}{1-L}\|x_1 - x_0\|.$$

10.5 Fixpunkt-Iterationen

Beweis

Sei $x_0 \in D$ beliebig vorgegeben. Da $\Phi : D \to D$ eine Selbstabbildung ist, ist die Folge $(x_n)_{n \in \mathbb{N}_0}$ mit $x_{n+1} := \Phi(x_n)$ wohldefiniert und es gilt für alle $k \in \mathbb{N}_0$:

$$\| x_{k+1} - x_k \| = \| \Phi(x_k) - \Phi(x_{k-1}) \| \leq L \| x_k - x_{k-1} \|.$$

Iteriert man diese Abschätzung, so folgt für $k \geq n$:

$$\| x_{k+1} - x_k \| \leq L^{k+1-n} \| x_n - x_{n-1} \|$$

und damit auch für $(m \geq n)$:

$$\| x_m - x_n \| = \| (x_m - x_{m-1}) + (x_{m-1} - x_{m-2}) + \ldots + (x_{n+1} - x_n) \|$$
$$\leq \sum_{k=n}^{m-1} \| x_{k+1} - x_k \| \leq \left(\sum_{k=n}^{m-1} L^{k+1-n} \right) \| x_n - x_{n-1} \|$$
$$\leq \left(\sum_{j=1}^{\infty} L^j \right) \| x_n - x_{n-1} \| = \frac{L}{1-L} \| x_n - x_{n-1} \|.$$

Die letzte Differenz lässt sich noch weiter abschätzen:

$$\| x_m - x_n \| \leq \frac{L}{1-L} \| x_n - x_{n-1} \| \leq \frac{L^n}{1-L} \| x_1 - x_0 \|. \tag{10.5.9}$$

Da $L^n \to 0$, $n \to \infty$, ist (x_n) eine Cauchy-Folge, also auch konvergent, und der Grenzwert x^* liegt auch in D, da D nach Voraussetzung abgeschlossen ist. Aufgrund der Stetigkeit von Φ ist x^* somit ein Fixpunkt von Φ. Es ist auch der einzige Fixpunkt in D. Denn wäre $x^{**} \neq x^*$ ein weiterer Fixpunkt, so ergäbe sich

$$\| x^{**} - x^* \| = \| \Phi(x^{**}) - \Phi(x^*) \| \leq L \| x^{**} - x^* \| < \| x^{**} - x^* \|$$

und somit ein Widerspruch!
Die Fehlerabschätzung folgt schließlich aus (10.5.9) mit $m \to \infty$. ∎

Beispiel (10.5.10)

Zu berechnen sei der kleinste Fixpunkt von $\Phi(x) := 0.1\, e^x$.

Wir setzen $D := [-1, 1]$ (abgeschlossen!). Für $x \in D$ gilt dann: $0 < \Phi(x) \leq e/10 < 1$, also $\Phi : [-1, 1] \to [-1, 1]$. Ferner ist $\Phi'(x) = \Phi(x)$. Daher ist Φ kontrahierend mit der Kontraktionskonstanten $L := e/10$.

Die Voraussetzungen des Fixpunktsatzes sind also erfüllt und Φ besitzt damit einen eindeutig bestimmten Fixpunkt x^*.

Wir wollen x^* mit einem absoluten Fehler kleiner oder gleich 10^{-6} berechnen. Dazu setzen wir $x_0 := 1$ und finden $x_1 = 0.27182\,81828$.

Die Forderung $\frac{L^n}{1-L} |x_1 - x_0| \leq 10^{-6}$ führt auf

$$n \geq \frac{-6}{\log_{10} L} = 10.6062\,2498.$$

Es genügen also $n = 11$ Iterationen, um die gewünschte Genauigkeit zu garantieren. Tatsächlich hat man nach 11 Iterationen aber bereits wenigstens zehnstellige Genauigkeit erreicht: $x^* = 0.11183\,25592$.

Zur Konstruktion einer geeigneten abgeschlossenen Menge $D \subset V$ lässt sich mitunter das folgende Kriterium verwenden.

Satz (10.5.11) (**Kugelbedingung**)

Existiert eine abgeschlossene Kugel $K = \{\, x \in V : \|x - y_0\| \leq r \,\}$ mit Mittelpunkt y_0 und Radius $r > 0$, die folgende Eigenschaften erfüllt:

a) $\Phi : K \to V$ kontrahierend mit einer Kontraktionskonstanten $L < 1$,

b) $\|\Phi(y_0) - y_0\| \leq (1 - L)\,r$,

so gilt $\Phi(K) \subset K$ und der Fixpunktsatz lässt sich mit $D = K$ anwenden.

Beweis

Für $y \in K$ gilt:

$$\begin{aligned}
\|\Phi(y) - y_0\| &= \|(\Phi(y) - \Phi(y_0)) + (\Phi(y_0) - y_0)\| \\
&\leq L\,\|y - y_0\| + (1 - L)\,r \;\leq\; r\,.
\end{aligned}$$

11 Potenzreihen und elementare Funktionen

11.1 Gleichmäßige Konvergenz

Wir haben bereits in Abschnitt 8.3 Folgen von Funktionen betrachtet und festgestellt, dass die Konvergenz einer Funktionenfolge i. Allg. von der jeweils betrachteten Norm im Funktionenraum abhängt.

Sei $(f_n)_{n\geq 0}$ also eine Funktionenfolge, wobei die f_n Funktionen $f_n : \mathbb{C}^m \supset D \to \mathbb{C}$ sein mögen. Zunächst einmal können wir die **punktweise Konvergenz** der Folge (f_n) gegen eine Funktion f gleichen Typs betrachten. Diese ist gegeben durch

$$f_n \to f \quad (n \to \infty)$$
$$:\Longleftrightarrow \quad \forall\, z \in D : \lim_{n\to\infty} f_n(z) = f(z)$$
$$\Longleftrightarrow \quad \forall\, z \in D : \forall\, \varepsilon > 0 : \exists\, N = N(z,\varepsilon) \in \mathbb{N} : \forall\, n \geq N : |f_n(z) - f(z)| < \varepsilon.$$

Zum anderen können wir die Konvergenz der Folge (f_n) im Funktionenraum $V := \mathbb{C}^D$ z.B. bezüglich der Supremumsnorm

$$\|f\|_\infty := \sup\{|f(z)| : z \in D\}$$

betrachten. Dabei muss dann der Abstand zwischen $f_n(z)$ und $f(z)$ gleichmäßig, d.h. unabhängig von $z \in D$, klein werden. Wir definieren also:

Definition (11.1.1)

Die Folge (f_n) heißt **gleichmäßig konvergent** gegen $f \in V$, falls gilt

$$f_n \to f \quad (n \to \infty) \quad \text{gleichmäßig}$$
$$:\Longleftrightarrow \quad \lim_{n\to\infty} \|f_n - f\|_\infty = 0$$
$$\Longleftrightarrow \quad \lim_{n\to\infty} \left[\sup_{z\in D} |f_n(z) - f(z)|\right] = 0$$
$$\Longleftrightarrow \quad \forall\, \varepsilon > 0 : \exists\, N = N(\varepsilon) \in \mathbb{N} : \forall\, n \geq N,\, z \in D : |f_n(z) - f(z)| < \varepsilon$$

Aus der gleichmäßigen Konvergenz folgt offenbar die punktweise Konvergenz; die Umkehrung ist jedoch nicht richtig, wie das folgende Beispiel zeigt.

Beispiel (11.1.2)

Die Funktionenfolge

$$f_n(x) := \begin{cases} 1 - nx & : 0 \leq x \leq 1/n \\ 0 & : 1/n \leq x \leq 1 \end{cases}$$

konvergiert offenbar punktweise gegen die Grenzfunktion:

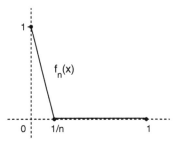

$$f(x) = \begin{cases} 1 & : \ x = 0 \\ 0 & : \ 0 < x \leq 1. \end{cases}$$

Die Konvergenz ist jedoch nicht gleichmäßig, da $\|f_n - f\|_\infty = 1$, $\forall n \in \mathbb{N}$ gilt.
Man beachte auch, dass alle Funktionen f_n stetig sind, während die Grenzfunktion f unstetig ist.

Satz (11.1.3)

Gilt für eine Folge stetiger Funktionen $f_n : \mathbb{C}^m \supset D \to \mathbb{C}$ die gleichmäßige Konvergenz $f_n \to f$ ($n \to \infty$) gleichmäßig auf D, so ist auch die Grenzfunktion f stetig auf D.

Beweis

Wir zeigen die Stetigkeit von f in einem Punkte $z_0 \in D$. Dazu sei $\varepsilon > 0$ vorgegeben und ein fester Index $n \in \mathbb{N}$ so groß gewählt, dass $\|f_n - f\|_\infty < \varepsilon/3$ gilt.
Wegen der Stetigkeit von f_n kann nun $\delta > 0$ so gewählt werden, dass

$$\forall z \in D : \|z - z_0\|_\infty < \delta \;\Rightarrow\; |f_n(z) - f_n(z_0)| < \frac{\varepsilon}{3}.$$

Dann findet man für diese z:

$$\begin{aligned} |f(z) - f(z_0)| &\leq |f(z) - f_n(z)| + |f_n(z) - f_n(z_0)| + |f_n(z_0) - f(z_0)| \\ &< \frac{\varepsilon}{3} + \frac{\varepsilon}{3} + \frac{\varepsilon}{3} = \varepsilon. \end{aligned}$$
∎

Der folgende Satz gibt die wesentlichen Resultate über gleichmäßige Konvergenz einer *Reihe* von Funktionen an.

Satz (11.1.4)

a) **Majorantenkriterium von Weierstraß:**

Gegeben seien Funktionen $f_k : \mathbb{C}^m \supset D \to \mathbb{C}$. Gilt dann für $b_k \in \mathbb{R}$:

$$\forall z \in D : |f_k(z)| \leq b_k \;\wedge\; \sum_{k=0}^{\infty} b_k < \infty,$$

so ist die Reihe $\sum_{k=0}^{\infty} f_k(z)$ gleichmäßig und absolut konvergent auf D.

b) Sind die f_k stetig, und ist $f(z) := \sum_{k=0}^{\infty} f_k(z)$, $z \in D$, gleichmäßig konvergent auf D, so ist auch die Grenzfunktion f stetig.

11.1 Gleichmäßige Konvergenz

c) Vertauschbarkeit von Differentiation und Summation:

Sind die Funktionen $f_k : [a,b] \to \mathbb{R}$ differenzierbar und sind die Reihen

$$f(x) := \sum_{k=0}^{\infty} f_k(x), \quad g(x) := \sum_{k=0}^{\infty} f_k'(x)$$

gleichmäßig konvergent auf $[a,b]$, so ist auch f differenzierbar, und es gilt:

$$\frac{d}{dx} \sum_{k=0}^{\infty} f_k(x) = \sum_{k=0}^{\infty} f_k'(x), \quad x \in [a,b].$$

Beweis

zu a): Die punktweise Konvergenz und die absolute Konvergenz folgen aus dem Majorantenkriterium (8.4.7). Zur gleichmäßigen Konvergenz schätzt man ab:

$$\left| \sum_{k=0}^{n} f_k(z) - f(z) \right| \leq \left| \sum_{k=n+1}^{\infty} f_k(z) \right| \leq \sum_{k=n+1}^{\infty} |f_k(z)| \leq \sum_{k=n+1}^{\infty} b_k < \varepsilon$$

für alle $n \geq N(\varepsilon)$ – gemäß dem Cauchy-Kriterium für die Reihe $\sum b_k$.

zu b): Folgt mit dem Satz (11.1.3).

zu c): Sei $x_0 \in [a,b]$. Nach Voraussetzung sind die Funktionen

$$F_k(x) := \begin{cases} \dfrac{f_k(x) - f_k(x_0)}{x - x_0} & , \text{ für } x \neq x_0 \\ f_k'(x_0) & , \text{ für } x = x_0 \end{cases}$$

stetig auf $[a,b]$. Aufgrund des Mittelwertsatzes (angewendet auf die Teilsummen von $\sum_k f_k(x)$) und der gleichmäßigen Konvergenz der Reihe $\sum_k f_k'(x)$ folgt für alle $\ell \geq n \geq N(\varepsilon)$, $x \in [a,b]$ mit $\xi = \xi(x, n, \ell)$:

$$\left| \sum_{k=n}^{\ell} F_k(x) \right| = \left| \sum_{k=n}^{\ell} f_k'(\xi) \right| < \varepsilon.$$

Damit ist die Reihe $\sum_{k=0}^{\infty} F_k(x)$ also gleichmäßig konvergent auf $[a,b]$ und die Grenzfunktion $F(x) := \sum_{k=0}^{\infty} F_k(x)$ ist somit nach b) stetig auf $[a,b]$. Es folgt

$$\sum_{k=0}^{\infty} f_k'(x_0) = F(x_0) = \lim_{x \to x_0,\, x \in [a,b]} \sum_{k=0}^{\infty} \frac{f_k(x) - f_k(x_0)}{x - x_0}$$

$$= \lim_{x \to x_0,\, x \in [a,b]} \frac{1}{x - x_0} \left(\sum_{k=0}^{\infty} f_k(x) - \sum_{k=0}^{\infty} f_k(x_0) \right)$$

$$= \frac{d}{dx} \left(\sum_{k=0}^{\infty} f_k(x) \right) \Big|_{x=x_0}. \quad \blacksquare$$

11.2 Potenzreihen

Eine Reihe der Form

$$f(z) = \sum_{k=0}^{\infty} a_k (z - z_0)^k \qquad (11.2.1)$$

heißt eine (komplexe) **Potenzreihe** zum Entwicklungspunkt $z_0 \in \mathbb{C}$. Dabei ist die Folge der Koeffizienten $(a_k) \in \mathbb{C}^{\mathbb{N}_0}$ gegeben und $z \in \mathbb{C}$ zugelassen.

Viele Beispiele für Potenzreihen erhält man aus den (reellen) Taylor-Entwicklungen von C^∞-Funktionen f:

$$T(x) = \sum_{k=0}^{\infty} \frac{f^{(k)}(x_0)}{k!} (x - x_0)^k, \qquad (11.2.2)$$

wobei hierin für x nun auch komplexe Zahlen zugelassen werden.

Man beachte jedoch, dass die Konvergenz einer Taylor-Reihe nicht für alle x gesichert ist. Selbst bei Konvergenz der Taylor-Reihe muss nicht notwendig $T(x) = f(x)$ gelten, vgl. Abschnitt 10.1. Beispielsweise wird durch

$$f(x) := \begin{cases} \exp(-1/x^2), & \text{für } x \neq 0 \\ 0, & \text{für } x = 0 \end{cases}$$

eine C^∞-Funktion $f: \mathbb{R} \to \mathbb{R}$ definiert, für die $f^{(k)}(0) = 0$, $\forall k$, gilt. Somit folgt $T(x) = 0 \neq f(x)$ für $x \neq 0$.

Der folgende Satz gibt Auskunft über den Konvergenzbereich einer Potenzreihe (11.2.1):

Satz (11.2.3) (Konvergenz von Potenzreihen)

a) Zu jeder Potenzreihe (11.2.1) gibt es eine Zahl r, $0 \leq r \leq \infty$, den so genannten **Konvergenzradius** der Potenzreihe, mit den Eigenschaften:

$$|z - z_0| < r \implies \sum_{k=0}^{\infty} a_k (z - z_0)^k \text{ \textbf{absolut konvergent}}$$

$$|z - z_0| > r \implies \sum_{k=0}^{\infty} a_k (z - z_0)^k \text{ \textbf{divergent}}.$$

Ferner konvergiert die Potenzreihe auf jeder Kreisscheibe $|z - z_0| \leq r_1$ mit Radius $r_1 < r$ auch **gleichmäßig**.

b) Für den Konvergenzradius einer Potenzreihe gilt die **Formel von Cauchy, Hadamard**[46]:

$$r = \frac{1}{\limsup\limits_{k \to \infty} \sqrt[k]{|a_k|}}.$$

Dabei setzt man: $1/\infty := 0$ und $1/0 := \infty$; vgl. auch (8.2.18).

---

[46] Jacques Hadamard (1865–1963); Bordeaux, Paris

11.2 Potenzreihen

c) Falls einer der folgenden Grenzwerte existiert, bzw. gleich ∞ ist, ist er gleich dem Konvergenzradius der Potenzreihe:

$$r = \lim_{k\to\infty} \left|\frac{a_k}{a_{k+1}}\right|, \quad r = \lim_{k\to\infty} \frac{1}{\sqrt[k]{|a_k|}}.$$

d) Die „abgeleitete" Reihe $\sum_{k=1}^{\infty} a_k k \, (z-z_0)^{k-1}$ hat den gleichen Konvergenzradius wie die Ausgangsreihe, dies gilt auch im Fall $r = 0$ oder $r = \infty$.

Beweis

zu a): Man setze $r := \sup \{|w| : w \in \mathbb{C} \wedge \sum_{k=0}^{\infty} a_k w^k \text{ konvergent}\}$.

Die Potenzreihe ist dann per Definition für jedes z mit $|z - z_0| > r$ divergent. Im Fall $r = 0$ ist die Behauptung klar, da die Potenzreihe dann nur in $z = z_0$ (absolut) konvergiert.

Sei nun $r > 0$ und $0 < r_1 < r$. Dann gibt es nach Definition von r ein $w \in \mathbb{C}$, $|w| > r_1$, so dass die Reihe $\sum_{k=0}^{\infty} a_k w^k$ konvergiert.

Die Folge $(a_k w^k)_{k \geq 0}$ ist deshalb beschränkt, d.h. $\exists M > 0 : \forall k \geq 0 : |a_k w^k| \leq M$. Für $|z - z_0| \leq r_1 < |w|$ folgt damit:

$$|a_k (z - z_0)^k| = |a_k w^k| \left|\frac{z - z_0}{w}\right|^k \leq M \left|\frac{z - z_0}{w}\right|^k.$$

Da aber $|(z - z_0)/w| < 1$ gilt, konvergiert die Reihe $\sum_{k=0}^{\infty} |(z - z_0)/w|^k$ als geometrische Reihe.

Damit konvergiert auch die Potenzreihe $\sum_{k=0}^{\infty} a_k (z - z_0)^k$ nach dem Majorantenkriterium (11.1.4), und zwar absolut und gleichmäßig auf dem Kreis $|z - z_0| \leq r_1$.

zu b): Die Behauptung folgt aus dem Wurzelkriterium (8.4.7). Es gilt nämlich:

$$\forall k \geq k_0 : \sqrt[k]{|a_k(z-z_0)^k|} \leq q < 1 \iff \limsup_{k\to\infty} \sqrt[k]{|a_k(z-z_0)^k|} < 1$$

$$\iff \limsup_{k\to\infty} \sqrt[k]{|a_k|} \cdot |z - z_0| < 1 \iff |z - z_0| < \frac{1}{\limsup_{k\to\infty} \sqrt[k]{|a_k|}}.$$

zu c): Die erste Relation folgt aus dem Quotientenkriterium:

$$\left|\frac{a_{k+1}(z-z_0)^{k+1}}{a_k(z-z_0)^k}\right| < 1 \iff |z - z_0| \cdot \left|\frac{a_{k+1}}{a_k}\right| < 1, \quad \text{und damit}$$

$$\lim_{k\to\infty} \left|\frac{a_{k+1}(z-z_0)^{k+1}}{a_k(z-z_0)^k}\right| < 1 \iff |z - z_0| < \lim_{k\to\infty} \left|\frac{a_k}{a_{k+1}}\right|.$$

Die zweite Relation folgt direkt aus der Formel von Cauchy, Hadamard.

zu d): Nach b) hat man zu berechnen: $\limsup_{k\to\infty} \sqrt[k]{k\,|a_k|}$. Wegen $\sqrt[k]{k} \to 1$, $k \to \infty$, ist aber
$$\limsup_{k\to\infty} \sqrt[k]{k\,|a_k|} = \limsup_{k\to\infty} \sqrt[k]{|a_k|}.$$
Damit stimmen die Konvergenzradien der abgeleiteten und der Ausgangsreihe überein! ∎

Bemerkung (11.2.4)

Die Konvergenz $\sqrt[k]{k} \to 1$ kann man folgendermaßen zeigen:

$$\sqrt[k]{k} =: 1 + r_k, \; r_k \geq 0 \Rightarrow k = (1+r_k)^k \geq 1 + \frac{k(k-1)}{2} r_k^2$$

$$\Rightarrow r_k^2 \leq \frac{2}{k} \to 0 \; (k \to \infty)$$

$$\Rightarrow r_k \to 0 \; (k \to \infty). \blacksquare$$

Beispiele (11.2.5)

a) Die Reihe $\sum_{k=0}^{\infty} k!\, z^k$ konvergiert nur für $z = 0$, da $k!\, z^k$ für $z \neq 0$ keine Nullfolge ist.

Der Konvergenzradius ist daher $r = 0$. Dies sieht man z.B. auch leicht unter Anwendung der ersten Formel aus (11.2.3) c).

b) Die geometrische Reihe $\sum_{k=0}^{\infty} z^k$ hat den Konvergenzradius $r = 1$.

c) Die Exponentialreihe $\sum_{k=0}^{\infty} \frac{z^k}{k!}$ hat den Konvergenzradius $r = \infty$.

Die Exponentialreihe ist also für jedes $z \in \mathbb{C}$ absolut konvergent.

d) Aus der geometrischen Reihe folgt durch Differentiation:

$$\frac{1}{1-z} = \sum_{k=0}^{\infty} z^k = 1 + z + z^2 + z^3 + \ldots, \quad |z| < 1,$$

$$\frac{1}{(1-z)^2} = \sum_{k=1}^{\infty} k z^{k-1} = 1 + 2z + 3z^2 + 4z^3 + \ldots, \quad |z| < 1,$$

$$\frac{1}{(1-z)^3} = \frac{1}{2} \sum_{k=2}^{\infty} k(k-1) z^{k-2} = \frac{1}{2}(2 + 6z + 12z^2 + \ldots), \quad |z| < 1.$$

e) Aus Satz (11.2.3) d) lässt sich umgekehrt schließen, dass auch die integrierte Potenzreihe

$$C + \sum_{k=0}^{\infty} \frac{a_k}{k+1} (z - z_0)^{k+1}$$

11.2 Potenzreihen

den gleichen Konvergenzradius wie die Ausgangsreihe besitzt.
So folgt beispielsweise durch Integration der Potenzreihe

$$\frac{1}{1+z} = \sum_{k=0}^{\infty} (-1)^k z^k, \qquad |z| < 1,$$

die folgende Potenzreihenentwicklung der Logarithmusfunktion

$$\ln(1+x) = \sum_{k=0}^{\infty} \frac{(-1)^k}{k+1} x^{k+1}, \qquad -1 < x < 1. \tag{11.2.6}$$

Durch Integration der Potenzreihe

$$\frac{\mathrm{d}}{\mathrm{d}x} \arctan x = \frac{1}{1+x^2} = \sum_{k=0}^{\infty} (-1)^k x^{2k}$$

folgt analog

$$\arctan x = \sum_{k=0}^{\infty} \frac{(-1)^k}{2k+1} x^{2k+1}, \qquad -1 < x < 1. \tag{11.2.7}$$

Bemerkungen (11.2.8)

a) Jede durch eine Potenzreihe definierte Funktion $f(z) = \sum_{k=0}^{\infty} a_k (z - z_0)^k$ ist auf dem Konvergenzkreis $K_r(z_0)$ mit Konvergenzradius r stetig.
Sind die Koeffizienten a_k reell, und ist auch der Entwicklungspunkt $z_0 = x_0$ reell, so ist die (reelle) Funktion $f(x) := \sum_{k=0}^{\infty} a_k (x - x_0)^k$ auf dem Konvergenzintervall $]x_0 - r, x_0 + r[$ eine C^∞-Funktion.
Durch n-malige Differentiation folgt dann:

$$f^{(n)}(x) = \sum_{k=n}^{\infty} a_k \, k \, (k-1) \ldots (k-n+1) (x - x_0)^{k-n},$$

und somit:

$$f^{(n)}(x_0) = a_n \cdot n!, \qquad \forall n \in \mathbb{N}_0.$$

Setzt man dies in die Potenzreihe ein, so erhält man gerade die Taylor-Reihe der Funktion f zum Entwicklungspunkt x_0:

$$f(x) = \sum_{k=0}^{\infty} \frac{f^{(k)}(x_0)}{k!} (x - x_0)^k, \qquad |x - x_0| < r \tag{11.2.9}$$

Jede Potenzreihe ist somit zugleich die Taylor-Reihe derjenigen Funktion, die durch diese Potenzreihe definiert wird. Damit sind auch genau die reell-analytischen Funktionen durch eine (reelle) Potenzreihe darstellbar.

b) **Identitätssatz für Potenzreihen (11.2.10)**:

Sind $\sum_{k=0}^{\infty} a_k (x - x_0)^k$ und $\sum_{k=0}^{\infty} b_k (x - x_0)^k$ reelle Potenzreihen, die in einem Intervall $]x_0 - \varepsilon, x_0 + \varepsilon[$ die gleiche Funktion f darstellen, so gilt: $\forall k : a_k = b_k$.

c) **Abelscher Grenzwertsatz (11.2.11)**:

Reelle Potenzreihen $f(x) = \sum_{k=0}^{\infty} a_k (x - x_0)^k$, a_k, x_0, $x \in \mathbb{R}$, sind überall dort stetig, wo sie konvergieren, d.h. insbesondere auch in den zum Konvergenzbereich gehörigen Randpunkten des Konvergenzintervalls.

Zum Beweis sei auf die Lehrbücher zur Analysis verwiesen.

Beispiel (11.2.12)

Da die Reihe $\ln(1+x) = \sum_{k=0}^{\infty} \frac{(-1)^k}{k+1} x^{k+1}$, $-1 < x < 1$, nach dem Leibniz-Kriterium (8.4.2) auch für $x = +1$ konvergiert, folgt mit dem Abelschen Grenzwertsatz:

$$\ln 2 = \sum_{k=0}^{\infty} \frac{(-1)^k}{k+1}.$$

Im folgenden Satz fassen wir die wichtigsten Rechenregeln für Potenzreihen zusammen.

Satz (11.2.13) (Rechenregeln für Potenzreihen)

Seien $f(z) = \sum_{k=0}^{\infty} a_k z^k$ und $g(z) = \sum_{k=0}^{\infty} b_k z^k$ Potenzreihen mit den Konvergenzradien $r_1 > 0$ und $r_2 > 0$ und $\alpha \in \mathbb{C}$. Dann gelten:

a) $\quad f(z) + g(z) = \sum_{k=0}^{\infty} (a_k + b_k) z^k$, $\quad |z| < \min(r_1, r_2)$.

b) $\quad \alpha f(z) = \sum_{k=0}^{\infty} \alpha a_k z^k$, $\quad |z| < r_1$.

c) **Cauchy-Produkt für Potenzreihen**, vgl. (8.4.15):

$$f(z) \cdot g(z) = \sum_{k=0}^{\infty} \left(\sum_{\ell=0}^{k} a_\ell b_{k-\ell} \right) z^k, \quad |z| < \min(r_1, r_2).$$

d) Ist $f(0) = 0$, also $a_0 = 0$, so lässt sich die Potenzreihe $f(z)$ in die Potenzreihe $g(z)$ einsetzen. Es gibt also $r_3 > 0$ und $c_k \in \mathbb{C}$ mit:

$$(g \circ f)(z) = g(f(z)) = \sum_{k=0}^{\infty} c_k z^k, \quad |z| < r_3.$$

e) Ist $f(0) \neq 0$, so besitzt die Funktion $1/f(z)$ eine Potenzreihenentwicklung. Es gibt $r_4 > 0$ und $d_k \in \mathbb{C}$ mit :

$$\frac{1}{f(z)} = \sum_{k=0}^{\infty} d_k z^k, \qquad |z| < r_4.$$

Die Koeffizienten d_k lassen sich rekursiv berechnen.

Aus dem Cauchy-Produkt:

$$1 = \Big(\sum_{k=0}^{\infty} a_k z^k\Big) \cdot \Big(\sum_{k=0}^{\infty} d_k z^k\Big) = \sum_{k=0}^{\infty} \Big(\sum_{\ell=0}^{k} d_\ell\, a_{k-\ell}\Big) z^k$$

folgt die Rekursion für die d_k:

$$a_0\, d_0 = 1, \quad a_0\, d_k = -\sum_{\ell=0}^{k-1} d_\ell\, a_{k-\ell}, \quad k=1,2,\ldots$$

Beispiel (11.2.14)

Aus $e^x = \sum_{k=0}^{\infty} \frac{1}{k!} x^k$, $x \in \mathbb{R}$, folgen Potenzreihenentwicklungen für die hyperbolischen Funktionen:

$$\cosh x := \frac{1}{2}(e^x + e^{-x}) = \frac{1}{2}\Big(\sum_{k=0}^{\infty} \frac{1}{k!} x^k + \sum_{k=0}^{\infty} \frac{1}{k!}(-1)^k x^k\Big)$$

$$= \sum_{k=0}^{\infty} \frac{1}{(2k)!} x^{2k}, \quad \forall x \in \mathbb{R},$$

Analog:

$$\sinh x := \frac{1}{2}(e^x - e^{-x}) = \sum_{k=0}^{\infty} \frac{1}{(2k+1)!} x^{2k+1}, \quad \forall x \in \mathbb{R}.$$

Beispiel (11.2.15)

$$\frac{\cos x}{1-x} = \Big(\sum_{k=0}^{\infty} \frac{(-1)^k}{(2k)!} x^{2k}\Big)\Big(\sum_{\ell=0}^{\infty} x^\ell\Big)$$

$$= \Big(1 - \frac{x^2}{2!} + \frac{x^4}{4!} - + \cdots\Big)\big(1 + x + x^2 + \cdots\big)$$

$$= 1 + x + \Big(1 - \frac{1}{2!}\Big) x^2 + \Big(1 - \frac{1}{2!}\Big) x^3$$

$$+ \Big(1 - \frac{1}{2!} + \frac{1}{4!}\Big) x^4 + \ldots, \quad -1 < x < 1.$$

Beispiel (11.2.16)

Die Funktion $f(x) := \dfrac{e^x - 1}{x}$ besitzt eine Potenzreihenentwicklung zum Entwicklungspunkt $x_0 = 0$:

$$e^x = \sum_{k=0}^{\infty} \frac{1}{k!} x^k \;\Rightarrow\; e^x - 1 = \sum_{k=0}^{\infty} \frac{1}{(k+1)!} x^{k+1}$$

$$\Rightarrow\; \frac{e^x - 1}{x} = \sum_{k=0}^{\infty} \frac{1}{(k+1)!} x^k, \quad x \in \mathbb{R}.$$

Die obige Funktion $f(x)$ lässt sich also zu einer *analytischen* Funktion auf $\mathbb{R}$ erweitern. Dabei ist $f(0) = 1$.

Sei nun
$$g(x) = \frac{1}{f(x)} = \frac{x}{e^x - 1}.$$

Nach (11.2.13) besitzt g nun eine Potenzreihenentwicklung um $x_0 = 0$. Der Ansatz $g(x) = \sum_{k=0}^{\infty} \dfrac{B_k}{k!} x^k$ liefert dann mit dem Cauchy-Produkt:

$$1 = \Big(\sum_{k=0}^{\infty} \frac{x^k}{(k+1)!}\Big) \Big(\sum_{\ell=0}^{\infty} \frac{B_\ell}{\ell!} x^\ell\Big) = \sum_{k=0}^{\infty} \Big(\sum_{\ell=0}^{k} \frac{B_\ell}{\ell!\,(k-\ell+1)!}\Big) x^k$$

und somit erhält man durch Koeffizientenvergleich, vgl. (11.2.10):

$$B_0 = 1, \qquad B_k = -\sum_{\ell=0}^{k-1} \frac{k!}{\ell!(k-\ell+1)!} B_\ell, \quad k = 1, 2, \ldots \tag{11.2.17}$$

Die Zahlen B_k heißen **Bernoullische Zahlen**. Man findet:

$$B_0 = 1, \quad B_1 = -\frac{1}{2}, \quad B_2 = \frac{1}{6}, \quad B_3 = 0,$$

$$B_4 = -\frac{1}{30}, \quad B_5 = 0, \quad B_6 = \frac{1}{42}, \quad \ldots$$

11.3 Elementare Funktionen

Die Exponentialfunktion

Für $z \in \mathbb{C}$ wird definiert:

$$\exp(z) := \sum_{k=0}^{\infty} \frac{1}{k!} z^k \tag{11.3.1}$$

Wegen $|a_k/a_{k+1}| = k+1 \to \infty$, $k \to \infty$, ist der Konvergenzradius $r = \infty$. Die obige Potenzreihe ist daher für alle $z \in \mathbb{C}$ absolut und lokal gleichmäßig konvergent und definiert eine stetige Funktion $\exp : \mathbb{C} \to \mathbb{C}$.

11.3 Elementare Funktionen

Für reelle Argumente ist $\exp : \mathbb{R} \to \mathbb{R}$ eine C^∞-Funktion. Durch Differentiation der Reihe findet man, vgl. (11.1.4):

$$\frac{d}{dx} \exp(x) = \exp(x), \quad \exp(0) = 1 \qquad (11.3.2)$$

Schließlich hat man noch die Funktionalgleichung, die wir bereits in (8.4.16) mit Hilfe des Cauchy-Produktes bewiesen haben:

$$\exp(z+w) = \exp(z) \cdot \exp(w), \quad \forall\, z, w \in \mathbb{C}. \qquad (11.3.3)$$

Folgerungen (11.3.4)

a) $\quad \forall\, z \in \mathbb{C} : \exp(z) \neq 0$.

b) $\quad \forall\, z \in \mathbb{C} : \exp(-z) = \dfrac{1}{\exp(z)}$.

c) $\quad \forall\, x \in \mathbb{R} : \exp(x) > 0$.

d) $\quad \lim\limits_{x \to +\infty} \exp(x) = \infty, \quad \lim\limits_{x \to -\infty} \exp(x) = 0$.

e) $\quad \forall\, n \in \mathbb{N} : \lim\limits_{x \to \infty} \dfrac{x^n}{\exp(x)} = 0$.

f) $\quad \exp : \mathbb{R} \to \mathbb{R}$ ist streng monoton wachsend mit $\exp(\mathbb{R}) = \,]0, \infty[$.

g) $\quad e := \exp(1) = \sum\limits_{k=0}^{\infty} \dfrac{1}{k!} = \lim\limits_{n \to \infty} \left(1 + \dfrac{1}{n}\right)^n$,

$\quad\quad e = 2.7182\,81828\,45904\,52353\,60287\ldots$

h) $\quad \forall\, q \in \mathbb{Q},\, x \in \mathbb{R} : \exp(qx) = (\exp(x))^q$.

i) $\quad e$ ist eine irrationale Zahl.

Beweis

zu a), b): $\exp(z) \cdot \exp(-z) = \exp(0) = 1$.

zu c): exp ist stetig, hat keine Nullstelle und $\exp(0) = 1 > 0$.

zu d): $x > 0 \Rightarrow \exp(x) > 1 + x \to \infty \;(x \to \infty)$.

zu e): Regel von de l'Hospital !

zu f): $\dfrac{d}{dx} \exp(x) = \exp(x) > 0$.

zu g): Dies folgt mit (11.3.6) c), $\left(1 + \dfrac{1}{n}\right)^n = \exp\left(n \cdot \ln\left(1 + \dfrac{1}{n}\right)\right)$ und der Regel von de l'Hospital für $\lim\limits_{x \to 0+} \dfrac{\ln(1+x)}{x}$.

zu h): Mit (11.3.3) hat man $\exp(nz) = (\exp(z))^n$, $n \in \mathbb{N}_0$, und damit auch

$$\exp\left(\frac{x}{m}\right) = \sqrt[m]{\exp(x)}, \quad m \in \mathbb{N}, \quad \text{und} \quad \exp\left(\frac{n}{m} x\right) = (\exp(x))^{n/m}.$$

Für negative q verwendet man b).

zu i): Der Taylorsche Satz liefert :

$$\exp(x) = \sum_{k=0}^{n} \frac{x^k}{k!} + \frac{\exp(\Theta x)}{(n+1)!} x^{n+1}, \quad 0 < \Theta < 1$$

und somit:

$$e = \sum_{k=0}^{n} \frac{1}{k!} + \frac{r_n}{(n+1)!}, \quad 1 < r_n < e.$$

Für $n = 2$ liefert dies die grobe Abschätzung: $2.5 < e < 3$.

Wäre nun $e = \dfrac{m}{n}$ mit $m, n \in \mathbb{N}$ teilerfremd, so würde folgen

$$(n-1)!\, m = n!\, e = \sum_{k=0}^{n} \frac{n!}{k!} + \frac{r_n}{n+1}.$$

Nun sind $(n-1)!\,m$ und $\sum_{k=0}^{n} \dfrac{n!}{k!}$ natürliche Zahlen, wegen $n > 2$ und $1 < r_n < 3$ ist $\dfrac{r_n}{n+1}$ jedoch keine ganze Zahl. Widerspruch! ∎

Bemerkung (11.3.5)

Hermite konnte zeigen, dass die Eulersche Zahl e sogar *transzendent* ist, d.h., sie ist nicht Nullstelle eines Polynoms mit ganzen Koeffizienten.

Der natürliche Logarithmus

Wegen (11.3.4) f) besitzt die reelle Exponentialfunktion $\exp : \mathbb{R} \to \mathbb{R}$ eine Umkehrfunktion :

$$\ln\, :\,]0, \infty[\, \to\, \mathbb{R},$$

den **natürlichen Logarithmus**. Aus den entsprechenden Eigenschaften der Exponentialfunktion erhält man:

Eigenschaften (11.3.6)

a) $\ln\, :\,]0, \infty[\, \to \mathbb{R}$ ist streng monoton wachsend und stetig.

b) $\lim\limits_{x \to 0+} \ln x = -\infty, \quad \lim\limits_{x \to \infty} \ln x = \infty$.

c) $\forall\, x, y > 0 : \ln(x y) = \ln(x) + \ln(y)$

       $\forall\, x > 0,\ q \in \mathbb{Q} : \ln(x^q) = q \cdot \ln(x)$

d) $\quad \ln(1) = 0, \quad \ln(e) = 1$.

e) $\quad$ ln ist differenzierbar auf $]0, \infty[$ mit $\dfrac{d}{dx}(\ln x) = \dfrac{1}{x}$.

f) $\quad \ln(1+x) = \sum_{k=0}^{\infty} \dfrac{(-1)^k}{k+1} x^{k+1}, \quad -1 < x \leq 1, \quad$ vgl. (11.2.5), (11.2.6).

Allgemeine Potenzen

Für $a > 0$ und $q \in \mathbb{Q}$ gilt nach (11.3.6)c):

$$a^q = \exp(q \cdot \ln a).$$

Dies gibt Anlass zur folgenden Definition allgemeiner Potenzen:

$$\forall a > 0, \ z \in \mathbb{C}: \quad a^z := \exp(z \cdot \ln a) \tag{11.3.7}$$

Dies ist offenbar eine formale Erweiterung der bisher definierten Potenzen mit rationalen Exponenten. Ferner gilt $e^z = \exp(z \cdot \ln e) = \exp(z)$.

Eigenschaften (11.3.8)

a) $f(x) = a^x$ ist streng monoton wachsend für $a > 1$ und streng monoton fallend für $0 < a < 1$.

b) $\quad a^0 = 1, \quad a^1 = a, \quad a^{-x} = \dfrac{1}{a^x}$

c) $\quad a^x \cdot a^y = a^{x+y}, \quad (a^x)^y = a^{x \cdot y}$.

d) Für $a \neq 1$ besitzt $f(x) = a^x$ eine Umkehrfunktion, den **Logarithmus** zur Basis a: $y = \log_a x$.

$\quad$ Umrechnung: $\quad \log_a x = \dfrac{\ln x}{\ln a}, \quad x > 0$.

e) $\quad \dfrac{d}{dx}(a^x) = \ln a \cdot a^x, \quad x \in \mathbb{R}, \ a > 0,$

$\quad \dfrac{d}{dx}(x^a) = a\, x^{a-1}, \quad a \in \mathbb{R}, \ x > 0,$

$\quad \dfrac{d}{dx}(\log_a x) = \dfrac{1}{x \ln a}, \quad x, a > 0$.

f) In Verallgemeinerung des binomischen Satzes gilt die folgende Potenzreihendarstellung (**Binomialreihe**):

$$(1+x)^a = \sum_{k=0}^{\infty} \binom{a}{k} x^k, \quad a \in \mathbb{R}, \quad -1 < x < 1$$

$$\text{mit} \quad \binom{a}{k} := \frac{1}{k!} \prod_{j=0}^{k-1} (a-j), \quad k \geq 0 \tag{11.3.9}$$

Spezialfälle hiervon sind die Entwicklungen:

$$\sqrt{1+x} = 1 + \frac{1}{2}x - \frac{1}{8}x^2 + \frac{1}{16}x^3 - \frac{5}{128}x^4 + - \cdots$$

$$\frac{1}{\sqrt{1+x}} = 1 - \frac{1}{2}x + \frac{3}{8}x^2 - \frac{5}{16}x^3 + \frac{35}{128}x^4 - + \cdots$$

Beide Entwicklungen gelten in $-1 < x < 1$.

Beweis zu f)

Die Potenzreihe $\sum_{k=0}^{\infty} \binom{a}{k} x^k =: g(x)$ hat den Konvergenzradius $r = 1$ und genügt in $]-1,1[$ der Differentialgleichung $(1+x)g'(x) = ag(x)$.
Setzt man nun $h(x) := \dfrac{g(x)}{(1+x)^a}$, so findet man $h'(x) = 0$. Da ferner $h(0) = 1$ gilt, folgt $h(x) = 1, \quad \forall\, x$. ∎

Hyperbolische Funktionen

Man definiere für $z \in \mathbb{C}$:

$$\cosh z := \frac{1}{2}(e^z + e^{-z}), \quad \sinh z := \frac{1}{2}(e^z - e^{-z}) \tag{11.3.10}$$

Durch Einsetzen der Reihen für $\exp(z)$ und $\exp(-z)$ findet man

$$\cosh(z) = \sum_{k=0}^{\infty} \frac{1}{(2k)!} z^{2k}, \quad \sinh(z) = \sum_{k=0}^{\infty} \frac{1}{(2k+1)!} z^{2k+1}. \tag{11.3.11}$$

Eigenschaften (11.3.12)

a) $\quad \cosh(-z) = \cosh(z)$, d.h., cosh ist eine **gerade** Funktion,

$\quad\quad \sinh(-z) = -\sinh(z)$, d.h., sinh ist eine **ungerade** Funktion.

b) $\quad\dfrac{\mathrm{d}}{\mathrm{d}x}\cosh(x) = \sinh(x)\,,\quad \dfrac{\mathrm{d}}{\mathrm{d}x}\sinh(x) = \cosh(x)\,.$

c) **Funktionalgleichungen :**

$$\sinh(x+y) = \sinh x \cosh y + \cosh x \sinh y,$$
$$\cosh(x+y) = \cosh x \cosh y + \sinh x \sinh y.$$

d) $\quad \cosh^2 x - \sinh^2 x = 1\,.$

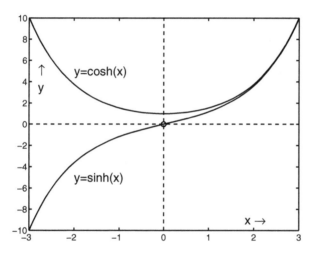

Abb. 11.1. Hyperbolische Funktionen

Inverse hyperbolische Funktionen, Areafunktionen

Wegen $\cosh x \geq 1$, $\forall x \in \mathbb{R}$, ist die Funktion sinh auf $\mathbb{R}$ streng monoton wachsend. Es existiert daher die Umkehrabbildung, die mit arsinh$x$ (**area sinus hyperbolicus**) bezeichnet wird.

Die Funktion $y = \cosh x$ ist auf $[0, \infty[$ streng monoton wachsend. Die Umkehrfunktion hiervon wird mit arcosh (**area cosinus hyperbolicus**) bezeichnet, also arcosh : $[1, \infty[\;\to\; [0, \infty[\,.$

Eigenschaften (11.3.13)

a) $\quad \mathrm{arsinh}x = \ln(x + \sqrt{x^2+1}),\quad x \in \mathbb{R}\,,$

$\quad\quad \mathrm{arcosh}x = \ln(x + \sqrt{x^2-1}),\quad 1 \leq x < \infty\,.$

b) $\quad \dfrac{\mathrm{d}}{\mathrm{d}x}\mathrm{arsinh}x = \dfrac{1}{\sqrt{x^2+1}}\,,\quad x \in \mathbb{R}$

11 Potenzreihen und elementare Funktionen

$$\frac{d}{dx}\operatorname{arcosh} x = \frac{1}{\sqrt{x^2-1}}, \quad 1 < x < \infty.$$

Trigonometrische Funktionen

Für $z \in \mathbb{C}$ wird definiert:

$$\sin z := \sum_{k=0}^{\infty} \frac{(-1)^k}{(2k+1)!} z^{2k+1}, \quad \cos z := \sum_{k=0}^{\infty} \frac{(-1)^k}{(2k)!} z^{2k} \qquad (11.3.14)$$

Beide Potenzreihen haben den Konvergenzradius $r = \infty$, die Funktionen $\sin z, \cos z$ sind also auf ganz $\mathbb{C}$ erklärt und dort stetig.

Eigenschaften (11.3.15)

a) $\quad \sin(-z) = -\sin z \quad$ (ungerade Funktion)

$\cos(-z) = \cos z \quad$ (gerade Funktion)

$\sin 0 = 0, \quad \cos 0 = 1.$

b) $\quad e^{iz} = \cos z + i \sin z, \qquad e^{-iz} = \cos z - i \sin z$

$\sin z = \dfrac{1}{2i}(e^{iz} - e^{-iz}) = (\sin x \cosh y) + i(\cos x \sinh y)$

$\cos z = \dfrac{1}{2}(e^{iz} + e^{-iz}) = (\cos x \cosh y) - i(\sin x \sinh y)$

c) $\quad \sin^2 z + \cos^2 z = 1$

d) **Funktionalgleichungen :**

$\sin(u+v) = \sin u \cos v + \cos u \sin v$

$\cos(u+v) = \cos u \cos v - \sin u \sin v$

e) Die Funktionen $\sin$ und $\cos$ sind als Funktionen auf $\mathbb{R}$ C^∞-Funktionen mit :

$$\frac{d}{dx}\cos x = -\sin x, \qquad \frac{d}{dx}\sin x = \cos x.$$

Beweis

zu a): Folgt direkt aus (11.3.14).

zu b): Man setze iz in die Exponentialreihe ein und sortiere die Summanden nach geraden und ungeraden Indizes. Die Umordnung ist aufgrund der absoluten Konvergenz möglich, vgl. (8.4.11).

zu c):
$$1 = e^0 = e^{iz} \cdot e^{-iz} = (\cos z + i \sin z)(\cos z - i \sin z)$$
$$= \cos^2 z + \sin^2 z.$$

zu d): Unter Verwendung von b) zeigt man:
$$\cos u \, \cos v = \frac{1}{2}[\cos(u+v) + \cos(u-v)]$$
$$\sin u \, \cos v = \frac{1}{2}[\sin(u+v) + \sin(u-v)]$$
$$\sin u \, \sin v = \frac{1}{2}[-\cos(u+v) + \cos(u-v)].$$

Hieraus folgen unmittelbar die Additionstheoreme.

zu e): Durch Differentiation der Potenzreihen. ∎

Wie im Reellen werden die komplexen **Tangens- und Kotangensfunktionen** definiert:

$$\tan z := \frac{\sin z}{\cos z} \quad (z \neq \frac{\pi}{2} + k\pi), \qquad \cot z := \frac{\cos z}{\sin z} \quad (z \neq k\pi). \tag{11.3.16}$$

Eigenschaften (11.3.17)

a) tan und cot sind π-periodische, ungerade Funktionen.

b) $$\tan z = -i \frac{e^{iz} - e^{-iz}}{e^{iz} + e^{-iz}}, \quad z \neq \frac{\pi}{2} + k\pi$$

$$\cot z = i \frac{e^{iz} + e^{-iz}}{e^{iz} - e^{-iz}}, \quad z \neq k\pi.$$

c) Es gelten die folgenden Reihen-Entwicklungen

$$\tan z = z + \frac{1}{3}z^3 + \frac{2}{15}z^5 + \frac{17}{315}z^7 + \ldots$$
$$= \sum_{k=1}^{\infty} \frac{2^{2k}(2^{2k}-1)}{(2k)!} |B_{2k}| z^{2k-1}, \quad |z| < \frac{\pi}{2}$$

$$\cot z = \frac{1}{z} - \frac{z}{3} - \frac{1}{45}z^3 - \frac{2}{945}z^5 - \frac{1}{4725}z^7 - \ldots$$
$$= \frac{1}{z} - \sum_{k=1}^{\infty} \frac{2^{2k}}{(2k)!} |B_{2k}| z^{2k-1}, \quad 0 < |z| < \pi.$$

Dabei bezeichnen B_{2k} die Bernoullischen Zahlen; vgl. (11.2.17).

d) Für die zugehörigen reellen Funktionen gelten

$$\frac{d}{dx} \tan x = \frac{1}{\cos^2 x}, \qquad x \neq \frac{\pi}{2} + k\pi$$

$$\frac{d}{dx} \cot x = -\frac{1}{\sin^2 x}, \qquad x \neq k\pi.$$

Die Kreiszahl π

Da $\cos 0 = 1 > 0$, wächst $\sin x$ in einem Intervall $[-\varepsilon, \varepsilon]$ streng monoton ($\varepsilon > 0$). Somit ist $\sin x > 0$ für $x \in]0, \varepsilon]$ und daher $\cos'(x) = -\sin x < 0$, $\forall x \in]0, \varepsilon]$. Die Funktion $\cos$ fällt somit streng monoton im Intervall $]0, \varepsilon]$.
Für $x = \sqrt{6} \approx 2.45$ ist $\sum_{k=0}^{\infty} \frac{(-1)^k}{(2k)!} x^{2k}$ eine alternierende Reihe und $a_k := x^{2k}/(2k)!$ ist eine monoton fallende Nullfolge. Nach dem Leibniz-Kriterium lässt sich damit abschätzen:

$$\left| \cos\sqrt{6} - (1 - \frac{6}{2!}) \right| \leq \frac{(\sqrt{6})^4}{4!} \quad \Rightarrow \quad \cos\sqrt{6} \leq -\frac{1}{2} < 0.$$

Nach dem Zwischenwertsatz hat $\cos$ also wenigstens eine Nullstelle im Intervall $]0, \sqrt{6}[$. Nun wird die Kreiszahl π definiert als das Doppelte der *kleinsten* positiven Nullstelle von $\cos$.

Folgerungen (11.3.18)

a)
$$\sin(\pi/2) = +\sqrt{1 - \cos^2(\pi/2)} = 1$$
$$\sin \pi = 2\sin(\pi/2)\cos(\pi/2) = 0$$
$$\cos \pi = \cos^2(\pi/2) - \sin^2(\pi/2) = -1$$

und mit dem Additionstheoremen:

$$\sin(z + \frac{\pi}{2}) = \cos z, \qquad \cos(z + \frac{\pi}{2}) = -\sin z$$
$$\sin(z + \pi) = -\sin z, \qquad \cos(z + \pi) = -\cos z$$
$$\sin(z + 2\pi) = \sin z, \qquad \cos(z + 2\pi) = \cos z$$

b)
$$\pi = 3.1415\,92653\,58979\,32384\,62643\ldots$$

Die Kreiszahl π ist – wie die Eulersche Zahl e – eine irrationale Zahl. Beweise hierzu wurden von Euler und Lambert[47] angegeben. Lindemann konnte 1882 zeigen, dass π sogar (ebenfalls wie e) eine transzendente Zahl ist. Mit diesem Beweis wurde auch zugleich die Unmöglichkeit der „**Quadratur des Kreises**" nachgewiesen. Es ist also nicht möglich,

---
[47] Johann Heinrich Lambert (1728–1777); Berlin

11.3 Elementare Funktionen

aus einer vorgegebenen Strecke der Länge 1 eine Strecke der Länge π allein mit Zirkel und Lineal zu konstruieren.

Seit langem besteht ein sportliches Interesse, die Zahl π auf möglichst viele Dezimalstellen genau zu berechnen. Bereits in den siebziger Jahren des letzten Jahrhunderts wurde π erstmalig mit einer Genauigkeit von über einer Million Dezimalstellen berechnet. Aktuell liegt der Rekord bei mehr als 2×10^{12} Dezimalstellen.

Moderne Algorithmen hierzu beruhen vielfach auf dem Gaußschen geometrisch-arithmetischem Mittel, vgl. (8.2.7). Als Beispiel sei der **Algorithmus von Brent und Salamin (1976)** genannt:

$$a_0 := 1, \quad b_0 := 1/\sqrt{2}$$

für $n = 1, 2, \ldots$

$$a_n := (a_{n-1} + b_{n-1})/2$$

$$b_n := \sqrt{a_{n-1} \cdot b_{n-1}}$$

$$c_n^2 := a_n^2 - b_n^2$$

$$\pi_n := \frac{4 a_n^2}{1 - \sum_{j=1}^{n-1} 2^{j+1} c_j^2}$$

end n

Bereits für $n = 4$ hat der Näherungswert π_n eine Genauigkeit von (wenigstens) 14 Dezimalstellen.

12 Interpolation

12.1 Problemstellung

Von einer unbekannten Funktion $f : \mathbb{R} \to \mathbb{R}$ seien einige (diskrete) Funktionswerte, so genannte **Stützpunkte** oder **Stützstellen**, $(x_j, f(x_j))$, $j = 0, 1, \ldots, n$, bekannt. Gesucht ist eine Approximation dieser Funktion f „zwischen" den Knoten x_j. Hierzu kann man versuchen, eine einfache Funktion φ, z.B. ein Polynom, ein trigonometrisches Polynom, eine rationale Funktion, oder eine stückweise aus Polynomen zusammengesetzte Funktion, eine so genannte **Splinefunktion**, so zu bestimmen, dass φ die gegebenen Daten der Funktion **interpoliert**, dass also gilt

$$\varphi(x_j) = f(x_j), \qquad j = 0, 1, \ldots, n\,. \tag{12.1.1}$$

Mitunter kennt man noch weitere Daten der unbekannten Funktion f, z.B. die Ableitungswerte $f'(x_j)$ in den Knoten. In diesem Fall wird man verlangen, dass die approximierende Funktion φ auch diese Daten interpoliert, im Fall der vorgegebenen Ableitungen, dass also zusätzlich zu (12.1.1) gilt:

$$\varphi'(x_j) = f'(x_j), \qquad j = 0, 1, \ldots, n\,. \tag{12.1.2}$$

Im letzteren Fall spricht man von **Hermite-Interpolation**.

Klassische Polynom-Interpolation

Zunächst bleiben wir jedoch bei der klassischen Interpolationsaufgabe (12.1.1) und versuchen für die interpolierende Funktion ein Polynom zu wählen. Die Aufgabenstellung lautet dann: Zu vorgegebenen $(n+1)$ Stützstellen (x_j, y_j), $j = 0, 1, \ldots, n$, mit $x_0 < x_1 < \ldots < x_n$ und Daten $y_j \in \mathbb{R}/\mathbb{C}$ bestimme man ein Polynom $P_n \in \Pi_n(\mathbb{R})/\Pi_n(\mathbb{C})$ höchstens n-ten Grades, so dass die Interpolationsbedingungen $P_n(x_j) = f(x_j)$, $j = 0, 1, \ldots, n$, erfüllt sind.

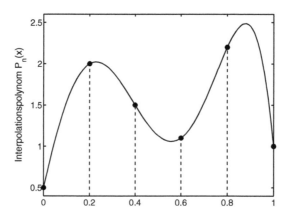

Abb. 12.1. Interpolation durch vorgegebene Stützstellen

12.1 Problemstellung

Stellt man das gesuchte Interpolationspolynom in Standardform dar, also $P_n(x) = \sum_{k=0}^{n} a_k x^k$, so lauten die Interpolationsbedingungen explizit

$$\sum_{k=0}^{n} a_k x_j^k = y_j, \qquad j = 0, 1, \ldots, n.$$

Dies ist ein lineares Gleichungssystem für die Unbekannten $a_0, \ldots, a_n$. In Matrixschreibweise lautet es

$$\begin{pmatrix} 1 & x_0 & x_0^2 & \ldots & x_0^n \\ 1 & x_1 & x_1^2 & \ldots & x_1^n \\ \vdots & \vdots & \vdots & & \vdots \\ 1 & x_n & x_n^2 & \ldots & x_n^n \end{pmatrix} \begin{pmatrix} a_0 \\ a_1 \\ \vdots \\ a_n \end{pmatrix} = \begin{pmatrix} y_0 \\ y_1 \\ \vdots \\ y_n \end{pmatrix}. \qquad (12.1.3)$$

Die Koeffizientenmatrix $V(x_0, \ldots, x_n) \in \mathbb{R}^{(n,n)}$ dieses linearen Gleichungssystems heißt **Vandermonde-Matrix** benannt nach Alexandre Vandermonde[48].

Satz (12.1.4)

Für die Determinante der Vandermonde-Matrix gilt

$$\det V(x_0, \ldots, x_n) = \prod_{0 \leq i < j \leq n} (x_j - x_i).$$

Beweis (mittels vollständiger Induktion)

n = 1: $\det V(x_0, x_1) = \begin{vmatrix} 1 & x_0 \\ 1 & x_1 \end{vmatrix} = (x_1 - x_0)$

n − 1 ⇒ n:

$$\det V(x_0, \ldots, x_n) = \begin{vmatrix} 1 & x_0 & \ldots & x_0^{n-1} & x_0^n \\ 1 & x_1 & \ldots & x_1^{n-1} & x_1^n \\ \vdots & \vdots & & \vdots & \vdots \\ 1 & x_n & \ldots & x_n^{n-1} & x_n^n \end{vmatrix} = \begin{vmatrix} 1 & x_0 & \ldots & x_0^n \\ 0 & (x_1 - x_0) & \ldots & (x_1^n - x_0^n) \\ \vdots & \vdots & & \vdots \\ 0 & (x_n - x_0) & \ldots & (x_n^n - x_0^n) \end{vmatrix}$$

$$= \begin{vmatrix} (x_1 - x_0) & \ldots & (x_1^n - x_0^n) \\ (x_2 - x_0) & \ldots & (x_2^n - x_0^n) \\ \vdots & & \vdots \\ (x_n - x_0) & \ldots & (x_n^n - x_0^n) \end{vmatrix}$$

An dieser Determinante führt man folgende Spaltenoperationen durch: Von Spalte Nr. j wird das x_0-fache der Spalte Nr. $(j-1)$ subtrahiert, $j = n, n-1, \ldots, 2$.
Man erhält damit

---

[48] Alexandre Théophile Vandermonde (1735–1796); Paris

$$\det V(x_0, \ldots, x_n) = \begin{vmatrix} (x_1 - x_0) & (x_1^2 - x_0 x_1) & \ldots & (x_1^n - x_0 x_1^{n-1}) \\ (x_2 - x_0) & (x_2^2 - x_0 x_2) & \ldots & (x_2^n - x_0 x_2^{n-1}) \\ \vdots & \vdots & & \vdots \\ (x_n - x_0) & (x_n^2 - x_0 x_n) & \ldots & (x_n^n - x_0 x_n^{n-1}) \end{vmatrix}$$

$$= (x_1 - x_0) \ldots (x_n - x_0) \begin{vmatrix} 1 & x_1 & \ldots & x_1^{n-1} \\ \vdots & \vdots & & \vdots \\ 1 & x_n & \ldots & x_n^{n-1} \end{vmatrix}$$

$$= (x_1 - x_0) \ldots (x_n - x_0) \cdot \det V(x_1, \ldots, x_n).$$

Hierdurch folgt die Behauptung unmittelbar mit der Induktionsvoraussetzung. ∎

Mit (12.1.3) und (12.1.4) ergibt sich der folgende Satz über Existenz und Eindeutigkeit des Interpolationspolynoms.

Satz (12.1.5)

Sind die Knoten x_j der Interpolationsaufgabe paarweise verschiedenen, also $x_i \neq x_j$ für $i \neq j$, so existiert genau ein Polynom $P_n \in \Pi_n$, welches die Interpolationsbedingungen (12.1.1) erfüllt.

Bemerkung (12.1.6)

Die numerische Lösung der Interpolationsaufgabe mit Hilfe des linearen Gleichungssystems (12.1.3) ist i. Allg. nicht zu empfehlen. Zum einen ist der Aufwand im Vergleich zu anderen Methoden groß. Zum anderen kann die Vandermonde-Matrix für größere n und ungünstig gelegene Knoten schlecht konditioniert sein.

Die Darstellung nach Lagrange

Eine andere, für viele theoretische Fragestellungen bei Interpolationsaufgaben vorteilhafte Darstellung des Interpolationspolynoms geht auf Lagrange[49] zurück.

Dazu werden die so genannten **Lagrange-Polynome** $L_k(x)$, $k = 0, 1, \ldots, n$, definiert:

$$L_k(x) := \prod_{i=0,\, i \neq k}^{n} \left(\frac{x - x_i}{x_k - x_i} \right)$$

$$= \frac{(x - x_0) \cdot \ldots \cdot (x - x_{k-1})(x - x_{k+1}) \cdot \ldots \cdot (x - x_n)}{(x_k - x_0) \cdot \ldots \cdot (x_k - x_{k-1})(x_k - x_{k+1}) \cdot \ldots \cdot (x_k - x_n)}.$$

(12.1.7)

---

[49] Joseph Louis Lagrange (1736–1813); Turin, Paris

12.1 Problemstellung

Die $L_k(x)$, $k = 0, \ldots, n$, sind Polynome vom Grad n und genügen den folgenden Interpolationsbedingungen:

$$L_k(x_j) = \delta_{kj} = \begin{cases} 0, & \text{für } j \neq k, \\ 1, & \text{für } j = k. \end{cases} \quad (12.1.8)$$

Damit ist unmittelbar klar, dass sich das gesuchte Interpolationspolynom P_n als Linearkombination der Lagrange-Polynome darstellen lässt.

Lagrange-Interpolationsformel

$$P_n(x) = \sum_{k=0}^{n} y_k L_k(x). \quad (12.1.9)$$

Beispiel (12.1.10)

Gegeben seien die Stützstellen der folgenden Tabelle

x_k	0	1	2	3
y_k	0	2	0	6

Die Lagrange-Formel ergibt damit folgende Darstellung des Interpolationspolynoms:

$$\begin{aligned} P_3(x) &= 2 \frac{(x-0)(x-2)(x-3)}{(1-0)(1-2)(1-3)} + 6 \frac{(x-0)(x-1)(x-2)}{(3-0)(3-1)(3-2)} \\ &= x(x-2)\left[(x-3) + (x-1)\right] \\ &= x(x-2)(2x-4). \end{aligned}$$

Bemerkung (12.1.11)

Bei festen Knoten $x_0 < x_1 < \ldots < x_n$ ist durch

$$\langle P, Q \rangle := \sum_{k=0}^{n} P(x_k) Q(x_k)$$

ein Skalarprodukt auf dem Polynomraum Π_n erklärt. Die Lagrange-Polynome L_k, $k = 0, 1, \ldots, n$, bilden bezüglich dieses Skalarprodukts eine Orthonormalbasis. Damit lässt sich (12.1.9) als Darstellung von P_n bezüglich einer ONB interpretieren.

Beweis

Die Symmetrie sowie die Linearität in jedem Faktor von $\langle \cdot, \cdot \rangle$ ist nach Definition klar. Außerdem gilt $\langle P, P \rangle = \sum\limits_{k=0}^{n} P(x_k)^2 \geq 0$ und

$$0 = \langle P, P \rangle = \sum_{k=0}^{n} P^2(x_k) \Rightarrow P(x_k) = 0, \ \forall k = 0, 1, \cdots, n.$$

Da P ein Polynom von Maximalgrad n ist und nach Obigem $(n+1)$ Nullstellen besitzt, folgt $P = 0$. Aus der Interpolationseigenschaft (12.1.8) folgt weiter

$$\langle L_i, L_j \rangle = \sum_{k=0}^{n} L_i(x_k)\, L_j(x_k) = \begin{cases} 1 & \text{für} \quad i = j \\ 0 & \text{für} \quad i \neq j \end{cases}.$$ ∎

Bemerkungen (12.1.12)

a) Die numerische Auswertung von P_n nach der Lagrange-Interpolationsformel ist nur dann zu empfehlen, falls P_n zu einem festen Knotensatz (x_k) und mehreren Datensätzen (y_k) ausgewertet werden soll. Ansonsten sind die in Abschnitt 12.2 beschriebenen Verfahren zur Bestimmung des Interpolationspolynoms vorzuziehen.

b) Mit der Lagrange-Interpolationsformel lässt sich sehr einfach eine Aussage über den Einfluss von Datenfehlern in den y_k auf das Interpolationspolynom machen.

Sind die Ordinaten y_k mit Fehlern behaftet: $\tilde{y}_k = y_k + \Delta y_k$, $k = 0, 1, \ldots, n$, so erhält man den Fehler für das Interpolationspolynom wie folgt:

$$\Delta P_n(x) = \tilde{P}_n(x) - P_n(x) = \sum_{k=0}^{n} \Delta y_k\, L_k(x).$$

Die Lagrange-Polynome $L_k(x)$ geben also die (absoluten) Konditionszahlen des Interpolationsproblems bezüglich der Fehler in den Ordinaten wieder.

Leider werden die Lagrange-Polynome L_k für große n insbesondere am Rand und außerhalb des Interpolationsbereichs betragsmäßig groß, so dass dort mit großer Verstärkung von Datenfehlern zu rechnen ist.

Das folgende Bild zeigt das Lagrange-Polynom L_5 für elf äquidistante Knoten $x_k = -5 + k$, $k = 0, 1, \ldots, n = 10$.

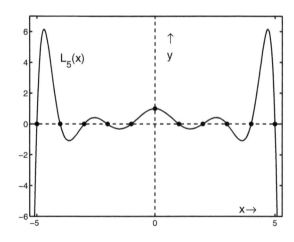

Abb. 12.2. Lagrange-Polynom L_5

Satz (12.1.13) (Interpolationsfehler)

Ist $f \in C^{n+1}[a,b]$ und P_n das Interpolationspolynom zu den Daten $a \leq x_0 < \ldots < x_n \leq b$ und $y_k = f(x_k)$, $k = 0, 1, \ldots, n$, so existiert zu $x \in [a,b]$ stets ein $\xi \in]a, b[$, so dass der Interpolationsfehler die folgende Darstellung besitzt:

$$f(x) = P_n(x) + \frac{f^{(n+1)}(\xi)}{(n+1)!}(x-x_0)\ldots(x-x_n).$$

Beweis

Für $x = x_k$ ist die Behauptung evident. Sei also $x \in [a,b]$ fest gewählt und gelte $x \neq x_k$, $k = 0, \ldots, n$. Die Funktion

$$F(s) := f(s) - P_n(s) - (f(x) - P_n(x)) \frac{(s-x_0)\ldots(s-x_n)}{(x-x_0)\ldots(x-x_n)}$$

ist dann eine C^{n+1}-Funktion mit wenigstens $(n+2)$ Nullstellen, nämlich den Nullstellen $x_0, \ldots, x_n$ und x.

Nach dem Satz von Rolle (10.1.8) besitzt $F^{(n+1)}(s)$ damit wenigstens eine Nullstelle $\xi \in]a,b[$. Differentiation der Funktion F liefert nun:

$$0 = F^{(n+1)}(\xi) = f^{(n+1)}(\xi) - (f(x) - P_n(x)) \frac{(n+1)!}{(x-x_0)\ldots(x-x_n)},$$

woraus die Behauptung für x folgt. ∎

Bemerkungen (12.1.14)

a) Man erkennt die Ähnlichkeit der Fehlerformel (12.1.13) mit der Lagrange-Restgliedformel des Taylorschen Satzes (10.1.13).

b) Ist $f^{(n+1)}$ nicht zu stark veränderlich, so ist der Interpolationsfehler im Wesentlichen durch das so genannte Knotenpolynom

$$\omega(x) := (x-x_0)\ldots(x-x_n)$$

gegeben. ω verhält sich ähnlich wie die Lagrange-Polynome L_k. Im „Innern" des Knotenbereichs $[x_0, x_n]$ ist die Funktion am kleinsten und wächst außerhalb dieses Bereichs stark an.

Interpolation außerhalb des Knotenbereichs, so genannte **Extrapolation**, sollte man also vermeiden, sofern nicht zusätzliche Informationen über die zu interpolierende Funktion f vorhanden sind; vgl. auch Abschnitt 15.2.

c) Mitunter sind die Interpolationsknoten (x_k) nicht fest vorgegeben. Dann macht es Sinn, die Knoten so zu wählen, dass das Knotenpolynom bezüglich der Supremumsnorm

$$\max\{\,|\omega(x)|\,:\,a \leq x \leq b\},$$

möglichst klein wird.

Löst man dieses Optimierungsproblem für das Standard-Intervall $[-1, 1]$, so erhält man als optimale Knotenwahl die so genannten **Tschebyscheff-Knoten**:

$$x_k = \cos\left(\frac{2k+1}{2n+2}\pi\right), \quad k = 0, 1, \ldots, n.$$

Diese Knoten liegen am Rand des Intervalls dichter als im Innern des Interpolationsbereichs.

Für beliebige Intervalle $[a, b]$ erhält man die optimalen Interpolationsknoten durch lineare Transformation $\tilde{x}_k := a + (b-a)(x_k+1)/2$.

12.2 Polynom-Interpolation nach Aitken, Neville und Newton

Die Grundidee des folgende Algorithmus von Aitken und Neville[50] ist die *rekursive* Berechnung des Interpolationspolynoms, wobei jeweils zwei Interpolationspolynome über Teile der Stützstellenmenge kombiniert werden.

Für $0 \leq j \leq k \leq n$ bezeichne $P_{kj}(x) \in \Pi_j$ das Interpolationspolynom höchstens j-ten Grades zu den folgenden $(j+1)$ Stützstellen:

$$(x_{k-j}, y_{k-j}), (x_{k-j+1}, y_{k-j+1}), \ldots, (x_k, y_k).$$

Die $P_{kj}(x)$ lassen sich dann rekursiv über eine so genannte **Dreiterm-Rekursion** berechnen:

Satz (12.2.1) (**Lemma von Aitken**)

Es gilt die folgende Rekursion:

$$P_{k0}(x) = y_k, \quad k = 0, \ldots, n,$$

$$P_{kj}(x) = P_{k,j-1}(x) + \frac{x - x_k}{x_{k-j} - x_k}\left(P_{k-1, j-1}(x) - P_{k, j-1}(x)\right), \quad j = 1, \ldots, k.$$

Beweis

Wir führen einen Induktionsbeweis über den Index j.

Der Rekursionsstart für $j = 0$ ist klar: P_{k0} ist ein Polynom vom Grad 0, also eine Konstante, und interpoliert in x_k.

Zum Induktionsschritt betrachten wir die rechte Seite der obigen Rekursion:

$$Q(x) := P_{k,j-1}(x) + \frac{x - x_k}{x_{k-j} - x_k}\left(P_{k-1, j-1}(x) - P_{k, j-1}(x)\right).$$

---

[50]Alexander Craig Aitken (1895–1967); Edinburgh
Eric Harold Neville (1889–1961); Reading

12.2 Polynom-Interpolation nach Aitken, Neville und Newton

Die Polynome $P_{k,j-1}$ und $P_{k-1,j-1}$ haben nach Induktionsvoraussetzung jeweils den Höchstgrad $(j-1)$. Daher ist Q ein Polynom vom Höchstgrad j.
Ferner interpolieren die Polynome $P_{k,j-1}$ bzw. $P_{k-1,j-1}$ nach Induktionsvoraussetzung in den Knoten $(x_{k-j+1},\ldots,x_k)$ bzw. $(x_{k-j},\ldots,x_{k-1})$. Durch Einsetzen der Knoten $x_{k-j},\ldots,x_k$ in Q sieht man nun, dass Q damit in all diesen Knoten interpoliert!
Q ist also das Interpolationspolynom zu den Stützstellen $(x_{k-j},y_{k-j}),\ldots,(x_k,y_k)$, und damit gleich P_{kj}. ∎

Die P_{kj} lassen sich im **Schema von Neville** anordnen:

$$\begin{array}{ccccc} P_{00} \\ P_{10} & P_{11} \\ P_{20} & P_{21} & P_{22} \\ \vdots & \vdots & \vdots & \ddots \\ P_{n0} & P_{n1} & P_{n2} & \cdots & P_{nn} \end{array}$$

Für die numerische Realisierung ist es sinnvoll, das Tableau zeilenweise zu berechnen. Zur Speicherung benötigt man dann nur ein eindimensionales Array:

$$\begin{array}{ccccc} P_0 \\ P_1 & P_0 \\ P_2 & P_1 & P_0 \\ \vdots & \vdots & \vdots & \ddots \\ P_n & P_{n-1} & P_{n-2} & \cdots & P_0 \end{array}$$

Hierbei werden die Anfangsdaten $P_k = y_k$, $k=0,1,\ldots,n$, sukzessive überschrieben. Der gesuchte Polynomwert $P_n(x)$ ist dann nach Durchführung des Algorithmus auf P_0 gespeichert.

Algorithmus (12.2.2)

$$\begin{aligned}
&P_0 := y_0 \\
&\text{für } k=1,2,\ldots,n \\
&\quad P_k := y_k \\
&\quad z := x - x_k \\
&\quad \text{für } i = k-1, k-2, \ldots, 0 \\
&\quad\quad P_i := P_{i+1} + \frac{z}{x_i - x_k}(P_i - P_{i+1}) \\
&\quad \text{end } i \\
&\text{end } k
\end{aligned}$$

Beispiel (12.2.3)

Zu berechnen sei das Interpolationspolynom P_4 zu den Stützstellen $(x_k,\sin(x_k))$, $k=0,1,\ldots,4$, mit: $\quad x_k := (50+5k)\cdot\pi/180 \quad$ an der Stelle $\quad x := 62\cdot\pi/180$.

Es ergibt sich das folgende Neville-Tableau:

x_k	$\sin(x_k)$				
$.8726647e + 00$	.7660444				
$.9599311e + 00$	.8191520	.8935027			
$.1047198e + 01$	.8660254	.8847748	.8830292		
$.1134464e + 01$	.9063078	.8821384	.8829293	.8829493	
$.1221731e + 01$	.9396926	.8862769	.8829661	.8829465	.8829476

Bemerkungen (12.2.4)

a) Der Algorithmus von Aitken, Neville ist vom Aufwand her konkurrenzfähig, falls das Interpolationspolynom P_n nur an einer Stelle berechnet werden soll. Für jede weitere Auswertung von P_n ist dann ein weiteres vollständiges Neville-Tableau zu berechnen. In Anwendungen wird dieser Neville-Algorithmus vorwiegend im Zusammenhang mit Extrapolationsmethoden verwendet, vgl. Abschnitt 15.2.

b) Mit einer Variante des Verfahrens lässt sich auch das Problem der Hermite-Interpolation, d.h. Vorgabe von Funktionswerten und Ableitungen, behandeln.

Darstellung des Interpolationspolynoms nach Newton

Ist das Interpolationspolynom $P_n = P_{nn}$ an mehreren Stellen auszuwerten, so ist der Neville-Algorithmus zu aufwändig. Es wird statt dessen eine explizite Darstellung von P_n benötigt, die P_n analog zur Lagrange-Darstellung als Linearkombination einer numerisch günstigen Basis des Polynomraums darstellt. Als recht effizient hat sich dabei die so genannte **Newton-Basis** $(\omega_0(x), \ldots, \omega_n(x))$ herausgestellt. Die Newtonschen Basispolynome sind dabei gegeben durch

$$\omega_k(x) := \prod_{j=0}^{k-1} (x - x_j), \quad k = 0, \ldots, n. \tag{12.2.5}$$

Die Darstellung der Interpolationspolynoms bezüglich dieser Basis (ω_k), also $P_n(x) = \sum_{k=0}^{n} \alpha_k \omega_k(x)$, hat den Vorteil, dass sowohl die Berechnung der α_k wie auch die Auswertung von P_n numerisch „gutartig" ist. Ferner kann auch hierbei die Berechnung rekursiv erfolgen. Hierzu nehmen wir wieder das Lemma von Aitken zu Hilfe und definieren für $0 \leq j \leq k \leq n$:

$[y_j, y_{j+1}, \ldots, y_k]$: höchster Koeffizient (von x^{k-j}) des Interpolationspolynoms $P_{k, k-j}$ zu den Stützstellen (x_i, y_i), $i = j, \ldots, k$.

Die $[y_j, \ldots, y_k]$ heißen **Newtonsche dividierte Differenzen**.
$[y_j, \ldots, y_k]$ hängt offensichtlich nur von der Stützstellenmenge $\{(x_j, y_j), \ldots, (x_k, y_k)\}$ ab und ist unabhängig von der speziellen Reihenfolge dieser Stützstellen.

12.2 Polynom-Interpolation nach Aitken, Neville und Newton

Mitunter findet man für die dividierte Differenz $[y_j, \ldots, y_k]$ auch die Bezeichnung $y_{j \ldots k}$ oder $f[x_j, \ldots, x_k]$; dabei soll $y_i = f(x_i)$ mit der zu approximierenden Funktion f sein. Mit der obigen Definition der dividierten Differenzen gilt somit

$$\begin{aligned} P_n(x) &= P_{nn}(x) \\ &= [y_0, \ldots, y_n]\, x^n + \ldots \\ &= [y_0, \ldots, y_n]\, (x - x_0) \cdot \ldots \cdot (x - x_{n-1}) + Q(x). \end{aligned}$$

Dabei hat das Restpolynom Q den Maximalgrad $n-1$ und interpoliert nach der obigen Beziehung die Daten (x_i, y_i), $i = 0, \ldots, n-1$. Wegen der Eindeutigkeit des Interpolationspolynoms gilt daher $Q = P_{n-1, n-1}$. Die obige Relation kann man daher auch folgendermaßen schreiben:

$$P_n(x) = P_{n,n}(x) = [y_0, \ldots, y_n]\, \omega_n(x) + P_{n-1, n-1}(x).$$

Diese Relation lässt sich nun iterativ verwenden. Per Induktion erhält man damit die folgende **Darstellung des Interpolationspolynoms nach Newton**:

$$\begin{aligned} P_n(x) &= \sum_{k=0}^{n} [y_0, \ldots, y_k]\, \omega_k(x) \\ &= \sum_{k=0}^{n} [y_0, \ldots, y_k]\, (x - x_0) \ldots (x - x_{k-1}). \end{aligned} \quad (12.2.6)$$

Die angekündigte rekursive Berechnung der dividierten Differenzen folgt schließlich mit dem Lemma von Aitken. Für $0 \leq j < k \leq n$ hat man:

$$\begin{aligned} P_{k, k-j}(x) &= [y_j, \ldots, y_k]\, x^{k-j} + \ldots \\ &= P_{k, k-j-1}(x) + \frac{x - x_k}{x_j - x_k} \left(P_{k-1, k-j-1}(x) - P_{k, k-j-1}(x) \right) \\ &= \left(\frac{[y_j, \ldots, y_{k-1}] - [y_{j+1}, \ldots, y_k]}{x_j - x_k} \right) x^{k-j} + \ldots \end{aligned}$$

Ein Vergleich der höchsten Koeffizienten ergibt nun:

Satz (12.2.7) (Dividierte Differenzen)

Die dividierten Differenzen $[y_j, \ldots, y_k]$ genügen der Dreiterm-Rekursion:

$$[y_j] = y_j$$

$$[y_j, \ldots, y_k] = \frac{[y_{j+1}, \ldots, y_k] - [y_j, \ldots, y_{k-1}]}{x_k - x_j} \quad \text{für} \quad 0 \leq j < k \leq n.$$

Nach Berechnung der dividierten Differenzen mittels (12.2.7) lässt sich das Interpolationspolynom gemäß (12.2.6) auswerten.

Die dividierten Differenzen lassen sich analog zum Neville-Schema in einem Rechteck-Tableau anordnen:

$$y_0 = [y_0]$$
$$y_1 = [y_1] \quad [y_0, y_1]$$
$$y_2 = [y_2] \quad [y_1, y_2] \quad [y_0, y_1, y_2]$$
$$\vdots \quad \vdots$$
$$y_n = [y_n] \quad [y_{n-1}, y_n] \quad \cdots \quad [y_0, y_1, \ldots, y_n]$$

Da zur Auswertung des Interpolationspolynoms nur die Diagonale dieses Tableaus benötigt wird, ist es günstig, die Berechnung des Tableaus spaltenweise durchzuführen. Dazu kann man die dividierten Differenzen des Tableaus wieder auf einem eindimensionalen Array speichern

$$\begin{array}{cccc} d_0 & & & \\ d_1 & d_1 & & \\ d_2 & d_2 & d_2 & \\ \uparrow & \uparrow & \uparrow & \ddots \\ d_n & d_n & d_n & \cdots & d_n \end{array}$$

und hat dann den folgenden Algorithmus.

Algorithmus (12.2.8)

$$d_j := y_j \quad (j = 0, 1, \ldots, n)$$
$$\text{für} \quad k = 1, 2, \ldots, n$$
$$\quad \text{für} \quad j = n, n-1, \ldots, k$$
$$\quad\quad d_j := (d_j - d_{j-1})/(x_j - x_{j-k})$$
$$\quad \text{end } j$$
$$\text{end } k$$

Die Auswertung des Interpolationspolynoms $P_n(x) = \sum_{k=0}^{n} d_k (x - x_0) \ldots (x - x_{k-1})$ an einer vorgegebenen Stelle x gemäß (12.2.6) kann dann mit dem **Horner-Schema** durchgeführt werden.

Algorithmus (12.2.9)

$$p := d_n \quad (= [y_0, \ldots, y_n])$$
$$\text{für} \quad k = n-1, \ldots, 0$$
$$\quad p := (x - x_k) \cdot p + d_k$$
$$\text{end } k$$

Beispiel (12.2.10)

Wir betrachten nochmals das Beispiel (12.2.3): Gesucht ist das Interpolationspolynom P_4 zu den Stützstellen $(x_k, \sin(x_k))$, $k = 0, 1, \ldots, n := 4$, mit: $x_k := (50+5\,k)\cdot\pi/180$. Algorithmus (12.2.8) ergibt die folgenden Koeffizienten $d_k = [y_0, \ldots, y_k]$ für die Darstellung des Interpolationspolynoms nach Newton:

k	d_k
0	$7.660444e-01$
1	$6.085683e-01$
2	$-4.093162e-01$
3	$-8.946472e-02$
4	$3.603862e-02$

Der Interpolationsfehler $e_n(x) := \sin(x) - P_n(x)$ ist in Abbildung 12.3 dargestellt. Hierbei wurde P_n gemäß Algorithmus (12.2.9) ausgewertet. Man erkennt, dass P_n im Interpolationsintervall die Funktion sin auf sieben Dezimalstellen genau approximiert.

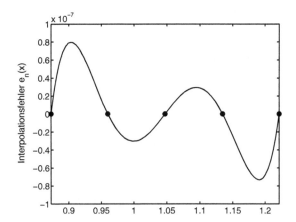

Abb. 12.3. Interpolationsfehler bei Beispiel (12.2.10)

12.3 Spline-Interpolation

Wir haben gesehen, dass bei der Interpolation durch Polynome unerwünschte Oszillationen und große Fehlerverstärkung auftreten können. Insbesondere trifft dies für höhere Polynomgrade n und an den Rändern des Knotenbereichs zu, vgl. die Abbildung 12.2. Durch geschickte Wahl der Interpolationsknoten lässt sich hier nur bedingt Abhilfe schaffen.

Darüber hinaus ist i. Allg. nicht gesichert, dass der Interpolationsprozess mit Polynomen bei vernünftigen, d.h. nicht zu großen, Polynomgraden auch zu einer brauchbaren Approximationsgüte an eine vorgegebene Funktion f führt, auch nicht bei „optimaler" Knotenwahl.

Um hier Abhilfe zu finden, ist es naheliegend, für die interpolierende Funktion anstelle eines Polynoms eine Funktion zu wählen, die abschnittsweise aus Polynomen niedrigen Grades zusammengesetzt ist. Solche Funktionen heißen **Splines**.

Definition (12.3.1)

Eine Funktion $s(x)$, $a \leq x \leq b$, heißt eine **Spline-Funktion vom Grad** m auf einem Gitter

$$\Delta: \quad a = x_0 < x_1 < \ldots < x_{n-1} < x_n = b,$$

falls s in jedem Teilintervall $[x_j, x_{j+1}]$ ein Polynom vom Höchstgrad m ist, also

$$\forall j = 0, \ldots, n-1 \: : \quad s|_{[x_j, x_{j+1}]} \in \Pi_m \, .$$

Spline-Funktionen wurden 1946 von Schoenberg[51] eingeführt und im Zusammenhang mit Interpolations- und Approximationsaufgaben untersucht. Sie sind heute ein grundlegendes Werkzeug für viele ingenieurwissenschaftliche Anwendungen, etwa in Computer Aided Design (CAD) oder zur Lösung partieller Differentialgleichungen mit der Finiten Element Methode (FEM).

Der Name „Spline" entstammt dem Schiffbau. So wurden früher biegsame Holzlatten genannt, auch: Straklatten, die, durch Nägel oder bewegliche Lager fixiert, eine „optimale" Schiffsform annehmen sollten.

In der Tat nimmt eine Straklatte bei dieser Konstruktion eine Form y an, die die „Gesamtenergie":

$$E[y] = \int_{x_0}^{x_n} \left(\frac{y''(x)}{(1 + y'(x)^2)^{3/2}} \right)^2 \, \mathrm{d}s \tag{12.3.2}$$

minimiert. Die Variable s entspricht hierbei der Bogenlänge, $\mathrm{d}s = \sqrt{1 + (y')^2} \, \mathrm{d}x$. Der Integrand beschreibt gerade das Quadrat der Krümmung κ der Funktion y, vgl. auch Abschnitt 14.2.

Die mathematische Aufgabe, diejenige Funktion y zu berechnen, die das obige **Funktional** $E[y]$ unter Interpolationsnebenbedingungen minimiert, ist relativ kompliziert. Üblicherweise vereinfacht man daher das Problem dadurch, dass man die Krümmung κ „linearisiert". Man nimmt dazu an, dass $|y'(x)| \ll 1$ ist und daher in (12.3.2) weggelassen werden kann.

Anstelle von (12.3.2) hat man dann ein wesentlich einfacheres Funktional zu minimieren, nämlich

$$I[y] = \int_{x_0}^{x_n} (y''(x))^2 \, \mathrm{d}x \tag{12.3.3}$$

Diese Aufgabe führt nun in der Tat auf die in (12.3.1) definierten Spline-Funktionen. Ohne Beweis geben wir den folgenden Satz über Existenz und Eindeutigkeit eines interpolierenden Minimums von (12.3.3) an.

---

[51]Isaac Jacob Schoenberg (1903–1990); University of Pennsylvania

12.3 Spline-Interpolation

Satz (12.3.4)

Es gibt genau eine Funktion $s(x)$, $a \leq x \leq b$, die das Funktional (12.3.3) unter allen interpolierenden C^2-Funktionen minimiert. s ist eine **kubische** Spline-Funktion ($m = 3$) mit den Eigenschaften:

a) s ist in jedem Teilintervall $[x_j, x_{j+1}]$ ein Polynom höchstens dritten Grades.

b) s ist eine C^2-Funktion auf dem gesamten Intervall $[a, b]$.

c) $s(x_j) = y_j$, $j = 0, 1, \ldots, n$.

d) $s''(x_0) = s''(x_n) = 0$ **(natürliche Randbedingungen)**.

Die numerische Berechnung von s ist mit der Charakterisierung aus Satz (12.3.4) nun relativ einfach.
Setzt man für das Intervall $[x_j, x_{j+1}]$:

$$s(x) = y_j + b_j(x - x_j) + c_j(x - x_j)^2 + d_j(x - x_j)^3, \qquad (12.3.5)$$

so findet man aus Satz (12.3.4) für die unbekannten Koeffizienten b_j, c_j, und d_j, $j = 0, 1, \ldots, n-1$, die folgenden Beziehungen:

$$\begin{aligned} b_j &= \frac{y_{j+1} - y_j}{h_j} - \frac{2c_j + c_{j+1}}{3} h_j \\ d_j &= \frac{c_{j+1} - c_j}{3h_j}. \end{aligned} \qquad (12.3.6)$$

Hierbei ist $h_j := x_{j+1} - x_j$.
Die c_j ergeben sich dann als Lösung des folgenden linearen Gleichungssystems:

$$\begin{pmatrix} 2(h_0 + h_1) & h_1 & & & 0 \\ h_1 & 2(h_1 + h_2) & h_2 & & \\ & \ddots & \ddots & \ddots & \\ & & & & h_{n-2} \\ 0 & & & h_{n-2} & 2(h_{n-2} + h_{n-1}) \end{pmatrix} \begin{pmatrix} c_1 \\ \vdots \\ \vdots \\ c_{n-1} \end{pmatrix} = \begin{pmatrix} r_1 \\ \vdots \\ \vdots \\ r_{n-1} \end{pmatrix}$$

(12.3.7)

mit

$$r_j := 3\left(\frac{y_{j+1} - y_j}{h_j} - \frac{y_j - y_{j-1}}{h_{j-1}}\right), \quad j = 1, \ldots, n-1.$$

$$c_0 := c_n := 0.$$

Die Koeffizientenmatrix in (12.3.7) ist offensichtlich tridiagonal und symmetrisch und aufgrund des Satzes von Gerschgorin (7.3.11) auch positiv definit. Zur stabilen und effizienten Lösung lässt sich also der Algorithmus (4.4.11) verwenden.

Bemerkungen (12.3.9)

a) Die interpolierende kubische Spline-Funktion s ist somit leicht zu berechnen. Der Aufwand ist in etwa vergleichbar mit dem Aufwand zur Berechnung des Interpolationspolynoms.

b) Spline-Interpolierende neigen aufgrund ihrer Minimaleigenschaft, vgl. Satz (12.3.4), deutlich weniger zu Oszillationen als das zugehörige Interpolationspolynom und sind auch bei einer größeren Anzahl von Stützpunkten brauchbar.

Anders als bei der Interpolation durch Polynome wirken sich Fehler in einem Funktionswert y_j nur lokal, d.h. in der Nähe des Knotens x_j aus. Bei größerem Abstand zu x_j, tritt Fehlerdämpfung auf!

c) Für eine C^4-Funktion $f : [a,b] \to \mathbb{R}$ und eine Intervallunterteilung

$$\Delta := \{a = x_0 < x_1 < \cdots < x_n = b\}$$

definiert man die folgenden Größen:

$$\|\Delta\| := \max_j |x_{j+1} - x_j|, \quad K := \|\Delta\| / \min_j |x_{j+1} - x_j|, \quad L := \|f^{(4)}\|_\infty$$

Ist s_Δ nun die zugehörige kubische Spline-Interpolierende, so gilt die **Fehlerabschätzung**:

$$|f(x) - s_\Delta(x)| \leq L \cdot K \cdot \|\Delta\|^4, \quad a \leq x \leq b.$$

Beispiel (12.3.10)

In der folgenden Abbildung sind die interpolierende kubische Spline-Funktion $s(x)$ und das Interpolationspolynom $P(t)$ achten Grades zu den folgenden Stützstellen aufgezeichnet.

t_j	-4	-3	-2	-1	0	1	2	3	4
y_j	0	0	0	0	1	0	0	0	0

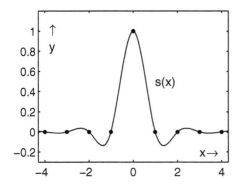
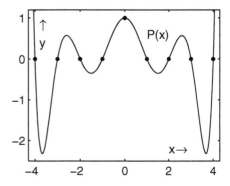

Abb. 12.4. Vergleich zwischen Spline- und Polynom-Interpolation

12.3 Spline-Interpolation

Neben dem hier vorgestellten natürlichen kubischen Spline, der durch die natürlichen Randbedingungen (12.3.4) d) charakterisiert wird, gibt es weitere Varianten kubischer Spline-Interpolierender, bei denen diese Bedingungen durch andere Forderungen ersetzt werden. Gebräuchlich sind die Vorgaben der Randsteigungen, also an Stelle von (12.3.4) d) wird gefordert

$$s'(x_0) = y'_0, \quad s'(x_n) = y'_n.$$

Dabei müssen die Ableitungswerte y'_0 und y'_n vorgegeben werden. Man spricht hierbei vom **eingespannten Spline**.

Eine weitere gebräuchliche Variante der Spline-Interpolation, die ohne weitere Randinformation auskommt, verwendet die so genannte **not a knot** Bedingung. Hierbei wird (12.3.4) d) ersetzt durch die Forderungen

$$s'''(x_1^-) = s'''(x_1^+), \quad s'''(x_{n-1}^-) = s'''(x_{n-1}^+).$$

Die beiden letzten Varianten der kubischen Spline-Interpolation sind in der MATLAB Umgebung realisiert und mittels einfacher Anweisung der Form $YY = \text{SPLINE}(X, Y, XX)$ abrufbar.

13 Integration

Mit der Integration einer reellwertigen Funktion $f(x)$ im Intervall $a \leq x \leq b$ werden zwei auf den ersten Blick völlig unabhängige Probleme gelöst:

Zum einen wird die Fläche zwischen der gegebenen Funktion f und der x-Achse berechnet (**bestimmtes Integral**).

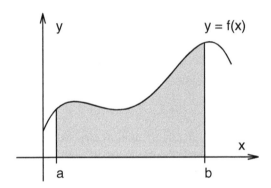

Abb. 13.1. $\int_a^b f(x)\,\mathrm{d}x =$ Fläche unter $f \geq 0$

Zum anderen wird das Problem der **Umkehrung der Differentiation** gelöst: Betrachtet man das Integral in Abhängigkeit von der oberen Grenze:

$$F(x) := \int_a^x f(\xi)\,\mathrm{d}\xi,$$

so gilt $F'(x) = f(x)$ (**Hauptsatz der Differential- und Integralrechnung**).

Da F durch die Beziehung $F' = f$ bis auf eine additive Konstante festgelegt ist, ermöglicht der Hauptsatz die Berechnung bestimmter Integrale durch die systematische Suche nach einer **Stammfunktion** (**unbestimmtes Integral**).

13.1 Das bestimmte Integral

Im Folgenden sei $f : [a, b] \to \mathbb{R}$ stets eine **beschränkte** Funktion auf einem (zunächst) kompakten Intervall $[a, b]$. Wir definieren:

Definition (13.1.1)

a) Eine Menge der Form

$$Z = \{\, a = x_0 < x_1 < \ldots < x_n = b \,\}$$

heißt eine **Zerlegung** oder **Partition, Unterteilung** des Intervalls $[a, b]$.

Mit $\|Z\| := \max_{1 \leq i \leq n} |x_i - x_{i-1}|$ wird die **Feinheit** der Zerlegung Z bezeichnet.

Schließlich bezeichne $\mathbf{Z}[a, b]$ die Menge aller Zerlegungen des Intervalls $[a, b]$.

b) Jede Summe der Form

$$R_f(Z) = \sum_{i=0}^{n-1} f(\xi_i)(x_{i+1} - x_i), \quad x_i \leq \xi_i \leq x_{i+1},$$

heißt eine **Riemannsche Summe**[52] zur Zerlegung Z. Speziell heißt

$$U_f(Z) := \sum_{i=0}^{n-1} \inf f([x_i, x_{i+1}])\,(x_{i+1} - x_i)$$

die **Untersumme** von f zur Zerlegung Z und

$$O_f(Z) := \sum_{i=0}^{n-1} \sup f([x_i, x_{i+1}])\,(x_{i+1} - x_i)$$

die **Obersumme** von f zur Zerlegung Z.

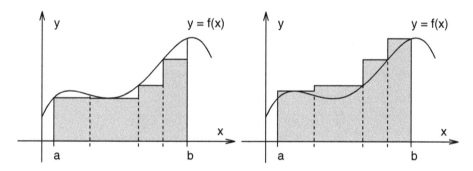

Abb. 13.2. Riemannsche Unter- und Obersumme

Bemerkungen (13.1.2)

a) Für eine feste Zerlegung Z liegt jede Riemannsche Summe $R_f(Z)$ zwischen Untersumme und Obersumme:

$$U_f(Z) \leq R_f(Z) \leq O_f(Z).$$

b) Gilt für zwei Zerlegungen $Z_1 \supset Z_2$, d.h., Z_1 ist eine **feinere** Zerlegung als Z_2, so folgt:

$$U_f(Z_1) \geq U_f(Z_2), \quad O_f(Z_1) \leq O_f(Z_2).$$

Eine feinere Zerlegung erhält man nämlich durch Hinzunahme weiterer Knoten. Die Hinzunahme eines einzelnen neuen Knotens ξ lässt jedoch die Untersumme wachsen und die Obersumme fallen (nicht notwendig streng), vgl. Abb. 13.3.

---

[52] Bernhard Riemann (1826–1866); Göttingen

c) Für zwei beliebige Zerlegungen Z_1, Z_2 von $[a,b]$ gilt damit: $U_f(Z_1) \leq O_f(Z_2)$.

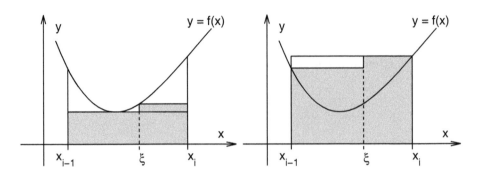

Abb. 13.3. Riemannsche Summen bei Verfeinerung

Definition (13.1.3)

a) Aufgrund der in (13.1.2) festgestellten Eigenschaften existieren die Grenzwerte

$$\underline{\int_a^b} f(x)\,dx := \sup\{U_f(Z) : Z \in \mathbf{Z}[a,b]\}$$

$$\overline{\int_a^b} f(x)\,dx := \inf\{O_f(Z) : Z \in \mathbf{Z}[a,b]\}$$

Sie heißen **Riemannsches Unter- bzw. Oberintegral**.

b) Die Funktion f heißt **(Riemann-)integrierbar** über $[a,b]$, falls Unterintegral und Oberintegral übereinstimmen. In diesem Fall heißt

$$\underline{\int_a^b} f(x)\,dx = \overline{\int_a^b} f(x)\,dx = \int_a^b f(x)\,dx$$

das **(Riemann-)Integral** von f über $[a,b]$.

Beispiele (13.1.4)

a) Sei $f(x) = c$ eine konstante Funktion. Man findet:

$$U_f(Z) = O_f(Z) = \sum_{i=0}^{n-1} c\,(x_{i+1} - x_i) = c\,(b-a).$$

Damit ist f integrierbar mit $\int_a^b c\,dx = c\,(b-a)$.

b) Sei $f(x) = x$, $0 \leq x \leq 1$. Für $Z_n = \{0,\, 1/n,\, 2/n, \ldots, 1\}$ findet man:

$$U_f(Z_n) = \sum_{i=0}^{n-1} \frac{i}{n}\left(\frac{i+1}{n} - \frac{i}{n}\right) = \frac{1}{2} - \frac{1}{2n}$$

$$O_f(Z_n) = \sum_{i=0}^{n-1} \frac{i+1}{n}\left(\frac{i+1}{n} - \frac{i}{n}\right) = \frac{1}{2} + \frac{1}{2n}.$$

Wiederum folgt, dass $f(x) = x$ über $[0,1]$ integrierbar ist mit $\int_0^1 x\,dx = \frac{1}{2}$.

c) Sei
$$f(x) = \begin{cases} 0 & : \; x \in [0,1] \cap \mathbb{Q} \\ 1 & : \; x \in [0,1] \setminus \mathbb{Q}. \end{cases}$$

Dann gilt offenbar für alle Zerlegungen Z:

$$U_f(Z) = 0, \qquad O_f(Z) = 1.$$

Die Funktion f ist also **nicht** Riemann-integrierbar!

d) Sei $a \leq c \leq b$. Dann ist die Funktion

$$f(x) = \begin{cases} 0: & x \neq c \\ 1: & x = c \end{cases}$$

integrierbar mit $\int_a^b f(x)\,dx = 0$. Denn für jede Zerlegung Z gilt:

$$U_f(Z) = 0, \qquad 0 < O_f(Z) \leq 2\,\|Z\|,$$

also $\sup_Z U_f(Z) = \inf_Z O_f(Z) = 0$.

Satz (13.1.5)
Die folgenden Eigenschaften des Riemann-Integrals lassen sich unmittelbar aus den entsprechenden Eigenschaften von Unter- und Oberintegral ableiten:

a) Gilt $a < c < b$, so ist f genau dann über $[a,b]$ integrierbar, wenn f über $[a,c]$ und über $[c,b]$ integrierbar ist. Es gilt dann:

$$\int_a^b f(x)\,dx = \int_a^c f(x)\,dx + \int_c^b f(x)\,dx.$$

b) Die Integration ist **ein linearer Operator**, d.h., sind f und g auf $[a,b]$ integrierbar, so ist auch $(\alpha f + \beta g)$ integrierbar, und es gilt:

$$\int_a^b (\alpha f(x) + \beta g(x))\,dx = \alpha \int_a^b f(x)\,dx + \beta \int_a^b g(x)\,dx.$$

c) Die Integration erhält die „**Positivität**", d.h., für integrierbare Funktionen f gilt:

$$\forall x \in [a,b]: f(x) \geq 0 \quad \Rightarrow \quad \int_a^b f(x)\,dx \geq 0.$$

d) Es gelten die folgenden Abschätzungen für Integrale:

$$(b-a)\cdot\inf(f[a,b]) \;\leq\; \int_a^b f(x)\,dx \;\leq\; (b-a)\cdot\sup(f[a,b]),$$

$$\left|\int_a^b f(x)\,dx\right| \;\leq\; (b-a)\cdot\sup\{|f(x)| \,:\, a\leq x\leq b\}.$$

Beweis

zu a): Die entsprechende Relation gilt sowohl für das Unter- wie für das Oberintegral. Man zeigt dies durch Hinzufügen eines Punktes ξ zu einer Zerlegung $Z \in \mathbf{Z}[a,b]$ und Verwendung von (13.1.2) b).

zu b): Aufgrund entsprechender Eigenschaften des Infimums bzw. Supremums gelten:

$$\underline{\int_a^b}(f+g)(x)\,dx \;\geq\; \underline{\int_a^b} f(x)\,dx \;+\; \underline{\int_a^b} g(x)\,dx,$$

$$\overline{\int_a^b}(f+g)(x)\,dx \;\leq\; \overline{\int_a^b} f(x)\,dx \;+\; \overline{\int_a^b} g(x)\,dx.$$

Hieraus folgt unmittelbar die Additivität des Integrals. Die Aussage

$$\int_a^b \alpha\, f(x)\,dx \;=\; \alpha \int_a^b f(x)\,dx$$

ist für $\alpha \geq 0$ klar, da die entsprechende Aussage für Unterintegral und Oberintegral gilt. Für $\alpha < 0$ verwendet man:

$$\int_a^b (-f(x))\,dx \;=\; -\int_a^b f(x)\,dx.$$

zu c): Folgt direkt aus d).

zu d): Für $Z := \{a,b\}$ gilt:

$$U_f(Z) = \inf(f[a,b])\cdot(b-a), \quad O_f(Z) = \sup(f[a,b])\cdot(b-a),$$

womit die erste Ungleichung klar ist.

13.2 Kriterien für Integrierbarkeit

Da $\pm f(x) \leq |f(x)|$, für $a \leq x \leq b$, folgt mit $Z := \{a, b\}$:

$$\left| \int_a^b f(x)\,dx \right| \leq \int_a^b |f(x)|\,dx$$
$$\leq O_{|f|}(Z) = \sup\{|f(x)| : a \leq x \leq b\} \cdot (b-a).\qquad\blacksquare$$

Bemerkungen (13.1.6)

a) Die Aussage (13.1.5) a) gilt auch für beliebige Anordnungen von a, b, c. Hierzu definiert man für $a < b$:

$$\int_b^a f(x)\,dx := -\int_a^b f(x)\,dx \qquad \text{sowie} \qquad \int_a^a f(x)\,dx := 0.$$

b) In Vervollständigung von (13.1.5) d) sei die folgende, häufig verwendete Abschätzung genannt

$$\left| \int_a^b f(x)\,dx \right| \leq \int_a^b |f(x)|\,dx.$$

Diese ergibt sich unmittelbar aus der Positivität (13.1.5) c), sofern man die Integrierbarkeit von $|f(x)|$ voraussetzt. Diese werden wir allerdings erst an späterer Stelle aus der Integrierbarkeit von f folgern, vgl. (13.2.5).

c) Wir vermerken, dass für integrierbare Funktionen f sogar **jede** Folge Riemannscher Summen $R_f(Z_m)$ gegen das Integral $\int_a^b f(x)\,dx$ konvergiert, sofern die Feinheit $\|Z_m\|$ der Zerlegungsfolge für $m \to \infty$ gegen Null geht. Auf den (technischen) Beweis wollen wir hier verzichten und verweisen auf die Lehrbücher zur Analysis.

Bevor wir auf die konkrete Berechnung der Integrale eingehen, sehen wir uns an, welche Funktionen integrierbar sind.

13.2 Kriterien für Integrierbarkeit

Wir beginnen mit dem Riemannschen Kriterium:

Satz (13.2.1) (Riemannsches Kriterium)
Eine beschränkte Funktion f auf $[a,b]$ ist genau dann integrierbar, wenn gilt

$$\forall \varepsilon > 0 : \exists Z \in \mathbf{Z}[a,b] : \quad O_f(Z) - U_f(Z) < \varepsilon.$$

Beweis

$\Rightarrow$: Nach Definition (13.1.3) gibt es zu jedem $\varepsilon > 0$ Zerlegungen Z_1, Z_2 mit

$$0 \leq O_f(Z_1) - \overline{\int_a^b} f(x)\,dx < \frac{\varepsilon}{2},$$

$$0 \leq \underline{\int_a^b} f(x)\,dx - U_f(Z_2) < \frac{\varepsilon}{2}.$$

Da diese Relationen beim Übergang auf eine feinere Zerlegung erhalten bleiben, kann man hier o.B.d.A. $Z_1 = Z_2$ annehmen. Die Behauptung ergibt sich dann durch Addition dieser Ungleichungen.

$\Leftarrow$: Für $\varepsilon > 0$ erhält man mit der Voraussetzung:

$$0 \leq \overline{\int_a^b} f(x)\,dx - \underline{\int_a^b} f(x)\,dx \leq O_f(Z) - U_f(Z) < \varepsilon. \qquad \blacksquare$$

Satz (13.2.2)

Ist $f : [a,b] \to \mathbb{R}$ eine beschränkte Funktion, so gilt :

a) f monoton $\Rightarrow$ f integrierbar.

b) f stetig $\Rightarrow$ f integrierbar.

Beweis

zu a): Sei f o.B.d.A. monoton wachsend. Dann gilt für eine äquidistante Unterteilung: $x_j = a + (j/n)(b-a)$, $j = 0, 1, \ldots, n$:

$$O_f(Z) - U_f(Z) = \sum_{j=0}^{n-1} (f(x_{j+1}) - f(x_j))(x_{j+1} - x_j)$$

$$= \left(\frac{b-a}{n}\right) \cdot \sum_{j=0}^{n-1} (f(x_{j+1}) - f(x_j))$$

$$= \left(\frac{b-a}{n}\right)(f(b) - f(a)) \to 0 \quad (n \to \infty).$$

Damit ist f nach dem Riemannschen Kriterium integrierbar.

zu b): Da f auf dem Kompaktum $[a,b]$ nicht nur stetig, sondern nach (9.1.17) auch gleichmäßig stetig ist, gilt:

$$\forall \varepsilon > 0 : \exists \delta > 0 : |x-y| < \delta \Rightarrow |f(x) - f(y)| < \frac{\varepsilon}{b-a}.$$

13.2 Kriterien für Integrierbarkeit

Sei nun $\varepsilon > 0$ vorgegeben und Z eine Zerlegung von $[a,b]$ mit $\|Z\| < \delta$. Dann folgt

$$O_f(Z) - U_f(Z) = \sum_{j=0}^{n-1} (\sup f[x_j, x_{j+1}] - \inf f[x_j, x_{j+1}])\, (x_{j+1} - x_j)$$

$$\leq \sum_{j=0}^{n-1} \left(\frac{\varepsilon}{b-a}\right) \cdot (x_{j+1} - x_j) = \varepsilon.$$

Wiederum folgt hieraus nach dem Riemanschen Kriterium die Integrierbarkeit der Funktion f. ∎

Folgerungen (13.2.3)

a) Alle uns bekannten elementaren Funktionen, also: Polynomfunktionen, rationale Funktionen, sin, cos, tan, arctan, exp, ln, ..., sind über allen kompakten Intervallen $[a,b]$, die ganz im Definitionsbereich liegen, integrierbar, da sie dort stetig sind.

b) Ändert man eine integrierbare Funktion $f(x)$, $a \leq x \leq b$, an endlich vielen Stellen $x_1, \ldots, x_m$ des Definitionsbereiches, also:

$$g(x) := \begin{cases} f(x), & x \neq x_1, \ldots, x_n \\ f(x) + \Delta y_k, & x = x_k,\ k \in \{1, \ldots, n\}, \end{cases}$$

so ist auch die Funktion g integrierbar und es gilt:

$$\int_a^b g(x)\, dx = \int_a^b f(x)\, dx.$$

Man vergleiche dazu (13.1.4) d) und (13.1.5) a).

Hieraus folgt, dass auch jede **stückweise stetige** Funktion $f : [a,b] \to \mathbb{R}$ integrierbar ist. Dabei heißt f stückweise stetig, falls es eine Zerlegung $a = x_0 < x_1 < \ldots < x_n = b$ des Intervalls $[a,b]$ gibt, so dass f in jedem offenen Teilintervall $]x_j, x_{j+1}[$ stetig ist und die einseitigen Grenzwerte $\lim_{x \to x_j+} f(x)$ und $\lim_{x \to x_{j+1}-} f(x)$ für $j = 0, 1, \ldots, n-1$ existieren.

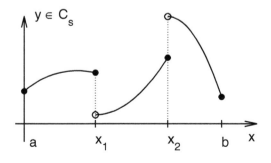

Abb. 13.4. Stückweise stetige Funktion

In diesem Zusammenhang kann man fragen, wie viele Unstetigkeitsstellen eine Funktion f besitzen darf, damit sie noch Riemann-integrierbar ist.

Ohne Beweis zitieren wir hierzu den so genannten Kennzeichnungssatz.

Satz (13.2.4) **(Kennzeichnungssatz)**

Eine beschränkte Funktion $f : [a,b] \to \mathbb{R}$ ist genau dann (Riemann-)integrierbar, falls die Menge ihrer Unstetigkeitsstellen $\text{Unst}(f)$ eine so genannte **Lebesgue-Nullmenge**[53] ist, d.h., falls gilt:

$$\forall \varepsilon > 0 : \exists [a_i, b_i]_{i \in \mathbb{N}} : \text{Unst}(f) \subset \bigcup_{i=1}^{\infty}]a_i, b_i[\ \wedge \ \sum_{i=1}^{\infty} (b_i - a_i) < \varepsilon.$$

Der folgende Satz zeigt abschließend, dass auch Produkte und Quotienten integrierbarer Funktionen wieder integrierbar sind.

Satz (13.2.5)

Seien $f, g : [a,b] \to \mathbb{R}$ integrierbare Funktionen. Dann gelten:

a) Das Produkt der Funktionen $f \cdot g$ ist integrierbar.

b) Ist g von Null weg beschränkt, d.h. $\forall x : g(x) \geq C > 0$, so ist auch f/g integrierbar.

c) Die folgenden Funktionen sind integrierbar: $|f|(x) := |f(x)|$,

$$f^+(x) := \begin{cases} f(x), & \text{falls } f(x) \geq 0 \\ 0, & \text{sonst,} \end{cases} \qquad f^-(x) := \begin{cases} 0, & \text{falls } f(x) \geq 0 \\ -f(x), & \text{sonst.} \end{cases}$$

Beweis

zu a): Zu einer festen Zerlegung $Z \in \mathbf{Z}[a,b]$ seien die Teilintervalle mit $I_j := [x_j, x_{j+1}]$ bezeichnet. Wir berechnen:

$$O_{f \cdot g} - U_{f \cdot g} = \sum_{j=0}^{n-1} \left[\sup(f \cdot g)(I_j) - \inf(f \cdot g)(I_j) \right] \cdot (x_{j+1} - x_j),$$

$$s_j := \sup(f \cdot g)(I_j) - \inf(f \cdot g)(I_j)$$

$$= \sup_{x,y \in I_j} \left[f(x)g(x) - f(y)g(y) \right]$$

$$= \sup_{x,y \in I_j} \left[f(x)g(x) - f(x)g(y) + f(x)g(y) - f(y)g(y) \right]$$

$$\leq \|f\|_\infty \sup_{x,y \in I_j} [g(x) - g(y)] + \|g\|_\infty \sup_{x,y \in I_j} [f(x) - f(y)].$$

---

[53]Henri Lebesgue (1875–1941); Paris

Man erhält also die Abschätzung:

$$O_{f \cdot g}(Z) - U_{f \cdot g}(Z) \leq \|f\|_\infty \cdot (O_g(Z) - U_g(Z)) + \|g\|_\infty \cdot (O_f(Z) - U_f(Z)).$$

Hieraus folgt die Integrierbarkeit nach dem Riemannschen Kriterium.

zu b): Analog kann man abschätzen:

$$\sup_{x,y \in I_j} \left| \frac{1}{g(x)} - \frac{1}{g(y)} \right| = \sup_{x,y \in I_j} \left| \frac{g(y) - g(x)}{g(x) \cdot g(y)} \right| \leq \frac{1}{C^2} \cdot \sup_{x,y \in I_j} |g(y) - g(x)|.$$

Hiermit folgt:

$$\left(O_{1/g}(Z) - U_{1/g}(Z) \right) \leq \frac{1}{C^2} \left(O_g(Z) - U_g(Z) \right),$$

und damit die Integrierbarkeit der Funktion $1/g$ nach dem Riemannschen Kriterium.

zu c): Aus der Dreiecksungleichung folgt

$$\sup_{x,y} [\,|f(x)| - |f(y)|\,] \leq \sup_{x,y} [f(x) - f(y)]$$

und damit die Integrierbarkeit der Funktion $|f|$. Der Rest ergibt sich aus den Beziehungen:

$$f^+ = \frac{1}{2}(|f| + f), \qquad f^- = \frac{1}{2}(|f| - f). \qquad \blacksquare$$

13.3 Der Hauptsatz und Anwendungen

Definition (13.3.1)

Gegeben seien Funktionen $F, f : [a,b] \to \mathbb{R}$. Ist F auf $[a,b]$ differenzierbar, und gilt $F' = f$, so heißt F eine **Stammfunktion** von f.

Bemerkung (13.3.2)

a) Ist F eine Stammfunktion von f, so sind auch alle Funktionen der Form $\tilde{F}(x) = F(x) + C$ Stammfunktionen von f.

b) Sind F_1 und F_2 Stammfunktionen von f, so ist die Funktion $F_1 - F_2$ konstant.

Wir kommen nun zum zentralen Ergebnis für die Berechnung von (bestimmten) Integralen: Betrachtet man ein bestimmtes Integral als Funktion der oberen Integralgrenze, so erhält man eine Stammfunktion des Integranden. Anders ausgedrückt: Die Integration ist die Umkehrung der Differentiation.

Satz (13.3.3) (Hauptsatz der Differential- und Integralrechnung)

Sei $f : [a,b] \to \mathbb{R}$ eine stetige Funktion. Dann gelten:

a) $F(x) := \int\limits_a^x f(t)\,dt$ ist eine Stammfunktion von f.

b) Ist F eine beliebige Stammfunktion von f, so gilt

$$\int\limits_a^b f(x)\,dx = F(b) - F(a).$$

Beweis

zu a): Sei $h \neq 0$ so, dass x und $x+h$ in $[a,b]$ liegen. Dann findet man mit (13.1.5):

$$\left| \frac{1}{h}(F(x+h) - F(x)) - f(x) \right| = \frac{1}{|h|} \left| \int\limits_a^{x+h} f(t)\,dt - \int\limits_a^x f(t)\,dt - \int\limits_x^{x+h} f(x)\,dt \right|$$

$$= \frac{1}{|h|} \left| \int\limits_x^{x+h} (f(t) - f(x))\,dt \right|$$

$$\leq \sup\{ |f(t) - f(x)| : |t - x| \leq |h| \wedge t \in [a,b]\}$$

$$\to 0 \quad (h \to 0).$$

Letzteres folgt aufgrund der vorausgesetzten Stetigkeit und damit auch der gleichmäßigen Stetigkeit von f auf $[a,b]$.

zu b): Nach (13.3.2) und a) gilt: $F(x) = \int\limits_a^x f(t)\,dt + C$, $C = \text{const}$.

Damit folgt:

$$F(b) = \int\limits_a^b f(t)\,dt + C, \quad F(a) = \int\limits_a^a f(t)\,dt + C = C. \quad \blacksquare$$

Bemerkungen (13.3.4)

a) Man überzeuge sich, dass der Beweis zu (13.3.3) a) auch im Fall $h < 0$ gültig bleibt. Man beachte dabei die Zusatzdefinition (13.1.6).

13.3 Der Hauptsatz und Anwendungen

b) Die Aussage (13.3.3) a) bleibt auch für stückweise stetige Funktionen f gültig! Allerdings ist dann $F(x) = \int_a^x f(t)\,dt$ in den Unstetigkeitsstellen von f nur einseitig differenzierbar mit

$$F'(x^-) = \lim_{t \to x^-} f(t), \qquad F'(x^+) = \lim_{t \to x^+} f(t).$$

c) Eine (beliebige) Stammfunktion einer stetigen bzw. stückweise stetigen Funktion f wird als „das" **unbestimmte Integral** von f bezeichnet und $\int f(x)\,dx$ geschrieben.

Man beachte, dass also $\int f(x)\,dx$ nur bis auf eine additive Konstante bestimmt ist!

Unvorsichtiges Weglassen dieser Konstanten kann zu Fehlern führen!

Beispiele (13.3.5)

Viele Beispiele ergeben sich, indem man bekannte Aussagen über die Ableitung spezieller Funktionen „umdreht". In der folgenden Liste sind nur einige Beispiele genannt. Ausführlicheres findet man in den Formelsammlungen.

$$\int x^n\,dx = \frac{1}{n+1}x^{n+1} + C \qquad (n \neq -1)$$

$$\int \frac{dx}{x} = \ln|x| + C \qquad (x \neq 0)$$

$$\int \sin x\,dx = -\cos x + C$$

$$\int \cos x\,dx = \sin x + C$$

$$\int \tan x\,dx = -\ln|\cos x| + C \qquad (\cos x \neq 0)$$

$$\int \cot x\,dx = \ln|\sin x| + C \qquad (\sin x \neq 0)$$

$$\int \frac{1}{\cos^2 x}\,dx = \tan x + C \qquad (x \neq (2k+1)\frac{\pi}{2},\ k \in \mathbb{Z})$$

$$\int \frac{1}{\sin^2 x}\,dx = -\cot x + C \qquad (x \neq k\pi,\ k \in \mathbb{Z})$$

$$\int \frac{1}{\sqrt{1-x^2}}\,dx = \arcsin x + C \qquad (|x| < 1)$$

$$\int \frac{1}{\sqrt{1+x^2}}\, dx = \ln\left(x + \sqrt{1+x^2}\right) + C$$

$$\int \frac{1}{\sqrt{x^2-1}}\, dx = \ln\left|x + \sqrt{x^2-1}\right| + C \qquad (|x| > 1)$$

$$\int \frac{1}{1+x^2}\, dx = \arctan x + C$$

$$\int \frac{1}{1-x^2}\, dx = \frac{1}{2} \ln\left|\frac{1+x}{1-x}\right| + C \qquad (|x| \neq 1)$$

$$\int e^{ax}\, dx = \frac{1}{a} e^{ax} + C \qquad (a \neq 0)$$

$$\int b^x\, dx = \frac{1}{\ln b} b^x + C \qquad (b > 0,\ b \neq 1)$$

$$\int \ln x\, dx = x(\ln x - 1) + C \qquad (x > 0)$$

$$\int \log_b x\, dx = \frac{x}{\ln b}(\ln x - 1) + C \qquad (b > 0,\ x > 0)$$

$$\int \sinh x\, dx = \cosh x + C$$

$$\int \cosh x\, dx = \sinh x + C$$

$$\int \tanh x\, dx = \ln(\cosh x) + C$$

$$\int \coth x\, dx = \ln|\sinh x| + C \qquad (x \neq 0)$$

Satz (13.3.6) (Integrationsregeln)

a) **Linearität:**

Sind $f, g : [a, b] \to \mathbb{R}$ stückweise stetig, so gilt

$$\int (\alpha f(x) + \beta g(x))\, dx = \alpha \int f(x)\, dx + \beta \int g(x)\, dx$$

13.3 Der Hauptsatz und Anwendungen

b) **Partielle Integration:**

Sind $u, v : [a,b] \to \mathbb{R}$ stetig differenzierbar, so gilt

$$\int u(x)\, v'(x)\, dx = u(x)\, v(x) - \int u'(x)\, v(x)\, dx$$

und für die bestimmten Integrale:

$$\int_a^b u(x)\, v'(x)\, dx = u(x)\, v(x)\Big|_a^b - \int_a^b u'(x)\, v(x)\, dx\,.$$

c) **Substitutionsregel:**

Ist $h : [a,b] \to [c,d]$ stetig differenzierbar und $f : [c,d] \to \mathbb{R}$ stetig mit Stammfunktion F, so gilt:

$$\int f(h(t))\, h'(t)\, dt = F(h(t))\,,$$

bzw. für das bestimmte Integral:

$$\int_a^b f(h(t))\, h'(t)\, dt = \int_{h(a)}^{h(b)} f(x)\, dx\,.$$

Merkregel zur Substitution:

Zur Berechnung von $\int_c^d f(x)\, dx$ setze man $x = h(t)$, wobei h stetig differenzierbar ist mit $h(a) = c$ und $h(b) = d$; ferner differenziert man formal: $dx = h'(t)\, dt$.

Beweis

zu a): Dies folgt direkt mit (13.1.5).

zu b): Dies folgt aus der Produktregel der Differentiation:

$$(u \cdot v)' = u'v + uv'\,.$$

zu c): Dies folgt entsprechend aus der Kettenregel:

$$\frac{d}{dt}(F(h(t)) = f(h(t)) \cdot h'(t)\,,$$

wobei $f(x) = F'(x)$ ist. ∎

Beispiele (13.3.7)

a) $\int 28x^3 + 12x^2 - 2x + 3 \, dx = 7x^4 + 4x^3 - x^2 + 3x + C.$

b) $\int x\,e^x \, dx = x\,e^x - \int 1\,e^x \, dx = (x-1)\,e^x + C.$

c) $\int \ln x \, dx = \int 1 \cdot \ln x \, dx = x \cdot \ln x - \int x \cdot \frac{1}{x} \, dx = x(\ln x - 1) + C.$

d)
$$\int \sin^2 x \, dx = \int \sin x \cdot \sin x \, dx = \sin x (-\cos x) + \int \cos^2 x \, dx$$
$$= -\sin x \cos x + \int (1 - \sin^2 x) \, dx$$

$\Rightarrow \quad 2 \int \sin^2 x \, dx = -\sin x \cos x + x + \tilde{C}$

$\Rightarrow \quad \int \sin^2 x \, dx = \frac{1}{2}(x - \sin x \cos x) + C.$

e) $\int_{-a}^{a} \sqrt{1 - \left(\frac{x}{a}\right)^2} \, dx$: Man substituiert $x = h(t) = a \cos t$, $dx = -a \sin t \, dt$.

$$\int_{-a}^{a} \sqrt{1 - \left(\frac{x}{a}\right)^2} \, dx = \int_{\pi}^{0} \sqrt{1 - \cos^2 t} \, (-a \sin t) \, dt$$
$$= a \int_{0}^{\pi} \sin^2 t \, dt = \frac{a}{2}(t - \sin t \cos t)\Big|_{0}^{\pi} = \frac{a\pi}{2}.$$

f) $\int e^{\sqrt{x}} \, dx$: Man substituiert $t = \sqrt{x}$, $dt = \frac{1}{2\sqrt{x}} \, dx = \frac{1}{2t} \, dx.$

$\int e^{\sqrt{x}} \, dx = \int e^t \, 2t \, dt = 2(t-1)\,e^t + C = 2(\sqrt{x} - 1)\,e^{\sqrt{x}} + C.$

Bemerkung (13.3.8)

Es gibt keine allgemeinen Vorschriften, wie man ein vorgegebenes Integral unter Anwendung der obigen Integrationsregeln lösen kann. Häufig sind hierzu geschickte Substitutionen und Umformungen notwendig.

In vielen Fällen lassen sich jedoch vorgegebene Integrale trotz einfacher Gestalt der Integranden überhaupt nicht „lösen", d.h., solche Integrale lassen sich nicht als Komposition elementarer Funktionen darstellen.

13.3 Der Hauptsatz und Anwendungen

Beispiele für solche Integrale sind:

Integralsinus: $\quad \mathrm{Si}(x) := \int_0^x \frac{\sin t}{t}\, \mathrm{d}t$

Fehlerfunktion: $\quad \mathrm{erf}(x) := \frac{2}{\sqrt{\pi}} \int_0^x \mathrm{e}^{-t^2}\, \mathrm{d}t$

Elliptische Integrale: $\quad F(x,k) := \int_0^x \frac{\mathrm{d}t}{\sqrt{1-k^2 \sin^2 t}}$

$$E(x,k) := \int_0^x \sqrt{1-k^2 \sin^2 t}\, \mathrm{d}t$$

$$\Pi(x,n,k) := \int_0^x \frac{\mathrm{d}t}{(1+n\sin^2 t)\sqrt{1-k^2 \sin^2 t}}$$

Für eine feinere Abschätzung vorgegebener Integrale ist der folgende **Mittelwertsatz der Integralrechnung** hilfreich. Er verallgemeinert die „einfache" Abschätzung in (13.1.5).

Satz (13.3.9) (Mittelwertsatz)
Seien $f: [a,b] \to \mathbb{R}$ stetig und $p: [a,b] \to \mathbb{R}$ integrierbar mit $p(x) \geq 0$, $a \leq x \leq b$. Dann existiert ein $\xi \in [a,b]$ mit

$$\int_a^b f(x)\, p(x)\, \mathrm{d}x = f(\xi) \int_a^b p(x)\, \mathrm{d}x.$$

Beweis

Da f stetig ist, nimmt f Minimum und Maximum auf dem kompakten Intervall $[a,b]$ an. Da ferner $p(x) \geq 0$ vorausgesetzt wurde, folgt

$$\min(f[a,b]) \cdot p(x) \leq f(x)\, p(x) \leq \max(f[a,b]) \cdot p(x),$$

und hieraus durch Integration

$$\min(f[a,b]) \cdot \int_a^b p(x)\, \mathrm{d}x \leq \int_a^b f(x) p(x)\, \mathrm{d}x \leq \max(f[a,b]) \cdot \int_a^b p(x)\, \mathrm{d}x.$$

Gilt $\int_a^b p(x)\mathrm{d}x = 0$, so folgt die Behauptung für beliebiges ξ aus der obigen Abschätzung.

Andernfalls ergibt sie sich aus der obigen Abschätzung mit dem Zwischenwertsatz für stetige Funktionen. ∎

Bemerkung (13.3.10)

Für den Spezialfall $p=1$ ergibt sich aus (13.3.9):

$$\int_a^b f(x)\,dx = f(\xi)\,(b-a)\,;$$

man erhält also im Wesentlichen den Mittelwertsatz der Differentialrechnung für eine Stammfunktion F von f und damit eine sehr nützliche Abschätzung.

Zum Abschluss geben wir noch eine Integraldarstellung für das Restglied der Taylor-Entwicklung einer hinreichend oft stetig differenzierbaren Funktion f an. Auch diese Fehlerabschätzung ist mitunter sehr hilfreich und ist als Alternative zur Restgliedformel von Lagrange zu sehen.

Satz (13.3.11) (Taylorscher Satz II)

Sei $f: [a,b] \to \mathbb{R}$ eine C^{n+1}-Funktion und $x_0 \in \,]a,b[\,$.
Für die Taylor-Entwicklung von f zum Entwicklungspunkt x_0

$$f(x) = \sum_{k=0}^{n} \frac{f^{(k)}(x_0)}{k!}(x-x_0)^k + R_n(x;x_0)$$

gilt dann die folgende **Restgliedformel in Integraldarstellung**:

$$R_n(x;x_0) = \frac{1}{n!}\int_{x_0}^{x}(x-t)^n\,f^{(n+1)}(t)\,dt\,.$$

Beweis

Man erhält die Aussage erstaunlich leicht durch n-malige partielle Integration:

$$\begin{aligned}
f(x) - f(x_0) &= \int_{x_0}^{x}(x-t)^0\,f^{(1)}(t)\,dt \\
&= (x-x_0)\,f^{(1)}(x_0) + \int_{x_0}^{x}(x-t)^1\,f^{(2)}(t)\,dt \\
&\vdots \\
&= \sum_{k=1}^{n}\frac{f^{(k)}(x_0)}{k!}(x-x_0)^k + \frac{1}{n!}\int_{x_0}^{x}(x-t)^n\,f^{(n+1)}(t)\,dt
\end{aligned}$$

∎

Bemerkung (13.3.12)
Da $(x-t)^n$ zwischen x_0 und x das Vorzeichen nicht wechselt, kann man auf die obige Restgliedformel den Mittelwertsatz anwenden. Damit folgt:

$$R_n(x;x_0) = \frac{1}{n!} \int_{x_0}^{x} (x-t)^n f^{(n+1)}(t)\,dt$$

$$= \frac{1}{n!} f^{(n+1)}(\xi) \int_{x_0}^{x} (x-t)^n\,dt$$

$$= \frac{1}{(n+1)!} f^{(n+1)}(\xi)\,(x-x_0)^{n+1}.$$

Man erhält hiermit also gerade die Restgliedformel nach Lagrange.

13.4 Integration rationaler Funktionen

In diesem Abschnitt beschäftigen wir uns mit der Integration rationaler Funktionen

$$R(x) = \frac{p(x)}{q(x)}, \qquad p(x) = \sum_{k=0}^{n} a_k\,x^k, \qquad q(x) = \sum_{k=0}^{m} b_k\,x^k. \qquad (13.4.1)$$

Rationale Funktionen lassen sich stets explizit integrieren, wobei wir voraussetzen, dass die (komplexen) Nullstellen und deren Vielfachheiten der Polynome p und q analytisch (oder numerisch) berechnet werden können.

Wichtiges Hilfsmittel hierbei ist die so genannte **Partialbruch-Zerlegung** der rationalen Funktion R, mit der die Integration von R auf die Integration einiger einfacherer Standardbrüche zurückgeführt werden kann.

Wir sehen uns zunächst die Integration diese Standardbrüche an und gehen dabei mit ansteigender Komplexität der Brüche vor:

Typ 1: Polynome

Hier ist uns die Integration schon wohl bekannt, vgl. (13.3.5)

$$\int \sum_{k=0}^{s} c_k\,x^k\,dx = \sum_{k=0}^{s} \frac{c_k}{k+1} x^{k+1} + C. \qquad (13.4.2)$$

Typ 2: Inverse Monome mit reellen Nullstellen

$$\int \frac{dx}{(x-x_0)^\ell} = \begin{cases} \ln|x-x_0| + C, & \ell = 1, \\ \dfrac{1}{1-\ell}\dfrac{1}{(x-x_0)^{\ell-1}} + C, & \ell = 2,3,\ldots \end{cases} \qquad (13.4.3)$$

Typ 3: Inverse Monome mit komplexen Nullstellen $\pm i$

$$I_\ell := \int \frac{dt}{(t^2+1)^\ell}, \qquad \ell \in \mathbb{N}. \tag{13.4.4}$$

Für $\ell = 1$ kann man das Integral direkt angeben, vgl. (13.3.5)

$$I_1 = \int \frac{dt}{t^2+1} = \arctan t + C. \tag{13.4.5}$$

Für $\ell > 1$ lassen sich die Integrale I_ℓ rekursiv berechnen.
Zunächst findet man mittels der Substitution $u := t^2 + 1$:

$$\int \frac{2t}{(t^2+1)^\ell}\, dt = \int \frac{du}{u^\ell} = \frac{1}{1-\ell} \frac{1}{u^{\ell-1}} + C$$

$$= \frac{1}{1-\ell} \frac{1}{(t^2+1)^{\ell-1}} + C$$

Weiter folgt hieraus mittels partieller Integration:

$$I_{\ell-1} = \int \frac{dt}{(t^2+1)^{\ell-1}} = \int \frac{t^2+1}{(t^2+1)^\ell}\, dt$$

$$= \int \frac{t}{2} \cdot \frac{2t}{(t^2+1)^\ell}\, dt + I_\ell$$

$$= \frac{t}{2(1-\ell)(t^2+1)^{\ell-1}} - \frac{1}{2(1-\ell)} I_{\ell-1} + I_\ell.$$

Diese Gleichung lässt sich nach I_ℓ auflösen und ergibt die Rekursion:

$$I_\ell = \frac{1}{2(1-\ell)} \left[(3-2\ell)\, I_{\ell-1} - \frac{t}{(t^2+1)^{\ell-1}} \right], \qquad \ell = 2, 3, \ldots \tag{13.4.6}$$

Typ 4: Inverse Monome mit allgemeinen komplexen Nullstellen

$$\int \frac{cx+d}{[(x-a)^2+b^2]^\ell}\, dx, \qquad \ell \in \mathbb{N},\; b \neq 0. \tag{13.4.7}$$

Wir formen zunächst um:

$$\int \frac{cx+d}{[(x-a)^2+b^2]^\ell}\, dx = \frac{c}{2} \int \frac{2(x-a)}{[(x-a)^2+b^2]^\ell}\, dx + (d+ca) \int \frac{dx}{[(x-a)^2+b^2]^\ell}.$$

13.4 Integration rationaler Funktionen

Das erste Integral lässt sich durch die Substitution $u := (x-a)^2 + b^2$ lösen:

$$\int \frac{2(x-a)}{[(x-a)^2+b^2]^\ell}\,\mathrm{d}x = \int \frac{\mathrm{d}u}{u^\ell}$$

$$= \begin{cases} \ln[(x-a)^2+b^2] + C, & \ell = 1, \\ \dfrac{1}{1-\ell}\cdot\dfrac{1}{[(x-a)^2+b^2]^{\ell-1}} + C, & \ell = 2, 3, \ldots \end{cases} \qquad (13.4.8)$$

Das zweite Integral lässt sich durch die Substitution $t := (x-a)/b$ auf ein Integral vom Typ 3 zurückführen:

$$\int \frac{\mathrm{d}x}{[(x-a)^2+b^2]^\ell} = \frac{1}{b^{2\ell-1}} \int \frac{\mathrm{d}t}{(t^2+1)^\ell} = \frac{1}{b^{2\ell-1}}\,I_\ell\,. \qquad (13.4.9)$$

Mit Hilfe dieser vier Grundtypen lassen sich nun beliebige rationale Funktionen integrieren. Dazu geht man folgendermaßen vor:

Schritt 1:

Ist der Grad des Zählerpolynoms in (13.4.1) größer oder gleich dem Grad des Nenners, $\operatorname{grad} p \geq \operatorname{grad} q$, so findet man durch Polynomdivision:

$$R(x) = p_1(x) + \frac{p_2(x)}{q(x)},$$

wobei p_1 und p_2 Polynome sind mit $\operatorname{grad} p_2 < \operatorname{grad} q$.
Das Polynom p_1 lässt sich explizit integrieren (Typ 1), die verbleibende rationale Funktion p_2/q wird nun in Schritt 2 behandelt.

Schritt 2:

In (13.4.1) gelte nun $\operatorname{grad} p < \operatorname{grad} q$.
Zunächst bestimmt man sämtliche (reellen und komplexen) Nullstellen von q sowie deren Vielfachheiten. Sodann stellt man q als Produkt der entsprechenden Linearfaktoren dar und fasst jeweils Linearfaktoren zu komplexen Nullstellen mit den entsprechenden konjugiert komplexen Linearfaktoren zusammen. Dabei entstehen Faktoren wie im Nenner des Integraltyps 4. Man erhält so eine Zerlegung von q der folgenden Form.

$$q(x) = \prod_{j=1}^{n_1}(x-x_j)^{k_j} \cdot \prod_{j=n_1+1}^{n_2}[(x-a_j)^2+b_j^2]^{k_j}\,. \qquad (13.4.10)$$

In dieser Darstellung sind also die x_j die verschiedenen reellen Nullstellen von q, jeweils mit der Vielfachheit k_j, und die $z_j = a_j + i\,b_j$ sind die verschiedenen komplexen (nicht reellen, $b_j \neq 0$) Nullstellen mit den Vielfachheiten k_j.
Man prüft nun, ob Zähler p und Nenner q gemeinsame Nullstellen besitzen und kürzt in diesem Fall vor der weiteren Untersuchung die entsprechenden gemeinsamen Linearfaktoren.

Für die verbleibende rationale Funktion $R(x) = p(x)/q(x)$, mit q nach (13.4.10), bildet man nun die so genannte **Partialbruch-Zerlegung**. Hierzu verwendet man den Ansatz:

$$\frac{p(x)}{q(x)} = \sum_{j=1}^{n_1} \left[\frac{\alpha_{j1}}{x - x_j} + \frac{\alpha_{j2}}{(x - x_j)^2} + \cdots + \frac{\alpha_{jk_j}}{(x - x_j)^{k_j}} \right]$$
$$+ \sum_{j=n_1+1}^{n_2} \left[\frac{\gamma_{j1}\, x + \delta_{j1}}{[(x - a_j)^2 + b_j^2]^1} + \cdots + \frac{\gamma_{jk_j}\, x + \delta_{jk_j}}{[(x - a_j)^2 + b_j^2]^{k_j}} \right].$$
(13.4.11)

Die Berechnung der unbekannten Koeffizienten α_{jk}, γ_{jk} und δ_{jk} kann direkt durch Koeffizientenvergleich erfolgen. Hierzu werden die Summanden der rechten Seite von (13.4.11) „auf den Hauptnenner q gebracht". Das entstehende Zählerpolynom muss dann mit p übereinstimmen. Durch Koeffizientenvergleich entsteht dann ein lineares Gleichungssystem zur Berechnung der α_{jk}, γ_{jk} und δ_{jk}.

Man kann nun zeigen, dass die Partialbruch-Zerlegung (13.4.11) unter obigen Voraussetzungen eindeutig bestimmt ist. Das entstehende lineare Gleichungssystem ist daher auch stets eindeutig lösbar.

Beweis

Für eine reelle, k_j-fache Nullstelle x_j kann man dazu folgendermaßen vorgehen:
Man setzt $q(x) = (x - x_j)^{k_j} \cdot r(x)$, $r(x_j) \neq 0$ und bildet

$$\frac{p(x)}{q(x)} - \frac{\alpha}{(x - x_j)^{k_j}} = \frac{p(x) - \alpha\, r(x)}{q(x)}.$$

Genau für $\alpha = p(x_j)/r(x_j)$ ist x_j eine Nullstelle des Zählers, und der Linearfaktor $(x - x_j)$ lässt sich kürzen. Damit hat man

$$\frac{p(x)}{q(x)} = \frac{\alpha}{(x - x_j)^{k_j}} + \frac{\tilde{p}(x)}{\tilde{q}(x)}$$

mit $\tilde{p}(x) := \dfrac{p(x) - \alpha\, r(x)}{(x - x_j)}$, $\tilde{q}(x) := \dfrac{q(x)}{(x - x_j)}$.

Man wende das gleiche Verfahren nun auf die rationale Funktion $\tilde{p}/\tilde{q}$ an. Hierfür ist ja x_j nur noch eine $(k_j - 1)$-fache Nullstelle des Nenners. Schließlich gehe man so alle reellen Nullstellen durch.

Die komplexen Nullstellen lassen sich analog behandeln. Ist $z_j = a_j + i\, b_j$ eine k_j-fache komplexe Nullstelle von q, so gilt:

$$q(x) = [(x - a_j)^2 + b_j^2]^{k_j}\, r(x), \quad r(z_j) \neq 0.$$

Bildet man nun wieder

$$\frac{p(x)}{q(x)} - \frac{\gamma\, x + \delta}{[(x - a_j)^2 + b_j^2]^{k_j}} = \frac{p(x) - (\gamma\, x + \delta)\, r(x)}{q(x)},$$

so besitzt das (reelle) Zählerpolynom genau für

$$\gamma = \frac{1}{b_j} \operatorname{Im}\left(\frac{p(z_j)}{r(z_j)}\right), \quad \delta = \operatorname{Re}\left(\frac{p(z_j)}{r(z_j)}\right) - \gamma\, a_j$$

ebenfalls die Nullstelle z_j, und man kann den quadratischen Faktor $[(x-a_j)^2 + b_j^2]$ kürzen.

Man erhält

$$\frac{p(x)}{q(x)} - \frac{\gamma x + \delta}{[(x-a_j)^2 + b_j^2]^{k_j}} = \frac{\tilde{p}(x)}{\tilde{q}(x)}$$

und z_j ist nur noch eine $(k_j - 1)$-fache Nullstelle von $\tilde{q}(x)$.
Geht man so alle Nullstellen von q durch, so erhält man schließlich die Partialbruch-Zerlegung (13.4.11) mit eindeutig bestimmten Koeffizienten. ∎

Beispiel (13.4.12)

$$R(x) = \frac{1-x}{x^2\,(x^2+1)}.$$

Aufgrund der Nullstellen $x_1 = 0$, $z_{1,2} = \pm i$ des Nennerpolynoms hat man den Ansatz:

$$\frac{1-x}{x^2\,(x^2+1)} = \frac{a_1}{x} + \frac{a_2}{x^2} + \frac{b_1 x + b_2}{(x^2+1)}$$

$$\Rightarrow \quad 1 - x = a_1 x\,(x^2+1) + a_2\,(x^2+1) + b_1 x^3 + b_2 x^2. \tag{$*$}$$

Wir beschreiben zwei Wege zur Bestimmung der unbekannten Koeffizienten.

(i) Koeffizientenvergleich:

Durch Ausmultiplizieren der rechten Seite erhält man:

$$1 - x = (a_1 + b_1)\,x^3 + (a_2 + b_2)\,x^2 + a_1 x + a_2.$$

Damit hat man das in diesem Fall leicht zu lösende lineare Gleichungssystem:

$$\begin{aligned} a_1 + b_1 &= 0 \\ a_2 + b_2 &= 0 \\ a_1 &= -1 \\ a_2 &= 1 \end{aligned}$$

(ii) Einsetzungsmethode:

Mitunter ist es einfacher, in die obige Gleichung $(*)$ spezielle x-Werte, z. B. die Nullstellen des Nennerpolynoms, einzusetzen.

$$\begin{aligned} x = 0 &: \quad 1 = a_2 \\ x = i &: \quad 1 - i = -b_1 i - b_2; \quad b_1 = 1,\ b_2 = -1 \\ x = 1 &: \quad 0 = 2a_1 + 2a_2 + b_1 + b_2; \quad a_1 = -1. \end{aligned}$$

Das Ergebnis der Partialbruch-Zerlegung ist also

$$R(x) = -\frac{1}{x} + \frac{1}{x^2} + \frac{x-1}{x^2+1}.$$

Für das gesuchte Integral von R erhält man somit:

$$\int R(x)\,dx = -\int \frac{dx}{x} + \int \frac{dx}{x^2} + \frac{1}{2}\int \frac{2x}{x^2+1}\,dx - \int \frac{dx}{x^2+1}$$

$$= -\ln|x| - \frac{1}{x} + \frac{1}{2}\ln(x^2+1) - \arctan x + C.$$

Bemerkung (13.4.13)

Einige andere Integrale lassen sich durch geeignete Substitutionen auf die Integration rationaler Funktionen zurückführen:

a) $\int R(e^x)\,dx$ mit einer rationalen Funktion R.

Die Substitution $t = e^x$ liefert:

$$\int R(e^x)\,dx = \int \frac{R(t)}{t}\,dt.$$

b) $\int R(\cos x, \sin x)\,dx$, wobei R wiederum eine rationale Funktion bezeichne. Substituiert man $t = \tan(x/2)$, so folgt mit

$$\cos x = \frac{1-t^2}{1+t^2}, \qquad \sin x = \frac{2t}{1+t^2}:$$

$$\int R(\cos x, \sin x)\,dx = \int R\Big(\frac{1-t^2}{1+t^2}, \frac{2t}{1+t^2}\Big) \frac{2}{1+t^2}\,dt.$$

13.5 Uneigentliche Integrale

Unter uneigentlichen Integralen versteht man Integrale über unbeschränkten Definitionsbereichen, also Integrale der Form

$$\int_a^\infty f(x)\,dx, \qquad \int_{-\infty}^b f(x)\,dx, \qquad \int_{-\infty}^\infty f(x)\,dx$$

oder aber Integrale über unbeschränkten Funktionen, die an den Intervallenden Singularitäten besitzen, also beispielsweise

$$\int_a^b f(x)\,dx, \quad f: \,]a,b] \to \mathbb{R} \text{ stetig}, \quad \lim_{x \to a} f(x) = \infty.$$

13.5 Uneigentliche Integrale

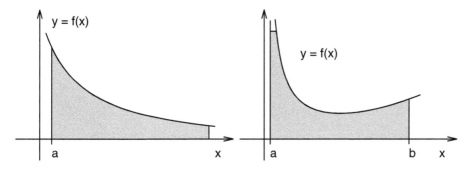

Abb. 13.5. Uneigentliche Integrale

Uneigentliche Integrale werden in natürlicher Weise als Grenzwerte eigentlicher Integrale definiert. Genauer sagt man:

Definition (13.5.1)

a) Sei $f : D \to \mathbb{R}$, wobei der Definitionsbereich $D \subset \mathbb{R}$ nicht notwendig abgeschlossen und auch nicht notwendig beschränkt sein muss.

Dann heißt die Funktion f über D **lokal integrierbar**, falls f über jedem kompakten Intervall $[a, b] \subset D$ (Riemann-) integrierbar ist.

b) Ist f über $D := [a, \infty[$ (bzw. über $D :=]-\infty, b]$ oder über $D := \mathbb{R}$) lokal integrierbar, so definiert man die folgenden uneigentlichen Integrale, sofern die rechts stehenden Grenzwerte existieren:

$$\int_a^\infty f(x)\,dx := \lim_{z \to \infty} \int_a^z f(x)\,dx$$

$$\int_{-\infty}^b f(x)\,dx := \lim_{z \to -\infty} \int_z^b f(x)\,dx$$

$$\int_{-\infty}^\infty f(x)\,dx := \int_{-\infty}^a f(x)\,dx + \int_a^\infty f(x)\,dx\,.$$

Hierbei ist die letzte Definition offensichtlich unabhängig von a.

c) Analog wird für den Fall beschränkter Definitionsbereiche, aber unbeschränkter Integranden definiert:

Ist die Funktion f über $D :=]a, b]$ (bzw. $D := [a, b[$ oder $D :=]a, b[$) lokal integrierbar, so setzt man, sofern die rechts stehenden Grenzwerte existieren:

$$\int_a^b f(x)\,dx := \lim_{z \to a+} \int_z^b f(x)\,dx$$

$$\int_a^b f(x)\,dx := \lim_{z \to b-} \int_a^z f(x)\,dx$$

$$\int_a^b f(x)\,dx := \int_a^c f(x)\,dx + \int_c^b f(x)\,dx\,.$$

Im letzten Fall müssen die beiden rechts stehenden uneigentlichen Integrale im Sinn der zuvor angegebenen Definitionen existieren. Die Definition ist dann offensichtlich unabhängig von der Wahl des Zwischenpunktes $c \in\,]a,b[\,$.

d) Besitzt die Funktion f eine Singularität im Inneren des Integrationsintervalls, so zerlegt man das Integral.

Ist also $f : [a,b] \setminus \{c\} \to \mathbb{R}$ lokal integrierbar, so setze man:

$$\int_a^b f(x)\,dx := \int_a^c f(x)\,dx + \int_c^b f(x)\,dx\,,$$

wobei wiederum die beiden rechts stehenden uneigentlichen Integrale existieren müssen.

Beispiele (13.5.2)

a) Zu untersuchen sei das uneigentliche Integral $\displaystyle\int_1^\infty \frac{dx}{x^\alpha}$. Wegen

$$\int_1^z \frac{dx}{x^\alpha} = \begin{cases} \dfrac{1}{1-\alpha} \dfrac{1}{x^{\alpha-1}}\Big|_1^z, & \alpha \neq 1 \\[2ex] \ln|x|\,\Big|_1^z, & \alpha = 1 \end{cases}$$

konvergiert das Integral $(z \to \infty)$ für $\alpha > 1$, und es divergiert für $\alpha \leq 1$.

b) Zu untersuchen sei das Integral $\displaystyle\int_{-\infty}^\infty |x|\,e^{-x^2}\,dx$. Zunächst ist

$$\int_{-\infty}^\infty |x|\,e^{-x^2}\,dx = -\int_{-\infty}^0 x\,e^{-x^2}\,dx + \int_0^\infty x\,e^{-x^2}\,dx = 2\int_0^\infty x\,e^{-x^2}\,dx$$

13.5 Uneigentliche Integrale

Die Substitution $u := x^2$ ergibt

$$\int_0^z x\,\mathrm{e}^{-x^2}\,\mathrm{d}x \;=\; \frac{1}{2}\int_0^{z^2} \mathrm{e}^{-u}\,\mathrm{d}u \;=\; \frac{1}{2}\left(1 - \mathrm{e}^{-z^2}\right) \;\to\; \frac{1}{2} \quad (z \to \infty)$$

Insgesamt folgt somit: $\quad \displaystyle\int_{-\infty}^{\infty} |x|\,\mathrm{e}^{-x^2}\,\mathrm{d}x \;=\; 1\,.$

Bemerkung (13.5.3)

Für die Existenz des uneigentlichen Integrals $\int_{-\infty}^{\infty} f(x)\,\mathrm{d}x$ genügt es **nicht**, nur die Existenz des Grenzwertes $\lim\limits_{z\to\infty}\int_{-z}^{z} f(x)\,\mathrm{d}x$ nachzuweisen.

Dieser Grenzwert heißt – falls existent – der **Cauchysche Hauptwert** des uneigentlichen Integrals und wird mit $\mathrm{CHW}\int_{-\infty}^{\infty} f(x)\,\mathrm{d}x$ bezeichnet.

Er stimmt natürlich im Fall der Konvergenz des Integrals mit dem Integral überein. Jedoch kann umgekehrt der Cauchysche Hauptwert existieren, ohne dass das uneigentliche Integral konvergiert.

Analoges gilt für die Untersuchung einer Singularität c im Inneren des Integrationsbereichs $]a,b[$. Für die Existenz von $\int_a^b f(x)\,\mathrm{d}x$ genügt es wiederum i. Allg. nicht, dass der **Cauchysche Hauptwert**

$$\mathrm{CHW}\int_a^b f(x)\,\mathrm{d}x \;:=\; \lim_{\varepsilon\to 0+}\left[\int_a^{c-\varepsilon} f(x)\,\mathrm{d}x + \int_{c+\varepsilon}^b f(x)\,\mathrm{d}x\right]$$

existiert.

Im folgenden Satz fassen wir die wichtigsten Konvergenzkriterien für uneigentliche Integrale zusammen. Dabei beschränken wir uns auf den Fall des nach oben unbeschränkten Integrationsintervalls $[a,\infty[$.

Die Beweise zu diesen Konvergenzkriterien verlaufen ganz analog zu denen entsprechender Konvergenzkriterien für Reihen; vgl (8.4.2) und (8.4.7). Die Aussage a) des folgenden Satzes entspricht hierbei dem Cauchyschen Konvergenzkriterium, die Aussagen b), c) und d) folgen aus a).

Satz (13.5.4) (Konvergenzkriterien für uneigentliche Integrale)

Sei $f : [a,\infty[\,\to\mathbb{R}$ lokal integrierbar.

a) $\int_a^\infty f(x)\,\mathrm{d}x$ existiert genau dann, wenn gilt

$$\forall\,\varepsilon > 0:\; \exists\, C > a:\; \forall\, z_1, z_2 > C:\; \left|\int_{z_1}^{z_2} f(x)\,\mathrm{d}x\right| < \varepsilon\,.$$

b) **Absolute Konvergenz:**

Ein uneigentliches Integral heißt absolut konvergent, falls das Integral über $|f|$ konvergiert, also $\int_a^\infty |f(x)|\,dx < \infty$.

Aus der absoluten Konvergenz folgt die Konvergenz des uneigentlichen Integrals.

c) **Majorantenkriterium:**

$$\forall x : |f(x)| \leq g(x) \;\land\; \int_a^\infty g(x)\,dx \text{ konvergent}$$

$$\Rightarrow \int_a^\infty f(x)\,dx \text{ absolut konvergent}.$$

d) Gilt umgekehrt $\forall x: 0 \leq g(x) \leq f(x)$ und divergiert das uneigentliche Integral $\int_a^\infty g(x)\,dx$, so divergiert auch $\int_a^\infty f(x)\,dx$.

Bemerkung (13.5.5)

Es ist evident, dass sich die Konvergenzkriterien aus Satz (13.5.4) analog auf den Fall von Singularitäten an den Enden eines kompakten Intervall $[a,b]$ übertragen lassen.

Beispiel (13.5.6)

Das so genannte **Dirichlet-Integral**[54] $I = \int_0^\infty \dfrac{\sin t}{t}\,dt$ ist konvergent.

Nach dem Cauchy-Kriterium gilt nämlich mit $0 < z_1 < z_2$:

$$\int_{z_1}^{z_2} \frac{\sin t}{t}\,dt = -\frac{\cos t}{t}\Big|_{z_1}^{z_2} - \int_{z_1}^{z_2} \frac{\cos t}{t^2}\,dt,$$

und somit: $\left| \int_{z_1}^{z_2} \dfrac{\sin t}{t}\,dt \right| \leq \dfrac{1}{z_1} + \dfrac{1}{z_2} + \int_{z_1}^{z_2} \dfrac{dt}{t^2} = \dfrac{2}{z_1} \to 0 \;\; (z_1 \to \infty).$

Man kann zeigen, dass obiges Integral **nicht** absolut konvergiert. Es gilt:

$$\int_0^\infty \frac{\sin t}{t}\,dt = \frac{\pi}{2}.$$

---

[54]Gustav Peter Lejeune Dirichlet (1805–1859); Paris, Breslau, Berlin, Göttingen

Beispiel (13.5.7)

Das **Exponentialintegral** $\quad \mathrm{Ei}\,(x) := \int_{-\infty}^{x} \frac{\mathrm{e}^t}{t}\,\mathrm{d}t, \qquad x < 0$

ist für alle $x < 0$ absolut konvergent.
Wegen $\lim_{t \to -\infty} t\,\mathrm{e}^t = 0$ existiert ein $C > 0$ mit $|t\,\mathrm{e}^t| \le C$ für alle $t \in \,]-\infty, x]$.
Somit folgt

$$\left|\frac{\mathrm{e}^t}{t}\right| \;=\; \frac{|t\,\mathrm{e}^t|}{t^2} \;\le\; \frac{C}{t^2}$$

Aus der Konvergenz des Integrals $\int_{-\infty}^{x} \frac{1}{t^2}\,\mathrm{d}t$ folgt somit nach dem Majorantenkriterium die absolute Konvergenz von $\mathrm{Ei}\,(x)$, $x < 0$.

Beispiel (13.5.8)

Die **Gamma-Funktion** $\Gamma : \,]0, \infty[\, \to \mathbb{R}$ wird definiert durch

$$\Gamma(x) := \int_0^{\infty} \mathrm{e}^{-t}\, t^{x-1}\,\mathrm{d}t\,.$$

Für $0 < x < 1$ ist der Integrand bei $t = 0$ singulär. Die Konvergenz des Integrals (an der unteren Grenze) folgt dann aus dem Majorantenkriterium

$$\left|\mathrm{e}^{-t}\, t^{x-1}\right| \;\le\; t^{x-1}, \qquad 0 < t \le 1,$$

$$\implies \int_{\varepsilon}^{1} \left|\mathrm{e}^{-t}\, t^{x-1}\right|\mathrm{d}t \;\le\; \left.\frac{1}{x} t^x\right|_{\varepsilon}^{1} \;=\; \frac{1}{x}(1 - \varepsilon^x) \;\to\; \frac{1}{x} \qquad (\varepsilon \to 0+)\,.$$

Die Konvergenz bei $t = \infty$ zeigt man wie in (13.5.7). Wegen $\mathrm{e}^{-t}\, t^{x+1} \to 0\;(t \to \infty)$ ist

$$\left|\mathrm{e}^{-t}\, t^{x-1}\right| \;\le\; \frac{c}{t^2}, \qquad 1 \le t \le \infty\,.$$

Somit folgt die absolute Konvergenz von $\int_1^{\infty} \mathrm{e}^t\, t^{x-1}\,\mathrm{d}t$ nach dem Majorantenkriterium.

Bemerkung (13.5.9)

Die Gamma-Funktion genügt der *Funktionalgleichung*

$$\Gamma(x+1) \;=\; x\,\Gamma(x), \qquad x > 0,$$

Hieraus folgt insbesondere $\Gamma(n) = (n-1)!$, $\forall n \in \mathbb{N}$, d.h., die Gamma-Funktion ist eine Fortsetzung der Fakultät.
Mit Hilfe der angegebenen Funktionalgleichung lässt sich die Gamma-Funktion auf den Bereich $D_\Gamma = \mathbb{R} \setminus \{0, -1, -2, \ldots\}$ fortsetzen, vgl. Abb. 13.6.

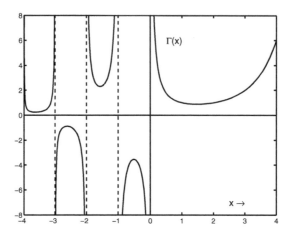

Abb. 13.6. Die Gamma-Funktion

13.6 Parameterabhängige Integrale

Wie für die soeben betrachtete Gamma-Funktion gibt es für viele spezielle Funktionen Integraldarstellungen, bei denen der Integrand selbst noch von der unabhängigen Variablen abhängt.

Für den Fall eigentlicher Integrale betrachten wir also Funktionen der Form

$$F(x) \;:=\; \int_a^b f(x,y)\,\mathrm{d}y\,, \qquad x \in I\,. \tag{13.6.1}$$

Dabei ist $I \subset \mathbb{R}$ ein Intervall, f eine Funktion $f : I \times [a,b] \to \mathbb{R}$, die bei festem Parameter $x \in I$ als Funktion von y über $[a,b]$ integrierbar sein möge.

Wir fragen nach der Stetigkeit und der Differenzierbarkeit der Funktion F, wobei wir voraussetzen wollen, dass der Integrand die entsprechende Eigenschaft besitzt. Zunächst überträgt sich die Stetigkeit des Integranden f auf diejenige von F.

Satz (13.6.2) (Stetigkeit parameterabhängiger Integrale)
Ist f auf $I \times [a,b]$ stetig, so existiert das Integral (13.6.1) für alle $x \in I$, und F ist auf I stetig.

Beweis

Sei $I_0 \subset I$ ein kompaktes Intervall und $x_0 \in I$. Die stetige Funktion f ist dann auf der

13.6 Parameterabhängige Integrale

kompakten Menge $I_0 \times [a,b]$ gleichmäßig stetig, vgl. (9.1.17). Daher gilt:

$$\forall \, \varepsilon > 0 : \ \exists \, \delta > 0 : \ \forall \, x, \, x_0 \in I_0, \ y \in [a,b] :$$
$$|x - x_0| < \delta \ \Rightarrow \ |f(x,y) - f(x_0,y)| < \varepsilon \, .$$

Ist zu vorgegebenem $\varepsilon > 0$ nun $|x - x_0| < \delta$, so folgt:

$$|F(x) - F(x_0)| \ = \ \left| \int_a^b (f(x,y) - f(x_0,y)) \, \mathrm{d}y \right|$$

$$\leq \ \int_a^b |f(x,y) - f(x_0,y)| \, \mathrm{d}y \ < \ \varepsilon \, (b - a) \, .$$

Hiermit ist die Stetigkeit von F gezeigt. ∎

Auf analoge Weise lässt sich die stetige Differenzierbarkeit von F beweisen, wenn man voraussetzt, dass der Integrand $f(x,y)$ stetig und nach der Variablen x **stetig partiell differenzierbar** ist. Genauer heißt dies: $f(x,y)$ soll bei (beliebigem) festem $y \in [a,b]$ als Funktion von x differenzierbar sein und die (partielle) Ableitung, welche mit $(\partial f / \partial x)(x,y)$ bezeichnet wird, soll eine stetige Funktion auf $I \times [a,b]$ sein, vgl. dazu (10.4.12) und den späteren Abschnitt 17.1.

Weiter lässt sich zeigen, dass die Differentiation von F dann unter dem Integral (als partielle Ableitung nach x) durchgeführt werden kann. In diesem Sinn sind also Differentiation und Integration vertauschbar.

Satz (13.6.3) (Differenzierbarkeit parameterabhängiger Integrale)
Ist f stetig und nach x stetig partiell differenzierbar, so ist auch F auf dem Intervall I stetig differenzierbar (mit eventuell einseitigen Ableitungen an den Rändern von I), und es gilt:

$$F'(x) \ = \ \int_a^b \frac{\partial f}{\partial x}(x,y) \, \mathrm{d}y, \quad x \in I \, .$$

Beweis
Für $x, x_0 \in I$, $x \neq x_0$, folgt mit dem Mittelwertsatz (10.1.8):

$$\frac{F(x) - F(x_0)}{x - x_0} \ = \ \int_a^b \frac{f(x,y) - f(x_0,y)}{x - x_0} \, \mathrm{d}y$$

$$= \ \int_a^b \frac{\partial f}{\partial x}(x_0 + \Theta (x - x_0), y) \, \mathrm{d}y \, ,$$

wobei $\Theta = \Theta(x,y,x_0) \in \,]0,1[$. Nach Satz (13.6.2) ist $G(x) := \int_a^b \frac{\partial f}{\partial x}(x,y) \, \mathrm{d}y$ eine stetige Funktion auf I.

Bei festem $x_0 \in I$ folgt daher für $x \to x_0$:

$$F'(x_0) \;=\; \lim_{x \to x_0} \frac{F(x) - F(x_0)}{x - x_0} \;=\; \int_a^b \frac{\partial f}{\partial x}(x_0, y)\,\mathrm{d}y\,. \qquad \blacksquare$$

Beispiele (13.6.4)

a) $\qquad F(x) := \displaystyle\int_1^\pi \frac{\sin(t\,x)}{t}\,\mathrm{d}t \;\;\Rightarrow\;\; F'(x) = \int_1^\pi \cos(t\,x)\,\mathrm{d}t$

b) Für die **Bessel-Funktion**[55], auch **Zylinderfunktion erster Art** genannt,

$$J_n(x) \;:=\; \frac{1}{\pi}\int_0^\pi \cos(x\sin t - n\,t)\,\mathrm{d}t, \qquad n \in \mathbb{Z} \qquad (13.6.5)$$

findet man mit Satz (13.6.3): J_n ist eine C^∞-Funktion auf $\mathbb{R}$ mit

$$J_n'(x) \;=\; -\frac{1}{\pi}\int_0^\pi \sin t \cdot \sin(x\sin t - n\,t)\,\mathrm{d}t$$

$$J_n''(x) \;=\; -\frac{1}{\pi}\int_0^\pi \sin^2 t \cdot \cos(x\sin t - n\,t)\,\mathrm{d}t\,.$$

Mit etwas Rechnung (partielle Integration!) zeigt man hiermit, dass die Bessel-Funktion J_n eine Lösung der folgenden **Besselschen Differentialgleichung** ist

$$x^2\,y''(x) \;+\; x\,y'(x) \;+\; (x^2 - n^2)\,y(x) \;=\; 0\,. \qquad (13.6.6)$$

Die Bessel-Funktionen spielen eine zentrale Rolle bei vielen technischen Vorgängen mit Zylindersymmetrie. Man vergleiche hierzu auch den entsprechenden Abschnitt in Band 2.

In der Abbildung 13.7 sind die Bessel-Funktionen $J_n(x)$, $n = 0, 1, 2, 4$ dargestellt.

Bemerkung (13.6.7)

Mitunter treten parameterabhängige Integrale auf, bei denen der Parameter x nicht nur im Integranden, sondern auch in den Integralgrenzen vorkommt.

Dieser Fall lässt sich mittels des Hauptsatzes (13.3.3) und der allgemeinen Kettenregel für Funktionen mehrerer Veränderlicher, vgl. Abschnitt 17, auf den gerade behandelten Fall in (13.6.3) zurückführen. Man erhält, sofern man die stetige Differenzierbarkeit der auftretenden Funktionen voraussetzt, die folgende Beziehung ($x \in I$).

$$\frac{\mathrm{d}}{\mathrm{d}x}\int_{a(x)}^{b(x)} f(x,y)\,\mathrm{d}y \;=\; f(x,b(x))\cdot b'(x) \;-\; f(x,a(x))\cdot a'(x) \;+\; \int_{a(x)}^{b(x)} \frac{\partial f}{\partial x}(x,y)\,\mathrm{d}y\,.$$

---

[55] Friedrich Wilhelm Bessel (1784–1846); Königsberg

13.6 Parameterabhängige Integrale

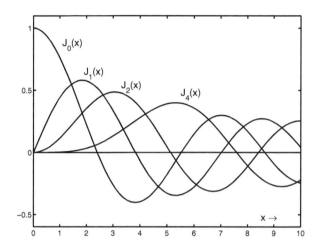

Abb. 13.7. Die Bessel-Funktionen J_n, $j = 0, 1, 2, 4$

Für **uneigentliche parameterabhängige Integrale** gelten analoge Aussagen zu den Sätzen (13.6.2) und (13.6.3), sofern die auftretenden Integrale gleichmäßig konvergieren. Wir betrachen o.B.d.A. die Situation:

$$F(x) := \int_a^\infty f(x,y)\,dy, \qquad x \in I, \tag{13.6.8}$$

mit einer für festes $x \in I$ über $[a, \infty[$ integrierbaren Funktion $f(x,y)$.

Definition (13.6.9)

Das Integral $\int_a^\infty f(x,y)\,dy$, $x \in I$, heißt **gleichmäßig konvergent**, falls es zu jedem $\varepsilon > 0$ eine Konstante $K > a$ gibt, so dass gilt

$$\forall\, x \in I: \ \forall\, y_1, y_2 \geq K: \ \left| \int_{y_1}^{y_2} f(x,y)\,dy \right| < \varepsilon\,.$$

Bemerkung (13.6.10) (Majorantenkriterium)

Analog zu (13.5.4) gilt: Das uneigentliche Integral $\int_a^\infty f(x,y)\,dy$ konvergiert gleichmäßig und absolut, falls f eine gleichmäßige Majorante besitzt, also

$$\forall\, x, y: \ |f(x,y)| \leq g(y) \ \land \ \int_a^\infty g(y)\,dy \ \text{konvergent}$$

$$\Rightarrow \ \int_a^\infty f(x,y)\,dy, \quad x \in I, \quad \text{gleichmäßig konvergent}\,.$$

Satz (13.6.11)

Ist $f(x,y)$ stetig und nach x stetig partiell differenzierbar und sind die Integrale

$$\int_a^\infty f(x,y)\,\mathrm{d}y \quad \text{und} \quad \int_a^\infty \frac{\partial f}{\partial x}(x,y)\,\mathrm{d}y$$

auf allen kompakten Teilmengen von I gleichmäßig konvergent, so ist auch F stetig differenzierbar, und die Ableitung lässt sich durch Differentiation unter dem Integralzeichen gewinnen:

$$F'(x) \;=\; \int_a^\infty \frac{\partial f}{\partial x}(x,y)\,\mathrm{d}y\,.$$

Beispiel (13.6.12)

Nach obigem Satz und den in (13.5.8) dargelegten Abschätzungen ist die Gamma-Funktion stetig differenzierbar und die Ableitung lässt sich wie folgt berechnen:

$$\Gamma(x) \;=\; \int_0^\infty \mathrm{e}^{-t}\, t^{x-1}\,\mathrm{d}t \quad \Rightarrow \quad \Gamma'(x) \;=\; \int_0^\infty \mathrm{e}^{-t}\, t^{x-1} \cdot \ln t\,\mathrm{d}t\,.$$

14 Anwendungen der Integralrechnung

14.1 Rotationskörper

Volumen

Zur Volumenberechnung eines Körpers denken wir uns den Körper approximiert durch parallele Zylinderscheiben, wobei die Schnittflächen jeweils o.B.d.A. parallel zur y,z-Ebene ausgerichtet seien und ihre Position gegeben ist durch eine Zerlegung des x-Bereichs:
$$Z = \{a = x_0 < x_1 < \ldots < x_n = b\}.$$

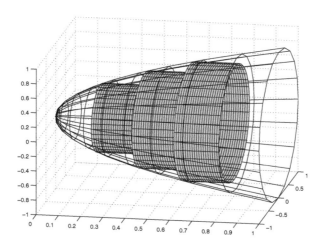

Abb. 14.1. Approximation eines Volumens durch Zylinder

Bezeichnet $Q(x_i)$ die Querschnittsfläche, also den Schnitt des Körpers mit der Ebene $x = x_i$, so lautet das Ersatzvolumen:
$$V(Z) = \sum_{i=0}^{n-1} Q(x_i)(x_{i+1} - x_i). \qquad (14.1.1)$$

Es ist anschaulich klar, dass die Approximationen $V(Z_m)$ für eine Folge von Zerlegungen Z_m mit $\|Z_m\| \to 0$ $(m \to \infty)$ gegen das gesuchte Volumen „konvergieren" werden. Für eine genauere Definition des Volumenbegriffs vergleiche man den entsprechenden Abschnitt in Band 2.

Andererseits ist $V(Z)$ nach (14.1.1) eine Riemannsche Summe für die Funktion $Q(x)$, und wir haben als Grenzwert (die Konvergenz sei vorausgesetzt):
$$V = \int_a^b Q(x)\,\mathrm{d}x. \qquad (14.1.2)$$

Folgerung (14.1.3)

Es gilt das so genannte **Prinzip von Cavalieri**[56]: Haben zwei Körper für alle x jeweils die gleiche Querschnittsfläche $Q(x)$, so sind ihre Volumina gleich.

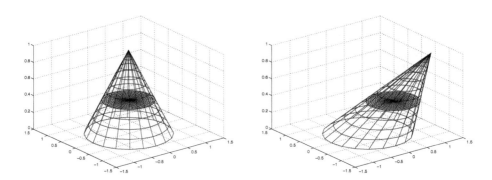

Abb. 14.2. Prinzip von Cavalieri

Betrachtet man nun speziell Rotationskörper, die duch Rotation eines Funktionsgraphen $y = f(x)$ um die x-Achse entstehen, so lautet die Querschnittsfläche

$$Q(x) = \pi \, (f(x))^2, \qquad (14.1.4)$$

und somit ergibt sich die Volumenformel:

$$V_{\text{Rot}} = \pi \int_a^b (f(x))^2 \, dx. \qquad (14.1.5)$$

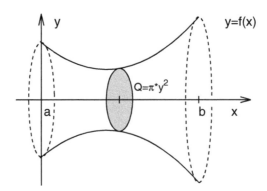

Abb. 14.3. Volumen eines Rotationskörpers

---
[56]Bonaventura Cavalieri (1598–1647); Bologna

Beispiel (14.1.5) (Rotationsellipsoid)
Durch Rotation der Ellipse
$$\frac{x^2}{a^2} + \frac{y^2}{b^2} = 1, \qquad a,b > 0,$$
um die x-Achse erhält man ein Rotationsellipsoid mit dem Volumen
$$V_{\text{Rot}} = \pi \int_{-a}^{a} \left(b \sqrt{1 - \left(\frac{x}{a}\right)^2} \right)^2 dx = \pi b^2 \int_{-a}^{a} \left(1 - \frac{x^2}{a^2}\right) dx = \frac{4}{3} \pi a b^2.$$
Speziell für $a = b = r$ ergibt sich das Volumen einer Kugel:
$$V_{\text{Kugel}} = \frac{4}{3} \pi r^3.$$

Mantelfläche
Wir approximieren die Mantelfläche eines Rotationskörpers durch die Mantelflächen von Kegelstümpfen.

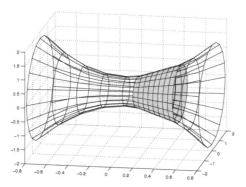

Abb. 14.4. Mantelfläche eines Rotationskörpers

Zunächst bestimmen wir die Mantelfläche eines geraden **Kreiskegels**. Es bezeichne r den Radius des Grundkreises und ℓ die Mantellinie des Kegels. Durch „Aufrollen" des Kegelmantels lässt sich dieser als Kreissektor mit Radius ℓ und Kreisbogen $2\pi r$ darstellen. Damit ergibt sich für die Mantelfläche:
$$M = \pi r \ell.$$

Für einen **Kegelstumpf** erhält man hieraus mittels des Strahlensatzes $r_1 : \ell_1 = r_2 : \ell_2$ die folgende Mantelfläche, vgl. Abb. 14.5,
$$M = \pi r_1 \ell_1 - \pi r_2 \ell_2 = \pi (r_1 \ell_1 + r_2 \ell_1 - r_2 \ell_1 - r_2 \ell_2)$$
$$= \pi (r_1 \ell_1 + r_2 \ell_1 - r_1 \ell_2 - r_2 \ell_2) = \pi (r_1 + r_2)(\ell_1 - \ell_2)$$
$$= \pi (r_1 + r_2) \ell.$$

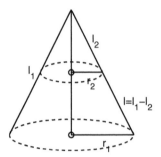

Abb. 14.5. Mantelfläche eines Kegelstumpfes

Mit den Abkürzungen $y_i := f(x_i)$, $\Delta x_i := x_{i+1} - x_i$ und $\Delta y_i := y_{i+1} - y_i$ ergibt sich schließlich für die Summe der Kegelstumpf-Mantelflächen der folgende Ausdruck:

$$M(Z) = \sum_{i=0}^{n-1} \pi (y_i + y_{i+1}) \sqrt{\Delta x_i^2 + \Delta y_i^2}$$

$$= 2\pi \sum_{i=0}^{n-1} \frac{y_i + y_{i+1}}{2} \sqrt{1 + \left(\frac{\Delta y_i}{\Delta x_i}\right)^2} \Delta x_i.$$

Ist die Funktion $y = f(x)$ nun stetig differenzierbar, so liegt die Mantelsumme $M(Z)$ offensichtlich zwischen Untersumme und Obersumme der Funktion $2\pi y \sqrt{1 + y'^2}$. $M(Z_m)$ konvergiert daher für eine Folge von Zerlegungen mit $\|Z_m\| \to 0$ gegen das Integral

$$M_{\text{Rot}} = 2\pi \int_a^b y(x) \sqrt{1 + (y'(x))^2} \, dx. \qquad (14.1.6)$$

Beispiel (14.1.7) (Oberfläche einer Kugel)

Für eine Kugel mit Radius r ergibt sich aus (14.1.6) mit $y = f(x) = \sqrt{r^2 - x^2}$:

$$O_{\text{Kugel}} = 2\pi \int_{-r}^{r} \sqrt{r^2 - x^2} \, \frac{r}{\sqrt{r^2 - x^2}} \, dx = 2\pi r \int_{-r}^{r} dx = 4\pi r^2.$$

14.2 Kurven und Bogenlänge

Definition (14.2.1)

a) Eine stetige Funktion $\mathbf{c} : [a,b] \to \mathbb{R}^n$ heißt eine **Kurve** im $\mathbb{R}^n$, genauer auch die **Parameterdarstellung einer Kurve**.

$\mathbf{c}(a)$ heißt der **Anfangspunkt**, $\mathbf{c}(b)$ der **Endpunkt** der Kurve $\mathbf{c}$.

Eine Kurve $\mathbf{c}$ heißt **geschlossen**, falls $\mathbf{c}(a) = \mathbf{c}(b)$ gilt.

b) Ist die Abbildung $\mathbf{c} : [a,b] \to \mathbb{R}^n$ eine C^1-Abbildung, d.h., jede Koordinatenfunktion c_j von $\mathbf{c} = (c_1, \ldots, c_n)^T$ ist stetig differenzierbar, so heißt $\mathbf{c}$ eine C^1-**Kurve**.

$\mathbf{c}$ heißt eine **stückweise** C^1-**Kurve**, falls es eine Zerlegung $a = t_0 < t_1 < \ldots < t_m = b$ gibt, so dass $\mathbf{c}$ auf jedem Teilintervall $[t_j, t_{j+1}]$ eine C^1-Funktion ist (einseitige Ableitungen an den Intervallenden!).

c) Eine C^1-Kurve $\mathbf{c}$ heißt **glatt**, falls gilt

$$\forall\, t \in [a,b]: \quad \mathbf{c}'(t) = (c_1'(t), \ldots, c_n'(t))^T \neq \mathbf{0}.$$

Beispiele (14.2.2)

a) Die Kurve $\mathbf{c}(t) := (\cos t, \sin t)^T$, $t \in [0, 2\pi]$, beschreibt einen **Kreis** im $\mathbb{R}^2$.

b) Die Kurve
$$\mathbf{c}(t) = (r\,t - a \sin t,\, r - a \cos t)^T, \qquad t \in \mathbb{R},$$
beschreibt eine **Zykloide**. Wegen $\mathbf{c}'(t) = (r - a \cos t,\, a \sin t)^T$ ist die Kurve im Fall $r = a$ an den Stellen $t = 2\pi k$, $k \in \mathbb{Z}$, nicht glatt! In allen anderen Fällen ist die Zykloide glatt.

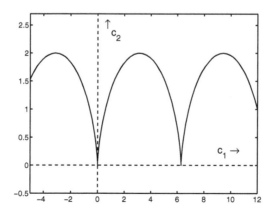

Abb. 14.6. Zykloide

c) Die Kurve
$$\mathbf{c}(t) = (\, r\, \cos(2\pi t)\,,\, r\, \sin(2\pi t)\,,\, h\, t\,)^\mathrm{T}, \quad t \in \mathbb{R},$$
beschreibt eine **Schraubenlinie** mit Radius $r > 0$ und „Ganghöhe" h.

Ist $\mathbf{c} : [a, b] \to \mathbb{R}^n$ eine Kurve und $h : [\alpha, \beta] \to [a, b]$ eine stetige, bijektive und monoton wachsende Abbildung, so hat die „neue" Kurve $\tilde{\mathbf{c}}(\tau) := \mathbf{c}(h(\tau))$, $\alpha \leq \tau \leq \beta$, gleiche Gestalt und gleichen Durchlaufsinn wie die Kurve $\mathbf{c}$.
Man nennt $t = h(\tau)$ daher einen **Parameterwechsel** bzw. eine **Umparametrisierung**. Kurven, die durch Parameterwechsel auseinander hervorgehen, werden als gleich angesehen.
Im Fall einer C^1-Kurve $\mathbf{c}$ (oder einer stückweisen C^1-Kurve) werden auch nur C^1-Funktionen $h : [\alpha, \beta] \to [a, b]$ mit $h'(\tau) > 0$ als Parameterwechsel zugelassen (C^1-**Parameterwechsel**).
Jede stetige Funktion $y = f(x)$, $a \leq x \leq b$ lässt sich auch als eine Kurve auffassen:
$$\mathbf{c}(x) := (x, f(x))^\mathrm{T}, \quad a \leq x \leq b,$$
oder: $\quad \mathbf{c}(t) := (\, a + t(b - a),\, f(a + t(b - a))\,)^\mathrm{T}, \quad 0 \leq t \leq 1.$

Bogenlänge einer Kurve

Zur Bestimmung der Bogenlänge einer Kurve $\mathbf{c}(t)$, $a \leq t \leq b$, wird diese durch einen Kantenzug (Polygonzug) approximiert:

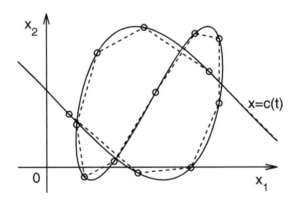

Abb. 14.7. Approximation durch Polygonzug

Man setzt also zu einer vorgegebenen Zerlegung $Z = \{a = t_0 < t_1 < \ldots < t_m = b\}$ des Intervalls $[a, b]$
$$L(Z) := \sum_{j=0}^{m-1} \| \mathbf{c}(t_{j+1}) - \mathbf{c}(t_j) \|_2 \,. \qquad (14.2.3)$$

Da die gerade Verbindung zweier Punkte zugleich die kürzeste Verbindung ist, ist anschaulich klar, dass $L(Z)$ stets kleiner gleich der tatsächlichen Länge der Kurve $\mathbf{c}$ ist,

14.2 Kurven und Bogenlänge

dass aber auch $L(Z)$ für $\|Z\| \to 0$ gegen diese Länge „konvergieren" wird. Genauer wird definiert:

Definition (14.2.4)

Ist die Menge $\{L(Z) : Z \in \mathbf{Z}[a,b]\}$ nach oben beschränkt, so heißt die Kurve **c** **rektifizierbar** und

$$L(\mathbf{c}) := \sup\{L(Z) : Z \in \mathbf{Z}[a,b]\} = \lim_{\|Z\|\to 0} L(Z)$$

heißt **die Länge der Kurve c**.

Satz (14.2.5)

Jede C^1-Kurve **c** ist rektifizierbar, und für die Länge von **c** gilt

$$L(\mathbf{c}) = \int_a^b \|\mathbf{c}'(t)\|_2 \, dt.$$

Beweis

Für $L(Z)$ hat man die Darstellung

$$L(Z) = \sum_{j=0}^{m-1} \Big(\sum_{k=1}^{n} (c_k(t_{j+1}) - c_k(t_j))^2 \Big)^{1/2} = \sum_{j=0}^{m-1} \Big(\sum_{k=1}^{n} (c_k'(\tau_{k_j}))^2 \Big)^{1/2} (t_{j+1} - t_j)$$

mit $t_j \leq \tau_{k_j} \leq t_{j+1}$ (Mittelwertsatz!).
Dies vergleicht man nun mit der folgenden Riemannschen Summe für das Integral der Behauptung:

$$R(Z) = \sum_{j=0}^{m-1} \Big(\sum_{k=1}^{n} (c_k'(t_j))^2 \Big)^{1/2} (t_{j+1} - t_j).$$

Die Differenz dieser beiden Ausdrücke lässt sich abschätzen.
Hierzu verwendet man die gleichmäßige Stetigkeit der Funktionen $c_k'(t)$:

$$\forall \varepsilon > 0 : \exists \delta > 0 : |\tilde{t} - t| < \delta \implies \forall k : |c_k'(\tilde{t}) - c_k'(t)| < \varepsilon.$$

Gilt nun für vorgegebenes $\varepsilon > 0$: $\|Z\| < \delta$, so folgt hiermit:

$$|L(Z) - R(Z)| = \Big| \sum_{j=0}^{m-1} \big(\|(c_k'(\tau_{k_j}))\| - \|(c_k'(t_j))\| \big) (t_{j+1} - t_j) \Big|$$

$$\leq \sum_{j=0}^{m-1} \| \big(c_k'(\tau_{k_j}) - c_k'(t_j) \big) \| (t_{j+1} - t_j)$$

$$\leq \sqrt{n} \cdot \varepsilon \cdot (b - a) \to 0 \quad (\varepsilon \to 0+).$$

Damit hat man insgesamt:

$$L(Z) \;\to\; \int_a^b \|\mathbf{c}'(t)\| \, dt \quad (\|Z\| \to 0).$$
∎

Beispiel (14.2.6)

Für den Zykloidenbogen:

$$\mathbf{c}(t) \;=\; (\, r\,(t - \sin t),\; r\,(1 - \cos t)\,)^{\mathrm{T}}, \quad 0 \le t \le 2\pi,$$

erhält man

$$\mathbf{c}'(t) \;=\; (r\,(1 - \cos t),\; r\,\sin t)^{\mathrm{T}}$$

$$\|\mathbf{c}'(t)\| \;=\; r\,\sqrt{(1 - \cos t)^2 + \sin^2 t} \;=\; 2\,r\,\sin(t/2)$$

$$L(\mathbf{c}) \;=\; 2\,r \int_0^{2\pi} \sin(t/2) \, dt \;=\; 8\,r.$$

Bemerkung (14.2.7)

Die Bogenlänge einer C^1-Kurve $\mathbf{c}$ ist parametrisierungsinvariant!
Für einen C^1-Parameterwechsel $h : [\alpha, \beta] \to [a, b]$ gilt nämlich mit der Substitutionsregel:

$$L(\mathbf{c} \circ h) \;=\; \int_\alpha^\beta \|\mathbf{c}'(h(\tau))\,h'(\tau)\| \, d\tau \;=\; \int_\alpha^\beta \|\mathbf{c}'(h(\tau))\| \cdot h'(\tau) \, d\tau \;=\; \int_a^b \|\mathbf{c}'(t)\| \, dt \;=\; L(\mathbf{c}).$$

Definition (14.2.8)

a) Sei $\mathbf{c} : [a, b] \to \mathbb{R}^n$ eine C^1-Kurve. Die Funktion

$$S(t) \;:=\; \int_a^t \|\mathbf{c}'(\tau)\| \, d\tau, \quad a \le t \le b,$$

heißt die **Bogenlängenfunktion** von $\mathbf{c}$.

b) Ist $\mathbf{c}$ eine glatte C^1-Kurve, so ist die Bogenlängenfunktion $S : [a, b] \to [0, L(\mathbf{c})]$ ein C^1-Parameterwechsel. Insbesondere existiert die Umkehrabbildung S^{-1} und diese ist ebenfalls ein C^1-Parameterwechsel: $t = S^{-1}(s),\; 0 \le s \le L(\mathbf{c})$.

Die folgende Parametrisierung der Kurve $\mathbf{c}$:

$$\tilde{\mathbf{c}}(s) \;:=\; \mathbf{c}(S^{-1}(s)), \quad 0 \le s \le L(\mathbf{c}),$$

heißt daher die **Parametrisierung nach der Bogenlänge**.

Bemerkung (14.2.9)

a) Für die Parametrisierung von **c** nach der Bogenlänge gilt

$$\tilde{\mathbf{c}}'(s) = \mathbf{c}'(S^{-1}(s)) \cdot \frac{1}{\|\mathbf{c}'(S^{-1}(s))\|}.$$

Dies ist ein **Einheitsvektor**, d.h., die Parametrisierung ist derart, dass die Kurve **c** mit konstanter Geschwindigkeit 1 (dem Betrag nach) durchlaufen wird.

b) Da $\|\tilde{\mathbf{c}}'(s)\| = 1$ gilt, ist $\tilde{\mathbf{c}}'(s)$ zugleich der **Einheitstangentenvektor**.

Durch Differentiation der Identität $\langle \tilde{\mathbf{c}}'(s), \tilde{\mathbf{c}}'(s) \rangle = 1$ nach der Bogenlänge findet man:

$$\langle \tilde{\mathbf{c}}''(s), \tilde{\mathbf{c}}'(s) \rangle = 0,$$

d.h., der bezüglich der Bogenlänge berechnete **Beschleunigungsvektor** $\tilde{\mathbf{c}}''(s)$ steht senkrecht auf dem Geschwindigkeitsvektor.

$$\mathbf{n}(s) := \frac{\tilde{\mathbf{c}}''(s)}{\|\tilde{\mathbf{c}}''(s)\|}, \quad 0 \leq s \leq L(\mathbf{c}), \tag{14.2.10}$$

heißt der **Hauptnormalenvektor** der Kurve $\mathbf{c}(t)$;

$$\kappa(s) := \|\tilde{\mathbf{c}}''(s)\|, \quad 0 \leq s \leq L(\mathbf{c}), \tag{14.2.11}$$

heißt die **Krümmung** der Kurve $\mathbf{c}(t)$.

Schließlich heißt die von $\tilde{\mathbf{c}}'(s)$ und $\tilde{\mathbf{c}}''(s)$ aufgespannte Ebene durch $\tilde{\mathbf{c}}(s)$ die **Schmiegebene** der Kurve $\mathbf{c}(t)$ im Punkt $t = S^{-1}(s)$.

Einige Parametrisierungen (14.2.12)

a) Für einen Funktionsgraphen $y = y(x)$ im $\mathbb{R}^2$ lässt sich folgende Parametrisierung verwenden:

$$\mathbf{c}(x) = (x, y(x))^T, \quad a \leq x \leq b,$$

$$\mathbf{c}'(x) = (1, y'(x))^T$$

$$ds = \sqrt{1 + (y'(x))^2} \, dx \quad \text{(Bogenlängenelement)}$$

$$L(\mathbf{c}) = \int_a^b \sqrt{1 + (y'(x))^2} \, dx$$

$$\kappa(x) = \frac{|y''(x)|}{\sqrt{1 + (y'(x))^2}^3}.$$

b) Eine analoge Parametrisierung hat man für einen Funktionsgraphen $y = y(x)$, $z = z(x)$ im $\mathbb{R}^3$:

$$\mathbf{c}(x) = (x, y(x), z(x))^{\mathrm{T}}, \quad a \leq x \leq b,$$

$$\mathbf{c}'(x) = (1, y'(x), z'(x))^{\mathrm{T}}$$

$$\mathrm{d}s = \sqrt{1 + y'(x)^2 + z'(x)^2} \, \mathrm{d}x$$

$$L(\mathbf{c}) = \int_a^b \sqrt{1 + (y'(x))^2 + (z'(x))^2} \, \mathrm{d}x$$

$$\kappa(x) = \frac{\sqrt{(1 + y'^2 + z'^2)(y''^2 + z''^2) - (y'y'' + z'z'')^2}}{\sqrt{1 + y'^2 + z'^2}^3}.$$

c) **Polarkoordinaten im $\mathbb{R}^2$**: ($r = r(t)$, $\varphi = \varphi(t)$)

$$\mathbf{c}(t) = (r \cos \varphi, r \sin \varphi)^{\mathrm{T}}$$

$$L(\mathbf{c}) = \int_a^b \sqrt{r'^2 + r^2 \varphi'^2} \, \mathrm{d}t$$

d) **Kugelkoordinaten im $\mathbb{R}^3$**: ($r = r(t)$, $\varphi = \varphi(t)$, $\psi = \psi(t)$)

$$\mathbf{c}(t) = (r \cos \varphi \cos \psi, r \sin \varphi \cos \psi, r \sin \psi)^{\mathrm{T}}$$

$$L(\mathbf{c}) = \int_a^b \sqrt{r'^2 + r^2 \varphi'^2 \cos^2 \psi + r^2 \psi'^2} \, \mathrm{d}t.$$

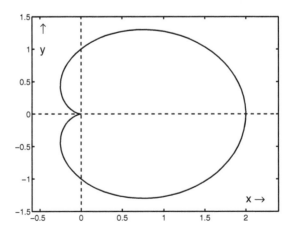

Abb. 14.8. Kardioide

Beispiel (14.2.13)

Die **Herzlinie** oder **Kardioide** hat die Polarkoordinaten-Darstellung:
$$r = a\left(1 + \cos\varphi\right), \quad a > 0, \ 0 \le \varphi \le 2\pi.$$

Für die Länge der Kardioide (Umfang) findet man:
$$L(\mathbf{c}) = \int_0^{2\pi} \sqrt{a^2 \sin^2\varphi + a^2(1+\cos\varphi)^2}\, d\varphi = 2a \int_0^{2\pi} \left|\cos\frac{\varphi}{2}\right| d\varphi = 8a.$$

Die von einer Kurve umschlossene Fläche

Gegeben sei eine ebene C^1-Kurve $\mathbf{c}: [a,b] \to \mathbb{R}^2$. Wir fragen nach der Fläche, die der Ortsvektor $\mathbf{c}(t)$ im Zeitintervall $[a,b]$ überstreicht.

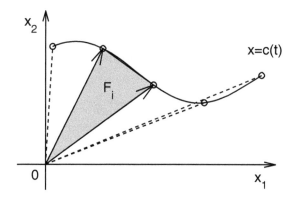

Abb. 14.9. Vom Ortsvektor überstrichene Fläche

Zur Berechnung der gesuchten Fläche arbeiten wir wieder mit einer Zerlegung $Z = \{t_0 < t_1 < \ldots < t_m\}$ des Intervalls $[a,b]$ und approximieren die Fläche durch eine Summe von Dreiecksflächen.

Für ein einzelnes Dreieck hat man die Teilfläche, vgl. (3.1.23):
$$|F_i| = \frac{1}{2}\|\mathbf{c}(t_i) \times \mathbf{c}(t_{i+1})\| = \frac{1}{2}|x_i y_{i+1} - x_{i+1} y_i|.$$

Damit ergibt sich für die Summe der Dreiecke (Vorzeichen berücksichtigt):
$$F(Z) = \frac{1}{2} \sum_{i=0}^{m-1} (x_i y_{i+1} - x_{i+1} y_i)$$
$$= \frac{1}{2} \sum_{i=0}^{m-1} \frac{x_i y_{i+1} - x_{i+1} y_i}{t_{i+1} - t_i} \Delta t_i$$
$$= \frac{1}{2} \sum_{i=0}^{m-1} \left(x_i \frac{y_{i+1} - y_i}{t_{i+1} - t_i} - \frac{x_{i+1} - x_i}{t_{i+1} - t_i} y_i\right) \Delta t_i.$$

350   14 Anwendungen der Integralrechnung

Mit einer analogen Überlegung wie im Beweis von Satz (14.2.5) findet man, dass die Dreieckssumme $F(Z)$ für hinreichend feine Zerlegungen Z beliebig wenig von der Riemannschen Summe

$$R(Z) = \frac{1}{2} \sum_{i=0}^{m-1} \left(x_i y_i' - x_i' y_i \right) \Delta t_i$$

abweicht.

Als Grenzwert für $\|Z\| \to 0$ erhält man somit für die von der Kurve **c** überstrichene Fläche:

$$F(\mathbf{c}) = \frac{1}{2} \int_a^b \left(x(t) y'(t) - x'(t) y(t) \right) dt. \qquad (14.2.14)$$

Man beachte, dass $F(\mathbf{c})$ positiv oder negativ ist, je nachdem, ob **c** die Fläche im mathematisch positiven oder negativen Sinn umläuft.

Bei einer geschlossenen Kurve erhält man mit (14.2.14) den Inhalt der von ihr umschlossenen Fläche.

Beispiel (14.2.15) (Die Archimedische Spirale)[57]

Eine Parametrisierung der Archimedischen Spirale ist gegeben durch:

$$x(\varphi) := a\,\varphi \cos\varphi, \quad y(\varphi) := a\,\varphi \sin\varphi, \quad a > 0, \quad \varphi \in \mathbb{R}.$$

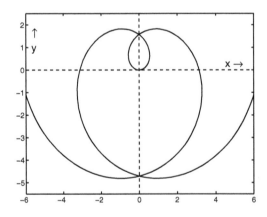

Abb. 14.10.   Die Archimedische Spirale

Wir bestimmen Umfang und Fläche der innersten Schleife. Zunächst zum Umfang: Mit (14.2.12) folgt:

$$L(\mathbf{c}) = \int_{-\pi/2}^{\pi/2} \sqrt{a^2 + a^2 \varphi^2}\, d\varphi = \frac{a}{2} \left[\varphi\sqrt{1+\varphi^2} + \ln\left(\varphi + \sqrt{1+\varphi^2}\right) \right]\Big|_{-\pi/2}^{\pi/2} \approx 4.158\, a.$$

---
[57]Archimedes (ca. 287–212 v.Chr.); Syrakus

14.3 Kurvenintegrale

Zur Berechnung der Fläche nutzen wir aus, dass allgemein in Polarkoordinaten-Darstellung ($x(t) = r(t)\cos\varphi(t)$, $y(t) = r(t)\sin\varphi(t)$) gilt:

$$x\,y' - x'\,y = r^2\,\varphi'. \tag{14.2.16}$$

Hiermit folgt für die Fläche der innersten Schleife:

$$F = \frac{1}{2}\int_{-\pi/2}^{\pi/2} r^2\,d\varphi = \frac{a^2}{2}\int_{-\pi/2}^{\pi/2} \varphi^2\,d\varphi \approx 1.292\,a^2.$$

14.3 Kurvenintegrale

Wir betrachten die folgende Aufgabe: Gegeben sei ein krummliniger, eventuell inhomogen mit Masse belegter Draht. Wir wollen durch Integration die Gesamtmasse des Drahtes bestimmen.

Die Lage des Drahtes werde durch eine C^1-Kurve $\mathbf{x} = \mathbf{c}(t)$, $a \leq t \leq b$, beschrieben. Im Punkt $\mathbf{x} = \mathbf{c}(t)$ habe der Draht die ortsabhängige Massendichte:

$$\rho(\mathbf{x}) = \frac{\text{Masse}}{\text{Längeneinheit}}$$

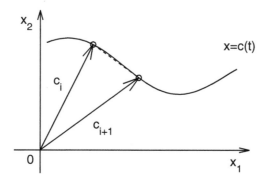

Abb. 14.11. Gesamtmasse eines massebelegten Drahtes

Wir betrachten wieder eine Zerlegung des Zeitintervalls und approximieren die Dichte auf dem Drahtstück $\mathbf{c}(t_i)$, $\mathbf{c}(t_{i+1})$ durch den konstanten Wert $\rho(\mathbf{c}(t_i))$, und die Länge des Drahtstücks zwischen $\mathbf{c}(t_i)$ und $\mathbf{c}(t_{i+1})$ durch $\|\mathbf{c}(t_{i+1}) - \mathbf{c}(t_i)\|_2$.

Auf diese Weise erhalten wir die folgende Näherung für die Gesamtmasse:

$$\sum_{i=0}^{m-1} \rho(\mathbf{c}(t_i))\,\|\mathbf{c}(t_{i+1}) - \mathbf{c}(t_i)\|_2 = \sum_{i=0}^{m-1} \rho(\mathbf{c}(t_i))\,\bigl(\sum_{k=1}^{n} c'_k(\tau_{ki})^2\bigr)^{1/2}(t_{i+1} - t_i).$$

Wie in (14.2.5) lässt sich nun zeigen, dass diese Näherung für $\|Z\| \to 0$ gegen das folgende Integral konvergiert, das somit die gesuchte Gesamtmasse des Drahtes beschreibt:

$$M(\mathbf{c}) = \int_a^b \rho(\mathbf{c}(t))\, \|\mathbf{c}'(t)\|\, \mathrm{d}t\,.$$

Diese Betrachtung motiviert die folgende Definition allgemeiner Kurvenintegrale.

Definition (14.3.1)

Gegeben sei eine stetige Funktion $f : \mathbb{R}^n \supset D \to \mathbb{R}$ sowie eine stückweise C^1-Kurve $\mathbf{c} : [a,b] \to D$. Dann wird das **Kurvenintegral 1. Art** (auch **Linienintegral**) von f längs $\mathbf{c}$ definiert durch

$$\int_\mathbf{c} f(\mathbf{x})\, \mathrm{d}s := \int_a^b f(\mathbf{c}(t)) \cdot \|\mathbf{c}'(t)\|\, \mathrm{d}t\,.$$

Im Fall einer **geschlossene** Kurve $\mathbf{c}$ wird das Kurvenintegral auch mit $\oint_\mathbf{c} f(\mathbf{x})\, \mathrm{d}s$ bezeichnet.

Für das obige Beispiel ist die Gesamtmasse des Drahtes also gegeben durch das Kurvenintegral der Massendichte längs des gegebenen Drahtverlaufs $\int_\mathbf{c} \rho(\mathbf{x})\, \mathrm{d}s$.

Satz (14.3.2)

Das Kurvenintegral 1. Art ist parametrisierungsinvariant.

Beweis

Sei $h : [\alpha, \beta] \to [a,b]$ ein Parameterwechsel für die Kurve $\mathbf{c}$. Dann gilt:

$$\int_{\mathbf{c}\circ h} f(\mathbf{x})\, \mathrm{d}s = \int_\alpha^\beta f(\mathbf{c}(h(\tau)))\, \left\|\frac{\mathrm{d}}{\mathrm{d}\tau}(\mathbf{c}(h(\tau)))\right\|\, \mathrm{d}\tau = \int_\alpha^\beta f(\mathbf{c}(h(\tau)))\, \|\mathbf{c}'(h(\tau))\|\, h'(\tau)\, \mathrm{d}\tau$$

$$= \int_a^b f(\mathbf{c}(t))\, \|\mathbf{c}'(t)\|\, \mathrm{d}t = \int_\mathbf{c} f(\mathbf{x})\, \mathrm{d}s\,. \qquad\blacksquare$$

Beispiel (14.3.3) (Schwerpunkt)

Für ein System aus N Massenpunkten mit Massen m_i und Ortsvektoren $\mathbf{x}_i \in \mathbb{R}^2/\mathbb{R}^3$ ist der Schwerpunkt gegeben durch

$$\mathbf{x}_s = \frac{\sum_i m_i\, \mathbf{x}_i}{\sum_i m_i}\,.$$

Überträgt man dieses Ergebnis auf den Fall eines massebelegten Drahtes und ersetzt dabei das Teilstück des Drahtes zwischen $\mathbf{c}(t_i)$ und $\mathbf{c}(t_{i+1})$ durch die Punktmasse

$$\rho(\mathbf{c}(t_i)) \cdot \|\mathbf{c}(t_{i+1}) - \mathbf{c}(t_i)\|_2$$

zum Ortsvektor $\mathbf{c}(t_i)$, so erhält man für den Schwerpunkt die folgende Näherung

$$\mathbf{x}_s \approx \frac{\sum_i \rho(\mathbf{c}(t_i)) \|\mathbf{c}(t_{i+1}) - \mathbf{c}(t_i)\| \mathbf{c}(t_i)}{\sum_i \rho(\mathbf{c}(t_i)) \|\mathbf{c}(t_{i+1}) - \mathbf{c}(t_i)\|},$$

Für $\|Z\| \to 0$ konvergiert diese Näherung gegen den folgenden Grenzwert:

$$\frac{\int_a^b \rho(\mathbf{c}(t)) \|\mathbf{c}'(t)\| \mathbf{c}(t)\,dt}{\int_a^b \rho(\mathbf{c}(t)) \|\mathbf{c}'(t)\|\,dt}.$$

Beschreibt man diesen Ausdruck nun durch Kurvenintegrale, so ergibt sich schließlich für den Schwerpunkt des Drahtes:

$$\mathbf{x}_s = \frac{\int_\mathbf{c} \rho(\mathbf{x})\,\mathbf{x}\,ds}{\int_\mathbf{c} \rho(\mathbf{x})\,ds}. \tag{14.3.4}$$

Das Integral im Zähler ist dabei koordinatenweise auszuwerten.

Beispiel (14.3.5) (Trägheitsmoment)

Rotiert ein Massenpunkt der Masse m im Abstand r und mit der Winkelgeschwindigkeit ω um eine feste Achse, so gilt für die kinetische Energie

$$E_{\text{kin}} = \frac{1}{2} m v^2 = \frac{1}{2} m r^2 \omega^2 = \frac{1}{2} \Theta \omega^2.$$

Der Term $\Theta = m r^2$ heißt das **Trägheitsmoment** des Massenpunkts bezüglich der festen Achse.

Bei einem System von N Massenpunkten (m_i, r_i) addieren sich die einzelnen Trägheitsmomente zu einem Gesamt-Trägheitsmoment:

$$\Theta = \sum_{i=1}^{N} m_i\, r_i^2.$$

Für einen massebelegten Draht folgt schließlich wie in den früheren Beispielen:

$$\Theta \approx \sum_i \rho(\mathbf{c}(t_i)) \|\mathbf{c}(t_{i+1}) - \mathbf{c}(t_i)\|\, r(\mathbf{c}(t_i))^2$$

$$\to \int_a^b \rho(\mathbf{c}(t)) \cdot \|\mathbf{c}'(t)\| \cdot r(\mathbf{c}(t))^2\,dt, \quad (\|Z\| \to 0).$$

Geschrieben als Kurvenintegral ergibt sich also:

$$\Theta = \int_c \rho(\mathbf{x}) \, r(\mathbf{x})^2 \, ds \, . \tag{14.3.6}$$

Hierbei bezeichnet $\rho(\mathbf{x})$ die ortsabhängige Dichte des Drahtes und $r(\mathbf{x})$ den Abstand des Punkts $\mathbf{x}$ von der Drehachse.

Für einen Stab der Länge ℓ mit konstanter Dichte ρ erhält man beispielsweise das folgende Trägheitsmoment bezüglich der x-Achse (Parametrisierung: $\mathbf{c}(t) = t\,\mathbf{e}$, $\|\mathbf{e}\| = 1$):

$$\Theta_{x\text{-Achse}} = \int_0^\ell \rho \cdot (t \sin \alpha)^2 \cdot \|\mathbf{e}\| \, dt = \frac{1}{3} \rho \, \ell^3 \sin^2 \alpha \, .$$

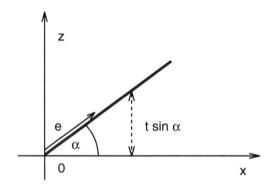

Abb. 14.12.   Trägheitsmoment eines Stabes

15 Numerische Quadratur

Mit numerischer Quadratur wird die numerische (algorithmische) Berechnung bestimmter Integrale bezeichnet. Der auch häufig verwendete Begriff „numerische Integration" beschreibt allgemeiner auch die (numerische) Lösung von Differentialgleichungen.
Zu berechnen sei ein bestimmtes Integral

$$I = I[f] = \int_a^b f(x)\,\mathrm{d}x.$$

Numerische Verfahren setzen dabei i. Allg. voraus, dass f auf $[a,b]$ hinreichend oft stetig differenzierbar ist. Auf diese Voraussetzung sollte man bei der Anwendung eines Verfahrens zur numerischen Quadratur stets achten!
Beispielsweise erfüllt das bestimmte Integral $\int_0^\pi (\sin x)/\sqrt{x}\,\mathrm{d}x$ diese Voraussetzung nicht. Der Integrand ist zwar stetig ergänzbar in $x = 0$, jedoch ist die erste Ableitung f' für $x \to 0$ unbeschränkt.
Eine einfache Substitution $(x = t^2)$ führt bei diesem Beispiel allerdings auf ein Integral mit analytischem Integranden, auf das numerische Quadraturverfahren anwendbar sind.
Näherungsformeln für ein bestimmtes Integral I haben i. Allg. die folgende Form:

$$I_n[f] = \sum_{i=0}^{n} g_i\, f(x_i) \qquad \textbf{Quadraturformel}$$

$$x_i \in [a,b], \quad i = 0, 1, \ldots, n \qquad \textbf{Knoten}$$

$$g_i, \quad i = 0, 1, \ldots, n \qquad \textbf{Gewichte}$$

Quadraturformeln dieser Art sind – wie das Integral selbst – *lineare* Operatoren. Sie sind auch *positiv* – wie das Integral –, falls alle Gewichte g_i positiv sind.
Die Positivität der Gewichte ist daher eine übliche Forderung an numerische Quadraturverfahren. Im übrigen lässt sich (nur) unter dieser Voraussetzung zeigen, dass die numerische Auswertung von $I_n[f]$ gutartig gegenüber Rundungsfehlereinflüssen ist.
Die Differenz $R_n[f] := I_n[f] - I[f]$ heißt der **Quadraturfehler** der Formel $I_n[f]$.

15.1 Die Newton-Cotes-Formeln

Die Grundidee der so genannten **Newton-Cotes-Formeln** besteht darin, den Integranden $f(x)$, $a \leq x \leq b$, durch ein interpolierendes Polynom zu ersetzen, dessen Integral dann leicht explizit ausgewertet werden kann.
In der Regel wählt man die Stützstellen für die Interpolation dabei äquidistant

$$x_i = a + i\,h, \quad h = \frac{1}{n}(b-a), \quad i = 0, 1, \ldots, n.$$

Verwendet man die Lagrange-Darstellung des Interpolationspolynoms, vgl. auch (12.1.9), so ergibt sich:

$$I_n[f] = \int_a^b \sum_{i=0}^n f(x_i) \prod_{k=0,\,k\neq i}^n \left(\frac{x-x_k}{x_i-x_k}\right) dx$$

$$= \sum_{i=0}^n f(x_i) \int_a^b \prod_{k\neq i} \left(\frac{x-x_k}{x_i-x_k}\right) dx.$$

Hiermit sind also nur noch Integrale über gewisse Polynome zu berechnen. Um von dem vorgegebenen Intervall $[a,b]$ unabhängige Gewichte zu bekommen, verwendet man noch die Substitution $x = a + th$, $0 \leq t \leq n$. Damit folgt:

$$I_n[f] = (b-a) \sum_{i=0}^n \alpha_{in}\, f(x_i), \quad \alpha_{in} = \frac{1}{n} \int_0^n \prod_{k=0,\,k\neq i}^n \left(\frac{t-k}{i-k}\right) dt. \qquad (15.1.1)$$

Diese Quadraturformeln heißen **Newton-Cotes-Formeln**. Sie liefern brauchbare Approximationen für das gesuchte Integral, sofern der Interpolationsgrad n nicht zu groß ist. Die Gewichte der Newton-Cotes-Formeln für $n = 1, \ldots, 4$ sind in folgender Tabelle angegeben:

n	α_{in}					
1	$\frac{1}{2}$	$\frac{1}{2}$				(Trapezregel)
2	$\frac{1}{6}$	$\frac{4}{6}$	$\frac{1}{6}$			(Simpson-Regel)
3	$\frac{1}{8}$	$\frac{3}{8}$	$\frac{3}{8}$	$\frac{1}{8}$		($\frac{3}{8}$-Regel)
4	$\frac{7}{90}$	$\frac{32}{90}$	$\frac{12}{90}$	$\frac{32}{90}$	$\frac{7}{90}$	(Milne-Regel)

Mitunter bemisst man die Güte einer Quadraturformel danach, bis zu welchem Maximalgrad Polynome exakt integriert werden. Für die Newton-Cotes-Formeln gilt hier:

Satz (15.1.2)

Die Newton-Cotes-Formel $I_n[f]$ integriert Polynome vom Grad $\leq n$ exakt.

Beweis

Ist f ein Polynom vom Grad $\leq n$, so stimmt f nach (12.1.13) mit dem Interpolationspolynom $P_n(x) \in \Pi_n$ überein. ∎

15.1 Die Newton-Cotes-Formeln

Quadraturfehler

Wir geben als Beispiel die Herleitung für den Quadraturfehler der Trapezregel an. Wichtige Hilfsmittel sind hierbei die Fehlerformel für die Polynominterpolation und der Mittelwertsatz der Integralrechnung.

$$R_1[f] = \int_a^b (P_1(x) - f(x))\,dx = -\int_a^b \frac{f^{(2)}(\xi)}{2!}(x-a)(x-b)\,dx$$

$$= -\frac{f^{(2)}(\xi_1)}{2!}\int_a^b (x-a)(x-b)\,dx = \frac{1}{12}f^{(2)}(\xi_1)(b-a)^3.$$

Für die Formeln höherer Ordnung findet man den Quadraturfehler tabelliert. Hierbei ist $h = (b-a)/n$.

n	$R_n[f]$
1	$h^3 \dfrac{1}{12} f^{(2)}(\xi_1)$
2	$h^5 \dfrac{1}{90} f^{(4)}(\xi_2)$
3	$h^5 \dfrac{3}{80} f^{(4)}(\xi_3)$
4	$h^7 \dfrac{8}{945} f^{(6)}(\xi_4)$

(15.1.3)

Beispiel (15.1.4)

Wir berechnen den Integralsinus $\mathrm{Si}(1) = \int_0^1 \frac{\sin t}{t}\,dt$ an der Stelle $x = 1$ mittels der 3/8-Regel. Hierbei ist zu beachten, dass der Integrand $f(t) = (\sin t)/t$ in $t = 0$ analytisch fortsetzbar ist mit $f(0) = 1$.

$$I_3[f] = (1-0)\left\{\frac{1}{8}f(0) + \frac{3}{8}f(\tfrac{1}{3}) + \frac{3}{8}f(\tfrac{2}{3}) + \frac{1}{8}f(1)\right\} = 0.946110921.$$

Fehlerabschätzung:

Wie genau ist diese Näherung? Wir verwenden die Fehlerdarstellung aus (15.1.3).

$$R_3[f] = \left(\frac{1}{3}\right)^5 \cdot \frac{3}{80} \cdot f^{(4)}(\xi) = \frac{1}{80 \cdot 81} f^{(4)}(\xi).$$

Mit der Taylor-Entwicklung von $(\sin x)/x$ findet man

$$f^{(4)}(x) = \frac{1}{5} - \frac{1}{2!\,7}x^2 + \frac{1}{4!\,9}x^4 - + \ldots$$

und somit nach dem Leibniz-Kriterium: $\quad |f^{(4)}(\xi)| \leq \dfrac{1}{5}.$

Insgesamt erhält man damit: $|R_3(f)| \leq \dfrac{1}{5 \cdot 80 \cdot 81} \leq 3.1 \cdot 10^{-5}$.

Wir können also davon ausgehen, dass der obige Näherungswert auf vier Dezimalstellen korrekt ist.

Gauß-Quadratur

Wie bei der Polynom-Interpolation kann man daran denken, auch für numerische Quadraturverfahren die Knoten möglichst geschickt zu wählen. Natürlich muss man dann auf die Äquidistanz der Knoten verzichten. Eine Möglichkeit könnte darin bestehen, die Knoten und Gewichte einer Quadraturformel

$$I_n[f] = \sum_{k=0}^{n} \alpha_{kn} f(x_{kn})$$

so zu bestimmen, dass diese Formeln Polynome bis zu einem möglichst hohen Grad N exakt integrieren. Diese Fragestellung führt auf die so genannte **Gauß-Quadratur**.

Ohne auf die Einzelheiten dieses Vefahrens hier eingehen zu können, sei erwähnt, dass sich ein maximaler Polynomgrad von $N = 2n + 1$ erreichen lässt. Eine Gaußsche Quadraturformel mit $n+1$ Knoten integriert also Polynome bis zum Grad $2n+1$ exakt. Die zugehörigen (optimalen) Knoten ergeben sich für das Standard-Intervall $[-1, 1]$ als die (einfachen) Nullstellen des so genannten **Legendre-Polynoms**[58]

$$P_{n+1}(x) := \frac{1}{2^{n+1}\,(n+1)!} \frac{\mathrm{d}^{n+1}}{\mathrm{d}x^{n+1}} \left((x^2 - 1)^{n+1} \right). \tag{15.1.5}$$

Bemerkenswert ist ferner, dass die Gewichte der Gaußschen Quadraturformeln unabhängig vom Grad n stets positiv sind, diese Formeln also anders als die Newton-Cotes-Formeln auch für größere n anwendbar sind.

Die Idee der Gauß-Quadratur lässt sich auf die Berechnung **gewichteter Integrale** der Form

$$I[f] = \int_a^b \omega(x)\, f(x)\, \mathrm{d}x, \tag{15.1.6}$$

übertragen. Dabei bezeichnet ω eine positive Gewichtsfunktion, die sogar gewisse Singularitäten an den Intervallenden besitzen darf.

Die gebräuchlichsten Fälle sind in der folgenden Tabelle angegeben:

Gauß-Legendre-Quadratur : $[a,b] = [-1,1]$, $\omega(x) = 1$

Gauß-Tschebyscheff-Quadratur : $[a,b] = [-1,1]$, $\omega(x) = (1-x^2)^{-1/2}$

---

[58]Adrien-Marie Legendre (1752–1833); Paris

Gauß-Jacobi-Quadratur $\quad:\ [a,b]\ =\ [-1,1]\,,$
$$\omega(x)\ =\ (1-x)^\alpha\,(1+x)^\beta\,,\ \alpha,\,\beta > -1$$

Gauß-Laguerre-Quadratur[59] $\quad:\ [a,b]\ =\ [0,\infty[\,,$
$$\omega(x)\ =\ x^\alpha\,\mathrm{e}^{-x}\,,\ \alpha > -1$$

Gauß-Hermite-Quadratur $\quad:\ [a,b]\ =\ ]-\infty,\infty[\,,\ \omega(x)\ =\ \mathrm{e}^{-x^2}.$

Für die Bestimmung der zugehörigen Knoten und Gewichte gibt es effiziente numerische Verfahren. Hierzu sei auf die Literatur zur Numerischen Mathematik verwiesen. Teilweise findet man die Knoten und Gewichte der Gaußschen Verfahren auch in guten Formelsammlungen.

Intervallweise Anwendung

Um mit den Newton-Cotes-Formeln oder auch mit der Gauß-Quadratur höhere Genauigkeiten für die Approximation des Integrals zu erreichen, unterteilt man das Integrationsintervall $[a,b]$ und wendet die Quadraturformeln auf die einzelnen Teilintervalle an. Bei äquidistanter Unterteilung hat man also die Knoten:

$$x_i\ =\ a + ih,\quad i = 0, 1, \ldots, N;\quad h\ =\ \frac{b-a}{N}.$$

Zusammengesetzte Trapezregel

Die zusammengesetzte Trapezregel, auch Trapezsumme genannt, lautet:

$$\begin{aligned}T(h)\ &=\ \sum_{i=0}^{N-1} \frac{h}{2}\,(f(x_i)+f(x_{i+1}))\\ &=\ h\left\{\frac{f(a)}{2} + f(a+h) + \ldots + f(b-h) + \frac{f(b)}{2}\right\}.\end{aligned} \qquad (15.1.7)$$

Für den Quadraturfehler erhält man aus (15.1.3):

$$\left|\,T(h) - \int_a^b f(x)\,\mathrm{d}x\,\right|\ \le\ \frac{b-a}{12}\,h^2\,\|f^{(2)}\|_\infty\,. \qquad (15.1.8)$$

Zusammengesetzte Simpson-Regel

Es sei N gerade. Wir wenden die Simpson-Regel auf die Teilintervalle $[x_{2i}, x_{2i+2}]$ an; die Knoten sind jeweils: $x_{2i},\ x_{2i+1}$ und $x_{2i+2},\ i = 0, 1, \ldots, N/2 - 1$. Man erhält:

---

[59]Edmond Laguerre (1834–1886); Paris

$$S(h) = \frac{h}{3} \sum_{i=0}^{N/2-1} \left(f(x_{2i}) + 4f(x_{2i+1}) + f(x_{2i+2}) \right) \tag{15.1.9}$$
$$= \frac{h}{3} \left\{ f(a) + 4f(a+h) + 2f(a+2h) + \ldots + 4f(b-h) + f(b) \right\}.$$

Der Quadraturfehler ergibt sich wieder aus (15.1.3):

$$\left| S(h) - \int_a^b f(x)\,\mathrm{d}x \right| \leq \frac{b-a}{180} h^4 \, \|f^{(4)}\|_\infty. \tag{15.1.10}$$

Algorithmische Durchführung für die Trapezsumme

Wir beginnen mit der Schrittweite $h_0 = b - a$. Danach halbieren wir die Schrittweite fortgesetzt: $h_i = h_{i-1}/2$, $i = 1, 2, \ldots$ und berechnen jeweils die Trapezsumme $T(h_i)$. Das Verfahren wird abgebrochen, falls gilt:

$$|T(h_i) - T(h_{i-1})| \leq \mathrm{TOL} \cdot |T(h_i)|. \tag{15.1.11}$$

Dabei bezeichnet TOL die geforderte relative Genauigkeit.

Um das Verfahren effizient zu gestalten, wird bei der Berechnung der neuen Trapezsumme $T(h_i)$ jeweils auf die zuvor berechnete Trapezsumme $T(h_{i-1})$ zurückgegriffen. Hierdurch lassen sich mehrfache Auswertungen des Integranden vermeiden.

Es gilt nämlich:

$$T(h_i) = \frac{T(h_{i-1})}{2} + h_i \{ f(a+h_i) + f(a+3h_i) + \ldots + f(a+(N-1)h_i) \}.$$

Algorithmisch lässt sich das Verfahren damit folgendermaßen realisieren:

Algorithmus (15.1.12)

$$n := 1; \quad h := b - a; \quad T_0 := \frac{h}{2}(f(a) + f(b));$$

für $i = 1, 2, \ldots$

$$h := h/2;$$
$$S := \sum_{j=1}^{n} f(a + (2j-1)h);$$
$$n := 2n;$$
$$T_i := \frac{1}{2} T_{i-1} + h \cdot S;$$

Abbruch, falls $|T_i - T_{i-1}| \leq |T_i| \cdot \mathrm{TOL}$:

end i

Analog, allerdings mit etwas größerem Aufwand lässt sich auch die Simpson-Summe ohne unnötige Doppelauswertung des Integranden berechnen.

Beispiel (15.1.13)

Wir betrachten wieder die schon in (15.1.4) untersuchte Aufgabe der Berechnung des Integralsinus Si(1).
In den folgenden Tabellen sind jeweils die Trapezsummen bzw. die Simpson-Summen für dieses Beispiel angegeben. nfc bezeichnet dabei jeweils die Anzahl der Auswertungen des Integranden (number of function calls).

	Trapezsummen				Simpson-Summen	
i	T(i)	nfc		i	T(i)	nfc
0	.92073 54924 e+00	2		0	.94614 58823 e+00	3
1	.93979 32848 e+00	3		1	.94608 69340 e+00	5
2	.94451 35217 e+00	5		2	.94608 33109 e+00	9
3	.94569 08636 e+00	9		3	.94608 30854 e+00	17
4	.94598 50299 e+00	17		4	.94608 30713 e+00	33
5	.94605 85610 e+00	33		5	.94608 30704 e+00	65
6	.94607 96431 e+00	65		6	.94608 30704 e+00	129
7	.94608 15385 e+00	129				
8	.94608 26874 e+00	257				
9	.94608 29746 e+00	513				
10	.94608 30464 e+00	1025				
11	.94608 30644 e+00	2049				
12	.94608 30689 e+00	4097				
13	.94608 30700 e+00	8193				
14	.94608 30703 e+00	16385				
15	.94608 30703 e+00	32769				

Man erkennt an diesem Beispiel sehr deutlich, um wieviel effizienter eine Quadraturformel höherer Ordnung gegenüber einem einfachen Verfahren sein kann. Für die Berechnung von Si(1) mit einer Genauigkeit von zehn Dezimalstellen benötigt das Trapezsummen-Verfahren etwa 16000 Funktionsauswertungen, während die Simpson-Summe die gleiche Genauigkeit mit nur 65 Funktionsauswertungen erreicht.

15.2 Extrapolation

Extrapolation ist ein **konvergenzbeschleunigendes** Verfahren. Es lässt sich immer dann anwenden, wenn die folgende Situation vorliegt:

Von Näherungen $T(h)$ für eine gesuchte Größe I (in unserem Fall: $T(h)$: Trapezsumme und I: bestimmtes Integral) sei bekannt, dass sich der Fehler $R(h) := T(h) - I$ „wie ein Polynom in h^2" verhält.

Man kann diese Tatsache dazu benutzen, um die Näherungen $T(h)$ zu verbessern. Dazu approximiert man die Funktion $T(h)$ durch ein geeignetes Interpolationspolynom $P(z)$ in der Variablen $z := h^2$ und wertet dieses an der Stelle $z = h = 0$ aus. Im Allgemeinen ist dann $P(0)$ eine erheblich bessere Näherung für die gesuchte Größe I als die zur Interpolation verwendeten Daten $T(h)$. Da Interpolation ein sehr schnelles numerisches Verfahren darstellt, fällt der Zusatzaufwand zur Extrapolation gegenüber der Berechnung der Näherungen $T(h)$ kaum ins Gewicht.

Die Idee zur Extrapolation geht auf Richardson[60] zurück. Das Verfahren wurde 1955 erstmals von Romberg[61] auf die numerische Quadratur angewendet. Eine breite mathematische Grundlage des Extrapolationsverfahrens wurde jedoch erst in den 60-er Jahren in Arbeiten von Bauer, Rutishauser, Stiefel, sowie Bulirsch und Stoer gelegt.

Die Grundlage für eine effiziente Anwendung von Extrapolationsverfahren ist – wie oben erwähnt – die Existenz einer quadratischen Fehlerentwicklung. Dass dies für die Trapezsumme zutrifft, ist eine auf Euler und Maclaurin[62] zurückgehende Aussage.

Satz (15.2.1) (Euler-Maclaurinsche Summenformel)

Ist $f \in C^{2m+2}[a,b]$, so gibt es Konstante $\tau_1, \ldots, \tau_m$ mit

$$T(h) = \int_a^b f(x)\,dx + \tau_1 h^2 + \ldots + \tau_m h^{2m} + \alpha_{m+1}(h)\, h^{2m+2}.$$

Dabei ist $|\alpha_{m+1}(h)|$ beschränkt für alle Schrittweiten der Form $h = (b-a)/n$, $n \in \mathbb{N}$. Die τ_k sind gegeben durch

$$\tau_k = B_{2k} \cdot \left(f^{(2k-1)}(b) - f^{(2k-1)}(a)\right),$$

wobei die B_{2k} die Bernoulli-Zahlen bezeichnen, vgl. (11.2.16).

Man beachte, dass die in Satz (15.2.1) angegebene Entwicklung

$$T(h) = \int_a^b f(x)\,dx + \tau_1 h^2 + \tau_2 h^4 + \ldots$$

i. Allg. **nicht** für $m \to \infty$ konvergiert. Man ist ja hierbei auch vielmehr an dem Verhalten der Terme für $h \to 0$ interessiert. Entwicklungen dieser Art heißen **asymptotische Entwicklungen**.

---

[60]Lewis Fry Richardson (1881–1953); Cambridge
[61]Werner Romberg (1909–2003); Trondheim, Heidelberg
[62]Colin Maclaurin (1698–1746); Aberdeen, Edinburgh

15.2 Extrapolation

$T(h)$ verhält sich jedenfalls aufgrund der Euler-Maclaurinschen Summenformel (bei festem m) – bis auf einen Fehler der Größe $O(h^{2m+2})$ – wie ein Polynom in h^2. Dies legt nun das folgende Verfahren nahe, welches auch als **Romberg-Quadratur** bezeichnet wird:

Zu einer Schrittweitenfolge

$$h_0 > h_1 > \ldots > h_m \quad (15.2.2)$$

bestimme man die Trapezsummen $T(h_i)$ sowie das Interpolationspolynom $P_m(z)$ in $z := h^2$ zu den Stützstellen

$$(z_i := h_i^2, T(h_i)), \quad i = 0, 1, \ldots, m. \quad (15.2.3)$$

Man berechnet dann $P_m(0)$ als neue Näherung für das gesuchte Integral.

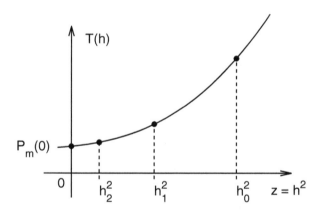

Abb. 15.1. Trapezsummen-Extrapolation

Da das Interpolationspolynom $P(z)$ nur an einer Stelle, nämlich in $z = 0$ ausgewertet werden soll, erfolgt die Berechnung sinnvollerweise mit dem Algorithmus von Aitken, Neville, vgl. Abschnitt 12.2.

Mit den dortigen Bezeichnungen lautet die **Rekursion**:

$$P_{k0} = T(h_k), \quad k = 0, 1, \ldots, m,$$

$$P_{kj} = P_{k,j-1} + \frac{1}{(h_{k-j}/h_k)^2 - 1} \cdot (P_{k,j-1} - P_{k-1,j-1}).$$

Speziell für die häufig verwendete **Halbierungsfolge**: $h_k = h_{k-1}/2$, $k = 1, 2, \ldots, m$, lässt sich der obige Quotient der Schrittweiten vereinfachen und es ergibt sich damit der folgende Algorithmus.

Algorithmus (15.2.4)

$$h := (b-a); \quad P_0 := T(h);$$
$$\text{für} \quad k = 1, 2, \ldots, m$$
$$h := h/2; \quad q := 1;$$
$$P_k := T(h);$$
$$\text{für} \quad i = k-1, k-2, \ldots, 0$$
$$q = 4 * q;$$
$$P_i := P_{i+1} + \frac{P_{i+1} - P_i}{q - 1}.$$
$$\text{end } i;$$
$$\text{end } k;$$

Der „extrapolierende Wert" $P_m(0)$ steht nach Durchlaufen der Schleifen auf P_0.

Beispiel (15.2.5)

Für das nun schon mehrfach betrachtete Beispiel der Berechnung des Integralsinus Si(1) liefert das Extrapolationsverfahren die folgenden Daten. Hierbei bezeichnet $T(i)$ die Trapezsumme und $E(i)$ den extrapolierten Wert.

```
                Trapezsummen-Extrapolation:

   i          T(i)                  E(i)              nfc

   0     .92073 54924 e+00    .92073 54924 e+00        2
   1     .93979 32848 e+00    .94614 58823 e+00        3
   2     .94451 35217 e+00    .94608 30041 e+00        5
   3     .94569 08636 e+00    .94608 30704 e+00        9
   4     .94598 50299 e+00    .94608 30704 e+00       17
```

Man erkennt, dass Extrapolation eine Genauigkeit von zehn Dezimalstellen bereits mit neun Funktionsauswertungen liefert und damit das bisher beste Verfahren, die Simpson-Summe, deutlich übertrifft.

Abschließend zeigen wir an einem Beispiel, dass Extrapolation ein universelles Verfahren darstellt und bei sehr unterschiedlichen numerischen Problemen erfolgreich eingesetzt werden kann.

Beispiel (15.2.6) (Berechnung von π)

Sei K ein Kreis mit Radius $r = 1/2$ und bezeichne U_n den Umfang des in K einbeschriebenen regelmäßigen n-Ecks. Man findet elementargeometrisch

$$U_n = n \cdot \sin\left(\frac{\pi}{n}\right).$$

15.2 Extrapolation

Mit Hilfe des Additionstheorems für sin kann man hiermit eine Rekursion zur Berechnung von U_{2n} aus U_n aufstellen:

$$U_4 := 2\sqrt{2}; \quad C_4 := 1/\sqrt{2}$$
$$C_{2n} := \sqrt{(1+C_n)/2}$$
$$U_{2n} := U_n/C_{2n}$$

U_n besitzt eine asymptotische Entwicklung bezüglich der „Schrittweite" $h_n := 1/n$. Die Taylor-Entwicklung von $\sin(\pi/n)$ liefert nämlich

$$U_n = \pi - \frac{\pi^3}{3!}\left(\frac{1}{n}\right)^2 + \frac{\pi^5}{5!}\left(\frac{1}{n}\right)^4 - + \ldots$$

Man kann daher das Extrapolationsverfahren auf U_n, $n = 4, 8, 16, \ldots$, anwenden und man erhält mit Algorithmus (15.2.4) die folgende Tabelle. E_n bezeichnet hierbei wieder den extrapolierten Wert.

n	U_n	E_n
4	2.8284 27125	2.8284 27125
8	3.0614 67459	3.1392 47570
16	3.1214 45152	3.1415 90393
32	3.1365 48491	3.1415 92653
64	3.1403 31157	3.1415 92654

Man erkennt, dass Extrapolation bereits für ein einbeschriebenes 32-Eck eine Genauigkeit von neun Dezimalstellen liefert.

Bemerkungen (15.2.7)

a) Das Verfahren der Extrapolation setzt wie alle Quadraturverfahren voraus, dass der Integrand hinreichend oft stetig differenzierbar ist.

b) Unter den angegebenen Voraussetzungen des Satzes (15.2.1) und einer geeigneten Schrittweitenfolge (etwa der Halbierungsfolge) lässt sich die folgende Fehlerabschätzung zeigen:

$$P_{mm} = \int_a^b f(x)\,dx + h_0^2\,h_1^2 \ldots h_m^2 \cdot \sigma_m(h_0),$$

wobei $\sigma_m(h)$ für $h \to 0$ beschränkt ist.

c) Extrapolation bringt keine Beschleunigung der Konvergenz, falls der Integrand f periodisch ist mit der Periode $(b-a)$.

d) Für die praktischen Anwendungen sind nur Integrationsverfahren konkurrenzfähig, die mit einer Schrittweitensteuerung, d.h. einer automatischen, angepassten Partitionierung des Integrationsintervalls, ausgestattet sind (so genannte **adaptive Verfahren**).

16 Periodische Funktionen, Fourier-Reihen

16.1 Grundlegende Begriffe

Viele Vorgänge im Bereich der Ingenieur- und Naturwissenschaften verlaufen periodisch oder annähernd periodisch. Beispiele sind die Bewegungen von Planeten, das Schwingen einer Saite, die Strom- und Spannungsverläufe in Wechselstromkreisen.

Kennzeichnend für die mathematische Theorie solcher periodischen Vorgänge ist die Beobachtung Fouriers, dass sich „jede" periodische Funktion durch eine „Überlagerung" von **Grundschwingungen** $\cos(\omega t)$, $\sin(\omega t)$ und zugehörigen **Oberschwingungen** $\cos(k\omega t)$, $\sin(k\omega t)$, $k = 2, 3, \ldots$, in Form einer so genannten **Fourier-Reihe**:

$$f(t) = \frac{a_0}{2} + \sum_{k=1}^{\infty} \left[a_k \cos(k\omega t) + b_k \sin(k\omega t) \right]$$

darstellen lässt. Die genaueren Voraussetzungen an die periodische Funktion f und die Verfahren zur Berechnung der **Amplituden** a_k und b_k sollen im Folgenden untersucht werden.

Definition (16.1.1)

Eine Funktion $f : \mathbb{R} \to \mathbb{R}$ (oder $f : \mathbb{R} \to \mathbb{C}$) heißt **periodisch** mit der Periode T (oder **T-periodisch**), falls für alle $t \in \mathbb{R}: f(t + T) = f(t)$ gilt.

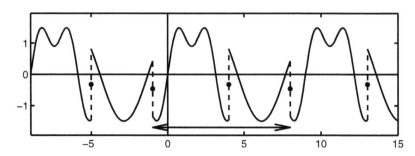

Abb. 16.1. Periodische Funktion, Periode T

Beispiele

a) $\sin t$, $\cos t$, e^{it}, $a_k \cos(kt) + b_k \sin(kt)$ sind sämtlich 2π-periodische Funktionen.

b) $U(t) = U_0 \cos(\omega t)$ hat die Periode $T = 2\pi/\omega$ und die **Frequenz** (= Anzahl der Schwingungen pro Sekunde) $\nu = \omega/(2\pi)$.

Die Wechselspannung der europäischen Kraftnetze hat beispielsweise die Frequenz $\nu = 50\,\text{Hz}$, die zugehörige Periode ist also $T = 0.02\,\text{s}$.

16.1 Grundlegende Begriffe

Bemerkungen (16.1.2)

a) Ist T eine Periode von f, so ist auch kT, $k \in \mathbb{Z}$, eine Periode. Sind T_1 und T_2 Perioden von f, so ist auch $k_1 T_1 + k_2 T_2$ ($k_1, k_2 \in \mathbb{Z}$) eine Periode von f. Man sagt: Die Menge aller Perioden bildet einen $\mathbb{Z}$–Modul.

b) Existiert eine kleinste positive Periode $T > 0$, so ist die Menge der Perioden gegeben durch kT, $k \in \mathbb{Z}$. Jede nichtkonstante, stetige und periodische Funktion besitzt eine solche kleinste positive Periode.

c) Sind f und g T-periodisch, so ist auch $\alpha f + \beta g$ eine T-periodische Funktion.

d) Ist f eine T-periodische Funktion, so wird diese durch die Substitution $x := (2\pi/T)\, t$ in eine 2π-periodische Funktion

$$\tilde{f}(x) := f\left(\frac{T}{2\pi} x\right), \quad x \in \mathbb{R},$$

transformiert.

e) Ist f eine T-periodische und (über kompakten Intervallen) integrierbare Funktion, so gilt für beliebige $a \in \mathbb{R}$:

$$\int_0^T f(t)\,dt = \int_a^{a+T} f(t)\,dt.$$

Beweis zu e)

Man wähle $k \in \mathbb{Z}$ so, dass $a \in \,]kT, (k+1)T]$. Dann gilt bei Benutzung der t-Periodizität und der Substitutionsregel

$$\int_0^T f(t)\,dt = \int_{kT}^{(k+1)T} f(t)\,dt = \int_{kT}^{a} f(t)\,dt + \int_{a}^{(k+1)T} f(t)\,dt$$

$$= \int_{(k+1)T}^{a+T} f(\tau)\,d\tau + \int_{a}^{(k+1)T} f(t)\,dt = \int_{a}^{a+T} f(t)\,dt \qquad \blacksquare$$

Definition (16.1.3) (Periodische Fortsetzung)

Eine Funktion $g(t)$, $t \in [0,T]$ bzw. $t \in [0,T/2]$ lässt sich zu einer T-periodischen Funktion $f : \mathbb{R} \to \mathbb{R}/\mathbb{C}$ fortsetzen. Gebräuchlich sind dabei die folgenden Vorgehensweisen:

a) **Direkte Fortsetzung:** Sei g auf $[0,T[$ erklärt. Für $t \in \mathbb{R}$ bestimme man $k \in \mathbb{Z}$ mit $t \in [kT, (k+1)T[$ und setze:

$$f(t) := g(t - kT), \quad kT \leq t < (k+1)T.$$

b) **Gerade Fortsetzung:** Sei g auf $[0, T/2]$ vorgegeben. Man spiegele g zunächst an der y-Achse:

$$g(t) := g(-t), \quad -\frac{T}{2} \leq t < 0,$$

und setze g dann analog zu a) zu einer T-periodischen Funktion f fort:

$$f(t) := g(t - kT), \quad \left(\frac{2k-1}{2}\right) T \leq t < \left(\frac{2k+1}{2}\right) T, \quad k \in \mathbb{Z}.$$

c) **Ungerade Fortsetzung:** Sei g auf $]0, T/2[$ vorgegeben. Man spiegele g am Ursprung:

$$g(t) := -g(-t), \quad -\frac{T}{2} < t < 0,$$

ergänze $g(-T/2) := g(0) := 0$ und setze g dann wie oben zu einer T-periodischen Funktion $f(t)$ fort:

$$f(t) := g(t - kT), \quad \left(\frac{2k-1}{2}\right) T \leq t < \left(\frac{2k+1}{2}\right) T, \quad k \in \mathbb{Z}.$$

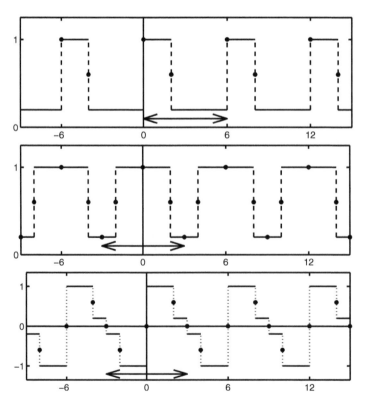

Abb. 16.2. Direkte, gerade und ungerade Fortsetzung

16.1 Grundlegende Begriffe

Definition (16.1.4)

a) Eine Reihe der Form

$$f(t) = \frac{a_0}{2} + \sum_{k=1}^{\infty} [\, a_k \cos(k\omega t) + b_k \sin(k\omega t) \,]$$

mit $a_k, b_k \in \mathbb{R}/\mathbb{C}$ heißt **Fourier-Reihe** oder **trigonometrische Reihe**; dabei sei die **Kreisfrequenz** $\omega = \dfrac{2\pi}{T} > 0$.

b) Die zugehörigen Partialsummen

$$f_n(t) = \frac{a_0}{2} + \sum_{k=1}^{n} [\, a_k \cos(k\omega t) + b_k \sin(k\omega t) \,]$$

heißen **trigonometrische Polynome**.

Komplexe Schreibweise (16.1.5)

Durch Umformung erhält man für die Partialsummen:

$$\begin{aligned}
f_n(t) &= \frac{a_0}{2} + \sum_{k=1}^{n} [\, a_k \cos(k\omega t) + b_k \sin(k\omega t) \,] \\
&= \frac{a_0}{2} + \sum_{k=1}^{n} \left[\frac{a_k}{2}\left(e^{ik\omega t} + e^{-ik\omega t}\right) + \frac{b_k}{2i}\left(e^{ik\omega t} - e^{-ik\omega t}\right) \right] \\
&= \frac{a_0}{2} + \sum_{k=1}^{n} \left[\frac{a_k - ib_k}{2} e^{ik\omega t} + \frac{a_k + ib_k}{2} e^{-ik\omega t} \right] \\
&= \sum_{k=-n}^{n} \gamma_k\, e^{ik\omega t}\,.
\end{aligned}$$

Umrechnung der Koeffizienten: $(k = 1, 2, \ldots, n)$

$$\begin{aligned}
\gamma_0 &= \tfrac{1}{2} a_0, & \gamma_k &= \tfrac{1}{2}(a_k - ib_k), & \gamma_{-k} &= \tfrac{1}{2}(a_k + ib_k), \\
a_0 &= 2\gamma_0, & a_k &= \gamma_k + \gamma_{-k}, & b_k &= i(\gamma_k - \gamma_{-k}).
\end{aligned} \qquad (16.1.6)$$

Für die Fourier-Reihe gilt ein analoger Zusammenhang zwischen der reellen und der komplexen Darstellung:

$$\begin{aligned}
f(t) &= \frac{a_0}{2} + \sum_{k=1}^{\infty} [\, a_k \cos(k\omega t) + b_k \sin(k\omega t) \,] \\
&= \sum_{k=-\infty}^{\infty} \gamma_k\, e^{ik\omega t} := \lim_{n\to\infty} \sum_{k=-n}^{n} \gamma_k\, e^{ik\omega t},
\end{aligned} \qquad (16.1.7)$$

wobei für die Koeffizienten die Umrechnung nach (16.1.6) erfolgt.

Man beachte, dass über die Konvergenz der Reihe (16.1.7) noch nichts ausgesagt wird. Konvergiert die Reihe für jedes $t \in \mathbb{R}$, so ist die Grenzfunktion f offenbar eine T-periodische Funktion.

Beispiel (16.1.8)

Für $a_k = 2$, $b_k = 0$ und $\omega = 1$ erhält man:

$$\begin{aligned} f_n(t) &= 1 + 2\cos t + 2\cos(2t) + \ldots + 2\cos(nt) \\ &= \sum_{k=-n}^{n} e^{ikt} \\ &= \begin{cases} 2n+1, & \text{für } t = 2k\pi, \quad k \in \mathbb{Z}, \\ \dfrac{\sin\left[(n+1/2)\,t\right]}{\sin(t/2)}, & \text{sonst.} \end{cases} \end{aligned}$$

Die erste Gleichung folgt dabei aus der komplexen Darstellung $\cos(kt) = (e^{ikt} + e^{-ikt})/2$. Die zweite Gleichung ergibt sich aus der geometrischen Summenformel (8.4.4). Insgesamt zeigt die Umformung, dass die Partialsummenfolge $f_n(t)$ für kein $t \in \mathbb{R}$ konvergiert. Die obige Funktion f_n heißt auch **Dirichlet-Kern**. Sie tritt bei der Integraldarstellung von Fourier-Reihen auf.

Beispiel (16.1.9)

Mit der geometrischen Reihe folgt für $z = re^{it}$, $-1 < r < 1$:

$$\begin{aligned} \frac{1}{1 - re^{it}} &= \frac{(1 - r\cos t) + i(r\sin t)}{(1 - r\cos t)^2 + (r\sin t)^2} \\ &= \sum_{k=0}^{\infty} (re^{it})^k \\ &= \left(\sum_{k=0}^{\infty} r^k \cos(kt)\right) + i\left(\sum_{k=0}^{\infty} r^k \sin(kt)\right). \end{aligned}$$

Für $|r| < 1$ und $t \in \mathbb{R}$ konvergieren also beide Reihen gleichmäßig, und man hat somit die folgende Fourier-Reihen-Darstellung:

$$\sum_{k=0}^{\infty} r^k \cos(kt) = \frac{1 - r\cos t}{1 - 2r\cos t + r^2} =: C(t)$$

$$\sum_{k=1}^{\infty} r^k \sin(kt) = \frac{r\sin t}{1 - 2r\cos t + r^2} =: S(t).$$

In Abbildung 16.3 sind die Funktionen $C(t)$ und $S(t)$ für den Parameter $r = 0.8$ dargestellt.

16.1 Grundlegende Begriffe

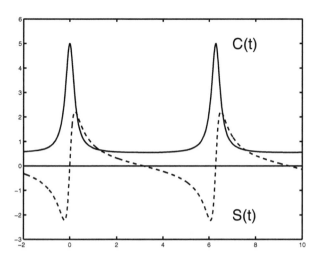

Abb. 16.3. Periodische Funktionen $C(t)$ und $S(t)$

Der folgende Satz zeigt, wie sich die Fourier-Koeffizienten aus der Grenzfunktion berechnen lassen, wenn man die gleichmäßige Konvergenz der Fourier-Reihe voraussetzt.

Satz (16.1.10)

a) Die Funktionen $e^{ik\omega t}$, $k \in \mathbb{Z}$, $\omega = \dfrac{2\pi}{T} > 0$, bilden ein Orthonormalsystem bezüglich des Skalarprodukts:

$$\langle u, v \rangle := \frac{1}{T} \int_0^T \overline{u(t)}\, v(t) \, dt.$$

b) Konvergiert die Fourier-Reihe $\sum_{k=-\infty}^{\infty} \gamma_k\, e^{ik\omega t}$ auf $[0, T]$ gleichmäßig gegen eine Funktion f, so ist diese stetig, und es gilt:

$$\gamma_k = \frac{1}{T} \int_0^T f(t)\, e^{-ik\omega t}\, dt, \quad k \in \mathbb{Z}. \qquad (16.1.11)$$

Beweis

zu a) $\quad \langle e^{ik\omega t}, e^{ik\omega t} \rangle \;=\; \dfrac{1}{T} \displaystyle\int_0^T e^{-ik\omega t} e^{ik\omega t}\, dt \;=\; 1;\quad$ und für $k \neq \ell$:

$$\langle e^{ik\omega t}, e^{i\ell\omega t} \rangle \;=\; \frac{1}{T} \int_0^T e^{i(\ell-k)\omega t}\, dt \;=\; \frac{1}{i(\ell-k)\omega T}\, e^{i(\ell-k)\omega t} \Big|_0^T \;=\; 0.$$

16 Periodische Funktionen, Fourier-Reihen

zu b): Da die Folge $f_n(t) := \sum_{k=-n}^{n} \gamma_k e^{ik\omega t}$ gleichmäßig gegen f konvergiert, ist f nach (11.1.3) stetig, und wegen

$$\left| \int_0^T f_n(t)\,dt - \int_0^T f(t)\,dt \right| \leq \sup\{|f_n(t) - f(t)| : 0 \leq t \leq T\} \cdot T$$
$$\to 0 \quad (n \to \infty)$$

lässt sich Integration und Limesbildung vertauschen! Damit folgt:

$$\int_0^T f(t)\,e^{-i\ell\omega t}\,dt = \sum_{k=-\infty}^{\infty} \gamma_k \int_0^T e^{ik\omega t} e^{-i\ell\omega t}\,dt = T \cdot \gamma_\ell. \quad \blacksquare$$

Bemerkung (16.1.12)

a) Das „reelle" Analogon der **Orthogonalitätsrelation** aus (16.1.10) lautet:

$$\int_0^T \cos(k\omega t)\cos(\ell\omega t)\,dt = \begin{cases} 0 & : k \neq \ell \\ T/2 & : k = \ell \neq 0 \\ T & : k = \ell = 0 \end{cases}$$

$$\int_0^T \sin(k\omega t)\sin(\ell\omega t)\,dt = \begin{cases} 0 & : k \neq \ell \\ T/2 & : k = \ell \neq 0 \end{cases}$$

$$\int_0^T \sin(k\omega t)\cos(\ell\omega t)\,dt = 0.$$

b) Mit (16.1.6) erhält man die „reellen" Fourier-Koeffizienten:

$$a_k = \frac{2}{T}\int_0^T f(t)\cos(k\omega t)\,dt, \quad k \geq 0$$

$$b_k = \frac{2}{T}\int_0^T f(t)\sin(k\omega t)\,dt, \quad k > 0.$$
(16.1.13)

16.2 Fourier-Reihen

Definition (16.2.1)

a) Eine Funktion $f : [a, b] \to \mathbb{C}$ heißt **stückweise stetig** bzw. **stückweise stetig differenzierbar**, falls f bis auf endlich viele Stellen $t_0 < t_1 < \ldots < t_m$ in $[a, b]$ stetig bzw. stetig differenzierbar ist und in diesen Ausnahmepunkten die einseitigen Grenzwerte von f bzw. von f und f' existieren.

16.2 Fourier-Reihen

b) Für eine stückweise stetige Funktion $f : [0,T] \to \mathbb{C}$ werden die **Fourier-Koeffizienten** definiert durch:

$$\gamma_k := \frac{1}{T} \int_0^T f(t)\, e^{-ik\omega t}\, dt, \quad k \in \mathbb{Z}$$

$$a_k := \frac{2}{T} \int_0^T f(t)\, \cos(k\omega t)\, dt, \quad k \in \mathbb{N}_0$$

$$b_k := \frac{2}{T} \int_0^T f(t)\, \sin(k\omega t)\, dt, \quad k \in \mathbb{N}.$$

Dabei ist $\omega = \dfrac{2\pi}{T}$ die **Kreisfrequenz**.

c) Die mit den obigen Koeffizienten gebildete Reihe

$$F_f(t) = \sum_{k=-\infty}^{\infty} \gamma_k\, e^{ik\omega t} = \frac{a_0}{2} + \sum_{k=1}^{\infty} \left[a_k \cos(k\omega t) + b_k \sin(k\omega t) \right]$$

heißt die **Fourier-Reihe** von f.

In obiger Definition wird f identifiziert mit der T-periodischen Fortsetzung von f (direkte Fortsetzung).

Für die Zuordnung: Funktion $\mapsto$ Fourier-Reihe schreibt man auch :

$$f(t) \sim \sum_{k=-\infty}^{\infty} \gamma_k\, e^{ik\omega t}. \tag{16.2.2}$$

Satz (16.2.3)

Sei f eine stückweise stetige, T-periodische Funktion, $\omega := (2\pi)/T$ die Kreisfrequenz. Dann gilt für $k \geq 0$:

$$f \text{ gerade} \;\Rightarrow\; a_k = \frac{4}{T} \int_0^{T/2} f(t) \cos(k\omega t)\, dt, \quad b_k = 0.$$

$$f \text{ ungerade} \;\Rightarrow\; a_k = 0, \quad b_k = \frac{4}{T} \int_0^{T/2} f(t) \sin(k\omega t)\, dt.$$

Beweis

Ohne Beschränkung der Allgemeinheit wird nur der Fall „f gerade" betrachtet. Mit der Substitution $\tau = -t$ ergibt sich:

$$b_k = \frac{2}{T} \int_0^T f(t) \sin(k\omega t)\,dt = \frac{2}{T} \int_0^{-T} f(-\tau) \sin(k\omega\tau)\,d\tau$$

$$= -\frac{2}{T} \int_{-T}^0 f(\tau) \sin(k\omega\tau)\,d\tau = -\frac{2}{T} \int_0^T f(\tau) \sin(k\omega\tau)\,d\tau = -b_k,$$

$$a_k = \frac{2}{T} \int_{-T/2}^{T/2} f(t) \cos(k\omega t)\,dt$$

$$= \frac{2}{T} \left[\int_{-T/2}^0 f(t) \cos(k\omega t)\,dt + \int_0^{T/2} f(t) \cos(k\omega t)\,dt \right]$$

$$= \frac{2}{T} \left[\int_0^{T/2} f(-\tau) \cos(k\omega\tau)\,d\tau + \int_0^{T/2} f(t) \cos(k\omega t)\,dt \right]$$

$$= \frac{4}{T} \int_0^{T/2} f(t) \cos(k\omega t)\,dt. \qquad\blacksquare$$

Beispiele (16.2.4)

a) **Sägezahnfunktion:**

$$S(t) := \begin{cases} 0, & t=0,\ t=2\pi, \\ \frac{1}{2}(\pi - t), & 0 < t < 2\pi. \end{cases}$$

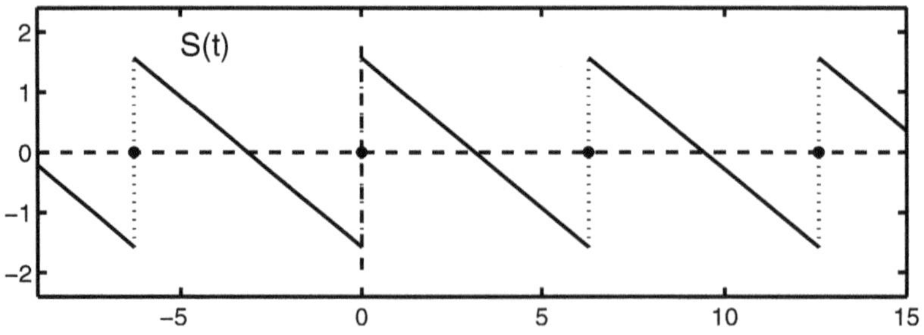

Abb. 16.4. Sägezahnfunktion

Da S eine ungerade Funktion ist, folgt:

$$a_k = 0 \quad (\forall k) \quad \text{und} \quad b_k = \frac{2}{\pi} \int_0^\pi \frac{\pi - t}{2} \sin(kt)\,dt = \frac{1}{k}.$$

Damit folgt:
$$S(t) \sim \sin t + \frac{\sin(2t)}{2} + \frac{\sin(3t)}{3} + \ldots$$

Für die 10. Partialsumme $S_{10}(t) = \sum_{k=1}^{10} \frac{\sin(kt)}{k}$ erhält man die folgende Approximation:

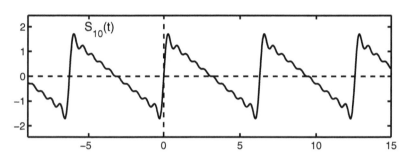

Abb. 16.5. Partialsumme S_{10}

b) **Rechteckschwingung:**
$$R(t) = \begin{cases} 0, & t=0,\ t=\pi,\ t=2\pi \\ 1, & 0<t<\pi \\ -1, & \pi<t<2\pi. \end{cases}$$

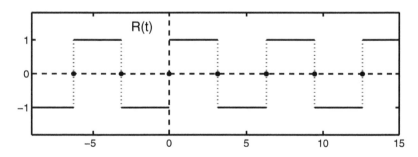

Abb. 16.6. Rechteckschwingung

Wiederum ist R eine ungerade Funktion und somit:
$$a_k = 0, \quad k=0,1,\ldots, \quad \text{und}$$
$$b_k = \frac{2}{\pi} \int_0^\pi \sin(kt)\,dt = \begin{cases} 0, & k \text{ gerade} \\ \frac{4}{k\pi}, & k \text{ ungerade} \end{cases}$$

Man erhält also

$$R(t) \sim \frac{4}{\pi}\left(\frac{\sin t}{1} + \frac{\sin(3t)}{3} + \frac{\sin(5t)}{5} + \ldots\right).$$

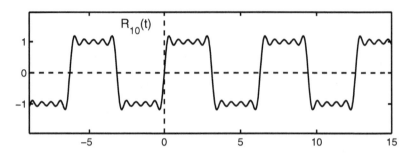

Abb. 16.7. Partialsumme R_{10}

c) Periodisch fortgesetzte Parabel:

Sei $f(t) = t^2$, $-\pi < t < \pi$ mit (2π)-periodischer Fortsetzung:

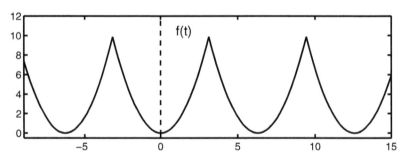

Abb. 16.8. Periodisch fortgesetzte Parabel

Die Funktion f ist gerade; damit folgt: $b_k = 0$, $k = 1, 2, \ldots$, und:

$$a_k = \frac{2}{\pi}\int_0^\pi t^2 \cos(kt)\, dt = \begin{cases} \dfrac{2\pi^2}{3}, & \text{für } k = 0 \\[2mm] (-1)^k \dfrac{4}{k^2}, & \text{für } k = 1, 2, \ldots \end{cases}$$

Somit erhält man die folgende Fourier-Reihe :

$$f(t) \sim \frac{\pi^2}{3} - \frac{4\cos t}{1^2} + \frac{4\cos(2t)}{2^2} - + \ldots$$

In der Abbildung 16.9 sind die Partialsummen $P_n(t)$ der obigen Fourier-Reihe für $n = 1$ und $n = 6$ aufgezeichnet.

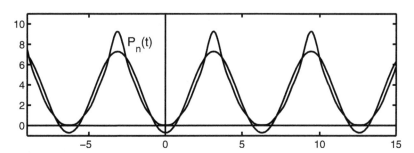

Abb. 16.9. Partialsummen der Fourier-Reihe, $n=1$ und $n=6$

Rechenregeln für Fourier-Reihen (16.2.5)

Sind $f, g : \mathbb{R} \to \mathbb{C}$ T-periodische, stückweise stetige Funktionen mit

$$f \sim \sum_{k=-\infty}^{\infty} \gamma_k \, e^{ik\omega t}, \quad g \sim \sum_{k=-\infty}^{\infty} \delta_k \, e^{ik\omega t}, \quad \text{so gelten:}$$

a) **Linearität:**
$$\alpha f(t) + \beta g(t) \sim \sum_{k=-\infty}^{\infty} (\alpha \gamma_k + \beta \delta_k) \, e^{ik\omega t}$$

b) **Konjugation:**
$$\overline{f(t)} \sim \sum_{k=-\infty}^{\infty} \overline{\gamma}_{-k} \, e^{ik\omega t}$$

c) **Zeitumkehr:**
$$f(-t) \sim \sum_{k=-\infty}^{\infty} \gamma_{-k} \, e^{ik\omega t}$$

d) **Streckung:**
$$f(ct) \sim \sum_{k=-\infty}^{\infty} \gamma_k \, e^{ik(c\omega)t}, \quad c > 0$$

e) **Verschiebung:**
$$f(t+a) \sim \sum_{k=-\infty}^{\infty} \left(\gamma_k \, e^{ik\omega a} \right) e^{ik\omega t}, \quad a \in \mathbb{R}$$

$$e^{in\omega t} f(t) \sim \sum_{k=-\infty}^{\infty} \gamma_{k-n} \, e^{ik\omega t}, \quad n \in \mathbb{Z}$$

f) **Ableitung:** Ist f stetig und stückweise stetig differenzierbar, so gilt:

$$f'(t) \sim \sum_{k=-\infty}^{\infty} (ik\omega \gamma_k) \, e^{ik\omega t}$$

$$= \sum_{k=1}^{\infty} (k\omega) \left[b_k \cos(k\omega t) - a_k \sin(k\omega t) \right]$$

g) **Integration:** Gilt $a_0 = \gamma_0 = \int_0^T f(t)\,dt = 0$, so folgt:

$$\int_0^t f(\tau)\,d\tau \;\sim\; -\frac{1}{T}\int_0^T t\,f(t)\,dt \;-\; \sum_{k=1}^\infty \left[\,\frac{b_k}{k\,\omega}\,\cos(k\,\omega\,t) \;-\; \frac{a_k}{k\,\omega}\,\sin(k\,\omega\,t)\,\right]$$

Beweis:

Die obigen Aussagen lassen sich unmittelbar durch Umformung der entsprechenden Fourier-Koeffizienten nach (16.2.1) beweisen. ∎

Satz (16.2.6) (Konvergenzsatz)

Sei $f : \mathbb{R} \to \mathbb{C}$ T-periodisch und stückweise stetig differenzierbar. Dann gelten die folgenden Konvergenzaussagen für die zugehörige Fourier-Reihe

$$F_f(t) \;=\; \frac{a_0}{2} + \sum_{k=1}^\infty [\,a_k\,\cos(k\,\omega\,t) + b_k\,\sin(k\,\omega\,t)\,]\,.$$

a) Die Reihe konvergiert punktweise. Für alle $t \in \mathbb{R}$ gilt:

$$F_f(t) \;=\; \frac{1}{2}\,\left(f(t^+) + f(t^-)\right).$$

b) In allen kompakten Intervallen $[a,b]$, in denen f stetig ist, ist die Konvergenz gleichmäßig.

c) In allen Unstetigkeitsstellen überschwingen die Partialsummen

$$S_n(t) \;=\; \frac{a_0}{2} + \sum_{k=1}^n [\,a_k\,\cos(k\,\omega\,t) + b_k\,\sin(k\,\omega\,t)\,]$$

für große n den Sprung um ca. 18% (**Gibbs–Phänomen**[63])

Bemerkung (16.2.7)

a) Die Voraussetzung der stückweise stetigen Differenzierbarkeit lässt sich noch weiter abschwächen. Die bloße Stetigkeit der Funktion f reicht jedoch nicht aus, um die Konvergenz der Fourier-Reihe gegen f zu garantieren.

b) In den Beispielen (16.2.4) gilt stets Gleichheit für **alle** $t \in \mathbb{R}$.

Anstelle eines allgemeinen Beweises zu (16.2.6) sehen wir uns die Aussagen des Satzes für das Beispiel der Sägezahnfunktion (16.2.4) a) an:

---

[63]Josiah Willard Gibbs (1839–1903); New Haven

16.2 Fourier-Reihen

$$\sum_{k=1}^{\infty} \frac{\sin(kt)}{k} \sim \begin{cases} 0 & : t = 0; \; t = 2\pi \\ (\pi - t)/2 & : 0 < t < 2\pi \end{cases}$$

zu a): Zunächst ist klar, dass die Reihe für alle $t_m = 2\pi m$, $m \in \mathbb{Z}$, konvergiert und sich für den Grenzwert $0 = \frac{1}{2}(S(t_m^+) + S(t_m^-))$ ergibt.
Für $0 < t < 2\pi$ folgt durch Integration des Dirichlet-Kerns (16.1.8):

$$R_n(t) := \frac{1}{2}(t - \pi) + \sin t + \frac{\sin(2t)}{2} + \ldots + \frac{\sin(nt)}{n}$$

$$= \int_\pi^t \frac{\sin[(n + 1/2)\tau]}{2 \sin(\tau/2)} d\tau$$

$$= \frac{-\cos[(n + 1/2)t]}{(2n + 1)\sin(t/2)} + \frac{1}{2n+1} \int_\pi^t \cos((n + 1/2)\tau) \frac{d}{d\tau}\left(\frac{1}{\sin(\tau/2)}\right) d\tau$$

$$= -\frac{\cos[(n + 1/2)t]}{(2n + 1)\sin(t/2)} + \frac{\cos[(n + 1/2)\tilde{t}]}{2n+1}\left(\frac{1}{\sin(t/2)} - 1\right).$$

Die zweite Gleichung ergibt sich dabei durch partielle Integration, die dritte durch Anwendung des Mittelwertsatzes. Insgesamt folgt:

$$|R_n(t)| \leq \frac{2}{(2n+1)\sin(t/2)}.$$

Für festes $t \in {]}0, 2\pi{[}$ ergibt sich damit die Konvergenz: $\lim_{n \to \infty} R_n(t) = 0$.

zu b): Die Konvergenz ist nach obiger Abschätzung auf einem Intervall $[\varepsilon, 2\pi - \varepsilon]$, mit $\varepsilon > 0$, auch gleichmäßig, da dort $\sin(t/2) \geq \sin(\varepsilon/2) > 0$.

zu c): Für den Fehler $R_n(t)$ gilt nach Obigem:

$$\frac{d}{dt} R_n(t) = \frac{\sin[(n + 1/2)t]}{2\sin(t/2)}.$$

Die erste positive Maximalstelle von $R_n(t)$ ist daher $t_n = \dfrac{\pi}{n + 1/2}$ und damit

$$R_n(t_n) = \int_0^{t_n} \frac{\sin[(n + 1/2)\tau]}{2\sin(\tau/2)} d\tau - \frac{\pi}{2} = \int_0^\pi \frac{\sin u}{(2n+1)\sin(u/(2n+1))} du - \frac{\pi}{2}$$

$$\underset{\approx}{>} \int_0^\pi \frac{\sin u}{u} du - \frac{\pi}{2} = \operatorname{Si}(\pi) - \frac{\pi}{2} \approx 0.1789 \cdot \frac{\pi}{2}. \qquad \blacksquare$$

16 Periodische Funktionen, Fourier-Reihen

Der folgende Satz gibt Auskunft über die Approximationsgüte der Fourier-Reihe bzw. deren Partialsummen.

Satz (16.2.8) (**Approximationsgüte**)

a) **Approximation im quadratischen Mittel:**

Sei $f : \mathbb{R} \to \mathbb{C}$ eine T-periodische, stückweise stetige Funktion, und seien

$$S_n(t) := \frac{a_0}{2} + \sum_{k=1}^{n} [\, a_k \cos(k\,\omega\,t) + b_k \sin(k\,\omega\,t)\,]$$

die Partialsummen der zugehörigen Fourier-Reihe.

Für den Raum der trigonometrischen Polynome vom Maximalgrad n

$$T_n := \text{Spann}\left\{\frac{1}{\sqrt{2}},\, \cos(\omega t),\ldots,\cos(n\omega t), \sin(\omega t),\ldots,\sin(n\omega t)\right\}$$

mit dem Skalarprodukt $\langle u, v \rangle = \dfrac{2}{T} \displaystyle\int_0^T \overline{u(t)} \cdot v(t)\,dt$ gilt dann:

$$\forall\, \varphi \in T_n : \|f - S_n\|_2 \leq \|f - \varphi\|_2 \, ,$$

d.h., $S_n(t)$ ist von allen Funktionen aus T_n die beste Approximation an f „im quadratischen Mittel".

b) Es gilt die **Besselsche Ungleichung**:

$$\frac{|a_0|^2}{2} + \sum_{k=1}^{n} \left(|a_k|^2 + |b_k|^2\right) \leq \frac{2}{T} \int_0^T |f(t)|^2\, dt\,.$$

Hieraus folgt insbesondere die Konvergenz der Reihen $\sum_{k=0}^{\infty} |a_k|^2$ und $\sum_{k=1}^{\infty} |b_k|^2$ und damit auch: $\displaystyle\lim_{k\to\infty} a_k = \lim_{k\to\infty} b_k = 0$ (**Riemannsches Lemma**).

c) **Konvergenzgeschwindigkeit:**

Ist die T-periodische Funktion $f : \mathbb{R} \to \mathbb{R}/\mathbb{C}$ stückweise $(m+1)$-fach stetig differenzierbar, und sind die Ableitungen $f^{(k)}$, $0 \leq k < m$, stetig auf $\mathbb{R}$, so gibt es eine Konstante $C > 0$ mit

$$|\gamma_k| \leq \frac{C}{|k|^{m+1}}, \quad k = \pm 1,\, \pm 2,\, \ldots$$

Beweis

zu a): Aus den Orthogonalitätsrelationen (16.1.12) folgt, dass die Funktionen

$$\varphi_0(t) := \frac{1}{\sqrt{2}}, \quad \varphi_k(t) := \cos(k\,\omega\,t), \quad \psi_k(t) := \sin(k\,\omega\,t), \quad k = 1, 2, \ldots, n$$

16.2 Fourier-Reihen

eine Orthonormalbasis des $(2n+1)$-dimensionalen linearen Teilraums $T_n \subset C(\mathbb{R})$ bilden. Damit gilt:

$$S_n(t) = \frac{a_0}{\sqrt{2}} \varphi_0(t) + \sum_{k=1}^{n} [a_k \varphi_k(t) + b_k \psi_k(t)],$$

$$a_0 = \sqrt{2} \langle \varphi_0, f \rangle, \quad a_k = \langle \varphi_k, f \rangle, \quad b_k = \langle \psi_k, f \rangle, \quad k = 1, \ldots, m.$$

Nach (5.2.11) ist S_n somit die orthogonale Projektion von f auf T_n. Die Behauptung folgt damit aus dem Approximationssatz (5.2.17).

zu b): Mit obigen Bezeichnungen lässt sich abschätzen:

$$0 \leq \|f - S_n\|^2 = \langle f - S_n, f - S_n \rangle$$

$$= \|f\|^2 - 2\operatorname{Re}\langle f, S_n \rangle + \|S_n\|^2$$

$$= \|f\|^2 - 2\operatorname{Re}\left\langle f, \frac{a_0}{2}\varphi_0 + \sum_{1}^{n}(a_k\varphi_k + b_k\psi_k) \right\rangle + \|S_n\|^2$$

$$= \|f\|^2 - \left(\frac{|a_0|^2}{2} + \sum_{k=1}^{n}(|a_k|^2 + |b_k|^2) \right).$$

zu c): Aufgrund der Ableitungsregel (16.2.5) f) genügt es, die Behauptung für $m=0$ zu zeigen. f sei also stückweise stetig differenzierbar mit den folgenden Unstetigkeitsstellen in $[0,T]$:

$$0 = t_0 < t_1 < \ldots < t_m = T.$$

Partielle Integration ergibt:

$$\gamma_k = \int_0^T f(t) e^{-ik\omega t}\, dt = -\frac{1}{ik\omega} \sum_{j=0}^{m-1} \left[f(t) e^{-ik\omega t} \Big|_{t_j^+}^{t_{j+1}^-} - \int_{t_j}^{t_{j+1}} f'(t) e^{ik\omega t}\, dt \right]$$

und damit:

$$|\gamma_k| \leq \frac{1}{|k|} \left[\frac{1}{\omega} \sum_{j=0}^{m-1} (|f(t_{j+1}^-)| + |f(t_j^+)|) + \frac{1}{\omega} \int_0^T |f'(t)|\, dt \right] = \frac{C}{|k|}. \blacksquare$$

Bemerkung (16.2.9)

Man kann zeigen, dass die Besselsche Ungleichung für $n \to \infty$ in Gleichheit übergeht (**Parsevalsche Gleichung**):

$$\frac{|a_0|^2}{2} + \sum_{k=1}^{\infty} (|a_k|^2 + |b_k|^2) = \frac{2}{T} \int_0^T |f(t)|^2\, dt.$$

Interpretation: Die Leistung einer Wechselspannung ist gleich der Summe der Leistungen der harmonischen Teilspannungen.

Satz (16.2.10) (Eindeutigkeitssatz)

Haben zwei T-periodische, stückweise stetige Funktionen f und g dieselben Fourier-Koeffizienten, und erfüllen beide die Mittelwerteigenschaft

$$\forall t: \quad f(t) = \frac{1}{2}\left(f(t^-) + f(t^+)\right),$$

so stimmen sie überein, $f = g$.

Beweis

Es genügt zu zeigen, dass eine T-periodische, stückweise stetige Funktion f, die die Mittelwerteigenschaft erfüllt und für die alle Fourier-Koeffizienten verschwinden:

$$\int_0^T f(t) e^{-ik\omega t} dt = 0 \quad (\forall k \in \mathbb{Z}),$$

selbst identisch verschwinden muss. O.B.d.A. sei f reellwertig. Dann gilt nach obigem

$$\int_0^T f(t) P(t) dt = 0$$

für alle (reellen) trigonometrischen Polynome P beliebigen Grades. Wäre $f \neq 0$, so existierten $a < b$ in $]0, T[$ und $m > 0$ mit $|f(t)| \geq m$ für alle $t \in [a,b]$ (stückweise Stetigkeit und Mittelwerteigenschaft). O.B.d.A. gelte $f(t) \geq m$ auf $[a,b]$.

Nun lässt sich ein trigonometrisches Polynom P konstruieren, das auf $[a,b]$ nichtnegativ ist und für das bei hinreichend kleinem $\varepsilon > 0$ gilt:

$$P(t) \geq K > 1, \quad a+\varepsilon \leq t \leq b-\varepsilon$$
$$|P(t)| \leq 1, \quad t \in [0,T] \setminus [a,b].$$

Damit folgt aber

$$\int_a^b f(t) \left(P(t)\right)^n dt \geq m(b-a-2\varepsilon) K^n$$

und

$$\left| \int_0^a f(t) \left(P(t)\right)^n dt + \int_b^T f(t) \left(P(t)\right)^n dt \right| \leq T \cdot \|f\|_\infty,$$

so dass

$$\int_0^T f(t) \left(P(t)\right)^n dt \neq 0$$

für hinreichend großes n folgt, im Widerspruch zur Annahme. ∎

16.3 Numerische Berechnung der Fourier-Koeffizienten

Zu berechnen seien die Fourier-Koeffizienten einer glatten, 2π-periodischen Funktion f:

$$a_k = \frac{1}{\pi} \int_0^{2\pi} f(t) \cos(kt) \, dt, \qquad k \geq 0$$
$$b_k = \frac{1}{\pi} \int_0^{2\pi} f(t) \sin(kt) \, dt, \qquad k > 0. \tag{16.3.1}$$

Für die numerische Berechnung der Integrale ist die Trapezsumme besonders gut geeignet. Wir setzen dazu

$$t_j := \frac{2\pi}{n} j, \qquad j = 0, 1, \ldots, n,$$
$$h := \frac{2\pi}{n} \quad \text{(Schrittweite)} \tag{16.3.2}$$
$$f_j := f(t_j), \qquad j = 0, 1, \ldots, n.$$

Aufgrund der Periodizität von f hat man $f_n = f_0$. Die Trapezsumme ergibt dann:

$$a_k \approx \frac{1}{\pi} \cdot \frac{2\pi}{n} \cdot \left\{ \frac{f_0}{2} + \sum_{j=1}^{n-1} f_j \cos(k t_j) + \frac{f_n}{2} \right\}$$
$$= \frac{2}{n} \sum_{j=0}^{n-1} f_j \cos(k j h) =: A_k \tag{16.3.3}$$

und analog:
$$b_k \approx \frac{2}{n} \sum_{j=0}^{n-1} f_j \sin(k j h) =: B_k. \tag{16.3.4}$$

Man beachte, dass die Approximationen $a_k \approx A_k$ und $b_k \approx B_k$ aufgrund der Oszillationen des Integranden i. Allg. nur für kleine Indizes k brauchbar sind. Eine Faustregel besagt: $k \leq n/2$.

Die A_k, B_k sind zudem periodisch im Index: $A_k = A_{k+n}$, $B_k = B_{k+n}$, während die tatsächlichen Fourier-Koeffizienten (a_k), (b_k) Nullfolgen bilden.

Man hat also zur Berechnung der A_k, B_k, $k = 0, 1, \ldots$, wie auch anschließend zur Auswertung des trigonometrischen Polynoms

$$S_m(t) \approx \frac{A_0}{2} + \sum_{k=1}^{m} [A_k \cos(kt) + B_k \sin(kt)]$$

Summen der folgenden Form zu berechnen:

$$\sigma(t) := \sum_{k=0}^{n-1} f_k \cos(kt), \qquad \mu(t) := \sum_{k=0}^{n-1} f_k \sin(kt). \tag{16.3.5}$$

Da n recht groß sein kann und zudem die σ und μ eventuell für viele t-Werte berechnet werden müssen, kommt eine naive Auswertung von (16.3.5) wegen des hohen Aufwandes nicht in Betracht.

Der Algorithmus von Goertzel[64]

Der folgende Algorithmus von Goertzel leistet die Berechnung von σ und μ, ohne dass hierzu die direkte Auswertung der in (16.3.5) auftretenden cos- oder sin-Terme benötigt wird.

Kernstück ist die folgende **Rekursionsformel** für

$$c_k := \cos(kt), \quad s_k := \sin(kt).$$

Es gilt (Beweis mittels der Additionstheoreme):

$$\begin{aligned} c_{k+1} &= 2 c_1 c_k - c_{k-1}, & k = 1, 2, \ldots, \\ s_{k+1} &= 2 c_1 s_k - s_{k-1}, & k = 1, 2, \ldots \end{aligned} \tag{16.3.6}$$

Startwerte sind $c_0 := 1$, $c_1 := \cos t$, $s_0 := 0$ und $s_1 := \sin t$.

Wir schreiben die obigen Rekursionen in Matrixform:

$$\begin{pmatrix} 1 & & & & 0 \\ -2c_1 & 1 & & & \\ 1 & -2c_1 & 1 & & \\ & \ddots & \ddots & \ddots & \\ 0 & & 1 & -2c_1 & 1 \end{pmatrix} \begin{pmatrix} c_0 \\ c_1 \\ c_2 \\ \vdots \\ c_{n-1} \end{pmatrix} = \begin{pmatrix} 1 \\ -c_1 \\ 0 \\ \vdots \\ 0 \end{pmatrix}$$

$$\begin{pmatrix} 1 & & & & 0 \\ -2c_1 & 1 & & & \\ 1 & -2c_1 & 1 & & \\ & \ddots & \ddots & \ddots & \\ 0 & & 1 & -2c_1 & 1 \end{pmatrix} \begin{pmatrix} s_0 \\ s_1 \\ s_2 \\ \vdots \\ s_{n-1} \end{pmatrix} = \begin{pmatrix} 0 \\ s_1 \\ 0 \\ \vdots \\ 0 \end{pmatrix}. \tag{16.3.7}$$

Bezeichnen $\mathbf{b}_1, \mathbf{b}_2$ die rechten Seiten und $\mathbf{c} := (c_0, c_1 \ldots, c_{n-1})^{\mathrm{T}}$, $\mathbf{s} := (s_0, s_1, \ldots, s_{n-1})^{\mathrm{T}}$ die gesuchten cos- bzw. sin-Terme, und bezeichnet weiter $\mathbf{A}$ die (gemeinsame) Koeffizientenmatrix in (16.3.7), so hat man also die folgenden linearen Gleichungssysteme zu lösen:

$$\mathbf{A}\mathbf{c} = \mathbf{b}_1, \quad \mathbf{A}\mathbf{s} = \mathbf{b}_2. \tag{16.3.8}$$

Nun ist man aber nicht an der Berechnung der Vektoren $\mathbf{c}$ und $\mathbf{s}$ interessiert, sondern an den in (16.3.5) definierten Skalarprodukten

$$\sigma = \mathbf{c}^{\mathrm{T}}\mathbf{f}, \quad \mu = \mathbf{s}^{\mathrm{T}}\mathbf{f}, \quad \text{mit} \quad \mathbf{f} := (f_0, \ldots, f_{n-1})^{\mathrm{T}}.$$

Da die Matrix $\mathbf{A}$ regulär ist, können wir formal (16.3.8) nach $\mathbf{c}$ und $\mathbf{s}$ auflösen und dies einsetzen:

---

[64]Gerald Goertzel: An Algorithm for the Evaluation of Finite Trigonometric Series. In American Math. Monthly. Vol. 65, 34–35, 1958

16.3 Numerische Berechnung der Fourier-Koeffizienten

$$\sigma = \mathbf{c}^T\mathbf{f} = (\mathbf{A}^{-1}\mathbf{b}_1)^T\mathbf{f} = \mathbf{b}_1^T(\mathbf{A}^{-T}\mathbf{f}),$$
$$\mu = \mathbf{s}^T\mathbf{f} = (\mathbf{A}^{-1}\mathbf{b}_2)^T\mathbf{f} = \mathbf{b}_2^T(\mathbf{A}^{-T}\mathbf{f}).$$

Setzt man nun $\mathbf{u} := (u_0, u_1, \ldots, u_{n-1})^T := \mathbf{A}^{-T}\mathbf{f}$, so hat man zunächst das lineare Gleichungssystem $\mathbf{A}^T\mathbf{u} = \mathbf{f}$ zu lösen und kann damit dann berechnen:

$$\sigma = \mathbf{b}_1^T\mathbf{u} = u_0 - c_1 u_1, \quad \mu = \mathbf{b}_2^T\mathbf{u} = s_1 u_1. \qquad (16.3.9)$$

Das lineare Gleichungssystem zur Berechnung von $\mathbf{u}$ lautet explizit

$$\begin{pmatrix} 1 & -2c_1 & 1 & & 0 \\ & 1 & -2c_1 & \ddots & \\ & & 1 & \ddots & 1 \\ & & & \ddots & -2c_1 \\ 0 & & & & 1 \end{pmatrix} \begin{pmatrix} u_0 \\ u_1 \\ \vdots \\ u_{n-2} \\ u_{n-1} \end{pmatrix} = \begin{pmatrix} f_0 \\ f_1 \\ \vdots \\ f_{n-2} \\ f_{n-1} \end{pmatrix}.$$

Die u_k lassen sich demnach sehr einfach durch eine Rückwärts-Rekursion berechnen. Man spricht hierbei von der zu (16.3.6) **adjungierten Rekursion**:

$$u_{n-1} := f_{n-1},$$
$$u_{n-2} := f_{n-2} + 2c_1 u_{n-1},$$
$$u_k := f_k + 2c_1 u_{k+1} - u_{k+2}, \quad k = n-3, n-4, \ldots, 0.$$

Zusammengefasst ergibt sich der folgende Algorithmus.

Algorithmus von Goertzel (16.3.10)

$$u_n = 0; \quad u_{n-1} = f_{n-1}; \quad c_1 = \cos(t);$$
$$\text{für} \quad k = n-2, n-3, \ldots, 1$$
$$u_k := f_k + 2c_1 u_{k+1} - u_{k+2},$$
$$\text{end } k;$$
$$\sigma := f_0 + c_1 u_1 - u_2,$$
$$\mu := u_1 \sin(t).$$

Bemerkungen (16.3.11)

a) Der Algorithmus von Goertzel benötigt etwa n Multiplikationen und $2n$ Additionen für jede Auswertung von $\sigma(t)$, $\mu(t)$.

Für die Berechnung aller Fourier-Koeffizienten A_k, B_k, $k = 0, 1, \ldots, n$, werden demnach $O(n^2)$ elementare Operationen benötigt.

b) Für $t \approx k\pi$, $k \in \mathbb{Z}$, ist der Algorithmus von Goertzel numerisch instabil! Es gibt jedoch eine stabile Variante des Goertzelschen Algorithmus, die auf Reinsch zurückgeht und die nur geringfügig größeren Aufwand benötigt. Für die Einzelheiten dieses **Algorithmus von Goertzel und Reinsch** sei auf die Standard-Literatur zur Numerischen Mathematik verwiesen.

c) Mit dem Algorithmus von Goertzel lässt sich zugleich die Aufgabe der **Interpolation durch trigonometrische Polynome** lösen: Setzt man nämlich zu vorgegebenen Stützstellen (t_k, f_k), $k = 0, 1, \ldots, n-1$, mit $t_k = (2\pi k)/n$:

$$A_j := \frac{2}{n} \sum_{k=0}^{n-1} f_k \cos(k t_j), \quad B_j := \frac{2}{n} \sum_{k=0}^{n-1} f_k \sin(k t_j),$$

so interpolieren die folgenden trigonometrischen Polynome die vorgegebenen Daten:
Für ungerades $n = 2m+1$:

$$P_n(t) = \frac{A_0}{2} + \sum_{k=1}^{m} [A_k \cos(k t) + B_k \sin(k t)].$$

Für gerades $n = 2m$:

$$P_n(t) = \frac{A_0}{2} + \sum_{k=1}^{m-1} [A_k \cos(k t) + B_k \sin(k t)] + \frac{A_m}{2} \cos(m t).$$

Die schnelle Fourier-Transformation (FFT)

Der Algorithmus von Goertzel und Reinsch leistet die numerische Auswertung trigonometrischer Polynome an **beliebigen** Stellen $t \in \mathbb{R}$. Er ist jedoch mit $O(n^2)$ elementaren Operationen immer noch recht aufwändig. Ist man nur an dem Verhalten der Fourier-Koeffizienten a_k, b_k bzw. ihrer diskreten Approximationen A_k, B_k interessiert, oder möchte man das trigonometrische Polynom nur auf dem vorgegebenen Gitter $t_j = jh$, $h = (2\pi)/n$ auswerten, so lassen sich Algorithmen angeben, die dies mit deutlich geringerem Aufwand, nämlich mit $O(n \cdot \log_2 n)$ elementaren Operationen leisten. Verfahren dieser Art heißen Verfahren der schnellen Fourier-Transformation. Eine der ersten Arbeiten, mit denen diese Methoden bekannt wurden, wurde von Cooley und Tukey[65] verfasst.

Wir beschreiben im Folgenden eine einfache Variante dieser Verfahren. Dazu verwenden wir die komplexe Schreibweise und berechnen zu vorgegebenen Funktionswerten

$$f_j = f(t_j) \in \mathbb{C}, \quad t_j = j \cdot h, \quad h = \frac{2\pi}{n},$$

die **diskreten (komplexen) Fourier-Koeffizienten**:

$$\Gamma_k := \frac{1}{n} \sum_{j=0}^{n-1} f_j e^{-ijk 2\pi/n}, \quad k = 0, 1, \ldots, n-1. \tag{16.3.12}$$

---
[65] Cooley, J.W., Tukey, J.W.: An algorithm for the machine calculation of complex Fourier series. Mathem. Comput., Vol.19, 297–301, 1965

16.3 Numerische Berechnung der Fourier-Koeffizienten

Für den Algorithmus setzen wir voraus, dass n eine Zweierpotenz ist:

$$n = 2^r, \quad r \in \mathbb{N}. \qquad (16.3.13)$$

Mit Varianten des FFT-Algorithmus lassen sich die Γ_k jedoch auch für allgemeinere n berechnen. Für viele praktische Fragestellungen wird allerdings die Forderung (16.3.13) i. Allg. keine besondere Einschränkung darstellen.

Im Fall reeller Daten f_j erhält man die reellen Fourier-Koeffizienten A_k, B_k analog zu (16.1.6) aus den Γ_k. Mit $m = n/2$ gelten:

$$\begin{aligned} A_0 &= 2\,\Gamma_0, \\ A_k &= \Gamma_k + \Gamma_{n-k}, \quad k = 1, \ldots, m, \\ B_k &= i\,(\Gamma_k - \Gamma_{n-k}), \quad k = 1, \ldots, m-1. \end{aligned} \qquad (16.3.14)$$

Die Grundidee der schnellen Fourier-Transformation ist die Aufspaltung der Summe (16.3.12) in zwei Teilsummen, die sich als Fourier-Koeffizienten zu einem gröberen Gitter mit doppelter Schrittweite interpretieren lassen.

Wir setzen also wie oben: $m := n/2$ und sortieren die Summe nach geraden und ungeraden Indizes:

$$\begin{aligned} \Gamma_k &= \frac{1}{n}\left(\sum_{j=0}^{m-1} f_{2j}\, e^{-i(2j)k\,2\pi/n} + \sum_{j=0}^{m-1} f_{2j+1}\, e^{-i(2j+1)k\,2\pi/n} \right) \\ &= \frac{1}{n}\left(\sum_{j=0}^{m-1} f_{2j}\, e^{-ijk\,2\pi/m} \right) + e^{-ik\pi/m} \cdot \left(\frac{1}{n}\sum_{j=0}^{m-1} f_{2j+1}\, e^{-ijk\,2\pi/m} \right) \\ &= G_k + e^{-ik\pi/m}\, U_k, \quad k = 0, 1, \ldots, n-1. \end{aligned}$$

Hierbei sind:

$$G_k := \frac{1}{n}\sum_{j=0}^{m-1} f_{2j}\, e^{-ijk\,2\pi/m}, \quad U_k := \frac{1}{n}\sum_{j=0}^{m-1} f_{2j+1}\, e^{-ijk\,2\pi/m}.$$

Die G_k und U_k brauchen nun aber nur für $k = 0, 1, \ldots, m-1$ berechnet zu werden. Wegen der Periodizität der Exponentialfunktion gilt nämlich:

$$G_{k+m} = G_k, \quad U_{k+m} = U_k, \quad k = 0, 1, \ldots, m-1.$$

Wir fassen den Reduktionsschritt nochmals zusammen:

Reduktionsschritt (16.3.15)

Anstelle der Berechnung der Γ_k, $k = 0, 1, \ldots, n-1$, berechne man mit $m := n/2$ für $k = 0, 1, \ldots, m-1$:

$$G_k = \frac{1}{n}\sum_{j=0}^{m-1} f_{2j}\, e^{-ijk\,2\pi/m}, \quad U_k = \frac{1}{n}\sum_{j=0}^{m-1} f_{2j+1}\, e^{-ijk\,2\pi/m}$$

$$\Gamma_k = G_k + e^{-ik\pi/m}\, U_k, \quad \Gamma_{m+k} = G_k - e^{-ik\pi/m}\, U_k.$$

16 Periodische Funktionen, Fourier-Reihen

Das Verfahren der schnellen Fourier-Transformation iteriert nun diesen Reduktionsschritt, bis nur noch triviale Fourier-Transformationen mit $m = 1$ auszuführen sind. Die einzelnen Fourier-Transformationen mit $m = 2, 4, 8, \ldots, 2^r$ werden dann nach (16.3.15) aus diesen zusammengesetzt.

Der Algorithmus arbeitet mit einem eindimensionalen Feld, welches zu Beginn mit den Daten $f_j, j = 0, \ldots, n-1$, besetzt ist. In einem ersten Schritt werden diese Daten so **umsortiert**, dass bei den Reduktionsschritten jeweils benachbarte Werte zusammengefasst werden können.

Beispiel (16.3.16) $(n = 8)$

$$
\begin{array}{rl}
\text{Ausgangsdaten} : & f_0 \ \ f_1 \ \ f_2 \ \ f_3 \ \ f_4 \ \ f_5 \ \ f_6 \ \ f_7 \\
\text{1. Sortierschritt} : & f_0 \ \ f_2 \ \ f_4 \ \ f_6 | \ f_1 \ \ f_3 \ \ f_5 \ \ f_7 \\
\text{2. Sortierschritt} : & f_0 \ \ f_4 | \ f_2 \ \ f_6 | \ f_1 \ \ f_5 | \ f_3 \ \ f_7 \\
\text{3. Sortierschritt} : & f_0 | \ f_4 | \ f_2 | \ f_6 | \ f_1 | \ f_5 | \ f_3 | \ f_7
\end{array}
$$

Das Umsortieren der f_j kann algorithmisch in einem Schritt erfolgen. Dazu sieht man sich die Wirkung der Sortierschritte auf die Indizes j, $j = 0, 1, \ldots, 2^r - 1$, in dualer Darstellung an:

$$ j = (j_r \ldots j_1)_2 = \sum_{\nu=1}^{r} j_\nu \, 2^{\nu-1}, \quad j_\nu \in \{0, 1\}. $$

Der erste Sortierschritt bewirkt dabei die folgende Transformation:

$$
\begin{array}{ccc}
(2j) \ \boxed{**\ldots**|0} & \quad & (2j+1) \ \boxed{**\ldots**|1} \\
\downarrow \ \ \searrow\searrow \ \searrow & & \downarrow \ \ \searrow\searrow \ \searrow \\
j \ \ \boxed{0|**\ldots**} & & (m+j) \ \boxed{1|**\ldots**}
\end{array}
$$

also allgemein:

$$ j = (j_r \, j_{r-1} \ldots j_1)_2 \ \rightarrow \ \bar{j} = (j_1 \, j_r \ldots j_2)_2. $$

Für sämtliche r Sortierschritte ergibt sich damit die Zuordnung

$$ j = (j_r \, j_{r-1} \ldots j_1)_2 \ \rightarrow \ \bar{j} = (j_1 \, j_2 \ldots j_r)_2, $$

d.h., man erhält den Index des f-Wertes an der Position Nr. j dadurch, dass man die Ziffernfolge in der Dualdarstellung der Indizes j umdreht (**Bitumkehr**).

16.3 Numerische Berechnung der Fourier-Koeffizienten

Für das obige Beispiel mit $n = 8$ erhält man:

j	Dualdarstellung	Umkehrung	$\bar{j}$
0	000	000	0
1	001	100	4
2	010	010	2
3	011	110	6
4	100	001	1
5	101	101	5
6	110	011	3
7	111	111	7

Algorithmisch lässt sich das Umsortieren folgendermaßen durchführen:

Algorithmus (16.3.17) (**FFT; 1. Teil**)

$d_0 := f_0/n; \quad \bar{j} := 0;$

for $j = 1, 2, \ldots, n-1$

$\quad$ for $m := n/2$ while $m + \bar{j} \geq n$ do $m := m/2;$

$\quad \bar{j} := \bar{j} + 3m - n;$

$\quad d_{\bar{j}} := f_j/n;$

end j

Erläuterung

Im Schritt Nr. j wird zum Index j der neue Index $\bar{j}$ berechnet. Dabei wird in der for-Schleife zunächst der „alte" $\bar{j}$-Index auf führende Einsen getestet. Nach Durchlaufen der Schleife ist dann:

$$\bar{j} = (1, \ldots, 1, 0, j_{\ell+2}, \ldots, j_r)_2$$
$$m = (0, \ldots, 0, 1, 0, \ldots 0)_2$$

Hieraus lässt sich nun leicht der „neue" $\bar{j}$-Index berechnen.

Nachdem die f_j-Werte nun in der richtigen Reihenfolge sortiert sind, erfolgen die einzelnen Reduktionsschritte:

Algorithmus (16.3.18) (**FFT; 2. Teil**)

for $\ell = 1, 2, \ldots, r$

$\quad m := 2^{\ell-1}; \quad m_2 := 2m;$

$\quad$ for $k = 0, 1, \ldots, m-1$

$\quad\quad c := \exp(-i\,k\,\pi/m)$

$\quad\quad$ for $j = 0, m_2, 2m_2, \ldots, n - m_2$

$\quad\quad\quad g := d_{j+k}; \quad u := c\,d_{j+k+m};$

$\quad\quad\quad d_{j+k} := g + u; \quad d_{j+k+m} := g - u;$

end (ℓ, k, j)

Eine Realisierung der schnellen Fourier-Transformation auch für allgemeine Datenlängen n findet man unter MATLAB mit dem Programmaufruf „Y = fft(X,n)".

Realisierungen des zuvor beschrieben Goertzel-Algorithmus sowie eine Vielzahl speziellerer Verfahren findet man in der Signal Processing Toolbox von MATLAB.

Literatur

Lehrbücher zur Ingenieur-Mathematik

1. ARENS, T., F. HETTLICH, C. KARPFINGER, U. KOCKELKORN, K. LICHTENEGGER, H. STACHEL: Mathematik.
   Spektrum Akademischer Verlag, Heidelberg 2008.

2. AUMANN, G.: Höhere Mathematik. Bände 1–3.
   Bibliographisches Institut, Mannheim 1984–98.

3. BÄRWOLFF, G. UND G. GRAICHEN:
   Höhere Mathematik für Naturwissenschaftler und Ingenieure.
   Spektrum Akademischer Verlag, Heidelberg 2006.

4. BURG, K., H. HAF, F. WILLE UND A. MEISTER:
   Höhere Mathematik für Ingenieure. Bände 1–6.
   Vieweg und Teubner, Wiesbaden 2004–09.

5. HOFFMANN, A., B. MARX, W. VOGT:
   Mathematik für Ingenieure. Bände 1 und 2.
   Pearson Studium 2005–06.

6. LAUGWITZ, D.: Ingenieur-Mathematik. Bände 1–5.
   Bibliographisches Institut, Mannheim 1964–88.

7. MEYBERG, K., UND P. VACHENAUER: Höhere Mathematik. Bände 1 und 2.
   Springer, Berlin 2001.

8. NEUNZERT, H., W. ESCHMANN, A. BLICKENDÖRFER-EHLERS, K. SCHELKES:
   Mathematik für Physiker und Ingenieure: Analysis 1 und 2.
   Springer, Berlin 1996–98.

9. PAPULA, L.: Mathematik für Ingenieure und Naturwissenschaftler. Bände 1–3.
   Springer, Berlin 2008–09.

10. SAUER, R., UND I. SZABÓ (Hg.): Mathematische Hilfsmittel des Ingenieurs.
    Springer, Berlin 1968.

11. SEYDEL, R., UND R. BULIRSCH: Vom Regenbogen zum Farbfernsehen – Höhere Mathematik in Fallstudien aus Natur und Technik.
    Springer, Berlin 1986.

12. SPIEGEL, M.R.: Höhere Mathematik für Ingenieure und Naturwissenschaftler.
    Theorie und Anwendung. (Schaum's).
    McGraw-Hill, New York 1999.

Lehrbücher zur Linearen Algebra

13   AYRES, F.: Matrizen. Theorie und Anwendung. (Schaum's).
     McGraw-Hill, New York 1999.

14   BEUTELSPACHER, A.: Lineare Algebra.
     Vieweg und Teubner, Wiesbaden 2009.

15   DOBNER, G., UND H.J. DOBNER:
     Lineare Algebra für Naturwissenschaftler und Ingenieure.
     Spektrum Akademischer Verlag, Heidelberg 2007.

16   FISCHER, A., W. SCHIROTZEK, K. VETTERS: Lineare Algebra.
     Vieweg und Teubner, Wiesbaden 2003.

17   FISCHER, G.: Lineare Algebra.
     Vieweg und Teubner, Wiesbaden 2009.

18   GRAMLICH, G.M.: Lineare Algebra.
     Hanser Fachbuchverlag, Leipzig 2009.

19   KOECHER, M.: Lineare Algebra und Analytische Geometrie.
     Springer, Berlin 1997.

20   KOWALSKY, H.-J. UND G.O. MICHLER: Lineare Algebra.
     de Gruyter Lehrbuch, Berlin 2003.

21   LIPSCHUTZ, S.: Lineare Algebra. Theorie und Anwendung. (Schaum's).
     McGraw-Hill, New York 1999.

22   LORENZ, F.: Lineare Algebra. Bände 1 und 2.
     Spektrum Akademischer Verlag, Heidelberg 2005.

23   STRANG, G.: Lineare Algebra.
     Springer, Berlin 2003.

Lehrbücher zur Analysis

24   AYRES, F.: Differential- und Integralrechnung. (Schaum's)
     McGraw-Hill, New York 2000.

25   FICHTENHOLZ, G.M.: Differential- und Integralrechnung. Bände 1–3.
     Harry Deutsch, Frankfurt 1997.

26   FORSTER, O.: Analysis, Bände 1 und 2.
     Vieweg und Teubner, Wiesbaden 2008.

27 HEUSER, H.: Lehrbuch der Analysis. Bände 1–2.
Vieweg und Teubner, Wiesbaden 2008–09.

38 JÄNICH, K.: Analysis für Physiker und Ingenieure.
Springer, Berlin 2001.

29 KÖNIGSBERGER, K.: Analysis. Bände 1–2.
Springer, Berlin 2009.

30 NIEDERDRENK, K., UND H. YSERENTANT: Funktionen einer Veränderlichen. Vieweg, Wiesbaden 1997.

31 RUDIN, W.: Reelle und komplexe Analysis.
Oldenbourg, München 2009.

32 SONAR, T.: Einführung in die Analysis.
Vieweg und Teubner, Wiesbaden 1999.

33 WALTER, W.: Analysis, Bände 1–2.
Springer, Berlin 2007–09.

Lehrbücher zur Numerischen Mathematik

34 DEUFLHARD, P., UND A. HOHMANN: Numerische Mathematik. Band 1.
de Gruyter Lehrbuch, Berlin 2008.

35 FORSYTHE, G.E., M.A. MALCOLM, UND C.B. MOLER:
Computer Methods for Mathematical Computations.
Prentice-Hall, Inc., Englewood Cliffs, N. J. 1977.

36 GOLUB, G.H., UND C. VAN LOAN: Matrix Computations.
Hindustan Book Agency 2007.

37 HÄMMERLIN, G., UND K.-H. HOFFMANN: Numerische Mathematik.
Springer, Berlin 1994.

38 KAHANER, D., C. MOLER UND S. NASH: Numerical Methods and Software.
Prentice-Hall, Inc., Englewood Cliffs, N. J., 1989.

39 HERMANN, M.: Numerische Mathematik.
Oldenbourg, München 2006.

40 KNORRENSCHILD, M.:
Numerische Mathematik: Eine beispielorientierte Einführung.
Hanser Fachbuch, Leipzig 2008.

41 OPFER, G.: Numerische Mathematik für Anfänger.
Vieweg und Teubner, Wiesbaden 2008.

42 PRESS, W.H., B.P. FLANNERY, S.A. TEUKOLSKY, W.T. VETTERLING:
Numerical Recipes. The Art of Scientific Computing.
Cambridge University Press, Cambridge 1986.

43 ROOS, H.-G., UND SCHWETLICK, H.: Numerische Mathematik.
Teubner, Stuttgart, Leipzig 1999.

44 SCHABACK, R., UND H. WENDLAND: Numerische Mathematik.
Springer, Berlin 2004.

45 SCHWARZ, H.R., UND N. KÖCKLER: Numerische Mathematik.
Vieweg und Teubner, Wiesbaden 2008.

46 SONAR, T.: Angewandte Mathematik, Modellbildung und Informatik.
Vieweg und Teubner, Wiesbaden 2001.

47 STOER, J., UND R. BULIRSCH: Numerische Mathematik, Bände 1–2.
Springer, Berlin 2005–07.

48 TÖRNIG, W., UND P. SPELLUCCI:
Numerische Mathematik für Ingenieure und Physiker. Bände 1–2.
Springer, Berlin 1988–90.

49 ÜBERHUBER, C., S. KATZENBEISSER, D. PRAETORIUS:
MATLAB 7: Eine Einführung.
Springer, Wien 2004.

50 WERNER, J.: Numerische Mathematik. Bände 1–2.
Vieweg, Wiesbaden 1992.

51 WILKINSON, J.H., UND C. REINSCH: Linear Algebra. Handbook for Automatic Computation, Vol. II.
Springer, Berlin 1971.

Formelsammlungen und Handbücher

52 ABRAMOWITZ, M., UND I.A. STEGUN: Handbook of Mathematical Functions. Dover Publications, Inc., New York 1972.
(http://www.math.ucla.edu/~cbm/aands)

53 BARTSCH, H.J.: Taschenbuch mathematischer Formeln.
Hanser Fachbuchverlag, Leipzig 2004.

54 BRONSTEIN, I.N., K.A. SEMENDJAJEW, G. MUSIOL, H. MUEHLIG:
Taschenbuch der Mathematik.
Harri Deutsch, Frankfurt 2008.

55 DRESZER, J. (Hg.): Mathematik-Handbuch für Technik und Naturwissenschaften.
Harri Deutsch, Frankfurt 1975.

Literatur

56　Hart, J.F. et al. (Hg.): Computer Approximations.
John Wiley & Sons, Inc., New York, London, Sydney 1968.

57　Papula, L.:
Mathematische Formelsammlung für Ingenieure und Naturwissenschaftler.
Vieweg und Teubner, Wiesbaden 2006.

58　Rade, L., und B. Westergren: Springers Mathematische Formeln.
Übersetzt und bearbeitet von P. Vachenauer.
Springer, Berlin 2000.

59　Reinhardt, F. und H. Soeder: dtv-Atlas Mathematik. Bände 1–2.
Deutscher Taschenbuch Verlag, München 1998.

60　Stöcker, H.: Taschenbuch mathematischer Formeln und moderner Verfahren.
Harri Deutsch, Frankfurt 2007.

Aufgabensammlungen

61　Busum, R., und T. Epp: Prüfungstrainer: Lineare Algebra und Analysis.
Spektrum Akademischer Verlag, Heidelberg 2009.

62　Günter, N.M., und R.O. Kusmin:
Aufgabensammlung zur Höheren Mathematik. Bände 1 und 2.
Harri Deutsch, Frankfurt 1993.

63　Minorski, V.P.: Aufgabensammlung der höheren Mathematik.
Hanser Fachbuch, Leipzig 2008.

64　Papula, L.:　Mathematik für Ingenieure und Naturwissenschaftler: Klausur- und Übungsaufgaben.
Vieweg und Teubner, Wiesbaden 2008.

65　Pforr, A., L. Oehlschlaegel und G. Seltmann:
Übungsaufgaben zur linearen Algebra und linearen Optimierung.
Vieweg und Teubner, Wiesbaden 1998.

66　Riessinger, T.: Übungsaufgaben zur Mathematik für Ingenieure.
Springer, Berlin 2009.

67　Turtur, C.W.: Prüfungstrainer Mathematik.
Vieweg und Teubner, Wiesbaden 2007.

68　Wenzel, H., und G. Heinrich: Übungsaufgaben zur Analysis.
Vieweg und Teubner, Wiesbaden 2005.

Stichwortverzeichnis

A

Abbildung 10
– , lineare 74
Abel, Niels Henrik 27
Abel, Satz von 181
abelsche Gruppe 27
Abelscher Grenzwertsatz 278
abgeschlossenen Hülle 219
abgeschlossene Mengen 219
Ableitung 377
    – , einseitige 230
    – , partielle 265
    – elementarer Funktionen 232
absolute Konvergenz 212, 274, 332
absoluter Fehler 260
Abstand 28
abstoßender Fixpunkt 266
Achsenabschnittsform 61
Addition 26
Additionstheoreme 16
adjungierte Matrix 76
Adjunkte 105
afin-lineare Funktion 13
ähnliche Matrizen 115
Ähnlichkeitstransformation 126
Aitken, Alexander Craig 296
Aitken-Lemma 296
algebraische Vielfachheit 157
Algorithmus, Euklidischer 23
    – von Aitken, Neville 296
    – von Brent und Salamin 289
    – von Goertzel 384
alternierende Reihe 211
alternierende harmonische Reihe 212
Amplitude 366
Anordnung 28
Ansatzfunktion 135
anziehender Fixpunkt 266
Approximation, beste 123

– im quadratischen Mittel 134, 380
Approximationsfehler 259
Approximationssatz 122
äquivalente Matrizen 114
Äquivalenz 1
Arbeit, mechanische 50
Archimedes 350
Archimedische Spirale 350
Areafunktionen 285
arcosh, arsinh 285
arctan 36, 214, 277
Argument 34
arithmetisch-geometrisches Mittel 201
assoziativ 12
Assoziativgesetz 12
Asymptote 257
asymptotische Entwicklung 362
aufgespannter Unterraum 67
Ausgleich nach Tschebyscheff 134
Ausgleichsparabel 137
Ausgleichsproblem, lineares 133
Auslöschung 263
Aussageformen 3
Aussagen 1
Aussagenlogik 1
äußeres Produkt 54
Austauschschritt 149
Axiomensystem für $\mathbb{R}$ 26

B

Banach, Stefan 197
Banachraum 197
Banachscher Fixpunktsatz 268
Basis 67, 259
    – , kanonische 68
Basisdarstellung 119
Basisindizes 145
Basislösung 144
Basisübergang 112

Basiswechsel 112
Bedingung, hinreichende 3, 250
– , notwendige 3, 239
Bernoulli, Jakob 200
Bernoullische Ungleichung 200
Bernoullische Zahlen 280, 287
Beschleunigungsvektor 347
beschränkte Folge 195, 199
beschränkte Menge 28
Bessel, Friedrich Wilhelm 336
Bessel-Funktion 336
Besselsche Differentialgleichung 336
Besselsche Ungleichung 380
Bestapproximation 123
bestimmtes Integral 306
Betrag 28, 34, 45
Beweis 3
– , direkter 3
– , indirekter 3
Beweis mit vollständiger Induktion 17
bijektiv 11
Bildbereich 10
bilinear 51, 228
bilineare Abbildung 228
Bijektion 11
Binomialkoeffizienten 19
Binomialreihe 284
binomischer Lehrsatz 20
Bisektion 11, 189, 194
Bitumkehr 388
Bogenlänge 344
Bogenlängenelement 347
Bogenmaß 15
Bolzano, Bernhard 206
Borel, Emil 227
Brent, R.P. 289

C
$\mathbb{C}$ 33
C^n-Funktion 236
C^∞-Funktion 236
C^ω-Funktion 248
Cantor, Georg 5
Cauchy, Augustin Louis 52
Cauchyscher Hauptwert 331

Cauchysches Konvergenzkriterium 207, 209, 210
Cauchy-Folge 195
Cauchy-Produkt 217, 278
Cauchy-Schwarzsche Ungleichung 49, 52
Cavalieri, Bonaventura 340
charakteristisches Polynom 155
Cholesky, André-Louis 96
Cholesky-Zerlegung 96, 179
Cooley, J.W. 386
cos 15, 286
cosh 284
Cosinussatz 53
cot 287
Cramer, Gabriel 106
Cramersche Regel 106

D
3/8-Regel 356
Dantzig, George 148
Darstellungssatz 146
Dedekind, Richard 27
Definitheit 178
Definitionsbereich 10, 256
Descartes, René 7
Determinante 58, 97, 100
Determinanten-Multiplikationssatz 104
Dezimaldarstellung 31
diagonaldominant 93
Diagonalisierbarkeit 153, 158
Differentialgleichung, gewöhnliche 241, 248
– , – lineare 160
Differentialquotient 230
Differentialrechnung 229
Differentiationsregeln 233
Differenz 6
Differenzierbarkeit 230, 335
Dimension 69
Dimensionsformel 81
Dirichlet, Lejeune 332
Dirichlet-Integral 332
Dirichlet-Kern 370
disjunkte Mengen 7
Disjunktion 1
Distributivgesetz 2, 26
Divergenz 197, 274

dividierte Differenzen 298
Division, iterierte 23, 31
doppelte Verneinung 2
Drehachse 55
Drehgruppe 127
Drehmatrix 110
Drehmoment 55
Drehung 110, 127
Dreiecksmatrix, normierte untere 91
 – , obere 78
Dreiecksungleichung 48
Dreieckszerlegung 28, 89
Dreiterm-Rekursion 189
Dualdarstellung 31
Durchschnitt 7

E

ε-Umgebung
ε-δ-Definition 222
e : Eulersche Zahl 13, 205, 281
Ebene 61, 63
Ebene, Euklidische
Ebene, komplexe 33
Eigenraum 154
Eigenvektor 154
Eigenwert 153
Eindeutigkeitssatz 382
Eingangsgenauigkeit 259
eingespannter Spline 305
Einheit, imaginäre 33
Einheitsmatrix 75
Einheitssphäre 228
Einheitsvektor 51, 68
Einheitswurzeln 38
Einschließung 211
einseitige Ableitung 230
einseitige Grenzwerte 221
Einsetzungsmethode 327
Element 5
 – , inverses 12
 – , neutrales 12
elementare Funktionen 280
Eliminationfaktoren 84
Eliminationsprozeß 83
Eliminationsverfahren 78
Ellipse 174

Ellipsoid 175
elliptische Integrale 321
elliptischer Kegel 175
elliptischer Zylinder 176
eliptisches Paraboloid 176
Energie, kinetische 247
entartete Basislösung 145
Entwicklung, asymptotische
Entwicklungspunkt 274
Entwicklungssatz von Laplace 105
eps 85
Equilibrierung 84
erweiterte Matrix 80
Euklid 7
Euklidische Ebene 7
Euklidische Norm 49, 72
Euklidischer Algorithmus 23
Euklidischer Raum 8, 52
Euler, Leonhard 13
Euler-Maclaurinsche Summenformel 362
Eulersche Zahl 13, 205
Existenzsatz 147
exp 217, 280
Exponent 204, 259
Exponentialfunktion 13, 204, 280
Exponentialintegral 333
Exponentialreihe 217
Extrapolation 295, 361
Extremum 238, 250

F

Fehler, absoluter 260
Fehler, relativer 247, 260
Fehlerabschätzungen 200, 268
Fehlerfunktion 321
Fehlerrechnung 259
Feinheit einer Zerlegung 306
Fermat, Pierre de 238
Fermatsches Prinzip 238
FFT 386
Fixpunkt, abstoßender 266
 – , anziehender 266
Fixpunkt-Iteration 265
Fixpunktsatz 268
Fläche, umschlossene 349
floating point representation 260

Frequenz 366
Folge 193
 –, beschränkte 195
 –, geometrische 200
 –, monotone 199
Folgen in Vektorräumen 208
folgenkompakt 226
Formel von Cauchy-Hadamard 274
Formel von Euler 38
Formel von Moivre 37
Fortsetzung, (un)gerade 368
Fortsetzung, periodische 367
Fourier, Joseph Baron de 116
Fourier-Entwicklung 378
Fourier-Koeffizienten 373
Fourier-Reihe 366
Fundamentalsatz der Algebra 40
Funktion 10
 –, afin-lineare 13
 –, (un)gerade 156
 –, konkave 251
 –, konvexe 251
 –, rationale 323
 –, reell-analytische 248
 –, stückweise stetige 313
Funktionalgleichung 13, 14, 16, 217, 286, 333
Funktionenfolge 271

G
Gamma-Funktion 333
Gauß, Carl Friedrich 33
Gauß-Elimination 77
Gauß-Hermite-Quadratur 359
Gauß-Jacobi-Quadratur 359
Gauß-Jordan-Algorithmus 88
Gauß-Laguerre-Quadratur 359
Gauß-Legendre-Quadratur 358
Gauß-Quadratur 358
Gaußsche Ebene 33
Gaußsches Eliminationsverfahren 78
Gauß-Tschebyscheff-Quadratur 358
Geometrie, analytische 45
geometrische Folge 200
geometrische Reihe 211
geometrische Vielfachheit 157

Gerade 61
Geraden, parallele 64
 –, windschiefe 64
gerade Funktion 256, 368, 373
Gerschgorin-Kreis 183
geschlossene Kurve 343
Geschwindigkeitsvektor 231
Gewichte einer Quadraturformel 355
ggT 22
Gibbs, Josiah Willard 378
Gibbs-Phänomen 378
Givens, James Wallace 130
Givens-Rotationen 130
Gleichheit 6
gleichmäßige Konvergenz 271
 – Stetigkeit 228
Gleichungen, Lösbarkeit von 11
Gleichungssystem, homogenes 77
Gleichungssystem, inhomogenes 77
 –, lineares 73, 134
 –, nichtlineares 134
Gleitkommazahlen 259
Grad eines Polynoms 40
Gram, Jorgen Pedersen 117
Gramsche Matrix 119
Graph einer Funktion 10
Grenzwert 195
 –, uneigentlicher 197
 – von Funktionen 219, 220
größter gemeinsamer Teiler 22
Grundschwingung 366
Gruppe 27
 –, abelsche 27
 –, orthogonale 127
 –, spezielle orthogonale 127
 –, symmetrische 97
gut konditioniert 261

H
Hadamard, Jacques 274
Halbierungsfolge 363
Häufungspunkt einer Folge 207
 – einer Menge 219
Hauptachsentransformation 168, 172
Hauptnormalenvektor 347

Hauptsatz der Differential- u. Integralrechnung 306, 316
Hauptvektor 162
Hauptwert, Cauchyscher 331
harmonische Reihe 212
Hebelarm 55
Heine, Eduard 227
Heine-Borel-Eigenschaft 227
Hermite, Charles 77
Hermite-Interpolation 290
Hermitesche Matrix 77
Herzkurve 348
Hesse, Otto 62
Hessenberg-Form 188
Hessesche Normalform 62
Hexadezimaldarstellung 31
Hilbert, David 5
Hilbert-Raum 197
Hintereinanderausführung 11
homogenes Gleichungssystem 77
Horner, William George 40
Horner-Schema 31, 40, 249, 300
Householder, Aston Scott 131
Householder-Matrix 131
Householder-Transformation 139
Hyperbel 174
hyperbolische Funktionen 284
hyperbolischer Zylinder 176
Hyperboloid 175
Hyperebene 130
Hyperfläche zweiter Ordnung 171

I

i 33
Identität
Identitätssatz 42, 287
imaginäre Einheit 33
Imaginärteil 33
Impedanz 44
Implikation 1
indefinite Matrix 178
indirekter Beweis
Induktion, vollständige 17
Induktionsanfang 17
Induktionsannahme 17
Induktionsbehauptung 17

Induktionsschluss 17
Induktivität 43
Infimum 29
inhomogenes Gleichungssystem 77
injektiv 11
innerer Punkt 219
Inneres einer Menge 220
inneres Produkt 50
Integral, bestimmtes 306
 –, parameterabhängiges 334
 –, unbestimmtes 317
 –, uneigentliches 328
Integralsinus 321, 357, 361
Integration 306, 378
 –, partielle 319
 –, rationaler Funktionen 323
Integrationsregeln 318
Integrierbarkeit 308
 –, lokale 329
Interpolation 290
 – durch Polynome 290
 – durch Spline-Funktionen 301
 – durch trigonometrische Polynome 386
Interpolationsfehler 295
Interpolationspolynom nach Aitken, Neville 296
 – Lagrange 293
 – Newton 298
Intervall, abgeschlossenes 9
 –, halboffenes 9
 –, offenes 9
Intervallhalbierung 194
Intervallschachtelung 200
Invarianz 157
inverse Iteration 192
inverse Matrix 85
inverses Element 12
inverse von-Mises-Iteration 192
isometrische Transformation 125
Isomorphie 70
Iteration 193

J

Jacobi, Carl Gustav 130
Jordan, Camille 88
Jordan-Kästchen 160

Jordansche Normalform 161, 163

K
kanonische Basis 68
Kardioide 348
Kartesisches Produkt 7
Kegel 341
Kegelschnitte 174
Kegelstumpf 341
Kennzeichnungssatz 314
Kern einer Matrix 77
Kern einer Menge 220
Kettenbedingung 162
Kettenregel 233
kgV 22
Kirchhoffsche Gesetze 43
kleinstes gemeinsames Vielfache 22
Knoten einer Quadraturformel 355
Knotenpolynom 295
Koeffizienten 40, 73
Koeffizientenvergleich 42, 327
kommensurabel 4
kommutativ 12
Kommutativgesetz 12, 26
Kompaktheit 226, 227
komplanar 60
komplementäre Matrix 105
komplexe Ebene 33
komplexe Zahlen 33
Komponenten 45, 67
Komposition 11
Kondition 261
Konditionszahlen, relative 261
Kongruenztransformation 125
Konjugation 34, 377
konjugierte Matrix 76
konjugiert komplexe Zahl 34
Konjunktion 1
konkave Funktion 251
Konklusion 3
Kontraktionskonstante 267
Kontraposition 2
Konvergenz 193, 195, 378
  –, absolute 212
  –, gleichmäßige 271, 337
  –, lineare 198

–, punktweise 271
–, quadratische 199, 248
–, superlineare 198
–, uneigentliche 197
– von Potenzreihen 274
Konvergenzgeschwindigkeit 198
Konvergenzgeschwindigkeit von Fourier-Reihen 380
Konvergenzkriterien für Folgen 199
  – Reihen 210
  – uneigentliche Integrale 331
Konvergenzordnung 198
Konvergenzradius 275
Konvergenzsatz für Fourier-Reihen 378
konvexe Funktion 251
Koordinaten 45, 67
Koordinatenursprung 45
Körper 27
–, angeordneter 27
Kraft 55
Kräfteparallelogramm 46
Kreisfläche 9
Kreiskegel 341
Kreiszahl π 15, 288
Kreuzprodukt 54
Kriterien für Integierbarkeit 312
  – Konvexität 251
  – Kompaktheit 227
  – lokale Extrema 239, 250
  – Wendepunkte 253
Kronecker, Leopold 52
Kronecker-Symbol 52
Krümmung 302, 347
Krylov, Aleksei Nikolajewitsch 186
Kugel 342
Kugelbedingung 270
Kugelkoordinaten 384
Kugeloberfläche 342
Kurve 343
–, geschlossene 343
–, glatte 343
–, rektifizierbare 345
Kurvendiskussion 256
Kurvenintegral 1.Art 351

Stichwortverzeichnis

L
Lagrange, Josef 292
Lagrange-Darstellung 292
Lagrange-Polynome 292
Laguerre, Edmond 359
Lambert, Johann 288
Landau, Edmund 231
Landau-Symbole 231
Länge 34, 45, 48, 245
längentreu 125
Laplace, Pierre Simon Marquis de 105
Laplacescher Entwicklungssatz 105
Lebesgue, Henri 314
Lebesgue-Nullmenge 314
leere Menge 6
Legendre, Adrien-Marie 358
Legendre-Polynome 358
Lehrsatz, binomischer 20
Leibniz, Gottfried Wilhelm 211
Leibnizsches Konvergenzkriterium 211
Lemma von Aitken 296
l'Hospital, Guillaume Marquis de 253
l'Hospital, Regeln von 253
Limes 195
– inferior 207
– superior 207
Lindemann, Ferdinand von 15
linear (un)abhängig 60, 67
lineare Gleichungssysteme 73
lineare Konvergenz 198
lineare Programme 142
linearer Operator 309
linearer Teilraum 66
lineares Ausgleichsproblem 133
Linearfaktoren 41
Linearform 102
Linearität 377
Linearkombination 67
Linienintegral 352
Linkskurve 251
linksseitige Ableitung 230
Lipschitz, Rudolf 267
Lipschitz-Konstante 267
Lipschitz-stetig 267
ln 14, 277, 282
Logarithmus 13, 282

lokale Integrierbarkeit 329
Lösbarkeit von Gleichungen 11
Lösung, allgemeine 77
LR-Zerlegung 89

M
Maclaurin, Colin 362
Magnetfeld 55
Magnetische Induktion 55
Majorantenkriterium 212, 272, 332
Mantelfläche 341
Mantisse 259
Maschinengenauigkeit 85, 260
Maschinenzahlen 259
MATLAB 85, 93, 140, 180, 260, 305, 390
Matrix 58
– , adjungierte 76
– , diagonaldominante 93
– , diagonalisierbare 153
– , erweiterte 80
– , Hermitesche 77
– , inverse 85
– , komplementäre 105
– , konjugierte 76
– , normale 170
– , orthogonale 76
– , positiv definite 76, 77
– , quadratische 58
– , reguläre 82
– , singuläre 82
– , symmetrische 76, 168
– , tridiagonale 88, 93
– , unitäre 77
– des Basisübergangs 112
– einer linearen Abbildung 109
Matrix-Norm 181
Matrizen, ähnliche 115
Matrizen, äquivalente 114
Matrizenkalkül 73
Matrizenmultiplikation 74
Maximum, globales 238
– , strenges lokales 238
Maximumsnorm 49
Menge 5
– , abgeschlossene 219
– , beschränkte 28

–, kompakte 226
–, leere 6
–, offene 220
Mengenlehre, axiomatische 5
Methode der kleinsten Quadrate 134
Milne-Regel 356
Minimum 238
   –, strenges lokales 238
Min-Max-Eigenschaft 225, 226
Mises, Richard von 191
Mittelwertsätze 240, 321
Modul 34
modus barbara 2
   – ponens 2
   – tollens 2
Moivre, Abraham de 37
monoton wachsend/fallend 199, 242
Morgan, Augustus de 2
Multiplikation 26, 46, 73

N
$\mathbb{N}$ 17
Nachfolge-Abbildung 17
natürliche Randbedingungen 303
natürlicher Logarithmus 14, 277, 282
natürliche Zahlen 17
Negation 1
neutrales Element 12
Neville, Eric Harold 296
Neville-Schema 297
Newton, Isaac 190
Newton-Basis 298
Newton-Cotes-Formeln 355
Newton-Verfahren 190, 194, 248
Newtonsche dividierte Differenzen 298
Norm 34, 45, 48, 72
   –, euklidische 48, 72
normale Matrix 170
Normalenvektor 62, 64
Normalform der Ebenengleichung 63
   – der Geradengleichung 61
   – einer Quadrik 173
   – eines linearen Programms 142
Normalformen 115, 153
Normalgleichung 133, 136
normalisierte Gleitkommazahlen 259

Normäquivalenzsatz 208
normierter Vektorraum 49
not a knot Bedingung 305
notwendige Bedingung 3, 239
Nullmenge 314
Nullstelle 42
Nullstellen-Bestimmung 194
Nullvektor 47

O
obere Schranke 28
obere Hessenberg-Form 188
Oberintegral 308
Oberschwingung 366
Obersumme 307
$o(h)$, $O(h)$-Symbole 231
offene Kugel 220
offene Menge 220
offener Kern 220
Ohmscher Widerstand 43
Operator, linearer 309
Ordnung der Konvergenz 199
Ordnungseigenschaften 26
orthogonale Gruppe 127
orthogonale Matrix 76
orthogonale Projektion 119
orthogonale Transformationen 124
Orthogonalisierung 117
Orthogonalität 116
Orthogonalitätsrelation 372
orthogonalitätstreu 126
Orthogonalsystem 116
Orthonormalbasis 116

P
π 15, 288, 364
Parabel 174, 376
Paraboloid 176
Parallelogramm 106
Parallelotop 59, 106
Parameterabhängige Integrale 334
Parameterdarstellung 343
Parameterwechsel 344
Parametrisierung nach der
   Bogenlänge 346
Parametrisierungsinvarianz 346, 352
Parsevalsche Gleichung 381

Stichwortverzeichnis

Partialbruch-Zerlegung 323
Partialsumme 210
partielle Ableitung 265
partielle Integration 319
Partition 306
Pascal, Blaise 20
Pascalsches Dreieck 20
Peano, Giuseppe 17
Peano-Axiome 17
Periode 366
periodische Fortsetzung 367
– Funktion 366
Permutation 18, 97
–, (un)gerade 99
Permutationsmatrix 94
Phase 34
Phasendiagramm 44
Phasenverschiebung 44
Phase I des Simplexverfahrens 152
Pivotelement 79
Pivotsuche 84
Pol 256
Polarkoordinaten 34, 348
Polynom 13, 40
–, charakeristisches 155
–, trigonometrisches 369
Polynomfunktion 40
Polynom-Interpolation 290
positiv definite Matrix 76, 178
Positivität 310
Potenzen 21, 283
Potenzgesetz 21
Potenzmenge 7
Potenzmethode 191
Potenzreihe 224, 274
Prämisse 2
Primzahl 22
Primzahlzerlegung 22
Prinzip von Cavalieri 340
Produkt, allgemeines 20
–, äußeres 54
–, inneres 50
–, Kartesisches 7
Produkt zweier Reihen 216
Produktregel 233
Projektion 50

–, orthogonale 119
Projektionssatz 120
projizierte zulässige Menge 142
Punkt, stationärer 239
Punkt-Richtungsform 61
punktweise Konvergenz 271
Pythagoras 48

Q

$\mathbb{Q}$ 25
QR-Algorithmus 192
QR-Zerlegung 138
quadratische Gleichung 171
quadratische Konvergenz 199, 248
quadratisches Polynom 171
Quadratur des Kreises 289
Quadraturfehler 355, 357
Quadraturformel 355
Quadrik 171
Quantoren 3
Quotientenkriterium 212
Quotientenregel 233

R

$\mathbb{R}$ 26
Randbedingung, natürliche 303
Rang einer Matrix 80
rationale Funktion 323
rationale Zahlen 25
Raum, Euklidischer 8, 52
Rayleigh-Quotient 185
Rayleighsches Prinzip 185
Realteil 33
Rechenregeln für Potenzreihen 278
Rechteckschwingung 375
Rechte-Hand-Regel 54
Rechtskurve 251
rechtsseitige Ableitung 230
Rechtssystem 54
Reduktion auf Tridiagonalform 187
reelle Zahlen 25
Reflexionsgesetz 237, 242
Regel von de l'Hospital 253
– von de Morgan 2
– von Sarrus 58
reguläre Matrix 82
Reihe 210

–, alternierende 211
–, alternierende harmonische 212
–, geometrische 211
–, harmonische 212
rektifizierbare Kurve 345
Rekursion 193
Rekursionsformel 20
relative Maschinengenauigkeit 85
relativer Fehler 247, 260
relativistisches Teilchen 247
Residuum 135
Restgliedformel in Integralform 246
   – nach Cauchy 246
   – nach Lagrange 244
   – nach Schlömilch 246
Richardson, Lewis Fry 362
Riemann, Bernhard 307
Riemannsches Kriterium 311
Riemannsches Lemma 380
Riemannsche Summe 307
Rolle, Michel 240
Romberg, Werner 362
Rotationsellipsoid 341
Rotationskörper 339
Rückwärts-Substitution 79, 92
Rundungsfehler 259

S
Sägezahn-Funktion 374
Satz des Pythagoras 48
   – vom ausgeschlossenen Dritten 2
   – vom Widerspruch 2
   – von Abel 181
   – von Bogoljubow, Krylow 186
   – von Bolzano–Weierstraß 206, 209
   – von Gerschgorin 184
   – von Hirsch 182
   – von Rolle 240
   – von Taylor 244, 322
   – von Thales 53
Schema von Neville 297
schlecht konditioniert 261
Schmidt, Erhard 117
Schmidt-Orthogonalisierung 117
Schmiegebene 347
schnelle Fourier-Transformation 386

Schnittpunkt zweier Geraden 64
Schnittzahl 27
Schoenberg, Isaac Jacob 302
Schranke, obere (untere) 28
Schraubenlinie 344
Schwarz, Hermann Amandus 52
Schwerpunkt 352
Sekantensteigung 230
semidefinite Matrix 178
senkrecht stehen 50
Shift-Parameter 192
Signum einer Permutation 99
Simplex 143
Simplexverfahren 147
Simpson-Regel 356
Simpson-Summe 359
sin 15, 286
singuläre Matrix 82
Singularität, isolierte 256
sinh 284
Skalarprodukt 49, 72
Skalierung 84
Sortieralgorithmus 388
Spaltenpivotsuche 84
Spaltenrang 86
Spaltensummennorm 182
Spaltenzahl 58
Spann 67
Spannung 43
Spatprodukt 59
Spektralnorm 182
Spektralradius 183
Spektrum 183
Spiegelung 112
Spiegelung an Hyperebenen 130
Spline-Funktion 290, 302
Spline-Interpolation 301
Spur 155
Stammfunktion 315
stationärer Punkt 239
Stellenzahl 30
stetig ergänzbar 222
Stetigkeit 219, 222
   –, gleichmäßige 228
Strahlensatz 15
streckentreu 125

Streckung 377
strenge Monotonie 199, 242
Stromstärke 55
stückweise C^1-Kurve 343
stückweise stetig 372
stückweise stetig differenzierbar 372
Sturm, Jaques Charles 189
Sturmsche Kette 189
Stützstellen 290
submultiplikativ 182
Substitutionsregel 319
Summe, allgemeine 20
superlineare Konvergenz 198
Supremum 29
surjektiv 11
Symmetrie 51, 156
symmetrische Matrix 76, 168

T
tan 15, 287
Tangente 231
Tangentensteigung 230
Tangentenvektor 231, 347
Tautologie 2
Taylor, Brook 244
Taylor-Entwicklung 246
Taylor-Polynom 244
Taylor-Reihe 248
Taylorscher Satz 322
Teiler 22
Teiler, größter gemeinsamer 22
Teilfolge 195
Teilmenge 6, 18
Teilraum, linearer 66
tertium non datur 1
Thales von Milet 53
Trägheitsmoment 353
Transformation, lineare 109
  –, orthogonale 124
Transposition 76, 98
Trapezregel 356
Trapezsumme 359
Tridiagonalmatrix 88, 93
Trigonometrische Funktionen 15, 286
  – Reihe 369
Trigonometrisches Polynom 369

Tschebyscheff, Pafnuti Lwowitsch 134
Tschebyscheff-Knoten 296
Tukey, J. W. 386
Tupel 7

U
Umgebung 28
Umkehrfunktion 11
Umkehrung der Differentiation 306
Umlegung 127
Umordnen von Polynomen 249
Umordnungssatz 215
Umparametrisierung 344
unbestimmtes Integral 317
uneigentliche Konvergenz 197
uneigentlicher Grenzwert 197
uneigentliches Integral 328
ungerade Fortsetzung 368
ungerade Funktion 256
Ungleichungen 27
unitäre Matrix 77
untere Schranke 28
Unterintegral 308
Unterraum, linearer 66
Untersumme 307
Untervektorraum 66
Unterteilung 306
Urbild 10

V
Vandermonde, Alexandre 291
Vandermonde-Matrix 291
Variable 3
Vektoraddition 46
Vektoren 45
Vektoriteration 191
Vektorprodukt 54
Vektorraum 47
Vektorraum, Euklidischer 52
Vektorraum, komplexer 71
Vektorraum, normierter 49
Vektorraum-Axiome 46
Vektorrechnung 45
verallgemeinerte Produktregel 233
Vereinigung 7
Verfahrensfunktion 265
Verknüpfung 1

Verschiebung 377
Vertauschbarkeit von Differentiation und
    Summation 273
Verzinsung 204
Vielfaches, kleinstes gemeinsames 22
Vielfachheit einer Nullstelle 42
    –, algebraische 157
    –, geometrische 157
vollständige Induktion 17
vollständige Pivotsuche 84
vollständiges Horner-Schema 249
Vollständigkeit 197
Vollständigkeitsaxiom 27
Volumen 108
    – von Rotationskörpern 339
Volumenfunktion 107
volumentreu 127
von Mises-Iteration 191
Vorwärts-Substitution 92
Vorzeichen einer Permutation 99

W

Wahrheitswert 1
Wahrheitswertetafel 1
Wechselspannung 43
Wechselstromkreis 43
Wechselstromwiderstand 44
Weierstraß, Karl 206
Wendepunkt 252
Wertebereich 256
Widerstand, Ohmscher 43
winkeltreu 125
Wurzel 202, 203
Wurzelkriterium 212

Z

$\mathbb{Z}$ 25
$\mathbb{Z}$-Kombination 24
Zahl, konjugiert komplexe 34
Zahlbereiche 16
Zahlen, ganze 25
    –, komplexe 33
    –, natürliche 17
    –, rationale 17, 25
    –, reelle 25
Zahlenebene, Gaußsche 33
Zeilenrang 80

Zeilensummennorm 182
Zeilenzahl 58
Zeitumkehr 377
Zerlegung 306
Zermelo, Ernst 5
Zielfunktion 138
Zielmenge 10
Zifferndarstellung, g-adische 30
zulässige Menge 142
Zusammenhangskomponente 183
Zweipunkteform 61
Zwischenwertsatz 225
Zykel 150
zyklische Durchlaufung 57
Zykloide 343
Zylinderfunktionen 336

Lightning Source UK Ltd.
Milton Keynes UK
UKHW032157290319
340153UK00005BA/7/P